现代机载总线技术
（下册）

主　编：支超有
副主编：张军红　张　靖　黑文静　吴佳驹
审　校：赵安安　江飞鸿　杨　锋

国防工业出版社
·北京·

内容简介

机载总线技术是现代先进飞行器、航行器等运载工具的飞行控制、航空电子、机电等功能系统的综合模块化最重要的关键技术之一，是计算机网络技术在机载电子系统底层的具体实现，决定着飞行器性能及其电子系统综合化程度的高低。本书在对机载计算机系统内模块间进行通信的计算机内总线介绍的基础上，着重讨论了广泛应用于现代军民用飞机上的 VME、ARINC 659、并行接口总线 PI、PCI/CPCI、PCIe、RapidIO、Aurora 协议等机载计算机内总线。全面分析了它们的技术特点、协议规范、拓扑结构及通信接口设计方法，并给出了典型的应用实例。

本书的主要目的是为参与机载电子系统设计与实验的技术人员提供关于机载数据总线的基本知识和研究成果，以促进我国机载数据总线的发展。本书力求深入浅出，理论联系实际。

本书可作为从事航空、航天、船舶等运载工具电子系统设计和产品研发的工程技术人员的参考用书，也可以作为大专院校航空电子、控制工程、自动化、仪器仪表、测试技术等专业机载数据总线相关课程的教学参考书。

图书在版编目（CIP）数据

现代机载总线技术／支超有主编．—北京：国防工业出版社，2023.7
ISBN 978-7-118-13015-7

Ⅰ．①现… Ⅱ．①支… Ⅲ．①民用飞机－机载计算机－总线－研究 Ⅳ．①V247.1

中国国家版本馆 CIP 数据核字（2023）第 111986 号

※

国防工业出版社出版发行
（北京市海淀区紫竹院南路 23 号　邮政编码 100048）
北京虎彩文化传播有限公司印刷
新华书店经售

*

开本 710×1000　1/16　印张 20½　字数 361 千字
2023 年 7 月第 1 版第 1 次印刷　印数 1—1500 册　定价 398.00 元

（本书如有印装错误，我社负责调换）

国防书店：(010) 88540777　　书店传真：(010) 88540776
发行业务：(010) 88540717　　发行传真：(010) 88540762

《现代机载总线技术》（下册）编写委员会

主 任 委 员	唐长红
副主任委员	宁　宇　安　刚　赵安安
委　　　员	田　泽　高亚奎　翟正军　李振水　陈雪峰
	秦　成　苟永明　江飞鸿　张　靖　黄　炜
	韩　冰　苗红科　任宝平　张军红　杨　锋
	黑文静　李少波　张　峰　景群平　方　强
	段　毅　张荣华
主　　　编	支超有
副　主　编	张军红　张　靖　黑文静　吴佳驹
审　　　校	赵安安　江飞鸿　杨　锋
编　　　写	王文升　刘贡平　李　育　李　霞　李美玲
	何　坤　雷　攀　杨　明　范军华　赵　迪

前　言

　　机载总线是现代先进飞行器、航行器等运载工具的飞行控制、机载电子系统、机电系统等功能系统的综合模块化最重要的关键技术之一，是计算机技术、网络技术在机载电子系统底层的具体实现，决定着飞行器、航行器性能、功能及其电子系统综合化程度的高低。20 世纪 70 年代以来，飞行器、航行器设计发生了重要转变，从飞行器、航行器总体、流体动力学为重点的设计转变到以飞行器、航行器电子系统和功能系统为重点的设计上。由于人们经过多年的研究，对于增加推力、改善流体动力学性能等问题已经逐步清楚，并且发现要在这方面挖掘潜力较为困难。在同一时期内，信息工程技术、计算机技术、控制技术、电子技术都有了长足发展，这些技术推动了飞行器、航行器自动化的进程，采用计算机作为飞行器、航行器自动化的核心，在飞行器、航行器上建立指挥、控制综合系统成为可能。在此基础上建立飞行器、航行器作战指挥、控制和通信系统的智能化 C^3I，从而提高飞行器、航行器的执行任务能力。

　　现代飞行器、航行器上各个电子设备或子系统（如飞行器飞行控制、航行器操纵控制，以及飞行器、航行器推力控制、火力控制、雷达通信导航、控制显示、武器外挂管理、非航空电子设备状态监控处理等）都装备了独立的计算机，而这些众多的计算机除了满足各自功能子系统的实时处理以外，还需要进行信息交联达到功能综合的目的，这就导致了飞行器、航行器电子综合系统的出现。因此，机载总线技术已经成为飞行器飞行控制系统、航行器操纵控制系统，以及飞行器、航行器电子系统和机电系统的"中枢神经"，是飞行器、航行器电子系统综合的支柱，通过机载数据总线实现飞行器飞行控制系统、航行器操纵控制系统，以及飞行器、航行器电子系统、机电系统中各个传感器与各个执行功能单元之间，以及各个控制系统、电子系统、机电系统单元之间的数据通信，实现信息共享和功能综合，它不但要满足各个传感器、功能单元和子系统能的实时性要求，还要通过信息交联达到信息共享、功能综合的目的。

　　随着计算机技术、网络技术、控制技术等新兴技术的发展，飞行器飞行控制系统、航行器操纵控制系统，以及飞行器、航行器电子系统和机电系统等机载功能系统完成的功能也越来越多，性能也在不断提高，这些功能的实现依赖于机载计算机，而机载计算机系统是飞行器智能化及信息处理的中心，为整个飞行器、航行器提供完善的通信资源、计算资源和存储资源，这些资源的提供通过计算机系统中的处理器与外围的部件、模块之间相互协作实现，这就要求处理器与外围部件、模块之间，以及外围模块相互之间的通信具有高可靠性和高实时性的特点。在机载计算机系统中，需要一种高可靠的标准背板总线实现处理器与外围部件、硬件模块之间的互联互通，提升硬件模块之间数据通信的确定性和容错能力，并实现各硬件模块物理层接口的统一和标准化。

机载总线涉及两个方面。一方面是完成以现代数字计算机为核心的机载电子设备之间通信和数据信息传输的机载数据总线，机载数据总线也称为外总线，其特点是独立的机载电子设备之间的信息交换与数据传输，通常采用专用的电缆以串行的形式进行机载电子设备之间远距离通信，通过串行数据通信协议分时进行设备地址和数据信息的传输。

另一个方面是完成以现代数字计算机为核心的机载电子设备内部不同模块或板卡之间通信和数据信息传输的总线，计算机内部总线也称为内总线，在这种情况下，数据信息的传输是在电子设备内部进行的，通常以并行的形式在机载电子设备机箱内部进行模块或板卡之间通信，通过专用的地址信号线、数据信号线和控制信号线同时进行模块或板卡之间地址、数据和控制信息的传输。数据传输是在机箱内部的背板总线实现，具有传输距离短，传输速率高，延迟小等特点。

2009年，国防工业出版社出版了作者编著的《机载数据总线技术及其应用》一书，本书是《机载数据总线技术及其应用》一书的续篇，介绍了机载计算机系统内模块间进行通信的计算机内总线，阐明了目前在国内外飞行器上应用几种常见的LBE总线、VME总线、ARINC 659总线、并行接口总线PI、PCI/CPCI总线、Express PCI总线、RapidIO总线、Aurora协议等机载计算机内总线。

本书介绍机载计算机系统内模块间进行通信的计算机内总线，分析了它们的技术特点、协议规范、拓扑结构及通信接口设计方法，并给出了典型的应用实例。总线技术在很大程度上提高了飞机本身的性能，而且也扩大和提高了飞机完成任务的能力。

本书在总结机载总线技术的发展，结合作者近几年实际工作基础上，力求全面、系统介绍机载总线技术。重点突出机载总线的基础理论、标准，组成结构、通信协议和接口设计方面的系统性；深入说明机载总线通信和数据传输与总线控制方面的理论性，全面阐述机载总线在军民用飞机等类型的航空飞行器，运载火箭和通信卫星等类型的航天飞行器，以及舰船等类型的航行器上具体应用的实践性；描述了机载总线在最新的飞行器电子设备之间通信的数据总线，以及飞行器计算机内部模块之间进行数据信息传输的计算机内总线的先进性。

此书的出版对于发展我国的航空技术、航天技术、航海技术具有十分重要的理论意义和应用价值，可以很好地促进我国国防科技事业和武器装备建设的发展，更好地为国防现代化建设服务。因此，无论是对军民用飞行器、航行器设计人员，或者飞行操纵控制、机载电子、机载机电领域的工程技术人员，还是航空、航天、航海院校的学生以及航空、航天、航海爱好者来说，本书都有着很好的研究和参考价值。

本书特点

1. 内容丰富全面，结构完整

本书全面、系统、完整地介绍了机载总线技术，不但涉及在现代飞机这样的航空飞行器上应用总线，而且涉及在卫星这样的航天飞行器上应用总线，还涉及在现代舰船这样航行器上应用总线，甚至涉及汽车、高铁等运载工具上的应用总线。在航空、航天飞行器机载总线方面，还从机载计算机系统内总线方面，说明了通用计算机内总线 VME，在典型的民用飞机——波音 777 这样的飞机计算机应用的 ARINC 659 背板串行总线，在具有典型代表性的军用飞机 F-22 这样的飞机计算机应用的并行接口总线 PI，以及在现代先进飞机波音 787、空客 A380、空客 A350 这样的飞机计算机上应用的 PCI/CPCI 总线。

2. 从基础出发，具有广泛的适用性

机载总线及其控制、测试技术涉及多学科和众多应用。应用这一技术的科技人员和研究生中，除部分来自于电子、通信、计算机专业外，大部分来自其他不同的专业领域，缺乏通信和计算机网络方面的基础知识。虽然机载数据总线技术只是他们应用中使用的手段和工具，但是了解机载总线的基础知识，对于合理选择机载总线技术类型，快速、正确地掌握机载总线的基本原理和使用方法却大有益处。本书从介绍机载总线的发展历史及现状等基础知识开始，逐步深入介绍机载总线的拓扑结构、组成原理、总线协议，以及总线接口的设计等方面内容，不需要过多的专业知识。

3. 基础理论和机载总线技术相结合

本书从数据通信基础和计算机网络体系结构两方面，探讨了有关机载总线通信的一般内容，全面介绍了目前应用以及研究中的机载数据总线，在典型机载数据总线技术中，着重讨论了广泛应用于现代军民用飞机上的 LBE 总线、VME 总线、ARINC 659 总线、并行接口总线 PI、PCI/CPCI 总线、Express PCI 总线、RapidIO 总线、Aurora 协议等机载计算机内总线，读者可以有选择地参考。结合作者的经验来看，只要掌握了数据通信的一般内容并深刻剖析了一种机载总线技术，学习其他的机载总线技术便可举一反三。

4. 既突出技术特点，又兼顾协议标准

本书从内容上可以分为用于机载设备之间通信的数据总线，以及机载计算机

内部各独立模块或单元之间通信的内总线两部分。在介绍具体机载总线技术时，虽然采用了不同的方法，但是都围绕技术特点和协议标准进行。在介绍 LBE 总线、VME 总线、ARINC 659 总线、并行接口总线 PI、PCI/CPCI 总线、Express PCI 总线、RapidIO 总线、Aurora 协议等机载计算机内总线时，通过较完整的协议标准来说明上述机载数据总线的技术特点。由于总线标准内容较多，限于篇幅，本书不便覆盖协议的全部内容，因此，在介绍这种机载数据总线技术时，概括了主要技术内容，这也有利于读者抓住技术的核心内容。

5. 注重实际需要，选取典型开发实例

机载总线技术是一项实用的工程技术，本书中提供了一些简单开发实例的基本内容，便于读者实际开发时参照。对机载计算机系统内总线 LBE 总线、VME 总线、ARINC 659 总线、并行接口总线 PI、PCI/CPCI 总线、Express PCI 总线、RapidIO 总线、Aurora 协议等机载计算机内总线，全面分析了它们的技术特点、协议规范、拓扑结构及通信接口设计方法，并给出了典型的应用实例，讲述了实际应用最多的接口的设计方法。另外，本书中还使用了大量的图表，图注、表注也较多，供实际开发时参考。

本书结构

本书从机载计算机系统内模块间进行通信和数据传输方面介绍了目前广泛应用的机载计算机总线。第 1 章是概述，第 2 章是机载计算机总线，第 3 章是 ARINC 659 机载背板总线，第 4 章是 VME 机载计算机总线，第 5 章是 PI 机载计算机总线，第 6 章是 RapidIO 互联总线，第 7 章是 PCI/CPCI 机载计算机总线，第 8 章是 PCI Express 计算机总线，第 9 章是 Aurora 机载计算机总线协议。

参加本书编写的同志有支超有、张军红、吴佳驹、张靖、黑文静、杨明、李育等，赵安安、江飞鸿、杨锋完成全书的审校，此外，王文升、刘贡平、李霞、李美玲、何坤、雷攀、范军华、赵迪等人也参加了本书的编写工作。

本书由唐长红院士负责全书结构内容的规划，并对本书进行了审阅和最终定稿。

致谢

在本书编写过程中得到了航空工业集团公司唐长红院士的热情指导和帮助，得到了航空工业集团公司第一飞机设计研究院、国防工业出版社、中国计算机自动测量与控制技术协会等单位的热情帮助，在此对他们表示衷心感谢！

由于作者水平所限，加之时间紧迫，错误和不妥之处在所难免，敬请读者批评指正。同时也希望通过本书的出版，结识更多业内的同行和企业，加强联系和合作，共同促进国内机载总线技术的发展。作者联系邮箱：zchaoyou@163.com。

目 录

第1章 概述 ·· 1
  1.1 机载电子系统与机载总线 ·· 1
    1.1.1 机载电子系统发展演变 ·· 1
    1.1.2 综合模块化系统 ·· 5
  1.2 互联总线的基本要求 ·· 9
  1.3 互联总线发展 ··· 11
  1.4 本章小结 ··· 15
  参考文献 ·· 16

第2章 机载计算机总线 ·· 17
  2.1 ARINC 659 机载计算机总线 ·· 17
  2.2 VME 机载计算机总线 ··· 18
  2.3 PI 机载计算机总线 ·· 21
  2.4 RapidIO 互联总线 ·· 22
  2.5 PCI & CPCI 机载计算机总线 ······································ 23
  2.6 PCI Express 计算机总线 ··· 24
  2.7 Aurora 协议 ·· 25
  2.8 LBE 机载计算机总线 ·· 26
  2.9 机载数据总线对比 ·· 28
  2.10 本章小结 ·· 29
  参考文献 ·· 29

第3章 ARINC 659 机载数据总线 ·· 30
  3.1 ARINC 659 总线技术综述 ··· 30
  3.2 ARINC 659 总线协议特征 ··· 35
    3.2.1 介质访问 ·· 35

3.2.2 同步 36
3.2.3 容错 36
3.2.4 双总线冗余检测与纠错 36
3.2.5 表驱动访问机制 38
3.2.6 帧组织结构 38
3.3 ARINC 659 总线活动 39
3.3.1 基本消息 39
3.3.2 主后备消息 39
3.3.3 短同步消息 40
3.3.4 长同步消息 41
3.3.5 初始化同步消息 44
3.4 ARINC 659 总线物理层协议 44
3.4.1 接口信号 44
3.4.2 电气特性 47
3.4.3 总线编码 49
3.4.4 物理隔离 51
3.5 ARINC 659 总线数据链路层协议 51
3.5.1 表驱动均衡访问的通信机制 51
3.5.2 窗口的概念 53
3.5.3 帧的定义与组织 54
3.5.4 同步机制 54
3.6 ARINC 659 总线帧描述语言 57
3.6.1 命令汇总 57
3.6.2 命令详解 58
3.6.3 帧组织 62
3.6.4 ARINC 659 命令表说明 62
3.6.5 帧的命令描述示例 63
3.6.6 通信机制 64
3.7 本章小结 65
参考文献 65

第 4 章 VME 机载计算机总线 66
4.1 VME 总线结构 66
4.2 VME 数据传输总线 69
4.2.1 数据传输总线的类别 69

4.2.2　主设备和从设备 ………………………………………………… 71
　　4.2.3　块传输性能 ……………………………………………………… 72
　　4.2.4　典型的数据传输周期 …………………………………………… 72
4.3　仲裁总线 …………………………………………………………………… 74
　　4.3.1　仲裁的基本原理 ………………………………………………… 74
　　4.3.2　仲裁总线基本结构 ……………………………………………… 74
　　4.3.3　仲裁子系统的组成 ……………………………………………… 77
4.4　优先权中断总线 …………………………………………………………… 79
　　4.4.1　中断子系统 ……………………………………………………… 79
　　4.4.2　优先级中断总线信号线 ………………………………………… 79
　　4.4.3　优先级中断总线模块 …………………………………………… 80
4.5　VME 总线接口设计 ……………………………………………………… 83
　　4.5.1　基于 SCV64 的 VME 总线接口 ………………………………… 83
　　4.5.2　基于 VIC068A/VIC64 总线接口 ………………………………… 88
　　4.5.3　总线控制器设计实例 …………………………………………… 93
4.6　本章小结 …………………………………………………………………… 98
参考文献 …………………………………………………………………………… 99

第5章　PI 机载计算机总线 …………………………………………………… 101
5.1　前言 ………………………………………………………………………… 101
5.2　PI 总线技术基础 …………………………………………………………… 102
5.3　PI 总线协议 ………………………………………………………………… 108
5.4　PI 总线消息传输 …………………………………………………………… 110
5.5　PI 总线接口 ………………………………………………………………… 113
5.6　本章小结 …………………………………………………………………… 117
参考文献 …………………………………………………………………………… 117

第6章　RapidIO 互联总线 …………………………………………………… 119
6.1　前言 ………………………………………………………………………… 119
6.2　RapidIO 总线技术及其特点 ……………………………………………… 120
　　6.2.1　RapidIO 总线技术发展 ………………………………………… 121
　　6.2.2　RapidIO 总线特点 ……………………………………………… 122
　　6.2.3　RapidIO 总线拓扑结构 ………………………………………… 123
6.3　RapidIO 协议包 …………………………………………………………… 124
　　6.3.1　RapidIO 协议结构 ……………………………………………… 125
　　6.3.2　RapidIO 包格式 ………………………………………………… 126

6.4 RapidIO 分层协议 ·········· 128
  6.4.1 RapidIO 逻辑层协议 ·········· 128
  6.4.2 RapidIO 传输层协议 ·········· 130
  6.4.3 RapidIO 物理层协议 ·········· 133
6.5 RapidIO 总线操作 ·········· 140
  6.5.1 RapidIO 操作流程 ·········· 140
  6.5.2 读操作 ·········· 142
  6.5.3 写操作和有响应写操作 ·········· 144
  6.5.4 流写操作 ·········· 144
  6.5.5 原子操作 ·········· 145
  6.5.6 维护操作 ·········· 145
  6.5.7 数据对齐 ·········· 146
  6.5.8 门铃操作 ·········· 147
  6.5.9 消息操作 ·········· 147
  6.5.10 全局共享存储器规范 ·········· 149
6.6 RapidIO 接口设计 ·········· 149
  6.6.1 总体设计方案 ·········· 149
  6.6.2 SRIO 核及其参数设置 ·········· 152
  6.6.3 IP 核接口信号 ·········· 157
  6.6.4 SRIO 接口的设计与实现 ·········· 161
  6.6.5 SRIO 事务操作及程序设计 ·········· 164
6.7 本章小结 ·········· 169
参考文献 ·········· 169

第 7 章 PCI/CPCI 机载计算机总线 ·········· 173

7.1 PCI/CPCI 在现代飞行器应用 ·········· 173
  7.1.1 空客 A380 和 A350 客机计算机总线 ·········· 173
  7.1.2 波音 787 客机计算机总线 ·········· 176
7.2 PCI 总线接口定义 ·········· 179
  7.2.1 PCI 总线简介 ·········· 179
  7.2.2 PCI 总线接口定义 ·········· 181
7.3 PCI 总线命令 ·········· 186
7.4 PCI 总线协议 ·········· 188
7.5 PCI 总线操作与数据传输 ·········· 192
7.6 PCI 总线仲裁与总线配置 ·········· 195

7.7 CPCI 计算机总线 ………………………………………………… 203
　　7.7.1 CPCI 总线简介 ……………………………………………… 203
　　7.7.2 CPCI 规范 …………………………………………………… 205
　　7.7.3 CPCI 总线特点 ……………………………………………… 209
　　7.7.4 CPCI 控制方式 ……………………………………………… 214
7.8 PCI/CPCI 总线接口设计 ………………………………………… 215
　　7.8.1 基于 PCI 9054 的 PCI 总线接口设计 ……………………… 215
　　7.8.2 基于 PCI 9656 的 PCI/CPCI 总线接口设计 ……………… 223
　　7.8.3 PCI/CPCI 总线接口应用实例 ……………………………… 227
7.9 本章小结 ………………………………………………………… 237
参考文献 …………………………………………………………… 238

第8章 PCI Express 计算机总线 ………………………………… 240

8.1 PCI Express 总线简介 …………………………………………… 240
8.2 PCI Express 总线的特点 ………………………………………… 241
8.3 PCI Express 总线拓扑结构 ……………………………………… 242
8.4 PCI Express 总线的体系结构 …………………………………… 245
8.5 PCI Express 总线协议规范 ……………………………………… 249
　　8.5.1 PCI Express 总线数据包 …………………………………… 249
　　8.5.2 PCI Express 总线 Ack/Nak 链路传输协议 ………………… 257
　　8.5.3 PCI Express 总线仲裁与 QoS ……………………………… 259
　　8.5.4 PCI Express 的配置空间 …………………………………… 259
8.6 PCI Express 总线接口设计 ……………………………………… 261
　　8.6.1 PCI Express 总线接口信号分析 …………………………… 262
　　8.6.2 PCI Express 总线接口设计 ………………………………… 263
8.7 PCI Express 总线接口实例 ……………………………………… 266
　　8.7.1 组成结构与实现原理 ……………………………………… 266
　　8.7.2 收收/发送硬件组成 ………………………………………… 272
　　8.7.3 接收通道设计 ……………………………………………… 275
　　8.7.4 发送通道设计 ……………………………………………… 277
8.8 本章小结 ………………………………………………………… 278
参考文献 …………………………………………………………… 279

第9章 Aurora 机载计算机总线协议 …………………………… 281

9.1 Aurora 协议简介 ………………………………………………… 281
9.2 Aurora 协议分析 ………………………………………………… 283

9.2.1 Aurora 实现 …………………………………… 283
9.2.2 Aurora 数据分类 ………………………………… 285
9.2.3 8b/10b 数据传输 ………………………………… 287
9.2.4 64b/66b 数据传输 ………………………………… 290
9.3 SerDes 技术 ……………………………………… 293
9.3.1 SerDes 简介 ………………………………… 293
9.3.2 常见架构 …………………………………… 294
9.3.3 8b/10b 架构 ………………………………… 295
9.3.4 性能特点 …………………………………… 297
9.3.5 设计实现 …………………………………… 298
9.4 Rocket IO 技术 …………………………………… 299
9.5 Aurora 通信接口设计实现 ………………………… 305
9.5.1 物理层设计 ………………………………… 306
9.5.2 数据链路层设计 …………………………… 308
9.6 本章小结 …………………………………………… 311
参考文献 …………………………………………………… 312

第1章 概 述

机载数据总线技术是现代先进飞行器、航行器电子系统最重要的关键技术之一，机载电子系统的发展对机载数据总线不断提出新的要求，促进了机载数据总线的发展，机载数据总线决定了机载电子系统综合化程度的高低。数据总线作为机载电子系统的"骨架"和"神经"，对机载电子系统起着至关重要的作用，特别是与航空电子技术的发展同步进行，相互促进。60多年来，飞行器机载电子系统对数据总线的性能提出了越来越高的要求，数据总线的性能、传输协议和系统结构都在发生着深刻的变化。

机载数据总线实现机载设备的互联通信，完成机载设备之间的数据信息的传输与交换。按照机载数据总线应用对象是民用飞行器还是军用飞行器，常见的有民用机载数据总线和军用机载数据总线。通常，机载数据总线是指完成机载设备之间数据信息的传输交换介质。另外，在机载设备内部模块之间进行信号、信息的传输是通过设备（以计算机为核心的控制或数据信息处理设备）内部总线实现的，后者通常称为内总线或背板总线。

1.1 机载电子系统与机载总线

1.1.1 机载电子系统发展演变

以航空电子系统为代表的机载电子系统大致经历了4个阶段的发展：分立模拟式结构、分布式数字结构、联合式数字结构及模块化高度综合集成结构。从最初的模拟式系统发展到数字化、软件化的系统，进而又发展到智能化、一体化系统的阶段。与此同时，针对综合机载电子系统的体系结构的研究也一直在开展，因为不同的结构决定着不同层次的综合化，而综合化的要求又反过来驱动着结构的发展。系统结构相应地经历了分立、联合、综合以及先进综合4个阶段的发展，其综合方式从"功能综合"发展到"结构综合"的阶段。

图1-1所示为从20世纪60年代到现在，机载电子系统组成结构的发展演变过程。

机载电子系统结构发展演变过程中，伴随着机载总线技术的发展，图1-2是机载数据总线的发展变化。

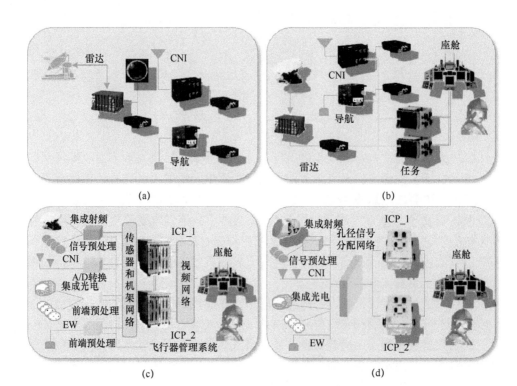

图 1-1 机载电子系统组成结构发展演变

（a）分立式架构航空电子系统；（b）联合式架构航空电子系统；
（c）综合式架构航空电子系统；（d）先进综合式架构航空电子系统。

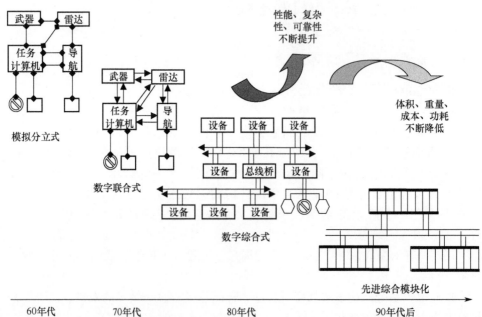

图 1-2 机载数据总线发展

机载电子系统发展的第一阶段为分立式机载电子系统，也可称为模拟式机载电子系统，分立式模拟结构主要为20世纪60年代的产品。在这种结构中，通信、导航和识别等设备均有相互独立且专用的传感器、处理器和显示设备等。系统各主要单元之间通过硬线采用点对点的方式连接，没有采用数据总线。这种结构的直接结果是飞机上布有大量离散硬线，当需要改动时，系统很难修改。另外，这类早期设备体积非常庞大、笨重，导致可靠性不高。

它具有以下几个特点。

（1）各子系统都有各自的传感器、控制器和专用计算机等设备，没有实现统一控制的中心处理器，缺乏灵活性。

（2）系统很难实现大量的数据交互。

（3）所有的升级都需要通过改进硬件来实现。这类结构典型的飞机包括F-l0l、波音707、VC10、BAC1-11等。

机载电子系统发展的第二阶段为联合式机载电子系统，也可称为混合式机载电子系统。20世纪70年代，随着数字计算机的不断成熟，数字计算机被用于航空集成系统，航空系统各主要功能单元都使用了各自的数字计算机及内存，航空综合集成结构进入到分布式数字结构时代。但早期的数字计算机体积庞大、计算速度慢、存储容量受限，很难重编程。这个时代的一个重要技术进步是出现了数字数据总线ARINC429及Tornado串行总线，这些总线允许飞机的主要处理单元之间传输重要的数据信息，使得导航、武器跟瞄系统等性能指标大幅提升。

联合式机载电子系统通过1553b等信息传输总线将各自相对独立的航空电子设备进行互联，并实行统一的信息调度和系统管理，实现了信息资源的共享。该结构改变了传统的分立式系统的结构方式，初步建立了模块化的结构方式，解决了系统功能和处理功能之间的综合问题，是"数字式航空电子信息系统"概念的初步体现。它具有以下几个特点。

（1）各子系统相对独立。

（2）软件的模块化设计，便于维护、更改和功能扩充。

（3）具有统一的信息调度和系统管理，初步实现资源共享。

然而，该系统结构仍然存在很多不足。

（1）系统综合仅仅是针对显示和控制的综合，各子系统仍使用各自专用的软硬件资源，综合化程度低。

（2）数据总线带宽很难满足新系统对信息传输的要求。

（3）系统使用总线控制器实现集中控制，缺乏健壮性。

综上所述，联合式系统结构只是实现各子系统间综合的第一步，是向综合化结构过渡的一种形态。20世纪60年代至70年代，这种系统结构开始得到推广，现已在美国等国成为成熟的技术，广泛应用于各现役战机中，采用这种体系结构的飞机主要有 F-16C/D、F-15E、F-18、"幻影" 2000、Jaguar、Tomado、波音 737、波音 767、波音 777 等。

机载电子系统发展的第三阶段为综合化机载电子系统，随着微电子技术的迅猛发展，20 世纪 90 年代，机载电子系统集成进入到一个全新的结构——模块化高度综合集成结构。在该结构中，传统的独立电子装备已经不再存在，取而代之的是将传统的独立电子装备作为一个整体进行统一设计，在质量、成本大大降低的同时，各分系统之间灵活性大幅提升，使得系统不但在物理域上取得发展，而且在信息域、认知域上取得了质的飞跃。

该系统采用了模块化的航空电子综合系统结构，将整个系统划分为 4 个功能区，分别是传感器子系统、数字信号处理、任务处理和飞机管理。它具有以下几个特点。

（1）系统功能的分区实现，将整个系统按功能进行横向分区，在每个横向分区上实现更深层次的综合。

（2）开始采用模块共用、容错和重构等设计思想，用以满足新系统的更高要求。

（3）各子系统使用 1553b 和 HSDB（高速数据总线）进行互联，实现了数据传输的高速化。

（4）系统的硬件基础建立在现场可更换单元（LRU）上，通过少量的 LRU 就可完成几乎全部的信号和数据处理。

与第二阶段结构相比，模块化机载电子系统结构（MASA）的应用使得系统在二级维护、容错以及重构能力方面都得到了很大提高，其综合化程度也得到了进一步提升。20 世纪 80 年代中期，美国"宝石柱（Pave Pillar）"计划机载电子系统采用了综合功能子系统，并实现了任务信息和数据的综合处理，是该阶段的典型代表。目前，已广泛应用于美国 F-22、RAH-66 轻型攻击等最新一代战斗机。

机载电子系统发展的第四阶段为先进综合化机载电子系统，它是在第三阶段基础上进行了增强和扩展，实现了传感器信号处理的进一步综合，并在信号处理群集器中应用了通用模块技术。它具有以下几个特点。

（1）采用统一的航空电子网络架构，实现传感器功能及信号处理功能的综合化。

（2）实现中频数字化和利用光信号在射频设备中进行数据传输。

（3）扩展了综合化的范围，实现了更深层次的综合。

（4）实现各子系统处理功能的综合（通用处理模块、动态重构）。

20 世纪 90 年代初，美国"宝石台（Pave Pale）"机载电子系统便是该阶段的典型代表，它已应用于 21 世纪的美国新一代军用飞机，代表机型为美国 JSF 联合攻击战斗机。

1.1.2 综合模块化系统

综合模块化概念最早源自于美军的 F-22、F-35 等先进战机，同时，在 20 世纪 90 年代初期的商用喷气式飞机中综合模块化机载电子系统也得到应用，综合模块化代表未来机载电子发展的方向。

国外航空界很早就意识到降低航空信息平台成本的潜在途径在于使用大规模综合集成化处理技术。早在 20 世纪 80 年代末期，国外航空界开始努力开发设计下一代高度综合集成化航空体系结构。在军用飞机领域，美国从 80 年代末期开始了F-22的研制，90 年代末期开始了 F-35 及"全球鹰"综合集成系统的研制。欧洲联合标准航空结构委员会围绕着 IMA 开放式体系结构，制定了一系列的硬件、软件技术标准（Allied Standard Avionics Architectures Council，ASAAC）；在商业飞机领域，波音 777 飞机信息管理管理系统（Aircraft Information Managemenl System，AIMS）是第一架采用高度集成计算机体系结构的综合集成系统。

1.1.2.1 F-22 综合集成系统

为维护美国空军在 21 世纪空中绝对优势，实现"先敌发现、先敌攻击、先敌杀伤"的作战目标，美国空军于 80 年代末开始了 F-22 战机研制工作，美国联合集成航空工作组（Joint Integrated Avionics Work Group，JIAWG）制定了通用 JIAWG 结构，如图 1-3 所示，主要用于 3 个飞机项目的开发，即美国空军先进战斗机/F-22Raptor、美国海军先进战术飞机/A-12（1990 年取消）和美国陆军 RAH-66 科曼齐直升机（2004 年取消）。

为取得足够的空中优势，F-22 将"先敌发现、先敌攻击、先敌杀伤"作为设计目标之一，强调超视距态势告警功能（包括目标检测、目标定位、目标识别），强调从多个传感器收集数据及对这些数据信息进行融合处理并形成高置信水平、高精度目标轨迹，从而使战机的整体作战性能得到新的飞跃。其先进的传感器轨迹融合算法及"智能"传感器任务管理算法是实现这种飞跃的基础。

F-22 模块化高度综合集成体系结构为其强大的超视距态势告警功能奠定了坚实的物质基础。F-22 航空体系结构划分为 7 个部分，分别为核心处理机（CIP）、通信/导航/识别、电子战、雷达、惯导、存储管理及显示控制，如图 1-4所示。射频传感器原始数据经过预处理、数字化后，通过 400Mb/s 光纤路由到 CIP 中，在 CIP 中完成原始数据处理，并生成传感器级轨迹，传感器级轨迹经进一步融合处理后，生成最终目标轨迹后通过光纤总线送往显示器。

由 Raytheon 系统公司开发的 CIP 是整个 F-22 航电系统的核心，F-22 航电系统安装了两个 CIP，并预留位置安装第三个 CIP 以便功能升级及扩展。每个 CIP 包括 66 个 SEM-E 插槽，为便于功能扩展，目前模块数量仅占 2/3。由于大量采用通用设计，模块种类仅有 13 种。

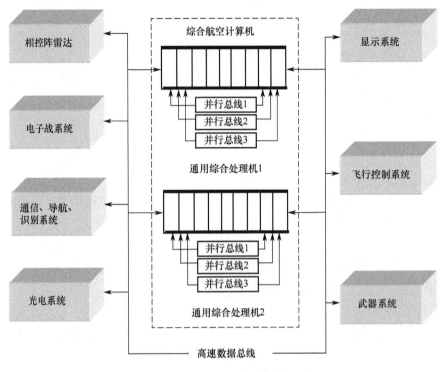

图 1-3 JIAWG 顶层结构

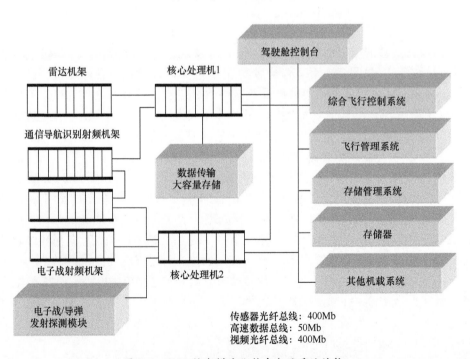

图 1-4 F-22 综合模块化航空电子系统结构

互联总线是构建 F-22 模块化高度综合集成航电系统的关键，是实现其先进信息融合功能的技术保障，总线类型包括以下几种。

(1) 400Mb/s 传感器光纤总线，用于 CIP 与原始传感器数据连接。

(2) 400Mb/s 显示光纤总线，用于 CIP 与显示连接。

(3) 50Mb/s 高速数据光纤总线（HSDB），用于 CIP 之间、CIP 与大容量存储之间互联。

(4) 50MB/s 的 PI 总线（32 位、带校验），用于 CIP 内部模块间互联。

(5) 军用 1553b 总线用于与武器、飞控系统之间互联。

(6) 6.25MB/s 的 TM 总线用于测试。

每个 CIP 分成 3 个 PI 总线段，每段支持 22 个模块插槽，3 个 PI 总线段之间通过网关互联，3 个 CIP 之间通过 HSDB 总线星型互联。

信号在 CIP 中的处理流程如下：传感器前端预处理后的射频及非射频数据通过 400M FOTR 线发送到 FNIU 模块，FNIU 模块将这些原始传感器数据实时路由到 GBM 模块临时缓存。然后，信号处理/数据处理模块通过数据传输网络（DN）从 GBM 中抽取出相关数据处理，处理后的结果通过 PI 总线送往其他模块进一步处理。原始传感器信号及数据流容量较大，将对 PI 总线负载及吞吐率带来潜在的容量问题，因此，事实上设计有专门的"后门"（DN 总线）将原始传感器数据发送到对应的信号/数据处理模块。

1.1.2.2　F-35 综合集成系统

从 1993 年启动论证，F-35 最初从 383 个计划研究点开展论证工作，涉及的范围包括计算机科学、电子器件、集成航空、综合显控、传感器等众多领域。在 1995 年 5 月最终确定核心处理、综合射频系统、综合光电、综合武器及精确目标寻的 4 个研究领域。1996 年至 2000 年开展先期概念验证。

F-35 制定的主要设计目标如下。

(1) 具备可成长性及可重配性，软、硬件可升级而不影响系统的其他部分。

(2) 具备可互操作性。

(3) 对供应商生产线关停不敏感。

(4) 具有鲁棒操作及优雅降级能力。

F-35 将综合航电系统划分为 8 个域，分别为飞行员人机接口、在线传感器、火控、外部通信、任务、诊断及健康检测管理、核心处理、数据收集。其系统包括 CNI、雷达、EW、ICP、显示、飞控灯分区，其中核心处理机包括 2 个液冷机箱，提供大于 25 个模块插槽，内部总线采用 RapidIO 及 FC 总线通信，通过空余槽位及模块自身更新支持系统功能升级。核心处理机主要包含 7 种模块类型，分别为通用处理模块、I/O 通用处理模块、信号处理模块、I/O 信号处理模块、图像处理模块、FC 交换模块、电源供电模块等。

1.1.2.3 "全球鹰"综合集成系统

"全球鹰"综合航电集成系统是另一个成功的模块化高度综合航空电子信息系统例子,该系统已成功完成了多项新技术更新及新功能插入,如图 1-5 所示。

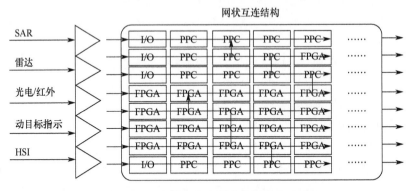

图 1-5 "全球鹰"综合模块化航空电子系统

"全球鹰"要求综合航电系统采用网状互联结构,集成系统具备可编程、可扩展、可重构特性,实现大量的传感器数据在飞行过程中实时在线处理。早期的"全球鹰"综合航电集成系统采用 Race++@266MB/s 传输总线,目前已升级到并行 RapidIO@622MB/s 传输总线。

(1) 全球鹰需求:可编程、可扩展、可重构。

(2) 快速的音视频处理 = 更多的数据 = 更快的流处理能力。

(3) 在线处理,或者将数据下载处理。

(4) 互联:先前水银公司的 MP-510 采用 RACEWay++,速率 266MB/s,半双工 正在升级到并行 RapidIO,速率为 266MB/s,约提升 6 倍。

"全球鹰"综合航电集成系统处理机采用 Mercury 公司的 PS7000 系列处理机,具备 24 个 4U 槽位,可容纳 120 个 PPC7447A 处理器,4 个 8U 带有 XMC、PMC I/O 的交换槽位。"全球鹰"核心处理机具备的主要性能指标:峰值运算能力 960Gflops,最大内存 120GB,峰值交换能力 60GB/s,传感器 I/O 吞吐能力 16GB/s。

1.1.2.4 波音 777 飞机综合信息管理系统

波音 777 的 AIMS 系统核心单元由 2 个机箱组成,每个机箱包括 4 个核心处理模块(CPM)及 4 个 I/O 模块(IOM),并预留 1 个 CPM 插槽及 2 个 IOM 插槽用于升级扩展。图 1-6 所示为 AIMS 机箱内部功能框图。通用的核心处理模块 CPM#1、CPM#2 主要完成的功能包括图形显示、数据转换网关等。CPM#3 主要完成的功能包括飞机状态监视、飞行管理、数据转换网关等。CPM#4 主要完成的功能包括通信管理、飞行面板管理、飞行数据捕获、维护中心、快速数据记录等。

第1章 概　述

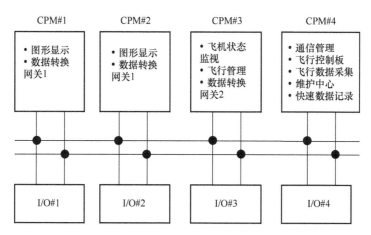

图 1-6　AIMS 内部互联结构

图 1-7 所示为 AIMS 外形，其中左边机箱仅用于冗余备份。AIMS 共享平台共享资源包括通用处理器及机械结构、通用输入输出端口、电源模块及机械结构、通用背板总线（SAFE Bus）、通用操作系统、BIT 测试及基础软件。

图 1-7　AIMS 机箱外形

AIMS 机箱内部各模块之间通过双冗余传输速率为 60Mb/s 的"安全"总线（SAFE Bus 总线）通信，机箱之间通过 4 条 ARINC629 串行总线通信。每条"安全"总线具有 4 条完全冗余的数据通道，4 个数据通道不断地进行实时比较，以便检测并及时隔离总线故障。

1.2　互联总线的基本要求

模块化综合集成系统将传统的多个独立功能设备作为一个整体进行设计，在模块级进行高度综合集成。模块化综合集成系统设计首先需要解决的基本问题是：如何在一个相对复杂的系统中实现模块与模块之间、模块内芯片与芯片之间数据和控制命令的有效传输，如何方便地支持新的模块插入。因此，模块化综合集成系统的实现在很大程度上取决于先进的系统互联技术。

基于商业系统互联技术的进步、降低系统成本、提升系统灵活性等方面的设计考虑，早在1994年，JAST体系结构计划就决定采用先进的统一数字总线互联技术，以取代当时飞机上种类繁多的互联总线。图1-8所示为JAST体系结构的一个典型的集成航空系统示意图。该系统采用统一的系统互联技术完成以前多种独立的互联总线功能，如取代F-22体系结构中种类繁多的并行总线、数据网络、测试维护总线、高速数据总线、传感器/视频/机架间互联总线等。

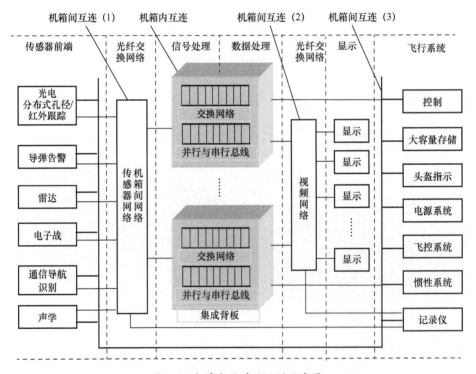

图1-8　机载电子系统互联示意图

模块化综合集成系统对互联总线的基本特性要求如下。
（1）具有高的传输带宽。
（2）具有低的传输时间延迟及传输抖动。
（3）支持消息传输/内存映射模式。
（4）可方便地从小规模扩展到大规模。
（5）支持串行/低的并行管脚数量。
（6）支持分布式/中心交换结构。

(7) 支持电/光物理层。
(8) 对传输距离相对不敏感。
(9) 具有高的可靠性，支持系统容错。
(10) 支持实时计算。
(11) 具有较低的成本。

1.3 互联总线发展

随着对于计算机的处理器性能不断提升，高性能的嵌入式系统也在不断发展，CPU 内核性能与总线带宽之间的差距不断扩大。芯片间及板间的相互通信对于带宽、成本和灵活性以及可靠性的要求也随着越来越高，然而，对于总线的要求相比较于当前的处理器总线、PCI 总线和以太网现有的几种总线标准所采用的互联方式，都很难再满足于高带宽高灵活性以及高可靠性和成本低的需求。对总线性能的需求已经成为计算机技术发展的关键之一，当然，除了对于处理器性能的需求之外，计算机对于能够兼备高速设备性能需求的数据原始带宽以及对于系统并行处理的需求也是关键的因素。

在嵌入式系统中的 DMA 技术和多操作技术的研究成果对于系统中带宽的要求有极大的提高，最初的处理器与外部设备之间一般为采取同享分层总线，不同的元器件对于系统性能要求并不总是相同，一般来说，器件处理信号能力低的大多采用低性能的总线，相对处理信号能力高的元器件则采用相对高性能的总线，然后，可以选取低性能元器件使能到高性能的总线上，并按照元器件对与性能的要求，相对于采取适合这种情况的总线，这样相互之间的处理信号的能力就能够得到很大提升。

在数字信号处理系统中，随着器件与器件之间的数据交互量增加，计算机系统对处理能力的要求也相应增高，只有利用多种芯片并行处理的方式才能大幅地满足系统对于处理器处理性能的要求，因而产生了系统互联技术。传统的总线互联方式分为总线同享互联和端点对端点的接口互联。端点对端点的互联方式可以独立操控每个器件的其中某一个数据交互通道，但是点对点互联有一定的弊端，即采用的是传统的接口，而传统的接口因为数据带宽有限，所以点对点互联并不适用于系统中任意器件。共享总线是多个器件之间的分享共同的带宽，但是总线共享对于互联器件数据传输的效率有所下降。

传输总线日益成为影响系统性能进一步提升的"瓶颈"，针对这一"瓶颈"，人们对传输总线技术的研究不断加深。由于传统总线存在瓶颈，迫切需要用于提升数据传输速率新的总线。因而，实现系统互联的 RapidIO 总线技术便应运而生，无论是在可靠性还是性能方面均满足了当时的客观需求。

总线技术发展可分为 3 个阶段，如图 1-9 所示。第一阶段为 20 世纪 80 年代出现的并行共享总线方式，如 VME、PCI，最大峰值传输速率为 33MHz。第二阶段为 20 世纪 90 年代出现的总线桥扩展方式，如 PCI-X。第三阶段为 2000 年前后出现的新一代高速串行点到点交换网络总线，如 Raceway、StarFabric、FC、RapidIO等。

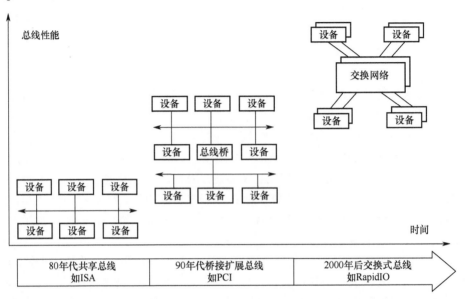

图 1-9　互联总线技术的发展

近年来，系统互联技术发展的一个显著特征是向工作频率高于 1GHz 的高速串行总线发展，以取代传统的已经使用了近 40 年的并行共享总线技术。新的系统互联技术的出现为模块化综合集成系统的设计提供了更高的传输带宽及更大的灵活性。传统的并行总线与新一代的高速串行总线的主要区别如下。

（1）传输带宽不同。传统的并行共享总线方式总传输能力受限，并且随着节点数目的增多，传输性能呈下降趋势。如在计算机系统中常用的 PCI 总线，总线时钟为 66MHz 时，仅能提供 264MB/s 的峰值传输速率和低于 100MB/s 的持续传输速率。新一代的高速串行交换总线传输能力随着节点数目的增多，传输性能显著提高。对于传统的并行总线，随着节点数的增多，总带宽基本保持不变，而基于交换网络的高速串行总线随着节点数的增多，总传输带宽线性增加节点数达到 16 个时，高速串行总线交换带宽达 1200MB/s。

（2）阻塞情况不同。在传统的并行总线（如 PCI）上，事务对总线的使用是串行的，即总线上正在处理的事务会在整个时间段内占用总线，阻塞了其他事务对总线的使用。高速串行交换总线可并发工作，多个事务可同时使用总线，不存在阻塞情况。

（3）时间确定性不同。在传统的并行总线上（如 PCI），由于竞争关系，事务的处理时间是无法预知的。高速串行交换总线事务处理时间可达微秒级，时间抖动也是可预知的。

（4）可靠性不同。传统的并行共享总线位宽，占据的管脚数量大，并且所有节点的总线并联在一起，任何一个节点上的某位总线短路将导致整个系统故障，基本可靠性极差。新一代的高速串行交换网络总线节点互不关联，任何一个节点的故障仅限制在局部节点，故障不扩散，具有极高的可靠性。

（5）系统集成效率不同。传统的并行系统互联总线与新一代的高速串行系统互联总线在工作方式、物理特性、传输带宽等方面的显著不同，导致模块化综合系统的集成效率显著不同。随着模块化综合系统集成的功能项越来越多，系统越来越复杂。为降低系统集成的复杂型，模块化综合系统集成的一个重要设计方向是保证功能线程之间无关，即新的功能加入，不影响已集成的其他功能线程。传统的并行系统互联总线，各功能线程相互竞争，当集成新功能时，新功能与先前集成的其他功能线程将产生新的总线竞争响应模式，从而导致整个系统需要重新集成调试，增加了系统集成的复杂性。新一代的高速串行系统互联总线，当集成新功能时，新功能与先前集成的其他功能线程相互独立，无竞争关系，从而大幅度简化了系统集成的复杂性，提高了系统集成效率。

随着技术的不断进步，涌现出 RapidIO、PCIe、Hyper Transport、InfiniBand 为代表的新兴互联技术，它们的应用领域互相交叉且各有侧重，很好地满足了未来互联市场的需要。以 RapidIO 为代表的新兴互联技术，采用可靠的流量控制，滞后写请求以及虚拟信道等技术，保证系统获得平稳的数据流，避免被其他事务阻塞，完成系统事务，克服传统总线的种种弊端。新的互联技术还支持多设备并行访问，这些新兴标准满足芯片间的通信，存储网络（SAN）、局域网络（LAN）和广域网络（WAN）间的所有系统需求，很好地解决了高速传输问题。

Infini Band 技术是由 Future IO 和 NGIO 组合而成的技术，它将复杂的 I/O 系统与 CPU 分开，保证了 I/O 子系统的独立性，是一种支持多链接的线缆转接技术。其主要应用于存储网络互联，可以使 30m 内的计算机互联，还可以直接和光纤通道连接，构建庞大的集群系统，在系统网络上，可通过消息通道来远程访问存储器系统。

Hyper Transport 技术基础是 LDT 技术，是一种基于报文交换的点对点互联，其主要应用于板级集成电路（IC）互联，在大型并行计算机群、嵌入式等系统中，解决相互之间的通信问题。PCIe 是 PCI Express 的简称，是在 NGIO 基础上发展起来的，是一种点到点串行技术，采用低电压差分信号接口电路和时钟数据恢复技术。PCIe 支持 64 位地址空间寻址、基于信用的流量控制、在事务层和链路层有两级 CRC 校验，采用频率带宽可变等技术实现 I/O 带宽的线性扩展。目前，PCIe 技术的应用市场主要在计算机、服务器和嵌入式设备上。RapidIO 技术是由飞思卡尔公司和水星计算机公司研发的互联技术，是一种可靠性高、带宽大的高速总线技术。RapidIO 技术采用 3.3V 低电压差分信号电路,支持 lx/4x 串行接口,主要用于远程数据传输。RapidIO 技术的应用主要集中在嵌入式设备间的内部互联,如多处理器(Multi Processor)的互联。RapidIO 总线技术发展见表 1-1。

表 1-1 RapidIO 总线技术发展

时间	标志性进展	时间	标志性进展
2004 年 8 月	发布组播及数据流规范	2000 年 2 月	RapidIO 联盟宣布成立
2003 年 9 月	发布流控扩展规范	1999 年秋	完成 1.0 规范
2002 年 6 月	完成 1.2 规范,并发布	1998 年 8 月	摩托罗拉公司与水银计算机公司合作
2001 年 11 月	发布串行物理层规范	1997 年 6 月	摩托罗拉公司发布下一代互联技术
2001 年 3 月	发布 1.1 规范,并发布		

RapidIO 总线协议发展如图 1-10 所示。

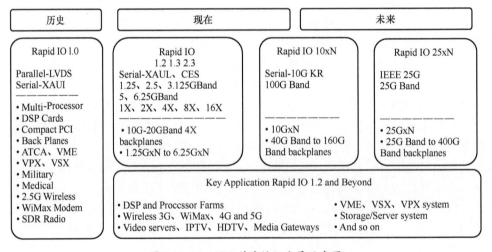

图 1-10 RapidIO 总线协议发展示意图

串行 RapidIO 相对其他标准具有以下特点。

(1)具有可扩展的频率和接口宽度,目前 RadpidIO 2.0 规范已经能够支持 5 种通道宽度(lx、2x、4x、8x 和 16x)和 5 种速率(1.25Gb/s、2.5Gb/s、3.125Gb/s、5Gb/s 和 6.25Gb/s)的选择。

(2)具有灵活的拓扑结构,允许点对点的传输。

(3)具有三低特性(引脚数低、功耗低、延迟低)。

(4)具有一套非常丰富的事务类型。

(5)具有维护功能和错误管理机制,满足可靠性需求。

通过对几种互联技术的简介可以发现,InfiniBand 的应用前景主要集中在系统域网络互联，无法解决多处理器系统高速传输问题。Hyper Transport、PCIe 与 RapidIO 之间具有某些比较相似的技术特点，但是 Hyper Transport、PCIe 技术更加贴近于 PCI 总线的点到点版本，它们在软件层面可以很好地实现与 PCI 架构的互联兼容性，弥补 PCI 技术的市场瓶颈，满足桌面计算机市场的更高需求，但这两种技术在设计上没有提供开发所需的可扩展性。RapidIO 技术解决了在复杂系统中的数十到成百上千个半导体器件之间数据和控制信息传输问题，完美地满足高性能嵌入式设备市场的互联需求。图 1-11 给出几种互联技术的不同应用领域。

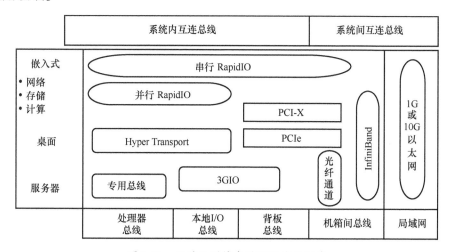

图 1-11 几种互联技术的不同应用领域

1.4 本章小结

随着微电子技术和计算机技术的飞速发展，航空电子经历了分立式、联合式、综合式航空电子发展阶段，从模拟式航空电子向数字航空电子方向发展，航空电子产品的形式从外场可更换单元（Line Replacement Unit，LRU）向外场可更换模块（Line Replacement Module，LRM）方向发展。开放式、综合化、模块化航空电子是未来航空电子发展方向。航空电子系统的先进性已经成为现代作战飞机先进性的重要标志性之一。

互联总线系统作为航空电子系统架构不可缺少的一部分，连接了各个处理器并且提供应用软件所需的一些服务，将各个计算资源相互联系起来实现了资源共享。航空电子通信系统组件的基础是机载计算机内总线，因此航空数据网络（Aircraft Data Network，AND）体系的发展非常关键。机载计算机内总线的研究是实现数据传输的可靠性、实时性和稳定性的主旨。

参 考 文 献

[1] 郭秋丽,刘建军,等.分布式航电系统探讨与分析[J].航空计算技术,2014,44(5):121-124.
[2] 周强,熊华钢.新一代民机航空电子互联技术发展[J].电光与控制,2009,16(4):1-6.
[3] 朱闻渊,尹家伟,蒋祺明.新型航空电子系统总线互联技术发展综述[J].计算机工程,2011,S1:398-402.
[4] 唐宁,常青.航空数据总线技术分析研究[J].现代电子技术,2014,04:64-69.
[5] 朱晓飞.SAE航空电子系统分部标准对民机研制适用性研究[J].航空电子技术,2016,03:51-55.

第 2 章 机载计算机总线

随着计算机技术、网络技术、控制技术等新兴技术的发展,机载电子系统、飞行控制系统、机电系统等机载功能系统完成的功能也越来越多,性能也在不断提高,而这些功能的实现依赖于机载计算机。机载计算机系统是飞行器智能化及信息处理的中心,为整个飞行器提供完善的通信资源、计算资源和存储资源,这些资源的提供通过计算机系统中的处理器与外围的部件、模块之间相互协作实现,这就要求处理器与外围部件、模块之间,以及外围模块相互之间的通信具有高可靠性和高实时性的特点。在机载计算机系统中,需要一种高可靠的标准背板总线实现处理器与外围部件、硬件模块之间的互联互通,提升硬件模块之间数据通信的确定性和容错能力,并实现各硬件模块物理层接口的统一和标准化。

本章将简要介绍目前在国内外飞行器上应用常见的 ARINC 659 数据总线、VME 数据总线、PI 数据总线、RapiodIO 互联总线、PCI 与 CPCI 数据总线、PCI Express 计算机总线、Aurora 协议、LBE 数据总线等机载计算机总线,并在之后的章节中分别专门说明典型的机载计算机总线。

通常,机载计算机背板总线也称为机载计算机内总线,简称为机载计算机总线,在下面各章节中,对机载计算机背板总线、机载计算机内总线或机载计算机总线没有进行严格区分。

2.1 ARINC 659 机载计算机总线

ARINC 659 总线是美国航空无线电公司(ARINC)在 1993 年制定的标准背板数据总线规范,已成功应用于波音 777、717N、MD-10、KC-130 等飞机的航空系统,NASA 也为其应用于下一代空间探测器的高可靠分层系统中进行了一系列的研究,认为 ARINC 659 总线在影响安全性方面作了最少的妥协,从安全性和容错性角度考虑是最可靠的背板总线。在国内,ARINC 659 总线已应用于军用飞机中,然而,尚没有在航天器中开展应用。

ARINC 659 总线采用的时间触发分时分区通信机制,能够在背板上为各在线可更换模块(LRM)之间建立起高数据吞吐量、严格的故障隔离、完备的冗余容错、确定的数据传输路径,这种特性不仅适用于航天器综合电子系统对可靠性和确定性要求苛刻的环境,更能以一种标准的总线形式支撑综合电子系统的总线体系,规范处理器与外围硬件模块之间的数据通信机制,为综合电子系统的标准化、规范化、通用化、可扩展化提供了技术保障，也为综合电子系统向整个航天器提供开放、高效的计算、通信、存储资源奠定了基础。为此，这里以 ARINC 659 总线在国内航天器综合电子系统背板总线中的应用为目标，首先介绍了 ARINC 659 总线的通信机制，然后系统地分析了综合电子系统软硬件系统的设计，并总结了 ARINC 659 总线为综合电子系统带来的优势，为高可靠、高确定性标准背板设计提供技术解决方案。

ARINC 659 总线是一个基于时间触发的线型连接多点串行通信总线，由采用集电极开路形式的物理层收发器提供线或能力，这种线或形式的信号传输对信号完整性的要求特别高，为了提升信号传输质量，将物理层规定的 2.1V 终端上拉的背板收发器逻辑（BTL）收发器由 1.5V 上拉的自研抗辐照特定用途集成电路（ASIC）芯片（JFM501-006）取代。在 JFM501-006 芯片的设计过程中，采用了功耗更小、信号速率更快的增强型射电收发器逻辑（GTLP）接口形式，并充分考虑了影响信号质量的各种因素，以提升 ARINC 659 总线物理层信号传输的可靠性。形成的物理层总线架构，如图 2-1 所示。

完整的 ARINC 659 总线由测试总线和数据总线组成。测试总线由总线 J 和总线 K 组成，采用标准 1149.5 协议，分别实现对总线接口单元（BIU，即 BIUx 和 BIUy）的表程序加载和回读测试。数据总线采用双总线对（A 和 B）组成双双配置，总线对 A 和 B 分别具有"x"和"y"2 组总线，共 4 组（Ax，Ay，Bx，By）总线。4 组总线的数据传输分别由 BIUx 和 BIUy 进行控制，每个 BIU 的发送和 2 条总线接口（BIUx 连接总线 Ax 和 Bx，BIUy 连接总线 Ay 和 By），而 BIU 的接收同时和 Ax、Ay、Bx、By 总线接口，并对总线进行 Ax = Ay，Bx = By，Ax = By，Bx = Ay 的交叉校验（即对 4 条总线数据接收完一个 16bit 字并解码后，按等式的关系判断对应总线数据是否相等或一致），纠正错误数据并选择出正确的数据。

2.2 VME 机载计算机总线

VME（Versa Module Eurocard）总线是一种通用的计算机总线，VME 总线 1981 年由摩托罗拉、Mostek、Thomson 等几个大公司在 VERSA 总线和欧洲建立的 Eurocard 标准结构基础上提出的。VME 总线是一种开放式架构，定义了一个在紧密耦合硬件构架中可进行互联数据处理、数据存储和连接外围控制器件的系统。它是国际上最早的开放式 32 位标准总线，1986 年正式被 IEC（国际电子组织）定为 IEC 总线规范，1987 年被 IEEE 接受为 IEEE1014 规范（ANSI/IEEESTD1014—1987）。VME 总线可以采用单总线连接器或者采用双总线连接器。当采用单总线连接器时，支持 16 位数据线，24 位地址线；采用双总线连接器时，支持 32 位数据线 32 位地址线。

第2章 机载计算机总线

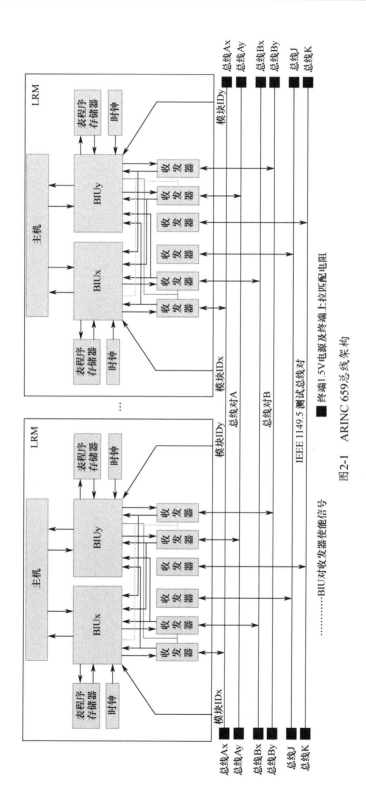

图2-1 ARINC 659总线架构

VME 总线国际上最早的开放式 32 位标准总线，VME 总线可采用单总线连接器，此时支持 16 位数据线、24 位地址线；使用双总线连接器，支持 32 位数据线。

（1）32 位访问，16 位访问。

（2）最大传输速率为 40MB/s。

（3）线连接方式双 96 芯插头座。

（4）VME 总线上拉电阻：控制信号线、地址线为 470Ω，数据线为 330Ω。

（5）VME 总线特有的菊花链结构，一种特殊的 VME 总线信号线，用于在板与板之间传送一个电平信号。它始于第一槽而终结于最后一槽。VME 总线中，有 4 条总线授权菊花链和 1 条中断确认菊花链。

（6）电源分为 +5V、+12V、-12V 3 种类型。

（7）VME 总线的 4 大特点如下。

① 高性能。即采用独立的 32 位地址和 32 位数据总线，总线的带宽可达 40MBPS。

② 并行性。VME 总线支持面向多主设备的并行处理，建立了一套完整的总线仲裁机制，从而很好地解决了总线资源的分配问题。

③ 强实时性。VME 总线具有优异的中断处理机构，从而使得该总线具有高速的实时响应能力。

④ 高可靠性。VME 总线的模板结构具有良好的抗震动、抗冲击能力，目前，这种结构已成为工业界的标准。

图 2-2 是 VME 机载计算机总线实际应用中的组成结构。

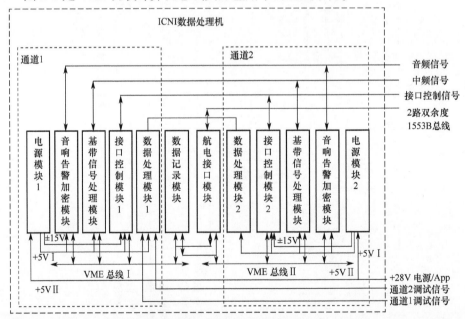

图 2-2　VME 机载计算机总线组成结构

2.3 PI 机载计算机总线

多模块互联 PI 总线，也称并行互联总线。PI 模块和总线模式概念如图 2-3 所示。

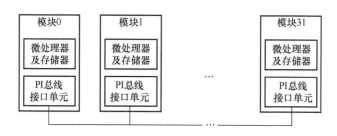

图 2-3 PI 模块和总线模式概念

PI 总线具有如下特点。

（1）PI 总线采用主-从通信控制方式、支持多模块并行工作的分布式数据传输网络。

（2）PI 总线最多可支持 32 个现场可更换模块并行工作。

（3）数据传输率高达 50Mb/s。

（4）它既可以配置成 16 位数据宽度，也可以是 32 位，其中在 32 位的 PI 总线上，16 位的模块和 32 位的模块可以互联，具有很高的灵活性。

此外，它既可以配置成以检错方式（奇偶校验或双余度）工作，也可以配置成以纠错方式（修改的汉明码或 3 余度）工作，具有较高的可靠性和容错能力。

PI 总线上的各模块之间是松耦合的，对系统添加新的处理模块以扩展系统功能，或删除发生故障的模块并进行系统的重组比较容易，不会对原系统造成大的影响。

各模块以消息块的方式进行信息的传递，每个消息都有与之相对应的逻辑优先权，高优先级的消息优先发送。

PI 总线的总线仲裁采用分布式仲裁方法，在竞争过程中，参加竞争总线的模块如发现总线上有更高竞争优先权的模块参与竞争，自己主动退出竞争。

竞争的最后结果是：对逻辑优先权不同消息的模块来说，具有高逻辑优先权消息的模块获得总线；对逻辑优先权相同消息的模块来说，具有高物理优先权的模块获得总线。

此外，当某个模块获得总线并正在与其他模块通信时，如果另一个模块需要进行更高优先权消息的传输，它可要求暂停正在传送的消息而进行高优先权消息的传输。这种给不同的消息划分优先权和通过暂停低优先权消息的传送而传输高优先权消息的方法，可以极大地减小高优先权消息的响应延迟时间，提高整个系统的实时性。

一般计算机总线常用的仲裁算法的共同缺点是：只对模块设置了优先权，而没有对模块之间所交换的数据设置优先权，这对于复杂的、有很高实时性要求的机载电子系统，尤其是对于高度集成化、高度综合化、大量模块并行工作的机载电子系统来说是很不适用的。

PI 总线具有强大的多重并行工作能力，较高的数据传输能力，高度的可靠性和灵活性，优异的总线仲裁算法。

PI 总线协议目前的最新版本是 SAE-AS4710。

2.4 RapidIO 互联总线

随着数字信号处理技术的飞速发展，数字信号处理设备的速度和复杂度不断提高。相应的，芯片间、板间及机箱间的互联对带宽、成本、灵活性及可靠性的要求越来越高。目前，采用周边元件扩展接口（PCI）总线、自定义并行总线（LVDS）技术已不能满足此需求，急需新的技术来解决此瓶颈。采用可编程逻辑门阵列（FPGA）实现了串行 RapidIO 总线接口功能，实现了数字信号处理器（DSP）与 FPGA 之间、FPGA 与 FPGA 之间的高速数据传输。串行 RapidIO（SRIO）基于高速串行包交换技术，是高性能数字信号处理系统中实现数据高速互联的最佳选择之一。

RapidIO 是一种高速高性能包交换的互联技术，传输速率高达 1.25Gb/s、2.5Gb/s、3.125Gb/s，分逻辑层、传输层和物理层。点对点独占带宽、链路管理机制保证了通信可靠，适用于芯片到芯片、板到板高速互联。

航空电子系统是高度综合化的复杂系统，可分为不同组成部分，各部分之间由航电系统的 RapidIO 总线网络管理。就功能来讲，航电系统由不同功能的组件组成，这些模块共同工作完成诸如话音、数据传输、导航识别等功能。例如，话音是航电系统的一个重要功能，实现这个功能需要经过天线接口模块进行话音接收，数据交换模块进行话音转发，信号处理模块进行信号编解码，这些模块是航电系统语音功能的组成部分，这些模块之间的相互联接关系决定了部分之间的相互联通关系。按照典型航电系统分层理论，应用层的话音功能调用了组件层的 3 个模块组件，由组件内部的平台层功能单元（处理器）完成，处理器即为完成该功能的最小元素。高速 RapidIO 总线可以将系统的模块组件（甚至模块内的处理器）直接互联，构成高带宽，高可靠的网络，考虑冗余结构和集中式管理，提出如图 2-4 所示的双星型网络模型。

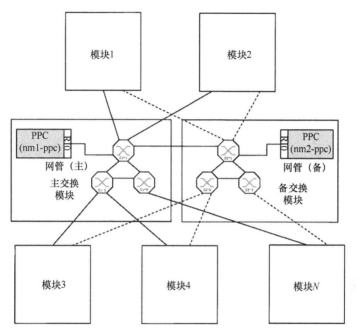

图 2-4 基于 RapidIO 互联的网络模型

2.5　PCI & CPCI 机载计算机总线

PCI（Peripheral Component Interconnect）总线是由 Intel 公司首先推出的一种局部总线。它是一种 32 位或 64 位数据宽度、地址线数据线复用的总线。PCI 局部总线能够配合要求彼此间快速访问或快速访问系统存储器的适配器工作，也能让处理器以接近自身总线全速的速度访问适配器。在 PCI 系统中，Host/PCI 桥称为北桥（North Bridge），连接主处理器总线到基础 PCI 局部总线。PCI/ISA 桥称为南桥（South Bridge），连接基础 PCI 总线到 ISA 总线，南桥通常含有中瞬控制器、IDE 控制器、USB 控制器和 DMA 控制器等，南桥和北桥组成芯片组。在基础 PCI 局部总线或 PCI 插入卡上，可以嵌入一个或多个 PCI-PCI 桥。一个芯片组可以支持一个以上的北桥（图 2-5）。

对于工业控制行业而言，总线技术一直是技术进步的关键所在。1981 年，摩托罗拉公司提出 VME 总线标准，因其具有可靠性极高、散热性能好、易于安装和移动等优点，在 20 世纪 80 年代广泛应用于电信、军事等领域。然而，随着高科技工业的阔步发展，对于技术、价格的要求也日益提高，传统 VME 总线标准的劣势也逐渐暴露了出来：VME 总线采用专用的工业设计方法，成本昂贵且应用范围有限。VME 环境的软件移植必须定制，增加了验证和支持的工作量等。

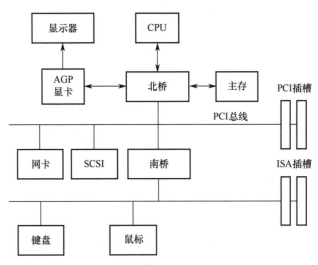

图 2-5 PCI 总线系统结构

为了充分利用上述两个标准的优点,而避开它们的局限性,包括 Sun 在内的 400 多家计算机供应商和制造商合作开发了 Compact PCI 标准。Compact PCI 汲取了 VME 的精髓（密集坚固的封装,大型设备的极佳冷却效果）,并与 PC 的优势（廉价、易于采用最新互联和处理能力的快速芯片）巧妙地结合在一起,既保证 5 个 9 的高可靠度,又降低硬件和软件的开发成本。目前,Compact PCI 已经取代 VME 以及 STD 工业标准,成为工业领域的新一代标准,更为重要的是,它还成为服务器背板市场中的主力军。

2.6 PCI Express 计算机总线

传统的数据传输应用平台是基于 PCI 总线设计实现的。PCI 总线是并行共享总线,具有数据传输速率慢等缺点。随着点对点高速串行 PCI Express（Peripheral Component Interconnect Express, PCIe）总线的发展,基于 PCIe 总线的新型数据传输应用平台已逐渐取代了传统的基于 PCI 总线数据传输应用平台。PCIe 总线不仅在系统软件级与 PCI 总线兼容,并且与 PCI 等传统总线相比具有更高的带宽和灵活的可配置通道数。

PCIe 作为第三代 I/O 技术由 Intel 公布,并随后被 PCI-SIG（Peripheral Component Interconnect Special Interest Group）正式命名为"PCI Express"。作为串行连接方式的总线,PCIe 协议规范定义了一种分层的设备体系结构,包括事务层（Transaction Layer）、数据链路层（Data Link Layer）和物理层（Physical Layer）,所有数据的接收和发送过程中均以包的形式在各层之间传输。PCIe 总线的层次结构如图 2-6 所示。

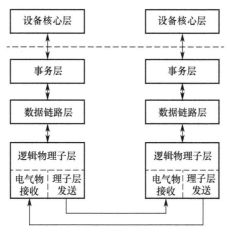

图 2-6 PCI Express 总线分层结构

（1）事务层是 PCIe 中的最上层，负责事务层包（Transaction Layer Packet，TLP）的封装与分解，并进行流速控制管理、数据包队列管理以及利用多虚拟通道提供服务质量（Quality of Service）。

（2）数据链路层是 PCIe 的中间层，主要负责完成数据完整性检查、错误检测与纠正。数据链路层实现了包的应答和重传机制，每个包用一个唯一的标识来确保应答可正确地定位请求，若出错则重传出错标识的所有后续包，以此保证数据的可靠性。

（3）物理层分为逻辑物理子层和电气物理子层。逻辑物理子层完成与数据链路层的数据交换、8b/10b 编解码、并串和串并转换。电气物理子层负责对每路串行数据进行差分驱动传输。

（4）设备核心层并不属于 PCIe 协议规范。其主要向事务层提供封装 TLP 所需的数据，或接收事务层拆包后的数据。

2.7 Aurora 协议

随着数字电子技术的不断发展，红外视频图像采集传输系统必将趋向于更高的分辨率以及更快的传输速率。由于并行技术自身的缺陷，远程视频图像数据的传输，必将由高速串行传输技术逐步取代传统的并行传输技术，而高速串行传输技术将成为数字视频数据远程、高速传输的主要方式。在视频数据远程传输、实时控制领域，数字光纤技术在抗干扰、高带宽、可靠性等方面远优于传统数据传输方式。

Aurora 协议是 Xilinx 公司针对高速传输开发的一种可裁剪的轻量级链路层协议，Aurora 与光纤技术的结合，可以灵活地提扩展光纤链路数量，提高带宽，同时还能保证链路的高速同步和稳定。

作为开放、免费的链路层协议，Aurora 协议可为私有上层协议或标准上层协议提供透明接口的串行互联协议，可以用来进行点到点的串行数据传输。通过使用 Xilinx 公司的 IP 核，用户可以不去面对复杂的 Rocket I/O 控制结构，只需处理好与 AuroraIP 核接口的用户接口即可。Aurora 协议可以方便地实现器件间的单通道或多通道通信。单个通道可实现 750Mb/s～6.5Gb/s 的通信传输，多个通道的组合可实现几十 Gb/s 甚至上百 Gb/s 的通信传输。整个传输过程方便且高效，可以实现芯片间、电路板间乃至机箱之间的传输。

Aurora 协议支持专用的上层协议或符合工业标准的协议（如以太网、TCP/IP），提供了透明接口的串行互联协议，其允许数据进行任何分组封装，可以使芯片间的数据传输在一个较高的水平而不需要改变已有的通信系统或计算机系统。Aurora 协议可以配置每个通路中 Rocket I/O 工作在全双工或半双工的模式下，其链路结构图如图 2-7 所示。

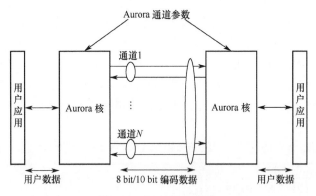

图 2-7　Aurora 链路结构

2.8　LBE 机载计算机总线

通常，机载计算机包括硬件和软件，其硬件由机箱、处理器模块、外围接口模块，以及实现上述功能模块之间进行数据传输和通信的背板总线，前面板或后面板连接器等组成。图 2-8 所示是典型的机载计算机组成示意图。

LBE 总线为 32 位总线，信号分为以下 4 组。

（1）系统信号区。

（2）用户信号区（34～44）。

（3）测试信号区（45～50）。

（4）电源（分布在上述各种信号区中）。

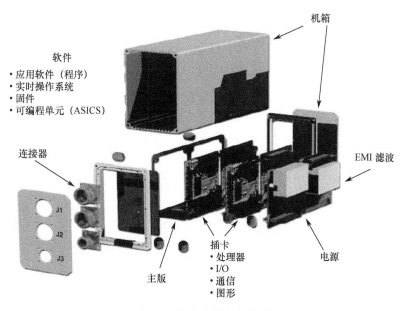

图 2-8 机载计算机分解图

图 2-9 是应用 LBE 总线实现机载计算机内部 CPU 模块、PS 电源模块、DIO 模块、MBI1 模块、MBI2 模块之间连接示意图。

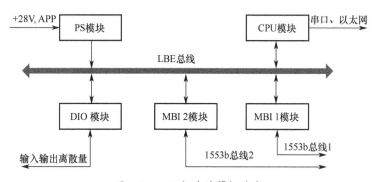

图 2-9 LBE 机载计算机总线

LBE 总线的性能指标和特点如下。

（1）32 位访问，16 位访问。

（2）最大传输速率为 40MB/s。

（3）LBE 总线上拉电阻：控制信号线、地址线为 1K，数据线为 150Ω 加电后电流接近 1A。

（4）线连接方式 200 芯插头座。

（5）电源分为 +5V、+33V、+15V、−15V 4 种类型。

2.9 机载数据总线对比

表 2-1 所列为从机载数据总线的周期类型、时钟频率、数据宽度、地址线/数据线复用、最高数据传输率等方面对典型的机载数据总线进行对比。

表 2-1 PI、VME、PCI、659 计算机总线主要性能对比

总线名称	ISA	EISA	VME	PCI	PI	ARINC 659
总线周期类型	同步	同步	异步	同步	同步	同步
总线时钟频率	8M	8.33M	16M	33M	12.5M	30M
总线数据宽度	8、16	8、16、32	8、16、32	32、64	16、32	1
地址线/数据线复用	非复用	非复用	非复用	复用	复用	复用
最高数据传输率	2MB/s	33.33MB	30MB/s	132MB/s（32）、264MB/s（64）	50MB/s	60Mb/s
最多允许主终端个数	1	7	21	4	32	32
总线仲裁算法	X	集中式仲裁，三路循环优先级仲裁	集中式仲裁，可编程为固定优先级、轮转优先级或单级及其组合	集中式仲裁，可编程为固定优先级、轮转优先级或它们的组合	分布式仲裁，根据模块竞争优先权代码的大小来决定	集中式仲裁，可编程为固定优先级、轮转优先级或单级及其组合
检错/纠错能力	无	无	无	检奇数个错（奇偶校验）	检奇数个错（奇偶校验）或纠单个错（修改的汉明码）	4线交叉校验机制，可以对每一位进行校验
负载能力			21	3（8）	32	32
广播能力	无	无	无	有	有	有
逻辑寻址能力	无	无	无	无	有	有
终端测试能力（测试端口）	无	无	无	有，支持 IEEE 1149.1 标准	有，支持 IEEE 1149.1 标准	有，支持 IEEE 1149.5 标准

2.10 本章小结

机载内总线技术的发展伴随着航空航天电子系统的发展而产生，随着微电子技术、微机技术及数字技术的广泛应用，航空航天电子设备正在向小型化、综合化、智能化发展。同时，机载内总线技术也随之不断跨上新的台阶。本章介绍了广泛应用的计算机内总线和具有应用前景的计算机内总线，包括总线的周期类型、时钟频率、传输速率和广播能力等。

参 考 文 献

[1] 赵永库. 新一代航空电子总线系统结构研究 [J]. 航空计算技术, 2005, 35 (1): 99-103.
[2] 霍曼. 综合航空电子技术发展展望 [J]. 航空电子技术, 2003, (3): 12-17.
[3] 涂泽中, 雷迅, 胡蓉. 对新一代综合航电系统发展的探讨 [J]. 航空电子技术, 2001, 32 (4): 11-18.

第 3 章　ARINC 659 机载数据总线

3.1　ARINC 659 总线技术综述

随着电子技术的迅猛发展，飞机上的电子设备也越来越多。这些航空电子设备的应用在完善了飞机功能的同时，也占用了飞机上大量的空间、增加了飞机的重量及功耗。由于大量的松耦合、离散控制的航空电子设备被安装到飞机上，使得飞机的制造费用及维护成本不断提高。这些松耦合、离散控制的航空电子设备之间的互联复杂，而且无法提供信息共享，发生故障后维修起来也十分麻烦。这一系列问题限制了航空电子的发展。

为了解决松耦合、离散控制的航空电子设备所带来的一系列问题，美国于 20 世纪 70 年代提出了综合模块化航空电子 IMA（Integrated Modular Avionics）的概念。综合模块化航空电子 IMA 通过对航空电子设备的综合化和模块化处理，将航空电子的松耦合、离散控制转变为采用总线方式管理的紧耦合、集中控制的模式。综合模块化航空电子 IMA 主要具有以下特点。

（1）综合化。传统的机载电子系统是按照不同的功能，将大系统划分为若干个相对独立的分系统。通过将机载电子系统进行综合化处理，优化了机载电子系统中的各种资源，使得原有的相对独立的分系统之间实现信息资源共享。通过综合化处理，去除了传统机载电子系统中各个分系统之间许多重复的功能，减小了机载电子系统的体积、重量，提高了系统的可靠性。

（2）模块化。模块化是实现系统综合化的基础。模块作为系统结构的基本单元，能够完成一类较完整的功能。组成新一代机载电子系统的基本模块是在线可替换模块 LRM（Line Replaceable Module）。现今的集成电路技术已经能够使得完整的功能集成于一个标准的电子模块当中。在线可替换模块 LRM 不仅具有完整的功能，还具有较长的 MTBF（Mean Time Between Failure）。在线可替换模块 LRM 具有独立的自测试和记录等功能，能够将三级维修变为二级维修，从而降低了维护费用。

（3）通用化。通用化是指在系统中最大限度使用相同类型的模块，以减少在线可替换模块 LRM 的数量，降低系统的成本。提高模块的通用化，使得系统开发的周期减小，降低了全寿命周期费用。通用化模块具有较高的互换性，使得维修所需的备件量减少，减少了后勤保障费用。

通过对机载电子系统的综合化和模块化处理，提高了机载电子系统的资源共享效率，减小了硬件成本，提高了可靠性。美国霍尼韦尔公司（Honeywell Inc.）根据综合模块化航空电子 IMA 概念及相关标准，为波音 777 飞机设计了飞机信息管理系统 AIMS（Airplane Information Management System）。该系统是第一个根据此概念及相关标准设计的机载电子系统，并且成功应用在波音 777 飞机上。波音 777 的机载电子系统体系结构如图 3-1 所示。

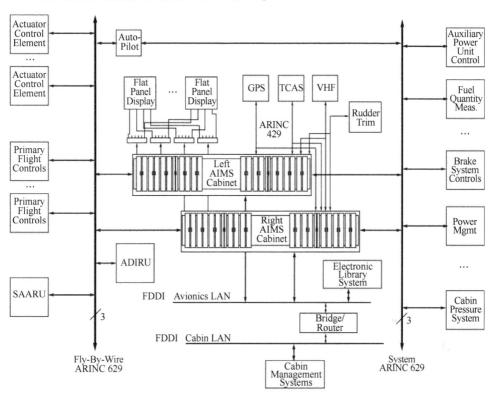

图 3-1　波音 777 的机载电子系统体系结构图

AIMS 是一个复杂庞大的电子系统。AIMS 由两个机柜组成，机柜内可以放置各种功能的在线可替换模块 LRM。整个复杂、庞大的 AIMS 都集成在这两个机柜之中。机柜之间通过 ARINC 429 总线进行通信，机柜与其他系统通过 ARINC 629 总线进行通信。机柜内部的在线可替换模块 LRM 之间通过 ARINC 659 总线进行通信。波音 777 飞机上的 AIMS 机柜图如图 3-2 所示。

ARINC 659 总线是美国航空无线电公司（Aeronautical Radio Inc.）于 1993 年推出的一款航空背板总线。ARINC 659 总线用于综合化航空电子 IMA 机柜中的在线可替换模块 LRM 间的数据通信。ARINC 659 是一个高集成度的背板总线，其旨在提供时间（总线上的传输时间）上和空间（存储空间）上的容错性和鲁棒性。ARINC 659 总线的功能映射图如图 3-3 所示。

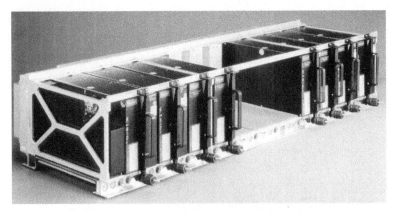

图 3-2 AIMS 机柜

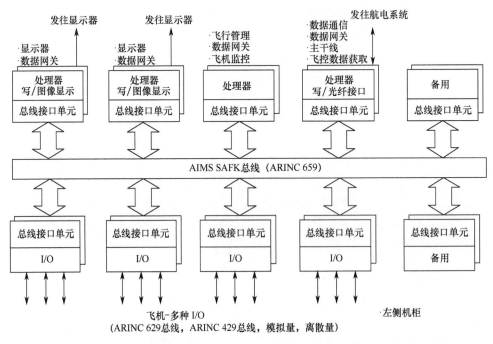

图 3-3 ARINC 659 总线的功能映射图

串行传输线的使用减少了硬件，简化了全并发监控，因此提高了总线的可靠性。为了提高可用性，每个总线接口单元 BIU（Bus Interface Unit）均连接至 2 条总线。每个在线可替换单元 LRM 都使用双总线接口单元，总线接口单元之间进行交叉校验，4 条总线之间也进行交叉校验，使得在线可替换单元 LRM 拥有双自检能力。4 条总线之间的交叉校验同时提高了数据的可用性。总线接口体系结构框图及总线传输线构成与连接关系如图 3-4 所示。

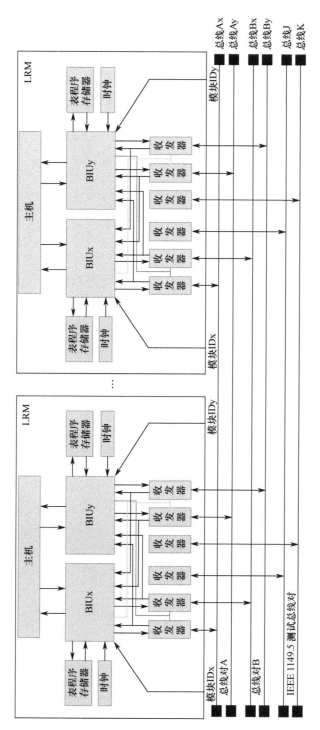

图3-4 ARINC 659总线接口框图

通过表驱动比例访问 TDPA（Table Driven Proportional Access）协议，ARINC 659 总线将时间和空间进行了确定性划分。它通过存储在每个总线接口单元 BIU 中的非易失命令表存储器中的命令进行控制。

ARINC 659 总线是一个传输半双工串行数据的线性、多点通信总线。ARINC 659 总线是一个由双总线对（A 和 B）组成的双-双配置总线。每个总线对由一条"x"和一条"y"总线构成。每条总线（Ax、Ay、Bx 和 By）拥有一个独立的时钟和两条数据线，能够在同一时间内传输 2b 数据。因此，一个完整的总线组由 12 条总线传输线构成。ARINC 659 总线构成图如图 3-5 所示。

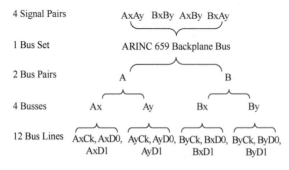

图 3-5　ARINC 659 总线构成图

每一个在线可替换单元 LRM 拥有两个总线接口单元 BIU（BIUx 和 BIUy）。BIUx 通过 x 总线传输线进行传输，BIUy 通过 y 总线传输线进行传输。每个总线接口单元接收全部四条总线。每条总线由 LRM 中的独立的收发器进行驱动，以防止单个故障对一条以上总线产生不利影响（如每一个在线可替换模块有 4 个收发器）。

经过设计的物理层减少了消息结构的复杂度和开销。每路独立的时钟可省去用于时钟相位同步的前导码，双总线对比省去了循环冗余校验（CRC）和其他差错控制字段，表驱动协议中隐式包含的寻址省去了地址字段，表驱动比例访问协议的定时省去了起始符与结束符。这些技术的使用使得 ARINC 659 总线相比其他的总线协议来说更加高效。这些技术同样使得延时最小，这对于实时系统来说非常重要。

ARINC 659 总线的时钟频率为 30MHz。ARINC 659 总线在同一时间内传输两位数据，最大的吞吐量接近 60Mb/s。

当接收器通过冗余总线进行错误检测和校正时，接收器进行以下的比较：$Ax = Ay$，$Bx = By$，$Ax = By$ 和 $Bx = Ay$。这些比对中的总线对被称为信号线对。$Ax = Bx$ 和 $Ay = By$ 的比较是无效的，因为两对信号来自同样的硬件源，可能具有来自同一来源的相关错误。由于 4 个有效信号对进行错误检测，ARINC 659 总线的容错性优于传统的双-双冗余度，并且较传统的四冗余度拥有较少的复杂度。

ARINC 659 总线被设计为一款能够纠正所有单路错误并且能够检测所有双路错误的背板总线。在所有单总线接口单元中的错误，ARINC 659 总线均能检测出来。总线系统的所有部分均被完全监控。所有的操作都是双重操作。依靠多点的双重检测，保证了操作路径的完整性。

ARINC 659 总线具有的高吞吐量、高可靠性及容错性使得它成为一款优秀的航空背板总线。ARINC 659 总线成功地应用在波音 777 飞机上，并且经过了多年的验证。

3.2 ARINC 659 总线协议特征

3.2.1 介质访问

ARINC 659 总线介质访问采用表驱动比例访问（Table Driven Proportional Access, TDPA）协议，此协议在时间和空间上提供鲁棒的分区。ARINC 659 总线介质访问如图 3-6 所示，数据按照表存储器中预定的传输调度表传输，总线时间被预先划分为一系列窗口，窗口可以包含一个消息或空闲，总线时间没有分配给任何消息将显现空闲状态。消息窗口包含一个长度从 32b 到 8192b 的消息或者一个大约 5b 的同步脉冲。窗口间通过小的时间间隙隔开。时间间隙参数可根据总线长度和 LRM 的间隔设定。整个总线活动被组织成由各窗口长度之和建立的恒定长度的周期帧。帧中的每一个窗口由帧描述语言（Frame Description Language, FDL）定义，形成命令表。命令表不仅定义了每个窗口的长度，哪个 LRM 在该窗口发送、接收或者忽略总线，还定义了发送和接收数据的存放地址。这样既节约了通常由地址字段耗用的带宽，也消除了在传输过程中可能的地址错误，而且解决了在多处理器间存储器的强制鲁棒分区难题。

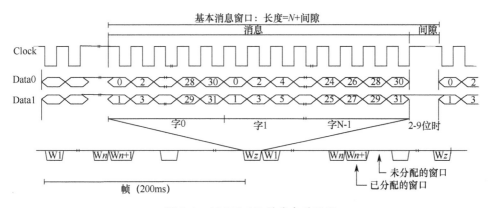

图 3-6 ARINC 659 总线介质访问

ARINC 659 总线有两种类型的消息：基本消息和主/后备消息。基本消息用于模块到模块（点到点）的通信或单模块到一组模块的通信，基本消息在窗口一开始就传输数据。主/后备消息用于多个备用模块（最多4个）到单个或一组模块的通信，主/后备消息的数据传输采用一种简单的仲裁机制，只有主 LRM 以及其他高优先级的后备 LRM 在预定的时间期（n 个 $\triangle$ 位时）内保持静默时，后备 LRM 才在总线上发送数据。ARINC 659 总线在一个消息窗口只允许一个 LRM 发送数据。

3.2.2 同步

同步是 TDPA 通信协议实现的前提和关键。ARINC 659 总线采用3种独特的同步方式实现总线上各 BIU 的紧同步："初始化同步"用于系统接通电源之后或由"故障"引起总线同步丢失时，初始化总线；"短同步"消息用于修正振荡器漂移，维持总线上所有 BIU 的紧同步，ARINC 659 总线采用电平脉冲边沿同步，同步精度小于 66ns；"长同步"消息结构失去同步的模块通过"长同步"可实现与总线的重新同步。"长同步"消息分为两种：一种为切入同步；另一种为帧切换。帧切换消息允许 BIU 同步的切换到在表存储器中预编程的新帧，允许总线表现出不同的"个性"。失步 BIU 可以通过任一种长同步消息恢复到在线上。

3.2.3 容错

ARINC 659 总线故障管理包括故障检测和纠错功能。LRM 在向总线上发送数据期间和从总线上接收数据期间进行故障检测。发送的 LRM 通过接收逻辑检测它实际发送到总线上的内容，如果检测到一个不能纠正的差错，数据发送在总线出错后一个字时间内将被中止。所有接收数据的 LRM 对4条总线上的数据进行比较和纠错，对接收到的不可纠错的数据，要根据相应消息描述中的特定规则来处理。如果接收到的数据有效，则进行下述比较：$Ax = Ay$，$Ax = By$，$Bx = Ay$，$Bx = By$。比较 $Ax = Bx$ 和 $Ay = By$ 是无效的。进行数据比较时，BIU 应确定是否从每条总线上都接收到完整的字，并根据给定的规则确定每个字的有效性。

3.2.4 双总线冗余检测与纠错

ARINC 659 总线接口和总线连接如图 3-7 所示，每一个 LRM 有 BIUx 和 BIUy 两个总线接口单元，BIUx 由 x 总线发送，BIUy 由 y 总线发送，每一个 BIU 接收所有4条总线，每一条总线都有自己独立的收发机。总线对 A 和 B 分别具有"x"和"y"两条总线。每一条总线（Ax、Ay、Bx 和 By）有各自的1条时钟线和2条数据线，所以完整的总线组由12条线组成。

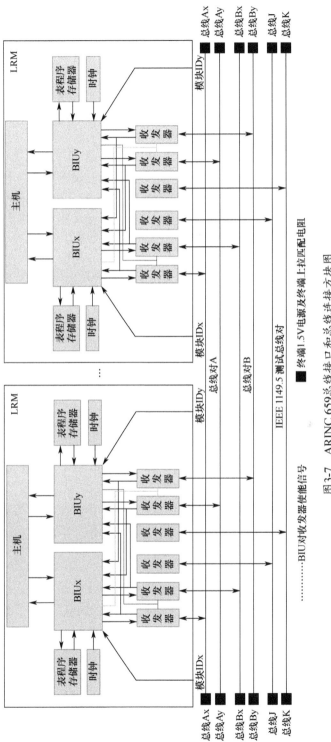

图3-7　ARINC 659总线接口和总线连接方块图

ARINC 659 总线为差错检测和纠错，每一个接收机比较：Ax = Ay，Bx = By，Ax = By，Bx = Ay。由于有 4 个信号对用于差错检测，因此，它的容错特性比传统的双余度好，而复杂性小于传统的 4 余度。LRM 发送模块检测它实际放到总线上去的内容，如果检测到一个不能纠正的差错，发送就被终止。所有激活并正在接收的 LRM 对同一数据比较所有 4 条数据总线。单个的暂时差错可以通过一个非故障信号对的组合而被纠正。如果同时发生 2 个差错，则被接收数据被标记为错误。

3.2.5 表驱动访问机制

ARINC 659 总线传输时不发送数据接收地址，而是根据表命令规定的固定时间段交替传输窗口消息。如图 3-8 所示，窗口可以包含一个数据消息、同步信息或空闲。每一个窗口可以有一个唯一的发送器或是一组有限的后备发送器，它们被编程在表存储器中。

图 3-8 ARINC 659 总线背板总线活动

命令表是控制总线的核心，源和目的地址包含在命令表中，它把总线操作划分为一系列的窗口，每一个窗口包含一个长度从 32 位到 8192 位的消息或者一个大约 5 位的同步脉冲。每个 LRM 都下载有一份相同的命令表，数据传送按照命令表预先确定的传送调度进行。表定义了每一个窗口的长度，还定义了哪一个 LRM 在安排给该窗口的时间里发送、接收和忽略总线。

在命令表中还包括参数的定义、各种不同类型的帧。操作参数主要包括窗口间隙、主/后备步长、初始化同步等待时限、时间定标因子等。

3.2.6 帧组织结构

帧由循环的同步消息、数据和空闲窗口组成，这些是在命令表中由用户事先定义好的，帧的周期也就是所有窗口长度之和。在表存储器中，有着不同的帧命令序列，通过帧切换命令就可以在不同帧之间切换。

帧有版本帧和非版本帧两种类型。在版本帧中，在底板上活动的所有 BIU 应该具有相同的表版本号。版本帧切换机制保证了帧切换时，同步的 BIU 会同接收到帧切换消息中版本数据并校验自己的版号，如果表版本号不一致，它就同总线失去同步。在一个非版本帧中，表的版本被忽略，只要一个 LRM 中的 BIU 对能够与底板同步，它们就能够参与非版本帧。

3.3 ARINC 659 总线活动

ARINC 659 支持模块-模块（点对点）传送，一个模块到一组模块（广播）以及被选的一个模块到一组模块的通信模式。传输的消息类型有基本消息、主后备消息、长同步消息、短同步消息、初始化同步消息、跳过和固有空闲几种类型。

3.3.1 基本消息

基本消息作用于从单个发送器向一个或多个接收器传送数据，数据偶数位由 Data0 数据线传输，奇数位由 Data1 数据线传输，它包括 N 个 32 位字（$0 \leqslant N \leqslant 256$）。

基本消息的发送是 BIU 按照传输的表命令指定的长度，在窗口的起始端开始向目的窗口传输，传输完成后，在处理相关的下一个窗口的表命令之前，在间隙时间内释放总线的所有的线。

每个 BIU 在发送数据时都会用接收逻辑自检发出的数据。如果发现发送数据中有不可纠正的错误，BIU 必须在总线上发生错误后一个字时间内停止数据发送，并以表示的方式将其报告给主机。

基本消息的接收是被表命令接指定的 BIU 接收总线上数据，在验证通过后把每一个数据字写入内部存储器。如果在消息中检测到一个不可修正的错误，同样也应向主机发出指示。如果在整个窗口中没有数据传送，接收数据缓冲区将不作改变，窗口时间过后 BIU 将移到和下一个窗口相联系的表命令。

3.3.2 主后备消息

主后备消息与基本消息有些类似，但是却有多个备用源，最多可达到 4 个不同的模块为候选的发送器（源），但通过一个简单的固定优先级的硬件机制，实际仅一个模块被允许发送。

根据模块的实际传输，主后备有 4 种可能的传输情形。窗口的在实际传输时数据部分被以相同的方式组织成基本消息并进行传送。另外，主/后备机制保证了总的窗口长度（16 个字的传送时间 +3△ + 间隙时间）相同，无论是哪个模块传送消息，所有的主/后备消息的接收者都要计算△的数目并把它提供给主机。

如果主模块处于同步状态并且有新数据要发送，主模块立即开始数据发送。

第一个后备模块的 BIU 监测主模块是否要发送数据。第一个后备的 BIU 在窗口的第一个△时间内如果没有检测到总线活动，而且依据命令表自己有新的数据要发送，那么，BIU 在窗口的（△+1 位时间）开始数据传输。然后，它发送分配给窗口的固定大小的字，传输完成后，在处理下一个相关窗口的表命令之前，在（2△＋间隙时间）内释放总线的所有的线。如果第一个后备模块的 BIU 在第一个△位时间内检测到总线上的任何信号活动，它将保持等待状态。

第二个后备模块和第三个后备模块以此类推。如果其中一个 BIU 获得了主/后备仲裁，这个 BIU 可以通过正常的接收逻辑监测总线上的数据传送。如果接收逻辑检测到发送的数据中不可纠正的错误，BIU 必须从总线上出现错误开始一个字的时间内中止传输。这种中止不允许影响下一个窗口的开始传输。

在一个窗口中，自上次相同的数据项目发送以来，主机有更新的数据且需要发送，BIU 才在此窗口中发送数据。版本寄存器总认为是新数据。如果主机发现一个特殊的主/后备消息持续的得到不可纠正的错误，主机应该停止刷新那个窗口的数据缓冲区。

被命令表指定为接收窗口的 BIU 应该接收总线上的数据，在验证通过后把每一个数据字写入内部存储器。BIU 应自己独立的保持主/后备消息窗口的指定长度的计数（16 字时间 ＋3△ ＋间隙时间）。

如果在整个窗口期间没有传输数据，则缓冲区不变，在规定的时间过后，BIU 将移到相关的下一个窗口的表命令。

3.3.3 短同步消息

短同步消息的发送是根据表内存中的短同步消息发送命令来进行的，短同步消息的时长为 4 位时长的脉冲后跟一个正常的消息间隙。短同步用于修正 BIU 之间振荡器漂移，维持机箱中所有 BIU 的位级同步。BIU 若发现正在执行的命令不是短同步消息发送命令，但接收到短同步脉冲，BIU 将失去同步进入非同步状态。短同步消息的结构如图 3-9 所示。

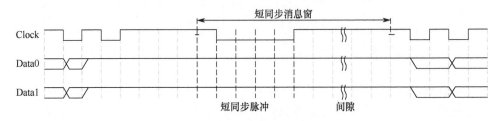

图 3-9 短同步消息的结构

短同步脉冲只在时钟线为低时发送，数据线始终保持高电平，短同步消息的发送是根据对表内存中的短同步消息发送命令译码后执行的，对于任意数据帧中的短同步窗口，各 BIU 的命令表必须有相应的短同步命令；否则，无短同步命令却接收到一个短同步脉冲的 BIU 将失去同步，进入非同步状态。

执行表命令发送短同步消息的 BIU 首先停止全分辨率时间寄存器的计数，在短同步窗口的第二位时间，BIU 将时钟线拉低，而将 Data0 线和 Data1 线保持高电平。检测到同步时，BIU 通过分析 Data0 来区别短同步和长同步，如果 Data0 线的信号对为高，则判断这个脉冲是短同步脉冲，如果 Data0 线的信号对为低，这个是长同步脉冲，如果不是两种情况，并且 BIU 正在执行短同步发送命令，这个脉冲被默认为是短同步脉冲。

从上一个同步脉冲开始，如果总线上的时钟线在某段时间处于高电平，这个信号被认为是有效的。任何一个检测到同步脉冲的 BIU，在接收到脉冲沿后，BIU 释放所有的线，并且被拉低 4 个位的时间。

3.3.4 长同步消息

长同步有 3 种用途：可以用作同步当前帧中已失去同步的模块，可以用作从本帧切换到另一帧，也可以像短同步一样用于修正 BIU 之间振荡器漂移、保持时钟同步。所有的 BIU 的表存储器中都存有每一帧中的长同步消息的发送或接收表命令，只有唯一的 BIU 在长同步消息子窗口发送数据。

从背版总线来看，消息的结构是一样，时长为 $136 + 3\text{Max}\triangle + 2\text{MaxGap}$ 位时间，也就是长同步脉冲子窗口和长同步消息子窗口。

第一部分是同步脉冲，无论是执行发送还是接收长同步命令，所有的 BIU 都要发送长同步脉冲，长同步脉冲由以时钟线和 Data0 线均为低电平开始，次脉冲定义上要求 4 位时长后跟一个最大间隙。

第二部分是长同步消息子窗口，它由一个 8 位同步码（0~255 的任何值）、1 位版本帧标志、4 位机架位置、7 位 reserve 位、全分辨率时间寄存器值 43 位、命令表主版本号 32 位；数据发送的总长度还包括 $3\text{Max}\triangle$ 位时间（考虑到主/备仲裁协议，这是发送数据前后间的间隙）；83 位的空闲位；最后是消息间隙。所有的 BIU 的表存储器中都存有每一帧中的长同步消息的发送或接收命令，只有唯一的 BIU 在长同步消息子窗口发送数据。

长同步消息子窗口在长同步脉冲结束后的 MaxGap 位时间内开始发送数据。如果 BIU 在主/后备命令中是主设备，并且 BIU 处于同步状态，然后，BIU 在消息子窗口的第一位时间开始发送要求的消息，之后释放总线所有的线，释放必须在处理下一个窗口前的 $(83 + 3\text{Max}\triangle + \text{MaxGap})$ 位时间内完成。

如果 BIU 正在执行第一个后备发送命令，并且 BIU 处于同步状态，在消息子窗口的第一个 $\text{Max}\triangle$ 内没有检测到总线上的活动，然后，BIU 在消息子窗口开始的 $(\text{Max}\triangle + 1)$ 位时间内发送所要求的信息，在处理下一个子窗口之前的 $(83 + 2\text{Max}\triangle + \text{MaxGap})$ 内释放总线所有的线。以此类推，BIU 正在执行第二个、第三个后备发送命令。在长同步消息子窗口期间，发送长同步消息的 BIU 也作为消息的接收者，每个 BIU 通过正常的接收逻辑检测数据发送，如果接收逻辑在发送的数据中检测到不可纠正的错误，BIU 在一个字的时间内必须终止发送，并让自己失去同步,移除总线进入非同步状态。

对于长同步消息的接收根据 BIU 所处的状态的不同会有很多的不同,如图 3-10 所示。下面就根据 BIU 状态的不同分别进行说明。

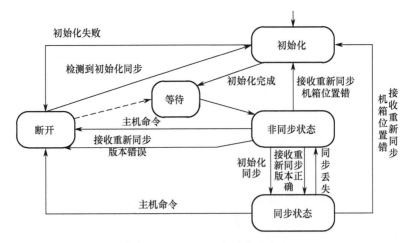

图 3-10　系统状态转移关系

1. 同步 BIU 响应

同步状态的 BIU 在有效信号时钟线上检测低脉冲:如果小于一个半位时间,则不把它看作是同步脉冲;如果大于两个半位时间,则认为检测到同步脉冲。

为了接收长同步消息的数据信息部分,在长同步脉冲后的 MaxGap 位时间内,BIU 应该被配置。

如果这个字有不可纠正的错误,要判断消息类型是进入同步还是帧切换,如果是进入同步消息,消息的剩余部分被忽略,继续执行下一个命令。如果是帧切换消息,BIU 失去同步并自己移出总线,进入非同步状态。

如果第一个字校对后被正确地接收,这个字包含了同步码,版本帧指示器,机箱位置和全分辨率时间寄存器的预比例因子,接着要比较同步码和相关的长同步命令中的值,如果这两者相同,那么,判断消息类型是进入同步还是帧切换,如果是进入同步消息,剩余的消息经过处理后执行表存储器中下一个命令。如果是帧切换消息,BIU 使用有效的同步码来定位新帧的开始地址。如果接收同步码和当前表存储器的命令不一样,BIU 失去同步并自己移出总线,进入非同步状态。

第一个字中包括 4 位的机架位置,如果接收的机箱位置数据不为 0,它将和每个 BIU 的机箱位置寄存器中的值进行比较,如果它们匹配,继续执行。不然,接收到的数据将被加载到 BIU 的机箱位置寄存器中,并且此 BIU 重新进行初始化(除机箱位置寄存器所有的寄存器被清 0)。在正确接收的第一个信息子的剩余部分包含有预比例因子数据，它被放置在全分辨率时间寄存器的预定标计数部分。

若第二个数据字被接收并且有效：这个字包含了全分辨率时间寄存器中的总线时间信息。如果字被正确的接收，它将被放置在全分辨率时间寄存器的时间部分。如果这个字的接收不正确，它将被忽略，继续处理下一个信息字。

若第三个数据被接收并且有效：对于一个非版本帧的命令执行，这个字被忽略，长同步随后的消息的消息的 Gap 被设定成最大即 9 个位时间和 △ 被设置为 10 个位时间。如果是版本帧命令，并且第三个字发现有不可纠正的错误，操作依据消息的类型是进入同步或者是帧切换，如果是进入同步，继续执行表存储的下一个命令，如果是帧切换消息，BIU 失去同步并进入非同步状态。如果命令是版本的，则进行版本比较。如果接收到的版本和 BIU 表的主版本不匹配，BIU 将失去同步并自己移出总线，进入非同步状态。如果匹配，继续执行下一个命令，在适当的延迟后，BIU 占用空闲和剩余的间隙时间。

如果在长同步子窗口中信息开始被接收，但是发送者停止，所有后面的字被认为是错误的。没有执行长同步消息命令的 BIU，检测到长同步脉冲失去同步并移出总线，则进入到非同步状态。如果长同步消息子窗口是空的，在消息有几个位的延迟后，继续执行当前命令序列中下一个窗口的命令，在这种情况下，帧切换操作不会发生。

2. 非同步 BIU 响应

非同步状态的 BIU 与同步状态在同步脉冲的判断上的判断基本相同，只是对于非同步状态的 BIU 从进入非同步状态开始，如果总线上的时钟线在某段时间处于高电平，这个信号被认为是有效的。

在重新获得同步以前，非同步状态的 BIU 应该等待一个长同步脉冲。

对长同步消息的接收，如果第一个字被正确接收，同步码被用来在新帧中定位新的地址。如果接收到的机箱位置数据非 0，它将和 BIU 自己的机箱位置寄存器中的值进行比较，如果它们匹配继续执行。否则，新接收的数据将被加载到 BIU 的机箱位置寄存器中，BIU 重新进行初始化。

对长同步消息的接收，若第二个数据被接收错误，信息的剩余部分被忽略，初始化同步等待时限计数被清 0，BIU 处于非同步状态。

对长同步消息的接收，若第三个数据被接收并且有效，接收的第一个数据字的版本帧位说明了当前帧是非版本的，这个字被忽略，Gap 被设定成最大即 9 个位时间和 △ 被设置为 10 个位时间。如果这个字检测到有不可纠正的错误，并且接收的第一个数据字的版本帧位说明了当前帧是版本的，那么，信息的剩余部分将被忽略，初始化同步等待时限计数被清 0，BIU 处于非同步状态。如果和 BIU 表的主版本号不匹配，BIU 进入断开状态并终止所有的数据发生或接收；否则，继续执行下一个命令。

3.3.5 初始化同步消息

初始化同步用于接通电源之后或"故障"引起机箱宽度内失去同步时,初始化总线。当一个失去同步的 BIU 在整个初始化同步等待时限内,没有接收到背板总线上的任何同步脉冲信号,它将发送初始化脉冲。所有在此时刻失去同步的 BIU 必须利用此脉冲同步位非版本的初始化帧,消息的时长为 $140 + 3\text{Max}\triangle + 3\text{MaxGap}$ 位时间。正在初始状态的 BIU 忽略这个事件。正在断开状态的 BIU 进入初始化状态并重新开始初始化。

初始化同步消息开始于初始化同步脉冲,初始化同步脉冲要求在至少 2 位时间内,总线对上的信号 Data0 线保持低位、时钟线保持高位。Data0 线要求先为高,再被拉低,信号线才被看做成初始化同步脉冲。初始化同步脉冲的宽度为 4 个位时间长。为了更精确地使时钟同步,初始的同步脉冲后面跟着一个长同步消息。

只有 Data0 线包含初始化同步脉冲。Data1 线在整个初始化同步消息期间保持高电平,并且被接收器忽略。总线时间寄存器的值表明时间寄存器的值在哪个过程开始增加,还有在初始帧的第一位全分辨率时间寄存器的值。全分辨率时间寄存器释放的点是长同步消息需要的精确的相同的点。

在发送初始化同步消息期时,数据线不能被编码。

3.4 ARINC 659 总线物理层协议

3.4.1 接口信号

ARINC 659 背板总线的接口和信号线如图 3-11 所示。

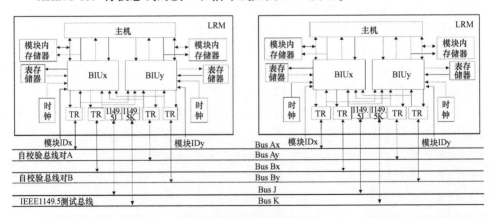

图 3-11 接口和信号线框图

接口信号线包括 8 条数据线、4 条时钟线、8 条测试总线数据和控制线、2 条测试总线时钟线、4 条收发器电源线、4 条数据线终端器电源线、2 条测试总线终端器电源线。被发送数据 2 位一分，较低位在 Data0 上发送，较高位在 Data1 上发送。在消息间隙期间和同步脉冲期间没有数据被发送。

1. 数据总线

说明：相关总线的数据线。

信号名称：Ax_D（Ax_D0，Ax_D1），Ay_D（Ay_D0，Ay_D1），Bx_D（Bx_D0，Bx_D1），By_D（By_D0，By_D1）。

数据线的数量：8（每条总线两个）。

来源：收发器，背板。

接收器：背板，收发器。

信号类型：BTL。

信号极性：低电平（确认）=0，高电平（未确认）=1。

2. 时钟总线

说明：这些线路包括数据总线的时钟线路。

信号名称：AxCk，AyCk，BxCk，ByCk。

数据线的数量：4。

来源：收发器，背板。

接收器：背板，收发器。

信号类型：BTL。

信号极性：在时钟总线上升边界，数据信号输出到总线。

3. 测试数据总线

说明：这些线路组成两个背板模块测试和维护总线，这些可以将 LRM 综合到可测试和可维护的"子系统"中，并且能够支持表格下载和重编程序。

信号名称：JTM_MD，JTM_SD，JTM_CTL，JTM_PR，KTM_MD，KTM_SD，KTM_CTL，KTM_PR。

数据线的数量：8。

来源：收发器，背板。

接收器：背板，收发器。

信号类型：BTL。

信号极性：低电平（确认）=0，高电平（未确认）=1。

4. 测试总线时钟线路

说明：这些线路包括测试数据总线的时钟线路。

信号名称：JTM_CK，KTM_CK。

数据线的数量：2。

来源：收发器，背板。

接收器：背板，收发器。

信号类型：BTL

信号极性：在 JTM_CK 和 KTM_CK 上升边界，数据信号输出到总线。

5. 收发器电源线

说明：数据总线收发器为 +5V 电压。

信号名称：Ax_5V，Ay_5V，Bx_5V，By_5V。

数据线的数量：4（每个收发器一个）。

来源：背板。

收发器类型：正电压。

信号极性：+5V±5%。

测试总线收发器的电压为 JTM_5V 和 KTM_5V。这些电压只存在于 LRM 中，并与数据总线收发器功率分配使用。JTM_5V 可以连接到 Ax_5V 或者 Bx_5V 中。KTM_5V 可以连接到 Ay_5V 或者 By_5V 中。这些连接使得测试总线收发器功率通过数据总线收发器功率信号供给。不能做相反的连接。JTM_5V 不能连接到 Ay_5V 或者 By_5V 中，KTM_5V 不能连接到 Ax_5V 或者 Bx_5V 中。不允许交叉连接是为了保持总线的完整性。

6. 数据总线终端连接器电压线路

说明：终端连接器电压。

信号名称：Ax_Vt，Ay_Vt，Bx_Vt，By_Vt。

数据线的数量：4（每条总线一个）。

来源：背板。

接收器：总线终端器（每条总线的终端有一个）。

信号类型：正电压。

信号极性：+2.1V±0.1V。

7. 测试总线终端连接器电压线路

说明：测试总线电压（terminators）。

信号名称：JTM_Vt，KTM_Vt。

线路数量：2。

来源：背板。

接收器：总线终端器（每条总线的终端有一个）。

信号类型：正电压。

信号极性: +2.1V, +/-0.1V。

JTM_Vt 可能连接到 Ax_Vt 或 Bx_Vt。KTM_Vt 可能连接到 Ay_Vt 或者 By_Vt。这些连接使得测试总线终端器功率可以由数据总线终端器功率供给,不能相反连接。JTM_Vt 不能连接到 Ay_Vt 或者 By_Vt 中,KTM_Vt 不能连接到 Ax_Vt 或者 Bx_Vt 中。不允许交叉连接是为了保持总线的完整性。

3.4.2 电气特性

3.4.2.1 总线数据和时钟线路要求

(1) 线路电阻。必须限定背板信号线路的串联电阻,这样确保从任意模块输出到背板任意一端的终端电阻的最大电压小于 100mV。

(2) 地面差量。连接到任何两个 LRM 背板的所有的地面光谱间隔之间的电压差量均不能超过 50mV。地面光谱间隔是收发器的阈值参考信号。

3.4.2.2 模块数据和时钟线路 DC 要求

(1) 输入特性。模块插头和地面背板之间的信号线路容量应小于 22pF。

(2) 输入感应系数。从模块驱动/接收器设备插头到背板的信号线路串联电感应小于 32mH。ARINC650 连接器到模块的一半最大标准为 30mH,ARINC650 连接器到背板的一般最大 2mH。

(3) 泄漏电流。当总线电压为 0.75V 时,任何非传动的驱动器的驱动输出电流的绝对值一定小于 250mA。当驱动器装置电力高于最大总线电压 2.2V 时,未证实的任何信号线路的驱动输出电流的绝对值一定小于 100mA。

(4) 低平接收器电流。信号驱动器的低平接收器电流(IOL)驱动容量最小应为 100mA,最大输出电压(VOLB)为 1.2V。

(5) 高平输出电压。高平输出电压由背板信号线路终端电压决定,该电压既不能小于 +2.0V,也不能高于 +2.2V。信号线路输出允许在总线上进行 OR 布线操作。

(6) 低平输出电压。输入电流为 100mA 时,信号线路的低平输出电压(VOL)不能超过 1.2V。

(7) 高平输入电压。+1.62V 或者更大的信号线路输入电压(VIH)作为逻辑 1。非通电接入背板(如开放线路)的信号线路输入作为逻辑"1"。

(8) 低平输入电压。+1.47V 或者更低的信号线路输入电压(VIH)作为逻辑 0。总线逻辑水平在总线协议标准附件 3-3 中列示,出自 IEEEStd1194.1—1991,"背板收发器逻辑(BTL)接口电路的电力 3.3.2 特性"。

图 3-12 和图 3-13 所示为模块数据与时钟线路的电气特性,适用的操作温度范围是 -40 ~ +125℃。在该范围内,所有总线组件的温度差量应不超过 20℃。

特征参数	符号	条件	最小值	典型值	最大值	单位
输入电容	C_{in}	$V_{in}=0$	—	—	22	pF
输入电感	L_{in}	$I_{in}=0$	—	—	32	nh
输入电压	V_{IL}	"0" Level	—	—	1.47	Vdc
	V_{IH}	"1" Level	1.62	—	—	Vdc
输出峰值电流	I_{out}	$V_{OL}=0.75V$ $V_{OL}=2.2V$	—	—	250 100	μAdc
输出驱动电流	I_{OL}	$V_{OL}=1.2V$	100	—	—	mAdc
输出电压	V_{OL}	$I_{OL}=100mA$	—	—	1.2	Vdc
	V_{OH}	No Load	2.06	2.10	2.14	Vdc

图 3-12 模块电力特性（地面背板参考电压）

特征参数	符号	最小值	典型值	最大值	单位
建立时间	t_S	6.0	—	—	ns
保持时间	t_H	6.0	—	—	ns
输入脉冲宽度	t_{WH}	13.0	—	—	ns
上升时间	t_{TLH}	—	—	5	ns
下降时间	t_{THL}	—	—	5	ns
重新同步	—	—	—	—	ns
瞬态偏离	t_{SK}	—	—	10	ns
时钟对称性		40	—	60	%

图 3-13 模块转换特性（CL=30pF）

3.4.2.3 数据总线和时钟线路 AC 要求

1）模块数据线路输入

（1）启动时间。在时钟高低转换（启动时间，Ts）之前，要求每条输入信号高于或者低于逻辑"0"或者逻辑"1"的输入电压阈值，连同模块连接器测量的时钟和数据在内，时间总计至少为 6.0ns。

（2）等待时间。在时钟高低转换（等待时间，TH）之前，要求每条输入信号高于或者低于逻辑"0"或者逻辑"1"的输入电压阈值，连同模块连接器测量的时钟和数据在内，时间总计至少为 6.0ns。

（3）噪声抑制。输入信号线路能够抑制，总线接口对宽度小于 6ns 的信号脉冲没有反应。

(4)时钟对称。背板上的时钟负载循环应该在40%~60%。

(5)时钟和数据相位关系。对于所有的消息,时钟由发送数据的LRM驱动。所有总线线路的静止状态为高。在时钟的上升边界总线上数据出现变化,并在接收时钟线路的下降边界闭锁入接收器中。

2)信号和启动输出

以下规范在信号线路连接到《标准》的测试电路时适用。

(1)上升和下降时间。从+1.2V到+1.8V输出信号的上升时间(TTLH)不应大于5ns。从+1.8V到+1.2V输出信号的下降时间(TTHL)不应大于5ns。

(2)经由LRM发送的时钟信号具有与相连数据线路上的信号变化次数等距的下降边界。电压达到1.5V时,测量信号边界。时钟线路偏离总线接口发送的各个数据总线不应大于10.0ns(见附件3-5测量点A)。

3.4.2.4 信号对状态定义

当数据线路信号对或者时钟线路信号对两条线路都处于逻辑"1"状态时,此时,应该释放信号对。

当数据线路信号对或者时钟线路信号对两条线路都处于逻辑"0"状态时,此时,应该确认信号对。

3.4.2.5 时钟精确度

总线的发送位速率由驱动每个BIU的本地时钟管理。系统设计者必须保证LRM振荡器在一定温度范围内的精确度。对精确度的描述应该包含至少20年的老化过程。

时钟质量(精确度、老化、温度稳定性)决定所需的重新同步消息速率。重新同步消息用于补偿LRM内的相对时钟偏差。剩余的未得到补偿的相对时钟偏差可能在预定发送邻近消息的两个LRM之间造成冲突。因此,建议在整个温度幅度内,时钟质量全部的偏差不应超过50PPM。

温度稳定性是整个时钟精确性的最重要的要素,也是机箱设计者能够控制的要素之一。对最差情况的温度差别的控制能够增加有效的时钟精确度。最后,LRM制造商应该将总线时钟放置于模块的后底部,在这个位置时钟受到模块分散的热度变化的影响最小。

3.4.3 总线编码

如图3-14所示,4条总线上被发送数据编码规则如下。

AxData0,AxData1:正常数据电平(总线上逻辑1为高电平)。

AyData0,AyData1:正常数据与{010101…}异或。

BxData0,BxData1:数据电平翻转(总线上逻辑1为低电平)。

ByData0,ByData1:正常数据与{101010…}异或(Ay线翻转)。

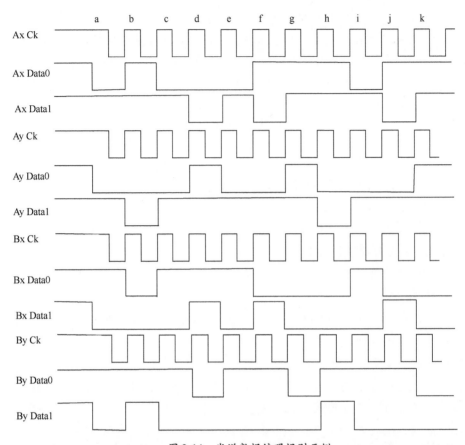

图 3-14 发送数据编码规则示例

所有的数据传输,包括基本消息、主/后备消息、长同步消息子窗口,都按照这些规则进行编码。所有的 BIU 在进行差错检测的比较操作之前解码接收数据。

这种简单的总线编码有很多优点。

第一,4 条线路的平均 DC 和 AC 功率对于所有数据模式都是恒定的。这使得电源供给设计更加容易,并降低了数据模式敏感的潜在故障的可能性。

第二,提供了额外的故障检测机制。659 编码方法可以检测总线开路、短路(包括线路之间的短路)以及固定逻辑(stuck-ats")。总线开路和固定逻辑可以立即分辨。线路之间的短路可以在一定时间内检测到。还可以进行冲突检测(由于双重协议故障),避免相关的瞬时混乱。

第三,与总线 A 信号电平相反的总线信号 B 为总线提供了差分信号特征。差分信号有利于提高电磁兼容性(Electro Magnetic Compatibility,EMC)。

第四,从低频变为了高频,反之检测 jitter 误差。由于长串的一或者零,jitter 误差的主要来源是 DC 水平移动。这种编码可以防止这些长字符同时出现在主要的总线上。这样，假设一个长字符可能在一条将要检测的总线上引起一个 jitter 误差，因为其他总线不会有相同的长字符引起相应的故障。

3.4.4 物理隔离

为保证冗余度提供最佳容错，在底板和总线接口上要作充分的隔离，包括元件物理位置和安排及总线的走线和信号的电气隔离。

（1）BIU 隔离。2 个作为总线接口单元的 BIU 必须按 x 和 y 分开封装。同样的，每条总线（Ax，Ay，Bx，By）必须使用分离的收发器。不同 BIU 不能使用同一时钟、表存储器和任何影响总线时序的硬件。

（2）总线供电隔离。每一条总线（Ax、Ay、Bx 和 By）都必须独立供电。对每条总线的供电包括为连接到此总线的所有收发器和此总线的端接供电。当信号源使用的电源与此信号所连接到的元件使用的电源不相同时，必须在连接采取隔离措施。每个总线组的端接器电源也必须是独立的。

（3）总线隔离要求。若非由另外的导线或金属层分隔，Ax 数据线与 Bx 数据线之间、Ay 数据线与 By 数据线之间都必须隔开至少 0.12in 或更多，时钟线间也是如此。

每条总线的地平面应该进行计划，尽最大可能使得平面携带的电流仅与总线相连（如电流仅通过总线的收发器和终端器）。其他的总线（如 IEEE1149.5）如果具有与总线（Ax、Ay、Bx 或 By）一样的容错区域，则可能共用同样的地平面。在这些容错区域之一内的所有总线（包括它们的收发器和终端器）应该具有相同的电源。地平面上所有引起回流的信号线路应该尽可能的发送到地平面上，此时保持总线的电阻不变。每个收发器的 Bandgap 地面基准插头应该通过一个独立的线路分别连接到总线地平面上，并且连接器插头未连接其他。信号返回地面和 bandgap 线路都应该从收发器连接到其最低阻抗路线的总线地平面。

3.5 ARINC 659 总线数据链路层协议

本部分分析了 ARINC 659 背板总线数据链路层协议分析，包括表驱动均衡访问的通信机制，窗口、帧的定义及组织，同步机制等。

3.5.1 表驱动均衡访问的通信机制

ARINC 659 总线是一个多节点串行通信总线。采用表驱动均衡访问（TDPA）的通信机制，使用 4 条串行总线同时半双工传输和交叉校验的通信方式。总线操作按照预定的时间命令表进行。ARINC 659 总线用于在线可更换模块（LRM）之间的数字数据传送。它定义了 OSI 参考模型中的物理层和介质访问控制（MAC）子层部分。ARINC 659 总线接口和总线连接关系如图 3-15 所示。

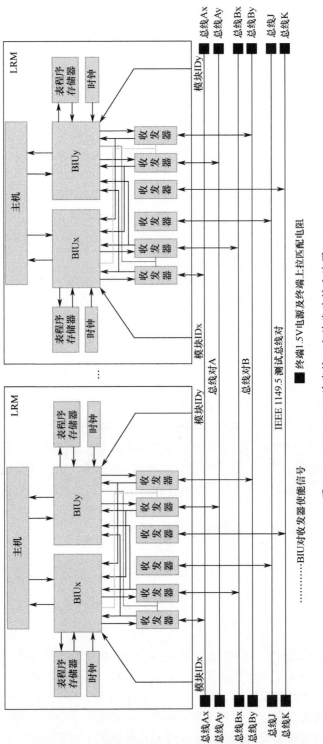

图 3-15 ARINC 659 总线接口和总线连接方块图

每一个 LRM 有 2 个总线接口单元，分别为 BIUx 和 BIUy，BIUx 经由 x 总线发送，BIUy 经由 y 总线发送，每一个 BIU 接收所有 4 条总线。每一条总线有独立的收发机，因此每一个 LRM 中有 4 个收发机。

ARINC 659 总线是由双总线对组成的双 – 双配置，总线对 A 和 B 分别具有"x"和"y"两条总线。每一条总线（Ax、Ay、Bx 和 By）有各自的 1 条时钟线和 2 条数据线，每个时钟传送 2 个数据位，完整的总线组由 12 条线组成。

命令表是控制总线活动的核心。ARINC 659 总线操作被划分为一系列的窗口，每一个窗口包含一个长度从 32 位到 8192 位的消息或者一个大约 5 位的同步脉冲。数据传送按照表存储器中预先确定的传送调度进行。表定义了每一个窗口的长度，还定义了哪一个 LRM 在安排给该窗口的时间里发送、接收和忽略总线。整个总线传送调度被组织在由各窗口长度之和建立的恒定长度的周期帧中。对于一个特定的应用，每一个 LRM 的表必须规定同样的窗口序列，以使来自不同供货商的表兼容，ARINC 659 总线有一个帧描述语言（FDL）用于保证表构造的协议规则被遵守和总线上的所有表是兼容的。兼容性是指对总线上的每一个窗口，所有的表具有相同的开始和结束时间，相同的消息类型（基本、主/后备、初始化同步、短同步、同步或帧切换）。BIU 制造商的表可以使用不同的命令集。命令表只能由测试总线存放在表存储器中。

为差错检测和纠错，每一个接收机比较：$Ax = Ay$，$Bx = By$，$Ax = By$，$Bx = Ay$。由于有 4 个信号用于差错检测，因此，它的容错特性比传统的双余度好，而复杂性小于传统的 4 余度。故障检测在数据传送到总线上的期间和从总线上接收数据期间进行。正在发送的 LRM 检测它实际放到总线上去的内容，如果检测到一个不能纠正的差错，发送就被终止。发送 LRM 的这一作用是第二级保护机制，第一级保护机制则是双 BIU 运行 TDPA 协议和接收 LRM 的数据比较。所有激活的正在接收的 LRM 对同一数据比较所有 4 条数据总线。单个的暂时差错可以通过一个非故障信号对的组合而被纠正。如果同时发生 2 个差错，则被接收数据被标记为错误。

3.5.2 窗口的概念

ARINC 659 总线活动由交替的消息和间隙组成窗口构成，如图 3-16 所示，每一个窗口占据相关 LRM 表命令规定的固定时间段。

窗口可以包含一个数据消息、同步信息或空闲。每一个窗口可以有一个唯一的发送器或是一组有限的后备发送器，它们被编程在表存储器中。每一个消息的源和目地址包含在表存储器中而不是通过总线传送。系统设计/综合者可以组织多种类型的底板模块间的消息结构，它支持模块 – 模块（点 – 点）传送、一个模块到一组模块（广播）通信，以及备选的一个模块到一组模块的通信。有两种类型的消息：基本和主/后备消息。基本消息用于单个源和单个目或多个目的情况。主/后备消息用于有多个备用源和单个目或多个目的情况,一个适当的裁决机制只允许主或后备源之一的发送器访问总线,一个后备只有在主和其他优先级比它高的后备发送器在预先确定的时间周期保持沉默时才在总线上发送。

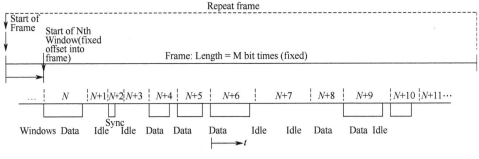

图 3-16　ARINC 659 总线背板总线活动

为保证所有的 BIU 执行兼容的表,提供了一个版本控制机制,一旦确定某个不兼容,则具有不兼容表的 BIU 将不参与任何进一步的底板操作。

3.5.3　帧的定义与组织

总线中的窗口组织成用户预先定义周期的循环帧。周期循环的同步、数据和空闲窗口组成帧,帧周期等于组成帧的各个窗口长度之和。

表存储器可以存储长度不同的帧命令序列,帧之间的切换由帧切换命令实现。有两种不同类型的帧:版本帧和非版本帧。在一个版本帧中,在底板上活动的所有 BIU 应该具有相同的表版本号。版本帧切换机制保证了所有同步的 BIU 会同接收到的帧切换消息中版本数据校验自己的版号,如果表版本号不一致,它就同总线失去同步。

在一个非版本帧中,表的版本被忽略,只要一个 LRM 中的 BIU 对能够与底板同步,它们就能够参与非版本帧。另外,非版本帧中的所有消息应由最大时间间隙(9 位时间)分割,对于主/从消息必须用最大步进时间间隙(10 位时间)。

3.5.4　同步机制

有 3 种独特的传输模式用来支持底板的位级同步和帧级同步。初始化同步消息用于接通电源之后或由"故障"引起机架内失去同步时初始化总线。短同步消息通过修正振荡器漂移,用于维持机架中所有 BIU 的位级同步。长同步消息用于丢失的模块重新与总线同步。长同步消息有两种:一种为进入同步,它使丢失的模块与当前帧同步;另一种为帧切换,用于表中不同帧之间的切换。长同步消息包括版本形式和非版本形式,长同步消息也以与短同步消息同样的方法执行位级同步操作。

为了最大限度地容错,所有位于同步状态的 BIU 在包含了同步脉冲的窗口都必须发送同步脉冲,每个 LRM 模块都必须为相应的同步类型(短,进入或者帧改变)编程。每个 BIU 都必须在自己基于计算同步脉冲到来后的位时间确认的窗口开始时间进行发送操作。一个同步脉冲的前导下降沿到下一个同步脉冲的前导下降沿的位时长等于 4(同步脉冲的额定宽度)加间隙加两个脉冲间所有窗口的所有位数再加 1(同步消息的第一位的高位时间)。

1. 帧级同步

当 BIU 处于非同步状态,它将试图与活动的 BIU 恢复帧同步。

初始化同步限定等待时间是指 BIU 在决定发送初始化同步脉冲之前,搜索同步消息(短同步消息、长同步消息或者初始化同步消息)所等待的时间长度。如果已经过了初始化同步限定等待时间,BIU 仍未看到一个同步脉冲,BIU 就会传输一个初始化同步脉冲。如果 BIU 接收到了一个初始化同步消息(由其他模块或自己发送的),它将立即执行一个固有命令去接收一个非版本进入同步消息,消息中同步码为"0",全分辨率时间值为"0"。

2. 位级同步

位级同步机制的目的是为了在振荡器漂移的前提下维持相邻消息的分离,同时保证同一模块上的两个 BIU 不超过两个位时长。位级同步通过总线上所有位于同步状态的 BIU 在 4 条时钟线上周期的发送同步脉冲实现。每个 BIU 都测量上述脉冲线或的前导下降沿,并调整本地内部的位时钟与同步脉冲对齐。组件间的时间偏差及通过背板的传输延迟降低了所有 BIU 紧同步的能力。间隙时间的可编程保证了长传输时间情形下消息的分离。

3. 同步操作规定

同步脉冲是在所有 4 条总线上的时钟线上发生的特定样式。额定为 4 位时长。Data0 线用于决定同步脉冲是短同步(意味着没有附加的同步信息跟随)还是长同步(意味着跟随了附加的同步信息,该信息允许一个失去总线的 BIU 恢复同步)。

为了避免由一个错误就引起错误的侦测到同步脉冲,因此,除非同步脉冲至少出现在一对有效信号线上(AxAy,AxBy,BxAy,BxBy),BIU 才能认为其有效。

为了免于时钟线长低或电源失效造成同步脉冲的侦测错误,从上一次同步脉冲到来或从搜寻同步脉冲开始在一定时间内如果时钟线没有变高,那么,同步脉冲的侦测将忽略该时钟线。沿时序的操作必须是在侦测到同步脉冲的第一个信号对线或结果的前导下降沿处。每个 BIU 都在内部计算同步脉冲的沿,然后,调整它的上升时钟沿到这个同步脉冲的下降沿。

如果在一对时钟线上保持低的时间大于等于 2.5 个位时间,BIU 必须认可该同步脉冲；如果少于等于 1.5 个脉冲，BIU 不能认为其为同步脉冲。接收到同步脉冲的 BIU 必须在接收到该脉冲前导下降沿开始不多于 4 位时长，释放它所驱动的数据总线。如果 BIU 正在驱动同步脉冲，则它必须在不多于 3 位时长释放。

任何 BIU 都不能在同步脉冲前导下降沿开始的第 4、5 和 6 位响应总线信号（表3-1）。

表 3-1 数据有效表

接收到字				检查结果				有效字				可用性
Ax	Ay	Bx	By	Ax = Ay	Bx = By	Ax = By	Bx = Ay	Ax	Ay	Bx	By	原因
T	T	T	T	T	T	T	T	Y	Y	Y	Y	完全匹配
T	T	T	T	T	T	T	F	Y	Y*	Y*	Y	检查故障；数据正确
T	T	T	T	T	T	F	T	Y*	Y	Y	Y*	检查故障；数据正确
T	T	T	T	T	T	F	F	Y*	Y*	Y*	Y*	2-2 持平 Ax = Ay；Bx = By；选其一
T	T	T	T	T	F	T	T	Y	Y*	Y*	Y	检查故障；数据正确
T	T	T	T	T	F	T	F	Y	Y		Y	Bx 坏
T	T	T	T	T	F	F	T	Y	Y		Y	By 坏
T	T	T	T	T	F	F	F			Y*	Y*	BxBy 中有双不可区分故障
T	T	T	T	F	T	T	T	Y*	Y*	Y	Y	检查故障；数据正确
T	T	T	T	F	T	T	F		Y	Y		Ay 坏
T	T	T	T	F	T	F	T	Y			Y	Ax 坏
T	T	T	T	F	T	F	F	Y*	Y*			AxAy 中有双不可区分故障
T	T	T	T	F	F	T	T	Y*	Y*	Y*	Y*	2-2 持平 Ax = By；Bx = Ay；选其一
T	T	T	T	F	F	T	F	Y*			Y*	BxAy 中有双不可区分故障
T	T	T	T	F	F	F	T		Y*	Y*		AxBy 中有双不可区分故障
T	T	T	T	F	F	F	F					不匹配－三重故障
F	T	T	T	T	T	T	T		Y	Y	Y	Ax 其余完全匹配
F	T	T	T	T	T	T	F		Y*	Y*		检查故障；Ay 不可信
F	T	T	T	T	T	F	T		Y		Y*	检查故障；数据正确
F	T	T	T	T	T	F	F			Y	Y	Bx = By；Ax 丢失消息，Ay 暂定
F	T	T	T	T	F	T	T		Y*	Y*		检查故障；By 不可信
F	T	T	T	T	F	T	F					Ax 丢失消息且 Bx 坏 => 不可校正

续表

接收到字				检查结果				有效字				可用性
Ax	Ay	Bx	By	Ax = Ay	Bx = By	Ax = By	Bx = Ay	Ax	Ay	Bx	By	原因
F	T	T	T	T	F	F	T			Y	Y	By 坏且 Ax 丢失消息
F	T	T	T	T	F	F	F					BxBy 中有双不可区分故障
F	T	T	T	F	T	T	T	Y*	Y		Y	检查故障；数据正确
F	T	T	T	F	T	T	F			Y	Y	Ay 坏且 Ax 丢失消息
F	T	T	T	F	T	F	T		Y	Y	Y	Ax 坏（且 Ax 丢失消息的正常情况）
F	T	T	T	F	T	F	F			Y	Y	Bx = By; Ax 丢失消息, Ay 暂定
F	T	T	T	F	F	T	T			Y	Y	Bx = By; Ax 丢失消息, Ay 暂定
F	T	T	T	F	F	T	F					BxAy 中有双不可区分故障
F	T	T	T	F	F	F	T		Y	Y		Bx = By; Ax 丢失消息, Ay 暂定
F	T	T	T	F	F	F	F					不匹配 – 三重故障

3.6　ARINC 659总线帧描述语言

3.6.1　命令汇总

  BOW　　　　　　窗口开始
  CALL　　　　　　调用子序列
  CALLI　　　　　 调用子序列并发送固有空闲
  DELTA　　　　　主/备仲裁步进时长
  ERU　　　　　　转入同步
  ERV　　　　　　转入同步（带版本校验）
  FCU　　　　　　帧切换
  FCV　　　　　　帧切换（带版本校验）
  FREE　　　　　 空闲
  GAP　　　　　　定义消息间间隙
  JUMP　　　　　 跳转
  JUMPI　　　　　跳转并发送固有空闲
  RET　　　　　　子序列返回

RETI	子序列返回并发送固有空闲
RX	从总线接收数据
SSYNC	短同步
SUB	子序列的开始
TX	向总线发送数据
VER	版本和机架位置标识

3.6.2 命令详解

1. 窗口起始

格式：BOWsize

用途：定义一个数据传输窗口的起始。

说明：此命令用于定义数据传输窗口的起始，并且它也定义了在此窗口中发送/接收的字的数目。

举例：BOW235；定义了一个传输 235 字的窗口。

2. 调用子程序

格式：CALLslabel

CALLIslabel

用途：转到执行子程序序列。

说明：命令表的执行将转到"slabel"指定的位置开始执行。程序将继续从此位置执行，直到遇到"RET"命令。"CALLI"命令与"CALL"类似，但是它在后续命令执行前有一个 16 + Gap 位时间的固有空闲。Slabel 必须是命令表中 SUB 命令的标签。

举例：CALLHOME；调用子程序 HOME。

CALLIHOME；调用子程序 HOME，并插入一个固有空闲。

3. 主/备仲裁步进时长

格式：DELTAbit_times

用途：定义主/备仲裁位时长值。

说明：主/备仲裁位时长是 BIU 采集总线所需的所有时间，以判断主、备 1 或备 2 没有传输，并开始传输后备消息，在同一总线上的所有 LRM 必须拥有相同的步进时长。此命令的有效值范围是 3~10b 时长，如果没有 DELTA 定义，此值默认是 5b 时长。

举例：DELTA4；主/备仲裁位时长为 4b。

4. 帧描述结束

格式：END[<vendor_spec>]

用途：指明命令表的定义已结束。

说明：此命令表示用帧描述语言定义的命令表结束。

举例：END；帧描述结束。

5. 转入同步消息

格式：ERUcode, lrm_list

ERVcode, lrm_list

用途：用于传送一个转入同步消息并检查版本的兼容性。

说明：当遇见此命令，表明总线系统将由指定的 LRM 发送转入同步消息，总线上的其他 LRM 模块将接收此消息。当多个 LRM 被定义，第一个为主，第二个为主备1、第三个为主备2、第四个为主备3。如果命令是 ERV，BIU 将版本号附加在消息的最后，并检查版本的兼容性。

用帧描述语言定义的命令表结束。

举例：ERU2，1；LRM#1 发送代码为 2 的转入同步消息

ERV2，21；LRM#2（主）或 LRM#1（备1）发送代码为 2 的转入同步消息并检查版本兼容性

ERU52，4521；LRM#4（主）、LRM#5（备1）、LRM#2（备2）、LRM#1（备3）发送代码为 52 的转入同步消息。

6. 帧切换消息

格式：FCUcodeflabellrm_list

FCVcodeflabellrm_list

用途：用于进行帧切换并检查版本的兼容性。

说明：此命令提供同步跳转表中的代码值，它与由"flabel"定义的帧相联系。它也定义了那个 LRM 将容许执行帧切换命令。如果 LRM 确实执行了帧切换命令，帧描述语言的执行将转到由"flabel"标识的位置。如果命令是 FCV，BIU 将版本号附加在消息的最后，并检查版本的兼容性。

举例：FCU6WARM2；LRM#2 将执行帧切换到 WARM，采用代码 6

FCV6WARM21；LRM#2（主），LRM#1（备1）。将版本号附加在消息的最后

FCU6WARM3451；LRM#3（主）、LRM#4（备1）、LRM#5（备2）、LRM#1（备3）。

7. 定义没有使用的位时间

格式：FREEbit_times

用途：保留没有分配的帧时间。

说明：当在描述总线系统活动中遇见此命令，将针对特定数目的位时间分配一段空闲的总线。

举例：FREE7770；在帧中保留 7770b 时长

FREE33；在帧中保留 33b 时长。

8. 定义消息间间隙

格式：GAPbit_times

用途：定义消息间时间间隙的大小。

说明：此命令定义了总线系统要求的两个总线数据传输之间的间隔时间。此信息必须用于保证所有的 BIU 在相同的时间发送/接收。此命令中"bit_times"的有效范围是 2~9。如果没有 GAP 命令，默认的消息间时间间隔是 2b 时长。

举例：GAP2；定义消息间时间间隙是 2b 时长。

9. 跳转到特定的位置

格式：JUMPlabel_type

JUMPIlabel_type

用途：用于跳转到指示的位置继续执行。

说明：命令表的执行将无条件地跳转到由"label_type"指示的位置。程序将从此位置继续执行后续命令。如果命令是"JUMPI"，在继续执行后续命令前，总线上将插入一个 16 + Gap 位长的固有空闲。

举例：JUMPXYZZY；跳转到 XYZZY

JUMPIXYZZY；跳转到 XYZZY，此命令后由空闲。

10. 从子序列返回

格式：RET[<vendor_spec>]

RETI[<vendor_spec>]

用途：命令的执行返回到调用序列。

说明：当遇见返回命令，控制将转移到上次 CALL 命令执行处的下一条命令。如果命令是 RETI，在继续执行 CALL 命令的下一命令前，总线上将插入一个 16 + Gap 位长的固有空闲。

举例：RET；从子序列返回。

11. 从总线上接收数据

格式：RXlrm <vendor_spec>

用途：定义接收发送的数据。

说明：这个命令指定了当前定义的传输的接收者。可以有许多接收者，每个都有"RX"命令，"lrm"规定了接收这个传输的 LRM。"vendor_spec"商家规定的接收数据存放位置。前面的 BOW 定义了传送的字的大小。

举例：BOW3

TX1 <vendor_spec>；LRM#1 发送 3 个双字。

RX2＜vendor_spec＞；LRM#2 接收 3 个双字。
RX5＜vendor_spec＞；LRM#5 接收 3 个双字。

12. 短同步消息

格式：SSYNC［＜vendor_spec＞］

用途：发送一个短同步消息。

说明：当遇见此命令，这表明在总线上的所有 LRM 将在总线上发送短同步同步脉冲。

举例：SSYNC；发送一个短同步消息。

13. 子序列开始

格式：slabelSUB［＜vendor_spec＞］

用途：定义子序列的开始。

说明：此命令定义了以"slabel"标号的子序列开始。子序列将继续直到遇见"RET"命令。

举例：XYZZYSUB；定义了以"XYZZY"标号的子序列开始。

14. 向总线上发送数据

格式：TXdata_item

用途：定义发送的数据。

说明：这个命令描述了被发送的源数据。每个 BOW 命令后面跟 1～4 个 TX 命令，每个 TX 命令是一个独立的发送者，第一个 TX 命令定义了基本的或主发送，可选择的第二个 TX 命令指定后备 -1 的发送源，第三个 TX 命令指定后备 -2，第四个 TX 命令指定后备 -3。"data_item"说明了 LRM 传输数据、版本号或者商家规定的发送数据存放位置。前面的 BOW 定义了传送的双字大小。如果这个传输是版本号，数据传输的大小（由 BOW 定义）必须是 2。

举例：BOW3；发送 3 个双字。

TX1＜vendor_spec＞；LRM#1 主发送。

BOW2；发送 2 个双字。

TX2VERSION；LRM#2 发送版本号。

BOW4；发送 4 个双字。

TX2＜vendor_spec＞；LRM#2 主发送。

TX1＜vendor_spec＞；LRM#1 后备 -1 发送。

15. 版本号标志

格式：VERver_valueminor_vercabinet_pos

用途：用于定义总线系统的版本号和在那个机架中此版本有效。

说明：版本号用来保证由 FDL 指定的总线系统是兼容的。32 位的 ver_value

通常被 TX 和 RX 命令作为版本检测机制的部分来使用。8 位的 minor_ver 用来作为兼容检测的部分来使用，Cabinet_pos 用来说明这个版本对 15 个可能的机柜中某一个有效。

举例：VER00AB6712081；定义了 32b 的版本号、8b 的次版本号并表明它在机架 1 中有效。

3.6.3 帧组织

总线中的窗口组织成用户预先定义周期的循环帧。周期循环的同步、数据和空闲窗口组成帧，帧周期等于组成帧的各个窗口长度之和。

表存储器可以存储长度不同的帧命令序列，帧之间的切换由帧切换命令实现。有两种不同类型的帧：版本帧和非版本帧。在一个版本帧中，在底板上活动的所有 BIU 应该具有相同的表版本号。版本帧切换机制保证了所有同步的 BIU 会同接收到的帧切换消息中版本数据校验自己的版号，如果表版本号不一致，它就同总线失去同步。

在一个非版本帧中，表的版本被忽略，只要一个 LRM 中的 BIU 对能够与底板同步，它们就能够参与非版本帧。另外，非版本帧中的所有消息应由最大时间间隙（9b 时长）分割，对于主/从消息必须用最大步进时间间隙（10b 时长）。

3.6.4 ARINC 659 命令表说明

命令表设计需要符合一定的编写规范与常规才能确保命令的正确执行与执行中的一定的可靠性。

每个命令表前需要包括一定的命令表配置命令，如下所示。

GAP2；消息间间隙大小，必须出现在 FDL 命令前。
DELTA4；主/备仲裁位时长，必须出现在 FDL 命令前。
VER00000001072；版本号、次版本号、机架位置。

其中 GAP 命令定义了总线系统要求的两个总线数据传输之间的间隔时间。此信息必须用于保证所有的 BIU 在相同的时间发送/接收。此命令中的参数的有效范围是 2~9。如果没有 GAP 命令，默认的消息间时间间隔是 2b 时长。

DELTA 命令为主/备仲裁位时长是 BIU 采集总线所需的所有时间，以判断主、备 1 或备 2 没有传输，并开始传输后备消息，在同一总线上的所有 LRM 必须拥有相同的步进时长。此命令的有效值范围是 3~10b 时长，如果没有 DELTA 定义，此值默认是 5b 时长。

VER 命令中的参数分别为版本号、此版本号和机架位置。版本号用来保证由 FDL 指定的总线系统是兼容的。32b 的版本号通常被 TX 和 RX 命令作为版本检测机制的部分来使用。8b 的次版本号用来作为兼容检测的部分来使用，机架位置用来说明这个版本对 15 个可能的机柜中某一个有效。

FDL 第一条命令需要是带标志的短同步。

COLDSSYNC×××××；初始化同步后的第一条命令必须是 SSYNC。

SSYNC 为短同步，COLD 为标志位与帧结束之前的 JUMPI 跳转位置相呼应。

帧最后一条命令应为 JUMPI。JUMPI 位置与 FDL 第一条命令的标志位对应，形成一条不断循环执行的帧。END 表示帧结束：

JUMPICOLD；带固有空闲的跳转。

在初始化之后可添加帧传输数据语句与同步语句。一般为先发送数据根据环境需要在数据发送过程中添加一些短同步 SSYNC。

满足特定需求的或模块化需求的数据传输与同步最好放在一个子程序中。通过 CALL 调用 SUB 子程序。这样既方便调用，也不需要重写。

在帧结束之前最好进行一次不带版本与带版本的长同步确保时序的一致与寄存器中内容的正确性，如下所示。

ERU2，1；长同步模块 1，代码为 2。

ERV4，23；长同步主/备模块 1、2、3，代码为 4。

帧中可包括 FCU 或 FCV 进行当前帧与其他帧的切换，是否切换由计算机中的帧寄存器来决定，如下所示。

FCU6WARM2；帧切换、模块 2、代码 6、切换到 WARM。

FCV6WARM513；主/备帧切换，模块 5、1 和 3，代码 6。

当执行帧切换命令时且帧寄存器使能的情况下执行 FCU 或 FCV 时，首先进行一次长同步再次跳转到 WARM 位置，开始下一帧。

在命令表末尾需要有 END 表明命令表结束。

为了保证两级命令表时序统一或为其他发送或同步预留，可使用 FREE 命令留出空闲窗口时间。

3.6.5 帧的命令描述示例

下面给出一个例子，以便帮助理解语法描述。

GAP2；消息间间隙大小，必须出现在 FDL 命令前。

DELTA4；主/备仲裁位时长，必须出现在 FDL 命令前。

VER00000001072；版本号、次版本号、机架位置。

COLDSSYNC×××××；初始化同步后的第一条命令必须是 SSYNC。

BOW3；窗口#1，字数 = 3。

TX2×××××；窗口#1，LRM2 发送基本消息。

RX3×××××；窗口#1，LRM3 接收基本消息。

BOW2；窗口#2，字数 = 2。

TX1×××××；窗口#2，LRM1 发送主消息。

TX3×××××；窗口#2，LRM3 发送后备 −1 消息。

RX2×××××；窗口#2，LRM2 接收主/备消息。
BOW4；窗口#3，字数 =3。
TX2×××××；窗口#3，LRM2 发送主消息。
TX1×××××；窗口#3，LRM2 发送后备 −1 消息。
TX3×××××；窗口#3，LRM3 发送后备 −2 消息。
RX4×××××；窗口#3，LRM4 接收主/备消息。
BOW2；窗口#4，字数 =2。
TX1VERSION；窗口#4，LRM2 发送版本寄存器。
RX2×××××；窗口#4，LRM2 接收基本消息。
BOW20；窗口#5，字数 =20。
TX1×××××；窗口#5，LRM1 发送主消息。
TX2×××××；窗口#5，LRM2 发送后备 −1 消息。
TX3×××××；窗口#5，LRM3 发送后备 −2 消息。
TX4×××××；窗口#5，LRM4 发送后备 −3 消息。
RX5×××××；窗口#5，LRM5 接收主/备消息。
ERU2，1；长同步模块 1，代码为 2。
ERV4，231；长同步主/备模块 1、2、3，代码为 4。
ERU5，31；长同步主/备模块 1、3，代码为 5。
CALLIT
JUMPICOLD；带固有空闲的跳转。
一个通用的子序列。
ITSUB×××××；子序列开始标志。
CALLIHOME；带固有空闲的调用。
RET×××××
HOMESUB×××××；子序列的子序列。
FCU6WARM2；帧切换、模块 2、代码 6、切换到 WARM。
FCV6WARM513；主/备帧切换，模块 5、1 和 3，代码 6。
RET×××××
WARMSSYNC×××××；短同步消息。
CALLIT；另外一帧调用 IT。
FREE80；未使用的位时间。
JUMPWARM
END×××××

3.6.6 通信机制

所有 LRM 的 BIU 具有完全相同或相容的命令表，所有 LRM 中的 BIU 同步地解释命令表,并根据 LRM 的模块号同步地执行命令表规定的相应各种窗口操作,实现各 LRM 模块间的数据通信。

3.7 本章小结

为达到系统构想的安全性和可靠性等级,计算机体系结构的制定必须考虑计算机系统的可靠性、安全性等方面的内容。采用冗余技术以及支持 SRU 级资源共享和重构的构架是目前保证安全性和可靠性指标的最好方式。开放式、模块化的体系结构极好地支持系统重构、系统扩展和系统维护。

ARINC 659 总线规范是为综合的模块化航空电子设备、机柜内现场可更换模块间数字数据信息传输制定的规范标准,是针对 LRM 的要求制定的规范,描述了综合的模块化航空电子设备背板总线所需的电特性和总线特性,规范详细规定了总线的协议、时序、速率和物理特性。串行背板总线是飞机高安全和高可靠性要求的机载计算机背板总线技术的发展方向,它的信号线数少,可靠性高,多采用冗余设计,能够很好地适应综合的模块化航空电子设备的要求(LRM 的要求)。作为串行背板总线,ARINC 659 总线从设计上减少了硬件资源,简化了使用方式和总线监控方式。

参 考 文 献

[1] 张喜民,魏婷. ARINC 659 背板数据总线应用研究 [J]. 航空计算技术,2011,41 (05):105-109.
[2] RADIO B A. Airlines Electronic Engineering Committee,Arinc Specification 659 Backplane Data Bus [C]. Colombia:AERONAUTICAL RADIO INC,1993.
[3] 霍曼. 综合航空电子技术发展展望 [J]. 航空电子技术,2003 (3):12-17.
[4] 涂泽中,雷迅,胡蓉. 对新一代综合航电系统发展的探讨 [J]. 航空电子技术,2001,32 (4):11-18.
[5] 孟锐. ARINC 659 背板总线协议处理单元的设计 [D]. 西安:西北工业大学,2009.
[6] 冯福来. 航空电子系统的几种数据总线应用评述 [J]. 测控技术,1999,18 (5):42-44.
[7] 徐文辉. ARINC 659 总线简介 [J]. 航空电子技术,1999,95 (2):22-17.
[8] 汪迪娜. ARINC 659 总线监控卡的设计与实现 [D]. 西安:西北工业大学,2010.
[9] 任苏中,刘小凤. 波音公司 B777 飞机综合模块化航空电子系统的结构设计 [J]. 电子机械工程,1998,6:1-5.

第4章 VME机载计算机总线

VME 的数据是异步传输的，有多个总线周期，地址线的宽度是 16b、24b、32b、40b 或 64b，数据线的宽度是 8b、16b、24b、32b、64b，系统可以动态选择。由于数据传输方式为异步方式，因此只受信号交换协议控制，而不依赖系统时钟；它的数据传输速率为 0～500Mb/s；此外，还有 Unaligned Data 传输能力、自我诊断能力和误差纠正能力，用户可以自己定义 I/O 端口；配有 21 个插卡插槽用于扩展 I/O，应用于军事时可使用传导冷却模块。VME 总线具有以下几个主要特点。

（1）高性能性。由于采用主/从结构独立的数据和地址总线（异步、非复用传输模式），支持跨界数据传送，总线的带宽可达 40MB/s，VME64 最大可以达到 80MB/s，可满足不同的速度要求。

（2）并行性。VME 总线支持面向多个主设备的并行处理，最多支持 21 个处理器，具有 4 条采用菊花链优先级队列总线请求线，拥有一套完善的总线仲裁机制，因此很好地解决了总线资源的分配问题。

（3）实时性。VME 总线具有卓越的中断处理机制，通过 7 条采用菊花链优先级队列中断请求线，总线具有快速的实时响应能力。

（4）可靠性。总线错误及系统错误检测，VME 机箱采用封装坚固、防震、接触好的机械结构，因此，VME 总线具有优异的抗冲击、抗震动能力。

4.1 VME 总线结构

VME 总线系统功能结构由 4 组总线信号线、总线底板接口逻辑和 4 组功能模块组成，如图 4-1 所示，各模块是以平行结构分布的，所有的数据和指令通过系统底层的 4 类总线进行传输，信号的模式是 TTL 电平信号。每类均由一条总线和相关的功能模块组成，这些功能模块在一定的控制机制作用下协调工作以完成特定的任务。VME 总线四类功能结构为数据传输总线（Data Transfer Bus）、仲裁总线（Arbitration Bus）、优先中断总线（Priority Interrupt Bus）以及公用总线（Utility-Bus）。

从层次结构看，VME 总线分为两层即底板存取层和数据传输层。它们分别对应于 ISO 的 OSI/RM 模型最低两层即物理层和数据链路层。底板存取层由底板接口逻辑、公用总线模块和仲裁总线模块组成，数据传输层由数据传输总线和优先中断总线组成。

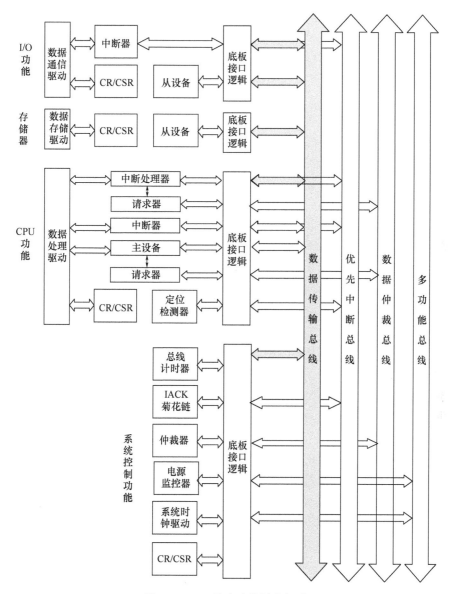

图 4-1 VME 总线功能模块框图

（1）数据传输总线。设备在数据传输总线（DTB）上传输数据，DTB 由数据和地址通路及关联的控制信号组成。主模块、从模块、中断器和中断处理器功能模块使用 DTB 总线相互传输数据。在传输过程中另有两种模块，总线定时器和中断确认菊花链也协助它们工作。

数据传输总线读写数据到插卡，D00～D31 是实际数据，被访问的地址出现在 A01～A31 上，地址修改码（AM0～AM5）指出地址总线的宽度、数据周期的种类和主设备识别，地址选通（AS）用来指示地址有效，主设备用数据选通信号（DS0、DS1）来控制传送，结合长字选择 LWORD 信号线一起指出接收数据有效及传送字长，写线用来区别是读还是写操作，DTACK（数据传送响应信号）被从设备用来指示传送完成，传送中的错误 BERR 指示。

（2）仲裁总线。一个 VME 总线系统中可由几个主模块或几个中断处理器组成。仲裁总线提供了一种按一定次序传递 DTB 控制权的手段，它保证了在一定时间内只有一个能控制 DTB。仲裁总线模块（请求器和裁决器）协调控制权的传递。

由于 VME 总线可以有多个主设备，获得总线的主设备将 BUS BUSY LINE（BBSY）拉低来表示总线正被应用，当 BBSY 不为低时，总线仲裁器将采样总线请求线 BR0～BR3，在 BR3 上的请求有最高优先权，相同优先权的两个请求，由菊花链（Daisy-chain）信号 BG0IN～BG3IN 来判断谁获取总线控制权，BG0IN～BG3IN 编码成以离第一槽的远近来决定优先权，BG0OUT～BG3OUT 将由第一槽产生的总线许可信号按槽序号增加的方向向后传送。在另一个更高优先权的总线请求到来时，总线仲裁器将产生一个 BCLR*（Bus Clear）信号，正在应用总线的主设备检测到 BCLR 信号后即得知另一高优先权主设备要求获得总线，应迅速结束工作，释放总线控制权。由于从设备不能获取总线的控制权，所以常将菊花链信号短接以提供菊花链的连续性。

（3）优先中断类。VME 总线优先中断能力提供了一种方法，多个设备可以通过中断处理器请求任务，这些中断请求可以最多在 7 个级别中安排优先程度，中断器和中断处理器使用优先中断总线的信号线。

通常仅有一个处理器处理中断，监视中断请求线（IRQ1～IRQ7），IRQ7 优先权最高，在响应中断时，一个地址周期产生，这个地址指示请求已被响应，中断响应线（IACK）被仲裁器改变以 daisy-chain 的方式向下传送，用 IACKIN 和 IACKOUT 信号，一个数据周期指出请求设备，并提取请求设备的状态和 Interrupt Vector（中断矢量）。

（4）公用类。公用总线提供周期性时钟、初始化和故障检测。它包括 2 根时钟线、1 根系统复位线、1 根系统故障线和 1 根 AC 故障线。

公用总线包括电源 +5V、+/-12V，一个可选的后备电池 +5V STDBY，独立的 16MHZ 系统时钟（SYSCLK）信号、系统失效信号（SYSFAIL）和 AC 失效（ACFAIL）信号，系统复位（SYSRESET）信号线用来初始化。串行数据线（SERDAT）信号线及串行时钟（SERCLK）同步信号。

4.2 VME 数据传输总线

4.2.1 数据传输总线的类别

数据传输总线包括寻址线、数据线和控制线 3 种类别：寻址线（A，LORD，AM[5：0]，DS0，DS1），数据线 D，控制线（WRITE，BERR，DTACK，DS0，DS1）。其中，两个数据选通（DS0*，DS1*）起着双重功能：用这两个数据选通线的电平来选择读取哪个字节；数据选通的跳变值也可当时间信号使用，它调整主设备和从设备之间数据传输。

A[31-1] 和 LWORD* 起着双重功能：在所有周期的地址传输状态中，所有的或它们的一部分信号用来传送寻址信息；在 64 位块传输的数据传输状态中，所有的这些信号都用来传送数据。

（1）寻址操作。由 DS1*、DS0*、A1、LWORD*、A2 共同来确定对哪个或哪些字节进行操作。AM[5：0]（地址修改码）是在数据传输中，主设备用这些线向从设备传输附加的二进制信息，表示数据传输的类型。

每进行一次读/写周期，总线主设备都要对从模块作一次寻址。寻址所用信号是 A[1：31]、AM[0：5]、IACK*、LWORD*。DS0*、DS1* 则用作选择奇地址还是偶地址字节。A[1：31] 表示的地址信息是 4 个数据一个传输。所以，在进行不足 32 位数据的传输时，可用 DS0*、DS1* 来表示在总线上使用的传输所占用的数据总线。

VME 总线支持 3 种宽度的地址，即 16 位、24 位、32 位地址。相应地，在译码时也要考虑到 3 种宽度所用的地址线不同。

AM[0…5] 可以动态地改变地址宽度。从模块将监视这几根信号线，并对相应地址线译码。短 I/O 寻址（16 位）对 A01～A15 译码，标准寻址（24 位）对 A01～A23 译码，扩展寻址（32 位）对 A01～A31 译码。除了上述功能外，AM[0-5] 也可以表示总线周期类型。它可以区分数据读/写周期，块传送周期等。IACK* 也和 AM[0-5] 有关。若 IACK* 为低，表示当前周期是中断响应周期，从模块可以不考虑 AM[0-5] 的状态。

（2）数据传输。能够以提供 16 根数据线 D[15…0]，或 32 根数据线 D[31…0] 的底板结构来建立 VME 总线系统。提供 16 根数据线的底板结构允许主设备同时读取多达 2 字节或 4 字节的位置，而那些有 32 数据线的底板结构允许主设备同时读取多达 8 字节位置。

当读取字节（0～7）时，LWORD* 必须传输字节（3）的最低信号位，A7 必须传输字节（3）的最高信号位。当在 MD32 模式下读取字节（0～3）时，

LWORD* 必须传输字节（1）的最低信号位，A7 必须传输字节（1）的最高信号位。数据发送端（主设备为一写周期，从设备为一读周期）可以驱动不用于传输数据的数据线。

VME 总线支持 8 位、16 位、24 位、32 位数据的传送，并可以动态的改变。数据总线可以按字节组合分成 4 组：D0 ~ D7，D8 ~ D15，D16 ~ D23，D24 ~ D31。数据传送的宽度由 A01、LWORD*、DS0*、DS1* 来控制的。

VME 总线支持跨界数据传送。所谓跨界数据传送是指双字节或 4 字节数据放于跨界位置上。

（3）控制信号。在数据传输线上传输数据的控制信号线包括 AS* 地址选通、DS0* 数据选通 0、DS1* 数据选通 1、BERR* 总线错误、DTACK* 数据传输验证、RETRY* 重试、WRITE* 读/写。

AS* 控制信号的下降沿通知所有的从设备，在所有 A[31：1] 线或一部分及 LWORD* 和 AM[5：0] 上的地址信息有效，这时能够读取。

DS0* 和 DS1* 控制信号除了为数据传输选择字节位置的功能外，数据选通也有额外的功能。在写周期中，数据选通的第一个下降沿指出主设备在数据总线上数据有效。在读周期中，第一个上升沿告诉从设备它可以从数据总线上读取有效数据。

VME 总线主设备在将 AS* 驱动为低电平之前不允许将任意数据选通驱动为低电平。然而，由于 AS* 上的负载比数据选通上的负载重，从设备和定位检测器在 AS* 上探测到下降沿之前，可能在数据选通上探测到一个下降沿。

总线主设备驱动 A[1-31]、AM[0-5]、IACK*、LWORD* 寻址从模块，在 AS* 下降沿有效。总线主设备还要驱动 WRITE* 为高以完成读操作，也要将 DS0*、DS1* 驱动为低。从模块对地址译码后，确认寻址的是自己，就将数据放入 D[0-31]，并驱动 DTACK* 到低。如果总线出错，则驱动 BERR* 到低。

DTACK* 控制信号在写周期中，从设备驱动 DTACK* 为低电平，指示它已经成功地接收到了所有的数据，而该数据是由传输类型所调用的。在读周期中，从设备驱动 DTACK* 为低电平，表明它已经在数据总线上置了数据。在 A64、A40、MBLT、A40BLT 的寻址阶段，DTACK* 由从设备驱动为低电平，指示在数据阶段它可以接受或是传送数据。对于锁命令，从设备驱动 DTACK* 为低电平，指示它接受了锁命令和已经锁住了其他的端口。

解除 DTACK* 控制信号在一个周期结束，或在 BLT、MBLT 和 A40BLT 操作中，允许从设备在解除 DTACK* 之前将它驱动为高电平。驱动 DTACK* 为高电平时，与通过底板终止电阻提供稍微延迟来让 DTACK* 升为高电平相对,而该延迟是在周期或数据传输的结束时产生的,电阻也改善了系统的功能。

BERR* 控制信号 BERR* 是由从设备或总线计数器驱动为低电平来指示主设备:数据传输或地址传输不成功或检测到错误。例如,当主设备打算向一个包括只读存储器的位置写时,响应的从设备应驱动 BERR* 为低电平。当主设备打算读取一位置时,而此位置不是由任何一个从设备提供的,总线定时器在超时周期停止后驱动 BERR* 为低电平。

主设备用 WRITE* 控制信号来指示数据传输操作的方向。当 WRITE* 被置为低电平时,数据传输方向是由主设备到从设备(主设备写操作)。当 WTITE* 被置为高电平时,数据传输方向是由从设备到主设备(主设备读操作)。

4.2.2 主设备和从设备

主设备决定数据传输的启动,控制数据传输的类型(读,写,中断应答等)和时序,并提供地址和地址修改码。图 4-2 中给出了主设备与 VME 总线的连接图,在图中以虚线表示的线指示了信号,它们的使用在不同类型主设备之间是不同的。

图 4-2 主设备

从设备应答主设备数据传输的请求。图 4-3 为从设备与 VME 总线的连接图。图中以虚线表示的线指示了信号,而这些信号在不同类型的从设备中的使用是不同的。

图 4-3 从设备

4.2.3 块传输性能

主设备以升序去读取多个存储器位置。它们允许主设备提供单地址，然后读取在那个位置上的数据和不必提供外加的地址读取那些在更高地址上的数据。

当主设备开始块传输循环时，响应的从设备将地址写入到一个地址计数器上。主设备完成了第一数据传输后（也就是说，将数据选通驱动为高电平），它不允许地址选通为高电平状态。相反，它不断地驱动数据选通为低电平以适应来自从设备的数据传输应答，并以升序向或者从时序存储器位置传输数据。

为了读取下一位置，从设备增加一个板上计数器，它为每一个数据选通的转换产生地址。同样，块写周期非常类似于写周期序列。不同之处在于起始地址是由主设备发送的，且在所有的数据传输过程中，地址选通保持为低电平。

在一个块中传输次数限制到 256。目的是为了限制块传输可占用总线和阻止仲裁循环的时间长度。

4.2.4 典型的数据传输周期

开始传输时，主设备通过所期望的地址和地址修正码来驱动地址线。图 4-4 给出了一个典型的双字节单周期写，数据传输开始时，主设备使 LWORD* 为高电平、A1 为低电平，在使 AS* 为低电平之前，主设备要等待一个特殊的启动时间来保证地址线和地址修正线在从设备抽样它们以前保持稳定。

第4章 VME机载计算机总线

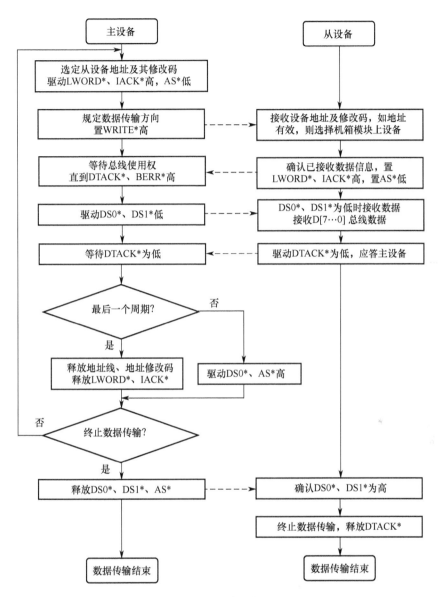

图 4-4 典型的单周期写传输

每个从设备都要决定是否应该响应地址线、地址修正线和 IACK* 的检测电平。一旦这响应发生，主设备使 WRITE* 为高电平来表示一个读操作。主设备确定 DTACK* 和 BERR* 为高电平来保证来自于前一个周期的从设备不再驱动数据总线。由于是双字节规则传输，主设备将 DS1* 和 DS0* 置为低电平。

接收响应的从设备决定哪一个4B组和该组中的哪一个字节开始并通过传输。当它从数据线 D[15…0] 上的数据取到内部存储器恢复数据以后，从设备通过置 DTACK* 为低电平来发信号给主设备。只要主设备保持 DS0* 为低电平，从设备就会保持 DTACK* 为低电平并维持数据有效。

当主设备接收到 DTACK* 已置为低电平时，它会等待规定的时间量并将释放 D[15…0]、释放地址线并置 DS0* 和 AS* 为高电平。从设备产生响应，并释放 DTACK* 为高电平。

4.3　仲裁总线

VME 总线最多支持21个插槽，除了一个作为系统控制器外，其余的20个插槽都有可能做主模块来申请使用总线，因此，需要一个有效的方法来调度总线资源的使用。这个功能由仲裁总线来完成。VME64 总线仲裁子系统（图4-5）的主要功能：防止两个主模块设备同时使用总线，为多个请求 VME 总线使用权的主模块设备分配总线的使用权。

4.3.1　仲裁的基本原理

一般有以下4种基本的仲裁类型：区分优先次序型、轮询型、单级别型和公平型仲裁。

区分优先次序型按照固定的优先级表（这之间4个总线请求线的每一条都有一个从最高的 BR3* 到最低的 BR0* 的优先级）分配总线。

轮询型仲裁在轮回优先级基础上分配总线。当总线被在总线请求线 BR(n)* 上的请求器所允许时，下一个仲裁的最高优先级被分配到总线请求线 BR($n-1$)*。当前 BR0* 为最高优先级时，下一次 BR3* 为最高优先级。

单级别型仲裁只接收在 BR3* 上的请求，并依赖于 BR3* 的总线允许菊花链来裁决请求。

公平型仲裁保证所有的、在相同请求级别的请求器得到平等的到 DTB 的通路。在公平型仲裁法则下，如果一个请求器已发送一个请求，则在相同级别上的另一个请求器将不会发送请求。VME64 总线协议支持上述3种仲裁方式。

4.3.2　仲裁总线基本结构

仲裁总线包括6根基本的 VME 总线和4根菊花链线。这些菊花链线有特定的名称，信号进入每个板卡称为"总线允许进"线（BG[3…0]IN*），信号离开每个板卡称为"总线允许出"线（BG[3…0]OUT*）。槽 n 的 BG[3…0]OUT* 和槽 $n+1$ 的 BG[3…0]IN* 线相连，如图4-6所示。

第 4 章　VME 机载计算机总线

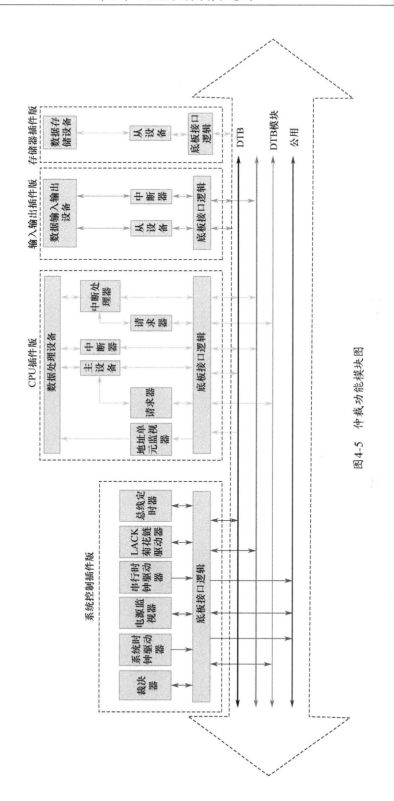

图 4-5　仲裁功能模块图

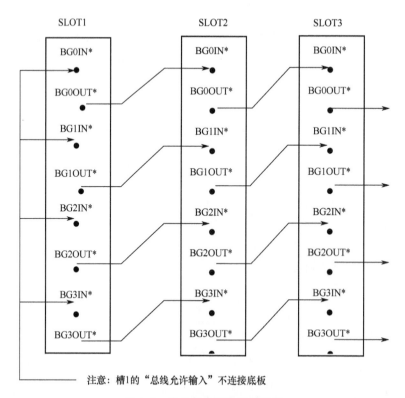

图 4-6　菊花链总线连接示意图

（1）总线请求和总线允许线路。每个请求器通过总线请求线申请 DTB 的使用。总线授权线路允许仲裁器判定总线的使用情况，这通过将一条总线授权菊花链驱动到低电平来完成。这个低电平在菊花链中传输，典型的方式是在进程中沿几块电路板传输。如果一块电路板不使用特殊的请求/授权电平，则信号通过该电路板。

当一块电路板使用请求/授权电平时，相应的信号 BG[3…0] IN* 在板上选通。如果板上请求器当前正处于该电平请求 DTB 使用，则不将这个低电平传到 BG[3…0] OUT*，否则将低电平传到链上的下一个插槽。

（2）总线忙线。一旦请求器通过总线授权菊花链被授权控制数据传输总线，它将驱动 BBSY* 到低电平，然后控制 DTB 直到其释放 BBSY*，允许仲裁器将 DTB 判给其他请求器。

（3）总线清除线。当有更高优先级的请求等待判决时，PRI 仲裁器将 BCLR* 驱动到低电平通知当前控制 DTB 的主设备。当前主设备在指定时序限之内不用将总线放弃。它仍然可以传输数据直至到达一个适当的停止点，然后允许其电路板上的请求器将 BBSY* 释放。

4.3.3 仲裁子系统的组成

仲裁子系统由仲裁器、请求器等组成。

仲裁器是一个功能模块,当同时有几个请求器请求 DTB 时,由仲裁器决定哪个请求器应被授权控制 DTB。有许多可能的算法可以用来做这种判决。在本规范中描述了 3 种类型的仲裁器:优先(PRI)仲裁器、轮询(RRS)仲裁器和单级(SGL)仲裁器。

仲裁器通过一条总线授权线路响应输入总线请求以及将 DTB 准许给适当的请求器。当仲裁器探测到 BBSY* 持续至少 40ns 的高电平,并且探测到一个或多个总线请求后,将对具有最高优先权的总线请求发出总线准许。

当请求器接收到总线准许之后,将驱动 BBSY* 到低电平并向板上主设备或中断处理器发出信号告知它已被准许使用 DTB。当板上主设备或中断处理器结束 DTB 的使用后,请求器释放 BBSY* 信号。由此引起的 BBSY* 信号上升沿将向仲裁器发出信号,根据当时的总线请求线路电平产生另一个总线授权。

除了仲裁器提供的仲裁结果以外,总线授权菊花链还提供二级仲裁。由于菊花链的存在,请求器共享公用的请求线路其优先级由插槽的位置决定。离插槽 1 最近的请求器优先级最高。

SGL 仲裁器只响应 BR3* 的总线请求,并且依靠 BG3IN*/BG3OUT* 菊花链做出优先级仲裁。PRI 仲裁器区分 4 条总线请求线路的优先级,从 BR0*(最低位)到 BR3*(最高位),并相应地用 BG0IN* 到 BG3IN* 进行响应。当一个高电平请求信号待决时,PRI 仲裁器还将通过驱动 BCLR* 到低电平来通知任何一个当前控制总线的主设备。RRS 仲裁在轮回优先级基础上分配总线。当总线被在总线请求线 BR(n)* 上的请求器所允许时,下一个仲裁的最高优先级被分配到总线请求线 BR($n-1$)*。当前为 BR0* 为最高优先级时,下一次 BR3* 为最高优先级。

仲裁器结构图如图 4-7 所示。

系统中的每个请求器监控电路板上主设备或中断处理器的设备需求总线信号,并在需要 DTB 时产生总线请求。

如果探测到 BG[3…0] IN* 为低电平,并且电路板上的主设备或中断处理器不需要 DTB,则将这个低电平传输到 BG[3…0] OUT*。

如果探测到 BG[3…0] IN* 为低电平,并且电路板上的主设备或中断处理器需要 DTB,则产生一个板上的准许设备总线信号指示 DTB 可用,并将 BBSY* 信号驱动到低电平。

这里介绍 3 种常见类型的请求器:完成后释放(RWD)请求器、请求时释放(ROR)请求器和共享(FAIR)请求器。

RWD 请求器在主设备或中断处理器将板上的设备需求总线信号驱动到假时释放 BBSY*。

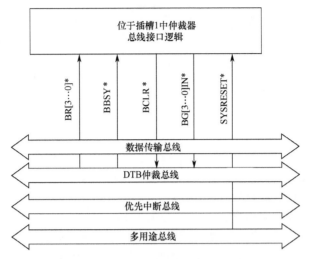

图 4-7 仲裁器结构图

ROR 请求器在板上设备需求总线信号为假时不释放 BBSY*，除非总线上的其他请求器将一条总线请求线路驱动到低电平。它监控 4 条总线请求线路并且只有当另一个总线请求待决时才将 BBSY* 释放。ROR 请求器减少了生成大比率总线流量的主设备所作出的仲裁数量。

FAIR 请求器用于当存在多于 4 个主设备和中断处理器时保证对总线的访问。如果存在同级别的其他总线请求未决时共享请求器不发出总线请求。在当前"批次"的请求器接受服务时，其他需要访问总线的请求器发出请求。这种方式保证了同一级别的各个请求器都可以访问总线。但它不能保证每个请求器都可以获得相等的带宽或者准许访问的顺序一致。这些是与设备和系统相关的。

请求器结构如图 4-8 所示。

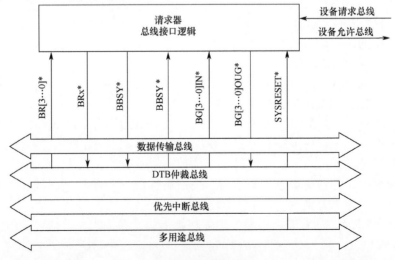

图 4-8 请求器结构图

4.4 优先权中断总线

4.4.1 中断子系统

VME64 总线包括一条优先级中断总线来提供中断产生和中断服务所需的信号线。中断器使用优先级中断总线向中断处理器发送中断请求，并由中断处理器响应这些请求。任何具有中断能力的系统都包含可被中断调用的程序，称为中断服务程序。

中断子系统可以被分为以下两组。

（1）单处理模块系统。只有一个中断处理器接收和服务所有总线中断。在单处理模块系统中，所有中断由一个中断处理器接收，所有中断服务程序由一个处理器执行。

（2）分布式系统。有两个或更多中断处理器接收和服务总线中断。这个系统包含两个或更多的中断处理器，每个处理模块只服务于总线中断的子集。在典型的设备中，每个中断处理器都位于不同的处理器电路板上。这种体系结构很适合由多个同级处理器运行应用软件的分布式计算应用。由于每个统计处理器运行部分系统软件，因此可能需要与其他处理器进行通信。在分布式系统中，每个处理器只为那些指向它的中断服务，在所有处理器中建立专用的通信路径。

4.4.2 优先级中断总线信号线

优先级中断总线包括 7 条中断请求信号线（IRQ1* ~ IRQ7*），一条中断应答信号线 IACK* 和一条中断应答菊花链 IACKIN*/IACKOUT*。

中断器通过将一条中断请求线路驱动到低电平来请求中断。在单中断处理器系统中，这些中断请求线路的优先级是有区别的，IRQ7* 拥有最高优先权。

IACK* 信号线在整个底板上是相通的，并且它被链接到插槽 1 的 IACKIN* 管脚。当 IACKIN* 被驱动为低电平时，将使得插槽 1 中的 IACK 菊花链驱动器将下降沿沿着中断应答菊花链传输下去。图 4-9 所示为菊花链传递图。每个将中断请求信号线驱动为低电平的中断器等待一个 IACKIN* 的下降沿来驱动菊花链。只有在接收到这个下降沿时中断器才能对中断应答周期进行响应。

如果 VME64 总线电路板未产生中断请求，那么，它必须将 IACK 菊花链从其 IACKIN* 线传到 IACKOUT* 线。

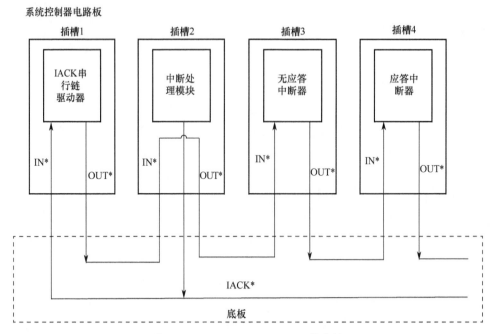

图 4-9　IACKIN*/IACKOUT* 菊花链

4.4.3　优先级中断总线模块

与优先级中断总线相关的共有 3 种功能模块：中断器、中断处理单元和 IACK 菊花链驱动器。

（1）中断处理器。中断处理器用来完成：将输入的中断请求在其分配的中断请求线路组内划分优先级（IRQ[7…1]*的最高者）；使用板上请求器请求使用数据传输线，并且当被准许使用数据传输线时启动中断应答周期，从正在被应答的中断器中读取状态；根据从模块设备状态接收到的信息启动适当的中断服务序列。

中断处理器利用数据传输线从中断器读取状态。中断处理器在访问总线时总是将 IACK* 驱动到低电平。主模块设备或者将其驱动到高电平或者根本不驱动它。

中断处理器不必使用有地址修改码来驱动地址修改线，它只用有效信息驱动低 3 位地址线 A[3…1]。这 3 条地址线的电平指示了 7 条中断请求线中的哪一条正在被应答。主模块设备根据正在访问的从模块设备地址驱动地址总线，并向地址修改线提供地址修改码。

中断处理器不驱动数据线（也就是说，它不"写"中断器）而且不必驱动 WRITE* 线。主模块设备双向连接到从模块设备的数据线，并在通常的使用过程中将 WRITE* 根据需要驱动到低或高电平。中断处理器与 VME64 总线信号关系如图 4-10 所示。

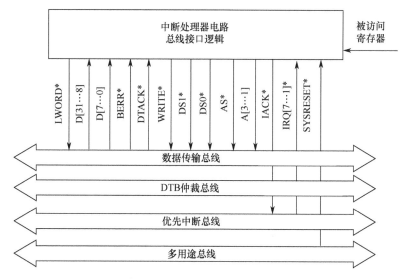

图 4-10　中断处理器模块与 VME 总线信号关系图

（2）中断器。中断器功能：向监控其中断请求线的中断处理器请求中断；当中断应答菊花链的输入接收到 IACKIN* 的下降沿时，如果它正在请求中断且 3 条有效地址线的电平与它正在使用的中断请求线对应，被申请的状态宽度等于或者大于它能供给的宽度，那么，它是供给状态，否则，它将这个下降沿沿中断应答菊花链传输。

每个中断器模块只驱动一条中断请求线。VME64 总线规范描述了一块电路板由于具有几个中断器模块而在几条中断请求线上产生中断请求的情况。

中断器用 7 条信号线中的一条发出中断请求。然后，它检测地址总线中的最低 3 条 A[3…1]，IACKIN*/IACKOUT* 菊花链与 IACK* 去决定何时中断请求被确认。当中断信号确认时，它设置数据总线的状态，并且通过驱动 DTACK* 到低电平发信号给状态中断处理器。

中断器解释 IACKIN* 信号线的下降沿为一个能够反应中断确认周期正在进行的信号。忽略地址修改线上的信号，它仅对最低 3 位的地址线 A[3…1] 译码。

即便在 LWORD*，DS1* 和 DS0* 信号线允许的状态字节宽度比中断器可以提供的更宽时，中断器也可设置总线上的状态，并且响应 DTACK* 信号。例如，中断处理器可以驱动 LWORD* 和数据选通信号 Dsi* 到低电平，这表示着它从 D[31…0] 中读取了状态的 32 位，但是一个 D08（O）中断器仅反应 D[7…0] 上的 8 位状态。

相比之下，当从设备不能提供需要的数据宽度时，它或响应 BERR* 信号，或根本不反应，通常这将导致一个总线超时。图 4-11 给出了中断器模块与 VME64 总线信号传递的关系图。

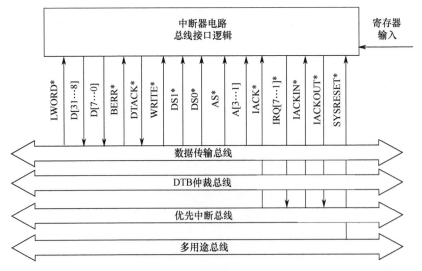

图 4-11　中断器模块与 VME64 总线信号传递的关系图

（3）IACK 菊花链驱动器。IACK 菊花链驱动器是另一个模块，它与中断处理器和中断器共同作用，协调中断服务。每次中断处理器初始化中断确认周期时，它为中断确认菊花链产生一个下降沿。图 4-12 中给出了 IACK 菊花链驱动器模块与 VME64 总线关系图。

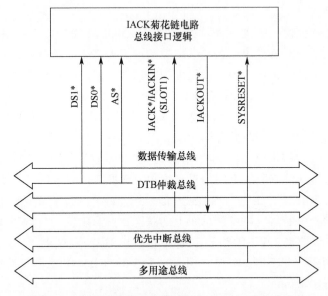

图 4-12　IACK 菊花链驱动器模块与 VME64 总线关系图

公共总线提供周期性的时序、VME 总线系统的初始化和诊断的能力，包括 SYSCLK、SYSFAIL*、ACFAIL*、SYSRESET*。

4.5 VME 总线接口设计

由于 VME 总线具有良好的物理特性、严格的技术规范和与 32 位微处理器方便灵活的接口而被广泛应用于大规模并行多处理器系统。开发基于 VMEbus 的应用模块时，必须考虑到与 VMEbus 接口的问题，这就要求不仅需要设计模板如何接受 VME 总线访问，而且还需要设计如何访问 VME 总线。通常，可以选用专业公司生产的专用接口芯片，或者自行设计。如果用户的应用模板仅仅需要能够被 VMEbus 上的其他模板或 CPU 来访问，如存储器模板，即作为从设备，那么，就只需要具有从模块的总线接口，这种接口即使自行设计也比较简单。如果应用模板需要能够被 VME 总线访问，也需要启动数据传输去访问 VME 总线，如多 CPU 或 DSP 的通用数字处理板，则要具备完全的主模块/从模块功能，为提高数据传输速率，还要具备块传输功能。

国外提供 VMEbus 到计算机接口芯片的两个主要供应商是 Cypress 公司和 Tundra Semiconductor 公司，Cypress 公司的 VIC 068A 与 VIC 64 是功能全面总线接口控制器，具有完全的主模块/从模块的功能，与 Motolola 68K 微处理器兼容；Tundra 公司的 Universe SCV64 是一种通用单芯片的总线接口控制芯片，可以与多种类型的处理器一起使用，但是它们都需要外围的逻辑电路配合，同时需要完成与局部总线的接口转换。

本节在采用 SCV64 和 VIC 068A 设计 VME 接口控制器的基础上，说明了采用 CPLD 器件设计 VME 总线控制逻辑和接口逻辑。

4.5.1 基于 SCV64 的 VME 总线接口

由于 VME 总线具有良好的物理特性、严格的技术规范和与 32 位微处理器方便灵活的接口而被广泛应用于工业领域。VME 总线接口的复杂，在设计接口时一般都会选用专业公司现成的接口芯片。Tundra 公司的 SCV64 是一种通用的单芯片总线接口控制器，集成了 VME 总线系统控制器、中断控制器、DMA 控制器等功能，具有众多功能模式供用户选择，用户可以根据自己的需求来定制不同应用环境下的 VME 总线接口，可与多种类型的处理器一起使用，但是也需要外围的逻辑电路配合以完成与局部总线的接口转换。目前，Intel 微处理器由于价格低廉，性能稳定而在 PC 机中得到了广泛应用，将其应用于 VME 总线系统，可节省开发费用，缩短开发周期。

在此系统中，Intel 微处理器和接口芯片 SCV64 都是通过本地总线来实现对彼此的访问，也就是说，在本地总线上有两个主设备，根据需求也可以有更多的主设备。这里选用 Intel 80486 微处理器来研究 Intel 微处理器与 SCV64 的接口设计。

由于 Intel 微处理器和接口器件 SCV64 都是 5V 供电，不需要电平转换模块，外部控制逻辑要实现本地接口信号功能的转换可借助 FPGA 或 CPLD 器件来完成，外部控制逻辑如图 4-13 所示。

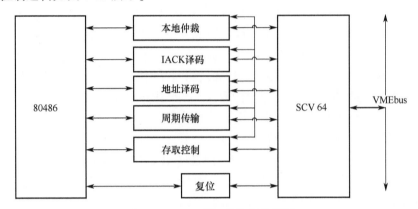

图 4-13　VME 接口转换逻辑框图

接口转换和控制逻辑的实现主要包括 6 个部分：本地仲裁器、地址译码、中断处理、总线周期控制、存储器控制和复位控制模块。

本地仲裁模块用于解决 486 微处理器与 SCV64 之间的本地总线竞争；地址译码模块对本地总线上的设备产生片选信号，其中包括 SCV64 的片选信号；由于 486 微处理器仅有一个可屏蔽中断输入 INTR 和一个不可屏蔽中断信号 NMI，所以中断处理模块要接收和转发中断矢量，对中断信号进行适配；总线周期控制模块向 486 微处理器或者 SCV64 以及其他控制逻辑发出相应的总线周期开始或终止信号，或者做出相应的错误处理操作。

上述设计的核心部分为本地仲裁模块，中断处理模块和总线周期控制模块。这 3 个模块都可用状态机来实现，其引脚连接如图 4-14 所示。

1. **本地仲裁模块设计**

SCV64 自带的本地总线仲裁器具有本地总线仲裁能力，但是此仲裁器的仲裁机制比较固定且 486 微处理器具有总线裁决能力，所以要在加电复位时通过拉低 KBGACK 信号来回避此功能。自行设计的本地仲裁模块主要实现总线仲裁部分信号的转换，而真正拥有总线裁决能力的是 486 微处理器。

486 微处理器与 SCV64 连接的总线裁决信号有 BREQ、HOLD、HLDA、BOFF。BREQ 为总线请求输出，每当总线周期在内部执行时，486 微处理器就发出 BREQ，高电平有效；HOLD 为总线保持请求输入，HOLD 允许另一个总线主设备完成 486 微处理器总线的控制，高电平有效；HLDA 总线保持确认输出，表明 486 微处理器已将总线交给另一个本地的总线主设备，高电平有效；BOFF 输入后将强制 486 微处理器在下一个时钟期间释放其对总线的控制，低电平有效。

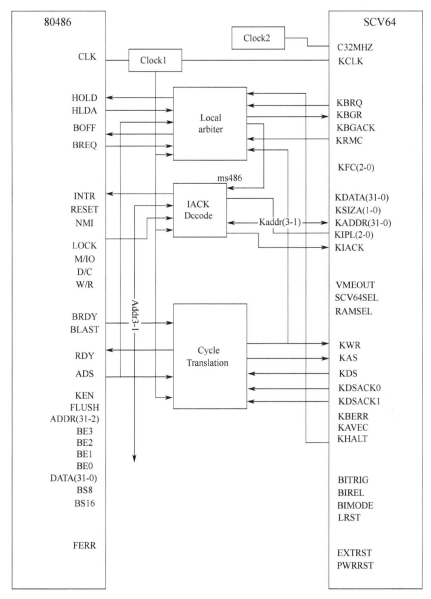

图 4-14　核心模块引脚连接

在 SCV64 与 486 微处理器接口信号中，KBRQ 为 SCV64 本地总线请求输出，低电平有效；KBGR 为本地总线允许输入，但要等到 KAS 有效时 SCV64 才真正有本地总线的控制权，这两个信号均是低电平有效；KHALT 是 CPU 暂停信号，低电平有效；KRMC 为读—修改—写周期，低电平有效，并且在读—修改—写周期中本地总线的控制权不能改变。

对于主从死锁问题，当486微处理器拥有本地总线控制权正在访问VME总线时，SCV64发出KHALT信号，此时，本地仲裁模块发出BOFF信号强制486微处理器放弃对总线的控制，当BOFF信号失效后，486微处理器就通过驱动地址状态输出，而重新启动其总线周期。

由于拥有总线裁决能力的是486微处理器，所以在仲裁模块设计中486微处理器的总线请求级别比SCV64高，当486微处理器的总线请求信号BREQ有效时，仲裁模块不会接受SCV64的总线请求信号KBRQ。仲裁模块接受SCV64的总线请求后会发出向486微处理器发出HOLD信号，在收到486微处理器发出的总线保持确认信号HLDA后，仲裁模块向SCV64发出总线允许信号KBGR，当KAS有效后，SCV64才真正拥有了总线，KAS失效时SCV64放弃总线。当SCV64控制总线时，486微处理器发出总线请求，只要SCV64不处于读—修改—写周期就会迫使SCV64放弃总线。由上述分析得到本地仲裁模块状态图，如图4-15所示。

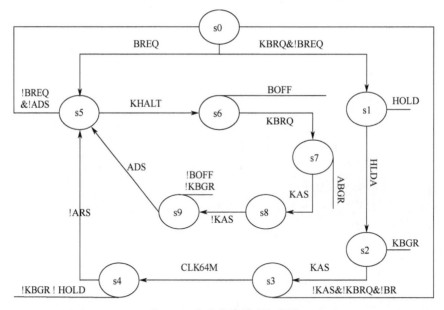

图4-15 本地仲裁模块状态图

2. 中断处理模块设计

SCV64在中断周期具有内部译码和外部译码两种中断应答模式，在与486微处理器连接时要选择外部译码模式，在加电复位时可通过拉高KFC1来实现此功能。

486微处理器的INTR是可屏蔽的中断请求输入，在中断确认被执行之前，INTR必须始终保持有效，以保证程序中断，高电平有效；LOCK总线锁定信号，低电平有效，中断确认周期是成对锁定产生的，在第一个周期返送的数据被忽略，在第二个周期里，在数据总线的低 8 位返回中断向量。

486 微处理器的中断信号还有一个不可屏蔽的中断请求输入 NMI，高电平有效。发出 NMI，将产生一个具有内部提供的矢量值 2 的中断。不产生中断确认周期，因为 NMI 的中断矢量是内部产生的。根据具体的设计要求还可利用此信号来设计中断。

SCV64 与微处理器接口端，KIPL（2-0）输出中断级别，低电平有效；KIACK 是中断确认周期信号，当外部输入 KIACK 为低时，此信号通知 SCV64 开始中断确认周期。

SCV64 地址总线 KADDR（3-1）与 486 微处理器地址总线 ADDR（3-1）的连接问题。当 SCV64 拥有本地总线控制权时，由 KADDR（3-1）驱动 ADDR（3-1）；而在中断确认周期 SCV64 要接收地址总线 KADDR（3-1）上传输的中断级别矢量，所以此时 KADDR（3-1）需由外部控制逻辑的本地仲裁模块来驱动以提供当前的中断级别向量；其他时候均由 ADDR（3-1）来驱动 KADDR（3-1）。由总线仲裁模块产生的 Master 486 信号表明 486 微处理器何时拥有和放弃总线。

在接口设计中，利用 486 微处理器的可屏蔽中断请求输入 INTR，由此可得中断处理模块的状态图，如图 4-16 所示。

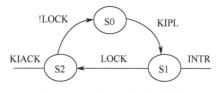

图 4-16　中断处理模块状态图

3. 总线周期控制实现

SCV64 作为主设备访问本地总线系统相对比较简单，只需要外围的地址译码即可。在此设计总线周期控制模块时主要实现 486 微处理器作为主设备去访问 VME 总线系统，即完成对 VME 总线系统的读周期和写周期。

486 微处理器总线控制信号有地址状态输出 ADS 和非触发 Ready 输入 RDY。ADS 输出指明地址和总线周期定义信号均为有效，RDY 表明当前的总线周期是完整的。在响应读周期，RDY 表明外部系统已在数据引脚上放好了有效的数据；在响应写请求时，RDY 表明外部系统已经接受了 486 微处理器的数据。486 微处理器在驱动 ADS 有效的一个时钟里会发出"触发 last"信号（BLAST 为低），在每次传送完成又驱动 BLAST 为无效。SCV64 的总线控制信号 KAS 和 KDS 有效分别表明地址总线上的地址和数据总线上的数据（写周期）或者数据请求（读周期）有效。KDSACKI 和 KDSACKO 是本地总线数据传输确认信号，KBERR 为本地总线错误信号。

当 486 微处理器作为主设备访问 VME 总线系统时，外围的地址译码模块会相应的发出信号 VMEOUT 或者 SCV64SEL。VMEOUT 是 VME 总线选择信号，SCV64SEL 是 SCV64 片选信号。然后，486 微处理器会驱动 ADS 为有效来启动此总线传输周期，总线周期控制模块在收到 ADS 有效后驱动 KAS 和 KDS 来通知 SCV64 启动一个总线传输周期，总线周期控制模块在收到 KDSACK（1-0）或者 KBERR 任一信号有效后向 486 微处理器发出 RDY 信号。486 微处理器在收到 RDY 信号有效后驱动 BLAST 为无效，从而结束此总线传输周期。

由上所述，可以得到总线周期控制模块的状态图，如图 4-17 所示。

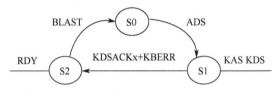

图 4-17 总线周期控制模块状态图

上述利用接口芯片 SCV64 和少量的外部控制逻辑就可以便捷地将 Intel 微处理器应用于 VME 总线系统。这里介绍了 486 微处理器与 SCV64 连接所需要的外部控制逻辑，并针对本地仲裁模块、中断处理模块和总线周期控制模块做了具体分析，给出了具体引脚连接图、状态图，在实际应用时，根据系统具体要求做少量改动就可将其应用于实际系统之中。

4.5.2 基于 VIC068A/VIC64 总线接口

国外两个主要的提供 VMEbus 到计算机界面的芯片厂商是 Cypress 公司和 Tundra Semi-conductor 公司。Cypress 公司的 VIC 068A 是较早推出的 VME 总线接口控制器，功能全面，具有完全的主模块/从模块功能，也可以当作系统控制器。VIC64 与 VIC068A 功能与引脚都兼容，只是增加了对 VME64 规范的支持。另外，由于 VIC068A 系列接口芯片的局部总线是为 Motorola 公司的 68K 系列微处理器设计的，对于与 68K 处理器总线不兼容的其他类型处理器来说，使用 VIC068A 需要完成与该类型处理器总线的接口转换。

1. VIC 068A 的原理

VIC068A 具有全面的接口功能，即能进行 A32、A24、D32、D16、D8 主模块和从模块标准传输与块传输，有 5 种总线释放模式，支持写自检过程、自定义的 AM 码以及自定义的总线定时等其他功能。它的块传一输操作可以在借助适当的外部电路情况下，实现长度大于 256B 的块传输，同时具有双通道特性。VIC068A 在上电时，如果检测到 SCON 引脚为低有效，就会被选择充当系统控制器，完成总线仲裁、一总线定时、中断和中断管理、IACK 菊花链驱动、SYSCLK

驱动等功能,如果想使能/关闭系统控制器功能,最好是用大于 4.7kΩ 的上拉/下拉电阻器。

VIC068A 的复位方式有以下几种。

(1) 内部复位。这是最通常的复位,对选择的寄存器和内部逻辑复位。

(2) 系统复位。通过 VME 背板复位,VIC068A 可以通过写配置寄存器产生一个 SYS RESET 信号。

(3) 全局复位。复位所有的配置寄存器,常被用作上电复位。

VIC068A 的引脚排列如图 4-18 所示。

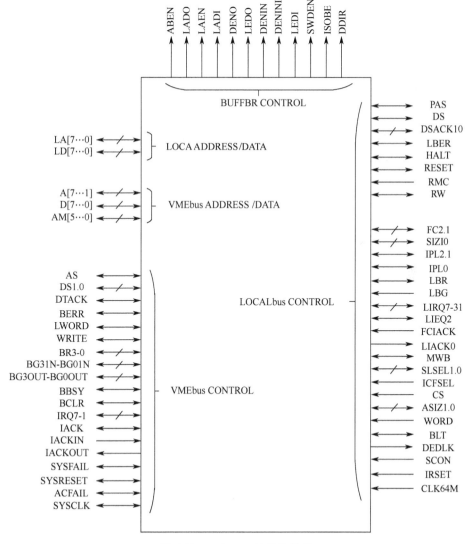

图 4-18　VIC068A 的引脚排列

下面介绍与 VIC068A 数据传输关系比较密切的信号引脚。

(1) MWB、CS。MWB 为局部功能模块，如 DSP 发出的需要 VMEbus 请求。CS 为局部总线写 VIC068A 内部寄存器的片选。设计者可以利用不同的地址译码来选择 MWB 和 CS，以区分此次操作时对 VME 总线操作还是对 VIC068A 操作。

(2) LBR、LBG。局部总线请求和允许信号。

(3) PAS、DS、R/W。PAS 是局部总线地址选通，DS 是局部数据选通，R/W 是局部数据方向指示。

(4) DSACK1、0。局部数据位宽确认信号。与 VMEbus 的 DS 有些类似，VIC068A 在从模块传输，从块传输或 DMA 传输时接受 DSACK 之一输入，确认此周期结束，在主模块操作时输出此信号向局部总线确认 VMEbus master transfer 结束。这个信号还和 WORD、SIZ1…0 信号一起用来指示此次数据的位宽。

(5) 缓冲器控制信号。LADI、LAEN、LADO、ABEN 为输入局部地址锁存、使能和输出 VMEbus 地址锁存、使能。LEDI、DENIN、LEDO、DENO 分别为输入的 VMEbus 数据锁存、使能和输出的 VMEbus 锁存、使能。其他的引脚功能（如 LBERR、FC2、FC1、BLT、DEDLK 等）可以查看 Cypress 手册。

2. VIC 068A 的主模块和从模块操作

下面首先说明主模块传输操作。当局部总线（局部主处理器）使得 MWB 低有效时，紧接着 PAS 也有效时就发出单个数据或块传输请求；VIC068A 收到这两个信号有效后，如果 VIC068A 不是当前 VMEbus master，就申请 VMEbus 访问，当满足 AS 自上一个周期后无效、DTACK 和 BERR 无效、BGiN 收到为低、合适的延时过后，就得到开始数据传输的控制权。

VIC068A 驱动 D[7…0] 缓冲到 VMEbus，并使 DENO 有效，使剩下的数据线缓冲有效；与此同时，VIC068A 也使能 A[7…0] 和 ABEN，驱动剩下的 VMEbus 地址线。VIC068A 也驱动总线控制信号线如 AM、WRITE、LWORD，这时 VIC068A 确保内部的地址建立时间过去后，使 AS 有效，此后，VIC068A 锁存局部总线数据 LA[7…0] 以及使 LADO 有效，锁存 LA[31…8]。在 AS 启动有效后，VIC068A 启动一个 DSi 的内部时延，在这个时间里，主处理器应该将要送的数据放到局部总线上，同时，VIC068A 会驱动缓冲数据控制线 LEDO，锁存数据到 VMEbus 上。在这个时间过去以后，便根据传输数据的大小和排列驱动合适的 DSi（i=0,1）有效。直到收到另 1 块模板上的从模块驱动 DTACK 或 BERR 有效后，VIC068A 便根据数据位宽向局部总线驱动 DSACKi，即如果 WORD 信号输入为无效（高），VIC068A 便认为这是个 D32 的数据传输，就使 DSACKO、DSACKI 同时有效（低），否则，若 WORD 有效，就认可这是个 D16 的操作，只驱动 DSACKI 为低，这与 Motorola 68K 动态总线字长是兼容的。

从模块传输操作中，与从模块操作和配置有关的 VIC068A 寄存器有 SSOCRO

（bit0-5）、SSOCR1、SS1CR0、SS1CR1、LB-TR、AMSR。信号 SLSELI 和 SLSELO 是由片外的 VMEbus 地址译码电路输出的，当 VIC068A 检测到在一个 SLSELi 为低的有效电平时，而且 AS 有效（另一个主模块发出），当前周期的 DSi 有效，DTACK 或 BERR 撤走，VIC068A 就检查 A32/A24/A16 和传输类型，如果 SSiCRO 被配置了，并且允许进行 AMcodes 指明的从模块访问，则开始从模块访问，立刻驱动 LBR = 0 申请局部总线。若 VIC068A 的配置寄存器不允许特定的访问（由 AMcodes 指示），则忽略 VMEbus 的请求，不会产生 LBR。

VIC068A 发出 LBR 后，等待局部总线确认，在收到 LBG 后，就等待 3T + tpd 的时间，然后使能局部总线驱动，再等待 3T + tpd 就发出 PAS。应该保证局部资源在 3T + tpd 的时间内释放总线，否则应由逻辑电路来增加延时。当 VIC068A 开始驱动局部总线时，同时也驱动 FC2/1 来提供当前局部总线周期的类型信息。FC2, FC1 = 00 为从模块传输；01 为局部 DMA 块传输；10 为标准从模块访问。VIC068A 在发出 LAEN 后，此时打开地址选通 PAS，紧接着数据选通 DS，一段延时后，LBR 取消，如果收到 LBG 取消和 DSACK 有效（变低又变高）后，即完成该次从模块访问的读或写的局部总线周期。

3. VIC068A 的块传输操作

VIC068A 的主块传输有两种方式：MOVEM 块传输和局部 DMA 块传输。MOVEM 方式即局部处理器发动数据传输，占有局部总线控制权；在 DMA 方式下，VIC068A 为局部总线控制者，并且使用 DMA 访问局部资源的数据 VMEbus 的技术规范不允许在既不放弃总线又不切换 AS 的情况下，进行超过 256B 的块传输，即每进行 256B 的块传输后必须重新使 AS 有效，或者重新仲裁总线。VIC068A 借助适当的外部逻辑，可以实现长度大于 256 字节的块传输；也可以在每 256 字节的界限后放弃总线，一个可编程的时间过后重新仲裁总线，每两个子块传输间隔的时间称为 inter leave period（交叉周期），每个子块的长度为 burst length（突发长度） – VIC068A 还支持双通道特性：即在每个交叉周期内可以执行单周期的 VMEbus 总线周期（包括 lave cycles），不过需要借助适当的外部逻辑，实现两通道的地址通道。与主块传输相关的寄存器有（只支持到 D32 和 D16）：BTCR、BTDR、RCR、BTLR、DMASR、DMASICR。

局部 DMA 的块传输中，首先对 VIC068A 的寄存器初始化：在 BTLR 中设传输块的长度，在 BTDR 中禁止或使能自动地址跨界和双通道特性；在 LBTR 中设置局部总线定时（与 PAS、DS 定时有关）；在 BTCR 中设置 DMA 使能，传输方向及交叉周期。此后的 MWB 有效被视为虚写周期，即开始块传输功能。

局部处理器对 VMEbus 的虚写周期里，LA[31…0] 上是块传输的目的地址，LD[31…0] 上是数据块的源地址（板内地址），之后是 VIC068A 与局部总线间的 DMA 传送。虚写周期里，VIC068A 将 LA[7…0] 锁存到片内地址计数器，并使 LADO 能将 LA[十…8] 锁存到 VMEbus 地址线上。同时，VIC068A 也将 LD[7…0]锁存到片内局部地址计数器，驱动 BLT，使 LD[31…8] 作为局部地址，这需要额外电路。然后，驱动 DSACKi 来结束局部总线周期，请求 VMEbus，发出 BRi=0 后，收到 BGiIN=0，再发出 LBR 申请局部总线。当获得了局部总线控制权后，VIC068A 驱动局部 DMA 地址到地址总线上。局部 DMA 地址来自 LD[31…8]，外部电路可以利用 BLT、LBG、PAS、LAEN 和 FCi 来产生逻辑去驱动高位局部地址线。然后，VIC068A 通过驱动局部地址，以及局部数据选通来访问局部总线的数据，局部资源回复 DSACKi 来确认数据已经被读取或写毕。局部地址递增时，数据仍保持在总线上。与此同时，VIC068A 也驱动 AS 和切换 DS 来访问 VMEbus。

局部总线的 256B 地址越界处理：在 BTDR 设置使能，BLT 和 FCi 用来控制外部电路，在将要跨界的局部周期里，BLT 将会来回切换一下，外部计数器应当在 BLT 的下降沿增加 1。用来实现地址锁存和跨越的外部电路也能用在实现双通道特性时，在一个突发周期后锁存地址。需要注意的是，在局部处理器的程序中，BLT 使能位（BTCR[6]）应当尽可能快地在块传输开始后，将其清除标志，没必要在块传输结束后才清除。因为 BTC[6] 置位后，任何有效的 MWB 都会启动块传输，所以在 VMEbus 死锁时的局部处理器的重试动作会误触发新的块传输，有必要在 DMA 传输时禁止重试逻辑。

OVEM 块传输中，首先初始化 RCR 设置突发长度，初始化 BTCR 设置块传输及使能位，就启动了传输周期。之后的任何 MWB 配合 PAS 的有效电平都会启动 MOVEN transfer。当 BTCR[5] 清除后，或 BERR 为低，或者出现没有 MWB 的局部总线周期，都被视为 MOVEM 块传输终止。在这期间，地址都会直接送到 VMEbus 上，没有锁存，与正常的单字传送类似。VIC068A 作为从模块进行块传输访问，可以在 SSiCRO 设置：

（1）不支持块传输。

（2）支持块传输，但在从模块资源一边，模仿单字节传输，即每次传输时都切换 PAS 和 DSACKi。

（3）以 DMA 类型的方式支持块传输，PAS 和 DSACKi 在整个传输过程都维持有效不变。

VIC068A 包含一个与主块传输的地址计数器分开的地址计数器。这个计数器在块传输开始时，被 VMEbus 地址初始化并驱动局部总线，然后，随着每次局部确认后地址递增 1。根据 VME 规范，从块传输不需支持 256 地址越界，因为在每次 AS 的下降沿都可以重新锁存地址。

4. VIC068A 的中断处理

VIC068A 提供了全面的 VMEbus 中断和局部中断产生与管理的能力，此外，还有状态和错误中断发生的能力。中断模块（interrupter）负责产生 VMEbus 中断信号 IRQ[7…0]，寄存器 VIRSR 的设置来控制这些中断的产生和撤销，VIVBRI-7 设定每一个中断的 status/id 码。局部处理器写相应寄存器来通知中断模块产生相应级别的中断。当掌管该中断的中断管理模块（handler）启动中断认可周期时，中断模块还负责将此中断的 status/id 码放在 D[7…0] 上。

中断管理模块的功能有以下几种。

（1）处理 VMEbus 中断。

（2）处理来自局部资源的中断。

（3）处理内部的错误/状态中断，其中包括：

① 写过程错误，总线超时或传输失败时有 BERR 错误或 LBERR 错误时产生；

② SYSFAIL/ACFAIL 的错误；

③ 仲裁错误；

④ DMA 完成中断。

中断管理模块在 VME 中断请求线组 IRQi 内发现一个有效请求（低），就根据它的 IPL 级别驱动 I-PL2…0。每个中断均在 VICRi 屏蔽和使能，设置 IPL 级别。根据 IPL2…0，如果局部处理器认可了一个局部中断，就驱动 FCIACK 信号。VIC068A 发现 FCIACK 有效，抽取 LA[2…0] 上的被认可的局部中断的 IPL 值，如果匹配，就启动一个 VMEbus 中断认可周期，从中断模块获取该中断的 status/id 放到 LD[7…0] 上（也可设置不需要取 status/id 的中断周期）。局部处理器获取该值，进入中断服务程序，这样就完成了 1 次中断处理过程。对于局部中断请求和内部状态/错误中断的处理过程，除了 VME 中断认可周期外，基本差不多。如果有多个中断请求同时发生，则根据固定的优先顺序进行中断处理。

VIC068A 是个全面的总线接口控制器，采用有 144 引脚和 160 引脚 TQFP，145 引脚 PGA 等封装形式。Cypres，还提供了成本相对低的 VMEbus。从接口控制器 CY7C960/CY7C961，如果设计者只想能够接受 VMEbus 的访问，那么，CY7C960/CY7C961 也是个选择。由于 VME 的电气规范要求的信号线电流较大，还需要外围的逻辑电路和驱动电路配合工作（如总线收发器，块传输还需外部逻辑，地址锁存和计数器），才能实现完整的控制器电路。Cypress 专门提供的 CY7C964 就是与 VIC068A/VIC64 配合完成这样的功能，它是可以灵活配置的总线接口逻辑电路，包括 8 位收发器、锁存器、计数器等。

4.5.3 总线控制器设计实例

下面以 VME 总线与 AD 公司 ADSP2106x/21160 系列的 SHARC DSP 总线接口电路为例，说明了采用 Altera 的 CPLD 器件 FLEX 10k50 设计 VME 总线控制逻辑和接口逻辑。根据处理器板的要求，必须能够作为主设备和从设备进行标准数据传输、突发数据传输,以及中断处理能力,因此需要设计的模块有主模块、从模块、地址控制模块、DMA 地址控制模块、总线请求模块、中断模块、中断管理模块。

1. VME 逻辑设计

AD 公司的浮点 DSP 芯片 ADSP 21062 组成 2 片共享存储器系统,并以主机接口与 VME 总线接口控制器(CPLD,这里称为 VMEC)相连,SHARC 总线作为局部总线。这里用了异步访问 DSP 的方式,即当主机获得了局部总线的控制权时,地址译码产生各片的片选信号 CS1、CS2,确定访问哪个 DSP,产生读写 WR、RD,并接收 REDY 信号确定数据传输完毕,VMEC 是采用 Altera 公司的 CPLD 中实现,整个总线控制器的电路原理设计和逻辑框图如图 4-19 所示。

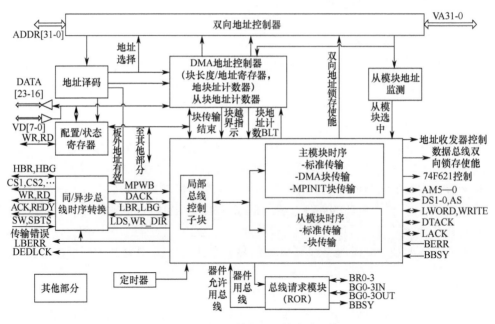

图 4-19 VMEC 主模块和从模块原理框图

由于 VMEbus 是异步工作总线,这就要求主模块在传输时,相应的从模块发出应答信号来完成数据传输,地址选通信号和数据选通信号以及应答信号和时钟没有特定的时序关系。SHARC 总线是同步工作的,即主处理器直接驱动读写信号,在规定周期内完成传输。因此,在 DSP 启动数据传输周期时,必须利用 ACK 信号来插入等待周期完成同步。主模块和从模块需要利用同/异步总线转换电路完成与 SHARC 总线读写信号的转换。定义 MPWB、LBR、LBG、LDS、WRDIR、DACK 作为主/从模块异步工作信号线,并与 VMEbus 异步信号线相联系,上述各信号定义如下:

(1) MPWB。主处理器总线，局部地址总线寻址为板外地址时，信号有效。

(2) DACK。数据确认信号，用于表示 master transfer 和 slave transfer 的结束。主模块应当在收到 VMEbus 的 DTACK 有效后，向局部总线指示此信号有效，从模块在 ADSP 2106x 的 REDY 有效后接收此信号以结束此次传输。

(3) LDS。局部总线数据选通信号，用于和 MPWB 一起启动主模块传输，以及向局部总线表明数据准备好。LDS 信号由 WR、RD 产生或者用于产生 WR、RD 信号。

(4) WRDIR。读写方向控制。

(5) LBR、LBG。局部总线请求/允许信号。

VMEC 数据传输的工作模式包括主模块标准传输方式、主模块 DMA 块传输方式、主模块 MPINIT 块传输方式、从模块标准传输方式、从模块块传输方式。

在处理器模板要求传输批量数据的情况下，可以选择主模块 DMA 块传输方式，即主处理器（MP）向 VMEC 的寄存器写入块长度、源起始地址和口的地址，使能配置寄存器 BTCR 的 DMA 使能位，开始 DMA 传输 VMEC 会申请局部总线和 VME 总线，获得总线权后同时访问 SHARC 总线和 VME 总线进行块传输。当然，还可以选择 MPINIT 块传输方式，即 SHARC 总线以标准方式传输数据，同时设置 VMEC 进行 VME 总线块传输主/从模块的传输时序，即由这些传输模式和周期类型展开，考虑它是 VMEC 的关键部分，要实现数据的高速稳定传输，并且各种模式协调可靠工作，必须认真仔细地分析理清各种功能状态，并且要和局部总线控制结合起来。

地址控制器实现双向的地址锁存和驱动，对于 master/slave 传输，在局部总线地址有效和 AS 有效时分别锁存 SHARCbus 地址和 VMEbus 地址，在获得总线控制权后，分别驱动这两级总线地址在 DMA 传输时要同时驱动两级总线地址，在中断认可周期时要驱动 A01～A03，并且地址控制器还完成 VMEbus 模板地址和局部总线地址映射。另外要注意的问题是，VMFbus 地址的低位 A01 是用来确定动态数据传输的，和 DS 1…0、LWORD 一起表示一个 4B，为了简化起见，假设对 SHARC 总线都是 32 位数据访问，所以实际上从模块访问时 VMEC 输出的 SHARC 总线地址只有低 30 位是有效地址，在系统设计时必须加以充分考虑 DMA 地址控制器包含了块长度、源地址、口的地址寄存器和一个主地址计数器。当寄存器位 DMAen = 1 时，便与主模块配合产生递增的局部总线地址和 VMEbus 起始地址。VMEbus 的技术规范不允许在既不放弃总线又不切换 AS 的情况下进行大于 256B 的块传输，但 VMEC 的主计数器会在每 256B 传输后给出信号，重新使 AS 有效，块长度不局限于 256B。从地址计数器每次在 AS 下降沿获得起始地址，slave 块传输时计数来产生局部总线地址。

2. 主模块、从模块的设计

首先应规划好每个子功能块的模型。子功能模型可以使用状态模型，也可以使用时序图、进程模型来描绘。根据局部总线和 VME 总线的状态，可将 VMEC 数据传输方式分为 master standard transfer、master DMA block transfer、master MPINIT block transfer、slave standard transfer、slave block transfer，这些都要由主模块、从模块、局部总线控制紧密结合工作来完成。局部总线、主模块、从模块的状态如表 4-1 所列。

表 4-1 不同传输方式下局部总线、主模块、从模块的状态

传输方式	局部总线控制权	主 模 块	从 模 块
标准主传输	MP	Std trans	Idle
DMA 块传输	VMEC	Blk trans	Idle
MPINIT 块传输	MP	Blk trans	Idle
标准从传输	VMEC	Idle	Std trans
从块传输	VMEC	Idle	Blk trans

从表中可见，不同传输方式下，局部总线控制和主模块、从模块的功能是相对独立的，所以设计时将传输功能分成主模块、从模块、局部总线控制子块。主模块负责由局部总线启动的 VMEbus 标准传输和块传输的控制信号产生。从模块在选中时根据地址修改码 AM 码进行标准传输和块传输，应当响应 AM = 09、0A、0D、0E 为标准传输；AM = 3B、3F、0B、0F 则表明为 BLT（块传输）主/从模块和 DMA 地址控制器、从块地址计数器配合工作。局部总线控制子块在 DMA 和从模块访问时根据主从模块的状态，完成对局部总线的控制，并指示结束传输。

主模块标准传输的过程是：从模块空闲状态下，如果地址译码器对局部总线地址译码产生的"板外地址有效"，使得 MP_TB = 1，同时 LDS = 1，即启动主模块主模块向请求模块发出总线请求（"器件要总线" DWB = 1），等待 DGB（"器件允许用总线"）= 1 之后开始传输，先驱动地址线和数据线，驱动 AM、LWORD、WRITE、IACK，然后（延迟 35ns）置 AS、DS 低有效。等待从模块 DTACK = 0 响应后，使 DACK = 1 有效来指示局部总线结束传输，恢复 AS = 1、DS = 1 传输完毕后，停止驱动 VME 总线（DS = 0 即 DS1、DS0 之一为 0，DS = 1 即 DS1…0 = 11）

主模块块传输的过程是：从模块空闲状态下，如果寄存器位 DMAen = 1 或 MPINITen = 1，即启动主模块主模块请求 VME 总线 DWB = 1，DGB = 1 后，如果是 DMAen = 1，还要在获得局部总线 LGB = 1 后，才开始传输。先驱动地址线、数据线，驱动 AM、LWORD、WRITE、IACK，然后（延迟 35ns）置 AS、DS 有效。等待从模块 DTACK = 0 响应后，只恢复 DS = 1。等待局部总线响应后重新使 DS = 0，对于 DMA 方式，是局部总线的数据认可，在这里即 DACK = 1，对于 MPINIT 方式是此次总线周期结束之后，重新开始传输下一个数据。在此期间，

DMA 地址控制器应该产生局部总线地址和 VME 总线起始地址,并给出块传输结束 BTEND 信号。由此得出可用于描绘主模块工作的状态转移图,如图 4-20 所示。

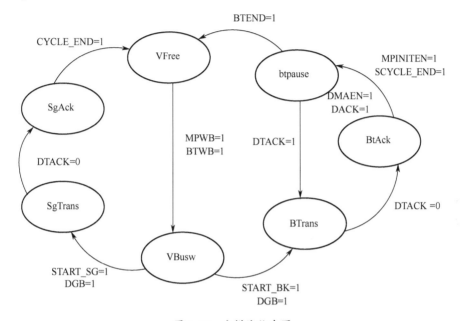

图 4-20 主模块状态图

寄存器 AMSR 中存放地址修改码 AM,AM = 3B、3F、OB、OF 表明 BLT(块传输)这里默认的是 A32,标准数据传输主模块根据寄存器设置,由 DS1、DS0、A01,LWORD 决定数据位宽,为了简单起见,只取 D32、D16 byte(0-1)、D8 byte 1 主模块传输,从模块只接受 D32、D16 byte(0-1)、D8 byte 1 传输,同时不同位宽的数据都统一放在数据总线低端上。A32、A24、A16 是指寻址为 32、24、16 位的传输周期类型;D32、D16、D8 是指数据宽度为 32、16、8 位的传输周期类型。

从模块标准传输的过程为,空闲时,地址监测模块应处于 VMEbus 地址译码状态当地址监测模块输出"从模块选中"信号:①DSi(i = 0,1)有效;②DTACK 和 BEBR 撤走时,启动了从模块访问。首先请求局部总线 LBR,等待收到 LBG = 1 确认后,指示局部总线控制子块(在若干时间延迟后)驱动局部地址总线和数据总线,以及驱动 LDS = 1 和 WR_DIR 来指示局部总线有效(产生 WR、RD)等待收到 MP 准备好的 DACK 有效后,驱动 DTACK 为低,等待 DS = 1 即结束这次传输。如果若干时间后,没有收到确认信号 DACK,驱动 BEBR,通知主模块传输没有完成 VMEbus 地址和数据分别在 AS、DS 的下降沿完成锁存。

从模块块传输的过程与标准传输不同的是,AM[5…0]译码输出"从块传输"=1,在 LBG=1 后启动块传输,从模块地址计数器锁存起始地址。当 DS=1 进入暂态,从地址计数器增 1,等待局部总线响应 DACK=1 后,重新开始传输下一个数据。从模块的工作过程可由图 4-21 的状态转移图表示。

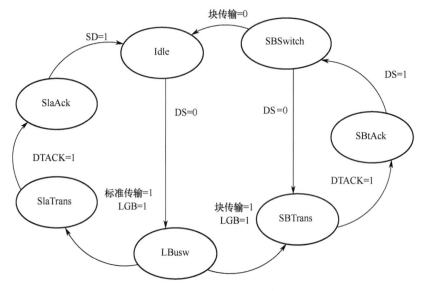

图 4-21 从模块状态图

从图 4-20、图 4-21 可以看出,在进行块传输时,主模块和从模块只需要 3 个时钟周期就可完成一次 D32 传输。在采用 40MHz 时钟下,理论上可以达到 53MB/s 的速度,这还是在没有采用 VME64 的设计规范的情况下。

局部总线控制负责协调主模块、从模块与局部总线相关的读写时序,功能如下。

(1) 局部处理器读写操作:接收地址译码(MPWB)、LDS 数据选通、WR_DIR 读写方向(WR、RD 产生),输出 DACK 作为确认信号这与主模块标准传输,MPINIT 块传输相关 Local bus block 产生局部地址锁存信号,主模块接收 LDS、WR_RDIR、MPWB 进入传输状态就驱动 VME 地址主模块完成传输后,经 Local bus block 确认传输完毕 DACK=1。

(2) 向局部处理器进行读写操作 Local bus block 在主模块处于 DMA 块传输、从模块处于标准访问和块访问时,产生 LBR 信号,当 LBG=1 时产生局部地址使能信号。当 DMA 方式和从模块方式时,产生 LDS 和 WR_DIR 信号,指示局部数据选通接收局部总线响应信号 DACK,指示主模块和从模块此次传输完毕。

4.6 本章小结

VME 总线是指 Versa Module Eurocard,是 Motorola 公司于 1979 年专为 MC

6800 微处理器设计的一种计算机总线。VME 总线于 1987 年首次发表,主要成员有 Motorola、Mostek、Signetics 以及 Thomsno 等公司。

　　作为一种开放式架构,因其高可靠性、较小的机械尺寸和较高的数据传输带宽而成为实时信号处理系统的常用选择,VME 总线广泛应用于工业控制、军用系统、航空航天、交通运输和医疗等领域。

参 考 文 献

[1] WADE D, PETERSON. VME Bus Interface Handbook [M]. USA：Cypress Semiconductor Data Book, 2001.

[2] EDIOL. VIC068A VMEbus Interface Controller [M]. USA：Cypress Semiconductor DataBook, 2001.

[3] TUNDRA SEMICONDUCTOR CORPORATION. SCV64 User Manual [M]. USA：Tundra Semiconductor Corporation, 1998.

[4] CYPRESS. VIC068A Reference Manual [M]. USA：Cypress Semiconductor, 1997.

[5] ALTERA CORPORATION. Cylonell Device Handbook Volume1 [M]. USA：Altera Corporation, 2004.

[6] VITA. VME Technology Specification [EB/OL]. [1987-03-12]. https：//www.doc88.com/p-993979621327.html.

[7] SEAL D. ARM Architecture Reference Manual [C]. USA：Addison-Wesley Longman Publishing Co Inc, 2000.

[8] DARNALL M, KUHLMAN D. AES Software Implementations on ARM 7 TDMI [C]. India：Progressin Cryptology-Indocrypt, 2006.

[9] MAYER GLENN, VOY DUMANE. VME Bus Performance in Multi Processor Systems [J]. IEEE Part Accel Conf, 1989：1654-1656.

[10] 赵永库. 新一代航空电子总线系统结构研究 [J]. 航空计算技术, 2005, 35 (1)：99-103.

[11] 马春江, 牛文生, 孙靖国. 几种串行总线互联技术分析 [J]. 航空计算技术, 2007, 37 (5)：127-130.

[12] 王敏, 吴顺君, 苏涛. 一种 VME 桥接芯片 VIC068A/VIC64 [J]. 电子元器件应用, 2003, 5 (4)：21-24.

[13] 杨海波, 余国强, 于伦正. VME 总线接口芯片 SCV64 原理及应用 [J]. 国外电子元器件, 2006, 11：45-49.

[14] 王宏伟, 高梅国, 韩月秋. 基于 VME 总线 SHARC 并行处理系统的设计与实现 [J]. 北京理工大学学报, 2000, 20 (4)：480-484.

[15] 王敏, 吴顺君, 苏涛. VME 总线接口控制器主模块和从模块的设计 [J]. 系统工程与电子技术, 2004, 26 (7)：954-957.

[16] 宋涛. VME 总线控制器数据传输机制的实现 [D]. 西安：西安电子科技大学, 2006.

[17] 苏弘. 一个 VME 总线接口电路 [J]. 核电子与探测技术, 2001, 21 (5)：338-340.

[18] 谢长生，徐睿. VME总线接口逻辑分析和电路设计［J］. 电子与封装，2004，4（2）：34-40.
[19] 王敏，基于标准总线的通用多DSP处理器模板设计［D］. 西安：西安电子科技大学，2003.
[20] 李广军，孟宪元，等. 可编程ASIC设计及应用［M］. 成都：电子科技大学出版社，2000.
[21] 夏宇闻. Verilog数字系统设计教程［M］. 北京：航空航天大学出版社，2003.
[22] 刘刚. 1394-VXI零槽资源管理器的硬件设计［D］. 成都：电子科技大学，2002.
[23] 李成文，何小亚，高扬，等. 一种基于VME总线双余度容错处理系统的设计与实现［J］. 电子技术，2013，11：75-79.
[24] 施乐平，杨征宇，马宪民，等. ARM嵌入式系统综述［J］. 中国测试，2012，51：14-16.
[25] 李宾，马晓川，焉日社锋，等. 基于X86体系结构处理器的VME主控模块设计［J］. 声学技术，2013，4：146-150.
[26] 苏俊博，刘旺锁. 基于SCV64的VME总线系统研究［J］. 船电技术，2009，8：36-39.
[27] 郝彬. 一种大功率VME规范电源的设计［J］. 鱼雷技术，2011，6：423-427.
[28] 严翔，王立德，申萍，等. 基于VME的通用列车网络控制设备设计方案及实现［J］. 北京交通大学学报，2013，2：85-91.

第5章 PI 机载计算机总线

5.1 前言

PI 总线是并行互联总线的简称。美国联合集成航空工作组（The Joint Integrated Avionics Working Group，JIAWG）定义了 PI 总线作为标准的底板通信总线，在航空电子模块化处理器集群中的多个并行工作的处理器模块之间采用 16 位或 32 位方式传送数据。它被美军在其第 4 代歼击机 F-22 的共用综合处理机（CIP）中采用。PI-BIU 是 PI 总线的总线接口单元，它完成 SAE AS4710 规范定义的数据链路层的操作：根据 PI 总线的通信协议，各模块通过竞争变换总线的主控权，取得了总线主控权的主模块分阶段在各模块之间传送消息。

PI 总线起源于 20 世纪 70 年代末和 80 年代初由美国国防部提出的超高速集成电路（VHSIC）计划，在 VHSIC 计划中需要解决多个并行工作的模块互联问题，即需要一种合适的总线使多个并行工作的模块能够进行可靠的、实时的、有效的信息交换。为此，在 VHSIC 计划的第一阶段中研制出内部总线（Internal Bus，IB）。随后，Delco 公司对 IB 加以改进，发展成为 PB（Parallel Bus）。VHSIC 计划的第二阶段中，由 IBM、Honeywell、TRW 三家公司合作在上述基础上进行改进和完善，形成 PI 总线（Parallel Interface Bus），并首次被用于 VHSIC/1750 计划，VHSIC 计划中所形成的 PI 总线协议的最终版本是 VHSIC PI 总线版本 2.2。但这一版本的 PI 总线协议还不十分成熟，为了能在以后的应用中对它进行优化，协议中遗留了一些模糊性的定义和设置。正因为协议中存在模糊性的问题，不同厂商生产的产品之间兼容性还不是很好，即相互间还不能完全互联。

1987 年，美国航空电子综合化联合工作组（JIAWG）选定 PI 总线作为公共底板总线，并与 IBM、TI 和 UNISYS 这三个主要的 PI 总线产品厂商对 VHSIC PI 总线作了较大幅度的修改，形成了 JIAWG 的 PI 总线。1989 年，JIAWG 又与美国机动车工程师协会的机载电子系统分部合作，对 PI 总线进行改进以期将其发展为完善的互联协议并通过 SAE 使它成为工业标准。PI 总线目前最新的协议版本是 SAE 颁布的 AS 4710。

根据 SAEAS4710 规范的定义，PI 总线是为驻留在单块底板上的多达 32 个模块传递数字消息提供同步通信的通道。PI 总线采用主从通信方式，各模块可以通过竞争获得主控权，由主模块来控制通信进程。主模块以消息包的方式与从模块交换数据,最大的数据传输率为 50MB/s。它具有逻辑寻址能力,即一个模块可以有多个逻辑地址,一个逻辑地址也可对应多个模块,这样就使得主模块可同时以广播方式向多个从模块发消息。还具有校验或纠错能力及双余度热备份。每条消息都有优先级,高优先级的消息可以使正在传输的低优先级的消息挂起,被挂起的消息在适当的时候可以恢复继续传输。PI 总线不依赖于 CPU,有很好的兼容性、实时性和可靠性,适用于多处理器系统中多个并行工作模块的互联。

5.2 PI 总线技术基础

PI 总线的典型应用是在 F-22 飞机机载电子系统上,PI 总线实现 F-22 的共用综合处理机(CIP)多模块互联,如图 5-1 所示。

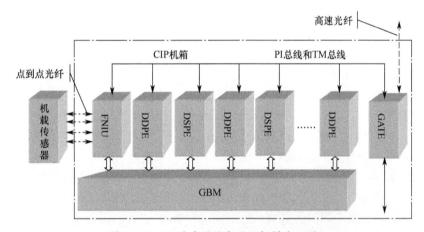

图 5-1 F-22 的共用综合处理机模块互联

F-22 的共用综合处理机(CIP)模块包括以下 12 种模块。

(1) DDPE。双数据处理单元(模块的两面各有一个数据处理单元,CPU 为 i80960MX)。

(2) DPE/1553。数据处理单元//1553 接口(模块的一面为数据处理单元,另一面为 1553 接口)。

(3) DSPE。双信号处理单元(模块的两面各一个信号处理单元)。

(4) FNIU。光纤网络接口(用于与点到点光纤链路接口)。

(5) GATE。网关(用于 PI 总线之间接口及 PI 与高速光纤总线接口)。

(6) GBM。全局大容量存储器(多个数据网络 DN 口与其他模块交联)。

(7) GPVI。图像处理器/视频接口(与显示器视频接口)。

(8) NRSP。非射频信号处理器(用于电子战的导弹告警处理)。

(9) LLSP。低延时信号处理器(用于 CNI 的处理)。

(10) KOV-5。加密处理器（用于 CNI 的处理）。

(11) UCIF。用户控制台接口（不是装机件，调试或测试用）。

(12) VR。电源模块。

上述各模块及其承包商如表 5-1 所列。

表 5-1 各模块及其供应生产商

模 块	名 称	供应生产商
DDPES	双余度数据处理服务器	休斯
DPE/1553	数据处理单元/MIL-STD-1553	休斯
DSPE	双余度信号处理单元	休斯
FNIU	光纤网络接口	哈里斯
GATE	网关	休斯
GBM	通用大容量存储器	休斯
GPVI	图形处理器/视频接口	桑德斯
NRSP	非射频信号处理器	马丁·玛丽埃塔
LLSP	低延迟信号处理器	TRW
KOV-5	密码处理器	摩托罗拉
UCIF	用户控制台接口	休斯
VR	电源调节模块	波音

如上所述，PI 总线实现多模块互联，PI 总线模块由两部分组成：模块特定的应用功能部分和实现 PI 总线的主从通信规约的总线接口部分。图 5-2 所示为 PI 总线和 PI 总线模块的概念模型。

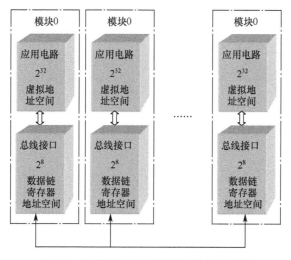

图 5-2 PI 总线和 PI 总线模块的概念模型

各模块的应用电路部分可模拟成具有 32 位地址范围的虚拟存储器空间，总线接口部分可模拟成具有 8 位数据链寄存器地址范围的不连续的存储器空间。主模块使用一个 8 位模块虚拟地址（从模块标识，简称为从 ID）来选择一个或多个模块作为从模块参与指定的通信序列。

在 PI 总线协议中定义了 3 种地址：物理地址、逻辑地址和广播地址。在所传送的消息中，目的地址占用 8 位二进制码（0～255），其中 0～31 表示物理地址，它只寻址总线上一个模块；32 表示广播地址，它寻址总线上所有模块；33～255 表示逻辑地址，它与连接到 PI 总线模块上的数据连接寄存器地址相对应（每个连接到 PI 总线的模块都应包含 256 个数据连接寄存器，其中地址为 33～255 的寄存器是 1 位寄存器），根据这个地址上寄存器的值是否为 1，每个模块决定是否接收这个消息，所以，逻辑地址可寻址总线上任意一个或多个模块，这取决于系统的设计要求。因此，PI 总线上的消息具有很灵活的寻址方式。

PI 总线是一个支持多模块并行工作、以消息的方式进行信息交换的分布式信息交换网络，图 5-3 是多个模块通过 PI 总线相连的示意图。PI 总线主要由数据线、数据校验线、周期类型线、周期类型校验线、应答线、等待线、总线请求线组成。数据线用于传输消息头、应答字、竞争字和数据信息；周期类型线由总线主模块驱动，用于指示当前总线周期的类型；应答线由从模块驱动，用于指示同步或报告检测到不可纠正的错误。在消息的传送过程中，周期类型线和应答线用于在主模块和从模块之间提供握手信号。等待线用于获得额外的总线非传输周期，以匹配同一总线上不同速度的模块，使之能够可靠地进行数据传输；总线请求线由潜在的总线主模块（具有比当前总线上传送的消息更高优先权消息需传送的模块）驱动，以要求当前的总线主模块中断正在进行的消息传输并释放总线。数据校验线和周期类型校验线分别用于对数据线和周期类型线提供检错或纠错消息。

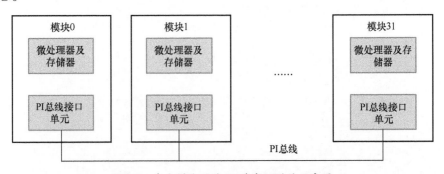

图 5-3　多个模块通过 PI 总线互联的示意图

PI 总线的物理层定义了 PI 总线信号线、时钟线和模块标识（MID）线。在通用底板上的各模块之间使用的所有 PI 总线信号线实现"线或"负逻辑。信号线包括数据线（D[31：0]）、数据检查线（DC[8：0]）、周期类型线（CT[2：0]）、CT检查线（CTC[2：0]）、应答线（AS[5：0]）、等待线（W[2：0]）、总线请求线（BR[2：0]）和数据格式线（DF）。周期类型线由主模块控制，它指明当前总线的周期类型。周期类型包括"空闲""竞争""头0""头""数据""应答""挂起"和"夭折"。

应答线是由从模块或总线竞争者控制，表示同步或检测到不可纠正错误的一组线。应答线的类型有"正常应答""不正常应答""不选择"和"识别"。模块标识线是连到电路板上的5根硬线，用作模块的物理标识符。

PI总线既可以配置成16位数据宽度，也可以是32位；既可以配置成以检错方式（奇偶校验或双余度）工作，也可以配置成以纠错方式（修改的汉明码或三余度）工作。不同配置的PI总线所需要的信号线数目参见表5-2。

表5-2 不同模式下PI总线需要的信号线一览表

信号名称	16位数据模式		32位数据模式	
	检错方式	纠错方式	检错方式	纠错方式
数据线（D） D<31…16> D<15…0>	NO YES	NO YES	YES YES	YES YES
数据校验线（DC） DC<7…2> DC<1> DC<0>	NO NO YES	YES YES YES	NO NO YES	YES YES YES
周期类型线（CT） CT<2…0>	YES	YES	YES	YES
周期类型校验线（CTC） CTC<2…1> CTC<0>	NO YES	YES YES	NO YES	YES YES
应答线（AS） AS<5…4> AS<3…0>	NO YES	YES YES	NO YES	YES YES
等待线（W） W<2> W<1…0>	NO YES	YES YES	NO YES	YES YES
总线请求（BR） BR<2> BR<1…0>	NO YES	YES YES	NO YES	YES YES
信号线合计	29	42	46	58

PI总线在其十多年的发展演变过程中，经过了许多次修改和完善，最终才得

以形成并已经被成功地应用于 F22 和/科曼奇直升机等最新型的美国军用航空电子结构之中，成为这些项目能够得以进行的基础。

PI 总线支持多个主模块并行工作的能力是它最大的优点。VHSIC 计划中发展 PI 总线的主要目的就是为了解决多个公用模块的互联问题，所以 PI 总线支持多主能力的优势很明显，它可以支持多达 32 个主模块并行工作，而其他一般计算机上常用的总线支持多主的能力则相对要小得多，如 ISA 不支持多主并行工作，EISA 支持 7 个，PCI 支持 4 个（INTEL 公司已准备将其扩展为 8 个），VME 总线有 4 条总线授权线，每条都是采用菊花链结构，理论上对所能支持并行多个主模块的数目没有太大的限制，但实际上根据 VME 总线协议规则 7.3 的规定，一块底板所带的插槽数目不应大于 2 一个，所以可以认为，实际 VME 总线所能支持并行工作模块的数目为 2 一个。实际资料表明，F-22 上的共用综合处理器（CIP）内部用 3 条独立的 PI 总线连接了 66 个外场可更换模块（LRM），如图 5-4 和图 5-5 所示。

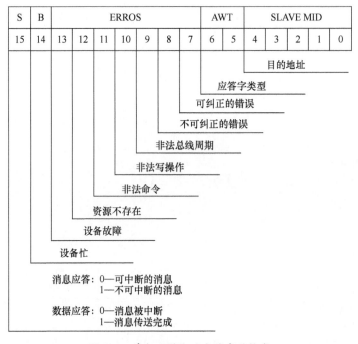

图 5-4　单个从模块时应答字的格式

从以上数据可以看出，一般的计算机总线是不可能支持这么多主模块并行工作的，VME 总线所能支持的主模块虽然较多，但它的总线授权采用的是菊花链结构，在同一链上模块的优先级预先固定，因此不能适用于复杂的机载电子系统，所以 PI 总线在/宝石柱 0 计划中有着不可替代的作用，如表 5-3 所列。

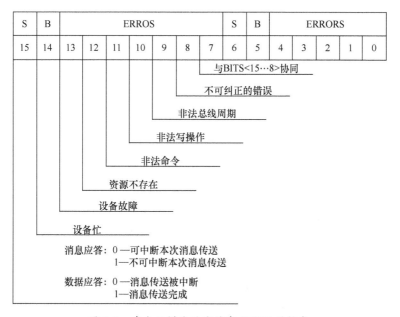

图 5-5　多个从模块时应答字 AWM0 的格式

表 5-3　多个从模块时应答字 AWM1～4 的格式表

模块物理地址				数据线
AWM1	AWM2	AWM3	AWM4	15～0
0	8	16	24	0000000A0000000A
1	9	17	25	000000A0000000A0
2	10	18	26	00000A0000000A00
3	11	19	27	0000A0000000A000
4	12	20	28	000A0000000A0000
5	13	21	29	00A0000000A00000
6	14	22	30	0A0000000A000000
7	15	23	31	A0000000A0000000

　　PI 总线还具有很高的灵活性。PI 总线既可以配置成 16 位数据宽度，也可以是 32 位；既可以配置成以检错方式工作，也可以配置成以纠错方式工作。同样，与 PI 总线相连的模块既可以是 16 位，也可以是 32 位，其中在 32 位 PI 总线上，16 位和 32 位的模块可以互联。

　　PI 总线另一个优点是在重负载的情况下也能支持高速的数据交换。它在连接 32 个模块的情况下，数据传输率可高达 50MB/s，除低于 PCI 总线外，远远高于负载比它小得多的 ISA（2MB/s）、EISA（33.3MB/s）和 VME（30MB/s）总线。

PI 总线与 ISA、EISA、VME、PCI 和 PI 总线相比，可以看出，PI 总线的特性的确优于其他总线，是新一代机载电子系统共用综合处理器（CIP）底板总线的最佳选择。

5.3 PI 总线协议

PI 总线是一个支持多模块并行工作的分布式数据交换网络，它最多可支持 32 个模块并行工作，各模块之间为松耦合，以消息的方式进行信息传递，PI 总线上连接的每个模块都可以通过竞争获得总线主控权，而在一段时间内成为总线上的主模块。下面首先介绍 PI 总线的总线仲裁算法。

PI 总线上进行的信息交换是以消息传送方式进行的。每个消息都有与之相对应的逻辑优先权，高优先级的消息得到优先发送。PI 总线定义了 128 级（7 位）逻辑优先权、32 级（5 位）物理优先权（相应于 32 个物理地址），两者组合构成竞争优先权代码（VPC，12 位），其格式如图 5-6 所示。

图 5-6　竞争优先权代码（VPC）

PI 总线的总线仲裁并不依赖于某专用的仲裁器，而是采用分布式的控制方法，在总线主控权的竞争过程中，所有要求获得总线的模块必须同步的进行竞争（各要求获得总线主控权的模块可驱动周期类型线从而使总线进入竞争周期，并以周期类型线上信号的变化来同步各要求竞争总线的模块），参与竞争的各个模块首先将 $VPC_{11\sim9}$ 这三位编码后写入数据线，在下一时钟周期又从数据线上读出，由于各个模块是同步地将 $VPC_{11\sim9}$ 编码值写入数据线，下一时钟周期读出的数据是各个模块 $VPC_{11\sim9}$ 编码值相或的结果，由于进行编码是有规律的，所以根据读出结果的最高位是否为自己先前写入码的最高位可判定是否有比自己竞争优先权高的模块存在。如果读出结果的最高位比自己先前写入码的最高位高，则说明有更高优先权的模块存在，自己主动退出竞争；否则，继续进行下一次竞争。这样按以上步骤，依次将 $VPC_{8\sim6}$、$VPC_{5\sim3}$ 和 $VPC_{2\sim0}$ 编码后写入数据线，然后读出，进行比较、判断。具体过程如图 5-7 所示。

由图 5-7 可知，逻辑优先权位于物理优先权之前，所以最后竞争的结果是：对具有逻辑优先权不同消息的模块来说，具有高逻辑优先权消息的模块获得总线；对具有逻辑优先权相同消息的模块来说，具有高物理优先权的模块获得总线。这样，保证了竞争的结果只有一个模块获得总线主控权。

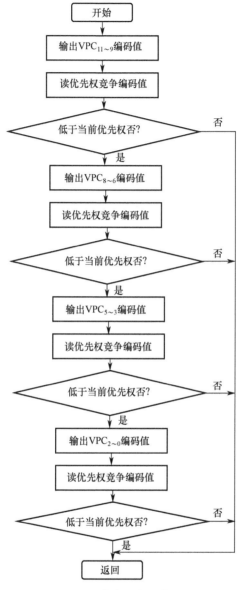

图 5-7 竞争周期示意图

当某个模块获得总线正在与其他模块通信时，如果另一个模块需要进行更高优先权消息的传输，它可通过总线请求线（BR）发出总线请求信号要求暂停正在传送的消息，如果总线上正在传送的消息是可挂起的，当前发送消息的模块检测到此信号后，应根据其内部定时/计数器 A 和 B 的值，采用一定的算法延迟一段时间之后中断正在进行的消息传送，此时总线进入空闲状态。

然后，各要求获得总线的模块进行竞争以求获得总线；如果正在传送的消息是不可挂起的，则只有在完成这个消息的传输后，主模块才放弃总线主控权。如果低优先权的消息被挂起了，在具有高优先权消息的模块完成消息传送，总线进入空闲状态后，原被挂起的模块应通过竞争重新获得总线主控权，恢复上次被中断的消息传输（图5-7）。这种通过暂停低优先权消息的传送而优先传输高优先级的消息的方法可以极大地减少高优先级消息的响应延迟时间，从而提高系统的实时性。

PI总线的总线仲裁算法是它极具特色的优点之一。从前面对PI总线仲裁过程的介绍可以看出，PI总线是一个完全分布式控制的消息传输方式的数据通信网络，总线上各模块通过竞争获得总线主控权。具有高优先权消息的模块优先获得总线，甚至可以暂停低优先权消息的传输而传送高优先权消息，这样虽增大了低优先权消息的响应时间，但可大大减少高优先权消息的响应时间。在机载电子系统中所要处理的数据量非常大，而且这些数据对响应实时性要求也有很大不同，有的数据要求必须立即得到响应，否则将会带来灾难性的后果，而有的数据对实时性要求则小得多。

所以PI总线给消息赋予相应的优先权，并对高优先权的消息给予优先响应的特点是机载电子系统中非常重要的一个宝贵特性。一般的计算机总线常用的总线仲裁算法在固定优先权、轮转优先权及它们的编程组合这3种。它们的共同缺点是只对模块设置了优先权，而没有对模块之间所交换的数据设置优先权。这对于一般规模不太大，并行工作的模块不太多和实时性要求不是很高的系统还是可以适用的；但对于复杂的、有很高实时性要求的机载电子系统，尤其是对宝石柱计划和宝石台计划所要求的高度集成、高度综合化、大量模块并行工作的机载电子系统来说，则很不适用。

为了保证系统的可靠性和提高系统的容错能力，PI总线协议提供了检错（奇偶校验或双余度）和纠错（修改的汉明码或三余度）两种工作方式，而且从PI总线的总线竞争过程可以看出，它是一个完全分布式的数据传输网络，没有集中式的总线仲裁器，这使系统的可靠性得到提高，避免了集中式仲裁方式下由于仲裁器发生故障而导致整个系统瘫痪的可能性。此外，连接在PI总线上的模块是松耦合的，要进行模块的增删比较容易，对整个系统不会造成很大影响，维护性也较好，可使飞机的电子设备由三级维护变为两级维护。PI总线接口设计上还具有支持IEEE 1149.1标准的测试接口，可以对PI总线上所连接的模块进行实时的、动态的测试，这进一步提高了系统的可靠性。从以上介绍可以看出，PI总线的可靠性和可维护性都远远高于其他总线。

5.4　PI总线消息传输

PI总线的数据链路层定义了PI总线的通信规约，它规定了规约状态转变和通用消息序列，还定义了对异常条件的响应。PI总线使用主从通信规约，该规约包括改变总线主控权、各模块之间传输消息和异常处理的通信序列。

为实现通信序列，PI 总线定义了 8 种规约状态，这 8 种规约状态为"空闲""竞争""头 0""头""数据""应答""挂起"和"夭折"。周期类型线上的 8 种周期类型与它们对应。

一条消息由消息头字段和数据字段组成。消息头字段的第一个头字（HWA）中指定了消息的类型，而消息类型又决定了消息头字段将要有的周期数目，PI 总线上 4 种类型的消息序列为"参量写""块消息""总线接口"和"数据报"。不同的消息类型对第二个头字（HWB）有不同的规定。HWB 含有数据序列的数据传送周期数。第三个头字（HWC0）和第四个头字（HWC1）由各消息类型规定。

通常，HWC0 和 HWC1 含有 32b 的虚拟地址。消息类型还决定了扩展头序列提供的 6 个附加头字（HWD0 到 HWD5）的使用。

在这 4 种消息中，"参量写"消息用于向 PI 总线上的模块传递控制信息及进行自测试；"总线接口"消息用于在模块之间传递数据链寄存器组的信息及系统时钟信息；"块消息"是一种主要的通信方式，它可用在模块之间读写数据，支持多种寻址方式（直接寻址、标号寻址等），消息头字段中支持 6 个附加的扩展头字，支持广播方式，在消息传输过程中可以挂起消息以让出总线控制权，并在适当的时候恢复被挂起的消息的传送；"数据报"消息与"块消息"类似，不过只能以广播方式由主模块发送"标号"消息，另外，与"块消息"不同的是，在通信序列中无"头应答"过程，"数据应答"过程也是可选的，这样可减少冗余信息的传送，从而加快信息的传输。

总线控制权的获得：在 PI 总线上的每个模块都有可能通过竞争获得总线控制权。通过竞争，PI 总线确定唯一的总线主模块。PI 总线采用的是分布式仲裁方式，在每个模块上都有一个竞争优先权寄存器用来表示模块参加竞争的优先级。

要求总线控制权的任一模块可以在两个或更多的空闲周期之后启动竞争。所有激活的模块应监测竞争过程的各个步骤，并存储赢得总线控制权的模块的竞争优先权码。当某个模块需要 PI 总线的控制权，同时其优先权比当前总线主模块的优先权高时，它可以通过总线请求线（BR）来请求 PI 总线进入竞争序列（表 5-4）。

表 5-4 竞争优先级代码的编码转换表

参加竞争的 VPC 值	VPC 对应的数据编码	
	D15 ~ D8	D7 ~ D0
000	00000001	00000001
001	00000010	00000010
010	00000100	00000100

续表

参加竞争的 VPC 值	VPC 对应的数据编码	
	D15 ~ D8	D7 ~ D0
0 1 1	0 0 0 0 1 0 0 0	0 0 0 0 1 0 0 0
1 0 0	0 0 0 1 0 0 0 0	0 0 0 1 0 0 0 0
1 0 1	0 0 1 0 0 0 0 0	0 0 1 0 0 0 0 0
1 1 0	0 1 0 0 0 0 0 0	1 0 0 0 0 0 0 0
1 1 1	1 0 0 0 0 0 0	1 0 0 0 0 0 0 0
11 10 9	竞争周期第一步使用的 VPC 二进制位	
8 7 6	竞争周期第二步使用的 VPC 二进制位	
5 4 3	竞争周期第三步使用的 VPC 二进制位	
2 1 0	竞争周期第四步使用的 VPC 二进制位	

当一个模块获得总线主控权之后,它就成为主模块,可以驱动总线同其他模块以消息的方式进行通信,其他与其通信的模块称为从模块。在消息的传送过程中,周期类型线和应答线用于在主模块和从模块之间提握手信号。下面我们对 PI 总线上主、从模块之间的通信过程进行简要介绍。

PI 总线上消息传送的基本过程一般包括消息头传送、消息头应答、数据传送和数据应答 4 个周期,其过程如图 5-8 所示。

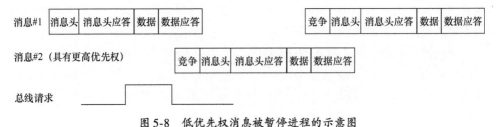

图 5-8 低优先权消息被暂停进程的示意图

典型的 PI 总线消息传输过程示意图如图 5-9 所示。

图 5-9 典型的 PI 总线消息传输过程示意图

在消息头传送周期中,主模块驱动数据线发出消息头信息,并同时驱动周期类型线以指明当前的总线周期类型和同步总线上其他模块。消息头由 2 ~ 10 个字组成,其长度根据所要传输消息类型的不同而改变。它主要包含本次消息所要寻址的从模块地址、采用的格式(16b 传送或 32b 传送)、消息的类型及其他一系列的信息,以保证从模块能正确理解主模块的意图进行响应。被寻址的从模块应在消息头周期开始的第三个时钟周期驱动应答线（AS）为确认状态，并一直保持到消息头周期结束。

在数据传送周期中，如果是主模块要发送消息给从模块，则由主模块驱动数据线；如果是主模块要接收从模块的消息，则由从模块驱动数据线，此外，主模块还应驱动周期类型线以指明当前的总线周期，从模块应驱动应答线予以响应。

消息头应答周期和数据应答周期的作用一样，都是对前一总线周期传送的信息中有无错误及其他一些信息作出描述，以利于了解总线上信息传输的状况和及时进行处理，而且，它们所采用的格式也是一样的。对应于消息可以寻址单个从模块和多个从模块，应答周期也有单个从模块应答和多个从模块应答两种基本格式。单个模块时的应答字格式如图5-10所示。对于寻址多个从模块的消息，其应答周期由5个传送周期组成。在第一个传送周期，各从模块同步的驱动数据线送出应答字AWM0，AWM0给出了本模块发现的出错信息，由于数据线具有/线或0功能，所以主模块得到的是所有从模块发现的错误信息之和；在第二个传送周期，地址在0~7的从模块应驱动数据线，发出应答字AWM1；在第三个传送周期，地址在8~15的从模块应驱动数据线，发出应答字AWM2；在第四个传送周期，地址在16~23的从模块应驱动数据线，发出应答字AWM3；在第五个传送周期，地址在24~31的从模块应驱动数据线，发出应答字AWM4。

F=0：进行16位数据传输
F=1：进行32位数据传输
*括号中为被中断的消息得到恢复传输的消息格式

图5-10 块消息（短消息头格式）的消息头示意图

如果总线工作在纠错方式下，则还应驱动数据校验线，以实现三余度纠错编码。在上述过程中，利用应答线来同步各模块的工作时序。

5.5 PI 总线接口

在20世纪90年代，美国根据电子技术发展的新水平与飞机性能不断提高的需要提出了"宝石台"计划，进一步改进了系统结构；探索信息采集孔径与窗口的综合利用方法，采用共用天线、传感器综合、传感器管理与数据融合等新技术，进一步发展核心处理机技术，为 2010 年左右实现的多用途战斗机进行了新的探索。

F-22 战斗机集中了美国先进技术及结构概念预研计划的成果，尤其是它具有"宝石台"风格的机载电子系统，是"宝石台"成果的直接应用。

整个模块化处理机包括 3 个核心处理机簇，每个簇由数据处理机、信号处理单元和全局大容量存储器等组成。各簇由高速数据总线、光纤总线联系，簇内各单元之间通过 PI 总线的"标号"消息通信。

高速光纤总线上的消息由航空电子总线接口（网关）转换为 PI 总线的"标号"消息。PI 总线还用来协调各数据处理机之间的处理和控制功能，每个数据处理机都配有 PI 总线接口。图 5-11 所示是其中一个处理机簇的简化结构。

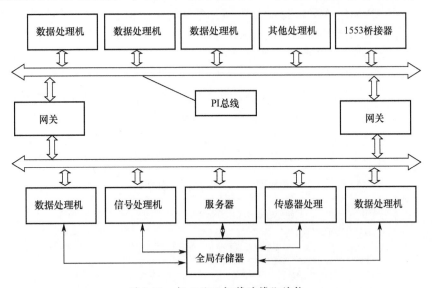

图 5-11 核心处理机簇的简化结构

PI 总线 BIU 芯片的设计，应用了 EDA 技术及其相应的工具，在高密度逻辑器件上用 VHDL 完成样片设计的。PI-BIU 芯片的主要功能是实现 SAEAS4710 规范中定义的"数据链路层"。

下面讨论在 PI-BIU 芯片设计中的几个重要问题。

（1）PI 总线 BIU 芯片的分类。PI-BIU 芯片的组成框图如图 5-12 所示。它由主/从模块控制器、PI 总线线路编解码器、寄存器组和应用电路接口等组成。

从 F-22 战斗机的航电系统来看，应用接口部分的种类是多种多样的，而 PI-BIU 芯片的设计要根据不同的应用来设计。PI-BIU 芯片的分类大致可分为以下 2 类。

① 只具有从模块能力的芯片。这类芯片在应用接口部分一般没有智能芯片，

如 CPU 等。应用部分可看成一个虚拟的大容量存储器。PI-BIU 芯片的设置将由其他 PI-BIU 芯片通过"参量写"和"总线接口"消息来完成。这类芯片可以对资源（如存储器等）进行"直接寻址"和"标号寻址"。

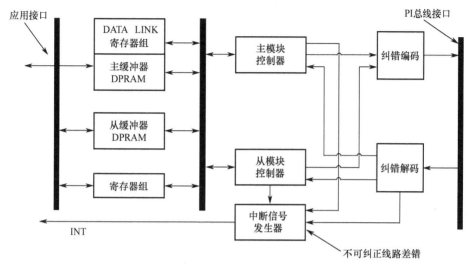

图 5-12　PI-BIU 芯片的组成框图

② 具有主模块能力的芯片。这类芯片在应用接口部分一般有智能芯片，如 CPU 等。PI-BIU 芯片的设置将由智能芯片完成。这类芯片对资源只具有"标号寻址"能力。另外，从总线的数据线宽度可分为只能进行 16 位 PI 总线操作的 PI-BIU 芯片和可以进行 32 位或 16 位操作的 PI-BIU 芯片。

（2）标识码的识别方法。根据 SAEAS4710 规范，消息头 A（HWA）的从模块标识码字段（从 ID 字段）指定了参与消息序列的从模块。从 ID 字段提供一个 8 位的虚拟从模块地址，它的范围划分成为 32 个从模块物理地址（以下称为物理从 ID）、一个从模块广播地址（以下称为广播从 ID）和 223 个逻辑的从模块地址（以下称为逻辑从 ID）。广播从 ID 选择所有激活模块作为从模块，包括总线主模块。

逻辑从 ID 只用作单个从模块物理地址或一组从模块物理地址的别名。在寻址从模块时，使用逻辑从 ID 所引起的从模块的响应和使用物理从 ID 是一致。0~31 从 ID 值只能选择单个模块作为从模块，被选择的模块将是其模块标识符（MID）和从 ID 值相匹配的；从 ID 值 32 将选择所有激活模块作为从模块；33~255 从 ID 值将选择相应从 ID 值被使能的任一激活模块。响应逻辑从 ID 值 33~255 的模块数由系统决定。这意味着，应用系统可根据需要把从 ID 值 33~255 用于单从消息，或者用于多从消息。

PI-BIU 芯片中的逻辑从标识符寄存器组由位于数据链寄存器地址空间 33~

255 的一组 1 位寄存器组成。各寄存器的地址与寄存器控制的逻辑从 ID 码是等同的。各逻辑从 ID 寄存器的第 0 位表示一个等效于寄存器地址的从 ID 码是否被作为有效的从 ID 码模块确认。第 0 位的解释是：1 表示总线接口确认这个地址作为从模块 ID；0 表示总线接口不确认这个地址作为从模块 ID。该寄存器组可以由 PI-BIU 芯片通过"总线接口"消息读写。

该寄存器组具有如下特点：数量多；所占的地址空间连续；可以有 PI-BIU 进行读写操作，也可以有 CPU 进行读写操作。

根据这些特点，决定用片内双口 RAM 来实现。双口 RAM 的一端由 CPU 控制，另一端由 PI-BIU 控制。PI-BIU 芯片对这块双口 RAM 的控制由状态机完成。

（3）标号寻址。图 5-13 所示是"标号寻址"消息头字段的一般格式。

MSB										LSB	
15 14 13	12 11 10 9		8	7	6	5	4	3	2	1 0	
AT 码	消息类型		F	从 ID							HWA
初始计数值或剩余计数值**											HWB
标号											HWC0
初始偏移量或初始偏移量+已传输数据量**											HWC1

图 5-13 "标号寻址"消息头字段的一般格式

注：图 5-13 中，** 表示对于恢复已挂起的消息的消息头字段，HWB 是剩余要传送消息数据的计数值，HWC1 为初始偏移量+已传输值。

对于不同类型的 PI-BIU 芯片，对"标号"的解释可能有差异。从 F-22 的应用实例来看，"标号"可解释为来自不同的信号源的信息，如来自不同传感器的信号。这种解释可对只能以"标号寻址"的 PI-BIU 芯片适用。

对于既具有"标号"寻址能力又具有"直接"寻址能力的 PI-BIU 芯片来说，必须建立"标号地址"与"直接地址"的对应关系。这种对应关系与 INTEL 公司 X86 系列 CPU 的分段寻址相似。标号 HWC0 对应为 X86 系列 CPU 的段（如代码段 CS、数据段 DS、堆栈段 SS 等），HWC1 对应为偏移量（OFFSET）。段与偏移量按照某种算法可得到地址。常用的算法有 2 种：固定对应关系法与查表法。

固定对应关系法即一个"标号"对应于一个"直接地址"的首地址。"标号"与首地址的对应关系为一个固定的函数。这种算法在 X86 系列 CPU 的实模式方式中使用。查表法即有一专用的表格，称为"标号描述表"。"标号"只表示这一表格的索引，通过查表可得到以下信息："标号"对应的存储区的首地址、存储区长度、可操作的项目及权限、该块存储区当前的使用状态等信息。这种算法在 X86 系列 CPU 的保护模式方式中使用。上述两种算法在设计 PI-BIU 芯片时,可根据不同的应用来使用。

(4) 多条消息传送的实现方法。当 PI-BIU 通过竞争获得了总线主模块权后,它可以在一个总线占有期内传输同一"逻辑优先权"的多条消息。根据 SAE-AS4710 规范的定义,一个总线占有期的最大值为 (224+8) 个总线周期。周期数从总线主模块获得总线控制权后第一个 H0 周期算起,并包括所有的总线周期(包括非传输周期)。在 PI-BIU 芯片中,设消息条数计数器 (MSG)。当主模块传输完一条消息后,检查消息条数 (MSG),当 MSG≠0 时,则 MSG = MSG - 1,并开始下一条消息的传输。在 PI-BIU 芯片中设置 2 个消息头字寄存器组 BANK0 和 BANK1。PI-BIU 和 CPU 交替使用这两组信息。PI-BIU 先使用 BANK0,CPU 在 PI-BIU 工作时,可以更新另一组寄存器。

PI 总线向我们展现了这样一个前景:在一条总线上连接了多个模块,各个模块并行工作,每个模块都有机会成为总线的主模块,从而获得总线的控制权。各个模块上可以用不同类型的中央处理器 (CPU)、数字信号处理器 (DSP) 等。各个模块可以通过 PI 总线来共享大容量存储器。总线通信由智能芯片即 PI 总线的总线接口单元 (PI-BIU) 完成,主处理器只管处理自己的任务,而不用参与总线的通信,从而大大提高了其处理能力。通过装有 PI-BIU 的网关,PI 总线上的模块还可以与高速光纤总线相连。

5.6 本章小结

PI 总线是并行接口总线的简称,采用单字或双字的方式在多个并行工作的模块之间传送数据。由于不依赖于 CPU,PI 总线具有较好的兼容性、实时性和可靠性,适用于多处理器系统中多个并行工作模块的互联。

历经十多年的发展演变,PI 总线经过了许多次修改和完善,已经被成功地应用于 F-22 和科曼奇直升飞机等最新型的美国军用航空电子结构之中,成为这些项目能够得以进行的基础。PI 总线具有许多十分优良的特性,具有在我国航空电子系统的运用前景。

参 考 文 献

[1] ROARK C, JACKSON F, BROWN P, et al. SAE AS4710 Aerospace Standard [S/OL]. [1993-05-01]. https://www.cssn.net.cn/cssn/productDetail/ebc315deaada3c7d2fb464ba2343b046.
[2] 孔庆锋. 美国空军现代航空电子系统结构 [J]. 军事电子,1992 (2):15-18.
[3] 宋万杰. CPLD 技术及其应用 [M]. 西安:西安电子科技大学出版社,1999.

[4] RICHAR D P, LIPPMANN. An Introduction to Computing with Neural Nets [J]. IEEE ASSP Mag, 1987, 4: 4-22.
[5] KUMPAT I S, NARENDRA, KANNAN P. Identification and Control of Dynamical System Using Neural Networks [J]. IEEE Trans. on Neural Networks, 1990, 1 (1): 4-28.
[6] ALTERA. Good Lab Illustration of MAX + PLUS [M]. New York: McGraw-Hill Book Company, 1995.

第6章 RapidIO 互联总线

6.1 前言

传统机载系统采用联合式航空体系结构,由于功能软件与特定的硬件绑定,软件重用性差,系统重复开发、升级测试质量成本高,集成复杂。随着集成技术的不断发展,一种基于 RapidIO 高速交换总线网络的模块化综合集成方法成为解决机载系统集成的有效途径。该方法针对联合式机载系统速率低、延迟大,硬件软件耦合严重,系统维护升级困难问题,参考国际标准 ISO/IEC18372《RapidIO 互联规范》在 RapidIO 总线基础上构建了基于"虚通道"的网络管理与通信中间件,解决了实际工程问题,最终提炼升华为《机载系统串行 RapidIO 总线标准》(简称《机载 RapidIO 标准》)。

RapidIO 技术是由 Freescale 和 Mercury 共同研发提出的一项互联技术,于 1999 年完成了第一个协议标准 RapidIO 1.0 的制定。2000 年 2 月,RapidIO 行业协会成立,在随后的两年间,先后发布了 RapidIO 1.1 和 RapidIO 1.2 协议标准,完成了对 RapidIO 来说具有历史意义的串行物理层协议的制定。2003 年 10 月,国际标准组织(ISO)和国际电工委员会(IEC)一致通过了 RapidIO 互联规范,即 ISO/IEC DIS 18372,这使得 RapidIO 成为唯一在互联技术方面得到双重授权的互联技术标准。2005 年 6 月,随着 RapidIO 1.3 协议版本的发布,RapidIO 技术逐步进入到了成熟应用阶段。在随后的一段时间内,各大嵌入式芯片厂商相继推出了各自的基于 RapidIO 1.3 协议版本的芯片产品,并在市场上得到了很好的推广。自 2007 年起,第二代标准(2.x)2.0、2.1 和 2.2 标准相继被提出,2.x 标准向下兼容第一代(1.x)标准,其速度和可选信道模式都有很大的提高。表 6-1 是对两代串行协议的速度和信道模式的比较。目前,RapidIO 协会正致力于更高速度的协议标准的制定,单信道的速度有望达到 10G 以上。

表 6-1 SRIO 1.x 与 SRIO 2.x 比较

协议版本	可选速度/(Gb/s)	信道模式	最高带宽/(Gb/s)
1.x	1.25/2.5/3.125	1 x/4x	10
2.x	1.25/2.5/3.125/5.0/6.125	1x/2x/4 对 8 对 16x	78.4

对于嵌入式系统而言,串行 RapidIO 是最佳的互联技术解决方案,高达

10Gb/s 的带宽、低时延和软件复杂度低的特点满足了飞速发展的通信技术对数据传输性能的苛刻需求；串行差分模拟信号技术满足了系统对管脚数量的限制，以及对背板传输的需求；灵活的点对点对互联、交换互联，可选的速度能满足不同应用的需求。串行 RapidIO 的高性能，让业界看到了其应用的巨大优势，世界上多数芯片研发和制造厂家（如 TI、Xilinx、Altera、IDT 等）相继加入了 RapidIO 协会，并推出了支持 SRIO 的软硬件产品。这为 RapidIO 的快速发展和传播奠定了坚实的基础，目前，RapidIO 已经成为电信、通信以及嵌入式系统内的芯片与芯片之间、板与板之间的互联技术的生力军，被广泛应用于高速信号处理系统中。

RapidIO 是一种分组交换结构，目的是连接线路板上的芯片和机箱内的线路板。1997 年，由 Motorola 公司等 11 个单位发起成立了 RapidIO 行业协会。2003 年 10 月被国际标准化组织（ISO）和国际电工委员会（IEC）批准为开放式系统互联参考模型 OSI/IEC18372《RapidIO 互联规范》。

该规范分三层体系结构，分别为逻辑层、传输层和物理层。其中物理层对应 OSI 七层网络模型中的物理层及链路层，传输层对应 OSI 七层网络模型中的网络层，逻辑层对应 OSI 七层网络模型中的传输层及表示层。

逻辑层规范位于最高层，定义全部协议和包格式，为端点器件发起和完成事务提供必要的信息，包括逻辑 I/O 操作、消息传递操作、共享内存操作、流控及数据流操作。传输层规范定义 RapidIO 地址空间和在端节点间传输包所需的路由信息。物理层规范定义了器件级接口细节，如包传输机制、流控、电气特性和底层错误管理等。

6.2 RapidIO 总线技术及其特点

随着机载航电系统的快速发展，对系统整体处理能力要求越来越高，依靠提高单个处理器的性能来提高系统的处理能力变得越来越艰难，采用多芯片并行处理技术是提高系统处理能力的有效途径，而多芯片间互联通信已成为制约系统整体性能提高的瓶颈。传统总线互联技术，由于其带宽有限、数据率低等原因，难以满足航电系统高性能需求和数据高速传输的要求。作为一种可靠性开放式互联架构，RapidIO 以其高效率、高稳定性、低成本的特点，为多芯片互联通信提供了高带宽、低延迟数据传输的解决方案。

RapidIO 互联技术即 SRIO，是基于包交换的互联技术，采用三层分级的体系结构，分别为逻辑层、传输层、物理层。逻辑层定义了报文格式及设备发起并完成一次事务的必要信息。传输层定义了包交换的路由和寻址机制，SRIO 网络中有两种器件，即终端器件（End point）和交换器件（Switch）。支持点对点通信，两个终端节点直接连接起来进行通信；多个节点间通信，是通过交换器件进行互联通信的。不同的终端器件通过 ID 来区分，RapidIO 支持 256 个节点的小网络和 65536 个节点的大网络模式。物理层描述设备级接口信息，如包传输机制、流量控制、电气特性及链路维护。RapidIO 操作是基于请求和响应事务的，发起器件产生一个请求事务并传送到目标器件，目标器件执行完事务后产生一个响应事务并返回至发起器件来完成一次操作。

6.2.1 RapidIO 总线技术发展

传统互联技术以共享型的并行总线技术主，由地址总线、数据总线、控制总线组成，其提高带宽的方式有两种：一种是增加数据总线位宽；另一种是提高总线时钟频率。前者虽然在一定程度上能够提高数据传输速度，然而，增加数据总线位宽会造成总线引脚增加、芯片的尺寸变大，使得系统布局布线的难度扩大，而且总线的位宽也限制了总线时钟不能无限制提高。提高总线频率也不是一个好的提高带宽的方法，首先，总线频率限制了总线上器件的数量；其次，由于实际时钟信号存在上升和下降时间，总线频率不能无限制地提高；最后，传统总线的信号有效期取决于参考时钟，信号的跳变和时钟的跳变是很难做到完全同步的，两者之间就存在着一个偏移，将这个偏移的最大可允许值称为偏移容限，偏移容限大大限制了时钟的增加。

正是由于传统总线技术对高速处理系统发展的诸多限制，开发新的互联技术和体系结构迫在眉睫。经过研究人员的不懈努力，高带宽、低延迟、高可靠性的新型互联技术（如 RapidIO、PCI Express、Infiniband、HyperTransport 等）不断被开发出来。相较于传统共享型的并行总线技术，新一代的互联技术多以串行 I/O 取代源同步并行 I/O、以差分方式取代单端方式、以点对点（Point-to-Point）连接方式取代 BigPipe 方式、以交换结构（Switch Fabric）取代共享总线。同时，还多采用预防报文阻塞的流量控制技术、滞后写请求技术以及虚拟信号等技术，以及用于改善 I/O 性能的多设备并行访问技术。新一代的互联技术已经广泛用于各种系统结构领域，包括芯片间互联、子系统背板间互联、网络（如存储网络 SAN、区域网络 LAN 和广域网路 WAN）间互联。RapidIO 与其他新型互联技术的比较见表 6-2。

表 6-2 新一代高性能 I/O 互联技术比较

技术特性	PCI-X	PCI-Express	串行 RapidIO	并行 RapidIO	Hypertrans-port	InfiniBand
最高带宽/（Gb/s）	4.264/6.4/8.512	2.5/10/20	2.5/10	8/16/3212.8/25.6/51.2/102.4	2.5/10/30	2.5Gb/s
全双工带宽/（Gb/s）	半双工	5/20/40	5/20	16/32/64	25.6/51.2/102/204.8	5/20/60

续表

技术特性	PCI-X	PCI-Express	串行 RapidIO	并行 RapidIO	Hypertrans-port	InfiniBand
信号线数	90	4/20/40	4/16	24/42	24/40/76/148	4/16/48
信号长度	in	in	m	in	in	km
拓扑结构	树形	树形	Switch	Switch	雏菊链、树形	Switch
接口电路	LVS 并行	LVDS 串行	LVDS 串行	LVDS 并行	LVDS 并行	CML 串行
同步方式	全局时钟同步	时钟数据恢复	时钟数据恢复	源同步	源同步	时钟数据恢复
POINT-TO-POINT 通信	支持	支持	3 个事务流	3 个事务流	HOST 桥转发	15 个虚通道
流量控制	不支持	支持	支持	支持	支持	支持
共享机制	不支持	不支持	不支持	不支持	不支持	不支持
可靠性	低	支持	支持	支持	支持	支持
可扩展性	差	支持	支持	支持	支持	支持
数据粒度	非报文	4KB	256B	256B	64B	4KB
硬件纠错重传		支持	支持			支持
软件开销		中	低			中
寻址/位		32/64	8/16			16
最大数据载荷		4096B	256B			4096B
系统视图	存储映射	存储映射	存储映射	存储映射	存储映射	通道构造
应用领域	主机 I/O 总线	芯片间	芯片间、背板间	系统间	芯片间	系统内部、网络

新一代互联技术中，以 RapidIO、PCI Express、Infiniband、HyperTransport 最具代表性。表 6-2 从多个方面对这几种高性能互联技术的比较结果，其中 RapidIO 各参数是以 RapidIO 1.3 版本为依据的。

6.2.2 RapidIO 总线特点

从表 6-2 中的几种新一代互联技术比较不难看出，串行 RapidIO（Serial RapidIO，SRIO）以其低引脚数、高带宽、高稳定性等优势，为嵌入式系统内部提高数据带宽提供了一种很好的解决方案。

通过对这几种协议标准主要参数的比较发现，串行 RapidIO 在很多方面均有出色表现，下面列出了串行 RapidIO 技术的主要优点。

（1）高带宽、低延迟、高可靠性。第二代串行 RapidIO 协议规范支持每通道 6.25Gb/s 的传输速率，4x 端口模式下可以高达 25Gb/s 的毛速率，除掉物理层的 8b/10b 编码开销以及包头开销，净速率也可以达到 18Gb/s 左右，可以满足大部分应用对高数据传输带宽的需求。基于不同的实现技术，串行 RapidIO 的组包延迟和解包延迟通常都在 400ns 以内，而通过 RapidIO 交换芯片转发带来的延迟通常在 200ns 以内，串行 RapidIO 的延迟性能很好。串行 RapidIO 提供了链路级和端到端的流量控制，避免了系统中的重要事务被其他事务阻塞以及可能存在的死锁现象，串行 RapidIO 也提供了基于重传的硬件纠错机制和严重错误状态下的软件纠错机制，使系统能尽快从错误状态中恢复。

（2）低成本，易实现。串行 RapidIO 采用小包进行数据传输，最大数据载荷为 256B，加上包头开销，每个包的大小不超过 276B，小包传输方式使得打包和解包的难度较低，而且，串行 RapidIO 基本上由硬件实现，软件开销非常低。另外，实现串行 RapidIO 协议的电路都采用非常成熟的 CMOS 技术，并且不需要单独的物理层硬件，利用现有的工业 I/O 标准就可以很方便地实现。串行 RapidIO 所需要的引脚数量非常少，使得芯片的封装和焊接以及 PCB 设计成本大大降低，当需要进行跨板传输时，低引脚数的特点也保证了将实现的复杂度降到最低。

（3）可扩展性和灵活性好。串行 RapidIO 采用三层协议构架，这样的体系结构保证了当某一层的结构或者功能发生变化时不会对其他层造成影响，极大地提升了系统的可扩展性和兼容性。串行 RapidIO 还能够在实现的过程中对通道速率、端口宽度等进行灵活配置，而且，串行 RapidIO 系统中各个端点之间完全对等，通过在系统中不同的地方加入交换芯片，可以实现对网络拓扑结构的任意配置，可见，串行 RapidIO 系统具有非常好的灵活性，可以满足不同应用场景下对高速数据传输的需求。

6.2.3 RapidIO 总线拓扑结构

由于 RapidIO 支持任意的拓扑结构，所以它可应用于多个器件之间的互联连接。在 RapidIO 交换机上的每一个器件都会有一个 ID 号，通过这个 ID 可以实现任意器件之间的通信。借助于 RapidIO 交换机，可以将多种器件挂载在交换机上，如 x86_CPU、GPU、ARM_CPU、MIPS_CPU、固态硬盘和磁盘等，典型的结构如图 6-1 所示。

RapidIO 器件间通过发送包含源器件和目的器件 ID 的包进行通信，系统中每个器件的 ID 独立且唯一，可设置为 8 位小系统模式或者 16 位大系统模式。采用 8 位器件 ID 的寻址模式，系统中最多支持 $2^8 = 256$ 个单独器件。采用 16 位器件 ID 的寻址模式，系统最多挂接 $2^{16} = 65536$ 个单独器件。

RapidIO 基于器件 ID 的系统寻址机制，可以实现树型、星型、双星等灵活多样的互联拓扑结构，如图 6-2 所示。通常，RapidIO 系统多采用星型交换互联，端点设备间不是直接连接而是通过交换机互联。

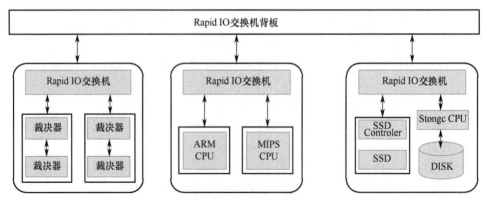

图 6-1　多种设备互联的 RapidIO 系统结构

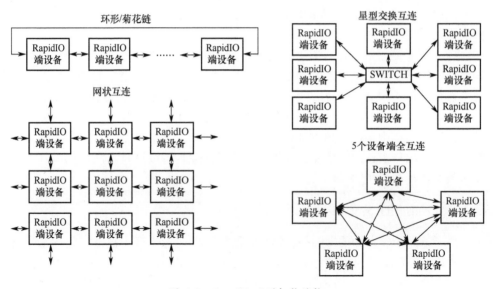

图 6-2　RapidIO 互联拓扑结构

6.3　RapidIO 协议包

　　RapidIO 是一种基于包交换的高性能、低引脚数的互联技术，RapidIO 的出现，满足了嵌入式系统现在及未来发展对高速数据传输的要求，RapidIO 主要用于嵌入式系统内部各模块间的互联，包括各种微处理器、DSP、FPGA 以及网络处理器等，除了支持芯片到芯片间的互联，RapidIO 还支持通过连接器的板到板以及跨背板的传输。

6.3.1 RapidIO 协议结构

RapidIO 作为一种高性能互联技术，具有高宽带、低延迟、高稳定性、高服务质量（QoS）等特性，支持网状、星型、环型等多种拓扑结构，互联时灵活性更高，成功解决了系统内嵌入式微处理器、DSP、网络处理器以及外设之间高速数据传输问题。

RapidIO 采用三层体系结构，从顶层到底层依次是逻辑层、传输层、物理层，如图 6-3 所示。逻辑层位于最顶层，定义 RapidIO 事务操作协议，在逻辑层规范，主要由消息传递、流量控制等组成，定义了 RapidIO 协议和包格式类型，为系统终端间事务初始化、发起、响应提供了全部必要的信息，设计中只需选取设计所需的传输机制和编程模型就能进行快速设计。传输层位于整个协议层次的中间层，定义 RapidIO 的地址空间以及包在器件间传输和转发过程中所需要的路由信息，在整个架构中起着交通指挥官的作用，它定义了系统内器件之间传输需要的路由信息和寻址地址。物理层位于最底层，定义器件间的物理接口信息，包括链路控制、错误管理和电气特性等。

由图 6-3 可知，采用这样的分层体系结构提高了系统的灵活性和可扩展性，某层协议的升级或者修改不会对其他层造成影响，使得系统具有很好的向后兼容的特性。

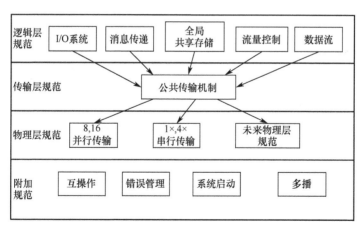

图 6-3 RapidIO 协议层次结构

RapidIO 三层结构的最大特点是：灵活性高，无需改动物理层和传输层规范即可增加新事务，只需在逻辑层添加新增事务，既保证了协议的可扩展性、模块化，也提供了更好的兼容性，为 RapidIO 的扩展提供可能。同时，异构系统之间互联时需要通过桥接互联技术，这种分层的体系结构采用统一的软硬件解决问题，极大地节约开销。

6.3.2 RapidIO 包格式

RapidIO 包由若干个字段构成，每个字段分别属于三层协议体系中的一个层中，其请求事务包的格式如图 6-4 所示。

确认ID 5	保留 2	crf 1	优先级 2	TT 2	事务类 4	目标地址ID 8或16	源地址ID 8或16
事务类 4	数据大小 4		源事务ID 8		扩展偏移地址（可选） 16～32		器件偏移地址 29
读写地址 1	额外地址扩展 2		有效数据载荷		CRC 16	有效数据载荷	CRC 16

图 6-4　RapidIO 请求包格式

图 6-4 中，逻辑层字段用白色背景标出，包括事务类、事务、数据大小、事务 ID、器件偏移地址、扩展偏移地址（大/中地址模式）、读写指针、额外地址扩展、数据载荷字段，每个字段的具体含义如表 6-3 所列。

表 6-3　RapidIO 包格式逻辑层字段含义

字　　段	含义及描述
事务类	指示包格式的类型
事务	与事务类字段一起，用于指示某种具体事务
数据大小	与读写指针字段一起，用于指示数据载荷的长度
事务 ID	源事务的事务 ID 号
器件偏移	用于指示要进行操作的数据的 34 位物理存储地址的高 29 位
扩展偏移地址	可选字段，用于指示中地址模式（50 位物理地址）下的高 16 位或者大地址模式（66 位物理地址）下的高 32 位
读写指针	字指针，和数据大小字段一起产生掩码用于指示数据的有效字节
额外地址扩展	提供两位的地址扩展，可将器件支持的地址空间增加 4 倍
数据载荷	表示有效的数据载荷

传输层字段在图 6-4 中用浅灰色背景标出，包括 TT、目的器件 ID 和源器件 ID 字段，其中 TT 字段用于指定器件 ID 是 8 位的小系统传输模式还是 16 位的大系统传输模式，目的器件 ID 指示接收包的目的器件 ID，源器件 ID 指示发送包的源器件 ID。

物理层字段在图 6-3 中用深灰色背景标出，包括确认 ID、保留、优先级、crf 以及 CRC 字段。其中，确认 ID 用于链路级的包确认，优先级用于指示该请求包的优先级，共分为 4 个等级，crf 为紧急请求流，可将包的优先级扩展到 8 个等级，CRC 为循环冗余校验，当包小于 80B 时，只需要一个 CRC 作为结束，而当包大于 80B 时，需要在前 80B 后面加入一个 CRC，再在包的末尾加上一个 CRC。

响应事务包的格式如图 6-5 所示。

确认ID 5	保留 2	crf 1	优先级 2	TT 2	事务类 4	目标地址ID 8或16	源地址ID 8或16
事务 4	状态 4	目标事务ID 8	有效数据载荷		CRC 16	有效数据载荷	CRC 16

图 6-5 RapidIO 响应包格式

响应包的格式与请求包基本一致，状态字段用于指示目标器件是否正确按照发起器件的要求完成了相应的操作，目标事务 ID 字段与请求包中的源事务 ID 字段值一致，用于请求包与响应包之间的配对。

RapidIO 操作是基于请求和响应事务来完成的。包和控制符号是 RapidIO 操作的基本要素，包是系统内的最基本的通信单元，控制符号则用于包确认、管理物理层互联的事务流等。RapidIO 包由三层协议段共同组成，包内提供了设备间事务处理的重要接口信息。

请求包和响应包的起始字段都位于物理层。AckID 代表回馈给发送方的标识符号，在串行物理层有 5 位，可以在两个器件间完成 32 个事务。Rsvd 表示保留字段，用来区别包产生和包接收状态。Prio 字段信息为 2 位，组成 4 组二进制码代表了包的不同优先级。TT、Target Adress、Source Adress 代表了传输地址的类型、包传送的目的地和包的起始地址。Ftype 和 Transaction 是发起方正在请求的事务，Size 和 SrcTID 分别是编码后事务的总长度和事务 ID。对于存储器映射事务，还有 Device Offset Address。在每个包的结尾，都会经过 16 位 CRC 验证。响应包与请求包格式基本相同，不同之处主要有两点：一是响应包中有 4 位的 Status 状态位，辨别事务是否完成；二是响应包内的 TargetTID 为事务发起方的 SrcTID，保证了目标器件将响应包传递回发起方。

控制符号是串行链路消息的重要组成，可以用来管理所有的串行链路操作。控制符号内有两个 Stype 内容，可以实现两类功能。Stype0 字段有 3 位信息，可以组成 8 种不同的功能，这些功能共同点是传送控制符号的端口状态，如端口可接收包、端口不接收包、端口重试请求等，通过写入 parameter0 和 1 信息进行设置。Stype1 字段也由 3 位信息组成，通过 cmd 字段信息同样实现 8 种不同的发送接收端口的请求和传送符定界功能，如包开始、包结束、包重传、多播等。在 RapidIO 协议中，常用功能的名字来命名控制符号实现的功能，当 Stype0 和 Stype1 同时传达两种功能时，可根据具体作用来命名，没有严格的限制。假设 Stype0 字段信息是 0b010，为不可接收包功能（Packet-Not-Accept）；同时，Stype1 字段信息是 0b101，为多播事件功能，这时的控制符号可以成为不可接收包控制符号，也可称为多播事件控制符号。

6.4 RapidIO 分层协议

6.4.1 RapidIO 逻辑层协议

RapidIO 逻辑层定义操作协议，RapidIO 逻辑层支持 4 种数据传输机制，分别为 I/O 逻辑、消息传递、全局共享存储及流式数据。

I/O 逻辑是最简单高效的传输模式，主要包括 DMA（Direct Memory Access）传输或者从 PCI 到 RapidIO 的桥接，DMA 传输要求发起设备知道目标设备的存储器映射，可通过其存储地址进行直接读写，典型的应用为高性能嵌入式系统中各处理单元间的数据传输，如 DSP 阵列、3G/4G 基站控制器等，I/O 逻辑传输方式最大支持 256B 的数据载荷，是 RapidIO 最为常用的数据传输模式。

消息传递不需要发起设备知道目标设备的存储情况及地址，数据在目标设备中的存储位置通过邮箱号来确定，这种传输方式与以太网非常相似，只不过以太网是以端口号来指定数据的位置。消息传递也支持非常短的 DOOR BELL 信息，可用于在 RapidIO 网络发送中断等。

全局共享存储主要用于需要一致性数据存储的分布式处理系统，实现整个 RapidIO 网络中器件间的数据共享，典型应用为桌面计算机、服务器等。

流式数据操作主要对面向 IP、ATM 等协议的封装进行了优化，目前为止还没有广泛的应用。

通过对以上 4 种数据传输模式的分析比较可知，I/O 逻辑为主要和简单的传输方式，可以满足绝大部分高性能嵌入式系统对高速数据传输的需要，而且其功能几乎完全由硬件实现，软件开销极少，充分保证了 RapidIO 协议的易实现性。消息传递模式中的 DOOR BELL 操作支持非常短的消息，非常适合用作系统调试，因此，本文主要对 I/O 逻辑和 DOOR BELL 进行研究和分析。

I/O 逻辑操作通过请求事务和响应事务来共同完成，但 RapidIO 并不要求所有的 I/O 逻辑操作事务都需要对应的响应事务，RapidIO 定义了 6 种基本的 I/O 逻辑操作，如表 6-4 所列。

表 6-4 RapidIO 基本 I/O 逻辑操作

操 作	RapidIO 事务	描 述
读	NREAD、RESPONSE	从系统内存读数据，读系统中某器件的非共享存储器，响应包为相关的操作状态及返回的有效数据载荷
写	NWRITE	向系统内存写数据，写系统中某器件的非共享存储器
带响应写	NWRITE_R、RESPONSE	向系统内存写数据，并等待响应信号，写系统中某器件的非共享存储器，需要目标器件发回不带有效数据载荷的状态响应包

续表

操 作	RapidIO 事务	描 述
流写	SWRITE	转移 DMA 类操作的大量数据并进行优化写，写系统中某器件的非共享存储器，对包头进行了优化，常用于器件间的大量数据转移
原子操作	ATOMIC、RESPONSE	读写操作的组合，读取指定地址数据，并对数据进行修改后重新写回指定地址，读一修改一写操作，常用于多处理器中的同步信号量
维护	MAINTENANCE	以专用寄存器为目标的事务，读写 RapidIO 内部寄存器

表 6-4 是 6 种操作以及对应事务，6 种操作主要完成对系统内存的读写，NREAD 事务是一个请求类事务，其 FTYPE 值是 2（0b0010），属于第二类包格式，端点器件可以通过 NREAD 事务获取系统内其他器件内存中的内容。在请求类事务，RapidIO 有小、中、大 3 种地址模式，中、大地址模式分别会在小地址模式基础上相应增加 16 位和 32 位字段信息。响应事务的 FTYPE 字段是 13（0b1101），属于第十三类包，响应事务有两种规范：带数据载荷响应和无数据载荷响应，带数据响应时会把数据字段放到 Target ID 之后，数据大小可在 8 ~ 256 字节。

6 种 I/O 操作中，原子操作主要用于协作处理部件执行使用不一致内存时的同步。维护操作用于 RapidIO 系统启动时的初始化以及维护功能，通过向 RapidIO 规范定义的寄存器进行读写来完成。RapidIO 规范定义了两类寄存器，分别为能力寄存器（CAR）和命令与状态寄存器（CSR），CAR 为只读寄存器，用于向系统提供器件能力的信息，CSR 为读写寄存器，用于对器件进行配置以及显示器件的当前工作状态。

剩下的 4 种操作为主要的 I/O 逻辑操作，包括 1 种读操作（NREAD）和 3 种写操作（NWRITE，NWRITE_R，SWRITE）。下面将对这 4 种操作分别进行分析。

NREAD 操作用于从系统中某器件非共享存储器中读取数据，读取的数据长度为 1~256B，NREAD 事务的 ftype 字段为 2，hype 字段为 4；NREAD 事务的响应事务 ftype 字段为 D，hype 字段为 8。

NWRITE 操作用于向系统中某器件非共享存储器中写入数据，写入的数据长度为 1~256B，NWRITE 事务的 ftype 字段为 5，hype 字段为 4，NWRITE 事务不需要目标器件发回响应包。

NWRITE_R 与 NWRITE 的唯一区别在于 NWRITE_R 需要目标器件发回一个响应包，NWRITE_R 事务的 ftype 字段为 5，hype 字段为 5；NWRITE_R 事务的响应事务 ftype 字段为 D，hype 字段为 0。

SWRITE 操作用于向系统中某器件非共享存储器中进行大量的数据写入，SWRITE 跟 NWRITE 一样不需要响应包，并且简化了头部开销。SWRITE 写入的数据长度为 8～256B，并且必须为 8 字节的整数倍，SWRITE 事务的 ftype 字段为 6，hype 字段可为任意值，由于 SWRITE 对包头作了简化，使得包开销非常少，当数据载荷为 256B 时，包效率可以达到 95% 左右，非常适合于器件间大量数据的转移。

RapidIO 操作流程如图 6-6 所示。

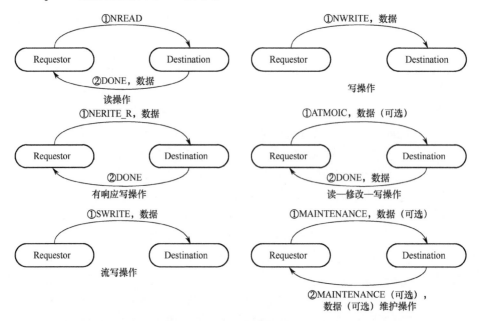

图 6-6　RapidIO 操作流程

6.4.2　RapidIO 传输层协议

从前面的分层协议可知，逻辑层规范都要经过单一的公用传输层规范加入路由信息，在包格式内涉及的传输层规范主要有传输类型 TT、目标地址 Target Address、源地址 Source Address 三部分。

传输类型 TT 字段有 2 位，可组成 4 种不同的传输类型，RapidIO 提供了两种寻址模式，可以根据需要选取传输类型，相比于大规模系统，小规模系统可以节省 16 位的包数据，减少字段开销。在选用 16 位 ID 时，包数据字段长度增加，改变了数据对齐和存储的需求，所以在设计时必须综合考虑，权衡大系统带来的好处与额外增加的软硬件系统成本。

传输类型 TT 字段功能定义：0b00 表示 8 位字段器件 ID，0b01 表示 16 位字段器件 ID，0b10、0b11 位保留为字段。

RapidIO 系统一般都是围绕交换机（SWTICH）组织成网络，交换机决定 RapidIO 网络拓扑架构，也实现网络拓扑结构的多样性，使用交换机有助于降低系统成本，提升系统整体性能。图 6-7 是一个由双交换机双主机（Host）组成的 RapidIO 网络，在网络中由 Host/CPU、DRAM、BOOTROM、Endpoint 等组成，分别完成 RapidIO 网络的不同功能，如系统启动、事务交换等，综合实现 RapidIO 事务的交换处理。

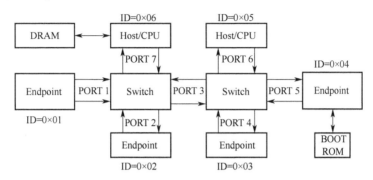

图 6-7 由 2 个交换机组成的 RapidIO 网络

RapidIO 系统内的终端器件都有唯一的器件标识 ID，并且器件 ID 内部没有任何关于器件位置的信息，交换机则通常没有器件 ID。RapidIO 交换部件通过查找表的方式，对应器件 ID 与输出端口映射，器件 ID 位于包头位置，交换部件依靠包头 ID 提供的信息寻找输出端口。在查找表时采用哈希 Hash 关键字方法，保证交换机能够快速查找，不会增加包在交换器件传输过程中的时延。当系统内多个交换机时，互联的每个交换机都有一份查询表，指示交换机如何将包从输入端口路由到输出端口，这种路由信息可以是两个终端器件间的一条简单路径，也可以是自由路径，提高系统冗余性能避免阻塞。

RapidIO 协议规范从功能、物理特性和性能 3 个方面对公共传输层进行定义。从功能的角度分析，所有的包格式中使用相同的传输层字段，从而确保了事务无论是在大系统还是在小系统中均能正确的传输。从物理特性的角度分析，传输层的定义并不依赖于物理接口的位宽，同时，RapidIO 器件使用器件编号进行唯一标识，而非通常使用的地址映像标识；从性能角度分析，传输层字段开销非常小，可以保证 RapidIO 对包传输的高速性和高效性，处理点对点的包传输，RapidIO 还能通过对传输层字段解析来完成一点对多点的多播操作，充分反映了 RapidIO 的强大传输性能——高带宽、低时延。

总体来说，传输层定义了 RapidIO 的地址机制以及在端点器件间传输包所需的路由信息。图 6-8 是传输层字段的示意图。

物理层 10	TT 2	FType 4	目的器件ID 8或16	源器件ID 8或16	逻辑层	CRC 16

图 6-8 传输层包格式

表 6-5 所列是传输层各字段的意义。

表 6-5　传输层字段定义

字段	意义		
TT	传输地址的机制类型，决定了系统的容量		
	编码	定义	系统容量
	0b00	8 位器件 ID 字段	256 个器件
	0b01	16 位器件 ID 字段	65536 个器件
	0b10-0b11	保留	—
destinationID	目标 ID（目的器件 ID），每个可直接寻址器件有一个或多个独占的器件标识符 ID，系统根据目标端点 ID 将包传输到目的器件		
sourceID	源 ID（源器件 ID），本地器件 ID		
hopcount	跳数，仅在维护包中定义；用于确定维护事务的目标交换器件。RapidIO 交换器件没有器件 ID，交换器件以跳数为依据进行寻址		

RapidIO 互联传输技术基于包交换，传输层定义了 RapidIO 系统的地址空间及包交换过程中的寻址和路由机制，RapidIO 系统中包含了端点器件（Endpoint、交换器件（Switch）及桥接器件（Bridge）等，其中端点器件和交换器件为最主要的操作器件。下面对这两种器件进行进一步说明。

端点器件为 RapidIO 数据包的产生及消耗者，RapidIO 系统中的每一个端点器件都有一个唯一的器件 ID，不同的端点器件通过器件 ID 来进行区分。RapidIO 支持 8 位器件 ID 的小网络模式及 16 位器件 ID 的大网络模式。因此，一个 RapidIO 网络可以包含 256 个或 65536 个端点器件，具体采用哪种模式由具体应用环境决定。通常情况下，单板内芯片到芯片间的传输采用 8 位器件 ID 以节省开销，板到板间的传输采用 16 位器件 ID 以方便交换器件寻址。

交换器件用于根据路由表和包的目的 ID 在端点器件之间进行包路由转发，端点器件在产生包时，将目的器件 ID 和源器件 ID 加入到包头，互联交换结构中的每一个交换器件都有一个查询表，用于指示交换器件怎样根据目的器件 ID 将每个包从输入端口路由到输出端口，通常，交换器件还可以进行多播以及广播，具体的功能由实现决定。

从 RapidIO 的包格式中可以看出，传输层一共包含了 3 个字段：TT、目标器件 ID 和源器件 ID。其中，TT 用于指示采用的 8 位器件 ID 还是 16 位器件 ID，目标器件 ID 和源器件 ID 分别代表接收请求包的目的器件地址和发起请求包的源器件地址。在一对请求包和响应包中，目标器件 ID 和源器件 ID 为互换后的结果，即请求包的目标器件 ID 为响应包的源器件 ID，而请求包的源器件 ID 则为响应包的目标器件 ID。

交换器件自身没有器件 ID，如果要对交换器件进行操作，可通过主机向交换器件发送维护包，使用跳数（hop）字段来进行控制。

6.4.3 RapidIO 物理层协议

RapidIO 串行物理层规范中定义了终端器件之间的链路协议和接口规范，链路协议由包、控制符号、编码方式组成。电气接口规范中，采用了差分电流量方法来控制 IEEE 802.3 规范的 XAUI（10-Gigabit Ethernet Attachment Unit Interface）控制器，串行 RapidIO 提供短程传输和远程传输两种发送器来满足不同应用需求，短程传输适合在单 PCB 内的通信互联，远程传输则适合跨背板的通信互联。在串行物理层规范中，终端器件间支持全双工串行通信。

RapidIO 物理层定义了器件接口的细节，如包传输机制、流量控制、电气特性和低级错误管理。物理层定义了两类规范：支持高性能微处理器和系统间互联的并行物理层规范、支持系统内芯片间以及背板间互联的串行物理层规范。从理论上说，并行总线的峰值速率要高于串行总线，但是并行总线的管脚多、开销相对大，相比于串行总线其并没有多少优势，正是在这样的环境下，串行物理层规范得到更广泛的关注和发展，现行的几乎所有的 RapidIO 技术产品都是基于串行物理层规范的。

串行物理层的 RapidIO 通常称为串行 RapidIO（Serial RapidIO，SRIO），具有以下特点。

（1）支持全双工串行传输，传输时每个方向支持 1 个或 4 个串行差分对，对于 1 通道（lx）或者 4 通道（4x），每个通道上可支持 1.25G、2.5G、3.125G、5G、6.25G、10.3125G 的波特率，数据速率分别可以达到 1Gb/s、2Gb/s、2.5Gb/s、4Gb/s、5Gb/s、9.85Gb/s，在未来的扩展中，根据需要可实现 8 通道、16 通道的规模。

（2）采用 8b/10b 编码方式，时钟信息被嵌入到发送的数据中，管理链路协议中的流量控制和错误报告等。

（3）链路由差分信号构成，将 1 对差分信号称为 1 信道（或者是单信道，lx）；支持多个并列的差分对，即多通道（在 RapidIO 1.3 中支持 4x，在更高版本中，可以支持 2x/8x/16x 等）。

（4）兼容并行物理层，包不需要重新处理就能够与并行物理层端口开始高效包传输，串行 RapidIO 设计时采用和并行物理层类似的重传机制，与之使用相似的重传和错误恢复机制。

串行物理层由 4 部分组成，如图 6-9 所示，包括了串行协议层、物理编码子层（Physical Coding Sublayer，PCS）、物理媒介附属子层（Physical Media Attach，PMA）和电气层，串行协议层定义了物理层包字段和控制符，PCS 和 PMA 层将接收到的包进行串并（并串）转化；电气层则是定义了 SRIO 的端口属性（lx 或 4x）。

图 6-9 是 4 通道（4x）链路物理层结构，在逻辑层和传输层产生的包数据将传送至串行协议层，通过串行协议插入控制符号、符号定界操作，在串行协议层和 PCS 层之间，完成时钟信号的转变，由器件内部时钟信号变为 RapidIO 自身时钟信号。在 PCS 层，数据通过 FIFO 然后进行通道分段，产生空闲序列，转化为相应的 8B/10B 编码。PMA 层与电气接口连接，保证多通道对齐。综合来讲，就是包在 PCS 层和 PMA 层完成转化，编码形成比特流，到达接收方时进行反操作解码提取比特流，重新转化为包。

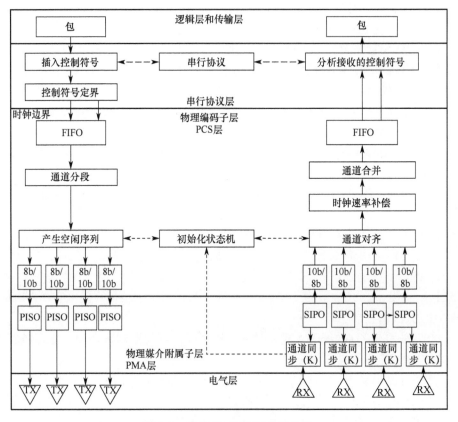

图 6-9 串行 RapidIO 端点的结构

RapidIO 互联包括面向高性能微处理器互联的并行接口（并行 RapidIO）和面向串行背板、DSP、FPGA 等的串行接口（串行 RapidIO），并行和串行在逻辑层和传输层都一致，仅在物理层接口存在差异。

并行物理层和串行物理层的主要区别是：并行物理层比起串行物理层需要更多的引脚数量，这对于芯片的封装及 PCB 上的走线来说将会很复杂，特别是如果要进行跨背板的传输，其实现成本和复杂性将会大大增加。因此，并行 RapidIO 没有得到广泛的应用，这里采用串行 RapidIO 进行设计和实现，故本文只对串行物理层展开研究。

串行物理层定义链路级的全双工电气接口，采用 SerDes（Serialize Deserialize）技术及差分交流耦合信号，传输速率高、传输距离远、抗干扰性能好。

差分信号的强度由一对差分信号线上的电压差值决定，RapidIO 标准规范规定了串行物理层差分信号的峰峰值为 200～2000mV，信号的幅度越大，传输距离越远，RapidIO 协议根据不同的应用环境定义了如下两种传输规范。

（1）短距离传输（Short Run）。传输距离小于等于 50cm，主要用于单板内芯片间的互联，推荐的发送端差分信号峰峰值为 500～1000mV。

（2）长距离传输（（Long Run）。传输距离大于 50cm，主要用于板间通过连接器或者跨背板的互联，推荐的发送端差分信号峰峰值为 800～1600mV。

串行 RapidIO 为全双工传输，其收发通道互相独立，故一个串行 RapidIO 通道（lane）包含了 4 条物理连线。一个串行 RapidIO 通道可以用作一个独立的端口（port）进行数据传输（1x 模式），也可以由 2 个或者 4 个串行 RapidIO 通道绑定成一个端口使用（2x 或者 4x 模式），以提高单个端口的吞吐率。

串行物理层按照其功能不同可以分为 3 个部分，从上到下分别为串行协议层、物理编码子层（PCS）和物理媒介附属子层（PMA）。下面将分别对其进行分析。

1. RapidIO 串行协议层

串行协议层在发送端用于接收逻辑层和传输层传来的包，添加物理层字段以后进行发送，在接收端用于接收来自 PCS 层的包，对物理层字段进行解析后发送到逻辑层和传输层。串行物理层也通过产生和接收控制符号对链路进行管理，包括包确认、流量控制、错误管理等。

RapidIO 包都以物理层字段开始。图 6-10 是包中的串行物理层的内容格式。

| ackID 5 | rsvd 2 | crf 1 | prio 2 | 逻辑层传输层 | CRC 16 |

图 6-10　串行物理层包格式

包的物理层字段包括确认 ID、保留位、优先级、crf 以及 CRC。表 6-6 是对主要字段的说明。需要注意的是，逻辑层和传输层字段在从发起器件发出到被目的器件接收的过程中均保持不变，而物理层字段会在每一次转发过程中改变。

表 6-6　串行物理层字段定义

字段	定义
ackID	包标识符，返回给包发送者，用来唯一识别两个器件间最多 32 个未完成的事务
rsvd	保留字段，发送包时该字段被设置为 0，接收包时忽略该字段
prio	包优先级，RapidIO 包有 4 个优先级，prio 值越大优先级越高
CRC	循环冗余校验码：用来检测包中的发送错误，该段一般处于包尾

串行协议层通过产生控制符号来对链路进行管理,以保证数据包在物理链路间正确高效地传输,为了保证物理链路的正常建立,确保包在物理线路上正确、快速、高效地传递,RapidIO 在物理层建立了一种完善的管理机制。对于串行 RapidIO 而言,执行这一管理机制的就是控制符号。

控制符号包括 6 个字段,从功能的角度看,这 6 个字段可分为 3 部分:第一部分由 stype0、parameter0 和 parameter1 字段组成,主要用于传达相应端口的状态;第二部分由 stype1 与 cmd 字段组成,主要用于向接收端口发送请求以及包定界;第三部分为 CRC 字段,用于整个控制符号的错误校验。图 6-11 是 RapidIO 定义的控制符号的格式。

stype0 3	parameter0 5	parameter1 5	stype1 3	cmd 3	CRC 5

图 6-11 RapidIO 控制符号格式

控制符号有两种类型:一种是由 stype0 字段编码定义;另一种是由 stype1 字段编码定义。由 stype0 字段编码的控制符号用来传达端口的状态。表 6-7 是 stype0 字段编码的说明。

表 6-7 stype0 字段编码功能

stype0	功　能	参　数	
		parameter0	Parameter1
0b000	接收到包	packet_ackID	bufstatus
0b001	包重传	packet_ackID	bufstatus
0b010	未接收到包	任意	cause
0b011	保留		
0b100	状态	ackIDstatus	bufstatus
0b101	虚拟通道状态	虚拟通道 ID	bufstatus
0b010	链路响应	ackIDstatus	port_status
0b010	由实现定义	由实现定义	由实现定义

表 6-7 中,packet_ackID 为确认控制符号所确认包的确认 ID,ackID_status 为预期要接收的下一个包的确认 ID,buf_status 为缓冲区的状态,表明端口能接收的最大包个数(包括正在接收或者重传的包),cause 表示包不能被接收的原因,port_status 表明端口目前的工作状态。表 6-8 是对 paramter0 和 paramter1 字段内容的说明。

表 6-8　stype1 字段编码功能

stype1	stype1 功能	cmd	cmd 功能	是否为包定界符
0b000	包开始	0b000		是
0b001	取消包	0b000		是
0b010	包结束	0b000		是
0b011	从重传处重启	0b000		不一定
0b100	链路请求	0b000 ~ 0b010	保留	不一定
		0b011	器件复位	
		0b100	输入状态	
		0b101 ~ 0b111	保留	
0b101	多播事件	0b000		否
0b110	保留	0b000		否
0b111	NOP（忽略）	0b000		否

未接收包控制符号（stype0 = 0b010）用来向本报发送者表明接收端口没有接收包的原因，控制符号包含了无法接收包的原因 cause 字段以及指出无法接收哪个包的 packet_ackID 字段，如果接收方不能确定原因，或原因不属于定义的原因选项，就使用一般错误编码。表 6-9 是由 cause 编码定义常见的不可接收包的原因。

表 6-9　cause 编码结果

cause	定义原因
0b00000	保留
0b00001	接收到非预期的包的 ackID
0b00010	接收到带有错误循环冗余校验码的控制符号
0b00011	停止接收非维护的包
0b00100	接收到带有错误 CRC 的包
0b00101	接收到无效或有效但不合法的符号
0b00110 ~ 0b11110	保留
0b11111	一般错误

链路响应控制符（stype0 = 0b110）响应链路请求，表明在接收到相关请求链路请求输入状态控制符号时端口的状态。表 6-10 是对 port_status 的编码值与之对应的端口状态的说明。

表 6-10　port-status 编码结果

portstatus	状　态	说　　明
0b00000 和 0b00001		保留
0b00010	错误	端口遇到不可恢复的错误，不能接收包
0b00011		保留
0b00100	重传停止	端口重传了一个包并在输入重传停止状态处等待重启
0b00101	错误停止	端口遇到发送错误并在输入错误停止状态处等待重启
0b00110 ~ 0b01111		保留
0b10000	OK	端口正在接收包
0b10001 ~ 0b11111		保留

2. RapidIO 的 PCS 层

PCS 层的功能主要是负责产生空闲序列、通道分段、发送编码、解码、通道兑取和接收时将分段合并。

PCS 层主要完成通道分段（Stripe）、生成空闲序列（IdleSequence）、8b/10b 编码（Encode）、10b/8b 解码（Decode）、通道对齐（Channel Alignment）、通道合并（Channel Combining）。PCS 使用 8b/10b 编码在整个链路上发送数据，而且提供了判断端口的操作模式是 4x 还是 1x 的机制，以及检测链路状态的方法。该层允许在发送者和接收者之间存在时钟差异而无需流量控制。PCS 层首先完成 1 通道与 4 通道模式的判断，允许发送方和接收方有时钟差异。

在发送中，将在等待队列中的包和定界控制符号提取出来组成字符流，然后在可用通道上分段发送这些字符流；当等待队列为空时，产生空闲序列并将其插入到正在发送的字符流中；对每个通道上的字符流独立进行 8b/10b 编码，形成 10 位并行字符流，然后将其发送到 PMA 层。

发送过程说明如下。

（1）提取串行协议层发送来的包数据以及定界控制符号，通过 FIFO 形成字符流。

（2）在空闲通道传递字符流，如果队列中无包和定界控制符号，生成空闲序列并插入字符流内。

（3）对字符流进行 8b/10b 编码生成 10 位并行码，然后传送至 PMA 层。

在接收过程，对每个接收通道上的字符流独立进行 10b/8b 解码，形成 8 位并行字符标记由无效码组解码得到的字符；当路使用多个通道时，对齐多个通道接收的字符流，并将其组成新的独立字符流；再将解码得到的包和定界控制符号传送到更高层。

接收过程说明如下。

（1）对 10 位并行码完成 10b/8b 解码操作，各通道相互独立，无效码组解码后会被标记无效。

（2）4 通道时，为消除通道相互间的偏移问题需要对齐字符流，之后对各自通道的字符流重组、合并。

（3）将包数据和定界控制符号传至串行协议层。

在发送端，PCS 层将串行协议层发过来的包和控制符号组成字符流，然后进行通道分段，再对数据进行 8b/10b 编码后发送到 PMA 层。当链路上没有待发送的包和控制符号时，PCS 会产生空闲序列（IDLE）以保持链路的同步。

在接收端，PCS 层将 PMA 层发送过来的数据进行 8b/10b 解码，随后进行通道对齐、时钟速率补偿以及通道合并，最后将数据发送到串行协议层。

PCS 层可以自动判断端口是工作在 lx 还是 4x 模式下，如果端口工作在 lx 模式下，则上述的通道分段、通道对齐和通道合并操作是不需要的。

串行 RapidIO 采用 8b/10b 编码方式，8b/10b 编码由 IBM 公司开发，它将 9 位的字符（包括 8 位信息位和 1 位控制位）编码为 10 位的码组，解码的过程则刚好相反，RapidIO 规范包含了 256 个有效数据字符和 12 个控制字符，8b/l0b 编码技术主要有以下几个优点。

（1）保证信号足够多的跳变并消除直流分量。串行 RapidIO 没有专门的时钟引脚，接收端依靠数据信号的跳变来恢复链路时钟，为了保证接收端正确的数据时钟恢复（CDR），8b/10b 编码在编码时提供了足够多的 0→1 或者 1→0 的跳变。另外，8b/10b 编码尽量保持码组中 0 和 1 的个数相等以消除直流分量，保证链路具有良好的交流耦合特性。

（2）方便对链路进行管理。8b/10b 编码扩大了整个符号空间以用于承载控制字符，10 个比特位可以表示 1024 个码组，其中 256 个为数据码组，12 个为控制码组，其余为无效码组，12 个控制码组可用于包定界、通道对齐、链路同步以及空闲序列的构成。

（3）提供一定的错误检测功能。10 个比特位代表的 1024 个码组中，只有 256 个数据码组和 12 个控制码组为有效码组，其余码组为非法码组。如果链路接收到任何非法码组，说明数据传输出现了错误。

3. RapidIO 的 PMA 层

PMA 层主要实现数据的串行化及解串（SerDes）功能，通过并串转换功能 PISO（Parallel In and Serial Out）将各通道转化为串行比特流，按通道对齐 10 位码组，或者通过串并转换功能 SIPO（Serial In and Parallel Out）向 PCS 层的各通道发送码组流。PMA 层负责与电气层的衔接，电气层代表不同器件之间的电气连接，PMA 层的设计直接关系到信号的电气性能，很大程度上决定了信号的传输速率和信号质量。通常，PMA 层会针对信道特性提供信号幅度及发端预加重、收端均衡等参数的灵活设置，具体的功能由实现技术决定。

6.5 RapidIO 总线操作

6.5.1 RapidIO 操作流程

RapidIO 操作内容主要包括包和控制符号，包是 RapidIO 系统中端点器件间的通信单元，用于承载 RapidIO 事务，包会穿过 RapidIO 的三层体系结构；控制符号则用于物理层的链路管理，包括包确认、维护功能以及流量控制等，控制符号仅在各器件间物理层进行转发，不会穿越传输层和逻辑层。

RapidIO 操作由请求事务和响应事务构成，事务被封装在 RapidIO 包中，发起器件（源器件）产生一个请求包，该请求包随后被发送（转发）到发起器件所指定的目标器件，目标器件完成相应的操作后产生一个响应包按照原路径回送至发起器件，完成一次 RapidIO 操作。一次完整的 RapidIO 操作流程如图 6-12 所示。

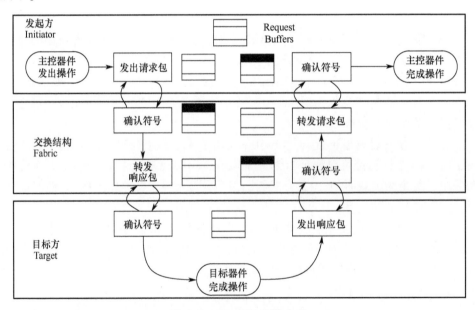

图 6-12　RapidIO 操作流程

RapidIO 的各种功能操作都是基于请求和响应事务的。图 6-11 操作完成的过程具体步骤如下。

（1）发起器件向交换结构发出一个请求事务开始一次操作。

（2）交换结构接收到请求事务后发出控制符号确认收到该请求，然后将该请求转发到目标端点。

（3）目标端点接收到请求事务并且完成请求事务的内容，然后发出相应的响应事务。

（4）交换结构接收到响应事务，发出控制符号对其进行确认，然后将响应事务转发到发起器件。

（5）发起器件接收到响应事务后发出控制符号，至此，该次操作完成。

通常，RapidIO 通过介于发起器件和目标器件之间的交换结构（Switch Fabric）来转发包。交换结构指的是若干个交换器件组成的集合。RapidIO 也支持端点器件之间的点到点对等直连，但交换器件的加入可以使得 RapidIO 系统的组网变得非常灵活。由图 6-11 可知，发起器件和目标器件用于 RapidIO 事务包的产生和消耗，交换结构则负责包的路由转发，包在每一跳（hop）间的发送都通过控制符号进行确认。

下面进一步分析 RapidIO 事务传送过程。当系统内的某个器件要发起传输操作时，目标器件的必要事务信息会被封装在包内，请求包经过传输到达目标器件时，目标器件反馈响应事务，这样就完成一次 RapidIO 操作。图 6-11 展示了事务的发起与响应过程以及系统内的缓存区（Request Buffers）情况。

事务传送分为请求和响应两部分。主控器件 Initiator 产生事务请求，事务请求包在到达交换机 Fabric 后产生确认符号通知 Initiato；已收到请求包，交换机再将请求包转发至 Target，Target 收到请求包产生确认符号，请求操作完成。在响应阶段，过程类似，响应包通过 Fabric 返回至 Initiator 并得到确认符号，RapidIO 操作完成。在通信传输过程中，发送的数据包始终保留在缓冲区内，直到收到目标器件返回的正确应答信号。

逻辑层的请求和响应事务并不总是成对使用的。当请求器件需要目标端点返回响应时，目标端点才会产生对应的响应。表 6-11 表明 6 种基本的 I/O 逻辑操作涉及了 7 种事务类型。

表 6-11　I/O 逻辑操作

操　　作	使用事务	说　　明
读	NREAD、RESPONSE	从系统内存中不一致读
写	NWRITE	从系统内存中不一致写
有响应写	NWRITE_R、RESPONSE	从系统内存不一致写，该操作在操作结束前等待一个响应
流写	SWTIRE	面向大数量 DMA 传输优化的不一致写
原子（读一修改一写）	ATOMIC、RESPONSE	对多处理器信号量有用的读一修改一写操作
维护	MAINTENANCE	以 RapidIO 专用寄存器为目标的事务

RapidIO 定义了丰富的事务类型，用以支撑 RapidIO 的各种操作。表 6-12 是根据事务的功能对事务进行的分类。

表 6-12　RapidIO 事务类型

功　能	事　务　类　型
I/O 非一致功能	NWRITE、NWRITER、SWRITE、NREAD、ATOMIC
基于端口的功能	DOORBELL（门铃，产生中断）、MESSAGE（消息，对端口写）
系统支持功能	MAINTENANCE（维护，读写配置、控制、状态寄存器）
用户定义功能	对专用事务开放
高速缓存一致性功能	READ、READ_TO_OWN（写全局共享高速缓存器）、CASTOUT 抛弃）（交出全局共享高速缓存器的拥有权）、IKILL（指令缓冲失效）、DKILL（数据缓冲失效）、IOREAD（读全局共享高速缓存器副本）
操作系统支持功能	ILBIE（TLB 失效）、TLBSYNC（TLB 强迫完全失效）

下面将详细介绍这 6 种操作以及对应事务的包格式。

6.5.2　读操作

读操作是 RapidIO 的基本操作之一。读操作过程中，请求端点发出 NREAD 事务请求得到目标端点上某内存区域中的内容，目标端点将请求内容嵌入到 RESPONSE 响应事务返回给请求端点。NREAD 事务使用第 2 类包（Ftype = 2）完成。图 6-13 是第 2 类包的格式，无阴影部分是逻辑层字段。

物理层 10	TT 2	Ftype 4	传输层 16或32	Ttype 4	rdsize 4	srcTID 8	extended addr（可选） 16~32	Address 29	wdptr 1	xamsbs 2	CRC 16

图 6-13　第 2 类包格式

表 6-13 是对逻辑层各字段代表的意义的详细介绍。I/O 逻辑的操作对系统中的地址空间都是可见的，RapidIO 支持 3 种地址模式：小地址模式、中地址模式和大地址模式。小地址模式由 rdsize 结合 Address、wdptr 和 xamsbs 字段指出数据的位置、大小和对齐方式，共支持 16GB 的寻址空间。中地址模式和大地址模式增加了 extended addr 字段，中地址模式的 extended addr 为 16 位，而大地址模式扩展地址字段为 32 位。

表 6-13　第 2 类包中字段定义

字　段	意　义			
Ftype	包格式类型（NREAD，Ftype = 2）			
Ttype	事务类型（NREAD，Ttype = 0100）			
	编码	对应操作	编码	对应操作
	0000-0011	保留字段	1100	ATOMIC 加：先传递数据再将数据增加
	0100	NREAD	1101	ATOMIC 减：先传递数据再将数据减少
	0101-1011	保留字段	1110	ATOMIC 置位：置位数据（写入全1）
			1111	ATOMIC 清零：清除数据（写入全0）

续表

字　段	意　义
srcTID	原事务 ID，RapidIO 运行两个端点间最多 256 个未完成的事务
rdsize	读数据长度，当数据小于 8 字节时，rdsize 是数据对齐的结果，大于 8 字节的数据块长度被视为 8 字节的整数倍并对齐到 8 字节边界
extended addr	扩展地址
Address	地址字段，双字地址
wdptr	字指针，判别双字对齐数据字段中哪一个字是目标
xamsbs	扩展地址最高位

目标端点根据接收到的 NREAD 请求包中的地址信息对本地存储器进行寻址，然后将这些存储数据嵌入到 RESPONSE 包中发送给请求端，请求端对 RESPONSE 包进行解包，从而得到请求的数据。RESPONSE 由第 13 类包完成，图 6-14 是第 13 类包的格式。

物理层 10	TT 2	Ftype 4	传输层 16或32	Ttype 4	status 4	TargetTID/Targetinfo 8	data	CRC 16

图 6-14　第 13 类包的格式

表 6-14 是对包中关键信号的说明。第 13 类包定义了数据载荷和无数据载荷两类事物类型，由 Ttpye 字段编码标识。目标事务 ID 与响应包正在响应的请求事务 D 相同，请求端会根据该 D 来匹配响应和请求。如果响应是载有数据的，数据会在目标事务 D 之后出现，需要注意的是，响应中没有用来指示所含数据长度和大小字段，该数据字段最小为 8B，最大为 256B，接收者需要包尾符（包尾符是控制符号一种，在物理层介绍中将详细说明）来判断包尾。除此之外，第 13 类包还会向请求端返回状态，具体的状态的说明如表 6-14 所列。第 13 类包可以完成大部分请求的响应，维护请求的响应由另外的响应包完成。

表 6-14　第 13 类包中字段定义

字　段	意　义				
	事务类型字段				
Ttype	编码	对应操作	编码	对应操作	
	0000	无有效数据载荷的 RESPONSE 事务	0001～0111	保留	
	1000	有有效数据载荷的 RESPONSE 事务	1001～1111	保留	
	响应请求事务 ID 的结果状态				
status	编码	对应状态	编码	对应状态	
	0000	DONE：所请求的事务已完成	0001～0110	保留	
	0111	ERROR：事务目标包括了一个不可修复的错误，不可完成事务	1000～1011	保留	
			1100～1111	用户自定义	

续表

字段	意义
TargetTID	目标事务 ID，表示响应的是哪个事务
Targetinfo	消息信息字段，在响应 MESSAGE 时有效
data	有效数据载荷，8B 的整数倍，最大为 256B

6.5.3 写操作和有响应写操作

写操作由 NWRITE 事务完成，NWRITE 由第 5 类（Ftype = 5）包完成，有响应写操作由 NWRITE_R 事务和 RESPONSE 事务完成，由第 5 类包和第 13 类包协作完成。图 6-15 是第 5 类包的具体格式。

物理层 10	TT 2	Ftype 4	传输层 16或32	Ttype 4	rdsize 4	srcTID 8	extended addr（可选）16~32	Address 29	wdptr 1	xamsbs 2	data	CRC 16

图 6-15 第 5 类包格式

可以看出，第 5 类包的格式和第 2 类包的格式基本相同，区别仅在于 wdsize 为写数据的长度，它们的地址编码方式是完全相同的。第 2 类包可以用于多种事务，表 6-15 是对事务字段 Ttype 的编码说明。

写操作时，请求端将写数据和写入的地址嵌入到包中，目的端接收到请求事务，从包中分析地址和数据，然后将数据写入到地址中。有响应写操作的过程和写操作的过程基本相同，目标端完成了写之后会生成一个 RESPONSE 返回给请求端，用来标识写请求完成的状态。具体的状态如表 6-15 所列。

表 6-15 第 5 类包中 Ttype 字段编码定义

Ttype 字段编码	对应操作
0000 ~ 0011	保留
0100	NWRITE 事务
0101	NWRITER 事务
0110 ~ 1101	保留
1110	ATOMIC 测试与交换：读并返回数据，为 0 则将提供的数据写入

6.5.4 流写操作

流写操作由 SWIRTE 事务完成，它与写操作的过程相同。流写操作可以用来实现大量数据的 DMA 操作，是一种高效的数据传输方式。第 6 类包（Ftype = 6）支持流写操作，图 6-16 是第 6 类包的格式。

物理层 10	TT 2	Ftype 4	传输层 16或32	extended addr（可选）16~32	Address 29	rsrvr 1	Xamsbs 2	data	CRC 16

图 6-16　第 6 类包格式

与第 5 类包相比，第 6 类包舍去了一些字段，没有了指示数据大小的 wrsize 字段和字指针 wdprt 字段以及源事务 ID 字段 srcID，所以包的开销更小了。图 6-16 显示第 6 类包的头部和循环冗余校验码开销仅为 10 字节，相对于 256B 的有效数据而言，开销不到数据载荷的 5%，使用 SWRITE 传输数据的效率高达 95%，与 13 类响应包类似，第 6 类包不能通过包的内容判断包的实际长度，包中有效数据长度为 8 ~ 256 字节，按照双字对齐即数据长度是双字的整数倍，数据在 xamsbs 和 CRC 之间，接收端要通过识别包尾符来判断包的结束，包尾符是控制符号的一种。

6.5.5　原子操作

原子操作（即读 - 修改 - 写），由 ATOMIC 事务和 EZESPO SENCE 事务组成。使用该操作可以进行不一致的内存读写操作，允许数据是数字对齐外的其他对齐方式（如整字、半字或单字节对齐）。原子操作包括增加、减少、置位、清零、测试与交换，其中增加、减少、置位和清零操作不需要请求端提供数据，目标端点根据请求 ATOMIC 事务中的地址读取数据返回给请求端，然后，再对地址处数据进行相应的修改；测试与交换操作时，请求端将测试数据发送给目标端点，目标端点器件从对应地址读取数据，如果读取的数据为 0，则将接收到的测试数据写入到对应的地址空间中，并通过 EZESPONSE 事务将测试的结果和对应地址空间上的原数据返回给请求端。第 2 类包支持 ATOMIC 中的增加、减少、置位和清零操作；第 5 类包支持 ATOMIC 测试与交换操作。

6.5.6　维护操作

维护操作是 RapidIO 定义的一种用于自身及系统维护的专用事务类型，该事务能够访问 RapidIO 的能力寄存器（CAR）、状态寄存器（CSR）以及数据结构。维护操作的请求和响应事务都是由第 8 类包（Ftype = 8）支持，图 6-17 是第 8 类包的格式。

物理层 10	TT 2	Ftype 4	传输层 16或32	Ttype 4	rdsize/wdsize status 4	srcTID targetTID 8	hopcount 8	Configoffset21+wdptr1+rsrv2 reserved 24	data	CRC 16

图 6-17　第 8 类包格式

表 6-16 是包中各字段的意义。第 8 类包中不含地址字段，它的地址信息

隐含在寄存器配置偏移量（Config Offset）中，RapidIO 协议要求所有寄存器的执行长度为 4 字节或 8 字节或是用户自定义的整数倍的字节（最多不超过 64 字节）。

表 6-16 第 8 类包字段定义

字 段	意 义			
Ftype	事务类型字段			
	编码	事务类型	编码	事务类型
	0000	指定一个维护读请求	0011	指定一个维护写响应
	0001	指定一个维护写请求	0100	指定一个维护写端口请求
	0010	指定一个维护读响应	0101～1111	保留
hopcount	跳数：用于确定维护事务的目标交换器件。RapidIO 交换器件没有器件 ID，跳数是可供选择的寻址交换器机制			
Configoffset	寄存器配置偏移量：用来读写 CAR/CSR 寄存器块的双字偏移量			
srcTID	源事务 ID：第 8 类请求包的事务 ID（仅为写端口请求保留）			
targetTID	目标事务 ID：第 8 类响应包的相应事务 ID			
wdsize/rdsize	请求写或读的双字的大小			
wdptr	字指针字段			
status	响应状态指示字段			
	编码	状态	编码	状态
	0000	DONE，请求的事务已经成功完成	0001～0110	保留
	0111	ERROR，请求的事务没有完成，检测到不可恢复的错误	1000～1011	保留
			1100～1111	用户定义

6.5.7 数据对齐

RapidIO 定义能够发送和接收的最小数据的大小是一个字节，并要求所有数据都对齐到双字（8 字节，64 位）边界，如果数据不以双字边界开始或结束，就用一个特殊掩码来表明双字中的有效字节。

对于写操作，为了把数据传送到目的方，处理部件将会把数据自动对齐到双字边界。如果没有自然对齐数据，那么，该次操作就可能要求将一个数据流分为多个事务。如图 6-18 显示了一个 45 字节的字节流，可以看出，流的开始和结束并没有与双字边界对齐，所以在使用 RapidIO 将该数据流发送到另一部件时，发送端点负责将事务分为 3 个独立的事务，以保证数据能够双字对齐。

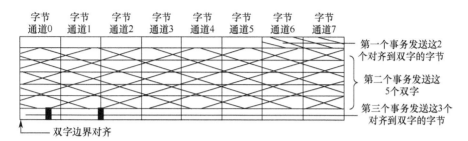

图 6-18 数据对齐实例

6.5.8 门铃操作

RapidIO 支持另一类数据传输规范，即消息传递逻辑规范。与 I/O 逻辑操作不同的是，在消息传递时，消息是由目标端控制，请求端不需要对目标端的地址空间可见，这也就提高了系统的安全性。RapidIO 定义了第 10 类包和第 11 类包用于传递消息事务。第 10 类包（CFtype = 10）用来发送非常短的 16 位数据载荷，并将这一过程称为门铃操作（DOOR BELL），门铃通常用于发送处理器间的中断。第 11 类包（Ftype = 11）用于发送最多可达 4096 字节的数据载荷，将完成这一传输过程称为消息操作（MESSAGE）。

门铃操作由 DOOR BELL 事务和 RESPONSE 事务组成。DOOR BELL 事务封装在第 10 类包中，图 6-19 是第 10 类包的格式。第 10 类包没有数据载荷只有一段 16bit 长度的信息字段 info，信息段的内容由软件定义，可以用于任何目的。若这 16bit 信息表示的是数字，则数字数据符合低位地址存放高字节（big-endian）的格式，即比特流中先到达的是高字节。一般情况下，当 DOOR BELL 用于产生中断时，info 用来向接收者传送中断级别和目标信息，利用这个字段可以更灵活地实现 RapidIO 端点间的通信。

物理层 10	TT 2	Ftype 4	传输层 16或32	Reserved 8	srcTID 8	Info(msb) 8	Info(lsb) 8	CRC 16

图 6-19 第 10 类包的格式

6.5.9 消息操作

消息操作由 MESSAGE 事务和 RESPONSE 事务组成。完成一次消息操作一般需要使用多个 MESSAGE 事务，RapidIO 定义一个消息操作最多支持 16 个单独的 MESSAGE 事务。每个 MESSAGE 事务最多可以携带 256 字节数据，所以一次消息操作最多可以传输的数据量为 4096 字节。MESSAGE 事务装载于第 11 类包（Ftype = 11）中，图 6-20 是第 11 类包的格式。

物理层 10	TT 2	Ftype 4	传输层 16或32	msglen 4	rdsize 4	letter 2	mbox 2	msgseg 4	data	CRC 16

图 6-20　第 11 类包的格式

消息操作中请求端对目的端的存储空间是不可见的，目的端根据 MESSAGE 事务包中的 letter、mbox 和 msgseg 字段来进行寻址。消息操作的寻址方式非常简单，假设目标端点的设置有 4 个信箱 0、1、2、3，起始地址分别是 0x0000、0x1000、0x2000、0x3000，接收到如图 6-21 所示的 MESSAGE 包，则目标端点根据这些信息可以简单通过下式得到这些字节数据，并存储到本地地址 0x2040。

目标地址 = 信箱 mbox 基地址 +（消息分段 msgseg × 标准长度）　　（6-1）

物理层 10	TT 2	Ftype 4	传输层 16或32	msglen-6 4	size-32 4	letter-1 2	mbox-2 2	msgseg-3 4	data	CRC 16

图 6-21　消息传递实例

消息操作中 RESPONSE 事务仍然是由第 13 类包产生的，对于第 13 类包的具体格式在前文中已介绍，target info 为目标信息字段，由 3 个字段组成（letter、mbox、megseg），这 3 个子字段与 MESSAGE 事务包中的相应字段的意义相同，如表 6-17 所列。

表 6-17　第 11 类包字段定义

字段	定义				
msglen	消息长度字段：组成该消息操作的包的总数，当值为 0 时，表明是单包消息操作；当值为 15 时，表明是一个由 16 个包组成的消息操作等				
msgseg	消息分段字段：标明该包是组成消息的包中的第凡个包，值为 0 表明该包是消息的第一个包，值为 15 表明该包是消息的第 16 个包等				
mbox	信箱字段：指定目标端的接收信箱，最多可以支持 4 个信箱				
letter	信件字段：识别信箱中的一个槽（SLOT），该字段允许发送方最多发送 4 个消息到同一个目标端点上的同一个信箱上				
size	标准大小字段：指明消息包的大小，该字段告诉消息接收者，单独消息操作中，最后一个包合并数据载荷大小，这样可以防止发送者过度延长最后一个包的数据字段，并允许接受者正确地将包放入本地存储器				
	编码	大小	编码	大小	
	0000 ~ 1000	保留	1100	64B	
	1001	8B	1101	128B	
	1010	16B	1110	256B	
	1011	32B	1110	保留	

6.5.10 全局共享存储器规范

RapidIO 支持全局共享的分布式存储器架构，这也就意味着，无论存储器放在系统的什么物理位置上，只要是支持 RapidIO 的器件就可以正确地进行缓存。RapidIO 制定了一种基于目录的一致性解决方案来支持全局共享存储器功能，使用这种方法，每个存储器控制器都有责任跟踪每个数据元素的当前副本在系统中位于什么位置，为每个器件维护一个目录，跟踪每个器件的修改、共享、位置等简单的一致性状态。

6.6 RapidIO 接口设计

根据本章前面对 RapidIO 互联协议的剖析，串行 RapidIO 接口电路完成功能如下。

（1）完成端口和链路的初始化。其过程是：链路双方互相发送符合协议要求的空闲序列，并通过通道同步状态机完成通道同步的确认；由初始化状态机协调完成端口的初始化之后，链路双方继续发送空闲序列，并按照协议要求收发一定数目的"status"控制符号后才算完成链路的初始化。

（2）完成各类事务的组包和解包，并对各个接口的事务或对应的数据包进行接收和发送调度。

（3）建立发送缓冲区和接收缓冲区，在逻辑层和物理链路之间存储和转发数据包，保证数据流在各个层次的带宽匹配，并协助实现接收方控制的流量控制。

（4）链路初始化完成后，可以进行数据包的收发。需要发送数据包时，首先从发送缓冲区中读取数据包，然后完成物理层字段的组装，最后与生成的控制符号、空闲序列有序发送出去；接收到数据包时，首先从数据流中把各种数据单元分离开来，然后完成数据包的相关校验，最后把没有错误的数据包存入接收缓冲区。

（5）发送方向上，对发送的各种数据单元继续进行 8b/10b 编码，然后经过并串转换为高速串行数据流后通过各种介质发送出去；接收方向上，把各种介质接收到的高速串行数据流进行串并转换以及 10 位码组边界对齐，然后进行 8b/10 解码并检测数据的有效性，再传递给上层的接收逻辑。

（6）在传输过程中，对链路的流量状态进行实时监测。如果遇到接收方接收缓冲区空间不足的情况，按照由接收方控制的流控机制进行重传恢复。

6.6.1 总体设计方案

根据 RapidIO 的具体使用环境，本电路中设计了四个用户接口（本地请求、本地响应、目标请求和目标响应）和两个寄存器维护接口（维护请求，维护响应），如图 6-22 所示。

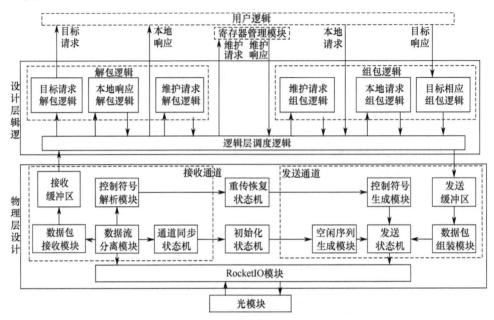

图 6-22　串行 RapidIO 接口总体框图

其中，当本端点作为发起器件时，由用户逻辑通过本地请求接口发起请求事务，并通过本地响应接口接收对应的响应事务；当本端点作为目标器件时，通过目标请求接口接收发起器件的请求事务（不包括维护请求事务），经用户逻辑处理后通过目标响应接口返回对应的响应事务。维护请求事务可能来自于本器件，也可能来自于其他器件，统一由维护请求接口接收，经寄存器管理模块处理后再通过维护响应接口返回对应的维护响应事务。

对于上述各类事务，需要通过物理层链路传输的事务必须进行组包和解包。组包逻辑用于完成各种事务中逻辑层和传输层字段的拼接；解包逻辑则负责将接收到的各种数据包进行拆解，分离出逻辑层和传输层字段。需要说明的是，由于本器件针对本地寄存器的维护请求以及对应的维护响应不需要经过物理链路，所以不必进行组包和解包；其他发起器件针对本地寄存器的维护请求事务则需要进行解包，经过处理后返回的维护响应事务需要进行组包。同时，无论本端点作为发起器件还是目标器件，相应的请求事务和响应事务都是分别进行组包或解包的。逻辑层调度逻辑主要对上述 4 个用户接口以及 2 个维护接口需要发送或接收的事务和对应的数据包进行收发调度。

发送通道主要由发送缓冲区、空闲序列生成模块、控制符号生成模块、数据包组装模块以及发送状态机组成。发送缓冲区负责存储和转发来自逻辑层的数据包；空闲序列生成模块和控制符号生成模块分别负责产生符合协议要求的空闲序列与控制符号；数据包组装模块负责完成数据包的位宽变换和物理层字段的组装；发送状态机按照协议规则有序地发送数据包、控制符号和空闲序列这3种数据单元。

接收通道主要由通道同步状态机、数据流分离模块、控制符号解析模块、数据包接收模块和接收缓冲区组成。通道同步状态机通过监测数据流的位同步和码组边界对齐信息来确定通道是否同步；数据流分离模块负责将数据包、控制符号和空闲序列这3种数据单元分离开来；控制符号解析模块对分离出来的控制符号进行解析并产生相应的指示信号，以完成对链路的管理；数据包接收模块负责对数据包中的物理层字段进行检测，并对数据包进行位宽变换；接收缓冲区负责存储没有错误的数据包，并转发到上层。

初始化状态机用于完成端口和链路的初始化，这是链路可以正常收发数据包的前提；当数据包由于接收方缓冲区空间不足而被拒绝接收时，由双方的重传恢复状态机协同完成重传恢复操作。

RocketIO模块即为上述所讲的Xilinx公司的高速串行收发器IP核，用于实现本电路中的8b/10b编解码、并串/串并转换以及高速串行收发功能。该IP核可以支持包括PCI Express、Serial RapidIO、SATA、Fiber Channel等多种高速通信协议，最高传输性能可达6.5Gb/s。

随着RapidIO互联规范的不断完善，几乎所有的主流嵌入式厂商都已经支持RapidIO互联标准。Mercury Computer Systems公司于2003年5月率先推出了基于RapidIO互联技术的多处理器系统ImpactRT3100，标志着RapidIO正式从协议标准层面过渡到产品应用层面。之后，各大厂商陆续发布采用了RapidIO互联技术的相关产品。在终端产品方面，Freescale公司相继推出了并行RapidIO技术的MPC8540、MPC8560处理器；TI公司则推出采用了串行RapidIO技术的TMS320C645x系列DSP处理器；ADI公司在推出的DSP处理器中也采用了串行RapidIO技术。在交换芯片方面，Tundra公司推出的TSI578交换芯片基于RapidIO1.3规范；IDT公司推出的CPS_1848/CPS-1432/CPS-1616交换芯片则基于RapidIO2.1规范。在FPGA应用方面，Xilinx和Altera两家厂商占据着绝大部分的市场份额，它们在各自的产品中都提供了串行RapidIO接口解决方案。其中，Xilinx公司的代表产品是Virtex系列FPGA，Altera公司的代表产品是Stratix系列FPGA。其他基于RapidIO技术的产品还包括开发工具、软件、IP、测试设备等。

按照上述功能分析，整个串行RapidIO接口的整体实现框图如图6-21所示。由于目前暂时定位于点对点实现，所以将传输层的信息字段与逻辑层字段一起进行组包和解包。在发送时，将传输层字段设置为固定值；在接收时，忽略相应信息字段。

6.6.2 SRIO 核及其参数设置

Xilinx 公司在 7 系列 FPGA 芯片中增加了 Serial RapidIO Gen2.0 Endpoint 集成模块，它使用芯片内嵌的吉比特收发器（GTX）作为 SRIO 数据发送和接收的物理媒介。该 IP 核的解决方案为串行 RapidIO 互联提供了一个网表，支持 3 种通道宽度（1x、2x 和 4x）、5 种速率（1.25Gb/s、2.5Gb/s、3.125Gb/s、5Gb/s 和 6.25Gb/s）以及 2 种设备 ID 类型（8b 和 16b）的选择；它还配备了可配置的缓冲设计、参考时钟模块、复位模块、寄存器管理参考设计等模块。因此，它具有高度的灵活性，能够根据用户不同的需求进行配置，以便适应不同的应用。RapidIO 接口组成结构如图 6-23 所示。

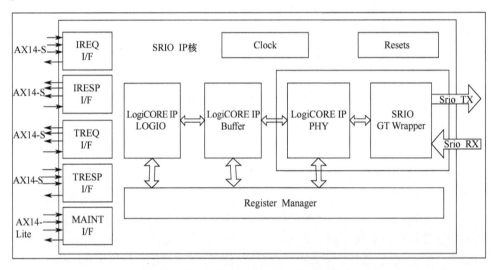

图 6-23 串行 RapidIO 接口组成结构

其中，逻辑传输层实现了 SRIO 逻辑层和传输层的协议规范；支持并执行发起器件和目标器件操作；支持门铃和消息事务；支持所有输出包的可编程源 ID；支持 8 位小系统或 16 位大系统设备 ID 可选。缓存区负责平衡系统性能与资源；具有独立配置的 TX 和 RX 缓存区，深度为 8、16 和 32 数据包；支持独立时钟；支持可选的 TX 流量控制。物理层负责处理链路调整、初始化和协议，包括把循环冗余校验码和确认标识符插入到输出信息包中；支持严格的请求数据流；支持可选项为基于优先级的转发控制符；支持多播事务；支持错误检测和恢复。

1. GTX transceiver 硬核

Xilinx 在 Virtex-2 pro 系列芯片之后集成了用于吉比特收发的 Rocket I/O 高速串行收发模块，FPGA 的 GTX 版本称为 GTX transceiver，可用作 PCI-Express、XAUI、串行 RapidIO、SATA 等高速串行协议的物理层实现。

XC7VX485T-1FFG1761 包含了 28 个 GTX transceivers, 按 quad 对其进行分组, 一共有 7 个 quad, 每个 quad 包含 4 个 transceivers。GTX transceiver 是以硬核的方式集成到 FPGA 芯片中的, 设计时可通过例化原语的方式使用, GTX transceive 结构如图 6-24 所示。

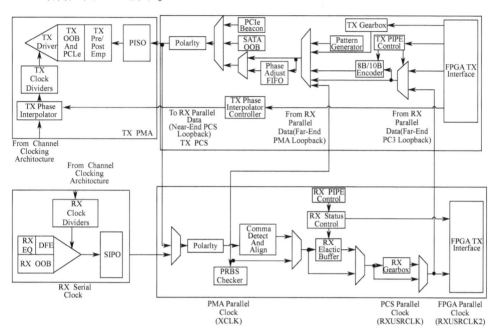

图 6-24 GTX transceive 组成结构

由图 6-24 可知, 每个 GTX transceive 包括一个发送器和接收器, 发送器和接收器又分别包含了 PCS 和 PMA 子层。PCS 子层是数字模块, 主要包括 8b/10b 编解码器 (用于 8b/10b 编解码)、接收弹性缓冲器 (用于时钟修正和通道绑定) 和发送 FIFO (用于发送数据缓存), 以及逗号检测与对齐 (用于帧同步)。PMA 子层是数字模拟混合模块, 主要包括串行解串器 (SerDes)、时钟产生和时钟恢复模块 (用于为数据的串行解串提供所需时钟) 以及模拟前端 (包括发送端信号摆幅、预加重、接收端均衡设置等)。

2. 串行 RapidIO 端点 IP 核

Xilinx 提供了基于 FPGA 实现串行 RapidIO (SRIO) 端点的解决方案 (IP 核), 其结构如图 6-25 所示, 该 IP 核基于 RapidIO 2.1 规范。图中的 LOG 代表 RapidIO 三层协议规范中的逻辑层和传输层; BUF 代表缓冲模块, 用于协助物理层实现包缓存、流量控制及重传等功能, PHY 代表物理层中的串行协议层部分; GTX 模块代表物理层中的 PCS 和 PMA 部分; 内部寄存器配置模块用于管理本地的 RapidIO 寄存器空间, 时钟和复位模块用于提供 IP 核内部各模块所需的时钟和复位。其中，LOG、BUF 和 PHY 为软核，以网表的形式提供；GTX 模块为硬核，以 HDL 代码的形式提供；内部寄存器配置模块、时钟和复位模块为相应的参考设计。

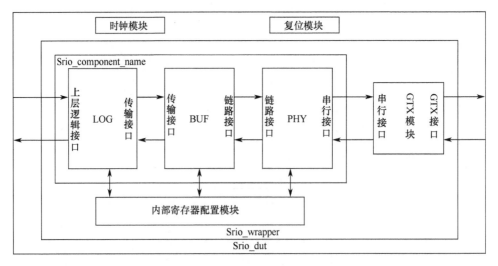

图 6-25 Xilinx 的 SRIO 端点接口结构

图 6-25 中，以发送端为例，数据会流经上层逻辑接口、传输接口、链路接口、串行接口和 GTX 接口，其中上层逻辑接口为与用户逻辑相连的接口，用户需要发送的应用数据就是通过该接口进入 IP 核进行 RapidIO 组包；GTX 接口为 FPGA 相应的高速 I/O 引脚；其余为 IP 核内部各层次间的接口。用户在利用 SRIO 端点 IP 核进行设计时，只需要通过上层逻辑进行数据的收发，而不需要关注其内部接口信号，然而，在调试过程中，需要通过某些内部接口信号特别是物理层的某些信号来观察 IP 核的内部工作状态。

3. IP 核主要参数设置

RapidIO 互联技术具有丰富的特征和分层的结构，综合对需求及实现芯片的结构分析，实现 RapidIO 端点时主要有以下一些考虑。

在逻辑层，需要选择正确的编程模型，即逻辑层所支持的数据传输机制，器件不需要支持所有的逻辑层事务，具体支持的事务类型主要由应用需求决定。通过前面的需求分析可知，在逻辑层只需采用直接 I/O 逻辑传输方式就能满足应用需求。考虑到消息传递机制中的 DOORBELL 事务的特殊性质，在调试过程中会比较有用，因此，在逻辑层实现过程中也提供了对 DOORBELL 事务的支持。

在传输层，RapidIO 协议支持 8 位器件 ID 的小网络模式和 16 位器件 ID 的大网络模式，小网络模式系统可容纳 256 个端点器件，大网络模式系统可容纳 6.4 万个端点器件但会增加系统开销和成本。本次应用为两块 FPGA 之间的点对点对等直连，只涉及了两个端点器件，采用小网络模式即可。

在串行物理层，RapidIO 支持 1x/2x/4x 的全双工串行差分通道以及 1.25/2.5/3.125/5.0/6.25Gb/s 的通道速率，RapidIO 也提供了 Short Run 和 Long Run 两种传输信号摆幅。

采用 Xilinx 的 SRIO 端点解决方案中，通常只支持直接 I/O 编程模型、小网络模式，具有 4x 通道的串行物理层，加上 SerDes 模块后的 RapidIO 端点实现规模约等效于 10 万门，实现的复杂度较高。通过前面对 Xilinx 的 SRIO 端点解决方案分析可知，采用该解决方案可以大大简化设计流程，缩短设计周期，考虑到课题的进度需求，本文主要基于 Xilinx 的 SRIO 端点 IP 核进行串行 RapidIO 链路设计。

由 SRIO 端点 IP 核结构可知，采用该 IP 核进行设计时，只需要根据应用需求设计好用户接口即可，而不用去关心内部信号及实现过程。因此，基于该 IP 核的设计过程主要分为两部分，即 IP 核的制定和用户接口的设计。

SRIO 端点 IP 核的制定和生成可通过 Xilinx 的开发工具 ISE 中的 Core Generator 软件完成，该软件提供了良好的图形化界面，可以为特定的应用进行某些特征集的选择与组合，其他的一些设置（如 GTX 中的某些参数）可通过在生成的 VerilogHDL 代码中修改完成。在用 Core Generator 生成 IP 核时，需要注意以下几个方面的选择。

（1）IDLE 模式选择。RapidIO 2.1 规范中为更高速率的数据传输增加了 IDLE2 空闲模式，它采用更长的控制符号格式以提供附加的物理层链路管理功能，通常对于 5.0Gb/s 以上的传输速度要求采用 IDLE2 空闲模式，而本次设计采用 3.125Gb/s 的通道速率，因此不需要使用 IDLE2 模式以节省一部分系统资源。

（2）源端及目的端支持的事务操作。根据之前实现特征集的分析可知，采用直接 I/O 逻辑便能满足设计需求，此外，为了方便调试过程，也加入了 DOORBELL 事务，因此需要选择 NWRITE、SWRITE、NWRITE_R、NREAD 和 DOORBELL 事务。

（3）器件 ID 宽度及器件 ID 复位值。由前面的实现特征集分析可知，本次应用环境下采用小网络模式即可，但通过观察 IP 核接口信号发现，该 IP 核在实现时对大网络模式和小网络模式采用了同一种实现规模（均采用 16 位器件 ID 的大网络模式，若用户在配置 IP 核时选择了 8 位的小网络模式，则系统在实现时会自动将 16 位器件 ID 的高 8 位置 0），并且考虑到系统将来会进行跨背板的扩展，而交换芯片在进行跨背板的路由时，采用 16 位器件 ID 会更加方便。因此，本次设计采用了 16 位器件 ID 的大网络模式，器件 ID 复位值可由用户自由设定，但必须保证在整个 RapidIO 网络中的唯一性，在一个 RapidIO 网络中，交换器件没有器件 ID，而各个端点器件必须配置为系统中唯一的器件 ID。

（4）I/O 风格（style）及 I/O 格式（format）。Xilinx 的 SRIO 端点 IP 核支持

两种类型的 I/O 风格，分别为 Condensed I/O 风格及 Initiator/Target 风格。Condensed I/O 只有一条单独的发送和接收通道，而 Initiator/Target 则根据操作的对象是本地还是远端分为本地发起的事务（Initiator Transaction）和远端发起的事务 (Target Transaction)。分析可知，采用 Initiator/Target 风格可以简化用户接口的设计，因为 Initiator/Target 风格允许将本地发起的事务和远端发起的事务分开进行用户接口的设计，相当于将一个复杂的大模块分解为两个相对简单的小模块，因此，本设计选择 Initiator /Target 的 I/O 风格。

I/O 端口可以有两种不同的包格式，分别为 HELLO（Header Encoded Logical Layer Optimized）和 SRIO Stream 包格式。其中 SRIO Stream 为 RapidIO 协议规范规定的标准包格式，HELLO 格式为 Xilinx 针对 FPGA 的实现而对标准包格式进行的优化。HELLO 格式将包头信息与数据信息进行分割传输，第一个 beat 传送包头，后续的 beats 传送数据载荷，这样的包格式简化了接口控制逻辑以及数据对齐操作，为后续的用户接口设计提供了方便，因此，本设计选择 HELLO 包格式。

IP 核主要参数设置中，在工程中新建并使用一个 Serial RapidIO Gent 的 IP 核时，需要根据项目需求配置很多的参数。在 SRIO 的 IP 核配置界面就能看到这些参数的设置，主要是用来定义核的基本参数，包括通道宽度、链路宽度、传输频率、参考时钟频率、ID 初始值以及器件支持的事务等。

(1) Component Name（组件名称）。核生成后输出文件的基本名称，只能在新建核时创建，不可修改。

(2) Link Width（链路宽度）。串行通道的数量，表 6-18 定义了可选择的宽度和生成核的通道数对应关系，Serial RapidIO Gent 的 IP 核可以支持 1 个、2 个或 4 个通道，系统的带宽随着通道数量的增加而增加。

(3) Transfer Frequency（传输频率）。每个链路通道的波特率。Serial RapidIO 的 IP 核能够支持 5 种传输频率（1.25Gb/s、2.5Gb/s、3.125Gb/s、5Gb/s 和 6.25Gb/s）供用户选择。每个串行收发器以选定的线路速率运行，系统的带宽随着传输频率的增加而增加。

(4) Reference Clock Frequency（参考时钟频率）。参考时钟频率是在专用收发器参考时钟引脚上引入的时钟速率，它和链路传输频率的关系如表 6-18 所列。

表 6-18 传输频率与参考时钟关系

传输频率/(Gb/s)	125MHz 参考时钟	156.25MHz 参考时钟
1.25	支持	不支持
2.5	支持	不支持
3.125	支持	支持
5	支持	不支持
6.25	不支持	支持

(5) Source TransactionSupport（源事务支持）。选择源器件需要支持的标准传输事务类型。

(6) Destination Transaction Support（目标事务支持）。选择目标器件需要支持的标准传输事务类型。

(7) Device ID（设备 ID）。小型的 Serial RapidIO 系统使用 8 位的设备 ID 号，大型的 Serial RapidIO 系统使用 16 位的设备 ID 号。

(8) Component Device ID（组件设备 ID）。设备 ID 的初始值，当初始数值全为 F 时，用户可在 IP 核启动阶段进行重新配置设备 ID 号。

本节只对 Serial RapidIO 主要的参数进行说明，其他配置参数在这就不再赘述，详细参数配置内容参阅 Xlinx 的官方技术文档。

6.6.3　IP 核接口信号

设计用户接口的目标是为了实现 IP 核的接口和上层业务逻辑接口之间的匹配，因此需要从两方面进行分析：一方面是 IP 核的外部接口特性；另一方面是上层业务逻辑的接口特性。这里首先对 IP 核的接口特性进行分析。

采用 Initiator/Target 风格的 IP 核外部接口如图 6-26 所示，其中，IREQ 为本地向远端发送请求包的端口，IRESP 为本地接收远端发回响应包的端口，TREQ

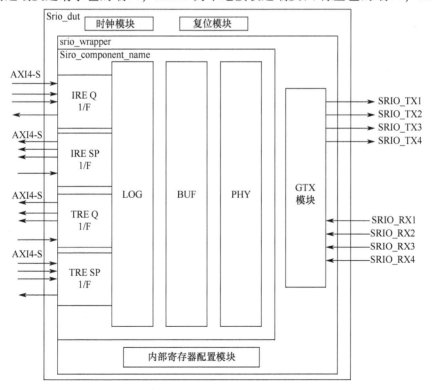

图 6-26　SRIO 端点 IP 核外部接口

为本地接收远端发送请求包的端口，TRESP 为本地向远端发送请求包的端口，SRIO_TX 和 SRIO_RX 为 FPGA 的高速 I/O 引脚（MGT）。

Xilinx 的 SRIO 端点 IP 核使用 AXI4-Stream 总线作为高速数据传输的接口，AXI4-Stream 采用 ready、valid 握手机制来对数据流进行控制，主从模块（数据的发起者和接受者）在进行通信前，需要先对所要用到的各个数据通道进行握手，操作步骤为主模块 A 收到从模块 B 发送的 ready 信号之后，同时将数据信号和 valid 信号发送给 B。Xilinx 的 SRIO 端点 IP 核 AXI4-Stream 总线接口主要包括 6 个信号，以 IREQ 端为例，采用 HELLO 包格式时的信号如表 6-19 所列。

表 6-19 AXI4-Stream 总线接口信号列表

信号	方向	描述
ireq_tvalid	输出	发端告诉收端数据有效
ireq_tready	输入	握手信号，收端告诉发端已准备好接收信号
ireq_tdata[63:0]	输出	包头及数据
ireq_tkeep[7:0]	输出	每字节有效指示信号，第 0 比特代表 64 位数据的第 0 字节，第 7 比特代表 64 位数据的第 7 字节
ireq_tlast	输出	指示一次包传输的最后的一个 beat
ireq_tuser[31:0]	输出	[31:16] 位用于指示源器件（发端）ID，[15:0] 用于指示目的器件（收端）ID

对于设计者来而言，应该着重关注用户层和 IP 核上层的接口信号，即 Serial RapidlO 逻辑层的接口信号 Serila RapidIO 的 Initiator/Target 端口模式，允许用于目标设备（ireq 接口）的事务与用于本地端点（iresp 接口）的事务分开处理。用户可以使用 AXI4-Stream 接口与逻辑层进行数据的交互。

本地端点生成的请求放置在发起请求（ireq）通道上，以便通过链路传输到目标器件；由核从远程端点器件接收到的响应会被放置在请求响应（iresp）通道上，用以呈现给用户设计。发起请求模块和逻辑层的接口信号大致可分为两类：控制信号，用于控制用户层和逻辑层的包交换信号；数据字段，包括包头信息和有效数据字段两部分，其中包头部分又包括包的格式类型、事务 ID，源和目标 D、优先级以及地址等参数。发起请求接口信号如表 6-20 所列，请求响应接口信号号如表 6-21 所列。

表 6-20 IREQ 接口

发起请求接口信号	方向	描述
s_axis_ireq_tvald	input	指示当前数据总线上数据有效
s_saxis_ireq_tready	ouput	握手信号，表明 IP 核可接收数据
s_axis_ireq_tdata[63:0]	input	包头和数据

续表

发起请求接口信号	方向	描述
s_axis_ireq_tkeep[7:0]	input	字节限定符,指示相关字节数据的内容是否有效
s_axis_req_tlast	input	表示数据包的最后一拍
s_saxis_ireq_tuser	input	HELLO 格式:在数据包第一拍有效,由数据包的源 ID(31:16)和目标 ID(15:0)组成。流格式:tuser 只有 8 位宽,bit1 用于设置数据包的临界请求流(CRF)标志

表 6-21 IRESP 接口

请求响应接口信号	方向	描述
s_axis_iresq_tvalid	input	指示当前数据总线上数据有效
s_axis_iresq_tready	ouput	握手信号,表明 IP 核可接收有效数据
s_axis_iresq_tdata[63:0]	input	包头和数据
s_axis_iresq_tkeep[7:0]	input	字节限定符,指示相关字节数据的内容是否有效
s_axis_iresq_tlast	input	表示数据包的最后一拍
s_axis_iresq_tuser	input	HELLO 格式:在数据包第一拍有效,由数据包的源 ID(31:16)和目标 ID(15:0)组成。流格式:tuser 只有 8 位宽,bit1 用于设置数据包的 Iw 界请求流标志

本地端点通过核从远程端点器件接收的请求事务会被放置在目标请求(treq)通道上,用以呈现给用户设计;由用户设计生成的与请求相对应的目标响应则会被放置在(tresp)通道上,以便用来传输给远程的目标器件。目标响应模块和逻辑层的接口信号也可分为两类:控制信号,控制用斥层和逻辑层的包交换;数据字段,包括包头信息和有效数据字段两部分,其中包头部分又包括包的格式类型、事务 ID、源和目标 ID、优先级以及地址等参数。目标请求接口信号如表 6-22 所列,目标响应接口信号如表 6-23 所列。

表 6-22 TREQ 接口

目标请求接口信号	方向	描述
s_axis_tresq_tvalid	input	指示当前数据总线上数据有效
s_axis_tresq_tready	ouput	握手信号,表明 IP 核可接收有效数据
s_axis_tresq_tdata[63:0]	input	包头和数据
s_axis_tresq_tkeep[7:0]	input	字节限定符,指示相关字节数据的内容是否有效
s_axis_tresq_tlast	input	表示数据包的最后一拍
s_axis_tresq_tuser	input	HELLO 格式:在数据包第一拍有效,由数据包的源 ID(31:16)和目标 ID(15:0)组成。流格式:tuser 只有 8 位宽,bit1 用于设置数据包的临界请求流标志

表 6-23　TRESP 接口

目标响应接口信号	方向	描述
s_axis_tresq_tvalid	input	指示当前数据总线上数据有效
s_axis_tresq_tready	input	握手信号，表明 IP 核可接收有效数据
s_axis_tresq_data[63:0]	input	包头和数据
s_axis_tresq_tkeep[7:0]	input	字节限定符，指示相关字节数据的内容是否有效
s_axis_tresq_tlast	input	表示数据包的最后一拍
s_axis_tresq_tuser	input	HELLO 格式：在数据包第一拍有效，由数据包的源 ID（31:16）和目标 1D（15:0）组成。流格式：tuser 只有 8 位宽，bit1 用于设置数据包的临界请求流标志

维护端口使用的是 AXI4-Lite 接口，用户可以使用 AXI4-Lite 接口实现对本地或远程寄存器的配置，维护端口信号如表 6-24 所列。

表 6-24　维护端口信号

维护端口信号	方向	描述
s_axi_maintr_rst	input	维护端口的复位，用于连接超时
s_axi_maintr_awvaild	input	表明需要写数据的地址有效
s_axi_maintr_awready	ouput	握手信号，表明可接收有效的写地址
s_axi_maintr_awaddr[31:0]	input	需要写数据的地址
s_axi_maintr_wvalid	input	表明总线上需要写的数据有效
s_axi_maintr_wready	output	握手信号，表明可接收有效的写数据
s_axi_maintr_wdat[31:0]	input	需要写的数据
s_axi_maintr_bvaild	ouput	表明写操作后的响应有效
s_axi_maintr_bready	input	握手信号，表明可接收有效的写响应
s_axi_maintr_bresp[1:0]	output	写操作后的响应
s_axi_maintr_arvalid	input	表明需要读取数据的地址有效
s_axi_maintr_arready	output	握手信号，表明可接收有效的读地址
s_axi_maintr_araddr[31:0]	input	需要读数据的地址
s_axi_maintr_rrvalid	output	表明读操作后的响应有效
s_axi_maintr_rready	input	握手信号，表明可接收有效的读响应
s_axi_maintr_rresp	output	读操作后的响应
s_axi_maintr_rdata[31:0]	output	读取的数据

本次设计采用的是 HELLO 包格式，其包头结构如图 6-27 所示，各个字段含义在前面介绍 RapidIO 协议包格式时已经分析过，此处不再介绍。分析可知，采用这样的包格式，实现了包头与数据载荷的分离，并且整个包头信息刚好对齐到 64 位的内部数据宽度，方便了用户接口的数据收发。需要注意的是，SRIO 端点

IP 核只是在外部接口处采用这种包格式，在 IP 核内部各个层次的接口间依然采用 RapidIO 规范规定的标准包格式。

	63	55		47			39	31	23	15	7		
NREAD	srcTID 8	FTYPE2 4	TTYPE 4	R 1	prio 2	CRF 1	size-1 8	R 1	R 1	addr 34			
NWRITE	srcTID 8	FTYPE5 4	TTYPE 4	R 1	prio 2	CRF 1	size-1 8	R 1	R 1	addr 34			
SWRITE	R 8	FTYPE6 4	TTYPE 4	R 1	prio 2	CRF 1	R 8	R 1	R 1	addr 34			
DB	srcTID 8	FTYPE 10 4		R 4	R 1	prio 2	R 8	R 1	R 1	R 2	infoMSB 8	infoLSB 8	R 16
MSG	msglen 4	msgseg 4	FTYPE 11 4	R 4	R 1	prio 2	CRF 1	size-1 8	R 1	R 1	R 24	mailbox 6	R 2	ltr 2
RESP	target info 8 / target ID 8	FTYPE 13 4	TTYPE 4	R 1	prio 2	CRF 1	size-1 8	R 1	R 1	R 34			

图 6-27 HELLO 包头格式

6.6.4 SRIO 接口的设计与实现

1. 基于 FIFO 接口设计

本 FPGA 中的上层业务数据为 60GHz 基带处理过程中的中间数据，其数据时钟约为 220MHz，数据位宽为 8 的整数倍，此处暂时假设为 32 位，以下的设计均基于此假设，并且这里的业务数据仅包含了一组数据信号，而没有 AXI4-Stream 中定义的其他信号。

采用 4x 的 3.125Gb/s 的 IP 核逻辑层时钟为 156.25MHz，外部接口数据信号位宽为 64 位。分析可知，要保证上层应用逻辑通过 IP 核接口正确地收发数据，需要进行两部分的设计：第一部分为不同数据位宽下的跨时钟域接口设计；第二部分为从普通数据总线到 AXI4-Stream 的匹配映射。这里先进行第一部分的设计。

常用的跨时钟域处理主要通过握手机制或者异步 FIFO 来实现，握手机制对资源的占用相对较少，但会在握手信号的处理上消耗一些时间，而异步 FIFO 不需要等待握手时间但会额外消耗一定资源。考虑到本次设计不仅要处理不同时钟域之间的数据传输，还要匹配收发两端不同的数据位宽，再加上本次设计采用的 FPGA 中包含了 Block RAM 资源，可以很方便地实现不同宽度和深度的 FIFO 配置，因此，本次跨时钟域的设计采用异步 FIFO 的方式，在 FPGA 中的物理存储单元为内嵌的 Block RAM，设计输入为 Verilog HDL，其结构模型如图 6-28 所示。

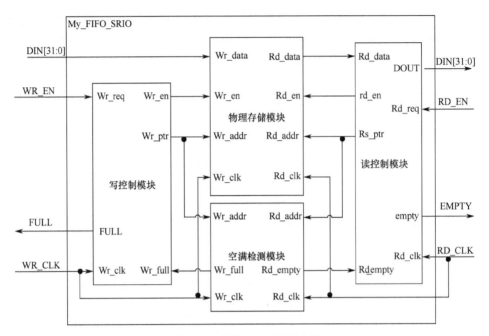

图 6-28 异步 FIFO 实现结构

由图 6-28 可知，该 FIFO 设计包括 4 个模块，分别为物理存储模块、写控制模块、读控制模块和空满检测模块，下面将根据功能的不同分三部分进行分析。

1）物理存储模块

物理存储模块为 FPGA 内嵌的 Block RAM（简单双口 RAM），宽度为 32 位（输入数据宽度），而 FIFO 深度的确定目前并没有一个固定的公式，通常综合系统性能需求和资源占用情况估算一个大概深度，考虑到 FPGA 中其他模块（上层用户业务逻辑）会消耗大量的 FPGA 资源，因此，本次设计主要考虑在保证性能的基础上让 FIFO 深度尽量小，在此设置 FIFO 大小为一个 RapidIO 包的最大数据载荷 256 字节，在 32 位的宽度下深度为 64。

2）读、写控制模块

写控制模块主要根据数据发送端的写请求和 FIFO 是否为满状态来使能 RAM 写信号以及产生相应的写指针，这里的指针表示存储单元的地址，但该地址不能随意指定，只能在时钟和写使能信号有效的情况下加 1。需要注意的是，考虑到二进制码在加 1 时可能会存在多位同时跳变（如从 101 到 110 时有两位同时发生了跳变），其间会存在多个亚稳态，影响数字电路的可靠性。因此，本设计采用了格雷码指针，格雷码的优点在于加 1 时只有一位会发生跳变，大大减少了信号在翻转过程中的混淆状态。本设计中的格雷码指针累加模块包含两个部分：第一部分实现二进制数的累加；第二部分实现二进制数到格雷码的转换。

读控制模块主要根据数据接收端的读请求和 FIFO 是否为空状态来使能 RAM

读信号以及产生相应的读指针,其设计方法与写控制模块一致,但由于读写数据宽度不同,在读控制模块中还必须设计一个从读指针读出的数据到最终输出数据之间的转换,具体方法如下。

由于读和写的数据宽度不一致,因此,对于同一块 RAM 存储空间来说,读和写的地址空间(深度)是不一样的。本设计中写数据宽度为 32,深度为 64,即写数据以 4 个字节为单位,写地址空间为 6 位,而读数据宽度为 64,深度为 32,即读数据以 8B 为单位,读地址空间为 5 位,写地址空间为读地址空间的两倍。

读写指针间的操作关系是:当读指针为 00000 时,读取的数据为写指针 000000 和 000001 中写入的数据。

此处需要注意的是,读写指针均为格雷码指针,而 RAM 空间采用二进制码作为物理存储地址,如写指针按 000000、000001、000011、000010 的格雷码顺序将数据 AOAOAOAO、BOBOBOBO、COCOCOCO、DODODODO 写入,而 RAM 空间则是按 000000、000001、000010、000011 的二进制顺序编址存储数据,这样当读指针为 00000 时,读到的数据为 AOAOAOAOBOBOBOBO,与数据的写入顺序一致,而当读指针为 00001 时,读到的数据为 DODODODOCOCOCOCO,与写入的数据顺序不一致,从而产生错误。分析格雷码的变化规律可知,6 位格雷码中,最后 1 位的变化规律为 011001100110⋯,即当 6 位格雷码中的前 5 位包含 1 的个数为偶数时,最后 1 位的变化为 0 到 1,与二进制存储顺序一致,而当 6 位格雷码中的前 5 位包含 1 的个数为奇数时,最后 1 位的变化为 1 到 0,与二进制存储顺序相反。

因此,可通过对格雷码指针读出的数据进行必要的 32 位字间的顺序调节即可。这一步是实现不同读写数据宽度之间跨时钟域传输的关键,如果不对读指针读到的数据进行顺序调节,则会出错。

3)空满状态检测模块

为了避免 FIFO 被读空,必须保证在任意时刻写指针永远在读指针前面,同时又为了避免 FIFO 被写满,写指针不能超过读指针一个 FIFO 的深度,由此可知,FIFO 的空满检测可通过对读写指针的比较来完成。如果某时刻读指针与写指针相同(本设计中为 5 位读指针和 6 位写指针的前 5 位),则表明该时刻 FIFO 处于读空或者写满状态,到底是读空还是写满取决于读指针是从后赶上了写指针还是写指针写满整个 RAM 地址空间后又从头赶上了读指针。为了对这两个状态进行区分,本设计采用增加 1 位控制位的方法,即在 5 位读指针和 6 位写指针的前面各增加 1 位用于空满检测,这样读指针增加到了 6 位而写指针增加到了 7 位,通过对最高位的比较来进行判断,当出现读指针的低 5 位和写指针的低 6 位相同时,对最高位的控制位进行比较,如果相同,则表明此时 FIFO 为读空状态,不同则为写满状态。

2. 数据总线到 AXI4-Stream 接口的映射

经过异步 FIFO 以后的数据实现了数据宽度和时钟域之间的匹配，然而，SRIO 端点 IP 核外部接口采用的是 AXI4-Stream 接口，还需要进行数据总线到 AXI4-Stream 接口的映射。该部分设计的核心内容为根据上层数据特性确定出采用的 RapidIO 事务传输类型、数据包大小、要读取/写入的数据内存地址，以及根据发起器件和目的器件的器件 ID 确定 RapidIO 事务的源 ID 和目的 ID，并将上述信息按照 Xilinx 的 HELLO 包格式组成 AXI4-Stream 接口中的各个信号，待 AXI4-Stream 握手信号有效时，首先发送帧头，随后发送从 FIFO 读取的数据载荷。整个用户接口设计的构架如图 6-29 所示。

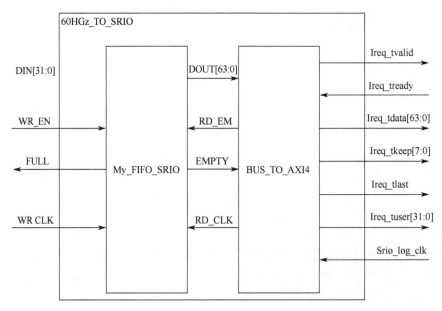

图 6-29 用户接口结构

6.6.5 SRIO 事务操作及程序设计

本设计使用 Serial RapidIO 高速接口实现 FPG AK7 与系统其他单元数据的高速交互，因此，在设计中主要实现了两个基本功能：一是 SRIO 器件的配置功能；二是 SRIO 的高速数据发送功能。

基于 FPGA 实现的 SRIO 端点设计方案主要由 3 个主要模块构成，即用户模块、用户接口模块和 SRIO 的 IP 核。基于 FPGAK7 实现的 SRIO 接口总体设计如图 6-30 所示。

SRIO IP 核模块是整个系统的核心，它使用 Xilinx 公司的 Serial RapidIO Gent 实现 RapidIO 器件间的数据交互。它主要由逻辑核（LOG）、缓存器（Buffer）和串行物理层核（PHY）3 个部分构成。与前一代 SRIO 核相比，它首次使用了 AXI4-Stream 接口实现高吞吐量的数据传输，使用 AXI4-Lite 接口实现维护端口的数据传输。

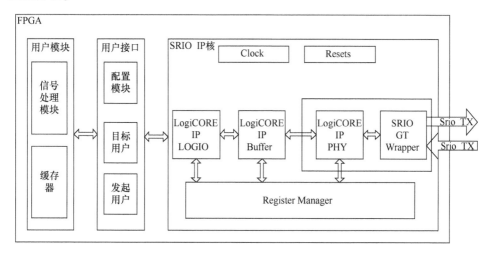

图 6-30 串行 RapidIO 接口总体框图

用户接口是用户与 Serial RapidIO IP 核进行数据互通的桥梁，该模块也可以看作是整个系统传输数据的中转站。本设计中的用户接口模块主要由 3 个模块构成：请求模块、目标模块和配置模块。其中，配置模块主负责维护操作和错误管理，并且肩负着发现和配置系统中的 RapidIO 器件的作用；请求模块主要是依据逻辑层核端口提供的发起请求和发起响应的接口实现，当它作为主机模块时，负责发起请求（Initiator Request，IREQ）和检验发起响应（Initiator Response，IRESP）；目标模块是从机模块，它主要负责产生目标请求（Target Request，TREQ）和验证相应的目标响应（Target Response，TRESP）。

用户模块是整个系统的起始端和结束端，它主要负责控制信号的发送和接受，以及数据的处理等功能，同时，它还通过缓冲器来解决数据在用户接口和 SRIO 接口之间的速率匹配问题。它是用户需求的具体实现，这部分由用户根据具体的要求进行实现，因此，本设计主要提供了数据高速传输的测试用例。

1. 维护模块的设计与实现

对于维护端口的写事务操作，需要写入的地址和数据必须在执行写事务操作前传输到维护端口各自对应的通道上。当写事务被执行完毕后，LOG 会接收到相应操作的响应，此时，维护端口会返回相应的响应状态到 maintr_bresp 通道上。

这里需要注意的是，维护端口每次只能接收一次写事务，即在传输响应之前不再接收新的地址和数据。

第二次写事务必须在接收到第一次写事务响应后才能进行。因为地址和数据使用单独的传输通道，所以它们可以在任何允许的时间将数据传输到各自的通道上，而不互相干扰。

对于维护端口的读事务操作，当需要读取数据的地址传输到 maintr_araddr 通道后会立即被转发。当读事务被执行完毕之后，LOG 会接收到相应操作的响应，此时维护端口会返回一个响应状态到 maintr_rresp 通道上，同时，也会将读取的数据传输到 maintr_rdata 通道上。这里需要注意的是，维护端口每次也只能接收一次读事务，既在传输响应之前不接收新的读地址。

维护事务流传输机制包括本地维护事务流传输机制和远端维护事务流传输机制。图 6-31 展示了本地端点的维护事务流。

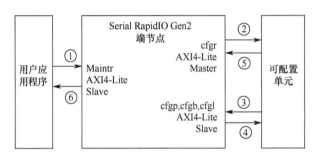

图 6-31　本地端点的维护事务流

用户通过维护接口实现读取或更新本地配置寄存器的操作，它的详细执行过程如下。

（1）用户通过维护端口向 SRIO Gent 端点提出执行更新或读取本地寄存器操作的维护请求。

（2）本地 SRIO Gent 端点的 LOG 将用户的请求事务转发到核的配置结构。

（3）配置结构会解码当前请求事务的地址，并按照地址将该事务传送到相关配置寄存器中。

（4）执行完读取或更新相应寄存器后，寄存器会做出响应并返回配置结构。

（5）配置结构接收到响应后，会通过 cfgr 接口将响应转发回 LOG。

（6）LOG 接收到响应后，会将一个包含状态信息（或读取数据）的响应传输到相应的通道上。

图 6-32 展示了本地用户使用本地端点的 MAINTENANCE REQUEST（ftype = MAINTENANCE 和 ttype = READ REQUEST 或 WRITER EQUEST）事务读取或更新远程端点配置寄存器的过程。

远端维护事务流传输机制的详细执行过程如下。

（1）用户通过维护端口向 SRIO Gent 远程端点创建更新或读取目标寄存器的维护请求。

（2）本地 SRIO Gent 端点的 LOG 创建 MAINTENANCER EQUEST 事务，并通

过 RapidIO 链路转发到目标器件。

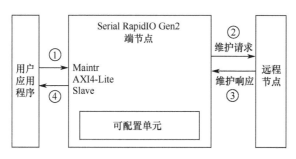

图 6-32　远端维护事务传输机制

（3）远端目标设备接收到 MAINTENANCE REQUEST 事务后，执行操作并返回相应的响应，此时向源设备发送 MAINTENANCE RESPONSE 事务。

（4）在本地设备的 LOG 接收到 MAINTENANCE RESPONSE 事务后，会检查其 TID 是否匹配；如果匹配，则会将包含状态信息（或读取数据）的响应传输到相应的通道上。

2. 请求模块的设计与实现

请求模块是面向 SerialRapidIO 逻辑层的发起请求和请求响应接口而设计的，它作为主模块时，会产生发起请求（Initiator Request，IREQ）事务包和接收请求响应（Initiator Response，IRESP）事务包。本设计中，请求模块可分为 4 个部分：请求测试序列模块、请求响应验证模块、发起器件请求包封装模块、发起器件响应包解析模块。请求模块整体设计与实现结构如图 6-33 所示。

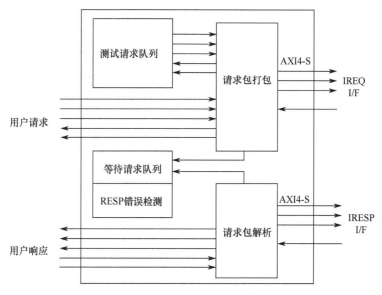

图 6-33　请求模块设计框架

Test Requestqueue 模块是测试指令序列产生模块，它的功能是按照测试需要向目标器件依次产生 SWRITE、NWRITER、NWRITE、NREAD、DB 和 MSGS 等测试事务请求；Request Paeket Formatter 模块是依据 RapdIO 事务类型进行分类，并按照 RapidIO 包字段格式进行组帧，最后通过 AXI4-Stream 接口传输给本地 SRIO-Gent 端点的逻辑层；Outstanding Request Queue 模块主要是存储期待需要返回响应的请求事务，在有响应返回时，会利用事先保存的这些信息验证返回响应是否正确；Response Packet Parser 模块是响应解析模块，主要是实现对接收到的响应包进行解析，获取响应包中的状态信息（或者读取的数据），以便验证请求是否得到正确的响应。同时，设计中为用户预留了发起请求事务和请求响应事务的操作接口，用户可以根据项目需求实现响应事务操作。

3. 响应模块的设计与实现

响应模块是本设计的从模块，是面向 SRIO 逻辑层的目标请求和目标响应接口而设计的，主要负责解析发起者的请求包并作出相应的响应。在本设计中，响应模块分为 3 个部分：目标器件自动返回响应测试模块、目标器件请求包解析模块、目标响应包封装模块。响应模块整体设计与实现结构如图 6-34 所示。

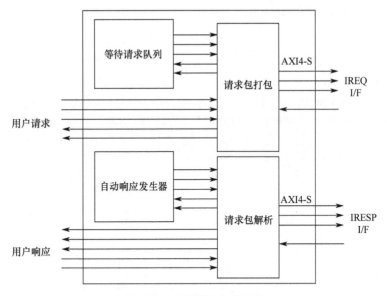

图 6-34　响应模块实现原理

Response Packet Parser 模块是响应请求解析模块，它能够完成对接收到的事务请求包进行解析，为用户提供源器件的请求信息（或有效数据）；Automatic Reponse Generator 模块是目标响应产生模块，它会依据目标请求解析模块提供的信息，产生与请求事务相对应包含状态信息（或读取的数据）的响应；Request Packet Formatter 是目标响应组帧模块，它通过 AXT4-S 接口将响应传输到 Serial

RapidIO 逻辑层。同时，设计中为用户预留了目标请求事务和目标响应事务的操作接口，用户可以根据项目需求实现相应事务操作。

6.7 本章小结

现代飞机平台功能、性能需求不断提升，航电系统越来越庞大、复杂，但可靠性和容错性要求却越来越高。另外，CPU 运算速度不断加快，需要高带宽低延迟的互联总线保证信息的实时性和高效性，以高速串行总线取代传统并行总线是航电系统发展的必然趋势。

然而，如何管理这些通过串行总线互联的复杂系统，保证系统的冗余度和可靠性，提高系统的集成效率是构建航电系统的关键因素。RapidIO 是一种高速高性能包交换的互联技术，传输速率高达 1.25Gb/s、2.5Gb/s、3.125Gb/s。通过双冗余的星型网络结构，高速串行 RapidIO 保障了系统的冗余度和容错性，应用动态组网技术，提高了系统的集成效率，成为解决机载系统集成的有效途径。

参 考 文 献

［1］ RapidIO Trade Association. RapidIO TM Interconnect Specification, Part 1：Input/Output Logic Specification, Rev1.3 ［S/OL］. ［2005-06-07］. http：//www.rapidio.org/files/IO _ logical.pdf.

［2］ RapidIO Trade Association. RapidIOTM Interconnect Specification, Part 2：Message Passing Logical Specification, Rev 1.3 ［S/OL］. ［2011-06-06］. https：//wenku.baidu.com/view/5cf3fb0dbcd126fff7050bae.html?_wkts_ = 1684163860789&bdQuery = RapidIOTM + Interconnect + Specification%2C + Part + 2%3AMessage + Passing + Logical + Specifi.

［3］ RapidIO Trade Association. RapidIOTM Interconnect Specification, Part 3：Common Transport Specification, Rev1.3 ［S/OL］. ［2005-06-07］. http：//www.rapidio.org/files/cmn _ trnspt.pdf.

［4］ RapidIOTM Interconnect Specification Part 7：System and Device Inter-operability Specification, Rev1.3 ［S/OL］. ［2005-06-07］. http：//www.rapidio.org/files/inter-op.pdf.

［5］ RapidIO Trade Association. RapidIOTM Interconnect Specification, Part 5：Globally Shared Memory, Rev 1.3 ［S/OL］. ［2002-06-26］. http：//download.eeworld.com.cn/detail/%E6%8D%A1%E7%A0%B4%E7%83%82%E7%9A%84%E5%A4%96%E5%96%98%E6%89%98%9F%E4%BA%BA/612863.

［6］ RapidIO Interconnect Specification Rev2.1 Part 1：Input/output Logical Specification ［S/OL］. ［2020-08-25］. https：//download.csdn.net/download/weixin_42653691/86217849.

［7］ RapidIO Specification Revision 1.2 Errata ［S/OL］. ［2003-06-16］. https：//wenku.baidu.com/view/131ceba0284ac850ad0242d8.html?_wkts_ = 1684164205264&bdQuery = RapidIO + Interconnect + Specification + Rev2.1 + Part + 3%3A + Common + Transport + Specifica.

[8] RapidIO Interconnect Specification Rev2.1 Part 6: LP-Serial Physical Layer Specification [S/OL]. [2011-06-06]. https://www.doc88.com/p-1791662185009.html.

[9] RapidIO Trade Association. RapidIOTM Interconnect Specification, Part 6: 1 x/4x LP-Serial Physical Layer Specification, Rev 1.3 [S/OL]. [2002-06-26]. http://www.rapidio.org/files/SerialSpec_v_1pt2.pdf.

[10] 徐锋, 冯正勇. 基于 Rocket IO 的 SAR 雷达系统高速串行传输的实现 [J]. 遥感技术与应用, 2006, 21 (2): 125-129.

[11] 江培华, 杜海波, 刘国满, 等. 基于 Rocket I/O 的光纤数传板设计 [J]. 微计算机与信息, 2005, 21 (7): 115-117.

[12] 邓焰, 戎蒙恬. 基于 FPGA 的 3.125Gbit/s 串行通道设计实验 [J]. 电子工程师, 2004, 30 (11): 16-18.

[13] 龚坚, 杜昌贤, 徐智勇, 等. 一种基于 Rocket I/O 的视频数据采集和高速串行传输系统的设计与实现 [J]. 现代电子技术, 2005, 23 (214): 70-72, 75.

[14] 李琼, 等. I/O 互联技术及体系结构的研究与发展 [J]. 计算机工程, 2006, 32 (12): 93-95.

[15] 王勇, 等. Rapid IO 嵌入式系统互联 [M]. 北京: 电子工业出版社, 2006.

[16] XILINX. SP002-2010. AURORA 8B/10B Protocol Specification [S/OL]. [2014-08-01]. https://china.xilinx.com/products/intellectual-property/aurora8b10b.html.

[17] 王守军. 串行通信技术 SERDES 正成为高速接口的主流 [EB/OL]. [2023-04-22]. https://wenku.baidu.com/view/bbc0dae501d276a20029bd64783e0912a3167c06.html?_wkts_=1684164731812&bdQuery=%E4%B8%B2%E8%A1%8C%E9%80%9A%E4%BF%A1%E6%8A%80%E6%9C%AF+SERDES+%E6%AD%A3%E6%88%90%E4%B8%BA%E9%AB%98%E9%80%9F%E6%8E%A5%E5%8F%A3%E7%9A%84%E4%B8%BB%E6%B5%81.

[18] 杨刚, 周宗仪. 基于 Rocket I/O 模块的高速 I/O 设计 [J]. 电子技术应用, 2004, 6: 77-80.

[19] 黄河. 基于 Rocket I/O 的高速串行光互联设备的设计与实现 [D]. 上海: 上海交通大学, 2007.

[20] 高宇飞. 高速多协议星载交换机接口的设计与实现 [D]. 西安: 西安电子科技大学, 2020.

[21] 苏秀妮. 基于 Rocket I/O 高速串行通信接口的研究与实现 [D]. 西安: 西安电子科技大学, 2013.

[22] 唐宇. 机载系统串行 RapidIO 总线标准分析 [J]. 数字通信世界, 2018, 164 (8): 100-101.

[23] 朱道山. 基于 RapidIO 块数据传输设计与实现 [J]. 现代雷达, 2017, 39 (9): 29-32.

[24] 宁赛男. Rapid IO 协议在图像处理系统中的应用研究 [D]. 合肥: 中国科学技术大学, 2013.

[25] 刘升财. ATCA 平台上的 RapidIO 链路设计与分析 [D]. 成都: 电子科技大学. 2014.

[26] 袁伟. 基于 RapidIO 的高速数据传输系统的设计与研究 [D]. 北京: 中国地质大

[27] 李博. 基于 FPGA 的串行 RapidIO 接口的设计与实现 [D]. 成都: 电子科技大学, 2017.
[28] 王正凯. 综合航电系统通用信号处理单元的设计与实现 [D]. 天津: 天津工业大学, 2017.
[29] 潘灵. 基于 RapidIO 总线的进程间通信系统的研究与应用 [D]. 成都: 电子科技大学, 2006.
[30] 张强. 串行 RapidIO 互联系统的设计与实现 [D]. 南京: 南京理工大学, 2013.
[31] 王星宇. RapidIO 技术在信号处理系统中的应用与研究 [D]. 南京: 南京理工大学, 2011.
[32] 谢丽斌. 高速串行数据传输机制及其交换技术研究 [D]. 西安: 西安电子科技大学, 2012.
[33] 王慧. 基于 FPGA 的高速串行传输交换系统的设计和实现 [D]. 南京: 南京理工大学, 2011.
[34] 何嘉文. 串行 RapidIO 协议的实现与验证 [D]. 西安: 西安电子科技大学, 2011.
[35] 黄宇浩. RapidIO 高速互联接口 PCS 层的设计与验证 [D]. 长沙: 国防科学技术大学, 2010.
[36] 黄克武, 吴海洲. 基于 TMS320C6455 的高速 SRIO 接口设计 [J]. 电子测量技术, 2008, 31 (9): 143-146.
[37] 孙亮. 基于 RapidIO 的高性能嵌入式实时处理平台的设计与实现 [D]. 西安: 西安交通大学, 2012.
[38] 郭海英. RapidIO IP 核的软硬件协同设计与验证 [D]. 西安: 西安石油大学, 2011.
[39] 何玉红, 赵馄. 基于 FPGA 的 RapidIO 总线接口设计 [J]. 计算机与网络, 2012 (13), 57-59.
[40] 王玉欢, 田泽, 蔡叶芳. RapidIO IP 核的验证方法研究 [J]. 计算机技术与发展, 2011, 21 (7): 183-185.
[41] 邓豹, 赵小冬. 基于串行 RapidIO 的嵌入式互联研究 [J]. 航空计算技术, 2008, 38 (3): 123-126.
[42] SAM FULLER. RapidIO The Embedded System Interconnect [M]. 北京: 电子工业出版社, 2006.
[43] 杨卿. RapidIO 高速互联接口的设计研究与应用 [D]. 成都: 电子科技大学, 2009.
[44] 郭淦. 高速串行通信中的时钟恢复技术 [D]. 上海: 复旦大学, 2005.
[45] 张华. 高速互联系统的信号完整性研究 [D]. 南京: 东南大学, 2005.
[46] 汪星宇. RapidIO 技术在信号处理系统中的应用与研究 [D]. 南京: 南京理工大学, 2009.
[47] 董小社, 贾志国, 赵青苹. InfiniBand 交换机制的研究 [J]. 微电子学与计算机, 2004, 21 (2): 81-85.
[48] 梁小虎, 王乐, 张亚棣. 高速串行总线 RapidIO 与 PCI Express 协议分析比较 [J]. 航空计算技术, 2010 (3): 127-130.
[49] 吴强. 基于 RapidIO 系统互联协议的逻辑设计与验证 [D]. 成都: 西南交通大学, 2009.

[50] 胡军，李晋文，曹跃胜.Gbps串行链路信号完整性分析与设计［J］.计算机工程与科学，2009，31（7）：102-105.
[51] 吴海燕.基于RapidIO总线的信号处理平台设计［D］.成都：电子科技大学，2009.
[52] 刘倩茹.基于RapidIO的高速传输接口的研究与设计［D］.北京：华北电力大学，2012.
[53] 张娟娟.RapidIO高速串行总线的研究与实现［D］.长沙：湖南大学，2011.
[54] 魏芳，刘志军，马克杰.基于Verilog HDL的异步FIFO设计与实现［J］.电子技术应用，2006，32（7）：97-99.
[55] 王勇，林粤伟，吴冰冰，等.RapidiO嵌入式系统互联［M］.北京：电子工业出版社，2006.
[56] 李琼，郭御风，刘光明，等.I/O互联技术及体系结构的研究与发展［J］.计算机工程，2006，3（12）：93-95.
[57] 林玲，蒋俊，倪明，等.RapidIO在多处理器系统互联中的应用［J］.计算机工程，2006，32（4）：244-246.
[58] 侯红英.RapidIO高速串行总线的信号完整性仿真［J］.电讯技术，2008，48（9）：67-70.
[59] 纪斌，郑志国.基于PowerPC的RapidIO高速串行通信设计与实现［J］.电讯技术，2011，51（3）：75-78.
[60] 饶坤.基于DSP和FPGA的串行RapidIO系统性能测试与分析［J］.信息与电子工程2012，1（6）：680-684.
[61] 蔡叶芳，田泽，李攀，等.一种RapidIO IP核的设计与验证［J］.计算机技术与发展，2014，24（10）：97-100.

第7章 PCI/CPCI 机载计算机总线

世界两大著名的航空公司——美国波音公司和欧洲空中客车公司分别在其最新的机载计算机上采用 PCI/CPCI 机载计算机总线。空客公司是第一个在 A380 中将 IMA 体系结构引入到大型民用运输机，它使用带有中央处理器输入/输出模块（CPIOM）作为其公共核心处理单元。CPIOM 是一个扩展了专用分区 I/O 接口的通用处理器板卡，CPIOM 通过分区进行编组。CPIOM 不是安装在一个共同的设备机架，它们只是现场可更换单元，A380 有一些用于 I/O 子系统专门分区的 RDC，通常是这些子系统供应商提供的。

本章首先介绍空客公司 A380 CPIOM 体系结构和波音 GPM 体系结构，接着，详细说明 PCI/CPCI 机载计算机总线的接口信号、总线命令和数据传输协议、数据传输操作以及接口的设计实现。

7.1 PCI/CPCI 在现代飞行器应用

空客公司是第一个在 A380 中将 IMA 体系结构引入到大型民用运输机，它使用带有中央处理器输入/输出模块（CPIOM）作为其公共核心处理单元。CPIOM 是一个扩展了专用分区 I/O 接口的通用处理器板卡，CPIOM 通过分区进行编组。每个分区通过一对网络交换机连接到 ARINC 664 第 7 部分网络，尽管进行了配置，CPIOM 不是安装在一个共同的设备机架，它们只是现场可更换单元，A380 有一些用于 I/O 子系统专门分区的 RDC，通常是这些子系统供应商提供的。

波音公司在波音 787 上采取了略微不同的方法，公共核心计算单元是一个通用处理模块（GPM），与空客 CPIOM 类似，但它没有分区的 I/O。在 RDC 中实现 I/O 接口的效果，最大程度减少飞机布线和方便连接。RDC 与中央处理核心计算单元的数字通信按 ARINC 664 第 7 部分网络协议，通用处理模块位于公共计算资源机架。

7.1.1 空客 A380 和 A350 客机计算机总线

空客公司在 A380 上推出了与以往不同的概念的机载电子系统，这个体系结构的基础是使用双余度数据线的全双工交换式以太网。体系结构的中心是一个双余度的 AFDX 交换网络，包括 100Mb/s 数据传输的 AFDX 交换机。双余度的交换机在整个飞机纵向、左/右两边分布（图 7-1）。

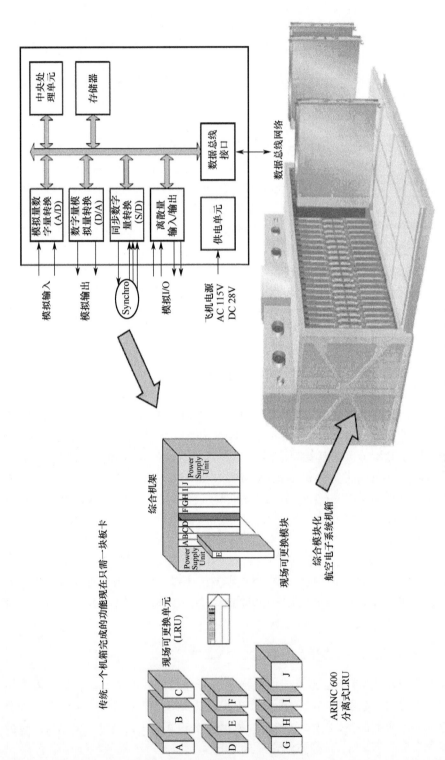

图7-1 综合模块化机载电子系统机箱

CPIOM 物理结构如图 7-2 所示。它由 4 个电路板组成，每个包含一个 ARINC6003MCU 封装。CPU 电路板和 I/O 公共板对所有 CPIOM 是公共的，其他 I/O 板是各分区专用。CPU 板和 I/O 板之间的互联是通过内部 PCI 总线，AFDX 端系统是安装在 CPU 板的一个 PMC 板。

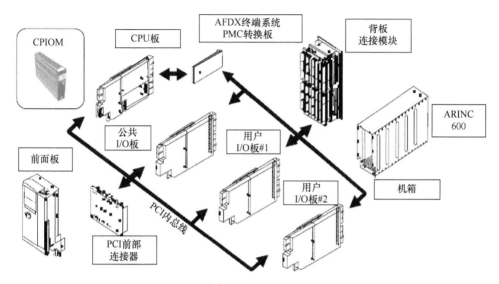

图 7-2 空客 A380 CPIOM 物理结构

在 A380 体系结构总共有 7 种不同类型 22 个 CPIOM，其中央计算核心是公共的，以及每个 CPIOM 由输入/输出（I/O）和系统将要实现的功能所确定。这些 CPIOM 被用到多功能的驾驶舱、机舱、能源和其他应用中。在上述应用中，4 个燃油 CPIOM（CPIOM-F）和 4 个起落架 CPIOM（CPIOM-G），提供燃油和起落架的核心计算功能。这个概念的主要优势是常用开发工具和软件语言可在所有 CPIOM 变体中应用。空客 CPIOM 功能如图 7-3 所示。

每个分区的机载电子系统功能由一组中央处理器输入/输出模块实现。为便于说明，CPIOM 的体系结构如图 7-4 所示，它包括通用处理功能和一组 I/O 接口功能。这里读者应该注意到，CPIOM 体系结构所反映通用航空电子计算机体系结构在 2.3.1 节已经讨论，使用当前 Power PC 处理器体系结构和内存技术在 2.8 节和 2.9 节也已经讨论，操作系统和应用软件保存在飞机机载非易失性闪存，并上传到 RAM 内存，分区是由应用程序软件在运行时通过上下文交换机实现的。配置和维护数据长期保存在非易失性 RAM（NVRAM）存储器中，I/O 设备与 CPU 系统内总线的接口是外围组件互联（PCI）总线，端系统 ARINC 664-P7 网络接口由 PCI 接口转换卡（PMC）提供，它安装在 CPU 板的第二个（PCI）插座。

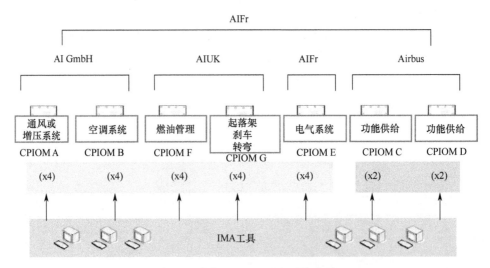

图 7-3 空客 A380 CPIOM 功能实现

A380 的体系结构中，系统专用的远程数据集中器主要由子系统供应商提供。例如，两个燃油管理系统（FQMS）的 RDC 提供有燃油系统专用接口，而 3 个起落架 RDC 提供起落架和刹车系统接口。A400M 机载电子系统的核心采用了类似系统概念。

随后几年的 A350 使用类似的概念，中央 AFDX 交换网络未做改变，但专用子系统 RDC 取代了多达 29 个两种类型多用途通用远程数据集中器，CPIOM 的数量已经从 7 个大幅减少到 2 个，CPIOM 总数几乎仍然相同。硬件进一步整合的产生结果如下。

(1) 减少硬件变化。
(2) 以增加空客子系统供应商合作伙伴费用为代价增加硬件功能。
(3) 飞机级配置控制负担增加，整体系统配置很大程度通过 RDC 配置实现。

7.1.2 波音 787 客机计算机总线

波音 787 也使用 ARINC 664 定义 100Mb/s 的 AFDX 技术。然而，其体系结构与空客是完全不同的，它使用两个紧密耦合的公共计算资源机箱，以及通过 RDC 服务实现的分布式 I/O 接口，如图 7-5 所示。CCR 代表了系统通用计算的核心，与空客使用 16 个 AFDX 网络交换机的分布式系统理念相同。

在许多方面，波音 787GPM + RDC IMA 体系结构与空客 CPIOM 组成单元相同，基于 CCS 的处理功能和基于 RDC 的通过 ARINC 664 网络之间通信的 I/O 功能如图 7-5 所示。

第 7 章 PCI/CPCI 机载计算机总线

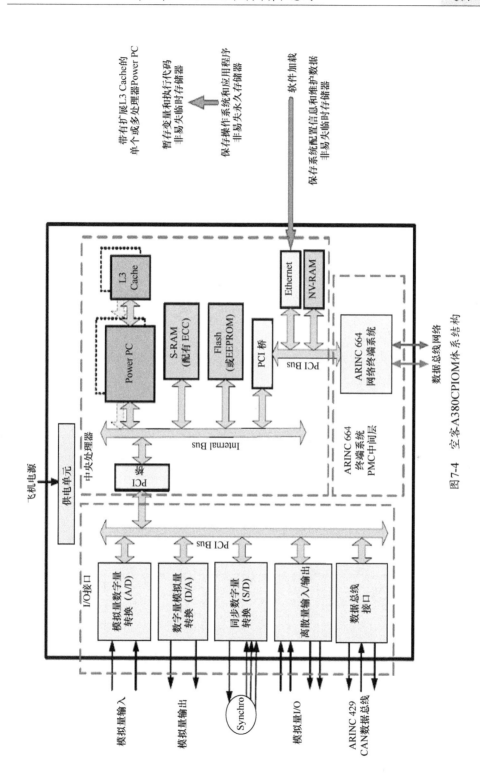

图 7-4 空客 A380 CPIOM 体系结构

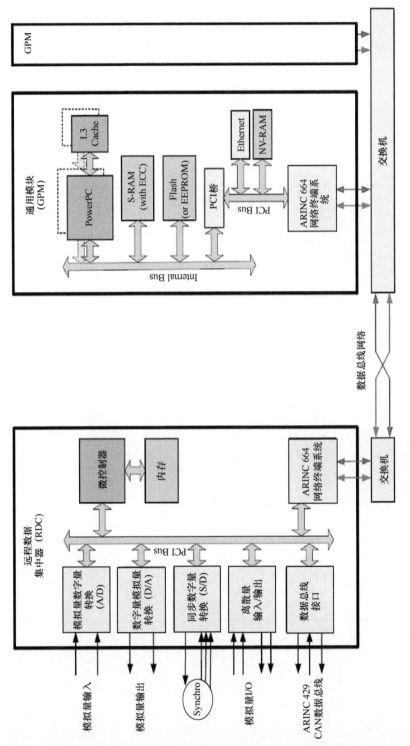

图7-5　B787座舱GPM和RDC体系结构

每个 CCR 包含许多通用处理模块和两个 ARINC 664 第 7 部分交换机（通道 A 和 B）。GPM 是独立的计算平台，其核心软件和驻留的应用程序提供了健壮的分区环境和基础结构，包括基于 ARINC653 标准的 I/O 服务、健康监控和非易失性文件存储。计算资源的时间窗口、周期、内存分配和 I/O 需求通过配置文件传输给核心软件，所有这些配置通过分区机制强制执行。

CCR 机箱使用 100Mb/s 星型光纤网络实现高速数据总线的互联，CCFR 实现彼此相互关联的数据交换。它们还与许多 RDC 通信，远程电源控制器（RPC）按照配置情况分布在飞机分区 25~30。

（1）RDC 的本地接口包括 ARINC 429、CAN 总线、模拟和离散信号，实现航空电子和飞机系统的接口，在 A350 的体系结构中其功能是模拟量到 RDC。

（2）RPC 的服务功能类似，但关心的是飞机各种负载电源的和状态监控，RPC 有效地提供分布式电源管理系统。

CCR 和 RDC 硬件由 GE 通用航空提供，它是机载电子系统集成商。RPC 由 HamiltonSundstrand 公司提供，同时提供发电机和主配电板。

波音 787 的另一个关键特性是"多电"飞机，除了发动机进气整流罩防冰外去掉了引气功能，而在此之前的许多功能通过引气实现，如飞机增压、座舱温度控制和机翼防冰供电，这就需要巨大电力，飞机每通道配置两个 250kV·A、230V 交流发电机，或者是总计 1MW 的主发电机。

7.2 PCI 总线接口定义

7.2.1 PCI 总线简介

随着计算机技术的不断发展，CPU 的处理速度越来越快，EISA 总线的 32MB/s 带宽已经满足不了 CPU 的需求，CPU 外围总线带宽已经成为制约计算机处理能力继续提高的瓶颈。1991 年下半年，Intel 公司首选提出 PCI 总线的概念，并与 IBM、Compaq、AST、HP、DEC 等 100 多家公司成立 PCISIG 组织，联合推出 PCI 总线。

PCI（Peripheral Component Interconnect），即"外围器件互联"，是由 Intel 公司 1991 年推出的局部并行总线标准。此标准允许在计算机内安装多达 10 个 PCI 标准的扩展卡。最早提出的 PCI 总线工作在 33MHz 频率之下，传输带宽达到 132MB/s（33MHz×32b/8），基本上满足了当时处理器的发展需要。随着对更高性能的要求，后来又提出把 PCI 总线的频率提升到 66MHz，传输带宽能达到 264MB/s。从结构上看，PCI 是在 CPU 和原来的系统总线之间插入的一级总线，具体由一个桥接电路实现对这一层的管理，并实现上下之间的接口以协调数据的传送。管理器提供信号缓冲，能在高时钟频率下保持高性能，适合为显卡、声卡、网卡、MODEM 等设备提供连接接口，工作频率为 33MHz/66MHz。

PCI 总线系统要求有一个 PCI 控制卡，它必须安装在一个 PCI 插槽内。这种插槽是目前主板带有最多数量的插槽类型。在当前流行的台式机主板上，ATX 结构的主板一般带有 5~6 个 PCI 插槽，而小一点的 MATX 主板也都带有 2~3 个 PCI 插槽。根据实现方式不同，PCI 控制器可以与 CPU 一次交换 32 位或 64 位数据，它允许智能 PCI 辅助适配器利用一种总线主控技术与 CPU 并行地执行任务。PCI 允许多路复用技术，即允许一个以上的电子信号同时存在于总线之上。

PCI 总线支持 32 位和 64 位两种位宽，时钟频率为 33MHz，总线带宽：$32b \times 33MHz = 1056Mb/s/8 = 132MB/s$ 或 $64b \times 33MHz = 2112Mb/s/8 = 264MB/s$。

图 7-6 所示是 PCI 总线组成示意图。

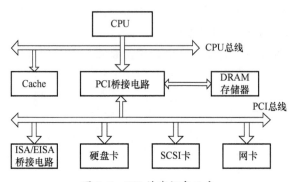

图 7-6 PCI 总线组成示意

PCI 总线不同于 LBE、VME，PCl 总线与模块内部通过协议芯片连接，具有如下特点。

（1）高性能、完整和可靠数据传输。采用 33MH 时钟频率，较其他只为加速图形或视频操作的局部总线优越。

（2）线性突发传输。支持顺序读/写一批数据的线性突发数据传输模式，可确保总线不断满足数据传输。

（3）极小的存取延迟。大幅度减少外围设备获取总线控制权时间。

（4）支持多总线主控方式，采用总线主控和同步操作。PCI 的总线主控和同步操作功能有利于 PCI 性能改善。

（5）不受处理器限制。独立于处理器的中间缓冲器，将中央处理器与外围设备分开。

（6）适合各种机型。PCI 局部总线不但适宜桌面计算机、也适用于便携式计算机和服务器。

（7）兼容性强。由于 PCI 是现有总线标准扩展，与 ISA、EISA 及 MCA 总线完全兼容。

（8）具有即插即用功能（自动选择未使用中断和地址），预留了发展空间。

PCI 总线在开发时预留了充足的发展空间。

（9）低成本、高效益。大量系统功能高度集成于芯片，线路板空间小，成本降低。

（10）立足现在放眼未来的标准。PCI 局部总线既迎合了当今的技术要求，又能满足未来的需要，是计算机界公认的最具高瞻远瞩的局部总线标准。

7.2.2 PCI 总线接口定义

PCI 总线系统中接口模块有主设备和从设备，主设备是取得总线控制权的设备，从设备是被主设备选中进行数据交换的设备。如果某设备取得了总线控制权，就称其为"主设备"；被主设备选中以进行通信的设备称为"从设备"或"目标节点"。对于相应的接口信号线，通常分为必备的和可选的两大类。为了进行数据处理、寻址、接口控制、仲裁等系统功能，PCI 接口要求作为目标的设备至少需要 47 条引脚，若作为主设备则需要 49 条引脚。下面对主设备与目标设备综合考虑，并按功能分组将这些信号表示在图 7-7 中。其中，必要的引脚在左边，任选的引脚在右边。

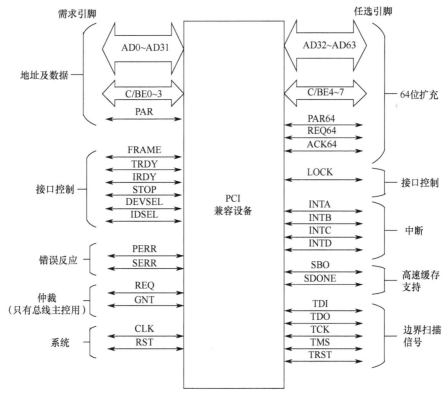

图 7-7 PCI 总线接口信号

PCI 信号按数传方向及驱动特性划分，分为 5 种类型，各种类型的规定如下。

(1) in。输入信号。

(2) out。输出驱动信号。

(3) t/s。表示双向三态输入/输出驱动信号。

(4) s/t/s。持续三态（Sustained Tri-State）信号，表示持续的并且低电平有效的三态信号。在某一时刻只能属于一个主设备并被其驱动。这种信号从有效变为浮空（高阻状态）之前必须保证使其具有至少一个时钟周期的高电平状态。另一主设备要想驱动它，至少要等到该信号的原有驱动者将其释放（变为三态）一个时钟周期之后才能开始。同时，如果此信号处于持续的非驱动状态时，在有新的主设备驱动它之前应采取上拉措施，并且该措施必须由中央资源提供。

(5) o/d。漏极开路（Open Drain）信号，可作线或形势允许多个设备共同使用。

1. 系统接口信号

(1) CLK (in)。PCI 系统总线时钟输入，为所有 PCI 上的接口传送提供时序。其最高频率可达 66MHz，最低频率一般为 0（DC），这一频率也称为 PCI 的工作频率。对于 PCI 的其他信号，除 RST#、IRQB#、IRQC#、IRQD#之外，其余信号都在 CLK 的上升沿有效（或采样）。

(2) RST# (in)。复位，用来使 PCI 专用的特性寄存器和定时器相关的信号恢复规定的初始状况。每当复位时，PCI 的全部输出信号一般都应驱动到第三态。

2. 地址和数据信号

(1) AD0~AD31 (t/s)。地址、数据多路复用的输入/输出信号。

在 FRAME#有效的第一个时钟，AD[31：00] 上传送的是 32 位地址，称为地址周期。

当 IRDY#和 TRDY#同时有效时，AD[31：00] 上传送的为 32 位数据，称为数据周期。

PCI 总线的传输中包含了地址信号周期和一个（或多个）数据周期，即一次总线传输周期 = 地址周期 + 数据周期 1 + 数据周期 2 + ……。此外，PCI 总线支持突发方式的读写功能。

地址周期为一个时钟周期，在该周期中 AD0~AD31 线上含有一个 32 位的物理地址。对于 I/O 操作，它是一个字节地址，若是存储器操作和配置操作，则是双字地址。

在数据周期，AD0~AD7 为最低字节，AD24~AD31 为最高字节。当 IRDY#

有效时，表示写数据稳定有效，TRDY#有效时，表示读数据稳定有效。

(2) C/BE#0~3 (t/s)。总线命令和字节使能多路复用信号线。在地址周期内，这4条线上传输的是总线命令；在数据周期内，传输的是字节使能信号，用来表示在整个数据期中，AD0~AD31 上哪些字节为有效数据。

(3) PAR (t/s)。针对 AD[31:00] 和 C/BE#0~3 进行奇偶校验的校验位。
图 7-8 给出 PCI 总线读操作时序例子。

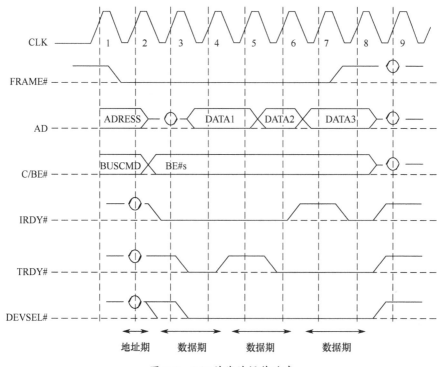

图 7-8　PCI 总线读操作时序

3. 接口控制信号

(1) FRAME# (s/t/s)：帧周期信号。由当前主设备驱动，表示一次访问的开始和持续时间。FRAME#无效时，表示是传输的最后一个数据周期。

(2) IRDY# (s/t/s)：主设备准备好信号。该信号有效表明发起本次传输的设备（主设备）能够完成一个数据期。它要与 TRDY#配合使用，当这两者同时有效时，才能进行完整的数据传输，否则为等待周期。在写周期，该信号有效时，表示已在 AD0~AD31 上建立有效的数据信号；在读周期，该信号有效时，表示主设备已做好接收数据的准备。

(3) TRDY# (s/t/s)：从设备准备好信号。该信号有效表示从设备已做好完成当前数据传输的准备工作，此时可进行相应的数据传输。同样，该信号要与IRDY#配合使用，这两者同时有效数据才能进行完整传输。在写周期内该信号有效表示从设备已做好了接收数据的准备。在读周期内，该信号有效表示在AD0～AD31数据有效，同理，IRDY#和TRDY#的任何一个无效时都为等待周期。

(4) STOP#（s/t/s）：停止数据传送信号，该信号由从设备发出。当它有效时，表示从设备请求主设备终止当前的数据传送。

(5) LOCK#（s/t/s）：锁定信号，该信号是由PCI总线上发起数据传输的设备控制的，如果有几个不同的设备在使用总线，但对LOCK#信号的控制权只属于一个主设备（由GNT#信号标定）。当LOCK#信号有效时，表示驱动它的设备所进行的操作可能需要多个传输才能完成，如果对某一设备具有可执行的存储器，那么，它必须能实现锁定，以便实现主设备对该存储器的完全独占性访问。对于支持锁定的目标设备，必须能提供一个互斥访问块，并且该块不能小于16字节。连接系统存储器的主桥路也必须使用LOCK#。

(6) IDSEL（in）：初始化设备选择信号。在参数配置读写传输期间，用作片选信号。

(7) DEVSEL#（s/t/s）：设备选择信号。由从设备驱动，该信号有效时，表示驱动它的设备已成为当前访问的从设备。它有效表明总线上的某一设备已被选中。

4. 仲裁信号

(1) REQ#（t/s）：总线请求信号。该信号一旦有效即表示驱动它的设备要求使用总线。它是一个点到点的信号线，任何主设备都应有自己的REQ#信号。

(2) GNT#（t/s）：总线允许信号。用来向申请占用总线的设备表示其请求已获批准。这也是一个点到点的信号线，任何主设备都应有自己的GNT#信号。

5. 错误报告信号

为了能使数据可靠、完整地传输，PCI局部总线标准要求所有挂于其上的设备都应具有错误报告线。

(1) PERR#（s/t/s）：数据奇偶校验错误报告信号。该信号不报告特殊周期中的数据奇偶错。一个设备只有在响应设备选择信号DEVSEL#和完成数据期之后，才能报告一个PERR#。对于每个数据接收设备，如果发现数据有错误，就应在数据收到后的两个时钟周期将激活。该信号的持续时间与数据期的多少有关，如果是一个数据期，则最小持续时间为一个时钟周期；若是一连串的数据期并且每个数据期都有错，那么，PERR#的持续时间将多于一个时钟周期。由于该信号是持续的三态信号，所以该信号在释放前必须先驱动为高电平。另外，对数据奇偶错的报告不能丢失也不能推迟。

(2) SERR#（o/d）：系统错误报告信号。该信号用于报告地址奇偶错，特殊命令序列中的数据奇偶错,以及其他可能引起灾难性后果的系统错误。SERR#是漏极开路信号,由返遣错误的单元驱动,在一个 PCI 时钟内有效。SERR#信号的发出和时钟同步,因而,满足总线上所有其他信号的建立时间和保持时间的要求。

6. 中断信号

中断在 PCI 总线上是可选用的,低电平有效,用漏极开路方式驱动。同时,此类信号的建立和撤销是与时钟不同步的。PCI 为每一个单功能设备定义一根中断线。对于多功能设备或连接器,最多可有 4 条中断线。对于单功能设备,只能使用 INTA#,其余 3 条中断线无意义。

PCI 局部总线有 4 条中断线,定义如下。

(1) INTA# (o/d):中断 A,用于请求一次中断。

(2) INTB# (o/d):中断 B,用于请求一次中断并只在多功能设备上有意义。

(3) INTC# (o/d):中断 C,功能同中断 B。

(4) INTD# (o/d):中断 D,功能同中断 B。

多功能设备上的任何一种功能都能连到任何一条中断线上,中断寄存器决定该功能用哪一条中断线去请求中断。如果一个设备只用一条中断线,则这条中断线就称为 INTA;如果该设备用了两条中断线,那么它们就称为 INTA 和 INTB,依此类推。对于多功能设备,可以是所有功能用一条中断线,也可以是每种功能有自己的一条中断线,还可以是上两种情况的综合,一个单功能设备不能用一条以上的中断线去申请中断。

系统供应商在对 PCI 连接器的各个中断信号和中断控制器进行连接时,其方法是随意的,可以是线或方式、程控电子开关方式,或者是二者的组合,这就是说,设备驱动程序对于中断共享事先无法做出任何假定,即它必须能够给任何逻辑设备提供中断。

7. 高速缓存(Cache)支持信号

为了使具有可缓存功能的 PCI 存储器能够和贯穿写(Write-Through)或回写(Write-Back)的 Cache 相配合工作,可缓存的 PCI 存储器应该能实现两条高速缓存支持信号作为输入。如果可缓存的存储器位于 PCI 总线上,那么,连接回写式 Cache 和 PCI 的桥路必须利用两条引脚,并且作为输出,而连接贯穿写式 Cache 的桥只需要实现一个信号。上述两个信号的定义如下。

(1) SBO# (in/out):双向试探返回信号(Snoop Backoff)。当其有效时,说明对某修改行的一次命中,所访问的数据为无效数据。当无效而 SDONE#有效时,说明 PCI 发起方正在访问存储器的有效行并可进行高速缓存的操作。

(2) SDONE# (in/out):监听完成信号(Snoop Done)。表明处理器 Cache

对主存的监听状态。当其无效时，说明监听仍在进行，否则表示监听已经完成。

8. 64 位总线扩展信号

当要进行 64 位扩展操作时使用以下信号。

（1）AD32～AD63（t/s）：扩展的 32 位地址和数据多路复用线。在地址周期（如果使用了双地址周期 DAC 命令且 REQ64#有效时），这 32 条线上含有 64 位地址的高 32 位，否则它们是保留的；在数据周期，当 REQ64#和 ACK64#同时有效时，这 32 条线上含有高 32 位数据。

（2）C/BE#4～7（t/s）：总线命令和字节使能多路复用信号线。在数据周期，若 REQ64#和 ACK64#同时有效时，该 4 条线上传输的是表示数据线上哪些字节是有意义的字节使能信号，如 C/BE#4 对应第 4 字节，C/BE#5 对应第 5 字节。在地址周期内，如果使用了 DAC 命令且 REQ64#信号有效，则表明 C/BE#4～7 上传输的是总线命令，否则，这些位是保留的且不确定。

（3）REQ64#（s/t/s）：64 位传输请求。该信号由当前主设备驱动，表示本设备要求采用 64 位通路传输数据。它与 FRAME#有相同的时序。

（4）ACK64#（s/t/s）：64 位传输确认。表明从设备将用 64 位传输。此信号由从设备驱动，并且和 DEVSEL#具有相同的时序。

（5）PAR64（t/s）：奇偶双字节校验。它是 AD32～AD63 和 C/BE#4～7 的校验位。当有效且 C/BE#0～3 上是 DAC 命令时，PAR64 将在初始地址周期之后一个时钟周期有效，并在 DAC 命令的第二个地址周期后的一个时钟周期失效。当 REQ64#和 ACK64#同时有效时，PAR64 在备数据期内稳定有效，并且在 IRDY#或 TRDY#发出后的第一个时钟处失效。PAR64 信号一旦有效，将保持到数据周期完成之后的一个时钟周期。该信号与 AD32～AD63 的时序相同，但延迟一个时钟周期。该信号线在任何给定的总线周期内应保证连同 AD32～AD63 和 C/BE#4～7在内的所有信号线上的"1"的个数为偶数（偶校验）或者为奇数（奇校验）。在发送时产生，而在接收时进行校验。

7.3 PCI 总线命令

总线命令是由主设备发向从设备，其作用是规定主、从设备之间的传输类型，它出现于地址周期上。这里的主设备是指通过仲裁而获得总线控制权的设备；从设备是指由 C/BE#0～3 上命令及 AD0～AD31 上的地址所选中的目标设备。

表 7-1 给出了总线编码及类型说明。其中，命令编码中的 1 表示高电平，0 表示低电平。

表 7-1　总线编码及类型说明

C/BE#0~3	命令类型说明
0000	中断应答（中断识别）
0001	特殊周期
0010	I/O 读（从 I/O 地址中读数据）
0011	I/O 写（向 I/O 地址中写数据）
0100	保留
0101	保留
0110	存储器读（从内存空间映像中读数）
0111	存储器写（向内存空间映像写数据）
1000	保留
1001	保留
1010	配置读
1011	配置写
1100	存储器多行读（存储器重复读）
1101	双地址周期
1110	存储器线读（高速缓冲存储器读）
1111	高速缓冲存储器写

（1）中断应答命令。中断应答命令是一个读命令，执行主设备从申请中断的从设备中读回中断向量的操作。

（2）特殊周期命令。该命令为 PCI 总线提供了一个简单的信息广播机制，通报处理器的状态或在各个从设备之间传递信息。

（3）I/O 读命令。该命令用来从一个映射到 I/O 地址空间的设备中读取数据。

（4）I/O 写命令。该命令用来向一个映射到 I/O 地址空间的设备写入数据。

（5）保留命令。保留命令编码留作将来使用。PCI 的任何设备都不能将它们挪作它用，任何设备也不允许对保留命令出反应。

（6）存储器读命令。该命令用来从一个映射到存储器地址空间的设备读取数据。

（7）存储器写命令。该命令用来向一个映射到存储器空间的设备写入数据。

（8）配置读命令。该命令用来从每个设备的配置空间读取数据。

（9）配置写命令。该命令向每个设备的配置空间写入数据。

（10）存储器多行读命令。该命令的作用是试图在主设备断开连接之前读取多行高速缓存数据。存储控制器应保证，只要 FRAME# 有效，就连续不断地发存储器请求。该命令预定用于大块连续数据的传输。

（11）双地址周期（DAC）。命令该命令用于传送64位地址给支持64位寻址的设备。只支持32位寻址的目标把这种命令当作保留待，而对该命令不响应。

（12）存储器一行读命令。该命令与存储器读命令不同之处在于它还表示主设备要求读取多于两个32位的PCI数据周期，即进行据传送。此时，一次读一行缓存范围内所有数据，而不是一个单一的存储器周期。

（13）存储器写无效命令。该命令与存储器写命令不同之处是它要保证最小的传输量是一个高速缓存的行，即主设备要在一次P中将寻址的高速缓存行的每个字节都写入，写入后发布写无效命令，用于维护Cache一致性的写无效协议。

所有PCI设备都是配置（读和写）命令的目标，都必须做出应答。对其他的命令则有选择地响应。命令执保证I/O（读和写）命令的执行顺序。有重定位功能或寄存器的目标设备应能通过配置寄存器映射到存储空就为没有I/O空间设备的使用提供了一种选择。当这种映射实现时，无论设备映射到I/O空间还是存储器命令执行规则都对系统设计者提供保证。

总线主控可以根据需要使用任选指令，目标（从设备）也可根据需要而选用指令，但如果它选用了基本指令，它就必须支持所有存储器命令；否则，就必须利用别名将这些为优化性能而设的命令（存储器一行储器多行读和存储器写无效命令），转变为基本的存储器命令。例如，一个从设备可以不实现存储器一行令，但是它必须能接受该命令的请求，并按存储器读命令来处理。同理，一个从设备可以不实现存储器写，但它必须能接受该命令的请求，并按存储器写命令来处理。

对于系统存储器数据读写，建议在主设备支持的情况下尽量采用存储器写无效命令和存储器行读命果主设备确实不能支持上述优化性能的命令，可采用存储器读写命令。对于使用存储器读命令的主设备，所有命令可进行任何长度的访问。

7.4　PCI总线协议

PCI总线上所有的数据传输是由以下3条信号线控制的。
（1）FRAME#：由主设备驱动，指明一个数据传输的起始和结束。
（2）IRDY#：由主设备驱动，允许插入等待周期。
（3）TRDY#：由从设备驱动，允许插入等待周期。
PCI总线的传输控制遵循的管理规则如下。
FRAME#、IRDY#和TRDY#信号控制PCI总线的数据传输。
FRAME#和IRDY#两个信号的配合构成总线状态：
11空闲、00数据、01等待状态、10最后一个数据。
图7-9是PCI总线数据传输的示意图。

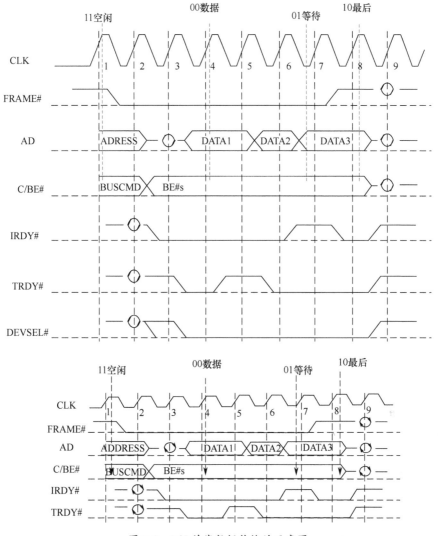

图 7-9 PCI 总线数据传输的示意图

通常，PCI 总线的传输遵循如下管理规则。

（1）FRAME#和 IRDY#信号定义了总线的忙/闲状态，当其中一个有效时，总线是忙的；两个都无效时，总空闲状态。

（2）一旦 FRAME#信号被置为无效，在同一传输期间不能重新设置。

（3）除非设置了 IRDY#信号有效，一般情况下，不能设置 FRAME#信号无效。

（4）一旦主设备设置了 IRDY#信号，直到当前数据期结束为止，主设备一般不能改变 IRDY#信号和 FRAME#信号的状态。

(5) 在完成最后一个数据期之后的时钟周期，主设备必须使 IRDY#信号无效。

PCI 定义了 3 个物理地址空间：存储器地址空间、I/O 地址空间和配置地址空间，前两个是一般总线都有空间，第三个是用以支持 PCI 硬件配置的特殊空间。

PCI 总线的编址是分布式的，每个设备都有自己的地址译码，从而省去了中央译码逻辑。PCI 支持两种设备地址译码：正向译码和负向译码。所谓正向译码，就是每个设备都监视地址总线上的访问地址是否落在它范围内，因而速度较快。负向译码是指该设备要接受未被其他设备在正向译码中接受的所有访问，因此，码方式只能由总线上的一个设备来实现。由于它要等到总线上其他所有设备都拒绝之后才能译码，所以负向译码对于标准扩展总线这类设备是很有用的，因为这类设备必须响应一个很零散的地址空间。正和反向译码设备都不对保留的总线命令发出-DEVSEL 响应信号。

1. I/O 地址空间

在 I/O 地址空间，全部 32 位 AD 线都被用来提供一个完整的地址编码（字节地址），使得要求地址精确一级的设备不需多等一个周期就可完成地址译码（产生 DEVSEL#信号），也使负向地址译码节省了一个时钟在 I/O 访问中，AD0~AD1 这两位很重要，并要与 C/BE#0~3 配合，才能进行一次有效的访问。

2. 内存地址空间

在存储器访问中，所有的目标设备都要检查 AD0~AD1，要么提供所要求的突发传输顺序，或者执行一备断开操作。对于所有支持突发传输的设备都应能实现线性突发性传输顺序，而高速缓存的行切换不一定实存储器地址空间，用 AD2~AD31 译码得到一个双字地址的访问。在线性增长方式下，每个数据周期过后，一个 DWORD（4B）增长，直到对话结束。在存储器访问期间，AD0AD1 的含义如下：

当 AD0AD1 为 00 时，突发传输顺序为线性增长方式；

AD0AD1 为 01 时，为高速缓存行切换方式；

AD0AD1 为 1X 时，为保留。

图 7-10 是内存地址空间示意图。

3. 配置地址空间

在配置的地址空间中，要用 AD2~AD7 将访问落实到一个 DWORD 地址。当一个设备收到配置命令时，IDSEL 信号有效，并且 AD0-AD1 为 00，则该设备即被选为访问的目标，否则就不参与当前的对话。如果译码出来符合某桥路的编号，并且 AD0-AD1 为 01，则说明配置访问是对该桥后面的设备，即不与桥直接连接的设备。

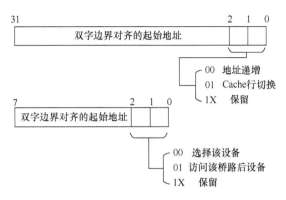

图 7-10　内存地址空间示意图

图 7-11 是设备通过地址配置进行设备选择的时序图。

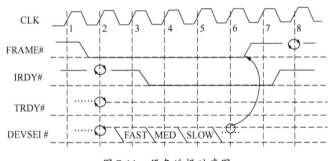

图 7-11　设备选择时序图

4. 字节对齐

PCI 总线上不能进行字节的交换。但是，具有 64 位通道的主设备可以进行 DWORD（双字）的交换。主设备可以在每个新数据期开始的时钟前沿改变字节使能信号，并且在整个数据期中保持不变。

用字节使能信号 C/BE#0～3 来指出哪些字节带了有意义的数据，在每个数据周期内，可以自由改变字节能，使之对传输数据的实际含义和有效部分进行界定，这一功能称为字节对齐或字节校正。

5. 总线的驱动与过渡

从一个设备驱动总线到另一个设备驱动 PCI 总线之间设置一个过渡期，又称为交换周期，以防止总线访问冲突。在每个地址（数据）期中，所有的 AD 线都必须被驱动到稳定的状态（数据），包括那些字节使能信号表明无效的字节所对应的 AD 线。

为了避免多个设备同时驱动一个信号到 PCI 总线上而产生竞争，在一个设备驱动到另一个设备之间设个过渡期，又称为交换周期。在时序图上，交换期用

"→←"来表示。

在每个地址周期和数据周期,所有的 AD 线都必须被驱动到稳定的状态(数据),即使是在当前数据传涉及的字节所对应的 AD 线也不例外。在实际应用中,如果对功耗要求较高时,为尽量减少由于总线上信所造成的功耗,对当前总线周期中不用的字节用与前一周期相同的数据去驱动它们。

7.5 PCI 总线操作与数据传输

PCI 的数据传输包括读传送、写传送、传送终止等。图 7-12 表示了 PCI 总线上的一次读操作中有关信号的变化情况。

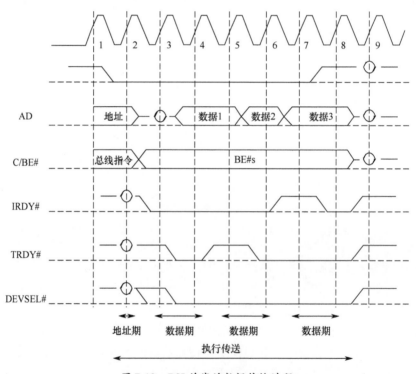

图 7-12 PCI 总线的数据传输过程

上面时序图中示出了参与 32 传送的各种重要信号之间的关系。实线表示正被当前总线主控或目标驱动号;虚线表示没有设备驱动的信号,但若此虚线处在基准位置时,仍然可表示它具有一个稳定的值;当三态虚线画在高、低状态之间时,说明它的值是不稳定的(如 AD 线或 C/BE#线);当一实线变成连续的点画线,表明它由原来的被驱动状态变成了现在的三态;当一实线由低向高跳变后成为连续的点画线时,则说明该信过预充电变为高电平,然后变成三态(释放)。

从图中可看出,一旦 FRAME#信号有效,地址周期就开始,并在时钟 2 的上升沿处稳定有效。在地址周期 AD0~AD31 上包含有效地址，C/BE#0~3 上含有一个有效的总线命令。数据期是从时钟 3 的上升沿处开始此期间，AD0~AD31 线上传送的是数据，而-C/BE 线上的信息指出数据线上的哪些字节是有效的（即哪几个是当前要传输的）。要特别指出的是，无论是读操作还是写操作，从数据周期的开始一直到传输的完成，输出缓冲器必须始终保持有效状态。

图中的 DEVSEL#信号和 TRDY#信号是由地址周期内所发地址选中的设备（从设备）提供的，但要保证 DEVSEL#之后出现。IRDY#信号是发起读操作（主设备）根据总线的占有情况自动发出的。数据的真正传输点在 IRDY#和 TRDY#同时有效的时钟前沿进行的，这两个信号的其中之一无效时，就表示需插入等待周期，此时数据传输。这就说明，一个数据周期可以包含一次数据传输和若干个等待周期。在图 7-13 中，在第 4、6 个时钟，进行一次数据传输，而在时钟 3、5、7 处插入了等待周期。

在读操作的地址周期和数据周期之间，AD 线上要有一个交换周期，这需要由从设备利用 TRDY#强制实现，就是 TRDY#的发出必须比地址的稳定有效晚一拍。但在交换周期过后并且有 DEVSE#L 信号时，从设备必须离线。

在第 7 个时钟处，尽管是最后一个数据周期；但由于主设备因某种原因不能完成最后一次传输（此时 IRDY#无故 FRAME#不能撤销，只有在时钟 8 处，IRDY#变为有效后，FRAME#信号才能撤销）。

图 7-13 是总线上的读操作示意图。

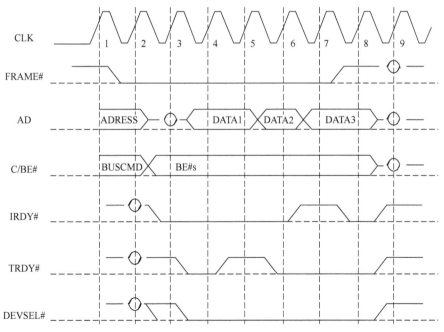

图 7-13　总线上的读操作示意图

图 7-14 是总线上的写操作示意图。

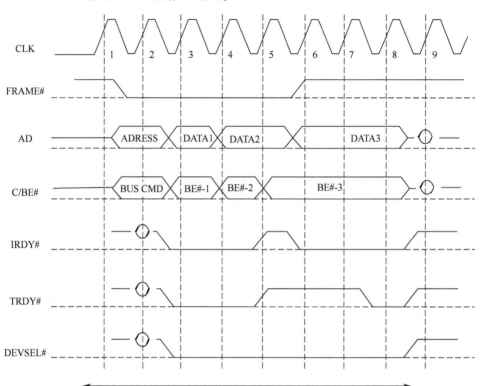

图 7-14 总线上的写操作示意图

PCI 总线的传输过程中，当主设备提出终止，或者是从设备提出终止（发出 STOP#信号），终止 PCI 总线传输。

(1) 由主设备提出终止，分别是下述 3 种情况。

① 传输结束。

② 超时（GNT#信号在内部延时计数器满后仍无效）。

③ 撤销 FRAME#，建立 IRDY#，直到 TRDY#有效后传输完最后一个数据。

(2) 由从设备提出终止（发出 STOP#信号），分别是下述 3 种情况。

① 死锁后重试。

② 断开（8 个时钟周期内从设备不能对主设备做出响应）。

③ 发出 STOP#信号并保持其有效，直到 FRAME#撤销为止。

PCI 总线上的所有传输操作中，FRAME#、IRDY#、TRDY#和 STOP#遵循的规则如下。

当 STOP#信号有效时，FRAME#应该在其后的 2~3 个时钟周期内尽快撤销，但撤销时应使 IRDY#有效，从设备应无条件的保持 STOP#的有效状态直到

FRAME#撤销为止。FRAME#撤销后，STOP#也应该紧跟着撤销。

在任何时钟的上升沿，如果STOP#和TRDY#同时有效，就表示是传输的最后周期，IRDY#要在下一个时钟的上升沿之前撤销，表示传输的结束。

对于被目标设备终止的传输，主设备要继续完成它，就必须用下一个未传输的数据的地址来重试访问。

PCI的总线传输机制是突发成组传输，由一个突发分组、一个地址周期和一个（多个）数据周期组成。

在存储器空间和I/O空间的突发传输中，突发传输是指主桥（位于主处理器和PCI总线之间）可以将多个写访问在不产生副作用的前提下合并为一次传输，一个设备通过将基址寄存器的预取位置1，来表示允许预取和合并写数据。一个桥可利用初始化时配置软件所提供的地址范围，来区分哪些地址空间可以合并，哪些不能合并。当遇到要写的后续数据不可预取或者一个对任何范围的读操作时，在缓冲器的数据合并操作必须停止，并刷新合并结果，但其后的写操作，如果是在预取范围内，可与更后面的写操作合并，但无论如何不能与已合并过的数据合并。

只要处理器发出的一系列写数据（双字）所隐含的地址顺序相同，主桥路总是可以将它们组成突发数据于从处理器中发出的I/O操作不能被组合，所以这种操作一般只有一个数据周期。

在PCI总线中，除了RST#、INTA#、INTB#、INTC#、INTD#之外，其他所有信号都在时钟上升沿被采个信号都有相对于时钟前沿的建立和保持时间，在此期间不允许有信号跳动，该时间一过，信号的变化就无效了。这样的时间范围，对AD0~AD31、AD32~AD63、PAR、PAR64和IDSEL信号，只是在适当的时钟沿对LOCK#、IRDY#、TRDY#、FRAME#、DEVSEL#、STOP#、REQ#、GNT#、REQ64#、ACK64#、SBO#、SDONE#、SERR#，在每个时钟沿都存在；对PERR#、C/BE#0~3、C/BE#4~7（用作总线命令），只在FRAME#一次有效的时钟沿存在。C/BE#0~3和C/BE#4~7（用作字节允许）在地址段或数据段完成后的那个时钟有时间限制。IRQA#、IRQB#、IRQC#、IRQD#和RST#则不受此限制。

7.6 PCI总线仲裁与总线配置

PCI总线仲裁采用集中式的同步仲裁方法，它通过握手方式实现：首先由主设备发起请求（REQ#），然后从设备给出允许（QET#）请求。图7-15是PCI总线仲裁示意图。

PCI总线仲裁中，PCI总线控制信号的时序变化过程如图7-16所示。

PCI设备的配置空间为64DW，通过配置寄存器定义。PCI设备的配置空间为即插即用（PnP）提供支持，实现设备的完全再定位。

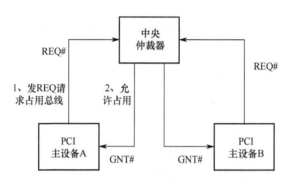

图 7-15 PCI 总线仲裁机制示意图

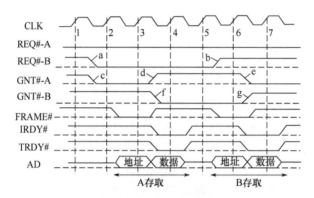

图 7-16 PCI 总线仲裁过程

  PCI 设备是一个物理设备，包括嵌入在 PCI 总线上的 PCI 器件或者是插入 PCI 插槽上的 PCI 卡。PCI 功能是一个 PCI 物理设备可能包含的具有独立功能的逻辑设备，一个 PCI 设备可以包含 1～8 个 PCI 功能。例如，一个 PCI 卡上可以包含一个独立的打印机模块，两个独立的数据采集器和一个独立的 RS-485 通信模块等。PCI 规范要求每个功能都配备一个 256B（64DW）的配置空间。

  定义一个 PCI 设备配置空间的目的在于提供一套适当的配置措施，使之实现完全的设备再定位而无需用户干预安装、配置和引导，并由与设备无关的软件进行系统地址映射。

  PCI 总线所有设备实现 PCI 协议中，必需按其协议规定进配置寄存器的设置，以便系统加电的时候利用这些寄存器的信息来进行系统配置。对 PCI 的配置访问实际上就是访问设备的配置寄存器。在系统启动的时候由 BIOS 代码执行设备配置。一旦即插即用 OS（如 Windows 2000）启动后，控制就传递给 OS，OS 接管设备管理。

  下面首先介绍配置空间的寻址方法，接着说明配置空间访问的类型，然后详细说明配置空间头区域（64DW）及功能，最后介绍 PCI 中断。

1. 配置空间的寻址方法

访问 PCI 设备配置空间时的必要条件如下。

（1）只有当输入目标设备的 IDSEL 信号有效时。配置访问不使用地址总线的 AD[31∶11]，利用地址总线的高 21 位产生 IDSEL，桥设备通过译码产生 IDSEL。

（2）在地址期内 AD[1∶0] 为 00 时，才能被作为配置访问的目标设备。

（3）AD[7∶2] 配合 C/BE#信号选择配置寄存器。

2. 配置空间访问

对配置空间的访问包括 0 类配置空间访问和 1 类配置空间访问两种类型。

（1）0 类配置空间访问。0 类配置空间访问用于对当前 PCI 总线上正在运行的目标设备配置寄存器所进行的访问。被配置访问的目标设备必须在地址期采样到其 IDSEL 输入信号有效，并且 AD[1∶0] 必须为 00。

在地址周期，AD[10∶8] 用于选择物理设备的八种功能之一，AD[7∶2] 为选择该功能设备的配置寄存器号（双字号），AD[1∶0] 必须为 00；在数据周期，AD[31∶0] 传送的是配置读/写数据。

（2）1 类配置空间访问。1 类配置空间访问用于对（通过 PCI/PCI 桥连接的）下一级 PCI 总线上的目标设备（配置寄存器）所进行的访问。

在地址周期：AD[10∶8] 用于选择物理设备的八种功能之一，AD[7∶2] 为选择该功能设备的配置寄存器号，AD[15∶11] 用于选择第二级总线上的某个设备的 IDSEL 信号有效，AD[23∶16] 为总线号，AD[1∶0] 必须为 01。

一旦 PCI/PCI 桥检测到 1 类配置访问，就有 3 种情况，必须分别进行处理。桥片中也有桥配置空间寄存器，存放有总线号和次级总线号等信息。

如果要访问的总线号既不同于桥的第二级总线号，也不在桥的第二级总线号的下级总线范围内，那么桥将忽略本次访问。

如果总线号不同于桥的第二级总线，但在桥的第二级总线号的下级总线范围内，那么桥将本次访问作为 1 类配置访问传递给第二级总线，配置命令从第一级传递到第二级 C/BE 总线。

如果总线号与桥的第二级总线号相同，那么桥将本次访问作为 0 类配置访问传递给第二级总线，D[10∶2] 直接从桥的第一级传递到第二级 AD 总线，AD[15∶11] 的设备号用于选择第二级总线上哪个设备的 IDSEL 信号有效，配置命令从第一级传递到第二级 C/BE 总线。

0/1 类配置空间访问时，在 AD 总线的地址期内出现在 AD 总线上的信息格式如下。

0 类访问的信息格式如下：

31	10	7	0
保留	功能编号	寄存器编号	00

1 类访问的信息格式如下：

31	23	15	10	7	0
保留	总线编号	设备编号	功能编号	寄存器编号	01

配置空间的访问中，针对 x86 兼容的系统，PCI 协议定义了将处理器发出的 I/O 或存储器访问识别或转换为配置访问的转换机构，称为配置机构，配置机构是利用两个 32 位的 I/O 端口寄存器来访问 PCI 设备的配置空间的。

配置地址端口寄存器（I/O 地址为 0CF8H～0CFBH），配置数据口寄存器（I/O 地址为 0CFCH～0CFFH）。

配置空间的访问过程如下：

第一步，将要访问的总线号、设备号、功能号和双字号写到配置地址端口寄存器。(32 位写)

第二步，执行一次对配置数据端口寄存器的 I/O 读/写。

初始化程序只能通过 PCI BIOS 才能访问 PCI 配置寄存器，PCI BIOS 再通过配置地址端口寄存器和配置数据口寄存器实现其功能。

其中 16 位 PCI BIOS 的调用通过 INT1AH 实现：AH = B1H，AL 为子功能号。

32 位 PCI BIOS 的调用中，首先确认 32 位 BIOS 是否存在，以及确认 BIOS 是否支持 PCI BIOS，取得 PCI BIOS 入口地址，通过对 PCI BIOS 入口地址的远程调用来实现：AH = B1H，AL 为子功能号。

3. 配置空间头区域（64DW）及功能

当设备加电时，配置软件会扫描系统中所有总线（包括 PCI 和其他），以确定总线上存在什么设备和各个设备有什么配置要求，为了实现这种即插即用功能，所有的 PCI 功能都必须实现由 PCI 规范定义的一组配置寄存器，依赖其操作特性，各设备功能还可以实现由 PCI 规范定义的其他要求的或可选的配置寄存器。另外，规范保留许多附加的配置单元，以实现功能指定的配置寄存器。

配置空间容量为 256 字节，该空间分成头标区与设备相关区两部分，头标区长度为 64 字节，安排在配置地址空间的最前面，其寄存器布局如表 7-2 所列，每个 PCI 设备都必须支持头标区的寄存器，而设备相关区安排在配置地址空间的 64～255 字节处，该区不是必需的，各个设备根据自己的需要进行定义所有多字节的 PCI 寄存器遵循低位在前，高位在后的原则。

表 7-2　寄存器布局

31		16	15		0	
设备标志			厂商标志			00H
状态			命令			04H
分类代码				版本标志		08H
内含自测	头区域类型		延时计时	Cache 大小		0CH
基地址寄存器 0						10H
基地址寄存器 1						14H
基地址寄存器 2						18H
基地址寄存器 3						1CH
基地址寄存器 4						20H
基地址寄存器 5						24H
卡总线 CIS 指针						28H
子系统标志			子系统厂商标志			2CH
扩展 ROM 基地址寄存器						30H
保留				性能指针		34H
保留						38H
MaxInt	MinGnt		中断引脚	中断线		3CH

（1）设备识别。头区域有 7 个寄存器（字段）用于设备的识别。

（2）设备控制。表现在命令寄存器为发出和响应 PCI 总线命令提供了对设备粗略的控制。

（3）设备状态。状态寄存器用于记录 PCI 总线有关操作的状态信息。例如，为了清位 14 而不影响其他位，应向该寄存器写 0100000000000000B。

注意：该寄存器的有些位是只可清不可置，对这些位的写，被解释为对该位清零。

（4）基址寄存器（BADR）。PCI 设备的配置空间可以在微处理器决定的地址空间中浮动，以便简化设备的配置过程。

① 地址映射。系统初始化代码在引导操作系统之前，必须建立一个统一的地址映射关系，以确定系统中有多少存储器和 I/O 控制器，它们需要占用多少地址空间。当确定这些信息之后，系统初始化代码便可以把 I/O 控制器映射到合理的地址空间并引导系统。

② 基址寄存器。为了使这种映射能够做到与相应的设备无关，在配置空间的头区域中安排了一组供映射时使用的基址寄存器。

扩展 ROM 基地址 = FFFF0001h，位 0 = 1，表示扩展 ROM 访问允许，位[31：

11]第一个为1的是位16,表示映射的存储空间为64KB,意味着ROM映射的基地址应该起始于64KB的边界（图7-17）。

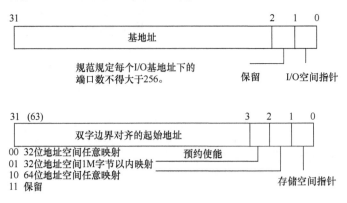

图7-17 扩展ROM基地址寄存器

(5) 头区域中其他寄存器。中断引脚寄存器是8位只读寄存器,指明设备使用了PCI的哪个中断引脚,1代表INTA#,2为INTB#,……

中断请求线寄存器是8位可读/写寄存器,指明设备的中断引脚和PC机的8259A的哪个中断输入线连。

Min_Gnt/Max_lat寄存器,Min_Gnt用来指定设备需要多长的突发传输时间,Max_lat用来表示对PCI总线进行访问的频繁程度。

4. PCI中断

1) PCI中断请求

PCI中断请求为电平触发方式,多个PIRQ#信号线能连在同一个IRQ上,不同PIRQ#的优先级由IRQ决定,同一PIRQ#不同设备INT*的优先级由安装次序决定。

PCI中断线是：INTA#、INTB#、INTC#、INTD#,PCI中断源为PIRQA# ~ PIRQD#,PCI中断源连接通过映射到ISA中断（3 ~ 7,9 ~ 12,14 ~ 15）来实现。

其特点是：当PCI中断被映射到一个ISA的IRQ后,该IRQ不可再被ISA设备（通过SERIRQ的中断）使用,PCI中断可与低电平有效的非ISA中断共享同一IRQ实现：

设备31的0号功能的60H ~ 63H、68H ~ 6BH的PIRQ路由控制寄存器实现PIRQA# ~ PIRQH#与IRQ的映射关系,PIRQ#由控制寄存器[8bit]存放的是IRQ编码。

2) PCI中断响应

PCI中断响应为单周期响应,HOST-PCI桥自动将双中断响应周期转换成单中断响应周期。其他中断响应过程与8259A同,中断类型号通过HOST-PCI桥再返回给处理器。

中断响应周期中可插入等待周期,中断服务程序入口地址由中断描述符表管理。图 7-18 是 PCI 中断响应周期。

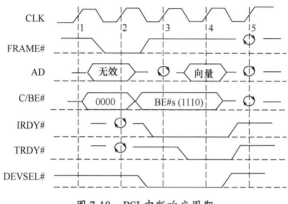

图 7-18　PCI 中断响应周期

3) PCI 中断共享

PCI 中断请求信号为漏极开路的,同一 PIRQ 不同设备的优先级最后安装的最高,即中断向量表中中断向量为同一 PIRQ 最后安装的设备的中断服务程序入口地址,PCI 中断的状态位通过中断服务程序读取,并处理。同一 PIRQ 中断服务采用链表式处理方法实现,其实现方法是:在 PNP 配置时将同一 PIRQ 的原中断向量存放到其设备驱动的特定寄存器后才替换为新的中断向量。

PCI 中断共享原理如图 7-19 所示。

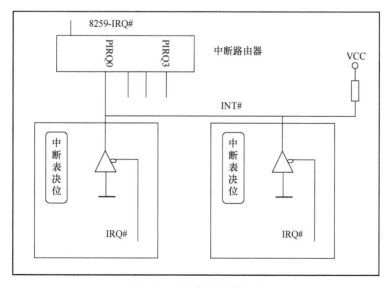

图 7-19　PCI 中断共享原理

图 7-20 和图 7-21 给出 PCI 中断路由实现方法。

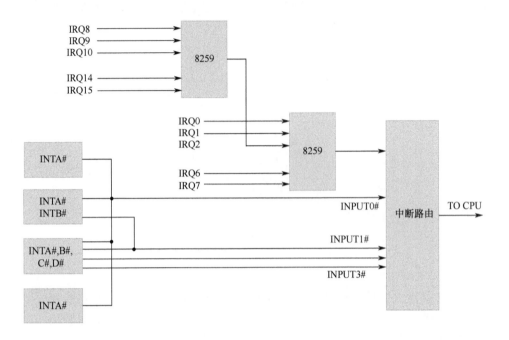

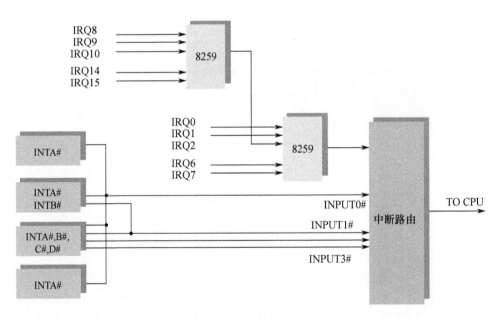

图 7-20　PCI 中断路由 1

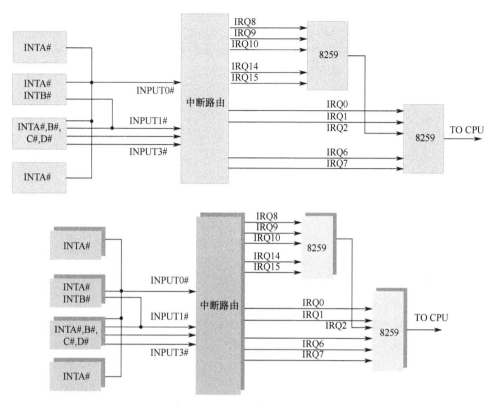

图 7-21　PCI 中断路由 2

7.7　CPCI 计算机总线

7.7.1　CPCI 总线简介

计算机总线是计算机各部件间信息交互传输的公共通道。微型计算机系统广泛采用标准总线结构，具有开发成本低、较强的处理灵活性、模块化设计、维修方便等特点。采用总线标准设计、硬件设计模块兼容性强，经由系统总线进行整合，构成满足不同需求的微机系统。

计算机总线技术包括通道控制选择、仲裁方法和传输方式等。任何系统的研制和外围模块的开发，都需要采用与需求相应的标准总线规范。不同的总线架构，性能差别很大。随着计算机性能不断提高，计算机标准总线技术也一直在不断更新改进。从早期的 ISA 总线等到现在的 PCI 总线，总线技术在总线宽度、数据传输速率等各方面都有了较好的性能提升对于 VME 和 PCI 两个总线标准存在的局限性，又要充分利用各自标准的优点，国际 PICMG 制定了 CPCI 规范，一种新的用于工业和嵌入式系统的开放的工业计算机标准总线，CPCI 使用标准的机械元件和高性能的连接技术，与 PCI 标准完全兼容，是 PCI 总线的电气和软件加上结实稳定的欧式卡机械结构，比 PCI 更坚固耐用能用于更为严格的环境，采用成熟技术降低 CPCI 研发和使用成本，具有开放性、高稳定性、高可靠性、良好的散热性及高可用性的热插拔功能等特点，非常适合作为设备的开发、数据通信、工业控制等平台。

总线标准提出之前，工业控制行业主要使用 20 世纪 80 年代提出的 VME 总线标准，VME 标准是一种开放式架构，主要面向工业应用开发，可靠性高，互联稳定，板卡散热性能好，易于安装和移动，并且应用广泛。但是标准采用专用的工业设计，产品研制成本昂贵，导致应用范围相对有限。软件移植 VME 需要定制，不便于进行验证和支持，直接影响该通用技术的直接推广和使用。

20 世纪 90 年代，PCI 总线接口技术计算机领域应用较为广泛，但其机械结构不能保障设备的高可靠性，不能满足高性能系统运行时间或恶劣工业环境的工作应用需求。不能良好的散热，也不具备可靠的互联性能，板卡在插拔过程中容易损坏，不能为工业控制和军事领域等提供性能优良的解决方案。

针对上述标准的局限性，以及工业控制高性能计算机的巨大应用需求，国际 PICMG 协会制定了全新的工业计算机总线接口标准即 CPCI 规范。CPCI 总线结合了 VME 标准的机械特性等高性能、扩展性，并与标准 PCI 兼容，具有良好的技术先进性。当今第一个采用无源总线底板结构的 PCI 系统，CPCI 的 CPU 与外设跟标准和 PCI 相同，与 PCI 总线标准在电气、逻辑和软件功能等方面完全兼容，依附于 PCI 平台，因而芯片、应用软件、操作系统和驱动都能继续使用，将一个标准 PCI 插卡转成 CPCI 插卡只要物理上重新分配，降低了新技术使用成本。

从技术角度看，CPCI 总线汲取了 VME 总线可靠、高性能、不开放的特点，并结合 PCI 总线的不可靠、高性能、开放特点。图 7-22 是 CPCI 的汲取 PCI 总线和欧规卡结构的示意图。

图 7-22　Compact PCI 总线

CPCI 技术是在 PCI 技术基础上改造而成，技术规范核心与普通桌面计算机 PCI 总线完全兼容。实现了紧密坚固的封装和大型设备的极佳冷却效果及采用最新处理能力的芯片，基于 PCI 技术的软件工具可以在 CPCI 系统中同样使用，保证高可靠性，又极大降低了硬件和软件开发成本，由三项领先技术综合构成：一是继续采用 PCI 局部总线的电气特性；二是抛弃 PCI 机械结构，采用经过 20 年实践经验检验的高可靠欧洲卡封装结构和规格，采用垂直安装、前抽取结构，保证系统内散热气流均匀通过所有发热板卡，更好地改善了散热条件，提高了抗振动冲击能力，电磁兼容性需求也得到满足，适合于工业设备、嵌入式应用；三是抛弃传统的金手指式连接方式，使用间隔 2mm、5 列高密度的标准针孔连接器，防腐性、气密性进一步提高，可靠性、负载能力也得到增强；具备很强的 IO 能力，能在恶劣的工业环境中正常使用，具有低成本、高性能、使用方便、产品使用寿命长、灵活性高、可靠性高、数据完整和软件兼容等优点。此外，CPCI 还可以采用 IEEE1101.11 后端输出方式，使系统维护较为便捷。

CPCI 所具有的以上特点，使其不仅可以应用在网络、通信、智能交通领域，还可以应用于实时系统控制、实时数据采集和军事系统等众多领域。

7.7.2 CPCI 规范

Compact PCI（Compact Peripheral Component Interconnect）简称 CPCI，中文又称紧凑型 PCI，是国际工业计算机制造者联合会（PCI Industrial Computer Manufacturer's Group，PICMG）于 1994 提出来的一种总线接口标准，是以 PCI 电气规范为标准的高性能工业用总线。CPCI 的 CPU 及外设同标准 PCI 是相同的，并且 CPCI 系统使用与传统 PCI 系统相同的芯片、防火墙和相关软件。从根本上说，它们是一致的，因此，操作系统、驱动和应用程序都感觉不到两者的区别，将一个标准 PCI 插卡转化成 CPCI 插拔技术是在 PCI 技术基础之上经过改造而成，具体有以下三个方面的特点。

（1）继续采用 PCI 局部总线技术。

（2）抛弃 IPC 传统机械结构，改用经过 20 年实践检验了的高可靠欧洲卡结构，改善了散热条件、提高了抗振动冲击能力、符合电磁兼容性要求。

（3）抛弃 IPC 的金手指式互联方式，改用 2mm 密度的针孔连接器，具有气密性、防腐性，进一步提高了可靠性，并增加了负载能力。

CPCI 所具有可热插拔（Hot Swap）、高开放性、高可靠性。CPCI 技术中最突出、最具吸引力的特点是热插拔。简言之，就是在运行系统没有断电的条件下，拔出或插入功能模板，而不破坏系统的正常工作的一种技术。热插拔一直是电信应用的要求，也为每一个工业自动化系统所渴求。它的实现是：在结构上采用 3 种不同长度的引脚插针，使得模板插入或拔出时，电源和接地、PCI 总线信号、热插拔启动信号按序进行；采用总线隔离装置和电源的软启动；在软件上，操作系统要具有即插即用功能。目前，CPCI 总线热插拔技术正在从基本热切换技术向高可用性方向发展。

CPCI 标准具有多种优点。它与传统的桌面 PCI 系统完全兼容，在 64 位/66M

总线接口下能提供每秒高达 512MB 的带宽。它支持用在桌面 PC 和工作站上的完全一样的接口芯片。使用 CPCI 能利用在桌面工作站上开发的整个应用，无需任何改变就能将其移到目标环境，极大地提高了产品推向市场的时间。利用 CPCI 技术使得电信设备 OEM 能利用与桌面应用系统同样的先进技术，同时，还具有针对桌面系统设计的大量 PCI 芯片所带来的规模经济和低成本特性。其产品成本上往往低于同等功能的 VME 产品，仅略高于通常的工控机 IPC（Industrial Personal Computer）产品。

CPCI 规范自制定以来，已历经多个版本。最新的 PICMG3.0 所规范的 CPCI 技术架构在一个更加开放、标准的平台上，有利于各类系统集成商、设备供应商提供更加便捷快速的增值服务，为用户提供更高性价比的产品和解决方案。PICMG3.0 标准是一个全新的技术，与 PICMG2.x 完全不同，特别在速度上与 PICMG2.x 相比，PICMG3.0 速度可达 2TB/s。PICMG 3.0 主要将应用在高带宽电信传输上，以适应未来电信的发展，PICMG2.x 则仍是目前 CPCI 的主流，并将在很长时间内主宰 CPCI 的应用。

总之，CPCI 所具有高开放性、高可靠性、可热插拔，使该技术除了可以广泛应用在通信、网络、计算机电话整合（Computer Telephony），也适合实时系统控制（Real Time Machine Control）、产业自动化、实时数据采集（Real-Time Data Acquisition）、军事系统等需要高速运算、智能交通、航空航天、医疗器械、水利等模块化及高可靠度、可长期使用的应用领域。由于 CPCI 拥有较高的带宽，它也适用于一些高速数据通信的应用，包括服务器、路由器、交换机等。

CPCI 规范对板卡的类型、底板、信号组、连接器及热切换等都有规定。CPCI 系统由机箱、总线底板、适配器卡和电源组成。

CPCI 插卡封装结构基于 IEC 60297-3，IEC 60297-4 及 IEEE 1101.10 定义的欧式卡外形。CPCI 插卡采用了欧式卡结构，是一种可靠成熟的机械结构技术，分为 6U（160mm×233.35mm）和 3U（160mm×100mm）两种板卡类型，PCB 厚度为 1.6mm±0.2mm。CPCI 适配卡的前端规定安装于前面板。前面板上可以安装设备状态指示灯，I/O 连接器，插拔板卡需要的顶退器，还能用来填补机箱前面的缝隙。

3U 板卡前面板安装一个顶退器，6U 板卡需要安装两个顶退器。

CPCI 板卡有 6U 和 3U 标准机械结构，这里设计采用 6U 板卡，以 6U 的标准为例，CPCI 规范定义 J1/P1 为 32 位 PCI 总线，J2/P2 定义为 64 位 PCI，J3/P3、J4/P4、J5/P5 可作为用户 I/O 系统扩展。6U 系统提供 32 位/64 位的 PCI 系统总线，插槽分为 J1、J2、J3、J4、J5，通过连接器接口 J3、J4、J5 可由用户自定义，作为高速数据通信通用输入\输出线，为设计应用数字化高速处理的模块化的实现提供硬件技术支持。图 7-23 所示为 3U 和 6U CPCI 模板。

第 7 章 PCI/CPCI 机载计算机总线

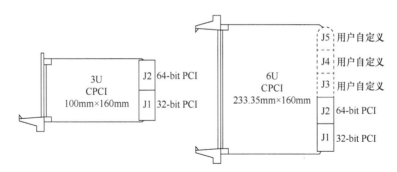

图 7-23　3U 和 6U CPCI 模版

CPCI 底板是一种无源底板，总线信号物理互联，分为 3U 和 6U 两种。每块适配器板卡平行装入机箱固定，卡与卡的中心距 20.32mm，3U 底板每个插槽有 2 个连接器 P1、P2，槽底板每个插槽有 5 个针孔连接器 P1 至 P5。系统中一个插槽是系统槽，槽内配装系统适配卡，其余插槽为外设槽，插入外设适配卡，包括 I/O 卡，PCI 主设备适配板卡等。系统槽一般须定位于系统的最左端或者最右端。系统适配器板卡负责提供时钟分配、总线仲裁、中断处理和复位等功能，实现系统初始化，对要通过管理每块外设适配卡 IDSEL（初始化设备选择）信号管理负责系统的初始化。

CPCI 架构将处理器、硬盘、内存等系统硬件集成到 3U 或 6U 的主板上，主板插在主板槽位，通过 PCI 局部总线访问其他周边 CPCI 板卡，彼此间共享机箱、电源供应器、键盘、鼠标及显示器等资源。在符合标准的 3U 或 6U 的 CPCI 机箱内，可需求插入 CPCI 功能板卡，集成度高、节省空间。图 7-24 是 3U 的 8 槽底板示意图，说明无源底板的元素。

图 7-24　CPCI 结构底板示意图

CPCI 板卡有 J1～J5 共 5 个连接器，其中只有 J1 是必须有的，定义了 32 位 PCI

信号接口，J2 定义的 64 位扩展 PCI 信号，对于主控板以外的 CPCI 板卡，J3、J4、J5 可由用户自定义接口。这里设计的 CPCI 板卡使用 J1、J3、J4、J5 接口。

CPCI 连接器符合 IEC 917 和 IEC 1076-4-101 规范，是屏蔽型、2_间隔 5 列高密度压接方式连接器，具有低电感和低阻抗的特性，连接器的低阻抗把不必要的信号反射减到最少，这点对 PCI 信号是至关重要的。3U 卡（160mm×100mm）提供 47 排、5 列、220 针与背板连接，而 6U 卡（233.35mm×160mm）提供 315 针与背板连接，前面板扩展可由用户自定义 I/O 实现。

主要特点使用针孔式连接，压接方式，模块采用孔式连接器，底板使用针式连接器；定位键可以进行编码，系统槽和外设槽采用彩色定位键区分；分机引脚支持 CPCI 热切换；屏蔽壳具有 EMI/RFI 保护作用。其中电路板卡使用孔型连接器，工控机机箱底板使用针型连接座。图 7-25 是一个 6U 模块的连接器示意图。

图 7-25　CPCI 模块连接器

CPCI 机箱采用垂直底板、前插式模块、导轨插入安装。如果要实现后出式 I/O，还需要设计后出模块和后面板。后面板和前面板都根据实际需求安装状态指示灯、I/O 连接器、插拔顶退器，在机箱底部装有一个或几个风机，实现强制风冷散热方式散热。

图 7-26 是一款 6U CPCI 机箱示意图。信号采用前出线方式（所有信号通过模块面板直接引出），非密封机箱结构，机箱底部装有多个风机，机箱上部为筛网形状通风口，适用于工控机及电信系统。

图 7-26　6U CPCI 机箱示意图

3U CPCI 机箱示意图如图 7-27 所示。

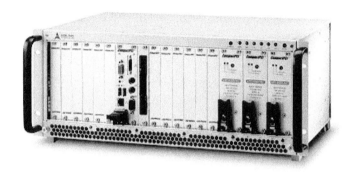

图 7-27　3U CPCI 机箱示意图

7.7.3　CPCI 总线特点

CPCI 能够广泛应用在多个专业领域,是因为自身优良的特性,主要表现在以下几个方面。

(1) 规范标准严格。PCI 总线对协议、负载、时序、电性能和机械性能指标等都做了严格规定,保证了标准的可靠性和兼容性,原来的成熟技术和产品可以继续应用,这也是 ISA、VESA 这类总线不能实现的。PCI 总线作为成为跨几代的总线标准,是目前为止应用最广的系统总线,并且这个标准还在不断完善发展中。

(2) 稳定可靠、兼容性好。CPCI 总线设备以插卡的方式安装在机箱内部的支架上,使用导轨固定板卡上下,在垂直方向通风散热,板卡的前端经由气密性好的针孔连接器和背板互联,板卡通过面板螺丝固定在机箱上,每个接头具有 10kg 的结合力,板卡的前后上下都被固定,系统抗震动性大大提高,欧式卡结构进一步提高了系统可靠性。图 7-28 是 CPCI 的固定方式。

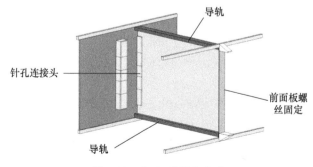

图 7-28　CPCI 的固定方式

① 优良的散热性和抗震性、抗腐蚀性。CPCI 系统规定：机箱要为仪器模块提供经过过滤的和强制冷却的空气来降温，其散热示意图如图 7-29 所示。

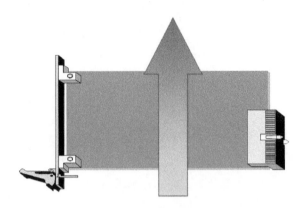

图 7-29　CPCI 良好散热结构

CPCI 使用 IEC-1076 针孔连接头作为总线连接头，管脚之间距离为 2mm，针孔完全气密，结合紧密，每个接头可承受 10kg 的拉力。3U CPCI 具有 2 个接头，6U CPCI 具有 5 个接头，如图 7-30 和图 7-31 所示。

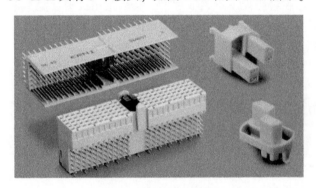

图 7-30　CPCI 抗震性接头

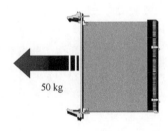

图 7-31　CPCI 抗震性示意图

② 具有防静电、抗电磁干扰等优良电气特性。严格定义了信号线的最长长度，PCB 板的阻抗，去偶电容，PCI 上拉电阻阻值，对板卡、机箱进行了严格的接地要求，CPCI 的电气特性要优于普通 PCI 工控机，最多可以支持 7 个 PCI 设备（普通工控机 4 个）。

CPCI 具有 3 段静电导出条：第 1 段，通过 10MΩ 电阻将使用者的静电导出到大地；第 2 段，通过 10MΩ 电阻将卡上的静电导出到大地；第 3 段，通过 10MΩ 电阻将卡上面板的静电导出到大地。此外，ESD 静电导出条通过导轨上的静电卡子和地相连（图 7-32）。

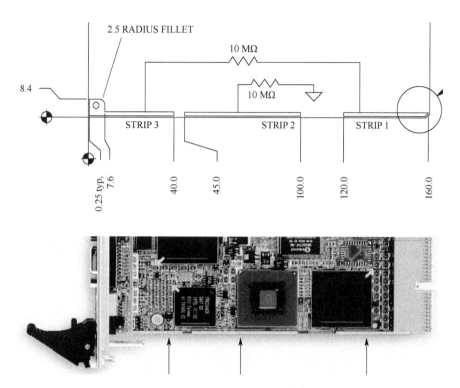

图 7-32 CPCI ESD 静电导出条

CPCI 具有优良接地，前面板和机箱地连载一起，机箱地和逻辑地隔离，板卡提供一个低阻抗的回路将机箱地和逻辑地连在一起，背板上机箱地和逻辑地是隔离的，背板提供一种可选的方法将机箱地和逻辑地连在一起。

CPCI 具有防腐和电磁屏蔽，IEC-1076 气密性连接头，连接处不易被腐蚀，CPCI 前面板通过 U 形面板和电磁兼容弹簧片实现 EMC 保护（图 7-33）。

图 7-33 CPCI 防腐和电磁屏蔽

（3）支持热插拔。可维护性是嵌入式计算机的重要特性，而面向特定应用系统还要考虑容错设计和热插拔功能。所谓热插拔指的是系统运行不断电的条件下,拔出或插入功能板卡,不影响其他板卡使用,不影响或破坏系统正常工作,重新插入又可以继续正常工作,实现连接器电源和信号连线对热插拔规范的支持。CPCI 连接器的电源和信号引线支持热插拔规范,是由于背板使用了中长短插针结构,依靠软件系统自动调整配置,特别适合容错系统设计需求,这也是标准 PCI 不能实现的。

CPCI 热插拔技术原理如图 7-34 所示。

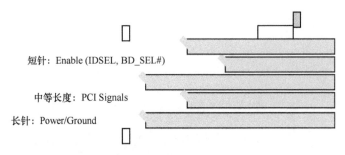

图 7-34　CPCI 热插拔技术原理

CPCI 热插拔技术实现方法如图 7-35 所示。

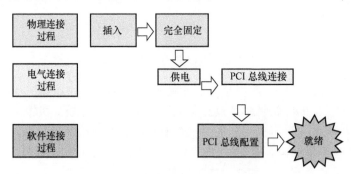

图 7-35　CPCI 热插拔技术实现方法

CPCI 热插拔技术特性如图 7-36 所示。

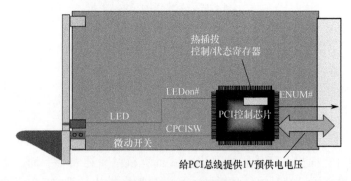

图 7-36　CPCI 热插拔特性

（4）高传输速度。总线宽度 32 位（可扩展为 64 位），支持突发传输方式。32 位 33MHz CPCI 总线在读写操作中最高数据传送率达到 132MB/s，64 位 33MHz 传输速率能达到 264MB/s，64 位 66MHz 峰值速度为 528MB/s；良好的数据传输性能缓解数据传输交互引起的 I/O 瓶颈，充分发挥高性能 CPU 功能，适应高速数据采集传输的工程应用。

（5）高可扩充性。CPCI 总线易于扩展，最多同时能运行 256 个标准 PCI 总线接口设备。每个子系统能支持 8 个插槽（标准 PCI 支持 4 个），加上桥接芯片后，CPCI 扩展支持 32 个插槽，从而能设计复杂的系统。

（6）即插即用。即插即用要求能够自动配置功能，插入系统就能工作不用设置相关开关或跳线，方便用户使用。每个 PCI 接口包含一系列寄存器用于自动配置设备，系统中插入 PCI 卡，系统 BIOS 和操作系统的系统层软件根据读到寄存器存储的关于扩展卡信息，结合系统实际情况分配存储地址、中断以及某些定时信息给扩展卡，实现 PCI 总线部件和扩展卡自动配置，而不再需要人工手动进行配置。

（7）支持背后板走线，方便配线。CPCI 的板卡信号线不用从板卡前面板引出，转接板可以通过背板从后端引出信号线，设备前端外观整齐。如果更换板卡不需要考虑更换信号线，减少了更换板卡的工作量，因此也能降低由于更换信号连接线可能导致的出错概率。

所有外部连线都设计了系统无源底板的背面，在维修更换时不需要重新连线，减少维修时间，一般工作人员也能胜任。

CPCI 后走线示意图如图 7-37 所示。

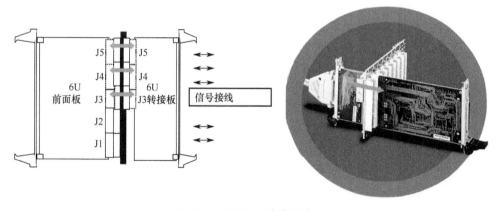

图 7-37　CPCI 后走线示意图

PCI 总线与 ISA、EISA、VESA 总线兼容，与 CPU 及时钟无关，所以 PCI 可以插到任何一个有 PCI 总线的系统中（一般针对同一类型 CPU 的系统而言），适用于当今和将来的微处理器，与处理器无关，保证 PCI 设备工作状态的稳定，并大大简化了系统设计，容易管理，因此，这种高开放性架构的工控计算机总线标准具有广泛的应用和发展前途。随着越来越多的厂商加入及网络技术的飞速发展，能更进一步带动 CPCI 技术的发展。

7.7.4 CPCI 控制方式

CPCI 控制方式包括分布式与集中式系统结构两种。

集中控制技术体制相对成熟，系统设计日益完善以及相应的可靠措施提升了整个系统发生故障的平均间隔。集中控制技术采用星型拓扑结构，使得模式化设计容易实现，从而实现统一管理系统。其他板卡没有单独的操作系统及处理器，具备从属性；系统主板属于处理核心，完成系统控制管理以及数据处理。在集中式控制模式下，模块获取的一切数据都需要传送给系统主板。

分布式结构系统的各个模块都具有单独的微处理器及操作系统。依靠 CPCI 总线完成模块之间的通信，系统同时存在多个处理器以及操作系统。总线系统板卡主要作用描述如下：集中处理所有业务数据；接入适配的信道，对应板卡与业务网络结构的分布。控制信令及网络数据向系统主板传输提供标准化通信接口，完成信息转发和交换。在分布控制模式下，有效结合分步接入与集中交换，保证了信息传输交互的时效性和有效性；适应异构网络多样性接口，设备扩展性能以及组织能力得到提升。

通过较为深入的分析，系统整体构架设计采取多个模块共用总线的方案，各个模块之间借助数据采集处理板卡平台相连，相互间有信息交互和协作，各个模块具有的功能整合在一起构成系统功能，系统功能取决于模块板卡的数量，这就是可扩展式系统。一旦其中某模块发生问题，或增加新模块，系统也需要做出对应的调整，来保证系统自身的功能与各个模块板卡的功能相符。热插拔技术可以达到维持此可扩展性的功能需求。

对于广大用户需求而言，结合无人机测控的使用需求，系统自身需要具备极强的可靠性。如果系统发生突发状况，需要在有限时间内恢复正常使用。因此，系统需要设计实现热插拔功能，在带电的情况下可以更换维护出现故障的部件。现在大部分操作系统引导时间很长，要确保在进行发生故障的部件进行更换时系统仍能工作使用，则必须对通信设备实现形式进行改进设计。PCI 电气规范与欧式板卡结构使技术成本得到有效控制的加入，提高了系统性能，并且由于 PCI 技术发展成熟稳定应用软件，给用户带来了极大的便利；采用欧式板卡机械结构，保证了系统可靠性的提升；IEEE 1101.11 后端输出方式便于进行系统维护。

随着 CPCI 总线技术不断发展和完善，CPCI 总线技术与硬件接口设计的配合使用，设计实现了数据传输处理单元无缝连接和高速可靠连接，确保通过交换平台顺利完成数据传输交互和信息控制。

7.8 PCI/CPCI 总线接口设计

7.8.1 基于 PCI 9054 的 PCI 总线接口设计

在 PCI 接口实现中，常见的有两种实现方法：一种是使用专用接口芯片；另一种是使用可编程逻辑器件。定制的专用接口芯片中，通过使用专用接口芯片实现 PCI 目标模块和主控模块的全部功能，只要制作转换后的总线接口，就可将 PCI 总线接口转变为所需要的接口。使用专用 PCI 局部总线接口芯片无疑是一种现实的选择，专用 PCI 局部总线接口芯片支持 PCI 局部总线的全部协议，完整地实现了远端模块与本地模块的 PCI 接口功能，缩短了开发周期、简化了开发流程。

采用可编程逻辑器件时，考虑到 PCI 总线的时序逻辑要求非常复杂，使用可编程逻辑器件的优点在于灵活性，用户无需实现 PCI 的所有功能，根据自己的需要，就能制作出适合于特定功能的芯片。

目前，已经在市场上得到广泛应用的 PCI 接口芯片中，有 AMCC 公司的 S5920，PLX 公司的 PCI9052、PCI9050 等芯片，它们的优越性体现在实现了 PCI 目标设备的功能，并提供了与 ISA 信号兼容或时序相似的本地总线信号，是从 ISA 总线到 PCI 总线过渡的很好的选择，但是它们都有一个很大的缺陷，就是不支持 PCI2.2 协议，所以不选择这些芯片。PCI 9054 支持 PCI2.2 协议，同时，PCI 9054 也是目前业界设计适配器选用的主流芯片，PCI 9054 以其强大的功能和简单的用户接口，为 PCI 总线的开发提供了一种简洁的方法，只需设计本地总线接口电路，即可实现与 PCI 总线的高速数据传输，而且由于其与 PCI9056 的兼容性较好，将来可以很容易进行性能升级。3.3V 的低电压工作环境是主流的选择，由于 PCI 9054 可工作于 3.3V 电压环境，因此优先考虑选用 PCI 9054。

1. PCI 9054 接口芯片及其特性

PCI 9054 是美国 PLX 公司生产的一 32 位/33MHz 的通用 PCI 总线控制器专用芯片，其符合 PCI 本地规范 2.2 版，突发传输速率可达到 132MB/s，本地总线支持复用/非复用的 32 位地址数据，采用了 176 针 PQPP 和 22 针 PBGA 两种封装形式，并且采用了 PLX 行业领先的数据通道结构（Data Pipe Architecture）技术，包括 DMA、可编程主/从数据传输模式以及 PCI 消息功能方式等传输方式。PCI 9054 提供了 PCI 总线、EEPROM 总线、Local 总线 3 个接口，PCI 9054 作为一种桥接芯片，在 PCI 总线和本地总线之间传递信息，既可以作为两个总线的主控设备去控制总线，也可以作为两个总线的目标设备去响应总线。PCI 9054 接口芯片内部结构图如图 7-38 所示。

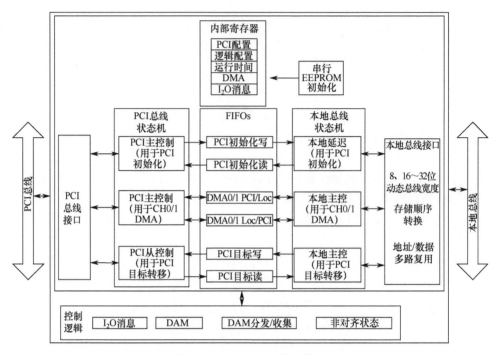

图 7-38 PCI 9054 内部结构图

下面对 PCI 9054 本身局部引脚信号进行说明。

(1) 局部总线地址/数据信号线。

LA[31::0]：局部地址信号线，根据总线带宽的配置设计，宽度可以配置为 8 位、16 位、32 位。

LD[31::0]：局部数据信号线，根据总线带宽的配置设计，宽度可以配置为 8 位、16 位、32 位。

(2) 局部总线仲裁信号。

LHOLD：申请请求信号，有效时表明申请占用局部总线，当申请被批准时，局部总线仲裁器置 LHOLDA 有效。

LHOLDA：申请认可信号，局部总线仲裁器响应 LHOLD 批准 PCI 9054 占用局部总线时，使其有效。

(3) 局部总线控制信号。

ADS#：地址观测，表明有效的地址和新的总线访问的开始，在总线访问的第一个时钟周期有效。

BLAST#：突发传输中止信号，由当前的局部总线主设备驱动，表明总线访问的最后一次有效传输。

CCS#：配置寄存器选择信号，当其置低时，表明 PCI 9054 的内部寄存器被选择。

LBE[3:0]：字节使能信号，可以根据总线带宽配置来编码，对于32位总线带宽，4字节使能信号分别表示32位数据线由高至低8位有效。

READY#：输入/输出准备好信号，当PCI 9054是总线主设备时，表明总线上的读数据有效或写数据传输结束。READY#和PCI 9054等待状态产生器配合使用。

（4）局部中断信号。

LINT#：局部中断信号，作为PCI 9054的输入，当有效时产生一个PCI中断，作为PCI 9054的输出，只要中断条件存在，LINT#作为一个同步电平输出一直有效。如果电平边沿中断需要，通过INTCSR寄存器产生一个触发，中止或使能局部中断。

（5）复位控制信号。

LRESET#：局部总线复位输出，当复位PCI 9054时有效，可以用来驱动本地处理器的复位输入信号。

（6）局部时钟信号。

LCLK：本地时钟信号，可以与PCI总线时钟信号异步。

PCI 9054具有如下特性。

（1）符合PCIv2.2规范，是一种新型的32位33MHz总线主控接口控制器。

（2）支持VPD（Vital Produet Data）的PCI扩展。

（3）支持热插拔和CPCI热交换。

（4）支持PCI双地址周期，地址空间高达4GB。

（5）提供了两个独立的可编程DMA控制器，每个通道均支持块和Scatter/Gather的DMA方式。

（6）在PCI启动模式，PCI 9054可插入类型1和类型2的配置周期。

（7）在PCI和LocalBus的数据传送速率高达132MB/s。

（8）支持本地总线自接接口Motorola MPC850或MPC860系列，Intell 960系列，IBM PPC401系列及其他类似总线协议设备。

（9）本地总线速率高达50MHz；支持复用/非复用的32位地址/数据；本地总线可为3种模式：M模式、C模式和J模式，可利用模式选择引脚加以选择。

（10）本地总线时钟由外部提供，该时钟可和PCI时钟异步。

（11）具有8个32位Mailbox寄存器和2个32位Doorbell寄存器。

（12）内部有6种可编程的FIFO，以实现零等待突发传输及本地总线和PCI总线之间的异步操作。

（13）具有可选的串行EEPROM接口。提供了一个串行EEPROM配置接口，容量2KB。在配置存储器中存放了厂家标识、设备标识以及本地总线的基地址空间、I/O空间、中断控制信号等信息。

（14）兼容 3.3V 和 5V 电源。

（15）支持 3 个 PCI-to-Local 地址空间：空间 0、空间 1 和扩展 ROM 空间，这些地址空间允许 PCI 总线主设备以一定的等待周期、数据宽度、突发模式等访问本地存储空间。

2. PCI 9054 工作模式

采用 PCI 9054 专用接口芯片实现 PCI/CPCI 接口降低了设计难度，PCI 9054 实际上实现的是把复杂的 PCI 协议转化为本地端简单、易用的读写信号，PCI 9054 的 PCI 端口信号线完全与 PCI 协议一致。在硬件设计时，只需按要求连接即可，但是在连接 PCI 端给 PCI 9054 的时钟线时要做等长处理，以便更好地实现时序匹配。本地端口线按所需要模式（PCI 9054 提供 C、M、J 3 种模式）进行信号线连接，就能实现 PCI/CPCI 接口功能。

PCI 9054 本地总线可以工作在 M、C、J 3 种模式。M 模式是专为 Motorola 公司的 MCU 设计的工作模式，这种模式专门为 Motorola 公司的 MPC 850 和 MPC 860 提供自接的非复用的接口。J 模式是一种没有 LOCAL MASTER 的工作模式，它的特点是地址数据线没有分开，严格仿效 PCI 总线的时序，只是为了时序的控制，增加了很多的控制信号，这样为设计者了解 PCI 协议和更好地控制 PCI 通信提供了良好的环境。C 模式是一种类似于单片机的工作方式，在这种模式下，PCI 9054 芯片通过片内逻辑控制，将 PCI 的地址线和数据线分开，很方便地为本地工作时序提供各种工作方式，一般应用于系统设计中，对于这种工作方式，设计者只要严格把握时序的控制，把 LOCAL 端和 PCI 端的各种时序控制线的时序过程严格控制，就可以很好地应用 PCI 9054 芯片。这里选用 PCI 9054 的 C 模式工作方式。PCI 9054 的工作方式可以利用模式选择引脚加以选择。

PCI 9054 为本地总线提供上述 3 种模式（M、C 和 J 模式），模式的选择可以通过改变 PCI 9054 的模式选择管脚 MODE0、MODE1 的硬件连接方式，选择其中任意一种模式。

另外，PCI 9054 芯片对外提供了 EEPROM 接口和 LOCAL、PCI 总线接口。可以把 PCI 9054 看作完成 LOCAL 总线和 CPCI 总线之间的桥接，完成两种不同接口之间命令转换、数据传输。PCI 9054 已经把复杂的 PCI/CPCI 时序简化成简单的本地时序，这样，就不再需要关心 CPCI 总线端口的时序，只要把重心放在处理好本地接口的时序即可。为实现 CPCI 板卡的"即插即用"功能，需要事先把用户所要求的信息预定存放到一片串行 EEPROM 中，用来初始化 PCI 9054，完成板卡的配置要求。

3. PCI 9054 接口芯片数据传输模式

1）PCI 9054 数据传输模式

PCI 9054 支持 3 种数据传输模式：PCI 主模式、PCI 从模式、DMA。可以通过选择内部寄存器来选择传输模式。

(1) PCI 主模式操作。本地 CPU 访问 PCI 存储和 I/O, PCI 9054 支持由本地的处理器和智能处理器来访问 PCI 总线，主模式必须有 PCI 总线命令寄存器来使能。由如下寄存器来定义本地 PCI 访问：PCI 主模式存储器和 I/O 范围寄存器（(DMRR)、PCI 基址寄存器 (DMPBAM)、PCI 主模式配置寄存器 (DMCFGA)，以及 PCI 命令编码寄存器 (CNTRL)、DMLBAM、DMLBAI 等。主模式操作包括 PCI 主设备存储器和 I/O 译码、PCI 双地址周期访问、PCI 主设备存储器和 I/O 访问、PCI 主设备存储器写并无效操作。

(2) PCI 从模式操作。从模式操作即 PCI 总线上的主设备访问本地总线。PCI 9054 支持通过 16 位长字 PCI 从模式 FIFO 和 32 位长字 PCI 从模式写 FIFO 从 PCI 总线到本地总线执行突发存储器映射传输访问及 I/O 映射单个传输访问。PCI 基址寄存器用来设定适配器上 PCI 存储器和 I/O 空间的定位。另外，本地映射寄存器允许从 PCI 地址空间到本地空间的地址变换。这 3 个空间是 0 空间、1 空间和扩展 ROM 空间。扩展 ROM 用来支持为主机自动加载的 ROM。

(3) DMA 传输。PCI 9054 支持两个独立的 DMA 通道，能从本地 PCI 总线和从 PCI 本地总线双向传输[fslfl6l]。每个通道有一个 DMA 控制器和一个专门的双向 FIFO。每个通道都支持块 (Block) 传输、Scatter/Gather 传输，通道 0 还支持 Demand DMA 传输方式。另外两个 DMA 通道都能编程工作在下列方式。

① 工作于 8 位、16 位、32 位本地总线带宽。
② 本地总线应用 0~15 个等待周期。
③ 使能/禁止本地总线突发能力。
④ 限制本地总线突发至 4。
⑤ 保持本地地址和递增。
⑥ 执行存储器写并无效或正常 PCI 存储器操作。
⑦ 当 DMA 传输结束时产生 PCI 中断或本地中断。

本地总线延迟定时器决定放弃本地总线之前 PCI 9054 可以突发传输的本地时钟数。本地暂停定时器决定多长时间 DMA 通道重新申请占用本地总线。在 Block DMA 传输中，主机处理器或者是本地处理器设定本地 PCI 端的起始地址、传输字节和传输方向。主机或本地处理器设定 DMA 起始位并发动一次传输。

PCI 9054 设定相应的通道传输结束寄存器并向本地或主机处理器发出中断信号。DMA 寄存器可以从 PCI 或本地总线两端进行访问。在 DMA 传输中，PCI 9054 是 PCI 和本地总线上的主设备。当同时访问时，PCI 主模式和 PCI 从模式比 DMA 方式的优先级更高。

2) DMA 数据传输原理

这里，采用总线主控工作方式，接口设备本身带有 DMA 控制器，硬件设备的 DMA 传输如下步骤进行。

(1) 写用户内存起始地址到 DMA 地址寄存器。
(2) 写所要传输的数据长度到 DMA 计数寄存器。
(3) 初始化 DMA 控制寄存器。
(4) DMA 请求，当 FIFO 准备好数据时，DMA 开始进行数据传输。
(5) DMA 响应，当设备获得总线控制权的时候，通知 DMA 可以开始传输。
(6) DMA 传送，开始传输数据，每次 DMA 传送后，地址指针加 4。
(7) 传输结束，计数寄存器为 0，硬件产生中断。

在设备驱动程序中，DMA 通常有两种方式来实现，分别为基于包的 DMA 方式和基于公共缓冲区的 DMA 方式。在包驱动的 DMA 实现中，数据直接在设备和被锁定的用户空间缓存中进行传输。在基于公共缓冲区的 DMA 程序中，设备使用系统空间中的一个单一的非分页缓冲区，所有的 DMA 传输都使用这个缓冲区。

可以通过主机控制器或者本地处理器设置 DMA 操作所需的 PCI 总线及本地总线的起始操作地址、DMA 传输字节数和 DMA 传输方向。PCI 主机控制器或者本地处理器通过设置 DMA 传输开始位（DMACSRO[1]）有效来开启一次 DMA 数据传输。一旦数据传输结束，PCI 9054 通过设置 DMACSRO[4] 为 1 和申请 PCI 总线中断来进行下一次 DMA 传输。DMA 传输结束则可以通过清除中断屏蔽位 DMAMODEO[10] 而禁止中断。

3) DMA 传输方式的实现

PCI 9054 集成了两个 DMA 通道，两个 DMA 通道可以独立工作，互不干扰。每个通道都支持块模式 DMA 和分散/集中模式 DMA。块模式 DMA 要求向 PCI 9054 提供 PCI 总线和局部总线的起始地址、传输字节数、传输方向以及其他的一些参数。主机设定 DMA 开始位启动数据传输，一旦传输完成，PCI 9054 设定 DMA "传输结束位" 结束 DMA，如果中断允许位被使能，在传输结束时，PCI 9054 将向主机申请中断。在 DMA 传输中，PCI 9054 既是 PCI 总线的主控器，又是局部总线的主控器。分散/集中模式 DMA 要求主机在 PCI 空间或本地空间上设定描述模块，该模块包括 PCI 和本地的起始地址、传输字节数、传输方向和下一个描述模块的地址。

PCI 9054 载入第一个描述模块并发起传输，连续加载下一个模块，直到它侦测到 "链接结束位" 有效，PCI 9054 设置 "传输结束位"，或者申请中断。若描述模块在本地存储空间，可以编程使 DMA 控制器在每次 DMA 传输结束后清除传输字节数。在本设计中，要求对两个较大数据量的文件进行高速传输，考虑到 FPGA 内部 FIFO 容量有限，大文件必须被分成若干段以完成传输。一般的传输方式必须依赖于 CPU，而在计算机上过多占用 CPU 资源显然不是理想的工作方式，而 DMA 方式不占用 CPU 资源，适用于大量数据的快速传输。所以在传输采集存储的数据时，使用了 DMA 方式要正确实现 DMA 方式的数据传输，必须在 FPGA 内的设计局部总线控制模块，并配置好 PCI 9054 内部的相关寄存器局部总线控制模块的逻辑电路要严格按照局部总线 DMA 操作时序图来设计。图 7-39 是 PCI 9054 本地操作时序。

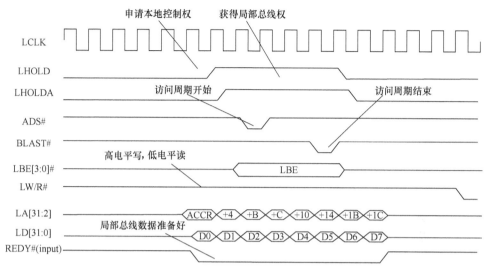

图 7-39　PCI 9054 局部总线操作时序

DMA 操作的流程是这样的：在启动 DMA 之前，设备必须首先申请到对本地局部总线的使用权，这时 PCI 9054 驱动 LHOLD 有效来申请本地局部总线，因为本设计中本地局部总线上只有一个 PCI 设备（PCI 9054），所以 FPGA 内部的控制模块可以立即响应，驱动 LHOLDA 有效，将总线控制权交给 PCI 9054。接着，PCI 9054 将驱动 ADS#（地址锁存信号）、LW/R#（读/写信号）、LBE#（字节使能信号）和 LA（地址信号），控制模块将对以上信号译码来确定目标及操作类型，驱动 READY#和数据信号，通知 PCI 9054 在数据总线的数据上已经有效，可以接收。此后，PCI 9054 将持续在每一个时钟上升沿读取数据，直到 PCI 9054 拉低 BLAST#信号表示 DMA 传输的最后一个数据，最后一个数据传输完成后，将通过无效 LHOLD 信号来释放本地局部总线，结束本次 DMA 操作。图 7-40 是 PCI 9054 本地总线操作流程图。

4. PCI 9054 接口芯片初始化

PCI 9054 的初始化是指初始化其本地配置寄存器组（Local Configuration Registers）、运行时寄存器组（Runtime Registers）和 DMA 寄存器组（DMA Registers）。

其中，本地配置寄存器组因为关系到 PCI 总线如何为使用 PCI 9054 的 PCI 设备分配资源，所以必须在整个 PCI 系统初始化完成之前配置完毕，而 Runtime 寄存器组和 DMA 寄存器组的值并不必须在 PCI 系统初始化之前确定，可以在系统运行时根据设备运行情况进行修改。

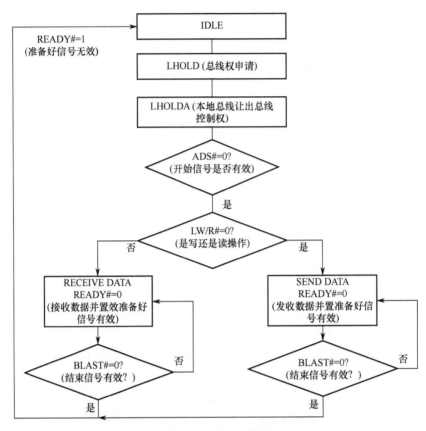

图 7-40 PCI 9054 本地总线操作流程图

PCI 9054 的寄存器可以有以下修改途径：通过 PCI 9054 的串行 EEPROM 接口进行配置，条件是必须有额外的同 PCI 9054 兼容的串行 EEPROM 器件，PLX 公司推荐的串行 EEPROM 类型有 93CS56L 或 93CS66L。这两种不同类型配置芯片的不同点仅在于存储容量的不同。第二种读写 PCI 9054 内部寄存器的方法使用本地 MCU。

PCI 9054 的内部寄存器（本地配置、Runtime 和 DMA 寄存器组）在本地有统一的地址编址，当 CCS# 信号为有效的低电平时，在 PCI 9054 本地总线侧发起的 Target 读写时序访问将是内部寄存器组。当 CCS# 为无效电平时，在本地总线侧发起的 Target 时序访问则是访问 PCI 总线侧其他 PCI 设备。

最后一种访问 PCI 9054 三组内部寄存器组的途径是通过 PCI 侧的 PCI 寄存器空间中标出的 PCIBAR0 和 PCIBAR1 空间。PCIBAR0、PCIBAR1 是 PCI 9054 将它的内部寄存器映射到 PCI 侧的基地址寄存器，PCIBAR0 是内存映射方式的基地址，PCIBAR1 是 I/O 映射方式的基地址。这两块映射在 PCI 侧的地址空间，为运行时从驱动程序中访问（例如 DMA 寄存器）提供了可能，使得很容易通过软件来控制 PCI 设备。关于 PCIBAR0 与 PCIBAR1 如何工作将在下一节中有详细的叙述。

基于 PCI 总线的计算机系统在启动之前根据 PCI 设备的本地配置寄存器组的设置为 PCI 设备分配 I/O 空间，Memory 内存空间和中断资源，通常这一过程由 BIOS 来完成，并且将系统资源分配的结果存储在 PCI 配置空间寄存器。因此，仅当系统初始化之前对 PCI 9054 的本地配置寄存器的修改才会在系统分配资源中起作用。在驱动程序中，通过 PCIBAR0 或者 PCIBAR1 的地址空间修改 PCI 9054 本地配置寄存器是没有作用的。

计算机上电时，PCI 9054 有 3 种初始化内部寄存器的方式。

（1）Local 处理器设置 PCI 9054 内部寄存器。

（2）PCI 9054 还留 TEEDI/EEDO、EECS、EESK 3 个引脚，这 3 个引脚可以加一个串行的 EEPROM，计算机上电时，PCI 9054 首先读取 EEPROM 的值，写入对应的寄存器。此种方法简单，易于实现，但要注意串行 EEPROM 的选取，选取的 EEPROM 必须有串行化的读写功能。

（3）默认设置，当前两种都没有对 PCI 9054 进行设置时，PCI 9054 将加载默认设置，但默认设置一般不符合用户的特殊的需要。

不管选择何种方式，初始化完毕后必须把 Local 初始化状态位置 1，以表明计算机初始化完毕，计算机根据 PCI 9054 内部寄存器的值分配空间，加载驱动程序。

7.8.2 基于 PCI 9656 的 PCI/CPCI 总线接口设计

CPCI 总线接口实现中通常采用市场上的 CPCI 接口芯片，主要是 PLX 公司的 PCI9xxx 系列和 AMCC 公司的 AMCCS59xx 系列。PLX 系列中，PCI9695 是其中常用的一款 CPCI 总线接口芯片，具有较多突出的优点，如支持 64 位、66MHz 时钟，同时兼容 32 位、33MHz 时钟，灵活性高；该芯片具有 2 个局部总线中断信号 Lint1 和 Lint0，中线中断信号可由 FPGA 触发，触发后能 PCI 中断信号 INTA；局部时钟与 PCI 时钟异步，方便与 FPGA 时钟进行同步。

下面介绍 PCI 9656 的组成结构及其特性、PCI 9656 的 DMA 的传输方式。

1. PCI 9656 结构及其特性

PCI 9656 是采用的数据流水线框架 64 位 66MHz 的总线控制器，在业界处于领先地位，它还包含目标数据传输模式、DMA 引擎、可编程 PCI 起始器，同时具有 PCI 信息传输功能，在当今的通用总线主控设备中较为先进，能够完美实现 PCI2.2 规范。PCI 9656 芯片的内部结构如图 7-41 所示。

由图中可知，PCI 9656 可以达成 3 种方式的传输，即 DMA 传输、PCI 主模式传输、PCI 从模式传输。任何一种传输模式都有两个读写 FIFO 与之相对应，从而达成 PCI 总线与本地总线之间的异步操作及零等待突发传输。

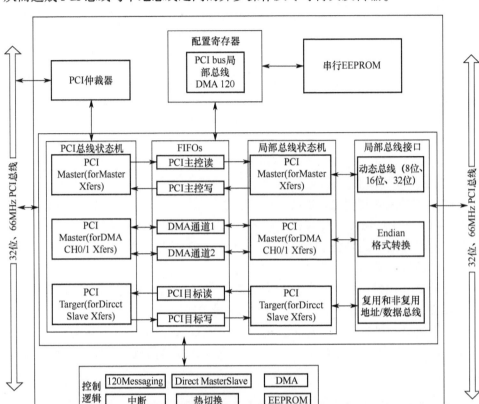

图 7-41 PCI 9656 组成结构

PCI 9656 各种功能的实现，是通过对映射到 PCI 配置空间中的 PCI 9656 内部寄存器进行内存空间或 I/O 空间的读、写操作来完成的。PCI 9656 的配置寄存器类型有局部配置寄存器、DMA 寄存器、PCI 配置寄存器、消息队列寄存器、实时寄存器 5 种。

PCI 设备的局部地址空间范围、属性、类型等由局部配置寄存器设定。映射至本地的局部地址空间的 PCI 有两个，它们的功能是提供地址译码和 PCI 目标读写，同时更重要的是在计算机内存中映射板卡上的存储器。配置 PCI 主动传输方式的参数由本地主模式配置地址空间与主模式地址空间共同来完成。

（1）PCI 配置寄存器。所有 PCI 设备必须实现该寄存器里面的内容。一般情况下，计算机操作系统使用这些寄存器里面的内容，以此决定对应驱动程序加载到哪个 PCI 设备中。

（2）实时寄存器。该寄存器中包含的寄存器种类有 Doorbell 寄存器、Mailbox

寄存器及重要的中断控制/状态寄存器，通过对其读写，本地端和 PCI 总线可以通过中断方式进行通信。还可用来进行清中断、关中断以及开中断等本地中断和 PCI 总线的参数设置。

PCI 9656 具有如下特点。

（1）使用的 3.3V CMOS 技术指标符合当前的发展趋势，同时兼容 5V 信号环境。

（2）32 位的 Doorbell 寄存器和 Mailbox 寄存器数量分别是 2 个和 8 个。

（3）突发管理可编程。

（4）支持 VPD 的 PCI 扩展。

（5）支持 CPCI 热交换和 PCI 热插拔。

（6）本地总线能够达到的最高频率为 66MHz。

（7）PCI 的配置方式 1 和 0 都支持。

（8）PCI20 V 1.5 规范和 PCI2.2 规范都能够完美兼容。

（9）支持 8 位、16 位或 32 位的本地总线。

（10）最高分别能达到 528MB/s 和 264MB/s 的 PCI 和本地总线传输数据率。

（11）中断控制器可编程。

（12）具有 4GB 的地址空间，支持双地址周期 PCI。

2. PCI 9656 的总线操作及传输方式

PCI 9656 的总线操作包含两种方式，即本地总线操作方式和 PCI 总线操作方式。其中，PCI 总线操作方式依照 PCI2.2 规范。PCI 9656 有 J、M 和 C 3 种工作模式。当运行在 J 工作模式下，接口的设计相当复杂；M 工作模式是 Motorola 公司 Motorola MPC 850/860 Power QUICC 的专用模式，它是 32 位通信处理器；这里所设计系统中 PCI 9656 采用经常使用的 C 工作模式。

在 C 工作模式下，PCI 9656 的数据传输方式有两种：第一种数据传输方式是 PCI 目标传输方式（PCI Target Transfer）；第二种数据传输方式是 PCI 主动传输方式（PCI Initiator Operation）。对于 PCI 目标传输方式，访问 PCI 9656 的 3 个本地空间是由主机通过 PCI 总线完成的，同时能够通过寄存器的设置来设置传输方式。对于 PCI 主动传输方式，访问 PCI 总线是本地总线主控设备直接通过 PCI 9656 或通过 PCI 设备上的本地处理器来完成的，发起本地到 PCI 的数据传输。这里设计的系统中，采用 PCI 目标传输方式来实现传输控制命令。

在通电后，计算机系统会对本身的硬件配置进行一次全方位的检测，通过检测来确认系统中存在哪些设备，同时确认存在的设备能否正常工作。系统复位或通电后，串行 EEPROM 的配置信息由 PCI 9656 读取到对应的内部寄存器中，依据 EEPROM 中存在的内容，计算机操作系统会给板卡分配相应的系统资源，如中断请求、内存空间、I/O 端口等。

3. PCI 9656 的 DMA 传输的实现

PCI 9656 有 3 种总线操作模式，即 DMA、Direct Slave、Direct Master 方式，这里设计系统采用直接存储器存取（Direct Memory Access，DMA）方式。

DMA 是由硬件执行的快速数据传送的操作模式，内存到内存、内存到适配卡、适配卡到内存，都可以进行数据传递。DMA 传输一经启动，控制总线的设备就会从 CPU 完全变成 DMA 控制器，数据马上会被从适配卡上的缓存中传输到计算机内存中去。DMA 分为两种，分别是 Block DMA 和分散/集中 DMA，Block DMA 传输连续物理地址的数据，分散/集中 DMA 传输的存储区则不是物理连续区域，并且能够传输具有多个物理地址的数据。

只需要对 DMA 的各个寄存器进行一次设置，就可以进行一次 Block DMA 传输，而且传输数据两方的存储空间的地址在物理上都是连续的。举个 DMA 通道为 0 的例子，完成以下设置就可以进行一次 Block DMA 传输。

（1）DMA 传输的模式设置。
（2）本地传输起始地址设置。
（3）PCI 端的传输起始地址设置。
（4）传输数据量大小设置。
（5）传输方向设置。
（6）设置 DMA 启动位为 1，然后启动 DMA 传输。

PCI 9656 会在完成 Block DMA 传输后，自动将通道完成位设置为 1，同时能够通过产生中断告知主机完成 DMA 传输。

Block DMA 传输机制相对要比分散/集中 DMA 传输机制简单些，本地处理器或 PCI 主机在其内存空间中建立的内存描述符列表是进行传输的关键。一系列内存描述块组成的链表就是内存描述符列表，而内存描述块是一个结构体，如果 DMA 通道为 0，内存描述符列表中的第一个描述模块被 PCI 9656 加载到 DMA 描述列表寄存器（DMADPRO）中，之后 DMA 启动位（DMACSRO[1]）设置等于 1。传输完这个内存描述块的数据后，DMA 控制器将下一个描述模块从内存描述符列表中载入，当 DMA 检测到描述模块的结束位是 1 时，会在本次传输完成后将 DMA 控制寄存器的完成位置标志为 1，标志本次 DMA 传输结束，并自动产生中断通知主设备 DMA 传输完成。DMA 传输初始化过程如图 7-42 所示。

由于 PCI 9656 具有两路独立的 DMA 通道，每路 DMA 通道都有专用的双向 FIFO 和独立的可编程 DMA 控制器，两路通道既可以使用分散/集中 DMA 方式，也可以使用 Block DMA 方式。在进行 DMA 传输时，PCI 9656 同时是 PCI 端和本地端的主设备。DMA 传输占用 CPU 很小，大大提高了数据传输速度和 CPU 的利用效率。DMA 传输参数的设置和控制可以通过读写 PCI 9656 内部 DMA 寄存器来实现。

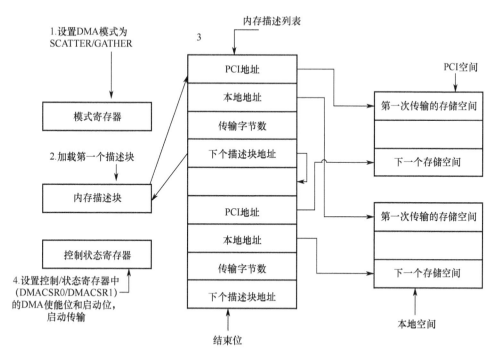

图 7-42　Scatter/Gather DMA 传输初始化过程

7.8.3　PCI/CPCI 总线接口应用实例

作为 PCI/CPCI 总线接口应用例子，本节以基于 CPCI 总线的 1553 数据总线通信板卡为例，给出嵌入式接口模块通过 CPCI 总线接口与 CPCI 底板连接，作为主控模块的从板卡设计，这里采用"PCI 桥接芯片 + FPGA"的方式设计 CPCI 总线接口，桥接芯片使用 PCI 9656。

1. CPCI 总线接口设计

CPCI 总线接口设计选用 FPGA + PCI 9656 的集成设计方法可以提高平台的便携性，同时，PCI 总线作为并行高速总线，在 CPCI 接口设计中，需要严格按照 CPCI 标准来设计其阻抗匹配、信号完整和抗干扰，以保证平台的可靠性。CPCI 总线接口设计为直接从模式的 C 模式，图 7-43 所示是 CPCI 总线接口典型管脚连接设计。

如图 7-43 所示，PCI 9656 作为桥接芯片，其 PCI 总线信号引脚连至 CPCI 总线接插件的 J1 和 J2 上，本地总线连至 FPGA 通用 I/O 管脚。

PCI 9656 电源从 CPCI 总线电源管脚上引入，包括 3.3V 和 VIO，PCI 9656 所需的 2.5V 由 LM 117 MPX 从 CPCI 5V 转换而来，电源管脚均分别并联 $0.1\mu F$ 电容做去耦处理。电源管理信号 PME#通过串联 $4.7k\Omega$ 电阻上拉至 3.3V，不使用电源管理。实例采用 PCI 直接从模式设计方法，所以主模式使能信号 HOSTEN#和双路复用信号 IDDQEN#串联 4.7kΩ 电阻上拉到 3.3V 电源；工作模式 MODE[1：0] 引脚均下拉到地，选择 C 模式。

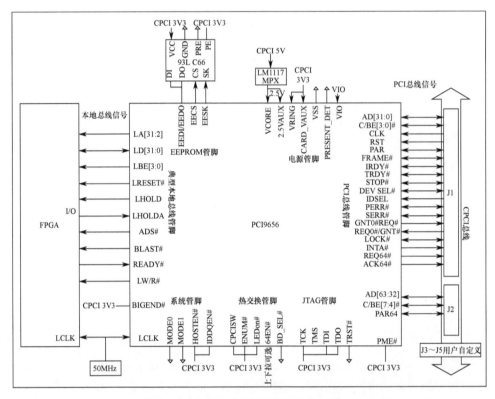

图 7-43 采用 PCI 9656 的 CPCI 总线接口

CPCI 热交换信号 CPCISW、计数信号 ENUM#、LED 控制信号 LED on#串联 4.7kΩ 电阻上拉到 3.3V；64 位使能信号 64 EN#使用上下拉设计，这里设计上拉为 32 位模式；板卡选择信号 BD_SEL#下拉 10Ω 到地。本地端连接至 FPGA 的信号，由 FPGA 处理本地逻辑，其余本地端信号可以连接至 FPGA 做冗余设计，也可以按照 PCI 9656 说明进行上下拉设计或悬空。EEPROM 的信号与 PCI 9656 对应连接，当不使用 EEPROM 时，EEDI/EEDO 采用下拉 1kΩ 电阻设计。PCI 9656 的 PCI 总线协议信号除 CLK、REQO#/GNT、GNTO#/REQ#，直接从 PCI 9656 管脚连接到 CPCI 接插件对应管脚以外，其余管脚 PCI 总线协议信号均需串联 10Ω 电阻连接到 CPCI 接插件对应管脚。图 7-44 是 CPCI 总线连接器的 J1 和 J2 接插件管脚分布图，J1 主要是 32 位 PCI 信号，J2 主要是 64 位 PCI 扩展信号。

第7章 PCI/CPCI 机载计算机总线

NO.	A	B	C	D	E	F
J1-1	+5V	−12V	JTAG_RST#	+12V	+5V	GND
J1-2	JTAG_TCK	+5V	JTAG_TMS	JTAG_TDO	JTAG_TDI	GND
J1-3	INTA#	INTB#	INT C#	+5V	INTD#	GND
J1-4	NC	GND	+5V	INTP	INTS	GND
J1-5	NC	NC	PCIRST#	GND	GNT0#	GND
J1-6	REQ0#	GND	+3V	PCICLK0	AD31	GND
J1-7	AD30	AD29	AD28	GND	AD27	GND
J1-8	AD26	GND	+5V	AD25	AD24	GND
J1-9	C/BE3#	IDSEL	AD23	GND	AD22	GND
J1-10	AD21	GND	+3V	AD20	AD19	GND
J1-11	AD18	AD17	AD16	GND	C/BE2#	GND
J1-12~14	KEY AREA					GND
J1-15	+3V	FRAME#	IRDY#	GND	TRDY#	GND
J1-16	DEVSEL#	GND	+5V	STOP#	LOCK#	GND
J1-17	+3V	SDONE	SBO#	GND	PERR#	GND
J1-18	SERR#	GND	+3V	PAR	C/BE1#	GND
J1-19	+3V	AD15	AD14	GND	AD13	GND
J1-20	AD12	GND	+5V	AD11	AD10	GND
J1-21	+3V	AD9	AD8	GND(M66EN)	C/BE0#	GND
J1-22	AD7	GND	+3V	AD6	AD5	GND
J1-23	+3V	AD4	AD3	+5V	AD2	GND
J1-24	AD1	+5V	+5V	AD0	ACK64#	GND
J1-25	+5V	REQ64#	ENUM#	+3V	+5V	GND
J2-1	PCICLK1	GND	REQ1#	GNT1#	REQ2#	GND
J2-2	PCICLK2	PCICLK3	SYSEN#	GNT2#	REQ3#	GND
J2-3	PCICLK4	GND	GNT3#	REQ4#	GNT4#	GND
J2-4	VCC	PCIRSV	C/BE7#	GND	C/BE6#	GND
J2-5	C/BE5#	GND	VCC	C/BE4#	PAR64	GND
J2-6	AD63	AD62	AD61	GND	AD60	GND
J2-7	AD59	GND	VCC	AD58	AD57	GND
J2-8	AD56	AD55	AD54	GND	AD53	GND
J2-9	AD52	GND	VCC	AD51	AD50	GND
J2-10	AD49	AD48	AD47	GND	AD46	GND
J2-11	AD45	GND	VCC	AD44	AD43	GND
J2-12	AD42	AD41	AD40	GND	AD39	GND
J2-13	AD38	GND	VCC	AD37	AD36	GND
J2-14	AD35	AD34	AD33	GND	AD32	GND
J2-15	PCIRSV	GND	FAL#	REQ5#	GNT5#	GND
J2-16	PCIRSV	PCIRSV	DEG#	GND	PCIRSV	GND
J2-17	PCIRSV	GND	PRST#	REQ6#	GNT6#	GND
J2-18	PCIRSV	PCIRSV	PCIRSV	GND	PCIRSV	GND
J2-19	GND	GND	NC	REQ7#	BATT	GND
J2-20	PCICLK5	GND	PCICLK7	GND	GNT7#	GND
J2-21	PCICLK6	GND	PCICLK8	REQ8#	GNT8#	GND
J2-22	GA4	GA3	GA2	GA1	GA0	GND

图 7-44 CPCI 连接器引脚图

J1 连接器的引脚主要包括：32 位 PCI 协议信号，直接按照上述的 PCI 协议信号对应相连。本设计采用从模式设计，所以 GNTO/REQ#、REQO#/GNT 分别连接到 CPCI 总线接插件的 REQ#和 GNT#管脚，并且 GNT#管脚端串 100kΩ 电阻上拉到 VIO 电源；此外，J1 还提供嵌入式模块所需的 ±12V、5V、3.3V 和 VIO 电源；HEALTHY#管脚旁路 0.1μF 电容到地；GND 管脚接地，其余不用管脚悬空。J2 连接器的引脚主要是 64 位 PCI 协议信号，上述 PCI 总线信号中 64 位信号对应与 J2 连接器的 64 位 PCI 信号引脚串 10Ω 电阻相连。GND 信号接地，不用管脚悬空。J3 和 J5 布置嵌入式接口模块中各外围接口的输入输出，包括两路冗余 1553b 总线信号和 6 路 RT 地址输出，以及 RS232、RS422 的收发信号，AD 采样信号、DA 输出信号，开关量输入/输出等信号；其余管脚悬空，J4 连接器保留。

2. PCI 9656 本地接口程序设计

采用"FPGA + PCI 9656 桥接芯片"CPCI 总线接口的设计，大大方便了本地端的程序设计，PCI 总线传输方式设计为直接从模式，本地总线上资源作为目标设备供 PCI 主控设备访问，PCI 9656 只需要数根本地端信号就可以完成与本地端的数据通信。PCI 9656 直接从模式访问过程如图 7-45 所示。

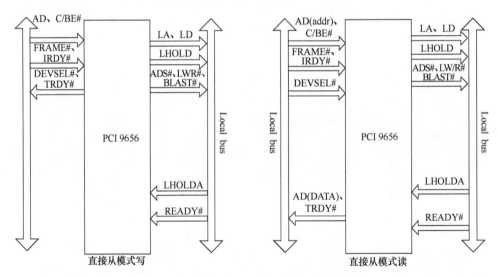

图 7-45　直接从模式下 PCI 9656 工作过程

如图 7-45 所示，直接从模式写时，PCI 总线端作为主设备把数据写入到 PCI 9656，同时 PCI 9656 作为本地总线的主设备为本地总线做出裁决，并将数据写入到本地总线端的从设备 FPGA 里面，直接从模式读过程相反。PCI 9656 作为桥接芯片，在直接从模式的传输过程中，将 PCI 总线端主设备对本地处理器的访问转化为 PCI 9656 按照从模式时序访问本地端资源。

PCI 9656 本地端接口写操作中，读时序图除 LW/R#信号电平相反其余与写操作一致，PCI 9656 在本地时钟 LCLK 的驱动下，使能 LHOLD 信号发出总线占用请求，本地端处理器有效 LHOLDA 响应请求；PCI 9656 有效读写操作 LW/R#，高表示写，低表示读，有效地址选通 ADS#；当读数据准备好或写数据传输结束本地端处理器有效 READY#信号，然后 PCI 9656 使能 BLAST#结束数据传输并无效 LHOLD 信号，最后本地处理器无效 LHOLDA 信号。图 7-46 是 PCI 9656 本地端接口程序设计流程。

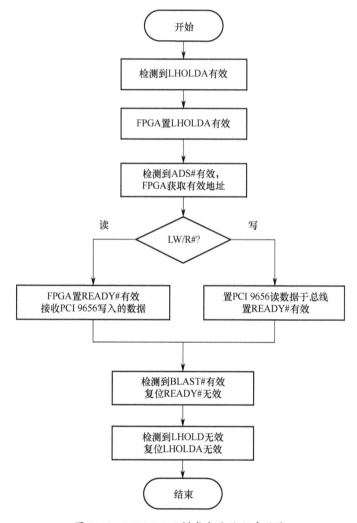

图 7-46 PCI 9656 从模式本地端程序设计

图 7-46 所示的 PCI 9656 从模式读写状态转换说明如下。

（1）FPGA 检测 PCI 9656 是否申请本地总线，当检测到申请标志信号 LHOLD 时，FPGA 拉高 LHOLDA 做应答，将本地总线使用权让与 PCI 9656，并等待地址选通信号 ADS#有效。

（2）FPGA 检测到地址有效选通信号 ADS#后，即可以开始新的一次总线操作（读或写），在 ADS#有效后，采样获取本地总线的有效操作地址。

（3）FPGA 通过读写信号 LW/R#，判断是读操作还是写操作，FPGA 在准备好将数据送到本地数据总线或者做好数据接收准备时拉低 READY#信号。

（4）当 FPGA 检测到 PCI 9656 输出的有效的 BLAST#信号时，结束总线操作，不再输出数据或写入数据。

（5）等待 PCI 9656 释放本地总线，LHOLD 信号无效后，本地端 FPGA 无效 LHOLDA。

3. 1553b 总线接口设计

MIL-STD-1553b 总线是一种数字式时分制指令/响应型高可靠航空数据总线，因其高可靠性而被广泛应用于航空电子设备中。这里，以总线接口协议芯片 BU 61580 为例进行设计，BU 61580 为 1553b 总线先进通信控制器，其内部具有 BC/RT/MT 功能，内部集成 1553b 数字协议逻辑、中断逻辑、存储管理逻辑和双路总线收发器等模块，具有 $4K \times 16b$ 的静态存储器以及与处理器相连的灵活地址和数据总线接口，可以方便地与 8 位和 16 位处理器相连接。

图 7-47 所示为 1553b 总线接口的 DSP + FPGA 线路原理，将 BU 61580 作为外部存储器连接到 DSP 6713 的 EMIF 接口，DSP 访问 BU 61580 的存储空间时，FPGA 为 DSP 的访问提供 BU 61580 的操作时序。

BU 61580 时钟采用外部 16MHz 有源晶振提供，芯片工作电压为 5V，采用 CPCI_5V 作为芯片的 5V 供电。因 BU 61580 工作在_5V 电压，FPGA 和 DSP 工作在 3.3V 电压，所以器件之间的信号需要经过电平转换设计，电平转换采用 74 LVC 164245 芯片，可以实现 3.3V 和 5V 的电平转换。BU 61580 的控制采用 DSP + FPGA 方法，其 16 位数据线连接到 DSP 6713 的 EMIF 接口的 ED[15：0] 数据线上，12 位地址线连接到 EMIF 接口的 EA[13：2] 地址线上，DSP 6713 的 EA 14 用来作为访问 BU 61580 的存储器和寄存器的选择信号。BU 61580 的接口访问时序控制管脚连接至 FPGA 通用 I/O，FPGA 内部逻辑通过 BU 61580 接口控制管脚为 DSP 提供访问 BU 61580 的时序逻辑。本设计 BU 61580 配置为 16 位缓冲非零等待模式。BU 61580 的两路冗余总线 BUSA 和 BUSB 经过隔离变压器连接到 CPCI 总线的 J3 接插件，后经路由模块接入 1553b 总线网络。变压器耦合起到电气隔离、干扰防护和提高总线阻抗匹配的作用。BU 61580 作为 RT 设备时，地址引脚 RTA0、RTA4 和地址校验信号 RTADP 可以从外部开关量输入获得，当外部没有输入时，采用 FPGA 直接赋值。BU 61580 作为 BC 设备时，可以为外部 RT 设备提供 RT 地址，FPGA 通用 I/O 经过光电隔离输出 RT 地址，光电隔离采用 TLP 291 芯片用于隔离干扰。

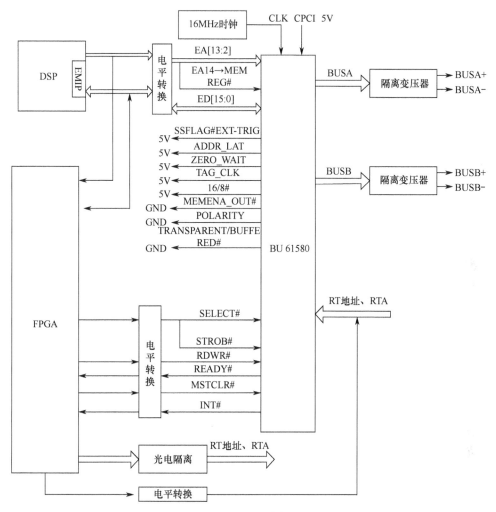

图 7-47　1553b 总线接口

4. 1553b 总线接口程序设计

1553b 总线由数据总线、终端或子系统终端组成，终端的功能可以是总线控制器 BC、远程终端 RT 或总线监控器 MT，实施例中 1553b 接口设计为 BC 模式。从 1553b 总线接口的硬件设计中得知，BU 61580 作为 1553b 协议芯片，其数据总线和地址总线挂接在 DSP 的 EMIF 数据总线和地址总线上，读写控制信号线连接至 FPGA。所以 1553b 接口的程序设计方法是 DSP 通过 EMIF 接口直接访问 BU 61580 的存储空间，因 FPGA 也作为外部存储器挂接到 EMIF 接口上，所以 FPGA 检测到 DSP 访问 BU 61580 时，为 DSP 的访问提供 BU 61580 的读写操作时序。

这里 1553b 总线 BC 模式程序设计包括 BC 功能程序设计和 FPGA 逻辑提供设

计。BC 功能设计主要包括 BC 模式初始化及向量字查询。

（1）BC 模式初始化设计如图 7-48 所示。

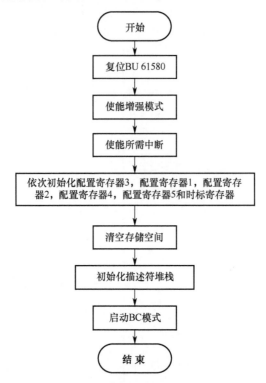

图 7-48　BC 模式初始化程序设计

BC 模式初始化设计中 BU 61580 需要初始化的寄存器及其初始化说明如表 7-3 所列。

表 7-3　BC 模式初始化寄存器设置及说明

BU 61580 寄存器	参数	说明
启动/复位寄存器	0x0001	复位 BU 61580
配置寄存器 3	0x8000	使能增强模式
中断屏蔽寄存器	0x0009	使能 BC 帧结束和消息结束中断
配置寄存器 1	0x0030	使能消息间隔计时/消息重试
配置寄存器 2	0x841D	增效模式中断，256 字节边界无效，中断自动清除，电平中断请求，清除服务请求，隔离广播数据
配置寄存器 4	0x1060	使能 BC 扩展控制字，有效消息，有效忙
配置寄存器 5	0x0800	扩展相交使能
时标寄存器	0x000	清零时标寄存器

BC 模式的初始化设计中,描述符堆栈的初始化设计如图 7-49 所示,首先把 BC 存储空间的堆栈指针 A 和堆栈指针 B 分别指向堆栈 A 与堆栈 B 的存储空间地址,然后消息描述符从该指向地址开始,并随着消息的发送累加。消息描述包括块状态字、时标字、消息间隔和消息块所在 BC 存储空间中的地址。

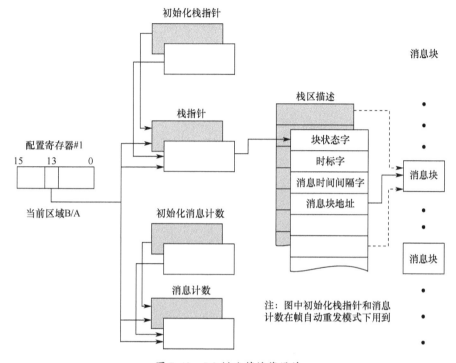

图 7-49 BC 描述符堆栈设计

当 BC 初始化完成后,往启动/复位寄存器写 0x0002,启动 BC。BC 启动后,按照 BC 向 RT 传输数据或 BC 命令 RT 发数据的格式往 BC 存储空间的消息块地址写入控制字、命令字和数据字等即可实现 BC 和 RT 的数据传输。

(2) BC 向量字查询设计如图 7-50 所示。

BC 向量字查询设计采用每 20ms 向 RT 子地址 31 发送方式指令 1000b 获取 RT 向量字,BC 对接收到的向量字从低位到高位进行查询,当某一位为 1 时表明该子地址请求发送数据,然后 BC 命令该 RT 子地址发送数据,BC 接收数据后继续判断下一比特,直至检测到最高位。当 20ms 内本次向量字还未处理完毕,暂停轮询,直至处理完毕进入下一次轮询。

(3) BU 61580 的 FPGA 逻辑设计。图 7-51 所示是访问 BU 61580 的时序图,BU 61580 读写时序除了读写信号 RD/WR 电平相反外其余控制信号时序一致,硬件设计中 BU 61580 的片选和选通信号 SELECT#和 STROBE#连在一起,低电平有效,MEM/REG#是存储器和寄存器选择信号,由 DSP 的 EMIF 地址总线 EA14 控

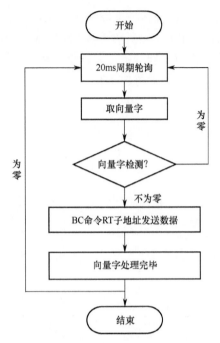

图 7-50　BC 向量字查询设计方法图示

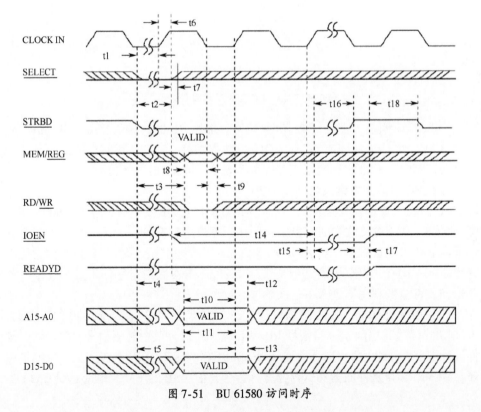

图 7-51　BU 61580 访问时序

制，RD/WR 高电平写低电平读，IOEN#信号保留不用，READY#表示数据访问完成，BU 61580 外部输入 16MHz 时钟，由采样定理，FPGA 的 BU 61580 逻辑设计时钟采用_SMHz。图 7-52 所示是 FPGA 提供给 DSP 访问 BU 61580 的程序设计方法流程。

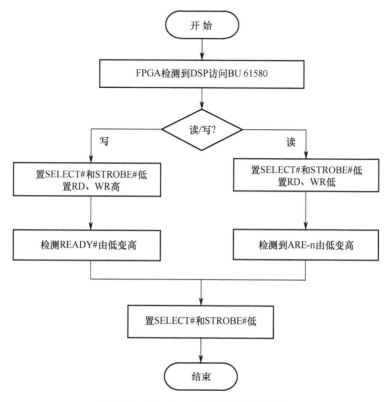

图 7-52 BU 61580 访问逻辑程序设计

首先，图 7-52 是 DSP 访问 BU 61580 时 FPGA 的逻辑示意，读写访问的区别在于写操作将 RD_WR 信号拉高，读操作将 RD_WR 信号拉低；其次，读写访问结束时拉高 SELECT#和 STROBE#信号的标志均可以使用 READY#信号由低电平变高电平，由于 BU 61580 作为外部存储空间挂接在 DSP 的 EMIF 空间上，读操作结束时 EMIF 接口的读信号 ARE_n 由低变高，使用该信号作为读操作结束拉高 SELECT#和 STROBE#信号更贴近于实际应用。

7.9 本章小结

随着计算机技术和数字信号处理技术的飞速发展和普及，数据采集系统迅速地得到应用，尤其是高速数据采集系统的应用正日趋广泛。特别是在涉及数字信息处理的领域中，如激光雷达信号处理、数字图像处理以及虚拟仪器等领域，能否实现高速准确的数据采集无疑将决定整个系统的性能。

数据采集系统的好坏，取决于精度和速度。在保证精度的条件下，应用尽可能高的采样速度。对于数据量比较小或对实时性要求不高的应用，可以选择广泛支持且速度较快的 SCSI 和 USB 等常用接口。然而，对于速度要求特别高的数据采集应用，标准接口不能满足需要，必须为应用设计专门的数据采集方案，与其对应的技术称为高速数据采集技术。在这种条件下，PCI/CPCI 总线和基于 PCI/CPCI 总线的数据采集技术涌现而来。

PCI 总线是 Intel 公司首先推出的一种局部总线，定义了 32 位数据总线，支持突发读写操作，最大传输速率可达 132MB/s，可同时支持多组外围设备，不受制于处理器，是基于奔腾等新一代微处理器而发展的总线。CPCI 是第一个采用无源总线底板结构的 PCI 系统，是 PCI 总线的电气和软件标准与欧式卡的工业组装标准的有机结合。在电气、逻辑和软件功能方面，CPCI 与 PCI 完全兼容。PCI/CPCI 总线成为广泛应用的内总线之一。

参 考 文 献

[1] 李震. 基于 PCI 总线的多通道高速数据采集系统的设计与实现 [D]. 西安：西安电子科技大学，2009.
[2] 金海平. 基于 FPGA 及 CPCI 总线的数据采集系统设计 [D]. 长沙：国防科学技术大学，2013.
[3] 黄治广. 基于 CPCI 的嵌入式测试平台技术研究 [D]. 北京：北京理工大学，2016.
[4] 李贵山，陈金鹏. PCI 局部总线及其应用 [M]. 西安：西安电子科技大学出版社，2003.
[5] 刘晖，等. PCI 系统结构 [M]. 4 版. 北京：电子工业出版社，2000.
[6] 张宇斌. 基于 PCI 总线的数字信号处理系统的软件开发 [D]. 南京：南京航空航天大学，2002.
[7] 李光春. 基于 PCI-E 总线的高速大容量数据记录系统软件设计 [D]. 成都：电子科技大学，2009.
[8] 王文. 基于 PCI 总线的高速数据采集卡的设计及实现 [D]. 西安：西安电子科技大学，2008.
[9] 尹勇，李宇. PCI 总线设备开发宝典 [M]. 北京：北京航空航天大学出版社，2005.
[10] 杨振家. 基于 CPCI 总线的高速数据采集处理模块的设计 [D]. 成都：电子科技大学，2013.
[11] 李刚. 基于 CPCI 总线的分布式信号处理技术研究与设计 [D]. 北京：北京理工大学，2011.
[12] 刘红. 通用 Compact PCI/PXI 接口技术研究 [D]. 四川：四川大学，2005.
[13] 徐文波，田耘. Xilinx FPGA 开发实用教程 [M]. 北京：清华大学出版社，2013.
[14] 冯莉，叶超. 利用 WinDriver 开发 PCI 设备驱动程序 [J]. 自动化技术与应用，2007，26

(11): 119-120.
- [15] 孙国良. 基于FPGA的CPCI接口数据采集系统设计 [D]. 北京：北京邮电大学, 2010.
- [16] 朱永兴. 基于CPCI总线的抗恶劣环境数据采集及处理技术 [D]. 上海：复旦大学, 2008.
- [17] 方明. 基于FPGA开发的CPCI总线多功能卡及WDM驱动程序设计与实现 [D]. 上海：上海交通大学, 2009.
- [18] 李红刚, 等. 基于FPGA的高速多通道数据采集系统的设计 [J]. 计算机测量与控制, 2006, 14 (10)：1407-1409.
- [19] 王伟楠. 基于PCI/CPCI总线的高速数据采集卡的设计与实现 [D]. 西安：西安电子科技大学, 2010.
- [20] 陈欣. 基于CPCI总线的可重构系统研究与设计 [D]. 长沙：国防科学技术大学, 2008.
- [21] 司玉美, 中会民, 耿爱辉, 等. 基于PCI总线数据通信卡WDM驱动程序设计 [J]. 计算机测量与控制, 2006, 14 (2)：259-261.

第 8 章　PCI Express 计算机总线

8.1　PCI Express 总线简介

　　随着现代处理器技术的发展，在互联领域中，使用高速差分总线代替并行总线是大势所趋。与单端并行信号相比，高速差分信号可以使用更高的时钟频率，从而使用更少的信号线，完成之前许多单端并行数据信号才能达到的总线带宽。PCI Express 作为第三代高性能 I/O 互联总线是于 2001 年 2 月由 Intel 公司提出的，并于 2002 年 7 月由包括 Intel、AMD、DELL、IBM 在内的 20 多家业界主导公司完成新技术规范的起草，正式命名发布为 PCI Expressl.0 总线协议标准。迄今为止，PCI Express 总线已经以其速率高、设计简单、使用高速差分总线等优势得到业界的青睐和广泛使用。PCI Express 总线提供了先进的高速串行连接方式技术和基于数据包（Packet）的分层体系结构，可以使用更少的数据线提供高达 l0Gb/s 的数据传输速度；它采用了低电压差分信号（Low Voltage Differential Signaling，LVDS）串行链路连接、时钟数据恢复（Clock Data Recovery）同步以及链路到链路和端到端的错误检测（CRC）等技术，保证数据传输的可靠性；同时，点对点技术为每一块设备分配独享的通道带宽，而不需要在设备之间共享资源。这样在充分保障了各设备宽带资源的同时，也提高了数据传输速率等优点。

　　PCI Express 能实现用于两台设备之间通信的串行、点对点类型的互联。多台 PCI Express 设备使用交换器（Switch）实现互联，这意味着，在一个系统中实际上可以连接许多设备。点对点互联表示链路上的电气负载有限，从而使发送和接收频率可以扩展到更高。当前 PCI Express 发送和接收数据速率是 2.5Gb/s。两台设备串行互联的结果是每台设备上的引脚很少，从而降低了 PCI Express 芯片和板卡的设计成本，并降低了板卡设计的复杂性。PCI Express 的性能也是高度可伸缩的。这一点可以通过如下方法获得：根据各互联设备的通信性能要求，为每个互联实现不同数目的引脚和信号通道（Lane）。

　　PCI Express 采用基于交换器的技术来互联大量设备。在串行互联上进行通信是利用基于数据包的通信协议来实现的。服务质量（Quality of Service，QoS）特性可以为不同的应用提供不同的传输性能。对热插拔/热交换的支持使"永远在线（Always-on）"的系统成为可能。先进的电源管理功能使人们可以设计适于低功耗移动应用的解决方案。RAS（可靠性、可用性、可维护性）错误处理功能使 PCI Express 适于健壮的高端服务器应用。热插拔、电源管理、错误处理以及中断信令都是基于数据包的消息在带内实现的，而不是用边带信号来实现的。这就使设备的引脚数较少，降低了系统成本。

将来，预计 PCI Express 的通信频率可达到现在的 2 倍和 4 倍，即达到 5Gb/s 和 10Gb/s。要利用这些频率，需要重新设计设备的物理层，但无需梗概设备的高层设计。预计还会有其他的机械外观结构，以及支持服务器 I/O 模块、Newcard（PC 卡样式）和电缆的外观结构。

8.2 PCI Express 总线的特点

PCI Express 之所以能迅速得到业界的承认，并且被大家公认为下一代 10 年总线标准，它具有鲜明的技术优势，可以全面解决 PCI 总线技术所面临的种种问题。有专家预计，PCI Express 的设计不只要取代 PCI 及 AGP 的插槽，同时也会是一些电脑内部系统连接接口，如处理器、绘图、网络及磁盘的 I/O 子系统芯片间的连接。

PCI 总线的最大优点是总线结构简单、成本低、设计简单，但是缺点也比较明显，并行总线无法连接太多设备，总线扩展性比较差，线间干扰将导致系统无法正常工作。当连接多个设备时，总线有效带宽将大幅降低，传输速率变慢，为了降低成本和尽可能减少相互间的干扰，需要减少总线带宽，或者地址总线和数据总线采用复用方式设计，这样降低了带宽利用率。

与 PCI 总线相比，PCI Express 总线主要有以下技术优势。

（1）具有很好的灵活性，PCI Express 总线支持双向传输模式和数据分通道传输模式，满足不同通信带宽的要求，可以将 PCI Express 物理连接配置成 ×1、×2、×4、×8、×12、×16 和 ×32 个并行的数据通道，其中数据分通道传输模式采用 PCI Express 总线的 ×1、×2、×4、×8、×12、×16 和 ×32 多通道连接，×1 单向传输带宽即可达到 250MB/s，双向传输带宽更能够达到 500MB/s，这个已经不是普通 PCI 总线所能够相比的了。

（2）PCI Express 总线采用点对点技术为每一块设备分配独享的通道带宽，而不需要在设备之间共享资源，这样在充分保障了各设备宽带资源的同时也提高数据传输速率。

（3）与 PCI 总线良好的继承性，可以保持软件的继承和可靠性。PCI Express 总线关键的 PCI 特征，如应用模型、存储结构、软件接口等与传统 PCI 总线保持一致，但是并行的 PCI 总线被一种具有高度扩展性的、完全串行的总线所替代。与 PCI 总线在软件层完全兼容，适用于 PCI 总线的驱动程序同样适用于 PCI Express 总线系统中，从而为广大用户提供了一个平滑的升级平台。

(4) 以数据包的形式传输串行数据，保障了传输数据的可靠性和完整性，PCI Express 总线设备可以通过主机桥接器芯片进行基于主机的传输，也可以通过交换器进行点对点传输。

(5) 采用串行总线，进行点对点传输，每个传输通道独享带宽，串行连接采用自时钟技术，将时钟内嵌于 8b/10b 编码的串行数据中，可实现自适应调整数据传输率的功能，允许有 8 条虚拟通道进行独立通信控制，而且每个通信的数据包都定义不同的 QoS。

(6) 一对负责发送一对负责接收的两对 LVDS 差分线对组成一条 PCI Express 通道，PCI Express 总线采用双通道的串行传输模式，每个信道单方向 2.5Gb/s 的传输速率。

(7) PCI Express 总线采用比 PCI 总线少得多的物理结构，单 ×1 带宽模式只需 4 线即可实现调整数据传输，实际上是每个通道只需 4 根线，由于减少了数据传输芯线数量，所以电源消耗也就大大降低了。

(8) PCI Express 总线充分利用先进的点到点互联，降低了系统硬件平台设计的复杂性和难度，从而大大降低了系统的开发制造设计成本，极大地提高系统的性价比和健壮性。系统总线带宽提高同时，减少了硬件的数量，硬件的成本直接下降。

(9) PCI Express 总线充分利用先进的点到点互联、基于交换的技术、基于包的协议来实现新的总线性能和特征。电源管理、服务质量、热插拔支持、数据完整性、错误处理机制等也是 PCI Express 总线所支持的高级特征。

鉴于以上如此众多的优势，可以预计，PCI Express 将成为今后 10 年内的主要内部总线连接标准，PCI Express 总线在信号完整性、带宽、功率和引脚数目等方面都有很大的改善，串行传输技术具有并行互联所无法提供的优点，将被广泛用于芯片互联、背板互联、机箱互联和多平台之间的互联，它不但将被用在台式机、笔记本电脑以及服务器平台上，甚至会继续延伸到网络设备的内部连接设计中。

8.3 PCI Express 总线拓扑结构

为了提高总线性能、减少整个系统的成本并利用计算机设计方面新的发展成果，必须对 PCI 总线体系结构在原有的基础上进行大量的重新设计。PCI Express 总线不是 PCI 总线的延续，是相对 PCI 总线的一次重大的变革。PCI Express 总线采用高速串行接口取代了传统的并行接口，用基于数据包的传输协议取代了基于总线的传输协议，用点对点类型的互联数据通信取代了基于总线的数据通信，在计算机总线的发展历史上迈出了重要的一步。图 8-1 给出了 PCI Express 总线系统拓扑结构图。

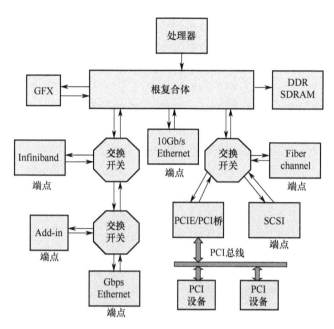

图 8-1 PCI Express 总线系统拓扑结构

从图 8-1 中看出，PCI Express 的基本结构包括根联合体（Root Complex）、交换器（Switch）和各种终端设备（End Point）。根联合体也称根复合体，与根复合体相连的是 CPU、主存储器、交换开关、端点和 PCI Express 到 PCI 的桥等，两个 PCI Express 设备间以点到点的链路进行连接。

根联合体是连接 CPU 和储存子系统及 PCI Express 结构的设备。它可能支持一个或多个 PCI Express 端口。它还可以代表 CPU 发起配置事务请求、生成存储器和 I/O 请求和锁定事务请求。作为完成者，根联合体不响应锁定请求。根联合体发送数据包离开其端口，从其端口接收数据并转发至存储器。根联合体实现了中心资源，如热插拔控制器、电源管理控制器、中断控制器、错误检测与报告逻辑等。

端点是不同于根联合体和交换器的其他设备，这些设备是 PCI Express 事务的请求者或完成者。它们可以是外围设备，如以太网、USB 或图形设备等。它是 PCI Express 组件与链路之间的接口，由差动发送器和差动接收器组成。

交换器可以看作由两个或多个逻辑 PCI 到 PCI 桥组成，每个桥与一个交换器端口相连，利用基于存储器、ISO 或者配置地址的路由方法转发数据包。它必须将任何入端口的所有事务类型转发至任意的出端口，同时实现两种仲裁机制：端口仲裁和 UC 仲裁，并且根据仲裁机制确定将如端口数据包转发至出端口的优先级。

1. 根复合体

根复合体是将 CPU 和主存储器连接到 PCI Express 线路结构的设备，相当于

PCI 系统中的主桥，它可以支持一个或多个 PCI Express 端口，每个端口连出一条 PCI Express 链路，下挂一个端点设备或一个交换开关，图 8-1 中根复合体支持 3 个端口。

根复合体代表 CPU 启动 PCI Express 事务，代表 CPU 访问主存储器；能在端口上接收来自 PCI Express 设备的访问主存储器的请求；可以将事务从一个端口路由到另一个端口。根复合体内部提供中央资源，如热插拔控制器、电源管理控制器、中断控制器、错误检测和报告逻辑等（图 8-2）。

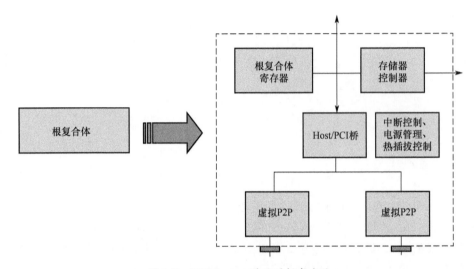

图 8-2　PCI Express 系统的根复合体

2. 交换开关

交换开关是一个具有 2-n 端口的设备，每一个端口连一条 PCI Express 链路，在系统中用于多设备的互联。交换开关有 4 个端口，1 个上游端口指向根复合体，3 个下游端口指向离开根复合体的方向，每一端口与一条链路相连。交换开关可以将事务从任一个端口路由到另一个端口（图 8-3）。

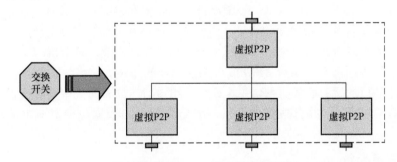

图 8-3　PCI Express 系统的交换开关

3. 端点

端点是一个具体的设备，如以太网、USB 或图形设备，是 PCI Express 事务的请求者（启动事务）或完成者（响应事务）。端点使用 PCI 类型 0 配置头标，每个端点初始化时设置一个设备 ID（请求者 ID 或完成者 ID），由总线号、设备号和功能号组成。端点作为挂连在一条链路上的唯一设备，设备号总是 0。类似于 PCI 设备，PCI Express 也有多功能端点，每端点最多支持 8 个功能，其中必须有功能 0。

4. 端口

端口是 PCI Express 设备与链路之间的接口，由差分发送器和接收器组成。指向根复合体方向的端口为上游端口；离开根复合体方向的端口为下游端口。端点上只有上游端口，根复合体上只有下游端口，交换开关上有上、下游端口。一个端口中接收包的是入端口，发送包的是出端口。

5. PCI Express 到 PCI/PCI-X 的桥

通过 PCI Express 到 PCI/PCI-X 的桥设备，原 PCI/PCI-X 总线和设备也可以纳入 PCI Express 系统，PCI/PCI-X 总线随系统统一编号。图 8-4 中标示了一条 PCI/PCI-X 总线及其扩展槽。

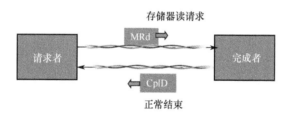

图 8-4　PCI Express 到 PCI/PCI-X 的桥

PCI Express 系统中包括请求者和完成者（Requester & Completer）。请求者是 PCI Express 线路结构中发起事务的设备，根复合体和端点都可以担当请求者；完成者是被寻址的设备或者说是请求者的目标设备，请求者从完成者读数据向完成者写数据，根复合体和端点都可以成为完成者。

8.4　PCI Express 总线的体系结构

PCI Express 总线采用了封包分层的体系结构和串行连接方式，并且使用数据包进行数据传输。PCI Express 总线的层次组成结构与网络通信中的七层 OSI 结构有类似之处，但是 PCI Express 总线的各个层次都是使用硬件逻辑实现的，在协议中实现不同功能区的相互独立，更有利于跨平台的应用。PCI Express 体系结构中对 PCI Express 设备层次进行了划分，通常包括物理层、数据链路层和事务层。物理层定义了 PCI Express 的电气特性，负责接口和设备间的物理连接，实现点对点差分串行数据传输，数据链路层连接管理，并进行数据完整性、错误检测和错误校验；事务层组装和拆解事务层包（Transaction Layer Packet，TLP）。PCI Express 体系结构如图 8-5 所示。

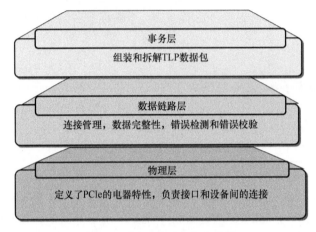

图 8-5　PCI Express 体系结构

PCI Express 设备层次是由 PCI Express 规范规定的，PCI Express 规范规定对于设备的设计采用分层结构，包括事务层（Transaction）、数据链路层（Data Link）、物理层（Physical），它们在垂直方向又可以进一步分成两部分：处理出站流量的发送部分和处理入站流量的接收部分。

PCI Express 两个互联的设备采用事务的方式通信。事务是指为实现设备间某种信息传送而定制、由一个或若干个包组成的发送序列，事务层包（Transaction Layer Packet，TLP）具体实现。

根据设备的分层结构，在链路上传送的包有事务层包（TLP）、数据链路层包（DLLP）、物理层包（PLP），如图 8-6 所示。

PCI Express 的分层体系结构中，数据报文首先在设备的核心层（Device Core）中产生，然后再经过设备的事务层、数据链路层和物理层，最终发送出去。接收端的数据也需要通过物理层、数据链路层和事务层，并最终到达核心层。

PCI Express 设备各层的功能关系如图 8-7 所示。

PCI Express 设备各层的功能关系是：发送设备 A 的事务层根据来自发送设备核的信息，构建发送 TLP，有 3 个字段。发送 TLP 在送上链路之前，本设备的数据链路层和物理层要对它进行组装，数据链路层为 TLP 分配一个序列号（Seq-Num），计算出包括序列号在内的链路 CRC（LCRC），附加在 TLP 的头和尾；物理层再加上起始(STP)和结束(End)帧控制字符。

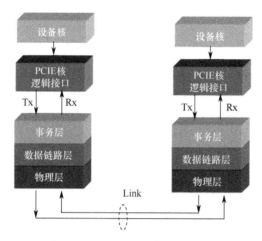

图 8-6 PCI Express 总线层次结构

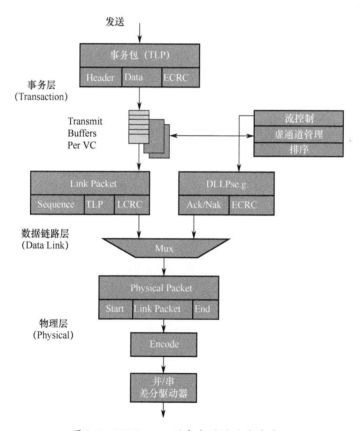

图 8-7 PCI Express 设备各层的功能关系

目标接收设备 B 的数据链路层和物理层对接收 TLP 进行图中所示的拆解，如果没有错误，将 TLP 发送至接收者的事务层，在事务层，信息被译码并送至设备 B 的核。

下面对物理层、数据链路层和事务处理层进行说明。

（1）物理层。物理层位于 PCI Express 结构的最底层，它负责接口或者设备之间的链接，是里接口之间的连接，主要实现链路的建立、通路的分配、时钟的编码和并行数据与串行数据之间的转换。物理层决定了 PCI Express 总线接口的物理特性，如点对点串行连接、微差分信号驱动、热插拔、可配置带宽等。初始化阶段，在无需固件或操作系统软件的介入下，物理层建立状况状态机通过检测、配置和轮询来协商可用的通道数目和双方的工作频率。

物理层包（PLP）源自发送设备的物理层，终止于接收设备的物理层。PLP 是一种非常简单的数据包，开始是 1 字节的 COM 字符，后面定义 PLP 类型以及含有其他信息的 3 个或多个字符。PLP 的大小是 4 字节的整数倍，图 8-8 是一个例子。

| COM | 标识符 | 标识符 | … | 标识符 |

图 8-8　物理层包结构

规范将这种数据包称为有序集（Ordered Set）。PLP 不包含任何路由信息，不会通过交换开关进行传播。

（2）数据链路层。数据链路层的主要职责就是确保数据包可靠、正确传输。作为事务层和物理层之间的接口，数据链路层通过维护链路活跃状态信息、流控制初始化和流控制来确保数据的完整性、数据包的有序性和数据传输的可靠性。大多数据包是由处理层发起的，基于信任，数据流控制协议确保数据包只在终端缓存空闲时传输。排队了所有数据的重试，使得信道带宽浪费现象得到有效约束。

数据链路层包分为链路层事务包（LLTP）和数据链路包（DLLP）。LLTP 由 TLP 数据、CRC 和序列号组成，CRC 用来保证链路之间数据传输的可靠性，而序列号则用来保证数据报文的正确顺序。DLLP 主要用于链路的管理，传送通信双方的状态和控制信息。通过控制 DLLP，发送设备只有当接收设备有足够的资源来接收完整报文时才发送报文，接收设备使用 Ack/Nak DLLP 报文来通知发送设备是否正确接收到报文，从而消除了因报文重传和资源受限而造成的总线带宽的浪费。

（3）事务处理层。事务处理层的作用主要是接受从软件层送来的读、写请求，并且建立一个请求包传输到链接层。所有请求都是分离执行，有些请示包将需要一个响应包。事务处理层同时接受从链路层传来的响应包，并与原始的软件请求关联。处理层还整合或者拆分处理级数据包来发送请求，如数据读、写请求，并且操纵链接配置和信号控制，以确保端到段连接通信正确，没有无效数据通过整个组织（包括源设备和目标设备，甚至包括通过的多个桥接器和交换器）。

事务处理层还保持与 PCI 总线兼容，其目的在于使系统在使用 PCI Express 启动时，像在 PCI 下的初始化和运行那样，无论是在系统中发现的硬件设备，还是在系统中的资源，如内存、I/O 空间和中断等，它可以创建非常优化的系统环境，而不需要进行任何改动。在 PCI Express 体系结构中保持这些配置空间和 I/O 设备连接的规范稳定是非常关键的。事实上，在 PCI Express 平台中所有操作系统在引导时都不需要进行任何编辑，也就是说，在软件方面完全可以实现从 PCI 总线平稳过渡。

8.5 PCI Express 总线协议规范

PCI Express 协议改进了早期总线用来交换数据和表示系统事件的方法，在设备之间主要是以数据包形式传送信息，所以在 PCI Express 总线协议规范中首先详细定义了一种分层的设备设计体系结构。本节的主要目的就是针对设备的每一层介绍其功能，主要类型的数据包分别是事务处理层数据包（TLP）和数据链路层数据包（DLLP），并描述完成一次数据传送的事件流，分析发送设备数据包的创建，以及接收设备数据包的接收和解码等。

一些早期的总线协议（如 PCI）允许发送大小不确定（和无限）的数据包，使得直到传送结束，才能确定有效载荷边界。在这种情况下，当出现可能的以外结束时，数据发送端很难计算和发送覆盖整个有效载荷的校验和或 CRC。除逻辑空闲标志及物理层有序集外，所有信息通过有效的 PCI Express 链路以数据包为单位传输，这些数据包由 10bit 的控制符号（K）和数据符号（D）组成。两台 PCI Express 设备间交换的两种主要数据包类型分别是高层的处理层数据包（TLP）和成为数据链路层数据包（DLLP）的低层链路维护包数据包。总体来说，使用基于数据包的事务协议有一些显著的特点，特别是涉及数据完整性，PCI Express 数据包协议的 3 个重要方面有助于改进链路发送过程中数据的完整性。

8.5.1 PCI Express 总线数据包

1. 事务处理层数据包（TLP）

在 PCI Express 术语中，高层事务源于传送设备的设备核心，结束于接收设备的设备核心。处理层是组装出站处理层数据包中的起点，同时也是接收器拆解入站 TLP 的终点。按照这种说法，每台设备的数据链路层和物理层对数据包的组装与拆解如图 8-9 所示。

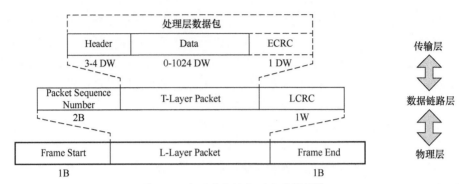

图 8-9 处理层数据包 TLP 的帧结构

图 8-9 描述了链路发送端组装 TLP 和接收器拆解 TLP 的大体流程。在报文发送之前处理层首先会接收到软件层提供的服务请求信息，然后根据这些请求信息来构建 TLP 包头、数据有效载荷以及 ECRC。

当数据链路层接收到当前 TLP 包头后就会立刻分配一个序列号，并在序列号后附加一个根据 TLP 和序号计算得到的 16bit CRC 校验码。物理层会在数据包上附加 STP（TLP Start）和 END 两个控制字符，最终形成在链路上发送的数据包。

TLP 包的装配中，核心部分是包的头标和数据区，由事务层根据软件层/设备核送来的信息构建，事务层还计算出基于头标和数据区的端-端 CRC 字段（32bit），成为 ECRC，并添加到包上，ECRC 字段是可选的。ECRC 字段由 TLP 包的最终目标设备在事务层用来检查 TLP 头标和数据区中的 CRC 错误。

TLP 的核心部分前推到数据链路层，由数据链路层加上序列号，计算出基于序列号和 TLP 全部字节的 CRC 字段，称为 LCRC，并添加到包上。LCRC 字段由链路另一端的接收设备来检查带有序列号的 TLP 中的 CRC 错误。

带序列号的 LCRC 的 TLP 前推至物理层，物理层将 1B 开始帧字符和 1B 结束帧字符串连在包上，对包进行编码，差分发送出去。来自软件层/设备核心的 TLP 核心部分的信息如图 8-10 所示。

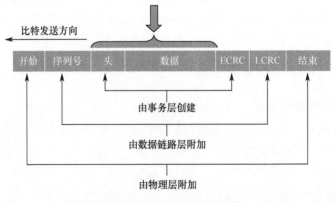

图 8-10 TLP 核心部分的信息

TLP 包的拆解中，TLP 位流输入到链路对方的接收设备，物理层将 TLP 的开始和结束帧字符剥去，所得到的 TLP 送到数据链路层。在数据链路层检查 TLP 中的错误，并剥除序列号和 LCRC 字段，如果没有 LCRC 错误，则 TLP 被上推到事务层。

若接收设备是交换开关，则根据 TLP 头标区内的地址信息，该包从交换开关的一个端口路由到另一个端口，不允许交换开关修改 ECRC。若接收设备是 TLP 的最终目标设备，则在事务层检查 TLP 头标和数据区里的 ECRC 错，剥除 ECRC 字段，留下包的头标和数据区，前推至设备核/软件层。TLP 核心部分的信息被发送至软件层/设备核心（图 8-11）。

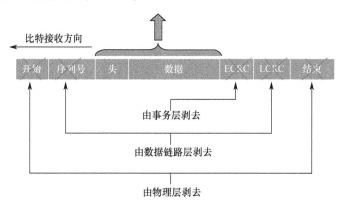

图 8-11 TLP 包的拆解

下面给出了事务处理层数据包协议的步骤。

（1）设备 B 的核心发送服务请求至 PCI Express 硬件接口。请求通常包含的信息有以下几方面。

① 要执行的 PCI Express 命令。
② 目标的起始地址或 ID（如果使用地址路由或 ID 路由）。
③ 事务类型（存储器读写，配置周期等）。
④ 数据有效载荷大小（如果有的话，要发送的数据）。
⑤ 虚拟信道/流量类别信息。
⑥ 传送的属性：不侦测位设置否，灵活的顺序设置否等。

（2）处理层根据设备核心的请求构建 TLP 头，数据有效载荷及摘要。在发送 TLP 给数据链路层之前，必须使用流控制信任和排序规则。

（3）当数据链路层接收 TLP 时，就会分配一个序列号，并且计算该 TLP 的链路 CRC（包括序列号），然后将 TLP 传送到物理层。

（4）在物理层，实施字节拆分、加扰、编码和串行化，并在数据包上附加 STP 和 END 控制（K）字符。然后，从链路的发送端发出数据包。

（5）设备 A 的物理层接收器对数据流实施反串行化、帧符号检测、解码和字节反拆分。注意：在物理层，进行第一级错误检查（在控制代码）。

（6）接收器的数据链路层计算 CRC 并用它检查接收到的值。还检查 TLP 的序列号是否违例。如果没有错误，就将 TLP 向上发送给接收器的处理层。消息被解码并且发送给设备 A 的核心。接收器的数据链路层也将通过发送一个 Ack 或 NakDLLP 给发送器来通知在处理 TLP 时的成功或失败。如果是 Nak（否认），发送器将重发其重放缓冲区中的所有 TLP。

PCI Express 事务处理层数据包协议及设备各层的功能关系如图 8-12 所示。

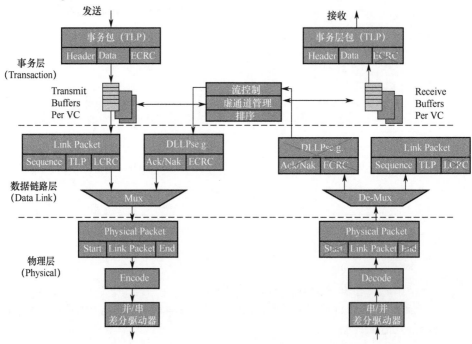

图 8-12　PCI Express 事务处理层数据包协议及设备各层的功能关系

PCI Express 的事务包括以下 4 种：存储器事务、I/O 事务、配置事务和消息事务。根据事务是否需要返回完成包，这些事务又分为转发和非转发事务。

在 TLP 的传递和事务的执行过程中，涉及请求者和完成者、发送者和接收者 4 个实体，它们之间的关系如图 8-13 所示。

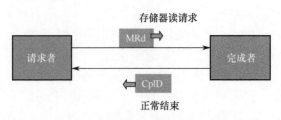

图 8-13　PCI Express 的事务机制

设备 A 向设备 B 发送请求时，设备 A 是发送者，设备 B 是接收者；设备 B 向设备 A 发送完成时，设备 B 是发送者，设备 A 是接收者。

发送请求的是请求者，如设备 A；发送完成的是完成者，如设备 B。TLP 数据包类型如表 8-1 所列。

表 8-1 TLP 数据包类型

TLP 数据包类型	缩写名
存储器读请求	MRd
锁定存储器读请求	MRdLK
存储器写请求	MWr
IO 读	IORd
IO 写	IOWr
配置读（类型 0 或类型 1）	CfgRd0、CfgRd1
配置写（类型 0 或类型 1）	CfgWr0、CfgWr1
不带数据的消息请求	Msg
带数据的消息请求	MsgD
不带数据的完成	Cpl
带数据的完成	CplD
与锁定存储器读请求对应的不带数据的完成	CplLk
与锁定存储器读请求对应的带数据的完成	CplDLk

CPU 对端点的 I/O 写事务原理如图 8-14 所示。

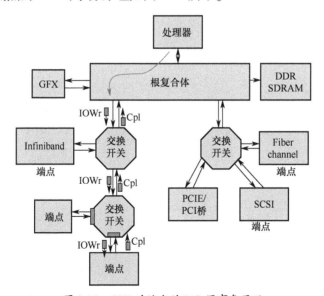

图 8-14 CPU 对端点的 I/O 写事务原理

由端点发起对存储器读事务原理如图 8-15 所示。

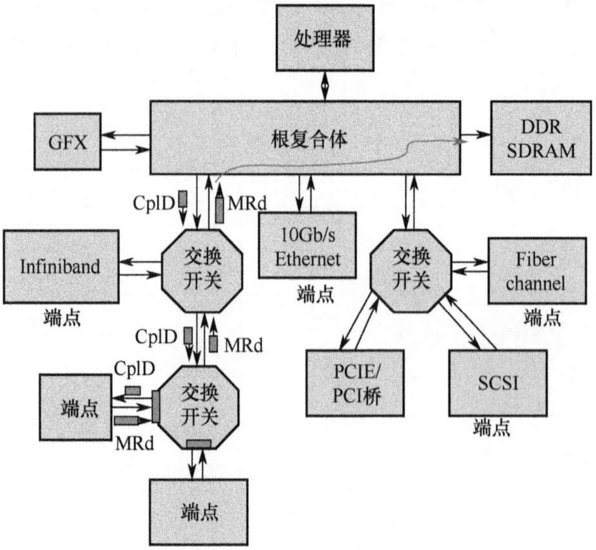

图 8-15 由端点发起对存储器读事务原理

2. 数据链路层数据包（DLLP）

PCI Express 数据链路包层的主要功能是保证两台设备之间传送 TLP 的完整性。它还负责链路的初始化和电源管理，包括跟踪链路状态以及上面的处理层和下面的物理层之间传递的消息和状态。在管理链路时，DLLP 有 3 组重要类型。图 8-16 描述了一般 DLLP 的数据包格式。

如图 8-16 所示，可以分析看出，DLLP 传输帧固定为 8 字节，其中了 1DW 的核心是由 1 字节的类型字段和 3 个属性字节组成，并且在核心后会增添一个根据核心内容计算的 16bit CRC。当这 6 字节传送至物理层后，就会添加一个 SDP（DLL 开始）控制字符和一个数据包结束（END）控制字符，从而就可以组成链路传输的 8 字节 DLLP 帧。

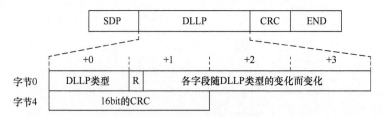

图 8-16 数据链路层数据包 DLLP 的帧结构

在执行任务时，数据链路层使用数据链路层包（DLLP）与其邻居交换流量。DLLP 源于终止于各设备的数据链路层，与处理层无关。在链路上，DLLP 和 TLP

相互交错。当 TLP 的源设备收到交换开关返回的 Nak DLLP 时，它重传该包。这一次在交换开关的入端口没有错误发生。当包到达交换开关时，TLP 头标被译码，TLP 以很短的等待时间被前推至出端口。当 TLP 的尾端到达交换开关时，执行 CRC 检查，没有错误，故返回一个 Ack DLLP 给该 TLP 的源，使该源清除其重传缓冲器。交换开关在出端口重传缓冲器中保存该 TLP 的一个备份。当这个 TLP 到达目标端点时，端点设备执行 CRC 检查，检查出该包是以 END 帧符号终止的好包，没有 CRC 错误，故端点返回一个 Ack DLLP 给交换开关。交换开关从其重传缓冲器清除 TLP 的备份。这样，这个包就以最短的等待时间从源路由到了目的地。图 8-17 描绘了一台设备到另一台设备的 DLLP 传送过程。

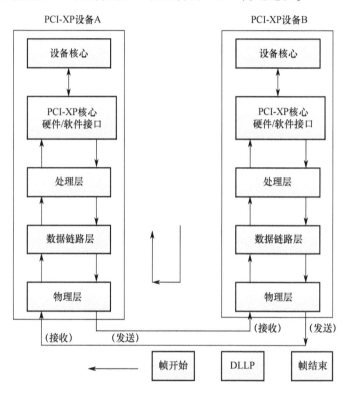

图 8-17 数据链路层发送一个 DLLP

从图 8-17 可以看出，DLLP 数据包在发送端组装，在链路的接收端拆解。DLLP 源自发送设备的数据链路层，终止于接收设备的数据链路层。大小为 8B，用于链路管理功能。

DLLP 包的装配中，由 DLLP 和 16bit 的 CRC 字段在数据链路层生成，下推到物理层以后，由物理层添加上 Start 和 End 帧字符（各 1B），然后对包进行编码，差分的发送出去。包中 DLLP 字段标识 DLLP 的类型，CRC 字段是基于 DLLP 字段的校验码，被接收对方用来检查 DLLP 中的 CRC 错误（图 8-18）。

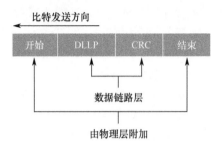

图 8-18　DLLP 包的装配

DLLP 包的拆解中，链路对方的接收设备接收到 DLLP 包，在物理层剥除 Start 和 End 帧字符，然后上推到数据链路层，检查 CRC 错误并剥除 CRC 字段。数据链路层是 DLLP 的目的层，不再被上推到事务层（图 8-19）。

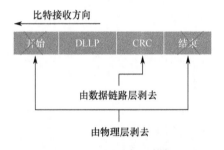

图 8-19　DLLP 包的拆解

这些数据包源于数据链路层，由数据链路层传送至物理层。从发送器发送至接收器时遵循以下规则。

（1）当 DLLP 到达接收器时，立即被处理。不能对 DLLP 进行流量控制。

（2）当接收的所有 DLLP 都要检查错误，包含在物理层对去串行化后的控制符号进行检查，紧接着是在接收器的数据链路层进行 CRC 校验。16bit CRC 是由发送器计算并且随数据包一起发送的；接收器计算自己的 DLLP 校验和，并将它与接收器的值进行比较。

（3）丢弃任何 CRC 校验失败的 DLLP。有几个与 DLLP 相关的可报告错误。

（4）与 TLP 不同，对于 DLLP 来说没有确认协议。PCI Express 规范定义了超时机制，能够用来从丢失或者丢弃 DLLP 的状态中恢复过来。

（5）假设没有出现错误，确定 DLLP 的类型并把它发送至正确的内部逻辑：把电源管理 DLLP 传递给设备电源管理逻辑；把流控制 DLLP 传递给处理层，因此信用可能升级；把 Ack/Nak DLLP 路由给数据链路层发送接口，以便丢弃或重发重放缓存区中的 TLP。

8.5.2 PCI Express 总线 Ack/Nak 链路传输协议

Ack/Nak 链路传输协议是一种滑动窗口协议。PCI Express 设备的发送端和接收端分别设置了两个窗口。发送端在发送 TLP 时，首先将这个 TLP 放入发送窗口中（这个窗口即 Replay Buffer），并对这些 TLP 从 0 到 n 进行编号。只要发送窗口不满，发送端就可以持续地从事务层中接收报文，然后将其放入 Replay Buffer 中。

发送端需要保留在这个窗口中的数据报文，并在收到来自接收端的 Ack/Nak 确认报文之后，统一释放保存在发送窗口中的报文，并滑动这个发送窗口。当发送端收到接收端对第 n 个报文的确认后，表示第 n、$n-1$、$n-2$ 等在窗口中的报文都已经被正确收到，然后统一滑动这个窗口。PCI Express 总线使用这种方法可以提高窗口的利用率。

与此对应，接收端也维护了一个窗口，该窗口记录数据报文的发送序列号范围，当数据报文到达后，如果其序列号在接受窗口范围内，接收端接收该报文，并根据实际情况，向发送端发送回应报文。这个回应报文包括 Ack 和 Nak DLLP。

数据链路层在发送 TLP 之前，发送端首先需要将 TLP 进行封装，加上 Sequence 前缀和 LCRC 后缀，之后再将这个 TLP 放入 Replay Buffer 中。发送端设置了一个 12 位的计数器 NEXT_TRANSMIT_SEQ，这个计数器的初始值为 0，当数据链路层处于 DL_Active 状态时，该计数器将保持为 0。假设发送端从 Replay Buffer 中向接收端发送 Sequence 号为 3~7 的报文。接收端收到这些报文后将发送 Ack DLLP 作为回应，其详细步骤如图 8-20 所示。

从图 8-20 中可以分析得到，发送端向接收端发送 TLP3~7，其中 TLP3 是第一个报文，TLP7 是最后一个报文。接收端按序收到 TLP3~5，而 TLP6 和 TLP7 仍在传送过程中。接收端的 NEXT_RCV_SEQ 计数器为 6，表示即将接受的报文序列号是 6。

为了提高总线的利用率，接收端不会为每一个接收到的 TLP 都做出应答。当得知 TLP3~5 都被成功接受后，发送端就会将 TLP3~5 从 Replay Buffer 中清除。接收端陆续收到 TLP6~7 后，接收端的 NEXT_CV_SEQ 计数器为 8，表示即将接收的报文序列号为 8，然后接收端向发送端发送 Ack DLLP，这个 DLLP 的 AckNak_Seq_Num 字段为 7。发送端收到 AckNak_Seq_Num 字段为 7 的 Ack DLLP 后，得知 TLP6~7 都被成功接收。此时，发送端就会将 TLP6~7 从 Replay Buffer 中清除。

假设发送端从 Replay Buffer 中向接收端发送 Sequence 号为 3~7 的报文。接收端收到这些报文后，发现有错误的 TLP，此时将发送 Nak DLLP 而不是 Ack DLLP，其详细步骤如图 8-21 所示。

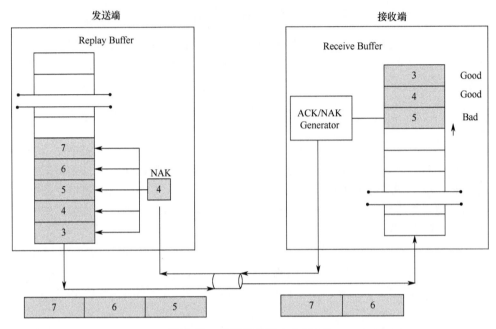

图 8-20　发送端收到 Ack DLLP

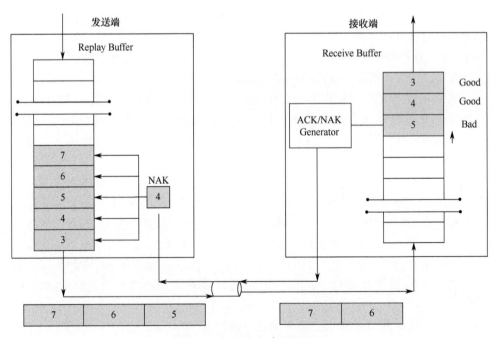

图 8-21　发送端收到 Nak DLLP

从图 8-21 中可以分析得到，发送端向接收端发送 TLP3～7，其中 TLP3 是第一个报文，TLP7 是最后一个报文。接收端按序收到 TLP3～5，而 TLP6 和 TLP7 仍在传送过程中。TLPS 没有通过完整性验证，此时接收端将向对端发送 Nak DLLP，这个 DLLP 的 AckNak_Seq_Num 字段为 4，即为 NEXT_RCV_SEQ-1。发送端收到 AckNak_Seq_Num 字段为 4 的 Nak DLLP 后，得知 TLP3～4 已被成功接收，此时，发送端首先停止从事务层接收新的 TLP，之后将 TLP3～4 从 Replay Buffer 中清除。然后，发送端重新发送在 Replay Buffer 中从 TLPS 开始的报文。

发送端每一次收到 Nak DLLP 后，都将重发在 Replay Buffer 中剩余的 TLP。但是发送端不能无限次重发同一个 TLP，出现这种情况意味着链路出现了某些问题，必须修复这些问题后，才能继续重发这些 TLP。为此，在发送端中设置了一个 2 位计数器 REPLAY NUM，这个计数器的初始值为 0，当数据链路层处于 Inactive 状态时，该计数器保持为 0。

8.5.3　PCI Express 总线仲裁与 QoS

服务质量（QoS）是一个通用术语，在 PCI Express 环境中，服务质量的该买主要应用于尝试预测带宽以及不同事务流通过 PCI Express 结构有关的延迟时间。当应用要求每隔一定间隔提供有保证的总线带宽，如音频数据时，QoS 特别重要。QoS 的使用以为事务分配流量类别（Traffic Class，TC）值的特定应用软件为基础，流量类别定义每个事务在请求者和完成者设备之间传输时的优先级，每种 TC 映射到一个虚拟信道（Virtual Channel，VC）。

在初始化时，PCI Express 设备驱动程序告知它预计完成其事务的 QOS 等级，操作系统返回与请求的 QoS 相对应的 TC 值。TC 值最终决定一个给定事务在经过 PCI Express 结构时的相对优先级。为了能够为传输数据流提供不同等级的服务，确保提供有保证的带宽，PCI Express 提供了两种仲裁机制：端口仲裁和虚拟通道 VC 仲裁。端口仲裁是根据事务到达端口的优先级，确定出端口具有相同 VC 的事务的优先级，它适应于出端口具有相同 VC ID 的事务，因此，每个出端口支持的虚拟信道都存在一个端口仲裁机制；通道仲裁是根据数据包抵达同一个 VC 入口端的优先级，确定从公共出口端输出的优先级。VC 仲裁发生在端口仲裁之后，它是根据数据包的 VC ID，确定从同一个端口发送事务的优先级。

8.5.4　PCI Express 的配置空间

在每一个 PCI Express 设备中可以具有 3 个地址空间，即存储器空间、IO 空间和配置空间，其中存储器空间和 IO 空间是否存在与空间大小和设备的类型及用途有关，取决于设备的具体设计，而配置空间是每个设备必须的，而且空间的布局结构与大小是统一的。

挂在总线上的设备内含有单个或多个功能，每个功能提供单独的可使用的机能。配置空间是与功能相关联的，每个功能有自己独立的配置空间。

配置空间由配置寄存器组成，它是设备硬件与软件进行联系和交互的区域，是设备实现即插即用的基础，每一个功能的配置空间容量为4KB。图8-22所示为配置寄存器空间布局。

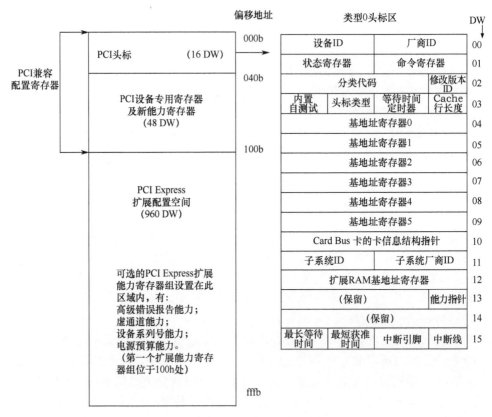

图 8-22 PCI Express 配置寄存器

配置空间的布局按地址的顺序分别是配置头标区、PCI设备专用寄存器及新能力寄存器组区、PCI Express扩展配置空间。

头标有两种结构：非桥设备采用类型0头标区，桥设备采用类型1头标区。最后一个区里设置了PCI Express设备的一些可选的扩张配置寄存器。头标区内的寄存器有的用来识别设备，这主要通过各种ID号来识别，有的用来控制一些通用的性能，有的用来对一些通用的状态进行检测。这些寄存器部分是可选寄存器，部分是必备寄存器。

下面说明PCI Express必备的寄存器。

（1）命令寄存器。该寄存器可读且可写，其各数据位的定义如图8-23所示。

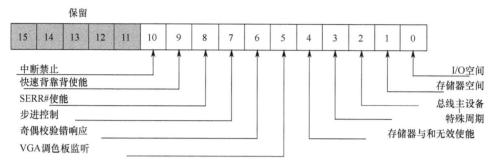

图 8-23 命令寄存器数据位定义

（2）状态寄存器。该寄存器只能读，其各数据位的定义如图 8-24 所示。

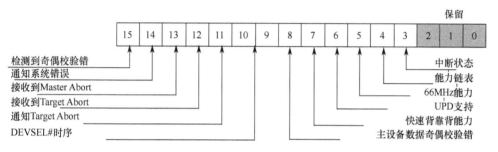

图 8-24 状态寄存器数据位定义

（3）基地址寄存器。PCI Express 的存储空间和 IO 空间是在各自的空间里统一编址，一个 PCI Express 设备占有系统存储空间或 IO 空间的一部分，对 PCI 内的基地址寄存器进行配置，然后映射到存储器或 IO 空间中的某个区域。

（4）中断线和中断引脚寄存器。中断寄存器可读可写，传达中断连线信息。操作系统或设备驱动程序可读此寄存器中的信息，以确定设备使用哪个系统中断请求来请求中断服务，从而获知与中断向量表中的哪一项挂上钩。

（5）中断引脚寄存器。为只读寄存器，其值标识该功能为产生中断向上游发送的是哪一条中断消息（INTA、INTB、INTC 或 INTD）。

8.6 PCI Express 总线接口设计

PCI Express 接口标准更少的信号线更加有利于 I/O 子系统的改进，并且使新的系统模块更加方便加入。改进的设计包括以下几个方面：PCI Express 接口是基于现有 PCI 结构的主板旁加一个 PCI 接口一半长的子接口；更高连接带宽，如在一个物理卡中可以支持到最多 16 条连接，将用新的连接器替代旁边的 PCI 或者 AGP 连接器。这是早期工程师和技术人员所采用扩展的方式，在 PCI 总线插槽终端添加一段专用地址,以便同时可以支持 PCI 和 PCI Express 接口的设备,就像 EISA 接口可以同时支持 EISA 和 ISA 卡一样。

8.6.1 PCI Express 总线接口信号分析

PCI Express 总线接口信号和连接器的外形规格都较为灵活,其总线接口信号主要下通道数据收发信号的扩展。在表 8-2 中列举了 ×1 模式下连接器各引脚信号的定义包括差分接收信号、差分发送信号和辅助信号。x1 模式作为 PCI Express 总线的基本模式,定义了 7 个辅助信号的位置和功能,同时也定义了单通道的差分接收和差分发送信号。×4、×8、×16 等高带宽模式下的 PCI Express 接口则是 ×1 模式。

表 8-2 ×1 模式下 PCI Express 总线连接器引脚信号

针号	B 面		A 面	
	名称	说明	名称	说明
1	+12V	+12V 电源	PRSNT1#	热插拔存在检测
2	+12V	+12V 电源	+12V	+12V 电源
3	RSVD	保留	+12V	+12V 电源
4	GND	接地	GND	接地
5	SMCLK	系统管理总线时钟	JTAG2	测试时钟 TCK
6	SMDAT	系统管理总线数据	JTAG3	测试数据输入 TD1
7	GND	接地	JTAG4	测试数据输出 TD0
8	+3.3V	+3.3V 电源	JTAG5	测试模式选择 TMS
9	JTAG1	测试复位 TRST#	+3.3V	+3.3V 电源
10	3.3Vmax	+3.3V 辅助电源	+3.3V	+3.3V 电源
11	WAKE#	链接激活信号	PRSNT#	基本复位
12	RSVD	保留	GND	接地
13	GND	接地	REFCLK+	差分信号对 参考时钟
14	PETp0	通道 0 发送 差分信号对	REFCLK-	
15	PETn0		GND	接地
16	GND	接地	PETp0	通道 0 发送 差分信号对
17	PRSNT2#	热插拔存在检测	PETn0	
18	GND	接地	GND	接地

表 8-2 中突出显示了几个辅助信号,它们部分是必需的,部分是可选的,提供这些信号的目的是为了满足某些系统级的功能。在表 8-3 中对其中几个重要的辅助信号进行说明。

表 8-3 PCI Express 总线连接器辅助信号说明

信号名称	必需的/可选的	信号类型	功能说明
REFCLK+	必需的	低压差分时钟	100MHz（$\pm 30 \times 10^{-6}$），用于保持链路两端设备同步，由系统主板提供
REFCLK-			
PERST#	必需的	低速	无效，表示电源处于稳定或正常波动状态
WAKE#	可选的	漏极开路	支持唤醒功能时，用于重新激活主电源和参考时钟
SMCLK	可选的	漏极开路	SMBus 时钟信号
SMDAT	可选的	漏极开路	SMBus 地址/数据信号
JTAG	可选的	低速	用于支持 IEEE 1149.1 边界扫描规范
PRSNT1#	必需的		用来表明板卡是否已插入连接其中
PRSNT2#			

8.6.2 PCI Express 总线接口设计

通过前面的介绍可以看出，PCI Express 总线在物理接口逻辑上相比 PCI 总线简单了许多，但其总线接口协议却是相当复杂。目前，实现 PCI Express 总线接口协议的方法主要有以下两种。

（1）基于 IP 核采用可编程逻辑器件来实现 PCI Express 总线接口的设计。这种方法最大的优点就是比较灵活。一方面，利用 IP 核可以将 PCI Express 板卡上的用户接口逻辑和 PCI Express 总线逻辑集成到一个芯片中，实现紧凑的系统设计；另一方面，当系统升级时，只需对可编程逻辑器件更改逻辑设计，而无需更新 PCB 板图。但是，这种方案设计难度大，调试比较困难。

（2）采用专用的协议接口芯片来实现 PCI Express 总线接口，如 PLX 公司的 PEX 8311、PEX 8311 系列 PCI Express 总线接口芯片。这类芯片性能相对稳定，功能比较丰富完善。实际设计中，设计人员不应该太多关注总线协议的实现，而是把主要精力放在系统的设计开发上。因此，无论从技术还是成本的角度，使用接口专用芯片都是比较理想的选择。本设计中选择 PEX 8311 作为 PCI Express 总线接口控制器构建高速数据收发系统。

1. PEX 8311 接口控制器

这里，选用 PLX Technology 公司的 PEX 8311 作为 PCI Express 总线接口控制器。PEX 8311 是一款符合 PCI Express1.0 规范、支持热插拔功能的专用于将 DSP、FPGA 等处理器总线接口升级为 PCI Express 总线形式的桥接芯片。PEX 8311 本地端的局部总线寄存器与 PCI 接口芯片相兼容，使得开发 PCI Express 接口变得非常方便。PEX 8311 作为高速 PCI Express 总线接口控制器，其主要特点如表 8-4 所列。

表 8-4　PEX 8311 控制器主要特点

序号	主要特点
1	集成了单通道，全双工 2.5Gb/s 传输的 PCI Express 端口
2	可配置局部总线宽度，支持 8 位、16 位和 32 位的总线方式
3	支持复用和非复用的总线操作模式，支持端点和根复合模式
4	支持高性能的 DMA 数据传输模式，可配置为数据块模式，集散模式，循环队列管理模式和命令模式
5	芯片小型封装，适合紧凑电路板设计
6	3.3V 的 I/O 并兼容 5V 系统，芯片低功耗设计
7	支持启动配置的串行 EEPROM（SPI 和 Microwire 接口）

PEX 8311 桥高速数据传输的内部块图解如图 8-25 所示。PEX 8311 作为一种桥接芯片，实现了 PCI Express 总线和 Local 总线之间传递信息，主要包括 PCI Express 端与 PCI Express 连接器之间通过数据发送、接受差分线和参考时钟差分线等。在第 1 章我们知道，一条通信链路在每个方向上可配置为 ×1、×2、×4、×8、×12、×16 或 ×32 的数据传输通道模式，本地端总线频率最高可达 66MHz，数据位宽 32bit，总线带宽为 264MB/s。其中 ×1 的单向通道传输带宽约为 2.5Gb/s 和 256MB/s 的有效总线带宽，×32 可达到 128Gb/s 的总带宽。

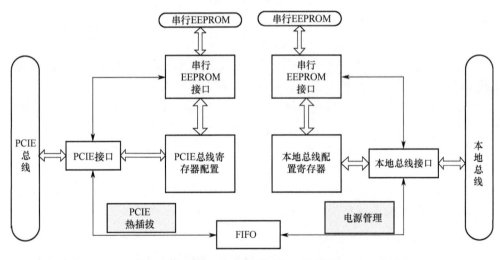

图 8-25　PEX 8311 芯片内部图解

图 8-25 中，FIFO 作为系统的缓冲模块，数据传输的读写通道使两条总线的操作相对独立，对连续的数据流进行缓存，防止在上传 PC 机时丢失数据，保证了高性能的数据突发传输，同时允许系统进行 DMA 操作，提高数据的传输速度。

PEX 8311 的接口设计在逻辑上可分为本地总线部分、PCI Express 接口部分和 EEPROM 3 个功能模块。

（1）PCI Express 接口。由表 8-4 可知，REFCLK 是一组由主板提供的工作频率在 100MHz 的 $\pm 300 \times 10^{-6}$ 之内用于保持链路两端设备同步的差分时钟；PERST#用来表示无效电源处于稳定或正常波动状态；WAKE#支持唤醒功能时，用于重新激活主电源和参考时钟；SMCLK 和 SMDAT 分别表示 SMBus 时钟信号与 SMBus 地址/数据信号；PRSN1 和 PRSNI 相连用来检测板卡插入状态。

（2）本地总线工作模式。LOCAL 端具有 66MHz 时钟频率和 32 位数据总线宽度，支持 C 模式、J 模式和 M 模式 3 种 LOCAL 总线接口。其中 M 接口模式由 MODE1 和 MODE0 两管脚确定，是专为 Motorola 公司的 MCU 设计的工作；J 模式为地址数据信号复用模式，严格仿效 PCI 总线时序，但这种模式时序控制比较复杂。C 模式为地址数据信号非复用模式（C 模式）。本设计中 LOCAL 总线接口采用实际中常用的还是时序逻辑相对简单的 C 模式。PEX 8311 支持 3 种局部总线数据传输模式：单周期模式、四周期突发模式、连续突发模式。

（3）EEPROM。PEX 8311 提供两个串行 EEPROM 接口，分别为 SPIEEPROM 和 Micro-Wire EEPROM。本设计中，我们采用 SPI EEPROM 来配置 PCI Express 总线空间，本设计中我们使用 PEX 8311 数据手册中推荐的 Atmel 公司的 AT 256400，采用 Micro-Wire EEPROM 来配置 Local 本地总线空间寄存器，本设计中我们使用 PEX 8311 数据手册推荐的 Atmel AT 93C56 作为本地总线配置寄存器的 SPI EEPROM。

2. PEX 8311 寄存器配置

设计好接口电路后，为了实现系统的预期功能，必须对 PEX 8311 进行寄存器配置，PEX 8311 寄存器包括 PCI-E 配置空间寄存器（PCI Express Configuration Space，PECS）和 Local 配置空间寄存器（Local Configuration Space，LCS）。从图 8-25 可以看出，PEX 8311 地址空间主要由本地地址空间和 PCI Express 地址空间组成。

PCI Express 支持与 PCI 相同的存储器和 I/O 地址空间，与 PCI 类似的配置地址空间。每个设备功能的最大配置地址空间从 PCI 的 256B 扩充到 4KB，低 256B 与 PCI 相同，从而软件上保持也 PCI 兼容。

本地地址空间包括扩展 ROM 空间、空间 0、空间 1 共 3 个状态，主要作用是暂存本地端要传输的数据；PCI Express 地址空间包括 I/O 空间、32 位不可预取内存映射 I/O，64 位可预取内存空间和配置寄存器 4 个地址空间，其中的数据传输方式由配置寄存器来控制，而 I/O 空间、内存映射 I/O 和可预取内存空间的作用是暂存 PCI Express 端的数据。每个空间的范围和基址存放在其配置头中的寄存器中。PEX 8311 内部的所有寄存器都既可以通过 PCI Express 接口，也可以通过 Local 总线来访问。

（1）PCI Express 配置空间寄存器。由于 PEX 8311 内部包含 PEX 8111（PCI 总线到 PCI-E 总线的桥接芯片）和 PCI9056（PCI 总线到 Local 总线的桥接芯片）两个内核芯片，为配置 PCI Express 配置空间寄存器提供了一个 SPI（Serial Peripheral Interface）接口，配置空间寄存器主要包括控制寄存器、PCI 兼容配置寄存器、PCI Express 扩展性能配置寄存器以及主控寄存器等几个部分组成。外接的串行 EEPROM 主要是对 PCI 兼容配置寄存器进行配置，其中 PCI 兼容匹配寄存器是串行 EEPROM 配置的主要内容。

（2）本地配置空间寄存器。本地配置空间寄存器主要包括 PCI 配置寄存器组、本地配置寄存器组、运行寄存器组、DMA 寄存器组和信息排队寄存器组等。对于 Local 配置空间寄存器配主要是 PCI 空间、Local 空间、DMA、Runtime、Mailbox 及电源管理等内容的配置。为了满足实际的应用需求，任何 PCI 和 PCI Express 设备都必须对 PCI 配置寄存器组进行配置，在主机端通过 PCI-E 接口的类型 1 方式进行访问，实现设备的自动识别和自动配置。同时，也可由主机通过 PCI-E 接口利用存储器映射或 I/O 映射方式进行配置。

PEX 8311 芯片特意提供了一个 Microwire 接口，专门为 PCI Express 配置空间寄存器。所有的 LCS 寄存器可以直接在本地端由本地总线控制器通过片选 CCS# 和读写操作进行配置访问，也可以通过长加载模式和超长加载模式两种模式来设置外接 EEPROM，对本地配置空间寄存器的配置。当选择 LBRD0 为低时，选中长加载模式；当选择 CBRD0 为高时，选中超长加载模式。设备的功能和工作状态等信息由其他寄存器组决定。

8.7　PCI Express 总线接口实例

本节以 PCI Express 总线 FC-AE-1553 接口板卡设计为例，详细说明 PCI Express 总线接口设计与实现。根据接口卡的功能以及技术指标，FC-AE-1553 接口板卡配置有两个通道，完成两路串行光纤接收和发送，在发送和接收中完成 SERDES 串并转换，其数据转换及发送和接收逻辑使用 FPGA 实现，PCI Express 桥接采用 PEX 8311 接口芯片，实现 FC-AE-1553 接口功能。

8.7.1　组成结构与实现原理

按照上述要求，FC-AE-1553 接口卡总体框图如图 8-26 所示。

PCI Express 的测试接口设计使用了 PLX 公司的 PEX 8311 芯片来实现 PCI Express 接口电路。该芯片完成了 PCI Express 总线到本地局部总线的控制，使得 FPGA 对 PCI Express 总线的控制变得简单易行。PEX 8311 的功能相当于 PEX 8111 和 PCI 9656 两个芯片的合集，PEX 8111 将 PCI Express 映射到 PCI 总线，PCI 9656 将 PCI 总线与本地局部总线相映射，从而完成了 PCI Express 总线到本地局部总线的直接映射。这里使用的 8311 芯片支持 PCI Express 单通道 x1 端口，全双工操作时的传输速度为 2.5Gb/s；局部总线可以配置为 8 位、16 位和 32 位的总线传输方式；支持三种传输模式，即主模式、从模式以及 DMA 模式。

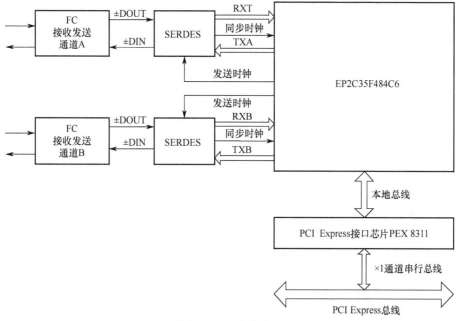

图 8-26　接口卡总体框图

1. PEX 8311 桥接电路

图 8-27 所示为 PEX 8311 桥接电路，其主要部分分为对 PCI Express 方向、对本地总线方向以及对两个方向的总线进行配置的 EEPROM。

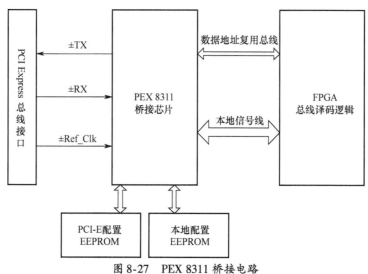

图 8-27　PEX 8311 桥接电路

PEX 8311 在 PCI Express 总线接口的信号很少，只有一对高速差分收发信号 ±TX 和 ±RX，100MHz 的差分时钟。在与本地总线的接口除了 32 位地址数据复用线外，还有很多控制信号线完成对本地接口的读写操作，如表 8-5 所列。这些控制信号应该根据接口卡的功能选择由 FPGA 译码配置或者给出固定的控制值。

表 8-5　PEX 8311 在本地总线方向的信号

信号名称	功能	信号名称	功能
LHOLD	PEX 8311 对本地握手信号	Bterm#	指示突发传输结束
LHOLDA	本地握手回应信号	LRESET	本地总线复位
ALE	地址选择	BLAST#	指示数据周期中最后一个传输数据
ADS#	地址有效	LWR	对本地写/读信号

PEX 8311 的信号线 MODE[1:0] 为工作模式选择线，其中当 MODE[1:0] 为 00 时，工作在 C 模式，此时地址线和数据线分开控制，当 MODE[1:0] 为 01 时，工作在 J 模式，此时地址线和数据线处于复用工作模式，需要地址有效信号 ALE，选通信号 ADS# 对该模式下的地址信号进行控制。为了使接口卡的控制器 FPGA 得到简化，减少对 I/O 的使用以及布线时由于信号线过多而使用多个 BANK 导致的效率变低，这里使用了 PEX 8311 的 J 工作模式。另外，MODE[1:0] 为 11 时也为总线复用的情况，即 M 模式，但该模式专为 Motorola 公司的 MPC 850、MPC 860 和 Power PC 801 使用。

PEX 8311 可以由两个 EEPROM 进行对本地总线和 PCI Express 配置。其中 EEPROM 的值可由串行 EEPROM 烧写器更改，也可以由 PLX 公司的 PLXMon 软件更改。根据实际应用实现对本地总线和 PCI Express 的桥接，方便用户使用。

PEX 8311 对 PCI Express 端有两类配置寄存器：一类为使 PCI Express 端与 PCI 兼容的寄存器空间；另一类为配置 PCI Express 的扩展寄存器空间。其中 PCI 类寄存器的配置跟基本的 PCI 配置大体相同，如厂商 ID、设备 ID、修订版本、分类代码、子系统厂商 ID 和子系统 ID 等寄存器，它们一起使用来识别设备。

PEX 8311 对本地端的配置空间寄存器主要有 PCI 配置寄存器、本地配置寄存器、DMA 相关配置寄存器和消息队列配置寄存器。其中，本地总线配置空间寄存器有 3 种配置方法：第一是本地总线控制器通过配置寄存器片选线 CCS# 来进行寄存器读写操作来配置；第二是通过 PCI Express 总线类型 1 的方式访问 PCI 配置寄存器，而对于其他本地配置空间寄存器，通过 PCI Express 总线端采用 I/O 映射或存储器映射的方式进行配置；第三是采用片外 EEPROM 作为固化存储器，在上电后按烧写内容配置本地配置空间寄存器。这里使用 93CS46L 作为本地总线空间的配置 EEPROM。

2. PEX 8311 数据传输

这里的 FC-AE-1553 接口卡工作方式为全双工方式，需要时刻与上位机进行数据的通信，PEX 8311 对本地的寄存器以及存储 RAM 支持 3 种数据传输方式：主模式、从模式以及 DMA 模式。主模式传输由本地设备发起，目标为 PCI Express 总线空间，通过本地总线对 PCI Express 的地址空间映射完成上位机对本地寄存器的写操作。从模式与主模式数据流方向相反，数据的传输由 PCI Express 总线发起，目标为本地设备，通过把 PCI Express 总线对本地总线的地址映射完成上位机对本地寄存器的读操作。最后一种为 DMA 的数据传输方式，它不同于前面两种数据传输方式，DMA 传输不需要 CPU 控制，只需要 PEX 8311 作为本地总线和 PCI Express 总线的控制器。DMA 模式是 PCI Express 总线为适应大规模数据传输的需要设计的。

这里设计的接口卡由于只实现功能的验证，缓存帧的数量较小，采用了主模式和从模式的数据传输，这样可以对需要访问的目标地址进行快捷的读写（图 8-28）。

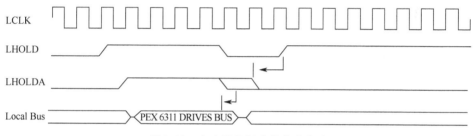

图 8-28 本地总线握手仲裁时序图

从图 8-28 看出，当通过接口卡把上位机需要传输的数据发送至本地端口或者相反的过程时，PEX 8311 需要获得本地 FPGA 总线的控制权，这需要通过 PEX 8311 与本地 FPGA 总线的"握手"操作完成。PEX 8311 将自己的 LHOLD 置高发出请求总线控制，本地控制器 FPGA 给出 LHOLDA 有效信号作为接受请求，经过这两个步骤，PEX 8311 可以与本地总线在总线的占有权期间开始通信了。如果 PEX 8311 完成与本地总线通信，应令 LHOLD 无效，放弃对本地 FPGA 总线的控制，FPGA 同时给出应答，置 LHOLDA 无效，从而结束对本地总线的访问。

3. FPGA 控制逻辑设计

这里设计的接口卡处理的接收、发送数据为并行的数据流，控制以及输出的信号较多，并且对时序的要求较高，控制器需要很高的处理速度，所以接口卡使用了 FPGA 作为控制器。

接口卡 FPGA 需要控制的外围设备有两路光纤数据的 SFP 模块和 SERDES 模块，一共需要 66 个通用 I/O 管脚，PEX 8311 协议芯片的本地端口部分一共需要 66 个 I/O 管脚，使用的 FPGA 中的逻辑单元（LE）个数不超过 1 万个，并同时考虑到以后的升级需要，如 FPGA 内部使用片上可编程系统（（SOPC）的未来解决方案，以及片上大缓存的设计等，这里的接口卡采用 Cyclone 二代的 FPGA-EP2C35F484C6 作为控制器，使用基于 0.13μm 的工艺技术，它可供用户使用的通用 I/O 数量为 346 个，并且它的 LE 密度是第一代 Cyclone 的 3.5 倍，达到了 3 万多个，满足了逻辑量占用不到 50% 的最优化设计的要求。

经过对协议的分析，主控部分的 FPGA 内部的逻辑设计是这里的核心部分，是协议的最终体现和完成，FPGA 部分应该最终实现 FC-AE-1553 接口卡完整功能的设计。使接口卡具有网络控制器、网络终端的功能，工作时由用户根据其使用环境将其配置成需要的网络设备。

根据对 FC 的层次的分析，FPGA 控制器部分实现的功能有以下几种。

(1) 实现对 FC-0 层的控制，即对光模块 SFP 以及串并转换 SERDES 芯片控制。

(2) 实现对 FC-1 层的设计，即对 SERDES 收发的数据进行 8b/10b 解码编码，实现对编解码的传送、接收和检错。通过有序集实现对光纤收发数据的控制，通过原语序列实现端口状态机的设计。

(3) 实现 FC-2 层和 FC-4 层，即实现 FC 向 FC-AE-1553 协议映射的设计，其中的功能如下：对包括帧开始、帧头、数据净荷、CRC 码、帧结束的发送帧的拼接，或对接收帧的数据净荷的提取并存放到存储 RAM 中。实现 FC-AE-1553 的第三类服务的缓冲区到缓冲区的流量控制策略；对内部双端口存储 RAM 的控制。

根据对前面设计方案的分析，设计了如图 8-29 所示的 FC-AE-1553 接口卡的 FPGA 控制逻辑。接口卡的控制逻辑主要分为以下几个部分。

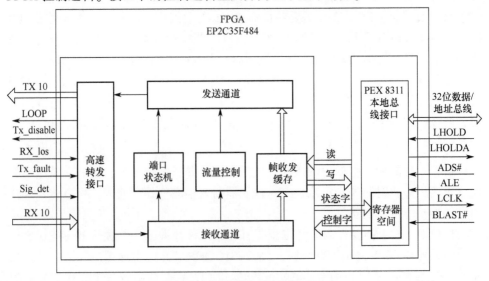

图 8-29　模块整体控制逻辑框图

(1) 高速收发接口。该部分在这里设计的 FPGA 逻辑的顶层模块部分，实现对光模块 SFP、串并转换 SERDES 芯片控制以及两个芯片输入功能管脚的接收，从而控制整体逻辑的运行。

(2) 接收通道。该部分完成光纤通道中数据的接收功能。由于数据在光纤通道各个层次中（主要为 FC0、FC1、FC2 或 FC4 层中）的形式不同，如在 FC0 层，也即串并转换前为串行数据，经由 SERDES 串并到达 FC1 层后转换后变为 10bit 的并行数据，但此时仍不是真正的接收的数据，还需要对 10bit 数据解码为 8bit 后送至 FC2 层或者这里的 FC4 映射层。当然，最终的数据应该经 PCI-E 总线送至上位机进行数据显示或者处理，而这些数据是存储在双端口 RAM 为介质的接收缓存中，所以把 8bit 转换成 32bit 的数据对于数据处理更为方便。综上所述，接收通道包括几个逻辑模块：10bit 数据转为 8bit 数据的解码模块；8bit 数据转为 16bit 数据；进行各种原语信号、原语序列、有效数据帧检测的模块；16bit 数据给接收控制模块转换时钟域使用的异步 FIFO 模块 IP 核，最终的接收控制模块。

(3) 发送通道。该部分完成上位机中的测试数据对目标端口的发送功能，与接收通道相同，根据协议规定的发送数据在光纤通道各个层次中的传输形式，设计了几个模块：控制链路的发送控制模块，有效数据帧的发送控制模块，链路控制发送以及有效数据帧发送间的异步 FIFO 缓冲模块。

(4) 端口状态机。该部分接收通道和发送通道，其输入的控制信号来自对接收通道中链路原语序列的解码，输出对应的协议规定的原语序列给目标端口，通过接收和发送的握手操作，这里设计的接口卡可以与交换机或其他端口的接口卡完成端口的激活，为发起通信做好准备。

(5) 流量控制。该部分同样连接接收和发送通道，通过对接收的原语信号以及发送的原语信号，以及对本地端口的发送帧数据的统计，控制对目标端口的帧的发送。

(6) 帧收发缓存。该部分实现了对 4 个帧的接收和 4 个帧发送的缓存，由发送以及接收模块给出控制信号，同时可由上位机经由 PEX 8311 访问。

(7) PEX 8311 本地总线接口。由于接口卡的 PCI-E 接口使用 J 模式的工作模式，该部分通过 PEX 8311 本地总线工作时序的分析，对数据和地址分别存储，完成对传输数据的读写操作和地址译码，并把寄存器空间模块的状态字传给寄存器空间或把上位机的控制字传给寄存器空间，以及把接收缓存的数据传给 PEX 8311 或者把上位机给到 PEX 8311 的数据传给本地的发送缓存。其中模块中寄存器空间部分经由 PEX 8311 映射后可由上位机访问，从而由上位机访问并给出控制命令，同时通过这些寄存器又可以读取接口卡的状态，寄存器空间的设计是接口卡功能的体现。

经过对 FC-AE-1553 协议的分析可知，网络控制器和网络终端的功能区别在帧头的控制位以及传输的发起和接收主动权不同，在这里设计的模块中除了接收和发送通道的状态机跳转不同以及寄存器空间的配置不同之外，网络控制器和网络终端在 FPGA 中的其余的功能是相同的。因此，设计时，只需通过设定不同的配置寄存器和发送接收状态机，即可完成两者的功能。

8.7.2 收收/发送硬件组成

FC-AE-1553 接口卡中的光纤收发使用了 SFP 封装的安捷伦 Agilent 公司的 HFBR_57L5AP 作为光收发模块，完成光电转换功能；使用安捷伦 HDMP-1636A 的串并转换芯片（SERDES）把接收的高速串行数据转换为 10bit 的并行数据或是 10bit 的并行发送数据到串行数据的转换。通过该部分的收发接口，接收时，光纤信号变为可供 FPGA 使用分析的并行数据；发送时，FPGA 给出的数据转换为光信号通过光纤传输到目标端口。

光接口模块与传输介质如图 8-30 所示，考虑到以后的通用性以及设计成本，本接口卡采用 SFP 作为光电接口，减小了接口卡的面积。SFP 支持热插拔，方便用户使用时对接口卡的更换和维护。这里使用的光模块接收、发送的时钟频率为 1.0625Gb/s，满足实时的航空航天电子系统网络的要求。

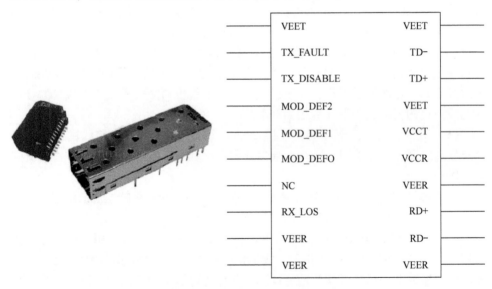

图 8-30　光接口模块与传输介质

SFP 光模块的重要信号如下：

（1）±RD、±TD。光纤光数据转到高速串行电数据线，与后面的 SERDES 配合使用，发送光纤方向的数据到处理器中，或将处理器需发送的数据转到光纤的光信号。该处走线时应满足差分阻抗 100 的阻抗匹配要求。

（2）TX_DISABLE。高电平控制输出无效使能。

（3）TX_FAULT。该信号检测光信号出错，输出高电平，并且光发射机将停止工作。可通过 TX_DISABLE 复位此信号。

（4）RX_LOS。该信号检测输入信号出错的情况，如输入到 SFP 的电压过低以至于无法正常检测到光信号时，该信号被置为高电平。

SFP 光收发模块可以支持多模和单模的光纤，其中多模光纤比单模的光纤传输距离短很多，不能超过 550m，但此距离足以满足航空航天电子系统中的应用。所以本接口卡采用多模光纤作为 SFP 的光纤传输介质。

本模块设计时主要是对串并转换收发接口的控制，SERDES 芯片提供了接收时的随路时钟以及并行的接收 10bit 数据。接收时钟也即从接收数据中提取出的恢复时钟，主要功能为给自己本身以及外部芯片提供两路工作时钟。如图 8-31 所示，随路恢复时钟 RBC0、RBC1 的上升沿对齐两组 10bit 并行接收数据的中心位置，两者相位差为 180°，所以在接收时，SERDES 类似于数据选择器的作用，可以分别在 RBC0 和 RBC1 的触发沿上寄存接收数据，而后将 10bit 的数据进行进一步的并行化处理。

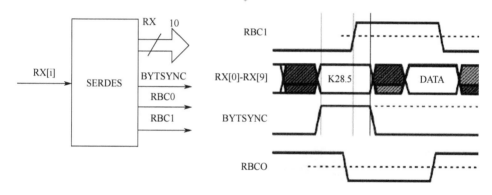

图 8-31　SERDES 的接收接口及时序

这里的接口卡为配合 SFP 模块，使用了安捷伦的 SERDES 串并转换模块，如图 8-32 所示，该模块满足设计使用的 1.0625Gb/s 传输速度，并且对电源噪声具有很强的抗扰性。

SERDES 串并转换模块有以下功能。

（1）数据发送时，将 10bit 并行数据转换为串行数据进行高速发送。

（2）数据接收时，将串行数据转换为 10bit 并行数据。

（3）检测"逗号"K28.5，如图 8-33 所示，给出字节同步信号 bytesync。

（4）给出同步时钟 rbc0、rbc1（相差 180°），方便主控制器使用。

这里要注意的是 106.25MHz 发送时钟信号的设计。一般而言，可以采用两种硬件实现方法：一种是由外部 106.25MHz 的晶振直接供给 SERDES 芯片；另一种是由低的外部晶振经由 FPGA 锁相环输出。由于 106.25MHz 晶振成本较高，而且使用的 FPGA 的速度达到 6ns 的延迟，内部锁相环有输出 106.25MHz 时钟的能力，所以最终电路板上选择了由锁相环供给时钟。同时，由于输出时钟频率过高，因此在设计中为了减少干扰，采用了对时钟信号包地处理。所谓包地处理就是将需要进行包地的时钟用闭合的非孤立的地岛围绕起来。包地处理的对象一般是高速时钟信号，边沿变化很快的信号或是周期信号，进行包地处理后，这样可以提供一条低阻抗返回路径，这条地线还可以吸收这些高频信号走线上电流产生的噪声，防止对其他走线产生串扰或是对环境产生电磁干扰。

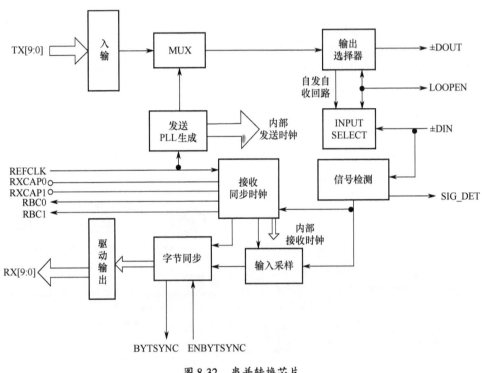

图 8-32 串并转换芯片

图 8-33 同步信号的位置

在发送时，SERDES 的工作比较简单，主要由 FPGA 给出相应的 10bit 编码后的数据，同时应给出发送时钟 106.25MHz。需要注意的是，在 FPGA 的 PLL 生成 IP 核时，给出的输出时钟 REFCLK 应该相移 180°，使上升沿对齐 10bit 发送数据的中部位置，如图 8-34 所示。

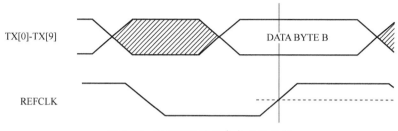

图 8-34　SERDES 发送参考时钟位置

8.7.3　接收通道设计

这里的整个接收通道主要分为四大部分，需要设计的为两个模块，如图 8-35 所示，第一个模块为解码和检测模块。该模块对由 SERDES 给出的两路 10bit 数据进行分别的 10b 到 8b 的解码，同时根据 SERDES 给出的字节同步信号（byte_syn）把两路 8bit 数据组合成 16bit 的双字节数据，16bit 的双字节经原语检测后输出检测结果，并根据原语检测结果把有效数据帧给到 FIFO 缓冲后，送到下一模块，也即有效数据帧的接收处理模块，该模块对从 FIFO 中接收的双字节的数据的处理，并把双字节数据转为 32bit 的字，通过数据帧接收处理模块后，数据帧接收缓存把有效的数据帧存储，等待上位机的访问。

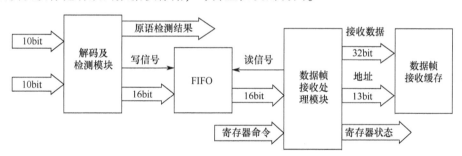

图 8-35　接收通道部分框图

图 8-36 所示为解码及检测模块，该模块主要完成以下功能：对 10bit 接收数据进行 8b/10b 解码产生双路的 8bit 数据流，然后把双 8bit 数据流转为 16bit 数据流，最后对 16bit 数据流进行原语检测，并将检测结果送给 FIFO 以及其他后续模块。下面介绍 8b/10b 解码的设计和原语检测设计。

通过 8b/10b 解码，10bit 的数据被分为有效数据字、特殊字以及错误字。相应地，该部分分别对接收数据进行 RD 极性的计算和检测，有效数据的解码过程。设计时，首先对接收的 10bit 数据进行 RD 计算，通过上一次接收的 10bit 数据的 RD 值，根据 RD 值的判断规则，即相邻的两个 10bit 接收数据的 RD 值不能相同，判断当前输入数据是否有 RD 错误的发生。经过检测如果输入数据正确，则进入到正常的有效数据字检测中将 10bit 数据分成 6bit 高位数据和 0bit 低位数据，并根据 8b/10b 解码表对着两部分分别进行解码，得到_Sbit 和 3bit 数据，组合输出 8bit 最终解码数据。

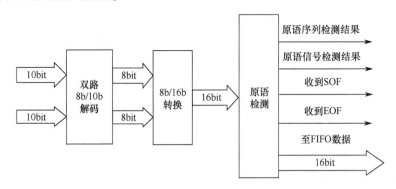

图 8-36　解码及检测模块

原语检测的功能主要是：对经过数据组合后的 16bit 数据中进行原语序列，原语信号，以及帧起始与结束的标识符的检测。将接收到的原语检测结果发送到端口状态机（PSM）模块以及流量控制（Flow Ctrl）模块，将接收到的帧起始符检测结果和有效数据发送到接收控制模块之中。

由于每个原语是 4 字节组成，当变为 16bit 的双字节的接收数据后，原语的成功检测需要两个时钟周期，因此设计了一个有限状态机对接收数据进行检测。由于每个原语都是以逗号"K28.5"为起始字节，需要在接收到 SERDES 给出的字节同步信号后进入到检测状态机。

原语的检测主要包括对原语序列，原语信号的检测以及对帧的界定符的检测。其中原语序列检测结果包括 NOS、OLS、IDLE、LR、LRR，它们是通信目的端口在非激活状态时的握手信号。原语信号主要是 R_RDY，当收到时，表明对方端口已经处理完一帧数据，本地的 BB_Credit_Cnt（记录的是对方端口的信用量）减一，并表示可以向对方端口发送帧。帧界定符主要是 SOF、EOF，其中根据帧在序列中的位置有 SOFT、SOFn，以及 EOFn、EOFt，代表着数据帧起始与结束，方便后续模块对帧进行处理。

数据帧接收处理模块为接收通道的核心部分，因为用户最为关心的是光纤通道中的有效数据，而本部分即完成对这些有效数据的存储工作，并给寄存器接口提供帧的状态信号。通过前面的原语检测模块，根据收到有效数据帧的标志，已经把数据帧存入到 FIFO 中，本模块的接收数据线与 FIFO 的数据输出相连。如图 8-37 所示，本模块主要包括以下部分。

接收到帧后，接收方对数据进行 CRC32 校验，并将校验结果与接收到的 CRC 值（在 EOF 的前一字）比较，若不同，则接收帧出错，当检测到帧错误时，按 FC-AE-1553 规定的丢弃多序列错误策略处理错误帧（该错误处理策略在注册时指定。CRC 校验的原理如图 8-38 所示。

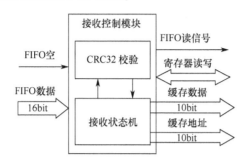

图 8-37　数据帧接收模块

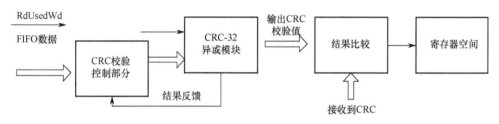

图 8-38　CRC32 校验模块

8.7.4　发送通道设计

发送通道同样由 4 部分组成，如图 8-39 所示，主要的两个模块分别为链路控制发送模块和数据帧发送模块。其中链路控制发送模块为了保证链路的连续性，需要发送各种原语信息和帧信息，数据帧发送模块受链路控制发送模块控制，当链路控制发送模块收到发送命令，同时链路满足发送条件时，进入到数据帧的发送模块。下面对两个主要的模块进行介绍。

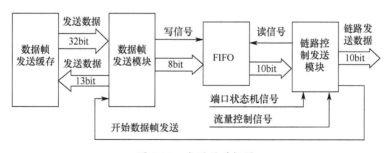

图 8-39　发送通道框图

由光纤通道协议可知，为了保证链路的连续性，即使处于有效数据信息未发送状态，链路同样需要发送 IDLE 原语信号保证链路的激活状态。同时，如果本地端口未处于激活状态时，需要根据表明本地端口状态的端口状态机给出的本地端口指示，给出原语序列的发送，使通信双方的接口卡端口重新进入到激活状态。最后，当链路满足发送帧以及流量控制信号 R_RDY 时，如果收到帧发送的命令，链路发送将进入帧发送状态以及随后的 R_RDY 原语信号发送状态，如图 8-40 所示。

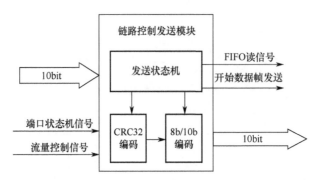

图 8-40　链路控制发送模块

模块内部主要由发送状态机、CRC32 编码以及 8b/10b 编码组成，直接接到物理硬件串并转换芯片 SERDES 的发送 tx[9:0] 上。

发送状态机的功能为链路数据的生成，包括原语序列 OLS、NOS，维持链路激活的 IDLE 信号，原语信号 R_RDY，有效数据帧的发送。

数据帧发送模块在发送通道中前面接发送缓存，后面接 FIFO，它的作用为从发送缓存中读出需要发送的帧信息，并给出处理后的 8bit 数据到 FIFO，如图 8-41 所示。

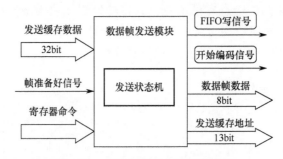

图 8-41　帧头及数据发送模块框图

8.8　本章小结

随着新兴技术的不断涌现及社会的高速发展，高新技术产业对信息数据的处理速率提出了更高的要求，对带宽的追求也越来越高。加之信号处理的复杂性越来越高，特别是以视频、图像为核心的多媒体应用领域。诸多原因迫使高速可靠通信迅速发展，同时也给实现更高速率传输带来了巨大挑战。

基于此，在2001年，IC巨头Intel公司推出了一种全新的总线和接口标准，随后由PCI-SIG认证后确定名称为"PCI Express"，简称"PCI-E"。PCI-E是一种高性能互联协议，具有传输带宽高、对PCI协议高度兼容、差分串行点对点通信等优点，广泛应用于网络适配、图形加速器、服务器、大数据传输、嵌入式系统等众多领域中。

PCI-E总线是第三代高性能IO总线，每条通道在每个传输方向上的最高传输速率可达2.5Gb/s。将PCI Express总线应用于数据采集将会进一步突破数据传输速率的瓶颈，有利于实现数据的连续实时采集，成为重要的计算机内总线。

参 考 文 献

[1] 王齐. PCI Express体系结构导读 [M]. 北京：机械工业出版社，2010.
[2] 许军，李玉山，贺占庄，等. PCI Express总线技术研究 [J]. 计算机工程与科学，2006，28（5）：141-143.
[3] 魏鹏，罗武胜，杜列波. PCI Express总线及其应用设计研究 [J]. 电测与仪表，2007，44（2）：43-45.
[4] 关嫣. PCI Express总线标准的研究与分析 [D]. 天津：南开大学，2006.
[5] 孟会，刘雪峰. PCI Express总线技术分析 [J]. 计算机工程，2006，32（C23）：253-255，258.
[6] 曹浩. 基于PCI Express的多核SoC片间异步桥设计与实现 [D]. 长沙：国防科技大学，2008.
[7] 湛伟. 基于COMS的PCI Express物理层设计 [D]. 西安：西安电子科技大学，2006.
[8] 蓝云秀，周国忠. 基于55933芯片的PCI总线的接口设计 [J]. 光电工程，2004，31（12）：148-151.
[9] 徐义翔，李正明. 基于接口芯片CH365的PCI数据采集系统的设计 [J]. 微型机与应用，2004，11：22-24，53.
[10] 刘红，李勃，常青，等. 基于IP核的PCI总线接口设计与实现 [J]. 电子技术应用，2006，32（6）：6-9.
[11] 徐君明，裴先登，王海卫，等. 高性能计算机I/O技术PCI Express分析 [J]. 计算机工程，2004，30（12）：6-7，151.
[12] Ravi Budruk, Don Anderson Tom Shanley. PCI Express系统体系结构标准教材 [M]. 北京：电子工业出版社，2005.
[13] 马鸣锦，朱剑冰，何红旗，杜威. PCI, PCI-X和PCI Express的原理及系结构 [M]. 北京：清华大学出版社，2007.
[14] 潘玉霞等. 基于PCI Express总线的高速数据传输卡设计与实现 [J]. 电子技术应用，

2010, 8: 92-95, 99.

[15] PLX Technology. Data Sheet: PLX. ExpressLane PEX 8311 AA PCI Express-to-Generic Local Bus Bridge Data Book [S/OL]. [2005-01-05]. https://html.alldatasheetcn.com/html-pdf/210862/PLX/PEX8311-AA66BCF/62/1/PEX8311-AA66BCF.html.

[16] PCI Special Interest Group. PCI Express Electromechanical Specification, Rev 1.1 [S/OL]. [2005-03-28]. https://www.docin.com/p-1822662585.html.

[17] PCI Special Interest Group. PCI Express Base Specification, Rev 2.0 [S/OL]. [2007-04-11]. https://www.docin.com/p-1295472180.html.

[18] PLX. PEX 8311 RDK Hardware Reference Manual, Rev 0.90 [S/OL]. [2005-12-01]. https://www.docin.com/p-368983539.html.

[19] ADAM H, WILEN, JUSTINUSTIN P, et al. Introduction to PCI Express A Hardware and Software Developer's Guide [M]. Hillsboro: Intel Press, 2002.

[20] PCI Special Interest Group. PCI Express Base Specification [S/OL]. [2002-07-22]. https://www.docin.com/p-1851609465.html.

[21] XILINX. Data Sheet: Platform Flash In-System Programmable Configuration PROMS [S/OL]. [2008-11-14]. https://wenku.baidu.com/view/75a19e42336c1eb91a375dd7.html?_wkts_=1684165521531&bdQuery=Platform+Flash+In-System+Programmable+Configuration+PROMS.

第 9 章　Aurora 机载计算机总线协议

9.1　Aurora 协议简介

Aurora 协议是 Xilinx 公司于 2002 年发布的一项完全自有技术，这是一个可升级的小型数据链路层协议，为任何需要点到点数据传输服务的应用提供数据链路。

该协议规范的提出是基于两个事实。

(1) 当时存在的很多高速串行互联标准，它们都是为特定应用提供数据传输服务的，因而有许多应用相关的功能特点。

如果只是为了单纯的点对点数据传输，那么使用这些标准就增加了实现上的功能冗余。因此需要一种简单高效的，仅仅是为了实现两点之间数据传输的协议。

(2) 有时为了扩展带宽，需要将多个串行物理链路捆绑在一起，从而聚合成一个更高带宽的串行物理链路。现有的通信协议需要修改软件实现代码才能在这种聚合的物理链路上传输数据。这将牵扯到大量源代码的修改，甚至丢弃原有的软件实现。为了解决这一问题，需要有一个能够完成带宽扩展，并屏蔽物理层，从而使上层协议实现以原有的方式访问新的物理链路。如此一来，不仅保留住有原有的软件投资，而且能够使用性能更高的物理链路。Aurora 协议的出现，为点对点物理链路解决了这两个问题。

Aurora 专注于提供点到点数据链路，自成一套体系，不仅可以单独为应用提供高效的点对点数据传输服务，而且还可以承载业界标准（如以太网和 TCP/IP）或者专用协议，为它们屏蔽物理层。

Xilinx 公司为 Aurora 协议提出了一个规范，包含对链路层的详细定义，同时仅从概念上给出了物理层的功能模型，以便能够在任何芯片上实现 Aurora 协议。规范支持两种数据传输：一个是基于符号对（两个 10bit 组）的传输（用于 8b/10b 编码的物理链路）；另一个是基于数据块（一个 66bit 组）的传输（用于 64b/66b 编码的物理链路），以满足不同传输效率要求。规范对 1.25Gb/s、2.5Gb/s 和 3.125Gb/s 3 个线路速率定义了详细的收发电气标准。这并非说 Aurora 只能工作在这 3 种速率下，事实上，Aurora 能支持任意速率，这个速率只是受物理层 SERDES 器件的限制。Aurora 可以聚合任意多个物理链路，提供数据封帧、数据传输、链路管理、流量控制和差错处理服务，但是其本身不进行差错检测和纠正。支持任意长度的帧，支持全双工和单工信道。

Aurora 是一个开放的协议，能免费获得使用许可。Xilinx 公司对该协议也提供自己的 IP Core，可供设计时参考。Aurora 与其他高速串行互联规范技术特性比较见表 9-1。

表 9-1　高速串行互联规范技术特性比较

技术特性	PCI Express	串行 Rapid IO	光纤通道	InfiniBand	千兆以太网	Aurora
单向单线接口速率	2.5Gb/s	1.25Gb/s、2.5Gb/s、3.125Gb/s	1.063Gb/s、2.125Gb/s、4.25Gb/s、10Gb/s	2.5Gb/s	1.25Gb/s	任何速率
链路绑定能力	×1、×2、×4、×8、×12、×16、×32	×1、×4	×1	×1、×4、×12	×1	×n，n 为任意数
最大帧负载	4KB	256B	2112B	4KB	1500B	无限制
操作延迟		100ns 左右	10μs	30μs 左右		低至 41.5 个参考时钟（100MHz 时为 415ns）
流量控制	支持	支持	支持	支持	支持	支持
接口电路	LVDS 串行	LVDS 串行	任意	CML 串行	LVDS 串行	任意
信道编码	8b/10b	8b/10b	8b/10b	8b/10b	8b/10b	8b/10b 或 64b/66b
传输媒介	PCB、铜缆	PCB、光纤、铜缆	光纤、铜缆	PCB、光纤、铜缆	光纤、双绞线	未指定，主要针对光纤信道
主要应用领域	计算机、服务器、工作站、通信及嵌入式系统	嵌入式系统内部芯片之间的互联	存储区域网（SAN）	服务器、存储设备	以太网	任何应用

在器件或设备之间的传输数据和控制信息，通常存在两个方面的开销：一种是伴随数据一起通过互联架构的额外控制信息比特，这些额外的信息包括数据的目的地址、期望的事务类型、用来验证接收数据正确性的错误校验码以及其他一些重要的信息块；另一种是使数据通过互联结构传输所需要的其他工作方面的开销，包括链路建立、拆除、路由、寻址、交换等方面的开销。因为系统性能与时延和带宽密切相关，所以除了绝对必要的开销，尽可能减少开销是非常重要的。

为了满足可用性的高标准，互联技术检测错误并能从错误中恢复的能力是非常重要的。互联技术应具有检测所有可能发生错误的能力。此外，互联技术必须利用硬件机制从错误中自动恢复。

9.2 Aurora 协议分析

9.2.1 Aurora 实现

Aurora 协议是由 Xilinx 公司提供的一个开放、免费的链路层协议，可以用来进行点到点的串行数据传输，具有实现高性能数据传输系统的高效率和简单易用的特点。

Aurora 协议的作用就是提供一条数据链路，虽然 Aurora 协议规范中给出了物理层的概念模型，但是 Aurora 协议的主体部分仍关注在数据链路层上，它规定了数据如何打包传输、数据链路如何建立和保持同步、如何进行流量控制、如何处理差错。

Aurora 协议为上层提供的数据链路称作 Aurora Channel，每个 Aurora Channel 由一个或多 Aurora Lane 组成。一个 Aurora Lane 就是一对串行收发器之间的链接。该链接可以是单工的，也可以是全双工的，依具体应用要求而定，在同一个 Aurora Channel 上收发数据的两端称为 Aurora Channel Partner。上面几个概念的关系如图 9-1 所示。

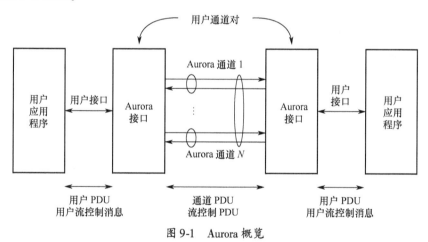

图 9-1 Aurora 概览

Aurora 协议内核包括 Aurora 协议引擎，以及实现 Aurora 协议的 Rocket IO 硬件部分，在 Rocket IO 硬件中通过 8b/10b 编码和 SERDES 数据串行化，实现数据的发送，以及通过 SERDES 将串行数据转换为并行数据，再通过 8b/10b 解码，实现数据的接收。Aurora 协议内核、Aurora 协议引擎、Rocket IO 的关系，以及 8b/10b 编解码、SERDES 的关系如图 9-2 所示。

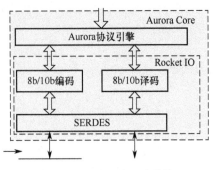

图 9-2 Aurora 协议的结构

Aurora 是点对点串行链路间移动数据的可扩展轻量级链路层协议，这为物理层提供透明接口，让专有协议或业界标准协议上层能方便地使用高速收发器。其实现方案如图 9-3 所示。

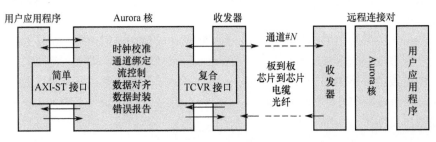

图 9-3 Aurora 实现

虽然使用的逻辑资源非常少，但 Aurora 能提供低延迟高带宽和高度可配置的特性集。在 Xilinx FPGA 上使用是免费的，而且在 ASIC 上能以名义成本通过单独的许可证协议得到支持。Aurora 主要针对片间与板间的数据传输，其主要特性包括：高带宽，仅受限于收发器的数据速率；支持大量键合线路，实现较高的总带宽；支持全双工和单工通道；无限帧尺寸/灵活组帧；小型逻辑封装，采用标准的 AXI-ST 接口；内置流程控制和热插拔支持。

为了提高数据传输效率，Aurora 使用了一种精简的命令语法，称为有序集（Ordered Set），它们是由 8b/10b 字符构成的序列。表 9-2 列出 Aurora 所有的有序集。

表 9-2 Aurora 有序集

Ordered Set	Designator	Encoding
Idle	/I/	/K/、/R/、/A/ sequence
Sync and Polarity	/SP/	/K28.5/D10.2/D10.2/D10.2/
Sync and Polarity Acknowledge	/SPA/	/K28.5/D12.1/D12.1/D12.1/

续表

Ordered Set	Designator	Encoding
Verification	/V/	/K28.5/D8.7/D8.7/D8.7/
Start of Channel PDU	/SCP/	/K28.2/K27.7/
End of Channel PDU	/ECP/	/K29.7/K30.7/
Pad or Start of User Flow Control PDU	/P/ or /SUF/	/K28.4/
Comma	/K/	/K28.5/
Skip	/R/	/K28.0/
Channel Bonding	/A/	/K28.3/
Clock Compensation	/CC/	/K23.7/K23.7/
Start of Native Flow Control PDU	/SNF/	/K28.6/

9.2.2 Aurora 数据分类

Aurora Channel 上传输的数据可归为六大类，按优先级从低到高排列依次为 Idle 序列、Channel PDU、User Flow Control PDU、Native Flow Control PDU、初始化序列和时钟补偿序列。

Idle 序列是由有序集/K/、/R/、/A/构成的伪随机序列，也就是表 9-2 中所标识的有序集/I/。在 Aurora Channel 初始化阶段，Idle 序列用于帮助收发双方建立同步。在 Channel 建立以后，Idle 序列用于填补信道空白，以维持 Aurora Partner 之间的同步。

Channel PDU 用于传输 User PDU，是 Aurora 协议按照规范规则将 User PDU 封装的结果。User PDU 的发送过程是：填充->定界 Channel PDU 的起始和结束->8b/10b 编码->串行化。Channel PDU 的起始定界符称为 SCP（Start of Channel PDU），也就是有序集/SCP/。Channel PDU 的结束定界符称为 ECP（End of Channel PDU），也就是有序集/ECP/。由于基于 8b/10b 的 Aurora 协议在 Aurora Channel 上以符号对为基本传输单元，且 Channel PDU 的起始和结束定界符均为字符对，因此必须使封装在 Channel PDU 内的 User PDU 部分也为字符对。Aurora 协议没有规定 User PDU 的大小。当 User PDU 含奇数个字符时，为了凑成字符对，需要在 User PDU 末尾填充一个字符。在 Aurora 协议中，该填充字符是有序集/P/。

User PDU 的接收过程是发送过程的完全逆过程：解串行->8b/10b 解码->去除 Channel PDU 的起始和结束定界符->去除填充（如果有）。可以算出，一个 Channel PDU 的字节数是 User PDU 的字节数加上 4 字节或 5 字节。

User Flow Control PDU 用于传递两个 User Application 之间的用户流量控制消息（User Flow Control Message），该 PDU 不经过接收方的接收缓存，因而它的传

输不受 Native Flow Control 的影响。Aurora 协议规定 User Flow Control PDU 在信道中传输时，不能被其他数据类型打断。但是它也需要遵循时钟补偿规则，所以在需要发送时钟补偿序列的时候，得先缓存即将被发送的 User Flow Control PDU。Aurora 协议规范中给出了 User Flow Control PDU 的格式，以有序集/SUF/起始，后接 3bit 计数 User Flow Control Message 的字节数，再接 5bit 保留位，接下来是长度范围为 2~16 字节的 User Flow Control Message。因此，该 PDU 的大小是 2~18 字节。

Native Flow Control PDU 仅用在两个 Aurora Channel Partner 之间，防止接收缓存被数据淹没。该 PDU 的长度固定为 2 字节，第一个字节是有序集/SNF/，第二个字节是命令字，它表示需要发送多少个 Idle 字符才能缓解接收方的状况。

Aurora 协议规范提出了两种发送方响应 Native Flow Control PDU 的处理方式，一种是在完成当前 User PDU 的传输之后再发送请求的 Idle 字符，称为 Completion Mode；另一种是立刻中止当前 User PDU 的传输，发送请求的 Idle 字符，称为 Immediate Mode。如果在实现上采用了 Immediate Mode，考虑到 Native Flow Control PDU 从发出至接收到这段时间接收方又收到 2 倍于单向信道所能容纳的数据，很可能这些数据足以淹没接收方缓冲。所以 Aurora 协议规定当采用 Immediate Mode 来处理 Native Flow Control PDU 时，单向信道所能容纳的数据不应超过 128 个符号。

初始化序列包括有序集/SP/、/SPA/、/K/、/V/，它们与 Idle 序列配合用于建立和初始化 Aurora Channel。这个初始化过程包括 3 个阶段，依次为 Aurora Lane 初始化阶段、通道绑定阶段和通道验证阶段。

第一个阶段确保每个 Aurora Lane 的接收通道和对端的发送通道同步，能够正确收发数据。第二个阶段不是必经的，如果使用了通道绑定功能，则将多个 Aurora Lane 绑定为一个 Aurora Channel。第三个阶段是验证 Aurora Channel 正确收发数据的能力。

只有顺利完成第三个初始化阶段，Aurora Channel 才能使用。Aurora Channel 建立完成之初，在没有用户数据需要发送的情况下，传输的都是 Idle 序列。

时钟补偿序列用于补偿发送方和接收方之间的时钟差异，它由 6 个有序集/CC/组成。规范中要求至少每传输 10000 个 8b/10b 符号插入一个时钟补偿序列，这使得容许的收发双方时钟差异可达到 $\pm 100 \times 10^{-6}$。

Aurora 协议规范没有定义如何检测 User PDU 的错误，以及如何恢复由 8b/10b 解码器检测出的错误。

Aurora 协议将物理层的错误划分为两大类：硬错误和软错误。物理层的发送缓冲和接收弹性缓冲的上溢或下溢、软件错误频繁、Aurora Channel Partner 复位以及物理连接断开都会导致硬错误。Aurora 协议处理硬错误的方法是重新初始化 Aurora Channel。软错误是由比特错误引起的，8b/10b 解码器会检测到极性错误和符号错误。如果软错误过于频繁，Aurora 协议会将此错误升级为硬错误；否则，Aurora 协议将该错误上报给高层，它不会去纠正其中的错误。

9.2.3 8b/10b 数据传输

目前，Xilinx 数据编码方式有 8b/10b 和 64b/65b 两种方式，但是数据传输的流程基本一致。

8b/10b 传输码属分组码，最早由 IBM 的 A. X. Windmer 和 P. A. Franaszek 于 1983 年以发表论文的方式提出。这是他们预期到光纤技术的应用前景，而针对高速局域网以及计算机连接所研发的传输码。而现在，8b/10b 编码已是目前高速数据传输接口或总线常用的编码方式，广泛应用于各种体系结构，如千兆以太网、IEEE 1394b、Seiral ATA、PCI-Express、InfiniBand、光纤通道、万兆以太网的 XAUI 接口、ATM、ESCON、Rapid IO 及 DVB-ASI 等等。

8b/10b 编码是一种数值查找类型的编码机制。通过一些算法，将 8 位字符经查找表映射到 10 位码组（也称符号）。解码的过程也是基于查找表，将 10 位码组逆变换为 8 位字符。字符的内容可以是正常数据，也可以是控制信息。

1. 8b/10b 传输码的特点

（1）码组提供足够多的 '0' 到 '1' 和 '1' 到 '0' 的转换密度（即信号变化快），码组中的连 '0' 或者连 '1' 的个数不会超过 5 个。

（2）维持发送到信道中的 '0' 和 '1' 的数目尽可能相同。

（3）提供 256 个数据码组和 12 个控制码组。

（4）码组与字符之间存在冗余，可以用于检错。

2. 8b/10b 传输码的优势

（1）嵌入式时钟。因特点（1）而来，加快在接收器一端使用锁相环（PLL）的接收时钟重建工作，从而使接收时钟与发送电路时钟保持同步。提取出的接收时钟用于定时接收输入的比特流。

（2）直流（DC）平衡。因特点（1）和特点（2）而来，使得信道中的信号几乎没有直流分量，利于交流（AC）耦合。

（3）特殊控制字符编解码。因特点（3）而来，可以用 12 个控制码组来编码控制信息，避免信道中控制信息编码结果与数据编码结果相同而需要额外插入冗余信息使接收方能够区分两者的情况。

3. 8b/10b 传输码的劣势

25% 的编码损耗，由于在发送前将每个 8bit 字符扩充为 10bit 符号，使得为发送 8bit 字符需要多加 2bit 的编码开销。这一点导致实际的传输性能下调 25%。例如，一个传输速率可达 2.5Gb/s 的信道，经 8b/10b 编码之后，数据速率只能达到 2Gb/s。所以当采用 8b/10b 信道编码来传输 2Gb/s 的数据时，需要提供一条传输速率为 2.5Gb/s 的信道。

4. 8b/10b 传输码术语

(1) 字符，是指未编码的 8bit 信息组，信息可以是数据，也可以是控制。信息组用 HGFEDCBA 代表，H 代表最高信息位，A 代表最低信息位。数据字符用 Dx.y 表示，控制字符用 Kx.y 表示，控制字符也称 K 字符。x 是 5bit 组[EDCBA] 的十进制数值，y 是 3bit 组[HGF] 的十进制数值。这样表示，是与 8b/10b 编码原理挂钩的。

(2) 符号，或者称码组，是指编码之后的 10bit 码组，用 abcdeifghj 代表，这 10bit 之间具有相等的重要性，没有最高位和最低位的区别。由数据字符 Dx.y 编码而来的码组称为数据符号，用/Dx.y/表示。由控制字符 Kx.y 编码而来的码组称为控制符号，用/Kx.y/表示。

(3) 运行不均衡性（Running Disparity, RD），是一个二进制变量，该变量用于反映编码结果中 '0' 和 '1' 的个数差异。由于 8b/10b 编码原理，10bit 符号的 6bit 子块[abcdei] 和 4bit 子块[fghj] 拥有各自的 RD 值。当子块中 '0' 的个数多于 '1' 的个数，则子块的 RD 值为负（RD-）；当子块中 '1' 的个数多于 '0' 的个数，则子块的 RD 值为正（RD+）；当子块中 '1' 的个数和 '0' 的个数相等，则子块的 RD 值为中性。

(4) 当前运行不均衡性（Current Running Disparity, CRD）。该变量反映了自信道初始化以来，信道上所发送的 '1' 和 '0' 的总数的差异。编码器和解码器在本地各自维护着一个 CRD 值，分别用于跟踪当前编码器发送到信道中的所有信号以及解码器从信道中接收到的所有信号是 '1' 较多还是 '0' 较多。CRD 值的运算有一套规则，这个规则在 8b/10b 编码原理部分详细给出。

(5) 查找表，就是 8b/10b 编码和解码的基石，表中反映了编码前的字符和编码后的符号之间的对应关系。为了将数据和控制信息分开编码和解码，一共定义了两张查找表，分别用于数据字符和符号的对应关系以及控制字符和符号的对应关系。根据 8b/10b 的编码原理，每张查找表包含了两张子表，即 5b/6b 编码信息和 3b/4b 编码信息。

5. 8b/10b 编码原理

8b/10b 编码过程是结合输入 8 位字符、一个 D/K 控制位、查找表、符号的运行不均衡性（RD）和编码器中记录的当前运行不均衡性（CRD）5 个要素完成的。D/K 控制位表示当前输入的是数据字符还是控制字符。图 9-4 是 8b/10b 编码原理图。输入 8 位并行字符[HGFEDCBA] 拆分成 3bit 组[HGF] 和 5bit 组[EDCBA] 两部分分别进行编码。[HGF] 字符根据 3b/4b 查找表产生[fghj] 符号，[EDCBA] 字符根据 5b/6b 查找表产生[abcdei] 符号。

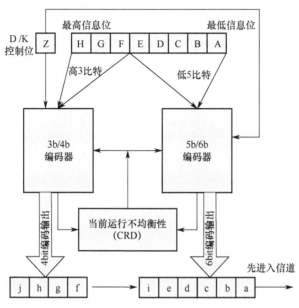

图 9-4　8b/10b 编码原理

编码过程是：首先确定是使用数据字符查找表还是使用控制字符查找表；然后根据 CRD 值查找 5b/6b 表编码［EDCBA］，输出［abcdei］。编码结束后，依据 CRD 运算规则，更新 CRD 值。然后再依据更新后的 CRD 值查找 3b/4b 表编码［HGF］，输出［fghj］。编码结束后，再依据 CRD 运算规则更新 CRD 值。例如，假定输入字符为 K28.5，且当前 CRD 为负，则应使用控制查找表，根据表 2（c），K28 的编码结果是 001111，根据 CRD 运算规则，CRD 值更新为正；然后根据表 2（d），K5 的编码结果是 1010，根据 CRD 运算规则，CRD 值保持正。那么，最终编码结果/K28.5/为 00111 1010。编码之后的发送过程是先发 a，最后发 j。

6. 8b/10b 传输码 CRD 运算规则

CRD 有一个初始值。［EDCBA］子块编码过程参考 CRD，编码结果［abcdei］的 '0' '1' 情况会更新 CRD。［HGF］子块的编码过程参考更新后的 CRD，编码结果［fghj］的 '0' '1' 情况会更新 CRD。如此往复。具体 CRD 运算规则如下。

（1）如果子块编码结果中 '1' 的个数多于 '0' 的个数，那么，CRD 的值修改为正。如果编码后 4bit 组［fghj］的二进制序列为 0011，或者编码后 6bit 组［abcdei］的二进制序列为 000111，那么，CRD 的值也修改为正的。

（2）如果子块编码结果中 '0' 的个数多于 '1' 的个数，那么，CRD 的值修改为负的。如果编码后 4bit 组［fghj］的二进制序列为 1100，或者编码后 6bit

组[abcdei]的二进制序列为111000,那么,CRD 的值也修改为负的。

(3) 在其他所有情况下,各子块编码后不修改 CRD 的值。

7. 8b/10b 解码过程

解码器将接收到的 10bit 符号解码为 8bit 字符以及 1bit 数据/控制信息指示位。解码过程除了是编码过程的逆之外,它还提供检错功能。解码功能使用与 8b/10b 编码相反的解码表和解码器 CRD。解码器按照接收到的 10bit 符号到查找表中寻找匹配符号。如果找到,符号被解码为相应的字符;如果没有找到,符号被解码为一个以某种方式标记为无效的字符。在解码每个码组后,解码器接着根据 CRD 的运算规则更新 CRD。如果 CRD 与接收到的符号 RD 值相反,则发生了 RD 错误。根据实现的不同,可以上报,也可以保留。

9.2.4 64b/66b 数据传输

在 Aurora 64b/66b 数据传输过程中,将用户侧并行数据进行拆分,拆分为一个 8 字节的数据块,但是这要求传输数据帧的总帧长为 8 的倍数,所以需要对数据帧进行相应的拆分和填充。Aurora 64b/66b 定义了多种数据块的类型,包括空闲信息块、数据块、时钟补偿快、流控块等。在数据传输中常用到的数据块有普通数据块、普通分割数据块和满 7 分割数据块 3 种(图9-5)。

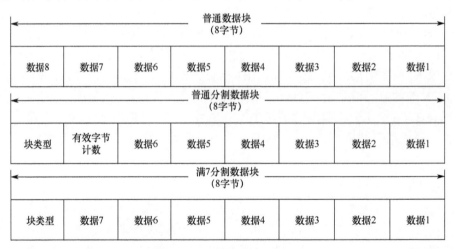

图 9-5 Aurora 64b/66b 数据块

普通数据块用于传输正常的 8 字节数据,但是由于数据帧长的随机,帧尾的位置不能确定,所以需要普通分割数据块和满 7 分割数据块来确定帧尾的位置。若最后数据帧尾剩余小于等于 6 字节,用普通分割数据块即可确定帧尾位置,使用其中的有效字节计数即可准确确定帧尾;但当数据帧帧尾等于 7 字节时,则需要通过满 7 分割数据块来确定帧尾位置。这样通过 3 种数据块的组合即可将完整的一帧数据帧准确地传输出去，也方便接收侧用此协议进行数据恢复工作。

所以结合 Rocket IO 功能，Aurora 64b/66b 数据的发送流程共有 3 步：首先，对用户侧数据帧进行分割，帧尾之间采用普通数据块，在到帧尾时视情况采用普通分割数据块或者满 7 分割数据块；然后，发送 PCS 层对数据进行 64b/66b 编码等工作；最后，发送 PMA 层对数据进行并串转换将高速串行差分信号输出。同样，Aurora 64b/66b 的数据接收流程也有三步：首先，接收 PMA 层进行时钟恢复（CDR）和串并转换等工作；然后，接收 PMA 层对数据进行 64b/66b 译码恢复出对应的数据块；最后，将数据块重新组帧，并将组帧后完整的数据帧提交给用户侧。

64b/66b 编码技术是 IEEE802.3 工作组为 10G 以太网提出的，目的是减少编码开销，降低硬件的复杂性，并作为 8b/10b 编码的另一种选择以支持新的程序和数据，64b/66b 编码并不是真正的编码，而是一种基于扰码机制的编解码方式。

64b/66b 编码是将 64bit 数据或控制信息编码成 66bit 块来进行传输，在这 66bit 中，前两位表示同步头，主要用于接收端的数据对齐和接收数据流的同步。同步头只有两种：01 和 10。01 表示后面的 64bit 为纯数据，10 表示后面的 64bit 是纯控制信息或数据和控制信息的混合。如果出现了 00 或 11，说明发生了编码错误 64b/66b 编码格式，如表 9-3 所列，其中 D 表示数据编码，每个数据编码 8bit；Z 表示控制码，每个控制码 7bit。除此之外，在数据传输时，还需要标明数据帧的起始和结束，帧起始标志只可以出现在 64bit 数据之中的第 0 字节或者第 4 字节，如当同步头为 10，并且其后的第一个 64bit 数据为 0x78 时，可以表示数据帧的起始，或者当同步头为 10，并且其后的第一个 64bit 数据为 0x33 时，也可以表示数据帧的起始；数据帧结束的判断取决于数据帧的长度，出现位置不固定，即可以出现在 64bit 的任何位置，具体可以参照表 9-3。

表 9-3 64b/66b 编码表

数据格式	同步头		数据负载（扰码后）							
纯数据	0	1	D	D	D	D	D	D	D	D
纯控制信息	1	0	0x1e	Z	Z	Z	Z	Z	Z	Z
数据控制混合	1	0	0x87	7	Z	Z	Z	Z	Z	Z
数据控制混合	1	0	0x99	D	6	Z	Z	Z	Z	Z
数据控制混合	1	0	0xaa	D	D	5	Z	Z	Z	Z
数据控制混合	1	0	0xb4	D	D	D	4	Z	Z	Z
数据控制混合	1	0	0xcc	D	D	D	D	3	Z	Z
数据控制混合	1	0	0xd2	D	D	D	D	D	2	Z
数据控制混合	1	0	0xe1	D	D	D	D	D	D	1	Z

续表

数据格式	同步头		数据负载（扰码后）							
数据控制混合	1	0	0xff	D	D	D	D	D	D	D
数据控制混合	1	0	0x78	D	D	D	D	D	D	D
数据控制混合	1	0	0x33	Z	Z	Z	Z	4	D	D

在串行传输过程中很重要的一点是保持直流平衡，即数据码流中'0'和'1'的概率大致相等。8b/10b 编码可以很好地解决直流平衡的问题，而在 64b/66b 编码中，扰码就是为了解决这个问题。所谓扰码，就是在数据传输过程中通过一个伪随机序列对码流进行扰乱处理，进而限制连'0'和连'1'的长度，同样因为这样的'扰乱'是有规律的，在接收端通过同样的伪随机序列就可以恢复初始的数据码流，这个过程称为解扰。图 9-6 为 Aurora 64b/66b 数据流向原理图，包括数据编码、数据解码等过程。

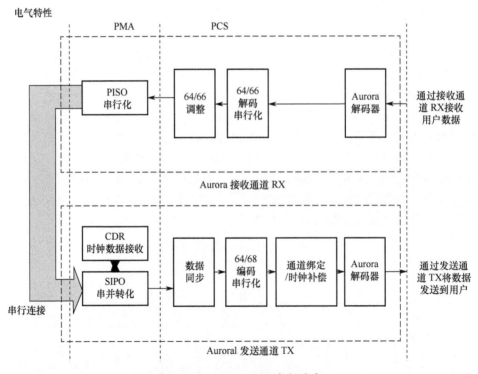

图 9-6 Aurora 64b/66b 数据流向

可以在任何需要串行点对点连接功能的应用中使用，Aurora 实例应用包括以下几种。

(1) 芯片间的链接。以极少的 FPGA 资源成本显著地降低了 PCB 上的跟踪计数。实例：线卡、多器件分区、高速 ASIC-FPGA 连接。

（2）开发板间的链接和背板链接。使用现有电缆、连接器和背板来提高系统吞吐量。实例：短距离光学和 ATCA 背板。

（3）数据流应用。无限多个帧使用随机空闲插入方式轻松通过 Aurora 通道进行数据传输。实例：低开销的数据单元传输和视频流。

（4）单向连接。Aurora 单工通道可在一个方向实现低成本、高速的串行链接。实例：视频数据分流和远程数据传输。Xilinx 的一款 Aurora Virtex-4FX 的主要优势是：资源成本低；其吞吐量可从 622Mb/s 扩展到 100Gb/s 以上；支持全双工和半双工的传输方式；自动初始化信道并保持连接；可具有灵活的成帧接口，帧长度不限；可选的内置流程控制。

9.3 SerDes 技术

9.3.1 SerDes 简介

随着新兴技术对于计算机性能日益增长的需求，传统的并行片间互联方式已不足以满足，片间数据通信量的增加促成了计算机和通信技术的交汇，曾经用于广域网通信的 SerDes 技术逐步取代传统并行互联，并一跃成为片间互联的关键技术。本节将简要介绍 SerDes 的常用架构以及关键功能模块。

SerDes 是实现高速串行传输的核心。SerDes 是英文 Serializer（串行器）/Deserializer（解串器）头字母缩写组合，也是它们的简称。顾名思义，该技术用于在并行和串行数据格式之间作转换。

SerDes 是一种主流的分时多路复用（Time Division Multiplexing，TDM）、点对点（Point to Point，P2P）的串行通信技术。如图 9-7 所示，SerDes 是负责数据串化与解串的发送和接收模块：在发送端，多路、低速的并行信号通过串化模块，被转为高速的串行信号，经过光缆或者铜线等传输媒体，发送给接收端；在接收端，高速的串行信号通过解串模块，被转为低多路并行信号，这些信号经上层分析，组成相应的有效数据。

SerDes 可以是单独的数据转发模块，也可以集成到 ASIC 中。传统的并行技术中，时钟信号与数据信号独立传输，各信号建立时间与保持时间的最小值，决定其最大的工作频率。SerDes 技术则将时钟信号嵌入到数据流中，不存在各信号间的时钟偏差，从而相比并行技术，可以以更高的速率来传输数据。例如，PCIe 在以 8Gb/s 传输数据时，单比特传输仅需 125ps。

在提升数据传输速度的同时，这种技术在接收端需要复杂的接收电路来处理高速的串行信号。当数据信号传输距离较长时，接收端收到的波形将严重衰退；不同信号上阻抗不同，会造成信号之间的串扰，使得信号更加不稳定。

因此，串行技术需要可靠的 SerDes 来保障信号的稳定性。吉比特 SerDes 的实现需要考虑高速率传输、多信号逻辑,以及严格的电气特性等因素,设计难度高,技术复杂,需要消耗大量的人力、物力、时间。因此,大多数集成电路设计者选取成熟的 SerDes 知识产权核作为有效的技术支撑。不同公司设计 SerDes 模块的方法并不完全相同,除了成本以及传输性能,功耗、面积等参数都是其性能评价因素。

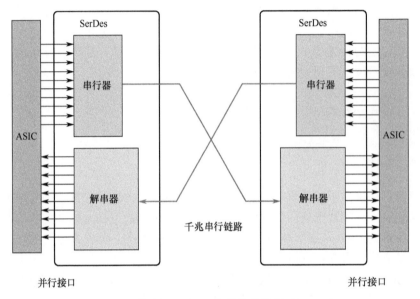

图 9-7 SerDes 串并信号转化

9.3.2 常见架构

常见的 SerDes 架构主要有 4 种:并行时钟架构,嵌入式时钟架构,8b/10b 架构和位交错架构。不同内部架构直接影响到整个系统的拓扑结构、数据格式等各方面,从而影响系统的性能和效率。在设计处理器系统时,不能只关注接口的功耗和速度参数,分析接口的数据处理也非常重要。下面分别对这 4 种结构进行介绍。

(1) 并行时钟架构。使用多个多路复用器,每个多路复用器串化总线的一部分并行位,生成多个差分信号对,并且传送与数据并行的时钟,这种结构通常在需要同时使用多个 SerDes 的场合中使用,属于多通道收发系统。相比于并行总线,大大减少了传输线的数量,有较少的功耗和信号串扰,可以驱动更长的信道;可以同时传送多路串行数据,极大地扩展了传输范围;需要并行传输时钟信号,所以对时钟问题敏感度较高。常用于机架与机架之间的互联、可堆叠的以太网交换机等场合。

(2) 嵌入式时钟架构。将总线中的数据转换为串行差分信号,同时加载同步时钟，在每个时钟周期中内嵌串行数据流，时钟的上升位和下降位分别作为串行信号的起始位和结束位，并且在串行流中建立定期的上升边沿，这种结构属于单通道收发系统。这种方式可以避免并行时钟带来的一些问题，常用于数字信号处理器的连接、图像采集设备和基站数据连接等场合。

（3）8b/10b 架构。首先使用 8b/10b 编码对并行数据进行处理，调整信号跳变沿的密度，然盾转化成串行数据，经过高速传输，在接收端解串后再进行 8b/10b 解码处理，整个过程中只需要发送一些数据同步码，不需要专口的时钟同步信号。因此，这种结构能够应用在有损耗的互联和光纤传输中，确保信号的低失真高速传输，其也属于单通道收发系统。

（4）位交错架构。它接收的是串行数据，通过交换多个串行数据的相邻比特位，从而可汇聚产生更快的串行信号对的方式，对数据进巧传输，速度比 8b/10b 编码更快，但需要更精准的时钟信息，其也属于单通道收发系统。

综上所述，并巧时钟架构可以将各种宽度的总线数据串行化，但它需要多条串行差分传输线，因此不适宜做长距离传输；嵌入式时钟架构可以自动锁定串行码流中的时钟信息，但它不能平衡直流信号，不宜用于交流耦合和驱动光纤模组；位交错架构传输速率非常高，带宽表现极其优异，但以高成本为代价。

8b/10b 架构使用 8b/10b 编码来保证数据流中有足够的跳变沿，并且具有直流平衡的特性，因此，可很好地驱动交流耦合的传输线和光纤，本节选 8b/10b 架构。

9.3.3　8b/10b 架构

从功能方面看，SerDes 主要负责串化和解串，但若要求在比较恶劣的条件下稳定工作，需要精细地设计时钟树方案、复杂的混合信号电路，和全定制电路布局。图 9-8 为 PCIe 2.0 采用的 SerDes 模块，该模块采用 8b/10b 编码，所以图中并行信号多为 10bit 位宽。SATA 也采用此编码方式，采用交流耦合方式传输数据，但此方法存在基线漂移问题（Baseline Wander Problem），传输速度有限。PCIe 采用直流平衡方法传输，有效抑制极限漂移，提升最大有效传输速率。8b/10b 编解码器是纯数字电路，工作频率可以达到串行数据传输速度的 1/10，在专用集成电路中，编解码器、数据输入 FIFO 与输出 FIFO 常从 SerDes 模块内部剥离出来，集成到其他数字逻辑中，因此，图中 SerDes 内核并未涉及编解码模块。

串化器（Serilizer）包含内建自测试（Built-in Self Test，BIST）模式生成器（BIST Generator），简化 SerDes 模块的调试和测试，并在系统级增强可测试能力。串行传输需要极高的时钟频率，为节约成本，发送端时钟生成器（Tx Clock Generator）采用模拟相位锁相环（Phase-Locked Loop，PLL），将外部晶振产生的低频率时钟放大，供串化使用。一旦并行数据被输入锁存器（Input Latch）锁存，参考发送端的时钟生成器，10 选 1 复选器（Multiplexer）将并行数据转为串行数据。这些数据通过线路激励器（Line Driver）驱动，进行预均衡处理，并采用去加重（De-emphasis）技术，在发送信号时对跳变位（代表信号中的高频成分）加大幅度发送，这样可以部分补偿一下传输线路对高频成分的衰减。经过长距离的信号传输后，高频信号将会被弱化（Attenuator）。PCIe 2.0 支持功耗管理功能，因此，线路激励器支持在空闲状态下保持低电平；在节能模式下高阻与低阻状态间的转化；检测对端是否链接成功；改变正常工作电压；监测信号翻转率等功能。

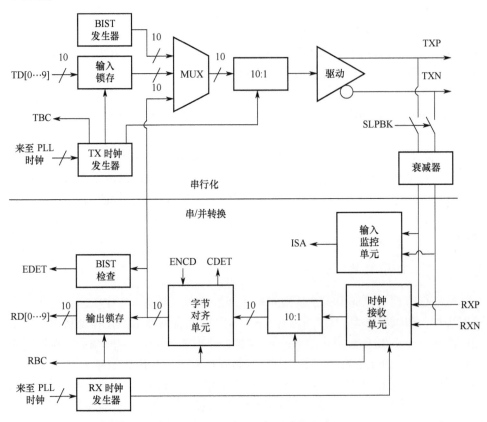

图 9-8 PCIe 2.0 SerDes 组成原理

在接收端，输入监测电路（Input Monitoring Circuit）用来检测串行输入是否激活，在 PCIe 手册中，详细说明空闲状态下，输入电平不得高于 65mV，在差分电压高于 175mV 时，监测电路开始采样有效数据。串行数据需要从串行数据携带的时钟信息中恢复，时钟恢复电路（Clock Recovery Circuit）祛除时钟抖动，并从中提取出稳定的时钟信号，该电路允许的时钟抖动不能超过单位数据传输时间的 60%。一旦时钟恢复，串行数据便可以通过 1~10 复选器译为 10 位的并行数据。字节对齐电路（Byte Alignment Circuit）用来监测 COM 码，并将有效数据对齐到 8b/10b 编码格式。恢复的数据与提取出来的时钟信号共同上传给上层电路。在 BIST 模式下，检错模块（BIST Checker）检查错误标志位，并对比接收数据是否与预期数是否一致。

8b/10b 编码可以降低恢复数据的难度，并能恢复数据中携带的时钟信号，但是，8b/10b 编码方式的缺陷也很明显，即在传输 8 位有效数据的同时，必须增加原数据 25% 的额外开销，降低了带宽的利用率。因此，出现了其他的编码方式，包括 64b/66b 与 128b/130b，分别仅仅增加原数据的 3.12% 和 1.56%，但提升传输效率的同时，编码方式的健壮性就会有所损失。如前文描述，目前 PCIe 1.0 与 2.0 采用 8b/10b 编码，3.0 与 4.0 采用 128b/130b 编码。选择编码方式需要参考应用方向对额外开销的容忍能力。

采用不同的编码方式时，将 10b 位宽转化为相应的编码后位宽即可，在 64b/67b 与 128b/130b 编码方式中，需要添加扰码器（Scrambler），这个模块的作用是减少连续 1 与连续 0 的个数，有助于提升数据传输的稳定性。

9.3.4 性能特点

除了采用的编码方式以及传输速度外，评价 SerDes 性能的参考因素还包括以下几种。

（1）良好的时钟抖动特性。时钟抖动直接影响接收数据的错误率，为使得错误率低于 1×10，PCIe 2.0 规定串行器输出信号的最大抖动为 120ps，输出抖动越小，解串器收到的数据发生错误的概率就越低；输出抖动越小，同样的硬件环境下，可以传输的距离就越长。PCIe 2.0 规定解串器容忍抖动的最小值为 240ps，输入抖动越小，数据就越容易恢复，容忍能力越强，性能越好。

（2）易测试能力。如何测试批量生产的吉比特 SerDes 模块是当前 ASIC 设计中的重大挑战。通用的自动测试设备（Automatic Test Equipment，ATE）最大工作频率为 200MHz，不能满足吉比特 SerDes 传输数据的带宽。因此，内建自测试生成器是最合理的解决方案，该生成器一般需在串化器中批量生成伪随机位序列（Pseudo Random Bit Sequence，PRBS），在解串器中识别接收到的数据，并检测错误。

（3）低成本。考虑到信号完整性，吉比特 SerDes 一般为硬核，所占面积比较大。当采用多个 SerDes 核，并共享 PLL 时钟时，需要谨慎考虑布线方法。首先，必须以通用的方式排列，缩短后期从实现到流片的设计时间；另外，统计 PLL 可以支持多少个 SerDes，需要多少个时钟缓冲区，并进行架构设计，减少排线，节省空间，节约成本。由于 8b/10b 的编码方式，在 2.5Gb/s SerDes 模块中，参考时钟需为 250MHz，但这种高频率只能通过外部时钟生成器或昂贵的晶振产生，因此，SerDes 的设计尽量以低输入时钟为宜，从而降低成本。目前，PCIe 2.0 的参考时钟为 100MHz，在模块内部进行时钟信号的处理。

(4) 易用性。良好的可编程控制接口是 SerDes 可移植性的前提。输出摆幅可以设计为可编程控制，从而提升传输距离或者降低功耗。在使能不同物理通道数目进行数据传输时，可以改变去加重的幅度，从而更容易移植到不同的系统中。

9.3.5 设计实现

SerDes 是一种时分多路复用（TDM）、点对点的通信技术。通过该技术在发送方多路低速并行信号被转换成高速串行信号，经过传输介质（光缆或铜线），最后在接收方将高速串行信号重新转换成低速并行信号。这种点对点的串行通信技术充分利用传输介质的信道容量，减少所需的传输信道和器件引脚数目，从而大大降低通信成本。

正是因为 SerDes 技术的这些特点，所以该技术最早被应用于广域网（WAN）通信。同时，它在也应用于局域网的实现当中。SerDes 技术主要用来实现 OSI/RM 的物理层，通常被称为物理层（PHY）器件。SERDES 技术也广泛应用于不断升级的存储区域网（SAN），如光纤通道。当并行总线技术遭遇 I/O 瓶颈时，SERDES 技术又深入计算机领域，成为解决这一瓶颈的关键技术。例如，第三代 I/O 技术 PCI Express 就是基于 SerDes 技术的，从而将并行总线替换成高速串行总线，解决传输瓶颈问题。

基于 SerDes 的高速串行接口采用以下措施突破了传统并行 I/O 接口的数据传输瓶颈：一是采用差分信号传输代替单端信号传输，从而增强了抗噪声、抗干扰能力；二是采用时钟和数据恢复（Clock and Data Recovery, CDR）技术代替源同步方式，从而解决了限制数据传输速率的信号时钟偏移问题。

典型 SerDes 收发器由发送通道和接收通道组成（图 9-9），串行器、发送器以及时钟发生电路组成发送通道；解串器、接收器以及时钟恢复电路组成接收通道。串行器和解串器负责从并行到串行和从串行到并行的转换。串行器需要时钟产生电路，时钟发生电路通常由锁相环（PLL）来实现。解串器需要时钟和数据恢复电路（CDR），时钟恢复电路通常也由锁相环来实现，但有多种实现形式如相位插植、过剩抽样等。发送器和接收器完成差分信号的发送和接收，其中 LVDS 和 CML 是最常用的两种差分信号标准。另外，还有一些辅助电路也是必不可少的，如环路（loopback）测试、内置误码率测试等。

SerDes 能够成功运转的关键在于时钟恢复电路能够从串行差分输入数据中提取用于采样接收数据的时钟。时钟恢复电路能否恢复出正确的时钟很大一部分依赖于输入数据的上升和下降沿出现的频度。上升下降切换越频繁，越有利于时钟恢复电路时钟的提取。作为并行输入的数据，连'0'和连'1'是很常见的现象，所以需要采取编码和解码技术，限制编码产生的码字连'0'和连'1'的情况，从而利于时钟提取。

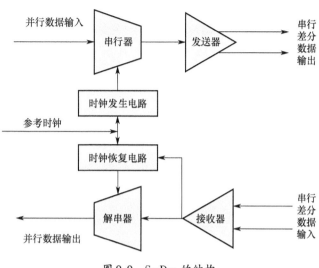

图 9-9 SerDes 的结构

设计和实现 SerDes 是一件非常具有挑战性的事情，需要模拟和数字两方面即混合信号的设计经验。为了确保 SerDes 的可靠性和互用性，设计和实现必须严格符合标准制定的性能指标。当前 SerDes 设计逐渐 IP（知识产权）化，即 SerDes 收发器作为商业化 IP 模块而嵌入到需要高速 I/O 接口的大规模集成电路中。为减少开发设计周期，提高整个系统的设计的成功率，最好使用已经成为产品的 SerDes IP 模块。

9.4 Rocket IO 技术

Rocket IO 收发器是 Xilinx 公司在 Virtex2 Pro 以上系列 FPGA 中集成的专用串行通信模块。它位于数据传输协议的最底层（物理层），主要完成数据的编解码（8b/10b 或 64b/66b）和串/并转换等工作。它在使用时不占用 FPGA 其余逻辑与片上存储资源，可以完成两个单工或者一对全双工的数据传输。同时，它还支持多种串行接口协议，如 Aurora 协议、PCI Express 总线、Rapid IO 总线、万兆以太网接口等。

Xilinx 对不同代的高速串行收发器的命名不同，Rocket IO 在早期的 Virtex-LXT/SXT 是 GTP，支持 614Mb/s 和 3.2Gb/s 之间的主要协议标准。后来，在 FXT 和 TXT 平台下称为 GTX，数据传输速率为 150Mb/s～6.5Gb/s。Virtex-6 FPGA GTH 收发器的数据速率高达 11.4Gb/s，旨在满足 40G 和 100G 系统中的高带宽要求。表 9-4 给出了现有 Rocket IO 模块的版本与性能。

表 9-4 Rocket IO 的种类和对应的速率表

FPGA 系列＼最高速率/（Gb/s）	MGT	GTP	GTX	GTH
Virtex 7			12.5	13.1
Kintex 7			12.5	
Artix 7		6.6		
Virtex 6			6.6	11
Virtex 5		3.75	6.5	
Virtex 4	6.5			

图 9-10 是 Rocket IO 结构框图，主要分为发送和接收两个部分，每一部分又由 PCS（物理编码子层）层和 PMA（物理媒介适配子层）层组成。PCS 层主要完成了 8b/10b 编解码、对齐和极性控制等功能，而 PMA 层主要完成串/并转换等功能。

1. 发送 PCS 层各模块功能

（1）发送状态控制。用于开启 Rocket IO 远端 PCS 回环，同时管理 8b/10b 模块。

（2）8b/10b 编码。用于进行 8b/10b 编码，解决数据传输中的直流平衡的问题。

（3）伪随机序列发生器。用于生成具有某种随机特性确定的序列（即伪随机序列），用来测试高速链路的信号完整性。

（4）发送变速器。用于切换 8b/10b 编码和 64b/66b 编码，在一些高速数据传输协议中，规定使用 64b/66b 编码，所以需要对 Rocket IO 的编码方式进行切换。

（5）相位对齐 FIFO。用于调整数据的相位。

（6）PCIE 唤醒。用于应用 PCIE 协议，兼容 PCIE 接口。

（7）SATAOOB。用于适配 SATA 接口，提高 SATA 接口的响应速度和扩展能力。

（8）极性控制。用于反转从 PCS 发出的数据的极性，当出现问题时方便调整。

2. 发送 PMA 层各模块功能

（1）并串转换。用于将并行数据流转换为串行数据流。

（2）发送 OOB 和 PCIE 检测。用于适配 SATA 接口和 PCIE 接口。

（3）预加重。用于补偿信号传输过程中损耗较大的高频分量。

（4）发送驱动。用于驱动高速串行差分信号。

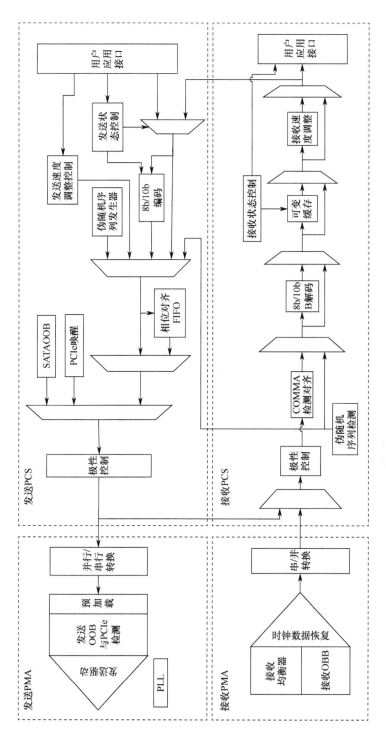

图 9-10 Rocket IO 结构图

3. 接收 PMA 层各模块功能

（1）接收均衡器。用于提高接收到的高频信号质量。

（2）接收 OOB。用于适配 SATA 接口。

（3）时钟数据恢复。用于从高速数据中恢复时钟。

（4）串并转换。用于将串行数据流转换为并行数据流。

4. 接收 PCS 层各模块功能

（1）极性控制。用于反转 PCS 接收的数据的极性，当出现问题时方便调整。

（2）comma 检测和对齐。用于 comma 序列的识别，从而判断字符边界。

（3）伪随机序列检测器。用于检测伪随机序列，从而判断链路状态。

（4）8b/10b 解码。用于进行 8b/10b 解码，从而恢复出数据。

（5）接收状态控制。用于控制接收弹性缓存的时钟补偿和通道对齐。

（6）弹性缓存。用于对数据进行跨时钟预处理、时钟补偿和多通道对齐等功能。

（7）接收变速器。和发送变速器功能类似，用于切换 8b/10b 编码和 64b/66b 编码。

Rocket IO 是一个高速、点对点、串行收发器技术，是 Xilinx 公司基于 Mind speed 公司的第四代 Sky Rail TM CMOS 技术而开发的串行多吉比特收发器（Multi-Gigabit Transceiver，MGT）模块。Sky Rail TMCMOS 技术是第一个实现速率在 1Gb/s 以上的 SerDes 技术。基于该技术的 Rocket IO 收发速率在 600Mb/s 和 3.125Gb/s 范围内可调。Rocket IO MGT 模块通过 Xilinx 公司专利技术——知识产权（Intellectual Property，IP）植入技术，内嵌在 Xilinx 公司的 Virtex-II Pro 系列以及 Virtex-4 系列 FPGA 中，为 FPGA 提供了高速串行收发接口。

Rocket IO MGT 是 FPGA 内的一个可编程硬核，包含收发两个通道。通道对 FPGA 内部逻辑是一个宽度可调（1x、2x、4x 字节）的并行接口，对 FPGA 外部是一个基于电流模式逻辑（Current Mode Logic，CML）的差分对。CML 是所有高速数据接口形式中最简单的一种，它的输入与输出是匹配好的，从而减少了外围器件，也更适合于在高的频段工作。它所提供的信号摆幅较小，从而功耗更低。此外，50 背向终端匹配电阻减小了背向反射，从而降低了高频失真。

Rocket IO MGT 内部按照功能可以分为两层，即物理媒质连接（Physical Media Attachment，PMA）子层和物理编码子层（Physical Coding Sub layer，PCS）。图 9-11 是它的内部模块示意图。

PMA 子层是数字模拟混合模块，采用了 Mind Speed 公司的 IP 核，主要提供串行化和解串行服务，另外它还负责 10b 符号对齐（帧同步）和数据时钟恢复（位同步）。从本质上说，该层是 SerDes 技术和其他模拟技术（包括预加重、终端匹配电阻等等）的综合。PCS 子层是数字模块，主要提供 8b/10b 编码和解码服务，另外，它还使用带时钟修正的接收弹性缓冲和发送 FIFO，处理 PCS 子层两端时钟频率相位差异问题。PCS 子层还提供通道绑定功能和循环冗余校验（Cyclic Redundancy Check，CRC）功能。

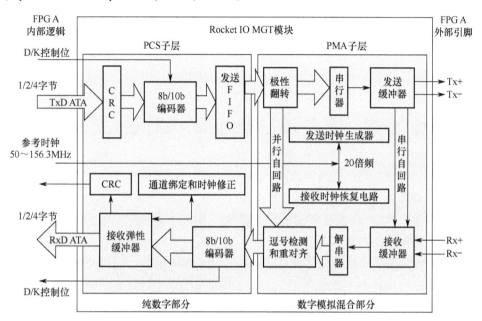

图 9-11　Rocket IO 内部模块示意图

Rocket IO MGT 的主要特性是：可编程，以适应具体应用需求，如 CRC 和 8b/10b 都可以旁路单收发器单向线路速率范围是 600Mb/s~3.125Gb/s，每个 Rocket IO 对应一个通道，每个通道支持全双工通信，同时支持多通道绑定，从而提供的综合传输速率能达到单线传输速率×绑定通道个数内嵌 20 倍频或 10 倍频时钟合成器，为发送串行比特流提供定时时钟采用时钟和数据恢复（Clock and Data Recovery，CDR）技术，从接收比特流中恢复时钟，确保正确接收数据提供 8 位、16 位和 32 位宽的内部 FPGA 数据接口采用 8b/10b 编码，为接收器端的时钟提供丰富的'0''1'跳变带时钟修正功能的接收弹性缓冲，实现速率匹配发送缓冲器上设有四级可编程输出预加重处理，用于补偿传输介质中的高频损耗，改善信号的完整性发送缓冲器提供五级可调差分峰峰值，可调范围是 800～1600mV，可适应多种接口支持交流（AC）和直流（DC）两种耦合方式，可兼容多种高速接口标准。

支持片内串行和并行自回路传输模式，方便调试片内集成发送方和接收方 50Ω 或 75Ω 可选匹配电阻，无需外接电阻低工作电压和低功耗。当 MGT 工作于 3.125Gb/s 时，最大功耗为 350mW。Rocket IO MGT 的特性，使得它可以作为多个高速串行 I/O 标准的 PCS 和 PMA 子层，这些标准包括 PCI Express、光纤通道、Infini Band、XAUI、千兆以太网、Aurora 等，另外，还可以在 Rocket IO MGT 上实现自定义的高速传输协议。

Rocket IO MGT 的设计和使用方法与 Block RAM、DCM 时钟管理器等专用模块的设计方法大致相同。可以从 HDL 代码中的端口和属性两方面修改 Rocket IO 的配置以及控制 Rocket IO 的工作，从而使 Rocket IO MGT 满足特定应用需求。

Rocket IO MGT 除了采用基于 Mind Speed IP 的 SERDES 以及 8b/10b 传输码技术，它还使用了许多其他重要技术，使得 Rocket IO MGT 整体达到高速串行传输的目的，包括逗号（Comma）检测和重对齐技术、时钟修正技术和通道绑定技术。时钟修正技术和通道绑定技术都需要接收弹性缓冲器的配合。这里的"弹性"是指该接收缓冲可以根据时钟修正和通道绑定的需要，动态修改缓冲区的读指针。

（1）Comma 检测和重对齐技术。逗号（Comma）是一个特殊的比特模式。在 Rocket IO 中，比特模式最短为 7b，最长为 10b。逗号的这种比特模式的特殊之处是：从整个比特流的角度来看，它不会出现在数据比特流中，不会出现在控制比特流中，也不会出现在数据和控制比特流交界的地方，而是唯一出现在插入逗号的地方。正是基于这种唯一性，接收器的物理层才很容易检测到它，方便接收器的 Comma 检测实现。Comma 的作用是为了帧同步和码组同步，专门用于在接收到的比特流中定位码组边界。接收器一旦检测到 Comma，就知道需要重新对齐码组边界，从而保证传送给上层的是一个完整的码组，而不是两个码组的部分拼凑。

当采用了 8b/10b 编码，一般使用控制字符 K28.5、K28.1 和 K28.7 作为 Comma，因为它们的编码结果分别是 b'0011111010（CRD-）/b'1100000101（CRD+）、b'0011111001（CRD-）/b'1100000110（CRD+）、b'0011111000（CRD-）/b'1100000111（CRD+）。它们都含有独一无二的 7bit 模式 b'0011111（CRD-）和 b'1100000（CRD+）。

（2）时钟修正技术。时钟修正实际上就是速率匹配，匹配接收弹性缓冲两端的读写时钟差异，这种差异可能造成接收弹性缓冲器的溢出或者放空，从而引发系统方面的错误。因此，对可靠的设计来说，时钟修正是必需的。

接收弹性缓冲的读时钟是 RXUSRCLK，它来自 FPGA 逻辑内部；写时钟是 RXRECCLK，它是由时钟恢复电路从接收比特流中提取的时钟。因为两个时钟不同源，多少存在一些频率和相位上的差异。在理想情况下，RXUSRCLK 和 RXRECCLK 之间保持步调一致，则接收缓冲区处于半满状态，如图 9-12（a）所示。当 RXUSRCLK 快于 RXRECCLK 时钟，则需要调整缓冲器的读指针，使它重复读一些可重复的数据，就像原地踏步，以等待新数据进入缓冲器，使缓冲器恢复到半满状态，如图 9-12（b）所示。这个过程就是时钟修正。同样，当

RXUSRCLK 的速度慢于 RXRECCLK，则缓冲器很快被新写入的数据充斥。为了防止上溢，调整读指针，跳过一些可以被丢弃的数据，使缓冲器恢复到半满状态，如图 9-12（c）所示。虚箭头表示调整后读指针的位置。这个过程也是时钟修正。这些可以被重复和可以被丢弃的数据一般是 IDLE 序列，因此，为了能够让接收弹性缓冲的时钟修正功能发挥作用，需要在发送比特流中，定时补给 IDLE 序列。

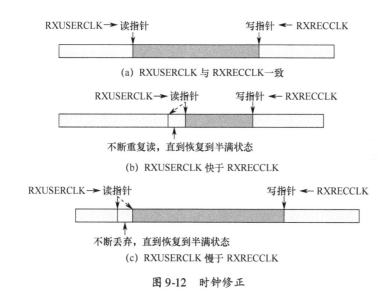

图 9-12　时钟修正

（3）通道绑定（Channel Bonding）技术。由于 Rocket IO MGT 每个通道最大只能提供 3.125Gb/s 的传输速率，当需要获得更高的传输速率时，可以将几个串行通道组合起来，这就是通道绑定。通道绑定借用了并行传输的思想而获得更高的总和传输速率，也继承了并行传输具有的缺点，需要考虑几个通道之间的同步问题。

9.5　Aurora 通信接口设计实现

Aurora 通信接口作为一个完整系统中的数据传输模块，不仅是一个硬件，而是硬件、固件和软件的一个有机综合体。只有当各部分协调工作时，才能在主机和光纤信道之间以及两个对等主机之间建立流畅高效的数据传输通路。

Aurora 通信接口的实现结构设计参考了 ISO OSI/RM 的七层体系结构，采用分层设计方法。设计中结合了 Xilinx 公司免费开放的 Aurora Core，形成了与实现紧密联系的分层结构。从标准的体系结构视角出发，Aurora 通信接口结构共分两层，即物理层、数据链路层，如图 9-13 所示。

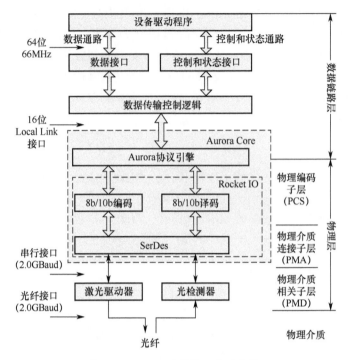

图 9-13 Aurora 通信接口实现结构

9.5.1 物理层设计

在 OSI/RM 中，物理层处于最底层，是整个体系结构的基础，负责将来自数据链路层的数据帧以比特流的形式传递给接收方。因此，该层包含那些在物理介质上传输比特流所必须的功能。由于物理层涉及在信道上传输的原始比特流，设计上必须保证在信道无误码的情况下一方发出二进制"1"时，另一方收到的也是"1"而不是"0"。结合 Aurora 协议规范，本设计将物理层分为 3 层，即 PMD 子层、PMA 子层和 PCS 子层。

在本设计中，PMD 子层负责将互联设备接入光纤信道，将来自互联设备的电信号转换成能够在光纤信道中传播的光信号。因此，需要在该层安置一个激光驱动器，该驱动器经电信号驱动发射出适合光纤信道的激光。为接收来自光纤信道的光信号，需要在该层安置一个光检测器，将光信号转换成能被互联设备识别的电信号。除了光电信号的识别和它们之间的转换方面的电气问题，还需要考虑激光驱动器和光检测器如何与光纤连接的物理机械问题。综合考虑兼容性、实现难度和开发周期等因素，直接使用现有的光收发器是最好的选择。

Aurora 通信接口的研制依托国防军事应用领域，主要用在雷达系统中传输大批量数据。雷达系统中的数据传输具有突发特点，而且突发数据量很大。本次项目应用要求能在 0.1ms 内完成 20KB 突发数据传输。这就要求传输信道中的数据传输速率达到 200MB/s，以及能达到 2.0Gb/s 的光纤接口。

在本设计中，PCS 子层负责信道编码和解码，为数据链路层提供物理层服务接口。通常，10Mb/s 时，多采用曼彻斯特编码；100Mb/s 时，采用 4b/5b 编码；1Gb/s 时，采用 8b/10b 编码；10Gb/s 时，采用 64b/66b 编码。当信道速率处于 Gb/s 量级时，从直流平衡和编码占用带宽两方面考虑，8b/10b 编码是最好的折中选择。8b/10b 编码普遍用于光纤信道通信中，而且被证明是非常有效的。

它将来自数据链路层的 8bit 字符编码成 10bit 符号再交给 PMA 子层处理，以及将来自 PMA 子层的 10bit 符号解码成 8bit 字符在提交给数据链路层。

上面提到 8b/10b 编码不仅具有极佳的直流平衡特性，而且为 PMA 子层提取接收定时时钟提供丰富的上升和下降沿。综合各方面因素，我们采用了 8b/10b 编解码方案。另外，Aurora 协议规定，8b/10b PCS 子层的主要功能除了编解码，还负责在信道空闲的时候产生 Idle 序列。

在本设计中，PMA 子层主要负责 PCS 和 PMD 子层之间数据的串行化和解串行任务。该子层将来自 PCS 子层的 10bit 并行符号转换成串行比特流发送给 PMD 子层，同时负责接收来自 PMD 子层的串行比特流，转换成 10bit 并行符号，然后提交给 PCS 子层。由于发送时钟和接收时钟不同源，PMA 子层面临比特同步问题。因此，需要在 PMA 子层部署锁相环，从接收串行比特流中提取出用于接收比特的时钟。但能正确接收比特并不能保证 10bit 符号边界能够正确对齐，有可能发生错位现象。所以我们需要在发送的比特流中周期性地插入用于符号边界对齐的标志比特序列，使得接收方动态检测该标志比特序列，一旦发现这个特殊的比特序列，就立马重新对齐 10bit 符号边界，这样就能达到 10bit 符号同步的目的。PMA 子层的串行化和解串行功能以及接收时钟提取都可由 SerDes 技术来实现。此外，我们还需要提供符号同步模块，实现符号同步。

在本节中，物理层涉及高速串行数据传输，并且传输速率要求为 2Gb/s。在这样高的速率下，无论对物理接口的设计还是实现都有很高的要求。为简化设计，增加实现的成功率，本设计采用已经成品的 Virtex-II Pro 系列 FPGA 内部集成的多吉比特收发器（Multi-Gigabit Transceiver），即 Rocket IO 收发器。该收发器集成了本设计所提出的 PMA 子层功能和 PCS 子层 8b/10b 编解码部分，给物理层的实现带来了极大的方便。PCS 子层的其他功能可由 Xilinx 公司提供的可配置 Aurora Core 实现。

综上所述，物理层可以通过采用两个器件来简化实现：一个是光收发器，本设计中选用 STRATOS 公司的军品级光收发器 LNL-ST11H，它完成 PMD 子层的功能；另一个是 Xilinx 公司的 Rocket IO 收发器，它完成 PMA 子层的功能，并配合 Aurora 协议引擎完成 PCS 子层的功能。

9.5.2 数据链路层设计

在 OSI/RM 中，数据链路层的引入是为了加强物理层原始比特流的传输功能，从而对链路层的上层呈现出一条无差错的数据通路。之所以这样考虑，是因为通信信道的不确定因素。特别是那些容易受到噪声干扰的信道，在信道中的比特受到被噪声污染或则被消灭的潜在威胁，这使得接收比特的数量也许少于、等于或多于所传送的比特的数量。这些都不是物理层所能检查和判断的，需要数据链路层来完成这些错误检测和处理任务。为了能够方便错误的检测和处理，提高链路效率，通常将发送的数据在数据链路层封装成帧，再交给物理层传输。数据链路层的处理数据单位就是帧。

参考模型中数据链路层需要处理很多事情。负责建立、保持和拆除数据链路。将来自上层的数据包组成合理大小的数据帧（通常是几百字节或几千字节），再交给物理层发送。按顺序传送各帧，并处理接收方回送的确认帧。产生和识别帧边界，通过帧边界，达到帧同步的目的。提供流量控制机制，以防止慢速接收方被淹没。由于通信信道存在有一定的不可靠性，会发生丢帧、错帧或帧重复的现象，因此，有时需要一些差错检测和帧序号检测机制。

在现实设计中，数据链路层功能设计是参照物理链路的状况。物理链路差错少，则数据链路层所需要完成的功能相对减少，因而不需要很复杂的设计。反之，物理链路差错较多，则数据链路层就变得复杂一些，以便能对上层呈现一条无差错数据通路。考虑到本设计是基于光纤信道的，光纤信道本身具有抗干扰能力强的特点，并且物理层采用可靠性较高的成品器件，为了实现简单，减少运算方面的开销已获得低延迟，目前，数据链路层暂不需要提供纠错能力，但有必要提供差错检测和上报差错功能，使得高层能够及时了解链路状态。另外，该信道为两个点对点互联设备专用，它们之间的通信是全封闭的，因而，不需要在本设计中加入寻址和介质访问控制功能。互联设备是为某一应用专用的，所以暂不需要考虑多路复用的问题。

1. 数据封装

本数据链路层采用了 Aurora 协议的数据封装格式，将来自上层的 User PDU 封装成 Aurora 协议的 Channel PDU。数据帧格式如图 9-14 所示。Aurora 协议规范没有规定 User PDU 的大小，这给设计和应用带来了灵活性。User PDU 越大，用于链路控制和帧封装方面的开销相对越小，获得了更高的传输效率；但在信道误码率较高的情况下，大 User PDU 增加了重传出错帧的开销，降低信道利用率。所以在信道误码率低的情况下，适于传输大帧；反之，适于传输小帧。本设计通过设置 FIFO 的可编程满标志或者通过计数器计数缓冲中的数据字节数，将 User PDU 的大小设为可调，以增加对信道的适应能力。

| SCP (2字节) | User PDU (N字节) | 填充字符P (1字节) | ECP (2字节) |

图 9-14　数据链路层帧格式

2. 差错检测

任何系统都存在出错的可能，只是可能性的大小不同而已。这里选择光纤信道，其抗干扰性比背板信道好，误码率比背板信道还低，足可以见得本设计所基于信道的可靠性。对于这样的信道，在正常情况下，使用纠错码，产生冗余信息，反而降低链路效率，而且大多数时候派不上用场。所以在本数据链路层差错控制方面以检错为主。下面要考虑的是发生错误之后，数据链路层该如何处理。通常，会考虑反馈重发，这里，不考虑由差错恢复所引入的过大延迟；因此，本设计中数据链路层发现帧错误不予处理，而是将恢复的工作交给上层完成。

物理层的 8b/10b 解码器可以检查出单比特错误和大部分多比特错误，但不具备纠错功能。这些错误信息数据链路层都可以通过 Rocket IO 接口获得。数据链路层负责检查帧结构方面的错误，简称帧错误，譬如收到连续的帧起始标志/SCP/，或者收到连续的帧结束标志/ECP/等。这些软错误和帧错误都可以交给上层处理。但是对于灾难性的硬错误，需要重新初始化数据链路。

3. 流量控制

通常，在接收方来不及处理接收到的数据，而使得过多的数据囤积在接收缓冲内，倘若发送方继续向接收缓冲填充数据，必然会导致接收缓冲上溢。为此，需要流量控制机制，限制发送方的发送速率。本设计实时性要求高，不允许出现这种数据被阻塞的现象。所以本设计没有采用 Aurorax 协议的流量控制机制，而是以提供大缓存作为接受缓冲的方式来解决这一问题。

4. 上层接口

为了使上层能够使用数据链路层提供的服务，上层和数据链路层之间首先得有物理通路，用于传输数据以及控制和状态信息。上层是运行在主控板上的应用软件，Aurora 通信接口与主控板之间主要通过 64bit/66MHz PCI 总线互联，需要 PCI 桥来协助互联设备共享 PCI 总线。软件（包括上层应用软件）则通过 PCI 总线空间来访问互联设备。PCI 体系结构支持 3 种类型的地址空间，它们分别是存储器地址空间、IO 地址空间和配置地址空间。能作为读写设备访问的是存储器地址空间和 IO 地址空间。考虑到存储器地址空间的访问速度比 IO 地址空间访问速度快，本设计将互联设备的访问窗口全部映射到存储器地址空间。

（1）控制和状态接口。为实现对互联设备的控制，以及读取互联设备的状态，本设计在互联设备上配置几个控制和状态寄存器。将这些寄存器映射到存储器地址空间，从而软件能够通过读写这些寄存器控制设备的操作，以及获取设备的工作状态。

(2) 数据接口。数据接口是软件和互联设备交换数据的门户,本设计提供两种数据接口,即 DMA 和存储器读写。所谓 DMA 方式,就是用 DMA 控制器在主控板主存和互联设备的缓存之间交换数据。存储器读写方式,就是通过普通 PCI 读写交易,读写互联设备的缓存。

(3) 驱动程序。驱动程序在这里作为上层应用软件访问互联设备的数据接口以及控制和状态接口的接口。它对应用软件屏蔽互联设备内部实现细节,使得应用软件对互联设备的访问更加简单明了。

5. Aurora Core

Xilinx 公司提供了带 LocalLink 接口的 Aurora Core,这个 Aurora Core 实例化 Rocket IO MGT,并实现了 Aurora 协议引擎。Aurora 协议引擎是可编程的,而且源代码免费开放,它提供了数据封装模块、流量控制模块、差错处理、Idle 发送模块、时钟补偿发送模块。Aurora 协议引擎配合 Rocket IOMGT 完成物理层服务,并实现了大部分数据链路层的功能。这是一个成熟的 Core,使用它使得我们可以将精力放在其他部分的实现上。本设计使用了 Aurora Core,它涵盖了对物理层 PCI 子层的部分实现。Aurora Core 传送帧的效率受两个因素影响:帧的大小和 Local Link 数据接口宽度。

6. 数据传输过程

发送方的设备驱动程序接收来自高层的应用数据,经数据通路传送给数据传输控制逻辑。数据传输控制逻辑将应用数据拆分成多个数据块,由 Aurora 协议引擎把每个数据块封装成帧,这些数据帧通过物理层传送到接收方。接收方的 Aurora 协议引擎接收来自物理层的数据帧,去掉控制字符得到数据块。数据传输控制逻辑拼装数据块,然后经数据通路由接收方设备驱动程序提交给高层应用。这里的数据块就是 Aurora 协议中的用户协议数据单元(User Protocol Data Unit, User PDU)。

7. 数据传输服务

Aurora 通信接口板在整个项目应用系统中所处的位置如图 9-15 所示,其中虚线框代表软件或固件。Aurora 通信接口板在 64bit/66MHz 的 PCI 总线和光纤信道之间传递数据。当 PCI 总线采用 DMA 或者突发方式传输数据时,总线上的瞬时峰值数据速率可以达到 533MB/s。但 PCI 总线上还挂接其他设备,再加上总线申请、仲裁、释放等一系列开销,使得最终分配到每个设备的平均带宽小于峰值带宽。若 Aurora 通信接口获得 PCI 总线,PCI 端交换数据速率最高可达 533MB/s;若没能及时申请到总线,数据被堵塞,PCI 端交换数据速率为零。有时能够很快申请到总线,有时会被阻塞较长时间。因此,PCI 端交换数据速率抖动大。Aurora 通信接口要抵抗这种抖动,尽可能为光纤信道和主控板主存之间建立一条实时可靠的数据通路。

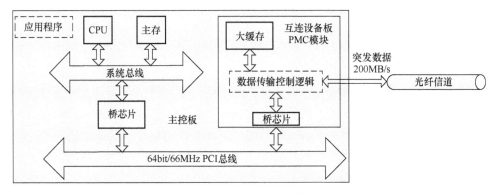

图 9-15 互联设备的作用

为此，设计了以下 4 种互联设备工作模式，也称作 4 种数据传输服务。

（1）数据实时记录模式。工作在该模式下，互联设备在 PCI 总线和光纤信道之间建立一条直接的数据传输通道。互联设备接收来自光纤信道的数据，然后，经 PCI 总线将数据存放到主控板的主存。这种模式的特点是数据从接收操作到存放操作之间的时间间隔特别短，实时效果好。但要求互联设备在接收到数据之后，能尽快申请到 PCI 总线，否则会造成互联设备板上的接收数据缓冲溢出。所以该模式适合于其他 PCI 总线业务较少的场合。

（2）数据实时回放模式。该工作模式与数据实时记录模式相似，只是数据传输方向相反。互联设备经 PCI 总线接收来自主存的数据，然后传送到光纤信道中。该模式同样适合于其他 PCI 总线业务较少的场合。

（3）数据缓存记录模式。工作在该模式下，引入一个大缓存。互联设备从光纤信道接收数据，先暂存至大缓存，然后，再将大缓存中的数据经 PCI 总线传送到主控板的主存内。当 PCI 总线长时间得不到响应，大缓存的引入可确保较长时间内接收的数据不会溢出，增强互联设备板抵抗 PCI 端交换数据速率抖动大的能力，只是实时性方面不如数据实时记录模式好。该模式适合于 PCI 总线业务繁忙的场合。

（4）数据缓存回放模式。该工作模式与数据缓存记录模式相似，也只是数据传输方向相反。互联设备经 PCI 总线接收主控板主存数据，暂存到大缓存中，然后，将大缓存的数据发送到光纤信道上。该模式同样适合于 PCI 总线业务繁忙的场合。

9.6 本章小结

随着航空电子技术的不断发展，机载系统所需要实时处理的数据量成倍增大，使得数据流的高速传输面临着较大的挑战。以往系统多采用并行方式传输高速的数据流,实现相对简单,但是当数据率超过 1 Gb/s 时,信号的同步管理变得困难,同时接口的数据对齐问题也影响着与外部设备的有效通信。为了解决该难题,高速串行 I/O 技术应运而生。为了适应串行技术发展的趋势,Xilinx 公司开发了 Aurora 协议。

  Aurora 协议是一款高带宽、低成本、可扩展、框架简洁、适合点对点串行数据传输的协议,支持专用的上层协议或符合工业标准的协议,提供了透明接口的串行互联协议,其允许数据进行任何分组封装,可以使芯片间的数据传输在一个较高的水平,而不需要改变已有的通信系统或计算机系统。Aurora 协议成为了航空领域机载计算机内总线的重要选择之一。

参 考 文 献

[1] XILINX. SP002-2010. AURORA 8b/10b Protocol Specification [S/OL]. [2010-04-19]. https://citeseerx. ist. psu. edu/viewdoc/download; jsessionid = 200DC0ABA890AE855D31BAE203CF6F9B? doi = 10. 1. 1. 169. 2244&rep = rep1&type = pdf.

[2] XILINX. 7 Series FPGAs Overview [S/OL]. [2014-02-18]. https://www.docin.com/p-787501672.html.

[3] XILINX. Virtex-7 T and XT FPGAs Data Sheet: DC and AC Switching Characteristics [S/OL]. [2017-04-06]. http://pdf-html.ic37.com/pdf_file_C/20200911/pdf_pdf/pdf8/XILINX/XC7VX485T-2F_datasheet_736218/644799/XC7VX485T-2F_datasheet.pdf.

[4] XILINX. 7 Series FPGAs GTX/GTH Transceivers User Guide [S/OL]. [2015-02-23]. https://www.doc88.com/p-49416196650138.html.

[5] PLX Technology. PCI 9656 BA DataBookpdf [DB/OL]. [2003-10-01]. http://www.plx-tech.com.

[6] PLX. Application Note PCI 9X X X/PEX 8311 Local Bus Primer, Version 1.0 [S/OL]. [2006-06-19]. http://www.doc88.com/p-9425105830725.html.

[7] 周洁,杨心怀. 32 位 RISC CPU ARM 芯片的应用和选型 [J]. 电子技术应用, 2002, 28 (8): 6-9.

[8] 侯冬晴. ARM 技术原理与应用 [M]. 北京: 清华大学出版社, 2014.

[9] 郭振业. DDR3 存储器接口电路的设计与实现 [D]. 上海: 复旦大学, 2011.

[10] 周小军. MCU 芯片的复位电路与多模式时钟系统设计 [D]. 成都: 电子科技大学, 2007.

[11] 曲芳,王剑,孙国强. 高速数据总线测试概述 [J]. 计算机与数学工程, 2010. 38 (9): 101-104.

[12] 李沛南. 一种高效片间互联接口协议的设计与实现 [D]. 哈尔滨: 哈尔滨理工大学, 2017.

[13] XILINX. UG476-2011. 7. Series FPGAs GTX/GTH Transceivers Users Guide [S/OL]. [2015-

02-23]. https://www.doc88.com/p-49416196650138.html.
[14] 徐意. 10.3125Gbps 高速 Serdes 芯片的测试方法研究 [D]. 成都：电子科技大学, 2017.
[15] 韦雪明. 高速 SERDES 接口芯片设计关键技术研究 [D]. 成都：电子科技大学, 2012.
[16] 杜旭, 于洋, 黄建. 基于 FPGA 的高速串行传输接口的设计与实现 [J]. 计算机工程与应用, 2007 (12)：94-96.
[17] XILINX. UG887-2013. VC709 Evaluation Board for the Virtex-7 FPGA User Guide [S/OL]. [2013-03-05]. https://www.ti.com.cn/cn/lit/ug/slyu020a/slyu020a.pdf.
[18] 耿恒水, 冯玉田, 郑伟波. 基于 FPGA 的高速数据传输设计 [J]. 工业控制计算机, 2017, 30 (02)：40-42.
[19] XILINX. UG69-2009. Logicore IP 10-Gigabit Ethernet PCS/PMA User Guide [S/OL]. [2004-12-05]. https://www.iso.org/standard/38668.html.
[20] 李维明, 陈建军, 陈星锜. 基于 Aurora 协议的高速通信技术的研究 [J]. 电子技术应用, 2013, 39 (12)：37-40.
[21] 张宇航. 交换机高速接口的设计与实现 [D]. 西安：西安电子科技大学, 2015.
[22] 朱明程. XILINX 数字系统现场集成技术 [M]. 南京：东南大学出版社, 2002.
[23] 史鹏腾. 基于千兆以太网的 FPGA 双向数据传输系统设计 [D]. 西安：西安电子科技大学, 2014.
[24] 程博峰. 基于 FPGA 及以太网技术的 100G 接口板设计 [D]. 南京：南京理工大学, 2014.
[25] XILINX. PG203. Ultra Scale Devices Integrated 100G Ethernet Subsystem [S/OL]. [2018-12-05]. https://docs.xilinx.com/v/u/2.5-English/pg203-cmac-usplus.
[26] 孙航, Xilinx 可编程逻辑器件的高级应用与设计技巧 [M]. 北京：电子工业出版社, 2004.
[27] XILINX. UG024. v2.5—2009, Rocket IO TM Transceiver User Guide [DB/OL]. [2009-10-30]. http://www.xilinx.com.
[28] XILINX. SP006. v2.0—2005. Local Link Interface Specification [DB/OL]. [2005-06-25]. http://www.xilinx.com.
[29] XILINX. UG061. v2.4—2008. Logi CORE Aurora User Guide [DB/OL]. [2008-06-25]. http://www.xilinx.com.
[30] XILINX. DS083. v4.5—2005. Virtex-Ⅱ Pro and Virtex-Ⅱ Pro X Platform FPGAs：Complete Data Sheet [DB/OL]. [2005-03-29]. http://www.xilinx.com.
[31] XILINX. Virtex-Ⅱ Pro Platform FPGA Handbook, v2.0 [DB/OL]. [2002-01-31]. http://www.xilinx.com.

现代机载总线技术
（上册）

主　编：支超有
副主编：张军红　张　靖　黑文静　吴佳驹
审　校：赵安安　江飞鸿　杨　锋

国防工业出版社
·北京·

内 容 简 介

机载总线技术是现代先进飞行器、航行器等运载工具的飞行控制、航空电子、机电等功能系统的综合模块化重要的关键技术之一,是计算机网络技术在机载电子系统底层的具体实现,决定着飞行器性能及其电子系统综合化程度的高低。本书简要介绍了广泛用于机载设备之间通信的各种机载数据总线,着重讨论了广泛应用于现代军民用飞机上的光纤通道(FC)、可变规模互联接口(SCI)、时间触发协议(TTP/C)、时间触发以太网(TTE)、MIL-1394b、SpaceWire、CAN/TTCAN、线性令牌数据总线(LTPB)、光纤分布式数据接口(FDDI)、航空电子数字视频总线 ARINC 818,以及全双工交换式以太网(AFDX)。全面分析了它们的技术特点、协议规范、拓扑结构及通信接口设计方法,并给出了典型的应用实例。

本书的主要目的是为参与机载电子系统设计与实验的技术人员提供关于机载数据总线的基本知识和研究成果,以促进我国机载数据总线的发展。本书力求深入浅出,理论联系实际。

本书可作为从事航空、航天、船舶等运载工具电子系统设计和产品研发的工程技术人员的参考书,也可以作为航空电子、工程控制、自动化、仪器仪表、测试技术等专业机载数据总线相关课程的教学参考书。

图书在版编目(CIP)数据

现代机载总线技术 / 支超有主编 . —北京:国防工业出版社,2023.7
ISBN 978-7-118-13015-7

Ⅰ. ①现… Ⅱ. ①支… Ⅲ. ①民用飞机 – 机载计算机 – 总线 – 研究 Ⅳ. ①V247.1

中国国家版本馆 CIP 数据核字(2023)第 111986 号

※

国防工业出版社出版发行
(北京市海淀区紫竹院南路 23 号 邮政编码 100048)
北京虎彩文化传播有限公司印刷
新华书店经售

*

开本 710×1000 1/16 印张 34¼ 字数 612 千字
2023 年 7 月第 1 版第 1 次印刷 印数 1—1500 册 定价 398.00 元

(本书如有印装错误,我社负责调换)

国防书店:(010)88540777 书店传真:(010)88540776
发行业务:(010)88540717 发行传真:(010)88540762

《现代机载总线技术》(上册)编写委员会

主 任 委 员　唐长红
副主任委员　宁　宇　安　刚　赵安安
委　　　员　田　泽　高亚奎　翟正军　李振水　陈雪峰
　　　　　　秦　成　苟永明　江飞鸿　张　靖　黄　炜
　　　　　　韩　冰　苗红科　任宝平　张军红　杨　锋
　　　　　　黑文静　李少波　张　峰　景群平　方　强
　　　　　　段　毅　张荣华

主　　　编　支超有
副　主　编　张军红　张　靖　黑文静　吴佳驹
审　　　校　赵安安　江飞鸿　杨　锋
编　　　写　王文升　刘贡平　李　育　李　霞　李美玲
　　　　　　何　坤　雷　攀　杨　明　范军华　赵　迪

前 言

随着计算机技术、网络技术、控制技术等新兴技术的发展，飞行器飞行控制系统、航行器操纵控制系统，以及飞行器、航行器机载电子系统和机电系统等机载功能系统完成的功能越来越多，性能也在不断提高。这些功能的实现依赖于机载计算机，而机载计算机系统是飞行器智能化及信息处理的中心，为整个飞行器、航行器提供完善的通信资源、计算资源和存储资源，这些资源的提供通过计算机系统中的处理器与外围的部件、模块之间相互协作实现，这就要求处理器与外围部件、模块之间，以及外围模块相互之间的通信具有高可靠性和高实时性的特点。在机载计算机系统中，需要一种高可靠的标准背板总线实现处理器与外围部件、硬件模块之间的互联互通，提升硬件模块之间数据通信的确定性和容错能力，并实现各硬件模块物理层接口的统一和标准化。

机载总线涉及以下两个方面。一方面是完成以现代数字计算机为核心的机载电子设备之间通信和数据信息传输的机载数据总线，机载数据总线也称为外总线，其特点是独立的机载电子设备之间的信息交换与数据传输，通常采用专用的电缆以串行的形式进行机载电子设备之间远距离通信，通过串行数据通信协议分时进行设备地址和数据信息的传输。

另一方面是完成以现代数字计算机为核心的机载电子设备内部不同模块或板卡之间通信和数据信息传输的总线，计算机内部总线也称为内总线，在这种情况下，数据信息的传输是在电子设备内部进行的，通常以并行的形式在机载电子设备机箱内部进行模块或板卡之间通信，通过专用的地址信号线、数据信号线和控制信号线同时进行模块或板卡之间地址、数据和控制信息的传输。数据传输是在机箱内部的背板总线实现的，具有传输距离短、传输速率高、延迟小等特点。

2009年，国防工业出版社出版了作者编著的《机载数据总线技术及其应用》一书，本书是该书的续篇，从机载设备之间通信的机载数据总线，以及机载计算机系统内模块间进行通信的计算机内总线两个方面介绍了目前广泛应用的机载总线，在机载设备之间的数据总线部分，根据机载数据总线技术的现状，吸收机载数据总线的最新研究成果，介绍了线性令牌数据总线（LTPB）、光纤分布式数据接口（FDDI）、全双工交换式以太网（AFDX）、MIL-1394b、时间触发以太网（TTE）、时间触发协议（TTP/C）、CAN/TTCAN、光纤通道（FC）、时间触发光纤通道（TT-FC）、SpaceWire、航空电子数字视频总线 ARINC 818，以及可变规模互联接口（SCI）等获得广泛应用的机载数据总线。

本书分析了在机载设备之间通信的机载数据总线的技术特点、协议规范、拓扑结构及通信接口设计方法，并给出了典型的应用实例。总线技术在很大程度上提高了飞机本身的性能，而且也扩大和提高了飞机完成任务的能力。

本书在总结机载总线技术的发展，结合作者近几年实际工作的基础上，力求全面、系统地介绍机载总线技术。重点突出机载总线的基础理论、标准、组成结构、通信协议和接口设计方面的系统性；深入说明机载总线通信和数据传输与总线控制方面的理论内涵，全面阐述机载总线在军民用飞机等类型的航空飞行器、运载火箭和通信卫星等类型的航天飞行器以及舰船等类型的航行器上具体应用的实践性；描述了机载总线在最新的飞行器电子设备之间通信的数据总线先进性。

此书的出版对于发展我国的航空技术、航天技术、航海技术具有十分重要的理论意义和应用价值，可以很好地促进我国国防科技事业和武器装备建设的发展，更好地为国防现代化建设服务。因此，无论是对军民用飞行器、航行器设计人员，或者飞行操纵控制、机载电子、机载机电领域的工程技术人员，还是对航空、航天、航海院校的学生以及航空、航天、航海爱好者来说，本书都具有很好的研究和参考价值。

本书特点

1. 内容丰富全面，结构完整

本书全面、系统、完整地介绍了机载总线技术，不但涉及在现代飞机这样的航空飞行器上的应用总线，而且涉及在卫星这样的航天飞行器上的应用总线，还涉及在现代舰船这样的航行器上的应用总线，甚至涉及汽车、高铁等运载工具上的应用总线。在航空、航天飞行器机载总线方面，介绍了在现代军民用飞机这样的飞行器上应用的光纤通道（FC）、可变规模互联接口（SCI）、时间触发协议（TTP/C）、时间触发以太网（TTE）、MIL-1394b、线性令牌数据总线（LTPB）、光纤分布式数据接口（FDDI）、航空电子数字视频总线 ARINC 818，以及全双工交换式以太网（AFDX）等机载数据总线。

在航天飞行器机载总线方面，介绍了专门在现代卫星这样的飞行器上应用的 SpaceWire 机载数据总线。在舰船这样的航行器，乃至汽车和高铁等机载总线方面，介绍了 CAN/TTCAN 这样的现场总线/时间触发现场总线。

2. 从基础出发，具有广泛的适用性

机载总线及其控制、测试技术涉及多学科和众多应用。应用这一技术的科技人员和研究生中，除了部分来自于电子、通信、计算机专业外，大部分来自其他

不同的专业领域，缺乏通信和计算机网络方面的基础知识。虽然机载数据总线技术只是应用手段和工具，但是了解机载总线的基础知识，对于合理选择机载总线技术类型，快速、正确地掌握机载总线的基本原理和使用方法却大有益处。本书从介绍机载总线的发展历史及现状等基础知识开始，逐步深入介绍机载总线的拓扑结构、组成原理、总线协议，以及总线接口的设计等方面内容，不需要过多的专业知识。

3. 基础理论和机载总线技术相结合

本书从数据通信基础和计算机网络体系结构两方面，探讨了有关机载总线通信的一般内容，全面介绍了目前应用以及研究中的机载数据总线，在典型机载数据总线技术中，介绍了广泛应用于现代军民用飞机上的光纤通道（FC）、可变规模互联接口（SCI）、时间触发协议（TTP/C）、时间触发以太网（TTE）、MIL-1394b、SpaceWire、CAN/TTCAN、线性令牌数据总线（LTPB）、光纤分布式数据接口（FDDI）、航空电子数字视频总线 ARINC 818，以及全双工交换式以太网（AFDX）。读者可以有选择地参考。结合作者的经验来看，只要掌握了数据通信的一般内容并深刻剖析了一种机载总线技术，学习其他的机载总线技术便可举一反三。

4. 既突出技术特点，又兼顾协议标准

本书从内容上可以分为用于机载设备之间通信的数据总线，以及机载计算机内部各独立模块或单元之间通信的内总线两部分。在介绍具体机载总线技术时，虽然采用了不同的方法，但是都围绕技术特点和协议标准进行。在介绍光纤通道（FC）、可变规模互联接口（SCI）、时间触发协议（TTP/C）、时间触发以太网（TTE）、MIL-1394b、SpaceWire、CAN/TTCAN、线性令牌数据总线（LTPB）、光纤分布式数据接口（FDDI）、航空电子数字视频总线 ARINC 818，以及全双工交换式以太网（AFDX）总线时，通过较完整的协议标准来说明上述机载数据总线的技术特点。

为了便于与光纤通道（FC）、可变规模互联接口（SCI）、时间触发协议（TTP/C）、时间触发以太网（TTE）、MIL-1394b、SpaceWire、CAN/TTCAN、线性令牌数据总线（LTPB）、光纤分布式数据接口（FDDI）、航空电子数字视频总线 ARINC 818，以及全双工交换式以太网（AFDX）的协议标准相对照，本书中的一些概念和说明内容分别沿用了上述总线标准中的内容，请读者注意。

5. 注重实际需要，选取典型开发实例

机载总线技术是一项实用的工程技术，本书中提供了一些简单开发实例的基本内容，便于读者实际开发时参照。在光纤通道（FC）、可变规模互联接口（SCI）、时间触发协议（TTP/C）、时间触发以太网（TTE）、MIL-1394b、SpaceWire、CAN/TTCAN、线性令牌数据总线（LTPB）、光纤分布式数据接口

(FDDI)、航空电子数字视频总线 ARINC 818，以及全双工交换式以太网（AFDX）等机载数据总线方面，全面分析了它们的技术特点、协议规范、拓扑结构及通信接口设计方法，并给出了典型的应用实例。另外，书中还使用了大量的图表，图注、表注也较多，供实际开发时参考。

本书结构

本书从机载设备间通信与数据传输的总线方面介绍了目前广泛应用的机载总线。全书共分 14 章。第 1 章是概述，第 2 章是线性令牌数据总线，第 3 章是光纤分布式数据接口，第 4 章是 AFDX 机载数据总线，第 5 章是 MIL-1394b 数据总线，第 6 章是 TTE 数据总线，第 7 章是 TTP/C 数据总线，第 8 章是 CAN/TTCAN 数据总线，第 9 章是光纤通道，第 10 章是时间触发光纤通道，第 11 章是 SpaceWire 数据总线，第 12 章是 ARINC 818 航空电子数字视频总线，第 13 章是可变规模互联接口，第 14 章是机载数据总线应用。

参加本书编写的同志如下：支超有、吴佳驹负责前言、第 1 章、第 6 章、第 10 章、第 14 章的编写，支超有、张军红、张靖、黑文静负责第 4 章、第 7 章~第 9 章、第 11 章~第 13 章的编写，吴佳驹负责第 2 章、第 3 章、第 5 章的编写，李育负责第 7 章的编写，支超有、吴佳驹完成校对和统稿工作，赵安安、江飞鸿、杨锋完成全书的审校。参加本书编写的还有王文升、刘贡平、李霞、李美玲、何坤、雷攀、范军华、杨明、赵迪等同志。唐长红院士负责全书结构内容的规划，并对本书进行了审阅和最终定稿。

致谢

在本书编写过程中得到了中国航空工业集团公司唐长红院士的热情指导和帮助，得到了中国航空工业集团公司第一飞机设计研究院、国防工业出版社、中国计算机测量与控制技术协会等单位的热情帮助，在此对他们表示衷心感谢。

由于作者水平有限，加之时间紧迫，错误和不妥之处在所难免，敬请读者批评指正。同时也希望通过本书的出版，结识更多业内的同行和企业，加强联系和合作，共同促进国内机载总线技术的发展。

作者联系邮箱：zchaoyou@163.com。

目 录

第1章 概述 ... 1
- 1.1 线性令牌数据总线 ... 1
- 1.2 光纤分布式数据接口 ... 3
- 1.3 AFDX 机载数据总线 ... 4
- 1.4 MIL-1394b 数据总线 ... 8
- 1.5 TTE 数据总线 ... 12
- 1.6 TTP/C 数据总线 ... 15
- 1.7 CAN/TTCAN 数据总线 ... 17
- 1.8 光纤通道 ... 19
- 1.9 时间触发光纤通道 ... 22
- 1.10 SpaceWire 数据总线 ... 23
- 1.11 ARINC 818 航空电子数字视频总线 ... 25
- 1.12 可变规模互联接口 ... 25
- 1.13 机载数据总线标准 ... 27
- 1.14 机载数据总线对比 ... 28
- 1.15 本章小结 ... 30
- 参考文献 ... 30

第2章 线性令牌数据总线 ... 32
- 2.1 LTPB 总线简介 ... 32
  - 2.1.1 LTPB 拓扑结构 ... 33
  - 2.1.2 LTPB 容错措施 ... 33
  - 2.1.3 LTPB 部件构成 ... 34
- 2.2 LTPB 协议分析 ... 35
  - 2.2.1 LTPB 协议帧 ... 35
  - 2.2.2 LTPB 消息调度原则 ... 36

2.3 LTPB 接口设计 ………………………………………………… 36
　2.3.1 总体设计 ………………………………………………… 36
　2.3.2 工作模式转换 …………………………………………… 38
　2.3.3 协议芯片的实现 ………………………………………… 41
2.4 本章小结 ……………………………………………………… 41
参考文献 …………………………………………………………… 42

第3章 光纤分布式数据接口 …………………………………… 44

3.1 FDDI 总线简介 ………………………………………………… 44
　3.1.1 FDDI 通信体系 …………………………………………… 45
　3.1.2 FDDI 拓扑结构 …………………………………………… 46
　3.1.3 LTPB、FDDI 介质存取控制 ……………………………… 46
3.2 FDDI 协议分析 ………………………………………………… 47
　3.2.1 PMD 层级 ………………………………………………… 47
　3.2.2 PHY 层级 ………………………………………………… 48
　3.2.3 MAC 层级 ………………………………………………… 50
3.3 FDDI 电路设计 ………………………………………………… 52
　3.3.1 PMD 电路设计 …………………………………………… 52
　3.3.2 PHY 电路设计 …………………………………………… 53
　3.3.3 MAC 电路设计 …………………………………………… 55
3.4 本章小结 ……………………………………………………… 57
参考文献 …………………………………………………………… 57

第4章 AFDX 机载数据总线 ……………………………………… 60

4.1 ARINC 664 ……………………………………………………… 60
4.2 AFDX 的基本概念及其特点 …………………………………… 61
4.3 AFDX 的组成结构 ……………………………………………… 64
　4.3.1 终端节点系统和航空电子子系统 ………………………… 65
　4.3.2 AFDX 通信端口 …………………………………………… 66
4.4 AFDX 的虚链接 ………………………………………………… 67
　4.4.1 虚链接：AFDX 中的信息包路径 ………………………… 67
　4.4.2 虚链接的隔离 …………………………………………… 69
　4.4.3 虚链接的调度 …………………………………………… 71
　4.4.4 抖动 ……………………………………………………… 72
4.5 AFDX 中的冗余管理 …………………………………………… 73
4.6 AFDX 消息流及消息结构 ……………………………………… 75
　4.6.1 AFDX 消息流 ……………………………………………… 75

4.6.2　寻址 …………………………………………………………… 76
　　4.6.3　AFDX 消息结构 ………………………………………………… 76
4.7　AFDX 传输协议栈 ……………………………………………………… 79
　　4.7.1　发送协议栈 …………………………………………………… 79
　　4.7.2　接收协议栈 …………………………………………………… 80
4.8　AFDX 端节点的设计 …………………………………………………… 81
　　4.8.1　终端节点总体设计 ……………………………………………… 81
　　4.8.2　完整性检查与冗余检查 ………………………………………… 86
4.9　AFDX 端系统的实现 …………………………………………………… 87
　　4.9.1　端系统驱动模块的实现 ………………………………………… 88
　　4.9.2　端系统传输模块的实现 ………………………………………… 91
　　4.9.3　端系统通信配置模块的实现 …………………………………… 97
4.10　AFDX 交换机设计 …………………………………………………… 98
　　4.10.1　AFDX 交换机模型设计 ……………………………………… 98
　　4.10.2　交换机总体设计 ……………………………………………… 99
4.11　AFDX 交换机的实现 ………………………………………………… 102
　　4.11.1　交换机发送/接收功能的实现 ………………………………… 103
　　4.11.2　交换机过滤监控 ……………………………………………… 104
　　4.11.3　交换机调度功能的实现 ……………………………………… 105
　　4.11.4　交换机端系统功能的实现 …………………………………… 107
　　4.11.5　交换机监控功能的实现 ……………………………………… 107
　　4.11.6　交换机数据缓冲区设计 ……………………………………… 107
　　4.11.7　交换机运行参数 ……………………………………………… 108
4.12　本章小结 ……………………………………………………………… 109
参考文献 ……………………………………………………………………… 109

第5章　MIL-1394b 数据总线 …………………………………………… 116

5.1　概述 ……………………………………………………………………… 116
　　5.1.1　1394 总线 ……………………………………………………… 117
　　5.1.2　1394b 标准 ……………………………………………………… 117
　　5.1.3　MIL-1394b 总线 ………………………………………………… 118
5.2　MIL-1394 总线特点 …………………………………………………… 119
　　5.2.1　MIL-1394b 总线改进 …………………………………………… 120
　　5.2.2　MIL-1394b 总线特点 …………………………………………… 121
5.3　MIL-1394b 总线网络结构 …………………………………………… 122
　　5.3.1　总线网络系统组成 ……………………………………………… 123

- 5.3.2 1394b 总线基本网络结构 ………………………………… 123
- 5.3.3 MIL-1394b 总线网络结构 ………………………………… 124
- 5.3.4 MIL-1394b 总线传输介质 ………………………………… 127
- 5.4 MIL-1394b 总线协议 ……………………………………………… 128
  - 5.4.1 MIL-1394b 总线协议 ……………………………………… 128
  - 5.4.2 MIL-1394b 总线操作 ……………………………………… 133
- 5.5 MIL-1394b 总线协议包 …………………………………………… 137
  - 5.5.1 MIL-1394b 异步流包 ……………………………………… 137
  - 5.5.2 MIL-1394b 总线 STOF 包 ………………………………… 144
- 5.6 MIL-1394b 总线确定性和容错性 ………………………………… 145
  - 5.6.1 MIL-1394b 总线的确定性 ………………………………… 145
  - 5.6.2 MIL-1394b 总线完整性 …………………………………… 151
  - 5.6.3 MIL-1394b 总线容错机制 ………………………………… 152
- 5.7 MIL-1394b 总线接口设计 ………………………………………… 156
  - 5.7.1 AS 5643 协议处理单元接口分析 ………………………… 156
  - 5.7.2 AS 5643 协议处理单元组成原理 ………………………… 159
  - 5.7.3 主机接口设计 ……………………………………………… 162
  - 5.7.4 寄存器模块设计 …………………………………………… 166
  - 5.7.5 自加载配置表设计 ………………………………………… 169
  - 5.7.6 DM 控制接口设计 ………………………………………… 171
  - 5.7.7 链路层接口设计 …………………………………………… 173
- 5.8 本章小结 …………………………………………………………… 174
- 参考文献 ……………………………………………………………… 174

第 6 章 TTE 数据总线 ………………………………………………… 177
- 6.1 前言 ………………………………………………………………… 177
- 6.2 TTE 总线标准及其特点 …………………………………………… 178
  - 6.2.1 TTE 总线标准发展 ………………………………………… 178
  - 6.2.2 TTE 总线特点 ……………………………………………… 180
- 6.3 TTE 总线体系结构 ………………………………………………… 180
  - 6.3.1 TTE 协议体系架构 ………………………………………… 181
  - 6.3.2 TTE 总线拓扑结构 ………………………………………… 185
- 6.4 TTE 节点与数据传输 ……………………………………………… 188
  - 6.4.1 TTE 节点模型 ……………………………………………… 188
  - 6.4.2 TTE 数据帧 ………………………………………………… 190
  - 6.4.3 TTE 容错性 ………………………………………………… 192

- 6.5 TTE 总线协议 194
  - 6.5.1 同步协议控制帧 194
  - 6.5.2 时钟同步协议 195
  - 6.5.3 时间同步过程 199
  - 6.5.4 时间触发数据通信 201
  - 6.5.5 固化与压缩算法 206
- 6.6 TTE 总线数据传输实现 209
  - 6.6.1 TTE 同步调度 209
  - 6.6.2 TTE 总线数据发送 213
  - 6.6.3 TTE 总线数据接收 213
- 6.7 应用实例 215
- 6.8 本章小结 218
- 参考文献 219

第7章 TTP/C 数据总线 221
- 7.1 概述 221
- 7.2 TTP/C 总线系统结构 224
  - 7.2.1 TTP/C 总线网络结构 224
  - 7.2.2 TTP/C 总线拓扑结构 227
  - 7.2.3 TTP/C 总线协议分层 228
  - 7.2.4 TTP/C 总线访问方式 229
  - 7.2.5 TTP/C 总线数据帧 230
  - 7.2.6 总线监护器 232
- 7.3 TTP/C 总线数据帧 232
  - 7.3.1 TDMA 232
  - 7.3.2 TTP 帧布局 233
  - 7.3.3 帧类型 236
  - 7.3.4 帧状态 239
- 7.4 TTP/C 总线同步 242
  - 7.4.1 时序参数 242
  - 7.4.2 TTP 网络中动作时间和交换 243
  - 7.4.3 校正时差的计算 245
  - 7.4.4 校正本地时钟 246
- 7.5 TTP/C 总线数据传输 246
  - 7.5.1 启动 246
  - 7.5.2 成员资格 250

            7.5.3 确认 ………………………………………………………… 251
            7.5.4 集团侦查 …………………………………………………… 255
            7.5.5 主机/控制器生命体征 ………………………………………… 255
            7.5.6 集群模式 …………………………………………………… 255
        7.6 TTP/C 总线状态 ……………………………………………………… 257
            7.6.1 总线状态定义 ………………………………………………… 257
            7.6.2 总线状态转换 ………………………………………………… 258
            7.6.3 总线变量 …………………………………………………… 259
            7.6.4 冻结状态 …………………………………………………… 259
            7.6.5 初始状态 …………………………………………………… 260
            7.6.6 监听状态 …………………………………………………… 260
            7.6.7 冷启动状态 ………………………………………………… 262
            7.6.8 主动和被动状态 ……………………………………………… 263
        7.7 TTP/C 总线控制器设计 ……………………………………………… 267
            7.7.1 TTP/C 总线控制器结构 ……………………………………… 268
            7.7.2 TTP/C 物理层设计 …………………………………………… 269
            7.7.3 TTP/C 数据链路层设计 ……………………………………… 270
            7.7.4 TTP/C 协议服务层设计 ……………………………………… 274
        7.8 本章小结 …………………………………………………………… 278
        参考文献 ……………………………………………………………… 278

第 8 章 CAN/TTCAN 数据总线 ……………………………………………… 280
        8.1 概述 ………………………………………………………………… 280
        8.2 TTCAN 总线系统组成 ……………………………………………… 282
            8.2.1 CAN 总线的拓扑结构 ………………………………………… 282
            8.2.2 CAN 总线的分层结构 ………………………………………… 284
        8.3 TTCAN 总线协议 …………………………………………………… 287
            8.3.1 TTCAN 总线的时间触发机制 ………………………………… 288
            8.3.2 TTCAN 时间窗口和系统矩阵 ………………………………… 288
            8.3.3 TTCAN 总线的时间基准 ……………………………………… 289
            8.3.4 TTCAN 总线报文格式 ………………………………………… 291
        8.4 TTCAN 总线接口设计 ……………………………………………… 295
            8.4.1 TTCAN 总线控制器总体设计 ………………………………… 295
            8.4.2 TTCAN 总线物理层设计 ……………………………………… 296
            8.4.3 TTCAN 总线数据链路层设计 ………………………………… 301
            8.4.4 TTCAN 总线时间触发 ………………………………………… 306

8.5 本章小结 …… 309
参考文献 …… 310

第9章 光纤通道 …… 313
9.1 光纤通道协议框架 …… 314
9.1.1 物理链路层 …… 316
9.1.2 编码/解码层 …… 316
9.1.3 链路控制层 …… 317
9.1.4 公共服务层 …… 319
9.1.5 映射协议层 …… 319
9.2 光纤通道拓扑结构 …… 320
9.2.1 点到点结构 …… 321
9.2.2 交换式结构 …… 321
9.2.3 仲裁环结构 …… 322
9.2.4 仲裁环的初始化 …… 323
9.2.5 仲裁环的数据传输 …… 324
9.2.6 仲裁环的流量控制 …… 325
9.3 光纤通道分类服务 …… 326
9.4 光纤通道通信功能实现 …… 328
9.4.1 光纤通道网络接口设计 …… 329
9.4.2 光纤通道数据通信功能实现 …… 330
9.5 航空电子环境光纤通道 …… 334
9.5.1 FC-AE-1553 协议 …… 334
9.5.2 FC-AE-1553 与 1553b 协议 …… 338
9.5.3 先进综合航电系统结构 …… 340
9.5.4 统一航空电子网络基本拓扑结构 …… 342
9.5.5 可变规模光纤实时互联 …… 342
9.6 光纤通道接口设计 …… 343
9.6.1 SERDES 模块设计 …… 344
9.6.2 接收通道设计 …… 347
9.6.3 发送模块设计 …… 353
9.6.4 端口状态机设计 …… 361
9.6.5 流量控制模块设计 …… 364
9.6.6 数据接收和发送程序设计 …… 365
9.7 本章小结 …… 368
参考文献 …… 368

第 10 章 时间触发光纤通道 ······ 372
10.1 概述 ······ 372
10.2 TT-FC 协议体系 ······ 373
10.2.1 TT-FC 协议体系结构 ······ 373
10.2.2 TT-FC 消息 ······ 374
10.2.3 TT-FC 网络设备 ······ 375
10.2.4 TT-FC 消息传输 ······ 376
10.3 TT-FC 网络 ······ 377
10.3.1 TT-FC 网络结构 ······ 377
10.3.2 时间触发调度算法确定性 ······ 379
10.4 TT-FC 网络系统设计实现 ······ 380
10.4.1 TT-FC 网络数据交换实现 ······ 380
10.4.2 API 驱动功能实现 ······ 381
10.4.3 初始化功能实现 ······ 384
10.4.4 收发控制功能实现 ······ 385
10.5 TT-FC 典型应用 ······ 386
10.6 本章小结 ······ 388
参考文献 ······ 388

第 11 章 SpaceWire 数据总线 ······ 391
11.1 星载数据系统 ······ 393
11.1.1 星载数据系统的需求分析 ······ 393
11.1.2 星载数据系统的结构 ······ 394
11.1.3 空间数据系统标准 ······ 396
11.1.4 SpaceWire 的 CCSDS SOIS 接口模型 ······ 399
11.2 SpaceWire 总线体系结构 ······ 400
11.2.1 SpaceWire 体系结构 ······ 401
11.2.2 SpaceWire 路由器 ······ 403
11.2.3 SpaceWire 总线容错技术 ······ 405
11.3 SpaceWire 总线协议 ······ 407
11.3.1 SpaceWire 物理层 ······ 408
11.3.2 SpaceWire 信号层 ······ 409
11.3.3 SpaceWire 字符层 ······ 411
11.3.4 SpaceWire 交换层 ······ 412
11.3.5 SpaceWire 数据包层 ······ 416
11.3.6 SpaceWire 网络层 ······ 416

11.4　SpaceWire 总线接口设计 …………………………………………… 418
　11.4.1　SpaceWire 总线控制器组成 …………………………………… 418
　11.4.2　SpaceWire 总线接收功能实现 …………………………………… 419
　11.4.3　SpaceWire 总线发送功能实现 …………………………………… 421
11.5　SpaceWire 总线应用实例 …………………………………………… 423
　11.5.1　SpaceWire 在航天系统中应用 …………………………………… 423
　11.5.2　星载 SpaceWire 总线网络系统 …………………………………… 425
11.6　本章小结 …………………………………………………………… 428
参考文献 ………………………………………………………………… 428

第 12 章　ARINC 818 航空电子数字视频总线 ……………………………… 433

12.1　ARINC 818 总线简介 ………………………………………………… 433
　12.1.1　ARINC 818 层次结构 …………………………………………… 434
　12.1.2　ARINC 818 标准概述 …………………………………………… 435
　12.1.3　ARINC 818 与 FC-AV 协议对比 ………………………………… 436
12.2　ARINC 818 总线协议 ………………………………………………… 437
　12.2.1　ARINC 818 协议帧 ……………………………………………… 437
　12.2.2　ARINC 818 协议分析 …………………………………………… 439
　12.2.3　ARINC 818 的容器系统 ………………………………………… 441
　12.2.4　ADVB 帧格式 …………………………………………………… 445
12.3　ARINC 818 总线接口设计 …………………………………………… 447
　12.3.1　总体设计 ………………………………………………………… 447
　12.3.2　ARINC 818 数据处理 …………………………………………… 448
　12.3.3　PCIE3.0 接口设计 ……………………………………………… 454
　12.3.4　GTH 模块实现 …………………………………………………… 457
12.4　本章小结 …………………………………………………………… 459
参考文献 ………………………………………………………………… 459

第 13 章　可变规模互联接口 ………………………………………………… 463

13.1　可变规模互联接口简介 ……………………………………………… 463
　13.1.1　机载电子系统对高速数据总线的需求 …………………………… 463
　13.1.2　可变规模互联接口拓扑结构及其特点 …………………………… 465
13.2　可变规模互联接口协议 ……………………………………………… 468
　13.2.1　SCI 协议概述 …………………………………………………… 468
　13.2.2　SCI 的物理层协议 ……………………………………………… 469
　13.2.3　SCI 的逻辑链路层协议 ………………………………………… 471
　13.2.4　SCI 节点适配器 ………………………………………………… 473

13.3 实时可变规模互联接口 ································· 478
　13.3.1 SCI/RT 概述 ··································· 479
　13.3.2 SCI/RT 协议 ··································· 480
13.4 SCI 应用程序接口 ··································· 485
　13.4.1 SCI 软件低层结构 SISCI ························ 485
　13.4.2 API 函数分类 ································· 487
13.5 本章小结 ·· 492
参考文献 ··· 492

第 14 章　机载数据总线应用 ···························· 494
14.1 机载电子系统与机载总线发展 ························ 494
14.2 空客 A320 机载电子系统总线 ······················· 499
14.3 B777 机载电子系统总线 ···························· 501
14.4 霍尼韦尔 EPIC 总线 ······························· 504
14.5 B787 机载系统总线 ································ 506
14.6 A380 机载系统总线 ································ 509
14.7 空客 A350 机载电子系统及其总线 ··················· 513
14.8 TTP/C 总线在 B787 配电系统应用 ··················· 516
14.9 飞行器管理系统总线 ······························· 517
　14.9.1 F-22 飞行器管理系统总线 ······················ 517
　14.9.2 EF-2000 "台风" 飞行器管理系统总线 ············ 520
　14.9.3 F-35 飞行器管理系统 ·························· 522
14.10 MIL-1394b 总线应用 ······························ 524
14.11 本章小结 ·· 527
参考文献 ··· 528

第1章 概 述

机载数据总线技术是现代先进飞行器、航行器电子系统重要的关键技术之一，机载电子系统的发展对机载数据总线不断提出新的要求，促进了机载数据总线的发展，机载数据总线决定机载电子系统综合化程度的高低。数据总线作为机载电子系统的"骨架"和"神经"，对机载电子系统起着至关重要的作用，必须与航空电子技术的发展同步进行、相互促进。60多年来，飞行器机载电子系统对数据总线的性能提出了越来越高的要求，数据总线的性能、传输协议和系统结构都在发生着深刻的变化。

机载数据总线实现机载设备的互联通信，完成机载设备之间的数据信息的传输与交换。按照机载数据总线应用对象是民用飞行器还是军用飞行器划分，常见的有民用机载数据总线和军用机载数据总线。通常，机载数据总线是指完成机载设备之间数据信息的传输交换；另外，在机载设备内部模块之间进行信号、信息的传输是通过设备（以计算机为核心的控制或数据信息处理设备）内部总线实现的，后者通常称为内总线或背板总线。

目前已投入使用及研究中的民用机载数据总线有 ARINC-429、ARINC-629、CSDB、AFDX 等，军用机载数据总线有 MIL-STD-1553b、MIL-STD-1773、STANAG 3838/3910、HSDB、LTPB、FDDI、SCI、FC、TTP/C、TTE、1394b 等。

本章将简要介绍目前广泛应用的高速数据总线：民用 AFDX 机载数据总线，军用 LTPB、FDDI、SCI、FC、TTP/C、TTE、MIL-1394b 等机载数据总线。有关计算机内总线 LBE、VME、ARINC 659、PI、RapidIO、PCI/CPCI 等在本书的下篇介绍。

1.1 线性令牌数据总线

随着飞机电传操纵技术和航空电子技术的发展，新一代飞行器要求机载数据总线具有更高的数据传输能力，传统的 1553b 数据总线已不能满足系统高速数据传输的需要。此外，现代飞行器中非金属复合材料和结构的应用也越来越广泛，这些非金属复合材料对电子系统的屏蔽能力十分有限，而高频大功率的电磁威胁却在增加，这对总线系统保证数据传输的完整性提出了挑战。光纤传输介质具有很强的抗电磁干扰的能力，还具有高带宽、低衰减、低功耗和重量轻等一系列优点，因此，近些年来，光纤数据总线技术成为了机载数据总线研究的热点之一。

其中具有代表性的技术包括线性令牌传递总线（LTPB）和光纤分布式数据接口（FDDI）。

LTPB 光纤网络的拓扑结构为星型结构，网络节点通过星型耦合器连接起来。星型耦合器可以是有源的，也可以是无源的，值得注意的是，无源的比有源的可靠性高。在使用无源耦合器时有信号插入衰减的问题，但是任何节点之间一般只有一级或两级耦合器件，总的衰减是有限的，接收器的灵敏度容易达到要求，常用的是无源耦合器。为了提高系统的容错能力，LTPB 规定采用双余度连接方式，其拓扑结构示于图 1-1。

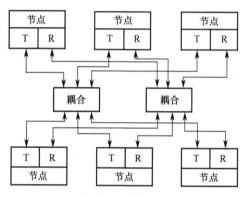

图 1-1　LTPB 星型冗余结构

LTPB 容错能力可通过简单的介质冗余获得，从图 1-1 可以看到，星型冗余的结构简单，任意节点的故障或关闭不会对系统中其他不相关的节点产生影响。由于没有环型网络中旁路开关插入衰减的影响，因此对关闭的节点数没有限制，这有利于降低功耗和提高系统可靠性。冗余方式可以有同步和异步之分：同步方式是指系统中冗余的部件和介质同时工作，接收端依一定的原则取得有效数据；异步方式是指系统正常工作时仅有一个通道工作，如发现错误，则切换到备份通道上传输。在机载关键任务系统中，实时性要求很高，采用同步冗余方式，由于没有异步方式和环形结构引入的切换延时，系统的实时性不会因单点故障而下降。

LTPB 采用一个限时令牌多优先级传输协议，网络上的节点共享一条广播式传输介质，当 LTPB 工作时，网络上的节点根据它们的物理地址、编码的大小组成逻辑环路，令牌沿逻辑环路逐节点传输。环路上获得令牌的节点得到机会向其他节点发送消息，网络中传输着各种各样的消息，如驾驶员操纵信息、传感器信号、显示控制指令、雷达火控数据、导航数据、测试和维护数据等。不同类型的消息表现出不同的实时性要求，因此，消息最大允许的传输延时是不尽相同的。LTPB 为了控制这些不同类型的消息延时，通过定时器来管理消息的传输。每个节点有 1 个令牌持有定时器（THT），用来控制该节点占用的网络带宽，3 个令牌旋转定时器（TRT），用来控制消息的优先级排序。合理设置定时器的初值可将任意一个节点的消息分为最多 4 个优先级传输，优先级别从高到低用 P0、P1、P2 和 P3 表示，TRT1、TRT2 和 TRT3 分别控制 P1、P2 和 P3。当节点接收到令牌时，即对 THT 初始化，并发送 P0 消息，直到 P0 队列为空，或者 THT 计数到零。当上一优先级队列发送完毕且 THT 仍未计数到零时，将当前 TRT 值与 THT 值比较，将其中小者赋予 THT，对 TRT 初始化并发送当前优先级消息直到其队列为空，或 THT 计数到零。当最低优先级 P3 消息发送完毕，或 THT 计数到零，则将令牌传递给下一个节点。

1.2 光纤分布式数据接口

光纤分布式数据接口（FDDI）为环形拓扑结构，严格地说是反向旋转的双环结构，如图 1-2 所示，网络中所有节点串接成一个环路。在环形结构中，相邻节点直接连接，不需要耦合器件，每个节点相当于一个有源增益器，将信号以接力的方式沿环路传输，对接收器动态范围和灵敏度要求不高，因此网络规模可以很大。为了保证系统具有单点容错能力，环形网络引入了两个技术：一个是节点旁路技术；另一个是反向旋转的双环结构。节点旁路是指通过光开关将某些节点隔离在环路之外。在机械环境中，功耗和可靠性都是非常关键的因素，关闭暂时不用的节点有利于降低功耗和提高系统可靠性。节点的旁路是分布控制的，每个节点独立地检测故障并进行旁路，既可旁路故障节点，又可旁路关闭的节点。但是节点的旁路带来两个问题：一是旁路开关引入了插入衰减，考虑到接收器的灵敏度一般只能连续旁路几个节点，这相对于环形结构可支持的网络规模是很小的，限制了可关闭的节点的数目；二是旁路开关引入了高达 25ms 的切换延时，很容易造成消息传输的超时。

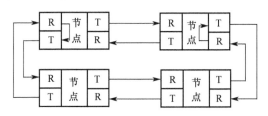

图 1-2 FDDI 环形结构及其重构

反向旋转的双环结构是指同一组节点由两个环连接，两个环按相反的方向传输数据，主环使用顺时针令牌，次环使用逆时针令牌。正常情况下，次环是空闲的，当出现链路断开时就进行环路重构，隔离链路故障，形成一个可工作的新环。环路重构之后新的环路的长度将要增加，对于机载环境，网络长度不大，环路长度增加的影响也不大。但是紧邻链路故障的节点内部要进行光路切换，如旁路一样要引入切换延时，对系统实时性有一定的影响。

FDDI 的传输层协议与 LTPB 有较大差别，FDDI 中每一节点相当于一个消息转发器，如果消息中的目的地址与本地节点地址匹配，则将该消息拷贝至节点缓冲区，再将消息传递给下一节点。消息中的状态域标志给出消息的错误、地址识别和消息备份等信息，所有消息都绕环一周回到该消息的发送节点，然后检查该消息是否发送成功并将其撤销。值得注意的是，环网中可有多个消息同时在不同节点间传递，不必等待一个消息绕环一周后才发送下一消息。FDDI 将消息定义为两种类型：一种是同步消息；另一种是异步消息。同步消息是指有延迟时间限制的控制、显示、遥测、话音等周期消息，强调消息的实时性。异步消息是指没有延迟时间限制的网络管理、交互任务、大数据块消息等非周期消息。FDDI 为节点的同步消息分配一定的带宽，并可将异步消息分为若干优先级（最多 8 个优先级）。

在初始化过程中，网络中每个节点将建立一个相同的目标令牌旋转时间（TTRT），每个节点有一个 TRT（令牌旋转定时器），用来计算该节点相邻两次获得令牌的间隔时间。当节点获得令牌时，首先将 TRT 的值加载到 THT（令牌持有定时器），再将 TRT 复位到零并重新计数。节点在分配的带宽时间内发送同步消息，同步消息发送结束后，如果 THT > TTRT，表明令牌没有提前到达该节点，则不发送异步消息，立即将令牌传递给下一个节点；如果 THT < TTRT，表明令牌提前到达该节点，则可以发送异步消息，直到 THT = TTRT，或者异步消息队列为空，然后将令牌传递给下一个节点。由此可见，每个节点保证了同步消息的带宽，而异步消息的带宽是动态分配的。异步消息的优先级是由优先级阈 $TPr(1)$，$TPr(2)$，…，$TPr(8)$ 控制的，最高优先级的阈值为 TTRT，即 $TPr(1)$ = TTRT，当 $THT < TPr(i)$ 时，优先级 i 的消息才能得到发送。

1.3 AFDX 机载数据总线

目前，民用机载数据总线是从 20 世纪 70 年代投入研发和使用的 ARINC 429，其后波音在其 B777 的研制中采用了速率更高、结构更合理的 ARINC 629。同时，数据总线传输速率也在不断提高，从 100kb/s 发展到 1Mb/s 或 2Mb/s，结构也在不断优化。

在机载电子系统中，为关键系统提供高速、可靠的实时通信是对机载数据总线必要而基本的要求，另外，随着机载电子系统的复杂性的增加，为了确保各种复杂飞行条件下的安全飞行和乘客娱乐要求，对提高机载数据总线带宽需求也与日俱增。20 世纪 90 年代后期，国外就开始着手制定基于 IEEE 802.3 以太网的下一代航空数据网络（Aircraft Data Network，ADN），其目标是充分利用商业货架（Commercial Off-The-Shelf，COTS）硬件产品以降低成本，并缩短开发周期，同时保证商用航空对高的传输速率、健壮性和兼容性的要求。这样，ARINC 664 定义了基于 IEEE 802.3 以太网的轮廓，满足 IP 寻址、传输控制协议（TCP）和用户数据报协议（UDP）传输协议的基本要求。目前，ARINC 664 在不断完善之中，以满足下一代航空数据网络（ADN）实践的需要。

面对机载电子系统对机载数据总线提出的时间确定性传输、高可靠型和低重量要求，世界航空业巨头波音和空客在 20 世纪就已经将重点转移到开发商用的以太网技术来构建下一代的机载数据总线，这项研究促进了航空电子全双工交换式以太网（Avionics Full-Duplex Switched Ethernet，AFDX）的发展，空中客车公司在 A380 的研制中，开始着手定义下一代航空数据网络（ADN），其结果是满足 ARINC 664 的航空电子要求的 AFDX 的推出与实际应用，空中客车公司在其最新研制的 A380 飞机上率先采用了 AFDX 机载数据总线。同时，波音在其最新研制的 B 7E7 飞机中也采用了 AFDX 作为机载数据总线，AFDX 基于 IEEE 803.2 以太网技术，但是增加了一些特殊功能来保证网络通信的确定性。目前，航空无线电通信公司（ARINC）开发了基于以太网技术的标准：ARINC 664。AFDX 的特点是数据传输的确定性，并能提供很高的数据传输速率，以及大幅减轻机上电缆重量。

随着计算机技术、通信技术、微电子技术和网络技术的发展，机载电子系统从综合化向着以信息交换为中心、高度综合化的深层发展，对超高速数据连接的需要也日益增长，并且要求通过数据综合和高速网络来提高其性能。同时，在机载电子系统中，对于安全和关键的系统提供高速、可靠的实时通信也是必要而基本的要求。空中客车公司在其最新研制的 A380 飞机上率先采用先进的 AFDX 机载数据总线，能提供很高的数据传输速率，并大幅度减轻机上电缆重量。AFDX 为航空电子设备之间的数据交换提供了电气和协议的规范，它建立在由空中客车公司最早提出的 AFDX 概念之上，其数据传输速率是 ARINC 429 的几千倍。由于以太网在商业方面的投资和进步，相对于 ARINC 429、MIL-STD-1553b，以及其他数据通信协议，以太网获得持续和惊人的发展，这也是 AFDX 基于以太网的主要原因。

最新研制的 B-787、A-400M、C-17 及 AN-70 等，均采用高速数据通信网络作为航电系统的主干连接网，用来实现系统的核心处理机或主要分系统之间的信息交换。当然，在某些分系统内部仍然采用较成熟的 1553b、ARINC 429 等总线通信标准。最新资料表明，最先进的 A400M 航电系统设计中面向综合化、模块化航电总体需求，采用 ARINC 664（航空电子数据网络）标准，实现了传输速率为 100Mb/s 的全双工交换式以太网。AFDX 相比传统的 IEEE 802.3 CSMA/CD 模式的 100Mb/s 以太网标准，通过带宽分配策略保证了其传输延时的确定性，适应了大飞机的实时分布式通信要求。与传输速率为 2Mb/s 的 ARINC 629 标准及 100kb/s 的 ARINC 429 标准相比，AFDX 的传输速率远远高于它们，其主要特性能够满足未来大飞机主干网络的通信需求。再加上其部分技术借鉴以太网成熟的技术，AFDX 作为未来大飞机航电系统通信的首选标准当之无愧。

AFDX 系统由机载电子系统、AFDX 终端节点和 AFDX 互联器等几部分组成，如图 1-3 所示。

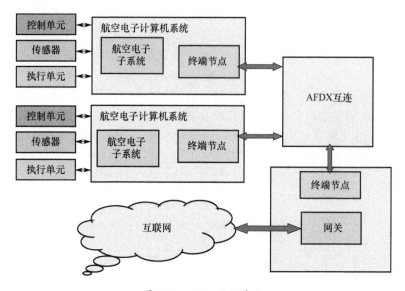

图 1-3　AFDX 网络系统

图 1-3 所示的 AFDX 系统包括以下组成部分。

（1）机载电子系统。它是飞机上传统的机载电子系统，如飞行控制计算机、全球定位系统、疲劳监测系统等。航空电子计算机系统为机载电子系统提供了计算环境，由终端节点实现机载电子系统与 AFDX 的连接。

（2）AFDX 终端节点。为机载电子系统与 AFDX 的连接提供了"接口"，每一机载电子系统的终端节点接口保证了与其他机载电子系统安全、可靠的数据交换，该接口向各种机载电子系统提供了应用程序编程接口（API），保证了各设备之间通过简单的消息接口实现通信。

（3）AFDX 互联器。它是一个全双工交换式以太网互联装置，包含一个网络切换开关，实现以太网消息帧到达目的节点的传输切换，该网络切换技术基于传统的 ARINC 429 单向消息传输、点对点和 MIL-STD-1553b 总线技术。

正如图 1-1 所示，由 3 个终端节点为两个机载电子系统提供了通信接口。第三个终端节点为网关应用提供接口，实际上，它是为机载电子系统与外部的 IP 网络节点提供了通信路径，外部的 IP 网络节点可以是数据传输或采集设备。

由于目前广泛使用的以太网为半双工方式结构，没有中央控制计算机，从理论上讲，信息包的重复传输中的碰撞是不可避免的，而碰撞导致延迟，严重时导致信息包无法传输出去。这种情况在航空电子数据网络系统中是不可接受的，这就要求在 AFDX 的实现中，摆脱系统碰撞的限制，每个信息包到达目的节点的最大时间是已知的。

全双工交换式以太网的目标就是要消除碰撞，以及消除信息包从发送者到接收者的不确定时间。其实现方法是在网络系统中设置全双工交换机，作为数据信息交换中心枢纽，每个机载电子系统、自动驾驶仪、平显等直接连接到全双工的交换机，该交换机包括两个线对：一对用于发送（Tx）；另一对用于接收（Rx）。交换机具有用于发送和接收的信息包的缓冲区，如图1-4所示。

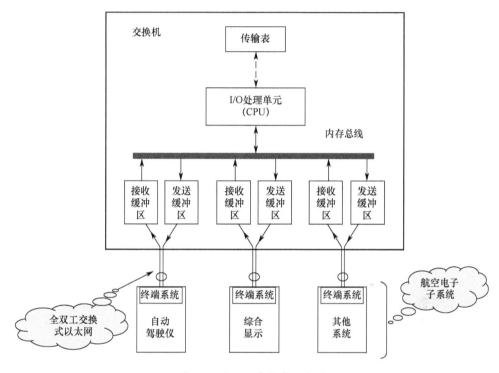

图1-4　全双工交换式以太网

交换机中的 Rx 和 Tx 的缓冲区按照 FIFO（先进先出）工作模式存储多个输入/输出的信息包，输入/输出处理单元的作用是将接收到 Rx 缓冲区的信息包转移到 Tx 缓冲区发送出去。在上述实现中，通过检查到达 Rx 缓冲区的信息包，决定该信息包的目的地址（虚连接标识），接着通过索引表决定由哪个 Tx 缓冲区发送该信息包，然后，通过内部总线复制该信息包到 Tx 缓冲区，以及按照先进先出的顺序传输信息包到与输出连接的机载电子系统，或者是另外的交换机。

全双工交换结构消除了在半双工以太网中可能遇到的碰撞。但是，Rx 和 Tx 缓冲区可能会溢出，其解决方法是为机载电子系统分配大小合适的缓冲区，以避免溢出；全双工交换式以太网中信息包的阻塞也不可避免，作为代替碰撞和重发的交换机结构中，还可能产生抖动，这主要是由一个信息包等待另一个信息包传输的随机延迟而引起,这就要求系统中的抖动必须得到控制,以便所有的通信是确定性的。

航空电子计算机系统与AFDX网络通过终端节点实现连接,一般情况下,航空电子计算机系统支持多个机载电子系统,并在各机载电子系统软件间提供多任务的调度,为了保证运行的安全性,通过为每个任务分配地址空间和CPU来实现,保证一个软件运行不影响其他软件运行。

1.4 MIL-1394b 数据总线

MIL-1394b数据总线是在1394数据总线和1394b数据总线的基础上进行功能的扩展和性能的提高而发展起来的,下面对1394数据总线、1394b数据总线、MIL-1394b数据总线及其网络拓扑结构、分层协议等进行简要介绍。

IEEE-1394系列标准(1394-1995、1394a-2000、1394b-2002等)定义了一种高速串行总线,每条总线最多允许有63个节点,通过总线接口可连接1023条总线。节点是可独立复位和识别的寻址实体,支持背板和线缆环境:背板环境下其物理拓扑为多条总线;线缆环境下其物理拓扑具有有限分支和长度的非闭环树形网络。1394总线遵循控制和状态寄存器(CSR)体系结构64位固定寻址方式,对外表现为庞大的存储空间,每个节点占用某段地址空间。1394总线采用多层协议:事务层、链路层、物理层以及总线管理层。总线管理层由总线管理器、节点控制器及等时资源管理器(Isochronous Resource Manager,IRM)组成,用于配置总线并管理总线节点的活动。1394总线可构造对等网络,节点间不需主机干预即可直接通信,新设备加入时总线自动进行总线复位、初始化、速度协商、树标识和自标识等配置活动。1394总线一经推出,就广泛应用于数字化消费类产品的音视频的实时传输。

1394标准和1394a标准所定义的数据传输协议称为数据选通模式(Data-Strobe,DS),是一种时钟自恢复的简单编码方案,具有固有非直流平衡特性,传输过程中累积偏移很难维持数据选通的时序,从而限制了传输速率((100/200/400)Mb/s)和传输距离。因此,1394b标准在兼容1394和1394a的DS模式基础上,定义了一种全新的称为Beta模式的工作模式,Beta模式采用8b/10b编码、支持直流平衡传输、实现仲裁加速、改进复位速度,使1394b总线具有更高的数据完整性(小于10^{-12}),支持更高的数据传输速率((400/800/1600)Mb/s)和更长的传输距离。1394b总线不但具备构造网络的基本条件,还具有自适应、回路断开等特征,支持更多互联介质,如光纤和非屏蔽双绞线。

1394b首次成功应用是在F-35闪电Ⅱ联合攻击战斗机上实现的,1394总线作为F-35飞行器管理系统的通信网络,通过1394总线实现了众多远程接口单元与通信系统、武器系统、发动机控制及飞控系统互联。1394b标准本身不具备机载数据总线所需的特征，即传输的确定性和实时性。在 F-35 上成功应用的基础上，美国汽车工程师学会（SAE）组织提出确定的、延迟受控的通信协议，即 AS 5643 规范，定义了传输的确定性和实时性的总线，称为 MIL-1394b 总线。AS 5643 规范包含两个标准：AS 5643/1 和 AS 5643A。AS 5643/1 标准主要描述电气接口及线缆等物理层的内容，明确包含端接形式、线缆需求、总线隔离和链接信号等方面的内容；AS 5643A 规范建立 1394b 总线作为军用和航空航天飞行器数据总线网络的需求，定义网络操作概念和信息流，指定数据总线特征、数据格式和节点操作等基本要求来保证其确定性和容错性。

1394 总线的确定性实现中，提供等时事务和异步事务。异步事务在公平仲裁期间使用 64 位地址寻址某一特定节点，通过接收方的循环冗余校验（CRC）及响应子事务来验证数据传输的正确性，至少占总带宽的 20%；为增强数据传输的实时性，等时事务采用向 IRM 申请信道和带宽的方式获取总线控制权，无需对数据传输进行确认，至多可占用 80% 的总线带宽。

循环开始包是等时传输的帧同步信号。循环控制器以固定的循环周期（125μs 或 8kHz）广播循环开始包，等时传输基于循环开始包所确定的固定帧率进行，维系着整个总线的公共时钟源，各节点基于循环开始包初始化并接收等时事务；循环开始包的优先级高于异步事务，保证紧跟其后的等时事务在相同时间内传输并在固定的时间间隔内循环，以获得恒定的总线带宽。循环开始包仅能广播到本地总线以维持本地总线上节点等时事务的同步，并且产生循环开始包的循环控制器在链路层实现，不受应用软件管理，难以保持多条冗余总线上所有节点的全局同步。

若异步数据包的传输不能在一个循环周期内完成，循环开始包则会延迟产生，进而导致等时传输延迟启动。虽然总线的仲裁机制保证延迟不会超出 125μs，但各循环周期期间的异步事务数据包传输都可能不一致，使延迟存在抖动。应用经验表明，相对于 125μs 的循环周期，这些延迟和延迟抖动会对航空航天飞行器网络的确定性产生通常无法接受的重要影响。1394b 总线的其他一些特征也对其确定性有影响，如等时和异步事务的动态带宽分配、根节点的重新选择、通道号的动态分配。

总之，1394b 总线固有的确定性机制仅限于在同一时刻发生和周期间隔重复的等时传输模式，受异步事务影响，等时传输机制固有的确定性和信息完整性满足不了航空航天飞行器上数据总线的必要功能，如有保证的确定性和信息完整性。

AS 5643A 规范为 1394b 总线提供了确定性保证和完善的容错机制。AS5643A 规范基于异步流，利用强制根节点能力和回路自动检测/断开特征，结合匿名签署消息（Anonymous Subscriber Messaging，ASM）头协议，建立基于帧起始包（Start of Frame，STOF）的固定帧率同步机制，同时静态分配通道号和带宽，采用垂直奇偶校验（Vertical Parity Check，VPC），保证了1394b总线用作航天航空飞行器数据总线所需的确定性。

AS 5643协议通过使用异步流包、固定帧速率、匿名签署消息、纵向奇偶校验、带宽预分配、通道号静态分配等措施对1394b总线进行改进，保证了MIL-1394b总线的健壮性、确定性、高带宽、高可靠、低延迟的特性，MIL-1394b总线将成为未来航空领域实现子系统互联的主要总线。

异步流包和异步包有相同的仲裁方式，并且和等时包有相同的包格式。它通常应用于需要进行多点传送和广播的通信网络中，而且目标节点在接收到异步流数据包以后不再需要发送确认数据包。采用异步流包进行传输提高了传输效率。

固定帧速率是指由于AS 5643协议中大部分通信都使用异步流包，而不使用等时包，所以不需要周期性地发送循环开始包。该总线网络通过总线上的控制计算机节点发送的帧起始包进行网络同步。

匿名签署消息是指使用ASM协议是为了满足高度模块化的嵌入式系统的要求，它是一个独立于IEEE-1394b底层协议的上层协议。采用ASM可以提供延迟低、安全性高以及确定性高的数据总线通信。除此以外，ASM中的消息ID可以使节点实现在应用层不了解总线网络拓扑结构的情况下完成通信。

纵向奇偶校验是为了增强数据的完整性，AS 5643协议对数据包的传输过程中不仅采用循环冗余校验（CRC），而且还增加了纵向奇偶校验（VPC）。这样，AS5643协议规范中对每个数据包的负载数据部分又增加了一重校验，增强了数据的可靠性传输功能。

AS 5643协议的1394总线中，预分配带宽基于要求各节点的传输带宽由系统针对特定的应用进行预分配。

在IEEE-1394b中，预分配静态通道号由等时资源管理器对节点的接收通道号进行动态分配，而在AS 5643协议中，节点的接收通道号由系统应用根据特定的工程应用进行预分配。这样，可以避免在网络拓扑结构发生改变而引起总线复位以后节点的通道号发生改变。两个节点在总线复位前后同样可以进行可靠地传输，减少了不可靠因素。

MIL-1394b通信系统的构建采用树状拓扑结构，如图1-5所示，AS 5643A规范定义两类总线节点：控制计算机（Control Computer，CC）节点和远程节点（Remote Node，RN），CC节点是各数据总线的根节点、循环控制器（如果使用）和总线管理器。主控计算机上的1394节点被软件设置为根节点，其他设备上的1394节点为远程节点，主控计算机可监管整个网络，各节点的端口通过1394线缆连接，形成具有一定容错能力的拓扑结构。图1-5是一个单CC网络拓扑1394总线，CC的3个端口分别连接RN，CC端口0回连到端口1形成一级容错，网络物理层自动监测环断开，当总线上某个节点出现故障时，CC依然能够控制其他节点，例如，当CC分支0中的节点4断开，物理层会进行自检测，断开环路重新构建新的树形结构，形成两棵新树，分别连接到端口 0 和端口 1 上，节点 3 和节点 5 作为新树形结构的末端，CC 对其他节点的访问仍然有效。

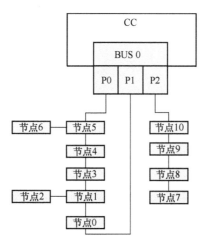

图 1-5　单 CC 单循环基本网络拓扑结构

在实际应用中采用图 1-6 所示的网络结构，图中 3 个 CC 节点连接成交叉通道，提供了 3 余度的网络结构，3 条 1394 总线通过 CC-A、CC-B、CC-C 的连接可相互通信，一条总线的故障不会影响其他两条总线的通信。

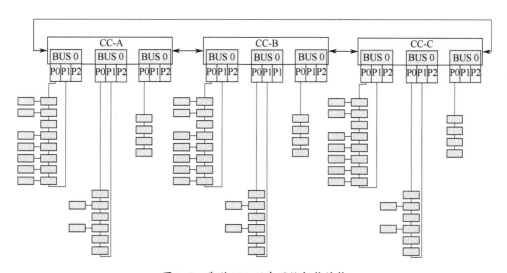

图 1-6　典型 3CC 冗余网络拓扑结构

IEEE 1394 协议将网络划分为事务层、链路层和物理层，各层依靠层间服务相互通信，协议还定义了串行总线管理部分和应用程序接口，各部分相互配合，为用户提供可靠、快速的通信服务。1394 协议结构如图 1-7 所示。

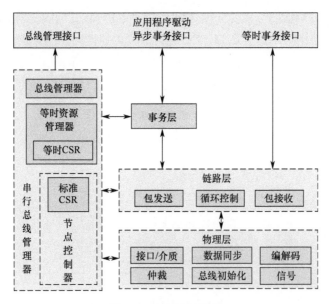

图 1-7　1394 协议结构

（1）事务层。定义了完整的请求 – 响应协议，对于节点间的数据传输，事务层提供 3 种操作。

① 写事务——将数据传输到某个特定地址的节点。

② 读事务——从某个特定地址节点取回数据。

③ 锁定事务——将数据发送到另外一个节点，然后执行某项操作，向发起节点返回结果。

（2）链路层。链路层给事务层提供了寻址、数据检查、构造帧等服务，同时也向应用层提供了等时数据传输服务。

① 异步传输——源节点用适当的访问方法依次轮流发送数据。

② 等时传输——源节点在每个固定的周期发送数据包。

（3）物理层。主要进行电气信号连接。

① 把链路层的数字逻辑信号转换成为不同总线介质上的电模拟信号。

② 提供了节点仲裁服务，以确保某一时刻只有一个节点在发送数据。

③ 定义了串行总线的机械接口。

④ 线缆环境和背板环境拥有各自不同的 PHY。线缆 PHY 提供数据的重新同步服务、数据的转发服务和自动的总线初始化。

1.5　TTE 数据总线

时间触发以太网（Time-Triggered Ethernet，TTE），即以时间触发代替事件触发，将通信任务通过合理的调度定时触发发送，称为时间触发（Time-Triggered，TT）流量，TTE 网络把机载航空电子交换式全双工网络和时间触发等技术进行整合，避免数据帧争用物理链路，从根本上抛弃了传统以太网的载波侦听多路访问/冲突检测访问机制，实现以太网的实时通信。

时间触发以太网是由维也纳技术大学（TU）的 TTTech 公司提出的用时间触发代替事件触发（Event-Triggered，ET），使 TT 消息的传输具有完全的时间确定性，保证了关键性消息的传输。以太网规范是由 TTTech 公司编制发布，SAE 组织针对 TTE 制定了 SAE AS6802 标准。与航空电子 AFDX 采用速率限制（Rate-Constrained，RC）的机制相比较，TTE 使得关键性消息的延迟和抖动具有确定性的界限，但这还不具有完全的时间确定性。因此，TTE 网络较 AFDX 网络的带宽、确定性、实时性更好，能够解决 AFDX 网络的带宽不足、实时性不够的问题。

TTE 作为新一代交换式网络互联的机载总线技术，通过建立微秒级的网络时间同步，提供无竞争的时间触发消息传输，适用于大中型飞机的分布式综合模块化航空电子（Distributed Integrated Module Avionic，DIMA）系统的通信应用。TTE 网络集成了时间触发和事件触发混合调度，在同一物理链路中支持时间触发型消息、速率限制型消息和尽力发送（Best-effect，BE）型消息 3 种数据流（其中 RC 和 BE 为事件触发消息）的传输，能实现单一网络同时满足不同时间关键性等级的应用需求。TTE 网络具有较好的协议兼容性和硬实时等优点，其千兆带宽、高效的故障检测和隔离能满足航空总线高带宽、可靠性和实时性的需求。

TTE 网络采用全双工接入方式，以交换机作为骨干设备的星型拓扑结构，通过交换机间级联实现网络规模的拓展。图 1-8 是一个双冗余的 TTE 网络应用实例。冗余机制保障网络在单条链路失效情况下的正常通信，进一步提升网络通信的可靠性。

TTE 交换机作为网络的虚链接通信核心，是一种由物理层和媒体访问控制（MAC）层构成的两层交换设备，实现了 TT 和 RC 数据帧基于虚拟链路的寻路转发机制。虚链接（VL）在 ARINC 664-P7 中有明确定义，是一种逻辑上的单向链接通路，为 TTE 网络的 RC 帧通信提供带宽隔离机制，保证了该数据流传输的确定性。TTE 交换机除了具有常规的过滤管制、静态路由和故障隔离等功能，还支持基于时间调度转发和接收时间窗过滤功能。TTE 端系统作为 TTE 网络中不可或缺的组成部分，嵌入到每个航电通信子系统中，为各通信子系统与 TTE 交换机之间的连接提供统一接口，实现了网络设备间的不同时间关键性的数据传输应用。

TTE 的时间触发机制是在全局精确时钟同步的基础上，按照离线生成的调度表分配的带宽资源进行通信，实现 TT 消息的无冲突传输。TTE 协议中包含了时钟同步服务、结团检测和解决服务、启动与重启动等功能。

以太网的消息传输采用的是事件触发机制，端系统可以随时对网络进行访问，消息传输采用的是先到先服务的原则，当许多端系统的数据同时传输到共享的通信链路时，便会增加传输延迟和时延抖动。时间触发以太网协议实现中，时间触发机制建立并维护一个全局时间，实现设备间本地时钟的紧密同步，以离线的调度时刻表为依据，对通信网络中端系统和交换机的工作进行统一协调，充分利用带宽和内存资源，将传输延迟和抖动限制在较低的范围内。因此，TTE 具有嵌入了时钟同步模块和具有混合关键流量的传输功能。时钟同步的功能通过协议控制帧（Protocol Control Frame，PCF）进行数据交流，计算出时钟修正值后对设备的时钟漂移进行补偿。

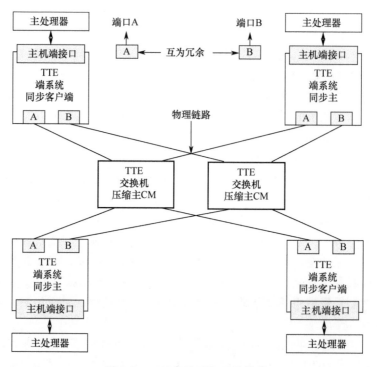

图 1-8 双冗余的 TTE 网络结构

TTE 协议中定义了 3 种同步角色，即同步控制器（Synchronization Master，SM）、压缩控制器（Compression Master，CM）和同步客户端（Synchronization Client，SC）。在 TTE 网络中，相应的嵌入式节点根据时钟同步的功能担当 SM、SC 或 CM 的角色，这些角色既可以由交换机充当，也可以由端系统充当。TTE 在同一个物理网路中支持不同实时性和安全性需求的应用之间进行通信，其中包括时间触发消息、速率限制消息和"尽力传"消息，优先级依次递减。

TTE 时钟同步拓扑是根据物理拓扑中交换机和端系统的同步角色配置生成，TTE 中定义了两步同步的方法，如图 1-9 所示。

TTE 时钟同步一种方法是各个 SM_i 在同步的开始阶段向 CM 发送携带同步信息的 PCF_i 请求同步，CM 根据接收到的 PCF_i 计算出时钟修正的值，对本地时钟进行补偿。

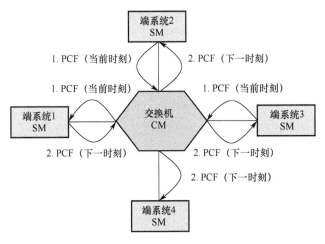

图 1-9 时钟同步过程示意图

另一种方法是 CM 向各个连接的设备广播更新的 PCFnew、SM_i 和 SC_i 收到更新的 PCFnew 后对本地时钟进行修正,完成时钟同步的过程。

1.6 TTP/C 数据总线

时间触发协议是一种基于时间触发的实时通信协议,可以用于构建有硬实时需求的分布式系统,能够提高系统的安全性和可靠性。在具有分布式综合模块化的航空航天电子平台的互联技术的发展过程中,引入了时间触发通信体制,基于精确全局的同步时钟引导全网活动。时间触发总线技术是该通信体制在共享介质网络中的具体实现,美国汽车工程师学会(Society of Automotive Engineers,SAE)标准化组织发布了时间触发协议(Time-triggered Protocol,TTP)标准,即 TTP 总线。

TTP 协议于 2002 年开始商业应用,经过 10 年的应用和发展,已经证明了 TTP 是适用于航空分布式控制系统的关键网络技术,TTP 总线在发展过程中提出 TTP/A 和 TTP/C 规范,其中,TT/A 适用于汽车电子等低成本的非关键应用;TTP/C 面向航空航天应用设计,是具有双冗余故障容错能力的高性能实时通信总线,已应用于波音 787 飞机的环境控制系统、空客 A380 舱压控制系统等航空航天领域,并可以在容纳时间触发周期消息的同时,支持非周期流量。

在基于时间触发的实时通信研究领域中,SAE AS6003 规范给出 TTP 网络拓扑结构典型 TTP 网络通过双冗余总线形式连接多个节点,每个节点包含应用层主机、通信协议栈接口和通信控制器模块,如图 1-10 所示,将整体的 TTP 网络称为一个集群,而集群中的综合化模块在建模中可以被抽象为节点。TTP 网络采用时分多路复用方式实现消息调度，通过一个全局时钟进行触发，整个系统的行为不仅在功能上是确定的，而且在时序上也是确定的。

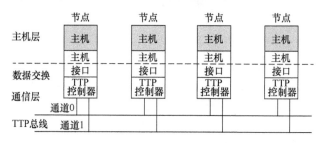

图 1-10　典型 TTP 总线网络结构

TTP/C 协议规定了分层结构，协议控制器主要包含 3 层：协议服务层、数据链路层和物理层，如图 1-11 所示。协议服务层主要实现 TTP/C 总线集群启动、故障节点再整合等高级功能。数据链路层实现数据组帧、CRC、曼彻斯特编解码、数据传输等底层功能。物理层是通信协议的最底层，为各个节点的数据链路层之间提供一条物理的比特流收发通道，TTP/C 协议没有明确规定物理层传输介质，可以根据工作环境和传输带宽选择同轴电缆、双绞线或者光纤。

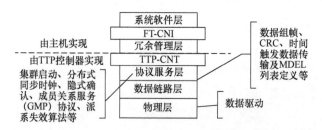

图 1-11　TTP/C 协议的功能分层

TTP 通信网络的时间特性由通信控制器中的成员关系列表（MEDL）决定，它不依赖于主机的应用软件，其各个控制器中数据的时间特性在设计之初就已有明确规定，不会因为系统中某个控制器损坏而受到影响。TTP 内部的时钟同步机制，可保证每个子节点可靠的时间精度，同时，还提供了错误抑制机制，确保在各个子系统出现异常时不会干扰整个通信系统的时间控制。

TTP/C 数据总线系统的基本架构如图 1-12 所示。

TTP 总线具有如下特点。

（1）TTP 基于时分多址（TDMA）进行物理层调度访问，通信吞吐量、时延、负载等指标确定，无总线冲突。

（2）采用分布式时间同步算法，多个节点发起时间同步操作，不存在单点故障问题，网络健壮性好。

（3）提供总线保护功能（Guardian），避免总线中节点故障（数据通信异常）

对总线通信的影响。

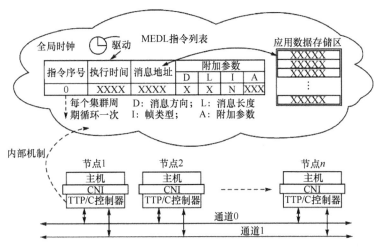

图1-12 TTP/C 数据总线系统的基本架构

（4）成员关系服务支持 TTP 总线的故障检测、故障隔离及故障恢复功能。

（5）协议开销小，总线传输效率高。

（6）通信速率较高，典型的通信速率为 1Mb/s、2Mb/s、4Mb/s、5Mb/s、25Mb/s。

（7）体积小，可以做到接近半个 PCI 接口转换卡（PMC）的尺寸。

（8）功耗低，约为 3W。

1.7 CAN/TTCAN 数据总线

随着工业控制系统的发展，总线网络的需求和拓扑结构变得越来越复杂。随着网络复杂度提高，网络系统可靠性变得越来越重要，基于多主网络的系统应用需求与日俱增，需要总线上有相互形成冗余备用关系的多个主节点的存在。在硬实时应用中，实时性要求极高，确保可预知的通信以及减少消息的传输延迟是至关重要的，TTCAN 协议正是应这种需求而提出并发展起来的，对 CAN 协议进行了扩展，提供时间触发机制以提高通信实时性。

TTCAN 是单通道总线，并不具备冗余功能，因此只有利用多路总线才能提供冗余。图1-13 显示典型的冗余网络，其每个节点都是一个网关节点。

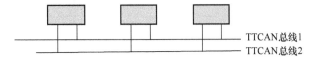

图1-13 典型 TTCAN 耦合对

TTCAN冗余网络可通过TTCAN总线的耦合来建立，耦合对的结构如图1-14所示。冗余网络会带来冗余管理问题，采用同步方法，即冗余网络内不同TTCAN总线的时钟要同步，并且使用统一的触发时间表，以保证通信不会发生混乱。

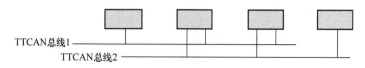

图1-14 典型TTCAN耦合对

在许多TTCAN总线的系统内，如果任何两组总线是靠TTCAN耦合对连接，则称此系统为TTCAN耦合，如图1-15所示。在多条TTCAN总线的网络系统中，通过为所有总线建立TTCAN耦合可组建冗余网络，该网络具有很强的容错功能。

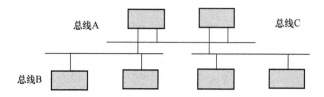

图1-15 冗余TTCAN网络

TTCAN协议的系统矩阵周期（Matrix Cycle，MC）由若干个基本周期（Basic Cycle，BC）组成，如图1-16所示。一个基本周期以一个参考消息开始，由多个时间窗口组成，包括自由窗和仲裁窗等，对应矩阵周期的一行，处于同一列的时间窗构成了矩阵周期的列。矩阵周期的两个参考消息之间时间间隔是一个BC，它的长度为任务集中所有任务时间的最大公约数。

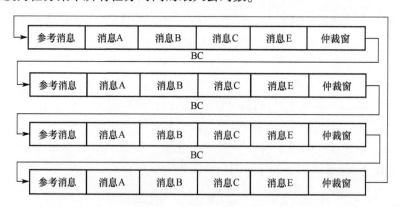

图1-16 冗余TTCAN网络

时间标记信息包括两部分内容：基本标记指出该时间窗对应的消息发送或接

收活动在消息段矩阵中首次出现时的消息段序号；重复数指出在消息段矩阵中连续两次出现该消息发送或接收活动之间相隔的消息段个数。

1.8 光纤通道

随着计算机技术、数据通信技术和网络技术的发展，机载电子系统进一步向通用化、模块化和开放化方向发展，对超高速数据连接需求也日益增长。高性能计算机已经越来越依赖于数据通信，并且需要通过数据综合和高速网络来提高其性能，对总线网络的带宽要求也越来越高。1988年，美国国家标准化协会（ANSI）成立了X3T9.3工作组（即现在的X3T11工作组），研究用于节点、主机、超级计算机、台式计算机、存储设备、显示器和其他外围设备之间数据交换的高性能串行连接技术。该项研究的成果是光纤通道标准协议簇，它定义了多种硬件系统之间大量数据交换的通信接口。

光纤通道标准协议簇由世界权威的标准化机构ANSI制定、实施和更新，是一个成熟的开放式标准簇，标准的分层结构确保了光纤通道能够按照市场的需要增长，并且所采用的技术具有独立性。通过光纤通道协会（FCA）和光纤通道环协会（FCLC）贸易组织的支持，该标准得以宣传、贯彻和实施，光纤通道的产品也有多种可供选择。

光纤通道（FC）是一个为适应高性能数据传输要求而设计的计算机通信协议，它具有高带宽、低延迟、对距离不敏感、拓扑灵活、支持多种上层协议等优点。目前，光纤通道在商用领域中已被广泛采用，在带宽、数据延迟、传输媒体和距离、可靠性、错误检测、优先级等方面均具有适合于机载电子系统的良好特性，而且也提供了对航空电子环境的支持。以光纤通道来替代现在航空电子的主网络MIL-STD-1553，构建新一代的统一航空电子网络，已经成为机载电子系统发展的优先选择。

光纤通道将通道传输的高速性和网络传输的灵活性两种优点结合在一起，可以在统一网络上运行当前流行的通道标准和网络协议，能满足对高速和低延迟日益增长的需要；支持多种上层协议，包括TCP/IP、SCSI以及MIL-STD-1553多路传输数据总线协议，实现了软件的复用性；采用层次化的结构，共分为FC-0、FC-1、FC-2、FC-3和FC-4 5个层；定义了多种拓扑结构，常见的有3种拓扑结构，即点对点、仲裁环、交换式网络。光纤通道能方便地实现高速、高效的传输，同时提供了极大的灵活性，特别是交换式网络拓扑结构为复杂设备的互联提供了一种很好的解决方案。另外，它定义了描述符数据结构和供应商软件库的虚拟接口结构（VIA），是一项新颖、方便和高性能的协议，VIA的传输类型和高可靠性、短小编码、低延迟和低开销为航空电子应用光纤通道网络提供了一个理想的应用接口。因此，光纤通道既能提供高的性能，也能提供满足未来设备到设备和串行底板网络的要求。

归纳起来，光纤通道具有下列显著特征。

（1）能提供最大超过 4Gb/s 的可变规模带宽，并且随着技术的发展而不断提高。

（2）支持多种传输介质，既可以使用单模式光纤互联，也可以使用多模式光纤互联，还可以使用铜线互联，或者使用它们的组合方式互联。

（3）物理接口具有分层传输协议。

（4）可靠的无丢失（数据传输）或允许舍弃的（音频、视频）模式。

（5）点到点、仲裁环和交换式网络模式。

（6）通过共享带宽限制，支持 MIL-STD-1533 和 FDDI 交换式网络协议。

（7）低延时、实时异步、分布式仲裁。

（8）支持多点发送和广播传输。

（9）有工业界广泛支持的开放式标准（ANSI X3T10/11 簇）。

由此看出，光纤通道技术标准是目前机载航空电子统一网络的首选标准，尤其是美国针对军用航空电子的应用，专门制定了光纤通道航电环境（FC_AE）标准，美国的许多军用产品公司都进行了这方面的研制，美国的 JAST 及 NGB（Next Generation Bus）工作组将光纤通道作为军用机载电子系统设备高性能数据传输接口的优选方案之一。美军已将光纤用于一系列的军机机载电子系统的升级改造项目。

光纤通道是美国国家标准化协会（ANSI）的 X3T11 小组制定的关于计算机之间以及计算机与 I/O 设备之间的一种开放式高速数据通信标准。它采用光纤（支持铜缆）作为物理介质，实现了高速串行 I/O 和网络通信功能。光纤通道技术作为一种协议标准，对光纤通道技术的研究首先就从光纤通道协议开始。

光纤通道实际上是由 15 个 ANSI 协议标准组成的协议簇，这 15 个协议标准中比较重要的有 FC-PH（物理和信号）、FC-SW（交换网络）、FC-FS（传输和信号）、FC-AL（仲裁环路）以及各种上层协议接口标准。与通用的 7 层网络模型 OSI 类似，光纤通道可以分为 5 层模型。

光纤通道按协议层之间技术相互独立，留有增长空间，并且由具有资质的标准化机构进行开发，其分层结构如图 1-17 所示。光纤通道的最低层 FC-0 及 FC-1 和 FC-2 层组成了光纤通道的物理和信号接口，组成 3 个协议层。

图 1-17 中，IPI 表示智能外围设备接口，SCSI 表示小型计算机系统接口，HIPPI 表示高性能并行接口，SBCCS 表示单字节命令编码系统，LLC 表示逻辑链路控制，IP 表示因特网协议，ATM 表示异步传输模式。

FCP-SCSI 是将光纤通道设备映射到操作系统可访问的逻辑驱动器的一个串行协议，这个协议使得以前基于 SCSI 的应用不做任何修改即可使用光纤通道。FC-SCSI 是存储系统和服务器之间主要的通信手段。SCSI 扩展了 COPY 命令，它是一个新的 ANSI T10 标准，支持 SAN 上存储系统之间通过直接数据传输，FCP-SCSI 和总线连接方式相比，能提供更高的性能（100M/s）、更远的连接距离（每连接最远达 10km）和更大的寻址空间（最大 16000000 个节点）。FCP-SCSI 使用帧传输取代块传输，帧传输以大数据流传输方式传输短小的事务数据，这样可提高服务质量。FCP-SCSI 支持简化管理和存储"池"技术的网络配置，以及支持提高可靠性和可用性的编码技术。

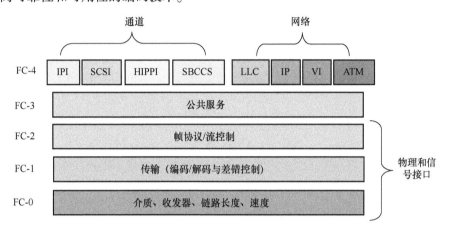

图 1-17 光纤通道协议结构

FC-IP 将光纤通道地址映射到 IP 地址，其寻址过程从广播一个 IP 地址开始，然后从存储节点返回一个 MAC 地址。如果 SCSI 设备不能区分 FCP-SCSI 帧和 FC-IP 帧，则 IP 广播就可能导致错误，在 HDS 系统中，通过检测帧头来区分 FCP-SCSI 帧和 FC-IP 帧，如果存储系统不具有该功能，就必须通过别的方法（如 Switch Zoning）来阻止 FC-IP 帧被广播到 Fiber 端口。

FC-IP 和以太网相比的优点是：可以与类似 FCP-SCSI 的内部连接架构集成，以节省使用成本，传输速度更快，效率更高。以太网传输数据包最大为 1500 字节，由于包是以太网中基本校正单元，在每一帧传输后都会导致消耗 CPU 周期的一个中断，在千兆以太网中负载已成为一个限制因素，就要尽量避免占用全部带宽。FC-IP 数据帧能达到 2000 字节，FC-IP 校正基本单元是一个多帧队列，可以达到 64 个帧，相对以太网而言，光纤通道允许在主机中断之间传输更多的数据，从而减少占用的 CPU 周期，并提高传输效率。

由于以太网是通过无流控制的网络，当阻塞发生时，需要间隔一段时间之后再重发包，消耗了额外的 CPU 周期。光纤通道是基于流控制的封闭网络，FC-IP 充分地利用了光纤通道的这些优点，在现有的 IP 应用基础上，无须修改就可运行 FC-IP，享受光纤通道带来的高速，并大大减少中断。

FC-VI 是虚拟接口架构在光纤通道的应用，VI 设计的初衷是为了实现集群计算机之间快速通信，并减少等待和提高带宽，它允许数据在光纤通道节点内存地址之间快速传输。在光纤通道网络里，通过对节点接口（HBA）的缓冲区和应用内存直接存储器访问（DMA）的方法，完成 VI 架构建立内存注册机制，其实质就是设定用户内存地址，并支持数据从用户内存直接传输到 HBA 的缓存，然后将数据通过外部介质传输到服务器所指定存储位置。

FC-VI 去掉了 TCP 栈，并提供了应用内存和 HBA 之间的 DMA，绕过了系统内核，避免了操作系统上下文转换和缓冲，实现了更高的传输速率。但 FC-VI 需要一个支持 VI 架构的光纤通道 HBA，这里，HBA 和支持 SCSI I/O 的光纤通道有本质上的不同。

1.9　时间触发光纤通道

随着机载电子系统对实时性需求的增加，基于时间触发的光纤通道（TT-FC）网络受到广泛关注。TT-FC 网络根据 FC 网络能够提供高带宽并且具备升级的能力，以 FC 网络为基础，引入 TTE 和 AFDX 网络的带宽隔离、余度管理、时间触发等技术，同时引入完整性的概念，克服 FC 网络的缺点，提高 FC 网络的确定性和可靠性，将 FC 网络改造成 TT-FC 网络。

TT-FC 网络采用 TTE 网络的时间触发机制，实现全局高精度时间同步，支持分布式综合化构架下的时间容错、数据容错，保证分布式表决的安全性、数据传输的时间确定性，提供满足高安全关键等级的可预测消息传输、容错时钟同步、强故障隔离、失效结点一致诊断等基础网络服务。

基于时间触发 TT 方式进行通信的网络，在整个系统中建立一个全局统一的时钟。通信时，采用在规定的时间序列中规定的时刻进行数据收发操作。

TT 网络中每一个同步的节点只能在规定的时刻进行数据收发，周期性的数据传输操作构成一个时分多址周期，即 TDMA 周期。图 1-18 给出了一个 TDMA 周期的示意图。每一个节点都在 TDMA 周期内使用一定的时间段（称为时间槽（Slot））来发送数据。通过全局时钟机制，TT 网络中每一个节点都使用自己的时间槽进行通信，所有节点的通信相互不冲突。

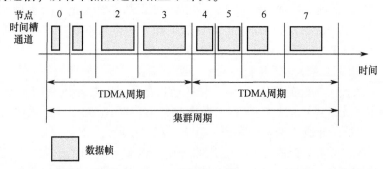

图 1-18　TDMA 调度

周期性的节点时间槽构成了一个 TDMA 周期,所有的 TDMA 周期都具有相同的时间长度。在 TDMA 周期中,节点每一次发送数据的长度和内容可能不同。多个 TDMA 周期构成集群(Cluster)周期,即总线运行周期。整个传输时间轴由重复的集群周期构成。

TT-FC 网络支持 TT、RC、BE 3 种业务。

(1) TT 业务。当虚拟链路配置为 TT 时,VL 使用时间调度配置信息实现 TT 数据帧的发送和接收,调度器按照时间调度表和同步时间进行调度,在 TT 时间段调度 TT 帧进行发送。一个 TT 帧在一个簇周期(Cluster Cycle)中至少分配一次发送。时间触发数据不采用缓冲到缓冲的信用流量控制方式,数据直接发送,接收端保留足够的缓冲区以便处理收到的数据帧。

(2) RC 业务。当虚拟链路配置为 RC 时,发送虚拟链路使用带宽分配间隔(Bandwidth Allocation Gap,BAG),以每个 VL 为基础对发送的数据进行规整,在每个 BAG 间隔中,发送帧的数目不多于一个。

(3) BE 业务。当虚拟链路配置为 BE 时,对数据帧不进行流量控制,尽力发送,不采用缓冲到缓冲的信用流量控制方式。

1.10 SpaceWire 数据总线

随着空间应用技术的发展,星载数字信号处理的规模越来越大,任务载荷与系统平台间交互数据量迅猛增长,对数据传输的速率和带宽的要求越来越高。以往星载系统常采用自定义协议的数传方式,通用性差,传输速率不高且可靠性低,导致高速数据传输存在一定的瓶颈,为此迫切需要一种高速、高可靠性,以及通用性强的总线技术来解决星载高速数传问题。SpaceWire 总线就是基于这种需求而提出的一种串行、高速、点对点、全双工的总线协议。

在空间数据网络中,对数据流的服务质量要求主要体现为数据传输延时、传输带宽和可靠性指标,不同数据流的服务质量(QoS)要求也是不同的,对不同数据类型的 QoS 要求如表 1-1 所列。

表 1-1 星载数据业务传输类型

业务类型	带宽	实时性	数据可靠性
控制类业务	低	中	高
高实时数据类业务	高	高	低
低实时性数据类业务	中	低	中

不同业务对于实时性的要求是不一样的,相对来说,控制类业务的重要性

高，一般是相对短的包，但是对于实时性要求高。视频等数据业务占用带宽相对多，对时延抖动的要求相对低。在 SpaceWire 的标准中，由于包并不由路由器存储转发，而是在包头通过路由器之后分片逐次通过路由器，并不存储，这样会使得当一个包通过路由时，其他的包无法使用该出口。如果路由是存储整个再转发就不会出现这种问题，因为短包先到就会先发，而长包还没全部到，不会先占用出口。这样将有可能导致控制命令在大的数据包之后无法发出，造成较大时延。

SpaceWire 是一种全双工、双向、串行、点到点的数据总线，路由节点的功能结构如图 1-19 所示，包含 4 个节点模块、1 个交换阵列模块及 1 个路由控制模块。Codec 模块是高速 SpaceWire 协议的处理单元，用于建立和维护 SpaceWire 链路连接并负责数据包的接收和发送。交换阵列是路由器转发的物理路径，通常采用 mesh 结构。路由控制模块是路由器的核心单元，包含目的端口仲裁模块和组寻址路由转发模块两个最主要的子模块。

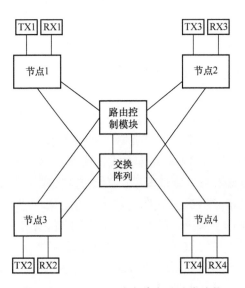

图 1-19 SpaceWire 路由节点的功能结构

当接收到数据包的包头时，将会检测输出端口。若输出端口空闲，则会打开输入端口和输出端口之间的交换阵列开关，建立连接通道，数据通过该连接通道源源不断地进行传输。当接收到结束字符时，表明一个完整的数据包传输完成，此时，将会断开交换阵列开关，关闭连接通道，释放目的端口给下一个从其他输入端口进入的数据。FPGA 逻辑在对数据包的包头完成识别后，包头已经没有任何作用和意义，会采用包头删除技术将其丢弃。

1.11 ARINC 818 航空电子数字视频总线

ARINC 818 又称为航空电子数字视频总线（Avionics Digital Video Bus，ADVB），于 2007 年 1 月由航空电子委员会（AEEC）正式对外发布，是为了满足航空电系统中高性能和关键数字视频任务传输的迫切需求。

ARINC 818 是一个点对点的总线，采用 8b/10b 编码，主要用于开发高带宽、低延迟和非压缩数字视频传输的视频接口和协议。它是基于光纤通道和 FC-AV 协议标准制定的，在内容上是对 FC-AV 协议的简化，也是专门针对航空电子视频系统设计制定的国际统一标准，其中 FC-AV 协议已经在 F-18 和 C-130 等军用机型中的视频系统中得到了广泛应用，这为 ARINC 818 协议的应用提供了可靠的支持和保障。

ARINC 818 协议标准采用 ADVB 帧和 ADVB 容器的格式进行音视频数据的传输。一场音频视频由多个 ADVB 帧按一定顺序组成，每个视频帧称为一个容器。每个容器又由容器头和对象组成，容器头描述了该视频数据在容器中的位置和对象的类型，对象 1 为音频数据信息，对象 2 和对象 3 都为视频数据信息。映射关系如图 1-20 所示。

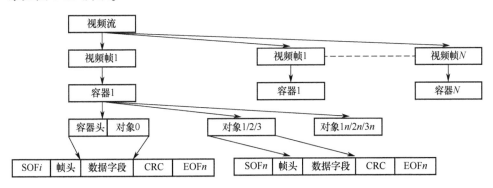

图 1-20　冗余 TTCAN 网络

每个 ADVB 帧的包装又包括起始定界符（SOF）、帧头信息、数据字段、CRC 计算及结束定界符（EOF）。其中，视频流第一帧起始定界符的定义是 SOFi，其他帧起始定界符是 SOFn，最后一帧结束定界符定义是 EOFt，其他帧结束定界符是 EOFn。

1.12 可变规模互联接口

IEEE Std 1596-1992 SCI（Scalable Coherent Interface）可变规模互联接口是一种可以提供千兆位互联带宽和微秒级传输延迟的高性能系统互联技术，于 1992

年正式成为 IEEE 标准，目前已经广泛应用在高性能多计算机系统、高性能 I/O、数据采集等方面，SCI 协议包含多个针对不同应用的扩展版本，其中针对实时应用的扩展版本 P1596.6 SCI/Real Time 专门针对航空电子、过程控制等实时应用系统，在 SCI 基本协议的基础上对实时性、可靠性方面进行了改进和提高。SCI 基本协议包括 3 个层次：物理层、逻辑层和缓存一致层（可选）。物理层对 SCI 的数据链路规范、链接方式及网络接口等做规定；逻辑层主要规定了 SCI 的数据包格式，并描述了事务协议，详细的逻辑协议由 C 代码表述；缓存一致层是 SCI 提供的最为复杂的服务，主要是针对并行计算的共享存储器模型而提出的，该部分在 SCI 基本协议的正式标准中是可选部分。

SCI 提供单向点到点的互联，SCI 既支持串行互联，也支持并行互联，既支持光纤介质，也支持电介质，可以支持从芯片之间、板级之间，乃至系统域和局域网之间的互联。由于 SCI 只定义了接口规范，因此可以构成灵活的拓扑。SCI 的基本拓扑属于寄存器插入环，其接口模型如图 1-21 所示。

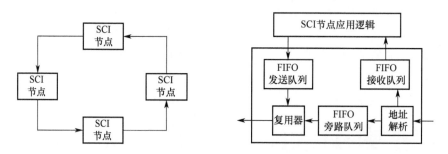

图 1-21 SCI 的基本环形拓扑和接口模型

由图 1-21 可见，寄存器（缓冲器）插入环的特点是在输入和输出接口中各有一个队列，使得 SCI 节点在接收数据的同时可以继续发送数据，因此，在理想情况下，图 1-21 中所示的 4 节点 SCI 环可以有 4 个数据流同时传输，从而使 SCI 的峰值吞吐量为单个链路的 4 倍。在一定规模内，理想情况下的峰值吞吐量将随着节点数的增加而增加，使得 SCI 具有可扩展的特点。

SCI 主要规定了两种互联链路标准：18-DE-500 并行链路采用电介质，差分信号传输，单个信号线提供的带宽为 500Mb/s，主要用于高性能多计算机系统互联，可以提供高达 8Gb/s 的互联带宽（18 根信号线中有 16 根用于传递数据）；1-FO-1250 串行链路采用光纤介质，提供 1.25Gb/s 的互联带宽，主要用于长距离的互联。

SCI 的基本拓扑为环形互联，由于 SCI 只对接口规范做了规定，因此 SCI 可以支持灵活的拓扑形式：可以作为连接各种总线的桥，可以替代背板总线提供板级互联，通过使每个接口具备多个 SCI 接口从而构成 2DMesh、3DMesh、方格互联等，SCI 还支持交换式环境，由交换机构成的多级交换式环境可以提供高性能、可扩展的互联。

SCI 采用 64 位地址来标识系统中资源的位置，64 位地址的前 16 位用于标识节点地址，因此理论上可以支持 216～64K 个节点。64 位地址的后 48 位用于节点内部寻址，SCI 采用事务的概念进行数据传递，在事务中支持 0 字节、16 字节、64 字节、256 字节（Byte）数据传输，由于 SCI 采用 64 位寻址，因此通常认为 SCI 属于 64 位体系结构。

SCI 的基本传输单位是符号（Symbol），每个符号长 2 字节，SCI 虽然在拓扑方式上非常灵活，支持环形、Mesh、交换式等，但对上层应用提供统一的类似总线的服务，具体来说，有读事务（Read ××）、写事务（Write ××）、移动事务（Move ××）和锁定事务（Lock ××），SCI 也支持广播方式传递数据。传统总线技术的特点是"在任意时刻，只能有一个节点占用总线"，节点在发起总线请求时占用总线，在等待对方节点响应的过程中，将一直排斥其他节点使用总线，因此，当通信双方节点的距离比较远时，通信节点占用总线的时间将被浪费在信号传输上面，这对于高性能多计算机系统是不可容忍的资源浪费。为了减小事务与距离之间的耦合关系，SCI 采用了分离事务协议，将发起请求与接收响应分开，节点发起请求后，即可以释放通信资源供其他节点使用。

SCI 中每一个事务都由子操作（Sub Action）组成，每个子操作又包含两种消息的传输：请求发送（Request Send）消息和请求回应（Request Echo）消息。

1.13 机载数据总线标准

表 1-2 给出了目前几种机载数据总线及其标准。

表 1-2 数据总线及其标准

序号	国家/行业标准	SAE 标准	其他标准	名　称
1	HB 6096—1986		ГОСТ18977/PTM1495	SZ-01 数字信息传输系统
2	GJB 289A—1997		MIL-STD-1553b	数字式时分制指令/响应型多路传输数据总线
3		SAE AIR 4508		MIL-STD-1773 用户手册
4	GJB 6410.1—2008			光纤通道 物理和信号接口 第 1 部分：FC-PH
5	GJB 6410.2—2008			光纤通道 物理和信号接口 第 2 部分：FC-PH-2

续表

序号	国家/行业标准	SAE 标准	其他标准	名 称
6	GJB 6410.3—2008			光纤通道 物理和信号接口 第3部分：FC-PH-3
7	GJB 6411—2008			光纤通道 航空电子环境（FC-AE）
8	GB/T 16678.1—1996			信息处理系统 光纤分布式数据接口（FDDI）第1部分：令牌环物理层（PHY）协议
9	GB/T 16678.2—1996			信息处理系统 光纤分布式数据接口（FDDI）第2部分：令牌环媒体访问控制（MAC）
10	GB/T 16678.3—1996			信息处理系统 光纤分布式数据接口（FDDI）第3部分：令牌环物理媒体子层（PMD）
11	GB/T 16678.5—2000			信息技术 光纤分布式数据接口（FDDI）第5部分：混合环控制（HRC）
12			ARINC 825	机载CAN总线
13		SAE J 2284/1		车辆用125kb/s高速CAN
14		SAE J 2284/2		车辆用250kb/s高速CAN
15		SAE J 2284/3		车辆用500kb/s高速CAN
16		SAE J 2411		车辆用单线CAN网络
17		SAE AS 6003		TTP通信协议
18		SAE AS 6802		时间触发以太网
19		SAE AS 5643A		军用1394总线应用层的接口要求
20		SAE AS 5654		军用1394总线应用手册
21		SAE AS 5657		针对军用1394总线应用层协议的测试计划

1.14 机载数据总线对比

表1-3从机载数据总线的传输速率、网络拓扑结构、编码方式、传输协议、传输介质等方面对典型的机载数据总线进行了对比。

表 1-3 机载数据总线对比

总线类型	LTPB	FDDI	FC	AFDX	TTP/C	TTE	1394b	SpaceWire
传输速率	50Mb/s	100Mb/s	1.0625Gb/s、2.125Gb/s、4.25Gb/s	10Mb/s、100Mb/s	10Mb/s、100Mb/s、1Gb/s	100Mb/s、约为1Gb/s以上	100Mb/s、200Mb/s、400Mb/s、约3.2Gb/s	400Mb/s
拓扑结构	环型、星型、总线型	双向环型、环型	点-点、仲裁式、交换式	交换式、星型	总线型、星型、混合	点-点、环型、交换式	点-点、总线型树型、无环菊花链	点-点、星型交换式
编码方式	曼彻斯特Ⅱ	4b/5b	8b/10b	4b/5b			8b/10b	Data-Strobe
帧长度			0~2112B	64~1518B	240B	64~1518B	512B、1024B、2048B	
传输距离	100m~10km	100m~200km	1000m、10km	100m	80m	100m~10km	50m（100Mb/s）、25m（400Mb/s）	100m
节点（终端）数	128	500	伸裁环126、交换式1600万	≥20	64		63~64	
传输协议	令牌传递	令牌传递	FC-AE-1553、FC-AE-ASM	TCP/UDP、IP		TCP/UDP、IP	AS 5643	RMAP、RDDP、STUP
传输控制			单收/单发全双工通信	全双工	全双工		双向单工	
传输介质	同轴电缆、光纤	光纤	光纤、双绞屏蔽线	双绞屏蔽线	双绞屏蔽线	光纤、双绞屏蔽线	光纤、双绞屏蔽线	双绞屏蔽线
误码率	10^{-10}	10^{-10}	10^{-12}	10^{-10}		10^{-9}	10^{-12}	
延迟	1000μs	300μs	10μs				125μs	
扩展性	一般	一般	强	一般		强	强	一般
特点	令牌传输协议、无总线控制器	令牌传输协议、无总线控制器	双余度、高带宽、低延迟、低误码	双余度		以太网时间触发	吞吐量大、可靠性高、易于扩展接	包交换技术
典型应用	RAH-66、F-22	B777、DDG-S1、SEGIS	F-35、B1-B、F18E/F、V22、Apache	A380、A350、A400M、B787	A380、B787、EMB Legacy	猎户座、西可斯基直升机	F-35、F-22、X-47B	JWST、LRO等航天器

1.15 本章小结

机载数据总线是现代飞机的"神经中枢",是计算机网络技术在机载电子系统底层的具体实现,保障着设备可靠、安全、及时地完成信息交换,决定着飞行器性能及其电子系统综合化程度的高低,对于促进航空、航天、船舶等的自主发展,提升装备自主可控能力是非常必要的。

本章介绍了近十年广泛应用的机载数据总线和具有应用前景的机载数据总线,包括总线的性能、显著特征、发展历史、传输协议和系统结构。

参 考 文 献

[1] 何永乐. 基于新一代模块化航电系统的飞机刹车控制架构研究 [J]. 飞机设计, 2015, 35 (5): 41-45.

[2] 邢亮. 基于 IMA 架构的机载软件开发平台研究与实现 [J]. 信息通信, 2016, 159: 127-128.

[3] 李浩. IMA 平台网络的通信调度数据自动生成方法研究 [D]. 天津: 中国民航大学, 2016.

[4] 郑红燕. 民用飞机 IMA 核心处理系统动态故障树分析 [D]. 南京: 南京航空航天大学, 2013.

[5] 谷晓燕. 基于虚拟链路的航电网络信用量评估模型 [J]. 计算机工程与设计, 2015, 36 (4): 892-895.

[6] 王运盛. 面向综合模块化航电系统的驻留应用开发平台设计 [J]. 计算机应用, 2012, 32 (3): 861-863, 884.

[7] 郑澜. 适用于民机 IMA 的通用机载软件开发平台 [J]. 电讯技术, 2012, 52 (6): 1027-1030.

[8] 程桢. 基于 MARTE 的 IMA 系统时间资源可调度配置验证 [J]. 电子世界, 2016, 490 (4): 183-184.

[9] 朱闻渊. 新型航空电子系统总线互联技术发展综述 [J]. 计算机工程, 2011, 37 (S1): 398-402.

[10] 杨涛. 一种整机测试系统的设计与实现 [J]. 电脑知识与技术, 2017, 13 (34): 235-237, 257.

[11] 王明明. 基于模型的 IMA 时间资源配置验证方法研究 [J]. 计算机技术与发展, 2018, 28 (5): 32-37.

[12] 姜星伟. 综合显示系统数据显示延迟的分析方法研究 [J]. 航空电子技术, 2017, 48 (1): 16-20.

[13] 汪帅. 新型航空电子系统总线互联技术发展探讨 [J]. 工业技术创新, 2017, 4 (5): 102-104.

[14] 王彤. 航空电子音视频传输 AVB 以太网络 [J]. 电光与控制, 2016, 23 (1): 1-6.
[15] 李成文. 机载远程智能接口数据集中器研究与实现 [J]. 计算机测量与控制, 2015, 23 (5): 1667-1670.
[16] 马萌. 航空专用数据总线技术研究 [J]. 数字技术与应用, 2013, 10: 61-63.
[17] 徐科华. 民用飞机机载电子系统分布式体系架构研究 [J]. 工程设计学报, 2012, 19 (6): 494-498.
[18] 陈世浩. 基于 IMA 的大型客机 CNS 系统集成试验和验证 [J]. 电讯技术, 2013, 53 (5): 543-547.
[19] 刘宇. 基于改进模糊评判法的综合航电系统性能评估 [J]. 机械科学与技术, 2012, 31 (6): 947-951.
[20] 饶容海. 复杂航电逻辑的构型控制系统自动配置方法研究 [D]. 天津: 中国民航大学, 2016.
[21] 张鹏宇. 基于 ARINC825 的飞机数字化驾舱容错控制系统 [D]. 哈尔滨: 哈尔滨工业大学, 2013.
[22] 蒋湛. 面向民机数据链 ATS 应用的显控系统设计及实现 [D]. 成都: 西南交通大学, 2013.
[23] 侯进. 航电 ICD 生成与管理系统设计 [D]. 成都: 电子科技大学, 2011.
[24] 周乐文. 高可靠千兆以太网交换机研究 [D]. 长沙: 国防科学技术大学, 2011.
[25] 徐玲玲. 民机机电系统故障诊断研究 [D]. 南京: 南京航空航天大学, 2011.
[26] 赵斌. 基于 ATA 章节号的试飞测试参数命名方法 [J]. 河南科技, 2014, 544 (14): 123-124.
[27] 刘纪飞. 基于 SNMP 的网络管理端系统的研究 [D]. 西安: 西安电子科技大学, 2013.
[28] 董进武. 时间触发以太网加速航电互联 [J]. 电光与控制, 2016, 23 (2): 74-78.
[29] 张树彦. ARINC664 网络终端系统测试技术研究 [J]. 计算机测量与控制, 2013, 21 (9): 2419-2421.
[30] 周小春. 飞机综合模块航电电气系统的架构及接口 [J]. 民用飞机设计与研究, 2013, S2: 13-18.
[31] 刘智武. 一种集成化多接口航电网络测试平台设计与实现 [J]. 电子技术应用, 2014, 7: 79-81, 84.

第 2 章 线性令牌数据总线

随着航空电子技术的发展，飞机功能日趋丰富，机载系统的复杂性进一步增加，要求电子系统具有较高的信息处理能力和数据传输能力，传统的数据总线已不满足高速数据传输的需求。为此，在美国空军"宝石柱"和"宝石台"发展计划中，提出高速数据总线（High Speed Data，HSD）需求，具有高带宽、强实时性和高可靠性等特点，被称为新一代航空电子系统的工作基础，可以应用到航空、航天、航海和高铁等的电子综合化系统中。

为解决先进航空电子系统对数据总线的高带宽、强实时性和高可靠性需求，经过慎重评估和分析后，美国联合综合航空电子工作组（Joint Integrated Avionics Working Group，JIAWG）选择了令牌传输高速总线作为下一代军用机上的航空电子局域网。

在 JIAWG 选择下一代航空数据总线结构时，候选拓扑结构有环形拓扑和线性拓扑两类。美国军方设立两个科研小组同时进行研究：一组负责研究线性令牌传输总线，根据研究结果制定了美国国家标准 AS4074.1；另一组研究环型令牌传输总线，根据研究结果制定了美国国家标准 AS4074.2。通过对两个协议标准进行分析和评估，发现线性总线在总线网络故障恢复和可靠性上有优势。另外，消息到达监控点之前必须通过许多站的转发，为故障监控和故障隔离带来困难。基于上述原因，美国汽车工程师学会（Society of Automotive Engineers，SAE）采用线性令牌数据总线（Linear Token Passing Bus，LTPB）为高速数据总线的重要版本，在美国军方 RAH-66 直升机和 F-22 "猛禽"第 4 代战斗机上作为航空电子联网的重要手段。

本章在介绍线性令牌数据总线的基础上，分析了 LTPB 总线协议，说明了 LTPB 接口设计与实现。

2.1 LTPB 总线简介

线性令牌数据总线（LTPB）是由美国汽车工程师学会（SAE）制定的军用数据总线，定义了令牌消息、站管理消息、数据消息 3 种消息类型，采用的是串行分布式线形令牌传递协议，数据速率为 50Mb/s，最大误码率小于 10^{-10}，总线系统最大可连接 128 个站点，单帧消息数据字最大长度为 4096 个字。

与 1553b 总线相比，LTPB 具有如下优势。

(1) 数据传输机制采用令牌传递，避免了 1553b 总线集中式控制的缺陷。
(2) 高总线数据带宽远高于 1553b 总线 1Mb/s 的传输速率。

2.1.1 LTPB 拓扑结构

依据 SAE AS4074 协议标准，LTPB 属于令牌传递网络，在拓扑结构上类似于 IEEE802.4 总线型拓扑结构，最大距离为 1km。

图 2-1 中给出 LTPB 总线的物理和逻辑拓扑结构。从物理上看，LTPB 是星型拓扑结构，网络节点通过星型耦合器连接起来。星型耦合器有两种，包括有源耦合器和无源耦合器，监控网络上信息的传送及整个网络的状态。

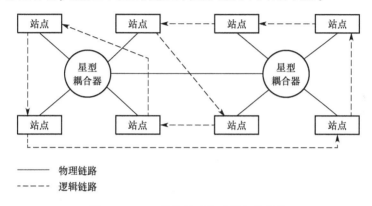

图 2-1 LTPB 总线物理和逻辑拓扑结构

在使用无源耦合器时，存在信号插入衰减的问题。任何节点之间都会存在一级或多级的耦合器，导致总衰减递增。因此，通常采用无源耦合器，避免了信号插入衰减的问题。从逻辑上看，LTPB 总线是环型拓扑结构，按站点地址递增的顺序相互联接。

2.1.2 LTPB 容错措施

LTPB 星型拓扑结构便于错误隔离和故障定位，便于用户检测和设备维护。为了提高机载系统的容错能力，SAE AS4074 协议规定了 LTPB 通信路径的双冗余结构，使消息在相互独立的两套介质上同时发送，提供了透明的介质恢复和消息重试。LTPB 双冗余拓扑结构如图 2-2 所示。

任意节点的故障或关闭不会对系统中其他的节点产生影响。由于没有环型网络中旁路开关的插入衰减的影响，对关闭的节点数没有限制，有利于降低功耗和提高系统的可靠性。

冗余方式有同步和异步之分。同步方式是指系统中冗余的部件和介质同时工作，接收端按照设定的规则获取有效数据。异步方式是指系统正常工作时，仅有一个通道工作，如发现错误，切换到备份通道上传输。对于机载系统的关键任务，具有高实时性要求，应使用同步方式。

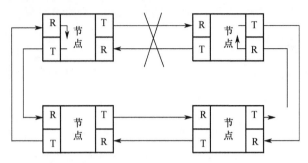

图 2-2　LTPB 双冗余拓扑结构

2.1.3　LTPB 部件构成

LTPB 协议遵循 GJB5034 规定，部件构成如图 2-3 所示，同时给出同 ISO/OSI 基本参考模型的对应关系。LTPB 总线由物理介质和总线接口单元（Bus Interface Unit，BIU）两部分组成。

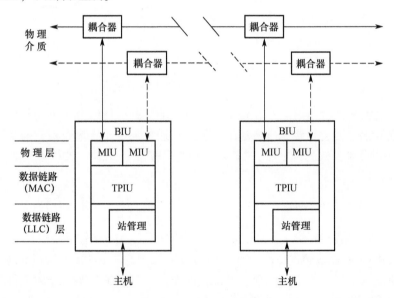

图 2-3　LTPB 部件构成

物理介质由一条或者两条总线组成，总线由耦合器、光缆、连接器等组成的广播介质通道构成。BIU 是总线物理介质与主机之间的接口，由介质接口单元（Media Interface Unit，MIU）和令牌传递接口单元（Token Passing Interface Unit，TPIU）构成。每条总线通路需要一个介质接口单元。一个令牌传递接口单元服务所有的介质接口单元，BIU 其余部分应完成站管理、网络管理以及主接口功能。

1)介质访问

在 LTPB 运行过程中,由线性令牌控制对介质的访问。线性令牌绕着叠加在线性总线上,逻辑环被连续地传递。对于接收到令牌的站,将获得在介质上进行相应时间发送消息的权力。

2)高优先级消息低取数延迟

通过使用消息优先级的令牌旋转定时器来保证高优先级消息低取数延迟。对于有最高优先级(优先级 0)消息的站,当接收到令牌时,将一直发送消息,直到发送完最高优先级的消息或者令牌旋转定时器超时。

如果该消息站需要发送较低优先级的消息,只要与较低优先级所对应的令牌旋转定时器尚未超时,就应发送消息;否则,该站需要向后继站传递令牌。当通信量繁忙时,令牌传递总线应推迟较低优先级消息的通信。

3)站故障

站故障应由逻辑环序列中故障站的前站直接处理。传递令牌的站应检验总线的活动是否存在。当连续 2 次传递令牌后,该站应自动地增加令牌的目标地址,直到该站寻找到后继站或者目标地址回到原站。

4)允许进入逻辑环

在一定周期内,站允许进入逻辑环。对于每个站,应包含一个允许入环定时器。当定时器期满且本地站和后继站的地址有间隔时,令牌应被传递到本站之后的序列地址。然后,应使用正常的令牌传递原则。

5)逻辑环初始化

丢失令牌或加电后应进行逻辑环初始化。对于每个站,完成内部诊断和启动程序后,应激活总线活动定时器。如果侦听到任何总线活动,应复位该站的定时器,表示逻辑环中部分站处于活动状态,应推迟活动。

对于逻辑环上前面的某个站,当总线活动定时器超时,该站应运用正常令牌传递准则,寻找后继站。如果总线活动定时器期满,该站应试图获得令牌的控制权,发送一帧消息,其长度由地址确定。

6)系统监测

通过在整个逻辑环上监视令牌传递和站管理状态消息,实现系统监测。

2.2 LTPB 协议分析

2.2.1 LTPB 协议帧

LTPB 包含 3 种帧格式:令牌帧、消息帧和申请令牌帧。令牌帧由 SD、FC、DA、FCS、ED 组成。消息帧由 SD、FC、SA、DA、WC、INFO、FCS 和 ED 字段组成。申请令牌帧包括 SD、FC、SA、ED 和填充字段。

2.2.2 LTPB 消息调度原则

LTPB 属于限时令牌多优先级传输协议网络中的消息传输，由相应的定时器控制。在网络中，传输多种消息，如飞行控制指令、火控打击指令、雷达探测数据、导航数据和维护数据等。不同类型的消息具有不同的实时性要求。为了控制不同类型消息的延时，LTPB 通过定时器来管理消息的传输，每个节点有一个令牌持有定时器（THT），用来控制该节点占用的总线网络带宽。

LTPB 介质访问控制协议为限时令牌协议，为合理分配整个网络的通信容量，保证高优先级消息的传输实时性，每个站点设有令牌持有定时器（THT）和 3 个令牌旋转定时器（TRT）。

THT 用于限制站点持有令牌发送消息的最大时间。当 THT 溢出时，应停止传输并将令牌传向后继站点。THT 是最高优先级（0 级）消息的传输限时器，当 THT 和相应的 TRT 未溢出时，才能发送其余 3 个优先级，即 P1、P2、P3 级的消息。TRT1、TRT2 和 TRT3 分别控制 P1、P2 和 P3。

旋转定时器满足 TRT1≥TRT2≥TRT3，优先级按照传输延迟要求予以规定。关键的消息具有低的存取时间要求和最高的接收优先级（0 级），次关键消息依次排列成递减的优先级，网络容量按较高优先级消息予以分配。仅当容量足够时，较低优先级的消息才被送出。在每个节点中，令牌从最高优先权传到最低优先权。当优先权 $P_x(x=1,2,3)$ 占有令牌时，$TRTx$ 递减。同时优先权 P_x 发送消息，直到优先权消息发送完毕或者 $TRTx$ 减为零，如图 2-4 所示。

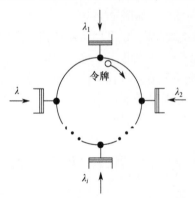

图 2-4 LTPB 线性令牌传递总线传输

2.3 LTPB 接口设计

2.3.1 总体设计

在 LTPB 的总线接口单元（BIU）实现过程中，BIU 协议芯片是核心，功能为实现 LTPB 的协议。采用自上而下的设计思想，利用 VHDL 和原理图结合的方法。BIU 协议芯片的总体设计方案如图 2-5 所示。

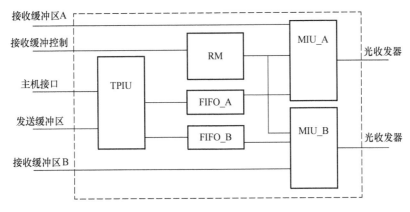

图 2-5　BIU 协议芯片功能方案

在总体方案中，BIU 协议芯片包括三大功能模块：令牌传递接口单元（TPIU）、介质接口单元（MIU）、接收机（RM）。其中，TPIU 是实现 GJB5034 协议的核心，作为协议的支持机构，主要完成令牌传递的状态控制、定时控制、消息发送、打包、主机命令解释执行等功能。TPIU 具有 8 种状态机，控制着令牌总线的运行过程，如申请令牌建立通信逻辑环、持有令牌进行消息发送、给后继站发送令牌、删除和加入新站等。

MIU 是协议收发机构，完成曼彻斯特码的调制和解调、总线监视、符号发送和检测、CRC 等功能。同时，向 TPIU 提供监视结果，以供 TPIU 进行状态转换。RM 是协议维护结构和逻辑链路控制机构的结合体，实现了主机接口和站管理单元中具备硬件特征的功能，主要完成特殊站管理的接收、接收数据缓冲配置、消息滤波、余度管理等。FIFO 用于 TPIU 和 MIU 之间的数据缓冲。

根据自上而下的设计思想，在总体方案后，对 TPIU、MIU、RM 三大功能模块逐一向下分解。TPIU 模块主要包括 BIU 工作模式转换、定时控制、发送控制、帧格式生成、消息打包、总线监视以及相关寄存器等子功能模块，如图 2-6 所示。

1）BIU 工作模式转换子模块

负责站工作模式转换和 TPIU 状态转换控制，运筹有关令牌协议的操作：控制发送消息、决定传递令牌和判断是否进行站的加入删除等，产生 TPIU 内部子模块、MIU 模块和 RM 模块一起协调工作所需的控制信号。

2）定时控制子模块

实现全局时钟和有关令牌操作的 5 个定时器功能，即令牌持有定时器、令牌旋转定时器、允许入环定时器、令牌传递定时器以及总线活动定时器。

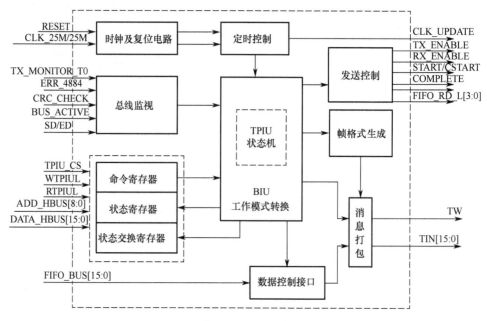

图 2-6 TPIU 功能

3）发送控制、帧格式生成、消息打包

负责从主机的发送缓冲中取出要发送的消息，产生消息帧的 CRC 及打包所需的帧格式，将待发送的数据写入每个 MIU 的发送缓冲内。同时，负责产生申请令牌帧和令牌帧。

4）总线监视子模块

负责记录在发送和接收操作中所产生的错误，并从前端两个 MIU 所发来的冗余信息中提取出正确的信息，供其他子模块使用。

5）寄存器子模块

主要包括命令寄存器、状态寄存器和状态交换寄存器，负责接口单元和主机之间的握手。

2.3.2 工作模式转换

在 GJB5034 中，规定 BIU 具有 6 种工作模式，包括复位/自测试、静止、回送、禁止、使能和故障。主机是通过 BIU 命令寄存器控制 BIU 的多种工作模式相互转换，根据写入 BIU 命令寄存器的值，BIU 将进入相应的工作模式。6 种工作模式的转换如图 2-7 所示。

1）复位/自测试模式

① 在上电或响应复位/自测试命令后，BIU 进入复位/自测试模式。

② TPIU 负责产生整个 BIU 的复位信号 BIU_RESET。当复位信号结束后，

TPIU 发信号 selftest_start（自测试开始）通知初始化和自检开始，相应功能模块和子模块收到此信号后，即进行站的初始化和自检。当初始化成功和自检正确，将向 TPIU 发送初始化和自检成功信号 selftest_success（自测试成功），收到初始化和自检成功信号后，TPIU 将控制 BIU 进入静止模式。当初始化失败或者自检错误，将发送初始化和自检失败信号 sefltest_fail（自测试失败），收到此信号后，TPIU 将控制 BIU 进入故障模式。

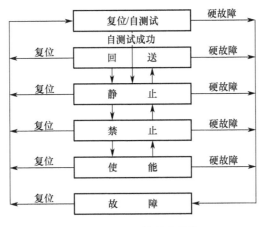

图 2-7　BIU 工作模式转换

2）静止模式

① 除了成功完成初始化和自测试后，BIU 自动进入静止模式外，当 BIU 处于禁止模式或者回送模式时，应识别 enter_quiescent_mode（进入静止模式）命令进入静止模式。

② BIU 不能发送和接收令牌，仅能接收站管理消息。

③ 禁止一切消息发送和数据消息接收操作。

④ MIU 工作状态。

rx_enable：1（接收允许）。

tx_enable：0（发送禁止）。

miu_int_ext_bus：1（外部高速光纤总线）。

3）回送模式

① 处于静止模式时，BIU 能识别 enter_loopback_mode（进入回送模式）命令进入回送模式。

② 在本地的发送和接收之间，建立通路自发自收。发送机将发送所有写入发送队列的消息，发送的消息将被立即接收到，所接收的消息如满足正常的消息映射和屏蔽准则，则应写入接收队列并提交给主机。

③ MIU 工作状态。

rx_enable：1（接收允许）。

tx_enable：1（发送允许）。

miu_int_ext_bus：0（内部总线）。

4）禁止模式

① 当 BIU 处于静止或者使能模式时，能识别 enter_disable_mode（进入禁止模式）命令进入禁止模式。

② 从静止模式进入禁止模式时，所有的定时器和计数器要加载缺省值或主机提供的值，同时下一站物理地址应设置为本站物理地址加 1。

③ BIU 可以通过申请令牌或入环允许操作进入逻辑环，参与 ON-LINE（在环）操作。

④ BIU 可以发送和接收令牌，可以接收一切站管理消息，可以发送用于报告的站管理消息，但数据消息的发送和接收都被禁止。若是从使能进入禁止时，所有已写入发送队列的消息都应被发送。

⑤ MIU 工作状态。

rx_enable：1（接收允许）。

tx_enable：1（发送允许）。

miu_int_ext_bus：1（外部高速光纤总线）。

5）使能模式

① BIU 只有处于禁止模式时，能识别 enter_enable_mode（进入使能模式）命令进入使能模式。

② 通过申请令牌或入环允许操作进入逻辑环，BIU 可以参与 ON-LINE（在环）操作。

③ 使能所有消息的发送和接收。

④ MIU 工作状态。

rx_enable：1（接收允许）。

tx_enable：1（发送允许）。

miu_int_ext_bus：1（外部高速光纤总线）。

6）故障模式

① 在任何其他模式下，当检测到硬故障时，BIU 将进入故障模式。硬故障在此仅定义为发送消息和令牌的发送监测超时，以及发送令牌的 CRC 错误。

② 立即停止所有操作，给主机发送信号 BIU_FAULT。主机应通过写入命令寄存器复位/自测试命令来重新启动 BIU 进行工作，收到复位/自测试命令后，BIU 将脱离故障而进入静止模式。

③ MIU 工作状态。

rx_enable：0（接收禁止）。

tx_enable：0（发送禁止）。

miu_int_ext_bus：1（外部高速光纤总线）。

在 BIU 所有的模式中，只有在使能模式下，BIU 才能够执行整个协议过程，激活并建立网络，维持网络的正常工作，完全使能 TPIU 8 种状态为：空闲（S0）、申请令牌（S1）、校验令牌地址（S2）、发送消息（S3）、传递令牌（S4）、校验令牌传递（S5）、校验消息地址（S6）、接收消息（S7）。TPIU 的状态转换如图 2-8 所示。

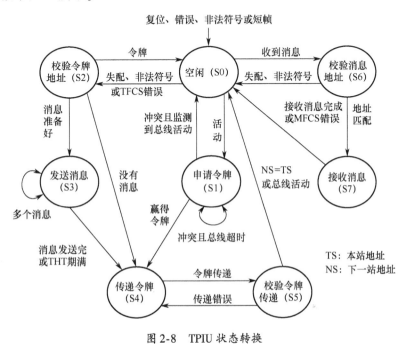

图 2-8　TPIU 状态转换

2.3.3　协议芯片的实现

由于整个 BIU 协议芯片实现复杂，采取分块实施，分别对 TPIU、MIU、RM 各个模块进行设计，再用联合的方法实现。

在分别完成 BIU 协议芯片的各个功能模块以及相应子模块设计、综合和验证之后，进行了布局和布线。最后，利用 Quicklogic 公司的反熔丝现场可编程逻辑门阵列（FPGA）芯片 QL6500 可以实现。

2.4　本章小结

LTPB 线性令牌传递总线是一种 50Mb/s 传输速率的高速光纤网络，是 SAE 组织为 20 世纪 90 年代以后飞机、舰船、车辆等运行工具的电子综合系统开发的局域网络 AS4074 标准。

LTPB 线性令牌传递总线定义了令牌消息、站管理消息、数据消息 3 种消息类型，最多可连接 128 个终端，消息最大长度为 4096 个字。从物理上看，LTPB 是星型拓扑结构，易于监控网络上信息的传送及整个网络的状态。从逻辑上来看，LTPB 按站点地址递增顺序形成环型拓扑结构。

目前，LTPB 线性令牌传递总线已在美国的先进飞机上得到初步应用。由于具有支持一定的网络规模、低功耗、容错能力、强实时性，适于军用机载应用环境等特点，LTPB 高速光纤数据总线将成为未来飞行器总线的重要选择。

参 考 文 献

[1] 熊华钢．机载高速数据总线系统研究 [D]．北京：北京航空航天大学，1998.
[2] UHLHORN R W. The Fiber Optic High Speed Data Bus for a New Generation of Military Aircraft [J]. IEEE LCS Mag, 1991, 2 (1)：36-45.
[3] TANGEMANN M, SAUER K. Performance Analysis of the Timed Token Protocol of FDDI [J]. IEEE Journal on Selected Areas in Communications, 2002, 9 (2)：271-278.
[4] MALCOLM N, KAMAT S, ZHAO W. Real-time Communication in FDDI Networks Real Time Systems [J]. Real-Time Systems, 1996, 10：75-107.
[5] BERNARD M. New Display Systems for the Next Generation of Civil Aircraft [J]. Journal of Navigation, 1983, 36 (3)：379-387.
[6] RAHIMI S K, JELATIS G D. LAN Protocol Validation and Evaluation [J]. IEEE Journal on Selected Areas in Communications, 1983, 1 (5)：790-802.
[7] AGRAWAL G, CHEN B. Guaranteeing synchronous message deadlines with the timed token protocol [J]. Proceedings of int. conf. on distributed computing systems [J], 1992, 3：468-475.
[8] LIM J T, SHIM K H. Letters to the Editor：Asymptotic Performance Evaluation of Token-Passing Networks [J]. IEEE Transactions on Industrial Electronics, 1998, 40 (3)：384-385.
[9] XIANG C, GENG H, LI Y. Study on the Eutectic Modification Level of Al-7Si Alloy by Computer Aided Recognition of Thermal Analysis Cooling Curves [J]. Materials Science & Engineering A, 2006, 419 (1)：283-289.
[10] SCHUR K A. Comparison of the SAE Linear Token Passing Bus and the Fiber Distributed Data Interface Protocols [J]. AIAA Digital Avionics System Conference Proceeding, 1995, 3：23-29.
[11] OLIVER K H, PAUL D S. Distributed Flight Control System Using Fiber Distributed Data Interface [J]. IEEE ASE Magazine, 1992, 7 (6)：21-23.
[12] MALCOLM N, KAMA T S, ZHAO W. Real Time Communication in FDDI Network [J]. Real time System, 1996, 21(10)：75-100.
[13] 汪刚志．基于 QL6500 的 BIU 协议芯片的实现 [J]．航空电子技术，2005，36 (4)：31-40.

- [15] 王仲文. 计算机网络技术 [M]. 北京：中国商业出版社，1997.
- [16] 熊华钢，罗志强，张其善. 线性令牌传递网络在严格实时条件下的带宽分配方法 [J]. 通信学报，1997，18（12）：25-31.
- [17] 熊华钢. 机载高速数据总线系统研究 [M]. 北京：北京航空航天大学出版社. 1998.
- [18] 熊华钢. 机载高速数据总线系统研究 [D]. 北京：北京航空航天大学，1998.
- [19] 邱先佩，丁勇飞，等. GJB5034—2001 线性令牌传递多路数据总线 [S]. 北京：国防科工委，2001.
- [20] ANTON U, ADAM M, WAGNER M. The Stereochemistry of the Trinaphthyl-Terrylene Conversion [J]. Chemische Berichte，1993，126（2）：517-521.
- [21] 胡振华. VHDL 与 FPGA 设计 [M]. 北京：中国铁道出版社，2002.
- [22] UHLHORN R W. A Robust Fiber Optic Active Star Coupler for The SAE Linear Token-Passing Multiplex Data Bus [J]. IEEE Aerospace and Electronic Systems Magazine，1989，4(1)：3-11.
- [23] DELCOCO R J, KROEGER B W. An Overview of SAE AE-9B High Speed Ring Bus (HSRB) Performance [J]. SAE Transactions，1986，3：49-62.
- [24] HOFMAN H F. Requirements Engineering in the Software Process [J]. Requirements Engineering: A Situated Discovery Process，2000，3：89-160.
- [25] SACHS M W, VARMA A. Fibre Channel and Related Standards [J]. IEEE Communications Magazine，1996，34（8）：40-50.

第3章 光纤分布式数据接口

自20世纪90年代以来，航空电子综合技术得到了高速发展，成为提高飞机综合能力的重要因素。下一代飞机需要装备具有大处理容量和高数据传递速率的航空电子系统，使航空电子网络的数据速率需求大幅提高。同时，飞机级综合功能的响应时间需求对航空电子系统的实时性提出更高要求。

对于高带宽和强实时需求的先进航空电子系统，系统设计者关注功能区域之内和区域之间的通信，即航空电子局部区域网络（LAN）。对于功能区域之内的通信，包括核心处理区域模块处理器之间的高速信息交换。对于功能区域之间的通信，包括用于传输传感器数据到核心处理区的高速通路。

由于光纤介质具有高带宽、低功耗、低物理规模以及抗电磁干扰等优点，成为LAN的理想介质。光纤分布式数据接口（Fiber Distributed Data Interface，FDDI）是以光纤为传输媒介的局域网标准，在美国国家标准化协会（American National Standards Institute，ANSI）X3T9.5的主持下，于1982年开始制定标准。在1991年ANSI发布了站管理（Station Management）标准后，1992年ANSI制定完成FDDI协议，协议的标准号为ANSI X3.229。与其他局域网标准研究不同的是，FDDI标准是在没有事实标准的前提下制定而成的，使得FDDI具有较好的互操作性，提供切实可行的高网络带宽。

基于技术成熟的考虑，美国海军研究中心倾向于采用光纤分布式数据接口作为新一代战机电子设备的联网手段。FDDI总线适合军舰使用，同时在飞机上也能使用，而且商品化的局域网芯片集可由众多的半导体公司提供商用货架产品。标准的变形已用于美海军下一代计算机资源（NGCR）计划、波音777以及"自由"号空间站等项目。在NGCR计划中，为增强这个网络在战斗损耗中的残存能力，在FDDI原型的基础上推出了变形版本，包括安全网络1（SAFENET-1）和安全网络2（SAFENET-2），增强了多个节点故障情况下继续正常工作的要求。

本章在介绍光纤分布式数据接口的基础上，分析了FDDI总线协议，说明了FDDI电路设计与实现。

3.1 FDDI总线简介

FDDI具有标准定义的接口，数据传输率为100Mb/s，适用于通信媒体：第5类非屏蔽双绞线（UTP-5），其传输的有效距离为100m。FDDI环具有很强的容错特性，站点间最大距离为 2km，最大可扩展到 200km，并可连接 500 个站点。消息的最大长度为 2250 个字。

3.1.1 FDDI 通信体系

综合研究 FDDI 通信标准，包括物理媒体子层（PMD）、物理（PHY）协议子层、媒体访问控制（MAC）子层、站管理（SMT）、逻辑链路层标准及相互接口关系，确定具有 FDDI 层、传输管理层和主机接口层的 3 个层次的通信体系结构，如图 3-1 所示。

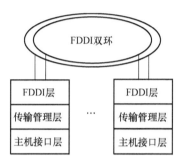

图 3-1　FDDI 拓扑结构

双环光纤通信网络和 FDDI 通信接口硬件完成 FDDI 的层次功能，包含 PMD、PHY、MAC 以及 SMT 各个子层功能。

通信软件实现传输管理层和主机接口层要求。设计方法如下。

（1）优选 FDDI 双环拓扑结构作为机载高速光纤数据网络的互联结构。

（2）FDDI 通信接口将节点机连入双环光纤网，选择双连接站点（DAS）模式，具有双余度光收发器和物理层控制器，提高了通信接口的容错能力。

（3）针对机载应用环境要求的嵌入式、实时性与高可靠性等特点，比较分析 FDDI 通信智能化接口和非智能化通信接口的利弊，在通用性、易测试性、易操作性、灵活性及成本等方面进行权衡，确定了研制智能化 FDDI 通信接口的设计方案。

（4）为适合航空电子系统中网络节点机为多机系统的特点，FDDI 通信接口中设计满足多机共享的 VME 总线接口控制器。

（5）为提高 FDDI 通信接口的可测试性，采用边界扫描技术和测试维护（TM）总线，设计了 TM 总线接口控制器。

（6）在 FDDI 通信接口模块实现上，采用 VLSI 芯片、集成光电器件、FPGA 技术等，达到智能化、通用化及模块化的设计目标。

（7）面向机载实时通信需求开发的通信软件，完成 FDDI 帧与令牌的传输、VME 总线消息的传输，以及 FDDI 帧和 VME 总线消息两种数据格式的相互转化，而且具有环管理、错误检测处理记录和自测试等功能。

3.1.2 FDDI 拓扑结构

FDDI 采用双环拓扑结构，主环进行正常的数据传输，次环为冗余的备用环，具有较强的容错能力。FDDI 拓扑结构如图 3-2 所示。

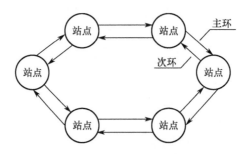

图 3-2 FDDI 拓扑结构

FDDI 实行定时令牌传递协议，支持同步传输和异步传输两种通信业务。同步传输有确定的通信带宽和延迟时间，异步传输定义 8 个消息优先级，在时间片内依优先级次序发送。每个站点设令牌旋转定时器和令牌持有计时器，保证环路的高利用率。FDDI 总线的双环结构、旁路开关和站管理技术使其有高容错和系统重构能力。

在正常使用方式下，FDDI 标准规定，双环中的一个环为基本环，另一个环处在空闲方式，但在检测到故障时，备份环可并发传输，以提供同步余度。如果链路故障，各个站在故障链路的任一边以相反方向连接起来，使环闭路隔离有故障的链路。如果有站故障，则在该站的任一边重构以删除故障站。在高可靠性系统中，当一个站或物理介质失效时，余度借助反方向循环环路方案实现，反向循环通路用于避开故障点形成回环通路，使系统能避开严重失效的介质，以及维持各站点的数据通路。

3.1.3 LTPB、FDDI 介质存取控制

两种网络关键技术之一是用于发送的介质存取控制。控制均以分布方式执行，允许各个站通过令牌传递机理正确地发送数据。当站捕捉令牌时，即承认了介质的控制，并在各个定时器的最大限时内，完成数据传递。稳定状态操作包括数据传输周期及令牌传递的周期，LTPB 的令牌旋转方式是规则的，FDDI 的令牌旋转规则与其十分不同。

1）LTPB 介质存取控制

LTPB 是广播网络，每一站的发送能被其他各站监听到。各个站通过逻辑的或物理的寻址方式接收传输，寻址方式在帧中规定。

帧是包含地址、消息数据和差错检测部分的数据单元。LTPB 的站包括令牌

传递，使用信息流通的 4 种优先级（0~3），按照传输延迟要求予以规定。关键的消息具有低的存取时间要求和最高的接收优先级（0 级），次关键消息依次排列成递减的优先级，网络容量按较高优先级消息予以分配。仅当有足够容量存在时，较低优先级消息才被送出。

LTPB 的令牌持有定时器（THT）限制了最大的时间量，使任何一个站可以保持令牌。每当站接收令牌时，复位 THT 的最大值。当 THT 期满时，站需要结束传输，并传递令牌到后继站。THT 为优先级 0 的消息传输做准备，使之首先被发送。LTPB 令牌旋转定时器（TRT）与 3 个较低优先级的消息等级有关，允许站发送消息直至 THT 或 TRT 驻留值期满。

2）FDDI 介质存取控制

若消息的目标地址符合站地址，消息将被复制到局部缓冲器中，然后被再传递并绕环循环。消息结束绕环到达始发站时，对消息做是否成功传输的检查，并被始发站从环中剥离。在新的消息被允许传输之前，FDDI 标准允许不需要结束消息的环循环。在同一时间，可以从环上不同的源多路传输消息。

FDDI 标准定义了两类数据传输：同步和异步。同步传输用在需要保证带宽和存取时间的场合，如声音、视频等。异步传输用于没有临界存取时间的分散的信息流通，如网络管理及大块数据传递。应用 FDDI 标准的每一站被分配固定的时间长度，以发送同步消息。

每个站有 TRT，用来测量连续的令牌保持时间。当捕捉到令牌时，THT 加载 TRT 值，并在 TRT 复位到 0 再开始。在同步发送之后，如果令牌提前到达（THT < TTRT），则可以发送异步消息。如果令牌迟到（THT > TTRT），被传递到后继站。

3.2 FDDI 协议分析

3.2.1 PMD 层级

物理媒体子层（Physical Medium Dependent，PMD）定义了传输介质以及连接设备的技术特性，包括以下几方面。

（1）光纤。涉及光纤的物理特性、损耗及带宽等。PMD 定义了两类光纤：一种是多模光纤，是纤芯 62.5μm，包层 125μm 的渐变式多模光纤，使用廉价的 LED 作为光源，导入波长有 850nm 和 1300nm 两种，以 1300nm 最常用，最大传输距离 2km；另一种是单模光纤，纤芯为 8~10μm，包层 125μm，使用激光光源，导入波长 1300nm，传输距离理论值可达 100km。

（2）光纤连接器。规定了介质接口连接器的物理特性。

（3）光信号旁路开关。规定了光信号旁路开关的损耗和物理特性。光旁路开关是 FDDI 为保证系统有效运行而定义的一种可靠性规范,当站点未加入系统或发生故障时,光信号自动绕过该站点,直接导入输入光纤上,使网络不受影响。

(4) 光发送器和接收器。规定输出功率、灵敏度、输出波形以及中心波长等特性。光发送器将光源产生的光束导入光纤,光接收器将检测到的光信号进行还原处理,灵敏度是重要的指标。

3.2.2 PHY 层级

物理层（Physical Layer,PHY）协议子层位于 OSI 中的较上层,介于 MAC 和 PMD 之间,是物理层中与物理介质无关的部分。PHY 用于协调 MAC 与 PMD 之间的关系和数据的收发处理工作。当 MAC 有数据需要发送时,先将数据交给 PHY 处理,在 PHY 中经过重复过滤器处理后,进行 4b/5b 编码和 NRZ/NRZI 二次编码,转换成 NRZI 码流的形式,加入发送时钟交给 PMD。当 PMD 接收到信号时,先交给 PHY,进行时钟与数据分离处理,确认符号有效后送入弹性缓冲区,经解码处理后可还原成数据,最后由平滑器送交 MAC。

PHY 主要内容包括信息的编码和解码、符号定义、时钟机制、弹性缓冲区处理、平滑处理、重复过滤检测等。

1) 信息编码和解码

数据信息在物理介质上传输前,对数据进行编码处理,调制成一定格式的信号。接收端对从物理介质上接收到的信号进行相应的分离、解码。

编码的方法取决于传输媒体的性质、数据速率和成本等因素,FDDI 采用了新的编码技术,即 4b/5b 和 NRZ/NRZI 二级编码的方法,二进制数据的 4 位代码组经过 4b/5b 编码后,转换成相应的 5 位代码组,再进行 NRZ/NRZI 编码处理。

FDDI 技术使用 4b/5b 编码可以将带宽的利用率提高到 80%,获得 100Mb/s 的数据传输率只需 125Mbaud 的信号速率,而传统的曼彻斯特编码只有 50% 的利用率。4b/5b 编码转换见表 3-1。

表 3-1　4b/5b 编码转换

十六进制	4 位二进制	4b/5b 编码
0	0000	11110
1	0001	01001
2	0010	10100
3	0011	10101
4	0100	01010
5	0101	01011
6	0110	01110

续表

十六进制	4位二进制	4b/5b 编码
7	0111	01111
8	1000	10010
9	1001	10011
A	1010	10110
B	1011	10111
C	1100	11010
D	1101	11011
E	1110	11100
F	1111	11101

NRZ 的优点在于采用差分编码技术,信号是通过比较相邻信号码元的极性来判定的,而不是根据其绝对值进行解码。当存在噪声和失真时,检测跃变比检测绝对值阈值更为可靠,将有助于信号从光信号到电信号的最终解码。另外,NRZ/NRZI 通过减少数据流中传送的数码位来降低对物理带宽的要求,可以降低昂贵的光纤部件费用。

2) 符号定义

MAC 中使用的数据结构是帧(Frame),构成帧的基本单位是符号(Symbol),符号的定义由 PHY 负责,符号是一个 5 位码组,共有 32 个符号。这些符号分为 4 类。

① 数据符号。通过 4b/5b 编码,用 16 个符号表示 16 个 4 位码组。

② 线路状态符号。PHY 接收帧信息,同时测定线路状态,SMT 子层中的有关部件利用线路状态证实和维护环的完整性。用 3 个符号表示静止、暂停、空闲 3 种线路状态。

③ 控制指示符号。用 5 个符号来表示帧的状态(见表 3-2)。

④ 无效符号。除了以上 3 类符号,其余的 8 个符号均为无效符号。

表 3-2 线路状态符号和控制指示符号

5 位码组	符号	符号定义
线路状态符号		
00000	Q	线路静止
00100	H	线路暂停
11111	I	线路空闲

续表

5 位码组	符号	符号定义
控制指示符号		
11000	J	帧起始符
10001	K	帧第二个起始符
01101	T	帧结束符
00111	R	复位符
11001	S	置值符

3）时钟机制

FDDI 采用分布式时钟机制，即每个站点都有一个独立的发送时钟，站点用接收到的位流中分离出的时钟信息进行数据译码，而当发送或转发数据帧时，用自身的发送时钟。

4）弹性缓冲器

FDDI 中采用分布式时钟机制，但由于存在时钟频率的差异，中继站点转发数据可能丢失数据位。为了保证接收器和发送数据的一致性，PHY 规定每个站点增加一个弹性缓冲器（Elasticity Buffer，EB），进入弹性缓冲区的信号使用从接收信号中分离出来的时钟进行同步，而弹性缓冲区的输出使用站点本身的局部时钟，通过扩展或压缩帧前导码的长度，补偿本地站点时钟与上游站点时钟的偏移。

5）平滑处理

PHY 规定每个站点具备平滑器（Smoother）功能，转发帧的同时，检测前导码的长度，合理调整前导码域的长度，保证对帧的正确接收。

6）重复过滤器

PHY 规定每个站点设重复过滤器（Repeat Filter），防止非法代码和非法线路状态编码的传播。

3.2.3 MAC 层级

媒体访问控制（Media Access Control，MAC）子层负责定义 FDDI 帧和令牌结构，同时定义令牌和帧的操作方式等一系列 FDDI 操作和服务规范，包括帧格式、媒体访问、定时循环令牌协议、异步/同步访问以及环监测等。

3.2.3.1 MAC 帧格式

帧是 MAC 子层与相邻各层传送信息的基本单位，MAC 帧和 SMT 帧可以传送数据和控制信息，LLC 帧可以用来传送用户信息，如图 3-3 所示。

第3章 光纤分布式数据接口

令牌帧:	PA	SD	FC	ED				
数据帧:	PA	SD	FC	DA	SA	INFO	FCS	ED	FS

图 3-3 FDDI 的 MAC 格式

PA：帧前导符，大于 16 个符号，用于和站点的局部时钟同步。

SD：帧起始定界符，2 个符号，用于识别帧有效信息的开始。

FC：帧控制字段，2 个符号，格式为 CLFF ZZZZ，指明帧类型和寻址方式。其中 C 表示是同步帧或异步帧，L 指明是使用 16 位地址还是 48 位地址，FF 用以指示是 MAC 帧、LLC 帧还是 SMT 帧。

DA：目的地址。可以是单地址、多点地址或广播地址。

SA：源地址。只能是单地址。

INFO：信息字段。包含发送的用户数据信息（即 LLC 数据）或与控制操作有关的信息。

FCS：帧校验序列。采用 32 位循环冗余校验码（CRC）。

ED：帧结束定界符，令牌帧是 8 位，其他帧是 4 位。

FS：帧状态，用于指示检错、识别地址及帧复制等状态。

3.2.3.2 媒体访问操作

FDDI 技术采用令牌访问控制协议，即只有获得令牌的站点才有权发数据。发送站在获得令牌后，将令牌取下，数据帧独立发送。发送完数据帧后，立即产生一个新令牌发送到环上，供下游站点使用。非发送站点对接收到的数据帧进行地址比较，如果匹配，则将帧数据复制到本站缓冲区。

3.2.3.3 定时令牌循环协议

FDDI 所采用的定时令牌循环协议确保了所有的站点都能访问介质。每个站要连续地测算令牌绕环一周所占用的时间量，时间量越大，说明网络上的负载越大，每个站占用令牌的时间将随着网络负载的大小自动调整，以便公平而有限地访问介质。定时令牌循环协议规定每个站点都设两个计时器。

令牌循环时间是指一个站点两次得到令牌之间的时间，反映了当前网络的负载情况，其值越大，说明网络的负载越大。

令牌持有时间是指一个站点获得令牌后能够用于发送异步帧的时间。当时间用尽时，发送站即使还有数据未发送完，也要产生一个新令牌发送到环上，供其他站点使用，剩余的数据等待下一次获得令牌时再发送。

3.2.3.4 容量分配方案

在定时令牌循环协议的基础上，站点获得令牌后要确定发送策略和数量。FDDI 定义两种通信方式：同步通信和异步通信。同步通信用于发送用户数据，其带宽和响应时间完全可预测和保证，常用于传输实时性要求最高的消息。异步通信用于发送系统控制信息，可以动态地共享频带。

各个站点在占用令牌的时间内，利用定时令牌循环协议，确定发送同步帧的数量，并动态地确定是否发送异步帧及异步帧的数量。异步通信方式下，使用限制性令牌，可实现多帧对话，而使用非限制性令牌，可支持优先级调度。

3.2.3.5 环路监测

环路监测功能分布于环上的各个站点之中，任何站点一旦发现异常情况，都有权要求重新初始化，网络自动进入恢复过程。

3.3 FDDI 电路设计

3.3.1 PMD 电路设计

PMD 电路包括光接收器、光发送器、光纤连接器、光旁路开关、光纤等。完成光/电、电/光转换，实现 FDDI 适配器与 FDDI 双环网的连接。

采用 HP 公司的光电收发器 HP5103 为核心构造 PMD 电路。HP5103 厚膜集成光收发器将光发送器、光接收器、旁路开关、媒体连接器等集成为一体。与离散电路实现的收发电路方案相比，不仅可减少体积和功耗，而且可提高可靠性。其中光收发器包括发光二极管（LED）及相应的驱动电路，将电信号转换成光信号。光发送器包括 PIN 光电检测二极管、前置放大器和整形数字化电路，将光信号转换成电信号。FDDI 适配器 PMD 接口指标见表 3-3。

表 3-3 FDDI 适配器 PMD 接口指标

指标	最小	最大	单位
输出部分			
光中心波长	1270	1380	nm
平均输出光功率	-20.0	-14.0	dBm
输出光信号上升时间	0.6	3.5	ns
输出光信号下降时间	0.6	3.5	ns
工作期失真（峰-峰）	0.0	1.0	ns
数据抖动（峰-峰）	0.0	0.6	ns
随机抖动（峰-峰）	0.0	0.76	ns

续表

指标	最小	最大	单位
输入部分			
光中心波长	1270	1380	nm
平均输出光功率	−31.0	−14.0	dBm
输出光信号上升时间	0.6	5.0	ns
输出光信号下降时间	0.6	5.0	ns
工作期失真（峰–峰）	0.0	1.0	ns
数据抖动（峰–峰）	0.0	1.2	ns
随机抖动（峰–峰）	0.0	0.76	ns

3.3.2 PHY 电路设计

PHY 电路完成 FDDI 物理协议子层所要求的全部功能，向下与 PMD 接口，向上为 MAC 提供服务接口，同时还具有 SMT 子层的功能接口。为实现双连接站点以构成 FDDI 双环网，FDDI 适配器需配置两套电路（PHYA，PHYB），均由物理层控制器（PLC），物理数据接收器（PDR），物理数据发送器（PDT）和相关硬件电路构成。PHY 电路原理框图如图 3-4 所示。

各组成部分描述如下。

（1）接收数据输入。PDR 接收的数据 RDAT4-0 和恢复时钟一起输入，恢复时钟控制数据的正确接收。

（2）帧形成器。接收从 PDR 来的 5 位宽并行数据和恢复时钟。主要功能是寻找符号的边界以形成适当的符号流，然后再送给弹性缓冲器。根据帧的起始定界符，帧形成器确定符号边界。

（3）弹性缓冲器。其功能是克服由于恢复时钟频率和发送时钟频率不同而可能造成的错误。恢复时钟除了用于接收输入数据外，还用于驱动输入电路，包括输入指针和输入控制。本地时钟除用于发送输出数据外，还用于驱动输出电路，包括输出指针、输出控制器、上下溢检测电路等。

（4）平滑器。当检测到帧之间过多或过少的空闲符号时，适当地增加或减少空闲符号。

（5）4b/5b 译码器。从弹性缓冲器中接收两个 5 位的数据，译码生成两个 4 位的数据，译码后的所有符号对再送住 MAC。

（6）数据通路多路开关。接收数据通路和发送数据通路中有 6 个多路开关，其目的是控制正常的数据流动,用于物理连接插入和退出,以及诊断和测试。

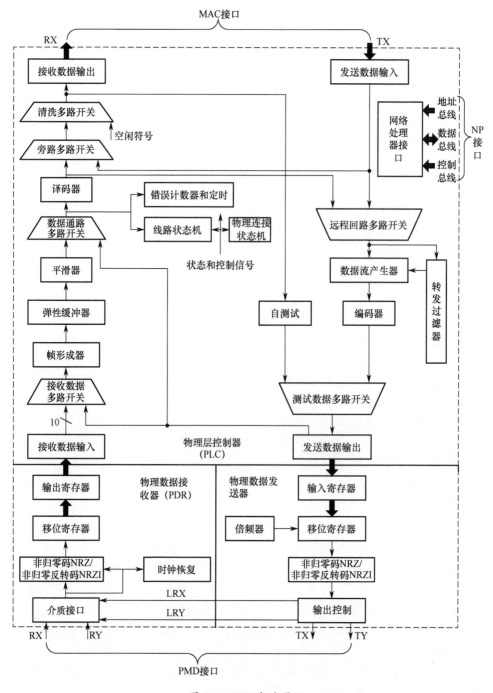

图 3-4　PHY 电路原理

（7）发送数据输入。TX 是 10 位发送数据总线，发送的数据可以来自 MAC 或另一个 PLC。

（8）转发过滤器。主要功能是防止非法符号和非法线路状态的传播。如果转发过滤器检测到一个非法符号，就用空闲符号代替它。如果发现了一个错误帧，则通过发送 4 个停止符号和空闲符号流剥去该帧。

（9）数据流产生器。可根据 PCM 的请求产生符号对。可通过多路开关，并用内部或外部控制逻辑来控制发送符号对。

（10）编码器。完成 4b/5b 的数据编码工作，将 MAC 层获得的 4 位数据编码为 5 位符号。

（11）发送数据通路。将 5 位符号流通过 TDAT4-O 发送到 PDT。

（12）错误计数器、定时器。用于物理连接管理，实现与相邻站进行 PCM 伪码通信，收集有关物理链路上的错误信息。

（13）状态机。实现与 SMT 有关的功能，包括线路状态机（LSM）、物理连接状态机（PCM）、物理连接插入状态机（PCI）和链路错误监控器（LEM）。检查线路状态、插入或隔离站、进行环的恢复和维护。

（14）PDT 部分功能。在 TADT4-0 总线上，PDT 接收 PLC 发送的信号流，5 位的符号被本站时钟的上升沿锁存到 PDT，然后进行并串转换，再经编码以 NR-ZI 码流形成输出。TX/TY 输出到光电器件，而 LTX/LTY 可直接连接到 PDR，进行回路测试。

3.3.3 MAC 电路设计

MAC 电路用于完成 FDDI 标准 MAC 层所规定的功能，向上为 LLC 提供服务，向下与 PHY 层接口。MAC 电路以 MAC 控制器芯片（FORMAC）为核心进行设计。FORMAC 芯片是 AMD 公司设计生产的第三代高性能 FDDI 产品，实现 FDDI MAC 层协议。在发送帧时，实现令牌的捕获和帧的形成；在接收帧时，检查接收帧的目的地址。若地址匹配，则将接收帧的数据装入内部接收 FIFO 中，以 32 位长字的形式传送到缓冲存储器中。

FORMAC 提供了完善的 NP、PHY、缓冲存储器接口，还包括环操作定时器 TRT、TVX 和发送定时器 THT 等。FORMAC 的内部逻辑组成如图 3-5 所示。

各组成部分如下。

（1）接收数据通道。选择 RA、RB 或 X 3 个输入通道之一为数据输入通道，完成帧的 CRC，设置或复位帧状态指示以及锁存接收的数据。

（2）MAC 接收控制。MAC 接收控制包含接收状态机、地址检测逻辑、帧状态检测和生成逻辑，控制将接收到的数据装入接收 FIFO。

（3）接收 FIFO。接收 FIFO 是 10 字的 FIFO 寄存器组。接收 FIFO 暂时存放接收的数据，然后送入缓冲存储器。

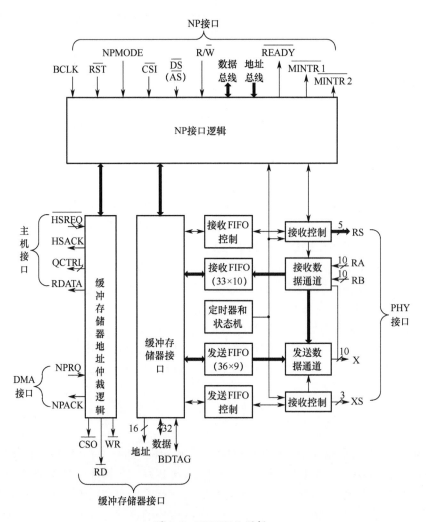

图 3-5 FORMAC 逻辑

(4) 发送数据通道。在状态机控制下,从发送多路选择器和要转发的接收数据中选择数据。

(5) MAC 发送控制。MAC 发送控制包含一个两级操作的状态机。第一级状态机实现 FDDI 发送协议,第二级状态机控制帧和令牌的生成。MAC 发送协议维持状态信息,严格地控制令牌传递协议的运行和空闲符号的发送。

(6) 发送 FIFO。发送 FIFO 是 9 字×36 位的 FIFO 寄存器组,每个字中有 4 位,分别是 4 个字节对应的奇偶校验位。

(7) 缓冲存储器接口。生成写入缓冲存储器的数据的奇偶校验位,控制 32 位存储数据寄存器(MDR)的读写。

(8) 可编程寄存器 FORMAC 包含 54 个寄存器,其中缓存地址指针和定时器占据大部分，最主要的寄存器包括方式寄存器（Mode Register）、命令寄存器（Command Register）、状态寄存器（Status Register）等。

3.4 本章小结

FDDI 的应用已经成熟，基于 FDDI 的局域网在商业和工业领域随处可见。同时，大量实践证明，FDDI 可应用于强实时高可靠性环境中。在确定新一代军机航空电子数据总线时，美国军方三军联合航空电子系统工作小组（Joint Integrated Avionics Work Group，JIAWG）根据研究结果制定了 AS4074.2。美国海军下一代资源（NGcR）计划、波音 777、"自由号"空间站、"华盛顿号"核动力航空母舰（CVN73）、DDG-51、"宙斯盾"（AEGIS）导弹驱逐舰都使用了 FDDI，研究资料及数据表明，对于最复杂的舰载作战系统华盛顿号核动力航空母舰，FDDI 技术不仅可行、可靠，而且能大幅提升整体通信能力。

航空电子系统的可靠性关系到系统中任务的顺利实现，更关系到飞行体本身的生存与否。FDDI 的高速化、容错能力、系统重构能力、灵活的拓扑结构，在通信领域得到广泛应用，将成为我国未来航空电子系统互联的重要标准。

参 考 文 献

[1] MIREHANDNIS, KHANNA R. FDDI Teehnology and Application [M]. New York: John Wiley & Sons, 1993.

[2] ISO 9314-l. Information Proeessing Systems Fibre Distributed Data Interfaee (FDDI) -Part1: Token Ring Physical Lager Protoeol (PHY) [S/OL]. [1989-04-13]. https://www.cssn.net.cn/cssn/productDetail/74423ac47ece5ade4586c1bbbe5fcf5f.

[3] ISO 9314-2. Information Proeessing Systems Fibre Distributed Data Interfaee (FDDI) -Part2: TokenRingMediaAeeessControl (MAC) [S/OL]. [1989-05-18]. https://www.cssn.net.cn/cssn/productDetail/9693c4953614088b8dff26ecc79ee980.

[4] ISO 9314-3. Information Proeessing Systems Fibre Distributed Data Interfaee (FDDI) -Part3: Token Ring Physieal Lager Medium Dependent (PMD) [S/OL]. [1990-10-25]. https://www.cssn.net.cn/cssn/product Detail/edf68e0313b45bb6853d6dbd7745e4a2.

[5] ANSI X3T9.5. Fiber Distributed Data Interface station Management [S/OL]. [1982-6-8]. https://www.sciencedirect.com/topics/computer-science/media-access-control-protocol.

[6] ISO 7498. Information Processing Systems-Open Systems Interconneetion Basic Reference Model [S/OL]. [1984-10-1]. https://www.iso.org/standard/14252.html.

[7] Advanced Micro Devices, Inc. The Supernet 2 Family for FDDI [S/OL]. [1996-5-2]. https://www.docin.com/p-395238592.html.

[8] JOHNSON M J. Proof that Timing Requirements of the FDDI Token Ring Protocol are Satisfied

[J]. IEEE Trans, 1987, 35: 620-625.
[9] HAMADAOUI M, RAMANATHAM P. Selection of Timed Token Protocol Parameters to Guarantee Message Deadline [J]. IEEE ACETrans, 1995, 3: 340-351.
[10] MALCOLM N, ZHAO W. The Timed-token Protocol for Real-time Communications [J]. COMPUTER, 1994, 27 (1): 35-41.
[11] 何杰. 高速计算机网络 FDDI 技术与应用 [M]. 北京: 电子工业出版社, 1996.
[12] 窦文华. 高速计算机网络 FDDI [M]. 长沙: 国防科技大学出版社, 1996.
[13] 蔡皖东. 计算机网络技术 [M]. 西安: 西安电子科技大学出版社, 1998.
[14] 陈凯. 基于 VME 总线的机载核心数据处理机系统的设计 [D]. 西安: 西北工业大学, 1998.
[15] 王世奎. FDDI 令牌环与 SAE 线性令牌总线的比较研究 [J]. 航空计算技术, 1998, 3: 29-32.
[16] SAEAS4074. Linear Token Passing Multiplex Data Bus [S/OL]. [2011-11-15]. https: //www.cssn.net.cn/cssn/productDetail/e1195feefed8119ba9a0b406f4d939ba.
[17] QIN Z, SHIN K G. Synchronous bandwidth allocation in FDDI networks [J]. IEEE Transactions on Parallel & Distributed Systems, 2002, 6 (12): 1332-1338.
[18] CHAN E, DAOXU C, CAO J. Timing Properties Of The FDDI-M Medium Access Protocol [J]. The Computer Journal, 1997, 40 (1): 43-49.
[19] VENKATARAMAN R. Designing a VMEbus FDDI adapter card [J]. Proceedings of SPIE - The International Society for Optical Engineering, 1992, 1577: 86-96..
[20] GLASS M. Fibre Channel: Leveraging a Commercial Networking Technology for Military Applications [C]. Portsmouth: Digital Avionics Systems Conference, 1999.
[21] SCHUR K A, KEITH A. A Comparison Of the SAE Linear Token Passing Bus And the Fiber Distributed Data Interface Protocols [C]. Phoenix: IEEE Digital Avionics Systems Conference, 1994.
[22] 陈若玉. SAE 线性令牌传输总线与光纤型分布式数据接口规约的比较 [J]. 航空电子技术, 2001, 32 (4): 6-10.
[23] RAY A. Distributed Data Communication Networks for Real-Time Process Control [J]. Chemical Engineering Communications, 1988, 65 (1): 139-154.
[24] MEYER J W, 吕宗祺. 综合航空电子系统用 SAE AS4074 系列高速容错数据通信标准 [J]. 航空电子技术, 1994, 1: 38-43.
[25] 窦文华. 高速光纤计算机网络 [M]. 长沙: 国防科技大学出版社, 1996.
[26] 王世奎. FDDI 通信接口关键电路的设计 [J]. 小型微型计算机系统, 2000, 21 (12): 1252-1254.
[27] 胡华平, 金士尧. 分布式系统可靠性模型 [J]. 计算机工程与应用, 1999, 8: 1-3.
[28] 徐亚军, 张晓林, 熊华钢. 光纤通道航空电子系统容错拓扑可靠性研究 [J]. 系统工程与电子技术, 2007, 29 (3): 479-482.
[29] 徐亚军, 熊华钢. 光纤通道拓扑结构冗余方法研究 [J]. 电光与控制, 2008, 15 (6): 22-26.

[30] 窦文华. 高速光纤计算机网络 FDDI [M]. 长沙：国防科技大学出版社，1996.
[31] 姜震，邵定蓉，熊华钢，等. 实时网络系统可靠性建模研究 [J]. 航空学报，2004，25 (3)：275-278.
[32] 徐亚军，张晓林，熊华钢. FC 互联的可靠性建模 [J]. 北京航空航天大学学报，2005，31 (5)：539-543.
[33] 徐亚军，张晓林，熊华钢. 航空电子系统 FC 交换式网络的可靠性研究 [J]. 航空学报，2007，28 (2)：402-406.

第 4 章 AFDX 机载数据总线

随着机载电子系统复杂性的增加，为了满足各种复杂飞行条件安全飞行和乘客娱乐要求，对提高机载数据总线带宽的需求也与日俱增。世界航空业巨头波音和空客在 20 世纪就已经将重点转移到开发商用的以太网技术来构建下一代的机载数据总线，这项研究促进了航空电子全双工交换式以太网（Avionics Full-Duplex Switched Ethernet，AFDX）的发展，AFDX 基于 IEEE 803.2 以太网技术，但增加了一些特殊功能来保证网络通信的确定性。目前，航空无线电通信公司 ARINC 开发了基于以太网技术的标准：ARINC 664。

在机载电子系统中，为关键系统提供高速、可靠的实时通信是必要而基本的要求。空中客车公司在其最新研制的 A380 飞机上率先采用先进的全双工交换式以太网航空总线。同时，波音在其最新研制的 B787 飞机中也采用了全双工交换式以太网作为机载数据总线，AFDX 的特点是数据传输的确定性，并能提供很高的数据传输速率，以及大幅度减轻机上电缆的重量。

本章首先简要介绍 ARINC 664 和 AFDX，接着介绍 AFDX 关键技术虚链接和冗余管理，然后分析 AFDX 的消息结构、消息传输及其协议实现，最后描述使用 Actel 器件和开发环境研制 AFDX 接口，并以 Core 10/100、以太网媒体控制器 MAC 和 Actel FPGA 设计实现 AFDX 的终端节点系统（End System）的终端节点和交换机。

4.1 ARINC 664

20 世纪 90 年代后期，国外就开始着手制定基于 IEEE 802.3 以太网的下一代航空数据网络（Aircraft Data Network，ADN），其目标是充分利用商业货架（Commercial Off-the-Shelf，COTS）硬件产品以降低成本，并缩短开发周期，同时保证商用航空对高的传输速率、健壮性和兼容性的要求。这样，ARINC 664 定义了基于 IEEE 802.3 以太网的轮廓，满足 IP 寻址、TCP 和 UDP 传输协议的基本要求。目前，ARINC 664 在不断完善之中，以满足下一代航空数据网络实践的需要。该规范分为如下 8 个部分。

(1) 第一部分，系统概念和简介。
(2) 第二部分，以太网物理层和数据链路层规范。
(3) 第三部分，网络通信协议与服务。

(4)第四部分,网络通信地址结构和端口分配。
(5)第五部分,网络互联服务。
(6)第六部分,保留。
(7)第七部分,全双工交换式以太网(AFDX)。
(8)第八部分,上层和用户服务。

4.2 AFDX 的基本概念及其特点

目前,民用机载数据总线是从 20 世纪的 70 年代投入研发和使用的 ARINC 429,其后波音在其 B777 的研制中采用了速率更高、结构更合理的 ARINC 629,或者是军用机载数据总线 MIL-SD-1553b,数据总线传输速率也在不断提高,从 100kb/s 发展到 1Mb/s 或 2Mb/s,如图 4-1(a)所示,结构也在不断优化,如图 4-1(b)所示。

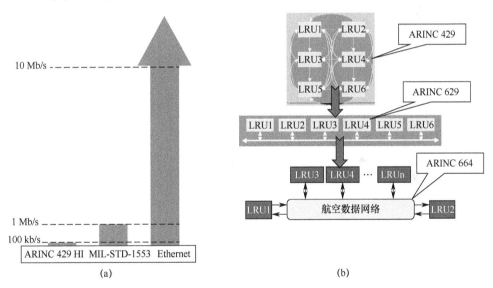

图 4-1 机载数据总线的速率与结构

面对机载电子系统对机载数据总线提出的时间确定性传输、高可靠性和低重量要求,空客公司在 A380 的研制中,开始着手定义下一代航空数据网络,其结果是满足 ARINC 664 的航空电子要求的全双工交换式以太网 AFDX 的推出与实际应用,从 ARINC 429 到 ARINC 664,机载数据总线在不断采用新技术,以实现不断增长的需要,如图 4-2 所示。尽管 IEEE802.3 以太网为广泛的商业应用提供了高速率和低成本,但它并不能满足机载电子系统的健壮性要求,IEEE802.3 的主要不足在于缺乏足够带宽和服务质量(Quality of Service,QoS)保障的要求,AFDX 试图解决这些问题,并尽可能充分利用 IEEE802.3 硬件。

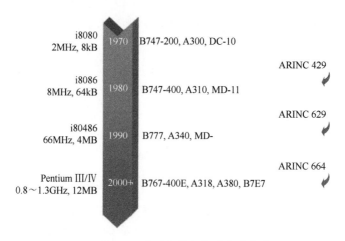

图 4-2 民用机载数据总线的发展

半双工局域以太网已经为大家所熟知了，在这种方式中，多个节点通过同轴电缆互联在一起，网络中没有中心节点，其拓扑结构如图 4-3 所示。

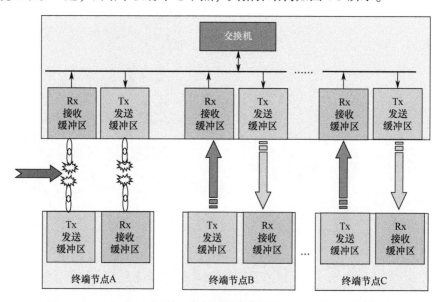

图 4-3 半双工局域以太网

在这种结构方式中，由于没有冗余设计，线路的故障可能导致终端节点与交换机之间，或者是终端节点之间无法正常通信，导致网络瘫痪。

另外，当有两个节点"同时"传输信息时会发生"碰撞"，这时就需要一个节点能够检测传输碰撞，当发生碰撞时，传输节点就重新发送数据。显然，它们也有可能同时重新发送，并且可能再次发生碰撞。为了避免这种现象，每个节点根据重新发送数据的时间间隔选择随机的传输时间，如果再次发生碰撞，则传输节点计算机重新选择前一次时间间隔的一倍为随机传输时间,依次类推。该方法通常称为二进制指数策略。

在上述以太网结构中,由于没有中央控制计算机,理论上,尽管应用二进制指数的策略,但信息包重复传输中的碰撞是不可避免的,这意味着,传输单个信息包时,可能遇到无限的碰撞,从而导致信息包无法成功传输出去。

在半双工的模式中,由于碰撞导致非常大的延迟,这种情况在航空电子数据网络系统中是不可接受的。因此,在 AFDX 的实现结构中,要求每个信息包到达目的节点的最大时间是已知的,这实际上是摆脱了系统碰撞的限制,其实现方法就是采用全双工交换以太网。

AFDX 通过借鉴并采用电信通信标准中异步传输模式(Asynchronous Transfer Mode,ATM)的概念,克服了 IEEE802.3 以太网的缺点,对以太网标准进行了扩展满足确定性网络对带宽和服务保障的要求。

在全双工切换以太网中,为了消除碰撞,以及消除信息包从发送者到接收者的不确定时间。首先要消除半双工以太网中发生的碰撞,采用如图 4-4 所示结构,每个航空电子子系统,如自动驾驶仪、平显等直接连接到全双工的交换机,该交换机包括两个线对,一对用于发送(Tx),另一对用于接收(Rx),同时交换机中具有用于发送和接收信息包的缓冲区。

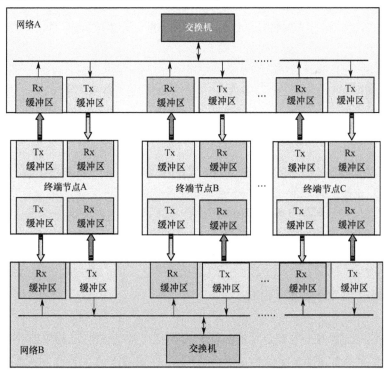

图 4-4 全双工交换式以太网

交换机中的 Rx 和 Tx 的缓冲区可以按照 FIFO（First-InFirst-Out）存储多输入/多输出的信息包，输入/输出处理单元（CPU）的作用是将从输入到 Rx 缓冲区的信息包移到 Tx 缓冲区输出。在上述实现中，通过检查到达 Rx 缓冲区的信息包，决定该信息包的目的地址（虚链接标识），接着通过索引表决定由哪个 Tx 缓冲区发送该信息包，然后，通过内存总线复制该信息包到 Tx 缓冲区，以及按照先进先出的顺序传输信息包到由输出连接所选择的航空电子子系统，或者是另外的交换机。

由于这种全双工的交换结构消除半双工以太网中可能遇到的碰撞。理论上，Rx 和 Tx 缓冲区可能会溢出，但如果机载电子系统所需要的缓冲区的大小合适，就可以避免溢出。

虽然全双工切换的以太网可以避免碰撞，但交换机中信息包的阻塞却是不可避免。这种代替碰撞和重发的交换机结构中，也可能会导致抖动，它主要是由一个信息包等待另一个信息包传输的随机延迟而引起的，这就要求由端点系统和交换机引起的抖动必须得到控制，以便所有的机载电子系统的通信确定性得到保证。

AFDX 提供了可连接到交换机的多达 24 个终端节点的星型拓扑结构，该交换机又可以级连到网络中其他交换机，它是一种确定性的网络，允许连接上的冗余（物理上双连接），以保证带宽和服务保障。

在 ARINC 664 的第 7 部分允许其他总线标准（ARINC 429、MIL-STD-1553b）映射到网络中，以便与 ARINC 664 通信。

AFDX 的主要特点如下。

（1）网络轮廓。在配置表中为各终端节点所定义的参数在启动时装入交换机中。

（2）全双工。物理层的连接介质是两个双绞线对，一对用于接收，另一对用于发送。

（3）交换式网络。网络连接采用星型拓扑结构，每个交换机最多连接 24 个终端节点，交换机可以级连以实现更大规模的网络。

（4）确定性。网络仿照点对点的网络，通过使用虚链接保证带宽。

（5）冗余。双重的网络提供了更高的可靠性。

（6）性能。网络传输速率可选择 10Mb/s 或者 100Mb/s，默认是 100Mb/s。

4.3　AFDX 的组成结构

AFDX 为航空电子设备之间的数据交换提供了电气和协议的规范，它建立在由空中客车公司最早提出的 AFDX 概念之上，其数据传输速率是 ARINC 429 的几千倍。事实上，由于以太网在商业方面的投资和进步，相对于 ARINC 429、

MIL-STD-1553，以及其他数据通信协议，以太网获得持续和惊人的发展，这也是 AFDX 基于以太网的主要原因。AFDX 系统的组成如图 4-5 所示。

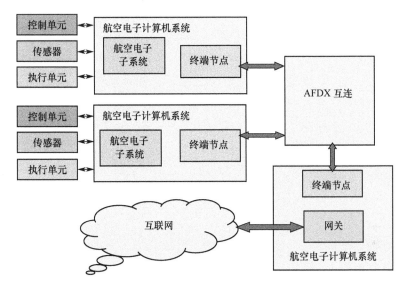

图 4-5　AFDX 网络

图 4-5 所示的 AFDX 系统包括以下组成部分。

（1）航空电子子系统。它是飞机上传统的航空电子子系统，像飞行控制计算机、全球定位系统、疲劳压力监测系统等。航空电子计算机系统为航空电子子系统提供了计算环境，航空电子计算机系统中包含的嵌入式的终端节点系统用于实现航空电子子系统与 AFDX 的连接。

（2）AFDX 终端节点系统（终端节点）。它为航空电子子系统与 AFDX 的连接提供了"接口"，每一航空电子子系统的终端节点接口保证了与其他航空电子子系统安全、可靠地交换数据，该接口向各种航空电子子系统提供了应用程序编程接口（API），保证了各设备之间通过简单的消息接口实现通信。

（3）AFDX 互联。它是一个全双工交换式以太网互联装置，包含一个网络切换开关，实现以太网消息帧到达目的节点，该网络切换技术是基于传统的 ARINC 429 单向消息传输、点对点和 MIL-STD-1553 总线技术。

正如图 4-5 所示，由两个终端节点系统为 3 个航空电子子系统提供了通信接口，第三个终端节点系统为网关应用软件提供接口，实际上，它是为航空电子子系统与外部的 IP 网络节点提供了通信路径，外部的 IP 网络节点可以使用数据存储设备或采集设备。

4.3.1　终端节点系统和航空电子子系统

如图 4-6 所示，航空电子计算机系统与 AFDX 网络通过终端节点系统实现互联,一般情况下,航空电子计算机系统具有支持多个航空电子子系统的功能,同一航空电子计算机系统内各部分之间相互隔离,是通过限制各部分的地址空间和限制各部分所分配的 CPU 时间来实现的。其目的是保证运行在一个区域的航空电子子系统不影响运行在另一个区域的子系统。

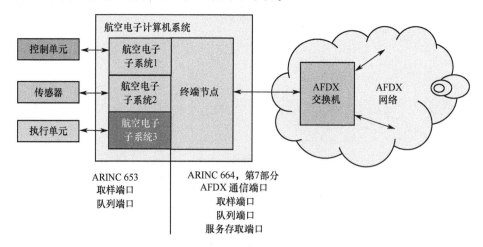

图 4-6 终端节点系统与航空电子子系统

航空电子应用程序之间的通信是通过通信端口消息传输实现的,在 ARINC 653 中给出了编写便携式航空电子设备应用程序接口的说明,这里要强调的是,ARINC 653 定义了两种通信端:取样端口和队列端口,因此,在终端节点系统中必须提供支持取样和队列端口的通信接口。AFDX 端口在 ARINC 664 中定义,包括取样、队列和 SAP 端口,AFDX 取样端口和队列端口对应 ARINC 653 的取样端口和队列端口,在 AFDX 中引入了第三种称为服务访问点(Service Access Point,SAP)的接口,SAP 端口用于 AFDX 系统与非 AFDX 系统之间的通信。

终端节点系统使用两个 8 位标识符:网络 ID 和设备 ID,这些可以组合成 16 位,正如下面将要看到的,终端节点系统标识符用于形成 MAC 地址和 IP 地址。

4.3.2 AFDX 通信端口

航空电子子系统使用通信端口传输消息实现它们之间的通信,通信端口是操作系统应用程序接口的组成部分,为发送和接收消息提供了编程机制,在航空电子子系统起着重要作用的有两类通信端口:取样端口和队列端口。AFDX 终端节点系统必须提供如 ARINC 653 所描述的取样端口和队列端口服务。

如图 4-7 和图 4-8 所示,取样端口和队列端口的不同主要在于接收方式,取样端口缓冲区用于存储单个的消息,接收到的消息重写缓冲区中的消息;从取样端口读取消息时并未从缓冲区中删除消息,因此,可以重复地读取。每一取样端口必须设置一指针,用于指示端口缓冲区中最新的消息位置,如果没有该指针，就不可能知道航空电子子系统传输是否停止，或者是否需要重新发送相同的消息。

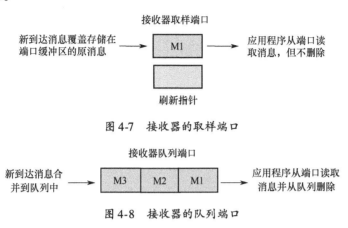

图 4-7 接收器的取样端口

图 4-8 接收器的队列端口

队列端口有足够的存储空间保存一定数目的消息（该参数可配置），保证新的消息可以合并到队列中。当从队列端口读取消息时，就从 FIFO 队列删除该消息。典型的发送和接收消息的程序接口如下：

Send_Msg（port_ID，message）。

Recv_Msg（port_ID，message）。

port_ID 标识通信端口，消息变量指向需发送消息的缓冲区，或者是指向从端口接收的新的可用的消息。

4.4 AFDX 的虚链接

4.4.1 虚链接：AFDX 中的信息包路径

AFDX 网络的核心是虚链接（VL），每个虚链接是从一个源终端节点到一个或多个目的终端节点的传输，建立一个单向逻辑通道，并为每个虚链接分配特定的带宽，带宽的总量由系统设计时所定义。为所有的虚链接分配的带宽不能超过网络的可利用带宽最大值，而且分配给一个给定的虚链接的带宽保持不变。图 4-9 是从终端节点 A 到终端节点 B 和终端节点 n 的虚链接路径。

为了满足非紧迫的数据传输的需要，AFDX 允许建立虚链接的子连接，指定给虚链接的所有子链接的数据队列按环型缓冲区的方式读取并传输，单个子链接的数据不能被分割在多个虚链接上，尽管可以保障虚链接的带宽和虚链接的切换抖动，但却不能保障子链接带宽和切换抖动。从媒体控制层来看，虚链接包含多个子链接，并且以相同的方式处理子链接的数据流，规范指出，虚链接队列至少有管理 4 个子链接队列的能力。

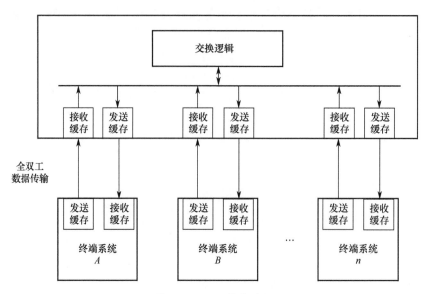

图 4-9　AFDX 传输路径

一个交换机可以支持的虚链接的数目最多是 4096 个，在一个级连交换网络中，系统中虚链接的总数受到跨接在交换机之间连接的限制，规范并没有限定一个终端节点能够处理的虚链接数目。然而，由于受到带宽分配间最大值是 128ms 以及最小值是 1ms 的限制，终端节点可处理虚链接的总数不超过 128，同时，规范规定了一个虚链接可以创建的子链接数是 4。

传统的以太网交换中，输入到以太网的帧根据以太网的目的地址，发送到连接输出的路径，在 AFDX 网络中，使用 16 位的虚链接标识符连接以太网帧，图 4-10 给出了在 AFDX 网络中以太网目标地址的格式。

常数域	虚连接标识
"0000 0011 0000 0000 0000 0000"	16位无符号整数

48位

图 4-10　AFDX 网络中以太网目标地址的格式

AFDX 网络中由交换机"配置"路径，进入的以太网帧被分配链接到一个或多个输出。AFDX 网络中一个重要的特性就是与特定的虚链接标识相关的以太网帧必须在开始就明确定义，并且与终端节点系统一一对应。对于预先所设置好的使用同一虚链接标识所传递的信息帧，需要对 AFDX 交换机进行配置。因此，虚链接源自于单个的终端节点系统，并传递信息包到一固定设置的终端节点系统，这类似于 ARINC 429 中的多总线。

图 4-11 的例子中，当源终端节点系统（1）通过虚链接标识符（VLID）=

100 发送以太网帧到网络中，AFDX 交换机传递帧到预先定义的目的终端节点系统（2 和 3），在终端节点系统中可以建立多于一条的虚链接，每一虚链接可以由一个或多个通信端口传输消息。

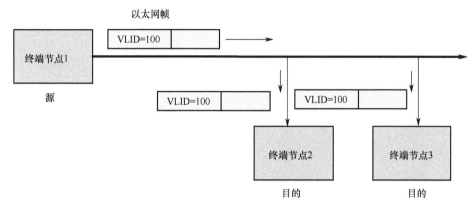

图 4-11　信息包路径的例子

4.4.2　虚链接的隔离

对于使用 100Mb/s 传输速率的终端节点系统可以支持多个通道的虚链接，这些虚链接可以共享 100Mb/s 带宽的物理连接。图 4-12 表示，通过 100Mb/s 的物理连接上可以同时完成 3 个虚链接的传输，图 4-12 同时表明，AFDX 端口 1、2 和 3 的消息通过虚链接 1 传输，AFDX 端口 6 和 7 的消息通过虚链接 2 传输，AFDX 端口 4 和 5 的消息通过虚链接 3 传输。

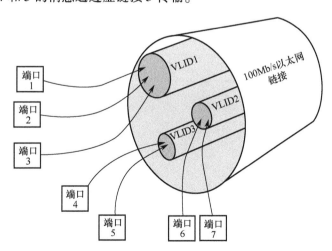

图 4-12　1 条物理连接同时实现 3 条虚链接传输

像需要对航空电子子系统进行隔离一样，为了避免在同一物理连接上不同虚链接之间的干扰，需要一种类似的机制实现虚链接通道的隔离。其实现方法是限制虚链接通道上所传输以太网帧的传输速率，以及限制虚链接通道上所传输以太网帧的大小。

描述虚链接的参数有以下两个。

（1）带宽分配间隙（Bandwidth Allocation Gap，BAG），数值范围从2的1次幂毫秒到2的128次幂毫秒。

（2）L_{max}，以字节为单位，是虚链接通道上可传输以太网帧的最大值。

BAG表示虚链接上所传输的两个以太网帧之间最小的间隔，以ms为单位，如果使用虚链接VLID1的BAG为32ms，那么，在VLID1所传输的每个信息包不能快于32ms；如果VLID1的L_{max}为200字节，那么，在VLID1上的带宽是每秒50000位（200×8×1000/32）。

表4-1给出了BAG允许使用值及其对应的频率。

表4-1 BAG允许使用值及对应的频率

BAG/ms	Hz
1	100
2	500
4	250
8	125
16	62.5
32	31.25
64	15.625
128	7.8125

虚链接的BAG及L_{max}值选择如下。

对特定的虚链接BAG值的选择取决于为AFDX端口所提供虚链接的链路层传输的要求，例如，假设航空电子子系统在同一虚链接的3个AFDX通信端口上完成消息的传输，如果消息在3个端口的频率依次是10Hz、20Hz和40Hz，那么，组合后的消息的频率是70Hz，消息传输的平均周期是14.4ms。按照上述要求，为了选择虚链接上合适的带宽，应选择BAG小于14.4ms，首先可以选择BAG值为8ms，其对应的频率为125Hz。当BAG为8ms时，就可以保证虚链接可以不受阻塞地从3个端口传输组合后的消息。

在源终端节点系统希望减少对每个虚链接BAG的限制，其实现方法是在源终端节点系统运行不同的虚链接调度算法。

L_{max} 的选择依照在虚链接的端口所传输的最大的以太网帧。

4.4.3 虚链接的调度

每个 AFDX 通信端口是与虚链接密切联系的,被发送到通信端口的消息被封装在 UDP、IP 和以太网头,并放置到需传输的虚链接的队列中,在虚链接队列中的以太网帧由终端节点系统中的虚链接调度程序所调度,虚链接调度程序负责该终端节点系统所有虚链接的调度传输。

图 4-13 是虚链接调度的示意图。虚链接调度程序负责保证每个虚链接不超过所分配的带宽限制,虚链接调度程序不但要保证对每个虚链接的 BAG 和 L_{max} 的限制,而且还负责所有虚链接传输的切换,保证由于切换而引起的抖动在可接受的范围内。

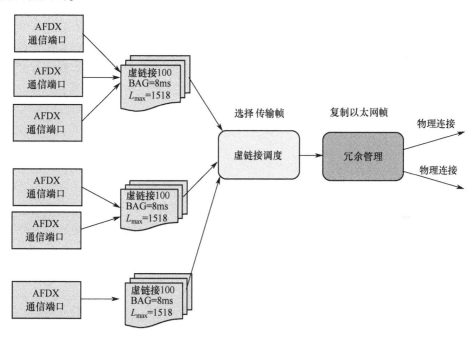

图 4-13 虚链接的调度（一）

发送消息到 AFDX 通信端口的时间受航空电子子系统和连接到系统的各种设备的控制,例如,传感器读数的传输速率为 10Hz,如果传输消息到非空的虚链接队列时就会引入抖动。类似地,冗余管理中对所有虚链接队列的切换,以及在物理连接上的顺序传输都会引入额外的抖动。

在 ARINC 664 规范中要求,在终端节点系统输出的虚链接传输抖动的最大值要求满足下面两个公式:

$$\text{max\_jitter} \leqslant 40\mu s + \frac{\sum_{j \in \{\text{VLs}\}}(20 + L_{\max_j}) \times 8}{\text{Nbw}}$$

$$\text{max\_jitter} \leqslant 500\mu s$$

Nbw 是连接网络带宽（100Mb/s），第一个公式代表了每个虚链接的帧延迟而导致的以太网帧的抖动值，第二个公式是独立于虚链接的绝对要求。它们对所有的 AFDX 网络都适用。

一旦从虚链接队列中选择了传输帧，就为该传输帧赋予一个虚链接顺序号，并发送该传输帧的拷贝到冗余管理单元，同时在物理量连接上完成传输，由于虚链接中的子连接机制，赋值给 AFDX 帧的虚链接顺序号只是暂时用于实际的虚链接调度。如果一个虚链接有多于一个的子连接，在虚链接调度程序未选择实际的传输之前，不会将虚链接顺序号赋给 AFDX 帧。

图 4-14 描述了包含 3 个子链接的虚链接，虚链接调度程序将子链接作为单独虚链接调度，这里，从子链接的环型队列中选择需传输的信息包，在调度程序未实际选中子链接队列中的信息包前，并未为信息包赋予队列号，如果仅仅是一个子链接，那么，就对以太网帧赋予一个队列号并插入到虚链接队列中。

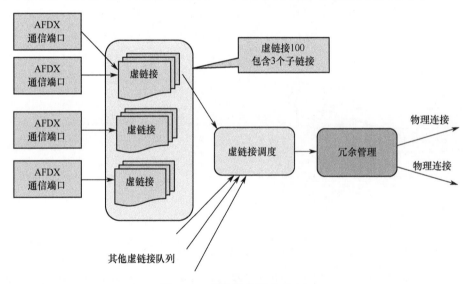

图 4-14 虚链接的调度（二）

4.4.4 抖动

虚链接调度包括了两部分：信息包的调整和多路切换分发。图 4-15 表示了虚链接调整程序从虚链接队列获取信息帧并创建无抖动的输出流，虚链接调度程序还完成复制到冗余管理单元的信息的切换调整。

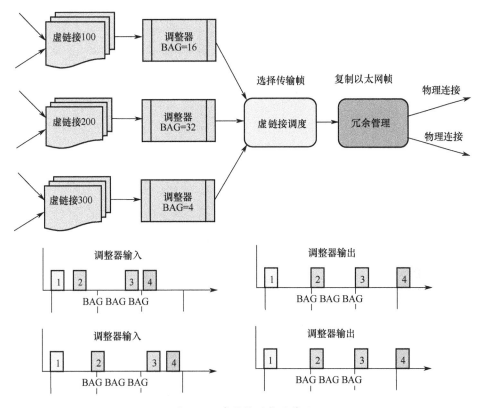

图 4-15 虚链接调整的作用

一方面，调整后的输出包括了调整后的以太网帧信息流，当调整输出与虚链接调度的切换组合在一起时，就引起抖动；另一方面，同时到达多路切换的输入的以太网帧也会形成队列延迟，即抖动。

4.5 AFDX 中的冗余管理

一个 AFDX 网络建成后，在每个终端节点之间有两个独立的路径（包括媒体控制层 MAC，PHY，和电缆），同样，冗余交换防止网络在媒体控制层 MAC 级别或更低的级别（图 4-16）发生故障，默认的方式是在网络上同时传输相同的帧。

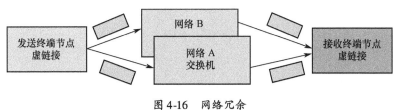

图 4-16 网络冗余

接收终端节点接收第一个有效的帧,并将它传送给应用程序,一旦接收到一个有效的帧,别的具有相同顺序号的帧就被舍弃,冗余选择必须是能够配置的,对一个给定虚链接的帧,可以在网络中两个或者其中一条通道传送。

在 AFDX 系统中有两个交换网络,网络 A 和网络 B。由终端节点系统所传输的每个信息包同时发送到两个网络中,在正常情况下,每个终端节点系统同时接收该信息包,如图 4-17 所示。

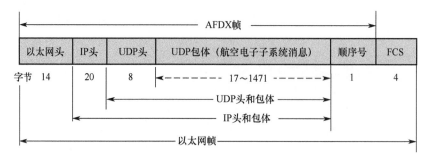

图 4-17 AFDX 帧与序列号

那么,终端节点如何识别到达网络 A 和 B 的信息包呢?在 AFDX 中,所有信息包的传输是通过虚链接来实现的,而虚链接由一个字节的序列域来提供,序列域出现在以太网帧的 FCS 域之前。序列从 0 开始,一直到 255,按 1 递增,序列号 0 保留用于终端节点系统的复位,每个虚链接都有一序列号。嵌入在以太网帧中序列号可参见 AFDX 帧。UDP 包体是 17~1471 字节,如果 UDP 包体小于 17 字节,在 UDP 包体与序列域之间添加附加域。

基于各个虚链接和各个网络端口的接收终端节点系统检查连续帧的序列号,称为"完整性检查",当完整性检查完成后,终端节点系统决定是否接收信息包,或者是放弃,这一过程称为冗余管理,如图 4-18 所示。

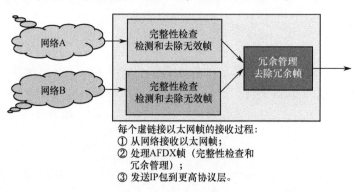

图 4-18 以太网帧的接收处理

4.6 AFDX 消息流及消息结构

4.6.1 AFDX 消息流

当应用程序发送消息到通信端口时，需要对 AFDX 网络中的源终端节点系统、目的终端节点系统进行配置，以便传递消息到合适的接收端口。

图 4-19 给出了航空电子子系统发送消息 M 到端口 1，终端节点系统 1 将消息打包成以太网帧，并通过虚链接 100（以太网的目的地址 VLID 为 100）发送以太网帧到 AFDX 网络交换机中，通过配置网络交换机中的指针表传递以太网帧到终端节点系统 2 和终端节点系统 3 接收，对接收以太网帧的终端节点系统的配置是为了保证该终端节点能确定消息的目的端口，如图 4-19 所示，通过终端节点系统 2 的端口 5 和终端节点系统的端口 6 传递消息。

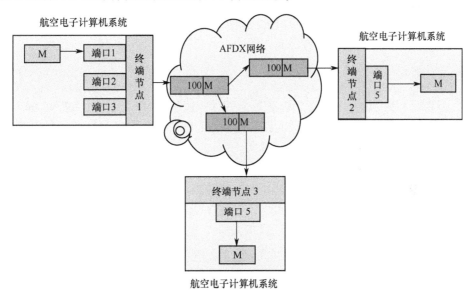

图 4-19 机载电子系统中端口 1 的消息发送

终端节点系统所使用的用于确定消息目的端口的信息包含在所传输的以太网信息包体的头部，如图 4-20 所示。

图 4-20 示出包含在以太网包体中的头部结构。以太网包体包含有 IP 包（头部和包体），IP 包体包含 UDP 包（头部和包体），该包包含有由航空电子子系统所发送的消息。只有在 UDP 包体小于 18 字节时，附加域才是需要的，在这种情况下，附加域用于扩展 UDP 包体至 18 字节；当 UDP 包体大于或等于 18 字节时，不需要附加域。这里需要注意的是，图示中 UDP 包体不能分割为多个 IP 包体，

IP 头的重要功能就是为大型的 UDP 信息包提供分割控制。

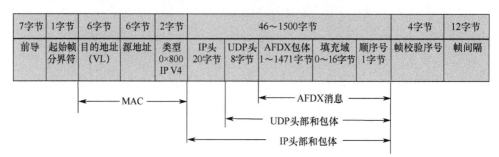

图 4-20 包含 IP 与 UDP 头部和包体的以太网帧

IP 头包含目的终端节点系统标识、分割标识或者是多点传输地址，在多点传输地址情况下，IP 目的地址包含着虚链接标识，UDP 头包含有源和目的 UDP 端口号，一般情况下，在终端节点系统的这些头中包含足够的信息以便决定消息的目的端口。类似地，当构建包含消息的以太网帧时，需要有足够的、与 AFDX 通信端口传输有关的信息，以便为源终端节点系统构建相关的头部。

4.6.2 寻址

AFDX 网络寻址是基于每个终端节点的媒体控制层 MAC 地址，ARINC 664 没有为媒体控制层 MAC 地址分配指定一个算法，它由系统管理员完成，其实现中必须符合 IEEE802.3 对于地址管理规定。

媒体控制层 MAC 地址长度是 16 位，在波音的应用软件中，全部的 16 位都被使用，在空客的应用软件中，只有最低的 12 位被用到，最高的 4 位设置为零。

源地址必须是唯一的地址，同时必须遵循规范中的格式，源地址必须包含一个位，用来识别两个冗余网络中连接的是那个媒体控制层 MAC，目的地址是包含 16 位的虚链接多地址结构。

4.6.3 AFDX 消息结构

为了满足航空电子设计人员自由选择那些最能适合航空电子应用的消息结构，AFDX 包体实际就是功能数据集，其包含功能状态集和数据集，如图 4-21 所示。这些消息包含在 UDP 信息包的包体中，一般而言，对消息的解释取决于航空电子与应用之间所约定的协议关系。

在 ARINC 664 中有两种类型的消息结构：直接的和隐含的。直接的消息结构包含格式信息，保证接收器正确的解释数据；隐含的消息结构没有任何辅助接收器解释数据的描述信息，但这种信息充分利用了网络带宽。

由于在隐含的消息结构中没有直接的格式描述信息，航空电子应用程序需要一种识别所接收数据的消息格式方法，它是通过分析隐含在 AFDX 接收端口的消息结构来实现的，接收消息的 UDP 端口的消息结构往往与应用程序有关。

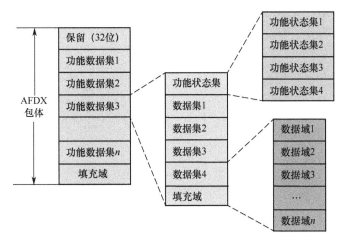

图 4-21 AFDX 消息结构

在因特网中，众所周知的 UDP 端口对应着特定的应用，端口 69 用于 TFTP（Trivial File Transport Protocol）、端口 80 用于 HTTP（Hypertext Transport Protocol）等，由因特网端口权威分配机构管理 UDP 端口号，UDP 端口分为以下 3 组。

(1) 指定端口号：0～1023。
(2) 注册的端口号：1024～4951。
(3) 动态/专用的端口号：49152～65535。

尽管 AFDX/ARINC 664 是自成体系的网络，UDP 端口的分配应该从动态/专用的端口号范围内选择，以免使用网关实现 AFDX 与因特网的通信时与所使用的标准端口发生潜在的冲突。

隐含的消息结构如下。

在 ARINC 664 中定义了 AFDX 隐含的数据类型，分别如下。

(1) 有符号的 32 位整数。
(2) 有符号的 64 位整数。
(3) 32 位浮点数。
(4) 64 位浮点数。
(5) 布尔型数。
(6) 字符串。
(7) 隐含数据。

ARINC 664 标准要求所有的原始数据按它们自然状态分界，例如，64 位浮点数必须按 64 位宽度对齐，地址 0 被认为是 UDP 包体的开始，所有的对齐方式是相对于地址 0 的。

消息结构中前 4 个字节保留，接着，在基本的消息结构中包含有称为功能状态集的 4 节字，然后是 4 个数据集。在消息结构中，基本的消息结构可以重复多次。图 4-22 说明了两种消息结构，左图包含两个数据集，数据集 1 和数据集 2，功能状态集有两个字节，FS1 和 FS2，分别对应数据集 1 和 2。

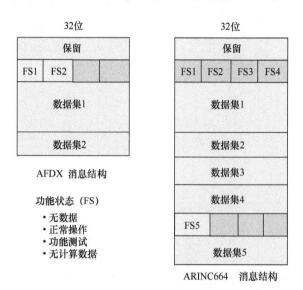

图 4-22　两种消息结构

每一数据集中的功能状态按照功能状态字节进行编码，这样，就有 4 种可能：无数据、正常操作、功能测试和无计算数据。显然，必须对数据集中数据进行分组，以便对数据集中数据确定功能状态。如图 4-22 右边所描述的消息结构中，包含着两个基本的消息结构，5 个数据集和对应的功能状态。

图 4-23 给出的 ARINC 429 数据可以适应于 ARINC 664 消息结构中，原始的数据类型被保留以适应应用程序的需要。

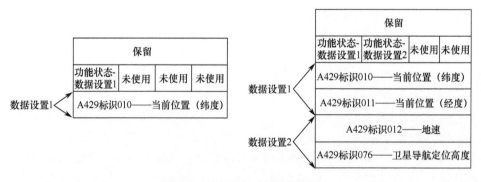

图 4-23　ARINC 664 消息结构

4.7 AFDX 传输协议栈

AFDX 的协议栈包括发送栈和接收栈，其网络协议层可细分为 AFDX 通信服务、UDP 传输层连接服务层（虚链接），如图 4-24 所示。

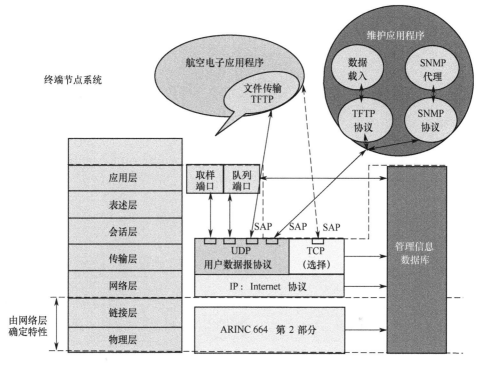

图 4-24 终端节点系统的通信栈

4.7.1 发送协议栈

发送协议由发送到 AFDX 的消息开始，UDP 传输层负责添加 UDP 头，它包含源和目的 UDP 的端口号，大多数情况下，这些端口号由系统配置所决定，并且对每一 AFDX 通信端口是固定的。在 SAP 端口的情况下，应用程序动态地定义 IP 和 UDP 的目的地址。

IP 网络层接收 UDP 信息包并决定是否需要分割，同样，IP 网络层根据使用的虚链接的长度决定是否进行分割，然后，对每个分割段添加 IP 头，以及计算 IP 校验和。IP 层添加以太网头，并将以太网帧排队到虚链接队列中，虚链接层负责调度以太网帧，以便发送、添加队列号，以及传递帧到冗余管理单元，在冗余管理单元帧被复制，并按照帧发送的物理端口 ID 修改以太网源地址。图 4-25 是 AFDX 发送协议栈。

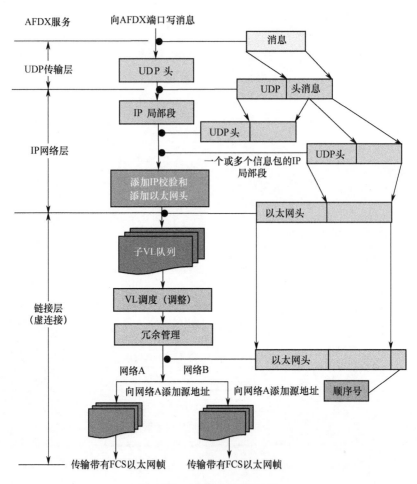

图 4-25 AFDX 发送协议栈

4.7.2 接收协议栈

接收是发送的逆过程,它是从接收以太网帧开始的,使用帧检测序列(Frame Check Sequence,FCS)来检查其正确性。如果没有错误,对 AFDX 帧进行完整性检查和冗余处理,该功能的实现是在虚链接层,其结果就得到了 IP 信息包,并传递给 IP 网络层。

网络层负责检查 IP 校验和,以及对 UDP 信息包的重新组装,如果需要,传递 UDP 信息包到 UDP 传输层,以便 AFDX 消息传输到 UDP 端口。图 4-26 是接收协议栈。

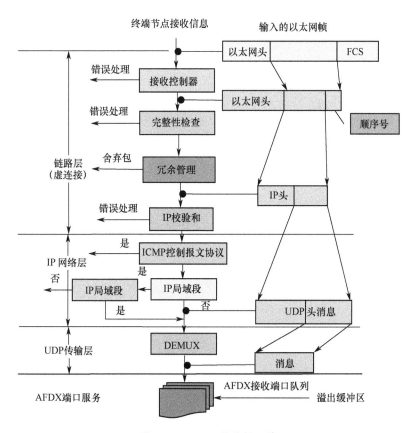

图 4-26 AFDX 接收协议栈

4.8 AFDX 端节点的设计

在 AFDX 的实现中,是从其基本的网络结构所开始的,每个虚链接及其带宽是预先定义的,并且通过终端节点和交换机中的配置文件来控制,设计者不需要开发即插即用的一个适应所有应用的产品,最好的选择是满足实际的需要。

由于没有通用的或者是标准的配置,所以对系统的结构有多种选择,其一是对所有的终端节点定义一个配置集,或者是利用可编程逻辑的优点定义可配置的范围。此外,系统集成者需要为连接到交换机的终端节点定义需求,为了保证 AFDX/ARINC 664 的灵活性和兼容性,需要实现不同厂商终端节点之间的通信。

4.8.1 终端节点总体设计

一旦满足配置需求的系统结构确定之后,就必须确定在硬件和软件方面那些功能最重要,充分利用可编程逻辑器件和 IP 内核的优势。图 4-27 给出了一个例子，其 FPGA 的各组成部分实现功能如下。

(1) CPU。在传输过程中，CPU 担负着帧的发送任务；在接收过程中，CPU 为每个输入帧指定虚链接，并分发虚链接队列中帧，使用 ARM7 32 位的处理器承担上述控制任务。

(2) MAC。使用 Actel 的 Core10/100 以太网媒体控制器完成终端节点传输控制，每个媒体控制器实现单个通道的传输功能，媒体控制器与 IEEE 802.3 和 ARINC 664 兼容。

(3) 终端节点的传输（ES Transmit）。这部分包含校准、BAG 和抖动定时器，以便控制发送到媒体控制层帧的定时。

(4) 传输冗余控制器（Transmit Redundancy Controller，TRC）。传输冗余控制器选择通过通道 A 的物理层（PHY）、通道 B 的物理层（PHY），或者是同时选中两者来传输帧。

(5) 接收冗余管理（Receive Redundancy Management，RRM）。这部分担负着决定接收帧是有效，还是拒绝从冗余通道接收的有效帧。

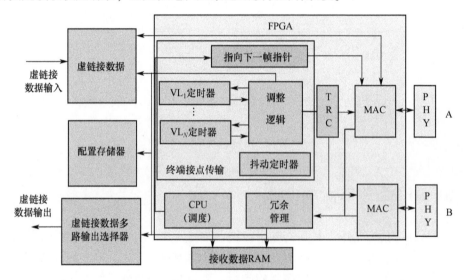

图 4-27 终端系统方块图

下面对终端系统存储器原理进行详细说明，对于 FPGA 来说，存储器既可以是内部的也可以是外部的。

(1) 接收数据存储器（Receive Data RAM）。这部分存储器包含了经过 RRM 处理后的接收帧。

(2) 虚链接接收数据存储器（VL Received Data RAM）。该存储器包含由多路切换器接收的帧。

(3) 虚链接发送数据存储器（VL Transmit Data RAM）。该存储器包含网络中虚链接发送的帧。

(4) 配置存储器 (Configuration Memory)。这部分包含了终端节点所有配置参数，每个存储器区域空间的尺寸、配置、和数据格式由系统结构所决定。

1) CPU

在传送过程中，CPU 负责组织调度要发送的帧；在接收时，CPU 要为接收进来的帧分配虚链接，以及分发这些帧到相应的虚链接队列，在一个 AFDX 系统中，需要有像 Actel ARM7 这样具有 32 位数据宽度的主处理器，以便来管理两种数据流。

在传送中，处理器要完成如下任务。

(1) 系统启动时的配置。

(2) 调度传送帧。

(3) 分发所接收的帧。

对于系统配置，在启动或者复位过程中，CPU 读取配置存储区来决定虚链接的数目、每个虚链接需要的带宽、每个终端节点设备的媒体控制层 (MAC) 地址，然后，CPU 必须写入相应的寄存器来控制调校和配置操作。

调度的实现是 CPU 检查存储在虚链接传输数据存储区输入的虚链接帧，以决定传输的最佳顺序，帧传输中的定时实际是由调整器来决定的，对帧的调度取决于其价值函数，它由下面的参数所决定。

(1) 所传输的帧的序号。

(2) 服务的虚链接数量。

(3) 队列中为下面 n 个帧所分配的虚链接及其长度。

(4) 装入的每个虚链接队列。

(5) 每个虚链接自由传输标志 FIT (Free-to-Transmit) 的状态。

(6) 每个虚链接的 BAG 定时值。

价值函数的准确描述受所开发的系统结构所决定，它是非常复杂的，受虚链接的数量和终端节点要实现的带宽限制。

一旦下一步要传输的帧被选择，CPU 就修改下一个帧指针，以及改变校准器。

2) 媒体存取控制层的实现

媒体存取控制层担负从虚链接传输存储区传输数据，由调度程序所定义，以及由校准程序所控制；在接收方面，媒体存取控制从物理层获得数据，并传递给冗余管理器。

媒体存取控制层功能的实现中，可以使用 Core 10/100 以太网媒体控制器，媒体存取控制器通过控制寄存器和状态寄存器与 CPU 的通信，同时，通过 DMA 控制外部共享 RAM。进行数据传输时，Core 10/100 作为 DMA 主控者，它自动从传输缓冲区获取数据并存储接收数据到外部的 RAM，保证对 CPU 影响为最小。

外部 RAM 配置成 FIFO 方式，并将传输存储区和接收存储区分配单独的存储空间，如图 4-28 所示。

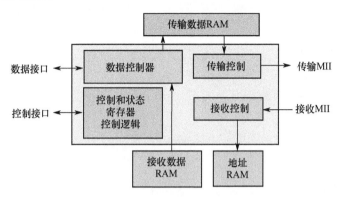

图 4-28　Core10/100 方框图

与物理层的通信是由媒体接口（Media Independent Interface，MII）完成的，以太网媒体控制器提供与 8 位、16 位、32 位的 CPU 连接的接口。

3）终端节点数据传送

终端节点传送包括调校器（Regulator）、BAG 和抖动定时器，以便控制发送到 MAC 帧的时序，这部分最复杂的是调校器，调校器必须执行以下任务。

（1）将帧传送到媒体控制层 MAC 以便发送，适应给定的虚链接带宽限制并和 ARINC 664 一致。

（2）控制 BAG 和抖动定时器。

（3）同时监控 BAG 和抖动定时器来设置 FIT 标志。

（4）为下一个将要传送的帧的冗余性进行 TRC 预警。

下面是实现这部分的应用实例，最佳的方案取决于终端节点将要处理的通信量的数量和类型。

该方案是将所有的虚链接都同步，这样传送只在 1ms 的边界发生（最小的 BAG 值），从而使控制逻辑和定时简单化。

每一个虚链接都拥有自己独立的 BAG 定时器，如果两个虚链接拥有相同的 BAG 值，但它们也不能使用同一个定时器，因为不同虚链接的数据可能会在不同的时间传送到媒体控制层 MAC，BAG 定时器是独立运行的，当抖动控制器定时器超时溢出时就重新复位。

这个方案中使用了一个单独的抖动定时器，它用来确定在最大带宽和 BAG 范围之内情况下，帧是否一直在继续传输。当抖动定时器发生溢出，在到达下一个 1ms 的时间周期前，通过复位来挂起。

对每个虚链接流由本地控制逻辑设置了 FIT 标志，向调整器表明该虚链接可以用于传输。图 4-29 两个虚链接流信号的相对时间，VL_A 的 BAG 值为 2ms，VL_B

的 BAG 值为 4ms。

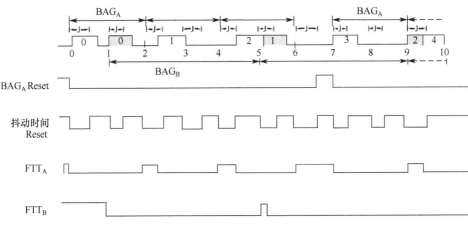

图 4-29 终端节点传输时序

下边按事件发生顺序，对各事件进行详细描述。

（1）输出传送顺序以 VL_{A0}（VL_A，帧 0）开始，在 0ms 传送。

（2）在 1ms，传送 VL_{B0}。

（3）在 2ms，设置 FIT_A 标志，在 2ms 后，并且 BAG_A 间隔后，在抖动间隔，发送 VL_{A1}，同时复位 FIT_A 标志。

（4）在 2ms，设置 FIT_A 标志。

（5）在 4ms 后，在下一个有效的 BAG_A 和抖动间隔，传送帧 VL_{A2}，复位 FIT_A 标志服务。

（6）在 4ms 时，设置 FIT_A 标志。

（7）在 5ms 时，以及在抖动周期内完成 VL_{A2} 传输，设置 FIT_B 标志。

（8）在 5ms 过后，以及在抖动周期内，当 VL_{A2} 完成了传送，传送 VL_{B1}，复位 FIT_B 标志。

（9）在 6ms 时，设置 FIT_A 标志。

（10）在 6ms 以及抖动周期，因为 VL_A 没有帧准备传送，BAG_A 定时器复位挂起。

（11）在 7ms 时，VL_A 的帧可供使用，进行 VL_{A3} 上传送，BAG_A 定时器复位，以及复位 FIT_A 标志。

（12）在 9ms，在 VL_{B2} 上进行传送，设置 FIT_A 标志。

（13）在 9ms 后，以及抖动周期，传送 VL_{A4}，设置 FIT_A 标志。

在选择的 1ms 周期，调整器检查传输队列中的下个传输帧，以决定该帧属于哪个虚链接，一旦虚链接可供使用，调整器检查虚链接的 FIT 标志状态，如果设置了该标志，表明可以进行帧的传输，调整器就确定媒体控制层（MAC）是否准备好帧的传输，如果条件就绪，就命令 MAC 传输内存中下一个帧。在启动和复位后，每个 FIT 标志在设置态，以及每个 BAG 定时器保持在复位态，直到与帧相关的虚链接完成了初始化和帧的传输。

4）传送冗余控制器（TRC）

按照 ARINC 664 规定，传送冗余必须是按虚链接对虚链接的方式，TRC 将会传送帧给媒体控制层 A、媒体控制层 B 或是两者，取决于从调整器的输入。

5）接收冗余管理

这部分负责决定接收到的帧是否有效，以及拒绝从冗余通道接收到的有效帧的副本，如图 4-30 所示，主要有两方面的功能。

（1）完整性检查。对每个接收通道，这部分决定所接收到的帧是否有预期的虚链接顺序号。

（2）冗余性检查。这部分只传递通过有效的帧，同时删除复制的帧。

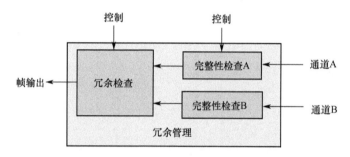

图 4-30　冗余管理方框图

4.8.2　完整性检查与冗余检查

对于每一个通过 MAC 接收到的帧，完整性检查器必须检验接收到的帧是否拥有预期的虚链接顺序号，预期的顺序号是当前的帧号加上 1 或 2，该检查一直持续到接收最后一个帧。

顺序检查允许对并行通道连接中的单个帧，而可以不考虑冗余设置。

对于超出范围的有效的顺序号，存在下述特殊情况。

（1）顺序号 0 永远是被接收的，因为它指示终端节点传输的复位。

（2）在终端节点复位后，对于接收的第一个有效帧，任意帧顺序号都可以接收。

如果完整性检查器遇到无效帧，则记录下该帧，并标识系统错误。

激活该项功能时，每个虚链接使用给定的顺序号处理第一个有效帧，从通道 A、通道 B，或者是两个通道接收的有效帧均需通过冗余检查器，如果冗余检查器发现同一个帧的两个备份，它就传输第一个而舍弃第二个，并不对两个帧的内容进行比较。当舍弃时，同时移动两个通道上接收的所有帧，在虚链接对虚链接通信中，也可以屏蔽冗余检查。

当接收帧时，冗余检查器所依据的参数 SkewMax，SkewMax 是接收有效帧之间最大时间，是由系统集成者针对每个虚链接所定义的，如果对一个虚链接的 SkewMax 超出范围，冗余检查器就复位完整性检查器，以便接收下一个有效帧，这种机制允许终端节点有暂时数据错误。

4.9 AFDX 端系统的实现

本节结合 AFDX 具体协议标准和功能需求，介绍端系统的具体实现，将端系统划分为驱动模块、传输模块和通信配置加载模块 3 个子模块，驱动模块提供网络通信端口；传输模块主要完成数据收发，提供 AFDX 网络确定性等协议内容；通信配置加载模块建立传输模块中 AFDX 端口号与传输模块中的虚拟链路号之间的映射关系。

AFDX 网络的虚拟链路机制保证网络的确定性，冗余管理机制实现数据传输的可靠性。AFDX 端系统协议栈的虚拟链路层不仅可以实现以太网链路层的功能，同时也支持 VL 机制和 RM 功能。虚拟链路层不仅可以实现 OSI 模型链路层的功能，同时也通过引入了虚拟链路的概念实现了流量的管理功能，因此依据功能可以划分为两部分即 MAC 和 VL；MAC 部分以太网的协议标准实现链路层的功能，VL 部分是依据 AFDX 协议通过网络规划设计者预先配置包括抖动、最大帧长以及带宽分配间隔等 VL 属性实现控制 VL 的功能。

参照 ARINC 664 协议 Part7 中对端系统的功能性需求，可以将数字化的端系统分解为驱动模块、传输模块和通信配置加载模块 3 个部分，以及完成运行参数监控记录。图 4-31 是端系统功能划分。

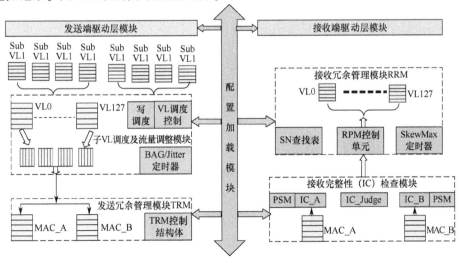

图 4-31 端系统功能划分

（1）驱动模块。提供 AFDX 通信端口（包含队列及采用）和 SAP 端口的会话接口服务，并完成传输层 UDP 头的封装、IP 数据包的分片处理以及 ICMP 服务等。

（2）传输模块。提供 AFDX 网络确定性等协议内容。主要完成数据收发时所涉及的子虚拟链路调度、流量规整、冗余管理以及完整性检查等功能和性能上的需求。

（3）通信配置加载模块。通过加载通信配置数据对驱动模块中三类端口的传输特性以及传输模块中虚拟链路特性参数等的配置，建立起传输模块中 AFDX 端口号与传输模块中的虚拟链路号之间的映射关系。

（4）错误警告计数。完成对运行过程中的端系统各项监控参数等指标的更新和记录。

4.9.1　端系统驱动模块的实现

在发送前，发送 SAP 端口应该和源 UDP 端口、源 IP 地址与目的 VL 绑定，并在发送时由用户通过发送 SAP 端口指定目的 UDP 端口和目的 IP 地址。在接收前，接收 SAP 端口应该和目的 UDP 端口、目的 IP 地址与目的 VL 绑定，并在接收时由用户通过接收 SAP 端口获取源 UDP 端口和源 IP 地址。当 SAP 端口采用 FIFO 策略发送数据时，先进入队列端口的应用数据，先经从 AFDX 交换机物理端口被发送到 AFDX 网络中，后进入 FIFO 队列端口的应用数据后从 AFDX 交换机物理端口被发送到 AFDX 网络中。

当 SAP 端口采用 FIFO 策略接收数据时，服务端口应该向用户先提交由源端系统先发送的应用数据，后提交由源端系统后发送的应用数据。SAP 服务端口发送应用数据时，如果发生缓冲区的溢出情况，端口服务应该有相应方法进行异常处理。FIFO 缓冲是否溢出是通过比较系统参数配置 FIFO 缓冲的深度、长度与 FIFO 缓冲实际使用情况来判定的。

在 SAP 服务模式下，在应用数据发送过程中如果发生缓存深度溢出的情况，服务端口应该向用户给出一个缓冲深度溢出的异常指示，并且将该数据丢弃。

SAP 端口服务必须保证应用数据正确的发送顺序接收顺序。SAP 端口在发送应用数据时，应该遵循先入先出（FIFO）的准则管理发送应用数据的缓冲。给定的数据没被发送之前不允许新数据的覆盖。SAP 端口服务在接收应用数据时，应该遵循 FIFO 的原则管理接收应用数据的缓冲，给定的数据在被用户取走之前不允许新数据的覆盖。

4.9.1.1　UDP 层

根据 ARINC 664-P7 中规定，UDP 的源端口号和目的端口号的取值范围应当在[0, 65535]之间。每个 UDP 服务访问点都应该能够处理最大 8192 字节的应用数据。AFDX 通信不允许出现空 UDP 报文。UDP 报文格式中的 UDP 长度占 2 字节，UDP 的首部长度与 UDP 应用数据字节长度之和为 UDP 长度字段的值。

UDP 协议层作为面向数据报的一个简单传输层协议，通过向上层应用提供协议端口确保进程间的数据通信。发送数据时，UDP 层对应用层递交下来的应用数据进行协议封装，形成标准的 UDP 报文，然后递交至 IP 层；接收数据时，UDP 层对 IP 层提交上来的 UDP 报文进行协议解封装，将应用数据提交给应用层。

由于 UDP 相对效率较高，SAP 服务采用 UDP 通信。ES 协议栈对 TCP/IP 描述的 UDP 协议进行了协议定制。UDP 首部包含 16 位源端口号、16 位目的端口号、16 位的 UDP 长度以及 16 位的 UDP 校验和。

UDP 校验和覆盖 UDP 首部及 UDP 数据。按照 ARINC 664-P7 规范，在数据发送端不需要产生 UDP 数据校验和，在数据接收端不对 UDP 校验和进行检查。UDP 报文中的校验和字段占 2 字节，对应的字段值应为 0×0。

4.9.1.2　IP 层

IP 层的作用是处理分组在网络中的活动，IP 协议实现 IP 数据报的封装、数据报的分片、分片以及分片重组控制等功能。

为了保证数据传输的可靠性，ARINC 664-P7 使用了较为复杂的 IP 数据报的首部格式，其中诸如服务类型（TOS）和生存时间（TTL）字段不做过多要求，按照常数域进行处理。

IP 首部中的首部长度字段占 4 字节的空间，IP 首部共占 20 字节，IP 首部中的首部长度字段值应当为 0×5。

IP 首部中 TOS 的字段占 8bit 的空间。其中前 3bit 代表优先权，该字段忽略不用，中间 0bit 代表服务类型，最后 1bit 未使用。其中服务类型 4 位中，取值时只允许一位为 1，从高到低分别表示最小延时、最大吞吐量、最高可靠性和最小费用。如果全部为 0，则表示为一般服务，AFDX 中使用全部为零的情况。

发送数据时，IP 层对 UDP 层递交下来的 UDP 报文进行封装，形成符合 ARINC 664 规范的 IP 数据报。必要时进行 IP 分片操作，将形成的 IP 分组递交给 MAC 层。发送过程是协议栈软件 IP 层进行 IP 封装的过程，协议栈软件会按照 IP 数据报各字段和格式的具体要求进行报文封装。

接收数据时，IP 层对 MAC 层提交上来的 IP 数据报进行协议解封装。必要时，通过 IP 分片重组将提取得到的 UDP 报文提交给 UDP 层，见表 4-2。

ARINC 664-P7 中规定，发送 VL 能够发送的 AFDX 帧的长度有范围的限制。其最大帧长是 1518 字节，最小帧的长度为 64 字节。由此得到协议栈允许向 MAC 层提交的 IP 数据报的最大和最小长度分别为 1499 字节和 45 字节。为了满足规范的要求，若 IP 数据报的长度大于 1499 时，则应该在数据发送端完成 IP 分片。IP 重组是在数据接收端完成的。IP 首部中的分片控制标志占 3 字节，具体介绍见表4-3。

表4-2 分片标志字段标识表

字 段	名 称	说 明
MF	More Fragment	该位为3位控制标志中最低位，MF为1时，表示后面还有分片，该位为0时，表示是数据报中最后一个IP Fragment
DF	Don't Fragment	为1时，交换机不再接收数据，为0时，交换机继续接收数据

表4-3 IP分片过程数据

分片过程相关量值	物理意义	计算方法
Len	待分片IP数据包总长度	
VLmax	发送VL能够处理最大帧长	
userDataLen	待分片IP数据包中应用数据长度	Len IP 头长度-UDP 长度
IPLoadMax	IP最大载荷数据长度	VLmax-（MAC帧头和尾长度 + IP头长度 + SN号长度）
maxFragmentDataLength	分片最大长度	IPLoadMax-IPLoadMax%8
N	IP分片总数	(len-1)/maxFragmentDataLength + 1
lastFragmentLen	最后一个分片IP长度	(userDataLen + UDP 头长度) - (N-1)
Offset	各IP分片偏移	maxFragmentDataLength

若IP分片是若干IP分片中最后一个分片时，IP首部中的分片控制标志中的MF字段应当置为0，如果不是最后的一个分片则应当置为1。协议栈发送数据时，IP首部中的控制标志中的DF字段应当置0。

IP首部中的片偏移字段占13bit的空间，对应字段表示较长的IP数据报在被分片之后，某分片在原来数据报中的相对位置，该相对位置的值是从IP数据报中的用户数据片段的起点算起。当IP数据报被分片时，协议栈软件应该用片偏移来表示对应分片在原分组中的相对位置。

IP分片规则见表4-2，以一个长度为3820字节的IP数据报为例，用来发送的VL的最大帧长为1441字节，按如上所述的IP分片操作规则进行分片，分片相关过程量值表示如下。

（1）待分片IP数据报长度Len是3820。

（2）发送VL能够发送最大的帧长为VLmax为1441。

（3）待分片的IP数据报中应用数据长度userDataLen为 $3820-20-8=3792$。

（4）IP最大负载长度IPLoadMax为 $1441-(18+20+1)=1402$。

（5）分片后 IP 分片最大长度 maxFragmentDataLength 为 $1402 - 1402 \times 8\% = 1400$。

（6）IP 分片的总个数 N 为 $(3820 - 1)/1400 + 1 = 3$。

（7）最后一片 IP 分片长度 lastFragmentLen 为 $(3792 + 8) - (3.1) \times 1400 = 1000$。

（8）各 IP 分片中片偏移量 Offset 为：

（9）第一片 IP 分片偏移量为 $1400 \times (1.1)/8 = 0$。

（10）第二片 IP 分片偏移量为 $1400 \times (2.1)/8 = 175$。

（11）第三片 IP 分片偏移量为 $1400 \times (3.1)/8 = 350$。

接收过程是协议栈软件 IP 层进行 IP 解封装的过程，协议栈软件接收到 IP 数据报时会按照 IP 数据报格式和各字段具体物理意义进行有效性检查，并对 IP 分片进行重组。

当 IP 层接收来自 MAC 层 IP 数据报时，如果接收到的是一个原始 IP 数据报分片形成的同系列的 IP 分组，则需要对这些 IP 分组进行重组，得到原始完整的 IP 数据报；如果接收到的一个完整的、原始的 IP 数据报（发送时未分片），则不需要进行数据报重组。需要重组的 IP 分片需要满足如下需求。

（1）协议栈接收数据时，当 IP 分片中分片标志字段中的 MF 位为 1 时，协议栈软件还应查看下一 IP 分片的数据，直至遇到相同片段标识符的 IP 分组分片标志字段中 MF 位为 0 时，初始 IP 数据报才算被得到，否则将该 IP 分片丢弃。

（2）IP 首部的片偏移字段表示较长的 IP 数据报在被分片后，某个分片在原来数据报中相应的位置，该位置的值是从 IP 数据报的数据载荷的起点算起。

（3）协议栈接收数据时，协议栈软件接收到的 IP 数据报 IP 首部中片偏移标识（占 13bit 空间）应能正确标识此分片在原 IP 数据报中的相对位置；否则，将该 IP 分片丢弃。

（4）协议栈接收数据时，IP 层收到源自相同 IP 数据报的几个 IP 分片的标识字段应该完全相同；否则，协议栈软件对这些 IP 分片进行丢弃处理。

（5）协议栈接收数据时，协议栈软件接收到的 IP 数据报的目的 IP 应当在协议栈通信配置参数中；否则，协议栈软件应该对该 IP 数据报进行简单丢弃。

（6）协议栈接收数据时，协议栈软件应当支持对接收 IP 数据报数目的统计。这里，在统计接收 IP 数据报数目时，不考虑 IP 数据报的合法性。

（7）协议栈接收数据时，协议栈软件应当支持对 IP 校验和错误的报文数目的统计。

4.9.2 端系统传输模块的实现

端系统传输模块完成 AFDX 端系统的数据发送、数据接收、流量规整以及冗余管理等功能。端系统传输模块由发送与接收功能两部构成，如图 4-32 所示。

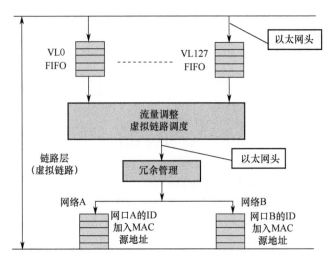

图 4-32 发送工作过程（VL）

4.9.2.1 端系统发送功能设计

端系统数据发送功能包括如下内容。
（1）虚拟链路调度模块（含抖动）。
（2）流量调整。
（3）发送冗余管理。
（4）发送虚拟链路数据存储。

1）发送虚拟链路

数据帧经过帧格式封装后被放入 VL 队列中，同时进入虚拟链路层，由 ES 协议栈虚拟链路层的上层应用完成封装。虚拟链路层完成对各虚拟链路队列的帧流量调整整形，调度帧的发送时间完成多路 VL 的复合，需要发送的数据帧完成帧结构中 SN 号的填充后被发送到 RM 单元，依据帧的 VL 配置信息判断该帧是否为冗余帧，是否需要进行冗余发送，若结果为冗余帧，则完成帧的复制并将其发动到对应的 MAC 单元，同时更新发送物理端口 ID。

2）流量调整整形

流量调整整形意味着在虚拟链路层对进入 VL，即将发送的数据帧的时间间隔由混乱无规则的情况规整为固定的时间。网络集成者对每条虚拟链路的 BAG 等相关参数依据协议进行预先配置，通过在固定的时间间隔内只发送单个帧实现对该路上传输的数据帧发送时间的规整，如图 4-33 所示。

ARINC 664 协议标准对取值范围为 1~128ms 的 BAG 规定 AFDX 网络的集成者必须依据实际的应用需求为每路 VL 提前进行配置，BAG 需要同时满足公式：$BAG = 2^n$，n 为整数，取值从 0 到 7。因此，协议栈虚拟链路层的流量整形功能通过 BAG 将虚拟链路单次数据传输的时间规整为固定值，网络的传输延迟也被控制在一定范围，确保了网络的确定性。

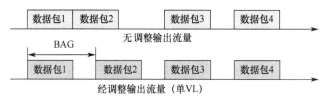

图 4-33　数据流量调整整形

每个抖动窗口拥有固定的间隔（BAG），通过严格控制每个分组的发送在抖动窗口中进行，从而可以确保链路的抖动和有效带宽。因此，在每路 VL 都确保自己的抖动 Jitter 与 BAG 计时单元的情况下，可依据对 BAG 以及 Jitter 的配置要求从而实现发送判断。

在 AFDX 网络中参数抖动以及 BAG 是确保网络服务质量以及确定性的重要因素，具体由流量整形模块来保证实现。流量整形模块主要包括抖动计时器、BAG 计时器、BAG 配置结构体和整形控制单元，其中模块对应 VL 的 BAG 值保存于 BAG 配置结构体中。

为了使每条虚拟链路能够完成一个流量规整器的作用，同时也为了应用配置更加方便，每条虚拟链路利用一个 BAG 计时器，计时器用来实现 BAG。当每次的计时器值为 BAG 时，如果存在数据需要被发送的情况，则同意发送同时重置计时器开始计时，如果存在数据的时间间隔小于一个 BAG 的情况，需要将时间间隔规整为一个 BAG，这一过程通过规整器实现，同时为了保证网络的确定性，防止其他路 VL 带来额外延迟，确保每路 VL 独立的带宽，每个规整器都通过相互独立的硬件来完成。

3）发送冗余管理

数据帧是否需要进行冗余发送取决于网络设计者对 VL 的实际配置情况，在一般情况下，为了提高数据传输的有效性，VL 的配置都应该支持冗余发送。AFDX 协议为了简化数据的接受过程，对相邻帧的发送间隔做出了规范，即最大发送间隔应该控制在 500μs 以内。

虚拟链路层的 TRM（Transmit Redundancy Management）功能即指帧的传输方式需要依据 VL 的 RM 状态来决定，以网络 A 和网络 B 为例，即存在只在其中之一传输和同时在两个网络实现传输（即冗余传输）这 3 种方式。如果判断该数据帧为冗余帧，需要冗余发送，则复制该帧同时对帧结构中的 Interface 字段进行修改，最后由对应的网络传送到目的端系统。

4）虚拟链路 VL 调度

由于多路 VL 可以在同一个端系统内使用，但是在同一时间内，AFDX 网络的物理链路层仅允许发送单路 VL 的数据，所以各路 VL 需要在端系统协议栈的虚拟链路层通过流量整形实现多路复用，最后进行传输。为了提高传输效率，实现在一条链路上对多路 VL 上数据的传输，就需要进行对虚拟链路进行多路复用，数据在各路 VL 上传输形成了帧数据流，多路复用就是将 ES 各条虚拟链路的帧数据流复用至一条实现数据的传递。

抖动（Jitter）是虚拟链路层在 VL 的调度过程中由于多路 VL 存在发送竞争而引起的。具体原因是：由于每条虚拟链路具有自己固定的发送时间间隔，在通过一定算法进行多路复用时，会存在各条虚拟链路在某个时间点由不同的 BAG 所导致的发送竞争，调度是针对单条虚拟链路，因此，其他各路 VL 上数据的传输受到影响，不能正常完成发送，也就产生了 Jitter。抖动作为虚拟链路调度进行多路复用导致的一种发送延迟，其时间间隔是固定值，从帧结构方面分析，具体为 BAG 和帧的首位实现发送之间的时间。

在确保每路 VL 的 BAG 的情况下，VL 经过多路复用后，数据帧的调度是 VL 在一定的抖动范围内完成的，决定了帧发送的顺序。图 4-34 为虚拟链路的调度示意图，有 VL1 和 VL2 两路 VL 参与调度。

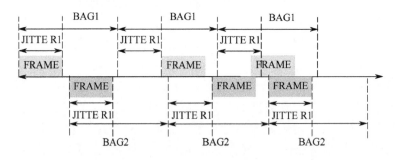

图 4-34　虚拟链路调度示例

4.9.2.2　端系统接收功能的实现

端系统的接收功能实现中包括如下内容。

(1) 接收虚拟链路数据存储。

(2) 完整性检查。

(3) 接收冗余管理

1) 接收虚拟链路数据存储

端系统接收到 AFDX 帧时需要对帧格式的最后一个字段进行校验（即 FCS 校验），校验由虚拟链路层的底层应用来完成。通过对帧结构中的 SN 字段进行完整性检查，数据帧完成无效帧的判别。如果被判别为无效，该数据帧将被丢弃；如果该帧序列号正确，则有效，同时被发送到 RRM 单元，RRM 单元主要负责对完成校验的有效帧传递到上层应用。

2）完整性检查

数据帧的完整性检查包含次序完整性、内容完整性以及源完整性三类，下面分别对其进行介绍。

次序完整性通过序列号 SN 对 AFDX 各路 VL 上传输的帧按照顺序完成编号，因而，依据某些特定的算法，端系统接收到数据时，会依据帧结构中的 SN 字段判断对帧序列的完整性和有效性进行判断检查，即 IC（Integrity Check）。完整性检查支持冗余链路，对连续接收到的各自相互独立的 VL 上的帧进行各自检查，整个过程不受其他链路的影响。

AFDX 协议标准对 IC 的规则做出规定，主要内容如下。

准则 1：RSN = PSN + 1；

准则 2：RSN = PSN + 2；

准则 3：RSN = 0 或各路 VL 在目的端系统复位后接收到的首个帧。

对于当前接收到帧，定义其序列号为 Received SN（简称 RSN）；同一路 VL 上对于前一个接收到的帧的序列号称为 PSN（Previous SN）；操作符"+"指序列号在 1~255 的取值范围内完成循环的进行加计算，在 SN 大于 255 的情况下，序列号必须回归循环流程的起点，用数学公式表达：若 PSN = 255，RSN = PSN + 1 = 1。

准则 1 意味如果接收到的帧为继上一帧后的后续帧，则当前帧的 SN 是与期望相符的序列号。

准则 2 的表达式提高了 IC 的可靠性，在数据的传输过程中，会出现由于单个帧异常或者交换机阻塞导致帧序列流乱序现象，准则 2 有效避免了这种现象。

接收端数据的内容完整性由序列（FCS）和 4 字节的帧校验完成。以太网协议标准中规范了 CRC32 码为数据帧的帧校验序列 FCS 方式。作为分组码中的重要的线性码，CRC（Cyclic Redundancy Check）用来确定在物理层传输过程中的数据是否存在产生错误的的情况发生。CRC 不仅能依据线性移位寄存器相对简单地完成编码、译码，而且在理论方面同时拥有很好的代数结构，因此，编码简单以及误判的低概率性成为其特征。图 4-35 表示以太网帧的 FCS 计算过程。

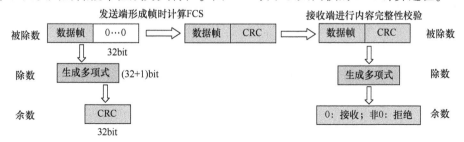

图 4-35　计算 CRC 生成帧校验和序列

在发送端,将32bit个0附加于数据帧的最后。依据IEEE规定生成多项式的长度需为FCS长度加1。

以新添0后的数据单元为被除数,提前决定的生成多项式所对应的33位二进制序列为除数,进行二进制除法后得到的余数为CRC。

根据第二步获得的32位的CRC值代替在数据单元最后附加的32bit 0。

目前,普遍采用以下3种生成多项式。

CRC-CCITT:$X16+X12+X5+1$;

CRC-16:$X16+X15+X2+1$;

CRC-32:$X32+X26+X23+X22+X16+X12+X11+X10+X8+X7+XS+X4+X2+X+1$。

以太网协议中对CRC 32的生成多项式做出了规定:$X32+X26+X23+X22+X16+X12+X11+X10+X8+X7+X5+X4+X2+X+1$,即为计算FCS的生成多项式。

源完整性将根据当前接收帧中的目的VL号和目的UDP端口号查找该数据帧源端的配置信息(源MAC、源IP和源UDP等),并进一步对比所收数据帧的源MAC、源IP以及源UDP的与对应配置信息的一致性检测。

3)接收冗余管理

经过冗余发送的AFDX帧以及它的复制帧互为冗余帧,目的接收端接收到会接收到两个完全相同的数据帧,虚拟链路的IC机制和RM机制是各自独立,互不影响的,对各条虚拟链路上的数据帧的帧序列进行顺序检查并不会影响相应的冗余帧序列,因此,在RRM(Receiving Redundancy Management)过程中需要链路层按照一定算法丢弃冗余帧。

互为冗余的AFDX帧从帧结构、帧内容等方面完全相同,但是在AFDX网络经过Switch到达同一个目的ES的时间间隔是不确定的,这是由于每个交换机的输入输出流量不同引入了交换延迟,交换延迟取决于交换机硬件,不同的交换机导致的交换延迟也不同。在RRM单元用SkewMax减少冗余帧的接收时间。

AFDX帧和互为冗余的数据帧在两个独立的网络传输,为保证数据传输的稳定性,对两个帧之间的时间间隔必须进行约束,如图4-36所示,将这个时间间隔称为最大偏斜(SkewMax),AFDX协议对每路VL的SkewMax都做出了规范,即网络设计集成者必须参照Switch的数目配置最大偏斜具体数值。以图4-36为例说明,数据帧A1在A网络上传输,数据帧B1在B网络上传输,当帧B1的接收时间和帧A1相比大于最大斜率时,表示B1、A1不互为冗余帧。

虚拟链路层的RRM功能概括起来为检查判别数据帧是否为冗余帧,若是,则丢弃该帧;若不是,则进行正常传输。冗余帧的检查需要依靠帧结构中的序列号,同一路VL上的帧数据流依据SN编号,因此依据序列号即可判别到达的顺序,为了方面甄别,依照在RRM单元被接受的先后顺序定义先到达的为本帧,后来的为复制帧,因此,在序列号和最大偏斜的基础上,选择使用相关接收冗余管理策略。

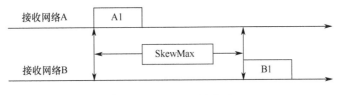

图 4-36 SkewMax 的定义

4.9.3 端系统通信配置模块的实现

1) 端系统配置

针对航空电子应用以及数据加卸载等业务对端系统信息的依赖,端系统 ES 需要配置的信息包括端系统名称、域标识（DomainID）、边标识（SideId）、位置标识（LocationId）。端系统名称用于全局唯一用来区分端系统。

2) 端口配置

端口配置参数包括端口号、端口方向、最大消息长度、最大消息数、端口刷新率、VL 号、子 VL 号、分段标志、端口控制块写指针、端口控制块读指针。

端口号是端口配置标识,在一个 ES 上唯一;端口方向表示发送或者接收（Send,Receive）;最大消息长度不能超过 VL 的最大帧长;最大消息数采样端口配置成 1;端口刷新率只对采样接收端口有效;VL 号是该端口使用的 VL 号;分段标志标明是否分段;端口控制块写指针指向当前可以写入的缓冲区;端口控制块读指针指向当前可以读出的缓冲区。

端口控制块地址包含两个字段的共用体,当端口为通信端口时,表示是通信端口控制块地址,此时包含的两个字段是存储数据原来长度的数组首地址以及端口缓冲区首地址。为 SAP 端口时,表示 SAP 端口控制块地址,这时包含 3 个字段,端口缓冲区首址,数据长度数组首址,还有存储 UDP、IP 地址的首址。

AFDX 端口分为两种,即服务访问端口（简称 SAP）与 SAP,担当与上层应用软件的通信中介角色。通信端口被分为两类,分别为采样口和队列口。实现端口可以分为两步,配置加载和创建端口。

配置加载主要实现将 AFDX 端口的配置信息完整地下载到它的终端系统。作为具有确定性特点的 AFDX 网络,AFDX 的 VL、通信端口和它们之间相对应的关系等因素可以依据航电系统和 AFDX 终端设备的实际需求预先完成配置。

AFDX 网络集成者依据协议标准通过对 AFDX 端口的加载信息的配置完成端口的创建,这些配置信息存放在一定大小（具体算法为最大与最小消息数的成绩）的内存区域里,因此,从逻辑方面讲,AFDX 端口和存储区域存在一定的对应关系。

3)虚拟链路 VL 配置

虚拟链路 VL 配置内容包括 VLID 号、类型、子虚拟链路数、最大帧长度、最小帧长度、网络选择、冗余管理。

VLID 号表示在网络中唯一识别一条 VL;类型 VL 是针对端系统的概念,对于源端系统来说,此类型是"发送",对于目的端系统来说,类型是"接收";子虚拟链路数表示这条虚拟链路允许的子虚拟链路个数,默认为 1;最大帧长度是虚拟链路允许的最大帧长度,单位为字节;最小帧长度是虚拟链路允许的最小帧长度,单位为字节;网络选择参数定义分别为 Network_A——网络 A、NetWork_B——网络 B、BOTH——网络 A 和 B;冗余管理选择此虚拟链路是否需要进行冗余管理,参数定义分别 NO——否、YES——是;完整性检测表示是否激活完整性检测,参数定义分别为 NO——否、YES——是。

4.10 AFDX 交换机设计

本节从 AFDX 网络核心设备交换机的功能模型设计开始,简要介绍了 AFDX 交换机功能实现和交换机总体设计。

4.10.1 AFDX 交换机模型设计

根据 ARINC 664 协议,到达交换机的数据帧要经过过滤和监控,因此 AFDX 网络考虑采用存储转发机制。因为数字化仿真的局限,物理层数据无法进行模拟,因此数字化交换机功能模型处理 MAC 层及以上的数据。提出 AFDX 交换机模型如图 4-37 所示。

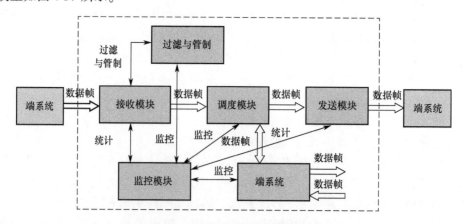

图 4-37 AFDX 交换机功能模型

如图 4-37 所示,交换机将数据帧接收后首先进行存储,经过过滤和管制,转发到相应端口或内置 ES,完成交换机的过滤和存储转发功能。在交换机内部的数据帧，只经过了一次存储，过程中处理的信息均为数据帧信息，而数据帧内容一直在交换机的存储区存储，直到经过调度转发出交换机端口，这样减少了数据多次搬移的时间，节约了时间和空间资源。交换机各模块功能分别如下。

（1）接收功能。从 ES 接收数据帧，存储到本地存储区。

（2）过滤与管制功能。将存储到本地的数据帧进行过滤和管制，丢弃没有通过过滤或管制的数据帧。

（3）调度功能。对完成过滤和管制的数据帧进行调度，实现数据帧转发至相应的端口或内置 ES。

（4）发送功能。对完成调度的数据帧经由发送缓冲区发送到相应的 ES 设备。

（5）端系统。接收和发送交换机内置 ES 的数据帧。

（6）监控功能。监控数字化交换机的资源和统计量，为交换机仿真数据的获取提供接口和手段。

4.10.2 交换机总体设计

AFDX 网络的核心是交换机，它相对于商业以太网承担更多的任务，AFDX 交换机必须执行帧过滤功能和交通流量管理功能，以保证到达交换机的信息与相关的虚链接相适应，这就要为交换机增加功能，上述要求增加了交换机设计的难度。

在 AFDX 网络中，每个冗余网络通过独立的交换机来连接，每个交换机在信息的传递中，并未考虑冗余，也就是说，对于接收到的帧顺序号，两个交换机之间并不传递信息，这样就不需要冗余检查，简化了交换机设计。

一旦满足系统配置的系统结构确定之后，就必须确定哪项功能由端口来完成，哪项功能由中心交换网络来完成。图 4-38 是交换机的交换原理，对各组成部分说明如下。

（1）交换网络（Switch Fabric）。负责发送帧到相应的端口，配置交换机端口并提供监测功能。

（2）交换机端口（Switch Port）。在功能上，交换机端口类似于没有冗余的现场可更换单元 LRU（Line Replaceable Unit）终端节点，但增加了帧过滤和交通流量监测功能。

（3）终端节点交换机的维护端口（Switch ES Maintenance Port）。仅有单个的 MAC 和 PHY 的单端终端节点，用于配置和管理交换机。

（4）虚链接接收数据存储器（VL Received Data RAM）。该存储器包含正在有交换网络处理的从每个端口接收的帧。

（5）虚链接传输数据存储器（VL Transmit Data RAM）。该存储器包含来自交换网络，经过网络端口发送的。

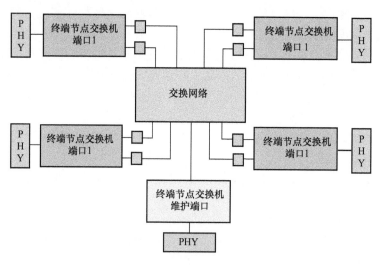

图 4-38 交换机的交换图

1) 交换机端口设计

尽管 ARINC 664 的第 7 部分没有包含终端节点交换机的概念,但它定义了交换机端口的需求,在许多方面,交换机的逻辑规定类似一个终端节点。

交换机的功能类似一个终端节点的功能,除了通信流量管理和冗余,一个交换机需要处理所有的通信流量来确保每一个虚链接没有超过为它分配的带宽,或者没有超出它的最小和最大的帧尺寸,一个交换机端口同样需要执行完整性检查,但是不必使用虚链接来隔离接收的帧,因为这些帧是按接收的顺序切换的。

在传送端,由于涉及帧间的间隙,在端口需要以线性速度传送帧,这就要求消除端口调度和调整的需求。

如图 4-39 所示的逻辑功能实现中,需要在交换机端口内部设置管理功能,进行完整性检查。在这方面,只有受管理的数据流到达交换网络,以便减少设计的复杂性,由于终端节点中已经包含了一个 CPU,流量管理和帧尺寸检查可以利用现有的 CPU 完成,这样,就省去虚链接分割、冗余管理和通信流量控制任务。

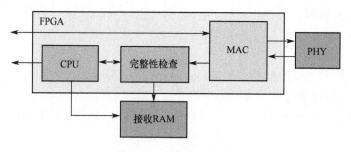

图 4-39 交换机方框图

2）流量控制

ARINC 664 对基于令牌传递（Token-bucket）算法的全双工开关切换以太网定义了流量控制功能，流量控制的目的是保证每个虚链接不超过为其分配的带宽，从定时的角度看，令牌传递算法并不严格限制终端节点系统的信息的流出量，而是允许传输在物理层上的"溢出"。对流量控制通常采用下面一种或者两种算法。

（1）字节过滤算法。

（2）帧过滤算法。

由于对流量的控制是在媒体控制层 MAC 层上进行的，所以帧过滤更具有灵活性。帧过滤是通过比较令牌数与参考值，以决定是接收还是拒绝帧，令牌数与令牌一起随着时间在增加，它是基于连接的平均带宽。当接收一个消息帧后，就比较令牌平衡数与参考值，如果令牌平衡数超过了参考值，就接收帧并计算令牌平衡数；如果令牌平衡数小于参考值，就舍弃帧并记录一个错误，也不再计算令牌平衡数。这些令牌平衡数对每个虚链接是相互独立的。

对于给定的虚链接，与令牌有关的平衡值 AC 的计算如下：

$$AC = S_{MAX}/BAG$$

其中

$$S_{MAX} = L_{MAX} + 前导部分 + 开始帧分隔符 + 帧间隔$$

式中：L_{MAX} 为虚链接允许帧最大值；L_{MIN} 为虚链接允许帧最小值；BAG 为虚链接带宽分配间隔。

令牌不断累加，直到它达到限制值：

$$AC_{MAX} = S_{MAX} \cdot (1 + Jitter/BAG)$$

式中：Jitter 为虚链接的抖动值。

在规范中并未说明如何决定或者是设置虚链接的接收抖动值，但限制它的范围是 0~1ms。网络交换配置文件中包含 L_{MIN}、L_{MAX}、BAG、AC_{MAX}、Jitter 和服务级别。

一旦 CPU 从冗余管理单元接收到帧，执行下面动作。

（1）检查帧的大小，保证在 L_{MIN} 和 L_{MAX} 之间。

（2）计算帧的 CRC，并与包含在帧中的帧校验值比较，如果不相符就舍弃帧，实现 CRC 计算的最好方式是由 FPGA 完成。

（3）检查令牌数 AC，并与 S_{MAX} 比较，如果令牌数大于 S_{MAX}，则 CPU 就传送帧，否则就舍弃。

（4）向与虚链接相关的接收数据存储区（Received Data RAM）写所接收的帧。

上述过程中，如果检测到错误，就舍弃帧，并向包含在管理信息组件（Management Information Base，MIB）报告交换网络错误，如果发生了连接故障，就舍弃包含在虚链接的传输数据区（Transmit Data RAM）的帧。

3）交换网络设计

一旦确定帧是有效的，就写入到虚链接接收数据存储区（Received Data RAM），交换网络负责重新查找帧并写入到输出端口，在这个过程中保持每个虚链接的信息帧的完整性。如果输出端口不能接收帧，交换网络就舍弃帧，避免阻塞交换网络的运行。

此外，在交换机中也有对帧的定时功能，对任何超过规定最大延迟时间的信息包就舍弃。为每个端口所定义的最大延迟时间参数包含在交换网络配置文件中，延迟的定义是下面两个事件之间的间隔。

(1) 信息帧的最后一位到达交换网络输入端口的时刻。

(2) 从目的输出端口发送信息帧的最后一位。

ARINC 664 规范中并未明确定义从哪一个 PHY、媒体控制层 MAC 或缓冲区来精确测量这些事件，但在第 7 部分定义了基于媒体控制层 MAC 目的地址的信息传输优先机制，有两个级别的信息传输：高优先级和低优先级。为每个虚链接所设置和定义的服务级别在交换网络配置文件中，交换网络负责写高优先级的信息帧到端口，然后才是低优先级。然而，高优先级的信息帧不能中断正在传输的低优先级的信息帧。交换网络也担负着监测功能，跟踪网络和记录错误信息。

AFDX 在带宽和容量方面为商用飞机的机载数据总线网络提出了重大升级，它依靠以太网商业货架产品，尽管其保障维修服务对设计者提出了挑战，但降低了实现成本。

4.11 AFDX 交换机的实现

AFDX 交换机是 AFDX 网络的核心设备，用于实现端系统之间的数据的转发。根据 ARINC 664 协议，数字交换机实现 AFDX 交换机的交换、过滤、监控、监控和端系统功能，主要包含对象有接收模块、过滤与管制模块、调度模块、发送模块、端系统模块和监控模块。交换机组成结构如图 4-40 所示。

交换机实现交换功能中，每个端口需要对应一个 2048 字节（大于 1518）的接收缓冲区，外置端系统将数据写入接收缓冲区后，交换机的接收控制模块通过信号量获知数据帧的到达，并将该数据帧接收到交换机的相应端口的数据缓冲区。交换机过滤与管制模块通过查找并获取 VL 配置表信息，根据 VL 配置信息对数据帧进行过滤，并计算该帧是否通过监控。通过过滤以及管制后，将通知调度模块，由调度模块将符合条件的帧进行入队操作。

入队的数据帧信息包含数据帧存放位置、数据帧长度、转发端口、使用的出队队列、是否配置帧等信息。调度模块依据该信息对数据帧进行调度。在整个操作过程中，监控模块对计数和资源占用进行实时监控和更新。

第 4 章 AFDX 机载数据总线

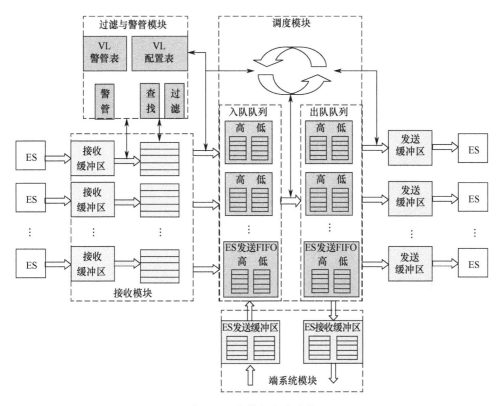

图 4-40 交换机组成结构

4.11.1 交换机发送/接收功能的实现

交换机的发送模块控制交换机端口的数据发送。交换机端口各自维护一个 1518 字节发送缓冲区，调度模块根据调度算法将某一数据帧调度出去时，通知发送模块从数据缓冲区将数据帧取出，存至相应端口的发送缓冲区。发送模块支持 10Mb/s 和 100Mb/s 的发送速度。若数据并未被相应端系统取走，则数据在 6.72μs（100Mb/s 速度下响应时间）后可能会被新数据覆盖。

发送缓冲区使用控制参数 Quiet 维护标识，标明当前交换机工作状态是否允许向外转发数据帧。当交换机发送控制参数 Quiet 为"1"时，表示交换机不再发送数据，而控制参数 Quiet 为"0"时，表示交换机继续发送数据。

交换机接收功能实现中，交换机负责接收端系统发来的数据，并存储该数据帧，接收模块包含端口缓冲区和数据缓冲区，接收缓冲区只有一个储存大小，最大支持以 6.72μs 每帧的速度接收数据。接收缓冲区接收到数据后，由接收模块负责将数据存储到数据缓冲区。

接收模块使用接收控制参数用于控制交换机当前模式是否具有转发功能。通常,交换机使用 3 个接收控制参数:Passive、Quiet、Monitor。Passive 为 1 字节参数,为"1"时,表示交换机不再接收帧数据,为"0"时,表示交换机继续接收帧数据;Monitor 为 4 字节端口监控参数,0~23 位为"1"时,表示对应的 24 个端口开启监控。

交换机每个端口有一个端口缓冲区,用于接收外部端系统发来的数据,端口缓冲区是整个交换机交换功能的输入数据源。该缓冲区支持至少 1518 字节长度的数据,结合实际应用定为 2048 字节大小。外置端系统向对应端口的缓冲区发送数据后,交换机通过信号量获知数据存在,再通过接收缓冲模块将该数据取出,存储到接收缓冲区。

AFDX 交换机转发数据时,使用的调度机制有发送调度和接收调度两个方面,接收调度实现将存储通过过滤和监控后的数据帧信息放置在各个输入缓存队列中,发送调度完成根据输入端口队列中的数据帧信息,将数据帧转发至对应的输出端口。接收调度采用端口轮询机制,将每个端口的数据帧信息以公平的调度机制转发到输入缓存队列。发送调度采用静态优先级调度机制,在端口之间迅速实现合理的分组转发,在队列根据两级优先级进行区分转发。

4.11.2 交换机过滤监控

交换机需对端口接收到的数据帧完成 CRC 校验、帧长校验、Smax、Smin、MAC 常数域等信息校验,完成帧过滤。

监控功能计算目前的监控值,确定该帧能否以监控来达到流量管制的目的。在接收过程中数据帧从端口缓冲区进入数据缓冲区之前,会进行一些不需要查找 VL 配置表的简单过滤,包括帧长是否小于 64 字节、大于 1518 字节、CRC 校验等方面的过滤。若数据帧不符合过滤条件,则不会进入数据缓冲区,仅通知监控模块增加统计量。数据过滤和管制模块对进入数据缓冲区的数据帧,通过查找 VL 配置表,完成检查过滤。

VL 配置信息 24 端口每个最多支持 256 个 VL_ID,但交换机支持的总 VL 数量上限为 4096,需对每个 VL_ID 进行配置,共需 4096 * 21 字节,分配情况见表 4-4。

表 4-4 VL 配置格式

字节	名称	说明
2	VL_ID	VL 号
4	OP	转发端口配置
1	QutQueue	多播队列分配
1	M_P	单多播标志
1	PRJ	优先级标志

续表

字节	名称	说明
1	CFG	配置帧指示
4	Count	常数域设置
2	Smax	配置对应 VL_ID 接收的最大帧长
2	Smin	配置对应 VL_ID 接收的最小帧长
1	Monitor	监控指示
2	MaxDelay	允许最大延迟

该配置信息由交换机初始化时，经上层软件读取配置文件后进行配置，在交换机端口接收到数据帧，进行过滤和转发时使用。

数字化交换机采取基于帧的管制模式，每个交换端口应具有一个独立的监控配置空间，每个 VL 的监控配置项都要占据 3 个地址空间，每个端口至少应支持 256 个 VL 的配置。监控配置见表 4-5。

表 4-5　监控配置定义

字节	名称	说明
2	Smax	VL 帧的 Smax
4	AciMax	VL 帧的 AciMax
2	ACi	当前剩余 ACi
4	PCNT	上次警告成功的 VL 帧进入交换机的全局时间

基于帧管制采用以下算法。

（1）如果字节 ACi 比 Smax 大，则接收该帧，并且字节 ACi 减去 Smax。

（2）如果字节 ACi 比 Smin 小，则丢弃该帧，ACi 不变；VL 当前剩余 ACi 为 Taci，该 VL 的前一次数据帧进入交换机的时间为 T1，如果在 T2 时刻又接收与该 VL 匹配的数据帧，则两次接收数据间隔为 Ti = T2 − T1。

（3）如果 ACi = Ti + Taci > Simax，则该帧通过监控，将 Taci 更新为 Min (AciMax, Ti + Taci) − Smax，将 PCNT 更新为 T2。

（4）如果 Ti + Taci < Simax，则帧未通过监控，目前剩余 Taci 值不发生变化。其中，Smax 初始值设为 BAG，AciMax 最大值为 BAG + Jitter。

4.11.3　交换机调度功能的实现

接收模块接收到数据帧后，若数据帧通过过滤和管制，则过滤和管制模块通知调度模块进行调度，调度模块检查入队队列是否已满，将通过过滤和管制的数据帧进行入队操作，并在数据缓冲区将入队指针后移。若该数据缓冲区入队操作已处理完，则轮训下一个端口。

数据帧进行入队管理后，调度模块轮询各个端口的入队队列。依照先高优先级后低优先级的原则，对入队队列中的数据帧信息依次出队到出队队列。

1）入队队列

每个端口有两个入队队列，分别为高优先级队列以及低优先级队列。每个队列均有 10 个缓冲区，用于数据帧的缓冲处理。交换机完成数据帧的接收后需要将数据帧完成入队操作。队列中每个数据帧包含信息见表 4-6。

表 4-6 入队队列格式

字　节	名　称	说　明
4	Position	数据在缓冲区中位置
2	Length	数据帧长度
4	QutPort	数据帧转发端口
1	QQUE	多播队列分配

按照循环队列操作，入队时，首先检查相应优先级的对应对队列是否已满。若队列未满，那么直接将数据添加到入队队列末尾。若出对队列满，则该端口不再接收相应优先级的数据帧，直接将数据帧丢弃，统计相应缓存队列满丢弃帧计数里。

2）出队队列

出队队列分为高低两个优先级，高优先级队列中数据先于低优先级进行出列。

每个队列有 512 个缓冲区，但具体大小需要通过配置信息进行配置。出队队列采取环形队列实现。

出队队列区分优先级，按照先高后低的原则，轮询 24 个端口。依次按照 FIFO 原则，将数据帧出队。首先检查待出队数据帧帧的时延是否超过 MaxDelay，若超时则丢，并记录到监控数据中；若未超时，则将接收缓冲区的数据帧以每帧 6.72μs 速度（84/（100Mb/s/8））转发到指定的端口发送缓冲区，并将入队队列的相应数据统计量减除，将该数据缓冲区的标志置为可用。出队队列包含元素见表 4-7。

表 4-7 出队队列格式

字　节	名　称	说　明
2	Position	数据在缓冲区中位置
2	Length	数据帧长度
1	QutPort	数据帧转发端口
1	CFG	配置帧指示

4.11.4 交换机端系统功能的实现

交换机内置端系统用于交换机与外部网络通信，实现交换机信息的维护。交换机端系统功能主要分为 ES 接收模块和 ES 发送模块两部分。

ES 配置帧接收模块维护一个 64×5 字节的 ES 接收 FIFO 和一个 64×1518 字节 ES 接收缓冲。ES 接收 FIFO 用于 ES 的接收，ES 接收缓冲用于存储外部向 ES 发送的数据帧，与交换机 ES 协议栈软件进行数据交互。因 ES 接收 FIFO 与其他出队队列结构相同，所以放入出队队列进行管理。

ES 配置帧发送模块维护一个 64×1518 字节的 ES 发送缓冲，用于和内置 ES 协议栈软件交互，向外发送 ES 配置帧。此外，ES 配置帧维护一个 64×7 字节的 ES 发送 FIFO，此 FIFO 采用表 4-5 格式，但是出队时 MaxDelay 域无效，ES 发送 FIFO 与其他入队队列结构相同，因此也放入入队队列进行管理。

4.11.5 交换机监控功能的实现

交换机监控模块监控接收模块、过滤和管制模块、调度模块、端系统模块的资源分配和统计量。监控模块包含多个 public 类型成员变量，实时监控其他模块的资源占用，以及交换机上电或监控复位后的统计量信息。

监控模块通过实时监控其他模块资源占用情况，分析交换机当前运行状态和交换机整体性能。监控模块按端口监控资源占用情况，主要监控内容如下。

（1）接收模块的数据缓冲区大小。
（2）接收模块当前未入队的数据。
（3）出队队列中当前高优先级资源的占用。
（4）出队队列中当前低优先级资源的占用。
（5）ES 配置帧接收缓冲区资源的占用。
（6）ES 配置帧发送缓冲区资源的占用。

4.11.6 交换机数据缓冲区设计

24 个端口共同使用同一个数据缓冲区。每个缓冲区可存储多个 1518 字节的数据。另外还包括数据帧接受时间、VL_ID 位置等信息，具体见表 4-8。数据缓冲区考虑采用链表方式实现。每个缓冲区维护 3 个指针、首指针、尾指针和入对指针。首指针用于表示当前缓冲区存储的第一个数据，尾指针用于存储当前数据缓冲区接收到的最新数据帧，入队指针指向当前缓冲区中需要进行入对操作的数据帧。首指针与入队指针之间的数据帧已经入队，等待调度出队进行发送的数据，入队指针和尾指针之间的数据表示收到的等待过滤和管制后进行入队操作的数据帧。

表 4-8　单个数据缓冲区结构

字节	名称	说明
2	VLPort	VLID 在 VL 配置表中位置
4	RecvTime	数据帧接收时间
4	PK	数据包结构
4	Length	帧长

当交换机接收缓冲区接收到数据时,接收模块通知过滤和管制模块进行第一次过滤。第一次过滤针对简单的过滤条件,即不需要进行 VL 配置表查找就能进行的过滤操作,包括帧长是否超过 1518 字节,是否小于 64 字节,CRC 是否正确。

对于通过第一次过滤的数据帧,接收模块将开辟空间存储该帧,并将该数据帧链接到接收模块的尾指帧,然后接收模块通知过滤和管制模块将数据帧进行过滤和管制。当入队指针和尾指帧不同时,对于通过过滤和管制的数据帧,接收模块会通知调度模块将其入队。无论数据帧是否通过过滤和管制,过滤和管制模块都会通知监控模块统计相关数据。数据帧开始入队操作后,调度模块通知监控模块更新资源信息。

4.11.7　交换机运行参数

交换机维护多个统计量用于交换机状态管理和性能评估,交换机维护的统计量分为端口统计量和 VL 统计量。端口统计量以 25 个端口(24 个交换端口和 1 个 ES 配置帧端口)为单位统计相关信息,VL 统计量以 VL 为单位统计相关信息。不论是按端口监控还是按 VL 监控,都要在监控使能的情况下才统计信息,若监控关闭,则不做任何统计。统计量统计交换机如下参数。

(1) 接收总帧数。
(2) 接收正确帧数。
(3) CRC 错误帧数。
(4) 帧长超过 1518 字节帧数。
(5) 帧长小于 64 字节帧数。
(6) 帧长超过最大帧长帧数。
(7) 帧长小于最小帧长帧数。
(8) 监控异常帧数。
(9) 数据帧因超过最大时延丢弃帧数。
(10) 发送总帧数。
(11) 数据帧在交换机中最大时延统计。
(12) 数据帧在交换机中平均时延统计。

4.12 本章小结

AFDX 总线最早是空客公司在商用交换式以太网的基础上建立起来的。由于航空电子的交换机需要在非阻塞方式、线传输速率、有限延迟、有限抖动、每个冲突域确定带宽及多优先级支持等方面提供必要的保证来满足飞行系统的要求，所以在把它作为航空数据网络之前必须解决网路的不确定性问题。

在 AFDX 总线网络中造成不确定性的主要原因是：突发通信引起的拥塞，包丢失和无限延迟；不合适的终端和交换机通信体系可能引起缓冲器流量过载从而引起信息包的丢失；没有对实时通信进行有效监控可能引起对优先级高的数据提供的服务比较低级，从而导致传输的最终期限失效。

空客公司根据航空电子的需求，基于 100M 带宽以太网，采用确定延时和余度管理策略，在实时性、可靠性等方面对商用交换式以太网进行了改进，克服共享介质以太网 CSMA/CD 机制造成的介质访问的时间不确定性。

凭借其高带宽、高安全性以及低成本特点，AFDX 总线已成为航空电子系统各分系统通信的主要网络基础设施，用于驾驶舱显示、发动机管理、飞机管理系统等航空领域，A380、B787 和 A400M 飞机都将其作为航空电子高速通信主干数据网络。可以预见，AFDX 总线仍将是下一代航空数据网络的重要选择之一。

参 考 文 献

[1] ARINC 664 Tutorial [S/OL]. [2008-08-29]. https：//max.book118.com/ html/2019/0315/5333242343002020.shtm.

[2] Actel Developing AFDX Solutions [S/OL]. [2005-03-05]. https：//www.baidu.com/link?url = FqkRFda _ AZWCdDkUEqaXDPV6lQ4T6q6xo7c- 0R5BZ4ny8UmXUNYYrK2L0IUAD8 _ OS8NHOXFOsYQGSKjBCUbW4xxR2DHkKmfnlzwMObUl0aO3nC1YyMY5-WTbK7PSlw-1&wd = &eqid = e78a32ad0005c80f0000000664636683.

[3] ARINC Specification 664, Part 1, Aircraft Data Network, Systems Concepts and Overview [S/OL]. [2003-03-01]. https：//chaijiabai.com/thread/45464.html.

[4] ARINC Draft 3 of Project Paper 664, Aircraft Data Network, Part 7, Avionics Full Duplex Switched Ethernet (AFDX) Network [S/OL]. [2005-06-27]. https：//www.antpedia.com/standard/5169667.html.

[5] MCCLATCHY J D. White Paper：On Contemporary American Poetry (Book) [J]. Library Journal, 1989, 114 (9)：68-68.

[6] TEARE D, VACHON B, GRAZIANI R. Implementing Cisco IP Routing ROUTE Foundation Learning Guide/Cisco Learning Lab Bundle [M]. San José：Cisco Press, 2015.

[7] Principles for the Routing of International Frame Relay Traffic [S/OL]. [2003-02-13].

https://www.cssn.net.cn/cssn/list?keyword=Advanced%20Avionies%20Architeeture%20and%20Teehnology%20Review%20Final%20Report.

[8] WU Z, NING H, LI R. A Delay Reliability Estimation Method for Avionics Full Duplex Switched Ethernet Based on Stochastic Network Calculus [J]. Eksploatacjai Niezawodnosc—Maintenance and Reliability, 2015, 17 (2): 288-296.

[9] FENG H E. Deterministic Bound for Avionics Switched Networks According to Networking Features Using Network Calculus [J]. Chinese Journal of Aeronautics, 2017, 30 (6): 1941-1957.

[10] ARINC 664. Aircraft Data Network Part3: Internet-Based Protocols and Services [S/OL]. [2004-12-02]. https://www.docin.com/p-345228304.html.

[11] BRAJOU F, RICCO P. The Airbus A380-an AFDX-based Flight Test Computer Concept [C]. Anaheim: Auto Test Conference, 2004.

[12] ARINC 664. Aircraft Data Network Part7: Avionics Full Duplex Switched Ethernet (AFDX) Network [S/OL]. [2005-06-27]. https://www.docin.com/p-1932925759.html.

[13] BENAMMAR N, BAUER H, RIDOUARD F. Tighter buffer dimensioning in AFDX networks [J]. Acm Sigbed Review, 2016, 13 (4): 37-42.

[14] ANAND M, VESTAL S, DAJANI-BROWN S. Formal Modeling and Analysis of the AFDX Frame Management Design [C]. Gyeongju: IEEE International Symposium on Object & Component-oriented Real-time Distributed Computing, 2006.

[15] NILSSON N J. Principles of Artificial Ntelligence [M]. NewYork: Tioga Publishing, 1980.

[16] ABBOTT E, POWELL D. Land-vehicle Navigation Using GPS [J]. Proceedings of the IEEE, 1999, 87 (1): 145-162.

[17] KARAKAYALI M K, FOSCHINI G J. Network Coordination for Spectrally Efficient Communications in Cellular Systems [J]. IEEE Wireless Commun, 2006, 13 (4): 56-61.

[18] DAI H, MOLISCH A F, POOR H V. Downlink Capacity of Interference-limited MIMO Systems with Joint Detection [J]. IEEE Trans. Wireless Commun, 2004, 3 (2): 442-453.

[19] MAO Y M, ZHANG D W, KAN F L. Simulation Research on MAC Layer Protocol Base on OPNET Modeler [J]. Advanced Materials Research, 2014, 945: 2349-2352.

[20] 支超有, 唐长红. 机载数据总线技术及其应用 (航空科学技术丛书) [M]. 北京: 国防工业出版社, 2009.

[21] 范秋丽, 等. 民用机载电子系统 [M]. 北京: 航空工业出版社, 2009.

[22] 许燕婷. AFDX 端系统协议栈虚拟链路层分析及仿真研究 [D]. 上海: 上海交通大学, 2011.

[23] 刘芸, 王红春, 王兵. AFDX 端系统协议软件设计与实现 [J]. 电光与控制, 2012, 19 (11): 71.

[24] 杜宏伟, 马捷中. 航空电子全双工交换式以太网及其关键技术研究 [J]. 测控技术, 2008, 27 (12): 65-67.

[25] 王绮卉. AFDX 核心交换技术的研究与实现 [D]. 西安: 西安石油大学, 2010.

[26] 武华, 马捷中, 翟正军. AFDX 端系统通信端口的设计与实现 [J]. 测控技术. 2009, 28

(3): 56-59.

[27] 熊华刚, 李峭, 黄永葵. 航空电子全双工交换式以太网标准研究 [J]. 航空标准化与质量, 2008 (223): 20-23.

[28] 何晔. AFDX 航空通信网络协议研究及 FPGA 实现 [D]. 哈尔滨: 哈尔滨工业大学, 2011.

[29] 李哲, 田泽, 张荣华. AFDX 网络中 SkewMax 的研究 [J]. 计算机技术与发展, 2010, 20 (6): 249-253.

[30] 张明. AFDX 交换机内嵌 ES 的设计与验证 [D]. 西安: 西安电子科技大学, 2013.

[31] 钟杰, 何民, 王怀胜, 等. AFDX 构架及协议分析 [J]. 电讯技术, 2010 (1): 65-71.

[32] 刘晓胜, 吴瑾, 何晔, 等. 基于 AFDX 的航空数据网络终端设备设计 [J]. 测控技术, 2011, 30 (2): 78-82.

[33] 贾卫松, 翟正军, 牛仕奇. AFDX 端系统设计中的发送调度方法研究与实现 [J]. 计算机测量与控制, 2010, 18 (11): 2612-2615.

[34] 陈昕, 周拥军, 万剑雄. AFDX 端系统关键技术的研究与实现 [J]. 计算机工程, 2009, 35 (5): 1-3.

[35] 徐科华. AFDX 总线网络数据传输分析 [J]. 民用飞机设计与研究, 2009 (3): 35-40.

[36] 郑锡平. AFDX 应用分析 [J]. 航空制造技术, 2010 (3): 104-105.

[37] 石锋. 航空电子全双工交换式以太网编址方案设计 [J]. 电讯技术. 2009, 49 (9): 59-62.

[38] 石改辉, 张原. 优先级管理的全双工交换式以太网实时通信 [J]. 火力与指挥控制, 2009, 34 (11): 171-174.

[39] 陈芳芳. AFDX 交换机测试系统的原理及方法 [J]. 国外电子测量技术, 2009 28 (6): 79-83.

[40] 刘瑞旸. AFDX 端系统协议栈分析与设计 [D]. 西安: 西安电子科技大学, 2015.

[41] 刘建平. AFDX 端系统协议栈虚拟链路层的应用研究 [D]. 哈尔滨: 哈尔滨工业大学, 2012.

[42] 何晔. AFDX 航空通信网络协议研究及 FPGA 实现 [D]. 哈尔滨: 哈尔滨工业大学, 2011.

[43] 张颖. AFDX 网络数字化仿真平台技术研究 [D]. 西安: 西安电子科技大学, 2015.

[44] 胡靖飞. 基于共享内存的 AFDX 航空网络交换机设计 [D]. 上海: 上海交通大学, 2013.

[45] 鲁晓园. AFDX 航空网络模式切换下的调度性分析 [D]. 上海: 上海交通大学, 2012.

[46] 陈冬英. AFDX 应用程序设计与实现 [J]. 计算机测量与控制, 2014, 22 (1): 297-302.

[47] 李晓波. 基于组合调度的 AFDX 航空网络总线性能分析 [D]. 上海: 上海交通大学, 2012.

[48] 胡光宇. 基于 AFDX 航空网络的端到端延时分析 [D]. 上海: 上海交通大学, 2011.

[49] 魏潇. AFDX 交换机路由警管模块的设计与验证 [D]. 西安: 西安电子科技大学, 2013.

[50] 刘宇. 基于共享缓存的 AFDX 交换芯片设计 [D]. 上海: 上海交通大学, 2013.

[51] 梅康. 基于 ARM 的 AFDX 通信协议的模拟器设计 [D]. 成都: 成都理工大学, 2013.

[52] 施雯雯. 基于 FPGA 的千兆级 AFDX 端系统设计与实现 [J]. 航空电子技术, 2018, 1: 52-55.

[53] 赵琳. 航空电子 AFDX 与 AVB 传输实时性抗干扰对比 [J]. 北京航空航天大学学报, 2017, 12: 2359-2369.

[54] 戴高乐. 大型民机配电系统 AFDX 总线应用技术研究 [J]. 计算机测量与控制, 2018, 26 (5): 257-267.

[55] 李哲. 基于 AFDX 网络终端系统 SoC 的 FPGA 原型验证 [J]. 航空计算技术, 2010, 2: 130-134.

[56] 李莹雪. 时间触发 AFDX 终端系统的虚拟链路层调度算法研究 [D]. 哈尔滨：哈尔滨工业大学, 2014.

[57] 杨绍辉. AFDX 交换芯片中 MACIP 核的设计与实现 [D]. 西安：西安电子科技大学, 2009.

[58] 李云杰. AFDX 与 ARINC429 总线协议转换器设计 [J]. 计算机测量与控制, 2013, 9 (21): 2522-2524.

[59] 赵永库. AFDX 网络协议研究 [J]. 计算机测量与控制, 2012, 1: 8-10.

[60] 孙权. 基于网络演算的 AFDX 网络确定性评估的研究与实现 [D]. 南京：南京航空航天大学, 2015.

[61] 苗佳旺. AFDX 网络系统测试设计与实现 [J]. 计算机测量与控制. 2018, 5 (26): 33-36.

[62] 张建东. 基于消息驱动的 AFDX 通信机制分析 [J]. 西北工业大学学报, 2011, 5: 659-664.

[63] 张荣华. AFDX 网络端系统芯片设计与实现 [J]. 电子技术应用, 2011, 8: 165-168.

[64] 牛仕奇. AFDX 终端系统实现方案研究 [J]. 计算机测量与控制, 2009, 12: 2507-2509.

[65] 蒋菲怡. AFDX 性能分析与调度算法 [J]. 测控技术, 2013, 6: 100-103.

[66] 夏大鹏. 基于 AFDX 终端系统测试的研究 [J]. 计算机技术与发展, 2011, 8: 192-195.

[67] 韩国栋. 基于 AFDX 航空网络的传输模式转换性能分析 [D]. 上海：上海交通大学, 2012.

[68] 杨峰. AFDX 网络技术综述 [J]. 电子技术应用, 2016, 4: 4-6.

[69] 夏大鹏. 基于自研 AFDX 网络端系统芯片的模块设计与实现 [J]. 电子技术应用, 2016, 4: 15-17.

[70] 李哲. AFDX 网络协议及关键技术的研究 [J]. 计算机技术与发展, 2016, 4: 46-50.

[71] 郝小宇. 基于 AFDX 总线的 ICD 管理软件的设计与实现 [D]. 西安：西北农林科技大学, 2015.

[72] 谭钢. 基于 AFDX 的机载数字音频系统设计与实现 [D]. 成都：电子科技大学, 2013.

[73] 刘宇. 基于 AFDX 的 MIB 管理数据库的研究和实现 [J]. 电子与封装, 2018, 7: 28-31.

[74] 王仲杰. 基于飞行试验的 AFDX 总线采集技术研究 [J]. 国外电子测量技术, 2017, 6: 85-88.

[75] 彭国金. 飞行试验测试采集的 AFDX 总线检测分析技术研究 [J]. 计算机测量与控制, 2016, 2: 311-313.

[76] 索高华. AFDX 网络仿真系统设计与研究 [J]. 电子技术应用, 2016, 4: 18-21.
[77] 陈文刚. 基于 AFDX 自适应优先调度算法的实时性分析 [J]. 测控技术, 2011, 10: 73-76.
[78] 李大鹏. AFDX 端系统发送单元的研究与实现 [J]. 航空计算技术, 2012, 2: 128-131.
[79] 田园. 基于 AFDX 网络的时间同步分析与实现 [J]. 航空计算技术, 2016, 4: 123-126.
[80] 刘连生. 基于 FPGAIP 核的 AFDX 与 ARINC429 总线转换接口设计 [J]. 计算机测量与控制, 2015, 8: 2766-2768.
[81] 杨金孝. AFDX 以太网冗余管理的算法设计 [J]. 电子设计工程, 2013, 11: 21-23.
[82] 盛春玲. 基于 GEF 框架的 AFDX 网络建模工具的设计与实现 [J]. 航空电子技术, 2013, 3: 21-25.
[83] 赵永库. AFDX 网络端到端时延分析方法 [J]. 电光与控制, 2013, 4: 81-83.
[84] 罗西. 基于 FPGA 的 AFDX 端系统设计 [D]. 长沙: 中南大学, 2011.
[85] 王竹清. AFDX 网络系统监控设计与实现 [J]. 计算机测量与控制, 2018, 7: 62-65.
[86] 赵永库. AFDX 网络应用关键技术分析与研究 [J]. 测控技术, 2013, 4: 86-89.
[87] 楼晓强. AFDX 网络终端系统的确定性分析与实现 [J]. 计算机技术与发展, 2010, 8: 56-58.
[88] 罗帅. AFDX 网络端系统的设计 [D]. 西安: 西安工程大学, 2017.
[89] 黄梦玲. 基于 ARINC429 与 AFDX 的测试仿真系统设计与实现 [J]. 计算机测量与控制, 2013, 8: 2090-2092.
[90] 王瑞杰. 基于确定随机 Petri 网的 AFDX 航电系统建模研究 [J]. 系统仿真学报, 2011, 7: 254-257.
[91] 赵永库. AFDX 网络测试技术研究 [J]. 计算机测量与控制, 2012, 4: 945-947.
[92] 楼晓强. AFDX 网络 TAP 卡的设计与实现 [J]. 计算机技术与发展, 2014, 6: 247-249.
[93] 张志. 基于 FPGA 的 AFDX 端系统协议芯片的设计与实现 [J]. 计算机测量与控制, 2010, 2: 422-424.
[94] 刘道煦. AFDX 终端测试技术的研究与实现 [J]. 计算机测量与控制, 2014, 5: 1360-1362.
[95] 吴海荣. AFDX 交换机测试分析系统设计 [J]. 飞机设计, 2014, 3: 29-62.
[96] 王伟鹏. 基于 FPGA 的 ARINC664/AFDX 端系统设计 [J]. 微处理机, 2009, 2: 1-4.
[97] 付军立. 100M 工作模式 AFDX 总线仿真器校准方法研究 [J]. 测控技术, 2015, 8: 146-149.
[98] 李大鹏. AFDX 端系统中冗余管理的研究和实现 [J]. 电子技术, 2012, 12: 10-13.
[99] 田泽. 基于 FPGA 的 AFDX 网络高速数据采集器设计 [J]. 电子技术应用, 2016, 8: 179-182.
[100] 代真. AFDX 虚拟链路路径实时寻优算法 [J]. 航空学报, 2015, 6: 1924-1932.
[101] 冯海云. AFDX 端系统的 Linux 驱动程序设计与实现 [J]. 电子设计工程, 2011, 6: 10-12.
[102] 彭国金. 一种飞行试验 AFDX 航电系统的采集网络时延测试方法 [J]. 测控技术, 2016, 4: 98-100.

[103] 陈冬英. 航空电子全双工交换式以太网故障注入方法研究[J]. 测控技术, 2015, 1: 91-94.

[104] 张立辉. 一种基于 AFDX 的高速串行数据转换接口设计与实现[J]. 电脑知识与技术, 2015, 4: 192-194.

[105] 李超. 基于 AFDX 技术的航空通信系统的设计[D]. 哈尔滨: 哈尔滨理工大学, 2009.

[106] 武华. AFDX 端系统通信端口的设计与实现[J]. 测控技术, 2009, 3: 56-59.

[107] 王彦翔. 基于 AFDX 网络的机载 CMCF 仿真系统研究[D]. 天津: 中国民航大学, 2016.

[108] 薄云蛟. AFDX 网络在预警监视飞艇中的应用分析[J]. 舰船电子工程, 2011, 2: 123-126.

[109] 崔卫见. 基于 AFDX 和 ACE 的大气数据系统设计[J]. 计算机与数字工程, 2009, 1: 44-46.

[110] 吴建鲁. AFDX 技术特点及在舰载武器系统中的应用分析[J]. 指挥控制与仿真, 2010, 2: 112-115.

[111] 田靖. AFDX-ESSoC 虚拟仿真平台的构建与应用[J]. 计算机技术与发展, 2010, 8: 192-194.

[112] 王丹. 新一代总线技术 AFDX 在箭载测量系统设计中的应用研究[J]. 宇航计测技术, 2017, 4: 49-53.

[113] 付军立. AFDX 总线 10M 接口电气参数极限适应性测试方法[J]. 测控技术, 2015, 5: 45-48.

[114] 翟正军. 基于 AFDX 的高速数据采集记录系统设计与实现[J]. 测控技术, 2013, 5: 17-20.

[115] 何向栋. 一种 PCI 接口的 AFDX 网络监控卡设计与实现[J]. 电子技术, 2013, 7: 46-48.

[116] 田泽. AFDX 网络关键协议分析与研究[J]. 电子技术应用, 2016, 4: 7-10.

[117] 邵伟. AFDX 端系统设计及 UVM 应用研究[D]. 天津: 中国民航大学, 2015.

[118] 赵长啸. 面向风险均衡的 AFDX 虚拟链路路径寻优算法[J]. 航空学报, 2018, 1: 256-267.

[119] 王纯委. 一种航电系统 AFDX 网络管理技术的研究与实现[J]. 电光与控制, 2015, 9: 64-67.

[120] 李铮. 基于 OpenFlow 的 AFDX 网络虚拟链路动态优先级接纳控制[J]. 航空学报, 2014, 11: 3082-3091.

[121] 张志平. 千兆 AFDX 网络测试卡设计与实现[J]. 计算机测量与控制, 2013, 10: 2618-2620.

[122] 李雯. AFDX 端系统技术时延测试方法设计与实现[J]. 测控技术, 2014, 5: 105-107.

[123] 刘晓胜. 基于 FPGA 的 AFDX 虚拟链路层实现方法[J]. 计算机工程, 2012, 19: 233-237.

[124] 黄臻. 基于离散事件方法的 AFDX 建模与仿真[J]. 北京航空航天大学学报, 2011, 10: 1326-1332.

[125] 黄劲松. 基于 FPGA 的 AFDX 端系统的设计与实现 [J]. 计算机测量与控制, 2011, 10: 2553-2555.
[126] 王红春. 民用飞机高速航电系统 AFDX 网络设计与分析 [J]. 计算机工程与设计, 2011, 11: 3633-3637.
[127] 王治. 一种高性能 AFDX 监控卡的实现技术研究 [J]. 计算机技术与发展, 2010, 8: 217-220.
[128] 姚润润. 基于 AFDX 综合信息处理系统设计 [D]. 成都: 电子科技大学, 2016.
[129] 倪一洋. 基于 FPGA 的多总线接口适配技术研究 [D]. 南京: 南京航空航天大学, 2015.

第 5 章　MIL-1394b 数据总线

随着军用技术的发展，飞行器、飞行器编队、联合作战系统中信息网络的角色越来越重要，每个部件可以看成一个信息驱动的任务单元，信息共享、数据融合使得机载电子系统需要处理的信息量激增，使得各子系统的带宽需求急剧提高，老一代的数据总线已经难以满足机载电子系统的需求。在此背景下，对满足高可靠性、强实时性，同时又具有高带宽与良好扩展性的总线的需求越来越迫切。近几年来，1394 串行总线和光纤通道是军事航空领域内比较热门的两种高速数据总线，而 1394 总线除了满足新一代机载电子系统要求的高总线传输速率、强实时性、高可靠性等特性以外，还具有技术成熟、供货渠道多以及价格低廉等特点，是近年来军用数据总线中应用广泛的一种高速串行总线。F-35 的飞行器管理系统总线就选用了 1394b 总线作为其系统总线，国内在新型飞机机型上也采用了这种高可靠性、高确定性、高速的总线技术作为分布式互联平台。

5.1　概述

1987 年，Apple 公司发布的一个高速、实时的串行总线标准，称为 FireWire（火线），也就是后来的 IEEE 1394 总线。IEEE 1394 总线是一种与平台无关的串行通信协议，1995 年的 IEEE Std 1394—1995 是第一个 IEEE 1394 标准的正式版本，其数据传输率分别为 100/200/400Mb/s（即 S100/S200/S400），2000 年发布了 IEEE Std 1394a—2000 标准又进一步对 IEEE 1394 总线的控制性能和可操作性进行了改进，2002 年 4 月 2 日，IEEE 标准协会（IEEE 2SA）在美国新泽西正式通过了高性能 IEEE 1394b 串行总线标准，IEEE Std 1394b 总线物理拓扑支持环形结构，总线逻辑拓扑可构成树型或菊花链结构，由于物理上可实现环形网络，因此总线自身具备"一次故障工作"的容错特性，IEEE 1394b 总线的 125μs 等时循环传输功能可满足控制系统的实时性需求，而且 IEEE 1394b 总线节点间采用端间转发连接方式可对故障端口或节点实施隔离，有效抑制故障漫延，加上其物理层、链路层等确定特性和容错特性使得 IEEE 1394b 总线应用到在安全关键系统上成为可能，而且 IEEE 1394b 总线作为商用货架（COTS）产品，具有成本较低、容易购买、技术成熟、性能较高等优点。

IEEE 1394b 总线是为商用电子系统应用开发，其诸多的动态特性，不能提供安全关键系统（如航空综合化飞行器管理系统）应用所需的鲁棒性和确定性。

虽然1394总线网络技术是一种技术成熟的商用数据总线,但是由于民用IEEE-1394总线不能满足军用领域高确定性和可靠性的要求,1394总线在军事领域内的研究进展较慢,急需一种标准将1394总线在军事领域内的发展规范化、标准化。为此,SAE ASIA3 Mil-1394b任务小组提出了1394总线的军用标准——SAE AS5643协议。

2004年,由洛克希德·马丁公司领导的SAE ASIA3 Mil-1394b任务组正式发布了该工业标准即SAE AS5643标准,SAE AS5643利用商用货架产品IEEE 1394b总线来创建一个高速、确定的实时数据网络,IEEE 1394总线提供的必要的功能和架构,洛克希德·马丁公司的JSF项目组是Mil-1394b总线在飞行器上的第一个重大应用,后续在美X-45、X-47无人机均已经得到使用。

5.1.1 1394总线

1394总线开始是一种商业串行接口标准,1987年由Apple公司提出,为实时数据传输提供一个高速接口。最初Apple公司将其命名为Fire Wire(火线)。1995年,IEEE(Institute of Electrical and Electronics Engineers,国际电气和电子工程师协会)根据Fire Wire制定IEEE 1394—1995商用高速数据总线标准。2000年推出改进的标准IEEE 1394a,增加异步流包,提供更快的仲裁和复位速度。

SAE-1394系列标准(1394-1995、1394a-2000、1394b-2002等)定义了一种高速串行总线。每条总线最多允许有63个节点,通过总线桥可连接1023条总线。节点是可独立复位和识别的寻址实体,支持背板和线缆环境:背板环境下其物理拓扑为多跳总线;线缆环境下其物理拓扑为具有有限分支和长度的非闭环树形网络。1394总线遵循CSR体系结构64位固定寻址方式,对外表现为一个庞大的存储空间,每个节点占用某段地址空间。1394总线采用多层协议:事务层、链路层、物理层以及总线管理层;总线管理层由总线管理器、节点控制器及等时资源管理器(Isochronous Resource Manager,IRM)组成,用于配置总线并管理总线节点的活动。1394总线可构造对等网络,节点间不需主机干预即可直接通信。新设备加入时,总线自动进行总线复位、初始化、速度协商、树标识和自标识等配置活动,广泛应用于数字化消费类产品的音视频的实时传输。

5.1.2 1394b标准

2002年推出更新的标准IEEE 1394b,增加环路重构,提高了带宽、传输速度、距离和成本效率。

1394标准和1394a标准定义的数据选通模式(Data-Strobe,DS)是一种时钟自恢复的简单编码方案,有固有非直流平衡特性,传输过程中累积偏移很难维持数据选通的时序,限制了传输速率(100/200/400Mb/s)和传输距离。1394b标准在兼容1394和1394a的DS模式外还定义了一种全新工作模式——Beta模式。

Beta 模式采用 8B/10B 编码、支持直流平衡传输、实现仲裁加速、改进复位速度，使 1394b 总线具有更高的数据完整性（误码率小于 10^{-12}），支持更高的数据传输速率（400/800/1600Mb/s）和更长的传输距离，上述特点表明 1394b 总线具备构造网络的基本条件。1394b 还具有自适应、回路断开等特征，支持更多互联介质，如光纤和非屏蔽双绞线。

5.1.3　MIL-1394b 总线

F-35 闪电 Ⅱ 联合攻击机采用 1394 总线作为飞行器管理系统的通信网络，众多远程接口单元通过 1394 总线与通信系统、武器系统、发动机控制及中央维护系统互联，这是 1394 总线首次作为飞行/任务关键系统数据总线应用于航空航天飞行器。基于 F-35 上 1394b 总线应用的要求和成果，SAE 组织提出一个确定的、延迟受控的通信协议，即 AS5643 规范，定义了一种有确定性保证的总线，称为 MIL-1394b 总线。

2004 年，SAE（The Society of Automotive Engineers，美国机动工程师协会）发布了 1394 总线在 S400（392.216Mb/s）速率长距离传输下物理层的信号定义和电气接口，即 SAE AS5643/1 标准。2006 年，SAE 颁布了军用航空和航天标准需求，对 IEEE 1394 标准进行了裁剪和限定，增加了高可靠、低延迟、确定性要求，形成 SAE AS5643 标准。针对 AS5643 军用和 AS5643/1 电气层标准，2007 年 SAE 协会发布了相应的测试协议，分别为 AS5657 和 AS5706 标准。

针对发布的 AS5643 和 AS5643/1 标准，2007 年 SAE 协会将用户频繁询问的问题制定成汇编册，即 AS5708 标准，包括协议本身的理解及协议使用时遇到的常见问题。2008 年，SAE 先后发布了最新的 IEEE1394c 标准和军用航空和航天标准的 1394 总线应用手册，即 AS5654 标准。

AS5643 规范包含两个标准：AS5643/1 和 AS5643A。AS5643/1 标准主要描述电气接口及线缆等物理层的内容，明确了端接形式、线缆需求、总线隔离和链接信号等方面的内容；AS5643A 规范建立 1394b 总线作为军用和航空航天飞行器数据总线网络的需求，定义网络操作概念和信息流，指定数据总线特征、数据格式和节点操作等基本要求来保证其确定性和容错性。AS5643A 规范定义两类总线节点：控制计算机（Control Computer，CC）节点和远程节点（Remote Node，RN），CC 节点是各数据总线的根节点、循环控制器（如果使用）和总线管理器。

1394 总线及其对应标准见表 5-1。

表 5-1　1394 总线标准

序号	代号	名称	说明	时间
1	IEEE 1394	IEEE Standard for a High Performance Serial Bus	1394b 高性能串行总线的工业标准	1995 年 12 月

续表

序号	代号	名称	说明	时间
2	IEEE 1394a	IEEE Standard for a High-Performance Serial Bus, Amendment1	1394b 高性能串行总线的工业标准 – 修订版 1	2000 年 3 月
3	IEEE 1394b	1394b IEEE Standard for a High-Performance Serial Bus-Amendment2	1394b 高性能串行总线的工业标准 – 修订版 2	2002 年 12 月
4	IEEE 1394c	1394b IEEE Standard for a High-Performance Serial Bus, Amendment3	1394b 高性能串行总线的工业标准 – 修订版 3	2008 年 10 月
5	AS5643_1	S400 Copper Media Interface Characteristics Over Extended Distances	总线扩展传输距离要求下物理层的信号定义和电气接口	2004 年 8 月
6	AS5643	IEEE 1394b Interface Requirement for Military and Aerospace Vehicle Applications	军用 1394 总线应用层的接口要求	2006 年 8 月
7	AS5657	Test Plan Procedure for AS5643	针对军用 1394 总线应用层协议的测试计划	2007 年 2 月
8	AS5708	Frequently Asked Questions About IEEE 1394b and SAE AS5643	IEEE 1394b 和 AS5643 协议常见问题回复	2007 年 3 月
9	AS5706	Test Plan Procedure for AS5643_1 S400 Copper Media Interface Characteristics Over Extended Distances	针对军用 1394 总线扩展传输距离的信道特性测试计划	2007 年 5 月
10	AS5654	IEEE 1394b for Military and Aerospace Vehicle-Applications Handbook	军用 1394 总线应用手册	2008 年 11 月

1394 总线标准的发展历程如图 5-1 所示。

IEEE1394—1995	IEEE1394a—2000	IEEE1394b—2002	SAE AS5643—2006	IEEE1394c—2008
1. 最初由Apple公司提出，由IEEE正式制定标准。2. 支持100/200/400Mb/s传输速率，传输距离可达4.5m	1. IEEE-1394协议第一次修订。2. 提供更快的仲裁和总线复位速度	1. IEEE-1394协议第二次修订。2. 对仲裁和故障容错进行了改进。3. 延长了传输距离。4. 传输速度提高到800/1600Mb/s	SAE AS5643在2006年由SAE提出，对IEEE 1394协议进行裁剪，从而满足军用和航天领域高可靠、低延迟、确定性要求	1. IEEE-1394协议第三次修订。2. 综合了IEEE 1394—1995、IEEE 1394a—2000、IEEE 1394b—2002等协议标准

图 5-1　1394 总线标准发展历程

5.2　MIL-1394 总线特点

SAE 协会于 2004 年制定了 AS5643 标准，对 IEEE 1394b 进行了一系列限定与扩展以满足军用环境需求，增强确定性、实时性的措施包括使用异步流包传输，与循环帧起始包（STOF）同步，固定通道号，提前分配带宽。增强可靠性的措施包括垂直校验，健康管理。扩展措施体现为：ASM 协议（上层应用扩展），变压器耦合连接，连接器、线缆规范（扩展传输距离），使 MIL-1394b 成为下一代军用总线标准，并在 X-47、F-35 项目中成功应用。

MIL-1394b 总线协议由事务层、链路层、物理层 3 层组成。事务层定义了一个完整的请求–响应（Request-response）协议来执行总线处理请求以支持 CSR 体系结构（read、write、lock 操作）；链路层为事务层提供了一个应答的数据包，它还提供了寻址（CSR 映射）、数据校验（如 CRC），链路层直接为应用提供了一个同步数据传送服务（等时事务），包括产生一个用来同步和计时的周期信号（生成并发送循环开始包）；物理层有 4 个主要的功能——将链路层的逻辑信号转换为不同串行总线媒介上的电气信号，通过提供仲裁服务保证一次只有一个节点传送数据，为串行总线定义机械接口，提供环路探测/断开机制。

5.2.1　MIL-1394b 总线改进

MIL-1394b 总线对 IEEE 1394b 进行了改进，提高总线的确定性和可靠性，改进的新特性有以下几项。

（1）预配置的网络拓扑。网络的拓扑由应用的需求进行配置，并且在整个飞机的生命周期内尽可能保持不变。

（2）强制根节点。在预配置的网络拓扑中，根节点指定到 CC（Control Computer），不允许更改。

（3）通道号静态分配。由于异步流包实际上是等时包，所以也是由通道号来确定目标节点。在 1394b 标准中，目标节点的通道号是由等时资源管理器（IRM）分配，而 1394b 协议规定，总线中每个节点的通道号是根据体系结构预先分配好的。

（4）带宽预分配。在 1394 标准中，带宽是通过 IRM 分配的，但是根据上述规定，系统中不需要 IRM，这就要求预先分配带宽。从每一帧的开始（STOF 包），总线上每个节点发送和接收时间（相对于 STOF 包的偏移）应根据体系结构预先分配。总线上每个节点的偏移时间都是该节点专有的。

（5）匿名签署消息（Anonymous Subscriber Messaging, ASM）。ASM 是为了满足嵌入式实时系统需求制定的上层协议。ASM 协议独立于下层协议，不需要 1394 消息头传输 ASM 特殊消息。ASM 被用于任务关键性应用中，如处理器、传感器以及显示器之间确定的、可靠的、低延迟的通信。ASM 使用消息 ID 降低了由于使用物理地址而可能造成的网络通信拥堵，使应用软件可以在不了解网络拓扑结构的情况下完成通信。

（6）网络拓扑。在网络拓扑中，所有节点按照固定的接收、发送的偏移时间进行包的分时传输。

（7）固定帧速率。由于不使用等时包，也就不需要发送周期 125μs 的循环开始包，1394b 协议通过采用固定帧速率来实现网络的同步。

（8）STOF 包同步。STOF 包由每条总线上的控制计算机（CC）按照固定的帧速率（如 100Hz）发送。STOF 包通知总线上所有的节点新的一帧开始，并且可以使不同节点之间形成一种相对的同步（如节点 CC 和 RN），因此，总线上的所有节点就可以同步的进行通信，不会受到外界的影响。保证了总线系统的高确定性和可靠性。

（9）使用异步流包。网络上的大多数通信使用异步流数据包。异步流包是在异步周期内传输的等时包，包的发送按照异步仲裁的规则进行，并且接收节点不返回响应包。异步包和等时包不是必须采用的，但允许使用。如测试设备从配置 ROM 中读取数据，则使用异步包传送，而视频或音频流的传送则使用等时包。

（10）纵向奇偶校验。纵向奇偶校验（VPC）是作为 1394 物理层产生的 CRC 校验的一个附加校验。VPC 提供物理层和软件层在进行消息传输过程中的附加数据完整性的保障。

（11）健康状态字。健康状态字包含了包错误、子系统错误、节点错误、节点上每个端口的状态信息（是否连接、是否接收 OK、是否为 BETA 模式、协商速度）。

（12）心跳（Heartbeat）。当包含新数据的新的一帧到来时心跳加 1。心跳的目的是确保与 RN 通信的 CC 上的应用软件时刻产生新数据。

（13）环检测和断开。物理拓扑是环路，逻辑拓扑环是断开的，允许环路在总线初始化过程中自动检测和断开，此过程中环路断开的位置是不确定的，环路使得总线上另外节点故障时，为节点提供一条备用通路并自动将故障节点重构，为树的末端增强了冗余。

（14）3 余度总线配置。3 余度 1394b 网络交叉互联，每个 CC 与 3 条独立总线相连。

5.2.2 MIL-1394b 总线特点

在 1394 总线网络中，使用 Mil-1394b 总线。该总线是 1394b 总线在军用航空领域中的特殊应用，与商用、工业级 1394b 总线相比，Mil-1394b 在总线传输介质、传输可靠性等方面由更高的要求。其主要特性包括以下几方面。

（1）低延迟、高实时性，IEEE 1394 具有同步和异步两种数据传输模式，在同一总线下，同步及异步传输可能同时存在。等时传输用于实时性任务，异步传输可将数据传送到特定的地址。异步传输为等时传输提供支持，可保证在规定的时间内完成规定数据量的传输。低于 1μs 的时间延迟非常有利于图像、声音等对时间延迟比较敏感的数据的传输。异步请求/响应方式可重试的传输可用于对传输正确性要求较高的数据的传输，如指令数据、控制数据等。

（2）内存映射的架构，所有 IEEE 1394 总线上的资源，皆可以映射到某段内存地址，并依此方式来存取数据。

（3）1394 线缆提供电源，对无自用电源的设备而言，可以通过线缆供电。

（4）点对点的通信架构，1394 节点间互传数据时，无须主机监控，因此不会增加主机的负载，CPU 资源占用率低。

（5）高速可升级性，1394a 最大 400Mb/s 的数据传输率，在相同的总线上可以有数种不同的数据传输速率 100Mb/s、200Mb/s 或 400Mb/s；1394b 最大 3.2Gb/s 的数据传输率，向下支持 1.6Gb/s、800Mb/s，同时兼容 1394a。

（6）支持热插拔，网络可以自动侦测设备的加入与移出，并对系统网络重新配置，无须人工干预。

（7）拓扑结构，设备间采用树形或菊花链拓扑结构，每条总线最多可连 63 台设备。1394b 支持环自动检测和断开。

（8）传输距离，突破了在 IEEE 1394—1995 和 IEEE 1394a—2000 中节点之间最大距离不超过 4.5m 的限制。如果加中继器，两端点最大距离可达 72m。Mil-1394b 通过选用不同的传输介质可支持 100m 以上的端到端传输。

（9）高可靠性，在硬件和软件设计中，提供多种冗余设计和数据完整性设计，保证总线传输的高可靠性和数据的完整性。

随着计算机技术的迅速发展，各种标准的、非标准的总线层出不穷。总线技术之所以能够得到迅速的发展，是由于采用总线结构在系统设计、生产、使用和维护上有很多优越性。概括起来有以下几点。

（1）便于采用模块结构设计方法，简化了系统设计。

（2）标准总线可以得到厂商的广泛支持，便于生产与之兼容的硬件板卡和软件。

（3）模块结构方式便于系统的扩充和升级。

（4）便于故障诊断和维修，同时也降低了成本。

5.3　MIL-1394b 总线网络结构

1394b 总线实现各节点之间的数据传输，总线的数据传输主要使用异步流包来实现。总线采用"双向单工"模式传输，即总线的两对差分信号不能同时传输数据，在一对差分信号传输数据时，另一对用来传输仲裁和控制信息。总线物理层满足 IEEE 1394b—2002 标准，提供自动环检测和断开功能，当总线上某节点失效时，环向其他节点提供了另外一条路径，增强了冗余。发送位速率允许并支持 S100（100Mb/s）、S400（400Mb/s）两种模式，并且传输速率模式可选择，目前，采用 S100 传输模式，端口为 Beta 模式。

5.3.1 总线网络系统组成

1394 总线采用 3 余度设计，每个余度中使用 3 条总线，总线采用环型和树型结构，余度系统之间使用交叉互联方式的树型结构，共包括 12 条独立的军用 1394 总线。

1394 总线的主要组成有 CC 节点、RN 节点、中继器、仿真卡、线缆和连接器。

1) CC 节点

CC 节点是总线中的根节点，具有总线管理器的功能，并且通过周期发送 STOF 包实现总线上各 RN 节点间的同步，CC 节点按照预先分配的通道号和带宽周期性的与各节点进行通信，实现指令和数据的传输。

2) RN 节点

RN 节点用于节点之间的数据传输，主要实现 1394 总线的通信。RN 节点在收到 CC 节点的 STOF 包同步指令后，同样按照预先分配的通道号和带宽与其他节点完成指令和数据的通信。

3) 中继器

1394 总线中继器提供总线信号中继功能，配合 1394 总线其他节点组成 1394 总线网络，完成数据的转发，提供信号长距离传输下信号的中继能力，为 1394 总线提供了高速可靠的通信中继解决方案。

4) 仿真卡

1394 总线提供高速通信系统总线节点的仿真和监控能力，由控制计算机节点（CC）仿真卡和远程节点（RN）仿真卡及配套操作软件组成。

仿真卡由 CC 仿真卡和 RN 仿真卡两部分硬件设备组成，可以对 1394 网络通信行为进行模拟和监控。每个仿真卡上都有 3 个独立的节点，可以提供节点功能仿真、总线故障注入、网络通信监听等功能，并且 CC/RN 三节点仿真卡是提供支持 3 个 1394 节点的 PC 仿真卡，通过连接器插入到 PC 机的 PCI 插槽中使用。

5) 线缆和连接器

由于 1394 总线的应用环境决定其对传输特性要求非常高，因此，1394 总线对线缆和连接器的物理特性指标要求非常高，其主要包括插入损耗、差分阻抗和延迟等指标，只有严格满足 1394 协议规定的线缆和连接器才能应用到 1394 总线中，并且不会影响 1394 总线的传输特性。

5.3.2 1394b 总线基本网络结构

常见 IEEE 1394b 基本网络结构包括单 CC 基本网络拓扑结构和带有闭环的基本网络结构。

1) 单 CC 基本网络拓扑结构

图 5-2 说明了 IEEE 1394b 总线的一个单 CC 网络拓扑结构示意，图中 3 个端口都连接了 RN，形成一条总线。从图中的根节点、端口和远程节点的关系可以看出，Bus0 的 3 个端口都与远程节点相连接，但形成的却是一条总线的网络结构。图中阴影的不同灰度代表不同种类的节点（Node）。

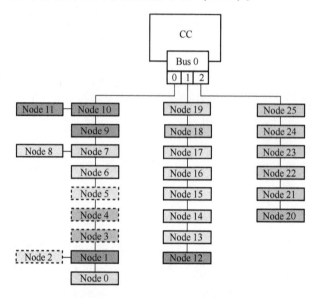

图 5-2 单 CC 基本网络拓扑结构

2) 带有闭环的基本网络结构

图 5-3 举例说明了一个带单一 CC 的，并且带有一个从 CC 的端口 0 连到端口 1 的闭环的基本网络结构。在早期的 IEEE 1394 协议中不允许使用闭环结构的，但在 IEEE 1394b 中，对这种规定进行了修改，当有闭环网络形成时，物理层会自动检测并且断开闭环网络，这样会形成新的树形结构。当树形结构配置完成后可以找到断开的端口，并分别在之前形成闭环的两个端口各重新形成两个树，如图中的端口 0 和端口 1。如果任意一个树型的一个节点失效，1394 总线就会启动末端机制，自动重构故障节点为新的树的末端，并将失效节点作为新的树的末端，所有其他节点依然有效。这提供了第一级容错，图中阴影的不同灰度代表不同种类的节点。

5.3.3 MIL-1394b 总线网络结构

为了增强总线结构的可靠性，SAE AS5643 协议中提出了三重冗余结构。图 5-4 为具有三重冗余结构的总线网络体系示意图。其中，每个控制计算机（CC）节点（即 CC-A、CC-B、CC-C）形成交叉通道连接（即虚线部分），每条总线提供一级余度,每条 CC 通道包含 3 条独立军用 1394b 总线。

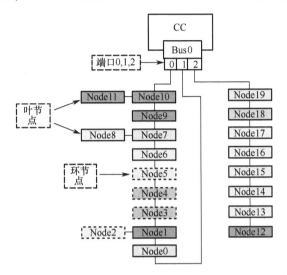

图 5-3 单 CC 单循环网络拓扑结构图

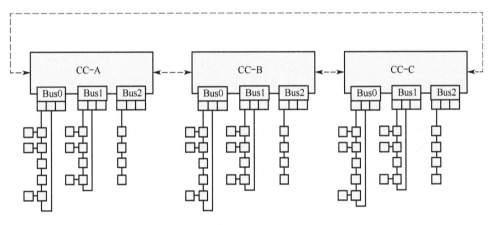

图 5-4 三重冗余结构

以图 5-4 中的 CC-A 为例,飞机管理系统中 CC-A 分支结构如图 5-5 所示。图中深浅程度不同的灰色仅表示不同的任务节点,远程节点(图中的 Node * 中,* 为 0~7)即一条总线中除 CC 节点以外的节点。

如图 5-5 所示,若 Bus 0 的 Node3 由于某种原因发生故障,1394 总线端口将会自动断开,并且可以通过 Port1-Node6-Node4-Node3 路径访问 Node3,通过 Port2-Node0-Node2 路径访问 Node2,提供了一级余度。利用 IEEE 1394b 协议的"环阻断"机制和 1394 协议的"端口挂起"设计的可重构的总线网络结构,大大增强了整个系统的可靠性。

图 5-6 为典型的 3 余度 1394 网络结构。3 个 CC 形成交叉通道连接,提供另

外一级容错。1394总线采用静态配置和带宽分配等策略,去除原有总线通信的一些不确定因素,采用严格时间触发通信调度机制,采用多路1394总线实现系统应用一级的余度,确保了总线通信的可靠性和确定性。该技术已成功应用到洛克希德·马丁公司研制的F-35上,在F-35的飞行关键性或任务关键性系统中作为数据总线。

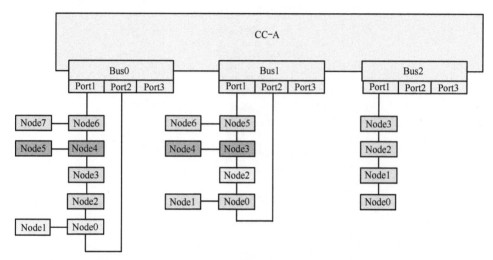

图5-5 CC-A的分支结构

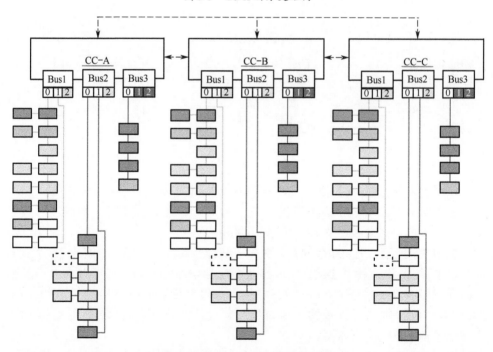

图5-6 典型3CC冗余网络结构图

1394 总线在航空领域采用 3 余度计算体系结构，系统由 3 台主控计算机 CC 各自连接一组传感器和作动器，每个 CC 负责总线同步、总线控制管理，按照系统控制周期发送 STOF 进行总线时间同步，各节点按照预先定义的时间相对偏移发送和接收消息。

5.3.4 MIL-1394b 总线传输介质

1394 总线使用的 MIL-DTL-38999 连接器和四同轴芯定义如图 5-7 所示。

针	信号名	备注
1	TPA	Receive +
2	TPB	Transmit +
3	TPA	Receive -
4	TPB	Transmit -

图 5-7 MIL-DTL-38999 连接器及四同轴芯

线缆为四芯导线结构并且包括两组差分对传输线（直角轴），满足 110Ω 的差分阻抗。线缆中两组差分对的绝缘导线，根据颜色标记区分如下：差分对 1 有一条蓝色导线和一条橙色导线（蓝×橙）；差分对 2 有一条红色导线和一条绿色导线（红×绿）。对于蓝×橙的差分对，蓝色导线连接给定端口正（+）信号，橙色导线连接它的负（-）信号；对于红×绿的差分对，红色导线连接给定端口正（+）信号，绿色导线连接它的负（-）信号。

当连接 2 个 1394b 节点时，一个节点的端口发送（TX）与另一个节点的端口接收（RX）相连接。例如，在蓝×橙差分对中，线缆的一端蓝色导线连接到 TX+，橙色导线连接到 TX-；线缆另一端的蓝色导线连接到 RX+，橙色导线连接到 RX-。

传输信号采用有源变压器耦合连接，连接方式如图 5-8 所示，这种连接具有以下特点。

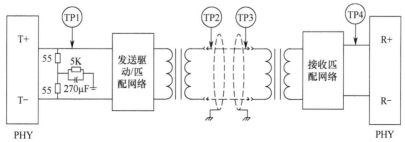

图 5-8 1394 总线连接示意图

(1) 有源变压器耦合连接可以将各节点的电器隔离。
(2) 将 S400 速率下的传输距离从 4.5m 扩展到 20m 以上。

5.4 MIL-1394b 总线协议

5.4.1 MIL-1394b 总线协议

1394b 协议定义了物理层、链路层和事务层 3 个协议层，以及串行总线管理部分，并定义了与应用程序间的接口服务。每个协议层都定义了一整套相关的服务，用于支持各层间的通信，通过各协议层的配合工作，可以为终端用户提供可靠、快速的通信服务。1394b 协议结构如图 5-9 所示。

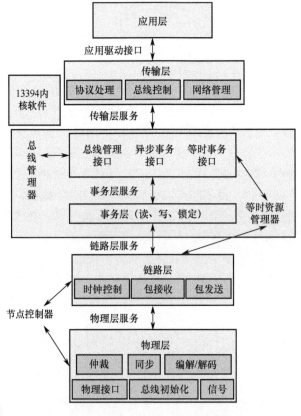

图 5-9 MIL-1394b 总线协议结构

5.4.1.1 物理层

物理层（Physical Layer，PHY）是外部接口的最外一层，提供链路层和节点控制器之间的接口服务。在 PHY 和链路层接口处，物理层提供服务来传递物理层和链路层之间的仲裁请求、数据、控制信息，并在物理层和节点控制器接口处提供服务来控制节点的物理层总线级动作、传递物理层内或总线上状态的变化。在多个数据包传来时，只允许一个数据包传输，需要通过仲裁机制保证数据的正常转存。

物理层主要功能如下。

(1) 总线配置（初始化、树标识、自标识）。
(2) 发送和接收数据。
(3) 数据的中继和转发。
(4) 总线仲裁。
(5) 提供电气和机械接口。

在 IEEE 1394—1995 和 IEEE 1394a—2000 中，数据的发送和接收采用 DS（Data-Strobe）编码模式，这种传输编码可以改善串行总线传输信息的传输特性。线缆环境是由点对点物理连接构成的节点网络，物理连接是由每个节点 PHY 上的端口和它们之间的线缆组成，这样构成的拓扑不能形成环。

IEEE Std 1394a—2000 协议对物理层做了较多的扩展，这极大地提高了串行总线的效率，增强了鲁棒性，如连接反跳、扩展的速度编码、仲裁短复位，仲裁的改进，增加了确认加速仲裁、电传仲裁、加速控制以及优先级仲裁服务等，IEEE Std 1394a—2000 中虽然对仲裁机制做了改进，但是总线的效率还是没有得到很大的提高。

IEEE Std 1394b—2002 物理层增加了端口连接管理，增加了 PMD 层（Physical Media Dependent），增加了采用 8B/10B 编码方式传输数据的 Beta 模式，保持了 IEEE Std 1394a—2000 中对仲裁的提升和加速，而且利用 Beta 模式发送信号的全双工特性，实现了一种新的 BOSS（Bus Owner Supervisor Selector）仲裁方式，进一步提高了总线的效率（主要是仲裁空闲间隔引起的低效率），BOSS 仲裁建立的机制详见 IEEE Std 1394b—2002 协议。

SAE5643 规范对物理层的节点操作进行了限定。通过总线仲裁服务，保证同一时刻总线上只有一个节点在发送数据，IEEE 1394—1995 协议支持的总线仲裁分为公平仲裁、循环控制器仲裁、等时仲裁、立即仲裁等。下面分别说明这几种仲裁方式。

(1) 公平仲裁。使有多个节点的总线上的所有节点都有平等使用总线的机会。这样可以预防某些因为物理连接而具有较高优先级（自然优先级）的节点抢占总线的时间过长。

(2) 循环控制器仲裁。物理层应在下一个子动作间隙开始仲裁。对线缆环境，只能由根节点使用此仲裁方式。只有物理层处于仲裁空闲状态时才能执行此请求。

(3) 等时仲裁。用来执行等时事务，它在包被接收后立即开始，只要总线空闲至少一个等时间隙，物理层就应开始仲裁（链路层使用此类型发送等时包）。只有物理层处于仲裁空闲状态或接收状态时才能执行此请求。

（4）立即仲裁。只要总线空闲，物理层就指示链路层仲裁成功（链路层使用此类型发送确认包）。只有物理层处于仲裁接收状态时才能执行此请求。

IEEE Std 1394a—2000 协议增强了一些类型的仲裁，使在 IEEE 1394—1995 仲裁部分中浪费的带宽重新利用，并可以用来进行数据传输。这样从总体上增加了总线的吞吐量并减少了单个事务的延迟时间。下面说明 1394a 中增加的仲裁。

（1）确认加速仲裁。允许 PHY 在接收到应答包以后直接仲裁总线，减少了由子事务间隔引起的仲裁延迟。

（2）Fly-by 连接是在仲裁期间消除延迟的一种技术。当一个事务被执行时，节点将数据转发到其他端口，如果正在传输的数据包不要求返回确认包，中转节点就把它的数据包连接到当前数据包的末端，这个功能消除了总线仲裁的间隔时间延时。

（3）Fly-by 可以将一个新的子事务与一个不需要确认包的数据包相连（如确认包和等时包），Fly-by 仲裁只有当数据包传向根节点时才被执行。

（4）多速度串联包。这种机制允许一个节点在确定的标准中以不同的速度发送数据包，不需要每次在速度变换后都要重新仲裁。

（5）优先级仲裁。优先级仲裁允许一个正在传输数据包的节点在公平间隔期间通过特殊手段对总线多次占用。1394—1995 协议中规定只有循环控制器可以使用优先级仲裁去广播循环开始包。1394a 规范也允许其他节点拥有优先级仲裁服务，但必须在 Priority_Budget 寄存器指定的范围之内。

IEEE Std 1394b—2002 增加了 BOSS 仲裁机制，既可以在一个全部都适应 1394b 节点的总线拓扑中应用，也可以在一个既适应 1394b 也适应以前规范的混合总线拓扑中应用。下面描述 BOSS 仲裁机制。

一个 PHY 可以在任何一个没有发送数据的活动端口上发送仲裁请求。在子事务中，最后一个发送数据包的 PHY 将变成 BOSS，并且成为下一次仲裁决定的执行者。因此，传输一个响应包或者 PHY 反应包会使一个 PHY 变成 BOSS，即当前是 BOSS 的 PHY 在发送一个明确的或隐含的确认信息之后就不再是 BOSS 了。

一个 PHY 接收到一个明确的或者暗含的确认信息会变成 BOSS。明确的确认信息指的是，一个 PHY 作为一个数据包传输的终结器接收到 GRANT 或者 GRANT_ISOCH 标志，或者是响应仲裁请求。暗含的确认信息是指一个接收数据包的 PHY 能独立地决定子事务被取消，如总线在同步间隔或者在异步间隔最后一个数据包是一个响应包。

在 1394 总线中，根节点在任何不活动的拓展周期的情况下承担 BOSS 的角色，如响应包丢失或者发生某些错误。

5.4.1.2 链路层

串行总线链路层（Link Layer）作为事务层和物理层的中间媒介，提供源节点和目的节点之间无连接确认数据的传输服务。链路层通过物理层服务执行总线上的动作，并且提供链路层和更高层之间的接口服务，节点控制器利用接口服务控制链路层的资源，链路层采用接口服务向节点控制器传送链路层内或总线上状态的变化，事务层采用接口服务来传送链路层和事务层之间的异步数据包，应用层采用接口服务来传送链路层和应用层之间的等时数据包。

链路层支持异步事务和等时事务。

对于异步事务，链路层提供了事务层和物理层数据交换接口，为异步数据包提供面向事务层的各种服务，包括寻址、数据校验、对发送数据包编码成帧、对接收数据包解码解包等服务。请求者通过链路层将来自事务层的事务请求转换成数据包，再通过物理层发送给响应者；响应者接收到数据包后，再将包转换回来并传给事务层。

对于等时事务，链路层提供驱动程序和物理层间的接口，为等时数据传输提供直接面向应用层的服务。在传输等时数据时，发送方的链路层负责生成等时包。接收方的链路层通过将包的接收通道解码，将传给本节点的数据包直接传给驱动程序。

链路层定义了两种包类型：主包和确认包。主包又分为异步包和等时包，实现的工作包括以下几种。

（1）与物理层的通信。链路层通过一组抽象的服务与 PHY 进行通信，包括 PHY 仲裁服务和 PHY 数据服务，PHY 仲裁服务允许链路层获得对总线的控制，PHY 数据服务用来传送 PHY 和链路层之间的数据。

（2）发送异步包。在事务层通过链路层数据请求服务请求链路层时，链路层发送异步包。

（3）接收异步包。在 PHY 通过 PHY 数据指示服务开始向链路层传送数据时，链路层接收异步包。

（4）对接收到的异步数据包发送确认信号。

（5）发送等时包。当链路层产生周期同步指示时，应用层排队等待等时包的传输。

（6）接收等时包。等时周期期间，在 PHY 开始向链路层传送数据时（通过 PHY 数据指示服务），链路层接收等时包。

（7）循环控制器。由一个循环计数器组成，用于产生间隔为 $125\mu s$ 的周期信号。串行总线的根节点同时担当循环控制器的功能，每隔 $125\mu s$ 产生一个循环启动包，通过包发送器广播到串行总线上，作为整个串行总线的同步信号。对于非根节点，该循环计数器每隔 $125\mu s$ 产生一个本地循环同步事件，预示一个新的循环周期即将开始。当非根节点接收到来自根节点的循环开始包后，将立即用循环开始包内的数据更新本节点循环计数器的值，从而保证整个串行总线上的节点的循环计数器保持同步。

链路层对外接口部分包括链路层与物理层的接口、链路层与事务层的接口、链路层与串行总线管理部分的接口以及链路层与应用程序部分的接口。

IEEE Std 1394a—2000 链路层主要对 IEEE 1394—1995 定义的链路层内容做了相应的修改和补充，修改了链路层事件指示服务、链路层数据指示服务、链路层等时指示服务；修改了异步包的数据 Payload 格式；补充了等时数据块包格式；增加了异步流包的概念，包括异步流包的格式和 GASP（Global Asynchronous Stream Packet）包格式；对主包的 rt、tcode、Tag 字段做了修改；对 ACK 包的 ack_code 部分进行补充；补充了 PHY 包和响应包的优先级仲裁。

IEEE Std 1394b—2002 协议没有对链路层有进一步的修订说明。SAE 5643 规范定义了异步流包和异步包，格式上与 IEEE 1394—1995 定义的异步包和 IEEE Std 1394a—2000 定义的异步流包有所不同，SAE 5643 在这两种包中 payload 前和后分别增加了 ASM 头部和尾部（STOF 发送、接收、datapump 偏移以及 VPC）。

5.4.1.3　事务层

事务层（Transaction Layer）定义了支持 CSR（控制和状态寄存器）体系结构的完整的请求响应协议，提供 3 种基于请求响应的服务（read、write 和 lock）来支持异步事务，加上控制和状态寄存器（CSR）组成了整个的请求响应协议。异步事务模式主要是基于请求节点和响应节点之间的通信，read 操作要把数据传输给请求节点，write 操纵把数据从请求节点发送到响应节点，而 lock 操作帮助 read 和 write 功能实现通路的往复。

事务层只支持异步传输，对于等时传输，上层应用直接操作链路层，而不通过事务层。对于节点间的数据传输，事务层提供 3 种操作。

（1）读事务。特定地址的数据由响应者到数据请求者的过程。

（2）写事务。数据从请求者到一个或多个响应者的过程。

（3）锁定事务。数据从请求者到响应者，然后在响应者内部的确定地址进行处理，并返回请求者的过程。

异步事务模式为基于请求节点和响应节点之间的通信。每一事务包括请求子事务和响应子事务，以及请求者和响应者在数据传输过程中各自的链路层和物理层的操作。

典型的 1394b 应用程序无需了解 1394b 通信协议栈的中间各层，它们只需要简单地向事务层发出数据传输请求就可以了，这一软件层将传输请求转换成完成传输所需的一个或多个事务请求。产生的事务请求指示了事务类型，如果事务包含"写入"或"锁定"，事务层还要提供请求中要传输的数据。因此，事务层服务可看作对底层的调用,这些调用将应用程序的编程人员和与链路层控制芯片关联的编程接口隔离开。事务层提供数据包传送的验证并初始化确认包。事务层作为上层应用和链路层之间的接口,为上层应用提供了透明的服务,从而使得应用层无需关心内部的具体传输过程,只需要向事务层发送请求即可,事务层提供的服务见表 5-2。

表 5-2 事务层服务概要

序号	服务	通信层	服务的目的
1	事务控制请求	来自节点控制器	配置事务层
2	事务控制确认	到达节点控制器	确认事务控制请求
3	事务事件指示	到达节点控制器	提示节点控制器在事务层检测到的事件
4	事务数据请求	来自应用、节点控制器或总线管理器	引起事务层初始化一个事务
5	事务数据确认	到应用、节点控制器或总线管理器	确认事务数据请求
6	事务数据指示	来自应用、节点控制器或总线管理器	指示对事务请求的接收
7	事务数据响应	到应用、节点控制器或总线管理器	响应事务数据指示

事务层服务可以执行更高层所指定的动作,并且事务层服务可以传送那些与动作有关系的参数,也可以传送那些与动作无关的参数。事务层服务的实现可以是多线程的,请求者可以在对应的响应返回以前同时发起多个事务。

5.4.2 MIL-1394b 总线操作

1394 总线节点间采用异步流包进行数据传输,异步流包是在异步时间间隔内发送的等时包。在通信时,通过通道号决定目标节点,通道号由等时资源管理器预先分配,并且每个节点能够实现独立的通信,1394 总线带宽预分配约束,实现每个节点偏移都是专用的,而且发送偏移和接收偏移也是预先分配的;因此,每个节点按照自身通道进行接收异步流包,并且向其他节点的专用通道发送异步流包,而且发送/接收偏移时间和消息 ID 作为完整性约束,最终实现节点之间可靠的通信。

IEEE 1394 数据的传输方式有异步传输和等时传输两种,主要存在两点区别:第一点,识别根节点的方式不同,前者是用地址寻址的方式,后者是用信号通道的号码;第二点,是否需要响应请求,前者异步传输需要按照请求后再响应的模式,完成响应后传回起始节点,而后者只是一个单方向的请求,相比较前者有很高的实时作用。异步传输是靠 64 位的寻址方式,占用的带宽少,随时占用总线,并且能够在每个时间周期内都有相同的机会访问总线。等时传输通过一个 6 位信号通道的编号选定设备,不能任意随时占用总线带宽,需要提前请求得到使用总线的权利,不需要事务层的处理。在处理顺序上,各个传输周期内先传输等时包,在传输的开始平均分配信号通道并到达开始的状态。

5.4.2.1 MIL-1394b 总线操作

基于 AS5643 协议的标准总线操作中,每个 RN 都应分配一段相对于 STOF 的时间用来传输数据给 CC,也就是所谓的 STOF 发送偏移,按照系统要求为 STOF 帧速率的 ±0.5%。连接到多个 CC 分支的多个节点应选择一个 STOF,该 STOF 应该用同一种经过用户认可的系统定义的运算法则。在每次上电初始化时,每个节点都有重新分配其发送时间的能力,并且只分配一次。在 STOF 包结束后,每个 RN 都有能力在系统规定的时间内发送数据给 CC。如果一个节点有很多条消息要发送,包括给其他 RN 的消息,那么这些消息就会按照 STOF 发送偏移来依次发送数据。所有的消息都应在 STOF 发送偏移时间内发送,并且给 CC 的消息应先发送。RN 应该用 STOF 偏移填写包尾的前 3 个字(默认或 CC 更改)。

通过特殊应用的网络配置表,每个 RN 都应分配一段相对于 STOF 的时间用来等待接收 CC 的数据,也就是所谓的 STOF 接收偏移,按照系统要求为 STOF 帧速率的 ±0.5%。连接到多个 CC 分支的多个节点应选择一个 STOF,该 STOF 应该用同一种经过用户认可的系统定义的运算法则。在每次上电初始化时,每个节点都有重新分配其从 CC 接收数据时间的能力,并且只分配一次。在 STOF 消息传输结束后,每个 RN 都有能力在系统规定的时间内从 CC 接收到数据。

图 5-10 为 AS5643 协议中提供的一种总线操作(其中 RN 指远程节点,即总线上除 CC 以外的节点),且只支持异步流包,帧速率为 100Hz。

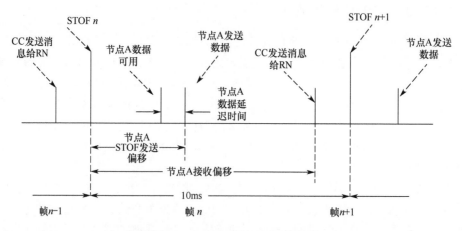

图 5-10 AS5643 协议网络帧结构

图中将节点 A 的 STOF 发送偏移时间、STOF 接收偏移以及帧周期(10ms)和数据延迟时间形象地表示出来。3 个偏移时间 STOF 发送偏移时间、STOF 接收偏移时间和 STOF 发送数据泵(PHM,预测与健康管理数据包)偏移时间统称为

"STOF 偏移时间"。暂定 STOF 偏移时间的精度为 1μs，且偏移值大小必须不小于 50μs 且不大于 950μs。总线初始化和配置结束后，每个远程节点（RN）应等待 CC 发送的 STOF 包。RN 收到 STOF 包后检查第一条从 CC 收到的有效消息来决定其新的 STOF 偏移。

MIL-1394b 总线初始化和配置时间如图 5-11 所示。

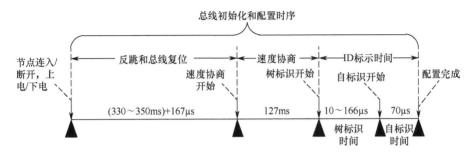

图 5-11　总线初始化和配置时间

尽管 MIL-1394b 在确定性和实时性方面做了很多工作，但作为 IEEE 1394b 的上层协议，其总线初始化和配置时间没有变化，最大约为 477ms。大部分情况下，477ms 的初始时间并不会带来影响，但在某些紧急情况下，如飞机管理系统发生空中掉电再上电时，就飞控功能来说，每毫秒都至关重要，此时，从 MIL-1394b 总线上已经找不到办法，需通过其他途径弥补，如设计智能作动器控制器，使其实现部分控制律功能，对飞机姿态进行简单控制，确保安全；或者采用其他可快速启动的备用总线，作为紧急情况下的安全备份。

在控制计算机进入周期控制任务后，MIL-1394b 总线操作需要控制计算机在帧开始发出帧起始包（STOF），各个远端节点按照各自 STOF 后的偏移量进行总线操作，如图 5-12 所示。

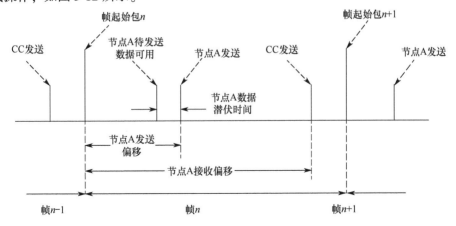

图 5-12　正常总线操作时间分配

图中主要定义了 STOF 及相对 STOF 的发送偏移和接收偏移，STOF 间隔等于周期任务的帧周期，在帧周期内部通过发送偏移和接收偏移将帧时间划分为若干小的时间窗口，每一个时间窗口对应一个通道号，通道号及其对应的发送偏移或接收偏移均存储在总线配置表中，每一个总线节点预定义通道号，并将配置表存储在本地，通过查询配置表得到自身的发送偏移或接收偏移。

5.4.2.2　MIL-1394b 总线管理

MIL-1394b 总线管理定义了一组用于对物理层、链路层以及事务层的管理和控制的服务，同时也负责在总线上与其他节点进行协商，主要是设定自身的传输速度、传输模式等。

实现这些功能，IEEE 1394b 标准采用了控制与状态寄存器结构，其中的配置 ROM 则定义了对节点与逻辑单元的管理和控制。

串行总线管理（Serial Bus Management，SBM）部分定义了管理节点所需的协议、服务以及进程，管理节点通过执行管理层服务来控制总线上的其余节点。串行总线管理的功能包括总线管理、等时资源管理、节点控制。

在这 3 个功能中，所有的具有活动链路层和活动事务层的节点都需要进行节点控制，需要进行等时传输的串行总线至少有一个具有等时资源管理的节点。

总线管理（BM）的管理内容包括总线的电源管理信息、拓扑结构信息以及不同节点的速度能力信息，负责协调不同传输速度的设备之间的通信。等时资源管理器（IRM）管理等时资源，如分配信道和总线带宽。每个 1394b 节点都必须实现串行总线自动配置功能，而其他总线管理功能则是可选的。

总线管理提供以下服务。

（1）高级总线电源管理。在线缆环境中，串行总线的一个优点是线缆本身可以提供连接节点适度的电量。这个优点伴随而来的是应该以一个复杂或简单的方式管理电量的分布。总线管理者能够实现连续检查的电源管理机制，并且在总线管理者缺少的情况下，等时资源管理者可以执行一个基本电源管理机制。在串行总线上的每个节点至少有 3 个需要电源起作用的元件：物理层、链路层和总线管理层。可能还有其他的额外应用元件也需要电源，其他电源可能来自与节点连接的电源资源或从线缆中得到。

（2）速度匹配管理。能够通过速度分析节点之间互相通信的速率。速度图用来描述两个节点之间的最大数据传输速率，这样总线管理器就简化了混合速率串行总线的总线配置过程。

（3）拓扑管理。所有可以作为总线管理器的节点都可以接收总线上其他节点发出的自标识数据包，如果选择某个节点为总线管理器，它将绘制拓扑结构图并保存拓扑图以供其他节点访问，从而知道每个节点的能力。

（4）基于拓扑结构的总线优化。总线管理者可以根据拓扑图中的拓扑信息来最优化串行总线的性能,从而提高总线效率。

5.5 MIL-1394b 总线协议包

基于 AS 5643 协议的 1394 总线网络的包格式定义,使用半双工通信方式,通过使用异步流包实现网络运行。总线上的数据按照 32 位大端模式传输,即位 0 是最高位,位 31 是最低位。所有的数据包也是 32 位,而且必须以 32 位的字结尾。1394 总线网络上所有的事务都是以分组(分包)的形式经过总线进行发送。基于 AS 5643 协议的 1394 总线网络应支持异步流传输,不需要异步包和等时包,但可根据需要进行定义。AS 5643 协议定义的总线上传输的异步流包可分为两种类型:一种是异步流数据包;另一种是 STOF 包。其中,根据传输的消息内容不一样,常见的异步流数据包可分为两种:异步流消息和数据泵(PHM)消息。异步流消息和数据泵消息都属于常规的数据消息。

5.5.1 MIL-1394b 异步流包

异步流消息和数据泵消息的用途,以及 STOF 发送偏移时间不同。数据泵消息是一种特殊的异步流消息,其负载数据应包含内部软件参数或特定存储器数据,一般用于支持综合测试。AS 5643 协议是飞控系统专用的总线协议,在传送数据的过程中采用的异步流包分为五部分,分别是 1394 包头、ASM 包头、有效数据区、包尾和硬件插入的 1394CRC 校验。航空电子总线上传输的异步流包如图 5-13 所示,完整描述了总线的异步流包各个字段代表的含义。

异步流包具体定义如下。

5.5.1.1 1394 包头

1394 包头主要包括如下内容。

(1)数据长度(Data Length),是指定有效数据区域中字节的数量,含 ASM 头、有效数据和包尾,数据长度为无符号短整数(16bit)。

(2)标签(Tag)保留,置 00。

(3)通道(Channel),是标识异步流包发送的目标节点,每个通道号都被预先定义。

(4)事务代码(Tcode)被设置为二进制 1010,表明数据包类型为异步流包。

(5)同步代码(Sy)保留,被设置为 0。

(6)包头 CRC(Header CRC)数据,由 IEEE 1394b 链路层产生包头 CRC 和数据 CRC。

通道号确定了异步流包的目的地,预定义的通道号见表 5-3,其他通道号的定义由用户设定。

1394b 数据帧格式					说明
节点号	标签	通道	事务代码	同步代码	1394包头
1394包头CRC					
消息标识					ASM包头
安全码（保留）					
节点号					
优先级	有效数据长度（大于等于8）				
健康状态字（消息数据字0）					有效载荷数据
Heartbeat计数器（消息数据字1）					
⋮					
消息数据（有效数据长度-1）					
STOF传输偏移					包尾
STOF接收偏移					
STOFPHM偏移					
垂直奇偶校验					
1394数据包CRC					1394CRC

图 5-13 异步流包

表 5-3 预定义通道号

设备通道	节点名称	说明
0	CC	预分配给飞机管理计算机
31	STOF	远程节点必须接听
49	仪器测试通道	保留通道号
63	广播通道	保留通道号

5.5.1.2 匿名签署消息（ASM）包头

总线上任何一个带数据的异步流包，传输时在其有效数据的前 4 个字都应包含 ASM 包头，其格式遵照图 5-14 中 ASM 包头的格式。

1) 消息标识

ASM 头的第一个 4 字节为消息 ID（MessageID），消息 ID 为无符号长整型。

消息 ID 是唯一标识消息源的 32 位结构，定义如图 5-15 所示。

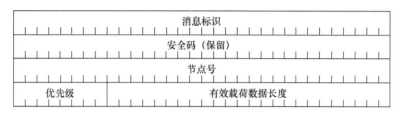

图 5-14 ASM 包头

图 5-15 异步流包消息 ID 的定义

ASM 包头的第一个字为消息 ID。消息 ID 是唯一标识消息的 32 位结构。接收节点可以结合 STOF 消息中的 LRU ID 以及消息 ID 分辨出该消息来自于哪条 CC 通道上的 1394 节点。消息 ID 是由 32 位二进制组成的无符号长整型，由余度分支（6bit）、消息号（6bit）、保留（20bit）组成。

用消息 ID 的前 2 位十进制数（6 个二进制位）标识逻辑子系统的通道号（1394 允许 63 个通道）。用接下来的 2 位十进制数（6 个二进制位）标识消息来源于 CC 的哪个分支：01 = 分支 A，02 = 分支 B，03 = 分支 C，等等。最多提供 41 个分支（6 个二进制位）。用剩下的 6 位十进制数（20 个二进制位）来标识消息数，从 0 到 999999 总共 1000000 条消息。

2）安全码

ASM 头的第二个字是安全区域。并非所有 RN 都要定义安全区域，如果未用到该区域，则应设置为全 0，0 标识最低安全等级。

3）节点号

节点 ID 用 16 位数标识同一总线上的不同节点，高 10 位有效数据为总线 ID，低 6 位有效数据为物理 ID，使节点具有唯一性，定义如图 5-16 所示。

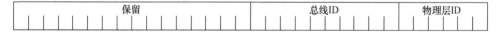

图 5-16 节点 ID 的定义

AMS 头的第三个字为节点的物理设备产生的 IEEE-1394 节点 ID。节点 ID 的高 16 位为系统保留（Reserved），初始化为零；低 16 位数用来唯一标识同一总线上的不同节点。其中，低 16 位数的高 10 位为总线 ID，同一总线上的所有节点都是一样的；低 16 位数的低 6 位为物理 ID，是同一总线上节点的唯一标识，在总线初始化的时候，根据总线的拓扑结构由硬件自动分配，满足 IEEE-1394 总线初始化自标识的要求。

4）优先级

ASM 头的第四个字的高 8 位（无符号超短整型格式，8Bytes）表示消息的优先级，二进制的 0000000 表示最低优先级，其他值按照升序表示帧的优先级。例如，十六进制的 23 的优先级比十六进制的 57 的优先级低。优先级的设置不是必须的，可以根据子系统的需要进行设置。

5）有效数据长度

ASM 包头的第四个字的后 3 字节为有效数据长度（无符号超短整型格式，24 字节），其表示包括消息 ID 的整个消息的字节数。负载数据长度的定义不包含 ASM 包头和包尾，但包含心跳和健康状态字。

消息负载长度的最大值为 DataLength 中规定的最大负载减去 32 字节（ASM 包头和包尾的字节数），最小长度为 8 字节。因此，在电缆 S100 传输速度下，最大的有效数据负载长度为 118 个字，最小长度为 8 个字（包括心跳和健康状态字）。由于消息长度是限定的，实际消息长度被心跳和健康状态字的长度所限定，所以负载数据长度只有 2 字节有意义，第 3 个字节为 0。

6）消息有效性

异步流数据消息有效需要满足下面的两个条件才能判定数据消息的正确性：ASM 消息头中的心跳单元是递增的；数据正确性指示器（VPC 和健康状态字）是正确的。如果不满足异步流数据包的有效性，那么，AS5643 协议处理单元中相应的错误计数寄存器应该计数。

5.5.1.3 有效数据区

从异步流包有效数据区的第三个字开始为实际有效数据区，所有的负载数据都为 32 位二进制数。异步流包的实际有效负载数据（Packet Data）由应用软件填写。图 5-17 为有效数据区的负载数据格式。

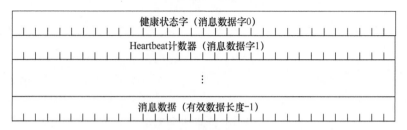

图 5-17 负载数据格式

1）健康状态字

有效数据区域的第一个字（MessageWord0）为 32 位（无符号长整型）的健康状态字，包含的信息有包错误、子系统错误、节点错误以及节点上每个端口的状态。健康状态字定义如下。

Bit31：消息错误。

Bit30：子系统错误。

Bit29：STOF 偏移确认。

Bit28 ~ Bit24：保留置零。

Bit23：port0 已连接。

Bit22：port0 接收 OK。

Bit21：port0BETA 模式。

Bit20：port0 速率位 0。

Bit19：port0 速率位 1。

Bit18：port0 速率位 2。

Bit17 ~ Bit16：保留置零。

Bit15：port1 已连接。

Bit14：port1 接收 OK。

Bit13：port1BETA 模式。

Bit12：port1 速率位 0。

Bit11：port1 速率位 1。

Bit10：port1 速率位 2。

Bit09 ~ Bit08：保留置零。

Bit07：port2 已连接。

Bit06：port2 接收 OK。

Bit05：port2BETA 模式。

Bit04：port2 速率位 0。

Bit03：port2 速率位 1。

Bit02：port2 速率位 2。

Bit01 ~ Bit00：保留置零。

消息错误：如果各个节点接收的上一个消息是错误的（消息完整性），则消息错误位置为 1，否则为 0。对于 RN 发往 CC 的消息，该位表示 RN 上一帧从 CC 收到的信息中是否存在错误，对于 CC 发往 RN 的消息，该位表示 CC 上一帧从 RN 收到的信息中是否存在错误。CC 发往 RN 数据的正确性由以下条件保证：接收到消息之后，网络总线有效数据区的心跳值增加；数据有效性检查（如 VPC）正确；1394CRC 正确。RN 发往 CC 数据的正确性由以下条件保证：由 RN 判断的 STOF 消息时序定义是有效的；STOF 消息本身是有效的；STOF 消息表明 CC 处在一个合法的操作模式；CC 到节点的消息是有效的。

子系统错误（RN 节点）：当子系统（RN）判断自身存在故障时，子系统错误位被置 1，否则被置为 0。子系统错误为综合性指标，不是总线层面的指标，是系统层面的指标，错误逻辑由设计师确定。

STOF 包偏移确认：循环开始包偏移确认位置为 1 表明一个远程节点已经接收到了它的 STOF 偏移。如果远程节点没有接收到它的 STOF 偏移，则 STOF 包偏移确认位置为 0。

端口 n – 连接状态：当读物理层端口状态寄存器的结果表明端口 n 连接，连接位置为 1。如果状态表明端口 n 没有连接，这位置为 0。

端口 n – 接收正确：当读物理层端口状态寄存器的结果表明端口 n 已经接收，接收正确位置为 1。如果状态表明端口 n 没有接收，该位置为 0。对于 RN 发往 CC 的消息，该位表示 RN 上一帧从 CC 收到的信息中是否存在错误，对于 CC 发往 RN 的消息，该位表示 CC 上一帧从 RN 收到的信息中是否存在错误。

端口 n – Beta 模式：当读物理层端口状态寄存器表明端口 n 是 Beta 模式时，将接收正确位置为 1。若其结果表明端口 n 不是 Beta 模式，则这位置为 0。

端口 n – SpeedBit0-2：事务层根据物理层的端口状态寄存器的值来填写端口速度。正如 IEEE-1394 规范中定义的，这些位表明端口当前的传输速度。速率位的定义参考表 5-4。

表 5-4　速率位含义

速　率	速率位 2	速率位 1	速率位 0
S100	0	0	0
S200	0	0	1
S400	0	1	0
S800	0	1	1
S1600	1	0	0
S3200	1	0	1

2）Heartbeat 计数

有效数据区的第二个字（MessageWord1）为节点产生消息的心跳。心跳为 32 位的字，初始化为全零，当包含新数据的新的一帧到来时加 1。心跳的目的是确保和 RN 通信的 CC 上的应用软件时刻产生新数据。因此，心跳应该由应用软件来置位，而不是由独立的时钟控制器来置位。

3）消息数据字

有效数据区的第三个字（MessageWord2）为消息数据字。对于给定的异步流包发送位速率 S100B（100Mbps）模式，最大的消息数据负载为 472Bytes；对发送位速率 S400B（400Mb/s），最大的消息数据负载为 2008Bytes。

5.5.1.4　包尾

总线上每个包含有效包数据区的异步流包在传输时都应该在末尾的 4 个双字

位置上带上包尾。包尾是紧随有效数据的 4 个 32 位字，前 3 个字为 3 个 STOF 偏移时间包尾，第四个字为纵向奇偶校验字（VPC），格式如图 5-18 所示。

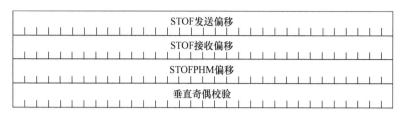

图 5-18　包尾格式

1）STOF 发送偏移

STOF 发送偏移量为无符号长整型，范围为 500～14600μs，分辨率为 1μs。对于 CC 发给 RN 的消息，STOF 发送偏移就是发送时间的偏移；对于 RN 给 CC 的消息，STOF 发送偏移就是 RN 当前的时间偏移。

2）STOF 接收偏移

STOF 接收偏移量为无符号长整型，范围为 500～14600μs，分辨率为 1μs。对于 CC 发送给 RN 的消息，STOF 接收偏移就是 RN 接收相对于其时间的偏移；对于 RN 发送给 CC 的消息，STOF 接收偏移就是 CC 接收相对于其时间的偏移。

3）STOF PHM 偏移

STOF PHM 测试码偏移是无符号长整型，范围为 500～14600μs，分辨率为 1μs。对于 VMC 发送给 RN 的消息，STOF PHM 测试码偏移对于节点来说是对其时间偏移的要求，在这段偏移时间内节点要启动传输。对于 RN 发送给 VMC 的消息，STOF PHM 测试码偏移就是 RN 正在使用的时间偏移。

4）垂直奇偶校验

VPC 为无符号长整型数，把除了 VPC 校验字以外的 IEEE-1394 包的每一个有效 32 位数据进行按位异或，然后把异或的结果取非，方法如下：

VPC = ASM 头的消息标识；

VPC = VPC 异或 ASM 头的安全字；

VPC = VPC 异或 ASM 头的节点标识字；

VPC = VPC 异或 ASM 头的优先级/有效数据长度字；

VPC = VPC 异或有效数据的健康状态字；

VPC = VPC 异或有效数据的计数字；

VPC = VPC 异或包尾的 STOF 发送偏移量；

VPC = VPC 异或包尾的 STOF 接收偏移量；

VPC = VPC 异或包尾的 STOF 备用量；

VPC = VPC 逐位取反。

5.5.2 MIL-1394b 总线 STOF 包

STOF 包是 1394 总线上的帧起始包，用于进行网络同步。STOF 包的包格式跟异步流包一样，使用的是等时包的包格式。在通道 31 上，CC 按照固定的帧速率发送 STOF 包（误差为帧速率的 ±0.1%）。需要注意的是，STOF 包没有 ASM 头和包尾，并且 STOF 包的前 4 个 4 字节数据是固定的，固定为 0x00281FA0。使用 STOF 包在完成节点分片控制机制的同时，实现网络时钟同步功能。增加时钟同步后的 STOF 消息格式定义如图 5-19 所示。

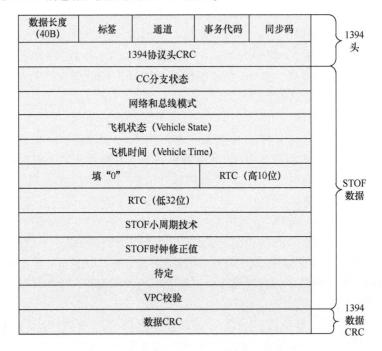

图 5-19 增加时钟同步后的 STOF 消息格式

STOF 包数据的第一个字（即 CC 分支状态字）用于描述各个 CC 分支的状态，如 AS5643 协议中举例用于描述 8 个 CC 分支 16 条总线的设置和定义；STOF 包数据的第二个字（即网络总线模式字）用来指示总线的工作模式，包括初始化模式、正常传输模式、测试模式、程序加载模式等；STOF 包数据的第三个字（即飞机状态字）用于指示飞行器状态相关的某些信息，如发动机状态、制动、电量等信息；STOF 包数据的第四个字（即飞机时间字）可根据具体的应用来使用和设置。STOF 包是广播包，因此，总线上的控制计算机可以利用 STOF 包中没有定义的 4 字节向总线上的远程节点广播一些比较重要的信息。

为了保证 1394 总线网络上传输数据的可靠性，AS 5643 协议提出了系统完整性管理方式。每个 RN 都应监控 CC 的输入消息，从而判断 CC 的失效状态，并检验 1394 总线操作的正确性以及 CC 软件运行的正确性。

为了在正常的总线操作过程中节点能成功接收 CC 的数据，应满足下面几个条件：STOF 消息时间定义是有效的；STOF 消息是有效的；STOF 消息表明 CC 处在一个合法的操作模式并处在正常状态；CC 到节点消息是有效的。

以帧速率为 100Hz 的总线为例，为了满足上述条件，AS 5643 协议处理单元需要实现的具体功能如下。首先，AS 5643 协议处理单元能监测并接收 1394 总线上的 STOF 包；然后，判断本条接收的 STOF 消息的接收时间以及 VPC 是否有效，接收消息有效条件为本条 STOF 消息相对于前一条的时间间隔在 10.0ms ± (50 ~ 150μs)，若在规定数量的连续帧时间内的 STOF 消息不符合上述条件，那么 RN 则认为 CC 无效，当 CC 处于上电初始化或自测试状态时为例外。如果前两个条件满足，那么还需要检查 CC 当前的状态是否为正常状态，如果为失效状态，那么节点认为 CC 是失效的，并忽略所有 CC 发送来的消息。最后，除了检测 CC 发送的 STOF 消息的有效性，还需要检测 CC 发给 RN 的异步流数据消息的有效性。

5.6　MIL-1394b 总线确定性和容错性

5.6.1　MIL-1394b 总线的确定性

1394 总线提供等时事务和异步事务。异步事务在公平仲裁期间使用 64 位地址寻址，通过接收方的 CRC 校验及响应的事务来验证数据传输的正确性，至少占总带宽的 20%；为增强数据传输的实时性，等时事务采用向 IRM 申请信道和带宽的方式获取总线控制权，无需对数据传输进行确认，至多可占用 80% 的总线带宽。

循环开始包是等时传输的帧同步信号。循环控制器以固定的循环周期（125μs 或 8kHz）广播循环开始包，等时传输基于循环开始包所确定的固定帧率进行，维系着整个总线的公共时钟源，各节点基于循环开始包来初始化并接收等时事务；循环开始包的优先级高于异步事务，保证紧跟其后的等时事务在相同时间内传输并在固定的时间间隔内循环，以获得恒定的总线带宽。循环开始包仅能广播到本地总线以维持本地总线上节点等时事务的同步，并且产生循环开始包的循环控制器在链路层实现，不受应用软件管理，难以保持多条冗余总线上所有节点的全局同步。

若异步数据包的传输不能在一个循环周期内完成，循环开始包则会延迟产生，进而导致等时传输延迟启动。虽然总线的仲裁机制保证延迟不会超出 125μs，但各循环周期期间的异步事务数据包传输都可能不一致，使延迟存在抖动。应用经验表明，相对于 125μs 的循环周期，这些延迟和延迟抖动通常会对航空航天飞行器网络的确定性产生无法接受的严重影响。1394b 总线的其他一些特征也对其确定性有影响，如等时和异步事务的动态带宽分配、根节点的重新选择、通道号的动态分配。

总之，1394b 总线固有的确定性机制仅限于在同一时刻发生和周期间隔重复的等时传输模式，受异步事务影响，等时传输机制固有的确定性和信息完整性满足不了航空航天飞行器上数据总线的必要功能。

对于 1394b 总线不满足确定性的特点，SAE AS 5643 进行了改进，其为军事航空领域内一种网络传输数据的总线标准，主要对 IEEE 1394b 总线协议进行了局部约束，AS 5643 协议对 IEEE 1394b 总线在通信确定性方面限定和改进，提升了 IEEE 1394b 总线技术的健壮性和确定性。

AS5643A 规范为 1394b 总线提供了确定性保证和完善的容错机制。AS 5643A 规范基于异步流，利用强制根节点能力和回路自动检测/断开特征，结合匿名消息头（ASM）协议，建立基于帧起始包（Start of Frame，STOF）的固定帧率同步机制，同时静态分配通道号和带宽，采用垂直奇偶校验（VPC），保证了 1394b 总线用作航天航空飞行器数据总线所需的确定性。

具体而言，SAE AS5643 通过以下途径改善了 1394 总线的确定性：预配置网络拓扑，系统网络设计初期，配置网络节点的拓扑结构；使用异步流包，异步流包是等时包的格式，按照异步仲裁规则发送；使用 STOF 包，STOF 包通过 CC 发送，分为自主 STOF 包和非自主 STOF 包，确保总线环节点的时间同步性。例如，CC 按照 20ms（50Hz）的周期向总线环发送 STOF 包，总线环上的 RN 节点接收到 STOF 包，作为当前数据帧的起点，到时间偏移时刻收发数据；静态分配通道，总线环路总共有 63 个通道可以分配节点，每个节点的通道号根据配置表提前分配，确保通道号唯一，保证协议层的收发确定性；预分配带宽，每个 RN 的发送和接收时间都是相对于 STOF 包严格定义的，偏移信息和 STOF 包都由 CC 发送。

下面对 MIL-1394b 总线确定性数据传输进行详细分析。

1）使用异步流包（Use of Asynchronous Stream Packet）

异步流是 MIL-1394b 总线进行确定性数据传输的基础。AS6543 协议的架构和协议均基于异步流，不要求（但可利用）异步数据包和等时数据包。1394a 标准定义一种称为异步流的数据包，异步流与等时数据包一样使用通道号寻址，与异步数据包一样在公平间隔内按异步仲裁规则进行传输，同时不要求目标节点返回应答包或响应等确认机制，因此称为松散的等时数据包。异步流包格式与严格等时的等时数据包格式相同，不要求分配可用资源和带宽，仅需 IRM 为其分配通道号，以便通过硬件过滤数据包，同时多个节点可使用同一通道号来传输异步流，也允许单个节点使用同一通道号传输多个异步流，适用于无延迟保证要求的广播和多播应用。

异步流与等时数据包格式相同，包括包头、数据段以及数据 CRC 校验，其中包头由物理层写入，CRC 由链路层硬件自动产生。数据段的字节数不能超出分配给异步流的通道带宽。AS5643A 规范对异步流所定义的字段进一步做了约束，同时在异步流数据段中应用 ASM 协议，将异步流数据段分为 ASM 包头、有效负载数据以及包尾 3 段。

2）匿名消息头 ASM

ASM 是基于 FC-AE-ASM 规范裁剪的上层协议，它是一个独立于 IEEE 1394b 底层协议的上层协议。采用 ASM 可以提供延迟低、安全性高以及确定性高的数据总线通信。除此以外，ASM 中的消息 ID 可以使节点在应用层不了解总线网络拓扑结构的情况下完成通信。ASM 协议使用消息 ID 实现网络流量与物理地址的解码，避免直接使用 1394 包头信息，实现与 1394 协议的独立，因此应用软件可在无需知道网络拓扑的情况下进行通信。对 ASM 进行裁剪是为在任务关键性应用中的处理机、传感器、仪表和显示器之间实现确定的、安全的、低延迟的通信。MIL-1394b 总线的 RN 节点发送消息时遵循 ASM 协议。

ASM 包头包含消息 ID、安全码（保留）、节点 ID、优先级和有效载荷数据长度。消息 ID 由 CC 节点分支、通道号和消息号组成，只用于确定某一消息；对安全码没有规定，但 RN 节点可以利用；节点 ID 由总线 ID 和物理 ID 组成，只用于确定多个互联总线上特定总线的特定节点；优先级用来指明帧的优先级；有效数据长度字段包含负载长度，指明与消息 ID 对应的整个消息字节数。

通过 ASM 协议（匿名签署消息），远程节点可以获得它需要的每条消息。RN 中的 ASM 软件只转发本 RN 签署过的消息。ASM 被用于支持确定的、可靠的、低延迟的通信。ASM 通过使用消息 ID 来解决网络通信拥堵问题，使应用软件可以在不了解网络拓扑结构的情况下完成通信。

3）基于 STOF 包的全局同步和固定帧速率

为保证总线各个节点具有统一的同步时钟源，AS5643 协议规定将通过 STOF 进行同步，STOF 包用作总线同步，就可以实现周期性通信，STOF 包由 1394 包头、STOF 包数据和 1394 CRC 三部分组成。

总线网络通过总线上的计算机控制（CC）节点发送的 STOF 进行网络同步，该同步数据包由总线上的 CC 节点按照预定义的固定周期（如 10ms）发送。RN 节点接收到该数据包后同步清零本地的定时器，达到同步整个总线节点的目的。

STOF 包由 CC 节点的上层软件按应用需求以固定频率（如 100Hz）通过 31 号通道向所有节点广播，告知新的帧周期已启动，因此 STOF 包所确定的固定频率称为帧率。RN 节点需要检测到连续 3 个有效的 STOF 包后才传输消息，检测工作由测量 STOF 包间隔的硬件定时器或采用内部产生时间基准来标记 STOF 包的软件来完成。异步流基于 STOF 包确定的周期来传输，这个固定帧率依据可用的带宽和消息来确定。

冗余 CC 架构中实现冗余 CC 节点间的同步操作来保证各 CC 节点能在（带指定误差的）同一时刻为各条独立总线上的所有 RN 节点提供 STOF 包。同步操作利用各 CC 节点中的冗余管理和表决软件使得冗余信号输入时间的误差很小，进而避免在多个采样时刻进行信号选择。各 CC 节点间的最大允许同步误差依赖于周期的帧速率，如对于 100Hz 帧率，最大 CC 节点误差在 50μs 内。

4）纵向奇偶校验（VPC）

为了增强数据的完整性，在数据包的传输过程中，AS5643 协议不仅采用循环冗余校验（CRC），而且还增加了纵向奇偶校验（VPC）。这样，AS5643 协议规范对每个数据包的负载数据部分又增加了一重校验，增强了数据的可靠性传输功能。1394b 总线的 CRC 对传输介质进行数据完整性检查，确保 PHY-PHY 的完整性；在把已接收的数据存到链路层的接收缓冲区并向系统内存（如静态随机存取存储器（SRAM）、同步动态随机存取内存（SDRAM）、双端口随机存取内存（DPRAM 等）搬移时，单独依靠 CRC 不能确保整个端到端的数据完整性。AS5643A 规范在数据包的数据区域定义 VPC，对异步流在物理层（SRAM、SDRAM 或 DPRAM 等）和软件层间的数据传输提供额外的完整性检查。

将 CRC 与 VPC 相结合，在整个异步流的传输路径上实现面向应用的端到端完整性检查，增强了 MIL-1394b 总线的故障限制能力。为保证 MIL-1394b 总线在应用层的数据完整性，VPC 检查需在系统内存中进行；若 VPC 在主机与链路层间的接口实现并存储在未受保护的主机内存中，则面向应用的完整数据路径的完整性将不能得到保证；若将来发送和接收缓冲区均有内存保护的链路层控制器，并且各节点的系统内存都有保护措施，VPC 则可从 AS5643A 规范中去掉。

5）带宽预分配（Pre-Assignment of Bandwidth）

IEEE 1394b 总线的通信原理为仲裁方式，具有竞争性，只有争取到总线使用权的数据才能使用总线通信。基于 AS5643 协议的 1394 总线中，要求各节点的传输带宽由系统针对特定的应用进行预分配，AS5643 对此进行限定，为了避免竞争造成通信混乱而使用分时复用机制。分时复用的基本原理是使用节点通信带宽预分配，在规定的每个帧周期（如 10ms）总线控制节点按固定好的发送偏移时间发送数据包，这样总线通信就实现了分时复用，使总线通信的确定性得到最大的满足。

6）通道静态预分配（Static Assignment of Channel Numbers）

在 IEEE 1394b 中，由等时资源管理器对节点的接收通道号进行动态分配，而在 AS 5643 协议中，节点的接收通道号由系统应用根据特定的工程应用进行预分配。这样，可以避免在网络拓扑结构发生改变而引起总线复位以后节点的通道号发生改变的情况发生。两个节点在总线复位前后同样可以进行可靠的传输，减少了不可靠因素。

根据 IEEE 1394b 以及 AS 5643 协议的定义，节点支持的通道数目为 64 个。静态通道号分配由 1394 配置工具生成静态配置表文件，通过主机接口驱动软件完成配置。

异步事务传输使用总线复位时分配的节点 ID 作为源和目的地址，等时数据包和异步流采用通道号寻址，消息依据特定的通道号来发送到总线，接收消息的节点监听相应的通道号来接收采用通道号寻址的数据包。正常情况下，MIL-1394b 总线只使用不依赖于 IRM 的异步流，使异步流无法像 1394b 总线那样向 IRM 申请通道号和带宽。MIL-1394b 总线异步流的通道号和带宽依据系统架构的特定要求在网络需求文档中预先分配好。

系统实现必须考虑非调度的异步事务和等时事务对带宽和时序的影响。各 RN 节点发送和接收时间的分配基于与 STOF 包偏移来确定，时间偏移依据特定应用的架构来定义。AS5643 规范允许使用异步事务和等时事务，异步事务的响应随着异步事务的接收返回，而不是在 STOF 发送偏移时间内返回。若接收节点检测到无效消息 ID，应返回寻址错误，同时必须确保异步事务不影响 STOF 包偏移时间或系统时序约束，避免导致 STOF 包时序的不稳定；使用等时事务时，应在固定帧间隔内明确分配异步流和等时数据包的带宽，保证优先级较高的等时事务插入对各 RN 节点 STOF 包的时间边界造成的不确定影响相对于所有延迟关键应用来讲是可接受的，避免影响固定帧率的完整性。等时数据包引入对 STOF 包时间边界不确定的影响与等时数据包占总线带宽总量、最大等时数据包大小和等时数据包源的循环速率相关。

7）网络拓扑预配置（Pre-Configured Network Topology）和强制根节点（Forced Root Nodes）

根据使用需求进行网络拓扑预配置，配置好的网络拓扑在使用中尽量不改变，以达到系统通信稳定的目的。网络拓扑由应用的需求进行配置，并且在整个飞机的生命周期内尽可能保持不变。

AS 5643A 规范未明确提出网络拓扑的预配置要求，但定义的 CC 节点和 RN 节点操作要求及作为航空航天飞行器数据总线所带来的容错方面的要求限定了网络拓扑必须按应用需求来预先配置，并且这一拓扑在飞行器的整个生命周期内很可能是不变的。由于网络拓扑的预分配和 CC 节点操作的确定，CC 节点被强制成根节点，不存在根节点的重新选择。一些宇航应用项目也允许重新指定根节点，这可增加系统的灵活性和重构能力。

AS 5643 规范利用 1394b 标准的回路自动检测和断开特征来增强数据总线的冗余。1394 总线构造的对等网络要求树型拓扑，1394b 标准定义了允许总线存在物理回路时总线能保持操作的机制（称为 loop-free 建立），即使连接存在回路也保证连接无效。loop-free 建立通过在物理层（PHY）寄存器中定义 Loop disable 位实现。网络中物理回路通过控制节点比较回路测试包与回路测试符号中的回路测试数据来关闭 PHY 端口，进而断开连接来满足总线树型拓扑的要求；总线初始化期间，回路也会自动断开。总线初始化期间节点 PHY 自动检测并断开回路，形成两个分支。配置树型结构前，回路在哪断开是未知的，某个节点因失去电源、线缆断开、连接器引脚缩针导致故障时，PHY 自动检测断开的连接点，将故障节点自动重新配置为叶子节点，这样为节点操作提供了可选路径。

在 IEEE 1394b 总线 AS5643 协议的网络拓扑中，CC 节点被指定为根节点，根节点最重要的特征是不允许被更改。

8）TDMA 类型的包传输

TDMA 类型的包传输（TDMA-Style Packet Transmission）控制计算机每隔 12.5ms（80Hz）发送 STOF 包，并为每个通道发送偏移信息，远端的网络节点只需要监听就能获得同步信息，以避免远端节点失去同步。

基于 STOF 包的 MIL-1394b 总线通信采用为各节点分配发送偏移消除总线仲裁来确保确定性传输。AS5643 规范确保确定性通信的关键概念是基于 STOF 包的总线同步及各节点相对于 STOF 包的偏移所确保的传输调度。节点调度由系统设计指定的 STOF 发送偏移、接收偏移和数据泵偏移来确定，这些偏移精度均为 STOF 包帧率的 1.0% 或 100μs（两者的最大值），分辨率不低于精度值的 1.0%。带有效数据负载区域的异步流包含由 STOF 发送偏移、接收偏移、数据泵偏移和 VPC 字段组成的包尾。CC 节点在每个帧周期发送 STOF 包和各个通道的偏移信息，这样即使 RN 节点后来上电也能接收到 STOF 包信息，用这些信息实现网络同步的 RN 节点仅需监听一次，因此避免该 RN 节点与网络丢失同步。

每个 RN 节点基于 CC 节点发送过来的 STOF 偏移进行数据的发送、接收和数据泵。RN 节点必须在 STOF 发送偏移时间内完成所有消息的发送，任何延迟关键数据消息必须以 STOF 接收偏移为基准；RN 节点一般采用中断来进行应用的调度，以便最小化从应用经操作系统到链路层接口的数据延迟。发送到某个 RN 节点的多个消息由该节点依次接收，寻址到 RN 节点的消息可能不是在 CC 节点设定的接收偏移时刻传输到该 RN 节点，这意味着，并不是所有的总线数据处在给定的偏移之内，因此总线应该支持这种非同步的行为，设定接收偏移用于那些像闭环控制之类的延迟相关操作。单向的数据泵消息包含内部的软件参数或内存位置数据以支持完整性和测试活动，也可用于传输（发送或接收）测试消息，数据泵时间大小的分配应满足最坏数据泵消息大小和特定系统的测试消息大小；其数据字可以是那些没有由 RN 节点正常发送消息中包含的信息。

为保证 AS 5643 规范的确定性，需按系统的特定要求建立 STOF 帧率及各节点的 STOF 偏移，建立 STOF 偏移的目标是最小化消息在整个路径上传输和处理的延迟。为一个新的网络应用设置时序，首先，要定义一个合适的 STOF 帧率，选择 STOF 帧率要满足网络中最关键设备闭环灵敏度的时间需要；其次，要考虑网络中大多数响应设备的处理能力。若响应设备处理输入输出数据不够快，会无法发送或接收相应的总线数据，因此不能将 STOF 频率设置得过高，CC 节点必须在每个 STOF 帧时间内能满足网络上各节点的处理需要；再者，确定 STOF 必须确保总线带宽满足网络整个时序的需要，即所有的系统数据要与总线速度相匹配；最后，若网络上有些设备对延迟要求不高,则传感器可能在多个帧率期间发送相同的数据,这些数据的接收者也可能保持此前的数据,直到总线上有新数据。

9) 健康状态字

健康状态字是传输的异步流包中数据负载区的第一个字,主要包括本地节点的端口连接状态、本地系统的健康状态等,提高总线通信的可靠性。

5.6.2 MIL-1394b 总线完整性

SAE MIL-1394b 相对于 IEEE 1394b 在系统完整性和容错能力方面进行了增强。

5.6.2.1 故障抑制增强(Enhanced Fault-Containment)

主要通过如下方面实现。

纵向奇偶检测(Vertical Parity Check)。除了 1394 物理层完成的 CRC 外,每个包的数据区增加了纵向奇偶检验(VPC),VPC 用于在物理层和软件之间提供附加的数据完整性信息处理。

健康状态字(Health Status Word)。32 位的健康状态字位于数据包有效载荷的 word0,包含下列内容:包错误,子系统错误,节点错误,STOF 偏移应答,节点的端口状态(已连接、接收 OK、beta 模式、端口速率等)。

心跳(Heartbeat)字。32 位的心跳字位于数据包有效载荷的 word1,设置心跳字是为了使控制计算机上的应用程序产生新的数据,心跳字必须由软件产生,而不是由固定的计时器产生。

控制计算机状态字(CC Status Word)。32 位的控制计算机状态字位于 STOF 包有效载荷的 word1,记录每个网络中 CC 的故障状态。

数据传输完整性检测(Data Transmission Integrity Detection)。控制计算机监控来自远端节点的输入,确认总线活动是否正常,产生消息的远端节点操作是否正确。主要包括:STOF 包的发送定时间隔是否正常,STOF 包是否有效,STOF 包所指示控制计算机状态是否正常,数据有效性指示控制计算机状态是否正确,操作是否有效。

控制计算机的故障检测(CC Failure Detection)。远端节点监控控制计算机来自的输入(包括 STOF 包),已确认总线活动是否正常,产生消息的控制计算机软件操作是否正确。主要包括:心跳字的值是否递增,数据有效性指示(如 VPC)是否正确,1394 CRC 是否正确。

5.6.2.2 故障隔离和恢复增强方面

交叉通道互联,3 个控制计算机节点通过其他的数据总线或另外一条 1394 总线互联,同时处理数据,并通过交叉通道互联传输比较数据,以保证数据的完整性。

端口禁止与使能,节点可以对每个端口单独进行禁止和使能。该特性允许总线上的节点禁止连接到故障节点的端口,也可以启用备用(冗余)连接的端口以旁路故障节点。物理层可以由电缆进行供电,可以允许链路层和主处理器下电而不会影响物理层转发数据,该特性可以用于故障恢复过程中,隔离故障处理器。

5.6.2.3 系统级冗余提供的故障保护

闭环断开能力提供第一级冗余:SAE MIL-1394b 的物理层基于 IEEE 1394b—2002 的信号标准,在总线初始化过程中,可以检测到环并断开环。物理上提供一个环连接,相当于增加一条冗余路径,当有节点故障时,启动原冗余链路,将故障节点作为树的端节点,其他节点位于数据网络中通信正常。3 余度系统冗余:3 个已互联的控制计算机提供了一个 3 余度的 1394b 网络,每个控制计算机都连接有 3 条 1394b 总线,每条总线都有 3 条物理端口。

5.6.3 MIL-1394b 总线容错机制

为便于分析采用 MIL-1394b 总线的 VMC 结构的容错特性,构建简化的飞行器管理系统总线构型,系统采用 3 余度构型,同步工作方式,采用分布式 IO(RIO)结构如图 5-20 所示。

CCDL 总线使用 1394b 总线,连接通道以完成数据交换和同步,满足 SAE AS5643 标准,速度 400Mb/s,介质为屏蔽双绞线(铜线)。系统总线为 1394b 总线,满足 SAE AS5643 标准,速度为 100Mb/s,传输介质为 5 类铜电缆(CAT-5),传输距离可达 50m,物理拓扑为环形拓扑,逻辑拓扑为树/链型拓扑。

1394b 总线在 VMC 系统中作为系统总线使用,其确定性及错误检测能力可通过系统结构进一步增强,如图 5-21 所示。

1)Layer1 容错

1394b 总线固有的错误检测和错误定位能力,主要包括以下几个方面。

(1)总线上所传递数据包的包头和数据块均有 CRC。

(2)总线应答包包含错误代码。

(3)总线应答包包含奇偶校验。

(4)总线响应包包含错误代码。

(5)可规定总线传输响应或应答的超时条件。

(6)端口可禁止/使能,总线协议中提供了"端口禁止"功能,即当物理层的某一个端口被禁止时,该端口不再产生和检测线缆上的信号。

2)Layer2 容错

SAE AS5643 作为 IEEE 1394b 总线的增强集,主要提供了以下新的特性。

(1)固定帧速率。通过固定帧速率用于网络的同步。通过帧开始包进行同步,这个包通知总线上所有的节点一个新的帧的开始。

(2)通道数量静态分配。目的地节点的通道数不是由同步资源管理器 IRM

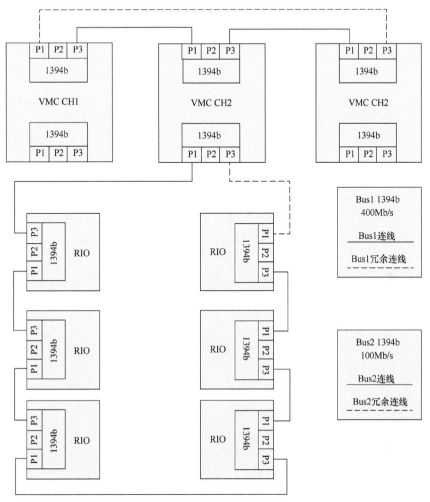

图 5-20 VMC 系统结构图

分配,而是总线上每个节点的通道数是预分配的,由应用确定不同,作为结构需求被定义。

(3) 带宽预分配。IRM 的减少要求带宽的预分配,每个节点的发送和接收时间作为偏移量分配,最小单位为 1ms。总线上每个节点的偏移由应用规定,作为结构需求被定义。

(4) 纵向奇偶检测。除了 1394 物理层完成的 CRC 校验外,每个包的数据区增加了纵向奇偶检验(VPC),VPC 用于在物理层和软件之间提供附加的数据完整性信息处理。

(5) 匿名用户消息 ASM。ASM 是一个上层协议,裁剪后在处理器、传感器、仪器仪表、显示器等任务关键的应用间,用于确定性、安全、低延迟通信。ASM 计划独立于低层次协议,同样地,不采用 1394 头标 ASM 的专用信息,使用信息标识符 ID 从物理地址方面降低网络通信量，使得应用软件可以在不了解网络拓扑的情况下完成通信。

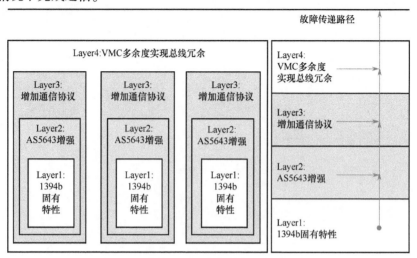

图 5-21　基于 1394b 总线的分层容错示意图

3）Layer3 容错

VMC 设计中增加部分上层协议，以更好地对总线故障进行检测和定位，主要目的是避免故障蔓延。建议的附加上层协议如下。

（1）增加总线配置表的版本检查，以确保各个总线节点的配置表版本相同，检查方法可通过单向检查和双向检查，对故障节点进行禁止端口等操作，确保不会出现因总线配置表版本错误导致的总线操作冲突。

（2）增加总线连接管理功能，在 STOF 包增加端口使能/禁止命令字，根据总线拓扑，命令与故障节点相连的总线节点端口禁止，达到将故障节点从总线断开，以减少故障蔓延。

（3）链路层故障静默，在链路层检测到故障，但故障类型为未知，并且故障次数达到规定次数，链路层将不再对任何服务做出响应，以减少故障蔓延。

（4）增加总线活动看门狗，将总线活动作为看门狗的输入，看门狗的输出为禁止/使能 1394b 链路层，使链路层进入故障静默状态。

（5）增加冗余路径，每条 1394 总线均增加了一条冗余路径，在某一总线节点故障时，通过启用冗余路径，保证总线的完整性，确保数据对所有非故障节点可达。

4）Layer4 容错

VMC 为 3 余度系统，系统总线为 3 条 MIL-1394b 总线，3 条总线间各自独立，不存在故障蔓延。VMC 系统的冗余特性保证了 1394b 总线的冗余度，从系统结构上保证了系统级 1394b 总线的可靠性。

5）系统总线降级过程

系统总线降级过程如图 5-22 所示。

第5章 MIL-1394b 数据总线

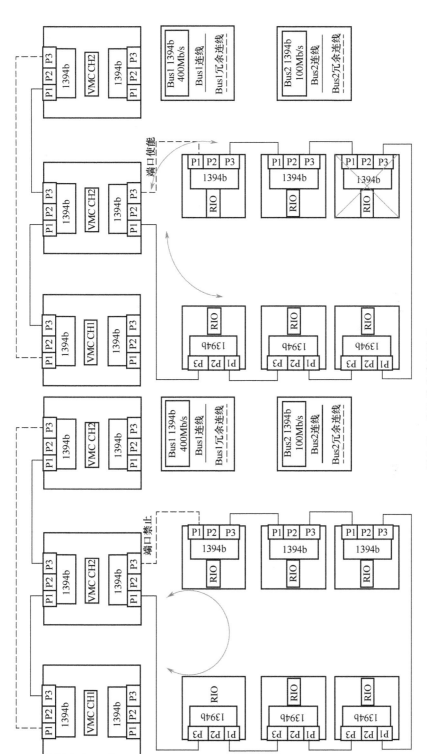

图5-22 系统总线降级过程

图 5-22 中曲线所示为 RIO 上的 1394b 发生故障时，VMC 及 RIO 间数据流的方向。由图中可以看出，冗余路径的启用保证了数据的正常传输，亦不会因为该节点的故障导致对应 VMC 失效。

5.7 MIL-1394b 总线接口设计

本节以 PCI 总线接口 MIL-1394b 总线接口设计为例，首先对 AS5643 协议处理单元链路层芯片接口特性进行分析，在此基础上，说明 AS5643 协议处理单元功能分解，分析各模块的主要功能，进一步说明 AS5643 协议处理单元详细设计，阐述 AS5643 协议处理单元的主机接口模块、寄存器主控模块、自加载配置表模块、数据转存（DM）控制模块、DM 接口模块以及链路层微控制器接口模块的控制流程图和状态机设计。其中，在主机接口模块的设计中，介绍了主机可访问的存储空间，并针对数据缓冲区的空间分配提出了两种实现方案；在寄存器主控模块中，实现了接收发送异步流数据包的调度控制以及节点上电初始化过程控制；在自加载配置表模块中，实现了上电自动加载片内 FLASH 存储信息（如预分配带宽信息，预分配通道号信息以及 ASM 头中的信息等）的功能；在 DM 控制模块的设计中，除了实现接收发送数据转存功能外，还实现了自动插入接收消息的接收状态字功能，完善了 AS5643 协议所规定的对异步流数据包完整性管理功能；在 DM 接口模块中，实现了与链路层芯片以 100Mb/s 的速率传输异步流包的功能；在链路层微控制器接口模块中，实现了对初始化过程中自动配置链路层寄存器功能以及获取物理层端口状态的功能。

5.7.1 AS 5643 协议处理单元接口分析

AS 5643 协议处理单元与驱动层和应用层进行通信需要通过主机接口实现，这里采用外设组件互联标准（Peripheral Component Interconnect，PCI）总线接口实现主机接口的功能，PCI 总线是一种广泛应用于计算机的、高性能的标准工业总线，该总线支持 33MHz 和 66MHz 两种时钟频率并支持 5V/3.3V 两种信号电平，是一种具有 32/64 位地址数据多路复用的总线。

AS 5643 协议的实现是基于链路层和物理层硬件实现的。目前最流行的是选用 TI 公司的 TSB12LV 系列的链路层控制芯片以及 TSB41ABx 系列的物理层控制芯片。这里以 TSB12LV32（GP2Lynx）为例，它是一种通用的高性能的 IEEE1394a-2000 逻辑链路控制（LLC）器，能够在 1394 的 PHY-LINK 接口或者一个外部的主机控制器向一个连接着移动数据端口（本地总线接口）的外部器件之间进行数据传输，传输速率可选 400Mb/s、200Mb/s 或 100Mb/s。1394 的 PHY-LINK 接口提供了 1394 中物理层器件的连接，同时也是由 LLC 所驱动的。

链路层控制芯片有两部分的接口资源，即数据转存（DM）接口和微控制器接口。DM 接口主要用于传送大量的异步流数据包,微控制器接口主要用于芯片内部寄存器的配置以及异步流数据包的接收。AS5643 协议处理单元通过链路层的 DM 接口接收或发送异步流包,并通过链路层微控制器接口对链路层芯片寄存器进行初始化配置,并每接收到一条 STOF 消息以后获取物理层端口信息。

AS 5463 协议处理单元通过链路层 DM 接口以 100Mb/s 速率读取或发送异步流包给链路层芯片。当 DM 接口配置为发送模式时,DM 接口采用 16 位字、等时、不自动插入包头的发送时序,支持以 100Mb/s 速率发送。DM 接口发送异步流包的时序如图 5-23 所示,DM 接口模块在准备发送数据之前,将 DMREADY 置高一个周期;链路层芯片在检测到 DMREADY 有效以后,拉低 DMDONE 信号,并产生宽度为一个时钟周期的正脉冲信号——DMPRE,以通知 DM 接口模块向链路层芯片发送包头;然后链路层芯片在下一个时钟周期开始将 DMRW 拉高两个时钟周期,指示 DM 接口模块正在向链路层芯片发送包头数据;当 DM 接口模块第二次检测到 DMPRE 为高时,表示链路层芯片已经准备就绪接收负载数据;接着,DM 接口模块将 DMRW 置高,同时将发送数据放到 DMD 数据线上;等待数据包发送完成时,DMDONE 重新被拉高,表示一个包已发送完成。

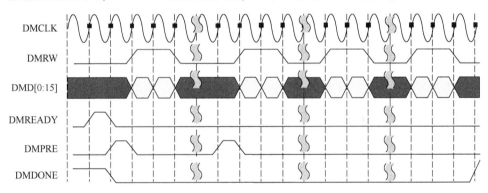

图 5-23　不插入包头的等时发送100Mb/s 时序图

当 DM 接口配置为接收模式时,DM 接口采用 16 位字、等时、带有包头和包尾的接收时序,支持以 100Mbps 速率接收。DM 接口接收异步流包的时序如图 5-24 所示,即当DM 接口接收到等时消息且该消息的 1394 头的同步码(Sync 位)与链路层芯片的等时端口寄存器(地址 0x18)中的 ISYNCRCVN 域匹配时,链路层芯片将 DMDONE 拉高一个周期;然后将 DMRW 置高,表示 DMD 上数据有效;PKTFLAG 只有在接收消息的第一个字和最后一个字(其为链路层芯片添加的状态字,而非包数据)时有效;当整个等时包接收完成后,链路层芯片将 DMRW 拉低,表示一个接收过程的完成。详细的 DM 接口时序关系描述请参考 TI 公司 TSB41BA3ATPFPEP 芯片手册。

AS5643 协议处理单元通过链路层微控制器接口实现配置 TSB41BA3ATPFPEP

链路层芯片寄存器功能。该接口采用 16 位、Fixed-Timing 模式。链路层芯片配置信号包括：M8BIT_SIZ0、MCMODE_SIZ1、COLDFIRE、LENDIAN、MDINV，其中 M8BIT_SIZ0、MCMODE_SIZ1、COLDFIRE 初始值为 0，LENDIAN、MDINV 初始值为 1。

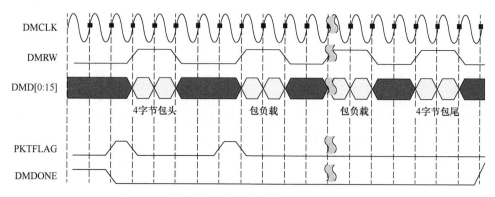

图 5-24 带包头和包尾的等时接收 100Mb/s 时序图

链路层微控制器接口读操作时序如图 5-25 所示，AS5643 协议处理单元的链路层微控制器接口模块首先将有效地址送到地址线 MA 上，紧接着产生一个低脉冲 MCSn，并且将 MWRn 拉高；链路层芯片在 BCLK 的上升沿同时采样到 MCSn 为低和 MWRn 为高（表示读操作）时，将与 MA 所对应的链路层寄存器值读出，并驱动 MD 数据线为该寄存器数据；由于链路层芯片存在传输延时，MD 上的第一个有效数据比 MA 信号要晚一个时钟周期出现；在 MCSn 拉低两个时钟周期后，链路层芯片产生一个响应信号 MCAn，其中 MCAn 有效的时钟数与 MCSn 有效的时钟数一致，当 MCAn 重新被置高后表明一次读操作完成，可以开始下一次的操作。

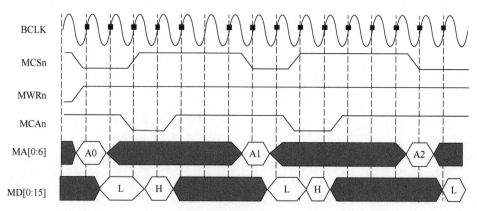

图 5-25 链路层微控制器接口读操作时序图

对于链路层微控制器的写操作，其时序与读操作类似，不同的是 MWRn 信号随 MCSn 同时为低，表示写操作。写操作持续两个周期，分别写入低 16 位和高 16 位。链路层微控制器接口写操作时序如图 5-26 所示，详细接口时序关系描述请参考 TI 公司 TSB41BA3ATPFPEP 芯片手册。

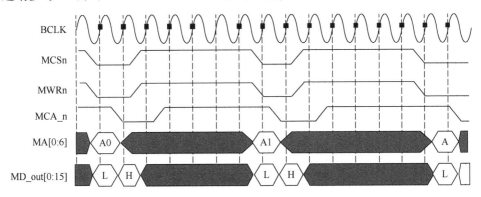

图 5-26　链路层微控制器接口写操作时序图

AS5643 协议处理单元与链路层芯片其他端口信号为：state、He_int_n，其中 state 是链路层芯片诊断输入信号，高电平有效，表明有总线复位产生，检测到该信号有效以后，需要重新配置链路层芯片的控制寄存器。He_int_n 是中断信号，低电平有效。若检测到该信号的有效沿，则 AS 5643 协议处理单元中的头 CRC 错误计数寄存器计数加一，然后将链路层芯片的中断寄存器清零。

5.7.2　AS 5643 协议处理单元组成原理

AS 5643 协议处理单元的主要功能是异步流数据的传输功能，协议处理单元组成如图 5-27 所示。

AS 5643 协议处理单元主要包括主机接口模块、接收和发送数据缓冲区（32KB 大小的 DPRAM）、接收发送消息配置表存储区（两个独立的 32×24bit 大小的 DPRAM）、内部配置表存储 FLASH、自加载配置表模块、寄存器主控模块、DM 控制模块、链路层 DM 接口模块、链路层微控制器接口模块。其中，寄存器主控模块的主要功能是节点初始化过程控制、接收发送消息调度以及 AS5643 协议寄存器功能的实现；DM 控制模块支持收发数据缓冲与 DM 接口之间的数据转存控制功能以及发送数据组包功能；DM 接口模块支持 TSB12LV32TPZEP 链路层芯片 DM 接口收发异步流包功能，支持对异步流数据包进行完整性检查功能；链路层微控制器接口模块支持对 TSB12LV32TPZEP 链路层寄存器的访问功能，以及读取物理层端口状态的功能。

下面分析 AS5643 协议处理单元工作原理。AS5643 协议处理单元功能实现的关键技术在于发送和接收异步流包过程中数据的控制、转存以及校验功能。发送和接收异步流包的功能需要寄存器主控模块、DM 控制模块、DM 接口模块以及微控制器接口模块之间协调工作才能实现。图 5-28 所示为发送异步流消息流程图。

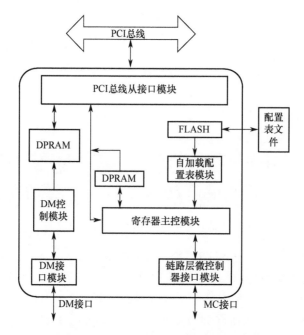

图 5-27　AS 5643 协议处理单元组成

AS 5643 协议处理单元发送异步流数据包通过 7 个步骤完成,其流程说明如下。

(1) 等待节点初始化完成后寄存器主控模块开始发送消息调度。

(2) 查询配置表,判断是否有消息需要发送,若查询到无消息需要发送则进入发送空闲状态,等待接收新的 STOF 包;若查询到发送配置存储区有消息需要发送,则等待异步流消息或数据泵消息的 STOF 发送偏移时间。

(3) STOF 发送偏移时间到来以后,寄存器主控模块给 DM 控制模块输出将要发送数据的存储地址,接着产生发送数据使能信号。

(4) 微控制器接口模块将链路层芯片的 DM 端口配置成发送模式,同时 DM 控制模块开始按照异步流包格式组包,并将打包好的异步流包数据转存到发送 FIFO 中。

(5) DM 接口模块按照链路层芯片的 DM 接口发送时序将发送 FIFO 中的数据搬到链路层芯片的 DMD 数据线上。

(6) 当发送消息完成以后,DM 接口模块产生一个发送消息完成信号给寄存器主控模块,寄存器主控模块中相应的计数寄存器计数,至此已经成功发送完一条消息。

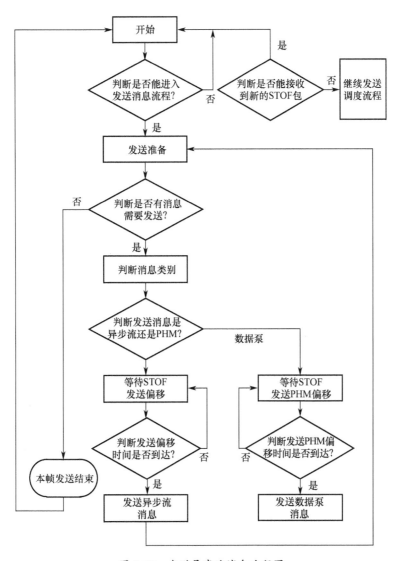

图 5-28 发送异步流消息流程图

(7) 返回到步骤 (1),读取下一条发送消息的配置信息,按照上述发送消息流程发送第二条消息。连续发送直至所配置的发送消息已经发送完成。

需要注意的是,在寄存器主控模块进行发送消息控制的过程中,除非正在组包以及发送消息数据转存,否则只要检测到接收新的 STOF 包则中断发送消息进入发送 IDLE(空闲)状态。

下面对接收消息流程进行说明。图 5-29 所示为接收消息流程图。

AS5643 协议处理单元的接收消息流程如下。

(1) 完成节点初始化。

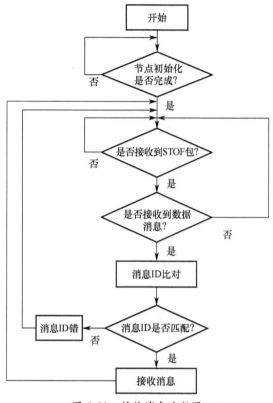

图 5-29 接收消息流程图

(2) 若接收到来自链路层芯片的接收消息起始信号,并且此时链路层芯片的 DM 接口处于接收模式,则 DM 接口模块开始按照链路层芯片 DM 接口的时序接收异步流包。

(3) DM 接口模块通过 1394 头判断该消息是否为 STOF 包:若是 STOF 包,则将 STOF 消息的数据输出给寄存器主控模块,存入相应的 STOF 寄存器中。

(4) 若不是 STOF 消息,则由 DM 接口模块将接收消息的消息 ID 输出给寄存器主控模块,并将接收消息数据从链路层数据线上转存到接收 FIFO 中。

(5) 寄存器主控模块在接收到消息 ID 以后,启动配置表查询功能模块进行消息 ID 匹配性检查。

(6) 若检查到接收消息配置表存储区中有与接收消息的消息 ID 相同的接收消息,则 DM 控制模块将接收 FIFO 中的数据存储到接收消息数据存储区中,并将消息长度、VPC、接收消息时间等信息的校验结果,以及接收消息数据存储地址输出给寄存器主控模块,至此接收一条消息的流程已经完成。

5.7.3 主机接口设计

主机接口采用 PCI 总线,支持 33MHz 时钟频率、支持 32 位字地址访问、支持寄存器类型和 FIFO 类型的目标接口、支持主机中断、模块内部支持小端模式。

在 PCI 接口模块内部中集成了 Mentor 公司商用的 PCI 32 核，经过配置，MP-CI 内部包含目标寄存器接口、目标 FIFO 接口、主接口以及配置寄存器，组成结构如图 5-30 所示。

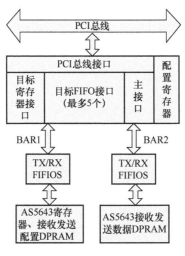

图 5-30 PCI 接口结构

如图所示，PCI 接口主要实现了 AS5643 协议处理单元与 PCI 总线的连接。PCI 总线接口模块共有 3 个从通道，依次是 BAR0（目标寄存器类型从通道 0）、BAR1（目标 FIFO 类型从通道 1）、BAR2（目标 FIFO 类型从通道 2）。PCI 的 BAR0 通道为保留通道。PCI 的 BAR1 为 IO 通道，不支持 burst 操作，大小为 32KB，主要用来访问 AS5643 逻辑内部寄存器，接收配置表 DPRAM 以及发送配置表 DPRAM。PCI 的 BAR2 为 Memory 通道，支持 burst 操作，大小为 256KB，主要用来访问接收发送消息数据 DPRAM。

下面对主机接口可访问的存储空间和接收发送消息数据缓冲区空间进行说明。

AS5643 协议处理单元可被主机访问的地址空间主要有 5643 协议处理寄存器、发送消息配置区、接收消息配置区以及接收发送数据存储区。协议处理单元可通过 5643 协议处理寄存器中的相关寄存器间接访问 LLC 芯片寄存器以及 FLASH，总体地址空间的划分如图 5-31、图 5-32 所示。其中灰色部分为地址空洞，主机写操作不影响系统工作，主机读操作的返回值为 0x0。

接收发送消息数据缓冲区使用双端口 DPRAM，用于主机与 AS5643 协议处理单元完成信息交换，但是双端口的设计必须保证逻辑内部对双端口 DPRAM 的读写访问不会与主机对它的读/写访问冲突。可以通过如下方法来解决这个问题：首先将接收消息存储区和发送消息存储区划分为 0 区和 1 区，同时在 AS5643 协议处理单元逻辑内部设置了专门的接收消息存储区选择寄存器,应用层通过读取该寄存器的值可获知当前允许访问的区域为 1 区还是 0 区。

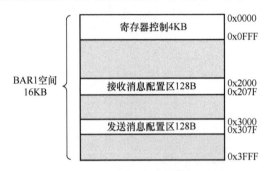

图 5-31　PCI 主机 BAR1 访问地址空间

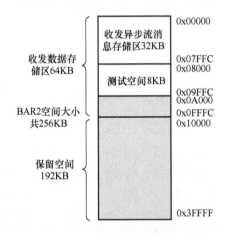

图 5-32　PCI 主机 BAR2 访问地址空间

下面以 4 条接收消息、2 条发送消息的配置为例,介绍 DPRAM 中数据存储的两种分配方式。第一种空间分配方式如图 5-33 所示,其中消息的序号按照接收发送消息配置表存储区中消息顺序编号,并且接收消息 0 区、接收消息 1 区、发送消息 0 区以及发送消息 1 区的空间大小固定不变,都为 16384(即 32×512)字节大小(最多接收发送共 32 条消息)。

但是,如图 5-33 所示,空间分配方式可能会带来资源不够用的问题。数据缓冲区的第二种空间分配方式如图 5-34 所示。

AS 5643 逻辑按照如图所示的方式对 DPRAM 存储空间进行分配时,根据不同配置表可能出现下列 3 种情况。

(1) 当配置表中只配置了接收消息时,AS 5643 协议将数据缓冲区分为 2 个存储区:接收消息 0 区和接收消息 1 区。

(2) 当配置表中只配置了发送消息时,AS 5643 协议将数据缓冲区分为 2 个存储区：发送消息0区和发送消息1区。

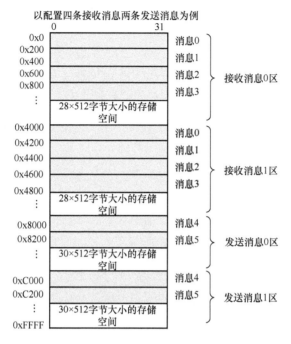

图 5-33 数据缓冲区空间分配（方法一）

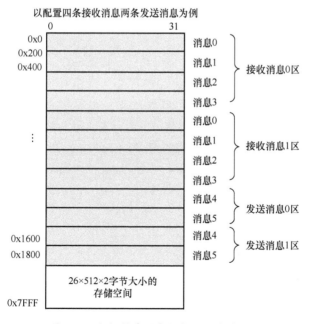

图 5-34 数据缓冲区空间分配（方法二）

(3) 当配置表中既配置了接收消息又配置了发送消息时，AS5643 协议将数据缓冲区分为 4 个存储区：接收消息 0 区、接收消息 1 区、发送消息 0 区和发送消息 1 区。

按照如图 5-34 所示的数据缓冲区空间分配方式，只需要 32768 字节大小的 DPRAM，而按照如图 5-34 所示的数据缓冲区空间分配方式，则需要 65536 字节大小的 DPRAM，如此可显著节省 FPGA 中的存储资源。与第一种数据缓冲区空间分配方式相比，第二种数据缓冲区空间分配方式节省了存储资源，提升了存储空间的利用率。

5.7.4 寄存器模块设计

寄存器模块主要实现 AS5643 协议处理寄存器功能，初始化过程控制功能，接收发送消息调度功能以及修改 STOF 偏移功能。其中，初始化过程控制功能，接收发送消息调度控制功能由状态机控制实现。

寄存器主控模块包括初始化、发送调度和接收调度的实现。

5.7.4.1 初始化流程

节点初始化的流程图如图 5-35 所示。

初始化流程说明如下。

(1) 进行链路层自检测，若自检测正确，执行配置表头加载；如自检测出错，则直接跳转至节点断开模式，结束初始化。

(2) 进行配置表头加载，若配置表头加载正确，则执行下一步，进行配置表加载；若配置表头加载出错，则继续判断配置表头加载出错次数是否已经超过 3 次，如果是，则直接跳转至节点断开模式，结束初始化。

(3) 进行配置表加载，若配置表加载正确，则执行下一步，进行第一次链路层配置；若配置表加载出错，继续判断配置表加载出错次数是否已经超过 3 次，如果是，则直接跳转至节点断开模式，结束初始化。

(4) 进行第一次链路层配置，接收 STOF 包。

(5) 对接收到第一个 STOF 包分析，获取其中的 LRUID，判断 LRUID 的值与预配置分支号是否匹配，若匹配，则继续执行下一步的第二次链路层配置；若不匹配，则直接跳转至节点断开模式，结束初始化。

(6) 进行第二次链路层配置，进入正常工作模式。

5.7.4.2 发送调度流程

寄存器主控模块的发送调度流程如图 5-36 所示。

发送调度流程说明如下。

(1) 节点初始化完成，执行下一步准备发送。

(2) 发送准备状态下，读取接收发送消息配置表存储区，若接收到新的

STOF 包，则返回至节点初始化；若没有接收到 STOF 包，则读取发送消息配置区的值，判断是否有消息需要发送，若有，则执行下一步判断消息类型，若没有，则等待接收一条新的 STOF 包。

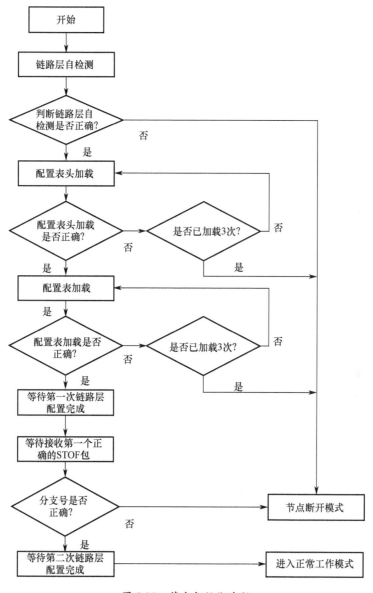

图 5-35 节点初始化流程

（3）判断消息类型，若接收到新的 STOF 包，则返回至节点初始化；若没有收到新的 STOF 包，并且需要发送的消息类型为异步流消息，执行下一步等待 STOF 发送偏移时间，若需要发送的消息类型为 PHM 消息，则跳至等待 STOF 发送 PHM 偏移时间。

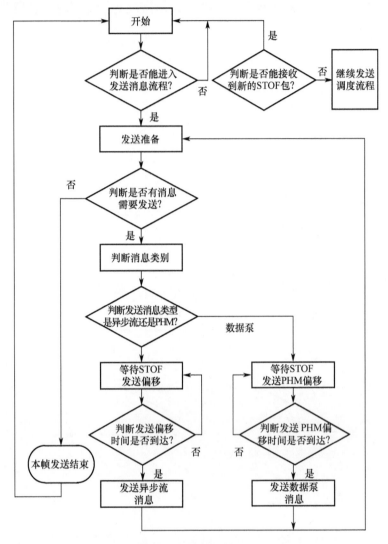

图 5-36 发送调度流程

（4）等待 STOF 发送偏移时间，若接收到新的 STOF 包，则返回至节点初始化；等待 STOF 发送偏移时间到来，执行下一步发送异步流消息。

（5）发送异步流消息，等待发送异步流消息完成，再返回至发送准备状态。

（6）等待 STOF 发送 PHM 偏移时间，若接收到新的 STOF 包，则返回至节点初始化。否则，等待 STOF 发送 PHM 偏移时间到来，再执行下一步发送 PHM 消息。

（7）发送 PHM 消息，等待发送 PHM 消息完成，则返回至发送准备状态。

(8) 本帧发送消息结束，等待接收一条新的 STOF 包，并返回至节点初始化。

5.7.4.3 接收调度流程

寄存器主控模块的接收调度流程如图 5-37 所示。

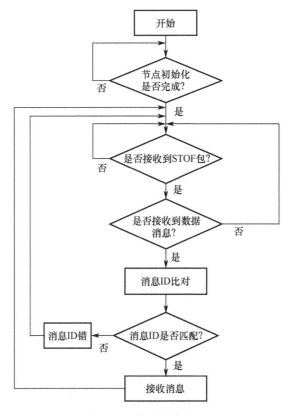

图 5-37 接收调度流程

接收调度流程说明如下。

(1) 进行节点初始化。

(2) 等待接收新的 STOF 包、接收新的数据消息。

(3) 查询消息 ID，判断查询配置表中是否有与接收消息的 ID 相匹配的消息，如正确，则接收数据消息；若没有，则给出消息 ID 错误，接收消息号错误计数寄存器计数加一，跳转至上一步继续等待重新接收新的 STOF 包、接收新的数据消息。

5.7.5 自加载配置表设计

自加载配置表模块主要功能是将 FLASH 中存储的、特定格式的配置表头以及配置表分别加载到寄存器以及消息配置缓冲区中，支持对配置表头和配置表进行 CRC 功能，支持连续 3 次加载配置表头、配置表。

自加载配置表模块的内部组成如图 5-38 所示。

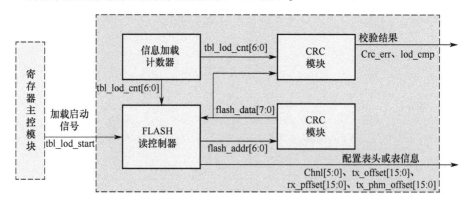

图 5-38　自加载配置表组成

其中，从 FLASH 中读出的数据需要经过专门的 CRC 模块进行加载正误校验。加载过程主要由信息加载计数器控制。

1）配置表数据加载模块

自加载配置表模块的控制过程主要是接收到寄存器主控模块发出的配置表头/配置表加载启动信号之后，开始加载配置表头/配置表，同时将所加载的数据送入 CRC 模块计算 CRC；等到配置表头/配置表中所有的数据（包括 CRC）加载完成后，输出配置表头/配置表加载完成的正脉冲信号给寄存器主控模块，同时判断 CRC 结果是否正确，若出错，则输出配置表头/配置表加载错误的正脉冲信号。寄存器主控模块将配置表头/配置表加载以及出错信息反映到寄存器主控模块的节点状态寄存器中，该模块支持连续 3 次加载完整的配置表头/配置表。

该模块具有区分发送消息和接收消息的功能，若消息的第一个字节信息的最高两位为"11"或"10"，则将发送消息的配置信息写入发送消息配置区中；若消息的第一个字节信息的最高两位为"01"，则将该条消息的配置信息写入接收消息配置区中，否则，该条配置信息不写入配置区中。配置表加载完成后，将发送消息条数、发送异步流消息消息条数和接收消息条数的统计结果输出给寄存器主控模块。

2）循环冗余码 CRC 校验模块

为了加强 FLASH 数据加载过程的可靠性，需要对加载配置表数据进行校验。循环冗余码校验的编码和解码方法简单且具有较强的纠错和检错能力，被广泛地应用在数据通信和测控领域中。循环冗余校验的基本原理是：首先根据线性编码理论在发送端将需要传送的 p 位二进制序列，按照发送接收双方商定的某种规则形成一个 32 位的 CRC 码，然后在发送的过程中，将该 CRC 码附在传送序列后面发送出去。接收方在接收到该序列和 CRC 码后，按照与发送方相同的规则计算出接收序列的 CRC 码，结果应该与发送方的 CRC 码一致，若不一致，则说明该序列传输出错。

5.7.6 DM 控制接口设计

DM 控制模块即数据转存控制模块，主要完成发送数据、接收数据的自动转存功能，按异步流包包格式将发送数据组包，计算发送异步流数据包 VPC 等。

DM 控制模块将内部数据按照异步流包格式进行打包，并将包内容写入发送 FIFO。DM 控制模块数据转存流程图如图 5-39 所示。

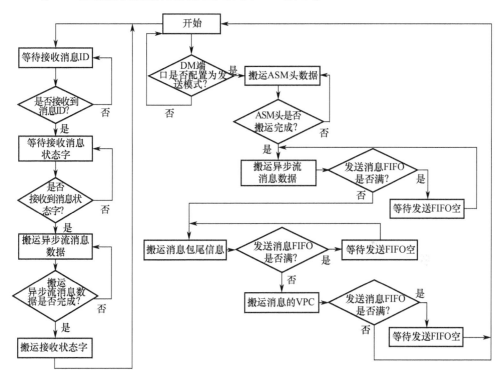

图 5-39 DM 控制模块数据转存流程

DM 控制模块数据转存流程如下。

（1）数据转存空闲状态，若寄存器主控模块通知 DM 接口模块转存异步流消息数据，并且链路层微控制器接口模块已经将 DM 端口配置为发送模式，则执行下一步转存 ASM 头数据；若接收到 DM 接口模块输出的消息 ID 信号，则等待从 DM 接口模块输出数据获取消息 ID。

（2）转存 ASM 头数据，若发送消息超时，则返回开始，重新下一次数据转存；否则，若 ASM 头数据转存完成，则执行下一步转存异步流消息数据；若

ASM 头数据转存未完成，则继续执行数据转存。

（3）转存异步流消息数据，若发送消息超时，则返回开始，重新下一次数据转存；否则，若发送 FIFO 满，则执行下一步等待发送 FIFO 空；若异步流消息数据转存完成，则执行转存异步流偏移信息；若异步流数据转存未完成，则继续执行转存异步流消息数据。

（4）等待发送 FIFO 空，则执行转存异步流消息数据。

（5）转存异步流偏移信息，若发送消息超时，则返回开始，重新下一次数据转存；否则，若发送 FIFO 满，则执行下一步等待发送 FIFO 空；若异步流数据包的 3 个 STOF 偏移信息转存完成，则执行转存消息 VPC；若异步流偏移信息转存未完成，则继续执行转存异步流偏移信息。

（6）等待发送 FIFO 空，则返回执行转存异步流偏移信息。

（7）转存消息 VPC，若发送消息超时，则返回开始，重新下一次数据转存；否则，若发送 FIFO 满，则继续执行转存消息 VPC；若发送 FIFO 空，则返回开始，重新下一次数据转存。

（8）等待从 DM 接口模块输出数据获取消息 ID，并执行下一步转存接收异步流数据包。

（9）读取接收消息状态字，执行下一步转存接收异步流数据包。

（10）转存接收异步流数据包，如果数据 CRC 错误或者消息 ID 不匹配，则将接收 FIFO 数据转存的数据丢弃，否则，将接收 FIFO 的数据转存到数据缓冲区；当数据转存完成时，执行下一步将校验产生的接收状态字存入数据缓冲区。

（11）将校验产生的接收状态字存入数据缓冲区，则返回开始，重新下一次数据转存。

DM 接口模块主要实现了 AS5643 协议处理单元与链路层芯片之间进行数据传输的功能；在发送异步流数据包过程中，DM 接口模块完成向链路层芯片发送数据的功能；在接收异步流数据包的过程中，DM 接口模块完成从链路层芯片接收数据的功能。DM 接口模块支持对接收消息 VPC 校验的功能，并能正确处理数据 CRC 错误的异步流数据包的功能。

数据发送时，当发送 FIFO 为非空，并且链路层 DM 接口的 dmdone 为高时，DM 接口模块开始按照 DM 接口的时序将发送数据由发送 FIFO 转存到链路层芯片的 dmd 数据线上。DM 接口模块把从发送 FIFO 读取的第一个字作为 1394 头部，并获取当前发送包的长度信息。当最后一个字从 DM 接口发送出去时，给出异步流消息发送完成脉冲信号。

数据接收时，DM 接口模块接收来自链路层芯片的 STOF 或异步流消息。当链路层芯片 DM 接口被配置为接收模式，并且链路层芯片通过 pktflag 有效表示 TSB12LV32TPZEP 芯片开始接收到一条消息时，DM 接口模块开始转存数据。

若链路逻辑根据接收到的第一个字（即 1394 头）判断消息类型，从而决定是否将接收消息数据写入接收 FIFO。DM 接口模块接收两类包：STOF 包和异步流数据包：当接收到的 1394 头的第一个字为 0x00281fa0 时，表示接收到的是 STOF 包，否则为异步流数据包。若收到的是 STOF 包，则数据不写入接收 FIFO，直接将 STOF 包内容传递给寄存器主控模块的寄存器中；若收到的是异步流数据包，则 DM 接口模块将消息数据写入接收 FIFO 中，并将此数据包的 VPC 校验结果、数据 CRC 正确性信息和包长度写入接收状态 FIFO。

5.7.7 链路层接口设计

链路层接口模块主要完成对链路层芯片寄存器进行初始化配置、对链路层芯片寄存器的读写访问以及获取物理层端口状态信息等功能。链路层接口模块主要包括以下两个功能：链路层初始化和获取端口信息。

链路层初始化是链路层接口模块在上电复位完成后，自动对链路层芯片的部分寄存器进行初始化，不需要软件额外的操作。链路层接口模块对链路层芯片的初始化配置流程如下。

（1）当寄存器主控模块启动链路层芯片自检测功能时，读取链路层芯片版本寄存器（0x00）的值，将读取值与 0x711538a0 进行比较，若读取到的值是 0x711538a0，则表示版本 ID 正确，否则向寄存器主控模块传递链路层版本 ID 错误信号。

（2）当寄存器主控模块启动链路层第一次配置时，逻辑开始配置诊断寄存器，将 state0 信号配置为表示总线复位的发生。

（3）当逻辑写诊断寄存器完成后，开始配置 DM 接口控制寄存器（0x04），将 DM 口配置为接收模式，接收等时异步流消息。

（4）当逻辑写 DM 接口控制寄存器完成，开始配置中断使能寄存器（0x0c）和中断寄存器（0x10），清除所有中断。

（5）当逻辑写中断寄存器完成，开始配置等时端口寄存器（0x18），使能接收通道号 31。

（6）当逻辑写等时端口寄存器完成，开始配置控制寄存器（0x08），使能链路层芯片的发送和接收。

（7）当逻辑写控制寄存器完成后，第一次配置完成，等待寄存器主控模块的第二次配置开始标志。

第二次链路层寄存器配置是给等时端口寄存器（0x18）配置系统期望的接收道号。在初始化完成后，如果 state0 有效，那么重新对控制寄存器（0x08）进行配置；当寄存器主控模块检测到有需要发送的异步流消息时，链路层微控制器接口模块通过给 DM 接口控制寄存器（0x04）写值，将链路层 DM 接口配置成发送模式。发送完本周期所有的异步流消息、PHM 消息后，链路层微控制器接口模块将链路层 DM 接口配置成接收模式。

获取端口信息中，链路层微控制器接口模块周期性的获取 1394 物理层的 3 个端口信息，每个端口信息包括端口速率、是否已连接、是否接收 OK，用于构成异步流消息中的健康状态字。在链路层接口模块接收到 STOF 包以后，立即开始获取端口信息，需要获取的端口状态包括 Receive_OK、Connected、Negotiated_speed 和 Beta_mode，这些信息都包含在 PHY 寄存器中，需要通过链路层芯片的 PHY 访问寄存器（地址 0x24）进行获取。

以端口 0 的状态获取过程为例：

（1）对 PHY 的第 7 个寄存器进行写操作，使其 Port_select 值为 0，即选中 PHY 端口 0 的寄存器；

（2）对 PHY 的第 8 个寄存器进行读操作，获取 Receive_OK 和 Connected；

（3）对 PHY 的第 9 个寄存器进行读操作，获取 Negotiated_speed；

（4）对 PHY 的第 10 个寄存器进行读操作，获取 Beta_mode。

当获取端口 1 和端口 2 的信息时，只需要将上述步骤（1）中的 Port_select 值写为相应的 1 或 2 即可，其余不变。

5.8 本章小结

航空电子系统的综合化带来了总线网络传输的高带宽、高可靠性和实时性需求。原广泛使用的 MIL-STD-1553b 总线 1Mb/s 的传输速率已经无法满足系统总线带宽要求，而 MIL-1394b、AFDX、TTE 等新型总线在带宽上可满足系统需求。并行总线（如 PCI、VME 等）虽然在带宽上能与上述总线相媲美，但是其冗余的数据通路增加了错误发生的概率，使得系统高可靠性面临考验，而串行总线的使用，使得故障比较容易隔离。

在系统带宽确定的前提下，从设计、调试、维护、线缆、连接器等方面进行比较，串行总线相对并行总线具有更低的成本。相对于 TTE 和 AFDX，MIL-1394b 在协议复杂度、开发的成本、总线线缆等方面具有经济上的优势。

此外，MIL-1394b 总线连接器小，连接简易，易于固定，支持热拔插；同时还提供线缆供电方式，在无主机的情况下，可通过线缆向 MIL-1394b 总线接口物理层供电，保证通信畅通。

除了 F-35，其他的主要战斗机、商用飞机、有人机和无人机等的研制人员，也已考虑或正在考虑，将 MIL-1394b 用于飞行关键性或任务关键性系统中，以保证信息确定性和信息完整性。

参 考 文 献

[1] IEEE Std 1394—1995. IEEE Standard for a High Performance Serial Bus [S/OL]. [1996-08-

30]. https: //www. cssn. net. cn/cssn/productDetail/3f9ff e95b6e027a6cf334db25b1489ee.

[2] IEEE Std 1394a—2000. IEEE Standard for a High-Performance Serial Bus, Amendment 1 [S/OL]. [1999-10-07]. https: //www. cssn. net. cn/cssn/product Detail/b0ccee40c922f724446af6305a4b4db4.

[3] IEEE Std 1394b—2002. 1394b IEEE Standard for a High-Performance Serial Bus Amendment 2 [S/OL]. [2002-12-14]. https: //www. doc88. com/p-51268267 85203. html.

[4] SAE AS5643—2004. IEEE 1394b Interface Requirement for Military and Aerospace Vehicle Applications [S/OL]. [2006-10-13]. https: //www. cssn. net. cn/cssn/productDetail/bd0568ee87ad047fb7c62262b33fdd4b.

[5] SAE AS5643/1—2004. S400 Copper Media Interface Characteristics Over Extended Distances [S/OL]. [2004-12-30]. https: //www. cssn. net. cn/cssn /productDetail/ef0a86aca1e2a8e7df81591be336c289.

[6] SAE AS5657—2007. Test Plan/Procedure for AS5643 IEEE 1394b Interface Requirements for Military and Aerospace Vehicle Applications [S/OL]. [2013-04-29]. https: //www. cssn. net. cn/cssn/productD etail/77afa242d2400bc8e49a0f7b0edb20ba.

[7] SAE ARD5708—2007. Frequently Asked Questions About IEEE 1394b and SAE AS5643 [S/OL]. [2013-13-01]. https: //infostore. saiglobal. com/en-au/Standards/Product-Details-1025195_SAIG_SAE_SAE_2389395/? ProductID = 1025195_SAIG_SAE_SAE_2389395.

[8] SAE AS5706—2007. Test Plan/Procedure for AS5643/1 S400 Copper Media Interface Characteristics Over Extended Distances [S/OL]. [2007-05-01]. https: //www. cssn. net. cn/cssn/productDetail/d45424599ae680be97f9a86369984ec8.

[9] IEEE Std 1394c—2008. 1394b IEEE Standard for a High-Performance Serial Bus, Amendment 3 [S/OL]. [2008-12-21]. https: //www. doc88. com/p-4902347148047 . html.

[10] SAE AS5654—2008. IEEE 1394b for Military and Aerospace Vehicle-Applications Handbook [S/OL]. [2008-07-01]. https: //www. antpedia. com/standard/5816964. html.

[11] WOLFRAM K D, BLOOM H J. New Radiation-Hardened High-Speed Serial Data Bus for Satellite Onboard Communication [C]. IGARSS: IEEE International Geoscience and Remote Sensing Symposium, 2004.

[12] IEEE Std 754—1985. IEEE Standard for Binary Floating-Point Arithmetic [S]. [1990-12-06]. https: //ieeexplore. ieee. org/document/30711.

[13] IEEE Std 1212—2001. IEEE Standard for a Control and Status Register (CSR) Architecture for Microcomputer Busses [S]. [2002-09-06]. https: //www. docin. com/p-391046768. html&key = GIST% E6% 80% 8E% E4% B9% 88% E6% B2% BB.

[14] BAI H. Analysis of a SAE AS5643 MIL-1394b Based High-Speed Avionics Network Architecture for Space and Defense Applications [C]. Montana: IEEE Aerospace Conference, 2007.

[15] REKIETA D. Optical Implementation Using IEEE-1394b [J]. Journal of Cross-Cultural Psychology, 2000, 31 (31): 240-249.

[16] INCITS TR-41—2006. INCITS Technical Report for Information Technology-Fibre Channel-Avionics Environment-Anonymous Subscriber Messaging (FC-AE-ASM) [S]. [2006-06-01].

https：//www.nssi.org.cn/nssi/ front/107334130.html.

［17］ YOUNIS O, FAHMY S. HEED：A Hybrid, Energy-Efficient, Distributed Clustering Approach for AD Hoc Sensor Networks ［J］. IEEE Transactions on Mobile Computing, 2004, 3 (4)：366-379.

［18］ WU J J, WANG Y, BAO Y Y. Research on Airborne Data Bus Test Method ［C］. Chongqing：4th IEEE Information Technology and Mechatronics Engineering Conference, 2018.

［19］ QIU L, WANG Y M, ZHAO Y L. Wireless Sensor Network Routing Protocol Basedon Self-organizing Clustering and Intelligent Ant Colony Optimization Algorithm ［C］. Beijing：Proc. Of 9th International Conference on Electronic Measurement & Instruments, 2009.

［20］ SAE Aerospace Standard 5643—2004. IEEE 1394b Interface Requirements for Military and Aerospace Vehicle Applications ［S/OL］.［2004-12-05］. https：//www.renrendoc.com/p-23010213.html.

［21］ 郑光威, 赵尚弘, 马涛. 军用航空数据总线研究进展 ［J］. 现代防御技术, 2006, 34 (4)：77-80.

［22］ 马贵斌, 周国奇, 田坷. 军用数据总线技术发展综述 ［J］. 电光与控制, 2010, 17 (6)：48-53.

［23］ 詹鹏. 航空高速总线协议 AS5643 的 FPGA 实现 ［J］. 电讯技术, 2013 (8)：84-89.

［24］ 赵永库, 王昆睿. 新一代军用飞机航空电子数据总线标准选择 ［J］. 数据采集与处理, 2012 (S2)：418-422.

［25］ 周庆瑞, 孙辉先. IEEE-1394 总线容错性研究 ［J］. 空间科学学报, 2009, 29 (1)：107-111.

［26］ 李娜, 田泽, 程国建. IEEE1394 总线的高速网络通信系统设计 ［J］. 单片机与嵌入式系统应用, 2011, 11 (3)：32-33.

［27］ 田泽, 李娜, 程国建. 飞行控制系统中 MIL-1394b 仿真节点实现 ［J］. 电脑知识与技术, 2011, 7 (13)：3120-3124.

［29］ 张少锋, 田泽, 杨峰, 等. 基于 AS5643 协议的 MIL-1394 仿真卡设计与实现 ［J］. 计算机技术与发展, 2013, 23 (8)：168-171.

［30］ 赵彬, 田泽, 杨峰, 等. 基于 AS5643 协议的接口模块设计与实现 ［J］. 计算机技术与发展, 2013, 23 (8)：100-102.

［31］ 万月亮, 段大高, 史洁琴, 等. 航天电子系统 IEEE 1394 总线可靠性模型研究 ［J］. 计算机工程与设计, 2012, 33 (8)：2943-2946.

［32］ 王海涌, 黄江艳. 一种基于 IEEE 1394 总线的高速数据传输设备的设计 ［J］. 测控技术, 2009, 28 (6)：65-68.

［33］ 刘光远, 张涛, 郑伟波. 基于 FPGA 的数据采集系统 IEEE1394 接口设计 ［J］. 仪表技术与传感器, 2009 (12)：46-48.

［34］ 罗志聪, 孙奇燕. CRC-16 算法与 FPGA 实现 ［J］. 四川兵工学报, 2010, 31 (5)：89-92.

第6章 TTE 数据总线

6.1 前言

由于普通以太网技术具有低成本、高带宽、开放式优点,在工业领域得到广泛使用。尽管普通以太网由于其良好的传输性一直受到航空航天领域的关注,但将普通以太网应用到航空航天领域的关键系统中,其通信安全性仍会有缺陷。

近几十年来,基于普通以太网的 AFDX 技术取得了长足发展,提高了以太网的安全性、可靠性和实时性,满足航空领域机载航电系统对容错性、兼容性和扩展性的要求,在 A-380、A-400M、B-777、B-787、C-17 等飞机中得到使用。近年来,航空航天领域的实时任务对现有以太网提出了新的需求,采用虚拟链路(Virtual Link,VL)机制的 AFDX 网络具有一定的实时性,但实时性不强,难以满足强实时任务需求。

为满足实时性需求,将时间触发通信机制引入以太网,增强系统数据通信的时间确定性,并提供一定的故障冗余能力,时间触发以太网(Timed-Triggered Ethernet,TTE)应运而生,至此以太网技术经历了半双工以太网→全双工网络→AFDX→TTE 的发展历程。

目前,TTE 已在国外航空航天领域得到了应用。NASA 通过使用 TTE 为"猎户座"号多用途载人飞船提供高完整性、高确定性的数据传输网络,确保关键传感器和设备的传输时间和数据响应时间,并通过 TTE 网络的容错机制保证飞船上数据网络关键接口的可靠性和安全性;在航空领域,时间触发技术已经被广泛接受并应用,包括洛克希德·马丁公司的 F-16 发动机控制系统、空客 A380 的机舱压力系统、波音 B787 的环控和电源系统等。这些都表明 TTE 在航空航天领域的应用潜力巨大。

国外很多高校、公司和协会从事着 TTE 的研发工作,主要包括维也纳工业大学(Vienna University of Technology)、梅拉达伦大学(Malardalen University)、杜伊斯堡-埃森大学(University of Duisburg-Essen)、TT Tech 公司(TT Tech Computer Technik AG)、安森美半导体公司(ON Semiconductor)等。2011 年 11 月,美国汽车工程师学会(SAE)制定的 AS6802 Time-Triggered Ethernet(TT Ethernet)标准得到广泛关注,并被美国国家航空航天局(National Aeronautics and Space Administration,NASA)采用。

6.2 TTE 总线标准及其特点

6.2.1 TTE 总线标准发展

TTE 网络提供的确定性时间触发通信机制是（Time-Triggered Architecture, TTA）体系结构在分布式嵌入式实时系统领域的发展。不同于共享介质的 TTP 总线，TTE 网络在不能进行监听的交换式网络基础设施上实现了全局的时钟同步操作。

20 世纪 90 年代末，维也纳技术大学在 H. Koptez 等学者的引领下成立了专门的时间触发通信技术研发团队，随后成立 TTTech 公司。随着交换式以太网在嵌入式应用中适应性改造的深入，2001 年至 2005 年，研制了实验性的 TTE 交换机；2005 年至 2008 年，推出工业应用 TTE 交换机和 TTE 端系统；近年来，开始提供符合 DO-254 标准的交换机和模块。而在软件方面，TTE 网络支持 ARINC 653 标准定义下的 APEX 分区 TDMA 调度和 VxWorks 653 操作系统。

在工程实用和应用基础研究的双重推动下，TTE 网络技术获得了长足的发展。在欧盟第七框架（7th Framework Programme, FP7）计划下的"可扩展可重配置电子平台与工具"（SCARLETT）项目中，提出"IMA2G"的互联技术，用到了实验性的 TTE 交换技术，使 IMA 模块的处理功能与 I/O 功能相互透明，以便于实现异构 LRM 和 LRU 的分布式综合。在航天电子领域，美国"猎户座"载人飞船（Orion）采用 1000BASE-CX 物理层和双冗余配置的 TTE 网络综合互联方案，可实现恶劣环境下的数据高完整性。

在上述基础之上，TTTech 公司于 2008 年发布了 TTEthernet 说明书，并经过 SAE 标准化组织的 AS-2D "时间触发系统与体系结构"分委会牵头 TTE 网络的标准化工作，于 2011 年 11 月形成并发布了 SAE AS6802 "时间触发以太网"标准。

在 TTE 网络的分布式时钟通信概念提出之前，国内对于时间触发通信的研究主要集中在时间触发的总线形或分支连接的网络，如 Spacewire 等。随着 TTE 网络的应用潜力得以体现，国内相关院校和研究所结合航空电子的背景已经开展了相应的技术研究工作。时间触发以太网 SAE AS6802 标准并不重新定义 IEEE802.3 标准以太网或 AFDX 等专用以太网，仅在以太网协议基础上，规定可用于时间触发通信和分区管理的故障冗余同步协议。通过链路层的改造，增强以太网服务的时间确定性，提供一种能够以固定的端到端延迟和微秒级时延抖动进行确定性消息传递的服务，以及具有灵活性的时分多路复用的带宽划分，以太网带宽之上的灰色部分对应着链路层改造的内容，而 TTE 网络还能保留部分事件触发的异步通信，如图 6-1 中的速率约束流量和尽力传流量。

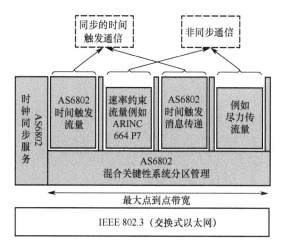

图 6-1　TTE 网络的带宽划分示意图

SAE AS6802 标准对于分布式同步协议的规定，关注于系统的完整性、分布式时钟同步依赖于透明时钟机制、具有容错能力的分布式算法，以及系统的启动和重启动的协议状态机，并根据应用的需要分别给出高完整性和标准完整性的配置说明。

SAE AS6802 标准的第 1 章到第 11 章的内容分别如下。

第 1 章范围。概述该标准的目的、应用和结构。

第 2 章可用文档。该标准可引用和参考的文档。

第 3 章时间触发以太网概述。概述了 TTE 网络对不同时序需求流量、透明同步、可扩展故障容忍、同步域和同步优先级的支持。

第 4 章同步协议控制流。说明 TTE 同步操作所支持的拓扑，以及故障容忍同步方法。

第 5 章消息固化功能。包含透明时钟演算和固化演算在内的消息固化功能。

第 6 章压缩功能。对于不同场景下压缩功能不同阶段操作和演算的讨论，以及对 PCF 域改写的定义和其他参数的范围规定。

第 7 章时钟同步服务。包括在 SM/SC 和 CM 上的时钟同步的描述，以及对于压缩后 PCF 帧派发的规定。

第 8 章结团检测和解除服务。包含同步、异步和相对结团检测功能的描述。

第 9 章启动和重启动服务。先说明协议状态机的格式，随后定义 SM、SC、CM（含高完整性和标准完整性）的协议状态机的定义。

第 10 章系统之系统同步。说明 TTE 网络的高级同步/网络拓扑。

第 11 章同步参数概述。将 TTE 网络中的参数分为传输、调度、时钟同步、启动和重启动、同步优先级、诊断各部分进行概述。

在 SAE AS6802 标准的第 3 章～第 10 章中，都有本章节的规范化描述。在附录中,则分别说明了标准中所用的缩略语,对术语进行了定义,介绍了通过监视等手段进行故障封闭的方法,说明了在普通以太网和AFDX网络基础上实现同步主控器和压缩主控器所需规范化描述的内容。

6.2.2 TTE总线特点

TTE是在标准IEEE 802.3以太网上实现的时间触发网络协议,它的核心是定义如何在标准的以太网中实现高精度的时钟同步,并提供高传输带宽,以满足大数据量实时通信的需求。TTE在运载火箭应用中主要具有以下优势。

(1) 高带宽。支持100Mb/s和1Gb/s的传输带宽,未来可扩展到10Gb/s,可以满足未来大容量火箭系统及其他航天器的总线带宽需求。

(2) 实时性与确定性。采用时间触发机制,在全网建立统一的同步调度表,实现无冲突的数据传输,使每个节点都在预先设置的时间收发数据,在设计阶段已经将总线资源与任务调度计划制定完毕,系统中每个节点都在预定时间段使用资源,提供一种能以固定的端到端延迟和微秒级时延抖动进行确定性消息传递的服务。

(3) 容错性与可靠性。全局时间同步是时间触发机制的基础,时钟紊乱会导致系统通信失败,TTE机制支持时钟容错,在通信过程中,一个网络节点的故障不会影响整个网络的服务及数据传输,抖动时间可达到微秒级,实时可靠性高,非常适合于高可靠性要求的航天应用场合。

(4) 兼容性。TTE兼容了时间触发协议和以太网技术的优势,符合ARINC664 Part7标准和SAE AS6802标准,能够支持多种通信介质,并支持普通以太网、AFDX等多种通信报文。

(5) 故障隔离。在机载系统网络架构确定后,故障隔离与网络安全性密切相关,当某节点故障时,网络应保证其他节点不受影响。

(6) 高安全性。TTE总线失效率低于1×10^{-9}/h,满足航空航天领域机载系统的数据通信安全性需求。

(7) 可扩展性。网络扩展性决定了机载系统的发展能力,TTE网络支持新的终端和交换机加入,从而构成新的网络。

6.3 TTE总线体系结构

传统以太网采用基于事件触发的通信机制,从而导致了通信竞争,给网络带来不可控的延时和抖动,无法满足机载电子系统对具有安全关键性和实时性的分布式通信应用的需求。

时间触发以太网(TTE)作为新一代交换式网络互联的机载总线技术,通过建立微秒级的网络时间同步,提供无竞争的时间触发消息传输,适用于大中型飞机的分布式综合模块化航空电子（Distributed Integrated Module Avionic，DIMA）系统的通信应用。TTE 网络集成了时间触发和事件触发混合调度，在同一物理链路中支持时间触发（Time-Triggered，TT）型消息、速率限制（Rate-Constrained，RC）型消息和尽力发送（Best-effort，BE）型消息 3 种数据流（其中 RC 和 BE 为事件触发消息）的传输，能实现单一网络同时满足不同时间关键性等级的应用需求。TTE 网络具有较好的协议兼容性和硬实时等优点，其千兆带宽、高效的故障检测和隔离能满足航空总线高带宽、可靠性与实时性的需求。TTE 网络可实现航空总线网络统一化发展的战略目标。

TTE 物理层采用传统以太网 IEEE 802.3，在 ISO/OSI 参考模型中协议数据链路层（Data Link）的媒体访问控制（Media Access Control，MAC）之上、逻辑链路控制（Logical Link Control，LLC）之下增加时间触发控制（Time-Triggered Control）机制，以实时调度普通数据和实时数据，TTE 网络协议模型如图 6-2 所示。

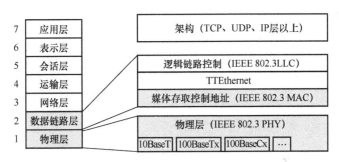

图 6-2 TTE 网络协议模型

6.3.1 TTE 协议体系架构

以太网的消息传输采用的是事件触发机制，端系统可以随时对网络进行访问，消息传输采用的是先到先服务的原则，当许多端系统的数据同时传输到共享的通信链路时，会增加传输延迟和时延抖动。时间触发机制建立并维护一个全局时间，实现设备间本地时钟的紧密同步，以离线的调度时刻表为依据，对通信网络中端系统和交换机的工作进行统一协调，充分利用带宽和内存资源，将传输延迟和抖动限制在较低的范围内。因此，TTE 具有以下两个特点。

（1）嵌入了时钟同步模块。
（2）具有混合关键流量的传输功能。

时钟同步的功能通过协议控制帧（Protocol Control Frame，PCF）进行数据交流，计算出时钟修正值后对设备的时钟漂移进行补偿。TTE 协议中定义了 3 种同步角色，即同步主控器（Synchronization Master，SM）、压缩主控器（Compression Master，CM）和同步客户端（Synchronization Client，SC）。

TTE 在同一个物理网路中支持不同实时性和安全性需求的应用之间进行通信，其中包括时间触发（TT）消息、速率限制（RC）消息和"尽力"（BE）消息，优先级依次递减。TTE 时钟同步拓扑是根据物理拓扑中交换机和端系统的同步角色配置生成，TTE 中定义了两步同步的方法，如图 6-3 所示。

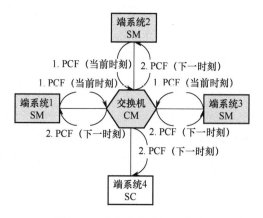

图 6-3　时钟同步过程示意图

（1）各个 SM 在同步的开始阶段向 CM 发送携带同步信息的 PCF 请求同步，CM 根据接收到的 PCF 计算出时钟修正的值，对本地时钟进行补偿。

（2）CM 向各个连接的设备广播更新的 PCFnew，SM 和 SC 收到更新的 PCFnew 后对本地时钟进行修正，完成时钟同步的过程。

如图 6-4 所示，在时钟同步拓扑中，可以将一个通信信道中的多个设备配置

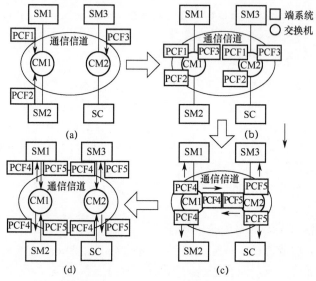

图 6-4　两个压缩控制器的同步过程

为 CM。CM 接收来自 SM 的 PCF 后，不仅使用该 PCF 进行时钟同步计算，还会将压缩后的 PCF 转发到与之相连的 CM 中；CM 并不会运用来自其他 CM 的 PCF，而是直接透明地转发到与之相连的网络中。

图中的 CM1 和 CM2 将会接收到 PCF1、2、3 进行时钟同步的计算，然后向网络中广播更新的 PCF4、5，CM1 接收到 PCF5 后直接将其转发，CM2 对 PCF4 也是同样处理。SM1 和 SC 接收到 PCF4、5 后进行时钟同步计算，修正本地时钟。

在通信网络的运行过程中，物理设备本地时钟与真实的时钟相比会存在一定的偏差，称为时钟漂移率，快时钟为正值，慢时钟为负值。时钟漂移率是一个很小的值，通常小于 1×10^{-3}，但是当系统运行足够长的时间时，时钟漂移就会逐渐累积，导致设备间本地时钟之间的偏差越来越大，产生时间触发通信错误。

时间触发事件根据本地时钟进行触发，因为时钟漂移的存在，TT 消息按照本地预先规划时刻进行发送，会与全局时钟产生偏差。在接收节点，同样也会因为时钟漂移导致实际接收时刻偏离本地预先规划的接收时刻。因此，TT 消息只能在一定的时间精度范围内进行接收，时间精度的范围就是接收窗口，如图 6-5 所示。

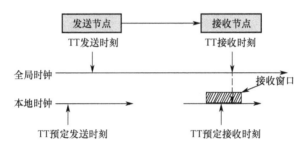

图 6-5　TT 消息端到端传输

TTE 进行周期性的时钟同步，补偿设备间时钟漂移产生的误差，若时钟同步精度降低，时钟偏移将越来越大，使得 TT 消息不能在接收窗口内到达，导致丢包现象的发生。在出现 TT 丢包的情况中，可利用流量转换的机制，将 TT 转换为 RC 进行发送，提高系统的可靠性。

传统以太网使用事件触发方式进行通信，事件触发时，如果网络被占用，会引发数据传输延迟和不稳定。时间触发以太网 TTE 通过在以太网 IEEE802.3 协议基础之上增加时间触发控制，对全网的时间触发信息传送提供保障。TTE 与其他以太网的对应关系如图 6-6 所示。

由图 6-6 可知，在传统以太网协议基础上，TTE 定义了一个协议控制帧，对于 UDP 数据，容易转换为 TT 数据。TTE 可以传输两种类型的数据流，即时间触发（Time Triggered，TT）数据和事件触发（Event Triggered，ET）数据，事件触发数据包括尽力（Best Effort，BE）数据和速率限制（Rate Constrained，RC）数据。

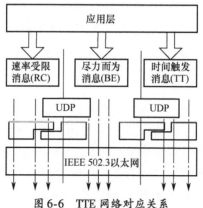

图6-6 TTE网络对应关系

综上所述，时间触发以太网 TTE 支持 TT、RC、BE 3 种不同类型的数据通信。

1）TT 数据（TTE）

（1）采用时间触发通信机制，按照全网统一的离散同步调度表进行通信，设备的通信数据收发均按照同步调度表的设定进行，防止了网络时间触发帧传输的堵塞，保证了网络中通信具有固定的延迟，而不受任何异步网络流量负载的影响。

（2）通信优先级高于 RC 数据和 BE 数据。

（3）适用于对通信确定性、实时性要求较高的周期性消息。

2）RC 数据（AFDX）

（1）采用事件触发通信。

（2）采用虚拟链路通信机制，通信优先级低于 TT 数据，高于 BE 数据。

（3）RC 数据可以在网络交换机中排队，会造成传输抖动，并导致缓存空间增加，适用于航电系统任务数据传输。

3）BE 数据（以太网）

（1）采用事件触发通信。

（2）BE 数据使用网络残留的带宽，优先级低于 TT 数据和 RC 数据，实现了传统的以太网通信。

（3）适用于对实时性、确定性要求不高的应用业务。

对于机载数据总线，需要具有容错机制满足系统的网络安全性需求。AS6802 协议给出了 3 种基本故障模式，如图 6-7 所示。

1）沉默故障模型

当机载系统中某个设备出现沉默故障时，将停止输出数据。如图 6-7 所示，机载设备正常发送/接收了 A、B 消息后,设备发生沉默故障,后续的数据均无法正常发送/接收。

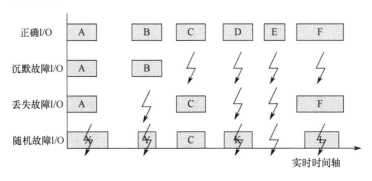

图 6-7 基本故障模式

2) 丢失故障模型

当机载系统中某个设备出现丢失故障时,将在随机时刻无法发送/接收随机数量的数据。如图 6-7 所示,机载设备发生丢失故障,导致设备正确地发送/接收了 A、C、F 消息,丢失了 B、D、E 消息。

3) 随机故障模型

当机载系统中某个设备出现随机故障时,将在任意时刻发送随机信息。如图 6-7 所示,设备发生随机故障,导致设备将数据帧 A、B、D、F 错误传送为 X、Y、K、L,而数据帧 C 传输正确,数据帧 E 传输丢失。

6.3.2 TTE 总线拓扑结构

在分布式计算机网络中,端系统通过双向通信链路连接到交换机上,通过交换机与其他端系统进行通信。TTE 交换机负责在终端之间或者在交换机之间转发数据。在 TTE 网络时间同步过程中,涉及以下名词定义。

(1) 单跳拓扑(Single-hop Topology)。交换机直接和终端连接,交换机之间无连接,将这种拓扑称为单跳拓扑。

(2) 多跳拓扑(Multi-hop Topology)。交换机与交换机之间通过链路直接相连,将这种拓扑称为多跳拓扑。

(3) 单通信通道(Single-communication Channel)。端系统与单交换机连接,当通信链路故障时,通信故障。

(4) 多通信通道(Multi-communication Channel)。端系统与多台交换机连接,当某条通信链路故障时,可通过其余链路通信。

在实际应用环境中,不同通信通道和不同跳数可以组合,形成不同的 TTE 网络构型,多通道用于网络容错模式。

单通道多跳网络构型如图 6-8 所示,端系统标号为 101-106,交换机标号为

201-202，端系统和交换机通过通信链路实现通信。双通道单跳网络构型如图6-9所示，端系统标号为101-106，交换机标号为201-202，端系统和交换机通过通信链路实现通信。

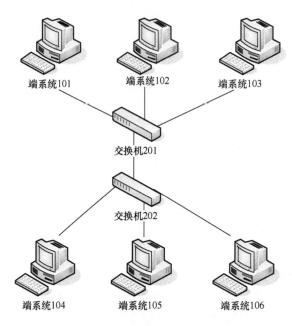

图6-8 单通道多跳网络结构

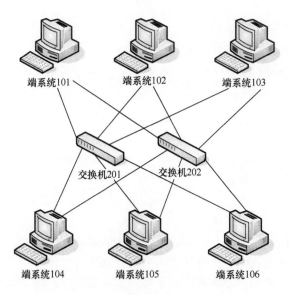

图6-9 双通道单跳网络结构

TTE 网络在以太网基础上增加了时间同步功能,并且兼容航空电子全双工交换式以太网(AFDX)协议。TTE 网络采用全双工接入方式,以交换机作为骨干设备的星型拓扑结构,通过交换机间级联实现网络规模的拓展。图 6-10 所示为一个双冗余的 TTE 网络应用实例。冗余机制保障网络在单条链路失效情况下的正常通信,进一步提升网络通信的可靠性。

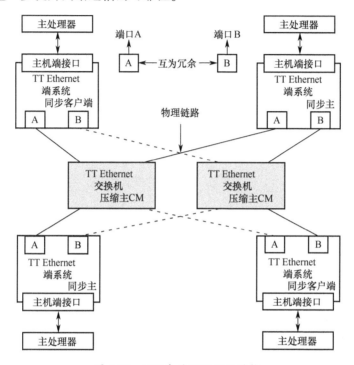

图 6-10 双冗余的 TTE 网络结构

TTE 交换机作为网络的通信核心,是一种由物理层和 MAC 层构成的两层交换设备,实现了 TT 和 RC 数据帧基于虚拟链路的寻路转发机制。VL 在 ARINC664-P7 中有明确定义,是一种逻辑上的单向链接通路,为 TTE 网络的 RC 帧通信提供带宽隔离机制,保证了该数据流传输的确定性。TTE 交换机除了具有常规的过滤管制、静态路由和故障隔离等功能,还支持基于时间调度转发和接收时间窗过滤功能。TTE 端系统作为 TTE 网络中不可或缺的组成部分,嵌入到每个航电通信子系统中,为各通信子系统与 TTE 交换机之间的连接提供统一接口,实现了网络设备间的不同时间关键性的数据传输应用。

在网络时钟同步过程中,TTE 端系统涉及协议控制帧(PCF)的交互。PCF 与通信数据处理机制不同,不受应用收发控制。为了保证网络同步时钟的精确度,通常采用 FPGA 等硬件来实现时间同步机制。

6.4 TTE 节点与数据传输

6.4.1 TTE 节点模型

TTE 节点是 TTE 端系统和 TTE 交换机的统称,下面首先介绍 TTE 端系统模型和 TTE 交换机模型。

6.4.1.1 TTE 端系统模型

TTE 端系统是通信网络的起始端和终端,如图 6-11 所示,TTE 端系统包含数据发送与接收模块、时钟同步模块和调度时刻表。

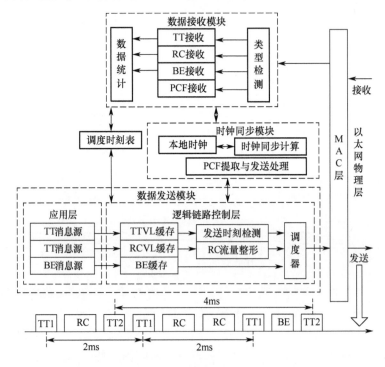

图 6-11 TTE 端系统模型

各个端系统和交换机共享相同的调度时刻表,对网络的通信资源进行统一协调。调度时刻表是利用离线的优化调度工具生成,其中包括以下几方面。

(1) TT 消息,即初始发送时刻、周期、帧长、VL。

(2) RC 消息,即帧长、抖动、VL。

数据发送模块完成 TT、RC、BE 3 种消息发送任务。消息在应用层的产生是基于调度时刻表的配置,消息根据类型的不同在逻辑链路层缓存中进行排队。TT 和 RC 消息的发送都采用 VL 的形式进行承载,发送之前存储在相应的 VL 缓存中。TT 消息按照初始时刻进行周期发送，调度器从调度时刻表中获取消息的发送时刻，依据本地时钟进行发送。RC 消息的发送是基于带优先级轮询调度的机制，在消息的发送间隙进行发送，经过整形的 VL 中相邻两个 RC 消息的发送时间不小于带宽分配间隔（Band Width Allocation Gap，BAG）的长度。BE 消息基于以太网通信机制，在带宽空闲时进行发送。

数据接收模块负责流量的接收工作，当有消息到达时，根据消息的类型进行不同处理，若消息为应用类型消息，则进行延迟和抖动等性能指标的计算；若消息为 PCF，则启动时钟同步功能。

时钟同步模块完成设备时钟同步的任务。根据接收到的 PCF 中携带的时间信息，对本地时钟偏移进行修正。TTE 端系统根据同步角色的配置不同，同步的功能也有所区别。

6.4.1.2 TTE 交换机模型

如图 6-12 所示，TTE 交换机是通信网络的数据交换设备，主要由输入输出端口模块，时钟同步模块和调度时刻表组成。

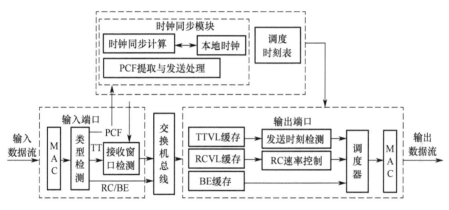

图 6-12 TTE 交换机模型

当消息进入端口后，MAC 层首先检测消息传输路径是否正确以及消息的帧长，然后检测消息的目的地址，决定消息的输出端口。类型检测层根据类型标识位检测消息类型，不同类型的消息转发机制不同。对 TT 消息首先进行接收窗口的检测，若 TT 消息在接收窗口范围内到达，则转发到对应的 VL 缓存，否则丢弃消息。在输出端口，TT 消息需进行发送时刻检测，若 TT 消息处于发送窗口内，则根据 TT 消息的帧长预留 TT 消息的发送带宽，然后将 TT 消息转发到目的节点，否则丢弃消息，其他类型的消息在这期间将处于等待状况。TTVL 缓存大小为一个最大数据帧长，当 TTVL 缓存中有数据帧时，若同一条 VL 的另一条 TT 消息到达，会与缓存中的 TT 消息发生碰撞，产生消息的覆盖，原有的消息被丢弃。

当 RC 消息到达时，根据调度表转发到对应的 VL 缓存。当 BE 消息到达时，存入 BE 消息的缓存队列，BE 消息的转发是基于标准以太网交换机的转发机制。调度器根据当前的发送任务预测 RC 消息和 BE 消息的发送时间，如果在下一个 TT 窗口到来之前可以传送 RC 或 BE，则对 RC 或者 BE 进行转发，否则继续等到下一个 TT 消息到达，从而不影响 TT 消息的发送。RC 消息优先级高于 BE，所以调度器首先检测 RC 的缓存，对 RC 进行转发处理，RC 缓存为空才会对 BE 缓存进行检测。

在进行消息转发时，TTE 交换机分为 TT 空闲状态和忙碌状态。当 TTVL 缓存中没有需要转发的 TT 消息时，系统处于 TT 空闲状态，可进行 RC 和 BE 消息的转发。一旦 TTVL 缓存中有 TT 消息进入，交换机将根据调度时刻表预测 TT 消息的转发时刻，并根据 TT 消息的帧长预留相应的处理时间，在这段时间内，交换机不能对其他消息进行转发。当交换机的本地时钟到达 TT 消息的转发时刻时，交换机进入 TT 忙碌状态，在处理完 TT 消息后，又对 TTVL 缓存进行检测，若无 TT 消息需要发送，则进入 TT 空闲状态。当类型检测层检测到接收的消息为 PCF，则启动时钟同步功能，进行时钟同步计算，校正本地时钟偏差。

6.4.1.3 时钟同步设备模型

在时钟同步的过程中，通信设备根据同步角色的配置进行相应的同步操作，通常情况下，将端系统配置为 SM，交换机配置为 CM，其他设备配置为 SC。同步的过程分为固化、压缩以及时钟同步计算。

6.4.2 TTE 数据帧

TTE 网络兼容标准以太网协议，TTE 在单一网络中为满足不同实时和安全等级的应用需要，提供 3 种不同的数据帧：time-triggered（TT）traffic、rate-constrained（RC）traffic 和 best-effort（BE）traffic，实现了同一网络上兼容安全关键数据通信、任务关键数据通信和非关键应用的数据通信。

3 种数据帧均采用标准以太网帧格式，type 域值不同。下面分别给出数据帧的格式定义。

6.4.2.1 TT 数据帧

TT 数据帧也称时间触发消息（TT 消息），TT 消息的传输首先需要在参与通信的网络节点中建立时间同步，然后在 TT 消息的调度机制下进行传输，这种通信方式保证了 TT 消息传输的低抖动和固定延时，可用于机载电子系统中实时性、安全性和可靠性要求最高的安全关键系统。

基于时间触发的 TT 数据均在预先定义的时间内发送，并且优先于其他的数据类型（BE 和 RC）。时间触发（TT）数据流 Type 字段的值是 0x88d7，封装在以太网帧的数据域中进行传输。TT 数据流应用于对网络时延、传输抖动、传输确定性要求十分严格的应用，主要是实时系统的应用。TT 数据的发送依赖于整个网络的全局时间，数据的发送时间是预先定义好的，而且是全局唯一的，从而避免数据发送和传输产生碰撞。

在 TTE 支持的 3 种数据流中，TT 数据流的优先级是最高的，该类型以太网帧采用抢占模式传输。当某节点接收到 TT 数据时，立即停止所有正在处理的数据工作，转入为接收 TT 数据服务，保证 TT 数据在到达节点无等待被接收。

6.4.2.2 RC 数据帧

RC 数据帧也称速率受限消息（RC 消息），与 TT 消息不同，RC 消息并不需要在严格的时间同步约束下进行传输，它是遵循了 ARNIC664 P7 标准的 AFDX 消息，采用了虚拟链路（VL）、带宽分配间隙（BAC）、抖动等措施来保证数据传输的固定带宽和确定延时，可有效避免消息传输过程中的冲突，从而使 RC 消息具有了实时性和确定性。

速率受限（RC）数据不按系统同步时钟的时间发送，不同的通信控制器可能在同一时间点发送 RC 数据到同一接收机，导致 RC 数据可能在网络交换机中排队增加传输抖动。

在标准以太网帧的 Type 字段的值是 0x0888，封装在以太网帧的数据域中进行传输。在 TTE 中，速率受限数据采用令牌桶算法实现速率受限消息通信控制机制。节点在非时间触发数据传送/接收的某个时间点，通过限制节点端口发送数据的速率在一个定值来限制 RC 数据的传送/接收速率，从而保证在 TT 数据传输完成的基础上对 RC 数据进行可靠传输而又不过多占用网络通信带宽。

令牌桶算法采用令牌桶来管理队列控制器，允许突发数据存在，同时，它还能保证一种长时间内稳定的平均传输速率。令牌桶算法以恒定的速率产生令牌，令牌桶可以保留令牌。输入数据包进入令牌桶并取得令牌后流出令牌桶，如果没有得到令牌就在桶内等待下一个令牌的产生。每一个令牌能够传送一个分组，数据流出桶后相应的令牌就消失了。通过控制令牌产生的速率，就可以控制流出队列的数据的平均速率。

令牌桶算法允许一个常量的输出速率而不管输入数据流的突发性，但是只缓存而不进行转发。该算法强制一个常量的输出速率而不管输入数据流的突发性，是容忍故障模型功能所需。当输入空闲时，该算法不执行任何动作。当节点在非节点发送数据时间段时，通过控制令牌的产生速率来控制节点传输数据的速率，限制数据传输速率。

RC 数据帧的传输是由令牌桶算法实现的，令牌桶算法限定了某个设备向网络发送数据流量的总量，算法具体如图 6-13 所示。

当一个报文到达，令牌池监测是否还有可用令牌：如果没有可用令牌，则中继转发该报文；如果令牌池为空，丢弃此报文。新令牌的产生速度由速率 R 界定。

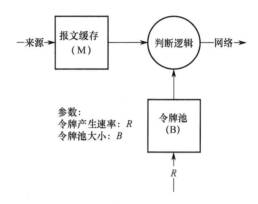

图 6-13 令牌桶算法原理图

6.4.2.3 BE 数据帧

BE 数据帧也称尽力发送消息（BE 消息），它符合 IEEE 802.3 标准，与现有标准以太网完全兼容，BE 消息无实时性保证机制，适合于典型的互联网应用服务。BE 数据作为传统以太网的标准数据，发送时间和到达时间存在不确定性。BE 数据流 Type 字段的值是 0x0800，封装在以太网帧的数据域中进行传输。BE 数据流的传输没有任何带宽或时延方面的保证，用于传输对实时性要求低的数据，具有以下特点：对时延不敏感、无带宽保证和数据突发性。

在实际应用中，这 3 种消息的优先级顺序为 TT 消息 > RC 消息 > BE 消息，并分时占用物理链路。

6.4.3 TTE 容错性

TTE 作为时间触发网络，在实时性、延迟性以及消息竞争方面优势明显。TTE 在进行 TT 数据收发时不会产生冲突，在单跳网络拓扑下，TT 数据能实现的数据传输时延 <12.5μs，时延抖动 <1μs。同时，TTE 支持各种实时或非实时数据在同一链路通过多种通信报文进行传输，这一特点非常适合于对空间、尺寸及功耗都极其敏感的航天应用。

TTE 网络中每个组件都包括一个控制器，也有相应的安全防护机制，即"开关"，各设备通过"开关"连接到网络中，当某个组件发生故障而不能正常收发数据或一段时间内未在指定的时隙发送数据时，"开关"可以通过交叉比对监测到错误，通过控制器将相应的节点关闭，控制故障节点的数据不发送到网络上，从而避免了对其他节点的影响和故障的扩散，提高了整个系统的容错性能。此外，TTE 可以冗余备份的方式提高系统的可靠性与容错性，这也是目前运载火箭采用的主要容错技术。通过这 2 种容错技术，TTE 可以提供高可靠的网络通信。

TTE 网络节点本地时钟之间的同步是系统时间，而不需要外部的时钟源，也不需要搜索最优主时钟，可以容忍多点故障，拜占庭同步故障等。除了时钟同步服务本身的容错能力，利用精确的时钟同步，TTE 网络还可以实现故障封闭等机制，增强实时通信的完整性。

6.4.3.1 失效模式与假设

对于通信网络，失效模式总是同设备的网络接口和行为有关。典型的失效模式包括以下几方面。

（1）失效–寂静。设备失效并停止输出。

（2）失效–遗漏。设备将遗漏任意数目的发送/接受帧。

（3）失效–不一致。仅对群组通信（从一个发送器向多个接收器的通信），出现不同接收器收到的信息正确性不一致。

（4）失效–不一致–遗漏。"失效–不一致"和"失效–遗漏"的组合。

（5）失效–随意。设备不受控制地在任意时刻以任意内容产生随意的消息。

TTE 被设计容忍两种失效假设：单节点失效和双节点失效。单节点失效假设下，TTE 能够容忍端系统的"失效–随意"和交换机的"失效–不一致–遗漏"，可以使端系统的"随意"失效对系统表现为"不一致–遗漏"失效，从而达到错误的屏蔽。双节点失效假设下，TTE 网络可以容忍两个节点（端系统或交换机）的"不一致–遗漏"失效。

6.4.3.2 结团检测

TTE 网络的时钟同步服务的分布式算法在运行中会遇到结团（Clique）问题，即同步成员中的部分设备形成了"小集团"，在它们之间能够维持同步，但其他设备无法参与同步。为了应对这个问题，结团检测随着综合循环周期性的运行，并将和当前处于同步和不处于同步的节点通过"本地同步成员列表"和"本地异步成员列表"分别进行记录。

6.4.3.3 启动与重启动

在通信设施启动后，SM 与 CM 通过冷启动帧（CS）与冷启动应答帧（CA）的通信，进行"容错握手"。其过程同综合帧（IN）的方式相同，但是 CM 将不进行固化和压缩，而只是附加延迟并送回 CA。通过"容错握手"，各个设备进入到协议状态机中同步操作的初始化状态，并开始同步。

重启动用来解决结团问题。在结团检测每个综合循环中，同步节点判定"本地同步成员列表"的值小于"本地异步成员列表"，则说明形成结团，这时需要进行重启动，使各个设备进入到协议状态机中同步操作的初始化状态，并重新开始同步。

6.4.3.4 故障隔离

对于 CM 和 SM 面对"不一致–遗漏"失效模式的应对策略，TTE 网络不仅可以使得 SM 容忍任何单点失效，而且在多点故障发送时，CM 和 SM 可以对

"不一致-遗漏"失效有故障隔离能力。故障封闭机制被分为"源端的故障隔离",以及对于TT和RC流量的"远程实例端的故障隔离"。

对于以高完整性为设计要求的组件,具有"指令器/监视器(COM/MON)对"的结构,满足几个核心COM/MON假设,构成高完整性设计,也可以采用其他手段,如附加的诊断机制进行检测,以应对高完整性设计中发生"不一致-遗漏"失效的情况。

6.5　TTE总线协议

6.5.1　同步协议控制帧

协议控制帧(PCF)是一个标准的最小载荷以太网帧,其以太网类型域被设置为0x891d。PCF帧载荷的结构如图6-14所示,载荷大小为28字节,预留18字节用于扩展。

7	6	5	4	3	2	1	0	
压缩周期[31..24]								0
...								
压缩周期[7..0]								3
新成员关系[31..24]								4
...								
新成员关系[7..0]								7
保留								8
...								
保留								11
同步优先级								12
同步域								13
保留								14
保留								15
...								
保留								19
透明时钟[63..56]								20
...								
透明时钟[7..0]								27

图6-14　PCF帧格式

压缩周期域,32位字节,表明当前PCF帧所在的整合周期,TTE网络的每个集群周期被划分为序号0开始的若干个集成周期,每周期进行一次时钟同步,该域的计数表示正常同步操作时的PCF所属的压缩周期。

新成员关系域,32位字节,成员关系向量表,表明当前网络中同步的SM信息,每一位代表系统中的一个主节点。

同步优先级域,8位字节,显示同步优先级,使得CM能够区分其可接收的预设优先级的 PCF 帧。

同步域，8 位字节，为配置在主节点和从节点中的静态值，用于标识可以通过传递 PCF 帧实现同步的节点集合。

类型域，由 4 位"类型"字段的枚举值用于识别 PCF 的类型——冷启动帧（CS）、冷启动应答帧（CA）和综合帧（IN），前两者用于启动过程，后者在每一次综合循环开始后传输，定期维持分布式时钟的同步服务；定义 PCF 帧的类型，包括冷启动帧（0x04）、冷启动确认帧（0x08）或者整合帧（0x02）。

透明时钟域，64 位字节，TTE 网络引进了 IEEE 1588V2 标准中"透明时钟"概念，PCF 帧的"透明时钟"字段用于储存从发送节点到当前节点操作所经历的时间，当 PCF 帧经过支持透明时钟的 TTE 设备时，由硬件将从输入到输出的时间值记录并累加到该字段，接收节点将可以得到各段传输延迟的累加值。PCF 帧在网络中的传输累计时延，TTE 网络中每个设备会更新 PCF 帧透明时钟域 pcf_transparent_clock 字段，单位为 2^{-16} ns。例如，0x10000 表示 1ns，0x28000 表示 2.5ns，PCF 帧 pcf_transparent_clock 字段的格式符合 IEEE 1588 标准。

6.5.2 时钟同步协议

6.5.2.1 时间同步原理

TTE 中的节点根据在时钟同步过程中的不同功能，分为同步主节点、压缩主节点和从节点 3 种类型：同步主站（Synchronization Master，SM）、压缩主站（Compression Master，CM）和同步客户端（Synchronization Client，SC）。同步主站是指提供本地时钟参与全局统一时间计算的节点，一般为终端；压缩主站是指对各同步控制器发送的时钟按一定的算法进行表决计算，生成全局统一时间的节点，一般为交换机；同步客户端是指主节点、压缩节点以外的网络节点，只接收统一发布的全局统一时间。

TTE 的同步算法由底层硬件实现。同步过程如图 6-15 所示。

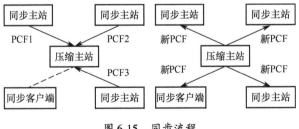

图 6-15 同步流程

由于 TTE 的时间触发特性，其 TT 消息传输需要在整个网络系统中建立一个全局统一的时钟，所有 TT 消息的通信基于全局时间来进行，以保证通信延迟和时间偏移的确定性。为在时钟同步过程中进行传输延时计算，TTE 设计了时钟同步协议控制帧（PCF），PCF 内部有时钟域，通过专用设备记录所有数据帧在节点中的驻留时间，并通过压缩算法计算后改写时钟域，使数据帧的节点驻留时间得以积累，则最终的总延迟时间为节点驻留时间与路径延迟的总和。

TTE 的时钟同步过程分为两步：首先，SM 向与其相连的 CM 发送时钟同步控制帧 PCF；然后，CM 向与其相连的 SM 和 SC 发送压缩后的时钟同步数据帧。

（1）同步主站以时间触发方式向压缩主站发送协议控制帧，PCF 中包含本地时钟信息并记录传输过程中的传输延迟。压缩主站根据这些协议控制帧到达的时间计算一个时间平均值，并形成新的协议控制帧。其实现方法是：CM 采集所有一个或多个 SM 发送的 PCF，并通过压缩函数计算相关 PCF 到达时刻的平均值后更新 PCF，并更新本地时钟 CCM，这种同步过程称为 CM 同步。

（2）压缩主站同时向同步主站和同步客户端发送新的协议控制帧，二者根据新的协议控制帧矫正自己的本地时钟，实现全局同步，即与之相连的 SM 和 SC 接收 CM 发送的更新后的 PCF，SM 根据 PCF 调整本地时钟 CSM，称为 S 同步。

从上述时钟同步的过程可以看出，在 TTE 时钟同步的过程中是将所有的 SM 时钟通过压缩算法计算出来的结果作为同步时钟，并不存在统一全局时钟。在实际应用中，由于各个节点本地时钟晶振存在抖动和漂移，在通信过程中也会出现各种干扰或其他不可预知的情况，又会造成系统的不同步，所以在系统运行的整个过程中，需要周而复始地执行时钟同步过程。

6.5.2.2 时间同步角色

空间应用以太网提供 3 种通信业务：协议控制帧、时间触发通信、标准以太网通信，其中 PFC 分为冷启动帧（Cold-start Frame，CS）、冷启动确认帧（Cold-start Acknowledge Frame，CA）、集成帧（Integration Frame，IN）。优先级从高到低依次为协议控制帧（最高优先级）、时间触发通信（次优先级）、标准以太网（最低优先级）。

在 TTE 时间同步过程中，涉及以下角色。

（1）同步控制器（SM）。TTE 网络中时间同步的发起者，发送 PCF 帧，并接收 CM 回复的新 PCF 帧，完成同步过程。

（2）压缩控制器（CM）。接收 TTE 网络中 SM 发送的 PCF 帧，通过对 PCF 帧进行时序保持和压缩，校正网络时钟，并产生新的 PCF 帧发送至所有 SM 和 SC，用于 SM 和 SC 的同步。

（3）同步客户端（SC）。除 SM 和 CM 之外的其他设备，不产生 PCF 帧，通过接收压缩控制器发送的新 PCF 帧，实现与网络中其他设备同步。

对于真实环境的机载设备，设计人员将设备分别配置为同步控制器、压缩控制器和同步客户端。在协议原理分析时，将端系统配置为同步控制器，将交换机配置为压缩控制器，没有配置为同步控制器或压缩控制器的端系统和交换机则配置为同步客户端。

在 TTE 时间同步过程中，涉及以下帧定义。

（1）冷启动帧（CS）。冷启动帧是 type 域为 0x04 的 PCF 帧，当设备未被同步时，SM 会周期性地发送冷启动帧，一旦同步建立，只有错误的设备会发送冷启动帧，冷启动帧和冷启动确认帧构成了握手帧。

（2）冷启动确认帧（CA）。冷启动确认帧是 type 域为 0x08 的 PCF 帧，用于确认收到冷启动帧，冷启动确认帧和冷启动帧构成了握手帧

（3）集成帧（IN）。集成帧是 type 域为 0x02 的 PCF 帧，在同步操作期间发送集成帧，以期保证不同设备间的本地时钟同步。

6.5.2.3 启动同步

TTE 启动同步是指从网络设备上电到加入同步集群的过程。在网络设备上电后，同步控制器向压缩控制器发送冷启动帧，压缩控制器向同步控制器回送冷启动确认帧，将同步控制器和压缩控制器间发送冷启动帧和回送冷启动确认帧的过程称为容错握手过程，该过程仅在启动时发生。

网络启动过程是从网络上电到实现系统同步的过程。图 6-16 所示为一个计算网络的启动过程。

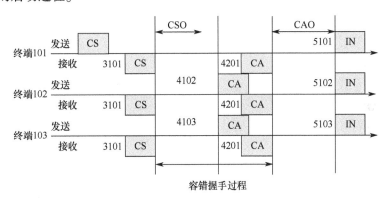

图 6-16 计算网络启动过程

图中 CSO 表示冷启动偏移超时计时器，CAO 表示冷启动响应帧超时计时器，CS 表示冷启动帧，CA 表示冷启动响应帧，IN 表示集成帧，发送集成帧意味该节点进入了同步状态。

如图 6-16 所示，主节点 101 发送出冷启动帧 3101，压缩主节点根据发送的主节点设置冷启动帧，并转发该帧到所有节点，每一个主节点可以确定发送冷启动帧的节点并选择是否对收到的由自己发送出的冷启动帧进行响应，在本场景中所有主节点 101~103 都配置成不对由自己发送出的冷启动帧进行响应。

主节点 102 和 103 将在冷启动偏移超时计时器 CSO 长度时间后，发送冷启动响应帧 4102 和 4103。压缩主节点对 4102 和 4103 进行压缩计算，生成新的启动

响应帧 4201，冷启动帧 4201 随后被压缩主节点发送至 101～103。节点 101～103 接收到冷启动帧 4201 后，设置冷启动响应帧超时计时器 CAO，在 CAO 超时后进入同步状态，并发送集成帧 5101～5103。

6.5.2.4 集成帧同步

在正常通信时，通过同步控制器向压缩控制器周期性地发送集成帧，实现时间同步。AS6802 协议给出了 TTE 两步同步方法，如图 6-17 所示。

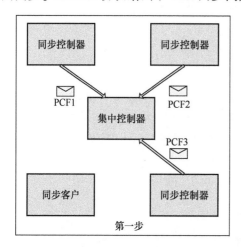 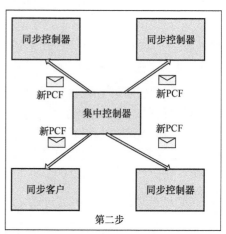

图 6-17 TTE 时间同步方法

同步方法如下。

第一步，同步控制器向压缩控制器发送协议控制帧（PCF 帧）。当 PCF 帧经过链路到达压缩控制器时，PCF 帧会记录传播中的延迟，如传播延迟、动态发送延迟和动态接收延迟等。

第二步，压缩控制器根据 PCF 帧的相对到达时间计算 PCF 帧的到达时间平均值，将新 PCF 帧发给同步控制器和同步客户。压缩控制器就像一个仲裁机构，根据同步控制器发来的 PCF 帧，经过时序保持算法和压缩算法，计算出一个各设备都认同的时钟。

通过采用透明时钟，使得同步精度达到亚微秒级。TTE 时间同步方法通过多个同步控制器的时钟源计算新时钟，具有较强的容错能力，使得其能够为时间触发通信调度提供全局时间基准。

6.5.2.5 PCF 帧流

压缩控制器将新 PCF 帧发送至同步控制器和同步客户端，既可以是非压缩的，也可以是压缩的。

1）非压缩的 PCF 帧流

非压缩 PCF 帧流如图 6-18 所示，5 个 SM 发送 PCF 帧至 CM。非 CM 的交换机配置成 SC，将从 SM 接收到的 PCF 帧转发到 CM。CM 改变 PCF 帧的 ID，然后将它们返回给 SM 和 SC。

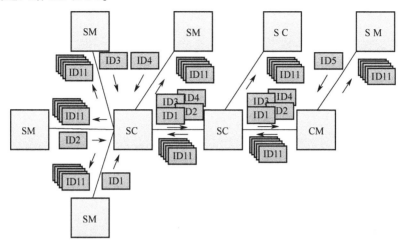

图 6-18　非压缩的 PCF 帧路由

2）压缩的 PCF 帧流

压缩 PCF 帧流如图 6-19 所示，5 个 SM 发送 PCF 帧至 CM。非 CM 的交换机配置成 SC，将从 SM 接收到的 PCF 帧转发给 CM。CM 利用从 SM 接收到的 PCF 帧，创建一个新的 PCF 帧。CM 将预先配置的 PCF 帧 ID 给新的 PCF 帧，然后将它发回给 SM 和 SC。

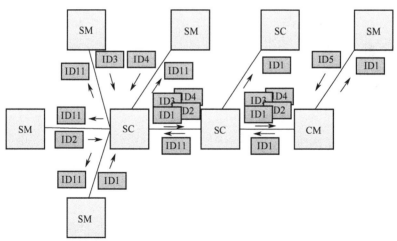

图 6-19　压缩的 PCF 帧路由

6.5.3　时间同步过程

对于简单的协议控制流，包括从同步控制器到压缩控制器的 PCF 帧和从 CM

到 SM 或同步客户端的 PCF 帧两步。假设 SM 在端系统中，CM 在交换机中，SC 在交换机和端系统中，时间同步时序如图 6-20 所示。

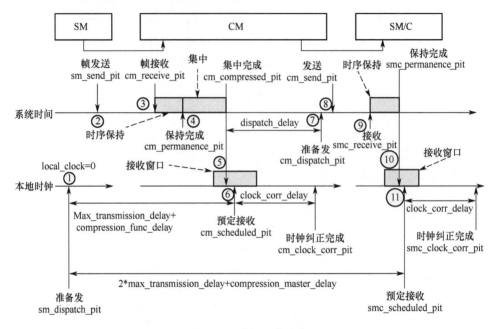

图 6-20 时间同步时序

从时刻点 1 到 11 的流程如下。

(1) 时刻点 1。SM 派发时间点 (sm_dispatch_pit)：SM 内部时序调度触发 PCF 帧派发的时间点。

(2) 时刻点 2。SM 发送时间点 (sm_send_pit)：通信链路上发送 SOF 定界符之后的第一个符号第 1 位的时间点，SM 会将 sm_dispatch_pit 和 sm_send_pit 的时间差加到 PCF 帧的透明时钟域。

(3) 时刻点 3。CM 接收时间点 (cm_receive_pit)：CM 接收 SOF 定界符之后第一个符号第 1 位的时间点。

(4) 时刻点 4。CM 压缩时间点 (cm_permanence_pit)：接收到 PCF 帧时序保持的时间点，通过 PCF 帧的最大可能延时减去 PCF 帧透明时钟字段携带的当前延时计算得到该时间点。

(5) 时刻点 5。CM 压缩时间点 (cm_compressed_pit)：PCF 帧压缩完成的时间点。

(6) 时刻点 6。CM 预计时间点 (cm_scheduled_pit)：PCF 帧的预计时间点。

(7) 时刻点 7。CM 派发时间点 (cm_dispatch_pit)：CM 派发帧的时间点。

(8) 时刻点 8。CM 发送时间点 (cm_send_pit)：通信链路上 CM 发送的时间点，其为 SOF 定界符之后第一个符号第一个位的时刻。

(9) 时刻点 9。SM/SC 接收时间点 (smc_receive_pit)：SM 或者 SC 接收 SOF 定界符之后的第一个符号第 1 位的时间点。

(10) 时刻点 10。SM/SC 时序保持时间点 (smc_permanence_pit)：PCF 帧完成时序保持的时间点，通过 PCF 帧的最大可能延时减去透明时钟字段携带的当前延时得到该时间点。

(11) 时刻点 11。SM/SC 预计时间点 (smc_scheduled_pit)：PCF 帧的预计时间点，在同步操作中以该时间点为中心的接收窗口用于鉴别 smc_permanence_pit 是 in-schedule 还是 out-of-schedule。

6.5.4 时间触发数据通信

TTE 支持不同周期的数据传输，某时间触发以太网传输示例如图 6-21 所示，系统包括两个终端发送机：一个 TTE 交换机和一个终端接收机。

终端发送机 1 以 3ms 周期发送 TT 数据，随机发送 BE 数据；终端发送机 2 以 2ms 周期发送 TT 数据，随机发送 BE 和 RC 数据；经过 TTE 交换机的同步整合后，右侧的终端接收机整合数据流，以 6ms 的周期完整显示。

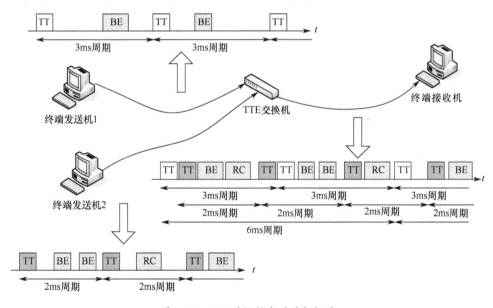

图 6-21　TTE 时间触发通道数据流

从终端发送机到终端接收机的数据流传输以交换机为基础，例如，假设某网络中仅有一个交换机，每个终端间的数据流传输均需经过交换机。在多跳网络中，数据流的数量将随着每一跳增加。

在全网内建立统一的时钟，采用专用工具离线生成通信配置文件，各个交换机和节点机都按照通信配置文件工作。在全局通信规划时，应预先对各种通信进行统一规划,保证通信资源不互相冲突,避免多条消息同时竞争同一条链路。

6.5.4.1 时序保持功能

时序保持功能定义了同步控制器和同步客户端从 PCF 帧 smc_receive_pit 域值计算 smc_permanence_pit 域值的方法。同时,消息时序保持功能也定义了压缩控制器从 PCF 帧的 cm_receive_pit 域值计算 cm_permanence_pit 域值的方法。TTE 网络示例如图 6-22 所示,网络由 6 个端系统(101~106)和 3 个交换机(201~203)组成,端系统通过双向通信链路(110)连接到交换机上,交换机间也通过双向通信链路(110)互相连接。所有的端系统配置成 SM,交换机 203 配置为 CM,交换机 201 和 202 配置为 SC。

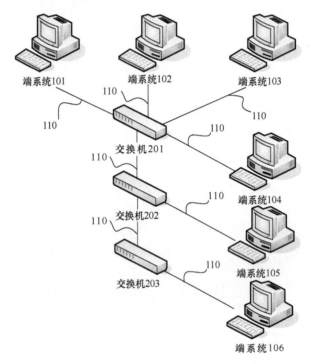

图 6-22 TTE 网络示例

6.5.4.2 透明时钟计算

在 TTE 网络中,数据传输会带来以下动态的传输时延。

动态发送时延(dynamic_send_delay):PCF 帧的发送设备(如 SM 或 CM)可能会延迟该数据的传输时间。例如,在该帧预定的发送时间点上,可能有另一个数据帧正在发送,占用了网络的通信链路 110,导致 PCF 帧的传输延迟。

动态转发时延(dynamic_relay_delay):数据发送设备和接收设备间的转发设备可能引入传输时延和传输抖动。例如,由端系统 101 发送、交换机 203 接收的

PCF 帧会被交换机 201 和 202 转发。由于端系统 102、103、104 连接到交换机 201，端系统 105 连接到 202，这些端系统可能使用同样的物理链路 110 以及交换机 201~203 进行数据通信（如 RC 和 BE 流量）。这种情况下，有可能当端系统 101 的 PCF 帧到达交换机 201 时，交换机 201 和 202 的出口链路已经被占用，此时该 PCF 帧的发送时刻延迟，直至通信链路空闲。

动态接收时延（dynamic_receive_delay）：PCF 帧的接收设备（如 SM、SC 或 CM）可能会导致该帧的接收时间延迟。硬件的限制要求接收 PCF 帧和接收设备的其他内部操作一起顺序处理，增加的时延也应补充到 PCF 帧的透明时钟域进行修正，通过消息时序保持功能实现。

除动态的传输时延之外，静态的传输时延也会影响 PCF 帧，包括静态发送时延（static_send_delay）、静态转发时延（static_relay_delay）和静态接收时延（static_receive_delay）。

在线缆中传输数据时，会存在传输时延，使用 wire_delay 参数修正静态的线缆时延。wire_delay 定义了两个直接互联设备间的线缆时延，通过对 PCF 帧从发送端系统到接收端系统的传输路径上的各线缆时延求和得到整个线缆时延。

PCF 帧从发送端经过交换机到接收端的透明时钟 PCF 帧_transparent_clock 计算方法如下，按 PCF 帧流过的次序标号，从 0（发送端）到 n（接收端）：

(1) 发送端系统，设备 0：

$$pcf\_transparent\_clock_0 = dynamic\_send\_delay_0 + static\_send\_delay_0$$

(2) 交换机转发 i，$0 < i < n$：

$$pcf\_transparent\_clock_i = pcf\_transparent\_clock_{i-1}$$
$$+ dynamic\_send\_delay_i$$
$$+ static\_send\_delay_i$$
$$+ wire\_delay_i$$

(3) 接收端系统 n：

$$pcf\_transparent\_clock_n = pcf\_transparent\_clock_{n-1}$$
$$+ dynamic\_send\_delay_n$$
$$+ static\_send\_delay_n$$
$$+ wire\_delay_n$$

在数据传输过程中，传输时延会在一定范围内变化，将 max_transmission_delay 定义为是系统中 $pcf\_transparent\_clock_n$ 的最大可能值，在系统设计时确定：

$$max\_transmission\_delay = \max(pcf\_transparent\_clock_n)$$

6.5.4.3 接收时序相同

某 PCF 帧的传输时序如图 6-23 所示，PCF 帧 301 和 PCF 帧 305 的发送时序与其在交换机 203 上的接收时序相同,横轴为时间轴。

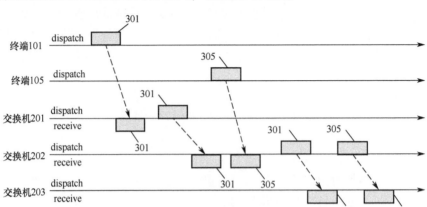

图 6-23 示例 1:发送和接收时序相同

如图 6-23 所示,整个网络的时序如下。
(1) 端系统 101 向交换机 201 发送 PCF 帧 301(sm_dispatch_pit)。
(2) 交换机 201 将 PCF 帧 301 转发给交换机 202(smc_send_pit)。
(3) 交换机 202 接收 PCF 帧 301(smc_receive_pit)。
(4) 端系统 105 向交换机 202 发送 PCF 帧 305(sm_dispatch_pit)。
(5) 交换机 202 接收 PCF 帧 305(smc_receive_pit)。
(6) 交换机 202 向交换机 203 发送 PCF 帧 301(sm_dispatch_pit)。
(7) 交换机 203 接收 PCF 帧 301(smc_receive_pit)。
(8) 交换机 202 向交换机 203 发送 PCF 帧 305(cm_receive_pit)。
(9) 交换机 203 接收 PCF 帧 305(cm_receive_pit)。

6.5.4.4 接收时序不同

某 PCF 帧的传输时序如图 6-24 所示,PCF 帧 302 和 PCF 帧 306 的发送时序与其在交换机 203 上的接收时序不同,横轴为时间轴。

如图 6-24 所示,整个网络的时序如下。
(1) $t=0$:端系统 102 发送 PCF 帧 302(sm_dispatch_pit)。
(2) $t=5$:由于在发送时刻可能有其他帧正在发送,PCF 帧 302 的实际发送时间可能会延时,图 6-24 中 PCF 帧 302 延时 5 个时间单元,将该延时写到 PCF 帧 302 的透明时钟域,并发送给交换机 201(sm_send_pit)。
(3) $t=10$:交换机 201 接收 PCF 帧 302(smc_receive_pit)。
(4) $t=30$:端系统 106 发送 PCF 帧 306(sm_dispatch_pit)。
(5) $t=35$:由于在发送时刻可能有其他帧正在发送,PCF 帧 306 的实际发送时间可能会延时,图 6-24 中 PCF 帧 306 延时 5 个时间单元发给交换机 203

(sm_send_pit)。

(6) $t=40$：交换机 203 接收 PCF 帧 306（cm_receive_pit），并且使用 PCF 帧 306 的时序保持功能，PCF 帧 306 将被延时（120－10）=110 个时间单元。

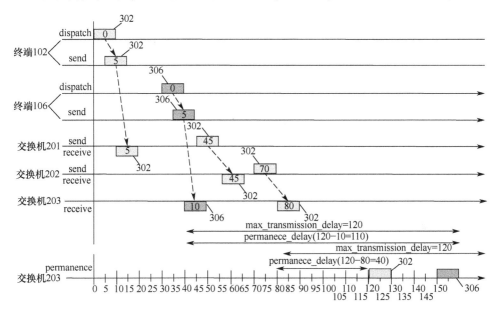

图 6-24　示例 2：发送和接收时序不同

(7) $t=45$：交换机 201 更新 PCF 帧的透明时钟，并转发 PCF 帧 302（smc_send_pit）。

(8) $t=55$：交换机 202 接收 PCF 帧 302（smc_receive_pit）。

(9) $t=70$：交换机 202 更新 PCF 帧透明时钟，并转发 PCF 帧 302（smc_send_pit）。

(10) $t=80$：交换机 203 接收 PCF 帧 302（cm_receive_pit），并且使用 PCF 帧 302 的时序保持功能，PCF 帧 302 将被延时（120－80）=40 个时间单元。

(11) $t=120$：PCF 帧 302 时序已保持（cm_permanence_pit）。

(12) $t=150$：PCF 帧 306 时序已保持（cm_permanence_pit）。

如图 6-24 所示，对于发送端，PCF 帧 302 的发送时刻早于 PCF 帧 306 的发送时刻，然而在交换机 203 上，PCF 帧 306 早于 PCF 帧 302 到达。在交换机 203 上重构 PCF 帧 302 和 PCF 帧 306 的发送时序，当数据被接收，且延时一段时序保持延时的时间 permanence_delay 之后，PCF 帧被称为时序已保持：

$$\text{permanence\_delay} = \text{max\_transmission\_delay} - \text{pcf\_transparent\_clock}_n$$

从而

$$\text{permanence\_pit} = \text{receive\_pit} + \text{permanence\_delay}$$

当 PCF 帧 302 和 PCF 帧 306 沿设备依次传输时，pcf_transparent_clock 域值为 PCF 帧中记录的累积时延。在交换机 203 中，经过时序保持功能，PCF 帧 302 和 PCF 帧 306 的接收时序与端系统 PCF 帧 302 和 PCF 帧 306 的发送时序将一致。

6.5.5 固化与压缩算法

SAE AS6802 标准定义了复杂的协议状态机，通过启动或重启动建立综合循环。在每个综合循环开始时，TTE 网络提供同步服务，经过如图 6-25 所示几个步骤完成同步。首先，多个 SM 在本地时钟到达综合循环的预设时间点，向相应的 CM 发送 IN 类型的 PCF 帧；CM 收到后运行固化功能，通过透明时钟字段携带的传输延迟数值计算还原 SM 发送 IN 的真实时刻时序；然后，CM 对固化后的时刻运行压缩功能，得到它们的加权均值作为时钟修正的基准值；CM 以此基准值对本地时钟进行修正，同时向 SM 和 SC 发送压缩后的 IN 帧；SM 和 SC 以此基准值修正自己的本地时钟。

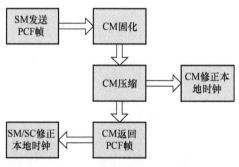

图 6-25 TTE 一个循环内的同步操作

在综合循环的同步服务之后，根据离线设计的时间调度表组织节点之间的 TT 通信，TT 通信后的剩余时间片可以用于 RC 通信。根据周期性通信任务的要求，若干综合循环构成集群循环。

固化功能和压缩功能是时钟同步服务的关键。固化功能在 SM、SC 和 CM 中均需实现，如图 6-26 所示。压缩功能仅在 CM 中实现，旨在将与之相连的 SM 时钟进行加权求均值作为该 CM 同步域的基准时钟，如图 6-27 所示。

参见图 6-26，接收节点并不能直接测得确切的发送时刻 t_d，只能通过本地时钟测得接收时刻点的值 t_r，但只要利用先验设定的最大传输延迟 D_{max} 和透明时钟值记录的 PCF 帧从发送端到接收端所经历的传输延迟 D_t，可计算得到固化时刻点的确切值 t_p，即 $t_p = t_r + D_{max} - D_t$。

压缩功能将一组由 SM 发送的具有时间差的同步数据帧的固化时刻点压缩到一个平均时刻点，即压缩时刻点 t_{cp}。如图 6-27 所示，CM 将一组接收的 PCF 帧中最早的一个固化时刻 $t_{p,1}$ 作为起始点，开启固定长度的观察窗口，采集该组帧其余所有的固化时刻，直到最大观察窗长度 T_{owm}。每个固化时刻相对第一个固化时刻的时间差进行加权平均,加权平均后的结果称为压缩修正(Tcc),该过程计算的固定时间开销为 T_{co},则 $t_{cp} = t_{p,1} + T_{owm} + T_{co} + T_{cc}$。以 t_{cp} 为基准,CM 将 PCF 帧发送回 SM,SM 仍使用固化功能接收。

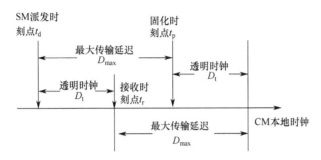

图 6-26 固化功能时刻图

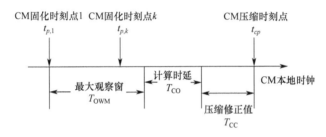

图 6-27 压缩功能时刻图

由于 D_{max}、T_{co} 等参数先验已知,往返传输延迟由透明时钟可测,实质上使得每个参与同步的节点可以依据同一个压缩修正值 T_{cc} 调整本地时钟。压缩功能由接收到一个 PCF 帧的时刻开始,而非在本地同步时钟达到一个特定的时间点的时刻开始,如图 6-28 所示。压缩功能的输出结果是 compressed_pit,CM 使用该值校正本地时钟,基于 compressed_pit 计算给 SM 和 SC 发回 PCF 的时间点。压缩(Compression)算法:CM 对接收到的 PCF 进行压缩处理;收集阶段,打开时间窗口,收集 SM 发送的 PCF 帧;计算阶段,基于收集到的 PCF 帧,通过求平均的方式计算延迟阶段需等待的时延;延迟阶段,等待延迟阶段(Delay Phase,DP),到达压缩算法完成时间点;CM 需执行时序保持及压缩算法。

压缩功能包括收集阶段、计算阶段、延时阶段 3 个阶段。当收集阶段开始时,依据观察窗口(Observation_window,OW)内时序已保持的 PCF 帧数量,判断是否打开下一个窗口以及收集阶段是否继续。在计算阶段,压缩功能计算容错延时值。接下来,进入延时阶段,此阶段的时间长短等于容错延时值。在延时阶段结束时,压缩功能触发 cm_compressed_pit,并且发送一个压缩的 PCF 帧。

场景 1:包括两个故障的 SM,其时钟均过快。最快的故障 SM 产生时序保持时间点 711,CM 开始收集。在第一个观察窗口的末尾,第二个故障 SM 产生了时序保持时间点 712，导致 CM 增加一个观察窗口并继续收集过程。在第二个观察窗口的末尾，第一个正确的 SM 产生了时序保持时间点 713，导致 CM 再增加一个观察窗口并继续收集。按照定义，所有正确的 SM 在第三个观察窗口都产生时序保持时间点 714~717，系统中任意两个正确时钟的最大偏差应该不超过一个观察窗口。在第三个观察窗口结束时，CM 根据接收的时序保持时间点计算容错的平均值/中间值 701。计算之后，CM 等待一个容错平均值 701 的时间，等待阶段结束时到达压缩时间点 751。

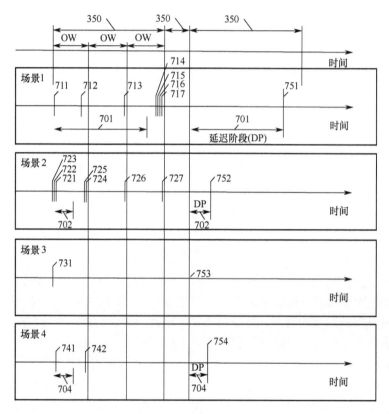

图 6-28　同步压缩功能

场景 2：具有较快时钟的正确 SM 将产生时序保持时间点 721~723，导致 CM 开始收集。在第一个观察窗口的末尾，所有的正确 SM 按时产生了时序保持时间点。然而，第一个时序保持时间点可能由一个故障源导致，所以 CM 开始了第二个观察窗口继续收集，观察到另一个时序保持时间点 726，导致 CM 继续收集一个观察窗口，接收到新时序保持时间点 727。压缩时间点的计算过程与场景 1 类似。

场景 3：当第一个观察窗口结束时，CM 停止收集时序保持时间点，场景 3 中单个故障 SM 与正确 SM 偏差较大。

场景 4：第一个观察窗口观察到 2 个 SM，导致 CM 收集 2 个观察窗口。在第二个观察窗口没有收到其他值，因此收集阶段结束，压缩时间点 754 的计算与场景 1 类似。

6.6 TTE 总线数据传输实现

本节对 TTE 端系统通信架构和协议栈处理进行了详细分析，深入研究了 TTE 网络在保障 TT、RC 和 BE 3 种不同通信数据流具有不同确定性和实时性等级情况下采用的数据传输机制，在数据收发处理过程中采用了优先级调度，有效保证了数据通信的实时性，并为用户数据通信提供 3 种不同接入方式，不同接入方式可实现不同协议栈，保证了数据传输的高效性。

6.6.1 TTE 同步调度

TTE 端系统为 DIMA 系统的分区通信提供了高实时和可靠的数据通信，其通信协议兼容以太网的应用层、传输层、IP 网络层、链路层和物理层构建的 5 层通信协议的标准。本方案设计的 TTE 端系统通信具备 3 种协议层次的接入通信方式（图 6-29）。

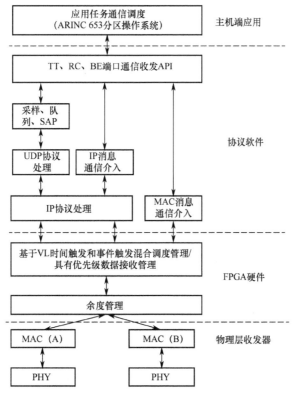

图 6-29　3 种协议接入方式的层次结构

（1）用户数据报（传输）协议（User Datagram Protocol，UDP）传输接入形式。采用该接入方式传输的数据按照分层设计的思想经应用服务层、UDP 传输层、IP 网络层、数据链路层和物理层的协议处理。

（2）IP 接入形式。采用该接入方式传输的数据经应用服务层、IP 网络层、数据链路层和物理层的协议处理。

（3）MAC 接入形式。采用该接入方式传输的数据经应用服务层、数据链路层和物理层的协议处理。

由图中描述的 3 种接入方式的层次结构及其对应的处理方式可见，应用数据传输均经 MAC 层的协议处理。

6.6.1.1 时序

MAC 层负责实现时间触发与事件触发混合调度功能和余度管理功能，同时支持 TT 和 RC 流的 VL 管理机制。

如图 6-30 所示，网络进入时钟同步状态后，将按照集簇周期在网络同步时间轴上进行周期性计时，TTE 网络通过引入时分多址（Time Division Multiple Access，TDMA）接入的通信技术，将集簇周期划分为 TT 调度时隙和 RT 调度时隙。

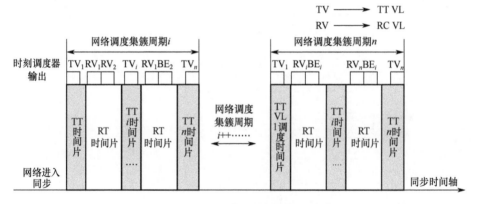

图 6-30　TTE 端系统同步调度时隙图

MAC 层混合调度方式保障了 TTE 端系统进入同步状态后，按照已划分的 TT 时隙内触发 TT 流的发送，ET 时隙供 RC 和 BE 流调度使用。余度管理（Redundancy Manage，RM）负责 MAC 层的数据流的收发冗余处理：发送过程中，RM 负责将 A/B 端口标识注入数据的源 MAC 地址中，输出给两个互为冗余的端口进行发送；接收过程中，RM 按照"先入者有效"方式，将从同一接收窗口内的，来至冗余端口具有相同 VL ID 的两个数据帧中选取正确的一个提交到上一协议层级进行处理。为了保证发送调度和接收处理实时性，该协议层功能通常采用 FPGA 实现。MAC 头信息的类型/长度域标识了接收数据是否需要传递到 IP 层处理。

IP 协议实现了无连接、非保障性的寻路传输机制，主要实现 IP 数据报文的封装/解包和分片/重组功能，并使用头信息校验和来保证 IP 报文的完整性。IP 封装负责对发送数据的 IP 头信息进行封装和对接收数据的 IP 头信息进行校验、解包；分片/重组功能实现了长达 8000 字节的应用消息的完整性传输。UDP 协议为用户提供了一种无连接、非重传的数据传输方式。TTE 网络 UDP 传输协议支持 AFDX 中提出的由采样、队列和服务访问点（Service Access Points，SAP）组成三类端口的数据传输功能，IP 协议和 UDP 协议功能采用软件的方式实现。

为保证应用通信调度和 TTE 网络调度的无缝连接，减少当 MAC 层满足发送调度条件时因等待应用消息而导致的端到端的分区通信时延，将主机端通信任务集成在基于 ARINC653 标准的分区操作系统环境下运行，并设计实现 TTE 网络各应用分区之间的时钟同步。

TTE 网络中各主机端时钟与终端时钟同步意味着各操作系统通信分区的同步。为达到分区同步的目的，TTE 端系统实时传递网络的同步状态和同步计时值供主机端获取，并将主机端的分区总调度周期与 TTE 网络的集簇周期设置成相同大小。在同步初始建立过程中，分区操作系统切换到同步调度模式运行，一旦网络进入同步，快速实现总调度周期的计时时刻点与 TTE 网络的集簇周期的计时时刻点对齐，完成初始化同步。初始化同步后，由于分区时钟与 TTE 网络同步时钟存在偏差，操作系统会在每个应用总调度周期起始阶段分配一个特定的同步分区，以实现通信分区时钟与网络时钟在该同步分区时间片内的一次同步维护。

6.6.1.2 软件设计

为保证 TTE 端系统协议软件的高可靠性和可维护性，该软件在设计上遵循模块化和通用化的思想，为用户提供 TT、RC 和 BE 3 种数据流的应用通信接口。根据不同的接入方式，协议软件针对从应用接口传入的消息进行不同层级的协议处理。

TTE 网络作为一种定制型的静态网络，当网络系统的拓扑结构和通信配置定义完成后，各个设备将维护一张唯一的通信配置表，并根据配置表的信息实现数据的转发和通信。协议软件需要设计初始化配置的接口供用户调用实现网络配置表的加载。该协议软件在初始化配置后，通过相应调度机制实时处理数据的接收和发送，从而实现网络的通信功能。TTE 端系统协议软件的执行流程如图 6-31 所示。

1）初始化配置

初始化配置模块完成 TTE 端系统通信配置表的提取解析、配置终端逻辑的通信寄存器接口以及硬件资源初始化配置（如 PCIe 总线设备初始化、配置直接存储器访问（Directed-memory Access，DMA）传输和物理层工作速率等），根据配置表中定义的配置信息分配各类型数据流的收发缓冲区。TTE 终端配置表定义了端系统通信的相关信息，如传输层的通信端口和 MAC 层的 VL 配置信息。端口配置信息应包含该端口映射的 VL、对应的接入方式以及协议处理所需的参数等信息；VL 配置信息包含了 VL 的流向、承载的数据类型，其中 TT 流的 VL 的信息还应包含类型标识、帧长度、发送调度时间窗或者接收时间窗等信息；RC 流的 VL 的信息还应包含类型标识和带宽分配间隔（BAG）等信息。

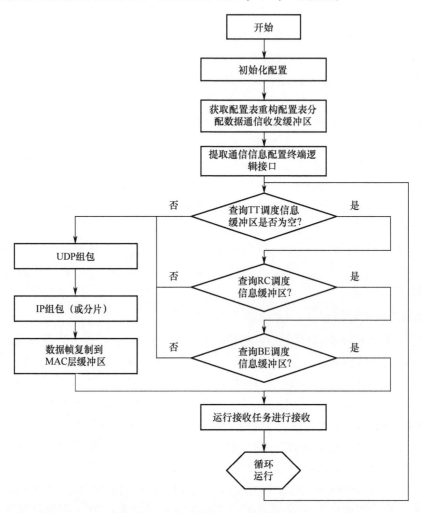

图 6-31 TTE 端系统协议软件流程示意图

2）调度处理

协议软件在完成初始化配置加载后进入收发调度和协议处理进程。该软件按 TT、RC 和 BE 3 种数据流的实时性要求等级进行调度，软件一旦进入发送调度进程，就会按优先级高低分别轮询 TT 帧、RC 帧和 BE 帧存放的发送调度缓冲区，对优先级高的调度缓冲区数据率先进行协议处理。

6.6.2　TTE 总线数据发送

数据发送的软件设计方法为：主机端应用调用应用程序编程接口（Application Programming Interface，API）发送数据时，驱动软件区分 TT、RC 和 BE 3 种数据，并将其存储到不同类型的缓冲区。协议软件按照优先级（数据流收发优先级：TT > RC > BE）调度方式从对应类型的缓存提取消息，将所提取的消息按照设定的接入方式完成协议处理。采用 UDP 接入方式，消息在封装完 UDP 首部后，传入到 IP 层进行处理。该协议层软件将封装有 UDP 头信息的数据进行分片处理，并且在给每个完成分片功能的 IP 报文添加首部后提交给 MAC 层指定类型的缓冲区；采用 IP 接入方式，消息在完成 IP 层处理后传输到 MAC 层缓冲区；采用 MAC 接入方式，消息将直接拷贝到 MAC 层对应的缓冲区，由 MAC 层调度发送，从而实现 TTE 端系统的数据发送功能。数据发送功能的协议处理流程如图 6-32 所示。

6.6.3　TTE 总线数据接收

接收软件单元负责将通过 MAC 层完整性校验、冗余管理和接收时间窗口校验的 TT、RC 和 BE 数据流按照由高到低优先级排列从 MAC 缓冲区提取，传递给不同的应用接入端口进行接收。该软件单元设计方案为：协议软件按照优先级调度从 3 种不同类型的 MAC 缓冲区中提取消息，同类型的消息将采用公平的轮询方式提取消息。当检测到 MAC 缓冲区存在接收数据时，提取该数据进行协议处理；该数据为 MAC 接入类型，通过 MAC 层解包处理后，将直接提交给应用处理；该数据采用 IP 接入类型或者 UDP 接入类型，在正确通过 IP 头信息校验和 IP 路由检验后进行分片帧重组处理，通过数据内部的分片标识判断该数据是否进行分片重组，IP 接入类型的数据完成上述头信息解包处理将交由应用处理；UDP 接入类型的数据通过 UDP 目的地址检验后，去除头信息并复制到对应 UDP 端口的接收缓冲区中。通过上述接收机制，3 种数据流在接收过程中，根据发送的接入方式进行相应的接收协议处理后传递给应用，实现 TTE 端系统的数据接收功能。具体的数据接收过程如图 6-33 所示。

TTE 终端协议软件的实时性需求来自对 AS 6802 协议标准的分析，主要取决于协议软件处理的技术延时等因素。时间触发以太网协议并未明确规定用户通信消息在 TTE 终端中的处理技术时延范围。在 TTE 网络中通信数据与时间同步 PCF 帧共存，该网络传输的用户数据不同于 AFDX 或者以太网，无法达到 100% 的占用率。协议处理的软件技术时延能够满足最小帧消息在其发送延时内处理完成，可实现用户数据采用最小帧长的全线速通信需求，并保有一定的余量空间，即可满足千兆网络通信的基本要求。最小帧长的消息长度根据 64 字节减去 47 字节协议头获取，在协议软件中插入直接获取终端逻辑层的纳秒级的 64 位时间戳信息的功能，在进入协议软件的前后分别获取时间戳信息，测试执行过程中完成 50 个最小长度消息协议处理，获取平均值表示协议栈软件能够在 0.672s 的时间内将 17 字节的消息从终端与主控的缓冲区提取，并经过协议处理存放到 MAC 调度缓冲区，该端系统协议软件满足传输所需的技术延时要求。

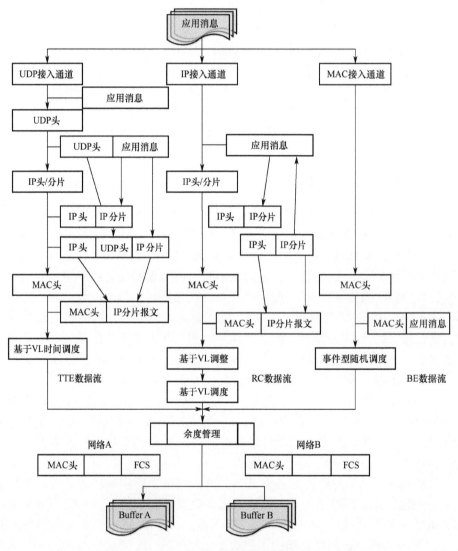

图 6-32　TTE 端系统数据发送功能的协议处理流程

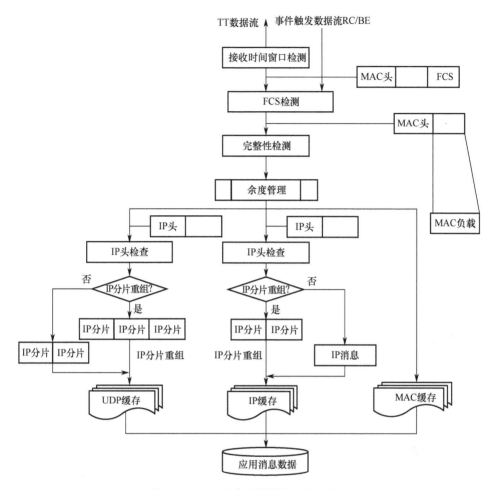

图 6-33 TTE 端系统接收协议处理流程

6.7 应用实例

TTE 在 NASA 的"猎户座"飞船中得到了洛克希德·马丁公司、通用电气公司、霍尼韦尔公司、西科斯基飞机公司等支持,可提供高完整性、高确定性、高可靠性的数据传输。

"猎户座"飞船原本是 NASA"星座"计划中用于接替退役的航天飞机、承担"国际空间站"人员往返运输任务的航天器,2010 年奥巴马政府中止了"星座"计划,但猎户座飞船项目因仍能支持实现其载人深空探测目标而得以继续,美国国会也将"航天发射系统"(SLS)与"猎户座"飞船作为 NASA 载人航天和技术开发计划的最高优先级项目予以保证。2014 年 12 月,在经过 4.5h 的飞行过程后,"猎户座"载人飞船溅落太平洋,成功完成了首次无人探索飞行试验(ETF-1)任务。NASA 将此次任务的顺利完成称作"火星时代的第一天"。按计划,"猎户座"飞船将在 2025 年前将宇航员送往月球轨道的一颗小行星,并最终在 2035 年前后实现载人登陆火星任务。

"猎户座"飞船系统架构 "猎户座"飞船作为目前唯一可实现载人火星探测任务的飞行器,虽然外形类似于"阿波罗"飞船,但其电子系统的设计却充分借鉴了近 10 年来电子系统技术的最新成果,尤其是航空领域综合电子系统的研发成果,系统架构如图 6-34 所示。系统采用"故障静默"的工作模式,而非传统的拜占庭容错架构,并辅助以自检处理器结构、容错通信网络以及分时分区操作系统技术,使得系统的可靠性和安全性达到航天飞机的 10 倍以上,为构建未来宇航探索项目的电子系统奠定了基础。

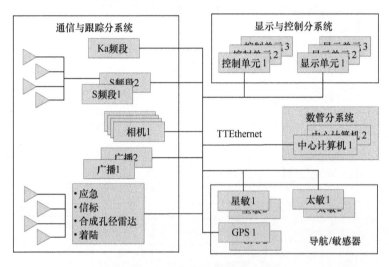

图 6-34 "猎户座"飞船系统架构

"猎户座"飞船的设计目标是:从系统抽象的角度理解,"猎户座"飞船的电子系统既包含对各类指令和遥测的处理,同时也包括多舱段对接控制、自动驾驶飞行、系统级的健康管理等一系列复杂的任务。因此,可满足多种任务灵活扩展,并支持在故障情况下系统资源灵活重构的处理平台是电子系统设计的主要目标。与此同时,平台设计需要综合权衡低成本与高可靠之间的矛盾。为此,电子系统的研发提出了如下的设计目标。

(1)基于开放式的系统架构,构成系统核心的处理、通信和计算资源可根据系统需求灵活扩展、重新配置。

(2)基于已有的商业标准或成熟产品,允许第三方参与星载电子系统的软硬件研发,降低研制成本。

(3)通过时空隔离技术,支持系统局部修改和升级,降低系统更新和重新认证的代价;同时将故障封锁在局部,提升系统整体的可靠性。

基于分布式系统的设计思路,"猎户座"飞船的电子系统选用时间触发以太网(TTE)作为骨干网络,系统各设备与网络交换机进行连接,共包含 18 块时间触发以太网交换卡及 46 个终端节点。采用这种交换式的网络结构,使得系统结构扩展灵活,如当有新设备需要接入系统时,只需要将新设备连入交换机即可,其他已连接设备不受任何影响。

TTE 网络采用光纤作为传输介质,提供高达 12.75Gb/s 的带宽。通信采用时间触发方式,各节点的占用带宽以及传输路径通过预先规划实现通信资源的静态配置。当系统发生故障时,故障设备只影响自身所分配的带宽,而对系统中其他节点没有影响,避免故障扩散而对系统整体造成的灾难性影响,系统可靠性显著增强。与此同时,通过预先分配带宽的方式,实现对系统资源使用情况的提前预估,从而降低了系统集成节点的复杂度。基于时间触发以太网的"猎户座"飞船的电子系统如图 6-35 所示,电子星载计算机(VMC)作为"猎户座"飞船的处理核心,完成整器控制、人机交互、系统通信等主要功能。

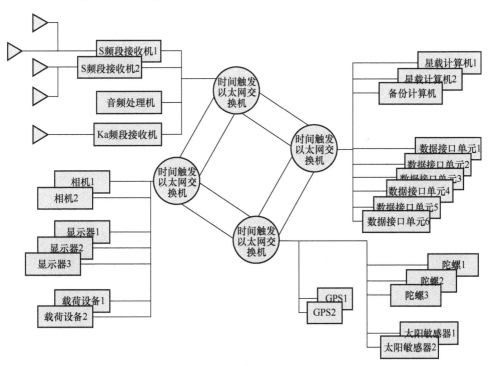

图 6-35 基于时间触发以太网的猎户座飞船电子系统组成图

在设计上,上述功能分别由飞行控制模块(FCM)、显示控制模块(DCM)和通信控制模块(CCM)完成,如图 6-36 所示。

FCM 主要完成导航、推进控制、时间管理、整器资源配置管理、必要的子系统管理（如电源、生命保障等）功能。DCM 作为飞行器状态显示及人机交互的接口，以图形界面的方式向宇航员报告当前的飞行状态和告警信息。此外，DCM 还可接受宇航员的输入命令和数据，转译成可供执行的指令，分发到各分系统执行。

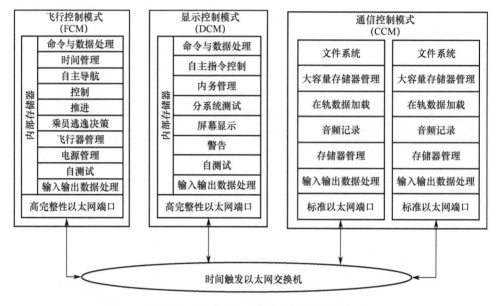

图 6-36 "猎户座"飞船计算机组成结构

CCM 执行与外部系统的通信和协议转换功能，通信协议采用以太网标准。此外，CCM 模块提供大容量的数据存储器用于存储设备内部信息，如用于存储飞行器停靠或分离时的图像数据。星载计算机选用 IBM POWER PC 750FX 单核处理器，处理频率最高可达 900MHz。在组成方式上，上述处理模块均与时间触发以太网交换机进行连接，实现各处理器"入网"并完成网络化的处理。在实现上，FCM、DCM 和 CCM 采用具备自锁功能的处理器结构及分时分区操作系统，操作系统包含 6 个分区（即系统分区、网络通信输入分区、网络通信输出分区、自测试分区、监控分区和其他功能分区），可避免计算机在执行过程中，由于任意指令存取错误或软件任务执行错误而对系统造成的灾难性影响。

6.8 本章小结

作为国际上最新的网络总线技术，TTE 数据总线在航空航天领域的应用具备诸多优势：提供高精度的全网时间同步，同步精度可以达到微秒级；提供 TT、RC 和 BC 3 种不同安全等级的通信业务；容错的时间同步算法，提高网络的可靠性；基于时间触发的通信模式，网络可组合性好，传输确定性高；完备的状态机检测，快速的故障隔离和恢复重构；双余度网络，提供故障模式下的热备份；与 ARINC653 标准完美对接，扩展性好。

TTE 数据总线已经在国外载人飞船飞控系统、航空飞行器航电系统等领域得到应用。国内研究机构已经在分布式时间同步控制策略、容错控制机制、协议体系架构、多业务传输控制机制等方面对 TTE 展开了相关研究，目前仍需在控制芯片选择、路由交换机设计和控制网络的测试验证等方面进行深入研究。

时间触发总线技术是相对事件触发总线技术提出的，通过采用时间触发总线技术保证了系统的可靠性、资源利用率、时间确定性以及系统的可组合性等性能，这些性能的提高，将使 TTE 数据总线在航天运载火箭和航空飞行器的控制系统中的应用前景广阔。

参 考 文 献

[1] SAE Aerospace Standard AS6802-2011. Time-Triggered Ethernet [S/OL]. [2023-02-14]. https://www.cssn.net.cn/cssn/productDetail/3a4902fe5331fe19ec0ecf6593833628.

[2] STEINER W, PAULITSCH M. Time-Triggered Ethernet—Industrial Communication Technology Handbook [M]. Boca Raton: CRC Press, 2015.

[3] STEINER W, BAUER G, HALL B, PAULISTCH M. Time-Triggered Ethernet— Time-Triggered Communication [M]. Boca Raton: CRC Press, 2015.

[4] SAE International. SAEAS 6802 Time-Triggered Ethernet [Z]. USA: SAE, 2011.

[5] GE. TT Ethernet—A Powerful Network Solution for Advanced Integrated Systems [Z]. USA: GE Intelligent Platforms White Paper gft751a, 2010.

[6] KOPETZ H. Real-Time Systems-Design Principles for Distributed Embedded Applications, 2nded [M]. USA: Springer, 2011.

[7] Wilcockg, Tottent, Gleavea, et al. The Application of COTS Technology in Future Modular Avionics Systems [J]. Electronics & Communication Engineering Journal, 2001, 13 (4): 183-192.

[8] KOPETZ H. The Rationale for Time-Triggered Ethernet [C]. Austria: The 29th IEEE Real-Time Systems Symposium TU Wien Austria, 2008.

[9] STEINER W. An Evaluation of SMT-Based Schedule Synthesis for Time-Triggered Multi-hop Networks [C]. RTSSS: Proceedings of the 31st IEEE Real-Time Systems Symposium, 2010.

[10] STEINHAMMER K, GRILLINGER P, ADEMAJ A. A Time-triggered Ethernet (TTE) Switch [C]. Munich: In Proc. Of Design, 2006.

[11] EVELEENS RLC. DO-297 Integrated Modular Avionics (IMA) Development Guidance and Certification Considerations [M]. Washington DC: RTCA, 2006.

[12] SAE International. SAE AS6802 Time-Triggered Ethernet [Z]. The United States: SAE, 2011.

[13] GE. TTEthernet—A Powerful Network Solution for Advanced Integrated Systems [Z]. USA: GE Intelligent Platforms White Paper, 2010.

[14] 罗泽雄,詹于杭,袁鑫. 基于TTE端系统协议处理软件的研究与设计[J]. 航空电子技术,2016,47(4):23-28.

[15] 兰杰,朱晓飞,陈亚,等. 时间触发以太网标准研究[J]. 航空标准化与质量,2013(5):24-28.

[16] 杨俊雄,徐亚军,何锋,等. 时钟同步精度对TTE实时性影响研究[J]. 电光与控制,2016(8):33-38.

[17] 张英静,熊华钢,刘志丹,等. 可用于机载电子系统的时间触发以太网[J]. 电光与控制,2015(5):53-57.

[18] 蒋社稷,卢海涛,史志钊,等. 时间触发以太网在航空电子系统中的应用[J]. 电光与控制,2015,22(5):84-88.

[19] 董进武. 时间触发以太网加速航电互联[J]. 电光与控制,2016(2):74-78.

[20] 许聪,张磊,凌震. TTE在运载火箭控制系统中的应用[J]. 航天控制,2017(2):89-94.

[21] 朱闻渊,尹家伟,蒋祺明. 新型机载电子系统总线互联技术发展综述[J]. 计算机工程,2011,37(2):398-402.

[22] 牛文生,王乐. 机载计算技术的新进展[J]. 航空科学技术,2012(4):1-4.

[23] 周强,熊华钢. 新一代民机航空电子互联技术发展[J]. 电光与控制,2009,16(4):1-6.

[24] 刘帅,张喜民,郭鹏. TTE通信技术在混合安全关键系统的应用[J]. 航空计算技术,2013,43(2):120-122.

[25] 刘晚春,李峭,何峰,等. 时间触发以太网同步及调度机制研究[J]. 航空计算技术,2011,41(4):123-127.

[26] 程博文,刘伟伟,何熊文,等. 猎户座飞船电子系统设计特点分析与启示[J]. 航天器工程,2016,25(4):102-107.

第7章 TTP/C 数据总线

机载电子系统的发展经历了 4 个主要阶段：分立式机载电子系统、联合式机载电子系统、综合式机载电子系统以及先进综合式机载电子系统。在机载电子系统的发展过程中，机载数据总线的发展是其中的重要标志，从 ARINC 429 到 ARINC 629，再到 1553b 总线的成功应用，直到现在 TTCAN、FlexRay、TTP 等时间触发型总线的逐步应用，可以看出机载数据总线作为机载电子系统的一部分，相当于机载电子系统的神经，对飞机整体性能起着决定性作用。

采用基于时间触发构架的 TTP（Time Triggered Protocol）总线技术来完成航空电子任务关键系统中的通信功能，使子系统之间通信的可靠性和实时性得到保障。TTP 在消息传输的确定性和可预测性方面的优势，使得 TTP 在航空电子网络环境中的应用日益广泛。在过去的实际应用历史中，TTP 已经被证明是适用于航空分布式控制系统的关键网络技术，从航空发动机控制、座舱系统以及电源管理到飞行控制等系统均能广泛应用。TTP 总线技术广泛应用于军用、民用等航空电子领域，如用于 F-16 飞机的全权数字引擎控制器（Honeywell 公司）、空客 A380 飞机机电系统的机舱压力控制系统、波音 787 "梦想" 飞机的环境控制系统等。TTTech 公司的时间触发总线产品 TTP 已被确定为波音 787、A380、庞巴迪 C 系列、EmbraerLegacy 以及其他先进飞机中机载电子系统的通信解决方案。美国国家航空航天局的下一代深空探测器和宇宙飞船也将采用基于 TTP 通信总线设计的分布式控制系统。

7.1 概述

迄今为止，各种工业化、商业化标准的通信总线已经在不同安全等级和不同场合得到了广泛应用，不同通信总线协议差别也较大，但都是基于事件触发构架（Event Triggered Architecture，ETA）和时间触发构架（Time Triggered Architecture，TTA）设计的。ETA 构架中的任意节点可以在任意时刻访问总线，进行数据传输，具体的访问时刻由外部事件的发生时刻决定，这类构架普遍采用载波监听多路访问/冲突避免机制（Carrier Sense Multiple Access with Collision Avoidance，CSMA/CA）的通信媒体介质访问方式，总线 CAN、ARINC 664、ARINC 629、MIL-STD-1553B 等均属于此类构架。TTA 构架在预先设计的全局静态调度列表的基础之上，基于全局同步时钟进行数据传输，数据的传输时刻都是确定的，采用时分多址（Time Division Multiple Access，TDMA）复用的通信方式。TTA 构架的 TDMA 介质访问方式能够以可预测的传输时延和较小的传输抖动在各个节点之间进行数据传输和信息交互，并避免因消息传输阻塞引起的总线故障。TTA 构架的信息由全局静态调度列表定义，数据帧中不包括地址相关信息，这样在节省传输带宽的同时，避免了因消息节点 ID 被修改而引起的总线故障。TTA 构架通过预先离线生成的全局静态调度列表，不仅可以保证信息传递的时间确定性，而且可以确保节点之间信息传递的时间参数特性不会因系统的改变而变化，这是可扩展、易升级的分布式控制设计的关键特性。同时，TTA 构架的 TDMA 通信媒体介质访问方式提供了实时、可靠、安全的分布式全局同步容错时钟，并确保了实时可靠的成员关系。时间触发 CAN（Time Triggered CAN，TTCAN）、时间触发协议（Time Tirggered Protocol，TTP）、FlexRay、ARINC 659 等均属于此类构架。因此，基于 TTA 构架的时间触发通信总线能为航空电子分布式控制系统的实时控制任务，搭建了一个实时、安全、可靠、可扩展、易升级的一致性分布式通信总线系统，是航空电子分布式控制系统可实现的、理想的容错数据通信总线。

　　TTA 构架最早由奥地利维也纳理工大学的 Hermann Kopetz 教授提出，并与 TTTech 公司长期开展时间触发通信技术的研究。1993 年，他在欧洲委员会资助开发的分布式实时容错构架基础之上，首次提出了 TTP 总线通信协议。于 2002 年开始商业应用，2003 年发布 TTP Specification，2011 年成为 SAE 规范 AS6003。TTP 总线是当前所有基于时间触发的确定性网络通信技术中首个被 SAE 标准化的通信协议，TTP 总线在发展过程中提出了 TTP/A 和 TTP/C 规范，其中前者适用于汽车电子等低成本的非关键应用，而后者面向航空航天应用设计。在 22 年的发展历程中，TTP/C 凭借其严格的时间确定性、安全可靠的关键性和完全独立的分布式计算平台，在汽车领域得到广泛应用，并开始应用于航空航天领域。例如，Hamilton Sundstrand 在 Boeing787 的环境控制系统和动力系统中均采用了 TTTech 公司的 TTP/C 总线作为解决方案。Honeywell 公司于 2000 年开始在 MAC 平台中使用 TTTech 提供的 TTP 总线作为通信解决方案。Alcatel 因 TTP 总线的通信时间确定性和高容错性，将 TTTech 的 TTP/C 总线通信技术作为其电子联锁系统的总线方案。

　　TTP/C 总线是一种基于 TTA 构架的多点串行通信协议，时间触发通信机制。采用 TDMA 媒体访问方式，分配的时间槽上，节点独占总线，通信确定性好。实现分布式全局容错同步时钟，节点角色是对等，不存在单点故障。支持总线型、星型拓扑结构。总线通常采用 A、B 双余度方式，可以在两个通道上发送不同的帧或一个帧的两个备份。调度策略支持由多个基本 TTA 周期构成的集群周期。TTP/C 在通信协议层提供时间触发数据传输、分布式容错时钟同步、故障节点探测与隔离、CRC、收发确认、冗余管理等服务。TTP/C 总线协议为其服务应用程序提供一个实时、确定、可靠、安全的一致性分布式通信总线平台。TTP/C 总线协议是一种基于时间触发的通信总线，采用 TDMA 通信方式，信息行为明确，抖动小，可预测时延。成员关系列表（Message Description List，MEDL），其中包含了所有网络的配置信息，通过 MEDL 列表和相应的成员关系算法便可确定每个节点的工作状态，判断是否正常工作。支持外部和内部时钟同步算法，并且不需要在数据帧中额外增加信息。完善的容错机制，可以迅速检测并处理单一故障错误。独特编码机制，数据帧头小，提高传输效率和总线利用率。隐式确认，不需要额外发送确认帧来说明该节点已接收信息。

事件触发和时间触发各自具有最佳适用领域，事件触发系统的特点是具有较强的灵活性、适应性较强，响应也较为快速，但其主要的缺点在于以下几个方面。

（1）不确定性。当多个外部事件同时发生时，需要通过仲裁等方式确定系统任务的执行顺序，因此在某个时间点上其可靠性和实时性设计就难以保证，由此引申出的缺点是在系统开发和测试的过程中很难充分验证实际系统运行当中的各种可能情况的组合，可能出现由于资源竞争等，因为验证不完备带来的系统崩溃的情况发生。

（2）容易故障蔓延。事件触发总线一般都属于有主类系统，总线上某个节点的失效（如持续占用总线或地址错误造成误写入）很容易造成整个系统的失效。

（3）不利于系统资源重构。事件触发系统一般都是有主的系统，即如果总线的主控器失效，挂接在总线上的所有资源都不可用。

事件触发系统以上的种种缺点有时在要求有极高安全等级的系统中是不能被接受的。时间触发系统的特点是具有严格的系统行为确定性与稳定性，由此带来的优点如下。

从数据传输实时性方面看，事件驱动总线中，节点竞争使用总线，会产生总线冲突。而在时间触发总线中，各节点分时使用总线不会产生竞争现象，提高了数据传输的实时性。

从总线故障容忍方面看，事件驱动总线使用主从结构，单个节点，特别是主控节点的故障会影响整个总线的运行。而分布式时间触发总线中所有节点地位平等，使用分布式时钟同步算法和成员关系算法保证单个节点的故障不会对总线的正常数据传输产生影响。

从可靠性方面看，事件驱动总线中各节点的可靠性取决于各自的优先级，优先级低的节点的服务将得不到保证。而在时间触发系统中每个节点都在自己的时间槽内完成相应的任务，整个系统可靠性高。

（4）健壮的分时分区特征。在总线节点与总线间具有可靠的 FCR（故障隔离边界），系统中某个节点的失效从时间上和空间上都极难影响到系统中的其他节点正常运行。

（5）利于系统资源重构。时间触发系统中每个功能节点都作为资源节点的方式挂接在时间触发总线上，并且时间触发总线的运行与维护具有无主的特征，因此任何一个功能节点的失效都不会对总线造成影响，并且通过余度配置，正常的功能节点可以较为容易地顶替无效节点的功能。

从总线的确定性上看，事件驱动总线中，数据通信取决于事件的发生，时间不可预知。时间触发总线中数据的产生由时间的推进来触发，系统行为是确定的。时间触发系统在设计阶段就将总线资源使用与任务进程调度计划制定完毕，每个节点都在系统预定义的时间段使用资源，除此之外，没有第二种可能情况，使得系统设计与验证变得简单与充分（表7-1）。

表7-1 时间触发通信与事件触发通信的特点分析

时间触发通信	事件触发通信
按时通信——可预测性强	按需通信——灵活性大
确定的消息延迟	消息延迟依赖于通信负载
确定的资源利用率	资源利用率动态变化
可预知的突发性、超负载流量	突发流量、超负载流量难以预知和控制
系统设计简单——按照时间进行消息划分、验证测试	系统设计复杂——消息通信情况难以预计，测试验证复杂
可组合性强——不同系统集成综合简单	可组合性差——不同系统组合，由于网络负载的变化有可能会造成系统功能异常
只有在系统规划中定义了的节点才能够扩展到系统中	可扩展性强，可灵活地增加和删除节点

飞机上的安全关键系统，如飞行控制、发动机控制、电源管理系统等，对可靠性和容错性要求非常高，需要保证即使系统中出现局部故障，也不能影响飞机的飞行安全，因此需要使用高可靠性的数据总线来保证这些系统的正常工作。传统的数据总线使用事件驱动方式，即总线上传输的数据是随机产生的，特别在总线比较拥堵时，数据的传输时延得不到保证，当某些节点出现故障时，会影响整个总线的正常工作。分布式的时间触发总线可以很好地解决这些问题。

由于时间触发系统以上种种优点，使它非常适合应用于要求具有极高安全等级的系统。由此可见，相对于事件驱动总线，时间触发总线不会出现单点故障，数据传输的实时性和可靠性高，能够满足航空安全关键系统对可靠性、实时性和容错性的要求，因此特别适合于航空安全关键系统的应用。

7.2 TTP/C 总线系统结构

7.2.1 TTP/C 总线网络结构

TTP/C 总线网络由主机、总线控制器、通信网络接口（CNI）、总线监护器

（Bus Guardian，BG）所构成的最小可代替单元（Smallest Replaceable Unit，SUR）组成，主机通过 CNI 与总线控制器实现数据交换，控制器通过使能 BG 实现数据在总线上的传输，如图 7-1 所示。

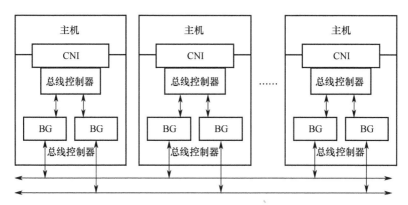

图 7-1　TTP/C 总线网络结构

各 SUR 之间通过两个相同的中心通信通道进行连接，构成一个集群。其中主机用来执行应用软件，完成中断处理、任务调度和 CNI 访问等任务。CNI 接口起瞬态防火墙的动作，由于经 CNI 传输的消息中没有控制信号，从设计上屏蔽了错误控制信号的传输。BG 的作用是使控制器在发送时刻以外的其他时间内禁止数据在总线上传输，避免总线阻塞。MEDL 包含在总线控制器中，因此，控制器才可以不需要主机的控制就可以独立的收发信息，同时监控各节点状态。TTP/C 协议定义了星型、总线型或者二者性结合的总线拓扑结构，传输介质直接决定最大传输速率，可以为同轴电缆、双绞线或是光纤。例如，TTTech 公司研发的 SA8202 总线控制器支持 RS485 传输速率为 5Mb/s，以太网传输速率为 25Mb/s。

主机接口应保证主机和 TTP 控制器之间的无冲突数据交换。TTP 控制器应提供收到的应用数据并不断更新 TTP 控制器和网络相关状态数据。主机应向 TTP 控制器提供更新的消息，控制和配置数据。应在主机和 TTP 控制器之间交换 3 种不同类别的数据。

（1）消息数据。主机接口应提供交换主机产生的应用数据（用于在 TTP 总线上传输的应用数据）或由 TTP 控制器接收的应用数据（从 TTP 总线获取的应用数据）的方法。此外，主机接口应提供在每个 TTP 帧接收或传输（如 7.3.4 节所述）之后将评估的帧状态传递给主机的装置。仅当接收到的帧的状态有效时，主机才应处理应用程序数据。

（2）状态数据。TTP 控制器应能够通过连续维护状态数据来通知主机协议执行的状态。

（3）控制数据。主机应能够向 TTP 控制器提供设置信息或控制和维护数据。

这是启用协议执行，有效帧传输和启动操作模式更改所必需的。

表 7-2 总结了执行通信和协议所需的不同类型的数据操作。

表 7-2　主机接口规范

主机接口——数据	类　　别	主机接口——数据	类　　别
确认错误	状态	时间启动字段	控制
Clique 错误	状态	协议版本	状态
系统停电错误	状态	模式更改请求	控制
模式违规错误	状态	协议状态	状态
初始化错误	状态	TTP 控制器开	控制/状态
TTP 控制器生命体征	状态	时间启动字段	控制
主机生活标志	控制	有效的 C 状态	状态

TTP 电子模块具有图 7-2 所示的一般结构。节点包括主机（通常是执行操作系统的 CPU，其管理应用软件，具有存储器和对 I/O 子系统的访问，或 FPGA）和 TTP 控制器。

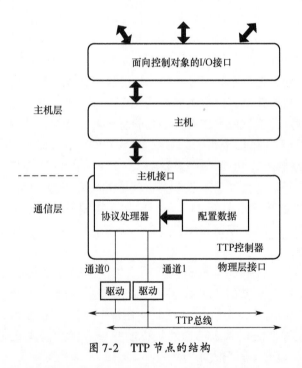

图 7-2　TTP 节点的结构

TTP 控制器应根据静态定义的通信要求集处理协议服务的执行（如图 7-2 中的配置数据所示）。此外，协议处理器应使用明确定义的主机接口和 TTP 总线，以提供由 TTP（协议服务）定义的服务的可靠操作。

从抽象的角度来看，每个节点由两个层组成：通信层，它应该确保可靠的时间触发通信；主机层，它向/从通信层提供/消费应用数据。主机和通信层应作为节点上的自治子系统运行，但根据所选择的系统设计方法，两个子系统应能够以同步或异步方式相互运行。

7.2.2 TTP/C 总线拓扑结构

TTP/C 总线由一系列的总线控制器节点组成，这些节点由两个相同的通道连接。TTP/C 协议支持总线型拓扑结构如图 7-3 所示，星型拓扑结构如图 7-4 所示，混合型拓扑结构如图 7-5 所示。总线型结构可以是单总线或者双总线结构，单总线只有一个通道，双总线有两个通道，可以实现冗余效果。星型结构每个通道都使用一个星型连接器（Star-coupler, SC），它同时还能提供总线保护功能。星型结构最多包含两个星型的连接器，每个传输通道连接一个星型连接器。混合型拓扑结构的网络中包含总线型和星型结构。

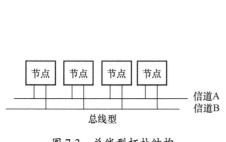

图 7-3 总线型拓扑结构

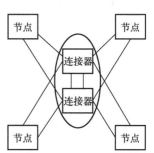

图 7-4 星型拓扑结构

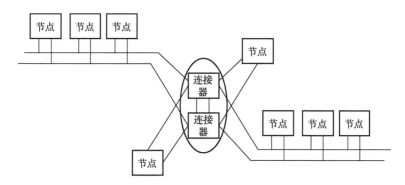

图 7-5 星型/总线型拓扑结构

基于上述的技术要求，传统的 RS485 总线 HUB 设计较简单，成本低，功耗小，采用简单电路即可实现。相对而言，星型 TTP 总线中的 HUB 技术上更加复杂，主要的特点包括以下几方面。

（1）TTP 总线中，所有节点的地位都是平等的，总线上各个节点按照预先定义的成员关系列表（MEDL）进行时分复用（TDMA）的通信。作为星型 TTP 总线的核心，HUB 必须基于总线的 MEDL，识别发送节点的时间槽（SLOT），并在该 SLOT 将发送节点发送的数据实时转发到其他接收节点的通路上。也即 HUB 应具有加载和分析 MEDL 的能力。

（2）在 TTP 总线启动过程中，总线从时钟未同步状态进入时钟同步状态；正常工作中，通过持续的时钟同步算法，各个节点建立全局的同步时间基，作为 TDMA 通信调度的基础。HUB 应作为其中数据转发的核心，必须能够被动地（不主动发起时钟同步）参与总线的启动过程，实现与总线上其他节点的时钟同步。

（3）基于安全性的需求，HUB 应该作为总线的监护（Guardian）设备，实时监测总线上的活动，在各个 SLOT 中仅允许对应发送节点发送，而屏蔽其他节点的发送。从而实现对 Babble 等故障进行有效的隔离，防止故障节点破坏整个总线的数据传输。

（4）TTP 总线支持集群模式服务。集群模式是指 MEDL 中配置多个模式，不同模式之间采用不同的 TDMA 调度，从而为实时系统操作和控制过程中多个不同的相互独立的阶段提供支持。当某个节点发起集群模式更改，要求从当前模式切换到下一个模式时，总线上所有节点在规定的时间全部进行模式切换。为了保证下一个模式下总线的有效工作，HUB 必须支持模式更改，识别集群模式更改请求，适时完成模式切换操作。

考虑到 HUB 实际使用的要求，还可以支持 MEDL 在线加载、故障检测与上报等功能。

7.2.3　TTP/C 总线协议分层

TTP/C 协议的抽象分层结构，包含物理层、数据链路层、协议服务层以及 CNI（TTP/CCNI）等，由 TTP/C 总线控制器实现。冗余管理层、容错管理 CNI（FT-CNI）和系统软件层由主机软件实现。图 7-6 所示为 TTP/C 总线协议功能结构分层图。

TTP/C 协议没有明确规定物理层传输介质，传输介质可以根据工作环境和传输带宽选择同轴电缆、双绞线或者光纤。

数据链路层完成数据组帧、CRC、TDMA 方式的数据传输等功能，MDEL 列表也在该层定义。

协议服务层包含通信服务、安全服务和更高层服务。通信服务实现控制器和主机的数据交换、集群启动、节点再集成、隐式确认、故障节点探测和分布式容错同步时钟等 TTP/C 协议的基本功能。安全服务实现组员关系、派系失效避免、独立 BG 和主机/控制器生命标志更新等功能，避免集群分裂并确保故障节点的时域沉默。更高层服务的功能由主机唤醒，实现集群模式转换和外部同步时钟等。

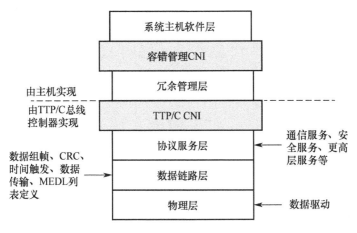

图 7-6　TTP/C 总线协议分层

TTP/C 总线 CNI 接口实现主机和总线控制器之间的通信和信息传输。

冗余管理层完成冗余功能，保证每一个出错的 SRU 可以及时被具有相同功能的 SRU 替换掉。

容错管理 CNI 接口连接主机软件层和冗余管理层。

系统主机软件层执行各种应用软件。

7.2.4　TTP/C 总线访问方式

TTP/C 的通信方式为 TDMA 媒体介质访问。总线控制器只允许在其规定的时间段内进行数据传输，并由 MEDL 列表配置该时间段内每个消息具体的传输时刻，这样既保证了数据传输时间的确定性，又避免因不确定访问总线造成的冲突。TTP/C 总线中最小的时间单元为时间槽，可以被一个节点使用，连续若干个时间槽构成一个 TDMA 周期，TDMA 周期的周期性的重复则构成了一个集群周期，如图 7-7 所示。

任意两个 TDMA 周期的大小都是相同的，但是在 TDMA 周期内每个时间槽的大小以及传输的信息可以不同。一个集群周期被划分为若干个大小相同的 TDMA 周期，同时每个 TDMA 周期又被划分了为若干个大小不等的时间槽，如图 7-8 所示。TTP/C 协议规定每个 TDMA 时段可以配置给各节点的时间槽的个数为 4～64 个。不同的节点可以在集群周期中不同 TDMA 周期的同一位置进行传输，但每个节点在每个 TDMA 周期中最多只能占用一个时间槽，即每个节点在每个 TDMA 时段最多可以访问总线一次。不同长度、不同类型的数据帧可以在两个相同的冗余传输通道进行传输。

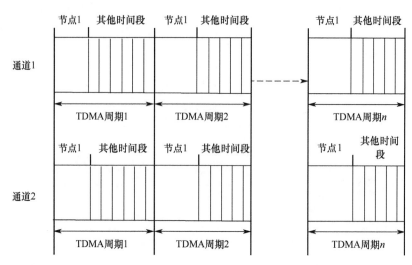

图 7-7 TTP/C 总线通信时序

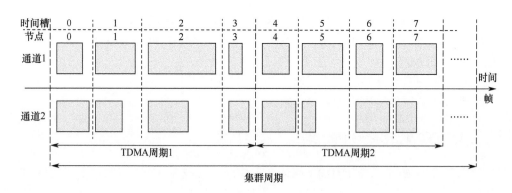

图 7-8 TTP/C 通信访问方式

7.2.5 TTP/C 总线数据帧

TTP/C 协议规定了 2 种不同类型的帧格式：正常模式的 N 帧（Normal Frame）和用于初始化的 I 帧（Initialization Frame）。N 帧用于节点间的正常通信，I 帧用于集群的开始阶段（上电冷启动）和节点的再集成过程。N 帧和 I 帧的主要区别在于 I 帧含有 C-状态（Controller-state），而 N 帧不含 C-状态，两者通过帧头的 I/N 帧标志位进行区分，详细帧结构如图 7-9 所示。其中 I/N 帧标志位用以区分 I 帧和 N 帧；模式转换请求变换用作模式控制位，用于标志模式变化请求。

C-状态是一组用来描述 TTP/C 总线各节点控制器的状态变量，包含用于同

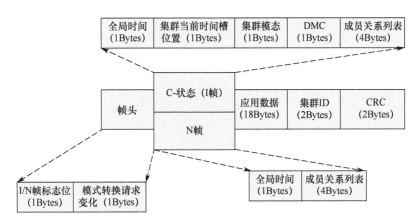

图 7-9　TTP/C 总线数据结构

步的全局时间、集群模态、集群初始和节点再集成时集群的当前 SLOT 位置、延迟的挂起模式更改（Deferred Pending Mode Changes，DMC）、成员关系列表等信息。这些信息需要在节点之间交换用于集群的时间同步和基于 GMP 的诊断算法。

TTP/C 总线规定了两种不同形式的 C-状态，分别为隐式 C-状态和显式 C-状态。隐式 C-状态是指当前节点的 C-状态信息参与 CRC 计算，但不跟随数据帧进行传输；显示 C-状态则是指当前节点的 C-状态信息参与 CRC 计算，并跟随数据帧一起进行传输。显式 C-状态用于故障节点恢复后再次添加到集群的节点再集成过程以及集群周期的初始化过程。隐式 C-状态可以节省总线传输带宽资源，同时也是隐式确认算法和帧状态判断所必须的，而基于显式 C-状态的数据帧无法完成隐式算法的确认过程，如图 7-10 所示。

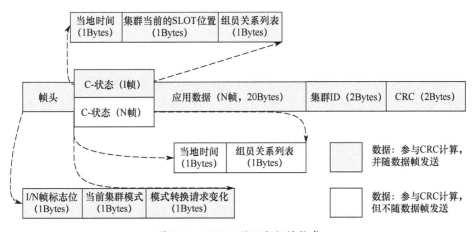

图 7-10　TTP/C 协议数据帧格式

7.2.6 总线监护器

总线监护器（BG），在时域内控制节点的总线访问的独立单元通过独立的时钟，实现总线保护器功能，用于防止失效节点向总线发布干扰信息，并防止在其发送间隙之外进行发送造成对其他帧的干扰及破坏，如图 7-11 所示。

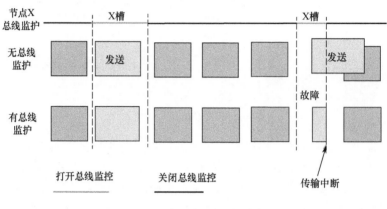

图 7-11　总线监护

7.3　TTP/C 总线数据帧

数据链路层处理基于 TDMA 的总线访问方案，帧格式和帧状态计算的各方面。共享相同的数据链路层对于在同一 TTP 集群内交互（发送/接收帧）的 TTP 控制器的兼容性是强制性的。

7.3.1　TDMA

同步操作模式中的总线访问策略采用 TDMA 方式。因此，只要每个节点仅使用其自己的静态分配的节点时隙，就可以确保对总线的无冲突访问。这可以通过全局时基的存在以及所有节点都知道的静态总线访问调度（由配置数据给出）来保证。圆形插槽描述了集群周期中的逻辑插槽，如图 7-12 所示。

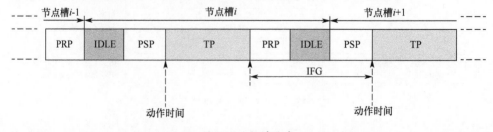

图 7-12　插槽时序

时隙应以预发送阶段（PSP）开始，并在下一个节点时隙的 PSP 开始处结束。图 7-12 显示了插槽的分区。传输阶段（TP）的开始时间，即计划发送或接收帧的时间点，称为动作时间（AT）。动作时间应在群集的所有同步节点上被感知为相同的时间点。两个连续 TP 之间的间隔称为帧间间隙（IFG），包括预发送阶段、接收后阶段（PRP）和空闲时间。

PSP 需要协议服务来准备 TTP 控制器以发送或接收数据（如 9.2.6.1 节所述）。在 PRP 期间，TTP 控制器应处理帧数据，并应根据接收的数据执行协议服务（如 9.2.6.3 节所述）。由于时隙长度不仅取决于总线上发送的数据量和总线速度，而且还取决于圆长的定义，定义的节点（插槽）的数量，通常还有一定的剩余时间，称为空闲阶段。在空闲阶段，协议操作应该停止，并等待下一个时隙的 PSP 的启动。群集周期中的时隙数，节点时隙的持续时间，相对于群集周期开始的动作时间以及 TP 的持续时间，应在配置数据中定义。

7.3.2 TTP 帧布局

TTP 帧由协议信息和应用数据组成，在传输阶段被传输。图 7-13 显示了典型的帧布局。

图 7-13　TTP 帧布局

TTP 帧：TTP 帧由帧体（包含应用数据）和协议开销（协议操作所必需）组成。

帧体：帧体是 TTP 帧的主要部分，承载主机产生或消耗的应用数据。它可以细分为"消息"的主机应用程序解释的部分。应用程序数据不应具有 TTP 控制器的语义，因此，不会对协议操作产生影响。在接收的情况下，TTP 控制器将应用数据存储在主机接口中，应用程序从主机接口获取它。

协议开销：协议开销对于 TTP 协议的操作是必需的，并且应包括帧头、CRC 值和 C-状态。

7.3.2.1　帧头

帧头（图 7-14）是 4 比特字段，应包含最低有效位（Least Significant Bit，

LSB）中的帧类型和 3 位最高有效位（Most Significant Bit，MSB）中的模式改变请求字段。

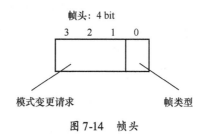

图 7-14 帧头

1）帧类型

帧类型字段应包含有关如何将 C-状态合并到帧中的信息，TTP 控制器对接收帧的解释需要该信息。帧类型字段有以下约定。

（1）帧类型应设置为 1（位设置），以指示帧具有显式 C-状态。

（2）帧类型应设置为零（位复位），以指示帧具有隐式 C-状态。

2）模式变更请求

延迟模式改变请求字段应表示 7.5.6 节中定义的请求模式改变的值。

7.3.2.2 C-状态

控制器状态（C-状态）是状态变量的集合，描述了 TTP 控制器关于全局时间、集群位置和成员资格状态的集群状态的内部视图。C-状态的长度应为 12 字节，如图 7-15 所示。本地 C-状态由每个圆形时隙中的每个 TTP 控制器更新，并检查 C-状态的本地视图是否与每帧传输所接收的 C-状态一致。因此，C-状态表示集群的全局视图，并且应该与正确同步的 TTP 集群中的其他节点计算的 C-状态一致。如 5.2.3 节所述，C-状态应由每个帧传输明确或隐含地交换。本节点与大多数其他节点之间的 C-状态不一致，应将该节点标记为错误，如 7.5.2 节所述。因此，节点之间的 C-状态的交换是支持故障检测和系统健康监控的协议的基本概念之一。此外，C-状态包含最少量的数据以使集成节点能够参与已经在进行的集群通信。

根据以下数据定义，TTP 控制器应在每个 TDMA 轮次的每个时隙中更新本地 C-状态。

（1）全局时间字段。应包含当前时隙中传输阶段（动作时间）的开始时间的宏标记值。全局时间字段应在预发送阶段相对于全局时间的当前值和当前轮时隙位置进行更新。

（2）集群位置字段。应包含有关当前轮时隙位置、当前集群模式和延迟的挂起模式更改（DMC）的信息。

延迟的挂起模式更改（DMC）字段应包含 7.5.6.2 节中定义的请求后继集群模式的值。

图 7-15 C-状态格式

集群模式字段应包含 TTP 控制器正在运行的当前活动集群模式的值。TTP 控制器应更新集群模式字段，如 7.5.6.3 节所定义。

圆形槽位置字段应包含当前簇位置信息。此字段标识配置数据中的圆形插槽特定数据集。圆形槽位置应为 0，这意味着，圆形槽号 0 是簇周期中的第一个圆形槽。TTP 控制器应在 PSP 期间更新圆槽位置字段。

成员向量应包含一致的集群中所有节点的运行状态视图，如 7.5.2 节所述。TTP 控制器应根据其接收帧的感知状态在后接收阶段更新其成员矢量。发送节点应根据确认算法（在 7.5.2 节中定义）更新其成员资格标志。

7.3.2.3 帧 CRC

CRC 应由 TTP 控制器完成，以验证任何接收帧的正确性。对于每个帧接收，TTP 控制器应将接收帧的 CRC 值与接收到的帧数据上的计算 CRC 值进行比较（详见 7.3.3 节）。CRC 用于错误检测，而不用于纠错。CRC、C-状态和帧类型彼此相关，如图 7-16 所示。因为没有带宽用于 C-状态传输，帧中隐式 C-状态的使用提高了数据传输性能。帧中的显式 C-状态是集成过程和集群启动所必需的，因为如果 TTP 控制器可以直接提取 C-状态，则它只能集成在接收帧上。TTP 控制器应在其发送时隙中发送这些帧中的一个，该配置数据中定义了该帧。根据发送帧中 C-状态的显式或隐式可用性，帧的接收器应以不同方式执行 CRC，如下所述。

（1）显式 C-状态。TTP 控制器应将其本地 C-状态与接收帧的 C-状态进行比较。这使得 TTP 控制器能够在错误接收帧的情况下检查其原因是否与传输错误或 C-状态不一致有关。

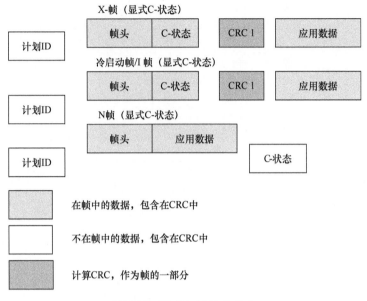

图 7-16 隐式与显式 C-状态

（2）隐式 C-状态。在隐式 C-状态的情况下，C-状态不是帧数据的一部分。TTP 控制器应将其本地 C-状态与接收到的帧数据一起用于 CRC 计算。在错误接收帧的情况下，TTP 控制器不能区分传输错误和 C-状态不一致的发生。

每个节点的 CRC 计算应使用相同的 CRC 种子值进行初始化，该种子值应包含在表 B1 中定义的配置数据中。该种子值应与特定的组配置数据（簇设计）相关，并且对于每个信道的 CRC 计算应该是不同的。这将阻止 TTP 控制器基于包含不兼容配置数据的不同集群设计在 TTP 通信上进行集成，并立即检测到交叉通道。

TTP 控制器应根据表 B1 中的定义生成多项式计算 CRC，以确保满足最大帧长度的定义汉明距离。表 B1 规定了 CRC 计算所需的参数，任何 TTP 控制器都应满足这些参数。

7.3.3 帧类型

TTP 帧是连贯的数据序列，以广播方式在其时隙内的两个信道上的 TTP 控制器间发送。

TTP 帧可以分为

（1）具有隐式 C 状态的帧（N 帧）；

（2）具有显式 C 状态的帧（I 帧、X 帧）；

（3）冷启动框架。

TTP 控制器要发送或接收的所有帧的帧类型应在配置数据中为每个信道和每

个时隙定义。

7.3.3.1 N 帧

N 帧（正常帧）应仅包含应用数据。发送方的 C-状态应隐含地包含在 CRC 值中。图 7-17 指定了 N 帧的结构。

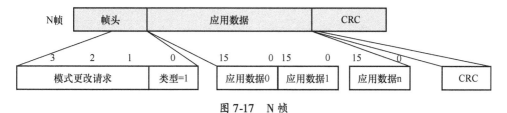

图 7-17 N 帧

由于缺少显式 C-状态，节点无法集成在 N 帧上。N 帧具有最小的传输开销，因此，具有最佳的数据效率。

N 帧应包含以下部分：

（1）帧类型标识符设置为 0（隐式 C 状态）；

（2）根据主机接口中的模式更改请求字段进行模式更改请求（请参阅 7.5.6 节）；

（3）应用程序数据帧大小：1 到最大数据长度，每个圆形槽可配置；

（4）通过帧头、应用数据和 C 状态计算 CRC。

7.3.3.2 I 帧

I 帧（初始化帧）应包含发送方的显式 C-状态，不应包含应用程序数据，仅用于集成目的。图 7-18 指定了 I 帧的帧结构。

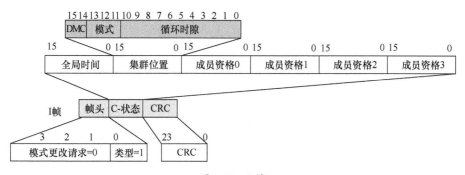

图 7-18 I 帧

I 帧应包含以下部分：

（1）帧类型标识符设置为 1（显式 C-状态）；

（2）根据主机接口中的模式更改请求字段进行模式更改请求（请参阅 7.5.6 节）；

(3) C-状态；

(4) 通过帧头和 C-状态计算 CRC。

只要没有为圆形时隙安排应用，TTP 控制器就必须在其发送时隙中发送 I 帧。

7.3.3.3 冷启动框架

需要冷启动帧来启动集群通信。它具有 I 帧的格式，但需要特殊值设置。冷启动帧只能由允许启动集群通信的节点发送。图 7-19 指定了冷启动帧的帧结构。

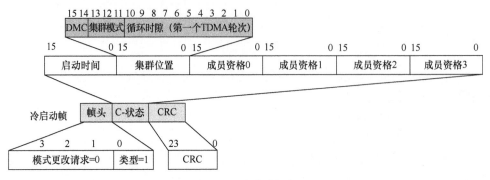

图 7-19 冷启动框架

冷启动框架应包含以下部件：

(1) 帧类型标识符设置为显式 C-状态；

(2) 模式更改请求设置为"无请求"；

(3) C-状态的全局时间字段设置为主机接口的时间启动字段的内容。

Roundslot 位置字段设置为节点发送时隙的圆形时隙号（第一个 TDMA 轮次）。

C-状态的集群模式字段设置为冷启动 ID。冷启动 ID 是专用且唯一的集群模式，其不同于在调度同步操作期间以及从启动模式可以使用的任何集群模式标识符。

C-状态的延迟的挂起模式更改（DMC）字段设置为 0x0。

除冷启动节点之外的成员资格标识应在 C-状态的隶属矢量字段中设置为 0。

通过帧头和 C-状态计算 CRC。

7.3.3.4 X 帧

X 帧（扩展帧）应包含发送方和应用程序数据的显式 C-状态。图 7-20 指定了 X 帧的帧结构。

X 框架应包含以下部分：

(1) 帧类型标识符设置为 1（显式 C-状态）；

(2) 根据主机接口中的模式更改请求字段进行模式更改请求（请参阅

7.5.6 节）；

(3) C-状态；

(4) 通过帧头和 C-状态计算 CRC1；

(5) 用于 16 字对齐的 8 个填充位（值为 0x00，不会更改 CRC2 的值）；

(6) 应用程序数据-帧大小：1 到最大数据长度，每个圆形槽可配置；

(7) CRC2 通过帧头和 C-状态，填充数据位。

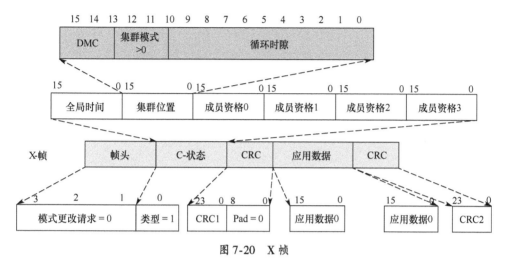

图 7-20 X 帧

在节点的集成过程中，X 帧应该用作 I 帧，这意味着在这种情况下忽略填充字节，应用数据和 CRC2。

7.3.4 帧状态

在接收之后，TTP 控制器应确定每个接收帧的帧接收状态。这是对帧内容的评估，以便检测传输故障或 C-状态的不一致。TTP 控制器应使用确认算法的帧状态和 7.5.4 节描述的 Clique 检测。7.3.4.1 节 ~ 7.3.4.7 节提供了帧状态的详细描述。图 7-21 显示了帧状态计算的算法。7.3.4.8 节提供了插槽状态计算的说明。

① 部分描述见 7.5.3.2

② 部分描述见 7.5.3.3

③ 部分描述见 7.5.6

7.3.4.1 空帧接收状态

如果在传输阶段（从接收窗口打开到传输阶段结束）在传输介质的信道上没有观察到活动（甚至不是噪声），则预期帧应被视为空帧。丢失或无故障的发送方将不会发送任何帧——这将被识别为空帧。

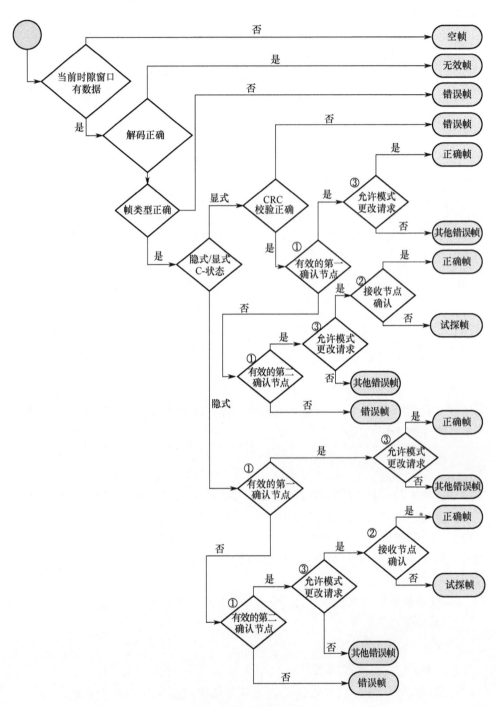

图 7-21 帧状态计算

7.3.4.2 有效帧接收状态

如果满足以下条件,则接收帧应被视为语法上有效。

帧在接收窗口期间开始。

在接收帧期间没有观察到代码规则违规。这意味着,由比接收器预期的更多或更少比特组成的帧被检测为无效。

在帧开始之前,接收窗口内没有其他传输处于活动状态。

7.3.4.3 帧接收状态无效

如果在接收窗口打开和传输阶段结束之间的时间间隔内接收器检测到总线活动,但是没有接收到有效帧,则该帧应称为无效。

7.3.4.4 帧接收状态不正确

不正确的帧应被定义为具有错误 CRC 的有效帧(对于两个 C-状态场景失败,如 7.5.2 节所述)或者在 C-状态不一致的情况下。

7.3.4.5 暂定帧接收状态

根据 7.5.3.3 节中描述的确认算法的方案 2,暂定帧应是具有商定 C-状态的有效帧。

7.3.4.6 正确的帧接收状态

正确的帧应定义为通过 CRC 的有效帧和接收器处的所有附加语义检查。此外,根据从第二确认后继者接收的情景 2 的具有约定的 C-状态的帧(如 7.5.3 节中所述)应被定义为正确的帧。显式/隐式 C-状态在发送方和接收方之间完全一致。

此外,正确的 CRC 表示发送方和接收方已正确连接,否则,不同的 CRC 初始值将导致 CRC 错误。

7.3.4.7 群集模式违规

标有"群集模式违规"的帧会传递所有检查(正确或临时成员资格成功),但保留此槽中 MCP 不允许的模式更改请求(7.5.6 节)。

7.3.4.8 插槽状态

因为 TTP 控制器使用两个传输信道,所以 TTP 控制器应组合时隙中接收帧的状态以建立所谓的时隙状态。更好结果的帧状态的组合顺序如下。

(1) 正确。

(2) 不确定。

(3) 集群模式违规。

(4) 不正确。

(5) 空帧。

(6) 无效。

这意味着，如果 TTP 控制器在通道 0 上接收到正确的帧而在通道 1 上接收到无效的帧，则槽状态为"正确"。槽状态用于确认 7.5 节中描述的集团检测算法。

7.4 TTP/C 总线同步

同步和确定性操作需要全球时基的可用性。每个 TTP 控制器一方面应根据该时基调整其本地时钟，另一方面能够有助于全球时间的发展。容错分布式时钟算法描述了 TTP 网络中全局时间的参数和原理。

在同步网络操作期间，TTP 通信协议应同步所有 TTP 节点的本地时钟以在一定精度内生成全局时基。这将在以下 3 个阶段进行。

每个 TTP 控制器应测量任何接收到的 TTP 帧的实际到达时间，并计算其与预期到达时间的偏差，如 7.4.1 节所述。

每个 TTP 控制器应根据记录的偏差，使用分布式时钟同步算法计算其自身时钟的校正项，如 7.4.2 节所述。

每个 TTP 控制器应将校正项应用于其本地时钟，以使时钟与其他 TTP 控制器中的选定时钟参考更好地一致，如 7.4.3 节所述。

7.4.1 时序参数

microtick 是周期信号，定义 TTP 控制器的最小定时测量单位。microtick 的持续时间应与物理 TTP 控制器时钟相关，如振荡器。两次之间的持续时间连续的微拍（microticks）表示为时钟的粒度 g，如图 7-22 所示。Δ_{MT} 应用于定义宏拍（macrotick）长度。

Macrotick 宏标记应该是一个定期信号，用于界定全球时间的颗粒。TTP 控制器使用该时基来触发协议事件的执行，并且当 TTP 控制器发送或接收帧时。每个宏标记由多个 microticks 组成，并且应具有持续时间 Δ_{MT}。尽管集群中的不同节点可能具有不同粒度 g 的时钟，但参与集群的所有 TTP 控制器应基于宏标记的相同值运行 Δ_{MT}，在图 7-22 中由节点 A 和节点 B 示例。应在配置数据中配置宏拍/微拍比率，并且对于不同的 TTP 节点可以是不同的。

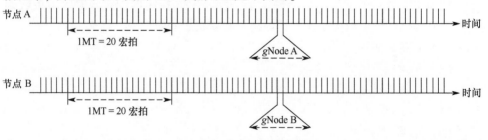

图 7-22　宏拍－微拍关系

Precision 全局时基应在可配置的时间间隔内确保集群中所有节点之间的同步协议执行和集群操作，即所谓的精度。精度间隔 Π 是在每个节点上出现相同的 macrotick 瞬间的时间间隔，如图 7-23 所示。Π 应在配置数据中指定。由于各个节点的时钟将漂移（如由于环境条件），因此需要这样的时间间隔。TTP 控制器应定期检查本地宏标记的执行时间是否发生在相对于全局时间的精度间隔内。如何做到这一点在 7.4.2 节中描述。群集中的 macrotick 时钟的实际时钟偏差可能远小于精度间隔，但它永远不会更大。

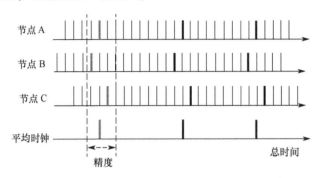

图 7-23 精度

7.4.2 TTP 网络中动作时间和交换

动作时间（AT）表示为 TTP 帧应由时隙中的节点发送或接收的时间点。AT 的计划值和实际值之间的差异构成了实现节点之间同步的基础。图 7-24 描绘了描述 TTP 帧的发送器和接收器之间的时间依赖性的不同定时参数之间的关系。可以看出，此示例中的发送方时钟比接收方的时钟快一点。由于这个原因，与计算的时刻 $t_{AT'r}$ 相比，接收器感知到帧的接收稍早发生。在理想条件下，$t_{reception r}$ 恰好同时发生时刻 $t_{AT'r}$。由于条件从未理想，因此 Δ_{dif} 用于衡量两个不同节点时钟之间的偏差。

动作时间 t_{AT} 是 TTP 控制器开始 TTP 帧传输（在其自己的发送时隙中）或期望来自另一个 TTP 控制器的 TTP 帧传输的时间点。任何 t_{AT} 的值都应存储在配置数据中。动作时间应在精度范围内的所有 TTP 控制器上同步提升。本节中描述的参数仅考虑用于一个信道。在系统设计中，由于它们的传播延迟 $\Delta_{props,r}$ 不同，因此应考虑 TTP 信道。

任何接收器的接收窗口 Δ_{rw}，如图 7-24 所示，定义了有效接收的对称间隔的大小相对于特定帧的预期接收时间 $t_{AT'r}$。接收窗口的最小持续时间应为如下式中定义的 $2 \times \Pi$，因为两个节点可以在任一方向上的精确间隔内漂移。接收窗口的大小应在配置数据中指定，即

$$\Delta_{rw} = [t_{AT'r} - \varepsilon, t_{AT'r} + \varepsilon] \tag{7-1}$$

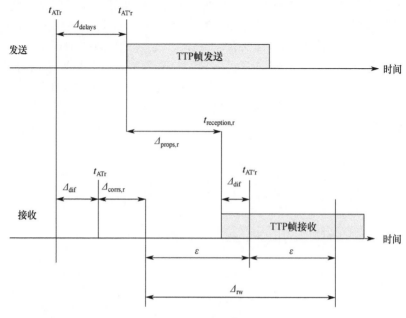

图 7-24 时差捕获

要使接收有效，应在 Δ_{rw} 内检测帧起始。未在此窗口中开始的接收将被视为无效（参见 7.3.4 节）。基于无效帧的捕获值不得用于时钟同步。

发送方应在时间 $t_{AT'r}$（从服务当地时间）开始发送，这也称为"延迟动作时间"。如下式中所定义的，$t_{AT'r}$ 应基于发送方所感知的调度动作时间 t_{ATr} 加上发送延迟 Δ_{delays}，其确保没有完全同步的接收机在之前接收到传输。接收者所感知的动作时间。需要在服务方考虑的 Δ_{delays} 来补偿由于启动窗口的延迟而导致接收机引起的延迟，并且应由 TTP 控制器根据下式计算：

$$t_{AT'r} = t_{ATr} + \Delta_{delays} \tag{7-2}$$

接收机的预期接收时间 $t_{AT'r}$（延迟动作时间）应使用下式计算，并取决于预期帧的动作时间 $t_{ATr} + \varepsilon$（从接收机的角度来看）及发送方和任何接收方之间的信道相关延迟校正项 $\Delta_{corrs,r}$，即

$$t_{AT'r} = t_{ATr} + \varepsilon + \Delta_{corrs,r} \tag{7-3}$$

下面两式基于动作时间 $t_{AT'r}$，定义服务器和接收器侧的定时参数之间的关系。对于每个圆形槽中的任何发送器-接收器星座，应满足该条件。这意味着，$\Delta_{props,r}$ 和 $\Delta_{corrs,r}$ 的值应该基于圆形槽确定（例如通过测量），应分别为每个通道确定 Δ_{delays}。这 3 个值应在配置数据中指定，即

$$\Delta_{props,r} + \Delta_{delays} = \Delta_{corrs,r} + \varepsilon \tag{7-4}$$

$$\Delta_{props,r} \geq 0 \tag{7-5}$$

接收机应以微滴点粒度测量接收帧 $t_{reception,r}$ 的实际时间。任何接收帧的预定

时间和测量时间之间的差值 Δ_{dif} 应根据下式计算。Δ_{dif} 表示 microticks 中发送器和接收器的时钟之间的差异，它应该用作时钟同步的输入值，即

$$\Delta_{\text{dif}} = t_{\text{reception,r}} - t_{\text{AT'r}} \tag{7-6}$$

如果在两个信道上接收到来自同一节点的两个正确帧（正常情况），则应计算两个时间差（Δ_{dif}）值的平均值并将其用作测量值。如果仅接收到来自节点的一个正确帧，则应使用该值。

该测量应对接收帧进行，接收帧由主时钟集的节点发送。具有主时钟（主节点）的节点是群集中的节点，其时钟被认为足够精确以用于时钟校正。主节点发送的帧应在配置数据中定义。

7.4.3 校正时差的计算

在每个时隙中，每个 TTP 控制器应测量在 microticks 中帧到达的预期和实际时间之间的时间差 Δ_{dif}，以计算其自身全局时钟的校正项。

全局时钟动作的重新同步应在全局已知的时间点执行，同时在每个重新同步间隔的所有节点上执行。执行时钟校正的时间点（圆形时隙）应在配置数据中定义。时钟校正应在 TDMA 回合中至少执行一次。时钟同步应该完成的最小重新同步间隔受到以下事实的限制：在集群中必须存在至少 4 个具有主节点的时隙用于容错时钟同步。

容错平均（FTA）算法用于计算时钟状态校正项（CSCT）。CSCT 应根据最后 4 次测量计算（所有旧测量应忽略），以 CSCT 为单位给出 CSCT 通过执行以下两个步骤来执行本地 microticks，如图 7-25 所示。

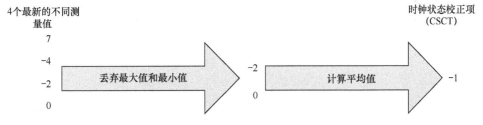

图 7-25　时钟状态校正的计算方法

应丢弃 4 次测量的最小和最大测量值。

其余两个测量的平均值是用于本地时钟同步的 CSCT。

错误检测：检测节点的本地时钟是否与全局时间同步，应通过检查 CSCT 是否超出精度间隔的边界来完成。在这种情况下，TTP 控制器应向主机报告同步错误的发生并应停止操作。

如果没有接收到正确的帧或者相应的发送器不是主时钟节点，则时钟状态校正所采用的值应保持不变。在启动时，TTP 控制器应将用于时钟同步的值初始化

为零，以防止由于未初始化的时间差值而导致任何方向的漂移。

7.4.4 校正本地时钟

TTP 系统中的时钟同步应在精确间隔 Π 内的每个节点上保持时钟漂移。在每个重新同步间隔的每个重复计算校正项之后，TTP 控制器应通过改变（校正）宏标记的持续时间 CSCT 的值来将其局部宏标记调整为"平均时钟"。TTP 控制器中的 macrotick 校正策略应允许：

逐个缩短/延长每个大转口一个微针，直到完整的 CSCT 耗尽（有或没有自由运行的 macrotick 在校正的 macrotick 之间，可以在配置数据中定义）

一次性减少/扩展 macrotick，意味着 CSCT 在一个 macrotick 中消耗。

CSCT 耗尽后，时钟应自由运行，直到配置数据中标记的下一个同步时刻，如图 7-26 所示。同步应在重新同步间隔内完成。

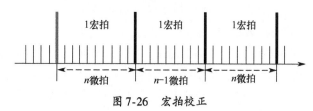

图 7-26 宏拍校正

7.5 TTP/C 总线数据传输

7.5.1 启动

TTP 控制器从非同步模式更改为同步模式的过程称为启动。根据 TTP 控制器启动时集群通信是否正在进行，TTP 控制器应"集成"（参见 7.5.1.1 节），或者它应启动称为"冷启动"的集群启动（参见 7.5.1.2 节）。

7.5.1.1 集成

集成是节点执行的过程，以便在正在运行的集群通信中实现同步。因此，节点应从接收到的 TTP 帧采用 C-状态，以初始化其自身的本地 C-状态，以实现同步。

集成过程完成时的决定，以及当节点可以获取时隙时，即允许在其发送时隙中开始发送时的决定如图 7-27 所示，并且取决于以下条件。

节点的发送槽标记在配置数据中。

主机生命体征已正确更新（如 7.5.5 节所述）。

对于冷启动帧的集成，如果它是 C-状态变为有效后的第一个发送时隙，则所谓的"free-shot"节点也应允许发送具有无效主机生命体征的帧。

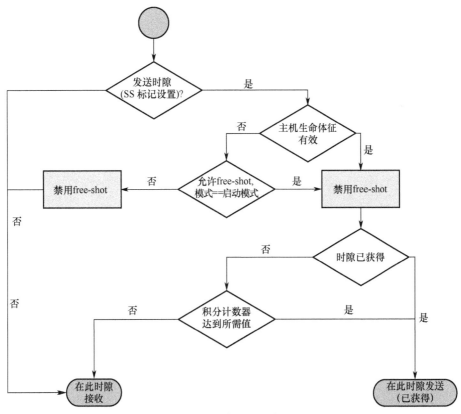

图 7-27 节点时隙获取

对于非冷启动帧的集成,如果满足集成计数器条件,则意味着在收到最小数量的正确帧时完成集成。该值应在配置数据中定义。

7.5.1.2 冷启动

当节点将其自身视为群集通信中的第一个参与者时,例如在系统通电之后,节点应冷启动。这意味着,如果 TTP 控制器在监听超时期间没有接收到具有显式 C-状态的 TTP 帧(参见"1)超时"部分),则它应通过发送冷启动帧来启动集群通信,前提是满足以下条件:

(1) 主机已更新其生命体征(如 7.5.5 节所述);
(2) 允许 TTP 控制器根据配置数据启动冷启动;
(3) 尚未达到配置数据中定义的允许冷启动的最大数量。

虚拟成员节点(如 7.5.2 节所述)和配置为传输具有隐式 C-状态帧的节点(如 7.3.3.1 节所述),不允许启动集群启动或集成在冷启动帧上。是否允许节点集成在冷启动帧上应在配置数据中定义。

超时和大爆炸是在发生异步总线访问的集群启动阶段系统地用于克服总线冲突的机制。当群集中的至少两个节点已建立基于 TDMA 的同步通信时,群集启动阶段结束。

1）超时

在集群启动期间，节点以异步方式访问总线。应采用群集范围的定相超时策略来防止重复冲突。

（1）启动超时。这种独特的超时原则应保证每次（大约）同时发送冷启动帧的 TTP 控制器在下次发送冷启动帧时不会发生冲突。因此，节点 i 启动超时的值 $\Delta_{startup\_timeout_i}$ 对于具有执行冷启动许可的每个节点应该是唯一的，其在配置数据中定义。应选择启动超时 $\Delta_{startup\_timeout_i}$ 的值，以便任何节点的冷启动帧都可以在 TMDA 轮转期间无碰撞地传输。$\Delta_{startup\_timeout_i}$ 的典型计算如下式所示。节点索引 i 以零值开始：

$$\Delta_{startup\_timeout_i} = \sum_{j=0}^{i} \Delta_{slot\_duration_j} \tag{7-7}$$

（2）监听超时。启动后，TTP 控制器应检查总线上是否正在进行 TTP 通信。因此，TTP 控制器应检查监听超时的持续时间 $\Delta_{slisten\_timeout}$ 是否具有显式 C-状态的 TTP 帧被接收集成。$\Delta_{slisten\_timeout}$ 的典型计算如下式所示，即

$$\Delta_{listen\_timeout} = 2 \cdot \Delta_{startup\_timeout_i} \tag{7-8}$$

$\Delta_{listen\_timeout}$ 的这种选择确保节点的两次冷启动之间的最长持续时间（启动超时+第一个集群模式中的一个循环的第一个 TDM 的持续时间）比最短的 $\Delta_{listen\_timeout}$。该值应在配置数据中定义。

（3）冷启动超时。下式中定义的冷启动超时 $\Delta_{coldstart\_timeout}$，是指由冷启动节点发送的两个连续冷启动帧之间的时间。冷启动 TTP 控制器由于大爆炸机制或由于如图 7-28 所示的 TTP 帧冲突而发送重复的冷启动帧，即

$$\Delta_{coldstart\_timeout} = \Delta_{round} + \Delta_{startup\_timeout_i} \tag{7-9}$$

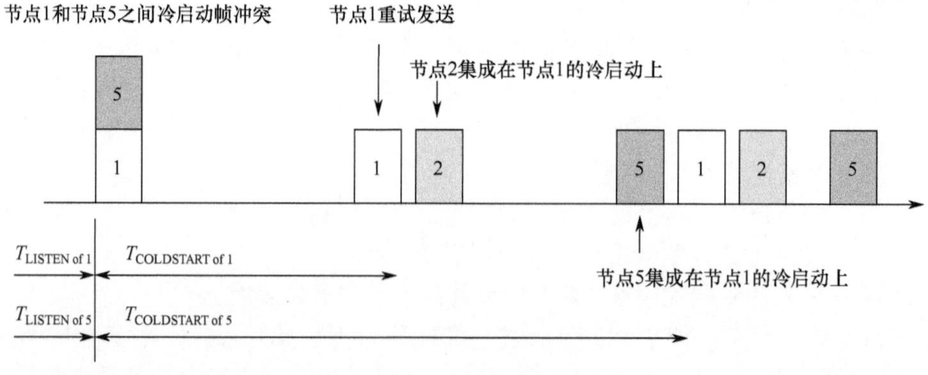

图 7-28 冷启动情景

2）大爆炸

称为大爆炸的机制应确保在两个冷启动节点之间发生碰撞的情况下，没有节

点集成在任何碰撞的帧上。如果所有节点一致地检测到碰撞,则不需要大爆炸机制,但是在长传播延迟 $\Delta_{prop} > \Delta_{coldstart\ frame\ duration}$ 的情况下节点子集可以集成在不同的冷启动器上。这导致了启动集团的建立。

为防止此类启动集团,TTP 控制器应拒绝第一个接收到的正确冷启动帧,并应重新启动 $\Delta_{listen\_timeout}$。因此,冷启动节点将不会在一轮 TDMA 期间检测到流量,而应在识别出通信中断错误后(如 7.5.6.2 节所定义)启动超时。由于"1)超时"部分中定义的启动超时值的唯一定义,不会出现进一步不一致的冷启动帧冲突。

图 7-29 显示了一个集群场景,图 7-30 显示了一个启动场景,其中节点 A 和 E 作为冷启动器。没有大爆炸,只有节点 C 检测到碰撞。节点 B 和 D 将集成在其附近的节点的帧上(节点 A 和节点 D)。

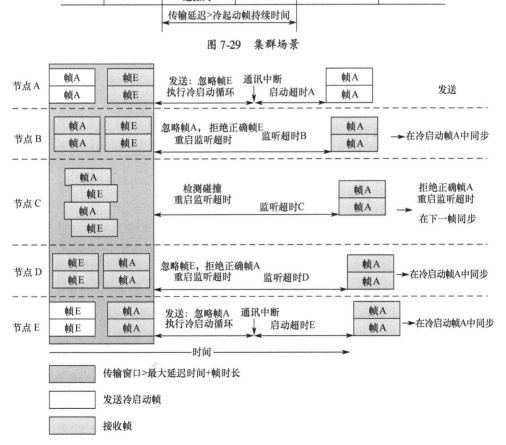

图 7-29 集群场景

图 7-30 启动碰撞 – 检测

使用如图 7-30 所示的大爆炸，除了 C 之外的所有节点都集成在 A 上，因为节点 A 的启动超时比 E 短。节点 C 拒绝第二个冷启动帧作为其大爆炸，但是将集成一个帧上同步节点的数量，例如，在 A 之后发送的节点 B。

7.5.2　成员资格

节点成员资格服务应确保所有主动发送节点在一个 TDMA 轮转的延迟内通信，并调整其关于每个节点的操作状态的本地视图（多路复用节点除外）如下所述。因此，TTP 控制器应根据 7.3.2.2 节中的格式定义帧级保持隶属度矢量。TTP 控制器应根据以下标准连续跟踪约定或失败的槽状态的结果，维护每个帧接收和传输的时隙状态：

(1) TTP 控制器应将"正确"的槽状态表决为约定的槽；
(2) TTP 控制器应将"错误"或"无效"槽状态表决为失败；
(3) TTP 控制器不应考虑统计的"空帧"的槽状态。

7.5.2.1　会员资格矢量

成员节点是允许在其专用时隙中传输数据的节点。每个成员节点的成员资格状态记录在成员资格矢量中。成员资格矢量应是标识的矢量，其中一个成员资格标识被分配给每个成员节点。每个节点的标识位置应在配置数据中定义。这意味着静默节点（未分配给时隙的节点）不应在成员资格矢量中表示。

TTP 控制器应根据其对槽状态的判断对其他节点的运行状态进行表决（参见 7.3.4.8 节）。当槽状态判断为"正确"以外的值时，TTP 控制器应重置其本地 C-状态的成员资格标识，这意味着，当前轮次时隙中的发送方应被视为不可操作。根据表决结果，TTP 控制器应更新槽状态统计信息，该判断应在 PRP 中进行，此时间点也称为成员资格点。关于节点成员资格状态的决定在下一个成员资格点之前保持不变。

发送节点在成员资格识别点做出关于其自身成员资格状态的最终决定。成员识别点出现的实际时间点取决于节点的槽位置和 7.5.3 节中描述的确认算法的结果。

7.5.2.2　多路复用槽

多个节点可以共享单个节点时隙以提高带宽利用率。共享节点槽的节点集称为虚拟成员节点。这些节点中的每一个都应静态分配给特定的 TDMA 轮次，因此，节点发送帧的时间点没有冲突。

一组虚拟成员节点中的每个节点应具有其自己的成员标识，如同真实成员节点一样。从成员的角度来看，虚拟成员节点是真正的成员节点。成员资格标识仅反映此特定节点的活动状态。但是，由于发送周期减少，该标识的更新频率低于实际成员节点的成员资格标识。

图 7-31 显示了由 4 个 TDMA 轮次组成的簇周期的示例。最后一个时隙由虚拟成员节点 3、4 和 5 共享，节点 3 在 TDMA 的第 0 轮次和第 2 轮次中发送，节点 4 在第 1 轮次中发送，节点 5 在第 3 轮次中发送。节点 3 具有一半的传输频率。真实成员节点在每个 TDMA 轮次中具有发送时隙。节点 4 和节点 5 具有真实成员节点的传输频率的 1/4，因为它们在集群周期中仅发送一次，而节点 0 发送 4 次。

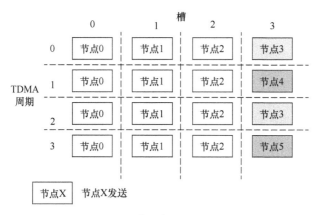

图 7-31　多路复用时隙分配

在不同的群集模式中，虚拟成员节点在 TDMA 轮次中的分配可能会发生变化。

7.5.3　确认

确认服务是处理发送方帧传输正确性的信息收集过程。TTP 确认服务应根据 7.5.2 节中描述的成员服务隐式执行。发送方应通过检查接收帧的 C-状态隶属矢量是否符合确认算法定义的场景，从最多两个有效接收的后继帧中提取确认。根据给定的情况，TTP 控制器应更新时隙统计信息（如 7.5.2 节所述）以及有关连续发生确认错误的统计信息。

7.5.3.1　确认算法

后继关系是动态的，取决于 TDMA 轮次中的当前发送方位置和接收帧的时隙状态。发送方的第一个或第二个后继节点应确定发送方是否已成功发送至少一个正确的帧，如图 7-32 所示的示例。根据后继者报告的成员向量，关于确认的状态应为使用具有如下所述的两种状态的确认算法来评估。

7.5.3.2　确认算法——状态 1

当节点 A 在其 PSP 中判断自身完全可操作时，节点 A 根据图 7-33 所示在其发送时隙中发送帧，并在成员资格向量中设置其成员资格标识（标识为 MEMB(A)）。

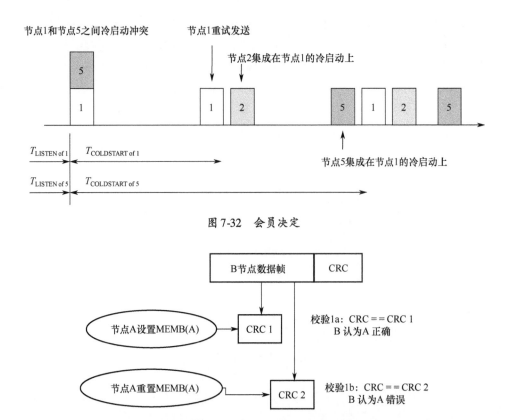

图 7-32 会员决定

图 7-33 确认算法——第一个 SUCCESSORSCENARIO

如果节点 A 的第一个后继节点 B 已从节点 A 接收到至少一个正确的帧，则节点 B 应将 MEMB（A）设置为本地 C-状态，以便进行即将到来的帧传输。

节点 A 如果从节点 B 收到至少一个有效帧，则只考虑来自 B 的传输确认。如果不满足该条件，则 A 应在其本地成员资格矢量中重置 MEMB（B），并且应使用下一个发送者节点 C 作为第一个接班人。

在该确认算法状态中，节点 A 应执行两次 CRC：校验 1a 和校验 1b。基于节点 B 的帧和基于两个不同成员矢量场景，如图 7-33 所示。如果两个 CRC 中有一个匹配，则节点 A 知道节点 B 关于 A 的意见。

校验 1a：节点 A 应设置 MEMB（A），并将 MEMB（B）设置为其本地 C-状态。然后，对来自节点 B 及其本地 C-状态的接收帧执行 CRC。

校验 1b：节点 A 应重置 MEMB（A）并将 MEMB（B）设置为其本地 C-状态。然后，对来自 B 及其本地 C-状态的接收帧执行 CRC。

如果校验 1a 通过，则节点 A 假定传输正确并保留在成员资格中。节点 A 应根据正确的帧接收更新时隙状态统计数据，并重置确认失败统计数据。这种情况下，关于 TDMA 轮次中的节点 A 的成员资格被最终确定。

如果校验1b通过，则至少发生一次故障，这意味着，节点 A 的传输有故障或损坏，或者 B 发生了一些错误。因此，应使用节点 A 的第二个后继者的意见来检索确认。会员资格位和统计数据的更新应如 7.5.3.3 节中的确认算法状态 2 所述继续。

如果两个校验（校验1a和校验1b）都失败，则应假设瞬态干扰已损坏节点 B 的帧或节点 B 根本不可操作。如果在这种情况下，在两个信道上都观察到传输活动，则认为节点 B 已经发送并且失败，并且节点 A 应该从成员资格中删除节点 B，更新关于错误的感知时隙状态的时隙统计，并且继续寻找第一个后继者。

如果仅在一个信道上观察到无效的传输活动，而在另一个信道上观察到静默，则假定为瞬态噪声。这种观察不应更新帧统计。节点 B 失去其成员资格，节点 A 将继续寻找第一个后继者。

例如，如果节点 A 在其帧中发送模式改变请求，则校验1b 也将失败，因为节点 B 没有用模式改变信息（DMC 字段或模式号）更新其 C-状态。因此，A 和 B 的 C-状态的区别不仅仅是 A 的隶属标志。

7.5.3.3 确认算法——状态 2

校验1a 可能失败并且校验1b 通过。由节点 B 发送的数据此时应被视为"可疑"，因为不知道节点 A 或节点 B 是否正确。因此，节点 A 应在帧状态字段中将来自节点 B 的帧数据标记为"暂定"（参见 7.3.4 节），并且不得更改节点 B 的成员标志。最终的决策是在第二个后继者接收下一帧之后做出的，即节点 B 的第一个后继者，节点 C。

基于来自节点 C 的帧，原始发送方节点 A 应对从第二个后继接收的有效帧执行两次 CRC，如图 7-34 所示。

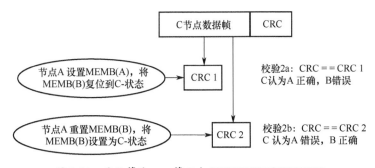

图 7-34 确认算法——第二个 SUCCESSORSCENARIO

校验2a：节点 A 应设置 MEMB（A）并将 MEMB（B）复位到其本地 C-状态。然后，对来自节点 C 及其本地 C-状态的接收帧执行 CRC。

校验2b：节点 A 应重置 MEMB（A）并将 MEMB（B）设置为其本地 C-状态。然后，对来自 C 及其本地 C-状态的接收帧执行 CRC。

如果校验 2a 的 CRC 是 OK，则节点 A 假定其原始传输是正确的并且后继节点 B 是错误的。

如果校验 2b 的 CRC 是 OK，则节点 A 假定其原始传输是错误的并且后继节点 B 是正确的。

根据校验 2a 或校验 2b 是否成功，节点 A 应根据适用的场景将成员资格位设置为其本地 C 状态。此外，A 应更新时隙状态统计数据，并在校验 2b 适用的情况下更新确认错误统计数据，或者在校验 2a 时重置它。如果连续确认错误的数量达到最大确认失败计数值（应在配置数据中定义），TTP 控制器在主机接口中报告确认错误并停止操作。该决定是 TDMA 轮次的最终决定。

如果校验 2a 和校验 2b 都没有成功，或者节点 A 在节点 C 的时隙中接收到空帧，则应重置 MEMB（C），由于 C 的帧传输不正确，故障时隙统计应更新，下一个节点将成为第二个节点后继。

7.5.3.4 支票顺序

如果校验 1a 在至少一个通道上成功获得帧，则不应考虑校验 1b 的结果。同理，如果校验 2a 在至少一个信道上成功获得帧，则校验 2b 的结果不应被 TTP 控制器理会。发送者成员身份的最终决定的时间点称为成员身份识别点。

表 7-3 总结了成员资格矢量和槽状态统计信息的上下文不同方案。

表 7-3 确认算法——摘要

CRC				活动				解释	最终决策
1a	1b	2a	2b	MEM(A)	MEN(B)	MEM(C)	被允许的槽	失败的槽	
T				T	T		+1	0	被确认的	第一个后继
F	F			T	F		0	+1	做下一个后继校验 1	帧损坏
F	T	T		T	F	T	+1	+1	第一个后继失败	第二个后继
F	T	F	T	T	F	T	+1	+1	获取槽丢失	失败	第二个后继
F	T	F	F	T	F	F	0	+1	做下两个后继校验 2	帧损坏

7.5.4 集团侦查

集团（Clique）被定义为多个节点，这些节点就每个帧传输连续传送的相同 C-状态达成一致。但是由于错误条件或不一致，一组节点可能认为集群中的其他节点不正确地发送和错误。因此，潜在的不同派系可以在同一集群中共存。TTP 控制器应通过解释时隙状态统计数据并按照 7.5.4.1 节和 7.5.4.2 节定义的集团检测算法进行操作，克服在一轮 TDMA 轮次内形成集团问题。该分析应在专用槽的 PSP 中完成，该槽在配置数据中定义。

7.5.4.1 集团错误

每个 TTP 控制器应通过检查它是否已经感知到比故障时隙更多的协议时隙，在 TDMA 轮次中评估它是否在多数集团中。如果未满足此条件，意味着节点检测到它与大多数节点不一致，则 TTP 控制器应向主机报告 Clique 错误并应停止操作。

7.5.4.2 通信系统中断

TTP 控制器应检查在最后一轮 TDMA 期间是否已收到至少一帧。如果不是，则检查应指示在最后一轮 TDMA 轮次中没有观察到正确的传输活动，除了可能是节点自己的。TTP 控制器应向主机报告通信中断错误并停止操作。

7.5.5 主机/控制器生命体征

主机和 TTP 控制器应通过主机接口定期更新生命体征信息，以相互通知其活动。根据 TTP 控制器生命体征的值，主机应计算主机生命体征的值。

TTP 控制器应验证其发送节点槽的 PSP 中主机生命体的正确性。因此，TTP 控制器应该期望主机生命体征的更新发生在节点的发送时隙的传输阶段和节点的下一个发送时隙之前的 PSP 的开始之间。通常，此生命体征更新在 TDMA 轮次中发生一次。对于多路复用节点，生命体征根据其发送周期发生的次数较少，如 7.5.2.2 节所述。

如果主机生命体征与预期值不匹配，TTP 控制器应停止帧传输，直到主机恢复正确的生命体征更新。这意味着，TTP 控制器应保持同步并接收帧，在主机生命体征正确更新之前不得发送。更新的主机生命标志也作为预先条件，TTP 控制器通过发送冷启动帧来启动集群。

每次通过 TTP 控制器检查主机生命标志后，TTP 控制器：
应向主机提供 TTP 控制器生命体征字段的更新，以通知其活动。
应在处理后重置主机接口中的主机生命体征字段。

7.5.6 集群模式

许多实时系统表现出相互排斥的操作和控制阶段。例如，飞机可以进行地面上的维护模式或飞行模式。这些互斥阶段中的每一个都可以称为操作模式。关于协议执行，可以将每个操作模式分配给集群模式。集群模式可以在帧构造相关的不同配置数据集（传输调度参数）。TTP 控制器应支持不同的集群模式，并应管理从一种集群模式到另一种集群模式的变化（集群模式变更）。主机应请求群集模式更改（这是所谓的群集模式更改请求）。主机的集群模式改变请求由 TTP 控制器在其发送时隙（在 7.3.3 节中描述的帧头的模式改变请求字段中）分发给集群的其他节点。接收集群模式改变请求的 TTP 控制器应根据配置数据中的模式改变许可来检查是否允许模式改变请求。如果允许，TTP 控制器应在其本地 C-状态（DMC 字段）中接管该请求。TTP 控制器不应立即执行集群模式更改，而应在新集群周期开始时执行。因此，更改称为延迟模式更改。待处理的集群模式由 DMC 字段中的所有节点传送，直到它在当前集群周期结束时变为永久性。如果在执行第一个模式之前请求另一个有效的集群模式，则新请求将覆盖旧的请求。以下规则适用于所有已定义的群集模式：所有群集模式都应基于相同的节点时隙序列。

TTP 集群中的所有同步节点应在相同模式下同时运行。集群模式改变的过程可以分为以下 3 个不同的阶段。

7.5.6.1 分配阶段

TTP 控制器应检查其发送时隙的 PSP 是否主机请求模式已改变（通过主机接口）。TTP 控制器应在主机接口中读取并清除请求（设置为"无请求"）。特定模式改变的允许/接受应在配置数据中专门为每个圆形时隙和节点定义。TTP 控制器应检查主机的请求是否有效。如果请求有效，则 TTP 控制器应将要发送的帧的帧头中的模式改变请求字段设置为所请求的延迟后继模式的值。如果未请求模式更改，则模式更改请求字段应设置为"清除未决请求"的值。TTP 控制器应在主机接口中报告模式违规错误并停止帧传输。

7.5.6.2 验收阶段

TTP 控制器应检查 PRP，帧的发送方是否请求模式改变。然后，TTP 控制器将根据配置数据中的定义检查是否允许在帧头中发送的模式改变请求。如果是，则 TTP 控制器应将本地 C-状态的 DMC 字段的值设置为所请求的模式改变的值（参见 7.3.3.2 节）。该值应由 DMC 字段中的所有活动 TTP 控制器分配，直到达到模式更改"执行阶段"（见下文）。具有无效或不允许的模式改变请求的帧的接收应当在帧状态的上下文中被报告为主机的模式改变违规错误。

TTP 控制器应根据在信道 0 上正确接收的帧来评估集群模式改变请求；否则，TTP 控制器将根据在信道 1 上接收的帧处理模式改变请求。

7.5.6.3 执行阶段

在每个集群周期的第一个时隙中，TTP 控制器应将 C-状态的集群模式字段设置为 C-状态的 DMC 字段请求的模式，然后将 DMC 字段设置为"无请求"。最后，TTP 控制器将根据配置数据中新的集群模式特定的传输调度参数继续操作。

7.6 TTP/C 总线状态

7.6.1 总线状态定义

（1）冻结状态（Freeze State）。这是 TTP 控制器上电时的初始状态。在任何协议错误（如同步错误）的情况下，协议将转换到该状态。暂停执行协议，直到主机打开 TTP 控制器。

（2）初始化状态（Init State）。在此状态下，TTP 控制器应初始化所有状态字段并准备协议操作。

（3）监听状态（Listen State）。在监听状态下，TTP 控制器应尝试在接收帧上集成同步信息（I 帧、X 帧或冷启动帧）。

（4）冷启动状态（Cold Start State）。在这种状态下，TTP 控制器应通过周期性地发送冷启动帧来促进其他 TTP 控制器的集成，直到它收到另一个 TTP 控制器的响应。

（5）活动状态（Active State）。在此状态下，TTP 控制器与 TTP 网络同步，并根据配置数据定义发送和接收帧。

（6）被动状态（Passive State）。在此状态下，TTP 控制器与 TTP 网络同步，但不应传输任何数据。它应接收配置数据定义的帧。

协议状态、属性如表 7-4 所列。

表 7-4 协议状态属性

协议状态	对主机活动的影响	TTP 控制器 On (CO) 标识	发送帧	与 TTP 网络同步
冻结状态	没有	Off	没有	没有
初始化状态	没有	On	没有	没有
监听状态	没有	On	没有	没有
冷启动状态	主机处于活动状态	On	有，仅在配置冷启动帧时	有，TTP 控制器接收到一个正确的帧（在此状态下启动同步）
活动状态	主机处于活动状态	On	X 帧，N 帧或 I 帧（根据配置）	有
被动状态	主机处于非活动状态，或者主机处于活动状态，但 TTP 控制器配置为被动节点	On	没有	有

7.6.2 总线状态转换

协议执行的过程可以由状态机描述。图 7-35 描绘了可能的状态和状态转换。以灰色背景绘制的状态表示 TTP 控制器与群集的其余部分同步的状态。用虚线背景绘制的状态表示 TTP 控制在两个通道上发送帧的状态。这些状态之间的转换是由表 7-5 中列出的事件引起的。

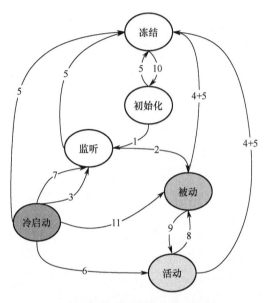

图 7-35 控制器的协议状态转换

表 7-5 TTP 控制器的协议状态转换

序号	起始状态	目标状态	条件
1	初始化	监听	初始化完成
2	监听	被动	收到包含显式 C-状态（I 帧或 X 帧）的正确帧
3	监听	冷启动	监听超时已到期，配置允许冷启动，并更新主机活动标识
4	活动，被动	冻结	Clique 错误，通信中断，同步错误，确认错误，配置数据 CRC 失败
5	监听，冷启动，活动，被动，初始化	冻结	TTP 控制器关闭，初始化错误
6	冷启动	活动	多数集团中的 TTP 控制器（在集团检测之后），至少接收到一个正确的帧（最少 2 个 TTP 控制器存活），主机活动标识更新

续表

序号	起始状态	目标状态	条件
7	冷启动	监听	少数民族集团中的 TTP 控制器，主机生命标志未更新，最大在启动超时期间超出冷启动条目或检测到流量
8	活动	被动	主机活动标识未更新（主机未处于活动状态），模式违规错误，确认失败
9	被动	活动	获取节点槽，主机活动更新正常
10	冻结	初始化	ControllerOn 字段集，状态字段重置和 TTP 控制器 ID 已更新
11	冷启动	被动	大多数集团的 TTP 控制器，但主机活动标识未更新或模式违规错误

7.6.3 总线变量

本节介绍了协议变量，它们代表了操作期间 7.4 节和 7.5 节中定义的协议服务的状态。

冷启动计数器应计算 TTP 控制器执行的冷启动尝试次数。

积分计数器应在非冷启动帧上积分后计算正确的插槽。这用于在允许节点获取插槽并变为同步之前定义正确的插槽数。

大爆炸标志应指示一个识别的大爆炸帧。在初始化之后，忽略第一个接收到的正确冷启动帧，并重新启动监听超时（参见 7.5.1.2.2 节）。

自由射击标志应指示 TTP 控制器的自由射击（如 7.5.1.1 节所述）。

同意的时隙计数器应计算在 TDMA 轮期间接收的正确时隙。TTP 控制器应计算自己的发送时隙，因为它也被认为是正确的。

失败的时隙计数器应计算在 TDMA 回合期间收到的失败时隙。插槽失败意味着接收方要么不同意 C-状态的发送方，要么接收无效。

确认失败计数器应计算由于 7.5.2 节中描述的否定确认而导致的成员连续损失。在 TTP 控制器被肯定确认后，计数器复位。

ClockSync FIFO 应保留一个 FIFO 队列，其中包含 4 个条目，用于存储时间差测量值，用于同步原因，如 7.4.2 节所述。在这种情况下，FIFO 意味着最后插入的值将推出最旧的值。

注意：处理和呈现存储在这些变量中的协议状态信息是可选的，取决于 TTP 控制器的实现。

7.6.4 冻结状态

进入冻结状态后，TTP 控制器应暂停协议执行，这意味着它已关闭。只允许主机重新打开TTP控制器。TTP控制器应能由主机关闭或由协议处理器自动关闭（根据表7-5中定义的状态变化）。当主机关闭TTP控制器时，TTP控制器应从任何协议状态转换到冻结状态。打开或关闭TTP控制器应通过"TTP Controller On"字段进行处理。

假设操作TTP控制器的所有必要数据（如配置数据）在接通之前可用于TTP控制器。上电或复位后，TTP控制器应处于冻结状态，直到主机接通为止。当TTP控制器处于冻结状态时，主机应能够读取主机接口的内容，以便确定TTP控制器报告的先前错误的原因（例如在其变为冻结状态之前）。主机应该能够在关闭时写入主机接口。此属性用于打开TTP控制器和设置配置数据。如果主机在TTP控制器处于冻结状态时打开TTP控制器，则TTP控制器应重置"状态区域"，TTP控制器可以使用TTP控制器特定的标识信息（如控制器版本和协议版本）更新状态区域。完成初始化和认证步骤后，TTP控制器将进入初始状态。

TTP控制器可以在接通之前提供设置到可选状态的转换的能力。TTP控制器可以提供可选的异步服务（如下载、系统自测等），而不是执行TTP协议。这些附加状态不应干扰同步TTP网络操作。

7.6.5 初始状态

TTP控制器应检查可用性，并确保所使用的配置数据集的完整性（例如通过执行CRC）。在配置数据集中检测到错误被视为"初始化错误"，此外，此错误的发生将导致TTP控制器转换到冻结状态。TTP控制器确保配置一组特定于集群的配置数据。TTP控制器应通过"0"初始化冷启动计数器。成功完成所有初始化任务后，TTP控制器应向主机报告初始化完成，并转入监听状态。

7.6.6 监听状态

在侦听状态下，TTP控制器应验证总线上是否正在进行通信。如果TTP控制器感知到通信，它将通过采用C-状态集成在接收帧上。

因此，TTP控制器应等待 Δ_{listen} 的持续时间以接收具有显式C-状态的正确帧（即X-帧或I-帧）或冷启动帧，统称为"合适的帧"。如果接收到两个这样的帧（每个信道一个），则TTP控制器应检查两个帧是否携带相同的C-状态。如果两个帧中的C-状态不同，则TTP控制器应拒绝这两个帧并重新进入侦听状态。

当接收到合适的帧时，TTP控制器应根据接收的帧是冷启动帧还是具有显式C-状态的非冷启动帧，从而通过不同的操作以实现集成。

如果TTP控制器没有收到冷启动帧，而是收到具有显式C-状态的帧时，应执行以下操作：

TTP控制器应将其本地C-状态的成员资格矢量和DMC字段的值设置为接收帧的相应值。

第7章 TTP/C 数据总线

独立于帧类型，TTP 控制器应继续执行以下操作。

如果由圆形槽位置和簇模式字段表示的簇定位数据不参考指定的圆形槽专用配置数据集，则应忽略该帧。应根据下一个合适的框架尝试集成。

TTP 控制器应将其本地 C-状态的全局时间、延迟的挂起模式更改（DMC）和圆形槽位置字段设置为接收帧的相应值。在冷启动帧的情况下，TTP 控制器应验证 DMC 的值是否设置为"无请求"。

根据检索到的集群定位数据，TTP 控制器应确保使用圆形槽特定配置数据集（在表 B3 中定义）进行初始化。TTP 控制器应确保所使用的配置数据集的完整性（例如通过执行 CRC）。在配置数据集中检测到的错误应被视为初始化错误，并应强制 TTP 控制器转换到冻结状态，即

$$\Delta_{\mathrm{GTr}} = t_{C\text{-state}_s} + \Delta_{\mathrm{corrs},r} + \varepsilon + \Delta_t \tag{7-10}$$

式中：$t_{C\text{-state}_s}$ 为 C-状态的全局时间字段值；$\Delta_{\mathrm{corrs},r}$ 为 ε；Δ_t 为从帧开始检测到同步完善的时间点的间隔。

TTP 控制器应等到传输阶段结束（End of Slot）被接收到。

如果在接收帧的标题中携带了模式改变请求，则 TTP 控制器应检查是否允许模式改变。如果不允许该请求，TTP 控制器应忽略该帧并继续等待合适的帧。

TTP 控制器应检查其是否在另一个通道上收到了合适的帧。然后，TTP 控制器应检查两个帧是否携带相同的 C-状态。如果此检查失败，则 TTP 控制器应忽略两个帧，并尝试集成在下一个接收到的合适帧上。

TTP 控制器应将 clockSyncFIFO 的内容重置为"无偏差"。

当允许集成在冷启动帧上时，TTP 控制器应执行以下操作。

TTP 控制器应在分配给冷启动帧的发送方的成员资格向量中设置成员资格标识，并重置 C-状态中的其他位。成员资格标识的位置应从配置数据和"C-state'srounds lot number"中获取。

积分计数器应设置为阈值，这意味着，获取时隙不再需要更多正确的接收槽。

如果它是第一个收到冷启动帧，TTP 控制器应忽略它，应在其"大爆炸标识"中标记该事件，并应重新进入监听状态。

TTP 控制器应向主机报告完整 C-状态的可用性。

TTP 控制器在非冷启动帧上同步时，应执行以下操作：

集成计数器应设置为 1，这意味着，在获取槽之前需要更多正确的帧接收（当 TTP 控制器处于被动状态时）。

当 TTP 控制器在冷启动或非冷启动帧上同步时，应执行以下操作。

商定的时隙计数器应设置为 2，故障时隙计数器应设置为零（此设置允许集成节点在采用 C-状态后立即发送）。

TTP 控制器应使主机生命体征无效（重置）。

TTP 控制器应将用于实现同步的帧的帧状态设置为帧状态"正确帧"。

TTP 控制器应进入被动状态，并应在 PRP 的相应入口点开始计划同步操作。

如果 Δ_{listen} 已经过去并且没有收到合适的帧，则 TTP 控制器应重新进入侦听状态或它应该满足以下条件时转换到冷启动状态。

允许 TTP 控制器启动冷启动。

对于允许的冷启动尝试，冷启动计数器的当前值低于最大数量。

保持相应的主机生命体征。

7.6.7 冷启动状态

在冷启动状态下，TTP 控制器应在集群复位或上电后启动同步。

操作顺序如图 7-36 所示。

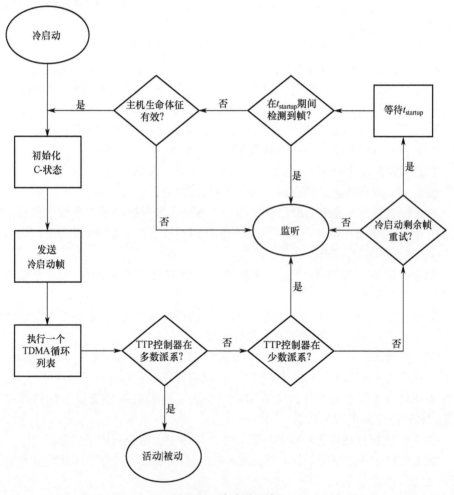

图 7-36　冷启动状态

TTP 控制器应按以下方式初始化其本地 C-状态。

将主机接口中的全局时基和 C-状态的全局时间设置为初始宏标记值，该值应由 TimeStartup 字段指定。

将 C-state's Round Slot Position 字段设置为第一轮 TDMA 中的发送槽位置。

将 C-state's Deferred Pending Mode Change（DMC）字段设置为"无请求"。

将 C-state's Cluster Mode 字段设置为"启动模式"。

清除所有成员资格标志，并在 C-状态的成员资格向量字段中设置节点自己的标志。

此外，TTP 控制器应通过执行 CRC 确保所使用的配置数据集的完整性。在配置数据集中检测到的错误应被视为初始化错误，并应报告给主机，强制 TTP 控制器转换到冻结状态。

由于 TTP 控制器在监听状态下未检测到合适的 TTP 通信，因此，TTP 控制器应在每个信道上同时发送具有上述定义的 C-状态的冷启动帧。TTP 控制器应：

每当发送冷启动帧时，递增冷启动计数器；

设置协议变量失败的槽计数器为零；

通过清除"free-shot flag"禁止 free-shot；

将积分计数器设置为阈值（意味着不需要更多正确的接收来获取插槽）；

将 clock Sync FIFO 设置为"无偏差"。

TTP 控制器应在 PRP 的相应入口点开始调度同步操作（见 7.6.8.3 节），并相应地执行 TDMA 方案。在经过一个 TDMA 后到达自己的发送时隙，TTP 控制器应执行 clique 检测算法并检查通信中断（如 7.5.4 节所述）。如果 TTP 控制器占多数，它应向主机报告有效的 C-状态信息，并应立即转换到活动状态或被动状态，具体取决于主机生命体征的状态和集群模式的正确请求。如果 TTP 控制器属于少数派，则它应转换为监听状态。在通信中断的情况下，如果自上次传输冷启动帧以来主机生命体征尚未更新，则允许 TTP 控制器在允许启动通信时重新进入冷启动状态；否则，TTP 控制器将进入侦听状态。TTP 控制器应在何时重新进入冷启动状态超时时间 $\Delta_{startup\_timeout}$ + 当前轮时隙的剩余持续时间已经过去。

7.6.8 主动和被动状态

一旦通信系统同步运行，TTP 控制器应处于活动或被动状态。

在被动状态下，TTP 控制器应接收来自其他节点的所有帧，应继续更新 TTP 控制器的主机接口，并等待它可以获得其发送时隙。在被动状态下，TTP 控制器不应发送任何帧；被动 TTP 控制器的隶属标志应重置。

在活动状态中，TTP 控制器应根据存储在配置数据中的 TDMA 特定轮转定义来发送和接收帧。

根据节点时隙内的不同时序部分细分同步操作序列，如图 7-12 和图 7-13 所示，即所谓的预发送阶段（PSP）、传输周期（TP）、接收后阶段（PRP）和空闲阶段（空闲）。

7.6.8.1 预发送阶段

图 7-37 描绘了在每个时隙中的预发送阶段中执行的操作序列。当 TTP 控制器处于活动或被动状态时，这由同步操作模式中的所有节点完成。图 7-37 中的灰色填充块仅在协议执行期间在被动状态下执行。

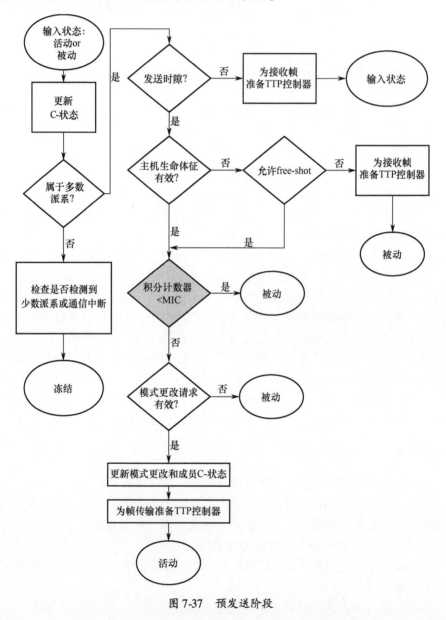

图 7-37 预发送阶段

TTP 控制器应通过递增轮转槽位置字段来更新其本地 C-状态。如果轮转槽位置的值超过了簇周期的大小，则轮转槽位置应再次设置为簇周期的开始。如果轮转槽位置指向群集周期中的第一轮时隙，则 TTP 控制器应检查 C-状态下的 DMC 字段，是否模式更改未确定。如果是，则 TTP 控制器应将 C-状态的集群模式字段设置为所请求的模式，应禁用 "free-shot"，并将 DMC 字段设置为 "无请求"。

基于圆形时隙位置和群集模式，TTP 控制器应确保根据其当前时隙位置使用圆形插槽特定的配置数据集进行初始化。TTP 控制器应通过执行 CRC 来确保所使用的配置数据集的完整性。在配置数据集中检测到的错误应被视为初始化错误，并应报告给主机并强制 TTP 控制器转换到冻结状态。

TTP 控制器应计算即将开始的传输阶段（动作时间）的值，并应更新其本地 C-状态的全局时间。

如果由当前轮时隙的配置数据已定义，则 TTP 控制器应执行 clique 检测。作为 7.5.4 节中描述的集团检测算法的结果，TTP 控制器可以在以下情况下感知自己并且应该相应地执行动作。

（1）多数派。TTP 控制器应保持当前 TTP 控制器状态（活动状态，被动状态），并应将约定的时隙计数器和故障时隙计数器设置为零。

（2）少数集团或通信中断。当 TTP 控制器处于活动状态或被动状态时，TTP 控制器应向主机接口报告集团错误）或通信中断，并且应转移到冻结状态。

如果作为发送，TTP 控制器应根据当前轮时隙配置数据进行检查，并执行以下操作。

TTP 控制器应执行 7.5.5 节所述的生命体征算法。

TTP 控制器应检查是否按 7.5.1.1 节所述启用了快照。

如果没有任何检查结果为真，则 TTP 控制器应：

通过（或留在）被动状态；

准备在下一个传输阶段接收。

当 TTP 控制器处于被动状态时，它应检查积分计数器（MIC）的当前值是否低于阈值；否则，它将转入或保持活动状态。

TTP 控制器应检查主机是否已请求集群模式更改，如果适用，TTP 控制器应检查是否允许此模式更改。如果不允许所请求的模式改变，则 TTP 控制器应报告 "模式违规错误"，并且应转换到被动状态。

如果请求的模式更改有效（或未请求模式更改），TTP 控制器应：

转入或停留在活动状态；

如果有请求，设置帧头中的模式更改请求字段；

在 C 状态的成员资格向量中设置自己的成员资格标识；

准备在下一个传输阶段开始时开始传输；

如果该时隙不被认为是当前轮时隙中的发送时隙，则 TTP 控制器应准备在下一个传输阶段开始时开始接收。

7.6.8.2 传输阶段

TTP 控制器应在延迟动作时间后开始接收或发送 TTP 帧。为此，TTP 控制器应计算动作时间的实际值（7.4.2 节）。此外，TTP 控制器应在传输阶段结束时停止接收或发送。TP 的动作时间和持续时间应在配置数据中定义。

7.6.8.3 接收后阶段

图 7-38 描绘了在每个时隙中在 PRP 中执行的操作序列。当 TTP 控制器处于活动或被动状态时，这由同步操作模式中的所有节点完成。

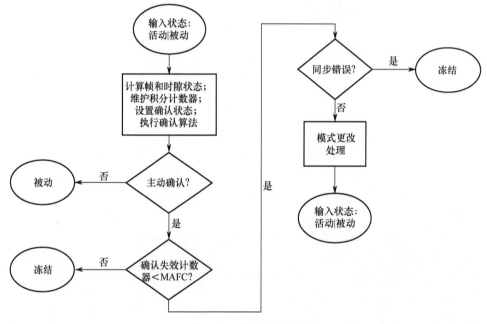

图 7-38 接收后阶段

TTP 控制器应计算两个信道的接收和发送帧的帧状态。应根据 7.3.4 节中描述的标准和发送的帧对接收的帧进行此操作。如果数据传输在传输阶段成功完成，TTP 控制器应将帧状态设置为"正确帧"。

时隙状态应从帧状态计算。在收到帧的情况下，TTP 控制器应更新设定的时隙计数器和失败的时隙计数器（如 7.3.4.8 节所述）。在发送帧的情况下，约定的时隙参数应设置为 1。积分计数器应在每个时隙中递增 1，其状态设置为"正确"，直到计数器达到配置数据中定义的阈值。积分计数器达到此阈值时，TTP 控制器应将此报告给主机。

根据插槽状态，TTP 控制器应分别检索成员资格和确认状态。

在接收时隙的情况下，确认算法应如 7.5.2 节所述更新其本地 C-状态的隶属矢量。发送节点应执行确认机制以检测后续节点是否成功接收到其帧传输。如果算法导致来自第一或第二后继的肯定确认，则确认失败计数器应设置为零。如果节点由于来自第二后继的否定确认而失去成员资格，则确认失败计数器应递增 1，并且 TTP 控制器将转换到被动状态。当确认失败计数器达到阈值时，TTP 控制器应在主机接口中报告此错误并转换到冻结状态。

TTP 控制器应根据第 7 章中描述的要求执行同步算法。在同步错误的情况下，TTP 控制器应将此报告给主机并转换到冻结状态。

TTP 控制器应如下评估模式改变请求。控制器应为模式改变请求评估选择正确的帧，其中信道 0 优先于信道 1，帧状态"正确"意味着相应的帧携带有效的模式改变请求。但是，可能仅在特定时间允许对不同后续模式的请求（参见 7.5.6 节）。因此，尽管携带冲突的模式改变请求，但是在相同时隙期间，在两个信道上接收的帧可以都是正确的。在这种情况下，上述规则保证所有接收器节点将一致地决定要接收的模式改变请求。正确发送的帧被视为接收的正确帧。如果在接收帧中请求了允许的模式改变，则应相应地更新 C-状态的 DMC 字段。

7.6.8.4 空闲阶段

TTP 控制器应通过等待下一个预发送阶段的开始来执行空闲阶段。

7.7 TTP/C 总线控制器设计

TTP/C 总线凭借其优秀的性能正得到广泛研究，应用技术也愈发成熟。在设计时需要遵循以下原则。

（1）时间触发通信方式。TTP/C 是基于 TTA 构架的通信总线，采用固定的 TDMA 通信介质访问方式，每个节点都拥有确定的发送时刻和接收时刻，同时可以避免总线冲突。

（2）一致成员关系服务。TTA 构架为所有正确节点提供一个分布式通信总线计算平台，因此需要确定各个节点是否正常工作。而一致成员关系服务通过 TTP/C 总线控制器向主机发送集群周期中所有节点的工作状态，节点可以通过一致成员关系服务确定工作状态。

（3）统一通信网络接口（Communication Network Interface，CNI）。待发送数据通过总线从发送控制器的 CNI 传输到接收控制器的 CNI，发送节点控制器可以将待发送数据放入 CNI，而随后的接收节点控制器可以从该 CNI 中读取数据，传输期间没有任何控制信号通过 CNI 进行传输，因此从设计上屏蔽了错误的控制信号传输。

（4）全局容错机制。由控制器建立的全局容错同步时钟提供给所有主机控制器，用于容错处理，在完备的 TTP/C 总线系统中，可以允许任何单硬件故障的产生而不影响系统正常运行。

(5) 可组合性和可扩展性。

7.7.1 TTP/C 总线控制器结构

TTP/C 协议定义了总线收发器、同步时钟、MEDL 命令列表、CNI 接口、故障诊断、状态跳转等多个功能模块,在实现过程中采用软件和硬件相结合协同设计方法。其中采用 Altera 公司 Cyclone Ⅳ 系列 EP4CE15F17C8 型 FPGA 完成了硬件设计,主要包括总线收发器、BG 模块、分频器、时间触发器、CNI 接口、片内存储 ROM/RAM 等,各模块通过 Avalon 构架实现数据通信。软件部分通过 Altera 公司的 Nios Ⅱ 软核实现,主要完成容错同步时故障诊断等功能模块设计,Nios Ⅱ 软核处理器是唯一主机,其他功能模块均为从机。

基于 FPGA 的 TTP/C 总线控制器总体硬件设计构架如图 7-39 所示。总线收发器由发送和接收两部分组成,完成数据存储、组帧、曼彻斯特编码解码、CRC 码生成、发送和接收状态逻辑跳转等。锁相环(Phase Locked Loop,PLL)和分频器将 FPGA 自身晶振调到系统所需的时钟频率。时间触发器根据循环时间对比集群中的时间标记,两者相同则触发相应操作。TTP/C 总线控制器和主机可以随机访问该内存存储空间。MEDL 定义了每个节点在一个集群周期中每个时间槽内的具体动作行为,集群周期内的所有节点在同步时钟的驱动下执行 MEDL 中的命令,从而实现无冲突的 TDMA 模式的通信访问。

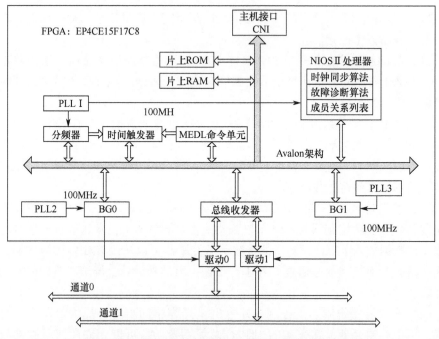

图 7-39 基于 FPGA 的 TTP/C 总线控制器硬件构架

7.7.2 TTP/C 物理层设计

集群中的每个 TTP 控制器应连接到共享广播媒体——TTP 总线。从 TTP 控制器到 TTP 总线的数据流在图 7-40 中示意性地描绘为 3 层模型。协议操作既不依赖于特定的线路编码方案,也不依赖于某些传输特性。TTP 控制器应能够根据第 5 章的要求接收和发送数据。线路编码和物理层单元应根据所选择的线路编码方案将 TTP 帧转换为表示总线帧的位模式,反之亦然。

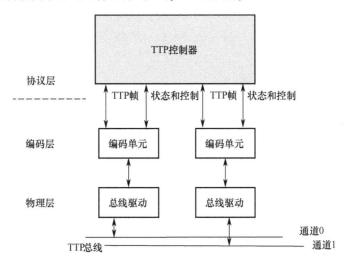

图 7-40 TTP 控制器物理层接口

总线帧包含 TTP 帧以及用于检测 TTP 帧的开始和结束的附加位模式。这些附加位模式的要求取决于所选的编码和物理层属性。图 7-41 给出了总线帧的示意图。编码层和物理层的要求在相关的标准化项目中规定（如 AS6003/1 和 AS6003/2）。出于兼容性原因,TTP 控制器应为底层提供以下接口要求:

图 7-41 编码帧

TTP 控制器应根据 7.2.1.1 节中通信层属性的定义同时处理两个通道上的帧。因此,以下项目适用于渠道。由于信道的独立处理是在 TTP 协议级别定义的,因此在电气级别上也应通过编码和物理层保证该特性。从系统的角度来看,连接在某个 TTP 总线信道上的每个 TTP 控制器应提供相同的行编码方案和相同的物理层。因此,对于两个 TTP 信道,线路编码的类型或物理层可以不同。

TTP 控制器应根据 7.3.3 节中规定的 TTP 帧格式,期望来自底层的数据并向底层提供数据。

根据 7.3.4 节，TTP 控制器应该预期关于接收和发送的帧数据的编码错误的发生的状态信息。

当检测到接收到的 TTP 帧（SOF）开始时，应立即通知 TTP 控制器。这是根据 7.4.1 节中的要求定义的同步性能所必需的。

7.7.3 TTP/C 数据链路层设计

TTP/C 总线的数据链路层设计是其控制器设计的核心组成部分，包括了用于数据收发组帧的总线收发器、保护总线避免总线阻塞的 BG 模块和 MEDL 列表的定义设计。

7.7.3.1 总线收发器设计

TTP/C 控制器的总线收发器主要完成总线数据的发送和接收，包括数据组帧和解码、CRC 码的生成和校验，由数据发送模块和数据接收两个模块构成，如图 7-42 所示。发送模块由发送缓存 1、数据组帧、CRC 码生成、发送缓存 2、发送状态机、曼彻斯特编码和发送 7 个子模块构成。接收模块与发送模块在结构上基本相同，二者相互独立，设计时采用不同的缓存空间以避免收发数据时出现混乱。

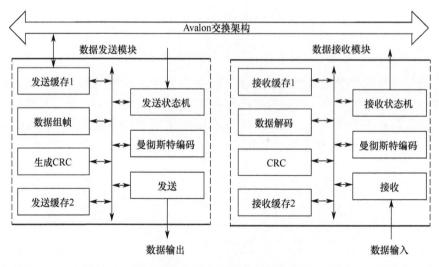

图 7-42 TTP/C 总线收发器结构

发送缓存和接收缓存均为数据缓存模块，其中发送缓存 1 模块用于存储节点待发送的有效数据；发送缓存 2 模块用于存储已经组完帧的待发送数据；接收缓存 1 模块用于存储已经完成 CRC 和数据解码的数据信息；接收缓存 2 模块用于存储尚未进行处理以及接收模块正在接收的数据。

数据组帧模块用于将获取的总线控制器状态信息与待发送的数据信息合并，组成 7.3.3 节所描述的数据帧；数据解码模块则是组帧逆过程，将接收到的数据中的控制信息和数据信息分离开。

CRC 码生成模块和 CRC 模块用于 CRC 以检测数据传输的正确性。CRC 的基本思想是：利用线性编码理论，将需要发送的 m 位二进制数据，与约定的生成多项式 $g(x)$ 做模 2 除法，生成一个 r 位用于校验的 CRC 码，并将这 r 位校验码附在原始 m 位数据之后，组成新的 $m+r$ 位数据发送出去。接收方在收到数据之后，用 $g(x)$ 做模 2 除法，若有余数则表明传输出错。这里采用 16 位 CRC，生成多项式为 $G(x) = x^{16} + x^{12} + x^5 + 1$。根据理论推算，这种 CRC 方式可以检测出所有 2 比特错误、所有单个突发错误、所有单比特错误以及所有奇数比特错误，发生漏检错误的概率为 $1/2^{16}$，这意味着，连续传输 65536 个数据才可能发生一个漏检错误，安全性和可靠性高。

发送和接收状态机模块用于协调各个模块之间的运作，同时负责控制信号的输入输出。

曼彻斯特编/解码也称为相位编码，是一个同步时钟编/解码技术，用来对物理层中一个同步位流数据和时钟进行编码。它在以太网媒介系统中的应用属于数据通信系统中位同步方法里的自同步方法，即接收方利用包含有同步信号的特殊编码从信号自身提取同步信号进而确定自身的时钟脉冲频率，实现同步目标。曼彻斯特编码将数据和时钟同时包含在数据帧中，将时钟同步信号随编码信息一起发送给接收方，每位曼彻斯特编码中都包含一次时钟跳变，不会出现直流分量，因此具有良好的抗干扰性能以及优秀的自同步功能。这里设计时采用从低电平到高电平的跳变表示"1"，从高电平到低电平的跳变表示"0"的编码方式。

7.7.3.2 BG 模块设计

BG 的作用是使控制器在发送时刻以外的其他时间内禁止数据在总线上传输，避免故障节点长时间独占总线，从而屏蔽总线阻塞故障。为提升总线控制的容错性能，这里设计了两路相同的独立总线用以数据传输和信息，同时设计了冗余管理模块更好地管理这两路独立总线。在发送数据时，该模块将待发送数据同时发送到这两路总线中，待发送数据通过两个不同的通道在两路总线中进行传输。在总线控制器接收数据后，冗余管理模块采用如表 7-6 所列的算法逻辑进行判断，并向处理器反馈是否成功接收或者校验出错等信息。Ⅰ/Ⅱ通道数据接收正确且对应的通道校验正确时数据才接收成功，Ⅰ/Ⅱ通道校验正确且数据接收正确时数据才校验正确。

总线访问可分为 3 个阶段：时刻偏移阶段、传输时刻阶段和剩余周期阶段。其中时刻偏移阶段是指从总线保护信号到控制器发送时刻这一段时间，此时间段内禁止访问总线；传输时刻阶段是指发送时段，此时段允许访问总线，同时控制器重置总线保护信号；剩余周期阶段是指发送完毕到下一个控制信号发出，此时段内禁止访问总线。

表 7-6　冗余管理算法逻辑

逻辑状态编号	Ⅰ通道正确接收	Ⅱ通道正确接收	Ⅰ通道校验正确	Ⅱ通道校验正确	选择有效通道	数据接收成功	数据校验正确
1	是	是	是	是	Ⅰ	是	是
2	是	是	是	否	Ⅰ	是	是
3	是	是	否	是	Ⅱ	是	是
4	是	是	否	否	Ⅰ	否	否
5	是	否	是	—	Ⅰ	是	是
6	是	否	否	—	Ⅰ	否	否
7	否	是	—	是	Ⅱ	是	是
8	否	是	—	否	Ⅰ	否	否

BG 模块工作流程如下。

（1）初始化。BG 模块内所有变量均值为初始标准值。

（2）配置状态。等待控制寄存器的重置标记信号。

（3）等待保护信号。控制器只有在这个状态下才可以发送保护信号。

（4）使能。保护信号到来之后，使能 BG 模块，访问总线，发送数据。

（5）禁止总线驱动。发送结束之后，关闭总线，等待下一个保护信号的到来。

这里设计的 BG 模块和 TTP/C 总线控制器在同一块 FPGA 芯片内，二者采用相同的电源和时钟同步服务。

7.7.3.3　MEDL 列表设计

MEDL 模块通过同步时钟驱动，使集群周期内的所有节点执行预先由 MEDL 设置好的每个节点在各个时间槽的具体动作行为，从而实现 TDMA 模式的通信访问。这里 MEDL 模块的设计原理如图 7-43 所示。MEDL 指令列表包含指令序列、执行时刻、消息地址和附加信息，并定义了一个 MEDL 指令触发计数器。该触发计数器将 MEDL 列表中每条指令的执行时刻复制过来，在 1MHz 时钟脉冲的驱动下，在各执行时刻向 Nios Ⅱ 软核处理器发送中断请求信号，Nios Ⅱ 软核处理器经过 Avalon 构架解析该中断请求信号，并在相应的中断服务程序读取 MEDL 列表中的信息，完成在该时刻 MEDL 列表中配置的具体任务操作。这里设计的 MEDL 命令列表信息存储在一个片内 ROM/RAM 中，Nios Ⅱ 软核处理器可通过 Avalon 交换构架在中断服务程序中逐条进行读取、解析和执行 MEDL 列表的相应命令。

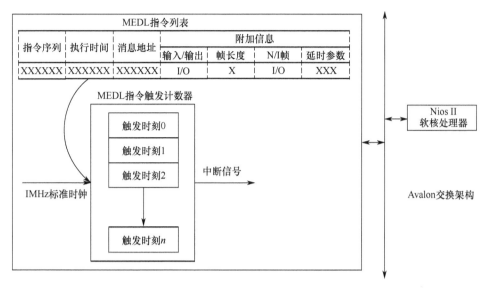

图 7-43 MEDL 列表实现原理

MEDL 列表中包含了运行和启动两个不同模态的集群周期的调度参数。在系统处于启动模态时，由于诸多不确定因素以及不确定的系统参数，无法统一配置各节点的 MEDL 列表，因此表 7-7 只给出了一个的 TDMA 周期的 MEDL 命令列表节点 1 和 4 发送 I 帧数据，发送时间间隔为 3333μs。在启动过程执行结束之后，集群周期进入运行模态，此时所有节点处于 MEDL 关系一致和时间同步状态，每个节点在每个 TDMA 周期最多访问总线一次。在正常运行时，各节点严格在同步时钟的驱动下，完成同步并执行 MEDL 列表规定的命令操作。但在隐式确认失效等异常情况下，节点将自动转入冻结或者被动模态，并在故障修复之后通过捕获 I 帧 SLOT 位置尝试再次将故障节点加入到运行中的集群周期内，完成节点再集成过程。

表 7-7 一个 TDMA 周期的 MEDL 命令列表

执行序号	执行时刻/μs	消息地址	输入/输出	帧长度	N/I 帧	时延参数
0	0	XXXXXX	节点 0 输出	标准长度	I	XXX
1	3333	XXXXXX	节点 1 输出	标准长度	N	XXX
2	6666	XXXXXX	节点 2 输出	标准长度	N	XXX
3	9999	XXXXXX	节点 3 输出	标准长度	N	XXX
4	13332	XXXXXX	节点 4 输出	标准长度	I	XXX
5	16665	XXXXXX	节点 5 输出	标准长度	N	XXX

7.7.4 TTP/C 协议服务层设计

TTP/C 总线控制器协议服务包含通信、安全和更高级的服务，本节主要分析成员关系容错算法的实现和全局同步时钟的设计。

7.7.4.1 成员关系容错算法的实现

成员关系容错算法用于保证分布式控制系统中每个正常运行的节点对其他节点的运行状态的判断是相同一致的，同时通过 CRC 和 MEDL 列表中的信息进行容错管理。这里设计的成员关系容错算法是基于以下 4 个假设的。

（1）单类型故障假设。即出现的节点故障类型只有发送故障和接收故障两种，不含有其他类型的故障。

（2）单次发送假设（同时也是协议规定的）。在每个 TDMA 周期中每个节点只允许发送一次，并且必须在规定的时间槽中进行发送。

（3）单节点故障假设。在每个 TDMA 周期内最多允许一个节点发生故障。

（4）两路传输通道中都不允许自发产生正确的信息。

在 TTP/C 集群周期中的每一个节点都拥有一个记录所有被认为正常运行的节点信息的 MEDL 关系列表。在每个 TDMA 周期内每个节点都会检查其他节点的 MEDL 列表，通过对本节点的 C-状态和接收到的帧进行 CRC，这样就可以对本地的 C-状态和发送节点的 C-状态、接收节点 MEDL 列表与发送节点 MEDL 列表进行比较，判断发送节点是否正常，若不正常，错误节点将从自身列表中删除该发送节点。这里采用成员关系服务（Group Membership Protocol，GMP）容错算法，通过这种节点间相互的 MEDL 列表进行确认方式，在通信底层实现了所有节点的成员列表一致性，并通过派系避免（Clique Avoidance，CA）算法和隐式确认（Implicit Acknowledgement，IA）算法实现容错管理。

CA 算法主要用于检测和隔离发生了接收错误的故障节点。除 MEDL 列表外，节点内部还定义了两个计数器：一个是失败计数器（Failure Counter，FC）；另一个是确认计数器（Acknowledge Counter，AC）。这两个计数器的累加计数规则如下。

（1）每个节点发送数据之后，本地 AC+1，并将自身添加到本地的 MEDL 列表。

（2）若节点判断当前 SLOT 接收的数据帧正确，则本地 AC+1，并将相应节点添加到在本地 MEDL 列表中。

（3）若节点判断当前 SLOT 接收的数据帧错误，则本地 FC+1，并将相应节点从本地 MEDL 列表中删除。

（4）若节点判断当前 SLOT 为空，则本地 AC 和 FC 不变，但需要从 MEDL 列表中删除与当前 SLOT 对应的节点。

（5）每次发送前节点都会判断本地 AC 是否大于 FC。若是，则将 AC 与 FC 清零发送数据；否则，节点将进入冻结状态。

隐式确认是指接收节点不需要发送专门的应答帧告知发送节点数据帧是否发送成功，这样既节省了传输带宽资源，又为 TTP/C 总线容错提供了基础。IA 算法通过引入第一、第二确认节点和扩展的 CRC，完成对发送节点的隐式接收确认，进而实现出现发送故障的节点的检测和隔离。由 7.2.3 节描述可知，TTP/C 协议规定，在正常运行模态下采用 N 帧传递数据，启动和节点再集成过程中采用 I 帧。虽然 N 帧本身不包含 MEDL 列表信息，但 N 帧的 CRC 校验码是结合发送 MEDL 列表信息计算得到的，某种程度上携带了发送节点的 MEDL 列表信息，因此需要用接收节点自身的 MEDL 列表对接收到的 N 帧进行 CRC 校验。若校验成功，则说明收发节点间的成员关系一致，发送节点发送正确；若校验失败，则说明接收节点和发送节点之间的成员关系不一致，出现故障。

图 7-44 和表 7-8 以节点 A 为例说明了 IA 算法原理和流程，共分为 6 个阶段。

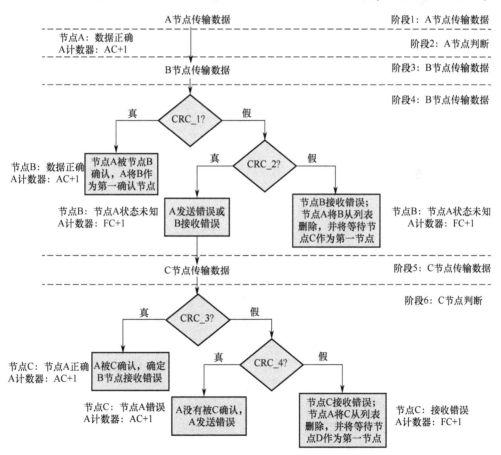

图 7-44　节点 A 隐式确认过程

表 7-8 节点 A 隐式确认过程逻辑状态表

步骤	CRC 结果				计数器		A、B、C 节点状态
	CRC_1	CRC_2	CRC_3	CRC_4	AC	FC	
1	真	—			+1	—	A 被 B 确认
2	假	真	—		—	+1	A 和 B 中有一个发生错误
3	假	假			—	+1	B 错误,等待 C 作为第一确认节点
4	假	真	真	—	+1	—	A 被 C 确认,确定步骤 2 中 B 错误
5	假	真	假	真	+1	—	A 被 C 确认,确定步骤 2 中 B 正确
6	假	真	假	假	—	+1	C 错误,等待 D 作为第一确认节点

(1) 节点 A 发送数据后其 AC+1,等待 B 节点发送数据。

(2) 进行 CRC_1 校验,若校验成功,说明 A 和 B 成员关系相同,A 被 B 确认,A 将 B 作为第一确认节点,并将其加入到自身 MEDL 列表中。

(3) 若校验失败,进行第二次 CRC_2 校验,校验失败说明 B 接收失败,A 将 B 从列表中删除,同时等待 C 作为第一确认节点。

(4) 校验成功,说明 A 和 B 中有一个发生错误,需要进一步进行 CRC_3 校验,若校验成功,即 A 被 C 确认,则(3)中 A 正确、B 错误,A 将 C 作为第一确认节点。

(5) 若校验失败,则需要进行 CRC_4 校验,结果为真说明(3)中 A 错误、B 正确。

(6) 若 CRC_4 校验失败,则说明节点 C 接收错误,A 继续等待 D 作为其第一确认节点,节点 A 不断地等待后续节点作为确认节点直至节点 A 被确认,该过程停止,若节点 A 在下一次发送数据前还没有被确认,则节点 A 将被冻结。

7.7.4.2 全局同步容错时钟的实现

可靠、精确的同步时钟是实现时间触发的基本前提,在完成数据帧的确认之后,需要进行时钟同步算法,这里采用了基于平均值同步算法的 Welch-Lynch 的同步容错算法。

Welch-Lynch 算法具备容错能力,该算法假设在某个时刻有 x 个节点的时间计数器发生故障,但该节点仍能够在总线上传输有效的数据帧。节点 A 在某个通信周期内收到所有其他节点的当地时间后,将所有时间值从小到大依次排列,然后将排序后的第 $x+1$ 个与第 $n-x$ 个时间的平均值作为正确的同步时钟。显然,若要求该算法能够容忍 x 个节点故障,则必须满足集群总节点数 $n \geq 3x+1$。由于这里的单故障假设,即一个 TDMA 周期内最多允许出现一个节点发生故障,因此,节点数必须满足 $n \geq 2$,需要注意的是,当正常节点数目少于 4 个时,同步算法将不再具备容错能力,这里的 6 个节点满足条件。

这里设计的 TTP/C 时钟同步实现过程如图 7-45 所示。PLL 输出的 100M 时钟信号经过分频后得到本地全局时钟。假设在某个 TDMA 周期内,时钟管理单元计算到本地节点 A 和所有其他 $n-1$ 个节点的全局时间之差(当传输时延较大时,还必须计算信号传输时延导致的时差)。

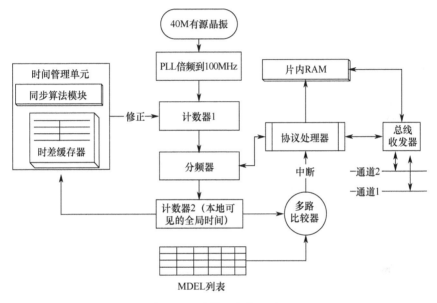

图 7-45 时钟同步实现原理

然后,利用 Welch-Lynch 算法将这些时差从小到大排列,并取出第 2 个和第 $n-2$ 个时差存入时差缓存器(两个传输通道具有独立的缓存)。为了便于系统扩展,时差缓冲器的数据结构必须与系统的节点数目无关。TTP 协议采用深度为 4 的 FIFO 来存储时差,也就是说同步算法只会使用最新的 4 组时差来修正计数器 1,早期的时差信息将被丢弃。因此执行同步算法时,W-L 算法首先对这 4 个时差按照升序排列得到 $A[0] \leq A[1] \leq A[2] \leq A[3]$,则接收节点的时间修正参数为 $(A[0]+A[1]+A[2]+A[3])/2$。MEDL 列表包含一条同步命令,该命令根据传输速度和晶振的频率稳定度等参数每隔一个或者多个 TDMA 周期执行一次,这里每个 TDMA 周期执行一次。当执行到该命令时,则执行一次同步算法,即将时差缓存器中的时差取平均值。然后,修正计数器 1 的数值,得到的本地可见全局时间与 MEDL 列表中的预设时间进行比较,通过中断进入协议处理器,再通过本地可见全局时间调用时间同步算法模块。全局时钟和 MEDL 列表配合即可实现基于时间触发的数据传输。

虽然 TTP 协议的同步算法只能够容忍一个节点故障，但是成员关系算法会将故障节点从当前 TDMA 周期内删除。因此，即使在整个任务周期内发生多个节点故障，只需保证在每个 TDMA 周期发生的故障节点数不超过一个，同步算法仍然有效。

7.8 本章小结

TTP 总线是当前所有基于时间触发的确定性网络通信技术中首个被 SAE 标准化的通信协议，具有以下特点：采用分布式的协议算法，避免了 1553B 总线的单点故障问题；属于确定性总线，严格基于 TDMA 进行物理层调度访问，避免总线通信数据发生冲突；提供单独总线保护功能，避免总线中单节点故障对总线通信的影响；采用隐式传输的机制，协议开销小，传输效率高；通信速率高，支持 25Mb/s 通信速率。

在过去的 10 年中，从航空发动机控制、座舱系统以及电源管理到飞行控制等军用/民用领域的实时控制系统，广泛采用了时间触发技术，TTP 的广泛应用证明了其是适用于航空分布式控制系统的关键技术。目前，时间触发技术已经成为波音 B787、空客 A380、庞巴迪 C 系列支线客机、巴西航空 Embraer 的 Legacy 450/500 公务机，以及其他先进飞机中实时控制系统、汽车、工业控制领域中的重要一员。

TTP 总线作为低成本、高安全、高可靠的实时总线，在机载、车载等高可靠、高安全控制系统领域，具有广泛应用前景。

参 考 文 献

[1] GWALTNEY D A, BRISCOE J M. Comparison of Communication Architectures for Spacecraft Modular Avionics Systems [J]. NASA/TM, 2006, (6): 214-431.

[2] RICHARD GARDNER. TTTech Brings Protocol to Dreamliner, CAPTAIN [J]. Aerospace engineering & manufacturing, 2008, 28 (8): 16-18.

[3] JUAN R, TEODORO SACRISTAN, PIMENTEL. A Fault Management Protocol for TTP/C [C]. Bolmsjo: IFAC Robot Control, 2001.

[4] BOSSUET L, LILIAN V, FISCHER L, et al. Disposable Configuration of Remotely Reconfigurable Systems [J]. Microprocessors and Microsystems, 2015, 39 (6): 382-392.

[5] ERIC MONMASSON, MARCIAN N, CIRSTEA. FPGA Design Methodology for Industrial Control Systems-A Review [J]. IEEE Transactions on Industrial Electronics 2007, 54 (4): 1824-1842.

[6] MEYER B U. Digital Signal Processing with Field Programmable Gate Arrays Second Edition

[M]. Germans: Springer Press Ltd, 2006.
- [7] JUSTIN R, PHILIP K. Efficient High Hamming Distance CRCs for Embedded Networks [J]. Dependable Systemand Networks, 2006, (6): 3-12.
- [8] AUBRICH J T, Reinhard von Hanxleden. Formal Specification and Analysis of AFDX Redundancy Management Algorithms [J]. Formal Specification and Analysis of AFDX RM Algorithms, 2007, 3: 436-450.
- [9] 苏罗辉, 牛萌, 刘坤. 时间触发系统体系结构研究 [J]. 计算机工程与设计, 2014, 06: 1956-1961.
- [10] 刘冬冬, 张天宏, 陈建, 等. TTP/C 协议的关键特性研究 [J]. 计算机测量与控制, 2012, 10: 2769-2772.
- [11] 陈建. 基于 FPGA 的 TTP/C 总线控制器设计及验证 [D]. 南京: 南京航空航天大学, 2012.
- [12] 赵罡, 何锋, 王红春, 等. 航空电子环境 TTP/C 总线应用技术研究 [J]. 航空计算技术, 2014, 06: 110-115.
- [13] 魏婷, 张喜民, 陈益. 一种基于 TTP/C 协议的容错策略研究 [J]. 航空计算技术, 2008, 38 (3): 90-93.
- [14] 段伯轩. 基于 TTP/C 协议线控刹车系统仿真的设计与实现 [D]. 长春: 吉林大学, 2004.
- [15] 文楠. 4M 码率的曼彻斯特编解码器的设计与实现 [D]. 成都: 电子科技大学, 2006.
- [16] 刘亮亮, 蒋彭龙. 一种高可靠串行通信协议研究及其控制器 IP 核设计 [J]. 航天控制, 2010, 4: 59-62.
- [17] 张众, 任勇峰, 齐蕾, 等. 基于 FPGA 的 CRC 校验算法的实现 [J], 2015, 1: 222-226.
- [18] 吴勇. 数据链路层协议的分析与检测 [D]. 贵州: 贵州大学, 2010.
- [19] 郭瑛, 俞宗佐. 基于 FPGA 的循环冗余校验模块设计 [J]. 内蒙古大学学报 (自然科学版), 2010, 4: 417-420.
- [20] 郝燕艳, 潘瑞, 万小磊. 基于 TTEthernet 的综合电子系统通信网络研究 [J]. 航天器工程, 2013, 6: 86-91.
- [21] 洪功存. 通用 FIFO 的设计及其应用 [D]. 武汉: 华中科技大学, 2004.
- [22] 马绪研. 单线协议从设备控制器设计 [D]. 哈尔滨: 哈尔滨工业大学, 2012.
- [23] 余之杰, 张天宏, 陈建, 等. 基于 TTP/C 总线的开放式电子控制器的设计及 HIL 仿真试验研究 [J]. 航空发动机, 2015, 06: 88-92.
- [24] 刘双与, 郭丽娟, 张激, 等. TTP/C 协议的一致性机制研究 [J]. 计算机工程, 2006, 32 (05): 119-121.
- [25] 张兴隆, 苏罗辉, 杨敏. 基于 FPGA 的时间触发协议控制器实现 [J]. 系统仿真学报, 2010, 22 (S1): 114-118.
- [26] 郭小和, 土少萍, 焦宗夏. 基于 1553B 数据总线的可靠性及冗余模式设计 [J]. 计算机工程, 2007, 33 (14): 225-243.

第8章 CAN/TTCAN 数据总线

TTCAN 总线协议是以 CAN 总线为基础的高层通信协议，在汽车领域的应用技术已趋于成熟。但在航空领域的研究尚处于起步阶段。CAN 总线最早在 1986 年 2 月的美国汽车工程师学会（SAE）大会上，由 Rober Bosch 公司提出。Thomas Fiihrer，Florian Hartwich 等于 2001 年率先推出了基于 CAN 总线 TTCAN 时间触发方式的通信协议。并对 TTCAN 协议进行研究，并未后续研究指明方向，随后的研究主要集中在汽车领域，其原理、调度算法等均有涉及。例如，C. Steve 等从协议出发，对比了 CAN、TTCAN、LIN 等几类总线在客车系统中的应用，指出在客车系统中 TTCAN 更为适合。J. C. Tournier 等从网络吞吐量、容错性能和信息传输时延 3 个方面评估了 TTCAN 总线在汽车领域的应用，为后续设计针对不同对象选择通信总线提供了指导。

TTCAN 协议是标准 CAN 协议的高层协议，它们在物理层和数据链路层具有相同的原理和功能，数据链路层均采用总线非破坏性"逐位仲裁"机制完成通信。TTCAN 总线节点完全兼容 CAN 节点，它们使用相同的网络拓扑结构和总线收发器。然而，它们不同的是，CAN 协议是基于事件触发机制的通信协议，仅仅依靠总线的非破坏性"逐位仲裁"机制实现网络节点间的信息交互，而 TTCAN 在 CAN 协议之上引入会话层，增加了时间触发机制，在仲裁机制的基础上采用了 TDMA 的方式来实现总线通信。

8.1 概述

CAN（Controller Area Network）是由德国 BOSCH 公司开发的有效支持分布式实时控制的串行通信网络，由于其成本低、可靠性高、抗干扰能力强和实时性强等特点而得到广泛的应用。CAN 总线作为汽车中微控制器（MCU）的通信总线，能够为车载电子控制装置（ECU）之间提供交换信息服务，并可以形成汽车电子控制网络。例如，发动机管理系统、变速箱控制器、仪表设备、电子主干系统中均嵌入 CAN 控制装置。作为国际上应用最广泛的总线之一，CAN 总线在汽车行业已经成为很多相关的行业标准或国际标准。1991 年，Bosch 公司制定并发布了 CAN 技术规范（Versinn2.0）；1993 年，CAN 总线成为国际标准 15011595（高速应用）和 15011519（低速应用）。

在网络控制系统中，存在两种不同的消息传输机制：事件触发机制和时间触发机制。CAN总线的通信方式本质上属于事件触发机制，介质访问控制采用带冲突检测的基于优先级的非破坏性仲裁机制（载波侦听多路访问/冲突避免（CSMA/CD））方式，总线冲突时具有最高优先权的节点赢得仲裁，可以进行数据发送。当通信负载较轻时，可以满足系统实时性要求；而通信负载较重时，将不能保证通信的实时性以及确定性。

由于普通CAN总线协议缺乏决定机制、同步和容错等特性，其不可避免地存在以下一些问题。

（1）CAN总线的通信方式本质上属于事件触发机制，介质访问控制采用带冲突检测的基于优先级的非破坏性仲裁机制（CSMA/CD）。当通信负载较轻时，可以满足系统实时性要求；通信负载较重时，消息间的冲突会引起延迟时间的不确定性，将不能保证通信的实时性及确定性。

（2）CAN协议采用事件触发机制进行通信，只有当总线上的一个模块有事件发生时才会向总线发送数据。这样如果一个节点有连续变化的数据需要一一记录或显示时，数据就会有丢失的可能。

（3）CAN总线协议的位速率最高可达1Mb/s，而且此时最大总线长度只能是40m，传输时也不够稳定。实际应用中，比特率最高只能用到500kb/s，由于允许的频带和最大总线长度的限制，CAN总线不能满足快速增长的多对象、高灵敏、高稳定及高容错性能的要求，因此，对一些实时性要求很高的控制系统，CAN总线并不能满足其要求。

（4）CAN网络拓扑结构是总线型的，而且各节点是平等的，没有主从节点之分，任何一个节点都可以接收或者发送数据，没有任何的限制。如果一个节点恶意重复的发送数据到总线上，可能就会导致其他节点无法发送数据。对于这种恶意节点，CAN协议没有办法进行解决。

（5）因为报文的优先权是根据标识符来判别的，而标识符一般是根据内容来制定的，所以当系统扩充时，有可能会牵扯到优先权的重新排序问题，这样就给系统的扩充带来了一定的复杂度。在硬实时应用中，可靠性要求极高，确保可预知的通信以及减少消息的传输延迟是至关重要的。为了达到这一目的，可以将基于事件触发的CAN和时间触发机制相结合，充分发挥两种机制的优势。为此，ISO11898-4在CAN协议栈的会话层中提出了一种基于时间触发机制TTCAN（Ttime-triggered Ccontroller Aarea Nnetwork）协议。

Bosch公司开发了TTCAN总线协议，TTCAN协议在CAN协议事件触发基础上引入了时间触发协议机制，采用了时间触发和时分多路（TDMA）方式进行通信，其消息的传输可预测、可管理，并且总线利用率高、通信延时低，提高了总线的实时性能，并使得总线利用率大大提高。目前，TTCAN协议主要的研究工作是TTCAN协议调度算法及其控制芯片的研究。下面分析TTCAN总线特点。

自从ISO将TTCAN协议作为国际标准后，全球领先的几家制造商就开始采用 TTCAN 协议，许多公司也在其 CAN 控制器中嵌入了时间触发操作，但总的来说，TTCAN 仍处于研发阶段。

Bosch 公司在其生产的硅片现场可编程门阵列（Field Programmable Gate Array，FPGA）中嵌入了 TTCAN 协议的 Level 1 和 Level 2 功能，生产出 TTCAN 协议评估芯片（TTCAN-TC），其封装为 LQFP44，最大比特率为 1000kb/s，有 32 个可单独配置的信息体。TTCAN-TC 与 CPU 实现无缝连接，并提供 TTCAN IP Module 集成开发系统；Atmel 半导体公司在 T89C51/8051 中植入了 TTCAN 协议的 Level 1 功能；NEC 公司开发的所有 CAN 微控制器系列已经可以支持 TTCAN 协议的 Level 1 功能，对 TTCAN 协议的 Level 2 功能的研究仍处于研发阶段；Hitachi 公司也已经开展了 TTCAN 硬件支持的研究工作；Microchip 公司在其推出的 MCP2515 中增加了与 TTCAN 相关的硬件资源。

TTCAN 协议是对 CAN 协议的一种改进方法，Bosch 公司在 2003 年发布了 TTCAN 协议的 IP 模块。根据对所查阅资料的分析与研究，TTCAN 协议较 CAN 协议具有以下一些优势。

（1）TTCAN 协议将消息交换设定在预先安排好的独占时间窗口内，避免消息的竞争，当消息在仲裁窗发生竞争时，采用 CAN 的非破坏性仲裁机制。不管是时间触发还是事件触发类型消息，它都能较理想地保证消息传输的实时性。

（2）对于实时性通信来说，传统的 CAN 协议当总线利用率较低时可以满足实时性的要求，但当利用率较高时将产生不确定的传输延时；对于 TTCAN 协议虽然其响应有一定的延时，但该延时的上界限是可以得到的，因此，可以设计合理的方案满足消息的截止期。

（3）CAN 网络的同步质量要受到各个节点之间的时钟容差以及网络传输延迟等诸多因素的影响。TTCAN 协议在矩阵周期的每个基本周期开始时都利用参考消息进行一次时钟同步，比传统 CAN 网络有更高的同步质量。

（4）TTCAN 协议在错误检测机制方面有了提高，其在会话层定义了消息状态计数（MSC）寄存器。它实现的错误检测机制可以避免传输失败的消息对网络的阻塞，实现了节点的自诊断功能。

（5）TTCAN 网络的最大总线利用在理想情况下可以达到 100Mb/s，通常可以达到 80~90Mb/s。对于传统的 CAN 协议，在非严格实时的控制系统中，总线利用率通常推荐为 20%~30%。TTCAN 协议中最主要的研究工作就是要确定矩阵周期的整体结构并将消息合理地安排到各个时间窗口中。

8.2 TTCAN 总线系统组成

8.2.1 CAN 总线的拓扑结构

TTCAN 协议下通信系统的网络拓扑结构与 CAN 协议下的相同，在应用中一般采用总线型拓扑结构，如图 8-1 所示。

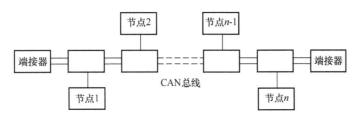

图 8-1 TTCAN/CAN 拓扑结构

该拓扑结构中，传输线可为双绞线、同轴电缆或光纤；直接通信距离最远可达到 10km（速率 5kb/s 以下）；通信速率最高可达 1Mb/s（此时通信距离最长为 40m）；网络上节点数主要取决于总线驱动电路，最多可达 110 个，报文标识符可达 2032 种（CAN2.0A），扩展帧格式（CAN2.0B）的报文标识符几乎不受限制。

总线型拓扑结构是多节点网络最简单的形式。在总线拓扑结构中，所有的节点都直接连接到同一条传输线上，并在传输线两端配上端接器。对 CAN 协议下的总线节点而言，每个节点都是对等的，因此，CAN 总线构成的网络又可看作是多主节点的总线网络。当总线上的节点发送消息时，电信号便会从起始点向传输的两端发送直到被端接器所接收。当电信号在传输线上通过时，传输线上的每个节点都会检查该数据，并根据网络协议的规定，只接收自己所需要的报文。由于 CAN 总线采用多主的工作方式，总线上任一节点均可在任意时刻主动地向总线上其他节点发送信息，各节点通过报文滤波实现点对点、一点对多点及全局广播等方式传送接收数据。CAN 总线采用了专用的集成电路块，将诸如数据的 CRC、出错初步处理、接收滤波等功能都在集成电路中完成，节省了主机很多时间并且提高了可靠性。

TTCAN 总线的主节点工作如下。

（1）对整个通信系统进行组态、预设通信模式以及控制存储。

（2）作为系统信息调度器，生成系统矩阵。

（3）发布参考帧。

（4）运行中系统的维护。

主节点的容错性 TTCAN 网络中用于发送参考报文的时间主节点具有协调整个网络的功能。若主节点运行出错，网络则无法运转，主节点必须具有容错性。TTCAN 协议通过对时间主节点冗余来保证网络时间主节点的长期有效运行。网络可以规定多个控制器作为时间主控器。

主节点的竞争：时间主节点的竞争采取微仲裁机制，拥有最高优先级的潜在主节点最终会成为当前时间主节点。初始状态下，总线上存在多个没有获得主点控制权的潜在主节点，一般选取 8 个节点为潜在主节点。初始化完成后，各个潜在主节点发送一个测试的主节点定时 ID 报文。按照各个潜在主节点的定时 ID 的大小,在软件上设置其等待不同的时间,这个时间一般为数个周期。在这个等待的时间内,该节点只接收 ID 优先级比其高的节点信号。如果接收到了优先级比其高的信号,则这个节点降为子节点,与其子节点一样受主节点定时 ID 控制。如果在规定的时间内没有收到比其优先级高的定时 ID,那么,该节点将成为主节点,发出定时信号同步网络中各子节点。

主节点的接替:在总线正常的运行状态下,如果出现主节点失效的情况,各个潜在主节点会在一个周期内探测到总线上无主定时信号,各个潜在主节点就按照主节点竞争的规则接替主节点的位置。

8.2.2 CAN 总线的分层结构

TTCAN 总线物理层定义了物理通信信道链接之间的相关电气、机械和功能特性,物理层功能是保证协议高层所定义的数据信号能够在不同的物理介质上传输。TTCAN 总线完整继承了标准 CAN 总线的物理层。CAN 总线的物理层可以分为介质从属接口(Medium Dependent Interface,MDI)子层、物理介质连接(Physical Medium Attachment,PMA)子层和物理信令(Physical Signalling,PLS)子层。MDI 接口主要定义总线传输电缆和连接器的电气属性,PMA 子层负责将控制器发送的数据转换为总线电平标准,并且从总线接收数据送往总线控制器,PLS 子层中处理 CAN 的位定时和位同步等。

TTCAN 总线数据链路提供链路链接的创建维护和释放管理,其分为介质访问控制(MAC)子层以及逻辑链路控制(Logical Link Control,LLC)子层。介质访问控制 MAC 是 CAN 协议的核心,其主要完成数据封包组帧数据包发送接收等。它把收到的报文提供给 LLC 层,并且接收来自 LLC 层的报文,MAC 层负责将报文分帧、仲裁、应答、错误检测和标定。LLC 子层负责报文接收校验、产生时间基准等。TTCAN 的会话层中主要是调度矩阵以及时间窗口的管理,Level 2 中定义的高精度的时间触发机制以及帧同步系统需要完全依靠硬件系统快速处理完成。TTCAN 总线的分层结构见表 8-1。

表 8-1 TTCAN 总线的分层结构

层次	时间触发 CAN 总线设备和模块	硬件设备
Layer 7 应用层	用户协议应用层, 如 CANopen、DeviceNet 等应用层	NIOS-II 软核处理器
Layer 5 会话层	时间触发协议 ISO-11898-4 Level 1:调度矩阵、同步、触发 TxTrigger TxEnable 等 Level 2:全局时间、外部时钟同步等	NIOS-II 软核处理器

续表

层　　次	时间触发 CAN 总线设备和模块	硬 件 设 备
Layer 2 数据链路层	逻辑链路控制（LLC） 报文接收过滤 Acceptance Filtering 过载控制 Overload Notification 恢复管理 Recovery Management	基于 FPGA 的 TTCAN 控制器
	介质访问控制（MAC） 数据包和解包 Data En/De-Capsulation 数据帧编码填充 Frame Coding（De-/Stuffing） 介质访问控制 Medium Access Management	
Layer 1 物理层	物理信令（PLS）子层 位编码 Bit Encoding/Decongding 位时序 Bit Timing 位同步 Bit Synchronization	基于 FPGA 的 TTCAN 控制器
	物理介质连接（PMA）子层 ISO-11519-2 低速 CAN 总线 ISO-11898-1 高速 CAN 总线等	SN65HDV232 CAN 总线收发器
Layer 0 传输介质	双绞线、屏蔽双绞线 单线、同轴电缆和光纤等	同轴电缆

TTCAN 协议与 CAN 协议的物理层以及数据链路层结构相同，并且在 CAN 协议的基础上增加了会话层。OSI 七层体系结构里的最低两层：数据链路层和物理层其结构如图 8-2 所示。

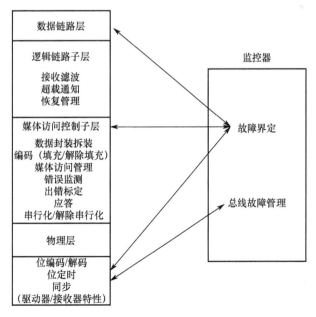

图 8-2　CAN 的分层结构功能

数据链路层又划分为逻辑链路控制（LLC）子层和媒体访问控制（MAC）子层。LLC 子层的主要功能是：为数据传送和远程数据请求提供服务，确认 LLC 子层接收的报文实际已经被接收，并为恢复管理和通知超载提供信息。MAC 子层的功能主要是：传送规则，即控制帧结构、执行仲裁、错误检测、出错标定和故障界定，MAC 子层还要确定为开始一次新的发送，总线是否开放或者是否马上开始接收。MAC 子层是 CAN 协议的核心，它描述由 LLC 子层接收到的报文和对 LLC 子层发送的认可报文。

媒体访问控制子层 MAC 的控制功能模型如图 8-3 所示，可划分为完全独立工作的两个部分，即发送部分和接收部分。发送部分的功能包括以下两方面。

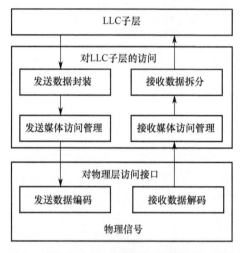

图 8-3　媒体访问控制功能模型

（1）发送数据封装：接收 LLC 帧和接口控制信息；CRC 循环计算，通过向 LLC 帧附加 SOF、RTR 位、保留位、CRC、ACK 和 EOF 构造 MAC 帧。

（2）发送媒体访问管理：确认总线空闲后，开始发送过程；MAC 帧串行化；插入填充位（位填充）；在丢失仲裁的情况下，退出仲裁并转入接收方式；错误检测（监控，格式校验）；应答校验；确认超载条件；构造超载并开始发送；构造错误指示帧并开始发送；输出串行位流至物理层准备发送。

接收部分功能包括以下两方面。

（1）接收媒体访问管理控制：由物理层接收串行位流；解除串行结构并重新构筑帧结构；检测填充位（解除位填充）；错误检测（CRC、格式校验、填充规则校验）；发送应答；构造错误指示帧并开始发送；确认超载条件；构造超载帧并开始发送。

（2）接收数据拆装：从接收帧中取出 MAC 特定信息；输出 LLC 帧和接口控制信息至 LLC 子层。

物理层是将节点接至总线的电路实现，定义信号怎样进行发送，涉及位定时、位编码和同步的描述。物理层主要分为 3 个部分。

（1）物理信令（Physical Signaling，PS）实现与位表示、定时和同步相关的功能。

（2）物理介质连接（Physical Medium Attachment，PMA）实现总线发送/接收的功能电路并可提供总线故障检测方法。

（3）介质从属接口（Medium Dependent Interface，MDI）实现物理媒体和介质访问单元（Medium Access Unit，MAU）之间机械和电气接口。

8.3 TTCAN 总线协议

TTCAN 总线通信协议是以 CAN 总线为基础的高层通信协议，是一种以总线静态分时调度为核心思想设计的总线，其物理层（PHY）以及数据链路层（DLL）同标准 CAN 总线基本相同，但是两者之间的通信方式有本质的差别。CAN 总线是基于载波监听多路访问/冲突避免（Carrier Sense Multiple Access with Collision Avoidance，CSMA/CA）机制的通信模式，TTCAN 是一种 TDMA 和 CSMA 的混合通信模式。TTCAN 总线协议完整保留了 CAN 总线优秀的非破坏性仲裁机制的同时，引入静态总线调度机制，规定时间内总线的访问权由离线设计的调度时间表决定。时间触发 CAN 总线将周期性实时数据划分在指定的时间片段中传输，每一个时间片段中仅有一个控制器能够访问总线，不同总线控制器信号轮流占有信道，保证数据包传输时间的确定性。

另外，TTCAN 总线针对非周期突发性数据报文提供了仲裁时间窗口，预留有一定的时间片段提供给突发性数据报文通过 CAN 总线的仲裁机制传输数据。时间触发 CAN 总线采用时分多路访问机制确保了 CAN 总线物理层更高的利用率。

在 ISO-11898-4 时间触发 CAN 总线标准将总线控制器分为两等级，即 Level 1 和 Level 2。TTCAN 总线 Level 1 控制器兼容绝大多商用 CAN 控制芯片，配合 MCU 内部定时器既可实现，开发相对简单成本低廉，是一种针对标准 CAN 总线非常好的改进方案。作者在文献［28］的研究中，针对航空发动机分布式控制系统基于 DSP F2812 和 MCP2515 CAN 总线控制器设计了 TTCAN 总线控制器，指出 Level 1 级别可以实现 TTCAN 总线最简单的通信和时间触发，并且可以满足航空发动机分布式控制系统的最基本的通信需求。但是航空发动机中高温以及高振动环境中难以使各总线节点的本地定时器保持速率同步，从而导致时间窗口抖动和频繁同步，难以提升总线利用率。TTCAN 总线的 Level 2 中包括了完整的 TTCAN 通信协议内容，其总线控制器能够提供高精度网络时间用于同步各个总线节点之间时钟，并且为控制系统提供一个经过校准其全局时间，各个分布式控制器和智能传感器执行机构能够以该全局时间为参照执行操作，如发动机进出口截面温度压力智能传感器在同一时刻触发采样数据的需求等。TTCAN 总线 Level 2 中提供各个总线控制器内部晶振漂移校正功能，非常适应于发动机中由于各点工作温度不同造成的时钟振荡器漂移。

8.3.1 TTCAN 总线的时间触发机制

在时间触发系统中消息是由全局时间（Global Time）触发的，它可以保证系统的每个节点的消息都可以在一个预知的时间内被运行，所以在时间触发系统中，每个消息被触发的时间点以及消息的运行时间都是确定的。采用时间触发的系统存在以下优点。

（1）时间触发系统保证在同一个时刻系统中只有一个消息被触发，而且在任何时刻系统中都有消息在执行，提高了系统的使用效率。

（2）时间触发系统中可以动态地调整每个节点的时钟，消除各个节点存在的时间漂移（由于每个节点所处的环境以及其时钟晶振的制作工艺等存在差异），保证系统中各个节点时钟同步。

（3）时间触发系统需要一个消息系统矩阵，各个消息根据这个系统矩阵定时被触发。时间触发系统的软件结构中的每个实时都有一张系统矩阵，系统矩阵包括决定消息被触发所需要的基本信息。

（4）时间触发结构中每一个节点必须提供自己的避错机制和容错操作，当节点出现问题时，它必须被隔离以避免系统其他部分造成损坏。由于在采用时间触发方式通信的总线网络中，所有节点根据时间同步化，消息的出现具有时间上的可预测性，并且被规定在了相应的时间内完成，网络中各节点的消息之间不会出现冲突。这提高了整个网络的实时性，也使得基于时间触发机制的总线及协议被对安全要求苛刻的硬实时系统所接受。

8.3.2 TTCAN 时间窗口和系统矩阵

时间窗口（Time Window）是 TTCAN 总线协议划分的允许报文传输的最基本时间片段，时间窗口为每一条报文的传输提供了时间间隙，时间窗口的大小并不是固定不变的，而是离线根据该窗口中的报文时间传输所需时间确定。若干个时间窗口构成一个基本循环（Basic Cycle）。基本循环由一个特殊的参考报文（Reference Message）开启，而数个基本循环组成一套完整的系统调度表，称为系统调度矩阵（System Matrix）。同理，在 TTCAN 总线中基本循环的长度也可以是不同的，根据不同需要调度需要的基本循环。对于航空发动机分布式控制系统而设计的 TTCAN 时间调度表中每一个基本循环可以看作一个 20~25ms 控制周期中的系统智能传感器和执行机构数据信息交互流程，而整个系统矩阵可以是航空发动机在不同工作状态下的各种控制计划通信调度方案。TTCAN 总线主控制器在参考报文中发送参考报文中特定控制字实现各个控制计划之间的通信系统切换。

在基本循环中时间窗口可以分为 3 类，即独占时间窗口（Exclusive Window）、仲裁时间窗口（Arbitration Window）和空闲时间窗口（Free Window）。

（1）独占时间窗口。独占时间窗口是为传输周期性实时报文设计，如智能传感器周期性采样。在独占时间窗口中，仅容许总线上一个控制器享有总线的访问权，窗口的信息数据定义了该节点数据报文开始传输的起始时刻。在独占时间窗口中的数据报文时不允许自动重发的，需要将报文传输严格的限制在该窗口内，否则，不确定的总线运作会将干扰传递到下一时间窗口中，无法保证报文的实时性和确定性。

（2）仲裁时间窗口。仲裁时间窗口为 TTCAN 总线提供了一个传输事件触发报文的机制，使 TTCAN 能够灵活地在静态调度和动态仲裁两种传输模式之间切换。在仲裁时间窗口中，允许多个报文同时向总线发送数据，通过 CAN 的非破坏性仲裁机制竞争总线的访问权，位仲裁获胜的报文能够在该窗口内传输。在仲裁时间窗口中同样不允许报文出错自动重发，因为仲裁时间窗口同样有时间界限，不能影响下一时间窗口中的报文传输。

（3）空闲时间窗口。空闲时间窗口是 TTCAN 总线设计用于扩展保留的时间窗口，以备将来系统升级。当新的总线通信系统需要更大的带宽扩展时，这些空闲时间窗口可以变为独占时间窗口或是仲裁时间窗口。

8.3.3　TTCAN 总线的时间基准

TTCAN 协议实现的网络中所有节点具有相同的时间基准，TTCAN 中主要有 3 种类型的时间：本地时间（Local Time）、周期时间（Cycle Time）、全局时间（Global Time）。

8.3.3.1　本地时间与网络时间单元（Net Time Unit，NTU）

在 TTCAN 协议实现的网络中，每个节点都有自己的时间基准即本地时间，它用一个计数器来完成定时的功能，每经过一个网络时间单元进行加一操作，并且网络中所有节点的 NTU 值必须相同。Level 1 中 NTU 是一个常数而且计数器为一个 16 位的整数值，定义为 CAN 的一个名义位时间。Level 2 中计数器由一个 16 位整数值和扩展的 N 位小数值（最少 3 位）组成，NTU 定义为 2^{-N}，从而有更高的时钟精度。Level 2 中 TUR 值是不断连续调整的，以补偿各个节点之间时钟速率的差异，保证各个节点和时间主节点时钟速率相同，即 NTU 值相同。如图 8-4 所示。

网络时间单元是节点用于时间触发操作的时钟，它与本地时间对应，而各个节点间同步的具体操作就是通过调整网络时间单元实现的。本地时间增加的速度是由 NTU 决定的，由于每个节点的系统时钟不可能完全一致，所以在各个节点的 NTU 与系统时钟之间加了一个分频器，通过调整时间单位比率（TUR）就可以调整 NTU，从而实现各个节点间 NTU 的同步，进而使各个节点的本地时间同步化。NTU、TUR 以及系统时钟之间的数学表达式为

$$f(NTU) = f(SystemClock)/TUR \tag{8-1}$$

式中：TUR 是时间单位比率；SystemClock 是系统时钟。

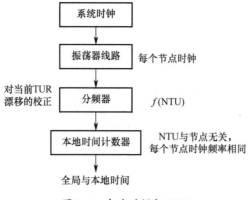

图 8-4　本地时间与 NTU

8.3.3.2　周期时间

在 TTCAN 网络中，节点的同步是靠参考消息维持的，由主节点的节点定期地发送。每一个有效的参考消息启动了一个新的基本循环，并使得每一个节点的周期时间复位。节点捕捉每次帧起始脉冲产生的是该节点的本地时间，即帧起始同步标志（Sync-mark），如果该帧起始脉冲被证实是由一个有效的参考消息所发出的，那么，该帧起始同步标志就作为新的参考标志 Rm（Ref-mark）。周期时间就是本地时间和参考标志之差。当节点又收到一个新的有效参考消息时，就会开始一个新的基本周期，周期时间也会随之重新启动，如图 8-5 所示。

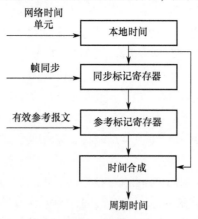

图 8-5　周期时间

8.3.3.3 全局时间

在 TTCAN 的 Level 1 中，周期时间是共同的时间基准，每个基本周期开始时，周期时间也重新开始，每个节点的周期时间均基于该节点的本地时间。Level 2 又为每个节点增加了全局时间，它对整个网络是一个连续不断的值，时间主节点把它的本地时间当作全局时间，并将它的参考标志作为时间主节点参考标志（Master-ref-mark，MR）放在参考消息的数据字节中一并传输。对其他节点来说，全局时间就是本地时间和本地偏差（Local Offset）之和。本地偏差是该节点的参考标志 Rm 和时间主节点参考标志 MRm 之差，也就是本地时间和全局时间的时间偏差。全局时间的实现需要附加的硬件实施，但却有了更高的同步精度，如图 8-6 所示。

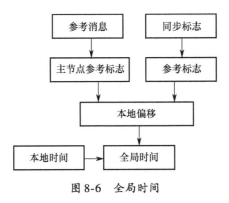

图 8-6 全局时间

8.3.4 TTCAN 总线报文格式

CAN 总线上节点间的数据均按照报文的格式进行传输，报文中包含了与报文一一对应的标识符 ID，它反映了消息特征，也标志了报文的优先级。CAN 总线上各个节点都可以主动发送报文，如果同时有两个或多个节点开始发送报文，采用标识符 ID 进行仲裁，具有高优先级的报文赢得总线使用权，而其他节点自动停止发送。当总线再次空闲后，这些节点将自动重新发送原报文，总线再次进行仲裁。CAN 总线网络中，报文传送不使用有关系统结构的任何信息，如节点地址等，网络中的所有节点根据报文标识符 ID 对报文进行过滤，自动判断并决定是否接收该报文。每个节点都有接收码寄存器和屏蔽寄存器，接收到的报文的标识符 ID 只有与该节点的接收码寄存器内容经屏蔽寄存器屏蔽后的数据相同，该节点才开始正式接收报文，否则，它将不理睬标识符 ID 后面的报文，这使 CAN 总线系统非常灵活，可任意扩展或改变节点组成情况。

CAN 采用事件触发方式发送和接收消息。它属于封装在芯片内的协议，基于以下几条基本规则进行通信协调：总线访问和仲裁、编码和解码、出错标注和超载标注。CAN 通信协议规定了 4 种不同的帧格式：数据帧（Data Frame）、远程帧（Remote Frame）、出错帧（Error Frame）和超载帧（Overload Frame）。数据帧携带数据由发送器至接收器；远程帧通过总线节点发送，以请求源节点发送具有相同标识符的数据帧；出错帧由检测出总线错误的任何单元发送；超载帧用于提供当前和后续的数据帧的附加延迟。数据帧及远程帧与其前面一帧信息（数据帧、远程帧、出错帧或超载帧）之间均以帧间空间分隔，而超载帧和出错帧前面不存在帧间空间，并且多个超载帧前面也不用帧间空间分割。帧间空间由间歇场和总线空闲场组成。在实际通信中，远程帧、出错帧以及超载帧都是为"数据帧"服务的。作为数据接收器的节点可以通过发送一个"远程帧"启动源节点发送需要的数据，远程帧结构与数据帧相似，但不包括数据场；当某节点检测到与 CAN 协议不相符的错误时，该节点就向总线上发送"出错帧"；当一个节点需要更长的时间用于处理所接收到的消息时，该节点就会向总线上发送"超载帧"。

根据 CAN 技术规范 2.0A 和 2.0B 以及 CAN 国际标准 ISO11898，遵循 CAN2.0A 协议的 CAN 控制器只能发送和接收 11 位标识符的标准报文，而遵循 CAN2.0B 协议的 CAN 控制器可以发送和接收 11 位标识符的标准报文或 29 位标识符的扩展格式报文，两种标识符对应的仲裁场格式不同，标准帧的仲裁场由 11 位标识符和远程发送请求位 RTR 组成，扩展帧的仲裁场由 29 位标识符和替代远程请求 SRR 位、标志位和远程发送请求位 RTR 组成。扩展格式数据帧的前 11 位标识符的最后两位为 SRR 和 IDE，它们均为隐性位，这使他们的优先级低于具有相同 11 位标识符的标准格式的数据帧。按照数据帧中每 5 位就进行一次位填充的原则，可得到最糟糕情况下的数据帧长度计算公式，其中标准格式下的数据帧所占用的总线位数和扩展格式下的数据帧所占用的总线位数如下式所示，其中，frame-length 表示消息的位数，S_m 表示消息帧数据场中的数据字节数。

$$\text{frame\_length} = \left(\left\lceil \frac{34 + 8S_m}{5} \right\rceil + 47 + 8S_m\right) \text{bit} \tag{8-2}$$

$$\text{frame\_length} = \left(\left\lceil \frac{54 + 8S_m}{5} \right\rceil + 67 + 8S_m\right) \text{bit} \tag{8-3}$$

标准格式和扩展格式的数据帧结构如图 8-7 所示。

CAN 协议数据帧由 7 个不同的位场组成，即帧起始、仲裁场、控制场、数据场、校验场、应答场和帧结束。

（1）帧起始（SOF）。SOF 标志数据帧和远程帧的开始，它仅由一个显性位构成。只有在总线处于空闲状态时，才允许节点开始发送。所有节点都必须同步于首先开始发送报文的那个节点的帧起始前沿。

（2）仲裁场（Arbitration Field）。仲裁场由标识符 ID、SRR、IDE 以及远程发送请求位（RTR）组成。对于 CAN2.0A 标准，11 位标识符都是以从高位 ID10 到低位 ID0 的顺序发送，其中最高 7 位（ID10-4）不能全为隐性位。标识符决定了报文的优先级，如定义显性位为"0"，隐性位为"1"，则标识符数值越小，优先级越高。标识符并不限定某一节点接收信息，因此，CAN 网络支持点对点、一点对多点及广播等集中通信方式。远程发送请求位（RTR）在数据帧中必须是显性位，而在远程帧中必须为隐性位。

帧起始	仲裁场		控制场			数据场	校验场	应答场	帧结束
SOF	11位标识符	RTR	IDE	R0	DLC	8字节数据	CRC	ACK	EOF

标准格式数据帧

帧起始	仲裁场				控制场			数据场	校验场	应答场	帧结束
SOF	11位标识符	SRR	IDE	18位标识符	RTR	R1	R0	DLC	8字节数据	CRC	ACK	EOF

扩展格式数据帧

图 8-7　CAN 协议标准格式帧与扩展格式数据帧

（3）控制场（Control Field）。控制场由 6 位组成，包括 4 位数据长度码和 2 个保留位 r1、r0。2 个保留位必须发送显性位，但接收器认可显性位和隐性位的全部组合。4 位数据长度码 DLC，表示数据场数据的长度，允许的范围为 0~8 字节。

（4）数据场（Data Field）。数据场由数据帧中被发送的数据组成，它包括 0~8 字节，每个字节 8 位，首先发送的是最高有效位。

（5）CRC 场（CRC Field）。循环冗余校验位 CRC 场由 15 位 CRC 序列及 CRC 界定符组成。CRC 范围包括帧起始、仲裁场、控制场和数据场。CRC 序列的最高有效位被首先发送或接收，该校验对于少于 127 位的帧是最佳的。CRC 边界符为隐性位。

（6）ACK 场（ACK Field）。应答场（ACK 场）由应答间隙和应答界定符组成，由接收节点向发送节点发送。发送器送出的两位均为隐性位，所有接收到正确 CRC 序列的节点将在发送节点的应答间隙将发送方的隐性位改写为显性位。因此，发送节点将一直监视总线信号以确认网络中至少有一个节点正确地接收到信息。

（7）帧结束（End of Frame）。每个数据帧和远程帧均由一串 7 个隐性位的帧结束标志序列界定。

远程帧起着请求的作用，CAN 网络上的一个接收数据的节点可以通过向网络上发送远程帧来要求源节点发送数据，用标识符寻址数据发送源节点，并置相应帧的 RTR 位为隐性位，从而启动数据的传输。远程帧和数据帧有如下不同：RTR 位为隐性位，数据长度码 DLC 的数据值是独立的，它可以是 0~8 中的任何数值，这一数值为对应数据帧的 DLC，不存在数据场。远程帧也有标准和扩展两种格式。出错帧由两部分组成：错误标志和错误界定符。错误标志具有两种形式：一种是活动错误标志（Active Error Flag）；另一种是认可错误标志（Passive Errorflag）。活动错误标志由 6 个连续的显性位组成，而认可错误标志由 6 个连续的隐性位组成，除非被来自其他节点的显性位冲掉重写。超载帧包括两部分：超载标志及超载界定符。超载标志与活动错误标志有相同的形式，超载界定符与错误界定符有相同的形式。超载标志由 6 个显性位组成，破坏了间歇场的固定形式，因而，所有其他节点都将检测到一个超载条件，并开始发送一个超载标志。

在 CAN 总线中存在 5 种错误类型：位错误、填充错误、CRC 错误、形式错误和应答错误。总线中的任何一个节点，根据其错误计数器的数值的不同，共分为三种故障状态：错误激活状态（Error Active）、错误认可状态（Error Passive）、总线脱离状态（Bus Off）。

TTCAN 网络中时间触发通信是基于参考报文的周期性通信。参考报文是由 TTCAN 总线时间主控制器发送的一条标准 CAN 总线数据报文，其具有特殊的仲裁域识别符，能够被网络中的所有控制器解释，在 TTCAN 总线上用于启动时间触发传输以及同步网络中所有控制器的本地时钟。时间主机传输参考报文通常有两种模式：等间隔周期性传输参考报文或是等待异步事件同步传输参考报文。如果参考报文受到干扰则可以立即重发，但是如果缺少适当的冗余措施，当时间主机被破坏就会导致无法正常传输参考报文，那么总线上则不会有任何传输，主节点被破坏则导致整个通信网络失效。因此在 TTCAN 总线中引入了时间主机的备份机制以解决此类故障，一旦当前时间主机失效将由另一个控制器作为备用时间主机承担同步网络所有节点的功能。

TTCAN Level 1 中，参考报文的数据域中需要包含一个字节的时间调度控制信息。除此之外，在 Level 2 中参考报文还携带有时间信息用于全局时钟的同步，这个时间信息描述了当前参考报文帧起始脉冲离开时间主机 CAN 控制器的时刻，此功能需要修改 CAN 控制器数据链路层以提供必要的硬件支持，然而，目前尚无兼容 Level 2 协议的总线控制器。TTCAN 总线的参考报文格式见表 8-2 和表 8-3。

表 8-2　TCAN 总线 Level 1 参考报文格式

字节	位	名称	说明
0	7	Next_is_Gap	1 表示当前基本循环之后暂停，下一循环由外部事件同步触发；0 表示当前基本循环和下一个基本循环之间没有间隔
	6	Reserved	保留位
	0～5	Cycle_Count	当前基本循环编号

表 8-3 TTCAN 总线 Level 2 参考报文格式

字节	位	名称	说明
0	7	Next_is_Gap	1 表示当前基本循环之后暂停，下一循环由外部事件同步触发；0 表示当前基本循环和下一个基本循环之间没有间隔
0	6	Reserved	保留位
0	0~5	Cycle_Count	当前基本循环编号
1	7~5	NTU_Res	网络时间单位（NTU）的分数部分，3 为时间精度 2^{-3}，即计数器精度为 1/8 的 NTU，协议规定必须有 3 位精度以上
1	4~1	NTU_Res	同上，为可选时间精度
1	0	Disc_Bit	全局时钟是否连续，用于时间主机同步于一个外部时钟源
2	7~0	Master_Reference_Mark	时间主机发送参考报文帧 SOF 时刻的全局时间低位，单位是 NTU
3	7~0	Master_Reference_Mark	时间主机发送参考报文帧 SOF 时刻的全局时间高位，单位是 NTU

8.4 TTCAN 总线接口设计

8.4.1 TTCAN 总线控制器总体设计

目前，市面上的尚无完整兼容 TTCAN Level 2 级别 CAN 总线控制器，国内研究中多专注于 TTCAN 总线 Level 1，很少有 Level 2 标准总线控制器设计研究，本节基于 Verilog 语言设计并建立 TTCAN Level 2 总线控制器，并在 Altera EP2C8 FPGA 中开展硬件仿真实验。总线控制器设计参考"ISO-11898-1 CAN 总线数据链路层物理信令标准"和"ISO-11898-4 CAN 总线时间触发通信标准"定义的通信协议，以该系列标准提出的分层结构顺序分别设计 TTCAN 总线所需的物理层、数据链路层以及负责总线调度控制的会话层。

TTCAN 控制器的设计按照功能可以划分为 CAN 物理层收发电路设计、CAN 通信模块、TTCAN 时间触发系统、TTCAN 总线数据缓冲处理以及 TTCAN 控制器与 MCU 之间的控制寄存器以及片内总线接口 5 部分组件。

TTCAN 物理层收发电路将 TTCAN 控制器输出 TTCAN_TX 数据信号转换为 CAN 总线标准所规定的电平信号，并且将当前总线电平转换为 TTCAN_RX 信号作为 TTCAN 控制器的输入信号。本书研究选用 TI 公司生产的 3.3 V 低压 CAN 总线收发器 SN65HVD232 作为 CAN 总线电平转换芯片，使用同轴电缆作为 CAN 总线传输介质。

TTCAN 总线电平经过接收芯片转换之后，输入 TTCAN 总线控制器位定时逻辑模块（Bit Timing Logic，BTL），在该模块中完成 CAN 总线标准的物理层 PLS 子层功能，监听 TTCAN 控制器 TTCAN_RX 引脚上信号总线位时序。BTL 负责处理总线位定时以及位同步保证数据采样的正确性，在 TTCAN 报文接收开始时通过硬同步将控制器本地位时序同步于总线上的数据流，并且利用重同步功能在一个数据帧内不断同步于总线时序。

TTCAN 时间同步和触发功能由帧同步模块（Frame Synchronization Entity，FSE）提供，通过在帧同步模块中硬件集成 TTCAN 的同步算法，提供一个能够用于整个本地节点的网络全局时间定时器。这个定时器通过参考报文同 TTCAN 网络时间主机中的标准时间周期性校准，与网络时间保持同步。分布式控制系统中可以使用这个定时器通过硬件 CPU 中断方式，实现全网络高精度同步传感器采样。TTCAN 控制器中设计需包含触发控制器和时间调度表存储器。前者用于设置触发器触发时间，由全局时间或是循环时间触发操作，主要是报文发送以及 CPU 任务中断等；后者用以按照调度表存储的时间、操作和对象。

除了上述的 TTCAN 核心模块之外，TTCAN 控制器设计还包括数据存储和同本地 CPU 的通信接口。数据存储设备是将 TTCAN 总线上报文保存到控制器本地。TTCAN 控制器通常按照某些规则存储数据，如按照标准的 CAN 总线上的 ACF 报文滤波模式接收数据，即如果报文的仲裁码满足用户预设的掩码条件，报文滤波接收。在航空发动机分布式控制系统中，TTCAN 数据总线上传输的通常是控制器、传感器和执行机构所涉及的测量数据以及相关控制系统参数，数据种类有限，控制器有能力按照数据表征的不同物理意义分类全部存储这些数据。此外，在分布控制系统中，如果某一分布式控制器出现故障，那么，应由其他节点接替其工作，在备份控制器中就需要掌握有原控制器输入信息。因此，在数据存储模块中，本书按照报文的仲裁域代码，将每一个数据报文全部在存储器中转存，为节点 CPU 建立总线数据备份，CPU 按照需求订阅数据。图 8-8 为本书所设计 TTCAN 总线控制器内部结构。

8.4.2　TTCAN 总线物理层设计

CAN 总线的核心思想即非破坏性位仲裁机制，总线物理层所有模块全部围绕这个概念而设计。物理层中通过不归零编码实现总线"与逻辑"，达到位仲裁目的，并且引入位定时和位同步系统解决不归零编码造成的同步问题。

8.4.2.1　收发器电路设计

TTCAN 总线收发器电路主要功能就是将从 TTCAN 控制器中接收到的逻辑电

平转换为 CAN 总线电平标准。CAN 总线信号标准在各种应用领域中拥有独立标准，且并不完全相同，例如，在 ISO-11898-2 高速 CAN 标准中使用的是差分电压信号，而在 SAE J2411 标准中使用的是单线信号标准，但是无论何种标准，最终目的是将"逻辑1"和"逻辑0"转换为能够用于总线仲裁的"显性"和"隐性"信号值。

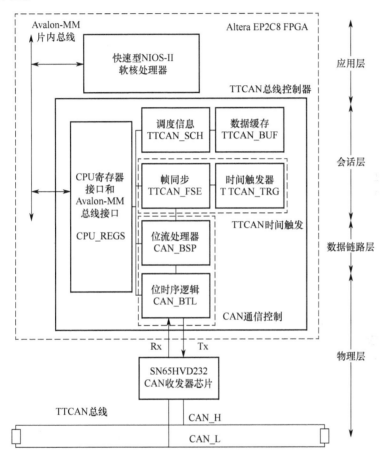

图 8-8 基于 Altera FPGA 设计的 TTCAN 总线控制器结构

本文选择"ISO-11898-2 高速 CAN 总线标准"中定义的信号，该标准中定义两个互补的"显性"（Dominant）和"隐性"（Recessive）信号分别表示逻辑0和逻辑1，在显性状态时总线上两根信号线 CANH 和 CANL 呈现差分电压，隐性状态时 CANH 和 CANL 被固定在平均电压附近两根信号线之间的压差近似于0。总线的电气特性决定当在总线上同时发送显性和隐性，在总线上显示为显性状态，因此，CAN 总线仲裁本质就是总线访问过程中做"逻辑与"操作。

8.4.2.2 总线编码格式

TTCAN 总线物理层沿用标准 CAN 的物理层，采用不归零编码（Non-Return-to-Zero，NRZ），信号电平在每一个位时间内仅表现为单一高低状态，除此之外，没有其他状态。NRZ 编码方式可以使 CAN 总线较为简单的实现位仲裁机制，达到非破坏性仲裁的目的。NRZ 编码不同于曼彻斯特等归零编码，其不包含任何同步时钟信息，因此发送和接收额外处理通信同步问题。CAN 总线为解决同步问题设计了位时序和位同步机制用于高速准确数据传输，并且采用位填充机制，在 5 个连续相同逻辑位数据流中添加互补位使其总线有足够多的跳变边沿支持同步，接收方控制器按照相同的规则去除填充位之后接收校验报文。

8.4.2.3 位时序和位同步

在 TTCAN 控制器中，位时序逻辑模块是物理层设计的最重要的部分，主要作用是滤除总线上各控制器之间的定时器以及总线电信号传输导致的时间误差，使上层模块获得经过同步的总线信息。首先，简要回顾 CAN 总线物理层的位时序以及位同步。

CAN 总线位时序决定一个比特的长度，每一位数据所持续的时间称为位时间（Bit Time）。CAN 总线的位时间长度是由每一个总线控制器内部振荡器分频后产生，由于不同总线节点控制器的振荡器误差会造成各个节点之间位时间的不一致，因此总线位时间并非保持不变，需要位同步修正误差。在理想状态下的位时间称为标称位时间（Nominal Bit Time，t_{NBT}），CAN 标称位时间的定义如图 8-9 所示。

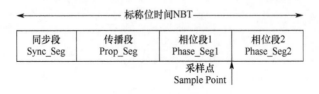

图 8-9 CAN 总线标称位时间

在 CAN 总线中标称位时间划分为几个时间段，分别是同步段、传播段以及相位缓冲段，每一个时间段由若干个称为时间份额（Time Quantum）Tq 的基本时间单位组成，Tq 通常是由振荡器的直接或是分频产生的固定时间单元，在 CAN 总线中认为 Tq 是一个不可再分割的原了时间单位，每一个时间段具体作用如下。

(1) 同步段（Synchronization Segment）Sync_Seg。同步段是一个标称位时间的起始时间段，理想状态下总线的跳变边沿应该出现在此时间段中，同步段由 1 个 Tq 组成。

(2) 传播段（Propagation Segment）Prop_Seg。传播段目的用于补偿传播时

延 t_{prop}，此时延由总线信号在介质中的传输时延 $t_{busline}$ 和总线控制器硬件内部时延 t_{node} 决定，满足下式，即

$$t_{prop} \geq t_{node\_input} + t_{node\_output} + 2t_{busline} \tag{8-4}$$

（3）相位缓冲段（Phase Buffer Segment）Phase_Seg。相位缓冲段 1 和相位缓冲段 2 用于补偿节点之间的振荡器误差，通过位同步延长相位缓冲段 1 或是缩短相位缓冲段 2，实现调整位时序长度和采样点位置。

（4）采样点（Sample Point）。采样点是控制器锁存总线信号的时刻，采样点位于相位缓冲段 1 的结尾和相位缓冲段 2 起始，ARINC-825 航空总线标准中推荐采样点位置为 75%。

CAN 总线控制器中位同步本质是通过调整本地位时序达到准确采样总线信号的目的。CAN 总线控制器监听总线上隐性位到显性位的跳转边沿（以下简称 RD 边沿，即 Rx 信号的下降边沿），以其作为同步信号，通过硬同步（Hard Synchronization）与重同步（Resynchronization）两种同步策略调整位时序，CAN 报文帧起始位置采用硬同步将控制器内部位时序立即重置，而每帧传输期间采用重同步对振荡器误差实施有限补偿。

8.4.2.4 位时序逻辑设计

TTCAN 控制器位同步系统依赖于总线状态变化监测，以判断硬同步或是重同步策略。因此，TTCAN 控制器位时序逻辑设计思路是以位时序状态机将 FPGA 的并行逻辑转换为时序顺序处理，同步系统初始设计阶段中使用 RD 边沿捕获脉冲作为同步信号，待加入位流处理器模块之后进一步完善位时序系统。图 8-10 所示为位时序模块结构，为时序状态机以同步到本地时钟域之后的 Rx 信号作为输入，通过状态转换判断当前总线的位时序，Rx 采样锁存以及 Tx 输出都以位时序状态作为基础。

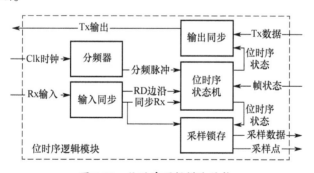

图 8-10 位时序逻辑模块结构

需要说明的是，图 8-10 中同步模块所指并非执行硬同步或是重同步，该模块主要是将总线上的异步时钟信号同步到本地时钟，设计目的是遵循 FPGA 中的同步设计原则，防止由于建立时间或保持时间不足导致的亚稳态向后传播，Rx

输入信号后串联两个 D 触发器，实现跨时钟域信号同步处理，并且捕获输入信号的下降沿。

位时序状态机设计中考虑两类情况，正常时序下自然转换，以及由硬同步或是重同步导致的异常时序转换。状态机位时序分为 3 个状态：同步段、相位缓冲段 1 和相位缓冲段 2。相位缓冲段 1 包含图 8-10 的 CAN 标称位时间中的传播段和相位段 1。每个状态对应一个 Tq 为步长的计时器，通过计时器 Tq 脉冲信号驱动位时序状态转换。

图 8-11 所示为状态转换关系。由于 Tq 时间长度仅同本地时钟振荡器频率决定，实际情况中 RD 边沿可能在 Tq 时间段内任意位置。如图 8-12 所示，正常状态下 RD 边沿出现在同步段中，下一个 Tq 时刻位时序状态转换为相位缓冲段 1，当本地位时序和总线位时序存在差异时，RD 边沿起到同步作用，为保证位时序准确补偿，在同步信号之后下一状态应指向相位缓冲段 1 而非同步段。

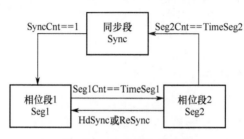

图 8-11 位时序状态转换

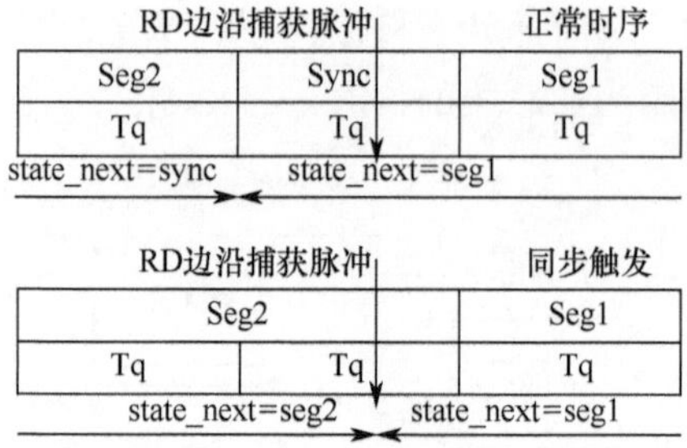

图 8-12 同步边沿触发状态转换示意图

在此基础之上分析硬同步和重同步策略，当位流状态机判断总线当前状态处于帧空间或是总线空闲则采用硬同步策略，在 RD 边沿捕获脉冲时刻立即执行位时序同步，并且屏蔽硬同步直至下一个帧空间的到来，保证总线每帧中仅发生一次硬同步。

重同步策略用于 CAN 报文帧内部位时序补偿，其限制了同步时 Tq 的最大调整范围，即同步跳转宽度（Synchronization Jump Width，SJW）。本书将重同步范围内的 RD 边沿根据触发时间不同分为 4 类，如图 8-13 所示。RD1 和 RD2 边沿处于相位段 2 中，本地控制器需要缩短相位段 2 补偿总线位时序，RD2 处于 SJW 宽度内可得到完全补偿，其补偿时间为 t_{rd2}，而 RD1 仅可补偿最大时间长度 t_{sjw}。同理，RD3 和 RD4 边沿处于相位段 1 中，本地控制器需要延时相位段 1 中 Tq 计时器，RD3 处于 SJW 窗口内部，Tq 计时器延时 t_{rd3}，RD4 边沿最大只能补偿 t_{sjw}。

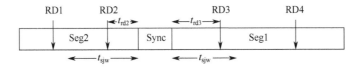

图 8-13 TTCAN 总线重同步策略触发边沿分类

TTCAN 控制器所设计完整的位时序状态机转换逻辑见表 8-4。

表 8-4 TTCAN 总线控制器位时序状态机转换逻辑

状态编码	当前状态	目标状态	转换逻辑	说明
00	bt_state_sync 同步段	bt_state_seg1	无条件	在 sync 状态等待一个 Tq 时间之后转换 seg1 状态
01	bt_state_seg1 相位段 1	bt_state_seg2	seg1_cnt == (tseg1 + resync_delay)	tg 计数器满足 tseg1 + resync_delay 计时，其中 resync_delay 是重同步之后在 seg1 的延迟补偿时间
		bt_state_seg1	其余条件	保持当前状态
11	bt_state_seg2 相位段 2	bt_state_seg1	hdsync｜（resync & tseg2-seg1_cnt) < (SJW+1)	由 seg2 向 seg1 的转换分为 3 个并列逻辑条件： (1) 硬件触发同步； (2) 第 2 类 RD 边沿，有 RD 边沿发生在 SJW 设置时间内； (3) 第 1 类 RD 边沿，重同步之后等待当前时间进入 SJW 设置时间之内转换状态
		bt_state_sync	seg2_cnt == tseg2	没有重同步发生时，满足预设 seg2 时间转换状态
		bt_state_seg1	其余条件	不满足上述任一条件时，保持当前状态

8.4.3 TTCAN 总线数据链路层设计

TTCAN 总线数据链路层设计主要是建立位流编码状态机，通过该状态机识别当前总线数据，判断帧格式。介质访问控制（MAC）是 CAN 协议的核心，设计目的是滤除报文传输中的辅助控制字，向逻辑链路控制子层（LLC）提供最主要的信息，如数据识别符，数据长度和数据内容等。除此之外，TTCAN 总线控制器需要在 CAN 数据链路层的基础上修正报文重发机制以及增加总线分时访问控制等。

8.4.3.1 位流处理器设计

位流处理器由 3 部分基本逻辑组成，分别是发送逻辑、接受逻辑和错误检测逻辑，如图 8-14 所示。总线信号通过 BTL 模块同步之后，在接收填充计数器过滤填充位，通过位流状态机判断当前总线状态，如果接收位流存在错误将触发错误检测和错误帧发送，如果不存在错误则滤除相应的报文控制字后，经接收移位寄存器将有效串行数据信息转换为并行数据。数据发送通常由 LLC 层或是更高层置位发送请求，将并行数据转换为串行数据并且添加相应的报文格式控制信息之后，送至串行发送器将数据发送并且由发送填充计数器添加填充位，最终送至总线。在发送数据的同时，总线控制器通过 Rx 接收引脚将所发送的数据反馈至位流状态机，实现控制器边发边听，一旦发送出现错误或是总线仲裁失败，就立即终止当前数据的发送，转入错误处理或是接收状态，从而实现总线位仲裁机制。

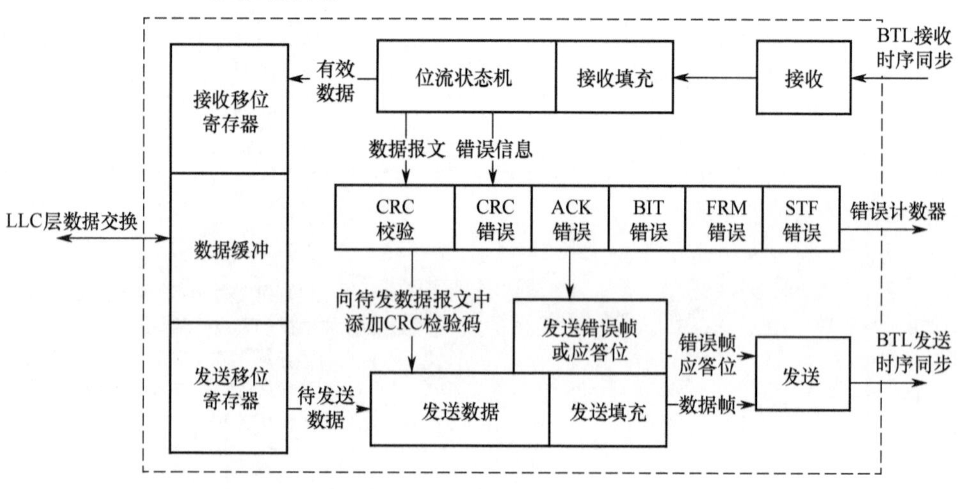

图 8-14 位流处理器模块组成

8.4.3.2 帧格式编码

简要回顾 CAN 总线编码格式。TTCAN 总线数据位流编码继承 CAN 总线帧格式。CAN 总线包括有 4 种不同帧类型在总线上传输，即数据帧（Data Frame）、远程帧（Remote Frame）、错误帧（Error Frame）和过载帧（Overload Frame）。

1）数据帧和远程帧

数据帧中承载总线上需要传输的数据，通过发送器向总线广播数据帧，从而将数据送达需要数据的接收器。远程帧是需求该数据的接收者通过发送远程帧的方式，向拥有该数据资源的收发器请求启动传输。这两种帧具有较为相似的帧格式。数据帧由7个不同的域组成：帧起始（Start of Frame，SOF）、仲裁域（Arbitration Field）、控制域（Control Field）、数据域（Data Field）、CRC域（CRC Field）、应答域（ACK Field）和帧结尾（End of Frame，EOF）。远程帧的格式同数据帧相似，主要差别在于没有数据域，以及在仲裁域中的RTR位为隐性，RTR位的极性表示了所发送帧是数据帧还是远程帧。数据帧结构如图8-15所示。

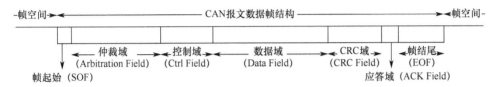

图8-15　CAN总线数据帧结构

帧起始：帧起始标志数据帧和远程帧的起始，仅由一个显性位组成，在总线空闲状态下任何显性位都会被解释为帧起始，帧起始位的采样点在TTCAN总线中被用作触发帧同步脉冲信号，基本循环计时器以该信号作为计时零点。

仲裁域：仲裁域对于11位标准帧格式和29位扩展帧格式是不同的，在标准格式中仲裁域由11位仲裁识别符和远程帧发送请求位（RTR位）组成，其中仲裁识别符同于表明报文的优先级，RTR位标明是否为远程帧。在扩展帧格式中包含29位仲裁识别符、扩展格式位（IDE位）、替代远程请求位（CSRR位）以及RTR位组成，其中SRR位在扩展帧中用于替代标准帧中的RTR位的位置，使扩展格式能够同标准帧格式相兼容，IDE位是用于标明当前帧格式是扩展格式还是标准格式，显性为标准帧格式，隐性为扩展帧格式。

控制域：数据帧和远程帧的控制域由6个位组成，但是标准帧和扩展帧之间格式略有不同，在标准帧中由IDE位和数据长度代码（DLC）以及保留位r0组成，其中IDE位同上，数据长度代码表示数据域中字节的数目，0~8有效，在远程帧中存在数据域，因此远程帧中的DLC为被忽略的无效数字。扩展格式中的控制域由DLC和两个保留r0和r1组成。

数据域：数据域只存在于数据帧中，远程帧没有该域，数据域存放发送的数据，一个数据帧中可以发送0~64位数据，数据以字节为单位。

CRC域：在CRC域中包括有15位CRC序列以及CRC界定符，CAN总线使用经过优化的CRC-14校验算法，其校验多项式为0x4599，即通过模2除法计算有未填充过的帧起始、仲裁域、控制域、数据域组成的位流，计算得到的15位的CRC序列，将CRC序列发送至总线。

应答域：CAN总线从协议底层定义了报文接收应答系统，每个CAN报文中都存在应答域，应答域包含两个位，分别是应答间隙以及应答界定符，报文的发送者发送在应答域两个隐性位，报文接收者如果检测接收到的报文正确有效就发送一个显性位作为应答，发送者通过校验应答间隙数据可知发送是否成功。

帧结尾：帧结尾由一个7个连续的隐性位序列组成，表明帧结束。

帧空间：帧空间是由间歇（Intermission）、总线空闲（Bus Idle）和传输挂起（Suspend Transmission）组成，帧空间主要用于将数据帧或远程帧同之前的帧相分隔，前一帧可能是任意类型帧。间歇式由3个隐性位组成，在此期间不容许传输任何数据或是远程帧，唯一可进行的就是利用过载帧破坏间歇，延迟下一个数据或是远程帧的传输。

2）错误帧

错误帧是 CAN 总线中检错和保证一致性的重要方式之一，如果某总线节点监测到当前总线数据错误，则主动发送错误帧破坏总线传输，防止网络节点接收到数据出现不一致。错误帧由错误标志（Error Flag）和错误界定符（Error Delimiter）组成，根据总线控制器当前不同状态，错误标志又可以分为显性和隐性两种。显性错误的错误标志是6个连续的显性位，隐性错误是6个连续的隐性位。错误帧存在两种基本情况，如果是发送节点受到干扰，那么总线上所有节点都能够监测到总线错误，则同时发出错误帧；如果某个节点受到干扰导致总线错误，而其余节点正常工作，此时，该节点首先发出显性错误帧，这个6个连续的显性位明显破坏了原有报文中的填充规则，其余节点会因填充错误跟随发送错误标志，首先发起错误帧节点通过监听错误帧之后的首位判断界定故障类型，如果显性位判定为自身故障，则隐性位可判定为全局故障。因此，错误标志的总序列为从6位到12位不等。被动错误节点通过发送6个连续的隐形位指示错误。错误界定是连续的8个隐形位，节点在发送错误标志之后，一直发送隐性位，直到监听到一个隐性位为止，再发送7个连续的隐性位。图8-16为CAN报文错误帧结构图。

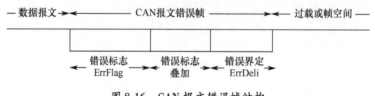

图 8-16　CAN 报文错误帧结构

8.4.3.3　位流编码状态机

本章研究设计 TTCAN 控制器基于标准帧格式的状态机。位流编码状态机在位时序采样点位置执行状态转换，状态长度以上一状态的最后一位采样点作为起始，当前状态最后一位采样点截止。由于总线帧起始（SOF）来临时间无法预测并且 SOF 信号只有1位，因此位流状态机在设计时从总线空闲将直接转换至总线仲裁域。状态机编码使用格雷码思想，保证在每次正常状态转换过程中仅改变1位编码，减少状态转换产生毛刺现象。表 8-5 为 TTCAN 总线控制器位流编码状态机转换逻辑列表。

第 8 章 CAN/TTCAN 数据总线

表 8-5 TTCAN 总线控制器位流编码状态转换逻辑

状态编码	当前状态	目标状态	转换逻辑	说明
0000	bs_state_idle 总线空闲	bs_state_id	(~sample_bit)	采样点数据为显性，判读改为帧起始，转入数据接收状态
0001	bs_state_id 仲裁域	bs_state_rtr	(~bit_stuff) & bit_cnt == 10	位计数器计数 11 位仲裁域之后且非填充位则转换为远程帧发送请求位
0011	bs_state_rtr 远程帧发送请求位	bs_state_ide	(~bit_stuff)	当前为非填充数据状态转换为总线扩展标识符位
0010	bs_state_ide 扩展标识符位	bs_state_r0	(~bit_stuff) & rx_ide & (~sample_bit)	当 IDE 位为显性且非填充时，状态机转换 r0 保留位
0110	bs_state_r0 r0 保留位	bs_state_r0	(~bit_stuff)	当前为非填充数据状态转换为数据长度码
0011	bs_state_ide 数据长度码	bs_state_data	(~bit_stuff) & (bit_cnt == 3) & (-rtr_reg)	非填充，RTR 位寄存器为显性，位计数器计数 4 位数据，当前数据帧为接收数据
		bs_state_crc	(~bit_stuff) & (bit_cnt == 3) & (-rtr_reg)	非填充，且 RTR 位寄存器为隐性，且位计数器计数 4 位数据，表明当前接收数据为远程帧请求数据
0101	bs_state_data 数据域	bs_state_crc	(~bit_stuff) & (bit_cnt == data_length)	数据发送完毕，跳转至 CRC 域
0100	bs_state_crc CRC 位	bs_state_dcrc	(~bit_stuff) & (bit_cnt == 14)	15 位 CRC 校验数据之后如果为非填充符，则跳转 CRC 界定符位
1100	bs_state_dcrc CRC 界定符	bs_state_error	(~sample_bit)	如果采样显性位，则总线控制器认为格式错误
		bs_state_ack	无错误	CRC 界定符无需填充，如果无错误，则 1 位 CRC 界定之后跳转 ACK 位
1101	bs_state_ack ACK 位	bs_state_error	sample_bit&tx_state	在发送状态，如果在 ACK 位采样数据为隐性，表示总线上没有任何回应发送数据，则判断发送帧错，确认 ACK 错
		bs_state_dack	无错误	1 位 ACK 位之后跳转 ACK 界定符
1001	bs_state_dack ACK 界定符	bs_state_error	(~sample_bit)	如果采样显性位，总线控制器认为格式错误
		bs_state_error	crc_input ! = crc_cal	当接收到的 CRC 码不等于本地计算 CRC 码时，在 ACK 界定符之后发出错误帧，认为 CRC 错误
		bs_state_eof	无错误	1 位 ACK 界定符之后状态跳转 EOF 帧结束域

续表

状态编码	当前状态	目标状态	转换逻辑	说　　明
1011	bs_state_eof 帧结束	bs_state_error	(bit_cnt<6) & (~sample_bit)	如果位计数器小于6，且采样到显性数据，则格式错误
		bs_state_in	bit_cnt == 6	7位帧结束之后，状态机跳转帧间隙
1010	bs_state_in 总线帧间隙	bs_state_idle	bit_cnt == 2	若3位帧间隙之后没有检测到SOF信号，则状态机转换为总线空闲
		bs_state_id	~ sample_bit& bit_cnt ==2	3位帧间隙之后，上一位总线采样数据为显性，判读该位为SOF信号，转入数据接收状态
1111	bs_state_error 错误处理态	bs_state_in	(errframe_errdlim_cnt ==7)	8位隐性界定符之后转换状态至帧间隙

需要说明的是，为方便阅读，表8-4中未包含位错误（Bit Error）和填充错误（Stuff Error）的状态转换逻辑，这两类物理层错误会立即触发错误帧发送。

8.4.4　TTCAN总线时间触发

TTCAN时间同步系统是实现传输确定性的主要模块，TTCAN Level 2 控制器中除了保证基本时间同步之外，还设计了对本地时钟的校正功能以提供高精度全局时间，降低帧同步损耗带宽，时间触发系统分为时间同步基准和时间触发控制器两部分。

8.4.4.1　时钟同步

时间触发总线系统的本质是在确定时间内实施数据通信，其所必须的就是通信同步的机制。目前，现场总线多是通过在网络中广播时间的方式实现同步，如TTP/C、IEEE-1588精确时间协议和TTCAN总线等（图8-17）。

本书设计的TTCAN总线Level 2控制器将振荡电路产生的时钟信号分为完全独立的两路计时系统，其中一路信号送至CAN总线位时序逻辑模块，另一路信号提供给TTCAN总线帧同步系统。CAN总线时序逻辑总线同步保证在一定振荡器精度容差范围内的总线数据通信正常。TTCAN总线帧同步模块用于系统的通信的时间触发以及为应用层提供全局时间。值得说明的是，虽然CAN通信的位时序逻辑也能够校正本地时钟的相位和速率偏差，但是位时序同步和帧同步两者之间存在本质不同，位同步的对象是当前总线上的发送节点，帧同步对象是总线标准时间主机；一旦总线空闲位时序逻辑将失去同步，而帧同步用于通信的时间触发，需在任何情况下保持同步的能力。

TTCAN总线Level 2控制器的时钟同步系统设计需要解决2个问题，本地总线控制器内部的时间绝对偏差和计时器速率偏差。如图8-18所示，图中纵坐标表示网络全局时间（t_{global}），横坐标表示控制器内部的本地时间（t_{local}），直线 $t_{global} = t_{local}$ 所示为理想状态下 TTCAN 中时间网络时间主机的本地时间和全局时间的关系，实际本地总线控制器中的计时器本地时间和全局时间关系满足下式，如图 8-18 中虚线所示，即

$$t_{global} = \text{tur} \cdot t_{local} + t_{offset} \tag{8-5}$$

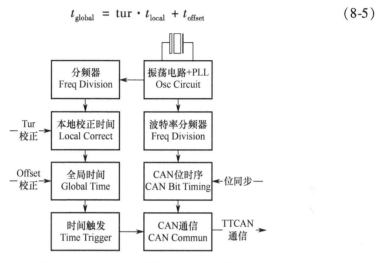

图 8-17　TTCAN 总线控制器时钟系统

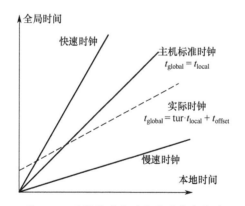

图 8-18　时钟绝对偏差和计时速率偏差

总线帧同步过程即计算全局时间和本地时间的修正比 tur 和全局时间绝对偏差 TTCAN Level 2 中时间主机在基本循环开始时刻发送一条参考报文，其中包含该参考报文 SOF 脉冲信号离开时间主机的全局时间。对于时钟绝对偏差，总线控制器在首次同步时通过计算参考报文中的全局时间和本地时间差获得 t_{offset}。本地时间和全局时间的速率偏差通过下式计算，即

$$\text{tur} = \frac{\Delta t_{mrm}}{\Delta t_{rm}} = \frac{t_{mrm}(k) - t_{mrm}(k-1)}{t_{rm}(k) - t_{rm}(k-1)} \tag{8-6}$$

式中：t_{mrm} 为从参考报文中获取的主机参考时间（Master Reference Mark），t_{rm} 为本地参考时间（Reference Mark），$t_{mrm}(k)$ 表示当前基本循环主机参考时间，$t_{mrm}(k-1)$ 表示锁存的延迟基本循环的主机参考时间。通过一个基本循环时间段内分别获取主机时间和本地时间下计时器比值计算校正偏差 tur，即图 8-19 中各条直线的斜率，修正过程如图 8-19 所示。

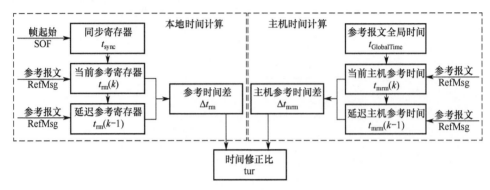

图 8-19　Level 2 本地时间修正比 tur 计算

8.4.4.2　时间触发器

TTCAN 总线系统的通信完全依靠时间触发，每一个触发器中包含时间信息，其根据循环时间（t_{cycle}）触发，循环时间以参考报文的帧起始脉冲为 0 时刻，循环时间以下式计算。触发系统的基本原理是根据循环时间对比，调度表中的时间标记（Time Mark）。如果相符则触发相应的触发器，则时间触发系统的基本原理如图 8-20 所示，即

$$t_{local\_crt}(k) = tur \cdot t_{local}(k) = tur \cdot [t_{local}(k-1) + 1]$$
$$= t_{local\_crt}(k-1) + tur \tag{8-7}$$

$$t_{global}(k) = t_{local\_crt}(k) + t_{offset} \tag{8-8}$$

$$t_{cycle} = t_{local\_crt} - t_{rm} \tag{8-9}$$

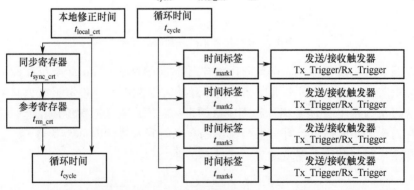

图 8-20　TTCAN 总线控制器时间触发原理

在 TTCAN 总线控制器中主要有发送触发器（Transmit Trigger, Tx_Trigger）和接收触发器（Receive Trigger, Rx_Trigger）。发送触发器和接收触发器所包含内容基本相似，主要有对应的报文指针、时间标签等相关触发信息，所不同的是，Rx_Trigger 的目的并不是接收报文，而是在调度系统规定的时间内检验是否接收了指定数据报文，作为控制器调度检错机制的重要一部分。

考虑航空发动机分布式控制系统中，如果某智能元件失效，则可能需要备份节点接替原有失效节点的部分功能，总线系统中的每一个节点有必要拥有全部的调度信息，使系统能够及时切换。在 TTCAN 控制器设计中，完整的调度计划矩阵的时间触发信息存放在一个 32 位宽，256kb 深度的双端口 RAM 中，其中一个端口在初始化模式下供 CPU 写入调度计划信息，另外一个端口用于工作模式下触发器指针变化读取调度表。内存数据线作为触发器指针指向待触发时间窗口，每个时间窗口到达之后触发器指针向后累加，指向下一个触发时刻。当前时间窗口触发发送触发器（Tx_Trigger）时，会同时触发上一个时间窗口的接收触发器（Rx_Trigger）确认上一条数据报文已经成功接收。每个时间窗口的调度表数据结构见表 8-6。

表 8-6 时间触发存储器数据结构

位起始地址	存储信息	解 释
31 ~ 26	reserved	保留
25 ~ 24	msg_type	当前时间窗口触发报文类型 00：数据报文 01：仲裁报文 10：空闲窗口 11：参考报文
23 ~ 16	msg_addr	数据报文缓冲 RAM 中对应 8 位地址
15 ~ 0	time_mark	16 位时间窗口起始时间标签

8.5 本章小结

CAN 总线是现场总线的一种，由 Bosch 公司于 1983 年推出，在汽车电子中广泛应用。CAN 提供的总线仲裁机制保证了所有消息都能无破坏地传输，但是会导致一些消息传输的延时。在实时性要求较高的应用中，需要提供一种服务以保障安全相关的消息传输不受总线上其他待传输消息的影响。将基于事件触发的 CAN 和时间触发机制相结合，充分发挥两种机制的优势。

TTCAN 的研究始于 2000 年，现已成为 CAN 标准的第 4 部分 ISO 11898-4。基于时间的触发机制，类似于 TDMA（时分多路）访问，每个节点都有一个本地时钟和消息交换调度表，指明了此节点发送或接收某个特定消息的时刻。

为了保持网络上各个节点之间的时间一致性，时间主节点周期性地发送参考消息或者由外部事件引发参考消息的产生，其他节点接收参考消息作为时钟同步信号，使本地时钟与时间主节点的时钟同步，在实时性要求较高的工业应用中，具有广泛的应用前景。

参 考 文 献

［1］谢志强. 容错模式下TTCAN总线中系统矩阵的实时调度算法研究［D］. 沈阳：东北大学, 2009.
［2］关越. 航空发动机分布式控制系统通信总线研究［D］. 南京：南京航空航天大学, 2013.
［3］初秀荣. 基于CAN现场总线测控网络系统研究［D］. 青岛：青岛大学, 2007.
［4］王毅新. 基于CAN总线的静态调度算法及其实验系统的研究［D］. 天津：天津大学, 2004.
［5］果艳红. TTCAN协议调度算法的研究与仿真［D］. 北京：北京化工大学, 2008.
［6］张小玉. 基于离子群算法的TTCAN的TTCAN总线矩阵优化研究［D］. 无锡：江南大学, 2008.
［7］饶运涛, 邹继军, 王进宏. 现场总线CAN原理与应用技术［M］. 北京：北京航空航天大学出版社, 2007.
［8］史久根, 张陪仁, 陈真勇. CAN现场总线系统设计技术［M］. 北京：国防工业出版社, 2004.
［9］韩晓东, 吴临政, 吴波. 时间触发CAN网络节点设计［J］. 电子技术与应用, 2007, 2：100-103.
［10］李佳, 朱元, 田光宇. CAN与TTCAN通信延迟时间的分析［J］. 清华大学学报, 2008, 46（2）：261-265.
［11］刘强, 刘银年. 基于时间触发的TTCAN协议［J］. 自动化仪表, 2008, 29（1）：37-40.
［12］刘鲁源, 李芳, 吕伟杰. TTCAN协议的分析与展望［J］. 天津理工大学学报, 2005, 21（3）：15-19.
［13］曹万科, 张天侠, 刘应吉. 基于混合调度算法汽车TTCAN网络设计及实时性分析［J］. 中国工程机械学报, 2007 21（5）：62-66.
［14］曹万科, 张天侠, 周淑文. 基于CAN与TTCAN的汽车整车分层控制网络及调度［J］. 东北大学学报, 2007, 28（11）：1640-1643.
［15］朱智林, 刘晓华, 韩俊刚. TTCAN周期性消息的优化调度算法［J］. 兰州大学学报, 2005, 41（4）：73-76.
［16］冯晓东, 果艳红. TTCAN动态调度算法实现与仿真［J］. 电子测量与仪器学报, 2008, 22（2）：81-85.
［17］王欢. 电动汽车TTCAN总线技术研究［D］. 北京：中国科学院电工研究所, 2007.
［18］冯治宝, 萧伟, 周美娇. 在实时通信中对TTCAN的改进［J］. 自动化仪表, 2009, 30（2）：21-23.

[19] 吕伟杰，宫丽华，陈曦. 基于电动汽车的 TTCAN 调度算法的研究 [J]. 制造业自动化，2009, 31 (2): 68-71.
[20] 冯晓东，果艳红. TTCAN 协议静态调度算法研究与仿真 [J]. 计算机仿真，2008, 25 (6): 108-113.
[21] 刘鲁源，万仁君，李斌. 基于 TTCAN 协议的网络控制系统静态调度算法的研究 [J]. 控制与决策，2004, 17 (7): 813-816.
[22] 刘鲁源，万仁君，李斌. TTCAN 调度算法及其在汽车控制系统中的应用 [J]. 控制与决策，2005, 22 (1): 60-63.
[23] 关学峰. CAN 总线网络的实时性能分析、改进和测试 [D]. 成都：西华大学，2008.
[24] 刘鲁源，王晓欣，马津艳. 时间触发 CAN 总线系统的建模与性能分析 [J]. 电子科技大学学报，2007, 36 (3): 632-635.
[25] 陈冰，周祖德，陈幼平. 基于时间自动机的 CAN 网络可调度性分析 [J]. 计算机工程与科学，2006, 28 (9): 25-27.
[26] 周贤周. 时间触发系统（TTCAN）的设计以及在智能压路机上的应用 [D]. 上海：同济大学，2007.
[27] 部宽明. CAN 总线原理和应用系统设计 [M]. 北京：北京航空航天大学出版社，2001.
[28] 王庆祥，陈家琪. TTCAN 网络的响应分析及系统矩阵的优化 [J]. 上海理工大学学报，2005, 27 (1): 32-37.
[29] 李岩. 基于嵌入式系统的 TTCAN 网络的研究与实现 [D]. 北京：北京化工大学，2008.
[30] LEET G, HEFFERMAN D. A New Time-Triggered Con-Troller Area Network [J]. Microprocessors and Microsystrms, 2002, 26 (2): 77-79.
[31] JOHANNSON R. Time and Event Triggered Communication Scheduling for Automotive Applications [D]. Chalmers: Chalmers Lindholmen Univ College, 2004.
[32] FONSECA, COUTINHO J F, BARREIROS J. Scheduling for A Ttcan Network with A Stochastic Optimization Algorithm [A]. Proceedings 8th International CAN Conference, 2001: 10-15.
[33] ALBERT A, HUGEL R. Heuristic Scheduling Concepts for TTCAN Networks [A]. 10th international CAN in Automation Conference, 2005: 3241-3441.
[34] QIAO X, WANG K, SUN Y. A Genetic Algorithm based Optimization for TTCAN [A], International Conference on Vehicular Electronics and Safety, 2007: 1-7.
[35] MULLER B, FHRER T. Fault Tolerant TTCAN networks [D]. Las Vegas: Proceedings of the 8th International CAN Conference, 2002.
[36] MATJAZ C, DOMEN V. Communication Infrastructure for IFATIS Distributed Embedded Control Application [A]. Workshop on Real-time Networks, 2004: 35-40.
[37] AAKASH, MICHIGAN. Design and Performance Analsis of Fault Tolerant TTCAN Systems [D]. Wayne State: Wayne State University, 2005.
[38] NAVET N, SONG Y Q. Performance and Fault Tolerance of Real Time Applications Distributed over CAN [J]. Automation, 1997, 42 (3): 189-192.
[39] TINDELL K, BURNS A. Calculating Controller Area Network (CAN) Message Response Times [J]. Controller Engineering Practice, 1995, 3 (8): 1163-1169.

[40] FUHRER T, MULLER B, DIETERLE W. Time Triggered Communication on Time Triggered CAN-TTCAN [A]. Proc. Seventh International CAN Conference, 2000: 24-25.

[41] ARMENGAUD E. Systematic Test of Time-Triggered Communication Architectures Using a Component-Based Approach [J]. Elektrotechnik und Informationstechnik, 2011, 128 (6): 190-195.

[42] LAWRENZ W M. CAN System Engineering from Theory to Practical Application [M]. NetYork: Spring-Verlag, 1997.

[43] LIVANI M, KAISER J, JIA M. Scheduling Hard and Soft Real-time Communication in the Controller Area Network [J]. Control Engineering, 1999, 7 (12): 1515-1523.

[44] SCHMIDT K, SCHMIDT E G. Systematic Message Schedule Construction for Time-Triggered CAN [J]. IEEE transaction on vehicular technology, 2007, 56 (6): 3431-3441.

[45] FUHRER T, MULLER B, DIETERLE W. Time-Triggered Communication on CAN [R]. Amsterdam Netherlands, 2000: 24-25.

[46] LEEN G, HEFFERNANB D. TTCAN a New Time-Triggered Controller Area Network [J]. Microprocessors and Microsystems, 2002: 77-94.

[47] HARTWICH F. TTCAN IP Module User's Manual [M]. Stuttgart: Robert Bosch GmbH, 2002.

第 9 章　光纤通道

随着计算机技术、数据通信技术和网络技术的发展,机载电子系统进一步向通用化、模块化和开放化方向发展,对超高速数据连接需求也日益增长。高性能计算机已经越来越依赖于数据通信,并且需要通过数据综合和高速网络来提高其性能,对总线网络的带宽要求也越来越高。1988 年,美国国家标准化协会(ANSI)成立了 X3T9.3 工作组(即现在的 X3T11 工作组),研究用于节点、主机、超级计算机、台式计算机、存储设备、显示器和其他外围设备之间数据交换的高性能串行连接技术。该项研究的成果是光纤通道标准协议簇,它定义了多种硬件系统之间大量数据交换的通信接口。

光纤通道标准协议簇由世界权威的标准化机构 ANSI 制定、实施和更新,是一个成熟的开放式标准簇,标准的分层结构确保了光纤通道能够按照市场的需要增长,并且所采用的技术具有独立性。通过光纤通道协会(FCA)和光纤通道环协会(FCLC)贸易组织的支持,该标准得以宣传、贯彻和实施,光纤通道的产品也有多种可供选择。

光纤通道(Fiber Channel,FC)是一个为适应高性能数据传输要求而设计的计算机通信协议,它具有高带宽、低延迟、对距离不敏感、拓扑灵活、支持多种上层协议等优点。目前,光纤通道在商用领域中已被广泛采用,在带宽、数据延迟、传输媒体和距离、可靠性、错误检测、优先级等方面均具有适合于机载电子系统的良好特性,而且也提供了对航空电子环境的支持。以光纤通道来替代现在航空电子的主网络 MIL-STD-1553,构建新一代的统一航空电子网络,已经成为机载电子系统发展的优先选择。

光纤通道将通道传输的高速性和网络传输的灵活性两种优点结合在一起,可以在统一网络上运行当前流行的通道标准和网络协议,能满足对高速和低延迟日益增长的需要;支持多种上层协议,包括 TCP/IP、SCSI 以及 MIL-STD-1553 多路传输数据总线协议,实现了软件的复用性;采用层次化的结构,共分为 FC-0、FC-1、FC-2、FC-3 和 FC-4 5 个层;定义了多种拓扑结构,常见的有 3 种拓扑结构:点对点、仲裁环、交换式网络。光纤通道既能方便地实现高速、高效的传输,同时提供了极大的灵活性,特别是交换式网络拓扑结构为复杂设备的互联提供了一种很好的解决方案。另外,它定义了描述符数据结构和供应商软件库的虚拟接口结构(VIA),是一项新颖、方便和高性能的协议,VIA 的传输类型和高可靠性、短小编码、低延迟和低开销为航空电子应用光纤通道网络提供了一个理想的应用接口。因此，光纤通道既能够提供高的性能，也能提供满足未来设备到设备和串行底板网络的要求。

归纳起来，光纤通道具有下列显著特征。

(1) 能提供最大超过 4Gb/s 的可变规模带宽，并且随着技术的发展而不断提高。

(2) 支持多种传输介质，既可以使用单模式光纤互联，也可以使用多模式光纤互联，还可以使用铜线互联，或者使用它们的组合方式互联。

(3) 物理接口具有分层传输协议。

(4) 可靠的无丢失（数据传输）或允许舍弃的（音频、视频）模式。

(5) 点到点、仲裁环和交换式网络模式。

(6) 通过共享带宽限制，支持 MIL-STD-1533 和 FDDI 交换式网络协议。

(7) 低延时、实时异步、分布式仲裁。

(8) 支持多点发送和广播传输。

(9) 有工业界广泛支持的开放式标准（ANSI X3T10/11 簇）。

由此看出，光纤通道技术标准是目前机载航空电子统一网络的首选标准，尤其是美国针对军用航空电子的应用，专门制定了光纤通道航电环境（FC_AE）标准，美国的许多军用产品公司都进行了这方面的研制，美国的 JAST 及 NGB (Next Generation Bus) 工作组将光纤通道作为军用机载电子系统设备高性能数据传输接口的优选方案之一。美军已将光纤用于一系列的军机机载电子系统的升级改造项目。

9.1　光纤通道协议框架

光纤通道（Fiber Channel）是美国国家标准化协会（ANSI）的 X3T11 小组制定的关于计算机之间以及计算机与 I/O 设备之间的一种开放式高速数据通信标准。它采用光纤（支持铜缆）作为物理介质，实现了高速串行 I/O 和网络通信功能。光纤通道技术作为一种协议标准，对光纤通道技术的研究首先就从光纤通道协议开始。

光纤通道实际上是由 15 个 ANSI 协议标准组成的协议簇，这 15 个协议标准中比较重要的有 FC-PH（物理和信号）、FC-SW（交换网络）、FC-FS（传输和信号）、FC-AL（仲裁环路）以及各种上层协议接口标准。与通用的 7 层网络模型 OSI 类似，光纤通道可以分为 5 层模型。

光纤通道按协议层之间技术相互独立，留有增长空间，并且由具有资质的标准化机构进行开发，其分层结构如图 9-1 所示。光纤通道的最低层 FC-0 及 FC-1 和 FC-2 层组成了光纤通道的物理和信号接口，组成 3 个协议层。

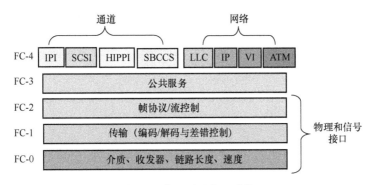

图 9-1 光纤通道协议结构

图 9-1 中,IPI 表示智能外围设备接口,SCSI 表示小型计算机系统接口,HIPPI 表示高性能并行接口,SBCCS 表示单字节命令编码系统,LLC 表示逻辑链控制,IP 表示因特网协议,ATM 表示异步传输模式。

FCP-SCSI 是将光纤通道设备映射到操作系统可访问的逻辑驱动器的一个串行协议,这个协议使得以前基于 SCSI 的应用不做任何修改即可使用光纤通道。FC-SCSI 是存储系统和服务器之间主要的通信手段。SCSI 扩展了 COPY 命令,它是一个新的 ANSI T10 标准,支持 SAN 上存储系统之间通过直接数据传输,FCP-SCSI 和总线联结方式相比,能提供更高的性能(100M/s)、更远的连接距离(每连接最远达 10km)和更大的寻址空间(最大 16000000 个节点)。FCP-SCSI 使用帧传输取代块传输,帧传输以大数据流传输方式传输短小的事务数据,这样可提高服务质量。FCP-SCSI 支持简化管理和存储"池"技术的网络配置,以及支持提高可靠性和可用性的编码技术。

FC-IP 将光纤通道地址映射到 IP 地址,其寻址过程从广播一个 IP 地址开始,然后从存储节点返回一个 MAC 地址。如果 SCSI 设备不能区分 FCP-SCSI 帧和 FC-IP 帧,则 IP 广播就可能导致错误,在 HDS 系统中,通过检测帧头来区分 FCP-SCSI 帧和 FC-IP 帧,如果存储系统不具有该功能,就必须通过别的方法(如 Switch Zoning)来阻止 FC-IP 帧被广播到 Fiber 端口。

FC-IP 和以太网相比的优点是:可以与类似 FCP-SCSI 的内部连接架构集成,以节省使用成本,传输速度更快,效率更高。以太网传输数据包最大为 1500 字节,由于包是以太网中基本校正单元,在每一帧传输后都会导致消耗 CPU 周期的一个中断,在 GB 以太网中负载已成为一个限制因素,就要尽量避免占用全部带宽。而 FC-IP 数据帧能达到 2000 字节,FC-IP 校正基本单元是一个多帧队列,可以达到 64 个帧,相对以太网而言,光纤通道允许在主机中断之间传输更多的数据,从而减少占用的 CPU 周期,并提高传输效率。

由于以太网是通过无流控制的网络,当阻塞发生时,需要间隔一段时间之后再重发包,消耗了额外的 CPU 周期。光纤通道是基于流控制的封闭网络,FC-IP

充分地利用了光纤通道的这些优点,在现有的 IP 应用基础上,无须修改就可运行 FC-IP,享受光纤通道带来的高速,并大大减少处理中断。

FC-VI 是 VI 架构在光纤通道的应用,VI 设计初衷是为了实现集群计算机之间快速通信,并减少等待和提高带宽,它允许数据在光纤通道节点内存地址之间快速传输。在光纤通道网络里,通过对节点接口 HBA 的缓冲区和应用内存直接访问(DMA)的方法,完成 VI 架构建立内存注册机制,其实质就是设定用户内存地址,并支持数据从用户内存直接传输到 HBA 的缓存,然后将数据通过外部介质传输到服务器所指定存储位置。

FC-VI 去掉了 TCP 栈,并提供了应用内存和 HBA 之间的 DMA,绕过了系统内核,避免了操作系统上下文转换和缓冲,实现了更高的传输速率。但 FC-VI 需要一个支持 VI 架构光纤通道 HBA,这里,HBA 与支持 SCSI I/O 的光纤通道有本质上的不同。

9.1.1 物理链路层

FC-0 层定义了 FC 的物理链路,包括传输媒质、传输速度、拓扑结构、发送器和接收器接口。FC-0 规定了多种物理介质的连接,包括单模光纤、50～62.5μm 的多模光纤以及短距离使用的同轴电缆和双绞线。FC-0 还定义了与媒体连接所使用的发送和接收标准,规定了 FC 协议提供 133Mb/s、266Mb/s、531Mb/s 和 1.0625Gb/s 的传输速率,在更高的版本里还支持 2.134Gb/s 和 4.268Gb/s 等更高的传输速率。

9.1.2 编码/解码层

FC-1 定义了传输协议,包括串行编码和解码规则以及差错控制。FC-1 使用 8B/10B 编码,每 8bit 字节采用 10bit 编码。这种编码具有许多特点,它使得成本低廉的,可以在所要求的 10^{-12} 比特误码率下工作的电路设计尽可能简化,保证了有足够的信号传输量,以支持线性同步,并能传送特殊的控制字符。但它限制了连续传输最大长度,要求在一行中决不存在 5 个以上相同的比特,它可以维持总的 DC 平衡,而且它允许从传送的字符中直接分离出控制信息。

编码策略中定义了两种传送字符:数据字符和特殊字符。特殊字符和数据字符的一定组合形成了用于控制网络的有序集(Ordered Set)。在光纤通道标准中有序集分为 3 种:帧界定符、原语信号和原语序列。其中帧界定符包含帧开始(SOF)和帧结束(EOF),帧界定符标明帧的起始和终止,指出帧的服务类型,给出帧在序列中的相对位置并说明帧内数据的有效性。

原语信号是由特殊的 K28.5 编码开始的连续 4 字节的一组特殊信号,主要说明各端口的状态变化和通知事件的发生。主要的原语信号包括空闲信号(IDLE)和准备就绪信号(R_RDY),传送空闲信号一方面是说明链路空闲,另一方面则保证链路之间的通畅，不让其他信号传递，R_RDY 信号主要用于缓冲到缓冲的流控制，用来确认有能力接收更多帧。另外还有专门用于仲裁环网的 ARB、OPN 等原语信号。

原语序列是不断发送的有序集，在原语序列协议中用来完成链路初始化和链路层校正，发送原语序列表明端口的状态在发生变化，原语序列包括无操作（NOS）、离线（OLS）、链路故障（LRR）、链路复位（LR）等。

9.1.3 链路控制层

FC-2 定义了节点间的数据传输方式，以及帧格式、帧序列、通信协议和服务分类。光纤通道中数据传输的基本单元是可变的帧，帧最大长度为 2148 字节。每个帧包括 36 字节的总开销，用于组帧、源和目的端口寻址、服务类型和检错信息，每个帧允许有不超过 64 字节的附加可选开销，用于用户数据的其他信息。单个的更高层协议消息可以比一个帧的有效负载能力大，在这种情况下，一个消息被分解成一系列帧，称之为序列。此外，FC-2 还定义了六类服务。

FC-2 链路控制层是光纤通道协议中最复杂的一层，它涉及光纤通道特有的结构、过程和操作的大部分环节。FC-2 的基本组成单元包括以下几方面。

1) 物理模型：节点、端口和拓扑

光纤通道协议中的数据源和数据宿，统称为"节点"，每个节点上能够和外界交换数据的设备为"端口"，端口因为连接方式的不同分为 N 端口、NL 端口、F 端口等。每个端口用一个 3 字节的端口标识符来识别，在同一个体系内端口标识符用来鉴别和保证通过各种连接所传输帧有正确的路由。

2) 带宽和通信开销

影响通信带宽的主要因素是数据传送的时钟频率，光纤通道中的基本时钟是 1.0625GHz，每个时钟周期传送 1bit。普遍使用的是 1 倍速（全速）的光纤通道协议，将来可能会实现 2 倍速、4 倍速乃至 10 倍速的链路。图 9-2 给出了在全倍光纤通道链路上实现带宽数据传送的例子，该图给出了一个净含量为 2048 字节的光纤通道帧，为了传送该信息，附带要传送用于双向确认的信息等，需要以下开销：SOF 帧头界定符（4 字节）、帧头（24 字节）、CRC 校验码（4 字节）、EOF 帧尾界定符（4 字节）、空闲字节（24 字节）、用于确认数据已经传送到位（36 字节）ACK、空闲字节（24 字节）。

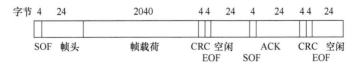

图 9-2 带宽计算中的帧和 ACK 传送

在有 ACK 确认帧的双向传输的情况下，开销字节的总和是 120 字节，由以下公式可得到有效数据的传送速率为 100.369MB/s，假设以每秒 24 帧，实时传送分辨率为 1024×768 的 24 灰阶的视频信号，就需要 1024×768×24×24b/8 = 56.623MB/s 光纤通道，或者是速率更高的传输，即

$$1.0625[\text{Gb/s}] \times \frac{2048[\text{净荷}]}{2048[\text{净荷}] + 120[\text{开销}]} \times \frac{1[\text{字节}]}{10[\text{编码比特}]} = 100.369\text{MB/s}$$

(9-1)

3）基本组成和层次结构

光纤通道所规定的基本组成是帧，它是数据传输的最基本单元，长度为 0~2048 字节。如图 9-3 所示，帧界定符 SOF 和 EOF 分别用来标识帧的开始和结束，除了 8B/10B 码提供的传送检错外，还需要帧头和进行纠错的 4 字节 CRC 校验码。24 字节的帧头唯一地标识一个帧的开始和这个帧所需要的处理，帧头中包含有各种字段，用来表示帧的源点 N 端口 ID 以及帧所在的序列 ID、序列发起方和应答方交换 ID、路由、序列中的帧计数的字段与控制比特。

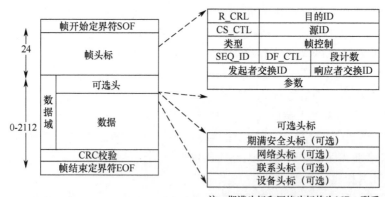

图 9-3　光纤通道的帧格式

序列：序列从发起端到接收端，由一个或多个帧组成的单向信息传输。同一个序列中的所有帧都具有相同的序列号，序列传输必须按顺序，下一个序列接收必须在当前序列完成后。每个序列都是由序列标识符（SEQ_ID）所唯一确定的，组成序列的每个帧的 SEQ_CNT（段计数）标明了帧在序列中的位置。

交换：一个交换是由一个或多个相关的序列所组成。一个交换既可以是单向的也可以是双向的，但交换一定是由两个 N 端口非同时发起。

4）一般交换网络模型

交换网络的主要功能是接收来自源点 N 端口的帧以及把它们传送到各个宿点 N 端口，为了完成这一个过程，连接到交换网络的每个 N 端口的 3 字节端口标识符在网络空间都有唯一的标识，同时在交换网络内部应该提供一组可以通过链路而与各个 N 端口连接的 F 端口，以及完备的路由功能。

5）流量控制和端口服务类型

当前光纤通道协议定义了 6 种类型的服务，服务的类别并不是强制的，也就是说，交换网络或 N 端口并不一定支持所有的服务类型。服务的类型与网络的拓扑结构无关，拓扑结构也不影响不同服务类型的性能。

6）基本的和扩展的链路服务命令

除了用于数据传送的帧之外，光纤通道协议本身使用许多帧、序列和交换，用于发起通信、监督传送和状态通知等。这些功能称为"链路服务"。

7）仲裁环功能

规定了对于仲裁环路所特有的仲裁初始化序列、原语信号的定义和如何确定环内地址的初始化方案，用于监视新加入端口及如何为新加入端口分配地址的状态机。

8）数据的分段和重组机制

主要说明将数据分割成便于传输的有效包体，并将有效包体嵌入单个的帧，在接收后将有效数据从帧中分离出，重新组合。

9）数据的检错和恢复

差错检测分为两类：帧差错和链路差错。对于帧差错来说，主要检测延时时间和 SEQ_CNT 值，如果发现 SEQ_CNT 不连续，则舍弃整个序列，或许重传。这取决于这个序列的错误检测机制，对于链路差错来说，主要由于网络中的状态发生变化引起的，比如说加进新的端口，或者有端口掉线，这一类别错误恢复主要依靠链路恢复协议进行。

9.1.4 公共服务层

FC-3 主要定义了一些特殊服务功能，诸如带宽频率分片（Striping）、搜索组（Hunt Groups）和多点广播（Multicast）。FC-3 层对物理和信号（FC-PH）层以上的高层协议提供了一套通用的公共通信服务，这些附加的服务可以包括多点传送和广播数据传送机制，可以按照给定的地址、多路技术高层协议和 FC-PH 响应对多于一个的 N-Port（节点端口）组寻址。

9.1.5 映射协议层

FC-4 是光纤通道协议结构的最高层，定义了光纤通道的应用接口，规定了上层协议到光纤通道的映射。FC-4 层提供了在光纤通道上使用现有的协议而不需要修改的方法，FC 节点只需提供高层协议要求的低层传输服务，这种集中功能要求 FC-4 提供附加的服务，如数据的缓冲器、同步和优先次序，FC-4 映射应包括以下通道和网络的高层协议。

（1）智能外围设备接口（IPI-3）。

（2）小型计算机系统接口（SCSI）。

(3) 高性能并行接口（HIPPI）。
(4) 单字节命令编码系统（SBCCS）。
(5) 逻辑链控制（LLC）。
(6) 因特网协议（IP）。
(7) 异步传输模式（ATM）。
(8) 适应层5（AALS）。

光纤通道节点包含了从 FC-0 到 FC-4 的功能，任何固有的高层协议都不在光纤通道规范规定的范围内。光纤通道提供了实现的可能性范围，其目标在于使传输介质和控制协议相互独立，以便具体实现时可以使用最适合应用环境的技术。

网络技术所采用的地址命名方案，决定了该技术未来的扩展能力，网络地址分配和访问方法决定了该技术的使用难度。光纤通道的网络命名方案采用下面3种。

1) 全球名（World Wide Name，WWN）

全球名是接口芯片厂家在其生产的接口芯片内部的非易失存储器内固化的64位标识，通常贴在芯片的表面，作为芯片的序列号。

2) 端口地址

端口地址是一个24位的地址标识，用来唯一地标识每个端口，一个 N 端口接入交换机时，端口通过注册服务，将自己的 WWN 在交换机上注册。交换机为每一个端口分配一个唯一的端口地址，并且在内部建立所分配的端口地址和 WWN 的对应关系，交换式网络中的端口地址有24位，也就是说，在光纤通道网络中最多可以有1600万个端口同时接入。

3) 仲裁环网地址（AL-PA）

AL-PA 专门用来标识仲裁环的每个端口地址，长8位。端口接入仲裁环时，由主机通过一系列初始化过程为其分配 AL-PA 地址，端口获得自己的 AL-PA 后通过环路服务可知环路中其他端口的地址。

9.2 光纤通道拓扑结构

光纤通道用交换式网络来解决设备互联和交换的复杂性问题，光纤通道的末端站，或者说是一个节点，只需要负责管理它自己和交换式网络之间简单的点到点的连接。交换式网络可以是一个，也可以是多个，它负责节点间的路由选择、检错和纠错，对交换式网络本身而言，增加并行通道可以增加节点和交换式网络之间特殊的物理连接，交换式网络的操作不受高层通信协议的约束，对远距离也不敏感，可以基于任何技术。

光纤通道提供逻辑上的点到点串行通道，用于在源设备的缓冲器和目的设备的缓冲器之间进行数据交换。它提供高性能的通信链接,从物理角度上来说是靠许多通信节点的互联,每个节点上都有一个或多个与光纤通道网络互联统称为端口的设备,普通的端口称为 N 端口,连接这些端口的交换机上的端口成为 F 端口,具有仲裁环功能的端口成为 L 端口。通过这种方式,光纤通道避免了需要处理不同网络通信协议的问题,它仅仅需要将缓冲器的内容从一个端口移到另一个端口,而不需要去考虑数据的格式和意义,光纤通道只提供交换的控制和简单的差错检测。

光纤通道定义了 3 种拓扑结构:点到点(Point to Point)、仲裁环(Arbitrated Loop)、交换机(Fabric Switch)。

9.2.1 点到点结构

点对点的连接是 3 种结构中最简单的,如图 9-4 所示。通过双向链路直接将两个 FC 节点端口的发送端和另外一个设备端口的接收端直接连接起来,点到点的连接可以提供最大带宽的专用连接,并可实现全双工通信。该种拓扑结构的缺点是要求所有端口必须采用相同的物理传输介质,采用相同的时钟频率,同时这种拓扑结构不具有扩展性,用于固定线路之间的传输。

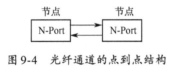

图 9-4 光纤通道的点到点结构

9.2.2 交换式结构

交换式结构提供了节点(N-Port)和交换式网络(F-Port)之间的双向连接,由于光纤通道依赖于节点和交换式网络之间的端口记录,所以它实际上与交换式网络、集线器或其他技术无关,交换式网络的通用要求和特性在 FC-FG 和 FC-SW 标准中规定。

交换式的拓扑结构图如图 9-5 所示,各个端口通过交换机(Fabric)进行连接,形成以 Fabric 为中心的星型网络结构,Fabric 负责路由选择、流量控制、差错处理以及节点端口管理等功能,并提供专用的网络带宽。当一对端口建立好连接之后,Fabric 就向它们提供近似点到点的连接。FC 协议同时支持交换机的级联,所以交换式结构可以支持近似无限个端口的互联。

交换机提供了两种形式的开关:具有低延迟的包开关和具有高带宽的电路开关。在一条连接通道中,交换机可以同时建立多条直接通道和共享连接链路,即可以同时进行电路交换和分组交换,这是光纤通道技术的关键部分,当需要很高带宽时,交换机中加入了更多通路以提高带宽,从而实现了带宽的动态调配。

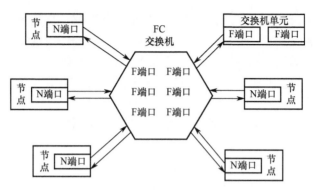

图 9-5 交换式拓扑结构

9.2.3 仲裁环结构

上述光纤通道各种拓扑结构中点到点结构能够保证最大的传输带宽,但硬件利用率太低,而且系统没有扩展能力,交换式结构虽然能提供获得连接和带宽利用率,但是交换机价格昂贵,仲裁环是这两种结构的折中方案,可以支持低成本多个节点互联。

最新的拓扑是 FC-AL(光纤通道仲裁环)标准(X.3272 中定义的仲裁环,仲裁环拓扑如图 9-6 所示,各个端口设备首尾相连成环型结构。环拓扑结构单向连接在节点和(或)交换式网络上的 L-Port(环端口)、NL-Port(节点-环端口)和 FL-Port(交换式网络-环接口)分别看作是 N-Port 和 L-Port,除了基本的点到点功能外,还可以支持仲裁环功能,在仲裁环路中,环路中的每一个节点(L-Port)依次发送报文,从而构成了与一个或多个其他的 L-Port 的交换。

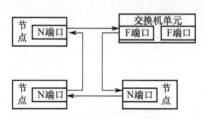

图 9-6 仲裁环拓扑结构

FC-AL 作为 FC 协议簇的重要组成部分,专门规定仲裁环的连接方式。FC-AL 标准增强了 FC-PH 信号接口,NL 端口在 N 端口的基础上修改而来,它是在普通 N 端口的基础上增加了能够收发和解释仲裁原语的能力。NL 端口之间通过仲裁的方式竞争访问环网,当 NL 端口检测到环路处于空闲状态,则通过获取令牌的形式,取得仲裁环路使用权,一旦 NL 端口获得了仲裁,就可以在目标端口和源端口之间建立一条点到点的链路,在完全保证连接带宽的情况下进行通信,直到端口释放环路使用权为止。在环路上有两点进行通信时,其他节点负责转发数据并监视网络工作状态，等待通信机会。从上述分析可以看出，尽管在一个环路上最多能连接 127 个端口，但在某一时刻只有两个端口进行通信，同时，由于拓扑结构本身的特点，决定了任何单个链路出现问题都可能使整个网络陷入瘫痪。这使得仲裁环结构的可靠性较差，在使用中通常以双环结构来增加余度，常用的双环结构有两种形式：一种是在原来的向环的基础上增加一个正向环，另一种是通过 HUB 来进行物理上的星型连接，在逻辑上构成一个余度环，如图 9-7 所示。

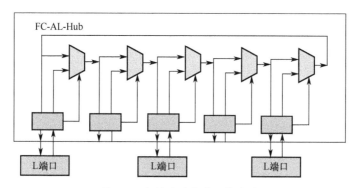

图 9-7　光纤通道仲裁环集线器

如图可见，光纤通道仲裁环集线器实际上是两层环路，L 端口通过外环连入集线器，而内环主要将连接于外环的端口连接起来，外环不断地检测自身状态，如果有变化则重新初始化环，在不使用交换机的情况下，光纤通道仲裁环搭配集线器就成了多节点互联的最佳方案。

9.2.4　仲裁环的初始化

当系统上电，或者有新的节点加入环路时，光纤通道仲裁环就要运行初始化程序以确定环路中的各个端口个数和状态，为它们分配仲裁环地址（AL_PA）以及建立地址的对应关系。

环初始化主要依靠 LPSM（环端口状态机）完成，当所有端口都处于激活状态时，各端口会不断转发 LIP 有序集，当一个端口连续接收到 3 个 LIP 时，端口状态自动切换到 OPEN_INIT 状态，这个状态将使环路中的各个节点选择一个暂时的环路主机和确定自己的 AL_PA，一旦管理者被选定后，它就负责初始化过程的剩余操作并且负责关闭环路以及使环回到正常操作。

进入 OPEN_INIT 后端口发送带有其 WWN 的 LISM 帧，同时监视接收到的 LISM 帧，并比较收到的 LISM 帧中其他端口的 WWN。如果收到的比自己的 WWN 小，则转发收到的 LISM 帧；如果收到的比自己的 WWN 大，则发送自己的 LISM 帧。最后总有一个节点收到含有自己 WWN 的 LISM 帧，这个节点就成为整个仲裁环的临时主机。随后，它发送一个特殊指令告知环中的其他节点主机已选出。

作为环路的主机,应该启动4种帧（LIFA、LIPA、LIHA、LISA）来为环中的其他节点分配AL_PA,其中LIFA负责收集交换机分配的AL_PA,LIPA用来收集端口曾经使用过的AL_PA,LIRA用来收集硬件请求的AL_PA,LISA使用软件的方法为经过前3种方法都没有分配到自己AL_PA的端口分配地址。经过这4种方法后,每一个连接在环路上的端口都能拥有自己的AL_PA地址,当主机收到LISA帧后,发送名为LIRP的帧。LIRP帧包括128字节的AL_PA分布图和一个专门用来计数的偏移量,主机将自己的AL_PA值放在第一字节,并将计数偏移量置为0x01,第一个收到LIRP的端口将自己的AL_PA值放在第二字节,并将计数偏移量置为0x02,依次类推。当主机收到最后一个端口传回的LIRP后,修改其帧头,将其变为LILP帧,发送出去,对环中的每一个端口报告环路中的位置分布图。至此环路中的所有端口都有了自己的地址,也知道环路中其他端口的情况,环路初始化完成。

9.2.5 仲裁环的数据传输

当处于仲裁环中的端口和其他端口进行通信时,发送带有自己AL_PA值的ARBx（x=自己的AL_PA）原语信号,同时不断监视网络中的ARB原语。如果环路上的其他端口也有发送数据的要求,则在接到ARBx后,将ARBx中的AL_PA与自己的AL_PA作比较,如果自己的优先级高则将收到的ARB原语抛弃,发送以自己名字命名的ARBx。最后,总有一个端口收到含有自己名字的ARB原语,此时,这个端口便获得了仲裁权。接着获得仲裁权的端口发送OPNyx（y=目标端口AL_PA,x=自己AL_PA）原语,当目标端口收到OPN后,将自身的状态转化为OPEN,和源端口建立连接全双工的相当于点到点的链接,直到接收端口或者是发送端口（根据所传输的类型而不同）收到CLS原语,放弃连接为止。

当在环中有数据通信时,其他的端口不得进行数据传输,为了解决低优先级端口无法获得网络仲裁权的问题,FC协议制定了访问公平机制,规定在一段时间区间内所有申请仲裁的端口共同组成一个访问窗口,窗口中任何赢得仲裁的端口在完成其数据收发任务后,必须等待这个窗口内的其他端口都收发完数据后才可以申请下次环路的仲裁。一旦环路处于空闲状态,新的访问窗口就可以开始建立,并且窗口尺寸将随着正在进行仲裁的环路端口的数目变化而变化。

由于以太网和令牌环具有广播的特性,而仲裁环网具有非广播的特性,仲裁环网与以太网、令牌环网相比,具有设备负担轻,工作效率高的特点。以太网中的数据传输是在公共介质上进行的,每一个设备收到传输帧时,进行处理判断收到帧的MAC地址是否和自己的MAC地址相同,如果相同,则进一步处理,否则舍弃。令牌环也是基于广播的,当某设备收到帧后,首先判断帧的MAC地址是否等于自己的MAC地址,不同则舍弃若,相同则在该帧上做一个标记,表明帧已复制,并转发该帧。最后,当该帧回到源端口时,源端口通过帧上的标记判断该帧已到达目的地并被接收，删除该帧。在仲裁环中某端口获得对环路的使用权，并且打开了一个目标端口后，便在源端口和目标端口之间进行帧传输，源端口和目标端口之间的设备可以看到这些帧，但只进行转发而不做任何别的处理。在目标端口接收帧后，就从环中删除该帧，并发送一个 R_RDY 或 CLS 指令到源端口。

9.2.6 仲裁环的流量控制

在网络系统中，人们投入大量的注意力到系统的流量控制上，以保证端口不会受到比自己处理能力大的多得数据拥塞。信誉（Credit）是光纤通道中关于流量控制的一个重要协议服务参数，它定义为发送消息的光纤通道端口在注册程序中分配给响应节点的接收缓存数量。根据网络结构与服务类型的不同，信誉分为 EE-Credit（End-to-End Credit）和 BB_Credit（Buffer-to-Buffer Credit）两种形式，相应的 FC 协议也采用端到端和缓冲区到缓冲区两种流量控制。

端到端的流量控制是当数据从发送端发往接收端时，发送者从端到端的信誉池中减 1。当目的端口 NL、N、L 接收到这些数据时，它向发送者返回一个确认（ACK），以表示该帧已经正确接收了；当发送端端口接收到该确认帧时，将其 EE-Credit 池加 1。通过这种方式，当收到从目的端口发回的确认帧后，由发送端使用的端到端信誉就得到了补充，端到端的流量控制是在两个节点之间使用的流量控制。在两个通信节点登录并交换通信参数时，建立起传输信用度，并由节点本身来监测，中间的交换机不参与端到端流量控制，FC 基于信誉的流量控制如图 9-8 所示。

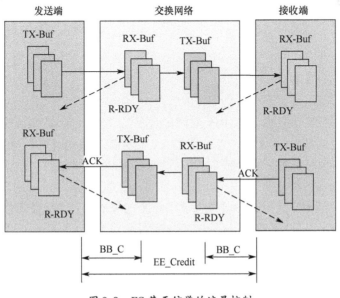

图 9-8　FC 基于信誉的流量控制

缓冲区到缓冲区的流量控制由连接中的 L 或 NL 端口以及 N 端口和 F 端口来管理。如图 9-8 所示，连接到交换机的节点在登录的过程中建立它自己的 BB_Credit，发送方在发出一个帧时将自身的 BB_Credit 减 1，当 BB_Credit 的数量为零时，不再进行帧发送。接收方收到数据后，发送一个 R_RDY 原语信号，表示接收端有足够的资源来处理更多的数据，需要注意的是 R_RDY 信号只用于缓冲区到缓冲区的流量控制，并不说明连接建立与否。发送端接收到 R_RDY 原语信号时将 BB_Credit 加 1，B_Credit 的初始值必须是非零的。

两种流量控制方式的主要区别是：在端到端的流量控制方式下，接收端每接收完一帧数据都要向发送端发送确认帧（ACK），而缓冲区到缓冲区的流量控制方式则无需发送确认帧。具体使用哪种流量控制机制则要根据服务类型来选择，第 1 类服务仅仅选择端到端的流量控制，第 2 类服务两种都可以，而第 3 类服务只支持缓冲区到缓冲区的流量控制方式。

9.3 光纤通道分类服务

光纤通道定义了 6 类服务，使用的类别很大程度上依赖于所传输的数据类型，服务类别之间的主要区别是使用不同的流控制类型，如果两个 N-Port 之间进行通信或者一个 N-Port 要注册到交换式网络，则至少需要 1 类公共服务支持，因为序列和交换需要使用 1 类服务，在交换式网络注册和 N-Port 注册的过程中，信息进行了交换。其中服务 1、2、3 和 6 最适合机载电子系统，1 类服务用于数据需要连续和实时的场合，2 类服务用于交付顺序和时间限制不是很严格的场合，3 类服务用于顺序和时间不是很严格以及上层协议可以有效地处理帧丢失的场合，6 类服务类似于 1 类，只是一个端口可以同时向多个端口发送数据，服务 1 和 6 有一个能保证数据链路全部带宽和按顺序发送的专用光纤电路，服务 2 和 3 就不能保证这些特性。

1）1 类服务

1 类服务用于建立两个 N-Port 之间的连接，是专线传输，类似于电话线连接，面向的是连续的有确认的传输服务。1 类服务专线连接一旦建立，两个 N-Port 之间的通信可以利用整个带宽进行通信，不会发生其他的网络传输影响该通信，但一个端口只能在同一时刻与另一个端口连接，而不能与多个端口同时通信，直到连接关系终止。这种服务保证了专线的两个端口之间在连接的时间段内具有最大的带宽，保证了所传送的帧按顺序到达，另外，对于组成连接的所有光纤介质的速度应是一样的。由于连接的性质，在 1 类服务中只需要进行端到端流控制，而不需要缓冲器到缓冲器流的控制，1 类服务用于数据需要连续和实时的场合，如音频和视频。

2) 2类服务

2类服务可以复用，类似于帧中继等传统的包交换技术，面向无连接有确认的传输服务，用于多路传输。在2类服务中，端口可以从多于一个的 N-Port 接收和发送帧，N-Port 与其他网络传输一起共享带宽，在同一个链路上来自于多个序列和多个 N 端口的帧可能间差传输。支持2类服务的 N 端口必须支持按 SEQ_CNT 的值重新排列失序帧，而且规定在发送完一帧后的一个 E_D_TOV 时间段内必须发送下一个帧，因为不限制所发帧的顺序，因此系统设计者必须另外通过判断延时来确定是否有丢帧现象。除了点到点和环拓扑结构，不保证帧按照发送的顺序到达，介质的传输速度可以与组成连接的光纤不同，在2类服务中采用了缓冲器对缓冲器和端到端的流控制，2类服务有点类似于局域网，如 IP 或者 FTP，用于交付顺序和时间限制不是很严格的场合。

3) 3类服务

3类服务是数据报服务，和2类服务非常类似，区别在于它只采用缓冲器对缓冲器流控制，在3类服务中，当帧到达后，该端口不返回确认（ACK）表示成功传送，也不返回 BSY 或者 RJT 表示目的忙或者传送失败。3类服务用于对顺序和时间限制不是很严格以及上层协议可以有效地处理帧丢失的场合，由高层协议负责对数据帧的确认、差错检测和重试。

4) 4类服务

4类服务是基于连接的虚拟电路连接，通过连接两个 N-Port 的交换式网络，提供路径资源的带宽配置，4类服务用于纯交换式网络拓扑结构，一个 N-Port 通过向交换式网络发送请求，指示远程 N-Port 以及服务参数质量，建立一个虚拟电路，4类服务的电路由两个 N-Port 之间的两个单向的虚拟电路组成，虚拟电路的速度可以不同。

与1类服务专门用于连接类似，4类服务提供了一种新的面向连接的服务，比第一类服务更灵活，电路保证帧按照传送的顺序到达，并提供交付帧应答，主要的不同在于一个 N-Port 可以有多个的4类服务电路，可以同时有多个 N-Port 端口。在1类连接中，所有的源只有两个 N-Port，在4类服务中，源被分为许多潜在的电路，交换式网络管理传输，并通过使用 FC-RDY 信号分别对每个虚拟电路进行缓冲器对缓冲器的流控制。

具体地说，4类服务将连接端口之间的专线带宽分为多达254个虚拟电路（Virtual Circuit），由一个地址为 0xFFFFF9 的 Qos 服务者来保持每个连接到端口 VC 的服务品质，服务品质主要指在这条 VC 上可以保证的传送带宽和最大延迟。在开始4类服务之前，发起方应当用链路服务帧来询问接收方是否有足够的资源来满足传输要求，在虚电路建立后则要保持虚电路的服务品质，在不使用虚电路时，可以使虚电路睡眠，从而把带宽让给其他的传输，从而加强了系统的灵活度。在上层软件的支持下，4类服务可以使端口上的254个有可能的连接互相协商带宽的分配。

5) 5类服务

5类服务用于同步、即时服务，主要涉及同步服务的一些内容，到目前为止尚没有详细的定义和使用守则。

6) 6类服务

6类服务支持通过交换式网络进行多点传送，是带应答的多点传输服务。类似于1553B中的方式命令，提供一种带应答的广播传输。发起方先向交换机构传送一个包含本次服务将要传送到的所有D_ID值的发送序列，后紧跟着所要发送的数据，由交换机构将这些帧传递给相应的端口，同时收集端口的反馈，最后将所有反馈放在一个帧里，传递回6类服务的发起者。因为要涉及交换结构，所以在单一的仲裁环上对6类服务支持受到限制。

6类服务中，设备一次向多个N-Port传送帧，与交换式网络地址FFFFF5中多点发送服务器建立连接，多点发送服务器在源N-Port和所有目的N-Port之间分别建立连接，多点发送服务器负责向多点发送组中其他的N-Port复制和传送帧，N-Port通过在地址FFFFF8用别名注册，成为多点发送组的成员，6类服务和1类服务非常相似，6类服务的SOF（帧头）在N-Port和多点发送服务器之间使用端到端流控制。

9.4 光纤通道通信功能实现

光纤通道技术是目前较尖端的技术，协议复杂，在研制过程中需要解决大量技术问题。在前面所介绍光纤通道体系结构基础上，根据先进的综合航电系统的特点，下面重点介绍把光纤通道作为先进的综合航电系统的主干网络来研究和开发。

在未来先进机载电子系统中各节点之间的数据流较复杂，其中还包括射频、视频等大流量的数据，有的节点数据传输超过了1Gb/s，所以就不能采用分享带宽，即仲裁环的连接形式。另外，在先进的综合航电系统中，由于要求采用统一网络，原有体系中LRU级的系统概念将被LRM所替代，每个LRM中将会有一个统一网络接口模块，节点的数目可能会大于300个，在仲裁环结构中，最多只有127个节点，这也制约了统一网络的发展，所以采用交换式拓扑结构就成为必然选择。

在交换式结构中，交换机是数据的中转枢纽，可提供多条同时工作的数据通路，交换机可级联，最多可配置7级，1级交换机的端口具有全带宽能力，而2级的各端口的数据只能通过一个级联端口与1级交换机互联，所以2级交换机中的端口只能具有1Gb/s的组合带宽，高速的端口可用于视频源和显示等大数据量的节点，低速端口可替代1553B等低速总线。

为了与原有系统的兼容性和对 COTS 商品的利用,针对不同的传统总线研制不同种类的网桥,通过传统总线与 FC 网络网桥连接的方法,把 MIL-STD-1553 和 IEEE-1394 等传统的总线方便地接入到光纤通道网络中。

光纤通道网络接口设计与通信功能实现涉及下面几个方面。

(1) 协议的研究和理解。光纤通道涉及物理和信号接口 (FC-PH)、航空电子环境 (FC-AE)、交换式网络通用要求 (FC-FG)、帧和信号接口 (FC-FS)、帧和信号接口物理接口 (FC-PI) 及交换式网络光纤和交换式网络控制要求 (FC-SW) 等多种协议,因此,较好地掌握和理解这些协议的本质,针对机载电子系统的不同应用作适应性剪裁,是研制成功的关键。对航空电子环境的应用最重要的文件主要包括:FC-PH,光纤通道物理和信号接口;FC-AE,光纤通道航空电子环境;FC-SW,光纤通道交换式网络;FC-AL,光纤通道仲裁环;FC-PS,光纤通道帧和信号接口;FC-PI,光纤通道物理接口;FC-GS,光纤通道通用服务等。

(2) 协议芯片和网卡的开发。研制光纤通道协议芯片应在深入研究协议的基础上,通过协议仿真和 EDA 仿真设计等过程,并在此基础上进行网卡的设计。

(3) 光纤通道交换机的开发。光纤通道交换机是光纤通道系统的传输枢纽,在路由算法和硬件设计上有一定的复杂度。

(4) 数据通信过程的设计。通信过程用来实现整个光纤通道系统的数据通信,它涉及 FC-2 层和 FC-3 层的协议。

下面针对光纤通道网络接口设计与通信功能实现中涉及的主要问题进行详细介绍。

9.4.1 光纤通道网络接口设计

使用光纤通道组建机载电子系统,必须开发相应的网络接口设备,作为网络的硬件基础设备。网络接口的开发,需要实现光纤通道的各项先进性能和要求,能够完成光纤通道各层协议和实现各种连接拓扑。图 9-9 所示为光纤通道网络接口设计的一个例子。

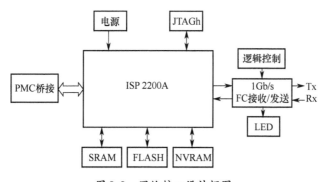

图 9-9 网络接口设计框图

光纤通道卡选用 Q logic 公司的 ISP2200A 协议处理芯片，作为其核心，ISP2200A 是目前众多光纤通道主机总线适配卡（HBA）中使用的协议处理芯片，它可以直接与 PCI 总线和光纤接口相连，高层协议支持维护和 SC-SL 芯片内集成的 RISC 处理器提高了数据吞吐和处理能力。

ISP2200A 内部包括一个高速 RISC 处理器、一个千兆位收发模块、通道控制、帧缓存等，这里，FC 接口包括 3 个通道的 PCI 总线 DMA 控制器，它与 PCI 总线、FC 光收发模块能方便连接，内建智能处理单元无需再外扩控制器，只用挂上 SRAM、FLASH ROM、NVRAM 等存储芯片以存放外部数据、启动代码等。LED 用于指示光收发器的传输状态，输出控制是光收发器数据收发的使能，在必要时将光收发器关闭，将接口卡与外界隔离，达到隔离出错设备的目的。

9.4.2 光纤通道数据通信功能实现

在光纤通道中，把数据从源节点发送到目的节点的通信过程包括通信链路同步、帧级通信协议、流控制管理和传输差错控制等环节。

9.4.2.1 通信链路同步

在 FC 网卡和交换机进行通信前，首先要实现通信链路同步，可以采用链路复位协议（Link Reset，LR）来实现通信链路的同步，同步状态机如图 9-10 所示。其中 LR1、LR2、LR3、链路复位响应（Link Reset Response，LRR）、激活状态（Activate State，AC）均严格按 FC-PH 要求设计。

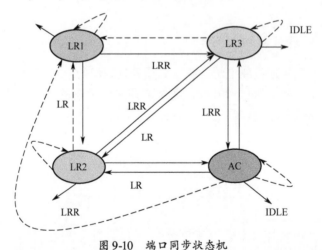

图 9-10　端口同步状态机

交换机上电后，网卡上电并执行 LR 命令，实现网卡和交换机的同步。同步过程如下。

（1）交换机加电后，进入 LR1 状态。在 LR1 状态中不停地发出 LR 信号，同时监听链路信号。

（2）网卡加电或接到 LR 命令后，进入 LR1 状态，在 LR1 状态发出 LR 信号。

（3）交换机收到 LR 信号后，进入 LR2 状态，发出 LRR 信号。

（4）网卡收到 LRR 信号后，进入 LR3 状态，发出 IDLE 信号。

（5）处于 LR2 状态的 F_PORT 收到 IDLE 信号，进入 AC 状态，同时发出 I-DLE 信号。

（6）处于 LR3 状态的 N_PORT 收到 IDLE 信号，进入 AC 状态，发出 IDLE 信号。

至此，N_PORT 和 F_PORT 都进入 AC 状态，实现了通信的同步。处于 AC 状态的端口之间做好了通信的准备。

9.4.2.2 帧级通信协议

FC 交换网中，通常以帧为单位进行传输，帧的统一格式如下：

SOF	HEADER	PAYLOAD	CRC	EOF

SOF 域：表示一个数据帧的开始，同时也表明了该数据帧的类型。如 SOFcl 表明该帧用于申请建立通信信道，SOFil 表示序列的第一帧，其他帧用 SOFnl。

EOF 域：表示一帧的结束。EOFt 表示一个序列帧的结束，EOFdt 表示该帧为通信的最后一帧，其他帧用 EOFn 结束。

PAYLOAD 域：帧的有效数据。

HEADER 域：为 FC 帧的帧头，交换机只对 SOFcl 帧的帧头进行处理。D_ID 表示帧的目标地址，若为 0xFFFFFE，则表示该帧为登录命令（Flogi）。S_ID 表示帧的源节点。

实现了通信链路同步，再完成注册（LOG）和申请建立信道后，就可以发数据帧，最后撤销信道，整个过程的帧级通信协议如图 9-11 所示。

其中 N_Port 代表节点机，Fabric 代表 FC 交换机，F_PORT 代表交换机的 F 端口。数据通信过程如下。

（1）注册。在数据通信前，全部节点的 N_Port 都要向交换机发出 Flogi 帧。交换机收到 Flogi 帧后，根据帧进入的交换机端口号，建立地址映射表。处理完 Flogi 帧后，交换机向 N_PORT 返回特殊的响应帧。

（2）申请信道。可以用 PCC（抢占信道命令）、MC（多播命令）、BC（广播命令）等不同的命令以不同的方式来申请信道。如申请成功，则交换机回送 R_RDY；否则，回送 SW_BSY。发送数据时，N_Port 首先向交换机发出通信请求帧（SOFcl）。交换机收到该帧后，根据请求帧的 D_ID 号，接通通向目标端口的交叉开关，而后向申请信道的 N_Port 返回响应帧。

（3）源节点发送 DATA 帧。源节点收到响应帧后发送数据帧。

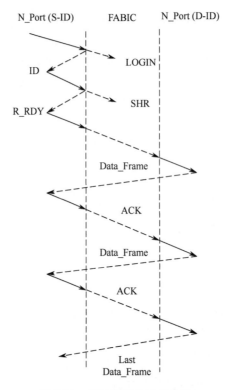

图 9-11　帧级通信协议示意图

(4) 目的节点机响应 ACK。目标节点收到数据帧后，返回 ACK 帧。源节点收到 ACK 后，继续发送下一帧。直至数据通信结束。最后一帧的 EOF 为 EOFdt。目标节点收到最后一帧的数据帧后，也要返回 ACK 帧。该最后的 ACK 帧的 EOF 也为 EOFdt。交换机收到两边的 EOFdt 后，撤销信道。至此，一次数据通信过程结束。

(5) 继续发送 DATA 帧。重复（3）、（4）所述操作过程，直到发最后一个数据帧；目的节点向源节点发回最后一个 ACK。

(6) 撤销信道。源节点和目的节点最后一个帧的帧尾均为 EOFdt，即可撤销信道。

在登录和申请建立信道时，信道尚未接通，登录和申请建立信道命令不可能到达目的节点机。信道接通以后，数据帧和 ACK 帧都可自由通过交换机，通信协议只与两个节点机有关，与交换机无关，只有最后一帧末尾的 EOFdt 是撤销命令。

9.4.2.3　流控制管理

在数据传输过程中，为了防止目的节点上数据超载，需要同步 N 端口之间和 N 端口与交换机之间帧的传输，这就是流控制。流控制属于 FC-2 层，分为缓冲

区 – 缓冲区流控制和端-端流控制。

缓冲区 – 缓冲区流控制：FC 网络通过缓冲区-缓冲区信用量（BB_Credit）（信用量是分配给传输端口的接收缓冲区的数目）、缓冲区信用量计数数（BB_Credit Count）、R_RDY 信号实现缓冲区 – 缓冲区之间的流量控制。BB_Credit 的大小由交换机的接收端口缓冲区数量来确定。BB_Credit Count 由发送端根据 BB_Credit 进行管理。R_RDY 由链路接收端发出。流控制管理如图 9-12 所示。

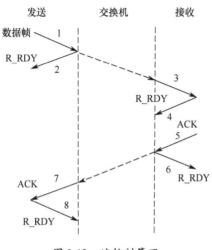

图 9-12　流控制管理

发送端通过过程 1 把数据帧发送到交换机缓冲区中；交换机通过过程 3 把数据帧转发出交换机缓冲区；转发成功后，交换机通过过程 2 将 R_RDY 回送给源 N 点；源节点收到 R_RDY 信号后，继续发送下一帧数据。通过 R_RDY 信号，实现了链路之间的流量控制。

端 – 端的流量控制：FC 网络通过端 – 端信用量（NN_Ctedit）、端信用量计数（NN_Credit_Count）、ACK 帧实现端 – 端之间的流量控制。NN_Credit 的大小由接收端节点缓冲区数量来确定。NN_Credit_Count 由发送端根据 NN_Credit 进行管理。R_RDY 由接收端 FC-2 层发出。

在图 9-12 中，发送端通过过程 1～4 把数据帧发送到接收端后，接收端通过过程 5～8 将响应帧 ACK 发送给源节点；源节点收到 ACK 帧后，继续通过发端口发送下一帧数据。通过 ACK 帧，实现端口之间端到端的流量控制。

9.4.2.4　传输差错控制

为控制数据传输过程中的差错，应按照以下帧接收的规则。

（1）在定界符 SOF 和 EOF 之外接收的数据字节都应被舍弃。

（2）通过对 SOF 定界符的识别启动帧接收。

（3）在接口缓冲可用时，识别 SOFA 定界符应通过传输 R_RDY 应答。

(4) 在开始帧接收之后到停止帧接收之前,对代码容错的检测应被认为是帧内的无效传输字。

(5) 直到检测到有序集或者一个链路失败后,就中止帧接收。

(6) 无论是处理或舍弃策略,若由 EOF_a 定界符终止帧接收,则整个帧就会被舍弃,包括帧头和数据字段。

(7) 如果 EOFdt 或者 EOFdti 定界符终止接收,则不考虑帧的有效性,应撤销专用连接。

以上即为采用交换方式的光纤通道通信系统进行数据通信的完整过程。

9.5 航空电子环境光纤通道

为了适应在航空电子环境的应用,光纤通道提供了一组有关在航空电子环境中应用的协议子集 FC-AE(Fiber Channel Avionics Environment),规范了在航空电子环境中光纤通道交换网络与环路拓扑的连接,并得到了应用。光纤通道作为代替 1553 这种航空电子综合的主网络已用于美国航空电子的升级换代,如在AH-64D 长弓阿帕奇直升机中用于数字视频接口与飞行试验和任务处理器的互联,F/A-18 任务计算机接口和先进任务计算机和显示(AMCD),机载预警与控制系统扩展哨所(AWACS Extend Sentry)光纤通道交换式网络区域网,B1-B 中航空电子计算机和数据存储/传输设备间的光纤通道-仲裁环接口。另外,光纤通道将作为在美国/英国下一代联合攻击战斗机(JSF)上复杂子系统间高速互联的主网络。

9.5.1 FC-AE-1553 协议

通常,多路传输航电协议分为 3 个部分:航电指令传输协议、网络管理控制协议、音视频传输协议。航电指令传输协议通过 FC-AE-ASM 实现,网络管理控制协议通过 ELS(扩展链路服务)实现,音视频传输协议通过 FC-AV 实现。

9.5.1.1 航电指令传输协议

航电指令传输协议通过 FC-AE-ASM 消息实现。FC-AE-ASM(匿名消息传输)标准协议是 FC 光纤通道标准簇中专为适应航空电子应用环境制定的专用协议。规定了消息的标识、保密性、优先级,ASM 中每条消息的发送是随机的,而接收方则按照预定的频率进行采样接收。ASM 具有消息传输安全和低延迟的特点。

FC-AE-ASM 标准协议采用 CLASS 3 类服务。该协议采用了分层的协议模型。按照 FC 协议标准共分为 5 层。采用 FC-AE-ASM 应用协议的整个系统层次结构如图 9-13 所示。

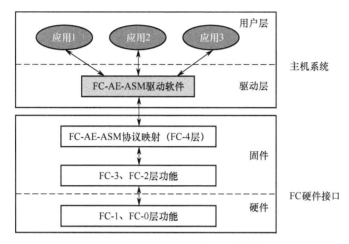

图 9-13 FC-AE-ASM 协议层次结构

FC-AE-ASM 协议属于 FC-AE 协议族，提供的是一种稳定的、安全的、低延迟的通信方式，用以支持航空电子网络中两个端口的实时双向通信，应用于多种网络设备与综合处理器之间的信息交换。FC-AE-ASM 协议中接收方对消息从哪里来毫不知情，只是按照预定的速率接收数据，并且所有的交换都是单序列的交换，属于同一序列的帧对应相同的消息号。FC-AE-ASM 帧结构与 FC-2 帧的标准形式相比，只是增加了长度为 16 字节 ASM 扩展帧头。

FC-AE-ASM 标准协议分为主机接口和 FC 硬件接口两大部分。主机接口实现 FC-AE-ASM 协议的应用和驱动程序，FC 硬件接口实现数据通信，通信管理和 FC-AE-ASM 协议到 FC 的映射。

FC-AE-ASM 协议可分两部分：一部分为 FC-AE-ASM 协议映射程序，由 FC 硬件接口上实现，提供 FC-AE-ASM 协议在 FC 映射和封装；另一部分为 FC-AE-ASM 驱动程序，由主机实现，提供一套满足 FC-AE-ASM 应用的接口函数。

FC-AE-ASM 针对航电系统中处理器、传感器、仪器和显示器之间通信要求，提供了确定性、安全、低延时通信协议，直接基于 FC-FS（物理信号层协议）。ASM 中的每条消息的发出是随机的，接收方按预定的速率进行数据采集，不知道其数据来源。系统中所有的消息采用消息标识来（Messge ID）进行区分。

FC-AE-ASM 的每条消息是单序列的交换，起源于多个发送者的同一消息只支持单帧单序列格式。多帧格式的消息，只能来源同一源头，到达目标节点后，基于消息 ID 和偏移量进行数据帧组装。每个消息的起始帧偏移量必须为 0。

FC-AE-ASM 通过 FC 帧格式的数据域封装 ASM 帧头实现协议映射，FC-AE-ASM 每个数据帧中的前 16 字节作为 ASM 帧头，ASM 帧头定义如图 9-14 所示。

FC-AE-ASM 帧头内容包含消息号、保留字段、优先级和消息长度信息，各字段定义如下：

字节	位		
	31	30-24	23-0
0-3	Reserved Message ID		
4-7	Reserved Security		
8-11			
12-15	L	Priority	Message Payload Length (Bytes)

图 9-14 FC-AE-ASM 帧头格式

Message ID：32 位的消息号，这是一条消息在传输过程中的唯一标识，用来作为主机系统中消息的唯一标识，接收者根据该标识解释消息；其中全零和全 1 字段被保留。如果接收方接收到了允许范围之外的消息号，则视为出错并丢弃该条消息。

Security：安全信息标识，用来填充相关的安全信息，当不需要安全信息时，该字段设置为 hex "00 00 00 00"。

Reserved：保留，应设置为 hex "00 00 00 00"。

Priority：消息优先级，系统和网络层协议来实现的。优先级为 0～127，0 优先级最高，127 优先级最低。

Message Payload Length：消息长度/队列偏移逻辑。

最后一个字段中，第 31 位 L 字段是消息长度的补充位，第 23 到 0 位表示消息载荷的长度字段，第 30 位到 24 位是消息优先级的值。

该处优先级与 FC-2 帧头中定义的优先级数值相等。当消息载荷长度字段不为 0 时，L 字段没意义；当消息载荷长度值为 0 时，L 字段若为 1，则表示消息长度为 0B；若此时 L 字段为 0，则表示消息载荷长度为 16MB。

完整的 FC-AE-ASM 帧格式定义如图 9-15 所示。

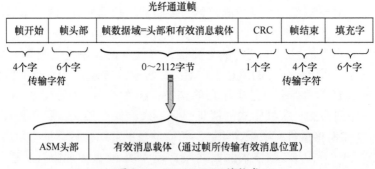

图 9-15 FC-AE-ASM 帧格式

FC-AE-ASM 为了保证通信效率，采用服务类型 3，服务类型 3 本身不保证数据传输的可靠性，ASM 协议通信的可靠性由通信高层应用应答来保证。应用中有专门的心跳通信程序，航电系统中的维护应用通过检测系统的心跳来判断系统通信是否正常。

FC-AE-ASM 通信调度与操作系统上各分区应用相关，各分区采用基于时间框架的调度，分区上各应用基于由优先级调度。FC-AE-ASM 通信调度由高层应用实现。FC-AE-ASM 采用零拷贝策略，保证传输低延迟；

9.5.1.2 网络管理控制协议

网络管理控制协议通过扩展链路服务（ELS）消息实现。

扩展链路服务（Extended Link Service）请求要求目标 FC 端口执行功能或者服务。ELS 应答应被发送以响应 ELS 请求，除非其他规定。每次请求或者应答由带有 LS 指令代码的单帧组成，LS 指令代码在序列的第一帧的有效载荷的第一个字规定。

每条序列可以由 1 帧或者多帧组成。对于交换和序列管理的正常原则应用到 ELS 帧、序列、交换。对于 ELS 接收（LS_ACC）应由在应答的最后帧上设置最后序列位（位 20）到 1 来结束交换。ELS 请求和相应的应答应在内执行。

ELS 可分为 ELS 请求和 ELS 应答两部分，所有网络中的节点通过发送 ELS 请求帧来发送控制信息和控制数据，接收 ELS 请求的节点使用 ELS 请求帧向回送应答和状态。

为了区分网络控制器、交换机以及网络终端的信息流向通过在 ELS 的 Payload 字段中增加 FUNCTION_ID 来完成标识。

网络上 LS_CMD 的数据传输采用大端模式，如数据 0x12345678 在网络上的字节传输顺序为 0x12、0x34、0x56、0x78。

网络管理帧格式定义中已给定确切数据的字段内容不可更改，未给定的字段由用户在实际使用中根据需要定义相应的值。

在 ELS 帧格式 Payload 字段中，增加和 ASM 协议一致的保留字段，提供 ELS 帧的时标字段 RTC（6BYTE）。

如图 9-16 所示，SOF 为帧起始符，以下依次是帧头、网络管理命令、功能号、数据区、CRC 区、帧结束符。SOF 是一个帧界定符，标志 FC 帧的开始。帧头为 6 个字，定义了消息的源、目的等信息。网络管理命令（LS_CMD）是用来管理和控制网络运行状态的一组命令，实现网络运行控制的功能。功能号（FUNCTION_ID）定义网络管理消息的功能编码，实现具体的网络管理命令。数据区（Payload）是消息传递的具体内容。CRC 是 CRC 码。EOF 也是一个帧界定符，标志 FC 帧的结束。

1Word	6Word	1Word	1Word	0~2104Bytes	1Word	1Word
SOF	帧头	LS_CMD	FUNCTION_ID	PayLoad	CRC	EOF

图 9-16 扩展链路服务帧格式

9.5.1.3 音视频传输协议

音视频传输协议通过 FC-AV 实现。FC-AV 协议是光纤通道协议中专门为音视频传输而制定的协议。其数据格式如图 9-17 所示。

FC-AV 作为一种标准协议,已经成为一种通用的标准,在各个领域广泛使用,其数据格式也是标准的定义。

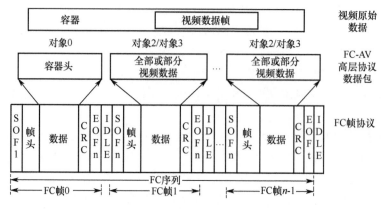

图 9-17 FC-AV 帧格式

9.5.2 FC-AE-1553 与 1553b 协议

FC-AE 主要设计应用领域在航空电子指挥、控制、监测、仿真、信号处理和传感器/视频数据分发方面。FC-AE 主要包括 5 个部分:无签名的匿名消息传输(ASM)、MIL-STD-1553 高层协议、虚拟接口(VI)、FC 轻量协议(FCLP)、远程直接存储器访问协议(RD-MA)。每一部分都支持一个或多个高层协议和拓扑结构,能共同使用且实现实时光纤通道网络特征,具备了支持不同机载电子系统需求的网络能力。

MIL-STD-1553 总线曾在相当长的时间内用作机载电子系统的主要数据总线,具有初始化时间短和适合实时控制等优点,并且可以适应恶劣的环境。但其 1Mb/s 的数据传输率已经远不能满足机载电子系统发展对高带宽的需要,FC-AE 作为替代者,以其良好的性能成为新一代高性能机载电子系统的数据总线。

FC-AE-1553 作为 FC-AE 的一个部分,定义了对 MIL-STD-1553 的上层协议映射,其目的之一就是允许利用已安装的 MIL-STD-1553 软件,通过映射使用熟悉的 MIL-STD-1553 总线,做到网络的平滑升级。

1)术语对照

MIL-STD-1553 中的总线控制器(BC)和远程终端(RT),在 FC-AE-1553 中分别用网络控制器(NC)和网络终端(NT)相对应。此外,MIL-STD-1553 消息对应 FC-AE-1553 交换,命令字和状态字分别对应 FC-AE-1553 中的命令帧和状态帧的概念。

2) 帧格式映射

在光纤通道的 FC-2 层中，定义了帧的标准格式。每一帧共计 2148 字节，其中包括 4 字节的帧起始标志 SOF 和 4 字节的帧结束标志 EOF，4 字节 CRC 码、24 字节的帧标题以及最多 2112 字节的信息数据。光纤通道中帧的标准格式定义如图 9-18 所示。

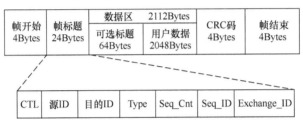

图 9-18 光纤通道帧格式

光纤通道采用将高层协议的传输指令包装成一种新的帧格式，为上层协议提供通用的传输方式。在 FC-AE-1553 中，MIL-STD-1553 的命令字和状态字分别映射到命令帧和状态帧中，其中帧标题部分与光纤通道标准帧格式相同，其他字数据映射到帧头的第 6～9 个字，通常是有效包体的前 4 个字，即光纤通道标准帧格式的可选标题区部分。

MIL-STD-1553 的命令字映射到 FC-AE-1553 命令帧的第 6～9 个字，关系如图 9-19 所示。

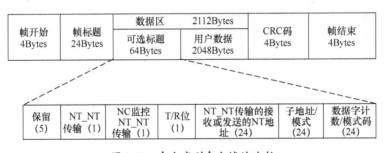

图 9-19 命令字到命令帧的映射

与此类似，MIL-STD-1553 状态字直接映射到 FC-AE-1553 状态帧第 6 个字的低 11 位中，高 21 位保留，传输时均置为 0，对应关系如图 9-20 所示。在帧格式映射的基础上实现了 MIL-STD-1553 与 FC-AE-1553 间的数据转换和系统综合。

3) 传输方式对应

FC-AE-1553 中定义了 10 种传输方式，可以完全涵盖 MIL-STD-1553 中的数据传输方式。这 10 种传输方式分别是：NC 到 NT、NT 到 NC、NT 到 NT、不带数据字传输模式命令（NC-NT）、带数据字传输模式命令（NC-NT）、NC 到多个

NT、NT 到多个 NT、不带数据字传输的广播模式命令、带数据字传输的广播模式命令（NC-NT）、带数据字传输接收模式命令（NC-NT）。

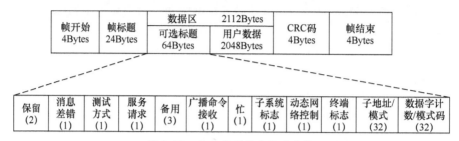

图 9-20　状态字到状态帧的映射

4）MIL-STD-1553 到 FC-AE-1553 的桥

当系统中还留存有 MIL-STD-1553 总线以及 MIL-STD-1553 设备时，可以通过 MIL-STD-1553 总线到 FC-AE-1553 网络的桥来将原有的设备连接到 FC 网络中，既保留了原有的软硬件设备，又实现了系统的平滑升级。图 9-21 提供了将原有系统中带 RT 设备的 MIL-STD-1553 总线接口接到 FC-AE-1553 网络的方法。

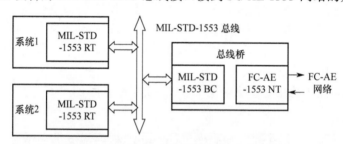

图 9-21　MIL-STD-1553 到 FC-AE-1553 的桥

在传输过程中，桥接收来自 FC-AE 网络的 FC-AE-1553 命令帧，桥内的 MIL-STD-1553 总线控制器将 FC-AE-1553 命令帧转换为 MIL-STD-1553 消息段（命令帧或命令帧加数据帧），然后通过旧有的 MIL-STD-1553 总线传送到 RT。当 RT 以 MIL-STD-1553 状态字（可能带有数据）做出响应后，桥又将 MIL-STD-1553 状态字转换为 FC-AE-1553 状态帧（可能带有数据），然后通过 FC-AE 网络发送出去。

9.5.3　先进综合航电系统结构

根据新一代战斗机机载电子系统采用的功能分区结构，各功能系统的信息和数据通信速率的需求，各功能分区处理和综合能力的要求，为了有效地满足各系统信息吞吐率和各系统之间通信速率的要求，必须建立一种高带宽、高传输率、强实时性、高抗干扰能力、高容错性、低误码率的系统通信网络，同时，这种网络必须能支持系统标准模块化结构，支持系统动态重构能力，以及支持系统标准信息与数据格式标准和规范。

先进的综合航电系统要求实现面向功能分区的信息通信，提高系统传输带宽，统一系统信息通信格式和标准，满足系统接口的标准化，适应高速、大量、可靠、有效信息通信和处理的需求。它采用一种新的、称为综合模块化机载电子系统（IMA）的结构，采用统一网络能实现强大的系统性能和低操作成本。综合是指功能上的综合和物理上的综合，功能上的综合包括过去在分离系统中存在的功能的连接和协作操作，物理上的综合包括物理资源的共享，如机架、电源和数据网络。IMA处理和控制功能的中心为核心机载电子系统，由4个航空核心综合区组成，每个综合区有30个外场可更换模块（LRM），核心综合区之间、核心综合区和功能区、LRM之间都通过同一个总线网络进行数据和信号的交换，即采用了整个机载电子系统的统一航空电子网络，并推进了传感器系统的综合，如图9-22所示。

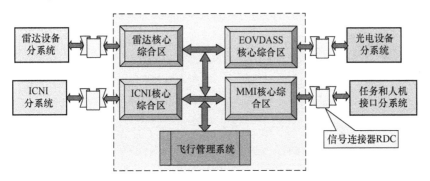

图9-22　采用统一网络的航电系统结构

在该航空电子统一网络中，以光开关阵列模块为传输的枢纽，通过光母板和机架间光纤不但交联了同一机架内的各模块，而且向前连接到传感器区，向后连接到座舱及飞机管理系统中，使处于不同物理位置的模块间的信息传输时间达到同一个量级。

机载电子系统网络是航空电子各系统或功能区信息通信、处理和综合的平台，因此系统标准与规范是机载电子系统网络关键技术和实施指南。众所周知，第三代飞机中采用的MIL-STD-1553B多路传输数据总线，实现了航电各子系统信息的传递和共享，但由于传输速率仅为1Mb/s，不仅无法满足当前信息传输、处理和综合的要求，而且也不具有系统信息标准和规范的能力。基于"宝石柱"计划的F-22机载电子系统，根据当时的总线技术和成熟能力，采用机内总线、高速光纤总线、MIL-STD-1553B总线等7种传输总线，其中高速数据总线（HS-DB）传送速率达到50Mb/s。但各类数据总线之间的交联需要专用的桥路和网关，这种不同标准和规范接口的桥路必然导致降低系统的吞吐率和实时性，而且还增加了系统的复杂性，同时降低了系统可靠性。因此，新一代机载电子系统将采用光纤通道技术，实现面向功能分区的信息通信的通用化，提高系统传输带宽，统一系统信息通信格式和标准，满足系统接口的标准化，适应高速、大量、可靠、有效信息通信和处理的需求。根据以上分析表明，光纤通道网络将成为新机载电子系统的神经中枢。

9.5.4 统一航空电子网络基本拓扑结构

随着航空电子综合化水平的提高，将完成相近功能的资源划入同一功能区，各功能区之间使用光纤通道作为统一互联网络进行高速互联，从而大大提高机载电子系统的功能和可靠性。可以将机载电子系统分为以下几个主要功能区：传感器管理区、任务管理区、飞机管理区、显示区和信号与数据处理区等。在每个功能分区之中，运用标准的结构单元实现高度的模块化。

利用光纤通道灵活的拓扑结构支持，针对不同功能区对网络通信的实际需求，设计出统一航空电子网络的基本拓扑结构，如图9-23所示。

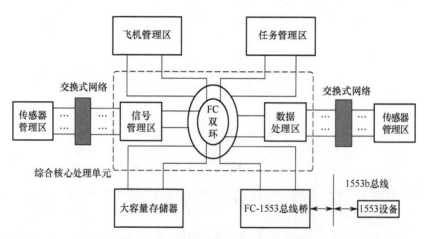

图 9-23　统一航空电子网络基本拓扑结构

在传感器管理区，由于其数据网络需要频繁不断地动态切换连接路径和改变工作状态，故而采用支持点到点和点到多点的交换式结构。在数据显示处理中，虽然其数据传输路径相对固定，但是考虑到出现故障以后需要重构，可选用和传感器管理区相同的交换式拓扑结构。信号管理区、数据处理区同飞机管理区和任务处理区以及系统大容量存储器之间要进行大量数据和控制命令的传输，对实时性和可靠性要求很高，同时需要进行容错设计，因而通过光纤通道双环结构实现互联。此外，通过FC-1553总线接口连接低速和原有的1553设备与系统，实现从原有数据通信网络到统一航空电子互联网络的平稳过渡。

9.5.5 可变规模光纤实时互联

当今机载电子系统开发中的瓶颈问题是通信范围的限制导致出现了复杂的、

不可变规模和高成本的结构。其解决方法是使用标准的、高带宽、串行互联技术,即可变规模光纤实时互联。通过采用这项技术,可以使用户达到以下目标。

(1) 低成本,高性能。
(2) 减少支持费用,提高可靠性。
(3) 可变规模结构。
(4) 开放式结构。
(5) 标准化互联。

图 9-24 是用光纤通道实现的 OS-JTF 可变规模实时互联的一个方案,通过这个方案,在下列方面有了重大提高。

(1) 简化了总线的互联。
(2) 减少了 I/O 连接器插针数量。
(3) 减少了互联故障。
(4) 最多可达 100m 的底板总线长度。
(5) 16~32Gbit 带宽;
(6) 对电磁干扰不敏感。

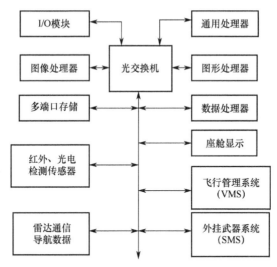

图 9-24 可变规模光纤实时互联

光纤通道将作为代替现有 MIL-STD-1553B 总线,已在许多在役飞机航空电子设备的升级换代中采用,并将在新一代军机上采用。

9.6　光纤通道接口设计

本节在前面几节介绍 FC-AE-1553(Fibre Channel Avion Environment Upper Layer Protocol MIL-STD-1553B)协议的基础上,进一步分析 FC-AE-1553 协议工作

原理，说明 FC-AE-1553 协议接口总体设计、发送功能实现与硬件设计、接收功能实现与硬件设计。

在 FC-AE-1553 接口总体设计中简要说明 FC-AE-1553 协议接口总体组成及其各组成部分的实现原理，以及完成 FC-FS 协议处理的功能实现。

FC-FS（Fibre Channel Framing and Signaling）协议硬件逻辑是 FC-AE-1553 协议接口芯片的重要组成部分，通过对 FC-FS 协议分析，提出 FC-FS 协议处理硬件组成结构如图 9-25 所示。

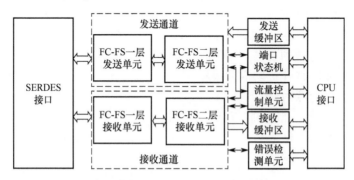

图 9-25　FC-FS 协议处理硬件结构

根据 FC-FS 协议处理体系结构可以看出，硬件系统主要由 SERDES 接口、发送通道、接收通道、端口状态机、流量控制模块 5 部分组成。

（1）SERDES 接口主要功能是提供数据的高速物理接口，实现数据的高速收发功能。

（2）发送通道包括 FC-FS 协议中 FC1 层所有的发送功能和 FC-FS 协议中部分 FC2 层发送功能。

（3）接收通道包括 FC-FS 协议中 FC1 层所有的接收功能和 FC-FS 协议中部分 FC2 接收功能。

（4）端口状态机用来控制光纤通道中各个端口的链路初始化，链路错误的恢复，通过端口状态机可以确保数据的正常传输，在发生传输错误时进行端口的链路的错误恢复，完成链路控制功能，提高链路传输的可靠性。

（5）流量控制模块完成数据信息量管理（远程接收帧缓存管理），通过原语信号的发送和接收完成本地接信用量管理。在出现了信用量丢失的情况下进行信用量恢复，提高链路数据传输可靠性，避免接收和发送的数据帧丢失。

9.6.1　SERDES 模块设计

SERDES 模块主要完成数据在光纤通道上高速收发的功能。在数据发送时，将 10bit 并行数据并串转换为在光纤通道上 1bit 数据进行高速发送。在数据接收时，将光纤通道上 1bit 数据按照数据顺序串并转换为 10bit 并行数据，并将 10bit

数据传输进入 FC 硬件模块中进行后续逻辑操作。

SERDES 模块由 8b/10b 编解码电路、频率综合电路、时钟恢复电路、高速数据收发电路、串并转换电路、信号侦测电路、自测试模块电路 7 部分组成，如图 9-26 所示。

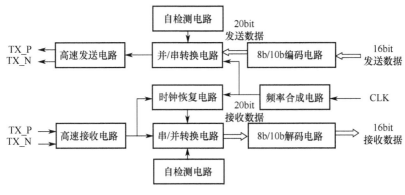

图 9-26　SERDES 组成

（1）8b/10b 编解码电路完成发送和接收数据的 8b/10b 的编解码功能。

（2）频率综合电路，即 PLL 产生电路，产生 1.0~2.5GHz 的时钟供发送电路以及接收电路时钟恢复使用。

（3）时钟恢复电路主要功能是从输入数据中恢复时钟信号并为芯片内部提供工作需要的时钟。

（4）高速数据收发电路采用 LVDS 接口，完成接收发送差分信号的功能。

（5）串并转换与并串转换电路完成发送 10bit 到 1bit 及接收 1bit 到 10bit 的数据串并转换功能。

（6）信号质量侦测电路完成判断差分信号是否符合要求，并给出检测结果。

（7）自测试模块电路完成环路功能检测以及抖动等性能测试，完成 SERDES 模块自测试功能。

9.6.1.1　8b/10b 编码与解码

8b/10b 编解码是一种高性能的编码标准，主要目的是使数据在传输的过程之中保持高的信号变换频率。编码的基本思想是将 8bit 字节宽度的数据转换为 10bit 数据，10bit 数据宽度中的 0 和 1 的个数相差最大不能超过 2，这样进行编码可以确保在高频时钟下信息流的直流频谱分量最大限度接近零，所以采用 8b/10b 编码进行数据流传输特别适合光纤通信。此外，这种编码方式可以提供一种简单的"逗号"特性，一种特殊的 8bit 数据串，解码模块可以利用这种简单的特性实现输出 8bit 数据的字同步。

8b/10b 编码具有直流平衡和较强的检错能力的关键原因是编码过程中引用了

Disparity 和 RD 概念：如果 1 的个数大于 0 的个数，则 Disparity 为 2，RD 值为正；如果 1 和 0 的个数相同，则 Disparity 为 0，RD 值不变；如果 1 的个数小于 0 的个数，则 Disparity 为 -2，RD 值为负。RD 值不可能为零，只可能是正负两种情况，所以在解码过程中能检测出 Disparity 违规的情况，而且有较强的直流平衡能力。

在 8b/10b 编码过程中，每个 8bit 数据对应了两组 10bit 数据，分别对应于 RD + 和 RD - 两种情况，可以将 10b 码字分为正持续差异值 RD + 和负持续差异值 RD -，通过 RD 值的计算和判断来选择相应的 10b 码字进行输出。

9.6.1.2　8b/10b 编码模块

8b/10b 编码模块结构如图 9-27 所示。

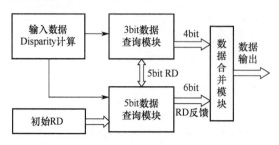

图 9-27　8b/10b 编码结构

8b/10b 编码模块结构框图如图 9-27 所示，在 FC-FS 协议中，起始数据 RD 恒定为负。输入的 8bit 数据，被拆分为高 3bit 数据和低 5bit 数据，5bit 数据查找模块通过初始 RD 值或者前一次编码反馈 RD 值确定的当前 5bit 数据到 6bit 数据查表操作，在查表后把 5bit 查表后得到的 RD 结果传送到 3bit 数据查找模块，3bit 数据查找模块将通过当前 RD 值的执行 3bit 数据到 4bit 数据查表操作，最后将转换完成的 4bit 数据和 6bit 数据传输进入数据合并模块，得到 10bit 输出数据。完成 8bit 数据到 10bit 数据的转换，并将最终的 RD 值反馈回输入作为下一次编码的起始 RD。

9.6.1.3　8b/10b 解码模块

8b/10b 解码模块结构如图 9-28 所示。

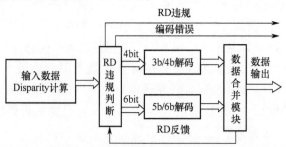

图 9-28　8b/10b 解码模块结构

10bit 数据输入时，首先进行 RD 计算，并将数据和计算结果传送到 RD 违规判断逻辑，RD 违规判断逻辑通过上一次数据的 RD 反馈值和当前输入的 RD 计算值判断输入数据是否有 RD 违规，同时检测输入数据是否在 8b/10b 编码表中，如果出现 RD 违规或者出现数据编码错误则报告错误类型。如果输入数据没有错误，则将输入数据拆分为高 6bit 数据和低 4bit 数据进行 3b/4b 解码及 5b/6b 解码，将解码得到的 3bit 数据和 5bit 数据传送到数据合并模块，得到最终解码后的 8bit 数据。

9.6.2 接收通道设计

光纤通道的接收功能是在 FC1 层和 FC2 实现的，下面从 FC1 层接收功能实现和 FC2 层接收功能实现两个方面进行说明。

9.6.2.1 FC1 层接收模块设计

FC1 层接收模块主要包括 FC1_R_MUX（10bit 到 20bit 串并转换模块）、dec16b20b（2 个并行 8b/10b 解码模块）、Invalidword_check（有效字检测模块）、Comma_check（逗号检测模块）、sixteen2thirtytwo（16bit 到比特串并转换模块）。

FC1 层接收模块组成如图 9-29 所示。

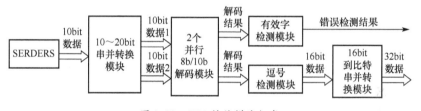

图 9-29 FC1 接收模块组成

FC1 接收模块接收到由 SERDES 模块发送到当前的 10bit 并行数据，经过各个模块的转换，最终得到 32bit FC2 层接收数据、原语信号、原语序列以及有效字检测结果。

1) 10~20bit 串/并转换模块

10~20bit 串并转换模块在 8b/10b 解码模块之前，为了降低数据率，可以将一路 10bit 数据进行锁存后输出两路 10bit 数据，将数据率降低 1/2，当硬件模块工作在 2.12Gb/s 的数据率下，10~20bit 串并转换模块之前，数据率为 212.4MHz，而经过此模块之后数据率降低为 106.2MHz。

2) 20~16bit 解码模块

20~16bit 解码模块将两路并行输入的 10bit 数据通过两个 8b/10b 解码模块解码后输出两路 8bit 数据输出，并给出每组 10bit 数据编码错误和游程值（Disparity）违规的相关信息。模块内部结构如图 9-30 所示。

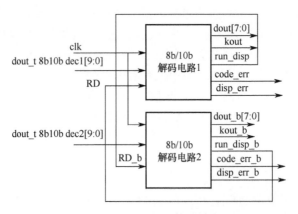

图 9-30　20~16bit 解码模块

当 FC-FS 硬件逻辑工作在 2G 速率下，进入 8b/10b 模块的数据率是 212.4Hz，如果使用单个 8b/10b 解码模块，很难达到设计要求，所以采用了两个 8b/10b 模块迭代结构，同时对 20bit 输入数据进行解码。这样处理就可以将编码数据的数据率降低 1/2，数据位宽增大 1 倍，提高了系统的可靠性和高数据率的扩展。通过 20~16bit 解码模块可以得到解码后数据和数据相关信息，并将数据传入下一模块进行后续处理。

3）逗号检测模块

逗号检测模块用于在传输过程中数据逗号出现位置，如图 9-31 所示。

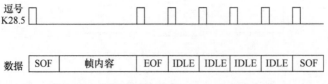

图 9-31　传输过程中逗号 K28.5 出现的位置

该模块功能是检测 FC2 中 32bit 数据起始标志 K28.5，并按照 K28.5 在前的顺序，将两路 8bit 数据输入转换为一路 16bit 数据输出，并将结果传送到 16~32bit 复用模块进行后续处理。

其实现方法是在 FC-FS 协议中规定，在两个 FC 端口进行通信时，会进行端口之间相互发送原语序列，通过端口状态机进行数据同步。原语序列由 K28.5 特殊码开头，通过 16b/20b 解码模块得到数据的 K28._5 标志位来确定，然后内部逻辑进行数据锁存，最后得到正确顺序的 16~32bit 复用的后续操作。

如果硬件模块工作在 212.4MHz，低一半，则变为 106.2MHz。16bit 数据，将特殊字标志位输出，完成的数据率下，则经过逗号检测模块，数据率降低。

4）16~32bit 复用模块

该模块功能将两个时钟周期内输入 16bit 数据按照 K28.5 在前的顺序复用为

FC2 层时钟的一组 32bit 数据,并将特殊字标识符同输出数据一同传输到 FC2 接收模块进行后续操作。

实现方法是在两个时钟周期内锁存两组由逗号检测模块输入的 16bit 数据,通过 kin 的标志,判断输出 32bit 数据的顺序。

如果硬件工作在 212.4MHz 的数据率下,经过逗号检测模块第一次降低数据率,变为 106.2MHz,最后通过 16~32bit 复用模块,数据率又降低一半,降低到 FC2 层的数据率 53.1MHz。

经过上面所有模块的功能,FC-FS 硬件系统完成了协议中规定的 FC1 层接收的所有功能,将 212.4MHz 数据率的 10bit 数据转换成为 53.1MHz 数据率的 32bit 数据,并将原语标志位 kout,数据有效字标志 invalid_word 传输到 FC2 层接收模块,进行后续 FC2 数据操作。

9.6.2.2 FC2 层接收功能实现

FC2 层接收模块主要完成以下功能。

(1) 进行原语检测。将接收到的原语序列发送到端口状态机,接收到的原语信号发送到流量控制模块,将接收到的帧起始符信息(SOF,EOF)发送到数据接收控制模块之中。

(2) 字同步。完成数据发送接收字同步过程。

(3) CRC32 校验。完成数据的 CRC32 校验,并将校验结果发送到状态统计模块。

(4) 状态统计模块。本地端口的数据信息。

FC2 层接收模块框图如图 9-32 所示。

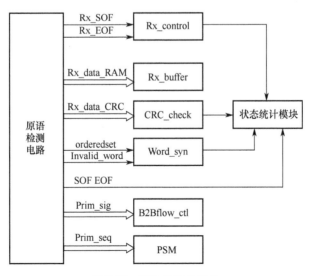

图 9-32 FC2 层接收模块

如图 9-32 所示，FC2 层接收模块由原语检测电路、数据接收控制模块（Rx_control）、CRC 校验模块（CRC_check）、字同步状态机（Word_syn）以及状态统计模块（Statics）组成。

1）原语检测功能实现

原语检测模块检测 FC-FS2 层信号中原语序列、原语信号，以及帧起始与结束的标识符，同时判断一帧数据是否缺少 EOF。

FC 端口初始化时，端口状态机用到下列 5 种原语：NOS（Not_Operational）、OLS（Off line）、LR（Link Reset）、LRR（Link Reset Response）、IDLE。在 FC 端口之间数据发送时，流量控制会用到 R_RDY、BB_SCs 和 BB_SCr 3 种原语信号，对本地端口信用量和通信方信用进行统计。在数据帧接收时，会用到 SOF、EOF 以及 EOFa 来进行数据帧起始与结束判断。此外，原语检测模块还包含以下 3 种功能。

（1）通过统计连续收到的 SOF 和 EOF 来判断数据帧是否缺少 EOF，将判断结果发送到接收统计模块。

（2）将数据净荷传送到 CRC32 检测模块，检测数据传输正确性。

（3）将完整数据帧传送到 RAM 接收端口。

由于进行 CRC 检测时，需要的是数据净荷，而 SOF、EOF、原语信号、原语序列都会有 K28.5 标志位，而数据净荷没有 K28.5 标志位，所以通过 K28.5 的标志位就能确定数据中哪一段是数据净荷。

原语检测软件实现状态机如图 9-33 所示。

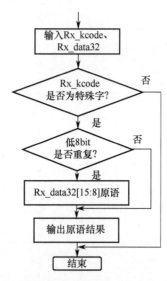

图 9-33　原语检测状态机

由于所有原语信号和原语序列都是由 32bit 数据组成的，如 SOFi3 为 K28.5-D21.5- D22.2-D21.1，如果一次全部判断 32bit 数据，不仅消耗内部资源，而且运行效率低下。通过对原语表研究，可以发现大部分 FC 原语可以通过低 8bit 数据判断出原语类型，如果少部分原语之间低 8bit 数据重复，可以再次判断输入数据的 bit[15:7] 进行区分，最终判断出所有 FC-FS 需要的原语类型。

2) CRC32 校验模块设计

该模块完成帧内容的 CRC32 校验并输出校验结果。CRC32 帧数据出错判断实现原理是，在发送端和接收端数据使用相同的 CRC32 生成多项式生成的数据，在 CRC32 校验完最后一个 32bit 数据之后 CRC32 内部寄存器值应该设定为 0，如果发现 CRC32 内部寄存器值不为 0，则说明帧数据在传输过程中出现错误。

CRC32 校验模块内部逻辑结构如图 9-34 所示。

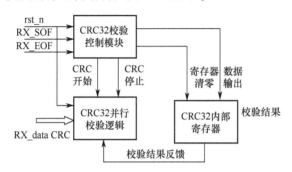

图 9-34　CRC32 校验模块内部逻辑结构

下面说明 CRC32 校验实现方法。

FC 帧由 SOF、帧数据、CRC32 校验码和 EOF 码构成，原语检测模块将 FC 帧的帧数据和 CRC32 校验码送入本模块，所以校验开始的标志是接收到 SOF，校验结束的标志是接收到 EOF。

通过 FC 数据帧的结构当接收到 RX_SOF 时，开启 CRC32 并行校验逻辑，开始对输入的帧的数据净荷进行 CRC32 校验，每个时钟周期将当前校验结果反馈到 CRC 内部并行逻辑寄存器中，接收到 RX_EOF 时，表示当前帧数据的净荷已经传送完成，此时，CRC32 校验控制模块将内部寄存器清零，同时控制 CRC32 寄存器输出校验。如果寄存器输出结果为 32'b0，则表示当前数据的 CRC 正确，CRC_error 输出 0；如果 CRC32 寄存器不为 32'b0，则表示当前数据的 CRC 错误，CRC error 输出 1。由此完成了对数据帧的 CRC32 校验。

3) 接收控制模块设计

接收控制模块的功能是根据有序集检测结果，计算帧存放在 Rxbuffer（接收 RAM）中的地址，控制数据帧正确写入帧缓存，更新帧状态寄存器并报告规则上的错误。

(1) Rx_control 功能 1：帧缓存写入控制。

帧缓存有 8 个，每个帧的大小最大为 537×32bit，帧的写起始地址为 0000 接收到 SOF 且判断接收缓存未溢出时,将帧数据的内容(包括 SOF 和 EOF)存放到接收帧缓存内。接收到 EOF 时,地址跳转到下一个帧缓存的起始地址,并停止写入数据到接收帧缓存。

8 个帧缓存地址分布如下:

帧编号	十进制地址	十六进制地址
Frame0:	d0000 ~ 0536	h0000 ~ 0218
Frame1:	d0537 ~ 1073	h0219 ~ 0431
Frame2:	d1074 ~ 1610	h0432 ~ 064A
Frame3:	d1611 ~ 2147	h064B ~ 0863
Frame4:	d2148 ~ 2684	h0864 ~ 0A7C
Frame5:	d2685 ~ 3221	h0A7D ~ 0C95
Frame6:	d3222 ~ 3758	h0C96 ~ 0EAE
Frame7:	d3759 ~ 4295	h0EAF ~ 10C7

Rx_buffer 采用双口 RAM 实现,大小为 $8 \times 537 \times 32$ bit;整个 RAM 分成 8 个接收缓存,接收到的帧循环存入这 8 个缓存内,存放规则如图 9-35 所示。

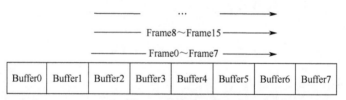

图 9-35 数据帧存放规则

RAM 的写控制模块(Rx_control)根据有序集检测结果进行判断,然后控制接收 RAM 的写入信号,将接收到完整的帧数据按照设计规则写入接收 RAM 中。

CPU 通过软硬件接口函数,首先读取 Rx_status 状态寄存器内的信息,根据状态寄存器中的信息通过软硬件接口函数读取 RAM 中的帧数据进行后续处理。

(2) Rx_control 功能 2:报告每一帧的接收状态。

接收状态包括帧的接收是否有误,指出错误类型以及帧长度。每一个帧缓存对应一组状态寄存器。状态寄存器格式见表 9-1。

表 9-1 状态寄存器存储规则

Rx_status[31:0]	接口说明	Rx_status[31:0]	接口说明
Bit0	帧接收请求标志	Bit4	无 EOF
Bit1	无效传输字	Bit5	帧长度溢出
Bit2	CRC 错误	Bit6 ~ 15	帧长度
Bit3	收到 EOFa		

接收到 SOF 时,硬件线路更新状态寄存器。PowerPC 接口函数在从帧缓存内

取走帧时，查看对应的状态寄存，确认帧的状态再进行后续处理。

状态更新包括如下内容。

Bit0：帧有效，接收完一帧后，此位即置 1；当读取完帧数据后，通过 Frame_rcv 信将此位置 0；端口状态机进行链路重置协议时，所有接收状态寄存器的 Bit0 全部清零。

Bit1：无效传输字，表明此帧内含有无效的传输字，通过 FC1 层传输数据 invalid_word 进行判断。

Bit2：CRC 校验错误，由 CRC32 校验模块结果控制。

Bit3：无效 EOF。由 Orderedset_check 模块给出此信号。由 orderedset_check 模块的 RX_EOFa 进行判断。

Bit4：此帧没有 EOF。此信号由 orderedset_check 模块的 EOF_missing 进行判断。

Bit5：帧长度溢出。在此设置一个帧长度计数器，SOF 到来时，开始计数，若计数到 536 或接收到 EOF 时清零。若计数到 536 后还未接收到 EOF，则此位置 1。

Bit6~15：报告帧长度值。直接给出帧长度计数器的值。RX_SOF = 1 时开始计数，RX_EOF = 1 之后，保持之前的计数值。

所有状态在下一帧到来之前更新完毕。

9.6.3 发送模块设计

光纤通道的发送功能是在 FC1 层和 FC2 实现的，下面从 FC1 层发送功能实现和 FC2 层发送功能实现两个方面进行说明。

9.6.3.1 FC1 层发送模块设计

FC1 层发送模块主要由 32~16bit 数据解复用模块、16~20bit 8b/10b 编码模块、20~10bit 数据解复用模块 3 部分组成。FC1 层发送模块如图 9-36 所示。

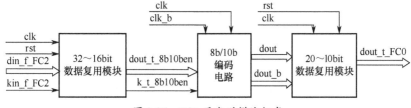

图 9-36 FC1 层发送模块组成

下面对 FC1 层发送模块的功能实现与设计进行说明。

1）32~16bit 数据解复用模块设计

该模块主要功能是将 FC2 层发送的 32bit 数据，在两个时钟周期内拆分为两组 16bit 数据并发送给 16~20bit、8b/10b 编码模块。

实现方法是使用 100MHz 时钟，而 FC2 层发送模块使用 50MHz 时钟，所以两个时钟周期内 FC2 层发送到此模块的输入数据不会变化,模块在每个时钟周期的上升沿到来时,输出一个 16bit 数据,输出顺序是先输出 32bit 数据的高 16bit 数据,然后在第二个时钟周期上升沿到来时,输出 32bit 数据的低 16bit 数据。

2) 16~20bit、8b/10b 编码模块设计

该模块主要功能将输入的 16bit 数据拆分为两个 8bit 数据,并行进行 8b/10b 编码工作,输出 20bit 经过编码后的数据。模块内部结构如图 9-37 所示。

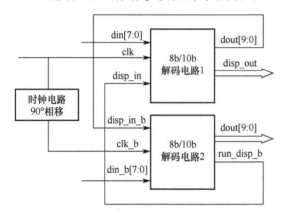

图 9-37 16~20bit、8b/10b 编码模块

当 FC-FS 硬件逻辑工作在 2Gb/s 速率下时,进入 8b/10b 模块的数据率是 212.4Hz,如果使用单个 8b/10b 解码模块,很难达到设计要求,所以设计中采用了两个 8b/10b 模块迭代结构,对一组 16bit 数据同时进行 8b/10b 数据编码。

这样处理就可以将编码数据的数据率降低 1/2,数据位宽增大 1 倍,提高了系统的可靠性和高数据率的扩展。由 8b/10b 编码规则的约束,在两个编码模块之间存在 RD 值反馈与时钟反相。

8b/10b 编码模块一在模块上升沿输出编码结果和相应的 RD 值,此时将 RD 值反馈到 8b/10b 编码模块二,由于 8b/10b 编码模块二与 8b/10b 编码模块一使用时钟有 90°相移,所以在 8b/10b 编码模块上升沿到来时,正好接收到 16bit 数据中高 8bit 数据编码后的 RD 值,型后续编码,得到正确的编码结果,并将编码后得到的 rd 值反馈到 8b/10b 编码模块。

通过 16~20bit 解码模块可以得到解码后数据和数据相关信息,并将数据传入 20~10bit 数据解复用模块进行后续处理。

3) 20~10bit 数据解复用模块设计

该模块功能描述将由 8b/10b 输出的 20bit 数据,按照数据的先后顺序,将 20bit 数据分为两个 10bit 数据分别输出到 FCO 层。

由于 16bit 数据进行 8b/10b 编码时,首先编码的是 16bit 数据的高 8bit,然后再编码低 8bit,两个 8b/10b 编码模块时钟偏差了 90°,所以本模块的时钟频率为

8b/10b 模块的 2 倍，使用 212MHz 时钟进行数据处理。在输出数据时先输出 din_f_8blbenl 的 10bit 数据，然后再输出 din_f_8b/10ben2 的 10bit 数据。

9.6.3.2　FC2 层发送模块设计

FC2 发送模块主要由 TX_control 发送控制状态机、发送缓存、EOF 极性计算模块、CRC32 校验码生成模块组成。FC2 层发送模块组成如图 9-38 所示。

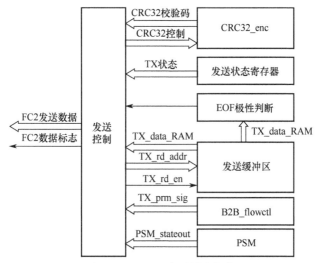

图 9-38　FC2 层发送模块组成

CRC32 校验码生成模块根据帧数据内容生成 CRC32 校验码。

发送缓存采用双口 RAM，存储 CPU 中 FC2 层上层软件需要发送的数据帧，TX_control 读取 RAM 中数据并发送。EOF 极性计算模块根据数据帧内容和 CRC32 校验码计算 EOF 的正负极性。

发送状态控制机（TX_control）控制 FC2 层整体数据发送，包括原语信号、原语数列、IDLE 原语以及数据帧的传送，并控制发送数据类型的优先级，调节发送时序，完成数据的发送。

1）CRC32 校验码生成模块设计

CRC32 校验码生成模块主要生成所传输数据的 CRC32 位校验码。其中端口 Calc 输入代表进行 CRC32 计算的使能，当 Calc 端口为高且 D_valid 也为高时，对输入数据进行 CRC32 校验；当 Calc 端口为低且 D_valid 也为高时，输出数据的 CRC32 码。当 rstn 为低时，进行复位，此时 CRC 输出全为高。当一帧数据传送完了之后，将 Init 置 1，将 CRC32 模块内部寄存器置位到初始状态，准备对第二组数据进行 CRC32 校验码生成。CRC32 校验码生成模块的所有控制信号由 FC2 层发送控制模块进行控制。

2）EOF 极性计算模块设计

主要功能在数据发送到 FC1 层的 8b/10b 编码模块之前，计算数据的 EOF 极性。在 EOF 极性计算中，5b/6b 编码表见表 9-2，3b/4b 编码表见表 9-3。

表 9-2 5b/6b 编码表

Inputs		abcdei Outputs		RD′	Inputs		abcdei Outputs		RD′
Dx	EDCBA	RD +	RD −		Dx	EDCBA	RD +	RD −	
D0	00000	011000	100111		D16	10000	100100	011011	− RD
D1	00001	1000010	011101	− RD	D17	10001		100011	
D2	00010	010010	101101		D18	10010		010011	
D3	00011	110001		RD	D19	10011		110010	RD
D4	00100	001010	110101	− RD	D20	10100		001010	
D5	00100	101001			D21	10100		101010	
D6	00110	011001		RD	D22	10110		011000	
D7	00111	000111	111000		D23	10111	000101	111010	− RD
D8	01000	000110	111001	RD	D24	11000	001100	110011	
D9	01001	100101			D25	11001		100110	RD
D10	01001	010101			D26	11001		010110	
D11	01011	110100		RD	D27	11011	001001	110110	− RD
D12	01100	001101			D28	11100		001110	RD
D13	01101	101100			D29	11101	010001	101110	
D14	01110	011100			D30	11110	100001	011110	− RD
D15	01111	101000	010111	− RD	D31	11111	010100	101011	

表 9-3 3b/4b 编码表

Inputs		fghj Outputs		RD′
Dx, y	HGF	RD +	RD −	
Dx, 0	000	0100	1011	− RD
Dx, 1	001	1001		RD
Dx, 2	010	0101		RD
Dx, 3	011	0011	1100	
Dx, 4	100	0010	1101	− RD
Dx, 5	101	1010		RD
Dx, 6	110	0110		
Dx, P7	111	0001	1110	− RD
Dx, A7	111	1000	0111	
If [(rd > 0) and (e = i = 0)] or [(rd < 0) and (e = i = 1)] 则 A7 代替 P7				

8bit 数据进行 8b/10b 编码时，RD 值计算方法可以由上面的 5b/6b 编码表和 3b/4b 编码表看出。

5b/6b 编码表中，EDCBA 项代表 8bit 数据中的低 5bit 数据，RD+和 RD-代表前一个 8b/10b 编码后得到的 RD 值，RD 代表 5b 数据编码到 6b 数据之后，对应输入的 RD 值是否取反，并将经过计算后得到的 RD 值作为 3b/4b 编码的起始 RD 值。

3b/4b 编码表中，HDF 代表 8bit 数据中高 3bit 数据，RD+和 RD-代表 8bit 数据中的高 5bit 数据经过 5b/6b 编码之后得到的 RD 值，RD 代表整个 8bit 数据经过 8b/10b 编码之后是否取反，经过计算之后可以得到当前 8bit 数据编码的 RD 值，并把此 RD 值保留，作为下一次 8b/10b 编码的起始 RD 值。

根据以上推导过程，对数据进行 8bit 拆分然后查表实现，实现 EOF 极性计算流程图如图 9-39 所示。

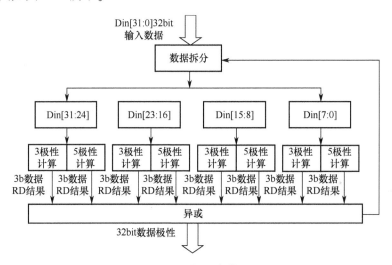

图 9-39　EOF 极性计算流程图

32bit 数据帧进入此模块时，首先将 32bit 数据拆分为并行的 4 个 8bit 数据，通过 d_init 初始值为负，对 4 个 8bit 数据进行 RD 的查表操作，最后对所有 RD 值进行异或，得到数据帧结尾的 RD 值，并将此 RD 值传送到发送控制模块，进行 EOF 选择。

3) 发送控制模块设计

发送控制模块主要按照发送规则完成原语信号、原语序列、帧 3 种信息的发送。其中原语序列发送请求来自端口状态机（PSM）、原语序列发送请求来自流量控制（B2B_flowctl）、帧内容来自发送缓存（TX_buffer）。

发送规则是：原语序列发送的优先级最高，只有端口状态机处于 AC 状态时，才可以发送原语信号和帧，不在 AC 状态时，只能发送原语序列进行链路控制。在发送数据过程中,如果端口状态机跳出了 AC 状态,则都将立即发送相应的端口状态机链路控制原语序列。

间隔规则是:连续的原语信号与帧之间,原语信号与原语信号之间必须至少间隔 2 个 IDLE;连续的数据帧之间至少间隔 6 个原语信号或 IDLE。如果想更改间隔时间,则可以通过配置发送控制寄存器。

发送模块分为原语序列发送状态、空闲状态、数据帧发送状态、原语信号发送状态 4 个发送状态。

原语序列发送状态发送端口状态机请求的链路控制原语序列。

空闲状态对应 PSM 端口状态机的 AC 状态,此时发送 IDLE 原语序列。

对于数据帧发送状态,发送帧状态内分 4 个子状态,分别为 SOF 发送状态、数据帧发送状态、CRC32 校验码发送状态、EOF 发送状态。

对于原语信号发送状态,发送流量控制模块请求的流量控制原语信号发送。发送控制转移图如图 9-40 所示。

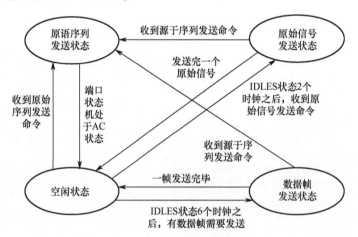

图 9-40 帧发送状态转移图

在空闲状态,若 TX_RRDY_reg[3:0]、TX_BBSCs_reg、TX_BBSCr_reg 中任意一个不为 0,则至少等待 2 个周期后跳到原语信号发送状态。

若 TX_RRDY_reg[3:0]、TXBBSCs_reg、TX_BBSCr_reg 全部为 0,并且 TX_buffer_cnt 不为 0,则等待至少 6 个周期后跳到发送帧状态。

若 TX_RRDY_reg[3:0]、TX_BBSCs_reg、TX_BBSCr_reg、TX_buffercnt 全部为 0,则保持在空闲态。

若 PSM_stateout 不为 AC,则立即跳至原语序列发送状态。

对原语信号发送状态,通过判断原语信号寄存器来进行原语信号发送。

如 TX_BBSCs_reg = 1,则发送 BB_SCs,TX_BBSCs_reg 置 0,下一个状态跳到空闲状态。

如 TX_BBSCr_reg=1，则发送 BB_SCr，TX_BBSCr_reg 置 0，下一个状态跳到空闲状态。

如 TX_RRDYreg[3:0] 不为 0，则发送 RRDY，TX_RRDY_reg 减 1，下一个状态跳到空闲状态。

如 PSM_stateout 不为 AC，则下一个状态跳至原语序列发送状态。

数据帧发送状态包括 SOF 发送状态、数据发送状态、CRC32 发送状态、EOF 发送状态 4 个子状态，如图 9-41 所示。

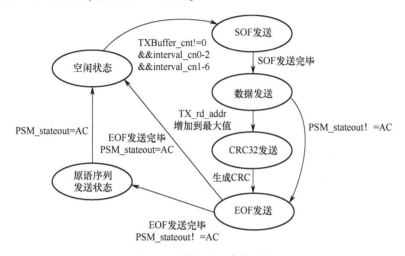

图 9-41 帧发送状态转移图

进入帧发送状态时，先进入 SOF 发送状态。

(1) SOF 发送状态。进入此状态后，检测 TXstatus 的 SOF 类型，发送相应的 SOF 后，跳至数据发送状态。

若 TX_buffer_select[2:0]=000，则检测 TX_status0；

若 TX_buffer_select[2:0]=001，则检测 TX_status1；

若 TX_buffer_select[2:0]=111，则检测 TX_status7。

(2) 数据发送状态。进入此状态后，先计算读取的首地址：

首先，复位时，RX_wraddr 清零。

其次，读取地址自加到与帧读取信息相同时，跳至 CRC32 校验码生成状态。

(3) CRC32 发送状态。当进入 CRC32 发送状态时，发送 CRC32 校验码生成模块产生的 CRC32 校验码。发送之后将其内部寄存器清零。

(4) EOF 发送状态。如果进入数据帧发送状态时 PSM_stateout=AC，则通过 EOF 极性计算结果选择相应的 EOF 值，根据 EOF 极性计算结果和发送控制寄存器的信息发送相应的 EOF，从而完成整个数据帧传送，发送控制状态机自动跳回空闲状态。

如果进入数据帧发送状态后,出现 PSMstateout! = AC,则直接进入 EOF 发送状态,并根据当前 EOF 极性计算结果,选择相应极性的 EOFa 进行发送,跳出数据帧发送状态,直接进入原语序列发送状态,进行链路控制。

发送模块必须保持帧、原语发送的连续性,从 FC1 层发送的数据帧内部 SOF、数据和 CRC 码之间不能出现错误数据。

4)字同步模块设计

该模块判断当前硬件模块是否字同步,在系统上电开机或者复位时,系统并没有字同步,字同步模块通过内部的字同步状态机进行判断,确定本地端口是否完成了字同步。

字同步状态机的转移状态如图 9-42 所示。

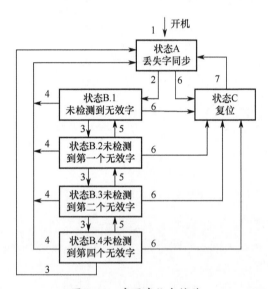

图 9-42 字同步状态转移

状态转移过程说明如下。

第一,开机。

第二,连续检测到 3 个有序集,即原语判断模块中输出 ordered_set 连续持续 3 个周期高电平;通过移位寄存器延时处理,或用计数器实现。

第三,检测到一个无效字,即 FC1 层输入 invalid_word = 1。

第四,丢失信号,即 losig = 1。

第五,连续检测到 2 个有效字,即 invalidword = 0,持续 2 个周期;通过移位寄存器延时处理,或用计数器实现。

第六,发送器复位。

第七,发送器获取 bit 同步,即 start = 1。

9.6.4 端口状态机设计

9.6.4.1 端口状态机状态

端口状态机的跳变状态：端口状态机可以分为四大状态，分别为激活状态（ACTLVE）、链路恢复（Link Recovery）、链路失败（Link Failure）以及下线状态（Off Line）。

(1) 激活状态。当端口状态机进入激活状态时，说明端口状态机已完成了端口上线、链路失败恢复、链路恢复等状态，此时双方端口可以进行数据帧和流量控制所需要的原语信号的收发，完成光纤通道数据传输协议。

(2) 链路恢复。链路恢复过程包括 LR1、LR2、LR3 3 个子状态。

① LR1（Link Recovery Transmit State）。当 FC 端口需要进行链路恢复协议时必须进入 LR1 状态，在此状态下，FC 端口状态机向 FC2 发送控制模块发送 LR 原语请求，发送 LR 原语进行链路恢复初始化操作。

② LR2（Link Recovery Receive State）。当 FC 端口不出在 OL3 和 LF2 状态时，收到 LR 原语时，端口状态机进入 LR2 状态，此时 FC 端口状态机向 FC2 发送控制模块发送 LRR 原语请求，发送 LRR 原语进行链路恢复响应。

③ LR3（Link Recovery Respond State）。当 FC 的端口处于 AC 状态、LR1 状态、LR2 状态和 OL2 状态，端口状态机收到 LRR 原语序列时，进入 LRR 原语响应接收状态。在此状态，FC 端口必须传送 IDLE 原语，使双方端口进入 AC 状态。

(3) 链路失败。链路失败状态分为 LF1 和 LF2 两个子状态。

① LF1（NOS Receive State）。当 FC 端口接收到 NOS 原语时，进入 LF1，表示出现了链路错误，并将链路错误信息写入链路错误状态表中，FC 端口发送 NOS 原语。

② LF2（NOS Transmit State）。当 FC 端口检测到链路失败时，会进入 LF2 状态，并将错误信息写入链路错误状态表中，在 LF2 状态下，FC 端口发送 NOS 原语。

(4) 下线状态。下线状态分为 OL1、OL2、OL3 3 种子状态。

① OL1（OLS Transmit State）。当 FC 端口处于下线状态时，需要进行上线操作必须进行链路初始化操作，或者当端口处于上线状态时，使用上线下线协议进行下线操作时，都会进入 OL1 状态，在 OL1 状态下端口状态机向 FC2 层发送控制模块发送 OLS 原语发送请求，发送 OLS 原语序列。

② OL2（OLS Receive State）。当端口状态机接收到 OLS 原语时，进入 OL2 状态，在 OL2 状态下，端口状态机向 FC2 层发送控制模块发送 LR 原语发送请求，发送 LR 原语序列。

③ OL3（Wait for OLS State）。当端口状态机处于 OL1 或者 OL2 状态下，丢失信号或者丢失同步时间出现了接收发送超时（(R_T_Tov 超时)，端口状态机进入 OL3 状态，此时端口状态机向 FC2 层发送控制模块发送 NOS 原语发送请求，发送 NOS 原语序列。

9.6.4.2 端口状态机原语

端口状态机原语分为以下几类。

1）NOS（Not_Operational）

NOS 的值为 32 位 hBC_5_SBF4_5，在端口状态机状态转移表中，可知在端口处于 LF1、LF2 状态和 OL3 状态时会发送 NOS 原语，以及接收到 NOS 原语时 3 种情况。在传输过程中出现下列 3 种情况会进入到 LF2 状态。

（1）丢失信号。当 SERDES 模块丢失信号时，会发送相关的指示信号，当端口状态机接收到此信号，立刻跳变到 LF2 状态发送 NOS 原语，再次进行端口初始化操作。

（2）丢失同步。由字同步模块控制，字同步模块一直监测当前字同步状态，一旦字同步丢失，会向端口状态机发送丢失同步指示信号，此时端口状态机进入 LF2 状态，进行端口初始化操作。

（3）接收发送超时。接收发送超时会出现在 OLS 发送接收状态，NOS 接收状态，用来说明接收在长时间接收到 NOS 状态，对方端口的状态机接收超时即发生 R_T_TOV 超时，此时需要进入 LF2 状态，发送 NOS 原语，进行端口初始化操作。在传输过程中，出现以下情况，会进入到 OL3 状态：

在端口上线时，会进入到 OLS 发送状态，此时，如果发生了 R_T_TOV 超时，会进入 OL3 状态发送 NOS 原语，进行双方端口初始化协议。

当端口接收到 NOS 信号，说明对方端口出现了异常情况，本地端口进入 LF1 发送 NOS 原语。

2）OLS（Off Line）

在下列几种情况会发送 OLS 原语。

（1）本地端口下线操作。当本地端口需要下线时，会发送_Sms 的 OLS 原语，然后进行下线操作。

（2）本地端口上线操作。本地端口在下线情况下，需要向对方端口发送数据时，会进行上线操作，端口发送 OLS 原语，直到端口状态机跳变到 AC 状态后，进行数据传输。

（3）接收到 NOS 原语。这说明对方端口出现连接失败，此时本地端口发送 NOS 原语，进行端口的重新同步。

3）LR（link_Rest）

当端口状态机发送 LR 原语时，说明端口状态机正处于链路的恢复过程，端口在下列两种情况下会发送 LR 原语序列。

（1）链路重置时，若 FC2 上层软件需要控制本地端口进行链路重置，就会发送 LR 原语，通知对方端口，本地端口有链路重置请求。

（2）在链路恢复过程中，双方端口会发送 LR 原语进行链路恢复，直到收到对方链路恢复的确认 LRR 原语。

4）LRR（Link Reset Response）

发送 LRR 原语的情况相对简单，表示收到了链路恢复的请求，可以进行链路恢复，收到原语恢复请求之后，端口状态机会进入 AC（激活）状态，说明双方端口已经同步，并且处于空闲状态，可以进行数据帧的交换。

5）IDLE

发送 IDLE 原语时，说明双方端口已经进入了 AC 状态，可以进行数据帧的交换。模块具体实现：端口状态机状态转移表如图 9-43 所示。

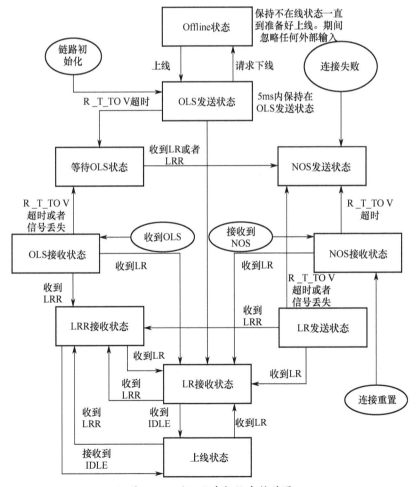

图 9-43　端口状态机状态转移图

通过 FC-FS 协议，可以将端口状态机庞大的状态转移表，归纳为图 9-43 中相对简单的状态转移表，并通过端口状态机的状态转移图就能进行端口状态机的硬件设计。在设计时需要注意的是，在 FC-FS 协议中，需要在 3 个时钟周期内接收到相同的原语序列才能判断为接收到相关原语序列。

端口状态机是 FC-FS 硬件模块接收模块和发送模块的重要连接桥梁，只有在端口状态机处在上线状态（AC）时，通信端口之间才能相互传输数据。FC2 层接收模块中原语检测模块（Orederd_setcheck）接收到原语序列判断通信端口之间的链路状态，并将检测结果发送到端口状态机，端口状态机通过检测结果将原语发送请求发送到发送模块的发送控制模块（RX_control）发送相应的原语序列，完成端口的链路服务功能。

9.6.5　流量控制模块设计

流量控制模块连接 FC2 层接收模块中的原语检测模块和 FC2 层发送控制模块。通过接收到原语检测模块发送到流控模块的 R_RDY、BB_SCr、BB_SCs 来计算对方端口当前信用量，以及信用量恢复。通过向 FC2 层发送控制模块发送 R_RDY、BB_SCr、BB_SCs 原语来说明本地端口信用量情况。

根据协议内容可以将缓冲区到缓冲区流量控制算法流程如图 9-44 所示。

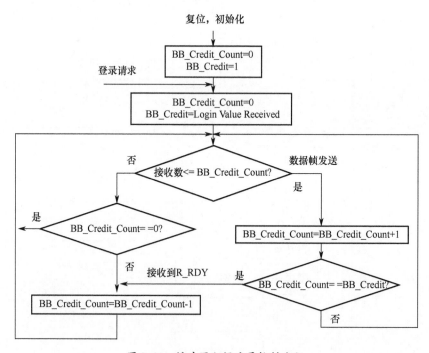

图 9-44　缓冲区之间流量控制流程

流量控制功能实现硬件原理如图 9-45 所示。

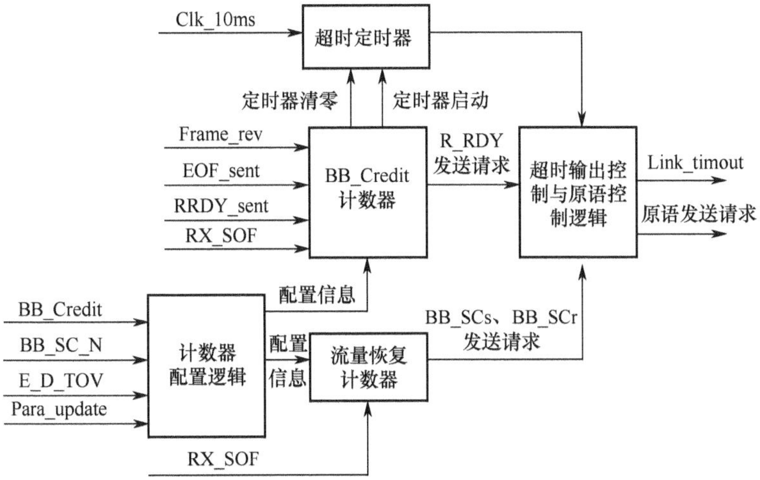

图 9-45　流量控制硬件原理

流量控制硬件模块内部如图 9-45 所示，主要有计数器配置逻辑、超时定时器、BB_Credit 计数器、流量恢复计数器以及超时输出与原语控制逻辑输出 4 个模块组成。

（1）计数器配置逻辑。对 BB_Credit 计数器、流量控制计数器和超时定时器中寄存器进行配置。这样就能对超时时间，双方通信端口信用量进行合理配置。

（2）流量恢复计数器。在接收到一定数量的数据帧之后，流量恢复计数器会向 FC2 发送控制模块请求发送 BB_SCs、BB_SC 原语信号，用来统计在这段时间数据帧发送过程中是否出现了数据帧丢失，如果出现数据帧丢失则对信用量进行恢复，并向上层软件模块报告。

（3）BB_Credit 计数器。流量控制模块核心计数器，用来控制通信双方数据帧的发送和接收频率，并给链路超时计数器发送计数器启动和清零的相关控制信号。

（4）超时定时器。检测链路是否出现超时，如果出现链路超时，则将相关判断信号发送到端口状态机进行链路恢复协议。

（5）超时输出与原语控制逻辑输出。将流量控制模块的各种输出请求发送到相应模块进行后续操作。

9.6.6　数据接收和发送程序设计

9.6.6.1　数据接收和发送参数配置

对 FPGA 接收发送模式配置接口函数。

（1）主要功能。配置 FPGA 接收发送逻辑模块的工作状态。

(2) 配置发送控制状态机流程状态机如图 9-46 所示。

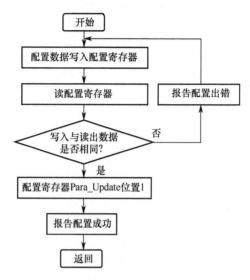

图 9-46　接收发送模式配置接口流程

数据配置流程如图 9-46 所示,首先将配置数据写入配置寄存器之中,然后读取当前配置寄存器的数据,如果当前配置寄存器数据与写入数据相同,则说明配置成功;然后将 Para_Updata 比特位置 1,将配置成功信息返回给 FC2 上层软件,如果读取当前配置寄存器数据与写入数据不同,则返回重新写入配置寄存器的数据,并将数据配置失败报告返回给 FC2 上层软件。

配置寄存器主要控制 FPGA 逻辑模块进入相应的工作模式,工作模式有如下几种。

(1) 配置 FC-AE-1553 硬件系统上线下线操作。
(2) 配置 FC-AE-1553 硬件系统进入端口状态机测试模式。
(3) 配置端口状态机超时计数器 R_T_TOV、OL_TOV、E_D_TOV。
(4) 配置流量控制寄存器 BB_SC_N 和 BB_creadito
(5) 配置数据帧之间 IDLE 原语的个数。
(6) 配置原语信号之间 IDLE 原语的个数。

9.6.6.2　数据接收程序设计

数据接收接口函数。

(1) 主要功能。通过 IPIF 读取当前硬件接收寄存器,判断数据状态,然后读取相应数据并传入 FC2 上层软件之中进行处理。
(2) 接收流程状态机。接收流程状态机如图 9-47 所示。

数据接收端口函数流程如图 9-47 所示,在 FC2 上层软件需要接收数据时,首先通过 IPIF 提供的寄存器读取函数，依次将 8 个接收缓存所对应的接收状态寄存器读取寄存器中的相关数据，寄存器中包含了帧长度信息、帧格式信息以及当前缓存中接收到数据帧的个数、帧接收顺序编号等信息。然后判断所有数据是否达到了接收的条件，如果没有达到数据接收条件，则向 FC2 上层软件报告数据帧错误的详细信息，如果达到了接收数据条件，则通过 IPIF 提供的 RAM 读取函数，将数据读取到 FC2 层软件进行帧头、帧的数据解析，同时更新接收状态寄存器，将相应接收寄存器的接收位比特置 1，表示当前已经接收完成相应的数据帧。

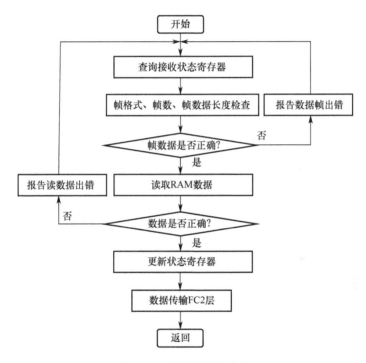

图 9-47 接收流程状态机

如果通过 IPIF 提供的 RAM 读取函数无法读取到正确数据，则向 FC2 层软件报告读取超时错误。

9.6.6.3 数据发送程序设计

数据发送接口函数如下。

（1）主要功能。完成对 FC2 层软件数据的传送，首先将相关数据写入发送缓存之中然后通过对发送寄存器的设置，使数据通过 FPGA 发送逻辑将数据传送到光纤通道上。

（2）发送流程状态机如图 9-48 所示。

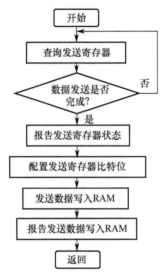

图 9-48 发送流程状态机

9.7 本章小结

FC 光纤通道标准是由美国国家标准化协会（ANSI）制定的一种高速串行通信协议，它结合了通道和网络两方面的优势，在提供高速率信号传输的同时，还能保证信号传输的质量。

凭借其高速率、高可靠性以及低延迟，FC 光纤通道协议成为航电网络的理想协议。为此，美国国家标准协会下辖的 X311T 小组制定了光纤通道航空电子环境协议簇（Fibre Channel-Avionics Environment，FC-AE）。

参 考 文 献

[1] KIM ISAAC I, RON S. Wireless Optical Transmission of Fast Ethernet, FDDI, ATM, and ES-CON Protocol Data Using the Terralink Laser Communication System [J]. Optical Engineering, 1998, 37 (10): 3143-3155.

[2] ISO 9314-1. Information Processing Systems-Fibre Distributed Data Interface (FDDI) —Part 1: Token Ring Physical Lager Protocol (PHY) [S/OL]. [1989-04-13]. https://www.cssn.net.cn/cssn/productDetail/9e9ed887e613ef4c2091a356338c3131.

[3] ISO 9314-2. Information Processing Systems-Fibre Distributed Data Interface (FDDI) —Part 2: Token Ring Media Access Control (MAC) [S/OL]. [1989-05-18]. https://www.cssn.net.cn/cssn/productDetail/9693c4953614088b8dff26ecc79ee980.

[4] ISO 9314-3. Information Processing Systems-Fibre Distributed Data Interface (FDDI) —Part 3:

Token Ring Physical Lager Medium Dependent (PMD) [S/OL]. [1995-09-01]. https://www.cssn.net.cn/cssn/productDetail/d8a5b079a6e4d635336ce05504b8a393.

[5] BUZLUCA F, HARMANCI E. Dynamic Synchronous Bandwidth Allocation Scheme for Hard Real-Time Communication in FDDI Networks [J]. Computers & digital techniques, 2001, 148 (1): 15-21.

[6] MIKE G. Fiber Channel: Leveraging a Commercial Networking Technology for Military Applications [J]. IEEE, 1999 (1): 3.3-A.3.

[7] KEITH A, SCHUR. A Comparison of the SAE Linear Token Passing Bus and the Fiber Distributed Data Interface Protocols [J]. ARINC Research Corporation, 1994, 3: 23-29.

[8] WIFRED F, SULLIVAN. Why Fibre Channel is Poised to Replace MIL-STD-1553 [S/OL]. [1973-08-30]. https://www.cssn.net.cn/cssn/productDetail/c35fb401811572ec0faa1d028a396e73.

[9] HAMDAOUI M, RAMANATHAN P. Deferring Real-Time Traffic for Improved Non-Real-Time Communication in FDDI Networks [J]. IEEE Transactions on Computers, 1995, 44 (12): 1420-1428.

[10] Department of Defence MIL-STD-1553B: Military Standard Digital Time Division Command/Response Multiplex Data Bus Notice 2 [S/OL]. [1978-09-21]. https://www.cssn.net.cn/cssn/productDetail/ce1d354258b45dbd6edbfc4858f403f4.

[11] BUZLUCA F, HARMANCI E. Dynamic Synchronous Bandwidth Allocation Scheme for Hard Real-Time Communication in FDDI Networks [J]. IEEE Proceedings. Computers and Digital Techniques, 2001, 148 (1): 15-21.

[12] DYKEMAN D, BUX W. Analysis of Tuning of FDDI Media Access Control Protocol [J]. IEEE Journal on Selected Areas in Communications, 1988, 6 (6): 997-1010.

[13] CASIMER D. Optical Data Communication: Fundamentals and Future Directions [J]. Optical Engineering, 1998, 37 (10): 3082-3099.

[14] EMERSON S. Evaluation of a Data Communication Model for Switched Fibre Channel [J]. IEEE Network: The Magazine of Computer Communications, 1995, 9 (6): 38-44.

[15] QIN Z, SHIN K G. Synchronous Bandwidth Allocation in FDDI Networks [J]. IEEE Transactions on Parallel and Distributed Systems: A Publication of the IEEE Computer Society, 1995, 6 (12): 1332-1338.

[16] EMERSON S. Evaluation of a Data Communication Model for Switched Fibre Channel [J]. IEEE Network: The Magazine of Computer Communications, 1995, 9 (6): 38-44.

[17] BIAO C, KAMAT S. Fault-Tolerant, Real-Time Communication in FDDI-Based Networks [J]. Computer, 1997, 30 (4): 83-90.

[18] RAVINDRAN B. Adaptive Communication Algorithms for Asynchronous Real-Time Distributed Systems Using Token-Ring Networks [J]. The Journal of Systems and Software, 2003, 65 (1): 51-70.

[19] CASIMER D. Optical Data Communication: Fundamentals and Future Directions [J]. Optical Engineering, 1998, 37 (12): 3082-3099.

[20] MARSDEN P. Interworking IEEE 802/FDDI Lans Via the ISDN Frame Relay Bearer Service [J]. Proceedings of the IEEE, 1991, 79 (2): 223-229.

[21] MCDERMOTT WENDY R, MITCHELL MARVIN P, LEVENS STEVEN P. Optimization of Wide-Area ATM and Local-Area Ethernet/FDDI Network Configurations for High-Speed Telemedicine Communications Employing NASA's ACTS [J]. IEEE Network: The Magazine of Computer Communications, 1999, 13 (4): 30-38.

[22] Parallel CRC Realization, Giuseppe Campobello, Giuseppe Patane and Marco Russo [J]. IEEE Transactionon Computers, October, 2003, 52 (10): 15-23.

[23] ANIGBO F, ROBINSON S D, BROUTIN S L. Design of a Compact, High Speed Optical Transceiver Using Two Stepovermolding [J]. IEEE transactions on components, packaging, and manufacturing technology. Part B. Advanced packaging, 1996, 19 (3): 562-568.

[24] Xilinx Inc. PowerPC Processor Reference Guide [S]. September, 2003. https://download.csdn.net/download/kuishi/1141896?utm_source=bbsseo.

[25] JIAN-GUO ZHANG. Design of Integrated Services Digital Broadcasting Systems Usingmultirate Optical Fiber Code-Division Multiplexing [J]. IEEE Transactions on Broadcasting, 1999, 45 (3): 283-293.

[26] ROBINSON S, ACARLAR M. Low-Cost Molded Packaging for Optical Data Links [J]. IEEE Transactions on Components, Packaging, and Manufacturing Technology, 1995, 18 (2): 235-240.

[27] DAUTARTAS M, BLONDER G. A Self-Aligned Optical Subassembly for Multi-Mode Devices [J]. IEEE Transactions on Components, Packaging, and Manufacturing Technology, 1995, 18 (3): 552-557.

[28] HAMDAOUI M. Selection of Timed Token Protocol Parameters to Guarantee Message Deadlines [J]. IEEE/ACM Transactions on Networking: A Joint Publication of the IEEE Communications Society, 1995, 3 (3): 340-351.

[29] HEINRICHS B. Eurobridge: Communications Services for Multimedia Applications [J]. Electronics & Communication Engineering Journal, 1993, 5 (1): 45-50.

[30] ALTMAN E, KOFMAN D. Bounds for Performance Measures of Token Rings [J]. IEEE/ACM Transactions on Networking: A Joint Publication of the IEEE Communications Soceity, 1996, 4 (2): 292-299.

[31] OFEK Y. Integration of Synchronous and Asynchronous Traffic on the Metaring and Its Performance Study [J]. IEEE/ACM Transactions on Networking: A Joint Publication of the IEEE Communications Society, 1997, 5 (1): 111-121.

[32] 金德锟. 21世纪航空电子面临的挑战 [J]. 国际航空, 2000, 10: 39-40.

[33] 罗志强. 军用航空电子系统的进展推动了高速总线的研究 [J]. 国际航空, 1994, 3: 55-57.

[34] 任舟, 范波. 高级综合——21世纪机载电子系统支柱 [J]. 国际航空, 1996, 10: 41-43.

[35] 付盛杰, 张文俊. F-22"猛禽"——典型第四代战斗机 [M]. 北京: 蓝天出版

社，1999.
- [36] 许伟武，等. 航空电子技术发展现状和思考 [J]. 航空信息研究报告，1998，7：15-16.
- [37] 雄华钢. 1553B 总线通信技术的应用与发展 [J]. 电子技术应用，1997，8：27-28.
- [38] 黄浩益，黄栋衫，徐晓飞. 光纤通道技术在航电系统中的应用 [J]. 航空电子技术. 2005，36 (3)：9-14.
- [39] 黄永葵. 光纤通道标准及其在航空电子中的应用 [J]. 航空电子技术，2004，34 (4)：1-12.
- [40] 邱益峰. 光纤分布式数据接口系统原理及实现 [J]. 航空电子技术，1999，3：7-13.
- [41] 彭刚锋. 高速光纤数据总线技术研究 [D]. 西安：西北工业大学，2001.
- [42] 冷悦. FC-AE-1553 协议的硬件系统设计 [D]. 成都：电子科技大学，2010.
- [43] 刘飞. 光纤通道在基于 MIL-STD-1553 的机载电子系统网络中的应用 [J]. 飞机设计，2007，27 (3)：74-80.
- [44] 林强，熊华刚，张其善. 光纤通道中的 1553 总线技术 [J]. 航空电子技术. 2004，35 (1)：1-5.
- [45] 杨彦，韩传久，潘路. 新一代军用数据总线——光纤通道 [J]. 沿海企业与科技，2005，62 (4)：141-142.
- [46] 徐亚军，熊华钢. 未来航电系统 FC 互联的拓扑结构研究 [J]. 光电与控制，2004，11 (4)：17-23.
- [47] 张宇东. SOC 技术在 FC 芯片中的应用 [J]. 航空电子技术，2005，36 (1)：42-48.
- [48] 熊明霞，雷宏，马小兵. FPGA 片上 PowerPC 系统设计 [J]. 计算机测量与控制，2007，15 (9)：1223-1225.
- [49] 杨强浩，等. 基于 EDK 的 FPGA 嵌入式系统开发 [M]. 北京：机械工业出版社，2007.
- [50] 许伟，玛萍，赵晚江. 基于 SOPC 技术的光纤通道网络接口卡的设计与实现 [J]. 计算机测量与控制，2008，16 (4)：561-563.
- [51] 李树末，朱家强，朱纪洪. 光纤通道接力环实现与仿真 [J]. 清华大学学报（自然科学版），2007，47 (1)：127-130.

第 10 章　时间触发光纤通道

10.1　概述

　　伴随着航空电子系统综合化和集成程度的逐渐提高，航空电子网络向着大吞吐量、高扩展性、强实时性的方向发展。由于传统如 MIT-STD-1553b 数据总线传输速率低、吞吐量小、网络支持设备数量少、结构固定简单等限制，无法满足机载设备发展对于逐渐增长的通信流量和业务的需求。而 FC（Fibre Channel）凭借具有高带宽、高速率和低延迟等优点，是目前较好的航空电子网络解决方案之一。

　　近些年，对于航空电子网络实时性的研究受到越来越高的重视，目标是确保数据信息从发出到接收的时间确定性和工作的可靠性。FC 协议标准开发委员会制定出光纤通道航空电子环境协议（Fibre Channel Avionics Environment，FC-AE），FC-AE 不仅扩展了 FC 协议内容，而且是航空电子环境增强型专用系统指定的协议草案。FC-AE 协议的子集有光纤通道航空电子环境匿名消息（Fibre Channel Avionics Environment Anonymous Subscriber Messaging，FC-AE-ASM）是为了确保航电系统的所有设备可靠，稳定并且低延迟通信而提出的一种 FC 光纤通道的上层应用协议。为了保障强实时性，近年来，时间触发机制开始引入航空电子网络，时间触发以太网（Time-Triggered Ethernet，TTE）就是其中的典型。TTE 是在交换式以太网的基础上加入时间触发机制升级而来的，它引入了全局时钟的概念，能够让消息的发送和转发完全按照预先的规划在确定的时刻进行，从而避免了消息的冲突。

　　TTE 以其加入时间触发机制后的确定性、容错机制和实时性与普通以太网的灵活性、动态性能以及"尽力而为"相结合，因而成为能同时保证实时与非实时应用需求的严格确定性网络，已经成为众多领域的研究热点，现在已经推广到航空航天领域。FC 协议同样也已经广泛应用于各个行业领域中，特别是对于稳定可靠性要求非常高的航电领域，FC 网络相对于传统以太网具有稳定性、可靠性更高，时延更小的优势，但是在实时性方面，光纤通道网络的调度算法仍然存在很多不确定性，无法满足强实时性消息的要求。

　　随着航电技术的发展，工业控制设备结构日益复杂，系统集成度逐渐上升，数据的传输需求随之提升，包括吞吐量大、实时性强、时延小、误码率低等需求。网络的确定性蕴含了通信流中各消息序列的确定性、传输消息大小的确定性、传输方向的确定性及传输双方的确定性。因此在 FC 协议中加入时间触发的机制，结合时间触发机制和 FC 协议两者的优点来传输实时性和非实时性业务，是航空航天等领域是必然的趋势。

本章结合时间触发机制，介绍了将 TTE 的时间触发机制同 FC 协议相结合，设计具有时间确定性的 FC 网络系统，在介绍现有 FC 协议的基础上，进一步讨论了增加时间调度层，设计消息服务类型，提出新的静态时间调度表生成算法，实现时间触发 FC 网络系统。

10.2 TT-FC 协议体系

受 TTE 协议的启发，时间确定性光纤网络技术（Time-Triggered Fiber Channel，TT-FC）采用了 TTE 的时间调度思想，加入时间触发机制，并保留原有的非时间触发业务。TT-FC 技术的提出有利于未来航电网络、车载系统、存储网络及车间控制等对于时间确定性、实时性、精确度要求日益增加的领域。TT-FC 全网络节点通过全局时钟进行同步。同样地，定义 TTFC 网络中由时间触发的消息为 TT 消息，所有的 TT 消息通过全网时间调度表进行发送、转发和接收，其余传统业务消息统称为非 TT 消息，即普通的 FC 消息。普通 FC 消息的发送、接收、转发将在调度表的空闲时隙中进行。

10.2.1 TT-FC 协议体系结构

基于传统 FC 网络协议层次，TT-FC 将时间调度的服务时间调度层加入 FC-2 层，形成一个单独的时间调度模块。TT-FC 协议体系如下：FC-2 层同上层 FC-4 采用的协议毫无关联，加入的时间调度模块不会干扰传统 FC 业务，TT-FC 完全兼容 FC 协议（图 10-1）。

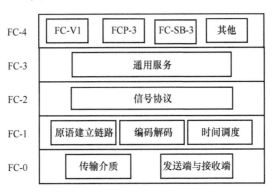

图 10-1 TT-FC 协议体系

TT-FC 网络环境中消息分为 TT 消息和非 TT 消息（普通 FC 消息），对于终端节点，TT 消息将严格按照发送时间调度表和接收时间调度表进行收发；对于交换机节点，TT 消息按照交换机节点的转发时间调度表进行转发。TT 消息的传输形式同普通 FC 帧相同，在 FC-2 层也以 FC 帧的形式传输，不同之处在于 FC 通用帧头中 TYPE 字段内容：TT 消息在通用帧头的 TYPE 字段内容是 0x4F，非 TT 消息的 TYPE 字段内容与 FC 协议一致。

10.2.2　TT-FC 消息

通常，TT-FC 网络系统消息分为两类：时间触发消息（Time-Triggered，TT）和普通 FC 通信消息。其中 TT 消息是为了时间确定性发送设计的消息类型，消息的发送和接收严格按照网络节点和交换机中的时间调度表来触发，它的优先级高于普通的 FC 帧，如 ELS 帧等。TT 消息用于传输强实时性的周期性的关键性业务，从而保证它们的时间确定性传输，而其余的 FC 帧则利用时间调度表中的空闲时隙发送。

按照 FC-FS-2 协议规定，FC 帧由 SOF、帧头、扩展帧头、数据段、CRC、EOF 组成。

帧起始（Start of Frame，SOF）：帧起始定界符，它永远在每一个帧内容的首部，不同 SOF 定义不同类型的帧。

帧头（Frame Header）：与 SOF 相邻，是帧内容的第一个字段。

扩展帧头：协议提供 3 种类型的扩展帧头，包括网络、组合、设备帧头。

数据段：在帧头之后，长度应为 4 字节的倍数，包含了数据帧的有效载荷。

循环冗余校验（Cyclic Redundancy Check，CRC）：一个在数据段后，包含 4 个字节的字段，检验接收到的数据段是否完整。

帧结尾（End of Frame，EOF）：帧尾定界符是一个紧接着循环冗余校验的有序集，指明帧内容的结束。

这里设计 FC 协议中帧头 TYPE 的保留字段 0x4F 为 TT 帧，其他 TYPE 类型为普通的 FC 通信数据（图 10-2）。

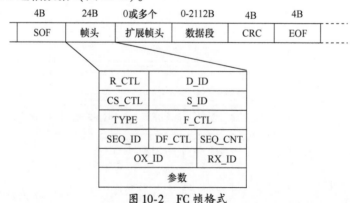

图 10-2　FC 帧格式

10.2.3 TT-FC 网络设备

时间触发光纤通道网络中的设备分为交换机和终端系统，如图 10-3 所示，圆圈代表交换机与交换机之间的级联，不同的连接方式组成如树型、星型和网状等多种类型的网络拓扑结构，支撑不同的应用场景；终端系统如光纤通道 HBA（Host Bus Adapter）节点卡与时间触发光纤通道交换机相连。网络中的物理链路为全双工链路，由 TT-FC 网络设备和物理链路构成一个完整的时间触发光纤通道网络。

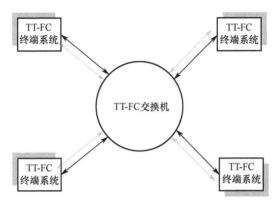

图 10-3 TT-FC 网络拓扑结构

TT-FC 交换机同 TTE 交换机对消息的处理方式类似，通过对 FC 帧头 TYPE 字段进行解析，判断其为实时的 TT 消息任务还是非实时的普通 FC 通信任务，对于实时任务和非实时任务采取不同的处理方式。

TT-FC 网络设备包括终端 TT-FC 节点卡和 TT-FC 交换机。TT-FC 节点卡可以互联，也可以通过 TT-FC 交换机进行交换转发，TT-FC 交换机之间也可以实现级联，从而生成树状、网状、星型、环状的网络拓扑结构。TT-FC 网络设备节点端系统整体如图 10-4 所示。端系统结构适用于交换机和终端节点卡。

图 10-4 TT-FC 网络设备结构

在应用层，设置会话内容、周期、截止期、发送方等信息，配置会话模式及内容，然后通过 API 接口传到驱动层，同时可以查看由硬件上传的、来自发送端的消息内容，驱动层是连接应用软件与硬件逻辑的桥梁，并在设备启动前对设备进行初始化，硬件层通过 FPGA 逻辑状态机完成 FC 协议会话状态跳转，以及时间同步功能、时间调度功能等。

硬件设备层实现 FC 协议中的原语时钟同步，时间同步的精度可以达到 10ns，并且发送和接收 TT 与非 TT 数据等。

设备驱动层作为硬件和应用软件沟通的桥梁，主要功能是通过读写寄存器配置应用软件生成的时间调度表，为上层应用软件提供 API 接口。

10.2.4 TT-FC 消息传输

TT-FC 消息传输流程如图 10-5 所示。在所有消息传输前，首先生成全网的消息调度表，各节点根据全网消息调度表获得与本节点对应发送/接收消息调度表。终端节点在发送消息前，需要根据发送消息调度表的内容优先规划 TT 消息的发送，将 TT 消息在指定的时隙中发送，所有 TT 消息规划完毕后，如果有非 TT 业务消息需要发送，则根据先来先服务原则分配各自分配剩余时隙。接收消息时终端节点根据接收调度表进行接收，首先对到来的消息进行 TYPE 字段的检测，如果是 TT 消息，其到达的时隙在接收调度表中规定的接收时隙内，则接收该 TT 消息，反之则丢弃。

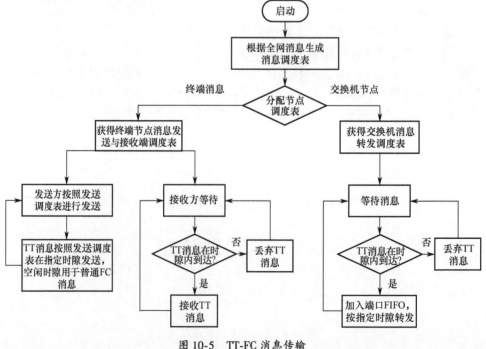

图 10-5　TT-FC 消息传输

交换机节点接收到 TT 消息时，也需要查接收消息调度表，判断该 TT 消息是否在对应的接收时隙内到达。按时到达的 TT 消息将加入对应端口的 FIFO 中，未按时到达的 TT 消息会被丢弃。非 TT 业务消息在接收和转发时，由于 TT 业务消息优先级更高，非 TT 业务的响应会被延后。同样地，交换机节点按发送消息调度表将 TT 消息从相应端口转发到链路中，非 TT 业务的转发也被安排在调度表的空闲时隙中。

TTE 交换机对消息的处理方式类似，通过对 FC 帧头 TYPE 字段进行解析，判断其为实时的 TT 消息任务还是非实时的普通 FC 通信任务，对于实时任务和非实时任务采取不同的处理方式。

若为实时 TT 消息任务，则判断该 TT 帧是否在 TT-FC 交换机的时间调度表中其对应的接收窗口内到达，如果在预先规划的窗口内到达，则根据其 DID 查询交换机中的路由表直接转发到相应的端口，若没有在预先规定的接收窗口内到达，则丢弃此帧。

若判断为非 TT 消息，由于非实时数据只能在时间调度表空闲时隙发送和接收，则我们需要将数据存储在非实时数据相应转发端口的缓冲队列中，当转发端口空闲时，就从队列头中取出数据包并发送。值得注意的是，如果普通 FC 通信任务在转发传输的过程中有 TT 消息的到来，则高优先的 TT 任务会抢占低优先级任务的传输，只有在交换机发送完 TT 消息后再继续转发刚刚停止传输的非实时 FC 通信任务。

TT-FC 网络中的端系统，如 HBA 节点卡，在发送缓存区中，发送的 TT 任务需按照预先生成的时间调度表的发送窗口的时刻发送，接收的 TT 任务则只有在规定的接收窗口内到达才能接收，否则丢弃。

10.3 TT-FC 网络

10.3.1 TT-FC 网络结构

目前，常见的主流机载数据网络有 AFDX 网络、FC 网络、TTE 网络等。综合研究表明，FC 网络性能占优，但其安全性欠缺，并且多业务流数据传输不足，因此 FC 网络不满足下一代 IMA 系统通信需求。为此，需在 FC 网络基础上引入 TT 机制、VL 流量管制、余度控制、高完整性传输等概念和策略，在网络协议、数据传输、通信管理 3 个层面对 FC 网络进行综合改制，形成一种高速高安全的双余度 TT-FC 网络。

网络协议层改造，参照 ISO 开放式系统互联网络参考模型，结合 FC 网络系统研究，进行 TT-FC 网络系统设计，其网络系统架构如图 10-6 所示。FC 网络改造设计主要涉及网络传输层、数据链路层、物理层 3 个层面的协议修改。具体的

TT-FC 网络应用解决方案如下。

（1）在物理层，保留 FC-0 协议、链路层 FC-1 协议，增加双余度接口扩展，以支持双通道信息收发及网络拓扑连接。

（2）在数据链路层，保留 FC-1 协议，提供数据编码、信息收发、网络同步等链路控制协议；借鉴 TTE 网络的传输机制，进行多业务流传输能力扩展，支持时间触发（TT）、速率受限（RC）和尽力传输（BE）3 类数据传输；借鉴 AFDX 网络的时间确定性机制、余度控制策略，在 FC-2 层增加基于 VL 的带宽分配、流量控制机制和余度管理功能，提高网络的确定性、容错能力，其中余度管理采取类似 AFDX 网络的"有效先到先胜出"策略。

（3）在网络层，删除 FC-3 公共服务功能，简化网络设计。

（4）在传输层，精简 FC-4 协议，保留 FC-AE-ASM、FA-AV 协议。增加故障编码检测（EDE）机制，并结合以下各层，实现网络传输的数据完整性检测，提高网络的安全性。

（5）在应用层，提供统一的多类应用交互接口及网络通信服务，如控制类、管理类、数据/文件类，并使网络传输过程对应用透明。

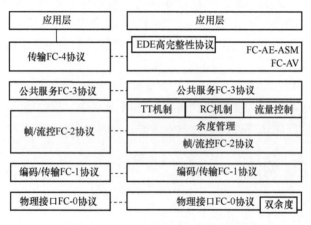

图 10-6　TT-FC 网络系统架构模型

数据传输机制及调度设计，TTFC 网络提供 TT、RC 和 BE 这 3 类消息传输机制，网络调度的优先次序依次为 TT、RC、BE 消息传输。对于 TT 消息传输采用非时间重叠的时间触发调度策略，即时间点到来就启动网络传输，如安全－关键、任务－关键、时间－关键类消息；对于 RC 消息传输采用基于优先级队列的调度算法，即在同一时间内优先传输拥有高优先级的 RC 消息，这类似 AFDX 网络的传输调度，如任务－重要、时间－重要类消息；对于 BE 消息传输则采用先到先服务调度策略，当然，在这段时间内系统无 TT、RC 消息传输请求，这类消息一般为非关键性消息。这种多协议传输机制既可提高系统的安全性、实时性，又可使系统具有 RC 传输确定性和灵活性。

网络通信配置及管理设计，DIPS 系统采用分布式网络通信管理，分为系统通信管理和局部通信管理，分别驻留于平台网络管理单元、网络交换机及各网络节点 NIU 中，其中系统通信管理负责整个 IMA 系统的通信调度、传输管理，以网络配置表形式分布于系统各 TTFC 网络交换机中；局部通信管理负责本节点的网络通信调度、传输管理，以网络配置表形式分布于 TTFC 网络各节点 NIU 中。这种配置表式网络通信驱动方式可提高通信系统的灵活性、可配置性，同时可降低系统开发时间和成本。

10.3.2 时间触发调度算法确定性

基于时间触发的 FC 终端接口和普通 FC 终端接口的硬件结构与网络拓扑相同，所以在对时间触发 FC 交换式网络进行性能分析时，建立和普通光纤通道相同的交换式网络，利用消息的端到端延时来分析网络的确定性。

航电系统是一个对消息实时性确定性要求很高的系统，消息的可靠传输关系到网络的确定性，消息的传输实时性又关系到航电系统的正常运行。对 FC 网络实时性和确定性进行分析，采用端到端延时作为网络性能的评价指标。所谓端到端时延表示消息在端系统的发送时延、链路的传输时延和交换机的转发时延的累计和，其各个时延部分的组成如图 10-7 所示。

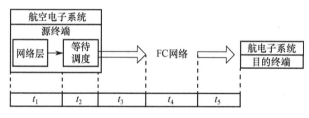

图 10-7　时延各部分组成

图 10-7 中，t_1 表示上层应用的消息分装为 FC-AE-ASM 数据帧所用的时间，系统性能的好坏决定所用时间的长短，一般来说，该时间可以忽略；t_2 表示数据帧在发送队列中等待的时间，主要由队列长度和调度策略决定，是影响网络实时性的因素，通过消息到达调度表规划发送时间和消息到达队列时间之差可得；t_3 和 t_5 表示消息在链路传输时间，该值为固定值；t_4 表示消息经过交换机的转发延时，考虑到在时间触发 FC 网络中交换机也要配置相应调度表，所以该时间也是一个确定值，通过数据帧在交换机调度表中规划的调度时刻和消息到达交换机时间之差求得。

由以上分析可以看出，时间触发光纤通道网络消息的端到端时延是一个固定值，具有完全的可预测性。

10.4 TT-FC 网络系统设计实现

10.4.1 TT-FC 网络数据交换实现

TT-FC 网络数据交换由光纤通道 FC 协议中的 ELS 命令实现，实现时间调度表的设置和 FC 基础功能命令的解析，通过驱动将时间调度表和命令对应的操作配置到硬件，TT-FC 交换机组成结构如图 10-8 所示。

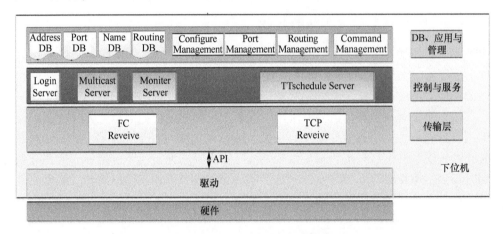

图 10-8 TT-FC 交换机组成结构

TT-FC 交换机首先实现交换机初始化，然后通过调用 API 驱动函数实现数据处理，以及数据的发送和数据接收。其中在 TT-FC 的数据处理中，完成网络信息的获取和解析，单播路由的配置、组播路由配置和级联路由配置，以及端口参数配置、原语时间同步配置、镜像和过滤监控端口配置、端口静态数据链路状态统计。

TT-FC 交换机在网络时间调度表生成中，根据网络信息和网络拓扑结构，生成 TT-FC 网络系统的时间调度表，并且由此时间调度表生成网络中某个终端节点或交换机的发送或接收时间调度表。通过对时间调度表的解析，将驱动配置到硬件寄存器中。

TT-FC 交换机完成单播、组播和级联路由的配置，16/24 端口信息的配置，交换机链路状态和数据接收转发统计信息的显示，原语时间同步显示以及交换机监控和镜像端口的设置。

TT-FC 交换机网络信息包括终端节点、交换机以及单向传输链路信息，生成时间调度表首先需要明确网络中的信息，网络信息包括交换机名称标识 Device_id，终端节点的名称标识 Device_id，链路的源节点和目的节点，TT 消息的消息 ID、大小、周期、截止期、源终端和目的终端。

10.4.2 API 驱动功能实现

API 驱动模块位于底层软件和硬件之间，驱动作为硬件与底层软件沟通的桥梁，向上为底层软件提供需要与硬件相关操作的接口，向下直接操作硬件中的寄存器。时间触发 FC 交换机 API 驱动模块实现硬件的初始化，内存分配和管理，接收 FC 帧任务的创建，信号量的创建，IO 控制函数，并为 API 模块提供支持，如图 10-9 所示。

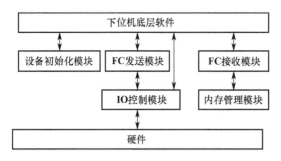

图 10-9　驱动模块结构图

API 模块为底层软件提供的接口模块，底层软件通过调用驱动中 IOctl 接口读写硬件的寄存器，实现的功能为交换机中需要与硬件进行交互的所有操作，包括发送 FC 帧，读并复位端口计数器，读并配置端口 BB_Credit、速率值、错误检测超时值（E_D_TOV），配置组播、单播、级联路由，配置交换机监控、镜像端口，配置时间同步主从模式端口以及交换机的当前时间，配置时间调度表的系统周期、时隙长度、TT 消息的周期和偏移。

（1）设备初始化。设备初始化实现包括字符设备的获取并添加到系统的设备列表、驱动接口程序的注册、内存的分配等，这里假设通过交换机初始化函数 FCSwitch_PCI_Init 实现。

FCSwitch_PCI_Init 函数调用设备查询函数 pciFindDevice（）、设备配置函数 pciConfigInLong（）、设备创建函数 FCSwitch_Dev_Create（）、设备安装函数 FCSwitch_Drv_Install（）、设备存储空间分配函数 FCSwitch_Mem_Init（）5 个不同函数实现设备的初始化。

设备初始化中首先根据设备的 VENDOR_ID 和 DEVICE_ID 设备标识寻找 PCI 设备；其次，获取 IO 基地址、中断号并保存到 DRV_CTRL 后结构体中；然后，将设备添加到操作系统（如 Vxworks）的设备列表中；再次，注册驱动的 Open 和 IOctl 接口函数；最后，完成 DMA 的内存分配和帧收发描述符的内存分配。

上述各功能的实现可以通过专用的函数实现，这里假设 pciFindDevice 函数根据设备的 VENDOR_ID 和 DEVICE_ID 寻找 PCI 设备；pciConfigInLong 函数获取 IO 基地址、中断号并保存到 DRV_CTRL 结构体中；FCSwitch_Dev_Create（DRV_

CTRL＊pDrvCtrl，char＊name）通过 iosDevAdd 函数将设备添加到 Vxworks 系统的设备列表。FCSwitch_Drv _Install 函数调用 iosDrvInstall 注册驱动的 open 和 ioctl 接口函数。FCSwitch_Mem _Init 函数调用 cacheDmaMalloc 完成 DMA 的内存分配和帧收发描述符的内存分配，描述符包括读写指针、帧的首地址 dest、偏移量 offset 以及帧长度 len，帧描述符的作用是可以完整的描述一个帧，硬件和软件通过描述符可以从缓存中正确取出 FC 帧。

（2）帧接收。通过创建接收 FC 帧接收任务 RecvTask，这里采用创建同步二进制 semInterrupt 信号量定时轮询的方式接收帧，在软件程序中创建定时器定时的释放 semInterrupt 信号量，若在 RecvTask 的任务中获得此信号量则开始接收 FC 帧，否则，等待此信号量。接收 FC 帧任务 RecvTask 通过 taskSpawn 函数创建。

帧接收流程如图 10-10 所示。

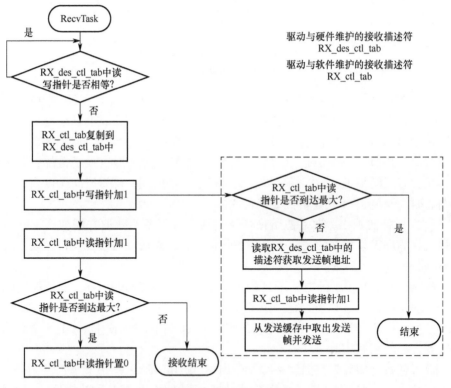

图 10-10　帧接收流程图

接收 FC 帧的过程中驱动与硬件和底层软件分别维护一套帧描述符，具体流程如下。

首先，当 FC 交换机硬件接收到帧时，硬件更新硬件与驱动维护的帧描述符中写指针的值，从而通知驱动有帧到来，驱动通过判断该帧描述符中读写指针是否相同，不同则有帧接收。

其次，驱动将从硬件中读取的其维护的帧描述符中的 dest、len、offset 完整地复制到驱动与底层软件交互的帧描述符中。硬件与驱动维护的帧描述符中读指针更新，而驱动与软件维护的帧描述符中的写指针更新。

最后，帧接收软件判断驱动与软件维护的帧描述符中读写指针是否不同，若不同，则根据描述符读取帧在内存中的地址，从接收缓存中取出 FC 帧。

（3）帧发送。发送流程与接收流程相似，底层软件在发帧时只需调用 FC_Send 函数，如图 10-11 所示。

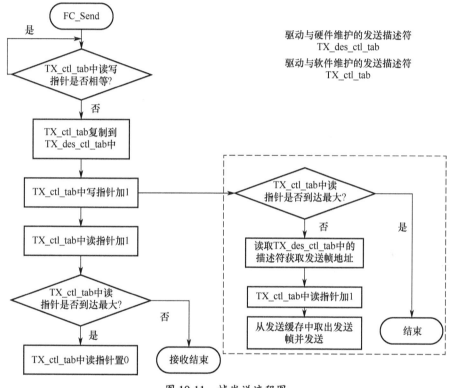

图 10-11　帧发送流程图

首先，若有帧发送则通过更新驱动与软件维护的帧描述符中的写指针值，驱动判断该描述符中读写指针值是否相同，不同则有帧发送。

其次，驱动将从底层软件中读取的其维护的帧描述符中的 dest、len、offset 完整的复制到驱动与硬件交互的帧描述符中。硬件与驱动维护的帧描述符中写指针更新，而驱动与软件维护的帧描述符中的读指针更新。

最后，时间触发 FC 交换机硬件判断驱动与硬件维护的帧描述符中读写指针是否不同，若不同则 FC 交换机硬件根据描述符获取需发送的帧在内存中的地址和大小，从发送缓存中取出 FC 帧并发送。

10.4.3 初始化功能实现

main 函数完成驱动的 PCI 总线的初始化工作后，进入软件的初始化模块，如图 10-12 所示。初始化模块完成交换机的初始化，处理 FC 数据任务和上层用户应用软件数据任务的创建和初始化。

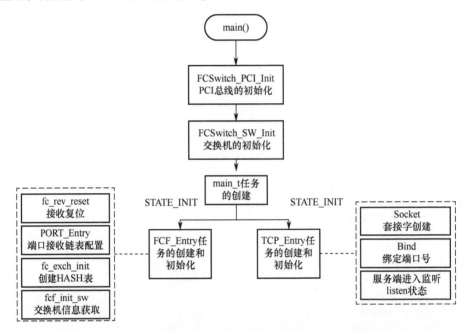

图 10-12　交换机初始化

交换机初始化函数 FCSwitch_Sw_Init 主要用于寄存器的初始化，初始化流程说明如下。

首先，读取硬件写入的 Init_Done 值，检测设备是否正常启动，如果 Init_Done 不等于 1，则通过 GPIO 口拉高 PC4 的电平自动重启时间触发 FC 交换机设备。

其次，若 Init_Done 等于 1，则进行路由表初始化、端口参数的初始化、端口统计数据的复位，通过读取保存在 VxWorks 操作系统文件系统中端口配置文件，路由表文件对端口速率、BB_Credit 值、E_D_TOV 值和路由表进行初始化操作。

最后，创建处理 FC 数据的任务和处理上层用户应用软件数据的任务，FCF_Entry 和 TCP_Entry 分别为两个任务的入口函数。创建 main_t 任务，在 main_t 任务中通过 taskSpawn 函数创建这两个任务，定义任务登记表。

通过任务登记表管理 FC 帧接收任务和上层用户应用软件数据接收任务，向这两个任务通过消息队列发送消息，通过任务的入口函数从而改变任务的工作状态，便于任务间的通信。定义任务登记表和任务的不同状态，便于软件中任务的扩展和代码的简洁，代码可维护性、可扩展性强。

10.4.4 收发控制功能实现

数据收发控制功能实现如图 10-13 所示。

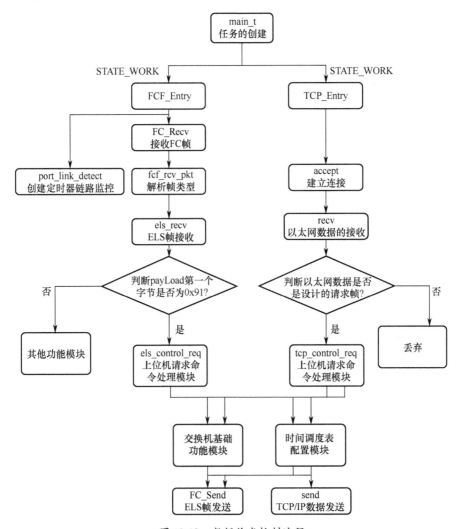

图 10-13 数据收发控制流程

通常，fcf_protocal 任务和 tcp_server 任务一直处于数据接收等待状态，当 fcf_protocal 任务和 tcp_server 任务接收到 main_t 任务通过消息队列发送的 STATE_WORK 消息后，随即改变任务状态，进行数据接收或数据发送。

FCF_Entry 函数中 STATEWORK 状态是根据处理 ELS 帧以及链路状态监控而

确定的。因此，FCF_Entry 函数中通过调用 FC_Recv 函数判断驱动接收到帧之后，首先判断帧的类型是否是正确的 FC 帧，根据帧头字段的不同进入到帧处理的不同流程，若为 ELS 命令帧则进入 els_recv 函数的 ELS 帧处理模块后，解析 Payload 字段，如第一个字节为 0x91，则此 ELS 帧为时间触发 FC 上层用户应用软件发出的请求命令，调用执行 els_control_req 函数，读取 FunctionID 中第二个字节进入网络交换机各个子功能模块，子功能模块处理完成后组合向上层用户应用软件发送的回复帧说明命令执行的成功或失败，其中子功能模块包括上述提到的交换机的基础功能以及时间调度表的配置，子功能模块的配置由 API 提供的接口实现。其他功能模块采用类似的方法定义结构体组合为回复帧，最后调用 FC_Send 函数发送 ELS 响应帧。

FCF_Entry 函数在数据循环接收的状态中，循环的调用 port_link_detect 函数实时监测链路的连接状态，port_link_detect 函数遍历时间触发 FC 交换机的端口，读取其链路状态寄存器，将所保存端口上一个链路状态值 port_link_active_before，与当前读取的寄存器的链路状态值 port_link_active 对比，实时的监测链路状态断开或者连接；若端口链路断开，则调用发送 FC 帧的 API 接口并发送警告信息到上层用户应用软件。

创建定时器，定时的发送包含所有端口链路状态的 ELS 响应帧和上层用户应用软件数据到时间触发 FC 交换机的数据信息，在上层用户应用软件实时显示端口状态。

TCP_Entry 函数与 FCF_Entry 函数处理流程相似。在网络交换机服务端与上层用户应用客服端初始化状态建立连接后进入 STATEWORK 状态，首先判断收到的上层用户应用软件数据是否满足设计的命令格式，如果正确则进入 tcp_control_req 函数的交换机各个子功能模块中，其中子功能模块的代码可以与 FCF_Entry 函数中 els_control_req 函数的代码重用。

最后组合子功能模块的回复数据，这里需要强调的是，与 FC 通信方式不同，socket 编程中 send 发送的为字符数据流。

10.5　TT-FC 典型应用

目前，成功广泛应用于 IMA 系统架构的机载数据网络主要有 FC 网络和 AFDX 网络等，然而，这 2 种网络或由于带宽不足，或由于完全性欠缺，均不能满足未来的 IMA2G 系统需求，其中 FC 网络尚有一定的性能优势，但仍需进行高安全强实时 TT-FC 网络综合改造。

TT-FC 网络是一种利用 FC-AE 网络和相关传输协议的增强型交换式双余度 FC 网络，其拓扑结构为双星型。TT-FC 网络主要由网络交换机、FC 接口单元和物理链路组成，可为未来新一代 IMA 系统提供安全、实时、可靠的数据传输服务。参照 DIMA 架构设计思想，这里以 TT-FC 网络作为系统互联的统一数据网络，构建了一个分布式综合化处理系统（DIPS）架构模型，其系统结构如图 10-14 所示。

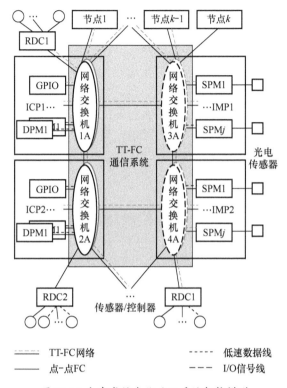

图 10-14 分布式综合化处理系统架构模型

DIPS 平台包括 2 台综合核心处理（ICP）机架、2 台综合任务处理（IMP）机架、1 个高速安全双余度 TT-FC 网络系统和 2 台余度式数据集中器（RDC）。

每台 ICP 机架包含若干个现场可更换模块（LRM），如通用处理和 I/O 模块（GPIO）、数据处理模块（DPM）、信号处理模块（SPM）、图形处理模块（GPM）、大容量存储模块（MMM）、网络交换模块（NSM）为系统提供系统管理、数据处理、图形处理、信号处理、数据存储等功能。其中 ICP1 和 ICP2 可提供互为备份的数据计算和综合处理功能，并支持模块化容错体系；IMP1 和 IMP2 提供飞机平台的任务规划、信息融合、系统管理等综合任务处理功能，且与前端的光电传感器采用简化 FC 协议的点到点光连接方式，以支持大数据图像传输。

DIPS 平台中所有的 LRM 模块、RDC 及其他机载系统节点，通过以交换机为中心的 TTFC 网络相连接构成一个级联式双余度星型网络拓扑结构。交换机 1A 与 1B、2A 与 2B 分别位于 ICP1 和 ICP2 机架中，并且在 ICP 机架内进行网络级联设计，网络交换机 1A 与 1B、交换机 2A 与 2B 互为余度，分别连接到各模块、系统之 TTFC 网络接口单元的端口 A 和端口 B 上，形成天然隔离的独立物理通道；交换机组 3 和交换机组 4 为预留的网络扩展组件，可根据未来航电系统的应用需求进行扩展。这种互联拓扑方法可以在很大程度上提高系统的数据共享、网络通信和故障安全能力，并具备从功能到资源、到互联 3 个层面的余度隔离能力，提高了系统的安全性和可靠性。

该系统架构模型基于分布式处理协同、级联式星型交换设计，允许航空电子系统通过 ICP 或 IMP 模块或外置节点、网络交换机数量的不断增加，系统规模持续扩展；同时提供灵活的 I/O 处理机制，使系统具备强实时响应及远程综合接口能力。另外，系统功能模块还可根据具体的飞机功能和结构特征进行最佳匹配的物理分布，以适应前端传感器或控制器就近处理。

10.6 本章小结

基于事件触发的消息传输形式，没有实时性方面的保障，使得网络在时间确定性方面依然存在不足，不能满足系统的强实时要求。为尽可能使网络时间准确有效，并使整个航空电子系统设备/模块之间的时间误差可控，在 ASAAC 标准基础上，科研院所提出了一种新型航空电子系统管理方案，采用基于时间触发机制的 FC 网络，以 FC 网络为基础，引入 TTE 和 AFDX 网络的带宽隔离、余度管理、时间触发等技术，同时引入完整性的概念，克服 FC 网络的缺点，提高 FC 网络的确定性和可靠性，对 FC 网络改造成时间触发 FC 网络，包括时间获取、同步、分发等过程，将满足下一代航空、航天等的实时性需求。

参考文献

[1] 丁勇飞. 机载航电总线系统发展评述 [J]. 航空电子技术，2003，34（2）：1-7.
[2] EMERSON S. Evaluation of a Data Communication Model for Switched Fibre Channel [J]. IEEE Network: The Magazine of Computer Communications, 1995, 9 (6): 38-44.
[3] 丁凡，宋丽茹，熊华钢. FC-AE-ASM 网络数据发送控制算法研究 [J]. 电子与信息学报，2009，31（6）：1509-1512.
[4] DECUSATIS C, KIPP S. 4G Fibre Channel Optical Data Communication Networks [J]. Annual review of communications, 2008, 61 (2008): 401-405.
[5] STOJANOVIC N, VASIC B. Ancillary Channel of Optical Fibre Communication Systems based on 1B2B Code Redundancy [J]. Electronics Letters, 1991, 27 (16): 1457-1459.
[6] 黄浩益，黄栋杉，徐晓飞. 光纤通道技术在航电系统中的应用 [J]. 航空电子技术，2005，(3)：9-14，24.
[7] 王勇，刘安. 航电综合互联技术 [M]. 西安：空军工程大学出版社，2011.
[8] 郭志君. 基于 FPGA 的航空电子光纤通道接口卡的研究 [D]. 成都：电子科技大

学,2011.
[9] 李芃博. FC 航空电子测试接口的研究与实现 [D]. 西安: 西安电子科技大学, 2014.
[10] 熊颖, 陈俊延, 何锋, 等. 机载时间触发光网络的设计与实时性分析 [J]. 北京航空航天大学学报, 2017, 43 (12): 2466-2472.
[11] 刘晚春, 李峭, 何锋, 等. 时间触发以太网同步及调度机制的研究 [J]. 航空计算技术, 2011, 41 (04): 122-127.
[12] 张超, 南建国, 褚文奎, 等. 改进的 TT-RMS 调度表生成算法 [J]. 空军工程大学学报 (自然科学版), 2016, 17 (06): 82-87.
[13] 李炳乾, 王勇, 谭小虎, 等. 基于混合遗传算法的 TTE 静态调度表生成设计 [J]. 电子技术应用, 2016, 42 (10): 96-99, 103.
[14] 何锋, 刘晚春, 李峭, 等. 一种适用于时间触发交换式网络的周期调度时刻表构建方法: 102255803 [P]. 2014-2-2.
[15] 李刚, 李峭. 应用约束下时间触发消息调度表的生成方法 [J]. 计算机工程与设计, 2017, 38 (07): 1724-1729.
[16] 刘建中, 王嘉良, 袁泉. 光纤通道时间触发调度方案设计 [J]. 航空电子技术, 2017, 48 (02): 34-38.
[17] KOPETZ H, GRUNSTEIDL G. TTP—A protocol for fault-tolerant real-time systems [J]. IEEE Computer, 1994, 27 (1): 14-23.
[18] SAE International Group. Time-Triggered Ethernet: AS6802 [S/OL]. [2016-11-09]. https://www.cssn.net.cn/cssn/productDetail/0306ca2ca4624776bffb84c338e20855.
[19] HU M, LUO J, WANG Y, et al. Holistic Scheduling of Real-Time Applications in Time-Triggered In-Vehicle Networks [J]. IEEE Transactions on Industrial Informatics, 2014, 10 (3): 1817-1828.
[20] STEINER W. An Evaluation of SMT-based Schedule Synthesis for Time-Triggered Multi-Hop Networks [C]. San Diego: IEEE 31st Real-Time Systems Symposium (RTSS), 2010.
[21] POZO F, RODRIGUEZ-NAVAS G. SMT-based Synthesis of TTEthernet Schedules: a Performance Study [C]. Siegen: 10th IEEE International Symposium on Industrial Embedded Systems, 2015.
[22] TAMAS-SELICEAN D, POP P, STEINER W. Synthesis of Communication Schedules for TTEthernet-based Mixed-criticality Systems [C]. Tampere: Eighth Ieee/acm/ifip International Conference on Hardware/software Codesign and System Synthesis, 2012.
[23] POP P, STEINER W. Design Optimization of TTEthernet-Based Distributed Real-Time Systems [J]. Real-Time Systems, 2015, 51 (1): 1-35.
[24] ABUTEIER M, OBERMAISSER R. Mixed-Criticality Systems Based on Time-Triggered Ethernet with Multiple Ring Topologies [C]. Lausanne: IEEE International Symposium on Industrial Embedded Systems, 2014.
[25] 周治邦. 适用于安全性控制的现场总线: 时间触发的 CAN 总线 [J]. 工业控制计算机, 2004, (3): 25-27.
[26] 高鹏飞. 时间触发以太网交换机设计 [D]. 西安: 西安电子科技大学, 2014.

[27] GLASS M. Fibre Channel: Leveraging a Commercial Networking Technology for Military Applications [C]. New Millennium: Digital Avionics Systems Conference, 1999.
[28] KIPP S. Transporting Gigabit Ethernet and Fibre Channel over the MAN [J]. Communication System Design, 2000, 6 (2): 36-38.
[29] 赵文辉. 网络存储技术 [M]. 北京: 清华大学出版社, 2005.
[30] LIU C L, LAYLAND J W. Scheduling Algorithms for Multiprogramming in a Hard-real-time Environment [J]. Journal of the ACM (JACM), 1973, 20 (1): 46-61.
[31] 王涛, 刘大昕. 单调速率任务分配算法利用率的界限分析 [J]. 计算机应用, 2006 (09): 2217-2221.
[32] 程杰. 大话数据结构 [M]. 北京: 清华大学出版社, 2011.
[33] 舒忠梅, 胡金柱, 左亚尧. 实时系统中任务可调度性研究 [J]. 计算机应用研究, 2000, 17 (1): 35-36.
[34] 徐晓飞, 曹晨, 郭骏, 等. TT-RMS: 时间触发网络通信表生成算法 [J]. 北京航空航天大学学报, 2015, 41 (8): 1403-1408.
[35] 谭小虎, 王勇, 褚文奎, 等. 时间触发光纤通道调度算法确定性分析 [J]. 计算机工程与应用, 2018, 54 (15): 97-101.
[36] 杨军祥, 韩强, 王纯委, 等. 基于 TTFC 网络的分布式综合化处理系统平台研究 [J]. 航空计算技术, 2018, 48 (5): 309-314.
[37] 兰晞. 确定性光纤网络仿真建模 [D]. 成都: 电子科技大学, 2019.
[38] 刘青悦. 时间触发 FC 网络交换机软件的研究与设计 [D]. 成都: 电子科技大学, 2018.

第 11 章 SpaceWire 数据总线

在现代航天器上，各分系统之间以及分系统内部的各设备之间通常采用分布式结构，通过星载总线进行数据通信，以便实现航天器所要完成的各种功能。因此，对航天器而言，星载总线是其实现整体协调统一的关键，总线性能的优劣至关重要。SpaceWire 总线是由欧空局、欧洲空间公司和学术界共同针对航天领域设计的一种高速、可升级、低功耗、低成本的串行通信标准，简称 ECSS-E-50-12A。它以 IEEE1355-1995 和 LVDS 两个商业标准为基础，汲取了 1394 总线、ATM 技术、以太网技术的优点，同时兼顾空间应用的特点。该总线标准致力于航天器有效载荷数据、服务平台数据和控制信息的处理，以未来航天器所要求的高性能、高速率传输为目标，提供了一种连接各类传感器、数据处理单元、大容量存储器等设备的统一基础架构。作为国际上迄今为止第一个专为航天任务设计且大规模应用的协议标准，SpaceWire 总线在错误检测、异常处理、故障保护和故障恢复及时间确定性方面也都做了相应加强，并有对应的空间应用标准支持。

SpaceWire 总线是 ESA 基于两个商用标准 IEEE1355-1995 和 ANSI/TIA/EIA-644，通过对 IEEE-1355 可靠性、实时性、功耗等进行了改进，使其能够更好地满足航空航天应用的要求具有高速的可靠的数据传输总线标准。SpaceWire 总线采用与 IEEE 1394 相同的 DS 自同步编码方案，采用线路切换技术及协议，网络中可以同时使用多条总线，网络拓扑具有很高的自由度，因此，即使机器间各个连接的数据传输速度不高，仍可通过增加总线数量的方法来提高整个网络的数据传输速度。目的是在将来能够将传感器、处理单元、大容量存储器单元及下行遥测子系统等连接到一个统一的高速数据处理结构中。

SpaceWire 总线传输速率可达全双工 2Mb/s、200Mb/s，而且其协议公开，可扩展性强且简单，成为现今航天领域的首选总线，也成为 ESA 和 NASA 所青睐的下一代星载总线。SpaceWire 总线是一种点到点的高速数据传输总线，随着越来越多的航天设备出现在航天器上时，设备间如果采用以前的数据总线进行通信，将使所有设备的构成的系统过于复杂，为此，SpaceWire 协议在原有的数据链路上扩充了网络层功能，定义了基于路由寻址方式和网络拓扑结构，从而极大地简化数据链路连接的复杂性。

SpaceWire 总线始于 2000 年欧空局和英国 STAR_Dundee 公司共同提出 SpaceWire 标准协议。ECSS 在 2003 年对其做出了规范化处理，并最终产生 ECSS-

E-50-12A 正式发布，目前最新的标准是 2008 年的 ECSS-E-50-12C，随着 SpaceWire 技术不断地深入，产生了许多附加的协议。ECSS 在 2005 年出版了 ECSS-E-50-12 Part2 DraftB 标准，其中引入了 Protolcol ID 的概念，从而使得不同的用户以及不同的辅助协议能够在同一 SpaceWire 网络中正常运行，彼此之间没有冲突，到 2008 年时，ECSS 发布了 ECSS-E-S-50-11C Draft 标准、Protocol I、Rmap、CCSD 等被认为是 SpaceWire 标准协议的辅助协议发行，2010 年协议更加健全了，ECSS 分别将辅助协议发表成为各自的标准协议，Protacol ID（ECSS-E-ST-50-52C）规定了哪些协议是可以使用的，哪些可以自定义；Rmap 标准协议（ECSS-E-ST-50-52C）中概述了访问 SpaceWire 设备寄存器的方式，其目的是为了远程配置目标节点机上的寄存器，以改变链路的一些重要的参数，如链路速率、链路自启时间等。CCSDS 协议（ECSS-E-ST-50-53C）阐述了对于 CCSD 数据包通过 SpaceWire 网络传输时的格式。

几年来，国内科研院所在 SpaceWire 技术研究中，取得显著成果，如中国科学院 2003 年就已经着手研究 spaceWire 技术，2007 成功实现了 SpaceWire 编解码 IP 的设计与验证；哈尔滨工业大学对 SpaceWire 链路接口关键技术的研究中，其设计的链路接口速率达到 100Mb/s；航天 8 院、502 所和 771 所等单位对于星上电子系统 SpaceWire 总线进行研究中，所设计 SpaceWire 接口 IP 核工作速率达到了 80Mb/s，首次将 SpaceWire 技术成功应用于 2016 年发射的风云 4 号气象卫星上。

SpaceWire 总线是一种高速的、点对点、全双工的串行总线网络，以 IEEE-1355-1995 和 ANSI/TIA/EIA-644 两个商业标准为基础，汲取了 1394 总线、ATM 和以太网技术的优点，同时兼顾空间应用的特点，SpaceWire 的特性如下：

（1）全双工、双向、串行、点对点的串行数据总线。利用每个方向两对差分信号实现数据的编码及传输。

（2）电缆长度最大为 10m，连接器采用专为航天应用开发设计的微型九针 D 型连接器。

（3）通过采用 LVDS 技术，获得高速传输能力，其电压为 350mV。

（4）编码采用数据—滤波（Data-Strobe）编码。

（5）网络由一定数量的 SpaceWire 节点通过 SpaceWire 路由器连接而成。SpaceWire 节点可以通过 SpaceWire 电缆直接相连也可通过 SpaceWire 路由器与其他 SpaceWire 节点或路由器相连。

（6）标准涉及以下 6 层协议：物理层、信号层、字符层、交换层、信息包层和网络层，对应 OSI 模型中的物理层和数据链路层。

本章将首先从星载数据系统开始，接着介绍了 SpaceWire 总线的现状及发展趋势，随后说明 SpaceWire 总线的拓扑结构、通信协议，最后讨论了 SpaceWire 总线接口设计及其应用实例。

11.1 星载数据系统

本节从航天业务对星载数据系统的需求开始,介绍了星载数据系统的概念、结构与功能,说明了空间数据系统的分层模型及发展趋势。

11.1.1 星载数据系统的需求分析

随着航天科技的不断进步,为了完成复杂的空间任务,航天器平台和有效载荷的复杂度都在不断增加。从对地观测卫星到数据中继卫星,从近地轨道卫星到空间站,还有火星探测器等深空飞行器,航天任务的物理环境越来越复杂,功能要求越来越高,数据速率范围也越来越宽,因此对航天器的数据业务需求也提出了更高的要求。从目前应用和长远发展来看,航天任务的数据业务主要包括以下几类。

(1) 航天器遥测。
(2) 航天器遥控。
(3) 航天器测轨定位。
(4) 有效载荷业务数据传输与处理。
(5) 航天器自主数据管理。
(6) 航天器统一时间勤务。
(7) 载人航天的语音、报文和视频图像多媒体通信。

数据系统的航天任务中的地位非常重要,在航天器平台的五大支柱结构、电源、控制、数据和热控中,数据系统是航天器的信息中枢,是提高效益的关键。

随着现代计算机技术、网络技术、通信技术、电子技术以及航天技术的综合发展,在航天器中出现一种全新的系统概念,即空间数据系统,实现空间数据的采集、传输、处理和利用的系统。星载数据系统是平台的五大支柱之一,是航天器的大脑与神经系统;从天地系统来看,空间数据系统是开发空间资源的主要手段和途径。

随着航天器结构日渐复杂,提出了许多有关自主管理方面的任务,如程序控制、延时遥控指令、自主监测、自主控制、有效载荷和科学仪器及数据处理、时钟管理、能源管理等。刚开始,这些任务可以采用扩大遥测遥控分系统功能的办法来实现。但随后,自主管理的任务越来越多,同时也越来越复杂,扩大后的遥测遥控分系统已不能胜任。在这种背景下产生了一种新技术,即卫星电子综合化技术。它是一个对体积、质量、功耗有着苛刻的限制,以及在空间辐射环境下,对密集性很高且复杂的航天电子系统进行功能和资源(软件、硬件、信息、时间等)综合的技术。在卫星综合电子技术的推动下,产生了一个能够综合完成遥测遥控和自主管理任务的分系统,称为星载数据管理分系统,其目标是将整星的数据进行统一管理，从而实现星载网络上的数据共享、分系统间的对话与交互扶持、系统级重组以及平台与有效载荷间的统一数据传输。

星载数据管理（On Board Data Handling，OBDH）也称为命令与数据管理分系统（Command and Data Handling，C&DH），它认为命令和数据是星上两类基本的信息形式，其中命令包括上行遥控命令和自主管理命令。

数据管理技术本身也在不断发展。为了使航天器具有强大的自主管理能力，必须将整星的数据进行统一管理，在星载网络、全星数据库和分布式操作系统的支持下，实现全星的数据共享、分系统间的对话与交互扶持、系统级重组以及平台与有效载荷间的统一数据传输。此时，星载数据管理分系统就发展为星载数据系统，图 11-1 说明了从最初的测控系统发展到星载数据系统的过程。

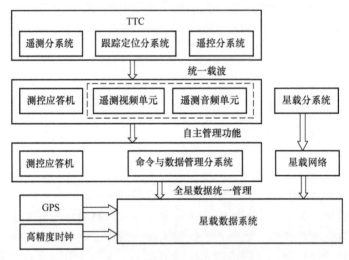

图 11-1 星载数据系统的由来

数据系统是一种全新的概念，它是在测控、数管系统基础上发展起来的。它把范围扩大到有效载荷业务数据，同时把功能扩大到空间数据网络的各层业务，使其真正成为航天器的统一信息、系统，成为并列于结构、热控、电源、姿轨控的航天器平台五大支柱之一。

11.1.2 星载数据系统的结构

目前，星上数据管理系统采用分级分布式计算机系统和模块化结构，它采用公共的串行数据总线，通常是 1553 总线，连接所有的处理器单元，其结构如图 11-2 所示。

图 11-2 为星载数据管理系统的常见体系结构，目前国内的小卫星在其基础上做了部分改进，将远置单元 RTU 嵌入到各有效载荷或测控平台分系统内部，从而减少了系统层次，使不开放的内部总线变为开放的现场总线，除去了点对点

模拟信号传输线；同时，它把星上设备提升到智能设备的高度。

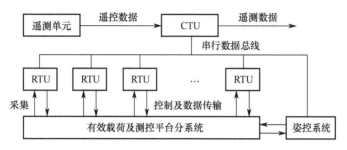

图 11-2　星上数据管理系统典型结构

数据管理系统由可实现遥控功能的遥控单元 TCU、控制整个数据管理系统运行的中央单元 CTU、作为用户界面的各类远端 RTU、连接 CTU 和 RTU 等终端的数据总线以及控制整个数据管理系统运行的软件所构成。其主要功能如下。

（1）接收来自地面站发来的卫星射频信道的上行遥控指令和数据并进行解调和处理，将完成验证后的指令和数据分配到卫星各目的分系统。

（2）采集卫星工程遥测数据和有效载荷遥测数据，先后进行处理和存储；汇集所有需经下行信道传送的信息，实施格式化或组包处理，完成信道编码和副载波调制后送遥测下行信道发送给地面站。

（3）处理卫星测控信息，自主监测并判断卫星的运行状态，自动生成各类飞行报告；按设计要求发送延时指令和程序指令，产生生主控制命令，实现卫星星（自主控制和管理，增强卫星的自主生存能力）。

（4）产生卫星时间基准信号和校准卫星时钟，向各分系统分配时间信息和定时信号，实现卫星的时钟管理，为各分系统提供事件计时；实现星、地时间同步。

（5）实施数管分系统的内务管理，即对数管系统自身实施监测和控制，进行冗余和容错管理，实施重组、降级等处理。

（6）为卫星其他不具备计算能力的分系统提供专用的数据处理和数据格式编排，支持各分系统间的信息交换和信息共享。

（7）有的卫星数管系统还具有姿态和轨道控制的功能以及实施卫星计算机系统运行管理和交互支持的功能。

（8）为卫星电测和各类大型试验提供测控支持。

随着电子技术的发展和航天飞行任务要求的提高，数据管理系统的功能也不断扩展。如 ESA 在国际空间站工程中为俄罗斯航段开发的数据管理系统 DMS 不仅对空间站的一个航段自身进行控制，而且能完成对整个空间站任务和失效的管理，实现更大范围的控制。

对于典型星上数据系统的结构，空间数据系统咨询委员会 CCSDS 对空间数据系统做了科学的规范。CCSDS 定义的空间数据系统是符合 OSI-RM（开放系统互联参考模型）的系统，它向用户提供数据管理业务、数据路由选择业务和数据传输信道业务 3 种业务的全面服务。典型星上数据系统的一般结构如图 11-3 所示。

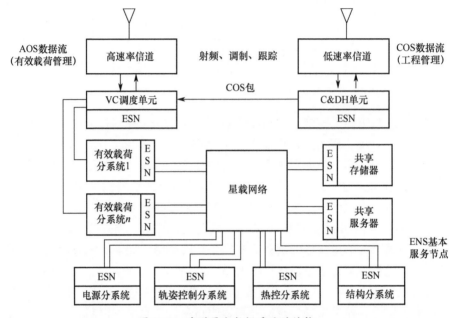

图 11-3 典型星上数据系统的结构

在典型星上数据系统的结构中，以星上计算机/微处理器网络为核心，有效载荷、电源、姿轨控、热控、结构等各分系统以及共享存储器、共享服务器单元通过通用型网络接口基本服务结点（ESN）与星载网络相连构成星上数据系统的物理结构。星上数据流划分为两部分：一部分是高速率的有效载荷数据；另一部分是低速率的工程数据流。图 11-3 中有一个虚拟信道（VC）调度单元，它把常规测控（COS）的低速率数据与符合高级在轨系统（AOS）标准的高速数据复合为单一数据流，并与高速率信道连接；目前的 C&DH 单元还将存在，它主要服务于低速率的分包测控，大部分的命令与数据都通过网络传递，但是小部分不通过网络的直接命令与数据仍与保留，用于挽救性操作；共享服务器和共享存储器是网络上交互支持和系统重组所必需的。

11.1.3 空间数据系统标准

空间数据系统咨询委员会 CCSDS 为空间数据系统建立了一整套协议，这些协议的形式为建议书。建议书可以通过两种途径转化为标准：被国际标准化组织批准转化为 OSI 标准；被各空间组织采纳，成为其内部标准（或与其兼容）。现在世界已经确认，CCSDS 是空间数据系统技术权威的国际组织，采用 CCSDS 标准是这个领域技术发展的必然方向。

空间数据系统咨询委员会（CCSDS）成立于 1982 年，它是一个由各国空间织管理部门联合组建的国际协调机构。该组织的宗旨是通过技术协商方式，建立一套空间数据系统的标准，以便实现广泛的国际合作和相互支持。它的具体目标包括：主持制定和推广应用与空间信息有关的国际标准；指导各空间组织的基础设备建设，以获得最大的交互操作性；指导开发可扩展、集成快、成本低和满足不同用户交互操作的通用硬软件；以标准化的实现支持空间飞行任务的合作与成果共享；把空间飞行任务信息系统与全球信息基础设施相结合。

CCSDS 在 2003 年之前由 4 个大组组成，它们分别负责空间数据通信、空间数据交换、交互支持、无线电测量和轨道数据四类技术问题和协调；2003 年，CCSDS 进行了重新调整，采用了 IETF（互联网工程任务组）的工作模式，主要从三大专业领域：空间通信领域、空间信息领域、空间系统领域；5 个业务方面，空间通信领域涵盖了 SOIS（航天器在轨接口业务）、SLS（空间链路业务）、SIS（空间网络业务），空间信息领域涵盖了 MOIMS（任务操作和信息管理业务）、CSS（交互支持业务），系统工程业务则属于空间系统领域。在每个领域中，由工作组或专业组来编制技术说明报告（绿皮书）、推荐性标准（蓝皮书）、推荐性操作现程（紫皮书）以及试验规范（橙皮书）。

CCSDS 空间数据系统参考了 OSI-RM（国际标准化组织参考模型），也采用了分层的思想。空间数据系统的分层模型如图 11-4 所示。

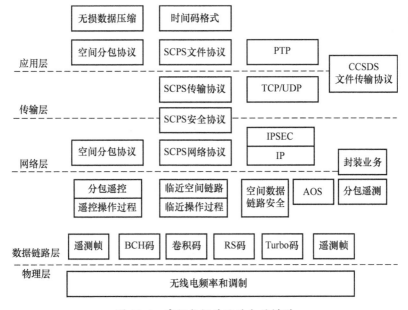

图 11-4　空间数据系统的分层模型

从空间数据系统的分层模型图中可以看出，空间数据系统由空间部分和地面部分组成，包括空间链路、空间互联网络、航天器及其相互间的信息接口、执行特定勤务任务的飞行器、空间任务管理和空间信息管理等部分。

在物理层，CCSDS制定了《无线电频率和调制体制》建议书。它的第一部分规定了用于中等通信需求的近地和深空任务的无线电频率和调制体制，第二部分是关于数据中继卫星系统的内容。

数据链路层是空间数据系统核心，主要包括两大部分：CCSDS数据链路层协议和信道编码。迄今为止，CCSDS共开发了3个链路层协议，它们是分包遥测和分包遥控，适用于常规航天器的数据系统，实现的码速率中等，业务相对简单；AOS（高级在轨系统），适用于大型和载人航天器，实现的码速率范围宽，业务种类多，而且具有网络接入能力，可与地面Internet互联实现空间多媒体通信；邻近空间链路，适用于互相接近的航天器之间附加的空间链路，目前是点对点通信，今后还将开发点对多点、多点对多点的邻近空间链路协议。在数据链路层的信通编码中开发了BCH编码、卷积码、RS码、Turbo码以及数据链路的各种数据结构。

在网络层、传输层和应用层，CCSDS为空间网络在应用开发了一套与地面网络协议FTP、TCP/IP在功能上平行的建议书，即空间通信协议规范SCPS。这套建议书由4个部分组成，即SCPS文件协议、SCPS传输协议、SCPS安全协议、SCPS网络协议。这些协议在原有地面Internet协议基础上，针对空间通信的环境和特点，采用一系列手段，使不可靠的网络环境变为相对可靠的网络环境，实现空间网络中的端对端通信。

在应用层，CCSDS还制定了一些面向应用的建议书，如数据压缩、时间码等。

在传输层和应用层，CCSDS开发了一个功能强大的文件传输协议CFDP。该协议可广泛地用于相对简单的近地轨道航天器到需要多种地面设施和通信链路支持的轨道器、着陆器等航天任务。在简单任务中，CFDP仅保留最核心的通过单一链路传输文件的功能；而在复杂任务中，CFDP可以提供经过多链路组成的任意网络对文件存储转发的功能。该协议不仅包括文件传输所需要的各种功能，还具备文件管理的业务，以控制管理文件存储介质。

CCSDS自成立后，就不断地发展和完善。目前该组织仍在继续开展相关的研究工作，其未来的发展趋势主要有以下6个方面。

1) CCSDS建议书结构的调整

CCSDS建议书的开发经历了从简单的遥测遥控到复杂航天任务乃至深空通信应用的过程。在这期间，CCSDS建议书中空间通信部分先后形成了3个主要的系列，即COS、AOS和SCPS。后来考虑到用户使用的方便性，CCSDS对建议书的结构进行重新调整，按照分包、数据链路、遥控操作过程和信道编码的层次结构组织。

2) 空间因特网

自 20 世纪 90 年代以来，CCSDS 在将因特网技术拓展到空间通信领域方面做了大量工作。从 AOS 标准到 SCPS 以及 CFDP，解决了空间通信当中的许多特殊问题。CCSDS 的空间因特网技术已经进入了实用化阶段，包含空间通信实体的因特网通信测试，作为 CCSDS 的一项工作已经开展。CCSDS 建议空间组织在其任务中使用 CCSDS 的空间因特网建议书并反馈其使用中的经验。

3) 深空通信相关建议书的研究

深空通信相关建议书的研究仍然是 CCSDS 工作的重点之一。相关的工作包括邻近链路协议、RS 编码研究等。

4) 交互支持的应用和发展

交互支持依然得到 CCSDS 和各空间组织的重视。CCSDS 也在不断地完善和发展有关交互支持的建议书，并在空间链路扩展等方面取得了显著进展。

5) 数据安全问题

数据安全是 CCSDS 一直关注的问题。CCSDS 已经考虑在今后所有 CCSDS 建议书的开发过程中包含数据安全评审，同时还将进行有关数据安全威胁说明的文件和风险分析指南的开发。数据安全也将包含在 CCSDS 的整体文件结构当中。

6) CCSDS 向军用领域的拓展

CCSDS 建议书一开始是为民用目的开发的，但是由于其良好的性能、效益和适应性，CCSDS 建议书越来越引起军方的重视。美国国防部和空军的一些项目也在使用与 CCSDS 兼容的标准。实际上已有很多涉及军事目的的航天器采用了 CCSDS 标准。

ESA 在现有 ECSS 标准基础上，结合 ECSS 标准建议书构建了交互支持的网络体系结构，提出了航天器在轨接口业务的概念和空间体系结构，其目的是统一航天器上星载数据系统的接口及其网络体系框架，使接口、分层模型以及业务达到统一，通过制定系列标准来保证硬件接口和星上数据管理系统软件的统一。

11.1.4 SpaceWire 的 CCSDS SOIS 接口模型

SOIS 主要工作是通过定义通用业务与协议来简化飞行器软硬件之间的相互配合，并形成标准，以便从根本上促进飞行器飞行阶段数据系统设计和开发进程，为研制航天器的管理部门和设备生产商之间的协同工作提供方便，保证研制设备的可重复利用性。

SOIS 业务存在两个接口：应用支持层接口和子网层业务接口。星上软件通过应用层业务接口使用服务，SOIS 应用层提供普通服务，它们把应用软件与卫星的底层拓扑结构和通信体系结构隔离开。这些服务最终依赖于 SOIS 底层提供的服务来执行卫星通信体系结构中的服务协议。SOIS 定义的网络体系结构如图 11-5 所示，各层定义了规定的业务及业务访问点。

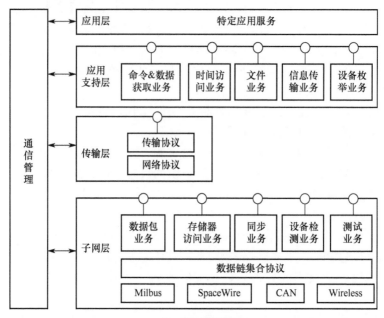

图 11-5　SOIS 体系结构

SOIS 目前重点开展的工作主要有两项：一项是应用支持工作组开展的设备即插即用功能的技术文件编写以及对现有相关标准的技术研讨工作；另一项是 SOIS-WIR（在轨无线业务）工作组开展的无线网络技术文件的编写以及 2 项紫皮书的编制工作。

当采用 SOIS 分层的方法，处理器之间的底层连接就对数据链路层上的所有层透明了。如果连接模式从一个结构变为另一个，网络层或其上的程序不需要改变，只需改变子网相关集中子层以及特定数据链路层协议程序。另外，和数据链路层协议相关的功能被标准化后，协议的程序就可以直接输出到不同的处理器，从而极大地提高了软件的复用性。

11.2　SpaceWire 总线体系结构

SpaceWire 是为满足未来高性能的遥感仪器及其他航天任务而提出的一种用于高速通信链路的标准。目前，其标准协议已发展到 ECSS-E-ST-50-12C 版。SpaceWire 总线系统包括链路、节点和路由器 3 个方面的内容。SpaceWire 链路指的是用户数据包的传输路径。SpaceWire 节点指用户数据包的信源或者信宿,如存储单元和处理器。SpaceWire 路由器是给数据包在链路之间的传输做出转换的设备。

11.2.1 SpaceWire 体系结构

在 SpaceWire 标准规范（ECSS-E-ST-50-12C）中,规定 SpaceWire 总线系统包括物理层、信号层、字符层、交换层、数据包层和网络层 6 个层次,它们与 OSI 模型的对应关系如图 11-6 所示。

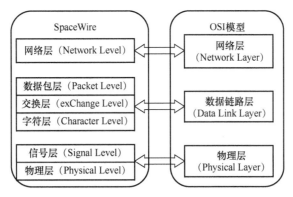

图 11-6 SpaceWire 与 OSI 模型的层次对应关系

从图 11-6 可以看出,SpaceWire 协议本身并没有定义应用层的内容,因此利用 SpaceWire 协议所规定的内容只能完成简单的网络互联,并不能真正实现各个通信节点之间网络化互联。由用户根据各自的需求来实现网络层以上的应用,这样做的好处是可以简化底层的设计,同时可以方便地支持各式各样的上层应用。

SpaceWire 总线体系结构与 CCSDS SOIS 子网层规范兼容,SpaceWire 总线体系结构框架如图 11-7 所示。

第一层为 SpaceWire 总线规范（ECSS-E-ST-50-12C）规定的 SpaceWire 总线物理层、数据链路层以及路由交换协议,构成基本的数据交换的物理通道。

第二层为 QoS、RAMS 机制层,在基本的 SpaceWire 总线协议的基础上,完成数据包的可靠性与安全性保障服务,包括突发错误的检测、纠错,链路物理故障的冗余容错机制,数据包的实时性保障,数据安全性检测、验证等。

第三层为应用服务层协议,根据未来星船设备数据处理系统的应用需求及航天器潜在的数据传送需求,主要包括数据包协议（PTP）以及远程存储访问协议（RMAP）的支持。数据包协议用来支持设备间的大数据包直接传送,包括缓冲管理、流量均衡及组帧管理,可直接为应用程序服务,也可以为 SOIS 服务接口提供基本功能。远程存储器访问协议使得网络上的设备可以直接访问其他远程终端的存储器指定区域的数据内容。

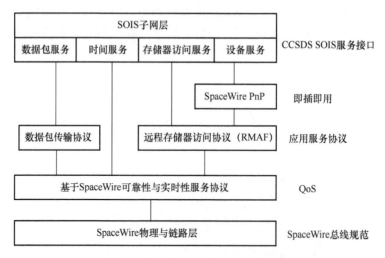

图 11-7 SpaceWire 总线体系结构框架

第四层为即插即用协议，完成 SpaceWire 网络（路由）的动态管理、总线节点设备的接入管理等功能，为系统故障诊断、故障隔离、设备切换、动态重构提供基本的支持。同时，即插即用协议层还可以完成系统健康状态预测与管理功能，这是通过对故障诊断数据的分析与管理获得的。

第五层为 CCSDS SOIS 服务接口，在下面 4 层协议的支持下，向应用软件提供满足 CCSDS SOIS 子网层规定的所有标准的接口服务功能。数据包服务为 SOIS 文件服务、消息服务提供支持，存储器访问服务为 SOIS 的 CDAS（命令数据访问服务）、FMS 及 DES 等提供支持，时间服务用于为航天器中各个节点设备提供统一的时间参考及其他时间服务功能，设备服务为 SOIS 的 DES（设备枚举服务）提供支持，为数据处理子系统的故障隔离、系统动态重构提供上层服务。

SpaceWire 总线网络层定义的内容主要包括网络结构、路由机制、寻址方式以及错误处理等。

在 SpaceWire 网络结构方面，SpaceWire 可用于实现简单的点对点链路，也可使用 SpaceWire 路由交换机实现 SpaceWire 网络，而且对拓扑结构没有限制。

在 SpaceWire 路由机制方面，SpaceWire 路由器采用的是 SpaceWire 标准中的虫洞路由机制。虫洞路由是一种特殊形式的数据包路由。每个数据包包含一个头部，用于标识目标地址。一旦收到一个数据包的头，路由交换机就可以通过核对目标地址来确定其输出端口。如果被请求的输出端口是空闲的，则数据包将迅速发送到该输出端口。同时，这个输出端口被标记为忙，直到数据包的数据包结束标记通过此交换机。

SpaceWire 网络中的节点和路由器间的连接关系如图 11-8 所示。

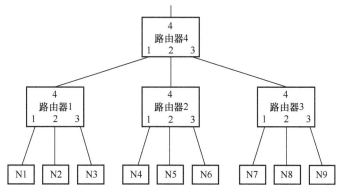

图 11-8 SpaceWire 网络连接

11.2.2 SpaceWire 路由器

SpaceWire 总线的路由器称为虫洞路由，这种路由是专门设计用来在 SpaceWire 总线网络中传输包数据。根据包的结构，每个包的第一个字符指定了路由器的输出端口。如果当前那个输出端口是空闲的，路由器通过输出端口将数据传输给下一级链路，同时将该端口标识为已占用。直到路由器检测到 EOP 时，表示这个包数据的传输结束，路由器释放端口。如果包数据要转发的路由器端口正被占用，路由器通过停止给源节点发送 FCT 字符来暂时停止数据的传输，直到该端口被释放后再重新发送 FCT 字符给源节点来开始包数据的传输。

虫洞路由器和普通的接收储存型的路由器不同，它并不将接收到的包数据保存在自己的缓冲器里，而只是起到连接两端链路通道的作用。这样的设计大大减少了路由器需要使用的缓冲器。

在实际的网络工作中，SpaceWire 总线数据包在路由过程中遇到堵塞的情况是比较容易发生的。当指定的端口被占用时，一个或者多个数据包将等待端口被释放。这样的情况不但需要路由系统提供裁决系统来判断多个等待数据包哪个能在路由端口被释放后首先获得端口，还得使整个 SpaceWire 总线网络显得容易堵塞。解决这个问题的一个简单方法是路由器端口的组合链接，如图 11-9 所示。

在路由器 X 和路由器 Y 之间有 3 条链接通路。这 3 条通路有着同样的路由目的地，当包数据指定的路由端口被占用时，路由器可以选择等效的另一条通路来传输包数据。这样只要等效通路中任意一条是空闲的，包数据就能被即时传输而不需要过多地等待。通过组合链接的方式可以很大地改善 SpaceWire 总线的网络效率。

每个路由器中都存有路由表，路由表根据包数据的第一个字符来决定输出端口。SpaceWire 总线路由器需要能支持各种地址类型，包括路径地址、逻辑地址和区域逻辑地址。

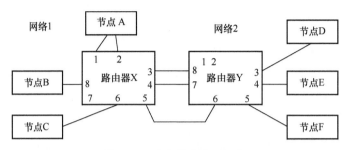

图 11-9　路由器的端口组合

在表 11-1 中给出了路由表的规范。从表中可以看到，当包数据的第一个字符为 0 时，这个数据将被用来设置路由器。地址 1～31 是路径地址的端口范围，路径地址最多只能有 32 个地址。32～54 是逻辑地址的端口映射范围。路由表根据包数据的第一个字符来判断地址的类型，从而做出相应的操作。对于所有的路径地址，在数据传输出去之前都要将包数据的第一个路径地址删除。对于逻辑地址则根据情况不同做相应的判断，当跨区域进行传输时，需要在包数据传输之前删除第一个字符。逻辑地址在本区域内的传输则不需要删除头字符的操作，路由表直接根据逻辑映射将包数据传输给相应的端口。

表 11-1　路由器地址分配

地址范围	功　　能	是否进行头删除
0	内部配置端口	是
1～31	物理输出端口	是
32～254	逻辑地址，映射到物理输出端口上	根据需要进行头删除。若映射的物理输出端口为不同域的，或者最后一个节点的，则进行头删除
255	保留	处理方式与逻辑地址相同

例如，当包数据的第一个字符为 6 时，当前包被输出到端口 6，并在发送之前将第一个字符 6 删除。当包数据的第一个字符为 50 时，路由器需要根据路由表的映射关系将包数据传送到相应的端口，并根据是否跨区域传输来决定是否在传输前将头字符 50 删除。

和路径地址一样，逻辑地址的数目也受到限制，最多为 224 个。当遇到需要更多的逻辑地址映射的网络时，需要使用区域逻辑地址的方式来简化路由表。根据这样的规范，SpaceWire 总线路由表可以支持最多 961（31×31）个物理端口和超过 50000 个逻辑地址映射（224×224）。

11.2.3 SpaceWire 总线容错技术

SpaceWire 的容错机制主要包括以下 3 层：交换层、网络层和应用层。交换层容错技术实现中，通过在交换层中检测出以下 5 种错误。

（1）通信链路断开错误。
（2）奇偶校验错误。
（3）字符序列错误。
（4）信任错。
（5）字符序列错。

在交换层发现上述错误时，将会立即断开通信链路的连接，对节点发送器和接收器进行重置并随机进行链路的重新连接操作，与此同时，还将向网络层通知其检测到的错误。此处，需要注意的是，并不是所有错误都向网络层汇报。只有交换层状态机处于正常工作状态并检测到通信链路断开错误、奇偶校验错误、信任错以及字符序列错误时，才向网络层汇报。对于字符序列错误由于其只可能发生在交换层状态机的初始化状态阶段，因此并不向网络层通知该错误的发生。

网络层容错实现中，网络层中能够处理的错误有以下 3 种：连接错误（交换层错误）、接收 EEP（错误包尾）错误以及无效目的地址错误。对于链接错误来讲，其实是上述交换层向网络层报告的 4 种错误。网络层对于这 4 种错误将采取以下错误恢复措施。

（1）利用 EEP 终止当前信息包的传输并删除当前信息包。
（2）若错误发生在网络中的一个源或目的节点，则将错误发送到应用层。
（3）若错误发生在路由器中，采用路由器中的一个状态寄存器标志错误。

对于接收 EEP 错误来讲，网络层采取的错误恢复措施取决于发生错误的链路接口是在目的节点中还是路由器中。若在目的节点中，则接收到 EEP 这个事件将被标记并发送到应用层，被 EEP 终止传输的信息包将会被作为正常信息包传输到应用层。若在路由器中，则不采取特殊的恢复手段来解决收到 EEP 这个情况。此时，对于收到 EEP 的处理与收到 EOP 时的处理一样。

若信息包到达一个路由器，但其所携带的目的地址却无效，即路由器无法识别其目的地址，则该信息包将会被删除。

应用层主要执行超时错误的处理，包括链路初始化超时、信息包传输及接收超时。此外，应用层对于 EEP 的处理是交付用户程序进行的。例如，如果信息包的内容不太重要，并且若只有部分信息得到正确传输，但仍能够使用，则部分信息可以选择抛弃以使传递过程继续。若信息包的内容非常重要，如包含一些重要的控制信息（如程序代码），那么，信息包若出现错误应被重新发送。

进行 SpaceWire 的容错设计的同时，通过提高 SpaceWire 总线路由器可靠性，从而提高 SpaceWire 网络系统可靠性。

SpaceWire 总线路由器是由数个连接接口和一个路由开关组成的。路由器开关根据包的目的地址将包从输入端口输出到指定的输出端口。路由器（或交换结构）是 SpaceWire 总线网络中最重要的部件，它涉及的主要问题有交换策略、服务质量、冲突解决、网络流控和路由机制等。这些方面是相互紧密联系的，对路由器的任何设计探索都必须考虑这些问题。SpaceWire 总线网络层主要采用的技术如下。

路由机制方面，路由开关可以只应用路径地址机制或路径地址，还可以应用逻辑地址和区域地址的结合机制。

路径地址机制是将到达目的节点所途经的所有路由器输出端口号列在目的地址中，在到达每一个路由器后将包头目的地址去掉。该机制原理简单但是目的地址相对较大，包的目的地址是由源节点加上的，所以路由开关相对简单。

逻辑地址机制在每个数据包头只有一个逻辑地址表示其目的地址，在到达每个路由器时，根据路由开关里的路由表来选择输出端口。

区域地址机制是将整个网络划分为多个区域，在每个区域中用逻辑地址机制。这样包头目的地址包括双重地址，第一个地址代表目的地址所在的区域，第二个地址代表目的地址。当数据到达目的区域后，第一个地址被去掉，使用第二个地址进行逻辑路由。

虫洞交换方面，一个数据包报文被分割成多个流控单元（flits），只要下一个路由器中可用的缓存空间不小于一个 flits 大小，那么，随后的 flits 就可以被转发，传动过程中，一个数据包中分割出的所有 flits 都会沿头 flits 的路由路径向前传输，直到到达目的节点。被阻塞的消息报文可能占用多个路由器中的缓存器。该交换方式时延小，需要的缓存空间也小，但对死锁非常敏感，容易导致低链路利用率。

仲裁机制方面，是指当多个输出请求发生竞争时，输出端从这多个请求中选择出一个输出的处理方式。通常的仲裁算法有固定优先级、随机、Round_robin 等优先级算法。

虚拟信道方面，由于缓冲器通常以先入先出（FIFO）队列形式操作，因此，一旦一个消息被阻塞而占用通道的缓冲器，通道也就不能被其他消息访问。为解决这个问题，一般采用一条物理通道支持多条逻辑通道或虚通道并多路复用该物理通道，每条单项虚通道由一对独立管理的消息缓冲器实现的方式。可以认为，每个虚通道上有一个消息在进行虫洞交换，每个消息以逐个微片的方式共享物理通道。物理通道协议必须能够区分使用物理通道的虚通道。

按照上述思路，设计典型的 SpaceWire 总线网络如图 11-10 所示。

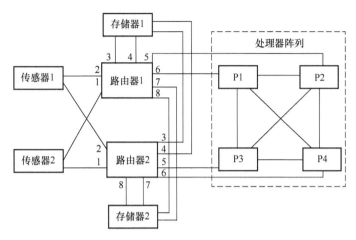

图 11-10　SpaceWire 网络实例

在处理器队列中的处理器（P1～P4）都是直接和另一个相互联接。传感器、存储器和处理器经由路由器相互联接。在这个举例的网络中提供了冗余机制，它是通过使用冗余链接和一对路由器实现的。如果经由路由器 1 从传感器 1 向存储器 1 传输数据并且此时传感器和路由器间的链接失效，那么，数据可以经由路由器 2 从传感器 1 向存储器 1 进行传输。

11.3　SpaceWire 总线协议

1999 年，CCSDS 成立了航天器星载接口（Spacecraft Onboard Interface, SOIF）工作组，主要研究星上信息交换以及各分系统和设备的星载接口。2003 年，SOIF 更名为 SOIS，即航天器星载接口业务。SOIS 工作组下属 3 个工作小组，分别是实时星载应用程序业务工作组（Time Critical Onboard Application Service, TCOAS）、实时星载网络业务工作组（Time Critical Onboard Network Service, TCONS）、星载总线和局域网工作组（Onboard Bus and LAN，OBL）。

SOIS 的研究范围是星载业务和数据接口的标准化，但仅限于同一航天器或邻近的航天器。SOIS 业务将星上的通信进行包装，使其不必了解设备或分系统之间的具体总线结构。

SpaceWire 是为满足未来高性能的遥感仪器及其他航天任务而提出的一种用于高速通信链路的标准。目前，其标准协议已经发展到 ECSS-E-ST-50-12C 版。SpaceWire 协议涉及链路、节点和路由器 3 个方面的内容。SpaceWire 链路指的是用户数据包的传输路径。SpaceWire 节点指用户数据包的信源或者信宿，如存储单元和处理器。SpaceWire 路由器是给数据包在链路之间的传输做出转换的设备。

在 SpaceWire 标准规范（ECSS-E-ST-50-12C）中，SpaceWire 被划分为 6 个层次，它们与 OSI 模型的对应关系如图 11-11 所示。SpaceWire 协议没有涉及网络层之上，而是由用户根据各自的需求来实现网络层以上的应用。这样做的好处是可以简化底层的设计，同时可以方便地支持各式各样的上层应用。

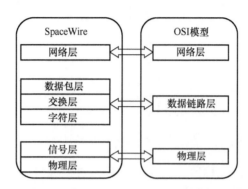

图 11-11　SpaceWire 的 6 个层次与 OSI 模型的层次对应关系

SpaceWire 总线协议标准包括物理层、信号层、字符层、交换层、信息包层以及网络层六层。

11.3.1　SpaceWire 物理层

SpaceWire 节点在接口方面的电信号以及连接规范由物理层给出定义，主要涉及电缆和连接器的结构、PCB（印制电路板）布线的参数等。

SpaceWire 电缆在制作时，其长度最好限定在 10m 以内，以保证数据的传输速率；每条电缆包含 4 对双绞线，不但每对双绞线有屏蔽层，而且整个电缆线外也有屏蔽层，以尽量避免受到外部信号的干扰。

SpaceWire 连接器为 9 针 D 型结构，其中 8 根用于信号线，对应全双工链路上的 4 对差分信号。为了将连接器引起的阻抗突变和差分信号户生的电磁场的影响减到最低程度，连接器与 PCB 之间最好采用柔性导线直接，导线要剪成相等尺寸，各个差分信号线也要绞合起来。

在 SpaceWire 总线的物理层中给出了 SpaceWire 总线节点间接口的电信号和连接接口规范。其中包括连接电缆的结构、连接插口的结构以及印制板布线的参数规范。SpaceWire 总线的连接电缆标准由 ESA/SCC 3902/003 规范详细给出。SpaceWire 总线的电缆由 4 对电线组成，每对电线被独自屏蔽。SpaceWire 总线的电连接器是一个 9 针的 D 型接口，由 ESA/SCC 3401/071 规范定义。在图 11-12 中给出了电连接器连接的示意图和信号名称。

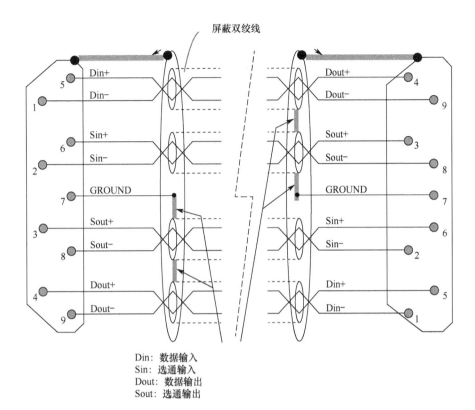

图 11-12 SpaceWire 接口连接

11.3.2 SpaceWire 信号层

信号电压、噪声容限和信号的编码等由信号层进行规定。

SpaceWire 采用 LVDS 技术进行数据传输，其特性满足 ANSI/TIA/EIA-644。LVDS 低电压和低电流的采用，可以提供很好的错误隔离功能，同时也可以降低终端电阻的功率消耗。

SpaceWire 使用 DS 编码，将时钟和需要传送的数据编码为 Data 和 Strobe 两种信号，接收端只需将 Data 与 Strobe 信号进行异或运算就可以恢复发送时钟。DS 编码的方式如下：将要发送的数据由 Data 信号直接传输，而 Strobe 信号仅当相邻两位 Data 信号维持不变时才改变。

SpaceWire 使用 LVDS 信号。运用 LVDS 技术使得 SpaceWire 获得了良好的 EMC 特性和更高的传输速率。

低电压差分信号传输（LVDS）是一种通用的接口标准，适用于高速数据传输。图 11-13 是一个典型的 LVDS 信号收发电路，显示的电路结构与 LVDS 物理层结构相同。驱动器只有一个电源，最高的电流输出大约3.5mA，而开关盒则提供终端电阻器的驱动电流。这个差分驱动器采用的奇偶模式的传输方式，换言之，等量及方向相反的电流分别在传输线路上传送。电流会重新回流到双绞线内，加上电流环路面积较小，因此产生最少电磁干扰。电源将供电加以限制，以免转变时产生突变电流。由于并无突变电流出现，因此数据传输速度可高达上Gb/s，但不会大幅增加功耗。此外，恒流驱动器的输出可以容许传输线路出现短路情况或接地，而且即使这样也不会产生散热上的问题。

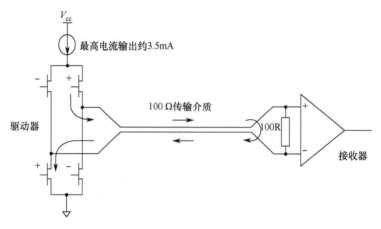

图 11-13　LVDS 信号收发电路

对于航天任务而言，LVDS 的另一个优点是产生较少的电磁干扰，因为其电压摆幅较低、边缘速率较慢，而且采用奇偶模式差分信号，以及恒流驱动器只输出极少量电流突变，所以 LVDS 产生较少电波辐射。差分信号抗干扰能力很强，这些干扰有电感辐射，也有来自邻近传输线路的串音干扰。当差分传输线路紧密祸合一起时，所产生的电感信号属于共模噪声。换言之，这种噪声将会以共模电压形式在接收器输入系统中出现。差分接收器只会对正负输入之间的相差做出反应，因此，当噪声同时在正负输入信号一同出现时，输入差分信号的振幅变不会受到影响。这个共模噪声抑制功能也可抑制不同电源供应、基板、及接地弹跳所产生的噪声。

SpaceWire 总线的信号编码采用数据—滤波编码。时钟信号可由 D 和 S 信号经过异或运算产生，反之，S 信号也可由 D 和 CLK 信号经过异或运算产生。SpaceWire 总线数据传输速率理论上可达到 1Gb/s 以上，但不同系统所能获得的最大数据率是不同的，主要影响因素有电缆长度、发送—接收技术和编译码器的设计以及信号歪斜（Skew）和抖动（Jitter），目前实际工程中达到 200Mb/s。图 11-14 为所定义的 DS 编码。

第 11 章 SpaceWire 数据总线

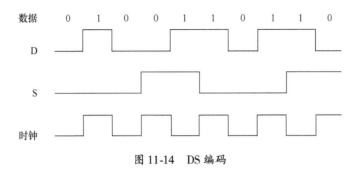

图 11-14 DS 编码

11.3.3 SpaceWire 字符层

SpaceWire 字符层的协议是根据 IEEE1355—1995 协议来制定的。该协议中有两种类型的字符，即数据字符和控制字符。

11.3.3.1 数据字符

一个数据字符由 10 位数据组成，其结构如图 11-15 所示，包括 8 位有效数据、1 位校验位和 11 位标志位（为常数 0）。

图 11-15 数据字符

11.3.3.2 控制字符

字符层中共有 4 种基本的控制字符，包括 FCT、EOP、EEP、ESC，其格式如图 11-16 所示。它们都由 1 位校验位、1 位标志位（为常数 1）和 2 位控制码组成。4 种字符的含义如下：FCT 是数据流控制标志，EOP 是正常传输结束标志，EEP 为错误传输结束标志，ESC 为辅助控制字符。

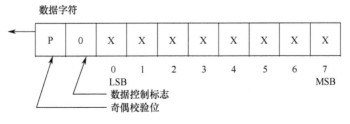

图 11-16 控制字符

11.3.3.3 组合控制码

SpaceWire 协议中还有两个重要的控制码 NULL 和 Time-Code（时间码），其格式如图 11-17 所示。

图 11-17 组合控制码

NULL 码由 ESC 和 FCT（FCT 中的校验位为常数 0）组合而成。在不需要传送控制或者数据字符时，SpaceWire 接口传送 NULL 码用来起到维持链接的字符同步 Time-Code 码由 ESC 和数据字符组合而成。在数据字符中，校验位为常数 1。通过 Time-Code 的传递可以为 SpaceWire 网络中各节点和路由器提供统一的时间基准。

字符层定义了控制字符和数据字符两种类型字符的编码方式，其中数据字符编码的长度为 10 位，而基本控制字符编码的长度为 4 位，组合控制字符编码长度分别为 8 位（NULL）和 18 位（时间码），采用奇偶校验的传输错误检测机制。

11.3.4 SpaceWire 交换层

交换层定义了通信链路建立（链路初始化）以及数据传输管理（流控）、链路错误（连接断开、非法控制符序列、校验错误等）重启恢复机制等，简单地说，就是定义了数据如何在非可靠链路上进行传输。其中流控机制可有效地避免链路接收端的输入缓冲溢出。通过在硬件设计时采用适当大小输入缓冲，可避免这种流控机制导致的对数据传输速度的影响。流控机制保证了没有任何字符由于器的溢出而被丢失掉，它简化了协议的比较高的等级。通过链路的数据流一定要加以控制以避免接收器的输入溢出和数据的并行丢失。数据流将会使用由接收器向发送器发送的流控标记（FCT）来控制。

每个由接收器发送的 FCT 将预示着在接收器的缓冲器中有空间来存储 8 个或更多个 N_Characters。拥有一个较大缓冲器的接收器将会根据缓冲器的空间大小来发送多个 FCT。发送器将不会发送任何数据直到它接收到一个或更多的 FCT，此时预示着接收器已经准备好接收数据了。发送器持有一个信用计数，该计数是用来计算已经被批准发送到 N_Characters 的数量。每一次发送器接收到一个 FCT，那么，它将会把这个信用计数器增加到 8。只要发送器发送一个 N_Cha：它将会减 1。如果这个信用计数器减到零发送器将会停止发送 N_Cha：直到它接收到另一个 FCT 使得信用计数器重新达到 8。当信用计数器为零时，发送器将会继续连续不断地发送 L_Char（NULL 或 FCT）。

SpaceWire 链路存在 6 种状态，包括 ErrorReset（错误复位状态）、ErrorWait（错误等待状态）、Ready（准备状态）、Started（开始状态）、Connecting（连接状态）和 Run（运行状态），它们之间的转换关系如图 11-18 所示。

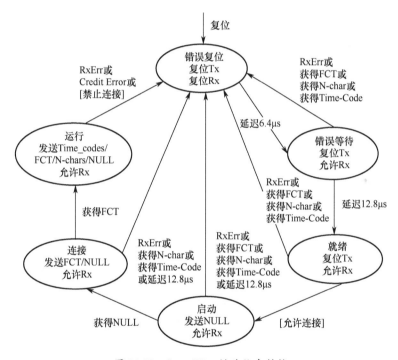

图 11-18　SpaceWire 链路状态转换

为避免接收缓冲器溢出而导致数据丢失，链路接口之间进行数据通信时，采用 FCT 实现流量控制。接收端只有当其存储空间至少接收 8 个字符时，才向发送端传送一个 FCT；发送端只有接收到 FCT 后，才向对方发送数据字符。若发送方不能发送数据字符时，则通过发送 NULL 来维持双方的连接。

链路断开错误、Escape 错误、奇偶校验错误、字符序列错误和 Credit 错误，这 5 种错误都可以在交换层检测出。一旦检测到上述错误，交换层立即断开通信链路的连接，重置节点的发送器和接收器，并将链路的连接进行重建；与此同时，通知上层并报告其检测到的错误类型。

错误复位（ErrorReset），在系统复位以后，链路操作由于任何原因中止或者在链路初始化的过程中有一个错误发生时 ErrorReset 便开始了。在 ErrorReset 状态下发送器和接收器都被中断并且发送器 FIFO 和接收器 FIFO 也被直接中断。在 $6.4\mu s$ 之后将会无条件离开 ErrorReset 状态并且状态机构移动到 ErrorWait 状态。

错误等待（ErrorWait），ErrorWait 状态的开始只能从 ErrorReset 状态开始。在 ErrorWait 状态下接收器被使能但是发送器被禁止。这就允许接收器开始中断断开检测机制，并且开始寻找第一个到来的 NULL 字符。在延时了 $12.8\mu s$ 之后也将会无条件地离开 ErrorWait 状态并且状态机构移动到 Ready 状态。如果一个断开错误在 ErrorWait 状态时被检测到，那么，此时状态机构将会移动到 ErrorReset 状态。

准备好（Ready），Ready 状态的开始也只能从 ErrorWait 状态开始。在 Ready 状态中链路接口准备着初始化，一旦被允许便开始执行。发送器保持禁止而接收器被使能来听取 NULL 字符。状态机构在 Ready 状态等待着直到链路使能变成真，并且此时它将移动到 Started 状态。如果一个断开错误在 Ready 状态被检测到，那么，状态机构将会重新移动到 ErrorReset 状态。

ErrorWait、Ready 启动（Started），当链路接口被使能的时候 Started 状态将会从 Ready 状态开始。在 Started 状态，状态机构将会开始试图通过发送 NULL 字符与另一端的链路接口进行连接。当进入 Started 状态时，发送器被命令发送一个 NULL 字符并且以 $6.4\mu s$ 间隔的定时器开始定时。状态机构仍然停留在 Started 状态直到接收到一个 NULL 字符或者 $6.4\mu s$ 间隔定时器终止或一个断开错误被检测到。如果一个 NULL 被接收到或在 ErrorWait、Ready 或 Started 状态被接收到，那么，状态机构将会转移到 Connecting 状态。如果间隔定时器终止或一个断开错误被检测到，那么，状态机构将会转移到 ErrorReset 状态。

链接（Connecting），在一个 NULL 字符被接收到以后，Connecting 状态将会从 Started 状态开始。Connecting 状态在当链路接口已经接收到一个 NULL 字符时开始，因为此时它已经通过链路完成了局部连接。链路接口必须在 Connecting 状态等待另一端从这一端接收 NULL。如果它还没有接收到一个 NULL 字符，它将通过等待足够长的时间来等另一端链路的断开。在进入 Connecting 状态时，一个 $12.8\mu s$ 间隔的定时器被启动。在 Connecting 状态发送器连续发送 NULL 字符并且接收器被使能接收 FCT。状态机构在 Connecting 状态等待直到 $12.8\mu s$ 间隔的发生，一个 FCT 被接收到，一个断开错误被检测到，一个奇偶校验错误发生或者是链路接口被禁止。如果 $12.8\mu s$ 计时终止或者一个 FCT 被接收到则状态机构转移到 Run 状态，否则，它转移到 ErrorReset 状态。

运行（Run），Run 状态只能从 Connecting 状态开始，当在 Run 状态时链路接口被正常操作。发送器被使能发送 FCT 并且接收器接收 FCT。当链路接口被使能时或者如果一个错误发生（断开、奇偶或信用错误）时，离开 Run 状态并且开始 ErrorReset 状态。

链路初始化过程、链路状态转换、链路拥塞控制、链路错误检测等内容均在交换层进行了详细定义。该层将字符层定义的字符划分为两种不同的类型，即 L-Char 和 N-Char。L-Char 用于建立数据通道，包括 FCT、ESC、NULL 和 Time-Code，它们不需要给上层提供数据包，对数据包层是透明的。N-Char 是指需要提交给数据包层的字符，包括数据、EOP 和 EEP 字符。

图 11-19 对一个典型的 SpaceWire 链路初始化过程进行了描绘。

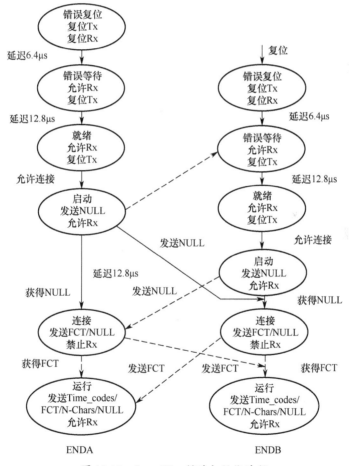

图 11-19　SpaceWire 链路初始化过程

系统加电复位后，链路进入 Error Reset 状态。此时，数据发送与接收双方均处于交位状态。6.4μs 后，系统进入 Error Wait 状态，接收端使能并开始检测数据流。之后，再等待 12.8μs，系统进入 Ready 状态。此时，若 Link-Enabled 信号有效，链路进入 Started 状态。这时，发送端发送 NULL 字符，接收端也一直检测 NULL 字符。接收端检测到 NULL 字符后，则进入 Connecting 状态。紧接着，发送端发送 FCT，接收端检测 FCT 的到来。若接收到 FCT，则表示链路正常连接，至此初始化过程完成。

SpaceWire 总线采用点对点连接方式，源节点和目标节点在复位后等待链接，两端的链接通过握手来实现，握手成功确保了发送和接收字符的正常进行。两个节点在握手期间互相发送和接收检测包。链路的两端互发 NULL 字符，等待接收 NULL 字符，再发送 FCT 字符，等待接收 FCT 字符。由于一端的节点只有在收到 NULL 字符后才能发送 FCT，那么，只要收到一个或几个 NULL 后紧跟着再收到 FCT，就意味着另一端的节点已经成功收到 NULL 字符，链路连接上了。

SpaceWire 总线链路具有自恢复功能。当链路的一端被复位或发生错误时，回到"复位"状态，发送和接收被禁止，此"复位"状态保持 6.8μs；在这 6.8μs 内链路的另一端会检测到"链路断开错"，停止发送，也回到它的"复位"状态，保持 6.8μs；链路的两端在发送字符前再等待 12.8μs，这 12.8μs 足以保证在发送之前准备好接收字符。链路的两端经过 NULL 和 FCT 的握手重新建立了连接，保证了正常的通信同步。

11.3.5 SpaceWire 数据包层

数据包层定义了数据怎样从源地址发送到目的地址。SpaceWire 数据包由 3 部分组成：目的地址、数据和包结束标志。

在点对点传输时，目的地址部分时不需要，而在路由交换时，地址可是 1 个或多个目的地址；数据部分可以是任何数据如原始数据、处理以后的数据、带有用户报头的数据等，在该层中，对传输的数据量未做规定，它可以是任意长度；包结束标志为 EOP 或 EEP 字符。

11.3.6 SpaceWire 网络层

网络层定义的内容主要包括网络结构、路由机制、寻址方式以及错误处理等。

11.3.6.1 SpaceWire 网络结构

SpaceWire 可用于实现简单的点对点链路，也可使用 SpaceWire 路由交换机实现 SpaceWire 网络，而且对拓扑结构没有限制。

11.3.6.2 SpaceWire 路由机制

SpaceWire 路由器采用的是 SpaceWire 标准中的虫洞路由机制。虫洞路由是一种特殊形式的数据包路由。每个数据包包含一个头部，用于标识目标地址。一旦收到一个数据包的头，路由交换机就可以通过核对目标地址来确定其输出端口。如果被请求的输出端口是空闲的，则数据包将迅速发送到该输出端口。同时，这个输出端口被标记为忙，直到数据包的数据包结束标记通过此交换机。

11.3.6.3 寻址方式

SpaceWire 网络寻址支持路径寻址、逻辑寻址、分区逻辑寻址以及分组自适应路由等方式。根据寻址地址范围的异同，地址信息被划分为物理地址和逻辑地址。

网络层是 SpaceWire 总线的最高层协议，描述了 SpaceWire 总线网络的基本概念，包括 SpaceWire 总线路由器、SpaceWire 总线节点和整个 SpaceWire 总线网络的定义。

在数据层我们已经介绍了数据包的组成。其中的目的地址决定了网络层的路由。SpaceWire 总线协议中有多种方式来标识目的地址，包括路径地址、逻辑地址和区域逻辑地址。

1）路径地址

使用路径地址来表示目的地址时，目的地址由一系列路由器的输出端口标识符组成。通过一系列路由标识符来决定包在网络中传播的路径。将包从发送端传输到目的地址。

当包到达路由器的接收端时，包的第一个字符表示了路由器输出端口的地址。路由器通过包的第一个字符将包从指定的路由输出端口输出，随后便将包的第一个字符删除，剩余的包内容从指定端口传输给下一级路由。同样的操作发生在下一级路由器中，知道包到达目的地址。

路径地址简单实用，也便于在门级电路实现。但是如果包需要经过多个路由，则可能导致目标地址由多个字符组成，造成包的过分冗长，从而降低了网络的传输效率。

2）逻辑地址

实用逻辑地址时，每个目的地址都有唯一的数字标识。源节点到目的节点的路径都被唯一的逻辑地址标识。当包在网络中传输时，目的地址只需要由一个数据字符长度的逻辑地址来表示。为了支持逻辑地址，每个路由器都有一个路由表来指定每个逻辑地址对应的输出端口。

相比路径地址，使用逻辑地址简化了包的目的地址构成。但是对于一个有一定规模的网络而言，逻辑地址需要路由器提供相当复杂的路由表。

3）区域逻辑地址

通过上面的分析，可以看到路径地址和逻辑地址各有其优缺点，而且有一定的互补性。路径地址复杂了源节点的设计，简化了路由表；逻辑地址则相反。

区域逻辑地址的概念就是结合了路径地址和逻辑地址。区域逻辑地址将路由器划分为不同的区域，对于区域内的地址传输只需一个字符的逻辑地址作为目的地址。对于跨区域的地址传输则通过多个逻辑地址组成。当包跨区域传输时，当前的逻辑地址将被删除，删除后包的第一个字符作为新区域内的逻辑地址来继续传输数据包。这样不但可以减少目的地址的长度，也可以降低路由表的复杂度。对于不同的网络可以根据应用的不同来选择最优的区域划分方法，使得整个复杂度降到最低。

11.4 SpaceWire 总线接口设计

11.4.1 SpaceWire 总线控制器组成

SpaceWire 总线控制器由发送器、接收器、控制器和定时器等组成。发送器负责信号编码并使用 DS 编码技术将其传送出去，它可以传送来自主机的数据或时间。接收器负责将 DS 信号解码成字符序列提供给主机使用。控制器则是控制链路接口的所有操作，它控制着链路初始化、正常操作和错误处理等。SpaceWire 总线控制器中的定时器用于连接中的初始化。图 11-20 为 SpaceWire 总线控制器的接口模块结构图。

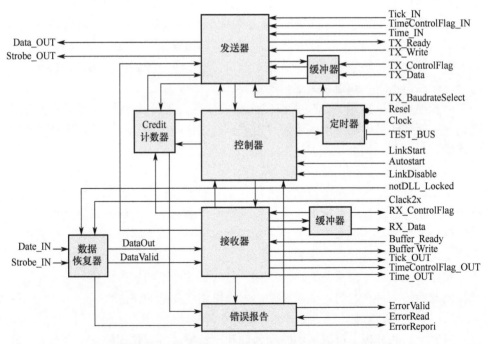

图 11-20　SpaceWire 总线控制器的接口模块结构图

SpaceWire 总线控制器中的控制单元采用状态机进行链路的连接、正常的操作和错误检测。系统一复位，SpaceWire 总线控制器就进入"复位"状态，在"复位"状态，禁止发送和接收；等待 6.4μs 进入"等待"状态，在"等待"状态，允许接收器接收；再等待 12.8μs 进入"就绪"状态，在"就绪"状态，也允许接收；如果控制器的 Link 信号使能，则进入"启动"状态，在"启动"状态，允许发送和接收，发送器发送 NULL 字符；如果接收器接收到 NULL 字符，则进入"连接"状态，在"连接"状态，允许发送和接收，由发送器发送 FCT 令牌；如果接收器接收到 FCT，则进入"运行"状态，在"运行"状态，允许发送和接收，可以发送和接收 FCT、NULL、EEP、EOP、数据字符和时间等，进行正常的操作。除了"复位"状态，在其余的每个状态一旦检测到错误就会回到"复位"状态。这些错误包括控制码错、超时错、奇偶校验错、链路断开错等。

11.4.2 SpaceWire 总线接收功能实现

接收器负责对 DS 信号进行解码以生成一系列数据字符写入接收 FIFO 中，并同样接收 NULL 字符、FCT 和其他控制字符（EOP、EEP、ESC）。NULL 字符简单地描绘了一个活动的链接，其他 NULL 字符则被忽视。当一个 FCT 被接收到以后，接收器必须通知发送器这时它可以更新它的信用计数器。接收到的其他所有控制字符被标记到主系统中。

在 Spacewire 总线接收器中有一个深度等于 16、宽度等于 9 位的 FIFO，将接收的串行数据转换为并行数据后，先存于 FIFO 中。当 CPU 准备好接收数据时，向它发出一握手信号缓冲器准备，允许 Spacewire 总线接收器将接收的数据送到数据线上，在送出数据的同时给出一缓冲器写信号表示有送出一有效数据。图 11-21 是 Spacewire 总线控制器接收模块与主机接口图。

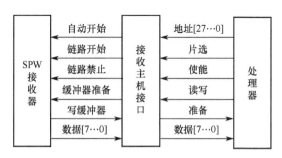

图 11-21　SpaceWire 总线接收控制器与 CPU 的接口

SpaceWire 总线接收器的内部结构如图 11-22 所示。

从图 11-22 我们能够清楚地看到，SpaceWire 总线的接收器由输入分析、接收数据分离、释放控制器和同步 FIFO 这四部分组成。由于接收器的整体功能是进行数据的恢复和有效数据的提取，则接收器各模块的作用如下所述。

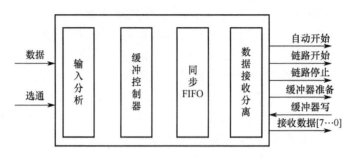

图 11-22 SpaceWire 总线接收器内部结构

1) 输入分析模块

主要是分析接收到的数据的数据类型。第一，将接收到的数据 Data_IN 放到两个临时的寄存器中（WelcomeRegisterl 和 WelcomeRegister2），这样使得接收到的数据由串行转换成为并行数据；第二，在接收到负载计数器中对控制字符和数据字符、时间编码进行分类，其状态转换图如图 11-23 所示。

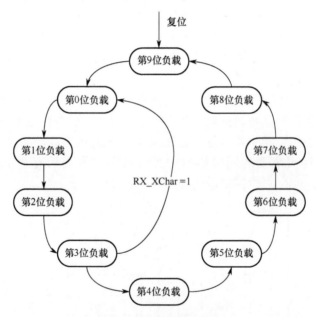

图 11-23 接收负载计数

图 11-23 描述了接收到的数据是控制字符还是数据字符或为时间编码。在数据有效的条件下，RX_XChar = "1" 代表下一个接收到的数据是控制字符，这时返回到第 0 位负载开始重新计数，若为 "0" 代表接收到的这个数据为数据字符或时间编码；第三，提取寄存器 WelcomeRegisterl 或 WelcomeRegister2 中的低两位数据作为分析信号，根据分析信号的值来检测接收到数据的字符类型从而产生各种字符类型的检测使能信号值，然后根据检测使能信号来得到接收到的数据

为何种类型的数据类型信号,例如,Detected_NULL = "1" 则 gotNULL <= "1";第四,判断是否产生接收错误,共包括断开错误、溢出错误和奇偶校验错误 3 种。

2) 释放控制器和同步 FIFO 两个模块

主要是根据输入分析模块中产生的数据类型信号(如 gotNULL)将放在临时寄存器 WelcomeRegister1 或 WelcomeRegister2 中的数据放到同步 FIFO 中,放置的顺序是倒序的(因为数据在传输的过程中是由低位向高位传输的)。若接收到的是数据字符,则按照倒序的方式将临时寄存器中的数据放到 FIFO 中的前 8 位中,FIFO 的第 9 位设置为 +0;;若接收到的是控制字符 EEP 和 EOP 时,只需将 FIFO 中的第 9 位设置为 "1";若接收到的是时间编码,则临时寄存器中的高 5 位的倒序为时间编码,低 2 位的倒序为时间控制符的值。

3) 接收数据的分离模块

顾名思义,就是将接收到的有效数据字符和数据控制字符相分离。

11.4.3 SpaceWire 总线发送功能实现

发送器功能是负责数据的编码并采用 DS 编码技术对数据进行传输。如果这里没有数据可以传输,那么发送器将会发送 NULL 字符。如果在链路另一端的接收器在它的输入缓冲器中有空间时(接收 FIFO),发送器才会允许发送数据。这是由在链路另一端的链路接口通过发送一个 FCT 来显示的,预示着在接收 FIFO 中有 8 个数据字符的空间。发送器是用来负责 FCT 的接收和发送数据块的数目,以便于防止在链路另一端的输入缓冲器溢出。为了做到这一点,发送器持有一个允许发送字符数目的信用计数器。发送器也同样负责发送 FCT,只要本地的接收器拥有接收多于 8 个数据字符的空间。

主机和 SpaceWire 发送器连接如图 11-24 所示。将 SpaceWire 发送器作为一个 I/O,挂接在处理器的 I/O 总线上。

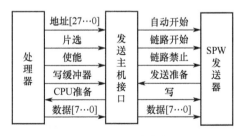

图 11-24 SpaceWire 总线发送器接口

SpaceWire 总线发送器的内部结构如图 11-25 所示。从图 11-25 可知,SpaceWire 总线发送器是由发送控制器、握手模块、数据字符寄存器、时间寄存器和发送寄存器等部分组成的,各个部分的具体功能如下所述。

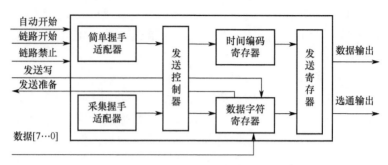

图 11-25 SpaceWire 总线发送器内部结构

1) 握手模块

主要体现了输入事件计数器、握手适配器、握手控制状态应答机制和握手控制状态寄存器输出。描述了 SpaceWire 总线协议中的握手协议。

在 SpaceWire 总线协议中握手协议主要用在链路启动和重启上。主要有 FCT 和 NULL 握手两种，完成链路发送端和接收端的链接。在正常操作的情况下，链路的两个端点都在 Run 状态下并且都在发送和接收时间编码，FCT、N Codes 和 NULL。

举例来说，一个拥有足够缓冲空间的主机系统储存 16 个 N Chars。这个主机系统在链路的一端（A 端）预示着它做好了接收 N Chars 的准备，链路接口便向另一个端点（B 端）发送两个 FCT，因此该端的信用计数便从 0 增加到 16，而在 B 端的链路接口便向它的主机系统预示它已经准备好了传输数据 N_Chars。当 B 端的主机系统有数据传输时，它便传输它到链路接口处，该接口便通过链路发送它到 A 端。每当有一个字符通过链路接口 B 发送出去以后，信用计数器便减 1 直到为 0，在这个时候链路接口 B 便向主机系统显示它没有做好再传输数据的准备。在 A 端接收到的数据被传递到它的主机系统中，该主机系统把它储存到它的 16 位字符缓冲器中。当主机系统使用了来自该缓冲器的数据时，它便为接收更多数据提供了空间。一旦它接收到更多的字符空间时，它便向链路接口做相应的标记，该接口便发送另一个 FCT 通知 B 端可以发送 8 个更多的正常字符。

在交换层握手协议的主要作用是为了确保链路的两个端点能够成功地发送和接收字符。链路的每一个发送端点发送多个 NULL 并等待接收端接收一个 NULL，发送 FCT，然后等待接收一个 FCT。因为只有当一个链路接口接收到一个 NULL 时，它才发送 FCT，因此，当在接收到一个 FCT 后紧接着接收到一个或者多个 NULL 时，意味着链路的另一个端口已经成功地接收到 NULL 并且链接已完成。

2) 数据字符寄存器模块

主要是当发送端和接收端链接后，在状态 Allow read out 时便将来自 CPU 的数据字符写入该数据字符寄存器中。Nocredit 为 "1" 代表了接收端有足够的空间接收数据未发生信用错误。

3）时间编码寄存器模块

主要作用是用来存储时间编码的。

4）发送控制器模块

包含了所有的发送控制信号，主要是完成了在不同状态下，由控制信号控制发送不同的字符以及合成字符。控制器在满足不同的条件下进入的不同状态，其中包括完整的时间编码的发送状态、发送 NULL 和 FCT 的握手协议状态、NChar、数据结束字符 EEP 和 EOP 的发送状态。根据相应的状态来产生发送数据字符、控制字符和时间字符的控制信号。

5）发送寄存器模块

在发送控制器的控制信号的作用下将不同的数据由寄存器中转移到一个 10 位的移位寄存器中，此时，需发送的数据中加入了奇偶校验位和数据控制字符。若传输的是时间编码和数据字符，则移位寄存器的后 8 位为时间编码（数据字符），第一位为奇偶校验位，第二位为数据控制字符，值为"0"，如时间编码为"10110011"，则移位寄存器中的时间编码为"P11001101"（字符的传送是由低到高的）；若传送的是控制字符，那么移位寄存器的第一位为奇偶检验位，后 3 位为控制字符，如发送的是 FCT 控制字符，则在移位寄存器中表示为"P100"。在此同样包括了奇偶校验位的产生，对于时间编码和数据字符的奇偶校验位是通过将各个位数据异或取反为该数据字符和时间编码的奇偶校验位；对于控制字符 EEP 和 EOP，它们的奇偶校验位为"1"；对于 ESC 和 FCT，它们的奇偶校验位为"0"。最后通过移位寄存器将发送寄存器中的并行数据转换为串行数据以 DS 编码的形式发送出去。

11.5 SpaceWire 总线应用实例

11.5.1 SpaceWire 在航天系统中应用

到目前为止，SpaceWire 已经被证实有能力构建模块化、可重构的自适应系统。ESA、NASA 和 JAXA 已先后在它们的 30 多项航天任务中应用了 SpaceWire 技术。现在，越来越多的国家或地区的航天器中也都开始使用 SpaceWire 总线。下面就 SpaceWire 总线在航天任务中的使用模型进行说明。

11.5.1.1 有效载荷处理子系统模型

有效载荷处理作为航天器中一个重要的子系统，其功能主要包括控制仪器，校准仪器，从仪器中采集数据并进行存储、处理和压缩，将数据发送到下行遥测发送器等。20 世纪 90 年代，ESA 开始为有效载荷系统定义新的结构体系，其主要目标是灵活、模块化以及可重用性。其中可重用性是最为重要的，是 ESA 最为看重的，只有组成这个体系的底层部件具有可重用性，才有可能实现如此复杂的系统。该体系将所有的数据处理模块以及负载设备作为节点，并通过一个路由器实现它们之间的高速串行通信。图 11-26 为 ESA 提出的 SpaceWire 在有效载荷处理系统应用方面的体系结构示例，在该体系中，采用分层架构，SpaceWire 用于大量数据的传输，而用于航天器控制的传输有专门的总线系统。

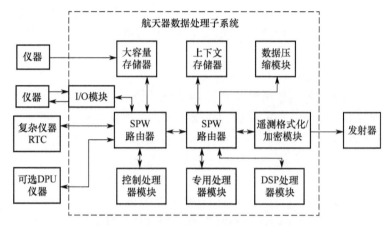

图 11-26 SpaceWire 总线的应用体系结构

在该体系结构下，SpaceWire 得到成功应用的任务很多，如 Swift、LRO、L-CROSS、TacSat-4、MMS、ExoMars 以及 PnPSat-1 等。Swift 卫星是 NASA 于 2004 年发射的用于观测伽马射线爆发的多波段天文望远镜，SpaceWire 用来在检测器和仪器读出器电子设备之间，以及仪器命令和数据处理单元间传输数据；LRO 与 L-CROSS 分别是 NASA 于 2009 年发射的月球勘测轨道飞行器和月球陨坑撞击坑探测器，LRO 使用 SpaceWire 总线技术实现了照相机、科学仪器以及通信设备与星上命令数据处理器的互联，而 SpaceWire 在 L-CROSS 卫星中的使用情况与 LRO 类似；TacSat-4 是美国于 2010 年 8 月发射的军方战术情报卫星系列的第四代产品，SpaceWire 用来作为有效载荷总线接口的一部分。

以上各航天器中 SpaceWire 总线的成功应用表明，伴随着星上综合电子系统功能和集成度的不断增强，SpaceWire 总线在卫星上的使用边界正在扩大，已由最初简单的点对点高速数据传输链路，发展为由多载荷设备、星载计算机和大容量存储器构成的 SpaceWire 星载数据网络。

11.5.1.2 SpaceWire 驱动的卫星应用模型

随着卫星综合化的提高，为了实现航天器内部通信网络的统一管理，现在 SpaceWire 总线也被用于控制命令的传输，从而实现航天任务和命令/控制数据的整合，而这已经超出了图 11-26 所示的 SpaceWire 应用的体系结构的限制。这里，定义了一种符合上述思想的一个卫星应用的系统架构，即 ASTRO-H 的卫星架构，该系统架构不仅适用于 ASTRO-H，而且也适用于其他的项目；SpaceWire 驱动的 ASTRO-H 结构如图 11-27 所示。

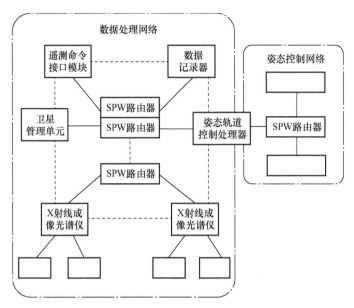

图 11-27　SpaceWire 驱动的 ASTRO-H 卫星体系结构

ASTRO-H 是日本开发的一个大规模的、复杂的 X 射线观测卫星，于 2014 年发射。该卫星在卫星控制单元（如系统管理单元 SMU、遥测遥控单元及姿态控制单元）方面的需求比以往的科学卫星要复杂得多。此外，该卫星携带 4 种不同的科学有效载荷：X 射线微量热仪、X 射线 CCD 摄像机、硬 X 射线成像光谱仪和软伽马射线探测器。这 4 种载荷都有各自的不同类型的传感器和机载数据处理方案。由于项目资源有限，JAXA 选用 SpaceWire 作为信息网络基础，并定义了一个新的系统架构以解决以上问题。ASTRO-H 的信息交换框架是完全基于 SpaceWire 的，它由两个物理独立的子网构成：一个是由卫星管理单元控制的数据处理网络（DH），它包括数据记录器和若干远程通信组件；另一个是由姿态轨道控制处理器（AOCP）控制的姿态控制网络（AC）。AOCP 也与 DH 网络相连，它不进行 SpaceWire 组包，而只是在两个网络间转发数据。

11.5.2　星载 SpaceWire 总线网络系统

ESA 在 IEEE1355—1995 和 ANSI/TIA/EIA-644 两个现有商业标准的基础上提出了用于航天领域的 SpaceWire 总线标准协议，目前该协议的最新版本为 ECSS-E-ST-50-12C, 3 July 2008。该协议是一份公开的协议，参与开发研究的组织还有美国国家航空和宇宙航行局（National Aeronautics and Space Administration, NASA）、日本航空宇宙探测局（Japan Aerospace Exploration Agency, JAXA）以及

俄罗斯联邦航天局（Russian Federal Space Agency，RFSA）。他们共同维护着一个名为 SpaceWire Working Group 的组织，定期召开会议，交流 SpaceWire 技术方面的进展和研究现状。自从 2004 年 9 月至今，这个组织已经召开了若干次会议，这些会议为 SpaceWire 的发展指明了方向，提出了新的设计建议，同时也完善了原有的协议内容。

在星船设备上，SpaceWire 总线可以将多数据处理系统、数据存储器、照相机及地面支持系统等不同种类的设备和子系统很方便地连接在一起，进行集成和测试。SpaceWire 总线使这种系统除了具备不同设备的兼容性外，设备的自动配置技术还使它具有良好的可扩展性和可重构性。ESA、NASA 和 JAXA 有多颗在研和在轨卫星使用该标准，如 Mars Express、Smart-1、Optus、Rosetta、Herschel、International Space StationEuropean Drawer Rack（ISS EDR）等。SpaceWire 也正在快速地被美国、日本和欧洲的空间工业所采用。据有关资料报道，还可将 SpaceWire 网络接入 Internet 网形成 Ether Space Link 的对等网络，它是一个工业 COTS 产品，已经在意大利得到应用，使用它来测试和仿真将要在卫星上飞行的仪器、子系统和系统。目前，美国宇航局的詹姆士·韦伯（James Web）空间望远镜通过高速串行总线"SpaceWire"技术，让宽带升级，提高望远镜清晰度。

ESA 开始为数据处理和有效载荷系统定义新的结构体系。新体系的主要目标是灵活、模块化以及可重用性。其中可重用性是最为重要的，也是 ESA 最为看重的，只有当组成这个体系的底层部件具有可重用性，才有可能实现如此复杂的系统。图 11-28 中给出了这个体系的概念性框图。从图 11-28 中可以看到，这个体系将所有的数据处理系统以及负载设备分为一个结点，并通过多个路由器组成互联网络，实现它们之间的高速串行通信。

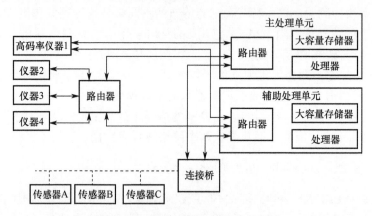

图 11-28　SpaceWire 组网概念性框图

在 ESA 研发的多个项目中都使用了上面的结构。图 11-29 所示为水星磁层轨道器。MMO 水星探测卫星的磁层轨道器，在其设计中使用了 SpaceWire 接口以及其路由器，把卫星的飞行器系统、数据处理单元和有效载荷设备连接在一起。图 11-30 为月球探测轨道器的设计实例，图 11-31 为 ExoMars 探测器设计实例，它们共同的特点都是采用 SpaceWire 总线实现系统互联，完成高速数据的传输。

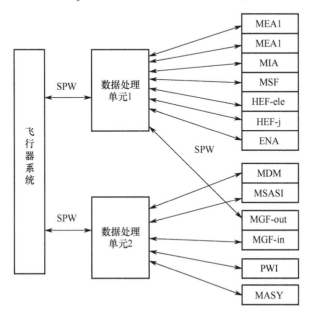

图 11-29　水星磁层轨道器

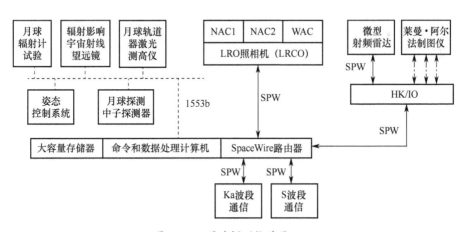

图 11-30　月球探测轨道器 LRO

英国的 Dudee 大学在 SpaceWire 的研发上走在比较领先的位置，经过几年的努力，Dudee 大学为 ESA 提供了 SpaceWire 接口 IP，SpaceWire 路由 IP，SpaceWire RMAP Target IP，SpaceWire RMAP Initiator IP。大多数 IP 由 Atmel 公司生产成专用集成电路（ASIC）已经应用到 ESA 的航天器上，同时英国的 Dudee

大学还提供多种测试设备。另外，SpaceWire 的研究领域也在不断扩展，新开发的协议有远程内存访问协议（Remote Memory Access Protocol，RMAP）；支持更高传输速率的协议 SpaceFibre，采用光纤或铜缆，传输速率大于 2Gb/s。

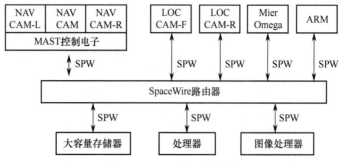

图 11-31　ExoMars 探测器

11.6　本章小结

随着空间探测的发展，航天器上携带的设备急剧增加，并且出现了成像设备，导致了星载设备产生和待处理的数据量迅猛增长，这就对总线的数据传输速度提出了更高要求。

为满足航天星载设备间高速数据传输需求，提出了串行、点对点、全双工的 SpaceWire 协议，具有高速（传输速率最高可达 400Mb/s）、可靠（错误检测及恢复机制）、低功耗等诸多优点，成功应用于"Mars Express"火星探测器、"Rosetta Spacecraft"彗星探测项目、"Cryosat"地球环境遥感卫星和"SMART-1"月球探测器等诸多空间项目上。

SpaceWire 协议于 2003 年 1 月正式成为欧空局标准。在国外，ESA、NASA、JAXA 以及国际空间站等的多个已经在轨飞行和将要发射的空间探测任务中，SpaceWire 技术已经和正在被成功地应用。在国内的航天领域，SpaceWire 具有广泛应用前景。

参 考 文 献

[1] 张昊，张春熹. SpaceWire 总线 EMC 设计分析 [J]. 电子测量技术. 2014，37（9）：41-44.
[2] 鲁文帅. SpaceWire 即插即用技术研究 [D]. 哈尔滨：哈尔滨工业大学，2011.
[3] NIKOLOPOULOS C D, BAKLEZOS A T, TASTALAS S. Verification of Radiated Emissions Modeling for SpaceWire/LVDS Links Routed on CFRP Ground [J]. IEEE Transactions on Aerospace and Electronic Systems, 2020, 56（1）：393-402.

[4] CHANTHERY E, FERLUC D R. Applying Active Diagnosis to Space Systems by On-Board Control Procedures [J]. IEEE Transactions on Aerospace and Electronic Systems, 2019, 55 (5): 2568-2580.

[5] COOK BARRY M, WALKER P. Ethernet over SpaceWire—Hardware Issues [J]. Acta astronautica, 2007, 61: 243-249.

[6] 冯拓. 基于 SpaceWire 协议的跨节点任务迁移系统 [D]. 西安: 西安电子科技大学, 2017.

[7] 万鹏, 彭利文, 华中杰. 基于 CCSDS 标准的航天器上行遥控链路协议体系与可靠性技术 [J]. 飞行器测控学报, 2016 (4): 309-315.

[8] 张利萍. CCSDS 在我国航天领域的应用展望 [J]. 飞行器测控学报, 2011, 30: 1-4.

[9] 单天昌, 陆达. 基于 FPGA 的 PCI 接口 DMA 传输的设计与实现 [J]. 计算机技术与发展, 2010 (4): 215-219.

[10] 丁维浩. 数据采集系统中 PCIE DMA 总线传输设计 [D]. 西安: 西安电子科技大学, 2014.

[11] 戴荣新. 实时低功耗的 ARM 中断控制器 IP 的设计与实现 [D]. 长沙: 湖南大学, 2014.

[12] 魏琳, 田波. 基于 STM32F4 系列的串口 DMA 数据处理传输研究 [J]. 自动化应用, 2016 (8): 92-93.

[13] 刘涛, 贺强民, 黄伟. TMR 加固的 SpaceWire 节点的设计与实现 [J]. 航天返回与遥感, 2012, 33 (4): 58-64.

[14] 林嘉树, 蒋铃鸽. VxWorks 操作系统 BSP 和 BootLoader 介绍 [J]. 电信快报, 2005, 07: 47-50.

[15] 何福永. 基于 VxWorks 驱动程序设计方法的研究与实现 [D]. 长沙: 国防科学技术大学, 2008.

[16] 胡明民. 基于实时操作系统 VxWorks 的驱动程序开发 [D]. 西安: 西安电子科技大学, 2012.

[17] 成锐, 雷志勇, 王浩, 等. 基于 VxWorks 的 DM9000 网卡驱动 [J]. 现代电子技术, 2008, 06: 24-26.

[18] 张杨, 于银涛. Vxworks 内核设备驱动与 BSP 开发详解 [M]. 北京: 人民邮电出版社, 2009.

[19] 王蒙. 基于嵌入式系统的 SpaceWire 总线驱动技术研究 [J]. 计算机测量与控制, 2014, 22 (2): 483-485.

[20] 丁海峰. SpaceWire 即插即用网络管理器设计 [D]. 哈尔滨: 哈尔滨工业大学, 2014.

[21] 陈利彬. PCI Express 总线 SpaceWire 接口卡研制 [D]. 哈尔滨: 哈尔滨工业大学, 2010.

[22] 王娜. SpaceWire 总线节点接口的设计 [D]. 哈尔滨: 哈尔滨工业大学, 2007.

[23] 周戌申. SpaceWire 接口 IP 设计 [D]. 上海: 中国科学院, 2008.

[24] 刘伟伟. SpaceWire 路由器研制 [D]. 哈尔滨: 哈尔滨工业大学, 2011.

[25] 申景诗. 星载 SpaceWire 总线网络设计 [D]. 西安: 西安电子科技大学, 2011.

[26] NEGUERUELA C D, BROSCHART C, MENON M. Brain-computer Interfaces for Space Appli-

cations [J]. Personal and Ubiquitous Computing, 2011, 15 (5): 527-537.
[27] ROBERTS S J. The Use of Space and Pixel Art for Increasing Primary School Children's Interest in Science, Technology, Engineering and Mathematics [J]. Acta Astronautica, 2014, 93: 34-44.
[28] 田华. SpaceWire 总线在遥感卫星数传系统中的设计应用 [J]. 电脑知识与技术, 2007, 14 (3): 323-325.
[29] 韦闽峰. 新一代运载火箭控制系统总线 [J]. 航天控制, 2007, 25 (4): 92-96.
[30] 唐萍, 李慧军. SpaceWire Codec 接收端 FPGA 时序设计 [J]. 微计算机信息, 2009, 2 (5): 178-179.
[31] 穆永亮, 李慧军. SpaceWire 数据网络测试系统开发 [J]. 微计算机信息, 2010, 32 (26): 110-111.
[32] 毛春静, 关永. 星载 SpaceWire 路由器的研究与设计 [J]. 电子与信息学报, 2010, 32 (8): 1904-1909.
[33] 万书芹, 于宗光, 黄召军. 高速 SpaceWire 路由器的设计研究 [J]. 中国电子科学研究院学报, 2010, 1: 24-28.
[34] 穆永亮. 基于自主 IP 的 SpaceWire 网络测试系统开发 [D]. 北京: 中国科学院, 2010.
[35] 陈健飞. SpaceWire 路由器 IP 核的设计与实现 [D]. 北京: 中国科学院, 2010.
[36] 底素然. 面向星载数据管理系统的 SpceWare 应用模型的仿真研究 [D]. 北京: 首都师范大学, 2012.
[37] 王九龙. 卫星综合电子系统现状和发展建议 [J]. 航天器工程, 2007, 16 (5): 68-73.
[38] 郭林. 基于 SpaceWire 的空间数据网络关键技术研究 [D]. 北京: 中国科学院, 2011.
[39] 陈丹. 基于 MIL-STD-1553B 总线技术的星载数据管理系统 [D]. 西安: 西安建筑科技大学, 2007.
[40] 赵俊艺, 何兵哲. 基于 SpaceWire 总线的星载数据系统 [J]. 飞行器测控学报, 2009, 28 (2): 13-17.
[41] 韦闽峰. 新一代运载火箭控制系统总线 [J]. 航天控制, 2007, 25 (4): 92-96.
[42] 贵斌, 周国奇, 田坷. 军用数据总线技术发展综述 [J]. 电光与控制, 2010, 17 (6): 48-52.
[43] DARLENE F. James Web Space Telescope gets SpaceWired [J]. Aerospace engineering, 2007, 27 (10): 38-39.
[44] VALENTIN O, IRINA L, YURIY S. STP-ISS Transport Protocol for SpaceWire On-Board Networks: Development and Evolution [J]. International Journal of Embedded and Real-time Communication Systems, 2014, 5 (4): 45-76.
[45] PITTERA T, DERRICO M. Multi-purpose Modular Plug and Play Architecture for Space Systems: Design, Integration and Testing [J]. Actaastronautica, 2011, 69 (7): 629-643.
[46] 唐萍. SpaceWire Codec 以及相关 IP 核设计与实现 [D]. 北京: 中国科学院, 2007.
[47] 陈健飞, 曹松. SpaceWire 路由器 IP 核设计与实现 [J]. 微计算机信息, 2010, 26 (8): 123-124.
[48] 魏贻乾. SpaceWire 路由 IP 核设计与验证 [D]. 北京: 中国科学院, 2011.

[49] 穆永亮. 基于自主 IP 的 SpaceWire 网络测试系统开发 [D]. 北京：中国科学院研究生院, 2010.
[50] 魏贻乾. 基于 SpaceWire 的即插即用结构设计 [J]. 中国科技论文在线, 2011: 1-5.
[51] 凤雷, 鲁文帅, 付平. SpaceWire 网络层协议分析与应用研究 [J]. 测试技术学报, 2010, 24 (6): 52-56.
[52] 张毅刚, 刘伟伟, 赵光权. 基于 FPGA 的 SpaceWire 路由器设计 [J]. 电子测量技术, 2011, 34 (6): 64-67.
[53] 康咏岐. 面向航天应用的 SpaceWire 节点单元的 IP 核设计与实现 [J]. 微电子学与计算机, 2005, 22 (9): 120-122.
[54] 李潇, 龚龙庆, 田卫, 等. 一种基于流水线的 SpaceWire 路由器研究 [J]. 现代电子技术, 2009 (3): 90-92.
[55] 李硕佳, 王剑峰, 王竹平, 等. SpaceWire 路由器动态加权轮询仲裁器的设计与实现 [J]. 微电子学与计算机, 2010, 27 (11): 124-127.
[56] 梅洪. 基于 Spacewire 的实时分布式中断系统设计 [J]. 航天控制, 2011, 29 (2): 93-96.
[57] 田华. SpaceWire 总线在遥感卫星数传系统中的设计应用 [J]. 数据库及信息管理, 2007, 14: 323-325.
[58] 陈大羽, 王现, 李涛. 空间高速总线 SpaceWire 节点的设计与实现 [J]. 航天返回与遥感, 2010, 31 (4): 58-64.
[59] 刘涛, 黄伟, 潘卫军. SpaceWire 软核的设计与验证 [J]. 航天返回与遥感, 2011, 32 (1): 51-58.
[60] 陈苏鹏, 于立新, 飞海东. 基于 FPGA 的 SpaceWire 接口容错设计与评估 [J]. 机电产品开发与创新, 2008, 21 (3): 142-144.
[61] 刘光辉. 星载并行计算机体系结构的研究与实现 [D]. 长沙：国防科学技术大学, 2005.
[62] 蔡曦. 一种星内网络系统架构的造型及实现 [D]. 上海：复旦大学, 2008.
[63] 周玉霞. CCSDS 航天器在轨接口业务标准化工作综述 [J]. 飞行器测控学报, 2012, 30: 10-15.
[64] UMESH S B, KRISHNAM PRASAD B, VIJAYA Y. Development of High Speed Space Wire Data Link for Multi-Head Star Tracker [J]. Journal of spacecraft technology, 2011, 21 (1): 67-78.
[65] SAPONARA S, FANUCCI L, TONARELLI M. Radiation Tolerant SpaceWire Router for Satellite On-Board Networking [J]. IEEE Aerospace and Electronic Systems Magazine, 2007, 22 (5): 3-12.
[66] CHRISTOPHE R, MATTHIEU S. Can a Cable be Just a Cable [J]. New Electronics, 2011, 44 (1): 39-40.
[67] NOMACHI M, AJIMURA S. Serial Data Link on Advanced TCA Back Plane [J]. IEEE Transactions on Nuclear Science, 2006, 53 (5): 2849-2852.
[68] GLENN R. Spacewire Development Lead, Goddard Space Flight Center, Greenbelt [J]. NASA

Tech Briefs, 2009, 33 (2): 10-15.

[69] PUSCHITA E, RATIU O, DROBCZYK M. A UWB Solution for Wireless Intra-spacecraft Transmissions of Sensor and SpaceWire Data [J]. International Journal of Satellite Communications and Networking, 2020, 38 (1): 41-61.

[70] ZHU W H, LAMARCHE T, DUPUIS E. Precision Control of Modular Robot Manipulators: the VDC Approach With Embedded FPGA [J]. IEEE Transactions on Robotics: A Publication of the IEEE Robotics and Automation Society, 2013, 29 (5): 1162-1179.

[71] 毛春静. 关永. David Jungwirth. 星载 SpaceWire 路由器的研究与设计 [J]. 电子与信息学报, 2010, 32 (8): 1904-1909.

第 12 章　ARINC 818 航空电子数字视频总线

随着航空电子技术的进步，为了满足高性能的航空数字视频传输要求，2007年1月，ARINC 和航空电子委员会（AEEC）联合发布 ARINC 818 航空视频传输总线协议标准，又名航空电子数字视频总线（Avionics Digital Video Bus，AD-VB）。ARINC 818 是为满足高带宽、低延迟、无压缩数字视频传输而设计开发的视频总线接口和协议规范。2013年12月，ARINC 委员会起草发布 ARINC 818-2 标准补充，补充新增了 ARINC 818 标准新特征，标准化部分用户和行业项目的要点开发设计。目前，该协议标准已成功运用于波音-787、空客 A-350 和 A-400M、C-130 AMP 和 C-17、F-15 以及 F-18 改进型等项目开发设计的新一代飞行器驾驶舱航电显示系统。ARINC 818 协议作为新一代航空电子数字视频总线标准，已广泛运用于世界范围内的各类民用和军用飞机的设计开发项目。

本章在介绍航空电子数字视频总线 ARINC 818 标准的基础上，分析 ARINC 818 总线协议，详细说明 ARINC 818 接口设计与实现。

12.1　ARINC 818 总线简介

ARINC 818 协议又称为航空电子数字视频总线是一种基于光纤通道（Fiber Channel，FC）的高速视频传输协议。它以其高带宽、高可靠性、远距离传输、低延迟和抗电磁干扰能力强等特点，被广泛应用于新一代航空电子系统数字视频的无损传输。

ARINC 818 航空电子数字视频总线于 2007 年 1 月由航空电子委员会（AEEC）正式对外发布，满足航空电系统中高性能和关键数字视频任务传输的迫切需求。ARINC 818 是采用 8b/10b 编码，主要用于开发高带宽、低延迟和非压缩数字视频传输的视频接口和协议。它是基于光纤通道和 FC-AV 协议标准制定的，在内容上是对 FC-AV 协议的简化，也是专门针对航空电子视频系统设计制定的国际统一标准，其中 FC-AV 协议已经在 F-18 和 C-130 AMP 等军用机型中的视频系统中得到了广泛应用，这为 ARINC 818 协议的应用提供了可靠的支持和保障。

ARINC 818 相比于 Camera Link、DVI、FireWire 和 GigE 等视频数据总线在一些关键技术参数上均具有很明显的优势，这也是航空电子委员会选择 ARINC 818 作为最终的航空电子视频统一标准的原因。ARINC 818 的主要特点体现在高带宽、高可靠性、低延迟、非压缩视频传输、抵抗电磁干扰、减轻线缆重量、灵活性高、兼容扩展性强，已经成为新一代航空电子数字视频总线的统一标准，在一些商业和军事项目中得到广泛应用。

12.1.1 ARINC 818 层次结构

ARINC 818 的目的是提供一种强大的协议来处理现代航空电子视频系统的高带宽传输，解决线路同步显示的精确时序问题。ARINC 818 基于 FC-AV 规范，大大降低了复杂性。光纤通道仍然是 ARINC 818 总线的物理层，具有现代网络中的路由和协议功能的同时，也具有低延迟的确定性。

FC-AV 描述了 5 层结构，如图 12-1 所示。

图 12-1　FC-AV 协议层次

ARINC 818 作为 FC-AV 的简化版，将利用除了第三层的每一部分。FC-3 层通常处理与连接建立、协议转换、结构和交换技术相关的网络服务，在 ARINC 818 的单向点对点性质内，这是不相关的，因此 FC-3 层不适用。在 FC-4 级，ARINC 818 协议使用 FC-AV 帧头控制协议（Frame Header Control Protocol，FHCP）的配置文件版本。

ADVB 总线协议所定义的 5 层网络结构与光纤通道协议类似，如图 12-2 所示。

层应用协议	视频应用	
FC-4映射层	帧头控制协议（FHCP）	其他（VI+HPPI+SBCCS+IP+FCP）
FC-3管理层	通用服务	
FC-2协议层	信号传输协议	
FC-1链路层	串行链路编解码（8b/10b）、错误控制	
FC-0物理层	物理链路接口（光收发器）	

图 12-2　ADVB 协议 5 层结构模型

ADVB 总线定义的 5 层网络结构各自简述见表 12-1。

表 12-1 ADVB 各层定义描述

名 称	简 述
FC-0 物理层	物理层支持光纤 1.0625～8.5 Gb/s 的传输速率,一般采用 850 nm 多模光纤,长距离传输采用单模光纤
FC-1 链路层	链路层上采用 8b/10b 编解码,支持光纤链路信号丢失和错误检测
FC-2 协议层	协议层对光纤通道 FC-FS-2 协议进行了简化,保留相同的光纤数据帧格式,取消了部分传输字、链路状态机、扩展链路服务和流量控制等
FC-3 管理层	ADVB 协议不使用通用服务
FC-4 映射层	ADVB 协议主要采用帧头控制协议(Frame Header Control Protocol,FHCP),并提出了视频容器(Container)概念,将实际视频数据通过容器进行传输

12.1.2 ARINC 818 标准概述

ARINC 818 标准是基于 FC-AV 协议制定开发的,该协议参考光纤通道(FC)协议 0～4 层架构标准,简化 FC-AV 协议,采用点对点的单向数据传输方式,取消链路初始化,不需要执行网络和节点注册,解决了网络传输延迟不确定性问题,传输速率不仅支持 1×、2×、4× 和 8× 等标准 FC 速率,还支持 2.5Gb/s 和 3.1875Gb/s 等非标准传输速率,为满足信息技术发展需求,ARINC 818-2 修订支持更快的 FC 6×、FC 12×、FC 16×、FC 24× 和 FC 32× 链路速率,见表 12-2。

表 12-2 ARINC 818-2 链路传输速率表

序 号	链路速率/(Gb/s)	备 注
1	1.0625	FC 1×
2	1.5	
3	1.62	
4	2.125	FC 2×
5	2.5	
6	3.1875	FC 3×
7	4.25	FC 4×
8	5.0	
9	6.375	FC 6×
10	8.5	FC 8×
11	12.75	FC 12×
12	14.025	FC 16×
13	21.0375	FC 24×
14	28.05	FC 32×

ARINC 818 标准自 2007 年发布至今，该协议已成功运用于多型飞机项目设计，经历了民用和军用航空器的数万小时飞行验证。随着航空电子技术的发展，ARINC 818 协议面临新的设计和应用要求，2013 年，AEEC 发布 ARINC 818-2 补充协议标准。ARINC 818 标准设计新增部分内容如下。

(1) 链路速度为 FC 6×、FC 12×、FC 24×和 FC 32×。
(2) 视频压缩和视频加密。
(3) 视频通道切换。
(4) 场序彩色显示。
(5) 信道绑定技术。
(6) 纯数据链协议。
(7) 3D 立体显示、区域显示。

ARINC 818-2 标准补充发布进一步提高航空电子数字视频总线 ADVB 的应用设计兼容扩展性和灵活性，可以满足新一代航空电子视频显示系统的设计发展要求。基于新一代航空电子视频标准 ARINC 818 的视频传输系统设计开发是未来航空电子视频系统的重要发展方向。

相对于 FC-AV 协议，ARINC 818 更专注于航空电子环境下视频传输的应用要求。采用单向点对点数据传输，不需要实现链路初始化、流量控制以及交换注册等操作，最大限度地保证了 FC 的高速、高可靠、低延迟等特点。

12.1.3　ARINC 818 与 FC-AV 协议对比

ARINC 818 与 FC-AV 都是采用 FHCP（帧头控制协议），基于容器系统的概念实现音频、视频和辅助数据信息的封装和组织。但 ARINC 818 协议自身的特点，提供了对航电系统中视频数据实时传输的保证和支持。表 12-3 给出了两种协议的特性比较。

表 12-3　ARINC 818 与 FC-AV 协议对比

项　目	FC-AV	ARINC 818
协议	基于 FC 标准协议的音频视频传输标准	基于 FC-AV 协议进行剪裁
拓扑类型	支持所有类型拓扑结构	仅支持点到点拓扑结构
网络传输	双向全双工网络	单向传输网络
FC 协议层	标准 5 层 FC 协议架构	标准 5 层 FC 协议架构，FC-3 层不使用
支持服务类型	支持所有服务类	只支持 1 类和 3 类服务
链路协议	需要实现 FC-2 层链路协议	不需要实现 FC-2 层链路协议
流量控制	使用流量控制，支持端到端和缓冲到缓冲两种流控方式	不使用任何方式的流量控制策略
注册	需进行交换网络和节点机注册	不需要进行注册

续表

项　　目	FC-AV	ARINC 818
TYPE 字段值	60h	61h
传输速率	支持 1x、2x、4x、8x 标准 FC 速率	除标准 FC 速率外，支持 2.5Gb/s、3.1575Gb/s 等非标准速率
实际应用中的缓冲方式	由于网络传输及延迟的不确定性，采用整帧图像缓冲方式	由于单向点对点传输延迟确定，采用整行图像缓冲方式

ARINC 818 系统和 FHCP 协议的基本描述相比于基于 FC 交换网络构建的大规模分布式系统，物理层和链路层实现更加简单，应用也更加明确，避免了交换网络中的数据传输时延不确定性问题，保证了 ADVB 数据传输的高速、高可靠、低延迟和应用灵活等特点。

ARINC 818 作为一种点对点通信的数据总线，可确保 100% 的服务质量。然而，由于航空电子系统通常具有多个通道，因此允许通道切换就变得非常重要。ARINC 818 所使用的时钟独立于像素时钟，如果视频的来源符合标准的视频传输控制，则 ADVB 嵌入式时钟与本机视频源的像素时钟异步运行。在实际使用过程中，ARINC 818 接收端不能恢复标准的像素时钟，因此必须解决接收端同步问题，有关内容将在后面章节中继续进行详细讨论。

12.2　ARINC 818 总线协议

12.2.1　ARINC 818 协议帧

ARINC 818 协议定义了用于传输视频的一系列 ADVB 帧组成的容器。在一个容器内部，ARINC 818 定义专门的对象类型用来包含图像帧信息。

容器系统是 ARINC 818 中最基本的概念，被设计用来实现视频数据在光纤通道中传输的最优化方法，它将需要传输的视频和辅助数据信息定义为由多个相关联数据集组成的一个容器，一个视频流又由一系列的容器组成，每个容器对应一幅图像帧信息，包括容器头和一组对象。

按照帧头控制协议（Frame Header Control Protocol，FHCP）定义，容器头的长度为 22 个字，包含容器及各类对象的基本信息。对象 0 为辅助数据，表示视频的大小、刷新方式等辅助信息；对象 1 为音频数据，对象 2 和对象 3 为视频数据。在实际视频信息组织中，对象 1 一般不使用，对象 3 仅用于传输叠加的视频信息。容器中不使用某个对象时，在容器头中将对象大小设置为 0。

由于 ADVB 帧的最大数据字段长度为 2112B，因此对于不同格式的视频图像，需要基于 FC-2 中规定的分段与重组机制，采用"分帧"策略对图像数据进行封装。

一个完整的容器由一系列连续的数据帧组成，单个 ADVB 帧的最大有效数据长度为单个 FC 帧的最大负载长度，即 2112 字节。基于 ARINC 818 的图像数据分段、封装与传输，通过 ADVB 容器实现，ADVB 容器与 ADVB 序列关系如图 12-3 所示。

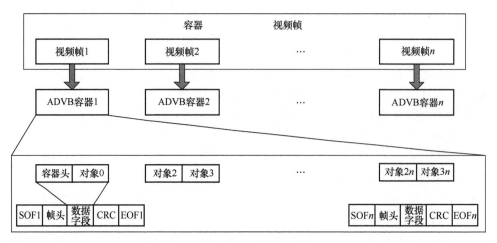

图 12-3　ADVB 容器与 ADVB 序列关系

ARINC 818 协议规定的 ADVB 数据帧格式和基本传输机制沿用光纤通道（FC-FS-2）协议，其结构如图 12-4 所示。为了不与视频帧混淆，以下统称 ADVB 帧。

| SOF | FC帧头 | 负载（ADVB容器数据） | CRC | EOF |

图 12-4　ADVB 帧结构

每个 ADVB 帧均包括帧起始界定符（Start of Frame，SOF）、FC 帧头、负载、CRC 校验和帧结束界定符（End of Frame，EOF）。

每个 ADVB 帧包含 6 个 32b 字帧头，帧头主要包含了帧起止信息（Source_ID、源地址、Destination_ID、目的地址）和当前 ADVB 帧在视频传输序列中的位置信息（Sequence_Cnt）。负载大小取决于传输视频帧数据，最大负载为 2112 字节。每个 ADVB 帧均包含一个 32b 的 CRC 校验，它可对 FC 帧头和负载数据进行校验。CRC 校验多项式与光纤通道（FC-FS-2）协议中规定的相同。

ARINC 818 协议定义了一种容器的结构，是将视频帧映射到 ADVB 帧来进行传输的一种方法。其中，一个容器对应一视频帧，并且通过对应一条 ADVB 帧序列来进行传输。每个容器是由容器头、对象 0、对象 2 和对象 3 组成，对象的描述见表 12-4。

表 12-4　ADVB 定义的对象类型和描述

类　型	描　述
容器头	容器的属性（视频帧刷新率），其长度固定为 22 个 32b 字
对象 0	辅助数据，包含视频帧属性信息（分辨率大小，色域空间），用于接收端识别视频帧格式，一般为 4 个 32b 字
对象 1	音频数据，在 ARINC 818 协议中不使用
对象 2	视频数据，对应逐行扫描视频帧的所有有效行数据或隔行扫描视频的奇数行视频帧像素数据
对象 3	视频数据，对应逐行扫描视频帧的所有有效行数据或隔行扫描视频的偶数行视频帧像素数据

对象 2 和对象 3 通常都是视频数据，在逐行扫描视频中无区别，视频帧像素数据位于 ADVB 帧的负载部分，容器头和对象 0 由单个 ADVB 帧组成，对象 1 不会在序列中出现，对象 3 只出现在隔行扫描的视频应用中，对象 2 的大小和个数由视频帧像素数据大小来决定。

12.2.2　ARINC 818 协议分析

本节分析 ARINC818 的物理层特性、链路层特性、多容器共享 ADVB 链路的传输模式，以及发送与接收原则等内容。

（1）ARINC818 的物理层特性。ARINC 818 针对不同的视频格式，采用"够用就好"的原则，不仅支持各种 FC 标准速率，还支持诸如 1.5Gb/s、3.1875Gb/s 等非标准速率，如对于 $1280 \times 1024@60Hz$、24b 的 SXGA 视频格式，考虑到 ADVB 帧中除 payload 外其他字段的开销，需要提供的带宽为 $1280 \times 1024 \times 3 \times 10 \times 60 \times 1.05 \approx 2.3Gb/s$，采用 2× 标准速率无法满足传输要求，采用 4× 标准速率带宽利用率不高，采用 3.1875Gb/s 则合适，这种特性支持提高了 ARINC 818 逻辑设计及逻辑器件选用的灵活性。另外，ARINC 818 需要识别的底层原语信号仅为 SOFi、SOFt、EOFn、EOFt、IDLE，设计实现与链路维护简单。数据采用单向发送模式，基于一根光纤即可实现发送端到接收端视频数据的单向传输。由于 ARINC 818 要求的互联方式简单，因此不存在由于网络中通道堵塞、争抢链路或交换延迟所带来的传输时延不确定性问题，从而保证了 ARINC 818 数据传输的低延迟特性。

（2）ARINC818 的链路层特性。相对于 FC-AV 链路级的底层操作，ARINC 818 协议规定无需执行原语序列协议及 FC-2 层端口状态机的跳转，端口状态简单，发送端具备发送条件及可将数据提交 FC 链路，接收端实现链路同步即可进行数据接收。ARINC 818 无需实现注册操作，因此不需要像 FC 端口一样必须通过交换网络注册或节点机注册过程来获取网络中各要素的基本属性才能实现数据发送。该协议不用执行流量控制策略，发送端只需负责数据封装及向 FC 链路的提交工作，无需等待接收端返回原语信号，也不需要关心接收端接收缓冲区的状态；接收端仅需获取链路同步和字同步后，即可接收 FC 链路上的 ADVB 帧，并且无需向发送方返回任何信息。这些协议规定避免了由于链路故障、数据丢失或接收端缓冲区满而导致的链路恢复和等待过程，为高速数据发送提供了保障。利用这些特性，也使得基于 ARINC 818 可以实现视频图像数据的按行缓冲及按行显示，相比于传统的网络延迟不确定而采取的按图像帧进行缓冲和显示的策略，按行图像信息进行处理的机制大大缩短了画面的传输延迟。

（3）多容器共享 ADVB 链路传输模式。ARINC 818 允许多个视频流在单独的 ADVB 链路上进行传输。不同的视频流对应不同的容器，采用相同的速率在同一根光纤进行传输，容器之间通过 ADVB 帧头中的 S_ ID 字段进行唯一标识，接收端根据接收到图像帧的 S_ ID 进行区分和处理。这种机制的关键在于 ARINC 818 协议自身特点对于图像数据"按行缓冲按行显示"的支持，使得多个视频源对应的图像数据可以在接收端进行实时数据融合和显示，而不需要对接收端资源和图像显示实时性进行过多的计算和担心。

飞机上的全天候显示系统正是基于该种传输机制，将长波红外成像系统、短波红外成像系统及光谱成像系统产生的图像数据通过多容器共享 ADVB 链路的方式进行传输，并在接收端进行数据融合及图像显示输出。

ARINC 818 支持的另一种典型传输模式是低速率视频基于主视频流在 ADVB 链路上的混合传输。通过计算并利用主视频图像帧的行消隐时间，发送端将低速图像对应的容器数据插入主视频图像消隐期的时间间隔内，以实现不同速率视频流的混合传输。接收端针对不同的视频流设置不同的行数据接收缓冲区，根据 S_ ID 对视频帧进行识别和存储，最终完成数据的融合与显示。该机制正是基于 ARINC 818 的高速传输特性及行同步特性来实现，高速的传输速率保证了在消隐期内可完成低速视频图像的传送，行同步特性保证了主视频图像消隐期时间间隔长度的确定性。该传输模式的典型应用是飞机飞行过程中数字地图画面上光标的动态移动。

（4）发送与接收原则。ARINC 818 的发送与接收端基于接口控制文件（Interface Control Document, ICD）的定义进行各种通信要素的确定和统一，包括视频格式、像素信息、输出扫描方式、链路速率、帧速率、同步特性等，两端的 ICD 必须一致才能实现正确的发送与接收操作。发送端执行"实时提交"原则，一旦有视频数据，则基于 FHCP 协议和分帧原则进行 ADVB 帧的封装并实时将数据提交至 FC 链路，无需关心链路与接收端状态。接收端则在获取链路同步后实时接收链路上的 ADVB 数据帧，根据 ICD 文件要求完成整行图像数据的重组。但为了避免由于链路故障而导致的视频输出错误，接收端需要采取以下原则：当检测到链路失同步或 8b/10b 编码错误的情况下，需重新获取链路同步并等待直至下一个 SOFi 到来才开始正常接收；当检测到 CRC 校验错误，则丢弃当前帧，停止接收并等待直至下一个 SOFi 到来才开始正常接收，这样保证了当链路故障情况下始终能够从下一幅图像的第一行数据完整显示输出。

12.2.3 ARINC 818 的容器系统

ARINC 818 容器将包括传输一帧视频所需的所有视频、音频和辅助数据。一个完整的 ADVB 容器将由多个连续的 FC 帧组成。FC 数据的传输限制为每个 FC 帧最多 2112 字节的有效载荷，容器完全映射到一个 FC 序列。

每个容器由一个携带视频相关信息的容器头（Container Header）和包含辅助数据、视频数据的对象（Objects）组成。容器头具有足够的信息允许直接识别对象中数据的类型和位置，而无需为这类信息解析各个对象。

容器头在简单模式下具有固定长度。第一个数据对象紧跟在容器头的末尾之后。对象描述按顺序排列，对象按类型分类，并由索引指定对象具体位置。

ARINC 818 使用的简单模式有 4 个内容不同的对象，每个对象描述视频不同的信息，一个视频可通过这些对象完整表达出来。容器的组成如图 12-3 所示。

1）容器头

为了适应硬件解码，容器头是固定的。每个字直接映射到 ADVB32 位传输字。每个 ADVB 容器将使用一个简单模式容器标头。ADVB 协议中使用的容器头（Container Header）见表 12-5。

表 12-5 容器头相关字段定义

字	标 识	字节 0	字节 1	字节 2	字节 3
0	容器计数	容器计数值			
1	容器标识	容器编号			
2	容器时标	容器时标值			
3	容器时标	容器时标值			
4	传输类型	视频帧速率	传输速率	保留	保留
5	容器类型	模式	对象数	保留	扩展帧头大小
6	对象 0 分类	类型辅助	链接指针	SPDV	索引
7	对象 0 大小	长度（B）			
8	对象 0 偏移	偏移量（B）			
9	对象 0 类型	类型编号			
10	对象 1 分类	音频数据	连接指针	索引	
11	对象 1 大小	长度（B）			

续表

字	标识	字节0	字节1	字节2	字节3
12	对象1偏移	偏移量（B）			
13	对象1类型	类型编号			
14	对象2分类	视频数据	连接指针	索引	
15	对象2大小	长度（B）			
16	对象2偏移	偏移量（B）			
17	对象2类型	类型编号			
18	对象3分类	视频数据	连接指针	索引	
19	对象3大小	长度（B）			
20	对象3偏移	偏移量（B）			
21	对象3类型	类型编号			

容器头应始终为22个字，前6个字适用于整个容器。对于4个对象中，容器头的剩余部分被划分为相同的结构。

容器计数值（Container Count）用于对传输过程中的容器数量进行计数，即视频传递的帧数。

视频编号（Clip ID）用于区分不同组别的视频，如果不需使用该组别数据，需将该编号置0。

容器时标值（Container Time Stamp）是一个可选项，对于视频的不同传输时间可以做具体的记录，不使用时该位需全部置0。

视频帧速率（Video Frame Rate）是指一个完整的视频帧的传输速率。当前最常用的视频帧速率为60Hz。

传输速率（Transmission Rate）是一个有符号的整数，正值与负值代表不同的含义，当该位为正数时，表示传输速率为视频帧速率乘以编码，当该位为负数时，表示视频帧速率除以编码。

模式（Mode）表示当前ADVB类型工作的模式，ARINC 818工作在简单模式，该位置0。

对象数（Number of Objects）表示传递的对象类型的个数。

扩展帧头大小（Size of Extended Header）通常只在FC-AV中使用，ARINC 818中置0。

对象0类型辅助（Object0 Type Ancillary）编码为5xh，表示当前为辅助数据。

对象0链接指针（Object 0 Link Pointer）用于链接同一容器中的多个对象。

对象0索引（Object 0 SPDV Index）指示链接指针在SPDV下是否可用，制造商需要该设备是否支持这一功能。

对象 0 大小（Object 0 Size）是指辅助数据的字节数，最小为 10h。
对象 0 偏移（Object 0 Offset）是指从容器头开始，辅助数据的偏移量。
对象 0 类型定义（Object 0 Object Type Defined）用于确认具体的对象。
对象 1 到对象 3 的定义和对象 0 相似，不做特殊说明。

2）对象

ARINC 818 工作在简单模式，有 4 类对象（Objects），对象 0 为辅助数据，具体用于说明视频分辨率、帧传输速率、颜色信息等内容；对象 1 为音频数据，用于传输视频中的非压缩音频信息；对象 2 和对象 3 为视频数据，用于传输非压缩的视频数据，其中对象 2 传输逐行扫描的视频，对象 3 用于传输隔行扫描的视频。本设计中未传输音频数据，采用逐行扫描方式，因此只需要用到对象 0 和对象 2，对象 1 和对象 3 的长度为 0。

3）辅助数据

辅助数据（Ancillary Data）定义了从发送方传输到接收方的数据的特征，对于视频的典型特征予以了详细的说明。这里将以（1920 × 1080 × 24bit @ 60Hz）格式的视频作为示例，对辅助数据的 4 个字进行详细说明。

（1）Word 0 字段主要用于说明传输视频的分辨率及传输方式，具体组成见表 12-6。

表 12-6 Word 0 字段数

31~18	17~4	3~0
Number of Rows	Number of Columns	Frame/Field

低 4 位用于说明视频是基于帧传输还是基于场传输，基于场的传输可以允许像素交错，对象 2 的存在表示该容器包含字段 1，并且对象 3 的存在表明该容器包括字段 2。两个字段可以在同一容器内传输，也可以不传输。本设计中采用的基于帧传输，为逐行扫描方式。第 4 位到第 17 位说明该视频的列数，第 18 位到第 31 位说明该视频的行数。

（2）Word 1 字段主要用于说明视频中一些具体细节及一些封装信息，具体组成见表 12-7。

表 12-7 Word 1 字段

31~28	27	26~24	23~20	19~16	15~12	11~8	7~4	3~0
CI	P	PA	PA0	PTN	Bits/Subpixel A	Bits/Subpixel B	Bits/Subpixel C	Bits/Subpixel D

高 4 位表示颜色信息（Color Information，CI），用于记录像素数据的格式及颜色，如 YCbCr（4∶2∶2）和 RGB 等。

第 27 位 CRC 标志（Prior CRC Valid Flag）指定对象 0 字段 2 是否包含图像

数据的有效 CRC。如果该位为 1，则字段 2 应包含图像数据的 CRC 检查。如果该位为 0，则 Word 2 不包含 CRC。

第 24 位到第 26 位为像素纵横比（Pixel Aspect Ratio，PA），表示整个像素的宽度与高度的比例。

第 20 位到第 23 位为像素阵列顺序（Pixel Array Order，PAO），表示视频数据相对于它们在视频帧（或场）中的位置，最常用扫描方式为从上到下、从左到右。

第 16 位到第 19 位为包表编号（Packing Table Number，PTN），表示传输字的封装，具体说明采样信息，见表 12-8。

表 12-8 包表编号

编码	描述
0h	每个元素包含 8b，每个传输字包含 4 个元素
1h	每个元素包含 10b，每个传输字包含 3 个元素
2h	每个元素包含 12b，每个传输字包含 2/3 个元素
3h	每个元素包含 16b，每个传输字包含 2 个元素
4h	每个元素包含 8b，每个传输字包含 8/5 个元素
5h	每个元素包含 24b，每个传输字包含 4/3 个元素
6h	每个元素包含 32b，每个传输字包含 1 个元素
7h to Fh	其他

每个子像素的比特数（Bits per Subpixel）独立地指定视频对象内的每个子像素所需的位数。适用字段的数量取决于支持指定颜色信息格式所需的子像素数。子像素的最小位数是 1，由 0h 表示，最大位数是 16，由 Fh 表示。每个像素的子像素的总和等于组件内的组件或每个子像素。每个子像素映射的颜色信息格式见表 12-9。

表 12-9 每个子像素映射的颜色信息格式

颜色信息	子像素 A	子像素 B	子像素 C	子像素 D
RGB	Red	Green	Blue	X
RGGB	Red	Green	Green	Blue
RGBA	Red	Green	Blue	Alpha
YIQ	Y	I	Q	X
单色图	单色	无	无	无
YCbCr（4∶2∶2）	Y	Cb	Cr	X

(3) Word2 字段为可选的图像 CRC 检查。CRC 的检查范围为图像的视频数

据。该数据字的有效性由对象 0 字段 1 的第 27 位中的 CRC 标志（P）控制。当 P=1 时，该字应包含先前容器的 32 位 CRC。包含在此 CRC 中的像素数据应默认为所有有效像素（图像的完整大小）。当 P=0 时，此数据字应为 0000 0000h。

（4）Word3~4 字段为杂项控制字。使用时，每一字段应包含一个 6 位参数类型和一个 10 位参数数据字。参数类型字段控制如何解释 10 位参数数据字。使用此构造的参数应在显示内部注册，因此不需要与每个容器一起传输。不使用时，该字应设置为默认值 0000 0000h。

12.2.4 ADVB 帧格式

ARINC 818 标准将基本传输机制称为 ADVB 帧。将这些数据包称为"ADVB 帧"而不是简单地"帧"是为了区别视频帧。ADVB 帧的结构如图 12-5 所示。

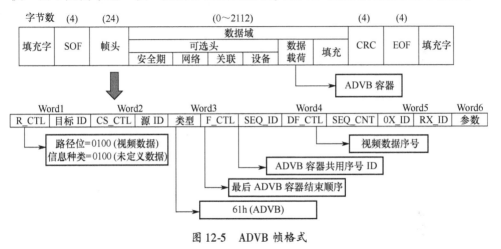

图 12-5 ADVB 帧格式

ADVB 帧从有序集 SOFx 开始，并以 EOFx 有序集终止。每个 ADVB 帧都有一个由 6 个 32 位字组成的帧头。这些帧头中包含发送源、路由控制、发送目的地和序列 ID 等 ADVB 帧的具体信息。ADVB 帧有效负载并不固定，可以根据具体情况发送不同的载荷，但最大限制为 2112B。ADVB 帧的 CRC 计算和光纤通道中的相同，计算范围为帧头和数据载荷。

空闲码（Idle Words）为 bc95b5b5h，发送源必须在 ADVB 帧之间至少插入 6 个空闲码。目的端应该能够在 ADVB 帧之前处理至少两个空闲码。ARINC 818 不限制 ADVB 帧之间的空闲码的最大数量。

帧头（Start of Frame，SOF）表示一个 ADVB 帧的起始，ARINC 818 允许使用第一类和第三类有序集。ADVB 容器传输序列的第一帧将使用起始类有序集 SOFi3 表示起始帧。后续帧将使用正常类有序集 SOFn3 表示起始。使用第三类有序集的优势是可与广泛使用的设备和交换机兼容。

路由控制（Routing Control，R_CTL）由 8b 组成，高 4 位 0100b 表示路由为

视频数据，低 4 位 0100b 表示信息类别为非请求数据，路由位（4b）应设置为 "0100" 以指定视频数据，信息类别位（4b）应设置为 "0100" 以指定未经请求的数据。

目标 ID（Destination ID）主要用于标识发送目的地的具体端口，是 24bit 目的地址，在多路复用视频传输时该字段低 8 位地址用于唯一区别不同的接收端设备，对于某些不需要指定目的地的应用场景的点对点传输，设置该字段为 0x0。ARINC 818 协议支持不同目的地的复用，即不同端口的 ADVB 帧可发送到同一个目的端。

类别控制（CS_CTL），8b，保留，0x0。

源 ID（Source ID）主要用于标识发送源的具体端口，24b 源地址，对于某些不需要指定源端的应用场景点对点传输，设置该字段为 0。ARINC 818 协议支持不同源端的复用，即一个容器的信息可由不同的源端发出，在多路复用视频传输时该字段低 8 位地址用于唯一区别不同的发送端设备。

类型（Type）字段在 ARINC 818 中默认值 0x60，在传统方案中可能遇到类型代码为 60h 的情况。

帧控制（Frame Control，F_CTL），24b，23 位 ~ 20 位，保留，0x3；19 位，填 1 表示容器中最后一个 ADVB 帧，其余 ADVB 帧填 0；18 位 ~ 2 位，保留，0x0；1 位 ~ 0 位，字节填充。主要用于控制帧具体信息，如交换环境、偏移等信息，对于容器的最后一个 ADVB 帧，需要在帧控制信息中给出，F_CTL 的第 19 位为 1 表明容器传输完成。

序列标识 ID（SEQ_ID），8b，与容器头中第 1 字第 4B 的内容一致，容器计数的低 8 位。用于区分不同的容器，在同一容器中，该序列号相同。

数据域控制（DF_CTL），8b，保留，0x0。

序列计数（SEQ_CNT），16b，序列计数除了表明当前 FCAV 帧在容器中的位置外，也同样保证了 FCAV 帧的有序性。实现 ADVB 帧的计数，第一个 ADVB 帧的计数为 0，对于一个容器中连续的 ADVB 帧，每发送一个 ADVB 帧，序列计数将增加一个 1。

发起交换号（OX_ID），16b，保留，0xFFFF。

应答交换号（RX_ID），16b，保留，0xFFFF。

参数（Parameter），32b，保留，0x0。

载荷（Payload）由容器头、对象 0、对象 1、对象 2 和对象 3 组成，本例中只使用到了容器头、对象 0 和对象 2。

循环冗余校验（Cyclic Redundancy Check，CRC）的范围为所有数据帧，包括帧头和有效载荷数据。为了便于 CRC 计算，发送的第一位的字对应于 4 字节字段的最高位。帧头的第一个字符的最低有效位是传输字的第一位。

帧尾（End of Frame，EOF）表示一帧的结束，在传输过程中，一个容器的最后一个 ADVB 帧使用 EOFt 有序集,其他帧将采用 EOFn 有序集。

12.3 ARINC 818 总线接口设计

12.3.1 总体设计

本节以基于 ARINC 818 协议的视频传输系统设计为例,说明 ARINC 818 总线接口设计。本设计中的视频传输系统需要实现以下几个功能。

(1) 实现基于 ARINC 818 协议的视频传输功能,将来自主机的视频数据组装成 ADVB 帧之后通过 SFP 光口发送出去,接收来自 SFP 光口的 ADVB 帧并恢复出视频数据和视频控制信号。

(2) 采用 PCIE3.0 接口实现主机与板卡的数据交互,将主机的视频数据传输到板卡,对 ARINC 818 接收模块解帧后的数据通过 PCIE 接口发送到主机进行存储,以便后续使用。

(3) 将 ARINC 818 接收模块的数据存储到 DDR3 中,以便于取出后实现视频的放大及缩小功能。

(4) 实现 DVI 接口视频数据的接收,以其为背景、缩放之后的 ARINC 818 数据为前景完成视频的叠加功能。

根据上述功能需要,视频传输系统的总体架构如图 12-6 所示。主要由硬件、软件及 FPGA 逻辑组成,软件平台主要实现 PCIE 驱动的开发、ARINC 818 视频传输软件的开发。硬件平台主要包括 PCIE3.0 接口、FPGA 核心板、DVI 编解码芯片、SFP 光模块等。

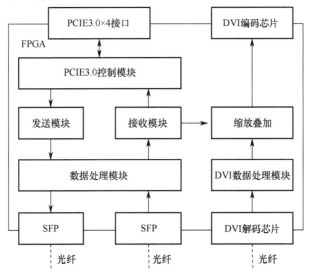

图 12-6 视频传输系统结构框图

视频传输系统包括 ARINC 818 模块、PCIE3.0 控制模块、视频处理模块、DVI 数据接收模块、DVI 数据发送模块。

ARINC 818 模块主要功能为 ARINC 818 视频数据的接收和发送，包括 ADVB 帧的组装与解析、帧同步信号的处理、高速通信模块的处理。PCIE3.0 控制模块主要包括 TLP 包的发送和接收、DMA 传输模块等。视频处理模块则包括视频数据的存储、视频的放大及缩小、视频叠加及前景视频的平移。DVI 数据接收模块主要是完成数字视频的接收以便于与前景的叠加。DVI 数据发送模块则是通过视频控制信号及视频数据的驱动将数据在显示屏上显示出来。

PCIE 作为最常用的外设扩展总线，可以很好地满足主机向板卡传输视频数据的需求，在实际的使用过程中，为了减少主板对板卡不能识别等情况，因此使用 PCIE3.0 模块。

视频处理模块则是针对具体的应用场景的需求，尤其是飞机上的平视显示器（Head up Display，HUD），需要对仪表数据进行缩放、平移等调整，针对具体的需求提出了解决方案。

12.3.2 ARINC 818 数据处理

除光纤通道 1x、2x、4x 和 8x 速率外，ARINC 818 还允许 1.5x、1.62x、2.5x 和 3.1875x 的"中间"速率，这样既能实现对光纤通道的兼容，又能更好地利用数据传输带宽，但速率不符合光纤通道的标准传输速率。本文发送和接收采用传输速率为 4.25Gb/s。

12.3.2.1 ARINC 818 数据发送

ARINC 818 数据发送功能将上层发过来的容器头、辅助数据、像素数据组成 ADVB 帧，经过 CRC 校验后通过高速串行接口将 ADVB 帧发送出去，发送端的模块组成如图 12-7 所示。

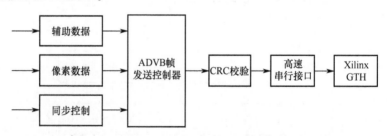

图 12-7 ARINC 818 发送框图

发送模块主要由发送数据、ADVB 帧发送状态机、CRC 检测模块、高速串行接口模块等组成。辅助数据和像素数据均来自于 PCIE3.0 控制模块，分别存储在辅助数据 FIFO 和像素数据 FIFO 中。

ADVB 帧状态机为发送模块的核心，这个模块通过提取辅助数据及像素数据再加上 SOF、帧头、EOF 等按照规则组成 ADVB 帧。发送状态机如图 12-8 所示。

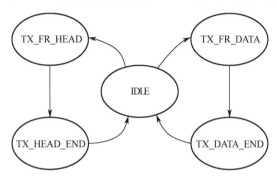

图 12-8　ADVB 帧发送状态机

当状态机处于 IDLE 状态时，不停地检查辅助数据 FIFO 和像素数据 FIFO 的空标志。若检测到辅助数据 FIFO 空标志为 0，状态跳转到 TX_ FR_ HEAD，此时，读取辅助数据 FIFO 的数据并加上 SOFi、帧头信息、CRC 检验、EOFn 组成容器的第一帧。完成组帧后状态跳转到 TX_ HEAD_ END，进行相关检验后状态跳转到 IDLE 状态。

若检测到像素数据 FIFO 空标志为 0，状态跳转到 TX_ FR_ DATA，此时，读取像素数据 FIFO 的数据并加上 SOFn、帧头信息、CRC 检验、EOFn 组成一帧。本文所采用的视频格式为 1920×1080@60Hz，因此一行像素为 5760B，需要 3 个 ADVB 帧才能传输。完整传输一个视频帧需要 3240 个 ADVB 帧，当计数到该值时，帧尾采用 EOFt。完成组帧后状态跳转到 TX_ DATA_ END，进行相关检验后状态跳转到 IDLE 状态。CRC 校验模块及 GTH 模块都是通过调用 IP 核实现的，主要完成数据的 CRC 校验及高速传输。

这里以视频格式（1920×1080×24bit@60Hz）为例，进一步说明 ARINC 818 数据发送的实现，对于视频格式（1920×1080×24bit@60Hz），其每一行的像素大小为 5760B（1920×24/3），而一个 ADVB 帧的最大载荷为 2112B，因此一行数据需要 3 个 ADVB 帧来发送，载荷量均为 1920B。一个完整的视频帧有 1080 行，需要 3240 个 ADVB 帧来发送。再加上容器头和辅助数据，传输一个完整的视频帧共需要 3241 个 ADVB 帧。视频传输速率为 VESADMT 标准下为每秒 60 帧，因此采用编码为 09h；传输速率和视频帧速率相同，编码为 01h。辅助数据中视频行数为 1080 行、1920 列，基于帧传输，因此 word0 为 1d007800h。对于 word1 的数据，颜色信息采用 RGB 3 种颜色，编码为 1h；不采用预先 CRC 检查，该标识为 0b；像素比例为 1∶1，编码为 000b；扫描方式为从左到右、从上到下，编码为 0h；填充表每个元素包含 24b，编码为 5h；有 3 种像素，每个像素为 8bit，编码为 7770h。因此，word1 为 10057770h。

下一步需要进行 ADVB 帧封装，ADVB 帧的封装主要是将 SOF、帧头、辅助数据及像素数据、CRC 计算值、EOF 封装成完整的帧,然后通过 GTH 模块发送出去,封装框图如图 12-9 所示。

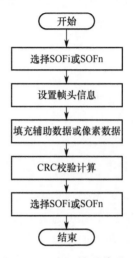

图 12-9　ADVB 帧封装流程

当发送一个容器的第一帧时,选择 SOFi,填充数据为容器头和辅助数据;其他帧使用 SOFn,填充数据为像素数据。当发送一个容器的最后一帧时,选择 EOFt,其他帧选用 EOFn。根据具体的视频格式标准以及相关的传输规则,可以确定出容器头的具体填充内容,容器头的填充见表 12-10,其中容器计数值需根据具体传输情况而改变,因此没有列出。

表 12-10　容器头字段定义

字	标　识	字节 0	字节 1	字节 2	字节 3
0	容器计数				
1	视频标识	00	00	00	00
2	容器时标	00	00	00	00
3	容器时标	00	00	00	00
4	传输类型	09	01		
5	容器类型	00	04	00	00
6	对象 0 分类	50	00	D0	00
7	对象 0 大小	00	00	00	10
8	对象 0 偏移	00	00	00	58
9	对象 0 类型	00	00	00	00
10	对象 1 分类	40	00	D0	00
11	对象 1 大小	00	00	00	00

续表

字	标 识	字节0	字节1	字节2	字节3
12	对象1偏移	00	00	00	68
13	对象1类型	00	00	00	00
14	对象2分类	10	00	D0	00
15	对象2大小	00	EC	5E	00
16	对象2偏移	00	00	00	68
17	对象2类型	00	00	00	00
18	对象3分类	10	00	D0	00
19	对象3大小	00	00	00	00
20	对象3偏移	00	00	00	00
21	对象3类型	00	00	00	00

辅助数据的填充针对具体的要求字段相对固定，辅助数据的填充见表12-11，本设计不对图像进行单独 CRC 检查，而是在 ADVB 帧中进行，因此 word2 字段为 0000 0000h。

表 12-11　辅助数据的填充

字	字节0	字节1	字节2	字节3
0	00	78	00	1D
1	00	77	05	10
2	00	00	00	00
3	00	00	00	00

12.3.2.2　ARINC 818 数据接收

ARINC 818 接收主要完成 ADVB 帧解析，提取出视频的像素数据及控制信号，同时进行状态检测用于查看传输的状态、是否有错漏帧或数据丢失等情况发生。接收模块框图如图 12-10 所示。

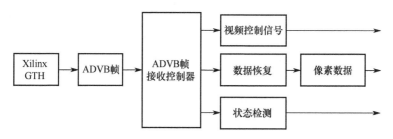

图 12-10　ARINC 818 接收模块框图

ADVB 接收状态机是接收端的核心，主要功能为区分 ADVB 帧中的两种信息——辅助数据和像素数据。ADVB 帧接收状态机如图 12-11 所示，共有 6 个主要状态。

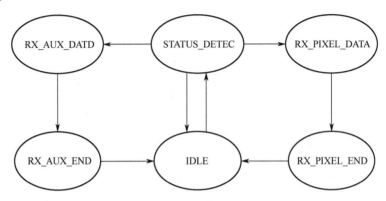

图 12-11 ADVB 帧接收状态机

当检测到有 ADVB 帧数据时，状态由 IDLE 跳转到 STATUS_DETEC，此时检测数据的 SOF，若为 SOFi 时表明传输的数据为容器头和辅助数据，此时状态跳转到 RX_AUX_DATA，提取出辅助数据相关信息后状态跳转到 RX_AUX_END，进行相关检验后状态跳转到 IDLE 状态；若检测到的 SOF 为 SOFn 时表明传输的数据为像素数据，状态由 STATUS_DETEC 跳转到 RX_PIXEL_DATA，连续提取 3 个 ADVB 帧表示一行数据接收完成，接收 3240 个 ADVB 帧表示一个视频帧数据接收完成，状态跳转到 RX_PIXEL_END，进行相关检验后状态跳转到 IDLE 状态。视频控制信号的生成将在下一章进行详细说明。

状态检测模块通过重新计算 CRC 值判断传输过程是否有误，CRC 的计算范围为帧头与数据载荷，计算结果与发送的 CRC 值进行比对即可判断，对于错误的帧直接丢弃。

下面进一步说明 ARINC 818 接收功能实现，ARINC 818 接收模块主要功能为帧解析、提取像素数据、恢复视频控制信号、检测传输状态是否正常。

解析过程中，若检测到帧头为 SOFi，则 ADVB 帧中传输数据为容器头和辅助数据，若检测到帧头为 SOFn，则 ADVB 帧中传输数据为像素数据，像素数据存储到 DDR 中。检测到 EOFt 时表明为容器的最后一帧通过对 ADVB 帧进行 CRC 计算，可以查看传输过程状态，如果传输状态有误，则将该帧丢弃。

视频控制信号的恢复是设计中的难点，需要根据 ADVB 帧传送时序、VE-SADMT 标准准确还原出几个信号的时序关系。ADVB 帧传送时序如图 12-12 所示。

光纤通道的速率为 4.25Gb/s，时钟频率为 106.25MHz，则发送数据一个周期为 9.412ns，由此可以计算出 ADVB 帧的传输时间和 ADVB 帧的间隔时间，ADVB 帧传送时序如图 12-12 所示。

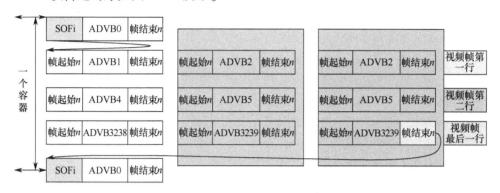

图 12-12　ADVB 帧传送时序

显示监视时序（Display Monitor Timing，DMT）是计算机行业的图像显示标准，通常用于较低分辨率或较低刷新率，DMT 视频时序参数如图 12-13 所示。

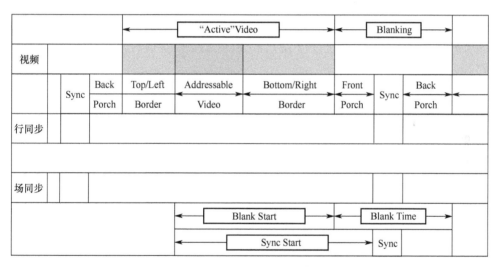

图 12-13　DMT 视频时序参数

根据显示标准可知，针对场（vs）同步信号，在同步时间之后，有一个场后消隐，紧接着是一个顶层消隐，此时行（hs）同步时间开始，然后是一个行后消隐，紧接着是一个左消隐，此时开始显示有效数据，只有在这段时间的数据最终才能有效地显示在显示屏上。当一行有效数据显示完后，是一个行右消隐，然后是一个行前消隐，当所有行的有效数据显示完后，紧接着底层消隐和场前消隐。由此一个完整的视频帧在显示屏上显示完毕。由于没有音频数据，消隐期间的数据均为无效数据。

每一种视频格式的同步时间、前消隐时间、后消隐时间、顶层消隐、底层消隐、左消隐和右消隐是不同的。

对于 1920×1080@60Hz 格式下各种时间的具体标准数据可知，若想通过 ARINC 818 传输数据恢复出视频控制信号，需要严格按照该表各个时间间隔来运行。本例以恢复一个行（hs）信号来解释具体操作。本例中，行的同步时间为 0.296μs，由 ARINC 818 时钟周期 9.412ns 可计算出，行同步在 31 个周期之内需要保持高电平，后消隐及左消隐时间总计为 0.997μs，为 106 个时钟周期，有效像素时间为 12.929μs，为 1374 个周期，在此期间，使能信号（de）需要拉高，右消隐和前消隐的时间为 0.593μs，为 63 个时钟周期。此时，行信号恢复出来。用同样的方法可以恢复出场信号，只要保持好行、场、使能信号的对应关系，就可在显示端正确的显示出图像。

12.3.3 PCIE3.0 接口设计

PCIE3.0 接口控制主要使用 Xilinx 公司提供的 IP 核，将其配置成终端 4 端口模式。用户界面符合使用 AXI4-Stream 接口，数据接口宽度为 128b。此接口支持单独的请求、完成和消息接口，支持数据对齐和奇偶校验。接收和发送方向支持数据流控制，并且可中止正在进行的事务。PCIE 集成块用户界面的框图如图 12-14 所示。

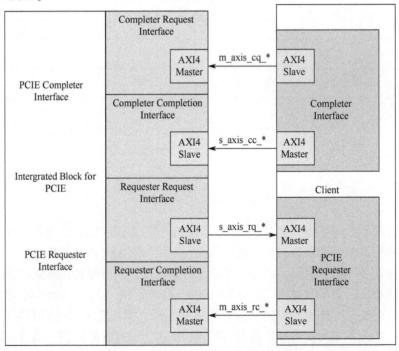

图 12-14 PCIE 集成块用户界面的框图

12.3.3.1 PCIE3.0 控制模块 IP 核

PCIE3.0 控制模块的数据接口主要有完成接口（Completer Interface）和请求接口（Requester Interface）。完成接口将从 PCIE 链路接收的事务（存储器、I/O 读/写，消息，原子操作）映射到基于 AXI4-Stream 协议的 Completer Request（CQ）接口上。完成接口由两个独立的接口组成，用于两个方向的数据传输。每个接口都基于 AXI4-Stream 协议，其宽度可配置为 64b、128b 或 256b。CQ 接口用于将请求（具有任何相关的有效载荷数据）传送到用户应用程序，并且 Completer Completion（CC）接口用于从用户应用程序传送完成数据。这两个接口独立运行。也就是说，集成块可以通过 CQ 接口传送新请求，同时接收先前请求的完成。请求接口使用户端点应用程序能够将 PCI 事务作为总线主控器通过 PCIE 链路传输到主机存储器。请求接口由两个独立的接口组成，用于两个方向的数据传输。每个接口都基于 AXI4-Stream 协议，其宽度可配置为 64b、128b 或 256b。Requester Request（RQ）接口用于将请求（具有任何关联的有效载荷数据）从用户应用程序传送到集成块，并且集成块使用 Requester Completion（RC）接口来传递接收完成信息到用户应用程序。这两个接口独立运行，用户应用程序可以通过 RQ 接口传输新请求，同时接收先前请求的完成。

CQ 接口主要功能是将来自集成块链路的请求传递到用户应用程序。CC 接口主要功能是用户应用程序可通过该接口发送对 CQ 的响应。用户应用程序可以将所有未发布的事务处理为拆分事务，可以在发送请求完成时继续接受完成请求接口上的新请求。RQ 接口主要功能是用户应用程序可通过该接口为连接到链路的远程 PCIE 设备生成请求。

RC 接口主要功能是集成块将从链路上接收的完成返回给用户应用程序。因完成接口与请求接口操作比较类似。

12.3.3.2 PCIE3.0 控制模块接口

PCIE3.0 控制模块接口见表 12-12，系统时钟为 200MHz 的差分时钟，系统复位信号为低电平有效复位，顶层接口为 4 通道的发送接收接口。由于 PCIE 模块使用的时钟与 ARINC 818 所使用的时钟不同，因此使用异步 FIFO 将两个模块连接起来。

在 PCIE3.0 接收模块，接收到数据之后，FIFO 空指示 pcie_ rx_ fifo_ empty 由高电平变为低电平，ARINC 818 发送模块检测到有视频数据传输过来，开始在该 FIFO 中读取数据，完成数据由主机通过 PCIE3.0 模块向 ARINC 818 模块的传输。

在 PCIE3.0 发送模块，当检测到发送 FIFO 空指示 pcie_ tx_ fifo_ empty 由高电平变为低电平时，表明 ARINC 818 接收模块接收到数据，此时，PCIE3.0 发送模块开始从该 FIFO 中读取数据，为 PCIE 的发送做准备。

表 12-12　PCIE3.0 控制模块接口

信　号	位　宽	I/O 类型	描　述
时钟/复位信号			
sys_clk_p	1	I	差分时钟（正）
sys_clk_n	1	I	差分时钟（负）
sys_rstn	1	I	复位，低电平有效
顶层接口			
pciexp_txp	4	O	发送接口（正）
pciexp_txn	4	O	发送接口（负）
pciexp_rxp	4	I	接收接口（正）
pciexp_rxn	4	I	接收接口（负）
接收模块接口			
m_axis_cq_tdata	128	I	CQ 数据接口
m_axis_cq_tvalid	1	I	CQ 数据有效指示接口
pcie_rx_fifo_empty	1	I	pcie 数据接收 FIFO 空指示
发送模块接口			
s_axis_cc_tdata	128	O	CC 数据接口
s_axis_cc_tvalid	1	O	CC 数据有效指示接口
pcie_tx_fifo_empty	1	I	pcie 数据发送 FIFO 空指示

视频处理模块主要功能为完成前景数据的缩放处理、前景视频与背景视频的叠加及前景视频的平移操作。最终实现同步的视频控制信号及数据信号以便在显示屏上进行显示。视频处理模块的框图如图 12-15 所示。

图 12-15　视频处理模块框图

DVI 数据的接收模块主要是根据视频控制信号与像素数据的关系提取出像素数据存入 FIFO 中，视频格式有 1920×1080@60Hz 和 1600×1200@60Hz 两种，接收端需要自适应这两种格式，像素数据均为 24 位的 RGB 格式数据，接收框图如图 12-16 所示。

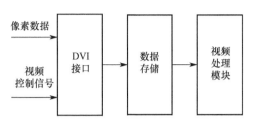

图 12-16 DVI 数据接收模块

视频控制信号与像素数据的时序关系中，dvi_ vs 变高为一个视频帧的起始，一段时间之后，dvi_ hs 变高，表明一行的起始，dvi_ de 信号变高时的像素数据为有效数据，此时，开始向 FIFO 中写数据，直到 dvi_ de 信号变低。依此循环往复将视频数据提取出来便于取用。

基于 PCIE3.0 的视频传输系统主要实现 ARINC 818 视频数据的传输及与 DVI 接口视频的叠加、缩放、平移等功能。前景视频放大缩小范围为 0.5~1.5 倍。ARINC 818 协议视频格式为 1920×1080@60Hz，发送模块的视频源来自于主机。DVI 接口视频格式为 1920×1080@60Hz 和 1600×1200@60Hz，可实现两种分辨率的实时切换。

对于器件的选型从以下方面考虑，Xilinx UltraScale 架构是首个 ASIC 级可编程架构，可通过有效的片上布线等智能处理实现每秒数百兆的系统性能。基于 UltraScale 架构的器件采用业界领先的技术创新，包括下一代路由、类似 ASIC 的时钟、3D-on-3D IC、多处理器 SoC（MPSoC）技术，可满足各种高带宽、高利用率系统要求，同时降低系统功率。UltraScale 一系列的设备共享许多模块，利用跨平台的系统为跨流程节点和产品提供可扩展性。

Kintex UltraScale FPGA 采用下一代堆叠硅互联（Stacked Silicon Interconnect，SSI）技术，是专注于性价比的高性能 FPGA。将高性能 DSP、模块 RAM、下一代收发器低成本封装在一起，实现了功能和成本的最佳组合。

Kintex UltraScale 器件在 20nm 级别提供最佳性价比，功耗低，在中档器件中提供最高的信号处理带宽。该系列产品非常适用于 100G 网络、数据包处理、下一代医疗成像、8K4K 视频处理和异构无线基础设施所需的密集型 DSP。

12.3.4 GTH 模块实现

UltraScale 架构中的 GTH 收发器是高能效收发器，支持 500 Mb/s~16.375Gb/s 的线速。GTH 收发器具有高度可配置性，可与 UltraScale 架构的可编程逻辑资源紧密集成。GTH 的特征见表 12-13。

表 12-13　GTH 的特征

组　别	特　征
PCS	2B 和 4B 内部数据路径，以支持不同的线路速率要求
	8B/10B 编解码
	支持 64B/66B 和 64B/67B 编解码
	为 PCIE3.0 支持 128B/130B 编解码
	Comma 检测、字节和字对齐
	伪随机码（Pseudo-Random Bit Sequences，PRBS）生成器和检查器
	发送相位 FIFO
	RX 弹性 FIFO 用于时钟校正和通道绑定
	支持固定延迟的缓冲旁路
	可编程逻辑接口
	支持 100 Gb/s 附件单元接口（Attachment Unit Interface，AUI）
	支持本地多通道缓冲旁路
	TX 相位内插器 PPM 控制器用于外部压控晶体振荡器（VCXO）的更换
PMA	每个 Quad 有两个共享 LC 槽锁相环（PLL）可实现最佳抖动性能
	每通道一个环形 PLL 可实现最佳时钟灵活性
	具有自适应功能的低功耗功率高效的自适应线性均衡器
	具有自适应功能的 11 抽头判决反馈均衡器（DFE）
	TX 预加重
	可编程 TX 输出
	用于 PC IE 设计的信标信令
	支持带外（OOB）信令、串行 ATA（CSATA）设计的 COM 信号
	线速率最高支持 16.375 Gb/s

　　GTH 收发器中的参考时钟结构支持两种操作模式：输入模式和输出模式。在输入工作模式下，有专用参考时钟 I/O 引脚提供时钟，用于驱动四通道或单通道锁相环。在输出工作模式下，4 个通道中任意一个的恢复时钟（RXRECCLK-OUT）可以连接到专用参考时钟 I/O 引脚。该输出时钟可用作不同位置的参考时钟输入。UltraScale 器件中的 GTH 收发器提供不同的参考时钟输入选项。时钟选择和可用性类似于 7 系列 FPGAGTX/GTH 收发器，但参考时钟选择架构基于四通道锁相环或单通道锁相环。

　　GTH 收发器必须在器件上电和配置之后初始化，然后才能使用。GTH 发送器和接收器可以独立并行地初始化，如图 12-17 所示。GTH 发送器和接收器初始化包括以下两个步骤。

(1) 初始化相关的锁相环驱动 TX／RX。

(2) 初始化 TX 和 RX 数据通路（PMA ＋ PCS）。

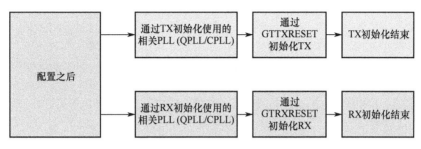

图 12-17　GTH 初始化流程

GTH 发送器和接收器可以从四通道锁相环或单通道锁相环接收时钟，必须在发送器和接收器初始化之前首先初始化发送器和接收器使用的相关锁相环（四通道锁相环或单通道锁相环）。发送器和接收器使用的任何锁相环都是单独复位的，其复位操作完全独立于所有发送器和接收器复位。只有在关联的锁相环锁定后，才能初始化发送器和接收器数据路径。

12.4　本章小结

ARINC 818 协议又称为航空数字视频传输总线是一种物理上基于光纤通道的高速视频传输协议。它以其高带宽、高安全性、高可靠性、低延迟、小衰减和抗电磁干扰能力强等特点，被广泛应用于新一代航空电子系统高清数字视频的无损传输。

ARINC 818 协议应用领域包括商用航空项目、军事航空项目、商业和军事飞船、指挥中心、仿真平台、军用地面车辆等，能够应用到红外和光学传感器、雷达、地图和图表系统、图像合成、平视显示、多功能显示设备、视频连接器和其他类型的子系统航空电子数字视频总线。目前，协议已经被波音 787、空客 A400M 和 A350XWB 等航空项目的视频系统采用。

由于其独特的技术优势，ARINC 818 总线技术必将成为新型航空电子视频系统的主流技术。深入研究和开发 ARINC 818 总线技术，对我国军事和商业航空电子视频领域的技术发展具有深远的意义。

参　考　文　献

[1] 王红春. 基于 FC 的航电数字视频传输技术研究 [J]. 计算机技术与发展, 2010, 20 (5)：250-253.

[2] Fiber Channel FRAMING AND SIGNALING-2 [S]. [2007-02-07]. https：//www.nssi.org.cn/nssi/front/107335830.html.

[3] BERTHET H, FERMIGIER M, LINDNER A. Single Fiber Transport in A Confined Channel: Microfluidic Experiments And Numerical Study [J]. Physics of Fluids, 2013, 25 (10): 1-15.

[4] JON A, TIM K. AIRINC 818 Protocol Supports Array of Video Functions [J]. Advanced imaging, 2007, 22 (6): 34-37.

[5] 朱志强. ARINC 818 协议特性分析 [J]. 电子技术, 2013, 6: 36-38.

[6] 冯晓旺, 蓝海文. ARINC 818 在航空电子视频系统中的应用 [J]. 航空制造技术, 2011, 13: 74-76.

[7] 刘玉山. 光纤通道技术及其在数字视频网络中的应用 [J]. 有线电视技术, 2003, 10 (1): 57-59.

[8] AMMENDOLA1 R, BIAGIONI2 A, FREZZA O. Hardware and Software Design of FPGA-Based Pcie Gen3 Interface for Apenet + Network Interconnect System [J]. Journal of Physics: Conference Series, 2015, 664 (9): 9-20.

[9] 范佳敏. 基于 PCIe3.0 的大容量高速数据存储的上位机软件设计 [D]. 南京: 南京理工大学, 2018.

[10] 李亚南, 吴建斌, 谢桂辉. 一种 PCIe 3.0 高速数据采集卡驱动及上位机软件的实现 [J]. 电子测量技术, 2018, 7: 129-133.

[11] GRUNWALD P. What's New in ARINC 818 Supplement [C]. Syracuse: Digital Avionics Systems Conference (DASC), 2013.

[12] PAUL G. Overview of ARINC 818 Supplement 2 [J]. Avionics magazine, 2014, 38 (4): 32-34.

[13] 乔霖, 李永红, 岳凤英. 基于 ARINC 818 机载航图单元视频辅助传输方案设计 [J]. 电光与控制, 2019, 26 (2): 93-96.

[14] 杨宁. 基于 ARINC 818 的视频仿真设备设计与实现 [J]. 中国新技术新产品, 2018 (12): 27-30.

[15] ROMANIUK R S. Proceedings SPIE 6159, Part I: Photonics Applications in Astronomy, Communications, Industry and High Energy Physics 2005 [J]. Proceedings of SPIE - The International Society for Optical Engineering, 2005, 6159 (1): 61-69.

[16] 董永吉, 陈庶樵, 李玉峰, 等. Xilinx PCI-Express 核总线接口设计与实现 [J]. 电子技术应用, 2011, 8: 135-138.

[17] 贺位位. 基于 FPGA 结构高速 PCIe 总线传输系统设计与实现 [D]. 成都: 电子科技大学, 2016, 7-8.

[18] WIN S T, RODRIGUEZ D, NA N. Pcie Gen3 Link Design and Tuning in Server Systems with End Devices From Multiple IP Suppliers [C]. Florida: IEEE 64th Electronic Components and Technology Conference (ECTC), 2014.

[19] 李文磊. 基于 PCIE 总线的高速数据传输系统的设计与实现 [D]. 成都: 电子科技大学, 2016.

[20] NA N, DREPS D. DC Wander Effect of Dc Blocking Capacitors on Pcie Gen3 Signal Integrity [C]. Nevada: IEEE 63rd Electronic Components and Technology Conference, 2013.

[21] KAVIANIPOUR H, MUSCHTER S, BOHM C. High Performance FPGA-Based DMA Interface

for PCIe [J]. IEEE Transactions on Nuclear Science, 2014, 61 (2): 745-749.

[22] AMMENDOLA R, BIAGIONIL A. Design and Implementation of A Modular, Low Latency, Fault-Aware, FPGA-Based Network Interface [C]. Cancun: International Conference on Reconfigurable Computing and FPGAs, 2013.

[23] ROTA L, CASELLE M, CHILINGARYAN S. A PCIe DMA Architecture for Multi-Gigabyte Per Second Data Transmission [J]. IEEE Transactions on Nuclear Science, 2015, 62 (3): 972-976.

[24] 曹科庭. 基于 PCIE 的 DMA 高速数据传输控制器的设计与实现 [D]. 成都: 电子科技大学, 2015.

[25] CHEN T, KEEZER D. An Ultra-High-Speed Test Module and FPGA-Based Development Platform [C]. Hiroshima: IEEE 25th Asian Test Symposium (ATS), 2016.

[26] 丁维浩. 数据采集系统中 PCIE DMA 总线传输设计 [D]. 西安: 西安电子科技大学, 2014.

[27] GRUNWALD P. Why ARINC 818? [C]. Petersburg: IEEE/AIAA 36th Digital Avionics Systems Conference (DASC), 2017.

[28] 贾瑞. ARINC 818 视频传输系统研究与实现 [D]. 成都: 电子科技大学, 2012.

[29] ALEXANDER J, KELLER T. Using ARINC 818 Avionics Digital Video Bus (ADVB) for Military Displays [J]. Proceedings of SPIE—the International Society for Optical Engineering, 2007, 5: 58-65.

[30] 赵小珍, 赵玉冬. 基于 ARINC 818 视频传输系统的设计 [J]. 数字技术与应用, 2016, 11: 154-154.

[31] 张利洲, 冯晓东. 基于 ARINC 818 协议的图像传输技术研究 [J]. 数字技术与应用, 2013, 6: 39-39.

[32] 张利辉. 航空电子系统中的 FC-AV 技术研究 [J]. 航空电子技术, 2007, 38 (2): 50-53.

[33] 朱艳丽. FC-AV 测试卡的研究与实现 [D]. 成都: 电子科技大学, 2013.

[34] 温世杰, 刘康, 柳邦奇. 基于 ARINC 818 的航空视频发送接收系统设计与实现 [J]. 电光与控制, 2015, 22 (8): 90-92.

[35] 李宁宁, 何宇, 魏珊. 基于 ARINC 818 机载音视频的测试方案设计 [J]. 计算机测量与控制, 2017, 4: 34-36.

[36] 王嘉良, 朱晓巍, 顾剑鸣. 航空模拟视频的 ARINC 818 数字传输应用 [J]. 航空电子技术, 2018, 49: 46-51.

[37] KELLER T, ALEXANDER J. Extending ARINC 818: the Development of An ARINC 818 Switch Architecture [C]. Portsmouth: Digital Avionics Systems Conference, 2010.

[38] BISSON K. Arinc-818 Testingfor Avionics Applications [C]. Baltimore: IEEE Autotestcon, 2007.

[39] Xilinx Corporation. UltraScale Architecture GTH Transceivers [S]. [2015-08-25]. https://www.docin.com/p-1387663681.html.

[40] AMMENDOLA R, BIAGIONIL A, FREZZA O. Design and Implementation of A Modular, Low Latency, Fault-Aware, FPGA-Based Network Interface [C]. Cancun: Reconfigurable Compu-

ting and FPGAs, 2013.
- [41] XILINX C. UltraScale Architecture-Based FPGAs Memory IP [S]. [2021-1-21]. https://wenku.baidu.com/view/97cb62c381c4bb4cf7ec4afe04a1b0717ed5b307.html?_wkts_=1684241065948&bdQuery=UltraScale+Architecture-Based+FPGAs+Memory+IP.
- [42] 张俊华, 陈建华, 王逍. 基于边缘移动匹配法的图像插值 [J]. 计算机工程与应用, 2003, 39 (6): 73-75.
- [43] 罗振. 基于 FPGA 的图像缩放算法的研究及其应用 [D]. 长沙: 长沙理工大学, 2017.
- [44] 孙瑶. 基于 FPGA 图像显示的双线性插值算法的设计与实现 [D]. 南京: 东南大学, 2017.
- [45] 王旭东, 王新赛, 李坚. 基于 FPGA 的视频图像叠加系统的设计与实现 [J]. 电子技术应用, 2007, 33 (11): 38-40.
- [46] CHANDRAKAR S, GAITONDE D, BAUER T. Enhancements in UltraScale CLB Architecture [C]. Monterey: Acm International Symposium on Field Programmable Gate Arrays, 2015.
- [47] 胥京宇. Xilinx 20nm All Programmable UltraScale 产品系列面世 [J]. 世界电子元器件, 2014 (1): 34-34.
- [48] BRIAN M. An Update from the Consumer Electronics Association [J]. SMPTE Motion Imaging Journal, 2009, 118 (6): 50-51.
- [49] KRISHNA V. Gigabit Transceivers [M]. FLORIDA: Springer International Publishing, 2017.

第13章 可变规模互联接口

"联合攻击战斗机"（JSF）是美国唯一能进入21世纪的战斗机研制计划，它采用了"联合式先进攻击技术"（JAST）计划的研究成果。JAST计划把IEEE标准1596可变规模互联接口（Scalable Coherent Interface，SCI）用到下一代通用机载电子系统（包括将JTAWG类系统结构提高等级）中。JAST计划由几个系统研究单位共同参与确定，包括空军"宝石柱"计划、海军下一代计算机资源计划和Harris的甚高速光网络（VHSON）计划的专家。

JAST设计师选择SCI技术组成机载电子系统的联合数据网络，并管理所有航空电子数据通信，实现从甚高速传感器及视频信号到低速测试及维护信息的数据传递。该联合数据网络既可为航空电子模块之间提供局部连接，也可为航空电子舱、座舱及宽域分布的传感器之间提供全局性连接，结构的关键是采用工业上现成技术，建立数字式数据交换的互联路径。

本章从介绍可变规模互联接口SCI的拓扑结构入手，接着分析SCI的协议及其接口设计与实现，然后说明了实时可变规模互联接口SCI/RT，最后详细讨论可变规模互联接口SCI的应用程序接口函数功能及调用方法。

13.1 可变规模互联接口简介

13.1.1 机载电子系统对高速数据总线的需求

综合航空电子系统代表当前的机载电子系统先进水平，是美国联合综合航空电子工作组（JTAWG）于1990年提出的系统结构。原先的结构规范包括7个航空电子数据总线和网络：MTL-STD-1553总线、测试及维护总线（TM总线）、高速数据总线（HSDB）、并行互联总线（PI总线）、传感器数据分配网络（SDDN）、视频数据分配网络（VDDN）、数据网络（DN）。该结构规范在F-22系统中实现时，省去了VDDN及SDDN，由光纤点到点总线链路取代。面向未来的民用及军用航空电子设计提出的总线系统目标是将六七种总线综合为一种或二三种，从而简化许多接口规约和通信存取方案，降低系统的支持费用。

从另一角度看，现代机载电子系统是由许多处理机、多个传感器、多种显示器组成的大系统，为满足处理功能持续增加的要求，必然使用大量处理机平行操作，共享存储器多机方案，实现CPU间每次可以字节形式并行地交换大量数据，是解决多机平行操作的最好策略。但很大的处理工作将需开发大量软件以便对其进行有效使用。因此，研究在 JIAWG 类结构上提高等级，更好地支持共享存储器工作，建立有效的消息传递模型、宽范围应用的软件，发掘系统的动态分布处理能力并改变系统结构对负载的依赖性等方面都是重要的。这些可能性通过确立 JAST 结构和 SCI 技术后得到验证。

采用 SCI 技术在 JTAWG 类结构基础上提高等级的下一代通用机载电子系统结构，是一种以 SCI 技术为基础的实现实时航空电子处理的系统结构。它具有消息传递型及共享存储器型平行处理结构的优点，为编程员提供全局共享存储器编程手段，全局存储器分布在组成系统的各个节点中间。

图 13-1 表示了采用 SCI 技术前的"宝石柱"计划结构中的传感器和视频数据路径。传感器数据流通过 SDDN 及 DN 到核心处理单元，处理后的视频数据流通过 DN 及 VDDN 到显示单元，其中 SDDN 及 VDDN 也是工作在面向连接通路器的服务规则下，它们通过总线在核心处理内部得到控制。相比之下，从显示到处理及从处理到传感器只有少量的控制数据流，这里，SDDN、DN、VDDN 均为网络通路器，设在每个网络内部，提供高带宽低存取速率的大量数据传递服务；DN、平行互联总线及串行高速数据总线工作在核心处理环境中传送大量的消息。

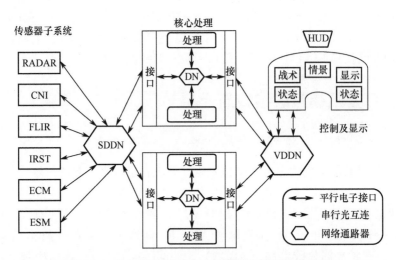

图 13-1　JIAWG 类结构中的传感器和视频数据路径

图 13-2 示出采用 SCI 技术后的新型航空电子处理结构，通路器式面向连接的 SCI 网络取代了 SDDN、VDDN 及 DN，面向消息、组装成束的通路器及 SCI 网络取代了总线功能。

与前面一种结构比较：传感器组与核心处理之间由高带宽面向连接的 SCI 通路器取代了 SDDN 的定向连接；在机载新型的控制和显示（包括增强型彩色平板

显示）与核心处理之间由高带宽面向连接的 SCI 网络通路器取代了面向连接的 VDDN，数据传输速率由 400Mb/s 提高到 1000Mb/s。机载的核心处理提高了等级，可采用新的、快速的处理机和大的快速共享存储器，而不受总线的限制，以获得更丰富的处理资源。由上千兆比特每秒面向消息通路器 SCI 网络取代原核心处理框架内总线及总线到总线的网关，支持面向连接和面向消息通信的核心处理通用规约两种结构基本上是一致的。

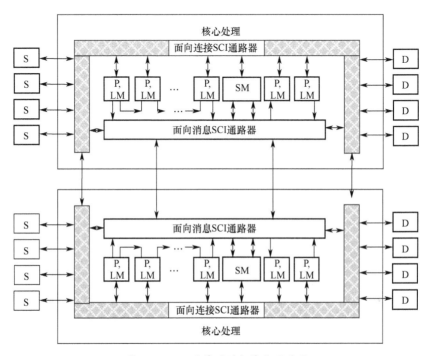

图 13-2　SCI 为基础的机载电子系统

13.1.2　可变规模互联接口拓扑结构及其特点

13.1.2.1　拓扑结构

可变规模互联接口是 IEEE 组织制定的商用网络标准（IEEE 1596—1992）。SCI 是一种宽带光纤数据网络，具有支持底板互联和局域网互联的能力。在 SCI 网络结构中，节点以"小环网（Ring Let）"为单位串接，经过"通路器（Switch）"互联成网络系统（图 13-3），根据网络功能与带宽的不同要求，可以灵活地组成各种不同的拓扑形式（环状、网状、立方体状、蝶状等），并提供相应的消息吞吐通道。通路器也可配置为面向消息和面向连接的不同形式，以实现传输机制的并行互联和串行互联（图 13-4）。

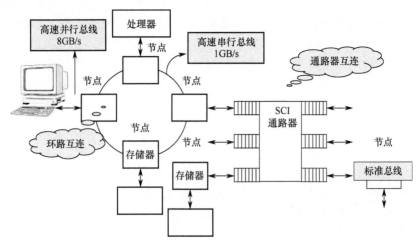

图 13-3 SCI 的拓扑结构

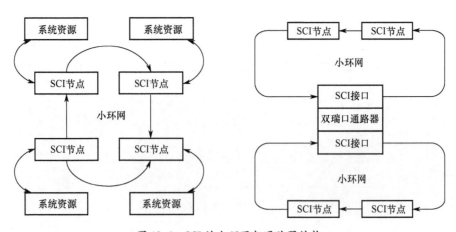

图 13-4 SCI 的小环网与通路器结构

SCI 数据传输率为 1Gb/s（串行）或 8Gb/s（并行），各节点进行点到点的连接，可连接 65000 个节点，节点间距离可达几千米，信息交换可采用消息传输或共享内存方式，消息字计数 300 字。

13.1.2.2 SCI 特点

SCI 规范是以处理为基础的规范，具有底板和局域网（LAN）通信支持的灵活且规模可变的互联能力，由工业上现成技术和可变通路器硬件支持。

SCI 系统的基本配置是连成单向环（或网眼）节点（图 13-5）。为提供高带宽、功能划分及故障隔离能力，采用多个网眼，而网眼之间采用数据通路器互联。

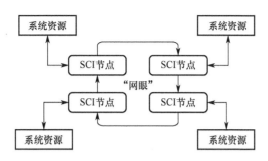

图 13-5　SCI 网眼配置

SCI 系统的工作特点是以自动的方式进行节点到节点的处理，节点之间的点到点链路配置成变化的拓扑，以支持多路同时处理，使处理速率超过 Gb/s，网眼通过通路器连接，以提供全机的数字式通信路径，如图 13-6 所示。

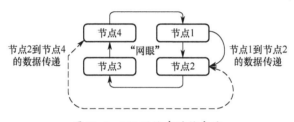

图 13-6　SCI 网络中的信息流

SCI 提供计算机-总线-链路服务，利用点-点单向链路来快速收集信息，为高性能多处理机系统提供远距离高流通量服务。SCI 支持分布的可共享存储器与任选超高速缓冲存储器互联，并且支持有效的多处理机锁存处理，可覆盖任意数的传输差错。

自 IEEE Std1596—1992 公布以来，采用工业上现成技术（标准）已开发了几种民用的 SCI 硬件产品。1994 年美国国防部提出，美国应尽量利用工业上现成技术寻求适合军用计算机系统中应用的 SCI 技术，此后进行了一系列应用 SCI 技术实现实时计算的适应性研究，包括专用的机载电子系统实时计算的研究，如何平行化该计算的算法研究，将平行算法映像到以 SCI 为基础的结构研究等。目前，美国已对分析以 SCI 为基础的结构中平行算法性能的仿真工具进行了研究，并使基本的 SCI 规约广泛通过仿真，还相应地验证了它在单网眼及多网眼配置中的性能。现已生产出 16×16 串行电子通路器，很适合工业上现成节点，还论证了甚高速光网络计划。

总之，从下一代通用航空电子结构考虑，通路器式 SCI 网络为 JIAWG 类系统结构提供了提高等级的途径。

13.1.2.3 SCI 的关键技术

SCI 是创新性技术，其基础是点到点互联技术，应用的关键技术主要有以下几种。

(1) 在 SCI 标准基础上进行机载电子系统的设计，解决机载电子系统应用的实时性问题，包括需解决：

① 排序及优化；

② 瞬态容错；

③ 余度；

④ 计算可靠性。

其中解决优化问题的思路是：按竞争方法寻找途径，使用可修改的空闲符或专门的令牌包进行系统范围的信息优化，每个节点对输出多路器的存取和消息通信均以优先级为基础仲裁，具有最高优先级的消息首先存取，再按单速率调度的常用办法完成其他消息的流动控制。

(2) 瞬态及硬件容错问题，采用误差修正和分流结构解决，并通过控制系统资源的存取环路解决计算可靠性。

(3) 利用工业上的现成技术（标准）。下一代通用机载电子系统结构将支持民用及军用，不论哪一种情况，均需利用工业上现成技术（标准），这与近些年来的美军标改革政策完全相符，美国军方认为，标准改革是达到下述两个目的的一种手段。第一，删除只增加费用而不增加使用价值的军事专用要求，以降低采购武器系统的费用；第二，清除采用民用工艺和民用产品的障碍，以便能够获得对打赢战争、赢得 21 世纪战场主动权至关重要的前沿技术，标准改革的宗旨，则是为了充分利用民用先进技术和先进产品。

13.2 可变规模互联接口协议

13.2.1 SCI 协议概述

SCI（IEEE Std 1596）的制定来源于两个方面：首先，计算机处理速度的飞速发展，使得未来超级计算机群要求 Gbps 带宽、μs 延迟连通道；其次，传统总线技术已经发展到了极限，现有总线方式已不可能满足未来集群处理器互联的需求。

由前述可知，未来的机载电子系统是由超级计算机、海量存储器构成的多处理器、多计算机系统，这类系统的互联技术恰恰是 SCI 的设计目标。SCI 使用单向点对点的缓冲器插入环技术，在克服总线技术固有缺陷、支持灵活拓扑的同时，提供统一的类似总线的服务。

(1) 单向点对点互联使传输信号不易受到干扰。

(2) 缓冲器插入环技术允许环中有多对节点同时通信，提高吞吐量。

(3) 协议只对接口规范做了定义，支持灵活的拓扑链接。

(4) 分离事务协议，在提供类似总线服务的同时，减小事务与传输距离之间的耦合程度。

(5) 既可与存储器总线接口，提供共享存储器一致性映像；也可与传统 I/O 总线接口，支持消息传递。

SCI 基本协议包括 3 个层次：物理层、逻辑层和缓存一致层（可选）。物理层对 SCI 的数据链路规范、链接方式及网络接口等做出了规定；逻辑层主要规定了 SCI 的数据包格式，并描述了逻辑协议，详细的逻辑协议由 C 代码表述；缓存一致层是 SCI 提供的最为复杂的服务，主要是针对并行计算的共享存储器模型而提出的，该部分在 SCI 基本协议的正式标准中是可选部分。

13.2.2 SCI 的物理层协议

13.2.2.1 SCI 的物理层接口模型

SCI 协议规定了 1.25Gb/s 的串行链路和 500MHz、18 位宽、带宽高达 8Gb/s 的并行链路，虽然 SCI 对拓扑没有特殊的限制，但是协议规定了基本的、低成本的拓扑为 SCI 环（SCI Ring Let），高性能的 SCI 互联可以通过 SCI 交换网络实现。

SCI 环既可以作为背板总线，也可以作为 SAN（系统局域网）连接节点。从 SCI 的接口模型可以看出，SCI 环属于缓冲器插入环技术，允许多个消息并发传输，从而在最优情况下提供比其他环网（令牌环、时隙环等）更高的吞吐量。

高性能的互联可以通过 SCI 交换机实现。由于 SCI 协议只定义了接口规范，这就使得 SCI 交换机的实现技术可以由厂商充分发挥，提供了很好的技术扩展性，为 SCI 交换机的研制打开了方便之门。

13.2.2.2 物理层硬件及通信规约

SCI 网络基本上由节点芯片组成。以 Harris 已经实现的接口片为例（图 13-7），它由上而下的模块化方式实现节点功能。芯片包括处理机接口部件和网络接口部件，与不同的系统资源（处理机、存储器及变换器）的接口需采用不同的处理机接口部件。网络接口包括两个部分，分别处理并管理输入及输出的数据，在接收器状态机的控制下，输入数据既可通向接收队列，向前立即重复传输，也可排入下一时刻的传输队列，芯片具有余度输入链路接口及包括空闲符的优先级信息的处理功能，也包括逻辑译码和处理令牌信息。

SCI 网络的运转和信息的处理需有通信规约支持，物理层硬件需与第四代机载电子系统数字网络的模块化方向一致。

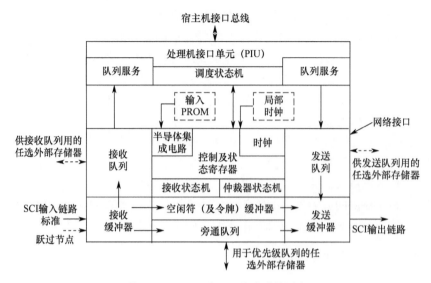

图 13-7 Harris 的 SCI 芯片功能划分

13.2.2.3 物理层传输包

包由三部分组成：头部分、地址和数据部分以及出错检测符号。

包的第一个字包含最终接收节点（目的节点）的 ID 代码，通过检查包的第一个字，节点或开关就可以决定该包所传送的路由。图 13-8 是包格式。

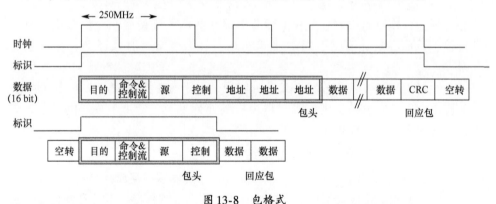

图 13-8 包格式

包头格式如图 13-9 所示。

图 13-9 包头格式

包头中的控制字控制包的传送和网络节点的访问，对于控制中的优先仲裁功能是通过在每一层中的一系列仲裁所完成的。包头中的命令字包含着事务命令和顺序号，顺序号是标识包的标志。在接收到响应前，一个节点可以发送多个请求，该事务管道会激发超越顺序的响应，在该响应中的顺序号就表明是对当前请求的响应，命令域中包含着接收节点必须执行的命令。

13.2.3 SCI 的逻辑链路层协议

13.2.3.1 SCI 数据通路器

可变规模的数据通路器结构是航空电子处理结构的关键。最常用的 SCI 通路器结构是工具式通路器，IEEE-Std1596—1992 标准对此作了简要的说明，它可以是面向连接的通路器和组装成束的通路器。面向连接通路器提供常数的存取时间，确保命令的传递，因此是许多改型及提高等级的应用的解决办法。但实现时，计算存取常数及命令传递的安排比较复杂。

组装成束的通路器对直接的大量通信是最佳的，但不提供常数存取时间，也不够经济。图 13-10 示出了概念性的工具式通路器，它支持处理资源节点接收消息，通过 SCI 光标束机理证实消息的接收，促使消息向着请求的目的地。多路的通路器在节点之间提供多个路径，提供增强的故障容错能力，开放甚高速的循环算法。

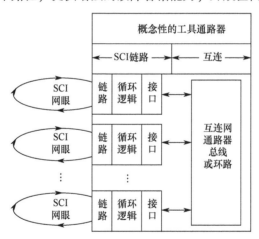

图 13-10　概念性的工具式通路器

图 13-11 示出两端口通路器，是 SCI 通路器的最简形式，它使用普通的 SCI 线实现简易地将信号线背对背地连到两个接口电路。

SCI 基本的传输单位是符号，一个符号包含两个字，SCI 虽然在拓扑方式上非常灵活，但是对上层应用提供类似总线的统一服务，具体来说，有读事务（Read××）、写事务（Write××）、移动（Move××）和锁定（Lock），同时支持广播方式传送数据。

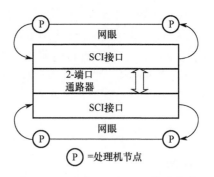

图 13-11　两端口 SCI 工具式通路器

SCI 中每一个事务都由子操作组成，每个子操作又包含两种消息的传输，如图 13-12 中虚线所示，以节点 1 向节点 3 发起的 Read64 事务为例说明。

（1）节点 1 应用层发送请求发送（Request Send）消息，向节点 3 请求读 64 字节的数据。

（2）节点 3 的 SCI 接口自动返回请求回应（Request Echo），说明请求发送消息收到。

（3）节点 3 应用层发送响应发送（Response Send）消息，附带有节点 1 请求的 64 字节的数据。

（4）节点 1 的 SCI 接口自动发送响应回应（Response Echo）消息，表明收到节点 3 的消息，从而完成节点 1 向节点 3 发起的 Read64 事务。

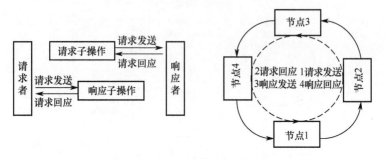

图 13-12　SCI 的事务与子操作

13.2.3.2　事务和协议

用于节点之间通信的 SCI 事务和协议包括：

（1）数据读/写；

（2）一致高速缓存；

（3）起始同步；

（4）信息传输。

在源节点和目标节点之间的所有事务以 SCI 信息包的形式进行传送，而协议是用于流程控制、错误恢复，以及防止死锁的发生，同时，事务格式的定义是独立于网络拓扑。

SCI 相关协议的实现是基于高速缓存的分布式目录结构，它实际是在存储器中为每个处理器分配一块共享高速缓存区，与该高速缓存区相联系所有节点通过向该缓存区复制，实现更新链表所指向的高速缓存区。

这些共享的高速缓存区通过双向链表连接在一起，链表指针实际就是节点地址，典型的高速缓存区大小是 64 字节，与高速缓存相关的事务就是通过保存相关存储区映像的链表结构实现的，如图 13-13 所示。

Cache
处理器 A
后向指针
前向指针
处理器 B
后向指针
前向指针
处理器 C
后向指针
前向指针
处理器 D
后向指针
前向指针
Cache
Cache
Cache
Cache
共享高速缓存
相关存储块

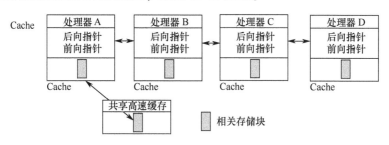

图 13-13　快速缓存区的目录结构

事务格式如图 13-14 所示。

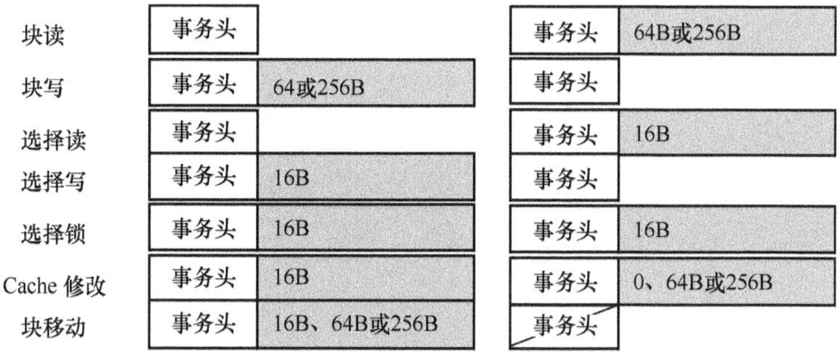

块读
事务头
事务头
64B或256B
块写
事务头
64或256B
事务头
选择读
事务头
事务头
16B
选择写
事务头
16B
事务头
选择锁
事务头
16B
事务头
16B
Cache 修改
事务头
16B
事务头
0、64B或256B
块移动
事务头
16B、64B或256B
事务头

图 13-14　SCI 事务格式

13.2.4　SCI 节点适配器

13.2.4.1　节点接口

SCI 节点一方面接收稳定的数据流，另一方面传送其他数据流，这些数据流包含 SCI 信息包和空闲符号，只有连接到系统网络中并且旁路 FIFO 为空的节点才允许传送信息包。对于系统中的竞争访问信息，SCI 通过互联在网络中的缓冲区或者是下个节点旁路的 FIFO 中保存，此外，SCI 还使用空闲、包头和回复信息等对系统负载重的节点选择互联访问方式。这里，以基于 PCI 总线的 SCI 节点适配器为例，组成结构如图 13-15 所示。

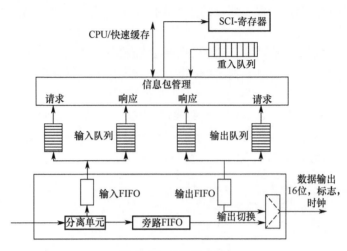

图 13-15 SCI 节点接口

13.2.4.2 地址分配

基于 PCI 的 SCI 接口适配器需要将 32 位的 PCI 地址转换为 64 位 SCI 地址，或者是进行相反的地址转换，地址转换是基于驻留在 PCI 存储器中的地址转换表，地址转换表的入口存储在 PSB 地址转换快速缓存中，对于输入的 SCI 请求，使用地址保护机制禁止对节点或者是特定的 PCI 存储区域的访问。

为了保证处理器通过装入/保存指令直接访问远程存储器，就必须通过 SCI 地址对远程存储器进行寻址，这时，使用 64 位的 SCI 地址选择节点和节点内的数据地址，这样，64 位的 SCI 地址就分成用于选择目标节点的 16 位节点标识，剩下 48 位用于对节点内部数据和 CSR 寄存器寻址。地址转换实现如图 13-16 所示。

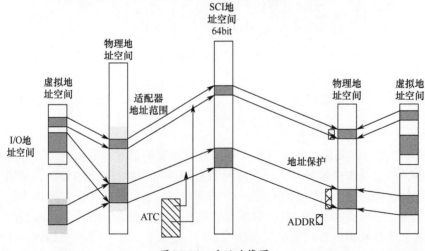

图 13-16 地址映像图

在系统配置过程中，每个节点中驱动程序对存储器进行分配，并建立页表的内容，每个节点的页表允许该节点建立与其他的一个或多个节点的存储器映射，一旦完成页表配置，处理器就可以通过装入/保存指令访问远程存储器。

访问中地址转换是使用地址转换表（ATT）实现的，页表包含 8K 的入口，每个入口是 32 位，页的大小是 512KB。详细实现过程如图 13-17 所示。

在页表入口中包含的信息有以下几方面。
（1）节点标识。
（2）节点偏移地址。
（3）有效标志，表明当前入口是否有效。
（4）原子锁位，表明产生原子操作的访问。
（5）分类，在读顺序前强制执行写。

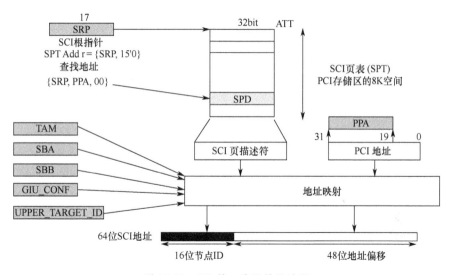

图 13-17　SCI 接口地址转换过程

13.2.4.3　节点适配器实例

1）组成结构

PCI-SCI 接口卡作为 SCI 节点适配器的例子，详细介绍设计与实现。图 13-18 给出了 SCI 适配器应用实例，图 13-19 给出了接口框图。

PCI-SCI 接口卡由 PSB64、LC2、控制器、DIP 开关等组成。

PSB64 是 PCI 总线和 SCI 连接接口之间的桥梁，并且将 PCI 总线的存储器处理转换为 SCI 总线存储器处理，反之亦然，它可以实现在两条总线进行两个方向上的传输，以及 32 位和 64 位的 SCI 地址。

LC2 是实现 PCI-SCI 之间连接的控制器，它通过对与外部 SCI 连接接口发送和接收包信息实现在物理层上对数据的管理，同时，它也实现外部接口与 PCI 总线之间的数据传输。LC2 中还包含着路由检测功能，以决定输入口的数据是否是要传送到本节点，如果不是，则将数据放置到旁路 FIFO 中，以便直接通过输出口传送出去。

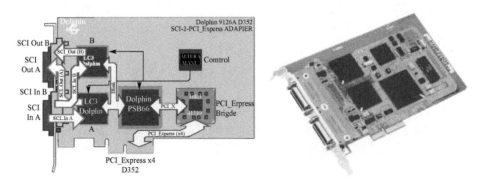

图 13-18　SCI 适配器实例

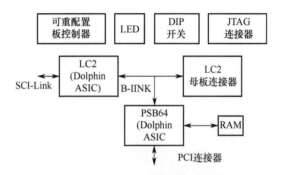

图 13-19　PCI-SCI 接口框图

2）在板控制器

PCI-SCI 接口卡包含一个可重配置的在板控制器，该在板控制器包含两个 PLD，每个 PLD 可以通过它们的 JTAG 端口或通过 SW 下载重新配置不同域。在板控制器控制复位、连接控制器（LC）的初始化、板卡状态报告和 LED 功能，通过 CRS 访问 PSB 来驱动 SW，实现读状态寄存器，或者写控制寄存器。

3）DIP 开关

在 PCI-SCI 接口卡中，有 10 个 DIP 开关，允许 JTAG 编程以及对卡的测试，设置 SCI 连接频率为 100MHz 或 125MHz，设置跳变频率为 50MHz 或 66MHz，设置 PCI 从方式窗口为 16MB、64MB、256MB 或 2GB，以及在 PCI 从方式下接收/忽略 64 位地址。

对于接口卡状态指示，采用过渡连接（B-Link）LED。

如果黄色，则表明出现电缆错或同步错。

如果绿色,则表明正在进行操作,但没有进行中间过渡传输。

如果红色,则表明正在进行操作,同时伴随着中间过渡传输。

SRAM,SRAM 用于保存 PSB64 地址转换表。

4) PSB 64 和 LC 2 的说明

图 13-20 说明了 PCI-SCI 之间桥接的实现,其中,使用 PSB64 芯片完成了 PCI 到 SCI 的桥连,它实现 PCI 和 SCI 之间协议映射,SCI 控制器(LC2)实现了 SCI 传输层功能,对于 SCI 事务,映射到 PCI 的命令和地址是通过 SCI 协议引擎实现的,协议引擎产生 SCI 格式信息包,以及发送信息包到 SCI 控制器芯片,LC2 芯片负责向目标节点发送 SCI 信息包,以及保证所发送的信息包符合 SCI 控制协议。

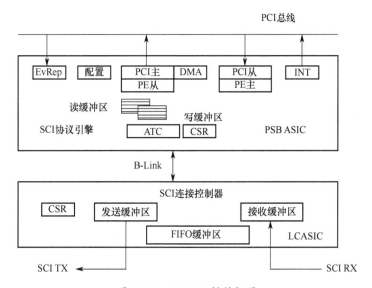

图 13-20　PCI-SCI 桥接框图

5) PCI 接口

PSB 芯片的 PCI 接口按照 PCI 规范要求,包含 PCI 接口主模式和从模式接口,以及 PCI 配置寄存器,在协议引擎发生错误时 PCI 设备可以接收由其触发的中断,以及进行中断寄存器的操作,PCI 接口中还包含着 DMA 控制器,执行存储器到存储器之间高效传输。

6) 读/写缓冲区

SCI 事务流中包含有数据缓冲区、ATC(地址转换快速缓存)入口和状态位。读写操作中的协议引擎包含 16 个信息流,每个信息流为 128B 缓冲区,这些缓冲区保存 PCI 写操作事务和读操作预取事务,PCI 到 PSB CSR 空事务是通过分解 CSR 读和写信息流而发送的。

7）地址转换快速缓存（ATC）

地址转换快速缓存（ATC）包含地址转换入口，多个地址转换入口形成入口表，该入口表用于协议引擎将 32 位的 PCI 地址映射到 64 位 SCI 地址，入口表还包含与访问地址相关的信息，如页属性。对于最近最多使用的不同信息流的地址转换表入口保存在 PSB64 内部的地址转换快速缓存（ATC）中，而完整的地址转换表（ATT）存放在接口卡的 SRAM 中，在地址转换快速缓存（ATC）出现错误时，PSB 从 SRAM 中装入新表入口。

8）控制和状态寄存器

在 PSB 和 LC 中都包含有许多 CSR 寄存器，这些寄存器用于错误记录、初始化和状态信息等，PCI 和 SCI 都可以访问这些 CSR 寄存器。

9）DMA

在 PSB64 芯片中包含有一个高性能的 DMA 控制器，该控制器可以方便地对 CPU 和 DMA 设备之间的装入/存储操作实现存储器-存储器之间传输，控制器利用高效的 SCI 事务和 PCI 命令实现高吞吐的操作。

10）保护

PSB 有两层机制保护 PCI 总线和 CSR 寄存器免受硬件/软件访问错误的影响，其公用的保护机制避免 PSB 受到特定的源节点请求的影响，地址保护机制则保护了对 PCI 总线的访问和对特定 SCR 访问。

11）SCI 的 RX 和 TX 缓冲区

LC 芯片包含着临时存放 SCI 信息包的缓冲区，这些信息包是将要发送或者已经接收，发送和接收缓冲区有各自独立的请求和响应信息包的队列，以保证按照 SCI 规范所要求的互锁自由操作。

12）SCI 连接

PCI-SCI 接口卡有两个单向的 SCI 连接口，用于将节点连接到系统中，每个连接口有 16 宽度的数据线、一个控制标志和时钟信号，所有信号采用差动形式，并且可以直接连接到铜电缆上。

13.3 实时可变规模互联接口

F-22 上的机载电子系统互联采用多种总线（TM 总线、PI、DN、HSSD、1553B 等），过多的系统内和系统间的数据互联导致过多的数据网关的存在，从而导致数据通信延迟较大、维护成本过高、可靠性降低等诸多缺陷。未来的作战环境要求军机能够对外界做出更快的反应，这不但要求采用更强大的处理器和传感器，而且对于支撑实时系统的互联网络提出了更高的要求，美军的 JAST 计划将降低成本、提高性能作为首要目标，而满足这一要求的航电系统首选互联标准就是 SCI/RT。

从计算机系统对外界输入的响应角度看，计算机系统可分为实时系统和分时系统。分时系统强调的是计算结果逻辑上的正确性、平均响应速率、公平性等指标；在实时系统中，除了要完成执行动作逻辑上的要求之外，还必须满足执行动作完成时间的要求。实时系统是满足下面两个条件的系统。

（1）计算的正确性不仅仅依赖于结果逻辑上的正确，而且依赖于结果产生的时间。

（2）若不能满足系统的定时要求，则系统失败。

从系统开发者的角度看，实时系统是具有明确定时要求的系统。在分时系统中，系统设计者追求的是平均响应时间、平均吞吐量和公平性；在实时系统中，系统设计者追求的是确定性的定时行为（可分析性和可预见性）、容错能力、安全性和较高的资源利用率（但是不能以牺牲系统的可预见性为代价）。此外，实时系统的一个重要特点是具有优先权，即在系统发生严重过载的情况下，即使放弃优先权较低的任务处理也必须满足较高优先权任务的定时要求（分时系统在系统发生过载时，性能将急剧下降）。因此，在实时系统中，公平性不是考虑的主要目标。

实时控制系统中，传感器和处理器节点通过网络互联。因此，网络上传输消息的最大延迟、系统的最大吞吐量、系统过载情况下较高优先权消息的可靠传输等在很大程度上决定了实时控制系统的性能，实时通信网络应具有下述特性。

（1）在最坏情况下，消息的传输延迟。

（2）网络最大吞吐量。

（3）具有足够的优先权，从而支持高度的任务可调度性。

（4）系统配置的灵活性和可扩展性。

（5）工作高可靠性。

机载电子系统是典型的实时控制系统，由于高空环境恶劣和空战的特殊要求，因此对实时互联网络的要求更为苛刻，不但要求具有极低的传输延迟，而且要求高的可靠性，军机互联网络通常采用冗余配置。

13.3.1 SCI/RT 概述

SCI/RT（IEEE P1596.6）是为 SCI 满足实时应用的要求而制定的接口标准，目前还处在标准制定过程之中。在与 SCI 协议保持最大兼容性的同时，SCI/RT 提供了确定性的行为：单调比率调度法（Rate Monotonic Scheduling Theory）、兼容的冲突和排队协议、增强的容错能力和冗余配置。SCI/RT 的设计意图是在 SCI 标准的基础上建立一个适合实时应用的互联系统，因此 SCI/RT 主要设计考虑的是：确定的定时特性（可分析性和可预见性），更低的延时，容错能力，安全性和较高的资源利用率（不以牺牲可预见性为代价）。

(1) 基于优先权的抢占式冲突和排队协议，这种协议要与单调比率调度法相适应。

(2) 既支持基于优先权的共享内存体系，也支持消息传递体系。

(3) 标准的全局时钟同步方法。

(4) 单个位硬错误的检错和纠错。

(5) 支持出错重试协议的硬件子操作。

13.3.2 SCI/RT 协议

SCI/RT 基于 SCI 协议的 3 层结构：物理层、逻辑链路层和可选择的缓存一致协议。物理层规定接口引脚定义、互联介质和拓扑支持等；逻辑链路层规定 SCI 数据包的格式和事务类型以及与单调比率调度法兼容的任务调度的支持；可选缓存一致协议与 SCI 相同。下面我们通过 SCI/RT 与 SCI 的对比来阐述 SCI/RT 对实时应用提供的支持。

13.3.2.1 SCI/RT 的物理层

1) SCI/RT 接口

SCI/RT 既支持并行互联也支持串行互联。图 13-21 给出 SCI/RT 引脚定义及与 SCI 的对比。SCI/RT 的并行链路中包括 16 位数据线、1 位时钟线和 1 位标志线（与 SCI 一致），并且增加了 1 位备用时钟线和 1 位校验线，因此采用差分方式传输的 SCI/RT 节点总共需要 80 条引脚，串行方式传输则只需要 2 对引脚，SCI/RT 的地址长度为 64 位，属于 64 位体系结构，地址高 16 位作为 SCI/RT 节点标识，共可寻址 64K 个节点，低 48 位用作节点内部寻址，SCI/RT 的数据宽度并未限制，通常以 16 的整数倍字长发送。

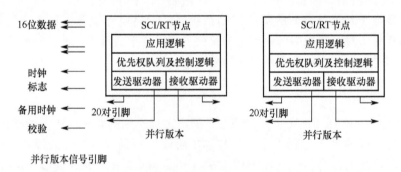

图 13-21 SCI/RT 节点接口模型

为了更好地支持实时传输和多任务调度，SCI/RT 节点接口采用了基于优先权的缓冲队列。由图 13-22 可见，SCI/RT 和 SCI 都采用了接收队列、发送队列和旁路队列，区别在于前者是优先权队列，后者是 FIFO 队列。使用优先权队列是为了适应实时系统的需要，在节点发送由内部逻辑产生的数据包时，输入数据包可能同时到来，优先权队列存储的作用就是根据这些数据包的优先权决定是否保存它们，输入/输出都采用优先权队列可以使得节点处理速率和 SCI/RT 链路传输速率相适应。

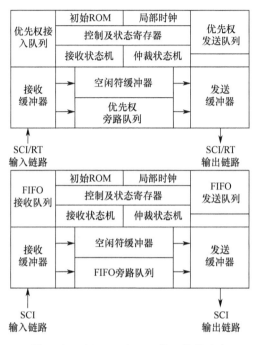

图 13-22 SCI/RT 与 SCI 接口模型对比

2) SCI/RT 互联介质

SCI/RT 既支持高速、短距离的并行互联，也支持长距离的串行互联。互联的范围支持从数十厘米的背板总线到十几米的 LAN。SCI/RT 物理层链路采用如下形式命名：<信号数><信号类型><以 Mb/s 标称的信号速率>。

SCI/RT 互联介质中，常见的有 20-DE-500（差分 ECL）和 2-FO-1250，20-DE-500 支持接插在系统背板上的高性能接口板和连接所有物理层数据包的电缆，传输距离可以扩展到 30m。符合通过差分驱动器和接收器以并行方式传输。如前所述，并行版本的 SCI/RT 较 SCI 增加了两个信号，分别作为备用时钟和校验用，是 SCI/RI 在可靠性的支持上得到了增强。

2-FO-1250 光纤链路支持数十米至数千米的长距离的高速低延时通信，低成本的 LED 可用在传输率小于 1Gb/s 的短距离的数据通信链路中，高成本的单模激光器和单模光纤可用于长距离的通信链路中。

3) SCI/RT 支持的物理拓扑

SCI/RT 支持各种灵活的拓扑形式，从最简单的环互联，较大型的通过桥互联的多个环—直到以交换机互联构成的高性能配置，如图 13-23 所示。从单一的节点接口角度看，连接简单环的接口和连接复杂交换机的接口是相同的，都包括一个输入链路和一个输出链路，最低成本的配置使用无源背板，节点在电气上形成一个环，较长距离的环形互联可以通过 SCI/RT 连接节点，当环中节点数过多时，可以利用 SCI/RT 交换机互联多个环。

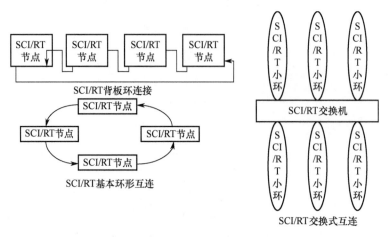

图 13-23　SCI/RT 互联拓扑

在机载电子系统应用中，从物理拓扑上保证可靠性是至关重要的，除了采用各种检错以提高单个链路的可靠性，还要采用备份链路，即冗余的方法来提高军机电子系统的抗打击性。JAST 计划统一网络互联方案中，SCI/RT 采用下列几种冗余连接方案。如图 13-24 所示。

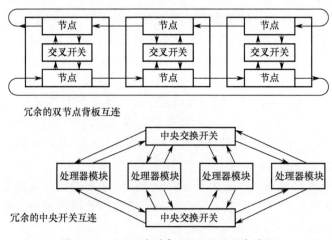

图 13-24　JAST 计划中 SCI/RT 的冗余连接

13.3.2.2 SCI/RT 的逻辑链路层

1）SCI/RT 事务

SCI/RT 之所以能够提供比传统总线更高的性能，关键在于它的分离事务协议，SCI/RT 的事务（Transaction）是指数据包从一个节点的队列传送到另一个节点的队列，事务由请求者发起，由响应者完成。事务包括两个子操作，请求子操作中，地址和命令从请求者传向响应者，响应子操作返回给请求者操作完成的状态，如图 13-25 所示。

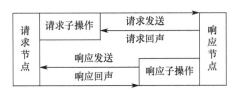

图 13-25 SCI/RT 事务子操作

SCI/RT 的事务类型包括读、写、移动和锁定等，这些事务的主要差别在于所携带数据量的多少、数据被包含在哪一阶段的子操作中，以及是否有响应子操作等方面。SCI/RT 传输数据的最小单位是 16 字节，小于 1 字节的事务被格式化称为 16 字节的事务，如图 13-26 所示。

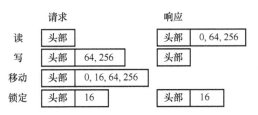

图 13-26 SCI/RT 事务类型

SCI/RT 的分离事务协议使得即使在共享介质的环形配置中系统也可以达到最大程度的并行性，为了支持紧急事务的处理，SCI/RT 支持无响应的移动事务（Move Transaction），还支持无响应、无回声子操作的事件事务（Event Transaction）。

2）SCI/RT 数据包

SCI/RT 的数据包由一系列的符号（Symbol）组成，每个符号 16 位，数据包包括包头、允许长度的数据以及校验符号。SCI/RT 的低延迟特性是由它的字节寻址所决定的。这使得数据包寻址可以完全由底层硬件完成而不需要高层协议软件的介入，从而极大地降低了传输延时（并行版本为 2ns，串行版本为 1 位延时或 1ns）。

SCI/RT 保持了与 SCI 协议最大程度的兼容性，因此，在数据包格式的定义上，发送数据包、回声数据包等基本保持了一致，但是空闲数据包则有很大不同,主要体现在优先权的支持上面。SCI/RT 空闲符号包括以下 3 个部分。

(1) 优先权。8 位优先权域提供了多达 256 级优先权的支持,用于标识紧随其后的数据包的优先权等级。从图 13-27 的空闲符号对比中可以看出,SCI 空闲数据包中的 2 位 ipr* 只能提供四级优先权,对于机载电子系统复杂的多任务环境,这是远远不够的。

(2) 流控。3 位的流控域提供了系统流量控制(环路计数位和通过节点位)所需要的必要信息,并且用于在相同优先权等级中提供公平性。

(3) 汉明码。5 位的汉明码提供了必要的检错支持,保护空闲符号的损坏能够及时被发现,从而保证 SCI/RT 系统的可靠性。

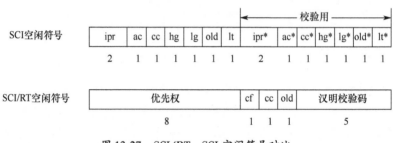

图 13-27 SCI/RT、SCI 空闲符号对比

3) RAS

可靠性、可用性和可维护性(RAS)在 SCI/RT 的设计中进行了专门的考虑,虽然在具体实现中采用的高性能的电路可能十分复杂,但是 SCI/RT 供的服务在概念上是简单的。

(1) 子操作错误的检测、隔离和纠正。所有的数据包都受 CCITT SDLC 16 位循环冗余码生成多项式的保护,所有的空闲符号都受汉明码的保护,对于 SCI/RT 的并行版本,定义了备用时钟位和校验位,提供对 SCI/RT 时钟、标志和数据线单个位硬错误的检错和纠错。

一旦发现在标志或 I/O 链路上的硬错误,SCI/R 节点输出带有移动事务的数据包,数据包中的目的节点即是源节点,数据域则包含了测量向量。节点一直发送这些数据包直到它发现是哪个信号发生错误并且进行纠正。这些测试向量数据包通常被赋予最高级的优先权或被赋予尽可能高级的优先权。

(2) 硬件子操作出错重试。所有的 SCI/RT 节点都要提供硬件子操作(本地小环)出错重试的能力,SCI/RT 子操作数据包协议利用 5 位的子操作标识码来记录每个发送的数据包,它提供一个类似滑动窗口的协议,可以同时让 32 个数据包等待它们的响应回声数据包。

(3) 自动配置。每个小环都有负责监视环中活动、清除损坏的数据包以及空闲符号的清除者节点。清除者节点在小环初始化时自动选择,选择过程基于一个 80 位的标识符，标识符的高 16 位可以人为制定，低 64 位由制造时分配，也可以随机生成。每个环的初始化地址是由清除者节点根据节点距自己的远近自动分配，在具有多个环的大型系统中，不同环中的清除者节点者都按照相同的节点标识值顺序给各自小环中的节点分配标识，初始化软件最终会覆盖这些节点标识值，并且给系统中所有小环中的节点分配一个唯一的节点标识值。

（4）后备节点支持。SCI/RT 提供了一个标准的方法，用于在预先分配的清除者节点以及主时钟节点失败时提供一个后备节点的支持，这极大地增强了 SCI/RT 的容错能力。在初始化和清除者节点分配完成以后，系统软件负责分配其他节点作为后备清除者节点，后备清除者节点通过周期性的发出测试数据包来检验清除者节点，从而监视主清除者节点的行为。如果一个后备节点检测到主清除者节点有任何失误，并且通过其他后备节点的确认，则第一后备节点成为主清除者节点，第二后备节点成为第一后备节点，依此类推。SCI/RT 中的所有节点都可以作为后备清除者节点和后备时钟节点。

机载电子系统是典型的实时控制系统，SCI 作为未来航电系统的首选互联标准，必须在实时性、可靠性和优先权等方面给予很好的支持。正在进行的 SCI/RT 协议标准草案的制定工作充分继承了 F-22 的航空电子互联技术，并结合了 JAST 计划中对未来航电系统的更高要求，可以预见，以 SCI/RT 为核心而构成的未来航空电子统一互联网络必将很好地满足下一代军机的作战要求。

13.4 SCI 应用程序接口

13.4.1 SCI 软件低层结构 SISCI

13.4.1.1 集群网络体系结构（Cluster Architecture）

集群网络中基本的组成单元是通过 SCI 环连接在一起的主机，对规模较大的集群网络系统的组建则是通过交换机对网络环的互联实现的，这里所谓的主机可以是单个的处理器，也可以是包含多个 CPU 的 SMP，通过适配器将主机连接到网络环上，一个主机可以同时连接到多个网络环上，这时，就会组建成复杂的网络拓扑结构，连接中允许使用冗余的形式或不同的网络带宽，其实现方式往往是在同一个主机上配置多个网络适配器，并且在一个适配器上有多个网络连接控制器。上述结构如图 13-28 所示。

适配器通常包含着完成 SCI 功能的各个组成部分，如远程存储器的透明访问、DMA、信息包模式、消息信箱和中断等。适配器各组成部分的 CSR 寄存器提供了本地访问和远程访问两种方式，本地访问通过主机适配器接口实现，远程访问则通过 SCI 网络实现。其具体访问 IEEE 标准 1212-1994 CSR 结构中并未做明确的要求。

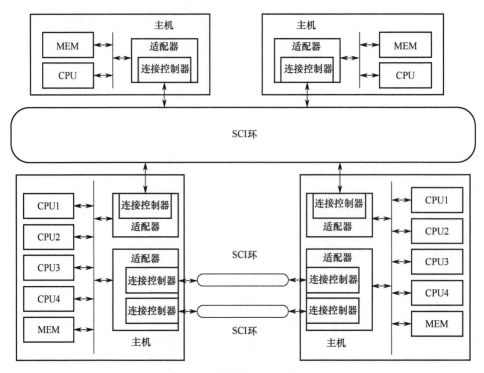

图 13-28　集群网络体系结构

13.4.1.2　SCI 软件低层结构

SCI 低层软件 SISCI（Standard Software Infrastructures for SCI-based Parallel Systems）是为用户对 SCI 的访问提供了应用程序接口（API），应用程序接口（API）提取了对 SCI 硬件和低层软件的操作，基于低层软件就可以建立更高性能技术的 SCI 高层软件。

1）IEEE 物理层 API

从 SISCI 工程的开始，直到 1997 年夏季，通过投票决定了借助 SCI 硬件完成接口访问的标准就是 IEEE P1596.9 SCI 物理层 API 标准，自从它确定为唯一使用规范后，人们致力研究在多种平台上实现该规范方案，首先要解决的问题就是通信软件，特别是由 CERN 和 RAL 推出，已经证明能发挥硬件性能到极限。

尽管提交建议的 IEEE 标准仅能满足软件直接利用 SCI 硬件特性低层的 API，这些观点还是为 1997 年 5 月由 CERN 组织在奥斯陆召开的会议所接受，一个偶然的机会源于 API 的 SISCI 研究的开始，建议的 IEEE 标准很适宜于实现 SCI 驱动程序和核心软件，但对于像 PVM 和 MPI 这样的高层的通信封装则需要附加软件的支持，在 PVM 和 MPI 中更加注重共享存储器和 DMA 功能实现，而不是 SCI

硬件。此外，对 SCI 硬件不受保护的直接访问对商业应用程序也是不可接受的，对于上述问题的解决，提出了拒绝对系统保护的调用进行函数调用，典型例子就是在实时领域中应用。

2) 虚拟接口结构

在 Compaq、Intel 和 Microsoft 开发 SISCI 工程的起始阶段，以及随后加入的世界上其他主要的计算机制造厂商和软件开发商共同努力下，出现了新的名词：虚拟接口（VI）结构，它的目标是推出一个有益于分布式计算的低成本和高带宽通信的工业标准规范，该规范具有高速、轻便和集束通信（Cluster Communication）。

1.0 版的 VI 结构规范在 1998 年开始投入使用，Dolphin 是第一个对此做贡献的公司。其后，随着工业界强有力的支持，SISCI API 一直追求实现高速集束通信的 VI 结构。

3) SISCI API 的任务

SISCI API 的任务是建立安全和容易使用的 API，从用户层看对集束通信是非常通用的方法，但 SISCI API 更靠近 VI 结构规范而不是 IEEE 草案标准。值得一提的是，SISCI API 更注重共享内存机制，而 VI 结是借助传统的网络接口来实现的，Dolphin 公司是第一个在基于 SCI 的 SISCI API 产生了 VI 结构，并且表现出非常高的效率。

在 CERN，对基于 IEEE 草案标准的基础软件的修改达到 SISCI API。将来，为了满足与实时有关应用程序的要求，允许对硬件的访问设置限制。

13.4.2　API 函数分类

SCI 低层的应用程序接口涉及 SCI 技术的不同方面，以及用户对其访问，包括以下几个方面：数据类型、通用函数、共享内存、直接存储器存取（DMA）、块操作、中断和特权操作。

13.4.2.1　数据类型

数据格式要求：API 函数中参数、返回值，以及其他数据类型均使用机器码形式表示，其中 Int 至少是 32 位，Short 至少是 16 位。

描述符规定了在对 API 的调用中，所有对象均使用其逻辑名称描述。

13.4.2.2　通用函数

为了正确地使用 SCI 网络，应用程序需要通过 SCI 驱动程序执行通信通道之间的打开和关闭操作，以及为了提高对 SCI 网络的使用效率，应用程序需要获得有关本地和远程节点信息。所有上述功能的实现可以通过调用通用函数完成，通用函数见表 13-1。

表 13-1 API 通用函数

序 号	函 数	功能描述
1	SCIOpen	打开 SCI 虚拟设备，创建并初始化 SCI 虚拟设备
2	SCIClose	关闭 SCI 虚拟设备
3	SCIQuery	返回 SCI 系统有关信息
4	SCIProbeNode	检查是否可以获得远程节点

13.4.2.3 共享存储器函数

在处理器之间的数据传输中，可变规模互联接口实现了远程共享存储器的方法，允许在应用程序中将驻留在其他节点的存储区域影射到自己的地址空间，以及进行远程操作时由硬件自动地进行转换，完成对该存储区域读/写操作。对于本地存储区域的创建和输出、本地存储区域的连接和映射，以及数据传输过程中错误的检测，API 都提供了全面的支持。

用于共享存储器的函数包括了 3 个方面：存储器管理、存储器连接管理和共享存储器，见表 13-2。

表 13-2 API 的共享存储器的函数

序 号	函 数	功能描述	用 途
1	SCICreateSegment	分配存储区域，创建并初始化本地存储区域描述符	存储器管理
2	SCIRegisterSegmentMemory	建立与本地已分配存储区域的联系	
3	SCIRemoveSegment	释放本地存储区域资源	
4	SCIPrepareSegment	预备本地存储区域以用于 SCI 适配器访问	
5	SCISetSegmentAvailable	使本地存储区域对远程节点可见，以便建立连接	存储器连接管理
6	SCISetSegmentUnavailable	对远程节点隐藏本地存储区域	
7	SCIConnectSegment	建立应用程序与远程节点可用存储区域之间的连接，建立并初始化连接存储区域描述符	
8	SCIConnectSCISpace	直接建立应用程序与 SCI 地址空间中窗口的连接，该地址空间由基地址和尺寸定义	
9	SCIDisconnectSegment	撤消与远程存储区域的连接，并释放相应的描述符	
10	SCIWaitForLocalSegmentEvent	暂停程序运行，直到与本地存储区域有关的事件发生	
11	SCIWaitForRemoteSegmentEvent	暂停程序运行，直到与远程存储区域有关的事件发生	

续表

序号	函数	功能描述	用途
12	SCIMapLocalSegment	建立由 SCICreateSegment 创建存储区域与程序可寻址空间的映射，返回指向映射区域开始的指针	
13	SCIMapRemoteSegment	建立由 SCICreateSegment 或 SCIConnectSCISpace 创建远程存储区域与程序可寻址空间的映射，返回指向映射区域开始的指针	
14	SCIUnmapSegment	从程序地址空间区域中撤销由 SCIMapLocalSegment 或 SCIMapRemoteSegment 建立的映射	
15	SCIMemCopy	使用共享存储器模式将本地数据块高效传输到远程存储区域	共享存储器
16	SCICreateMapSequence	创建并初始化一个新的顺序描述符，用于对影射区域数据传输过程中错误检测	
17	SCIRemoveSequence	撤销指定的顺序描述符	
18	SCIStartSequence	开始对影射存储区域的读/写操作前，对 SCI 适配器执行出错标志检测	
19	SCICheckSequence	检查顺序控制的数据传输中是否发生错误	
20	SCIFlushReadBuffers	刷新与顺序相关的缓冲区	
21	SCIStoreBarrier	同步所有对影射存储区域的访问	

使用存储器管理和存储器连接管理函数后，影响到本地存储区域的状态，其状态变换如图 13-29 所示。

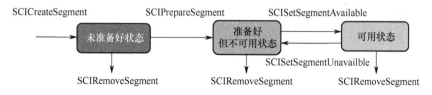

图 13-29 本地存储区域的状态变化

远程存储区域的变化如图 13-30 所示。

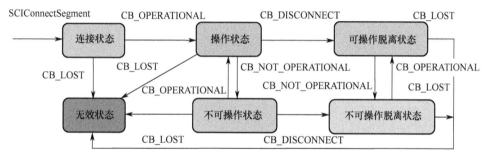

图 13-30 远程存储区域的状态变化

13.4.2.4 直接存储器存取（DMA）函数

数据传输中共享存储器的方法的缺点是必须 CPU 忙于对远程存储器（或可编程 I/O）的读或写操作，解决该问题的方法就是使用 SCI 适配器中的 DMA 引擎，应用程序（即 CPU）就可以指定传输数据的队列，并将它传送给 DMA 引擎，然后，CPU 就可以执行其他任务，或者是等待数据传输的完成，对于前者，则可以建立与数据传输完成有关的回调函数。DMA 有关的函数见表 13-3。

表 13-3 DMA 函数

序 号	函 数	功 能 描 述
1	SCICreateDMAQueue	为 DMA 传输队列分配资源，创建并初始化新的队列描述符
2	SCIRemoveDMAQueue	释放 DMA 传输队列资源，撤销相应的队列描述符
3	SCIEnqueueDMATransfer	向 DMA 队列增加新的传输描述符
4	SCIPostDMAQueue	开始 DMA 队列的执行
5	SCIWaitForDMAQueue	暂停程序执行，一直等待到 DMA 队列完成或者是超时发生
6	SCIAbortDMAQueue	终止由 SCIPostDMAQueue. 初始化的 DMA 传输
7	SCIResetDMAQueue	复位 DMA 传输，以便用于其他传输
8	SCIDMAQueueState	返回 DMA 队列状态

另外，还有一些函数与共享存储器方式下使用函数相同。

DMA 队列的状态框图如图 13-31 所示。

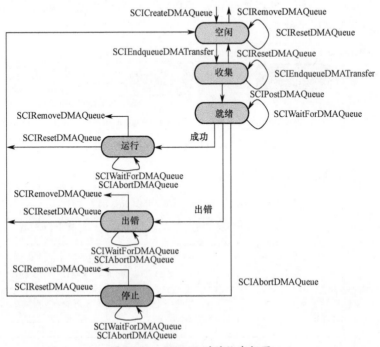

图 13-31 DMA 队列的状态框图

13.4.2.5 块操作函数

块操作适宜于主处理器之间大量数据块的移动，并且可以提高效率。块操作可以采用同步或异步的方式进行，在异步方式下，可以说明一个回调函数，以便在数据传输完成时或者是在发生错误时调用。

块操作函数见表 13-4。

表 13-4 块操作函数

序号	函数	功能描述
1	SCITransferBlock	在两个存储器映射区域拷贝数据块
2	SCITransferBlockAsync	异步方式在两个存储器映射区域拷贝数据块
3	SCIWaitForBlockTransfer	挂起程序的执行等待同步块传输的完成
4	SCIAbortBlockTransfer	终止数据块传输

13.4.2.6 中断函数

对于一个远程节点的中断触发，必须有一个非常快的方法通知应用程序进行中断处理，中断使用唯一的中断号标识，它是应用程序获得中断发生的唯一信息。有关中断的函数见表 13-5。

表 13-5 中断函数

序号	函数	功能描述
1	SCICreateInterrupt	创建并初始化中断资源，以便远程节点所使用，以及初始化中断描述符
2	SCIRemoveInterrupt	释放中断资源，并撤销相应的描述符
3	SCIConnectInterrupt	将中断申请者连接到远程节点可用的中断资源
4	SCIDisconnectInterrupt	撤销应用程序与远程中断资源的连接，并释放相应的描述符
5	SCITriggerInterrupt	触发远程节点的中断
6	SCIWaitForInterrupt	挂起程序的执行直到接收到中断

13.4.2.7 特权操作函数

特权操作是为了避免出现混乱，提供给专业用户对硬件和低层软件进行访问的函数，对于普通用户则使禁止的。API 特权操作函数提供了使用直接 SCI 地址建立与 SCI 存储空间的连接，以及访问本地和远程的 SCR 空间等。

API 特权函数见表 13-6。

表 13-6 特权函数

序号	函数	功能描述
1	SCIConnectSCISpace	直接建立应用程序到 SCI 地址空间中由基地址和尺寸所定义窗口的连接

续表

序号	函数	功能描述
2	SCIGetCSRRegister	读取 SCI 节点 CSR 地址空间中的数值
3	SCISetCSRRegister	向 SCI 节点 CSR 地址中写数值

13.5 本章小结

SCI 互联技术是一种面向高速、低延迟应用的 IEEE 标准（IEEE-STD 1596—1992），它是"可扩展的一致性接口（Scalable Coherent Interface）"的缩写，具有优秀的互联性能。

在通用的商用领域，SCI 可以支持非常广泛的应用，如 SUN、DATA、GENERAL、Scali 等推出的集群系统，Siemens、Auspex 等公司推出的高性能存储系统和文件服务系统。在嵌入式实时应用方面，SCI 在可用性、实时性和容错性方面需要进行改进与增强，如采用统一的 SCI 互联方式，SCI 可支持从处理器总线到 I/O 总线的互联，或者采用 SCI 扩展协议，如 SCI/RT，提高系统容余度，提高检错纠错能力。

可以预见，以 SCI 互联技术为核心而构成的未来航空电子统一互联网络必将很好地满足下一代军机的作战要求。

参 考 文 献

[1] MORA F, SEBASTIA A. Design of A High-Performance PCI Interface for An SCI Network [J]. Control & Automation, 1998, 9 (6): 275-282.

[2] TORRALBA G , GONZALEZ V , SANCHIS E . SCI Evaluation in Multinode Environments for Computing and Data-Processing Applications [J]. Nuclear Science IEEE Transactions on, 2001, 48 (4): 1306-1312.

[3] EICKEN T V, VOGELS W. Evolution of The Virtual Interface Architecture [J]. IEEE Computer, 1998, 31 (11): 61-68.

[4] Fadaei M, Cats O, Bhaskar A. A Hybrid Scheme for Real-Time Prediction of Bus Trajectories [J]. Journal of advanced transportation, 2016, 50 (8): 2130-2149.

[5] GUSTAVSON D B . The Scalable Coherent Interface and Related Standards Projects [J]. IEEE Micro, 1992, 12 (1): 10-22.

[6] 崔剑, 刘兴春, 李铮. SCI/RT 协议仲裁传输的一种仲裁方法 [J]. 兵工学报, 2010, 31 (12): 1691-1696.

[7] 崔剑, 刘兴春, 李铮. SCI/RT 总线的扩展子优先级流量均衡 [J]. 北京航空航天大学学报, 2010, 36 (1): 91-94.

[8] 姜震, 熊华钢, 邵定蓉. 应用于未来航电系统的互联标准——SCI/RT [J]. 航空电子技术, 2001, 32 (4): 1-5, 24.

[9] ADAM, CHRISTOPH. New Bridge Chips Unravel PCI and Compact PCI Design Problems. [J]. EDN, 1999,

44（1）：123-123.

[10] 姜震，熊华钢，邵定蓉. 未来航空电子高速数据总线技术的研究［J］. 电光与控制，2002，9（3）：18-22.

[12] John R. Newport, PH. D. Avionic Systems Design［R］. Florida：CRC Press，1995.

[13] 杨芳. 武器系统与机载航空电子系统接口评述［J］. 中国高新技术企业，2008，（13）：103-112.

[14] SCHROEDER J, HUDGINS C , GOLDMAN P. A Modular Approach to Digital Networks for Fourth-Generation Avionics［J］. IEEE Aerospace & Electronic Systems Magazine，2002，10（10）：39-41.

[15] MALEY D, SPENCE I, KILPATRICK P. Config：A GRACE Tool for Constructing Configuration Trees［J］. Computer Physics Communications，1998，114（1）：271-294.

[16] 姜震. 未来航空电子高速数据总线研究［J］. 导航与雷达动态，2003（2）：1-9.

[17] 付盛杰，张文俊，等. F-22"猛禽"-典型第四代战斗机［M］. 北京：蓝天出版社，1999.

[18] 敬忠良，等. 从JAST计划看我国空电子综合系统的研究与发展［J］. 航空电子技术，2000，3：26-34.

[19] 许伟武，等. 航空电子技术发展现状和思考［J］. 航空信息研究报告，1998，7：19-21.

[20] 罗志强. 航空电子综合化系统［M］. 北京：北京航空航天大学出版社，1990.

[21] 姜震，熊华钢，邵定蓉. 未来航空电子高速数据总线技术的研究［J］. 电光与控制，2002，9（3）：18-22.

[22] 姜震，熊华钢，邵定蓉. 应用于未来航电系统的互联标准-SCI/RT［J］. 航空电子技术，2001，（4）：1-5.

[23] 陈若玉. SCI技术在下一代通用机载电子系统结构上的应用［J］. 航空电子技术，1998，2：23-27.

第 14 章　机载数据总线应用

随着飞机性能和复杂性增加，数字计算技术的应用迅速改变了飞机机载电子系统。随着空中交通量的增加，加之要求更高密度线路结构的卫星导航系统和改进监测系统，以及机载计算能力的增强和进行高精度复杂路径飞行，所有这些促进了数字航空电子技术利用的信号处理领域、软件开发和网络中心数字通信技术，实现更大规模飞机系统的集成。

飞机机载电子系统充分利用数字处理技术的进步，在处理能力和复杂性方面取得了快速的发展。尽管增加了成本，但在提高性能、计算能力、复杂性和可靠性等方面取得了显著的改进，其他好处包括减轻重量、缩小体积、降低功耗、简化布线和降低支持成本。考虑到机载数据总线在飞机机载电子系统中应用具有典型的代表性，本章从现代机载数据总线在飞机综合模块化机载电子系统应用开始，介绍了代机载数据总线在飞机机载电子系统、飞行控制系统、机电系统中应用。

14.1　机载电子系统与机载总线发展

IMA 体系结构的演变经历了 3 个截然不同的阶段，说明如下。

（1）第一代 IMA。由单一供应商使用自有标准、模块和并行底板。实现航空电子一个子系统，如 B777。

（2）第二代 IMA。开放体系结构，由多个供应商提供的模块/应用程序，安装或驻留在标准的底板。应用程序供应商完成应用程序及其支持应用程序硬件模块的认证，即卖者标准。

（3）第三代 IMA。独立提供开放式体系结构模块和应用程序。应用程序在实时操作系统支持下，按开放标准在应用程序执行器上运行。多个应用程序可能驻留在单个模块，系统集成商担负硬件/软件集成和认证的责任，如空客 A380/A350 和波音 B787。

计算机技术的进步，以及 1990 年后局域网和因特网的出现开创了数据爆炸时代，强大的微处理器技术、集成电路集成度的不断增长和成本降低导致机载电子系统体系发生一场革命，出现了综合模块化机载电子系统。

这些变化的驱动因素如下。

(1) 数据爆炸。

① 以网络为中心的空中交通管理（ATM）。

② 基于性能的导航。

③ 传感器数据融合。

(2) 商业企业推动的商用货架技术。

① 移动电话网络。

② 全球网络。

③ 卫星通信。

(3) 技术淘汰。技术更新平均周期缩短为 5 年（相对于飞机平台的生命周期 30 年以上）。

典型的 IMA 体系结构如图 14-1 所示。

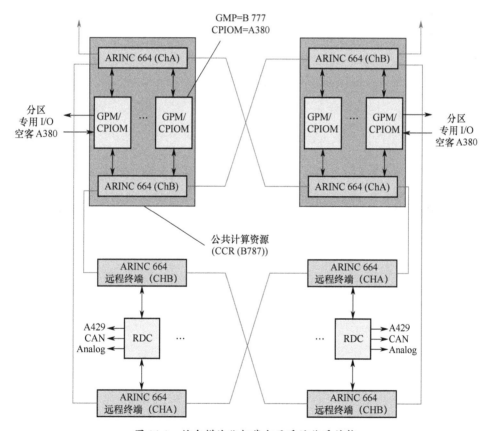

图 14-1 综合模块化机载电子系统体系结构

联合系统旨在提供：

(1) 独立的处理；

(2) 独立（通常是专有的）基础结构；

(3) 系统内部总线；

(4) 点对点的传感器/执行器和处理资源之间具有不同的 I/O 路经。

相比之下，综合模块化系统设计提供：

(1) 强大分区的应用软件承担公共处理；

(2) 公共体系结构基础；

(3) 分布式系统总线；

(4) 通过网络建立专门的 I/O，共享远程数据集中器/远程接口单元和公共计算资源。

代替面向任务专用分布式（联合）计算，IMA 倡导涵盖公共硬件计算模块的集中计算资源。以前的联合式航空电子应用软件嵌入在面向任务专用计算机，目前中心通用处理器包含在公共核心计算资源。

应用软件由子系统开发商提供和认证，独立 IMA 的硬件平台。应用程序之间的数据交换通过基于 COTS 以太网技术的双冗余网络，以满足安全关键机载电子系统应用程序的所需要的实时性。最初航空全双工交换式以太网称为 ARINC 664 第 7 部分，它提供了全双工 100Mb/s 的网络资源之间的双向通信。

在 IMA 体系结构中需要将航空电子子系统的逻辑体系结构映射到 IMA 平台的物理资源，从冗余、容错、完整性和隔离诸多方面看，逻辑体系结构是早期联合式体系结构复制，联合式体系结构物理实现上的这些观点已经影响到 IMA 平台子系统逻辑体系结构到物理资源映射，以及通过分区保证了在 IMA 硬件上运行的实时操作系统和应用程序软件的健壮运行。

IMA 体系结构是一个可配置的资源平台，在平台上可分配资源功能如下。

(1) 处理时间。

(2) 存储。

(3) 网络 I/O 通信。

(4) 接口资源（模拟信号、分立器件和其他数字总线类型）。

这些资源分配是通过配置表实现，资源保障（或约定）连同平台系统分区特征是独立系统的基石，这些属性允许改变单个功能而不直接影响其他功能。这一基本理念在单个的主机功能层级被接受，并且在主机功能—功能的认证方面在不断增长。

分配给平台资源的主机功能，形成物理或逻辑的虚拟系统体系结构，以满足有效性、操作性、安全性和每个子系统拓扑需求。主机功能可以是自己独有的传感器、执行器、设备和非平台的现场可更换单元。虚拟系统分区环境保证主机功能是相互独立的，互不干扰。每个主机功能被分配有共享的计算、网络和 I/O 资源。与平台通信的这些预定资源的分配是通过安装过程中加载配置文件完成，这些配置文件保证了主机功能运行的执行时间。

IMA 体系结构用"虚拟系统"的概念取代联合式体系结构"物理"系统概念，"虚拟系统"由相同逻辑分组部件组成，代表 IMA 平台物理系统映射到物理资源。

(1) 应用软件。
(2) 基础结构/操作系统。
(3) 处理器。
(4) 系统总线。
(5) I/O。

IMA 计算核心的虚拟系统超出了 ARINC 664-P7 (AFDX) 网络、远程数据集中器和远程接口单元 (RDC/RIUs)。

综合模块化机载电子系统体系结构和联合式体系结构之间的关键区别是逻辑系统。在联合式体系结构中逻辑系统与物理系统是相同的，而 IMA 体系结构的逻辑系统与物理系统是不一样的，体系结构是 IMA 的平台虚拟系统到物理资源映射。

在联合式体系结构中，单工机载电子系统功能实现由专门的面向任务的 LRU 完成，处理器 (CPU 和内存) 的 I/O 资源接口是传感器和执行器的主要功能。应用程序软件将这种通用的计算资源转化为特定的机载电子系统功能，面向任务的处理器是由常驻在内存和在 CPU 的实时操作系统控制下运行。

图 14-2 说明了单工系统体系结构到 IMA 平台物理资源映射，图中展示说明了双机箱 IMA 平台，每个机箱有两个处理器插槽，当然，每个机箱配有更多插槽。单工功能映射到机箱的一个插卡。功能应用软件是在 RTOS 控制下，是在该插卡上运行多个应用程序之一（受限于其吞吐量），应用软件通过到 I/O 资源的 ARINC 664-P7 网络获得访问该系统传感器和执行器，这些 I/O 资源驻留在 RDC/RIUs，并直接与传感器和执行器接口。

以类似的方式，图 14-2 显示了双工系统体系结构的映射到 IMA 的资源平台相同机箱，在这个例子中，联合式体系结构是实现采用两个相同的 LRU：通道 A 和通道 B。两个通道输出的综合在 I/O 组成部分实现。IMA 平台这种逻辑体系结构映射到物理资源是复制应用软件到两个处理器插卡：一个在通道 A，另一个在通道 B。在这个框图中，与传感器和执行器通信是通过到 RDCI/O 资源的 ARINC 664-P7 网络（虽然很快会看到，空客 A380 体系结构到传感器和执行器的直接 I/O 路由）实现，综合后通道输出在 RDC 实现。

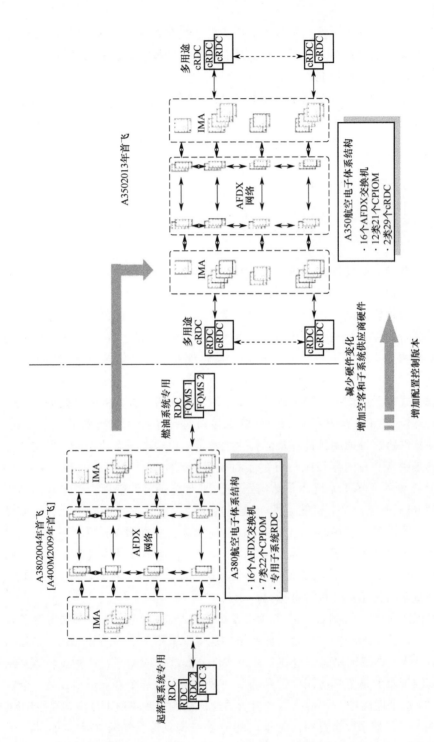

图14-2 A380和A350顶层体系结构对比

14.2 空客 A320 机载电子系统总线

A320 飞机机载电子系统体系结构是单个源/多条 ARINC 429 数据总线互联的典型例子，从 1980 年左右开始几乎在所有的民用客机上使用。A320 系列简化的体系结构如图 14-3 所示。空客利用单侧 1/单侧 2 双体系结构，为简单起见，单侧 1 如图所示。从图中可以看出，单侧 2 只是单侧 1 体系结构的复制，在单侧 1 和单侧 2 之间有相当多的交叉和的数据交换。对于一些飞机，仅安装 1/3 的大气数据与惯性参考系统（ADIRS）。

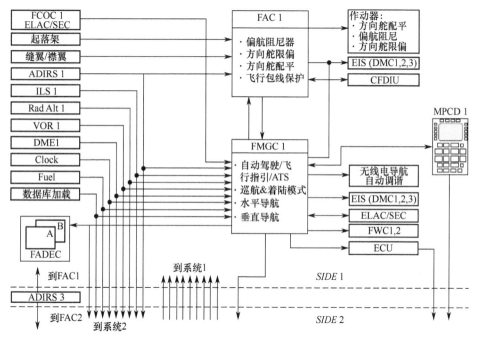

图 14-3 简化 A320 机载电子系统

这种体系结构的中心是飞行增强计算机（FAC）和飞行管理指引计算机（FMGC）。FAC 提供以下功能（主要是偏航通道）。

（1）偏航阻尼器。
（2）方向舵行程限制。
（3）方向舵配平。
（4）飞行包线保护。
（5）偏航自动驾驶。

考虑到飞机配置状态的变化，尤其是在起飞和降落阶段，FAC 从飞机系统如起落架和缝翼/襟翼接收输入。ADIRS1 提供大气数据和姿态数据，以便适应飞行条件可能的变化。FAC 驱动相应的作动器执行各种偏航控制功能，并将显示数据输出到电子仪表系统（EIS），特别是显示管理计算机 1、2 和 3。

FMGC 提供更高级别的自动驾驶仪和导航功能。

(1) 自动驾驶仪/飞行指引/空中交通服务（ATS）。
(2) 巡航和着陆模式。
(3) 水平导航（LNAV）。
(4) 垂直导航（VNAV）。
(5) 性能监控。

FMGC 接收电传飞行线控系统的输入，包括飞行控制数据集中器（FCDC）、升降舵/副翼计算机（ELAC）和备用升降舵计算机（SEC）。

无线电导航设备（ILS、RadAlt、VOR 和 DME）为飞行管理功能提供提供地面导航数据、时间和燃油数据等信息。通过专用线路执行数据库加载程序，并将性能数据下载到航空公司和飞行路线定制的飞行管理数据库。FMGC 数据输出到为机组人员提供接口的多用途控制与显示（MPCD），其他数据输出提供给电子仪表系统和飞行告警计算机（FWC），用于显示和告警；其他数据还提供给发动机 FADEC，用于执行一些更高级的性能优化功能。FMGC 还输出命令到无线电导航设备，自动调谐无线电导航设备，为执行预定飞行计划的飞机选择必要的通信频率。

驾驶舱显示组件的体系结构如图 14-4 所示。6 个 EFIS 和 ECAM 显示的图像来自 3 余度的 3 个显示管理计算机。显示组件和中央告警面板告警信息来源是两个飞行告警计算机。不能通过航空数据总线网络传输的模拟量信号通过两个信号数据采集计算机得到。

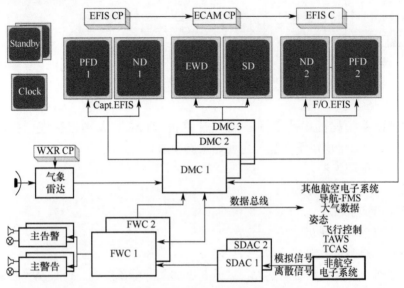

图 14-4 空客 A320 驾驶舱显示

14.3 B777 机载电子系统总线

相对于以前波音系列飞机点对点数据总线体系结构，B777 采用了传输速率为 2Mb/s 新的数据总线——ARINC629，在某些方面类似于 MIL-STD-1553B，但使用电流耦合而不是变压器耦合。体系结构的核心是霍尼韦尔的飞机信息管理系统，带有主系统数据总线的中央接口和显示有两个 AIMS 机柜。图 14-5 是 B777 飞机机载电子系统体系结构顶层简化描述。

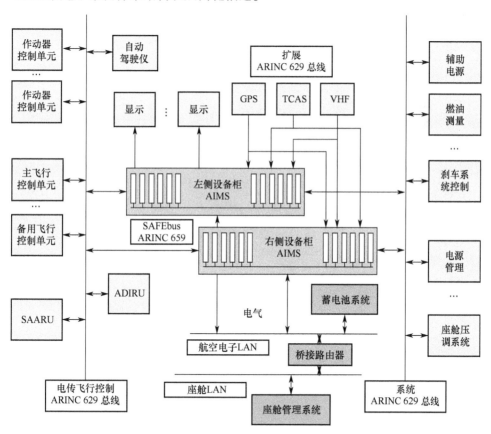

图 14-5　B777 机载电子系统顶层结构

B777 飞机机载电子系统是混合数据总线和体系结构，2 个 AIMS 机柜的底板总线是 ARINC 659SAFE 总线，很多外部系统是使用 ARINC 429 数据总线的传统"联合式"体系结构，2 组 3 余度的 ARINC629 数据总线实现电传飞行控制系统功能，2 个局域网用于电子图书馆、机舱管理系统和空中娱乐系统（IFE）。

3 条或者偶尔是 4 条 ARINC629 总线提供飞行控制和飞机系统功能之间数据总线接口的功能，如图 14-6 所示。

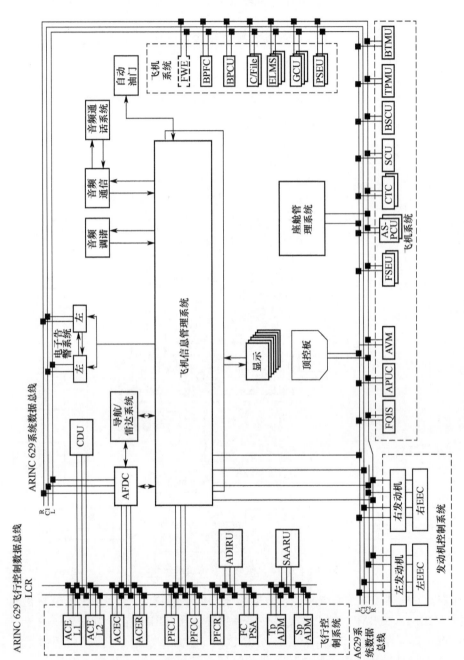

图 14-6　B777 飞行控制与飞机系统体系结构

飞行控制数据总线和系统数据总线是这个体系结构的关键组成部分。由左（L）、中（C）、由（R）3条飞行控制数据总线提供连接飞行控制的功能子系统以及自动驾驶功能的3余度方法。连接到飞行控制数据总线的主要系统如下。

（1）总压（Tp）和静压（Sp）大气数据模块（ADM），以左、中、右3余度形式提供基本的大气数据信息。

（2）主要大气数据与惯性参考单元（ADIRU），是大气数据和惯性数据集中来源。

（3）备用姿态与大气数据参考单元（SAARU），提供备份的大气数据和惯性信息。

（4）来自3个主飞行控制计算机的控制输入。

（5）输出到AIMS机柜的计算和显示信息数据。

（6）连接到控制与显示单元（CDU）接口。

（7）连接到3条ARINC629数据总线的接口，用于飞机主要设施与和发动机电子控制装置的互联。

挂接在ARINC629数据总线的系统分别与左（L）、中1（C1）、中2（C2）和右（R）的数据总线连接。下面对C2总线进一步说明，与系统总线互联的主发动机、电源和其他子系统的简要描述如下：这里需要强调的是，其中的一些系统只与2条ARINC629连接，体现了双控制器理念。

（1）发动机采用双/双重控制理念，在发动机和显示之间需要4个独立的接口。因此，需要C1和C2两个通道，左、右发动机接口单元（IFU）实际就是发动机电子控制器，最初是一条ARINC 429数据总线系统，这种设计在飞机级的ARINC629总线结构定下来之前就已经确定了。

（2）电源系统控制及馈电：GCU、BPCU、ELMS和辅助动力装置（APU）发电机。

（3）支持飞行控制系统单元：接近开关电子单元（PSEU）和襟翼/缝翼电子单元（FSEU）。

（4）机舱空调：供气和增压控制单元（ASPCU）和座舱温度控制器（CTC）。

（5）起落架和刹车系统：刹车系统控制单元（BSCU）、轮胎压力监测单元（TPMU）和刹车温度监测单元。

（6）其他主要单元是顶控板和座舱管理系统。

B777包含两个子系统，是第一代IMA实现，分别是霍尼韦尔公司提供的双通道的AIMS机柜、史密斯（现在GE）提供的三通道的电气负载管理系统。

AIMS机柜虽然是局部的，但其硬件和软件集成的综合模块化体系结构意义却是巨大的，在两个设备柜实现的AIMS功能包括在此之前的传统联合式体系结构：涵盖了飞行管理系统（FMS）、电子飞行仪表系统、发动机指示与机组告警系统、显示管理、中央维护、飞机状态监测和通信管理，并提供了连接ARINC

429 系统数据通信转换网关。每个设备柜有公共的现场可更换模块（LRM），由电源、处理器、内存和共享的输入/输出组成；每个设备柜也有通用软件，包括操作系统、I/O 设备句柄和机内测试。图 14-7 说明了 AIMS 机柜内部结构。每个机柜有 13 个现场可更换模块，通常为 4 个处理器模块、4 个输入/输出模块（IOM）、2 个电源模块和预留扩展模块。驻留在处理器模块应用程序包括（括号中数字表示冗余数量）：

（1）显示单元（4）；
（2）飞行/推力管理（2）；
（3）中央维护（2）；
（4）数据通信管理（2）；
（5）驾驶舱通信（2）；
（6）飞机状态监测（1）；
（7）数字飞行数据采集（2）；
（8）数据转换网关（4）。

AIMS 背板的 ARINC 659SAFE 总线使用时间和空间确定性控制技术，总线上所有定时信息和消息包含每个终端在内存表中的位置，消息在两条带有时钟的总线上同步传输。

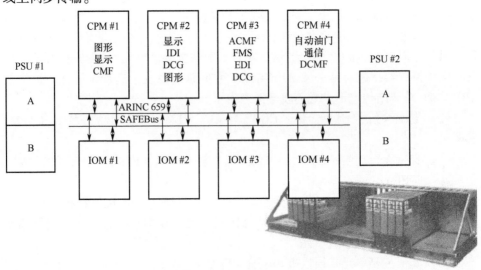

图 14-7　B777 驾驶舱 AIMS

14.4　霍尼韦尔 EPIC 总线

商业喷气机往往采用最新前沿技术，在这个市场上，设备或系统成本不一定是最重要的驱动因素，而性能才是最重要因素。从这个意义上说，商业喷气机是采用与正常商业航空公司截然不同的解决方案。

商业飞机机载电子系统的一个很好的例子是霍尼韦尔 EPIC 系统，它广泛使用于支线飞机和商业飞机：巴西航空工业公司 170 系列、达索系列和湾流系列飞机，以及其他平台飞机。EPIC 系统所采用的机载电子系统体系结构的通用形式如图 14-8 所示。基本系统的核心是两条 10Mb/s 的数据总线，数据总线称为机载电子系统通信总线——变种航空电子标准通信总线 D（ASCB-D）。这些航空电子数据总线是针对较低性能飞机，以及通用航空制造商协会（GAMA）已开发的通用飞机。事实上，ASCB-D 是 10M 以太网的确定性和健壮性的版本——使用双绞线的 10Mb/s 的网络。

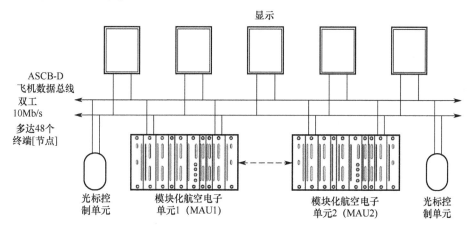

图 14-8 霍尼韦尔 EPIC 体系结构

系统的核心是 4 块模块化航空电子单元（MAU），它是现场可更换模块。飞行员到系统输入是两个光标控制单元，采用鼠标"点击"理念，在这个例子中，有 5 个显示的界面——通常是如图所示"8×10"点阵显示，该体系结构已经演变成更复杂的形式，采用了数量更少、尺寸更大的"10×13"平板显示器。

EPIC 系统提供的功能包括：

（1）计算模块化航空电子单元；
（2）传感器（ADM、IMU）；
（3）显示单元（DU-1080 等）；
（4）控制（CCD、声音）；
（5）功能（导航，系统实用工具等）；
（6）数据（电子图表、地图、手册、视频）。

MAU 有效地体现第二代 IMA 的实现，背板采用霍尼韦尔的专利技术，许多"核心"模块由供应商提供。然而，第三方子系统供应商也可以设计自己的模块，并安装在机柜内，这些模块包含与专用背板通信的接口，实现像燃油这样飞机专用系统的功能。Hawker Horizon 燃油系统是如何集成到 MAU。MAU 内部典型的模块如下。

（1）处理器。
（2）存储器。
（3）电源。
（4）网络接口控制器（NIC），MAU 专用底板与飞机级 ASCB-D 总线。
（5）接口（I/O）模块，由专业供应商提供，用于燃油和其他专用系统。

14.5　B787 机载系统总线

波音 B787 也使用 ARINC 664 定义 100Mb/s 的 AFDX 技术。然而，其体系结构与空客是完全不同的，它使用两个紧密耦合的公共计算资源机箱，以及通过 RDC 服务实现的分布式 I/O 接口，如图 14-9 所示。CCR 代表了系统通用计算的核心，与空客使用 16 个 AFDX 网络交换机的分布式系统理念相同。

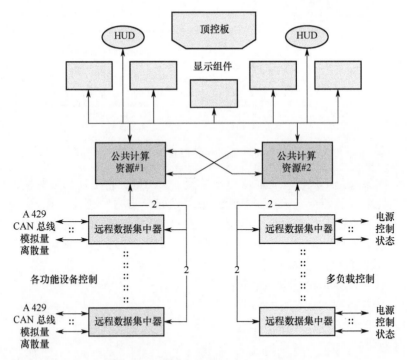

图 14-9　B787 航空电子系统体系结构

在许多方面，B787GPM + RDCIMA 体系结构与空客 CPIOM 组成单元相同，基于 CCS 的处理功能和基于 RDC 的通过 ARINC 664 网络之间通信的 I/O 功能如图 14-10 所示。

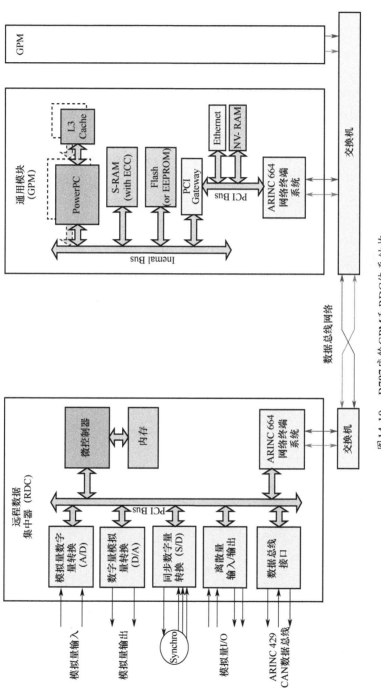

图 14-10 B787 座舱 GPM 和 RDC 体系结构

每个 CCR 包含许多通用处理模块和两个 ARINC 664 第 7 部分交换机（通道 A 和 B）。GPM 是独立的计算平台，其核心软件和驻留的应用程序提供了健壮的分区环境和基础结构，包括基于 ARINC653 标准的 I/O 服务、健康监控和非易失性文件存储。计算资源的时间窗口、周期、内存分配和 I/O 需求通过配置文件传输给核心软件，所有这些配置通过分区机制强制执行。

CCR 机箱使用 100Mb/s 星型光纤网络实现高速数据总线的互联，CCFR 实现彼此相互关联的数据交换。它们还与许多 RDC 通信，远程电源控制器（RPC）按照配置情况分布在飞机分区 25~30。

(1) RDC 的本地接口包括 ARINC 429、CAN 总线、模拟和离散信号，实现航空电子和飞机系统的接口，在 A350 的体系结构中其功能是模拟量到 RDC。

(2) RPC 的服务功能类似，但关心的是飞机各种负载电源的和状态监控，RPC 有效地提供分布式电源管理系统。

CCR 和 RDC 硬件由 GE 通用航空提供，它是机载电子系统集成商。RPC 由 Hamilton Sundstrand 美国汉胜公司提供，同时提供发电机和主配电板。

波音 B787 的另一个关键特性是"多电"飞机，除了发动机进气整流罩防冰外去掉了引气功能，而在此之前的许多功能通过引气实现，如飞机增压、座舱温度控制和机翼防冰供电，这就需要巨大电力，飞机每通道配置两个 250kV·A、230V 交流发电机，或者是总计 1MW 的主发电机。

波音 B787 在 IMA 体系结构实现方法上采用两个通用核心处理机架，每个机架有一组公共核心处理模块，但是没有 I/O 资源。与分布于飞机的与 RDC 相连的分区 I/O 传感器和执行器通信是通过 ARINC 664-P7 网络。映射双余度命令：监控体系结构类似于 A380 起落架的功能，其实现如图 14-11 所示。

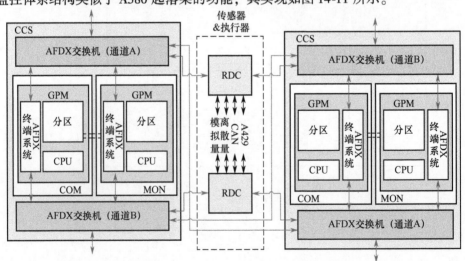

图 14-11　B787 的 COM：MON 实现

与空客 A380 一样，两个处理器卡用于在每个机架中实现起落架功能，左侧机架的一对卡实现通道 A，右侧机架的一对卡实现通道 B；每个通道的 COM 板卡实现了命令通道的管理和测量功能，每通道的 MON 板卡实现了监控功能。但是，与起落架传感器和执行器的通信通过网络共享资源，而不是像空客 A380 那样直接通过专用 I/O 接口。

这两个结构之间的关键区别是它们的 I/O 通信方式，不要认为这是两个竞争的实现，而是 IMA 体系结构发展过程的渐进步骤。对于任何体系结构，评估它们的优点和缺点应该基于如下基础考虑。

(1) 资源有效利用。
(2) 故障容错（隔离和分区）。
(3) 认证（和持续认证）。
(4) 可维护性。
(5) 对变化的适应性。
(6) 淘汰报废管理。
(7) 风险。

上述两个目的是提供一种灵活、安全、有效的机载电子系统体系结构，对飞机的整个生命周期提供支持。

联合式体系结构和 IMA 体系结构之间的本质区别是在联合式体系结构中，目标计算机和应用软件作为一个整体，并作为单独的物理系统进行认证。在 IMA 体系结构中，应用软件集成到平台形成虚拟系统。平台的硬件和配置表共享平台的资源，分配给应用程序和实时操作系统的资源与符合 RTCA-DO-178 的目标计算机等效。

多个系统的主机可以是一个单处理器模块，通过实时操作系统实现分区和相互隔离。系统数量受到模块计算能力和保证其共享的计算资源的限制，上面的例子说明支持相关应用程序单个处理器，但在极端情况下不需要这样。然而，除非无关的系统共享共同的资源，必须保证支持主机所有功能的单一资源体系结构不能受到共模故障影响。

14.6　A380 机载系统总线

A380 和波音 787 飞机的出现进一步推动了航电综合化的发展。两者共同的特征是，采用了 AFDX 互联技术构筑分布式综合模块化航电系统架构 DIMA。所采用的核心处理部件，不仅综合了航电系统的功能，还把非航电系统的处理功能也综合了进来（如燃油系统、电源系统、液压系统、环控系统、飞行操纵系统、防冰系统、舱门系统等）。同时，这些系统可以在核心处理器部件上建立虚拟平台，用虚拟通道传送数据。全机的计算资源通过虚拟网络的连接，可不受物理位置的限制，达到更高层次的全机资源共享。下面以 A380 飞机的综合航电系统为例来说明其如何采用 AFDX 互联构筑 DIMA。

A380 飞机综合航电系统共采用 32 个 IMA 模块，4 个用于显示、告警等功能，4 个用于起落架，4 个用于环控、引气等功能，4 个用于数据管理，2 个用于电气系统。另外 14 个 IMA 模块，主要用于电传飞行控制系统、自动驾驶系统、液压系统、燃油系统等。A380 型飞机的航空电子采用了 AFDX 互联网络，其中飞行控制系统、驾驶舱、燃油、动力和客舱系统的电子设备（图 14-12），在考虑冗余配置和空间位置分布的条件下，分别与 AFDX 交换机相连，每台交换机连接大约 20 个节点，这些节点称为端系统，形成接入交换网络；交换机之间通过通信链路连接，具有多条冗余路径，形成骨干交换网络。

A380 航电系统的架构设计中，其关键系统配置为三冗余飞控系统、双驾驶、四发、8 管综显（包括 2 个控制显示器）。所以在考虑到可靠性等性能要求的情况下，航电系统采用了图 14-12 所示的架构：交换机 1、交换机 2 和交换机 9 为飞控系统提供三冗余互联；交换机 3 和交换机 4 为双驾对称；交换机 1~4 对应于四发动机，同时将座舱 8 管综显 DU 进行两两分配，即交换机 1 为 L1 和 L2 提供互联，交换机 3 为 C1 和 L3 提供互联，交换机 2 为 R1 和 R2 提供互联，交换机 4 为 C2 和 R3 提供互联。此外，对于一般系统或设备（如燃油/保障/动力/客舱系统），采用对称配置。

泰雷斯公司提供了部分 IMA 模块和 LCD 显示系统等，罗克韦尔·柯林斯公司提供了通信、导航系统和 100Mb/s 的 AFDX 互联系统。

空客 A380 起落架功能映射如图 14-12 所示。逻辑上的安排是一个双通道命令：监控体系结构，由 4 个相同的 CPIOMs（类型 G）实现。

A380 的 CPIOM 结构是通过一块 3MCU 现场可更换单元实现了 ARINC 664-P7 端系统公共核心处理器板和一组 I/O 板卡功能，将不同分区的 I/O 模块进行优化得到 7 种 CPIOM，每种 CPIOM 拥有通用处理器/ARINC 664 – P7 转换卡。A380 CPIOM I/O 卡配有直接与分区专用功能的传感器和执行器连接接口，在某些分区（包括起落架域）的 I/O 功能在本地 RDC 中实现，并且将传感器/执行器源信号集中在一起，以减少飞机布线，提高信号质量，降低电磁干扰。一些分区专用的 RDC（如燃油系统 RDC）包括本地处理，以减少网络带宽需求和 IMA 核心处理器负担。

空客 A380 IMA 体系结构没有实现 IMA 机架的概念，然而，可以将该体系结构看作两个"开放"机架。图 14-12 左边的一对 CPIOM 实现单边 1 命令监控功能，而右边一对 CPIOM 实现单边 2 命令监控功能。读者可能注意到，空客公司倾向于使用单边 1 和单边 2，而不是通道 A 或通道 B 来描述双余度的体系结构。所有 4 个 CPIOM 是相同的，在每个 CPIOM 体系结构功能实现是由加载到它的应用程序软件所决定的。通道 A 和通道 B 的命令对执行命令通道的测量和管理应用程序，通道 A 和通道 B 的监控执行监控和机内测试应用程序，综合后的命令和监控通道功能在 CPIOM 的 I/O 部分实现（图 14-13 和图 14-14）。

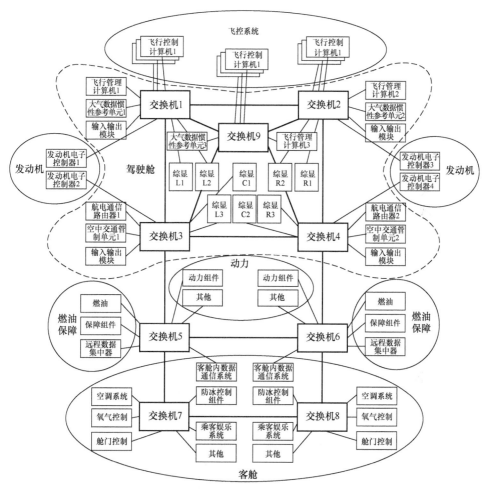

图 14-12 A380 航空电子系统体系架构

空客 A380IMA 实现了通用的模块化航空电子平台资源体系结构（硬件、I/O、网络和 RTOS）；然而，IMA 平台资源还是被认为是基于传统的联合式体系结构方法的系统-系统分区。分区之间存在明显的物理隔离，如图 14-15 所示，说明了燃油系统的高级映射（CPIOMF 型）和起落架系统（CPIOM 类型 G）在其分区的功能。每项功能（燃油和起落架）有自己的专用一组 CPIOM 和 RDC，4 个燃油系统 CPIOM 彼此是相同的，但是与 4 个起落架 CPIOM 是不同的，通过一组不同的接口卡的优化满足燃油系统传感器和执行器信号的要求。

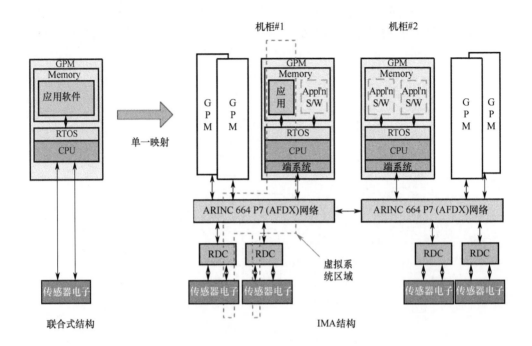

图 14-13　单一的结构映射

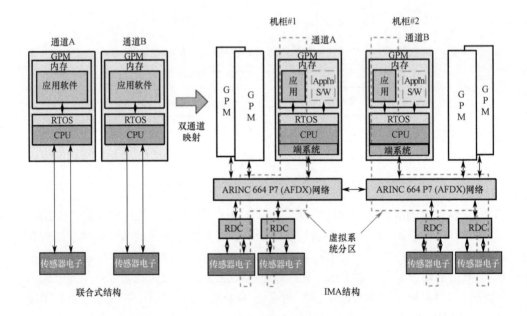

图 14-14　双通道结构映射

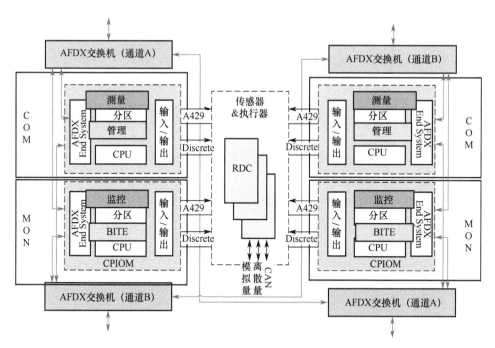

图 14-15 A380 起落架 IMA 实现

14.7 空客 A350 机载电子系统及其总线

空客在 A380 上推出了与以往不同的概念的机载电子系统,这个体系结构的基础是使用双余度数据线的全双工交换式以太网。体系结构的中心是一个双余度的 AFDX 交换网络,包括 100Mb/s 数据传输的 AFDX 交换机。AFDX 交换网络由与机载电子系统密切相关的 8 对交换机组成。双余度的交换机在整个飞机纵向、左/右两边分布。

每个分区的机载电子系统功能由一组中央处理器输入/输出模块实现。为便于说明,CPIOM 的体系结构如图 14-16 所示,它包括通用处理功能和一组 I/O 接口功能。这里读者应该注意到,CPIOM 体系结构所反映通用航空电子计算机体系结构在前面已经讨论,使用当前 PowerPC 处理器体系结构和内存技术在前面也已经讨论,操作系统和应用软件保存在飞机机载非易失性闪存,并上传到 RAM 内存,分区是由应用程序软件在运行时通过上下文交换机实现的。配置和维护数据长期保存在非易失性 RAM(NVRAM)存储器中,I/O 设备与 CPU 系统内总线的接口是外围组件互联(PCI)总线,端系统 ARINC 664-P7 网络接口由 PCI 接口转换卡(PMC)提供,它安装在 CPU 板的第二个(PCI)插座。

CPIOM 物理结构如图 14-17 所示。它由 4 个电路板组成,每个包含一个

ARINC6003 MCU 封装。CPU 电路板和 I/O 公共板对所有 CPIOMs 是公共的，其他 I/O 板是各分区专用。CPU 板和 I/O 板之间的互联是通过内部 PCI 总线，AFDX 端系统是安装在 CPU 板一个 PMC 板。

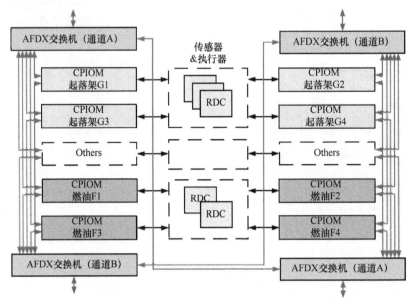

图 14-16　空客 A380 工程应用实现

在 A380 体系结构总共有 7 种不同类型 22 个 CPIOM，其中央计算核心是公共的，以及每个 CPIOM 由输入/输出（I/O）和系统将要实现的功能所确定。这些 CPIOM 被用到多功能的驾驶舱、机舱、能源和其他应用中。在上述应用中，4 个燃油 CPIOM（CPIOM-F）和 4 个起落架 CPIOM（CPIOM-G），提供燃油与起落架的核心计算功能。这个概念的主要优势是常用开发工具和软件语言可在所有 CPIOM 变体中应用。

A380 的体系结构中，系统专用的远程数据集中器主要由子系统供应商提供。例如，2 个燃油管理系统（FQMS）的 RDC 提供有燃油系统专用接口，而 3 个起落架 RDC 提供起落架和刹车系统接口。A400M 机载电子系统的核心采用了类似系统概念。

随后几年的 A350 使用类似的概念，中央 AFDX 交换网络未做改变，专用子系统 RDC 取代了多达 29 个两种类型多用途通用远程数据集中器，但 CPIOM 的数量已经从 7 个大幅减少到 2 个，CPIOM 总数几乎仍然相同。硬件进一步整合的产生结果如下：

（1）减少硬件变化。

（2）以增加空客子系统供应商合作伙伴费用为代价增加硬件功能。

（3）飞机级配置控制负担增加，整体系统配置很大程度通过 RDC 配置实现。

第14章 机载数据总线应用

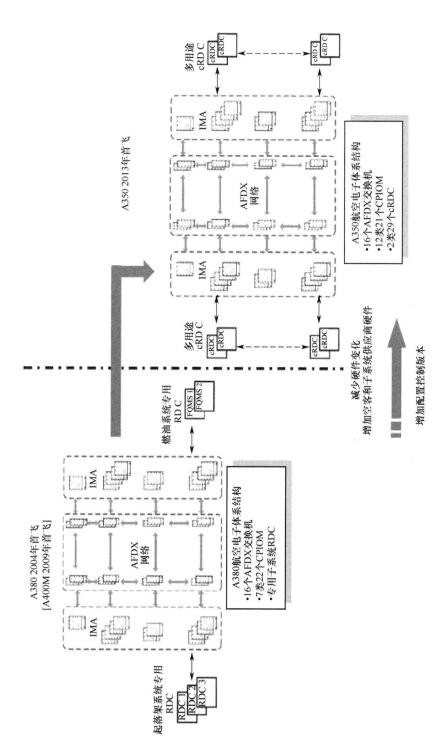

图14-17 A380和A350顶层体系结构对比

14.8 TTP/C 总线在 B787 配电系统应用

随着现代大型飞机多电化进程的发展，飞机配电系统的复杂度和集成度也越来越高，总线是决定系统集成度高低的关键性因素。如图 14-18 所示，总线在 B787 飞机的配电系统中就起着必不可少的作用。

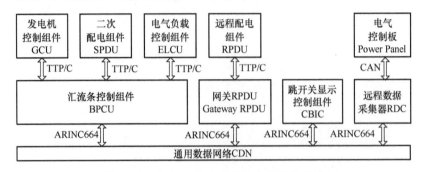

图 14-18　B787 飞机配电系统中总线的应用

B787 飞机上的主通信网络是通用数据网（Common Data Network，CDN），CDN 是以 ARINC 664 协议为基础构建的一个确定性的航空电子全双工交换式以太网，由 AFDX 交换机和终端系统组成。CDN 带宽范围为 10~100Mb/s，传输介质使用光纤时通信速率可高达 100Mb/s，使用铜缆时为 10Mb/s。CDN 的核心是 AFDX 交换机，AFDX 交换机可以实现光纤信号和电信号的转换。CDN 包括 10 个 AFDX 交换机，它们分布在机身的左右两侧，并且每一侧都是双冗余备份连接的，大大提高了系统的安全性。B787 飞机配电系统中的关键组件，如汇流条控制组件 BPCU、远程配电组件 RPDU、跳开关显示控制组件（Circuit Breaker Indication and Control，CBIC）和远程数据采集器（Remote Data Concentrator，RDC）等，都是通过 CDN 连接到配电系统的核心——通用核心系统（Com-mon Core System，CCS），进行大量数据信息的交换与处理。

汇流条控制组件 BPCU 为自动配电系统的关键部件，负责 RPDU、发电机控制组件 GCU、二次配电组件 SPDU 和电气负载控制组件 ELCU 中负载的自动管理和控制，同时可以向飞机控制系统提供负载信息。每个 BPCU 包含两个微处理器，以提供足够的数据吞吐能力。一个微处理器专门实现通信网关的功能，另一个微处理器用来实现对系统的控制和保护。BPCU 是 TTP/C 总线和 CDN 相互通信的网关，具有数据格式转换的功能，可以实现 TTP/C 报文帧格式和 ARINC 664 报文帧格式的互换。GCU、SPDU 和 ELCU 都是由 TTP/C 总线与 BPCU 实现互联，再通过 BPCU 连接到 CDN 网络。当发生过载或发电机失效时，BPCU 会根据负载的重要性进行自动卸载，以保证重要负载的供电。

远程配电组件 RPDU 有两种类型：标准 RPDU（Standard RPDU）和网关 RPDU（Gateway RPDU）。B787 飞机上共有 I7 个 RPDU，其中 4 个为 Gateway RPDU，每个 Gateway RPDU 连接 3~4 个 Standard RP-Duo Gateway RPDU 与 Standard RPDU 基本相同，只是 Gateway RPDU 比 Standard RPDU 多一个通信模块，可以实现 TTP/C 报文帧格式和 ARINC 664（AFDX）报文帧格式互换，起到 TTP/C 总线与 GDN 通信网关的作用。Standard RPDU 并不是直接连到 CDN 网络上，而是先通过 TTP/C 总线与 GatewayRPDU 互联，Gateway RPDU 再通过 AFDX 交换机与 CDN 相连。

CBIC 即电子跳开关显示与控制组件，用于显示并控制 RPDU、SPDU 和 ELCU 中的各电子跳开关的状态。CBIC 的软件装载于公共计算资源 CCR 中，使用 ARINC 664（AFDX）总线标准直接与 CDN 网络相连。

CBIC 可通过总线网络接收 RPDU、SPDU 和 ELCU 中各电子跳开关的状态信息，以显示各跳开关的开关或锁定状态、负载的电流电压和专用系统控制器的命令。同时，当显示终端的用户对跳开关进行操作时，CBIC 也可通过总线网络向跳开关发送用户的操作命令。

远程数据采集器 RDC 直接与 CDN 互联，可以采集配电系统终端的传感器、用电负载和驾驶舱开关等信息。RDC 可将模拟信号和 CAN 信号转换为 ARINC 664 信息格式，也可将 ARINC 664 信息转换为模拟信号和 CAN 信息格式。在驾驶舱接通某用电设备的开关，开关控制组件将离散信号转换成 CAN 总线信号，发送到附近的 RDC，RDC 处理后将信号送到 CDN，相应的控制组件接收到信号后向指定的负载供电。

14.9 飞行器管理系统总线

14.9.1 F-22 飞行器管理系统总线

F-22 "猛禽" 战斗机（简称 F-22）是 20 世纪 80 年代美国空军先进 Lockheed Mavtin 战术战斗机（ATF）设计计划中 YF-22 和 YF-23 竞争的产物，1990 年，洛克希德·马丁公司的 YF-22 验证机方案获胜，并开始进入工程制造和研发阶段，F-22 于 2005 年开始正式装备美国空军。

14.9.1.1 系统架构

F-22 的 IVMS 由 BAE 公司提供，其系统架构如图 14-19 和图 14-20 所示，它由综合飞行推进控制（IFPC）系统和综合飞行器子系统控制（IVSC）系统构成，系统采用同步工作方式。

IFPC 系统主要完成飞行控制和推力控制功能；IVSC 系统主要完成对辅助动力、供电、环境控制、燃油管理、液压监控等子系统的监测和管理。IFPC 系统是 3 余度无硬件或软件备份系统，推力控制为双–双余度配置。IVSC 系统采用双余度配置。

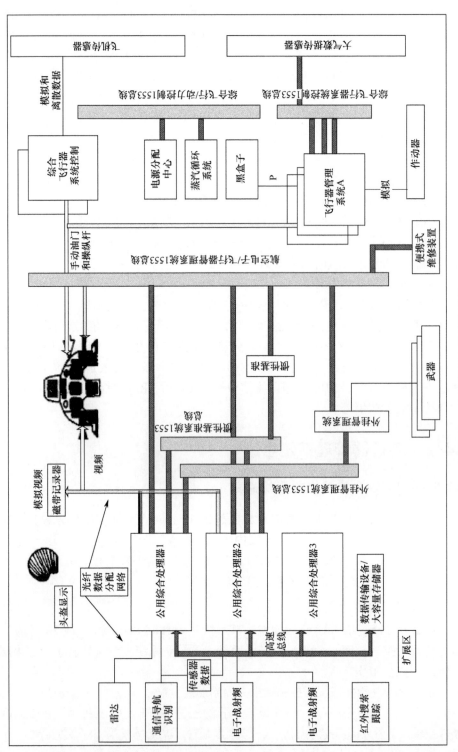

图14-19 F-22航空电子系统结构

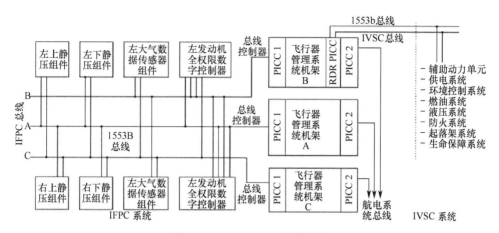

图 14-20　F-22 IVMS 系统架构

14.9.1.2　计算机

F-22 的 IVMS 的核心是计算机机架，其内部组成如图 14-21 所示。

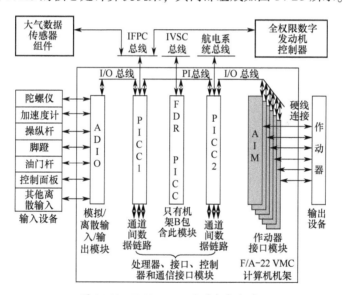

图 14-21　F-22 IVM 公共机架组成

F-22 IVMS 计算机机架（Common Module Rack）包含 2 块电源模块（PS），2 块处理器、接口控制器以及通信模块（PICC），1 块模拟/离散量输入/输出模块（ADIO），6 块作动器接口模块（AIM）。PICC 和 PS 模块为通用模块，ADIO 和 AIM 是飞行控制专用模块。PS 模块将输入的 28V 直流转换为 +15V、+5V、+2.2V 电压输出，给机架内各模块和背板供电。PS 模块还具有过压、欠压、过流监控和过压、过流保护等功能电路。

PICC 模块采用军用 1750A 处理器，工作频率为 20MHz，处理能力约为 2.0MIPS，存储器配置有 256kEEP-ROM 和 256kSRAM，外部接口包括 PI 总线接口、MIL-STD-1553b（简称 1553b）总线接口、通道间数据链路（ICDL）、I/O 总线，此外，还具有 12 位 A/D 和 D/A、看门狗定时器、测试接口、故障逻辑和温度传感器等功能电路。PICC1 模块完成外回路控制律计算、大气数据计算、输入余度管理和与 IVSC 的接口等功能。

PICC2 模块完成作动器监控、输出监控、输出余度管理、机内自测试（BIT）和与航电系统接口等功能。担当飞行数据记录功能的 FDRPICC 模块实现与 IVSC 系统的通信。

ADIO 模块实现 10 路差分形式交流模拟量采集、6 路差分直流模拟量采集、6 路地/开离散量采集功能。飞行器姿态和飞行员指令信号通过硬连线接入 ADIO。ADIO 模块采集数据通过 I/O 总线传送给 PICC1 模块。

AIM 模块提供 1 路直接驱动阀（DDV）舵机驱动输出、2 路电液驱动阀（EHV）舵机驱动输出和 8 路备用离散量输入，作动器通过电缆与 AIM 连接。AIM 模块实现控制模态转换、闭环反馈、DDV 和 EHV 舵机驱动、位置和压力信号采集等功能。AIM 模块通过 I/O 总线接收由 PICC2 发出的作动器驱动指令。

14.9.1.3　总线与接口

IFPC 系统总线采用 3 条 1553b 总线，大气数据传感器、发动机控制器以及 PICC1 模块通过该总线互联互通。

IVSC 系统总线采用 2 条 1553b 总线，与该总线相连的有以下子系统：辅助动力系统、供电系统、环境控制系统、燃油系统、液压系统、防火系统、起落架系统、生命保障系统和 FDRPICC 模块。FDRPICC 模块通过 IVSC 总线实现了对部分公共设备子系统的监测和管理。

14.9.2　EF-2000 "台风" 飞行器管理系统总线

EF-2000 "台风" 战斗机（简称 EF-2000）源于 1985 年德、英、法等国共同提出的欧洲战斗机计划（EAP），EAP 首次提出并验证公共设备管理系统的概念。1994 年，对 EAP 简化后设计的 EF-2000 首飞，目前已有少量的 EF-2000 装备部队。

14.9.2.1　系统架构

EF-2000 的 IVMS 由 EDAS 公司提供，其系统架构如图 14-22 所示。系统由数字飞行控制系统（FCS）和公共设备管理系统（UMS）构成，系统也采用同步工作方式。IVMS 通过飞控计算机的航电系统总线终端接口实现与航电系统的信息交换。

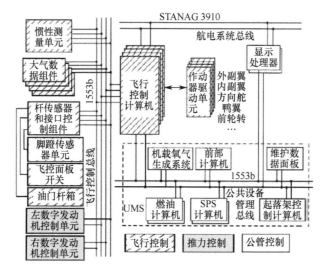

图 14-22　EF-2000 的 IVMS 系统架构

FCS 采用 4 余度配置，主要完成飞行控制和发动机控制功能；UMS 采用双余度配置，主要完成对以下公共设备子系统的控制和管理。FCS 和 UMS 间通过飞控计算机的 UMS 总线终端接口实现信息的交互。

14.9.2.2　计算机

EF-2000 的飞行控制计算机（FCC）的结构如图 14-23 所示，FCC 由 5 个模块构成，分别是电源模块、处理器模块、通信接口模块、I/O 模块和作动器驱动模块。

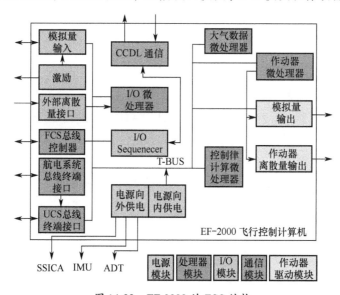

图 14-23　EF-2000 的 FCC 结构

电源模块将外部输入的 28V 直流电源转化为两路电源输出：一路给 FCC 内各模块供电；另一路输出到外部，给杆传感器和接口控制组件（SSICA）、惯性测量单元（IMU）、大气数据传感器组件（ADT）等供电。

处理器模块内包括 4 个 MC 68882 处理器，工作频率为 20MHz，它们分别是 I/O 微处理器、控制律计算微处理器、大气数据微处理器和作动器微处理器。处理器模块的存储器容量大于 733kB。处理器模块主要完成输入采集、大气数据解算、控制率解算、作动器闭环数字控制和系统管理，如同步、余度管理、BIT 等功能。

通信接口模块包括 FCS 系统总线控制器、航电系统总线终端接口、UMS 总线终端接口和交叉通道间数据链路（CCDL）通信部分，通信接口模块负责 FCC 间和 FCC 同外部单元间的数字通信。

I/O 模块包括模拟量输入、外部离散量接口、I/O Sequencer 等部分，主要实现对输入 FCC 的模拟量、离散量信号的调理。

作动器驱动模块包括模拟量输出（DDV 舵机、EHSV 舵机等）功能电路和离散量输出，负责执行作动器微处理器的作动器驱动指令，实现对飞机各活动舵面的控制。

EF-2000 的 UMS 主要由 4 台计算机组成，燃油计算机和第二动力（SPS）计算机采用双余度配置，每台计算机包括电源模块、处理器模块和功能接口模块。

EF-2000 的 UMS 替代了原来传统系统中使用的 20~25 个专用控制器和 6 个电源转换继电器单元。系统实现的几个新的特性包括发动机控制和显示；燃油管理和燃油测定显示；液压系统的控制和显示、起落架的显示、监测刹车装置；环境控制系统、舱内温度控制和后来的机载氧气产生系统；二次能源系统；液氧部分、供电和电池监测、探针加热、紧急能源单元。

14.9.2.3　总线与接口

FCS 总线采用 4 余度 1553b 总线，IMU、ADT、SSICA 作为终端接入飞行控制总线；左、右全权限数字发动机控制器（FADEC）也分别与 4 余度飞行控制总线中的 2 条总线互联。

UMS 总线采用双余度 1553b 总线，与该总线相连通信的有以下子系统：辅助动力系统、供电系统、燃油系统、液压系统、起落架系统、生命保障和逃生系统以及 FCC。

14.9.3　F-35 飞行器管理系统

F-35"闪电"Ⅱ战斗机（简称 F-35）源于 1996 年美国防部提出的联合攻击战斗机（JSF）计划，2001 年洛克希德·马丁公司的 X-35 验证机方案战胜了波音公司的 X-32 方案，同时被正式命名为 F-35。F-35 的研制采用以美国为主导的多国合作的模式，主要参与国家有英国、意大利、加拿大、土耳其、澳大利亚等，目前，F-35 正处于定型试飞验证阶段。

14.9.3.1 系统架构

F-35 的 IVMS 也由 BAE 公司提供，是全网络化分布式控制系统，其系统架构类似图 14-24 所示。F-35 的 IVMS 主要包括飞行器管理计算机（VMC）、IEEE 1394b（简称 1394b）通信网络和远程输入/输出（RIO）单元。

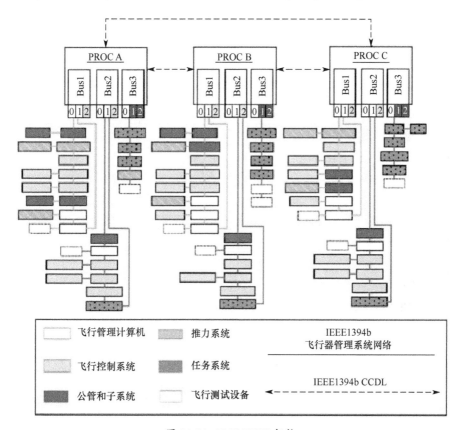

图 14-24　F-35 IVMS 架构

F-35 的 IVMS 采用 3 余度配置，系统内有 3 台 VMC，3 台 VMC 同时进行数据处理，随时比较各通道的结果以保证数据的完整性，若计算机结构数据出现分歧，通过表决确定"正确"数据"并发出提示信号，如果一个甚至两个 VMC 损坏或故障，系统还能继续正常工作。系统中每台 VMC 都作 1394b 总线的主控制器（CC）；所有的 1394b 总线配置为环路提供冗余，一条电缆失效，总线通信仍能保证。

14.9.3.2 计算机

F-35 的 VMC 外形略小于鞋盒的大小，内部构成如图 14-25 所示，每台 VMC 内包含处理模块、I/O 接口卡和电源模块等。

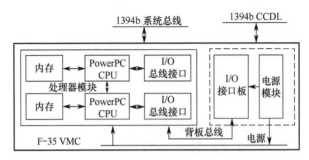

图 14-25　F-35 计算机组成结构

I/O 接口卡和电源模块将外部输入 28V 直流电源转化为 +5V 电源给 VMC 内部各电路供电，此模块上的 I/O 接口卡部分包含多路 1394b 总线接口，1394b 总线接口分为两种：一种用于 VMC 间的 CCDL 通信；另一种负责 VMC 同外部 RIO 设备间的通信。

处理模块包含两个 PowerPC 处理器，工作频率大于 400MHz，处理能力大于 900MIPS，单个处理器的性能是前一代系统的 10 倍以上。处理器模块主要完成飞行控制和公共设备（如燃油、供电、液压系统控制）管理功能的解算和系统管理功能（包括同步、余度管理、BIT 等）。

14.10　MIL-1394b 总线应用

2006 年，美国 F-35 第五代战斗机首飞成功后，由于其高隐身性、高机动性等优点广受关注。查阅资料可知，F-35 飞机全机主总线采用 1394b 新型总线。

1394b 协议具有总线环逻辑断开功能，在总线初始化过程中，处于树节点环节时，环路发送 LTP 包将检测到环路断开，从环路断开位置分别形成两条树结构。总线通信时，当任一节点出现故障时，总线物理层会重新配置，启用冗余链路，将故障节点作为树的端节点，其余节点正常通信，形成环路一级冗余。

3 台控制计算机（CC）之间使用 1394b 总线作为 CCDL 互联，提供第二级总线冗余。

图 14-26（a）所示为 SAE AS5643 提供的总线基本网络结构，示意图中不同颜色的节点表示节点类型不同。其中总线网络的根节点被指定到控制计算机（CC），控制计算机同时作为总线管理器，如果使用等时数据包，周期控制器也位于控制计算机。

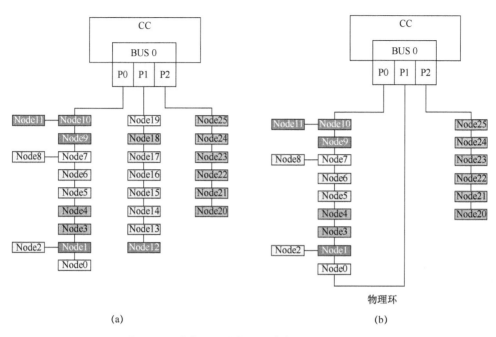

图 14-26 基本网络结构图和基本闭环网络结构图

图 14-26（b）所示为 SAE AS5643 提供的使用一个控制计算机物理上形成闭环的网络结构，IEEE 1394 及 IEEE 1394b 均不支持逻辑上的闭环结构，IEEE 1394b 总线的网络拓扑结构是菊花链型的实质上其仍是一种树状结构的，这也就是其本身不具备容错性的原因。但是 IEEE 1394b 允许物理上使用闭环，相应地，基于 IEEE 1394b 的 SAE AS5643 也具备该特性，在总线配置开始，环路侦测功能会检测到环路并断开环路，分别在 Port 1 和 Port2 形成两条树结构。

在任一个节点出现故障时，总线会重新配置，启动原冗余链路，将故障节点作为树的端节点，其他节点位于数据网络中通讯正常。这样的结构特点提供的数据网络的第一级的冗余能力。

在总线网络配置过程中，也可以人为禁止 Port2 端口，去掉该闭环，在某节点出现故障时，再启用该端口，对网络重新配置。图 14-27 为 SAE AS5643 提供的典型的 3 余度 1394 飞行器管理系统闭环网络结构，国内科研机构也相应地设计了仿真系统进行网络拓扑的验证分析。

3 个控制计算机之间有交叉通道链路（Cross-channel Linked），提供另一级的冗余。SAE AS5643 并没有规定交叉通道链路的总线类型，交叉通道链路可以是其他的总线，也可以是另一条 1394 总线。

F-35 的 IVMS 系统总线采用符合 AS5643 规范的军用版本的 1394b 总线，系统总线数量约 9 条，通信速率均采用 400Mb/s。所有部件间的通信都通过该总线完成。AS5643 规范对 1394b 总线的通信时延、数据格式、节点配置都进行了较严格的限制，AS5643/1 对总线物理层的铜介质电缆重新定义，可保证在扩展长度严酷的温度、振动环境下正常通信。IVMS 的系统总线还提供软件下载功能。

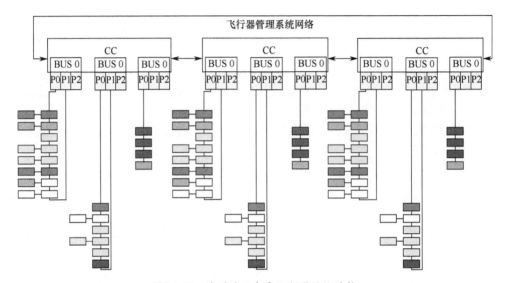

图 14-27　典型的三余度飞行器网络结构

F-35 的 IVMS 系统总线连接超过 70 个 RIO 单元，RIO 单元采集成百个模拟和离散量信号，将这些数据处理后，通过 1394b 总线传送给 VMC，RIO 单元同时接收和执行 VMC 发布的控制命令。RIO 单元主要提供下列服务。

（1）飞控功能数据输入/输出。有 10 个 RIO，主要为方向舵、襟副翼、水平尾翼、副翼、大气数据传感器、惯性传感器等的接口电子模块。

（2）机电管理功能数据输入/输出。主要为武器舱门驱动器、供电系统控制器、刹车控制器、动力温度管理系统控制器（Power Thermal Management System Controllers）等。

（3）推力管理功能数据输入/输出。它包括发动机 FADEC 和预测与健康管理系统（Prognostics Health Area Managers）。

（4）任务系统数据输入/输出。它包括备用显示器、显示管理计算机、头盔显示管理计算机、综合核心处理器、照明控制器、CNI 和全球定位系统（GPS）等。

（5）飞行测试设备数据输入/输出。

F-35 的飞机管理系统的架构如图 14-28 所示，主要由 3 台 VMC（CC），远程节点（RN）和 1394b 通信网络（包括 CCDL 网络）组成。

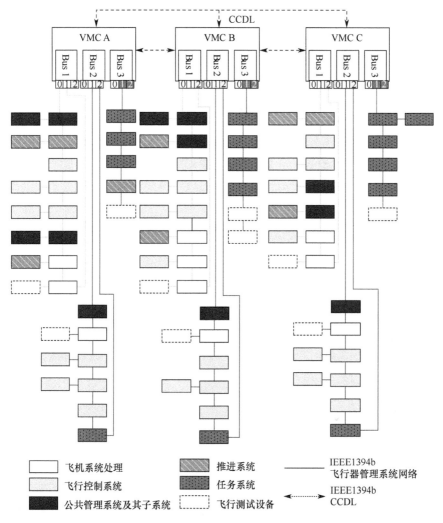

图 14-28　F-35 飞机 VMS 架构示意图

14.11　本章小结

本章回顾了综合模块化航空电子系统（IMA）从 20 世纪 90 年代初至今经历的 3 个发展阶段：物理综合阶段、物理综合和部分功能综合阶段、物理综合和功能综合阶段。

对本文研究的机载数据总线，分别给出了典型飞机机载电子系统、飞行控制系统、机电系统中的应用案例，包括空客 A320、空客 A350、空客 A380、B777、B787，对机载应用具有更深入地认识。

参 考 文 献

[1] 张喜民，徐昇. 先进战斗机的综合飞行器管理系统综述 [J]. 电光与控制. 2011, 18 (11): 1-6.
[2] 何永乐. 基于新一代模块化航电系统的飞机刹车控制架构研究 [J]. 飞机设计. 2015, 5: 41-45.
[3] 邢亮. 基于 IMA 架构的机载软件开发平台研究与实现 [J]. 信息通信. 2016, 3: 127-128.
[4] 郑红燕. 民用飞机 IMA 核心处理系统动态故障树分析 [D]. 江苏：南京航空航天大学, 2013.
[5] 谷晓燕. 基于虚拟链路的航电网络信用量评估模型 [J]. 计算机工程与设计, 2015, 4: 892-895.
[6] 王运盛. 面向综合模块化航电系统的驻留应用开发平台设计 [J]. 计算机应用, 2012, 3: 861-863.
[7] 郑澜. 适用于民机 IMA 的通用机载软件开发平台 [J]. 电讯技术, 2012, 6: 1027-1030.
[8] 程桢. 基于 MARTE 的 IMA 系统时间资源可调度配置验证 [J]. 电子世界, 2016, 4: 183-184.
[9] 杨涛. 一种整机测试系统的设计与实现 [J]. 电脑知识与技术, 2017, 12: 235-237.
[10] 王明明. 基于模型的 IMA 时间资源配置验证方法研究 [J]. 计算机技术与发展, 2018, 5: 32-37.
[11] 姜星伟. 综合显示系统数据显示延迟的分析方法研究 [J]. 航空电子技术, 2017, 1 (48): 16-20.
[12] 汪帅. 新型机载电子系统总线互联技术发展探讨 [J]. 工业技术创新, 2017, 10: 98-99.
[13] 王彤, 赵琳, 何锋. 航空电子音视频传输 AVB 以太网络 [J]. 电光与控制, 2016, 23 (1): 1-6.
[14] 李成文. 机载远程智能接口数据集中器研究与实现 [J]. 计算机测量与控制, 2015, 23 (5): 1667-1670.
[15] 马萌. 航空专用数据总线技术研究 [J]. 数字技术与应用, 2013, 10: 61-63.
[16] 陈世浩. 基于 IMA 的大型客机 CNS 系统集成试验和验证 [J]. 电讯技术, 2013, 53 (5): 543-547.
[17] 饶容海. 复杂航电逻辑的构型控制系统自动配置方法研究 [D]. 天津：中国民航大学, 2016.
[18] 张鹏宇. 基于 ARINC825 的飞机数字化驾舱容错控制系统 [D]. 哈尔滨：哈尔滨工业大学, 2013.
[19] 蒋湛. 面向民机数据链 ATS 应用的显控系统设计及实现 [D]. 成都：西南交通大学, 2013.
[20] 侯进. 航电 ICD 生成与管理系统设计 [D]. 成都：电子科技大学, 2011.
[21] 周乐文. 高可靠千兆以太网交换机研究 [D]. 长沙：国防科学技术大学, 2011.
[22] 徐玲玲. 民机机电系统故障诊断研究 [D]. 南京：南京航空航天大学, 2011.

[23] 刘纪飞. 基于SNMP的网络管理端系统的研究 [D]. 西安：西安电子科技大学, 2013.
[24] 董进武. 时间触发以太网加速航电互联 [J]. 电光与控制, 2016, 2: 74-78.
[25] 张树彦. ARINC664网络终端系统测试技术研究 [J]. 计算机测量与控制, 2013, 21 (9): 2419-2421.
[26] 周小春. 飞机综合模块航电电气系统的架构及接口 [J]. 民用飞机设计与研究, 2013, 11 (2): 13-18.
[27] 刘智武. 一种集成化多接口航电网络测试平台设计与实现 [J]. 电子技术应用, 2014, 40 (7): 79-84.
[28] 朱闻渊. 新型机载电子系统总线互联技术发展综述 [J]. 计算机工程, 2011, 37 (S1): 398-402.